D1753531

Lernfeld Bautechnik

Fachstufen Maurer, Beton- und Stahlbetonbauer

Von
Dipl.-Ing. (FH) Christa Alber
Dipl.-Ing. Balder Batran
Dipl.-Ing. Ralf Blessing
Dipl.-Gwl. Volker Frey
Dipl.-Ing. Gerd Hillberger
Dr. rer. nat. Klaus Köhler
Dipl.-Gwl. Eduard Kraus
Dipl.-Gwl. Günter Rothacher

2., überarbeitete Auflage

Mit vielen Beispielen, projektbezogenen und handlungsorientierten Aufgaben sowie zahlreichen mehrfarbigen Abbildungen

HANDWERK UND TECHNIK – HAMBURG

Vorwort

Dieses Buch vermittelt das aktuelle **Fachwissen** des 2. und 3. Ausbildungsjahres für **Maurer/-innen** und **Beton- und Stahlbetonbauer/-innen**.

Da die Lernfelder für die beiden Berufe in den Lehrplänen unterschiedlich angeordnet sind, wurde das Buch in Kapitel gegliedert. Die Inhalte entsprechen jedoch den **Vorgaben des Bundesrahmenlehrplanes** und vermitteln jeweils die Kenntnisse für ein Lernfeld eines oder beider Berufe. Die Bezüge der Kapitel zu den Lernfeldern sind zu Beginn der einzelnen Kapitel und im Inhaltsverzeichnis dargestellt.

Durch die **Projektorientierung** und die didaktisch-methodische Aufbereitung der Inhalte eignet sich das Werk sehr gut für **selbstständiges, eigenverantwortliches Lernen** und führt die Schüler zunehmend in die **Selbststeuerung ihrer Lernprozesse** ein.

Bei der Gestaltung wurde besonderer Wert auf **Veranschaulichung** gelegt. Die erläuternden Abbildungen sind jeweils dem Text direkt zugeordnet. Dadurch und durch **eine einfache und sehr anschauliche Sprache** wird größere **Schülernähe** erreicht. Die zusätzliche **Strukturierung der Inhalte**, die unter didaktischen und methodischen Gesichtspunkten entwickelten farbigen **Abbildungen** und die zahlreichen **aktuellen Fotos** steigern die **Motivation** und tragen wesentlich zu einem verbesserten **Lernerfolg** bei.

Hinweise zur **Arbeitssicherheit**, zur **Schadensverhütung** und zum **Umweltschutz** werden durch besondere Symbole einprägsam hervorgehoben. Außerdem wird durch **Randhinweise** die Vernetzung der Inhalte deutlich gemacht.

Der **aktuelle Stand von Technik und Normung** ist berücksichtigt.

Für **Anregungen und Hinweise**, die zur Weiterentwicklung des Werkes beitragen können, sind die Verfasser jederzeit dankbar.

Vorwort zur 2. Auflage

Mit der Neuauflage wurde das Werk im Hinblick auf **die aktuelle Entwicklung von Technik und Normung** auf den neuesten Stand gebracht. Hier sind insbesondere die durch Einführung der Eurocodes bedingten Änderungen zu erwähnen.

Der überwiegende Teil der **Verbesserungen** ergab sich aber aus **dem ständigen intensiven Dialog** mit den Benutzern. Wir danken an dieser Stelle deshalb ausdrücklich allen, die durch Anregungen und Hinweise zur **Weiterentwicklung** des Buches beigetragen haben.

Im Herbst 2011   Die Verfasser

Hinweise an den Seitenrändern

- Unfallgefahr!
- Umweltschutz 
- Gefahr durch elektrischen Strom! 
- Gefahr für das Bauwerk! 
- Gefahr durch schädliche Stoffe! 
- K 11.1.2 Verweis auf Abschnitt eines Kapitels

ISBN 978-3-582-03524-0

Die Normblattangaben werden wiedergegeben mit Erlaubnis des DIN Deutsches Institut für Normung e.V. Maßgebend für das Anwenden der Norm ist deren Fassung mit dem neuesten Ausgabedatum, die bei der Beuth Verlag GmbH, Burggrafenstraße 6, 10787 Berlin, erhältlich ist.

Das Werk und seine Teile sind urheberrechtlich geschützt. Jede Nutzung in anderen als den gesetzlich zugelassenen Fällen bedarf der vorherigen schriftlichen Einwilligung des Verlages.

Hinweis zu § 52a UrhG: Weder das Werk noch seine Teile dürfen ohne eine solche Einwilligung eingescannt und in ein Netzwerk eingestellt werden. Dies gilt auch für Intranets von Schulen und sonstigen Bildungseinrichtungen.

Die Verweise auf Internetadressen und -dateien beziehen sich auf deren Zustand und Inhalt zum Zeitpunkt der Drucklegung des Werks. Der Verlag übernimmt keinerlei Gewähr und Haftung für deren Aktualität oder Inhalt noch für den Inhalt von mit ihnen verlinkten weiteren Internetseiten.

Verlag Handwerk und Technik GmbH,
Lademannbogen 135, 22339 Hamburg; Postfach 63 05 00, 22331 Hamburg – 2012
E-Mail: info@handwerk-technik.de; Internet: www.handwerk-technik.de

Satz: CMS – Cross Media Solutions GmbH, 97080 Würzburg
Druck und Bindung: Stürtz GmbH, 97080 Würzburg

Das Projekt

Was ist ein Projekt? 2
Wie werden projektbezogene Aufgaben bearbeitet? 2
Projektbeschreibung 4

Die Kapitel

Was wir in den einzelnen Kapiteln lernen werden 14

Kapitel 1: Mauern einer einschaligen Wand 17

Kapitel 1 vermittelt die Kenntnisse des Lernfeldes 7 für Maurer/-innen und des Lernfeldes 9 für Beton- und Stahlbetonbauer/-innen.

1.1	**Übersicht über die genormten Mauersteine**	18
1.1.1	Genormte großformatige Mauersteine ..	19
1.1.2	Nicht genormte großformatige Mauersteine	21
1.2	**Mauermörtel**	22
1.2.1	Normalmauermörtel (NM)	22
1.2.2	Leichtmauermörtel (LM)	23
1.2.3	Dünnbettmörtel (DM)	23
1.2.4	Zusatzmittel	23
1.3	**Verarbeiten von großformatigen Mauersteinen**	24
1.3.1	Verarbeiten von Hohlblöcken	24
1.3.2	Verarbeiten von Porenbeton-Plansteinen und -Planelementen	24
1.3.3	Verlegen im Dünnbettmörtel-Verfahren ..	25
1.3.4	Verbandsarten für Mauerwerk aus großformatigen Mauersteinen	26
1.3.5	Aussparungen, Schlitze und Vorlagen ...	29
1.4	**Wandbauplatten**	30
1.4.1	Versetzen von Wandbauplatten	30
1.5	**Wandelemente**	31
1.5.1	Stehend angeordnete Wandelemente ...	31
1.5.2	Liegend angeordnete Wandelemente	32
1.6	**Versetzgeräte**	33
1.6.1	Arbeiten mit Versetzgeräten	33
1.7	**Zeichnerische Darstellung von Mauerwerk**	34
1.7.1	Lage der Grundrisse und Schnitte am Beispiel des Projektes	34
1.7.2	Abkürzungen in Ausführungszeichnungen	35
1.7.3	Aufgaben	35
1.8	**Gerüste**	38
1.8.1	Spezielle Arbeitsgerüste zur Herstellung von Mauerwerk	38
1.8.2	Gerüstarten	38
1.8.3	Anforderungen an Gerüstbauteile	39
1.8.4	Allgemeine Richtlinien für die Ausführung	40
1.8.5	Regelausführungen für Gerüste	42
1.8.6	Rahmengerüste	44
1.8.7	Leitern und Gerüstaufstiege	45
1.8.8	Verhaltensregeln für den Aufenthalt auf Arbeitsgerüsten	46
1.9	**Baustoffbedarf und Zeitaufwand für Mauerwerk aus großformatigen Mauersteinen und Wandbauplatten**	47
1.9.1	Baustoffbedarf für Mauerwerk	47
1.9.2	Zeitaufwand für die Herstellung von Mauerwerk	49
1.10	**Außenwände des Untergeschosses in Mauerwerk**	50
1.10.1	Abdichten der Untergeschoss-Außenwände	51
1.11	**Fertigteile im Mauerwerksbau**	53

Kapitel 2: Mauern einer zweischaligen Wand 55

Kapitel 2 vermittelt die Kenntnisse des Lernfeldes 8 für Maurer/-innen.

2.1	**Anforderungen an Außenwände**	56
2.1.1	Witterungsschutz	56
2.1.2	Wärmeschutz	56
2.1.3	Schallschutz	57
2.1.4	Tragfähigkeit	58
2.2	**Zweischaliges Mauerwerk**	59
2.2.1	Allgemeine Regeln für die Herstellung von zweischaligen Außenwänden	59
2.2.2	Arten von zweischaligen Außenwänden .	60
2.3	**Mauersteine**	63
2.3.1	Verfugung	64
2.3.2	Bewegungsfugen	65
2.3.3	Verbände für Verblendmauerwerk	67
2.4	**Ermittlung des Baustoffbedarfs und der Herstellungskosten einer zweischaligen Wand**	69
2.4.1	Ermittlung des Baustoffbedarfs	69
2.4.2	Kostenermittlung	70
2.5	**Zeichnerische Darstellung von zweischaligem Mauerwerk**	72
2.5.1	Verblendmauerwerk in der Ansicht als Arbeitsplan	73
2.5.2	Teilzeichnung (Detail), Fenster	74
2.6	**Aufmaß und Abrechnung nach VOB**	75
2.6.1	Aufmaß und Abrechnung von Mauerarbeiten	75
2.6.2	Aufmaßskizzen	77

K Die Kapitel

Kapitel 3: Herstellen einer Stahlbetonstütze 79

Kapitel 3 vermittelt die Kenntnisse des Lernfeldes 7 für Beton- und Stahlbetonbauer/-innen.

3.1	**Aufgaben einer Stütze**	80
3.2	**Tragverhalten einer Stütze**	81
3.2.1	Beanspruchung	81
3.2.2	Querschnittsformen	81
3.2.3	Zusammenwirken von Beton und Stahl	81
3.3	**Bewehrung nach DIN EN 1992-1-1**	83
3.3.1	Bügelbewehrte Stütze	83
3.3.2	Umschnürte Stütze	83
3.3.3	Anschlussbewehrung	84
3.3.4	Bewehrungsarbeiten	84
3.3.5	Betondeckung	84
3.3.6	Bewehrungsplan und Stahlliste	85
3.3.7	Zeichnerische Darstellung	86
3.4	**Stützenfundament**	88
3.4.1	Bewehrung	88
3.4.2	Köcherfundamente	88
3.4.3	Fundamentschalung	89
3.5	**Stützenschalung**	89
3.5.1	Systemlose Stützenschalung	89
3.5.2	Systemschalungen für Stützen	89
3.5.3	Einmessen und Absichern der Schalung	90
3.5.4	Schalungsplan und Materialliste	91
3.6	**Betonieren einer Stütze**	94
3.7	**Ausschalen und Nachbehandeln**	94

Kapitel 4: Herstellen einer Kelleraußenwand 95

Kapitel 4 vermittelt die Kenntnisse des Lernfeldes 8 für Beton- und Stahlbetonbauer/-innen.

4.1	**Wandarten**	96
4.1.1	Belastung von Wänden	96
4.1.2	Bezeichnung von Wänden	96
4.2	**Wände in Ortbeton**	96
4.2.1	Wandschalungen	97
4.2.2	Bewehrungsarbeiten	101
4.2.3	Betonarbeiten	103
4.3	**Fertigteilwände**	106
4.3.1	Hohlwandelemente	106
4.3.2	Massive Wandelemente	110
4.3.3	Wände aus Schalungssteinen	110
4.4	**Abdichtung gegen Feuchtigkeit**	111
4.4.1	Abdichtung gegen Bodenfeuchtigkeit und nicht drückendes Wasser	111
4.4.2	Abdichtung gegen drückendes Wasser	111
4.5	**Oberflächengestaltung**	115
4.5.1	Mit Schalhaut gestaltete Betonflächen	115
4.5.2	Nachträglich bearbeitete Betonflächen	117
4.6	**Lichtschächte**	118
4.7	**Wärmedämmung**	118

Kapitel 5: Herstellen einer Massivdecke 119

Kapitel 5 vermittelt die Kenntnisse des Lernfeldes 9 für Maurer/-innen und des Lernfeldes 11 für Beton- und Stahlbetonbauer/-innen.

5.1	**Deckenkonstruktionen**	120
5.1.1	Grundformen	120
5.1.2	Stahlbetonvollplatten	120
5.2	**Deckenschalungen**	122
5.2.1	Systemlose Schalungen	122
5.2.2	Systemschalungen	123
5.2.3	Pflege der Schalung	124
5.2.4	Ausrüsten und Ausschalen	125
5.2.5	Schalungspläne und Materiallisten	126
5.2.6	Zeichnerische Darstellung	127
5.3	**Bewehrungsarbeiten**	128
5.3.1	Betonstahlgüte und Sorteneinteilung	128
5.3.2	Lage der Bewehrung	131
5.3.3	Bewehrungsgrundsätze	134
5.3.4	Zeichnerische Darstellung	138
5.4	**Betonverarbeitung**	143
5.4.1	Druckfestigkeitsklassen für Normal- und Schwerbeton	143
5.4.2	Konsistenzklassen	143
5.4.3	Expositionsklassen	144
5.4.4	Anforderungen an den Beton	146
5.4.5	Festlegung des Betons	149
5.4.6	Lieferung von Frischbeton	151
5.4.7	Fördern und Verdichten	152
5.4.8	Nachbehandeln	152
5.4.9	Betonieren bei besonderen Witterungsverhältnissen	153
5.4.10	Zusatzmittel und Zusatzstoffe	153
5.4.11	Überwachung durch das Bauunternehmen	156
5.5	**Betonmischungen**	157
5.6	**Absturzsicherung**	159
5.6.1	Schutzdächer	159
5.6.2	Schutzgerüste	159

Kapitel 6: Herstellen einer Fertigteildecke 161

Kapitel 6 vermittelt die Kenntnisse des Lernfeldes 12 für Beton- und Stahlbetonbauer/-innen.

6.1	**Werksfertigung**	162
6.2	**Plattendecken**	163
6.2.1	Fertigplatten mit Ortbetonergänzung – Teilmontagedecken	163
6.2.2	Vollmontage durch Fertigdecken – Hohlplatten mit Fugenverguss	170
6.2.3	Fertigdecken aus Leicht- oder Porenbeton	172
6.2.4	Stahlsteindecken	172

Die Kapitel

6.3	**Balkendecken**	174
6.3.1	Dicht nebeneinander verlegte Balken	174
6.3.2	Balkendecken mit Zwischenbauteilen	174
6.4	**Plattenbalkendecken**	175
6.4.1	TT-Platten und Trogplatten	175
6.4.2	Rippendecken	176

Kapitel 7: Herstellen einer geraden Treppe 177

Kapitel 7 vermittelt die Kenntnisse des Lernfeldes 10 für Beton- und Stahlbetonbauer/-innen und des Lernfeldes 13 für Maurer/-innen.

7.1	**Grundlagen des Treppenbaus**	178
7.1.1	Bezeichnungen und Vorschriften	178
7.1.2	Treppenarten nach der Form	179
7.1.3	Treppenregeln	179
7.1.4	Berechnungen an Treppen	180
7.1.5	Stufenarten	182
7.2	**Treppenkonstruktionen**	183
7.2.1	Gemauerte Treppen	184
7.2.2	Unterstützte Werksteintreppen	184
7.2.3	Freitragende Werksteinstufen	187
7.2.4	Treppen aus Stahlbeton (Ortbeton)	187
7.2.5	Treppen aus Stahlbetonfertigteilen	189
7.3	**Trittschallschutz bei Stahlbetontreppen**	190
7.4	**Zeichnerische Darstellung von Treppen**	191
7.4.1	Treppenkonstruktion	191
7.4.2	Treppenbewehrung	192

Kapitel 8: Herstellen einer gewendelten Treppe 195

Kapitel 8 vermittelt die Kenntnisse des Lernfeldes 13 für Beton- und Stahlbetonbauer/-innen.

8.1	**Treppenformen**	196
8.2	**Verziehen von gewendelten Treppen**	197
8.2.1	Gehbereiche	197
8.2.2	Grundsätze des Verziehens	198
8.2.3	Grafisches Verziehen	199
8.2.4	Rechnerisches Verziehen	200
8.2.5	Verziehen mit Leisten	200
8.3	**Gewendelte Treppen aus Ortbeton**	201
8.3.1	Treppenschalung	201
8.3.2	Bewehrung	202
8.4	**Gewendelte Treppen aus Stahlbetonfertigteilen**	203
8.4.1	Elementtreppen	203
8.4.2	Stahlbetonfertigteiltreppe als Wendeltreppe	204
8.4.3	Stahlbetonfertigteiltreppe als Spindeltreppe	204
8.5	**Aufgaben**	205

Kapitel 9: Herstellen eines Trägers aus Spannbeton 207

Kapitel 9 vermittelt die Kenntnisse des Lernfeldes 16 für Beton- und Stahlbetonbauer/-innen.

9.1	**Geschichte**	208
9.2	**Herstellungsarten**	208
9.2.1	Vorspannen mit sofortigem Verbund	209
9.2.2	Vorspannen mit nachträglichem Verbund	209
9.2.3	Vorspannen ohne Verbund	210
9.2.4	Lage der Spannglieder	210
9.3	**Spannverfahren**	211
9.3.1	Spannglieder	211
9.3.2	Spannstahl	212
9.3.3	Spannanker	213
9.3.4	Kopplungen	213
9.3.5	Hüllrohre	213
9.4	**Korrosionsschutz**	215
9.4.1	Rissbildung	216
9.4.2	Beton	217
9.5	**Profile für Träger aus Spannbeton**	217
9.6	**Aufgaben**	218

Kapitel 10: Mauern besonderer Bauteile 219

Kapitel 10 vermittelt die Kenntnisse des Lernfeldes 16 für Maurer/-innen.

10.1	**Tragfähigkeit von Mauerwerk**	220
10.1.1	Tragfähigkeitsnachweis	221
10.2	**Verbände**	225
10.2.1	Pfeilerverbände	225
10.2.2	Zeichnerische Darstellung von Pfeilerverbänden	226
10.2.3	Schiefwinklige Mauerecken	227
10.2.4	Zeichnerische Darstellung von schiefwinkligen Mauerecken	229
10.3	**Ausfachung von Fachwerk- und Skelettkonstruktionen**	230
10.3.1	Ausfachung von Holzfachwerken	230
10.3.2	Ausfachung von Stahlskeletten	230
10.3.3	Ausfachung von Stahlbetonskeletten	231
10.4	**Schornsteinbau**	232
10.4.1	Abgasanlagen, Schornsteine	232
10.4.2	Aufgaben des Schornsteins	232
10.4.3	Wirkungsweise des Schornsteins	233
10.4.4	Einflüsse auf den Schornsteinzug	233
10.4.5	Schornsteine aus Formstücken	236
10.4.6	Schornsteinkonstruktionen	237
10.4.7	Bauliche Ausführung	239
10.4.8	Schornsteinverbände	242
10.4.9	Zeichnerische Darstellung	243
10.5	**Abdichtungen gegen von außen drückendes Wasser**	245
10.5.1	Schwarze Wanne	245
10.5.2	Weiße Wanne	246

K Die Kapitel

Kapitel 11: Überdecken einer Öffnung mit einem Bogen 247

Kapitel 11 vermittelt die Kenntnisse des Lernfeldes 14 für Maurer/-innen.

11.1	**Bogenarten**	248
11.1.1	Tragweise der Bögen	248
11.1.2	Rundbogen	248
11.1.3	Segmentbogen	250
11.1.4	Scheitrechter Sturz (Bogen)	251
11.2	**Bogenförmiges Mauerwerk**	253
11.3	**Berechnung von Bogenkonstruktionen**	253
11.3.1	Rundbogen	253
11.3.2	Segmentbogen	254
11.3.3	Scheitrechter Bogen (Sturz)	256
11.4	**Aufgaben**	256
11.5	**Zeichnerische Darstellung von Bögen**	259
11.5.1	Grundkonstruktionen	259
11.5.2	Bogenkonstruktionen	260
11.5.3	Aufgaben	262

Kapitel 12: Putzen einer Wand 265

Kapitel 12 vermittelt die Kenntnisse des Lernfeldes 10 für Maurer/-innen.

12.1	**Aufgaben und Anforderungen an Putzmörtel und Putze**	266
12.1.1	Aufgaben moderner Putzsysteme	266
12.1.2	Anforderungen an Putze	266
12.1.3	Aufgaben von Innenputzen	267
12.1.4	Aufgaben von Außenputzen	267
12.2	**Putzgrund**	268
12.2.1	Anforderungen an den Putzgrund – Maßnahmen	268
12.2.2	Prüfungen zur Beurteilung des Putzgrundes	269
12.2.3	Maßnahmen zur Vorbereitung von Putzgründen	269
12.3	**Putzmörtel**	270
12.3.1	Werktrockenmörtel	270
12.3.2	Mineralische Putzmörtel	270
12.3.3	Zusatzmittel, Zusatzstoffe und Farbstoffe	271
12.3.4	Putze mit organischen Bindemitteln – Kunstharzputze	271
12.4	**Putzaufbau**	272
12.4.1	Einlagige und mehrlagige Putze	272
12.4.2	Aufgaben der einzelnen Putzlagen	272
12.4.3	Putzdicken und Wartezeiten	272
12.5	**Putzsysteme**	273
12.5.1	Putzanwendung und Putzsysteme	273
12.5.2	Putzsysteme für Innen- und Außenwände	273
12.6	**Putzträger und Putzbewehrung/-armierung**	274
12.6.1	Putzträger	274
12.6.2	Putzbewehrung/-armierung	275
12.7	**Oberflächengestaltung durch den Oberputz**	276
12.7.1	Farbe	276
12.7.2	Putzweise	276
12.8	**Putze für besondere Anwendungsgebiete**	278
12.8.1	Kellerwandaußenputz	278
12.8.2	Außensockelputz	278
12.8.3	Brandschutzputz	278
12.8.4	Akustikputz – Schallabsorbierender Putz	278
12.8.5	Leichtputz	279
12.8.6	Sanierputz	279
12.9	**Trockenputz**	280
12.9.1	Trockenbauwerkstoffe	280
12.9.2	Untergrund	280
12.9.3	Herstellung eines Trockenputzes	280
12.10	**Wärmedämmung mit Putzsystemen**	281
12.10.1	Wärmedämm-Verbundsystem	281
12.10.2	Wärmedämmputz	282
12.11	**Arbeitsvorbereitung**	283
12.11.1	Planung von Putzarbeiten	283
12.11.2	Organisatorische Umsetzung	283
12.11.3	Vorbereitung des Arbeitsplatzes	283
12.11.4	Ausführungsregeln	283
12.12	**Ermittlung des Putzmörtelbedarfs**	284
12.12.1	Berechnungsvorgang	284
12.13	**Putztechnik**	285
12.13.1	Verputzen mit der Hand	285
12.13.2	Verputzen mit der Maschine	285
12.13.3	Arbeitsablauf beim Verputzen mit der Maschine	286

Kapitel 13: Herstellen einer Wand in Trockenbauweise 287

Kapitel 13 vermittelt die Kenntnisse des Lernfeldes 11 für Maurer/-innen.

13.1	**Leichte Trennwände in Trockenbauweise**	288
13.1.1	Trockenbau	288
13.1.2	Anwendungsbereiche	288
13.1.3	Nicht tragende leichte Trennwände	289
13.1.4	Anschluss an angrenzende Bauteile	290
13.1.5	Metallprofile für Ständerwände	290
13.1.6	Trockenbauplatten für Montagewände	290
13.1.7	Hilfsmittel für Trockenbauarbeiten	291
13.2	**Einfachständerwand mit Gipsplatten**	292
13.2.1	Herstellung	292
13.2.2	Verfugen von Trockenbauplatten	293
13.2.3	Werkzeuge für Trockenbauarbeiten	294
13.2.4	Zeichnerische Darstellung	295
13.2.5	Ermittlung des Materialbedarfs	296

Die Kapitel

Kapitel 14: Herstellen von Estrich 297

Kapitel 14 vermittelt die Kenntnisse des Lernfeldes 12 für Maurer/-innen.

14.1	**Estricharten und Estrichkonstruktionen**	298
14.1.1	Verbundestriche	298
14.1.2	Estriche auf Trennschicht	299
14.1.3	Estriche auf Dämmschichten	299
14.1.4	Fließestrich	300
14.1.5	Estrichdicke und Fugen	301
14.2	**Schallschutz**	302
14.2.1	Grundbegriffe	302
14.2.2	Luftschalldämmung	303
14.2.3	Trittschalldämmung von Massivdecken	304
14.3	**Dämmstoffe für den Schall- und Wärmeschutz**	305
14.4	**Umweltfreundliches Bauen mit Dämmstoffen**	307
14.5	**Massenermittlung und Abrechnung**	308
14.6	**Zeichnerische Darstellung**	310

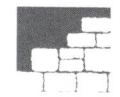

Kapitel 15: Herstellen einer Stützwand 311

Kapitel 15 vermittelt die Kenntnisse des Lernfeldes 15 für Beton- und Stahlbetonbauer/-innen.

15.1	**Anforderungen an Stützwände**	312
15.2	**Stützwandarten**	312
15.2.1	Schwerlaststützwände	312
15.2.2	Winkelstützwände	313
15.3	**Bewehren einer Winkelstützwand**	314
15.4	**Schalen einer Stützwand**	316
15.4.1	Trägerschalung	316
15.4.2	Rahmenschalung	317
15.4.3	Verankerung der Schalung	318
15.4.4	Einhäuptige Schalung	319
15.5	**Betonieren einer Stützwand**	320
15.5.1	Sichtbeton	320
15.5.2	Beton mit hohem Wassereindringwiderstand	322
15.5.3	Selbstverdichtender Beton (SVB)	323
15.5.4	Leichtverarbeitbarer Beton (LVB)	325
15.5.5	Stahlfaserbeton	325
15.5.6	Spritzbeton	326
15.6	**Fugenausbildung**	327
15.6.1	Bewegungsfugen	327
15.6.2	Arbeitsfugen	328
15.6.3	Scheinfugen	329

Kapitel 16: Herstellen einer Natursteinmauer 331

Kapitel 16 vermittelt die Kenntnisse des Lernfeldes 15 für Maurer/-innen.

16.1	**Natursteine**	332
16.1.1	Mineralien – die Bausteine der Natursteine	332
16.1.2	Erstarrungsgesteine	332
16.1.3	Ablagerungsgesteine	334
16.1.4	Umprägungsgesteine	335
16.1.5	Eigenschaften und Verwendung	335
16.2	**Natursteinmauerwerk**	337
16.2.1	Eigenschaften und Verwendung	337
16.2.2	Aufbereitung der Werksteine	337
16.2.3	Ausführungsregeln	338
16.2.4	Arten	339
16.2.5	Güteklassen und Festigkeiten	341
16.2.6	Öffnungen	342
16.2.7	Fugen	342
16.2.8	Abdeckungen	343
16.2.9	Materialbedarf und zeichnerische Darstellung	344

Kapitel 17: Instandsetzen und Sanieren eines Bauteils 345

Kapitel 17 vermittelt die Kenntnisse des Lernfeldes 14 für Beton- und Stahlbetonbauer/-innen und des Lernfeldes 17 für Maurer/-innen.

17.1	**Entwicklung des Bauwesens**	346
17.1.1	Altertum	346
17.1.2	Romanik (800–1250)	348
17.1.3	Gotik (1250–1530)	348
17.1.4	Renaissance (1530–1600)	350
17.1.5	Barock (1600–1800)	351
17.1.6	Klassizismus (1800–1850)	351
17.1.7	Baukunst im 20. Jahrhundert	352
17.2	**Mauerwerkssanierung**	353
17.2.1	Ursachen der Mauerwerkszerstörung	353
17.2.2	Schadensbeurteilung	353
17.2.3	Mauerwerkssanierung	354
17.3	**Betonkorrosion und Betonsanierung**	358
17.3.1	Betonkorrosion	358
17.3.2	Ursachen der Betonkorrosion	358
17.3.3	Vorbeugender Betonschutz	359
17.3.4	Betoninstandsetzung	360
17.4	**Unterfangungen**	362
17.4.1	Allgemeines	362
17.4.2	Ausführung	362
17.4.3	Vor-der-Wand-Pfähle	362
17.5	**Wärmeschutz**	363
17.5.1	Bedeutung des Wärmeschutzes	363
17.5.2	Wärmedämmung	363

Die Kapitel

17.5.3	Wärmespeicherung	364
17.5.4	Wärmebrücken	364
17.5.5	Dämmstoffe für den Wärmeschutz	365
17.5.6	Wärmeschutzberechnungen	366
17.6	**Baustoffrecycling**	374
17.6.1	Abbrucharbeiten	374
17.6.2	Bauschuttentsorgung	374

Tabellenanhang 375
Sachwortverzeichnis 380
Bildquellenverzeichnis 385

Das Projekt

P

Im Folgenden wird das Projekt, ein **Jugendhaus mit Garage**, vorgestellt.

Die Arbeit am Projekt soll uns ermöglichen, einen Jugendtreff zu gestalten, an dem wir Freude hätten und in dem wir uns wohl fühlen würden.

Das Projekt steht im Mittelpunkt des Lerngeschehens. Viele Lerninhalte werden am Beispiel dieses Projektes erarbeitet.

Es wird auch aufgezeigt, **wie** man projektbezogen arbeitet, **welche** Möglichkeiten es gibt, den Jugendtreff mit zu gestalten und **was** man im Einzelnen am Projekt lernt.

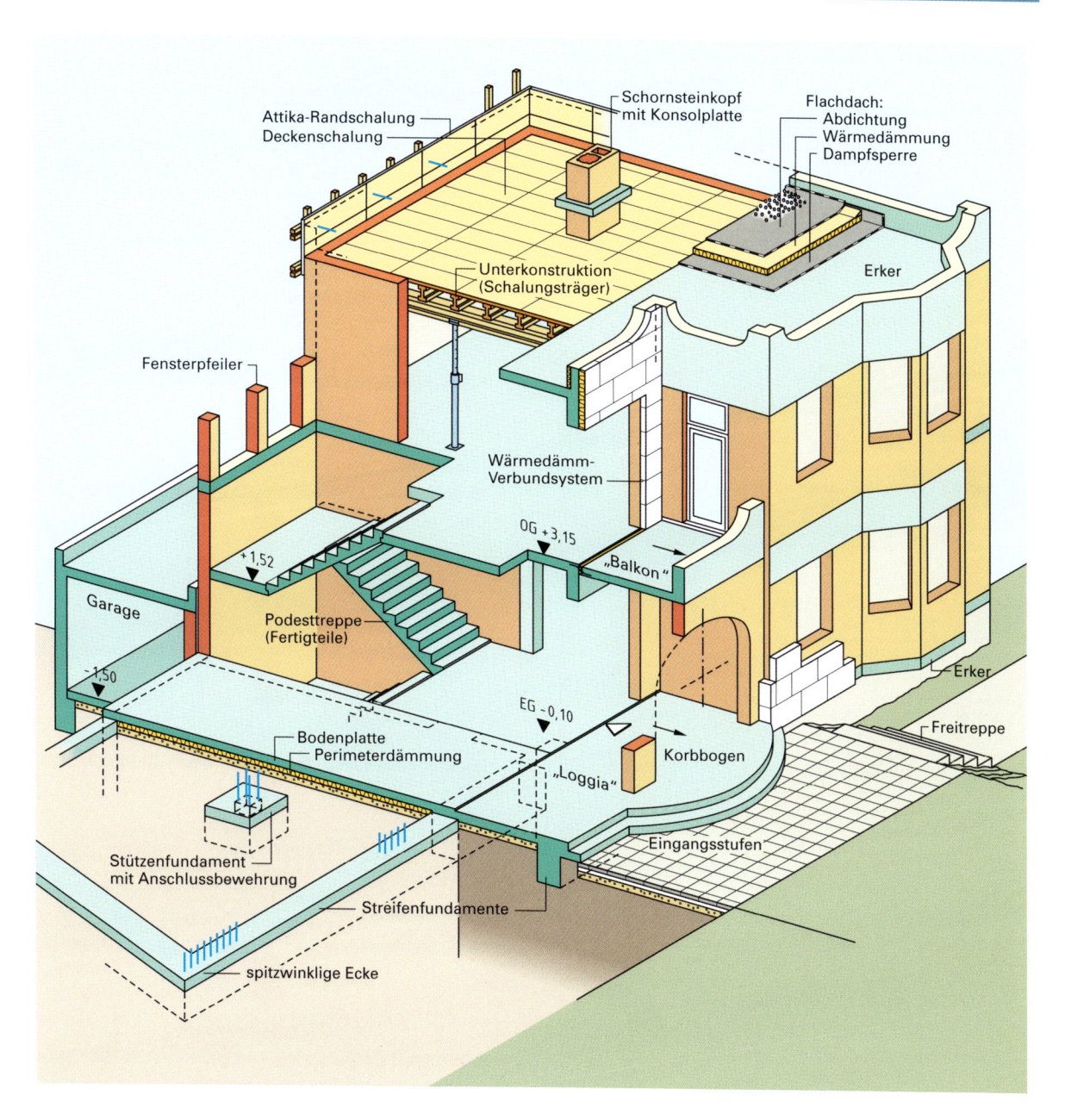

P Das Projekt

Was ist ein Projekt?

Im vorliegenden Buch werden viele Lerninhalte am Beispiel eines Jugendhauses mit angebauter Garage dargestellt. Dies soll

- den **Praxisbezug**,
- den **Wirklichkeitsbezug**,
- die **Anschaulichkeit** und
- das **Interesse** am Lernen herstellen und fördern.

Das **Jugendhaus** steht im Mittelpunkt der 17 Kapitel, welche die Lernfelder der Fachstufen des **Maurers** und des **Beton- und Stahlbetonbauers** beinhalten und auf die Lernfelder 1 bis 6 der Grundstufe aufbauen.

Das Lernen an einem solchen Beispiel wird als projektbezogenes Lernen bezeichnet, wobei das im Mittelpunkt des Lernens stehende Jugendhaus auch als **Projekt** bezeichnet wird.

In den 17 Kapiteln werden die Lerninhalte des zweiten und dritten Ausbildungsjahres (= Fachstufen) des Maurers und des Beton- und Stahlbetonbauers erarbeitet.

Kapitel 1	Mauern einer einschaligen Wand
Kapitel 2	Mauern einer zweischaligen Wand
Kapitel 3	Herstellen einer Stahlbetonstütze
Kapitel 4	Herstellen einer Kelleraußenwand
Kapitel 5	Herstellen einer Massivdecke
Kapitel 6	Herstellen einer Fertigteildecke
Kapitel 7	Herstellen einer geraden Treppe
Kapitel 8	Herstellen einer gewendelten Treppe
Kapitel 9	Herstellen eines Binders aus Spannbeton
Kapitel 10	Mauern besonderer Bauteile
Kapitel 11	Überdecken einer Öffnung mit einem Bogen
Kapitel 12	Putzen einer Wand
Kapitel 13	Herstellen einer Wand in Trockenbauweise
Kapitel 14	Herstellen von Estrich
Kapitel 15	Herstellen einer Stützwand
Kapitel 16	Herstellen einer Natursteinmauer
Kapitel 17	Instandsetzen und Sanieren eines Bauteils

Was ist ein Projekt?

Die **Aufgaben** am Ende eines jeden Lernschrittes können bei entsprechender Mitarbeit im Unterricht selbstständig gelöst werden.

Zu jedem Kapitel werden auch **projektbezogene Aufgaben** angeboten, die in Partnerarbeit oder Gruppenarbeit bearbeitet werden können.

> Das Projekt, ein Jugendhaus mit angebauter Garage, steht im Mittelpunkt eines jeden Kapitels. Viele Lerninhalte werden am Beispiel des Projektes dargeboten.

Wie werden projektbezogene Aufgaben bearbeitet?

Zu jedem Kapitel sind auch projektbezogene Aufgaben gestellt. Diese sollen und können die **berufliche Handlungsfähigkeit** fördern.

Für projektbezogenes Lernen eignet sich besonders **Partner-** oder **Gruppenarbeit**. Bei Partner- und Gruppenarbeiten können sich die Lernenden gegenseitig helfen, sie können miteinander diskutieren, und sie können füreinander Verantwortung übernehmen.

Beim Lösen der projektbezogenen Aufgaben empfiehlt sich folgende Vorgehensweise:

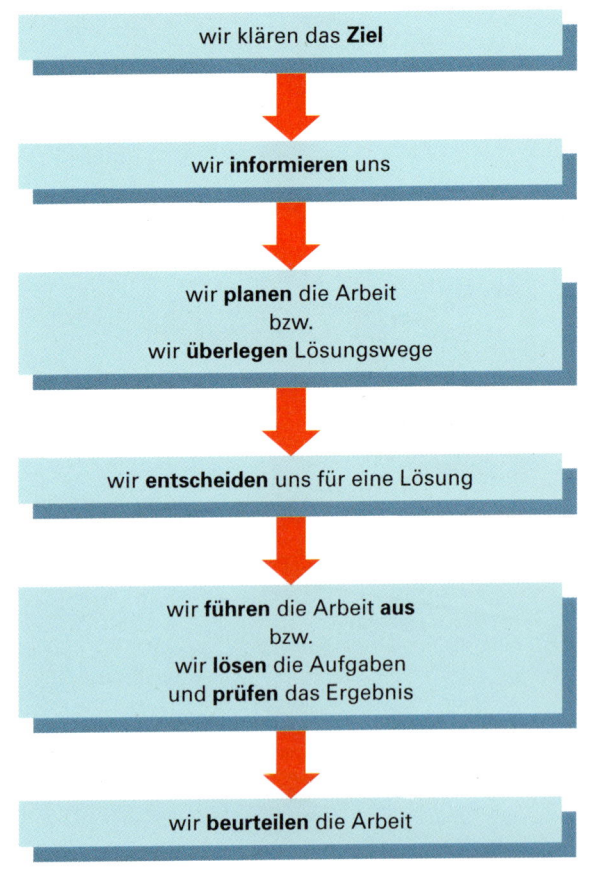

wir klären das **Ziel**

↓

wir **informieren** uns

↓

wir **planen** die Arbeit
bzw.
wir **überlegen** Lösungswege

↓

wir **entscheiden** uns für eine Lösung

↓

wir **führen** die Arbeit **aus**
bzw.
wir **lösen** die Aufgaben
und **prüfen** das Ergebnis

↓

wir **beurteilen** die Arbeit

Vorgehensweise bei der Lösung projektbezogener Aufgaben

Das Projekt

Projektbeschreibung

ANSICHT VON SÜDEN

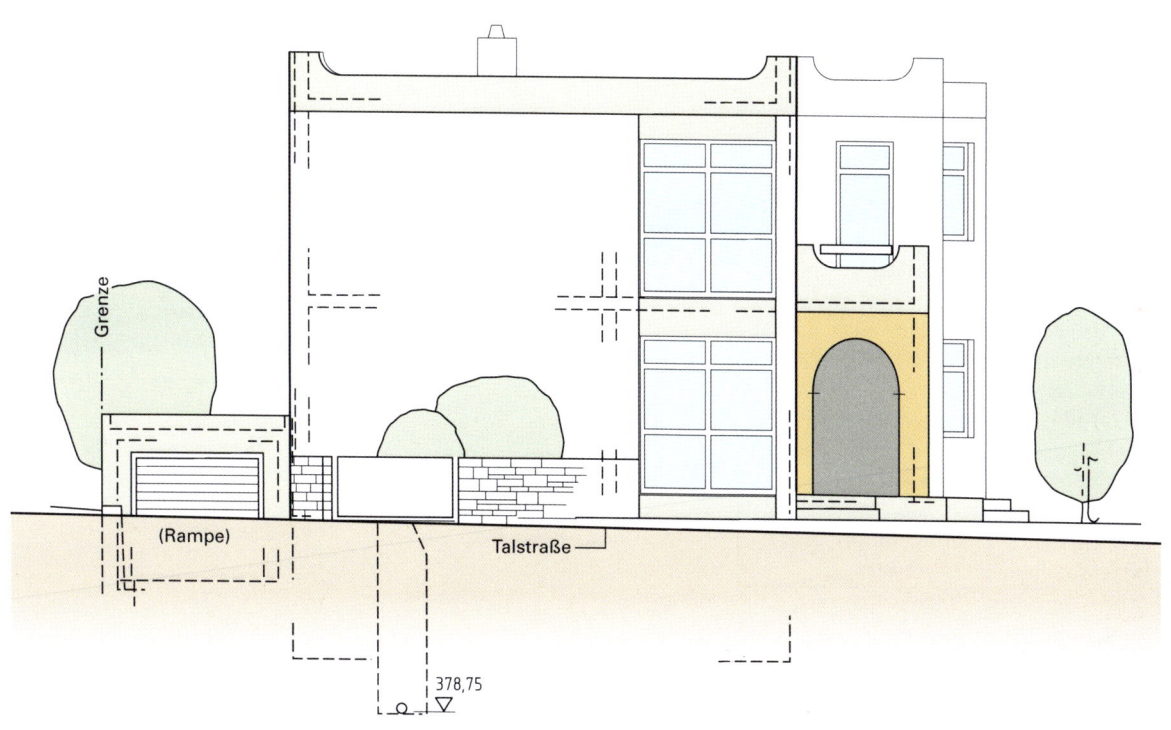

ANSICHT VON WESTEN

Grenze • (Rampe) • Talstraße • 378,75

Ansichten

Das Projekt — Projektbeschreibung

Projektbeschreibung

Beim Projekt handelt es sich um ein Jugendhaus, in welchem sich junge Leute in ihrer Freizeit treffen, aufhalten und wohl fühlen sollen. Im Folgenden wird das Jugendhaus auch „**Jugendtreff**" genannt.

Der Jugendtreff besteht aus Untergeschoss, Erdgeschoss und Obergeschoss. An der Nordseite des Erdgeschosses ist eine Pkw-Garage angebaut.

Das Obergeschoss schließt mit einem Flachdach ab. Die Garage besitzt ebenfalls ein Flachdach.

> Im Folgenden ist der **Untergeschoss-Grundriss** dargestellt.
>
> Es ist zu erkennen, dass der Jugendtreff nur teilweise unterkellert ist. Der Bereich unter den Labors und den Werkräumen sowie die Garage sind nicht unterkellert. Hier sind die Fundamente der darüber liegenden Wände bzw. Stützen dargestellt.
>
> Das Fundament entlang der Rampe zur Garage muss abgetreppt werden.
>
> Die Umfassungswände des Untergeschosses können aus Stahlbeton oder Mauerwerk bestehen, die Zwischenwände aus Mauerwerk. Die Umfassungswände und die Wand zum nicht unterkellerten Gebäudeteil müssen gegen Feuchtigkeit abgedichtet werden.
>
> Die Podesttreppe besteht wegen der geringeren Geschosshöhe des Untergeschosses aus zwei ungleichen Läufen. Der obere Lauf ist geschnitten, der über der Bildebene liegende Teil des Laufes ist mit Strichlinien dargestellt.
>
> Da die Geländeoberkante sich unterhalb der Brüstungen befindet, sind für die Untergeschossfenster keine Lichtschächte erforderlich.
>
> Die Fallrohre der Installationen und Dachentwässerung sind in senkrechten Wandschlitzen eingebaut.
>
> Schmutzwasser und Regenwasser werden zusammengeführt und im „Mischsystem" abgeleitet.

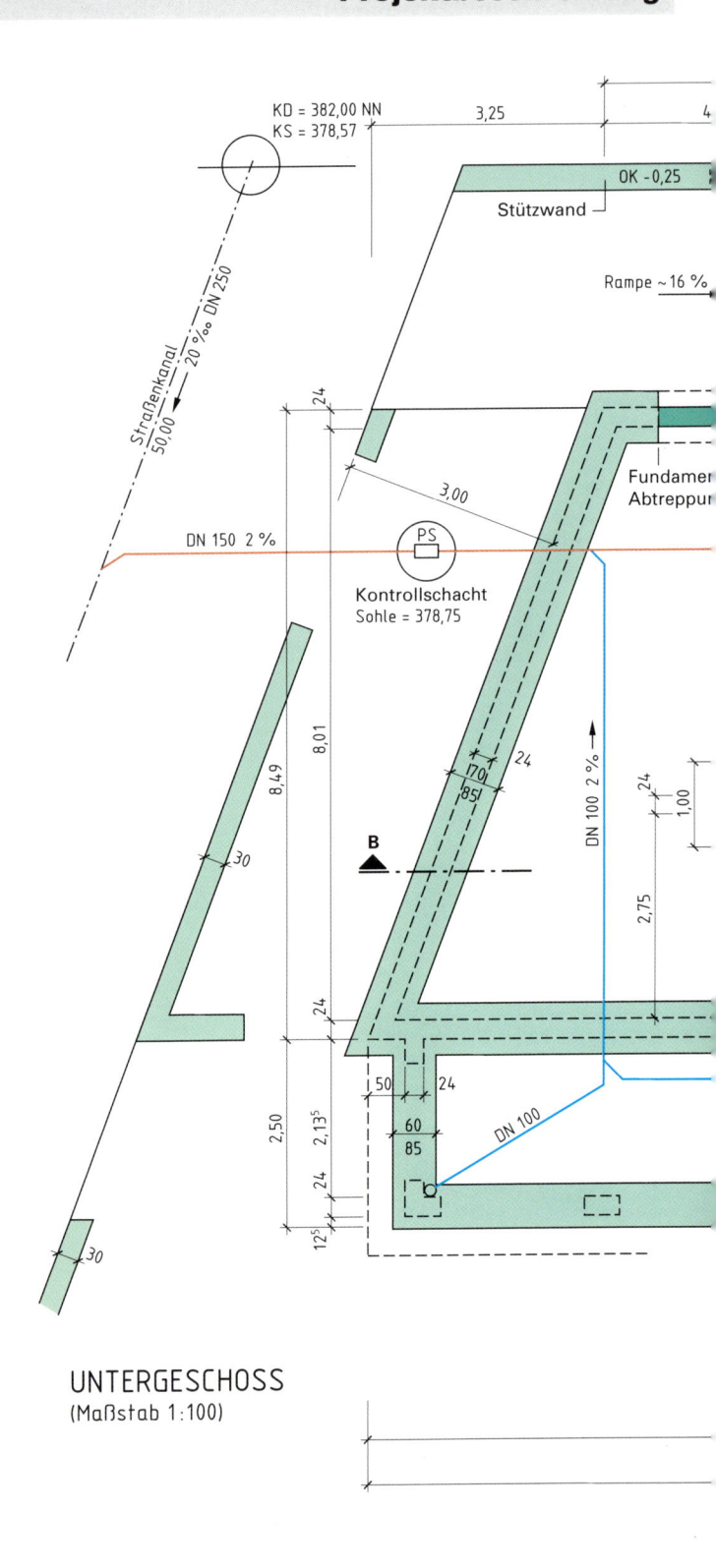

UNTERGESCHOSS
(Maßstab 1:100)

Untergeschoss-Grundriss

Das Projekt

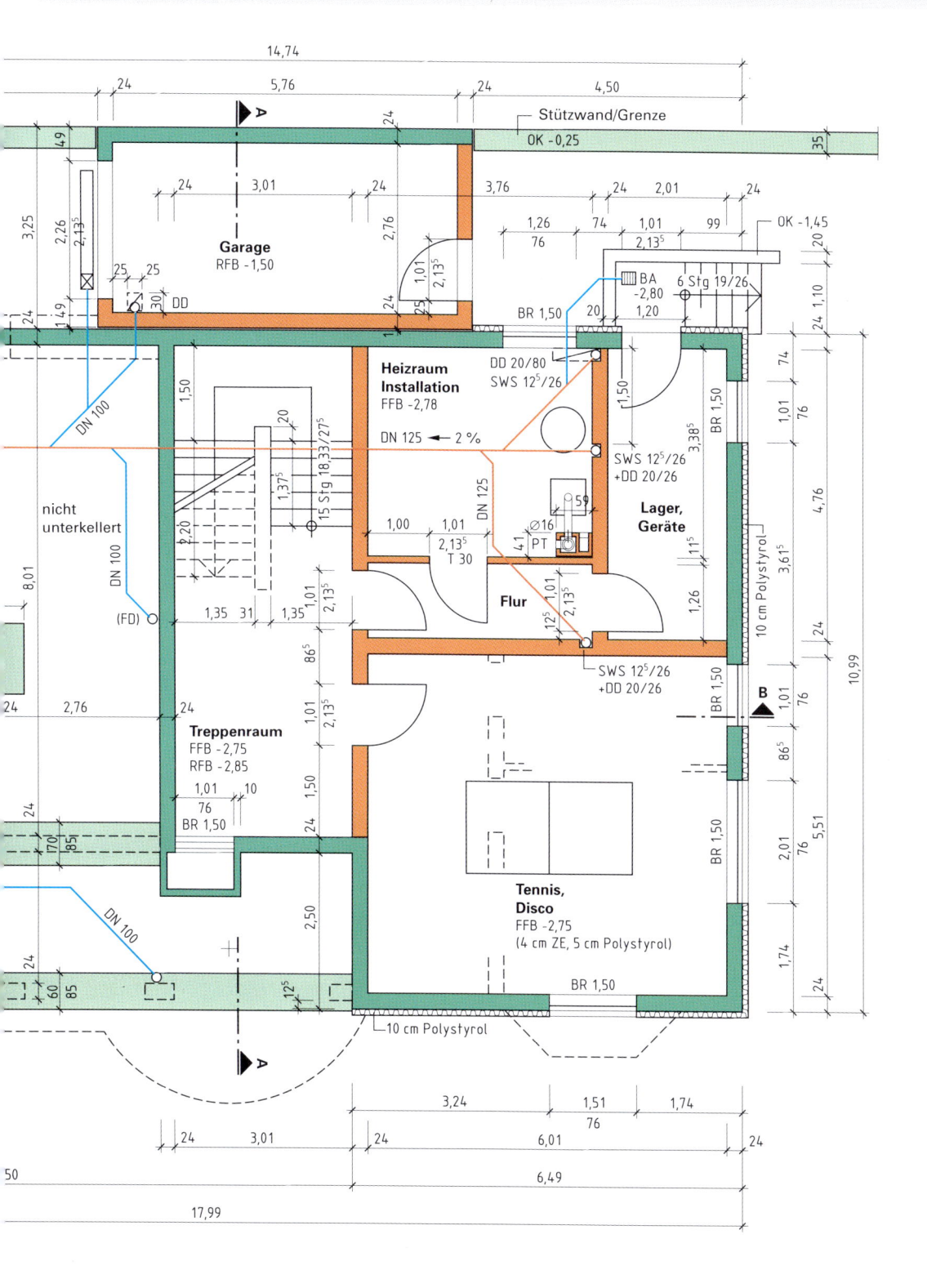

Projektbeschreibung

P

Das Projekt

Projektbeschreibung

Die Außenwände des **Erdgeschosses** können aus einschaligem oder zweischaligem Mauerwerk bestehen. In der Zeichnung sind die Außenwände einschalig mit einem Wärmedämm-Verbundsystem dargestellt. Die Verblendschale bei zweischaligem Mauerwerk ermöglicht uns, die Fassaden besonders zu gestalten. Im Bereich des Sockels kann z. B. Verblendmauerwerk aus Natursteinen vorgesehen werden. Auch die das Grundstück zum Teil umfassende Gartenmauer kann in Natursteinmauerwerk ausgeführt werden. Die Zwischenwände werden gemauert. Die nicht tragenden Wände können auch in Trockenbauweise hergestellt werden.

Der Eingangsbereich wird durch einen Arkadengang aus gemauerten Rund- und Korbbögen gestaltet. Er liegt zwei Stufen über dem befestigten Hof.

Die Gebäudeecken an der Westseite sowie die Ecken des Erkers an der Südseite sind schiefwinkelig. Für sie sind die Regeln für stumpf- und spitzwinkelige Mauerverbände zu beachten.

Die Geschosstreppe aus Stahlbeton besteht aus zwei gleich langen Läufen.

Der zweizügige Schornstein besteht aus Formsteinen. Die Decken über dem Untergeschoss und dem Erdgeschoss bestehen aus Stahlbeton.

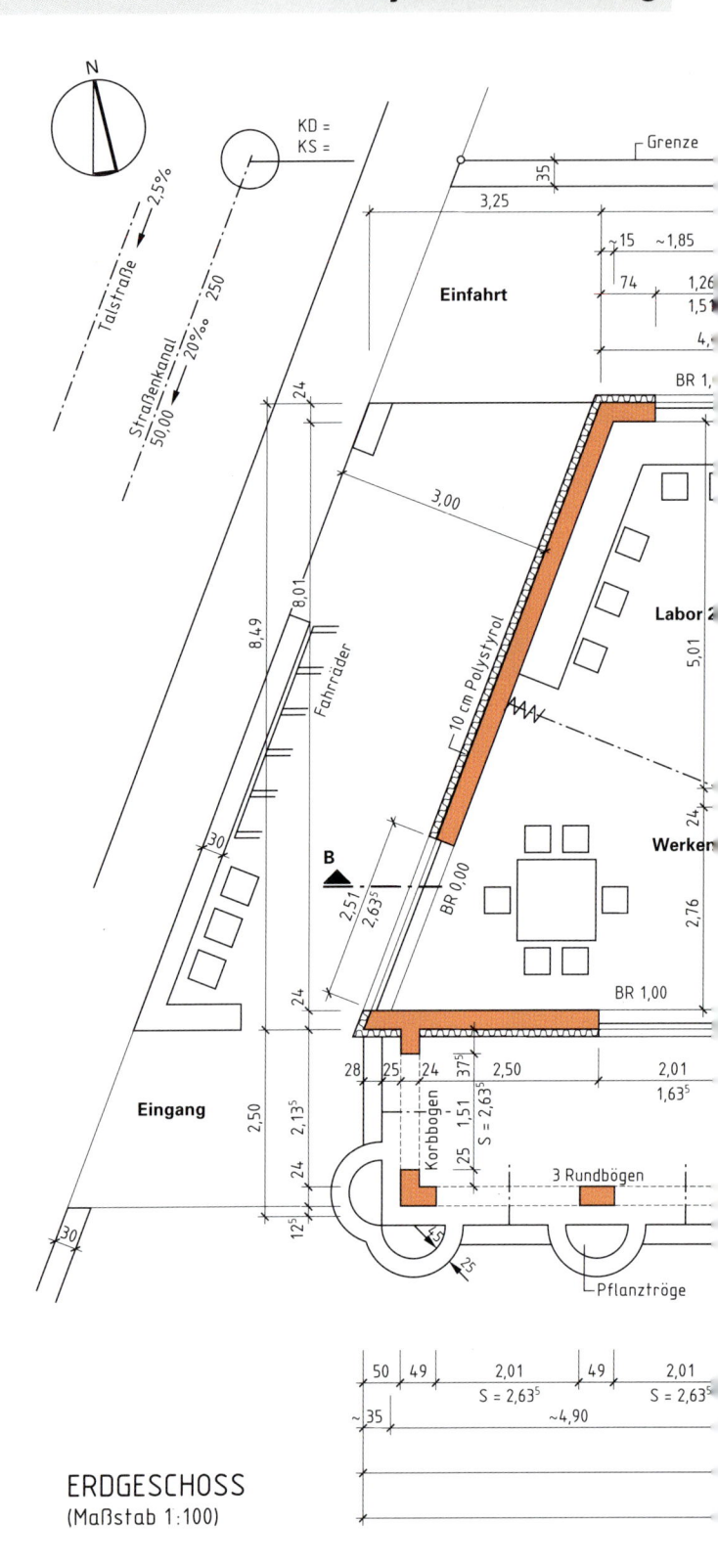

ERDGESCHOSS
(Maßstab 1:100)

Erdgeschoss-Grundriss

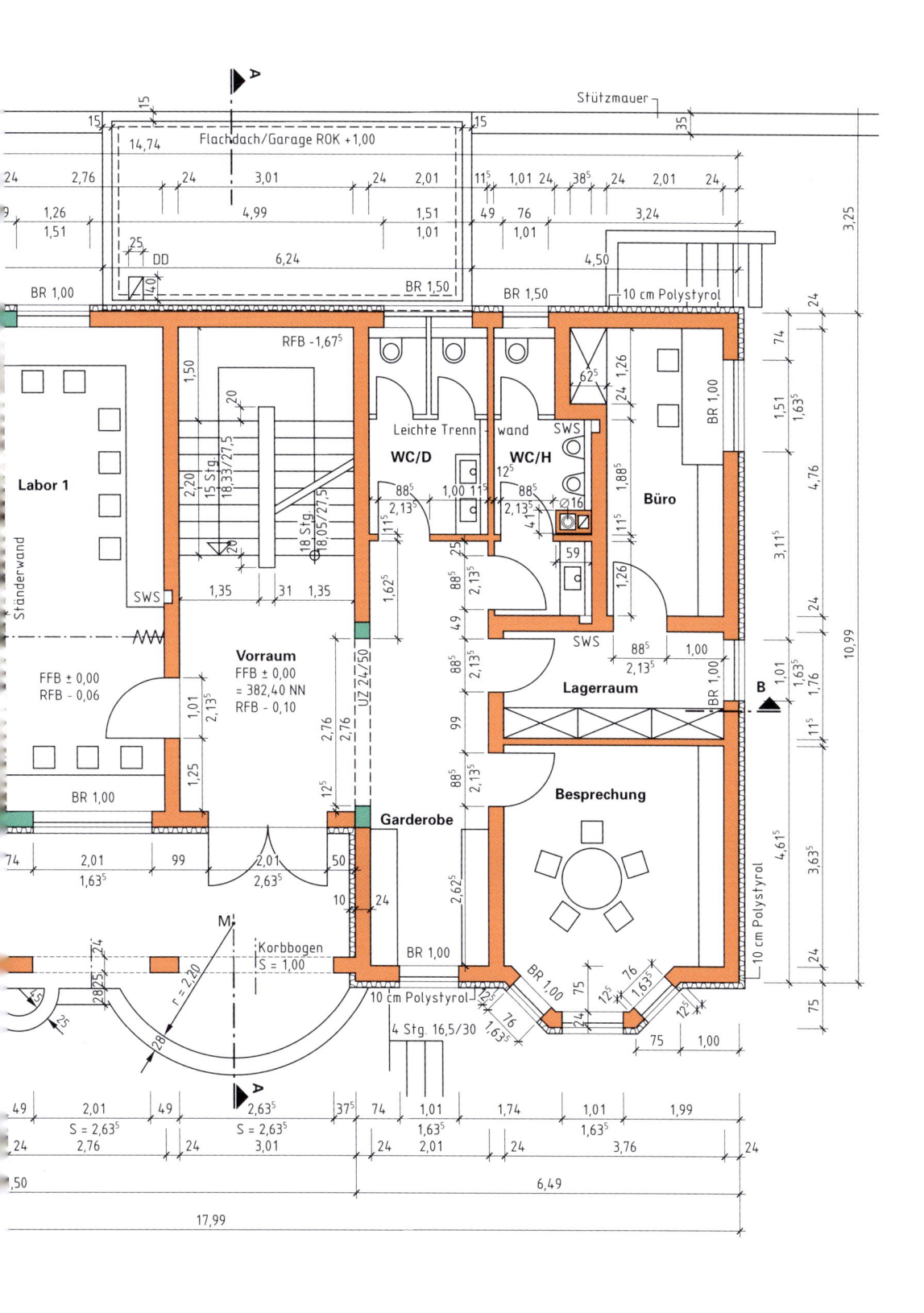

Das Projekt

Projektbeschreibung

Das Projekt

Projektbeschreibung

Die Wände des **Obergeschosses** bestehen wie die Wände des Erdgeschosses aus Mauerwerk.

Die Decke über dem Obergeschoss ist als Flachdach ausgebildet.

Die Grundriss-Zeichnungen enthalten alle für die Erstellung des Rohbaus notwendigen Maße. Um Fehler auszuschalten sind die Maße immer zu prüfen. Dabei werden die Einzelmaße addiert und mit den Gesamtmaßen verglichen. Außerdem können die Maße mit den Abmessungen der im Maßstab dargestellten Zeichnung verglichen werden. Die wichtigsten Maße sind außerhalb der Grundrisse angeordnet. Diese Maßlinien enthalten:

- die Gesamtmaße, gegebenenfalls Abschnittsmaße,
- Wanddicken und Raummaße,
- Fenster- und Pfeilermaße.

Die Oberkanten der Rohfußböden (RFB) sind mit Höhenkoten gekennzeichnet.

In den Grundriss-Zeichnungen werden die Schnittführungen für die Schnitte A-A und B-B dargestellt. Die Pfeile geben die Blickrichtung für die Schnittdarstellung an.

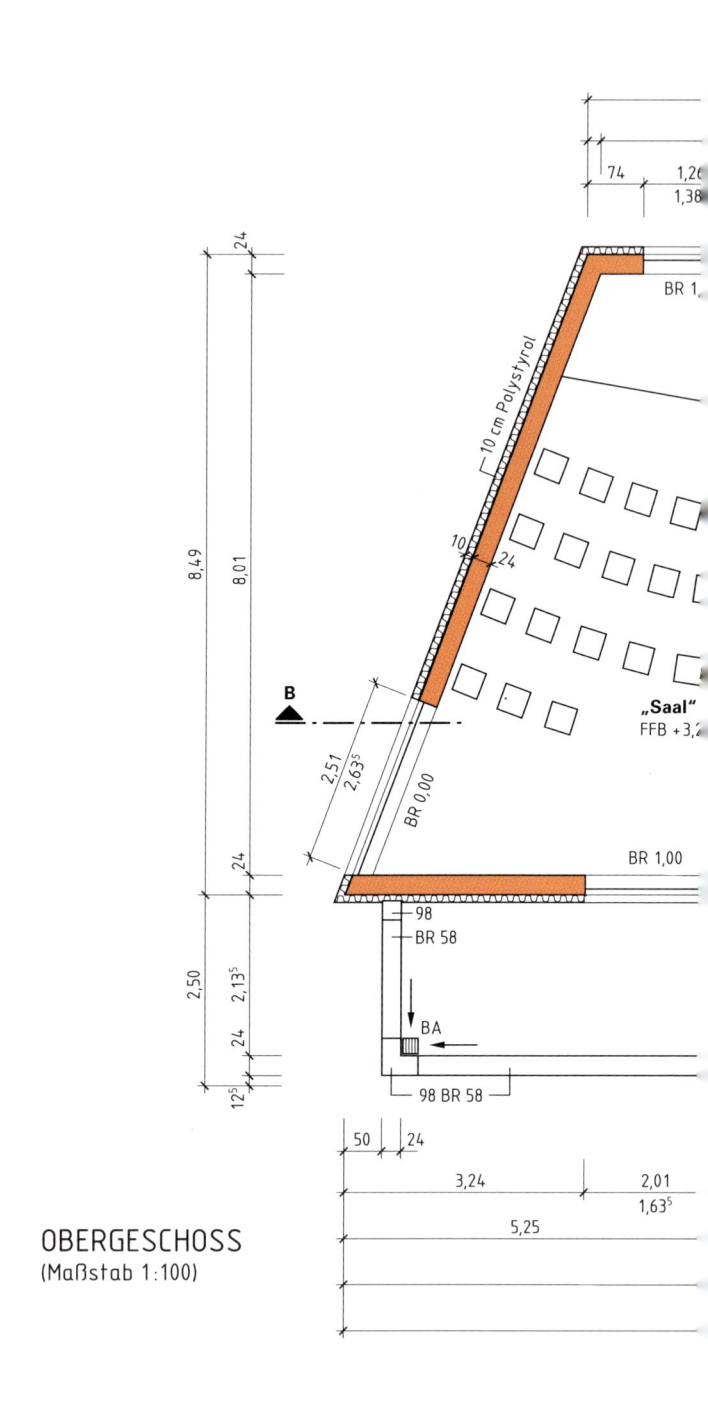

OBERGESCHOSS
(Maßstab 1:100)

Obergeschoss-Grundriss

Das Projekt

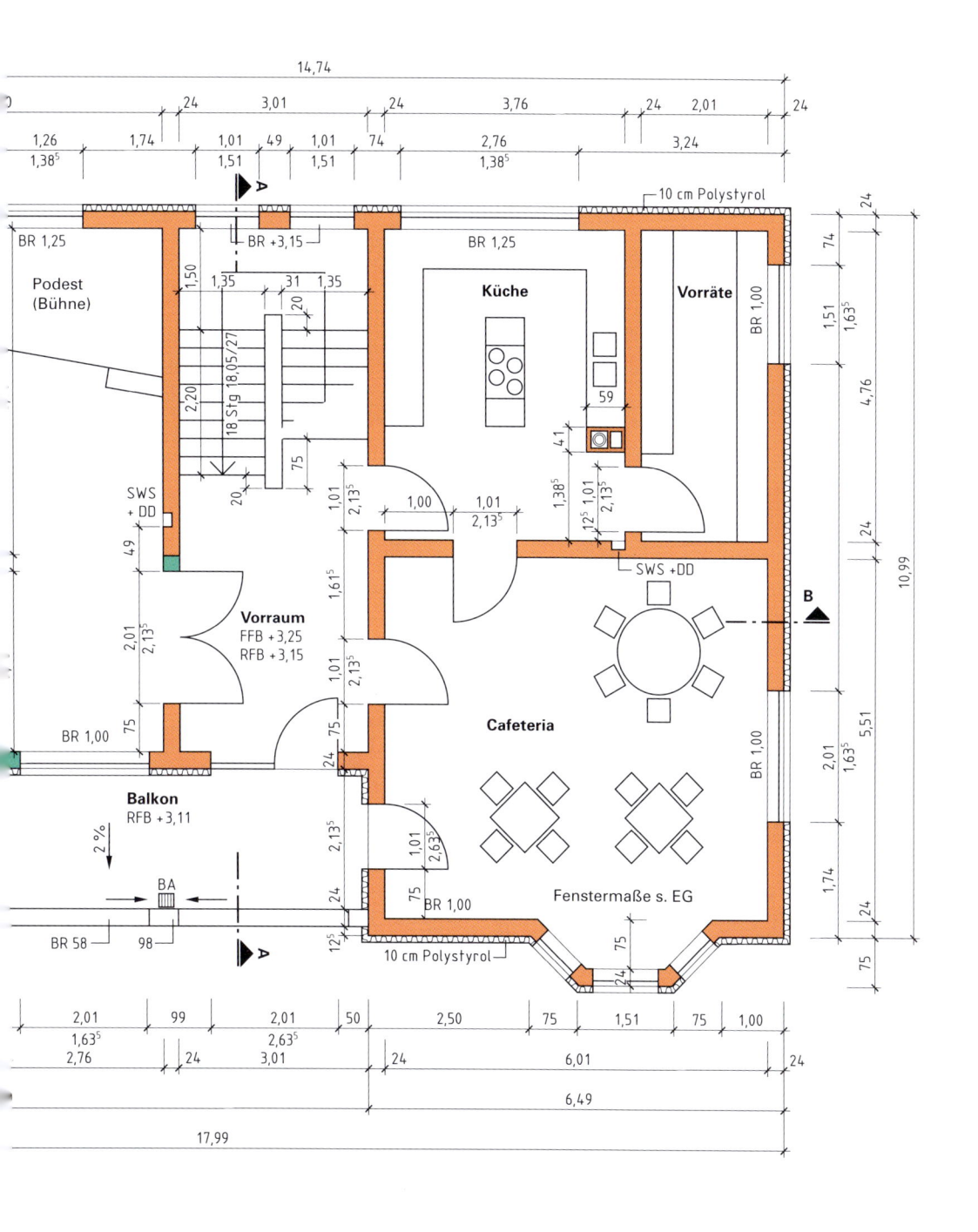

Projektbeschreibung

Das Projekt

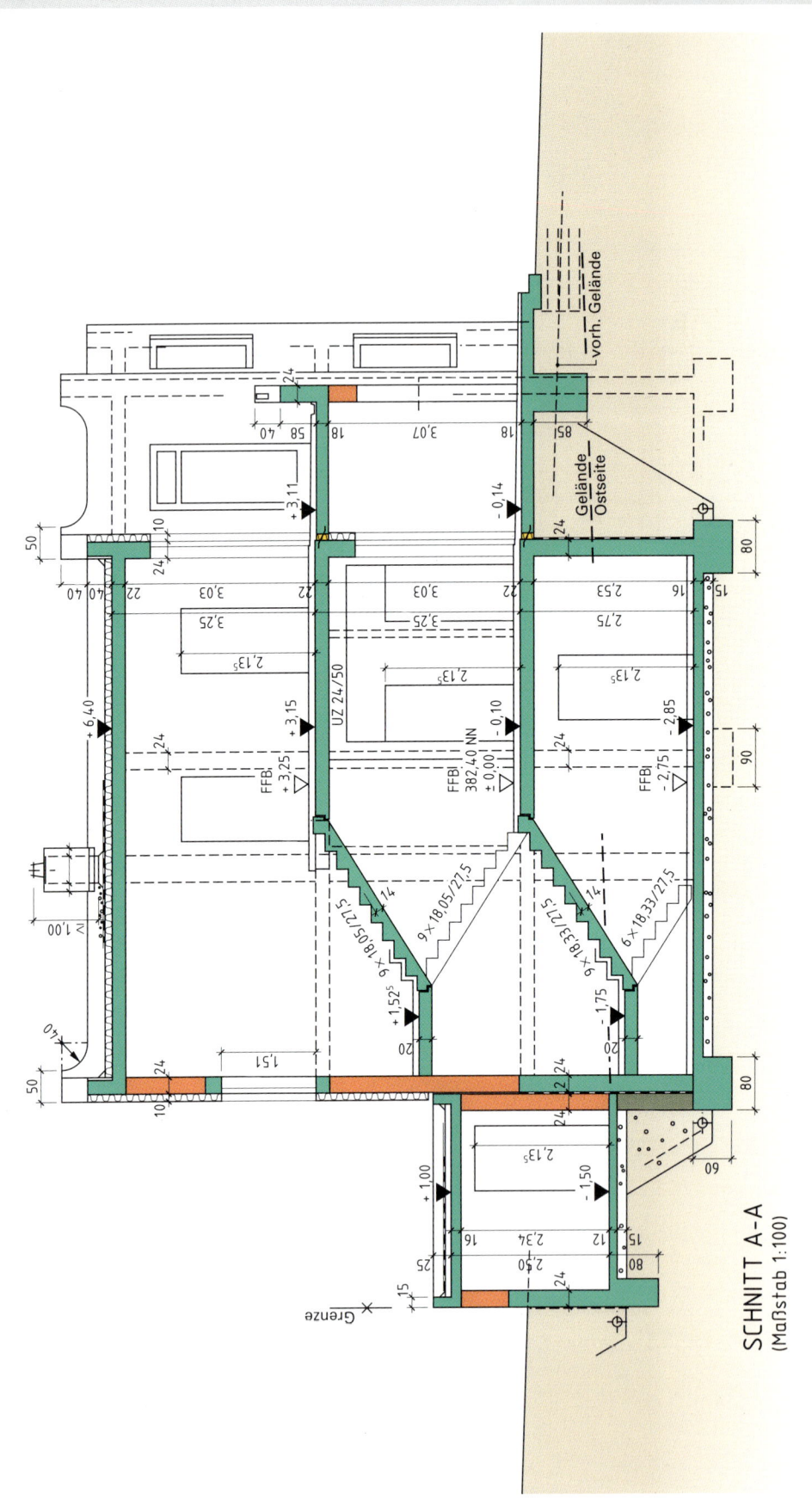

Projektbeschreibung

Das Projekt

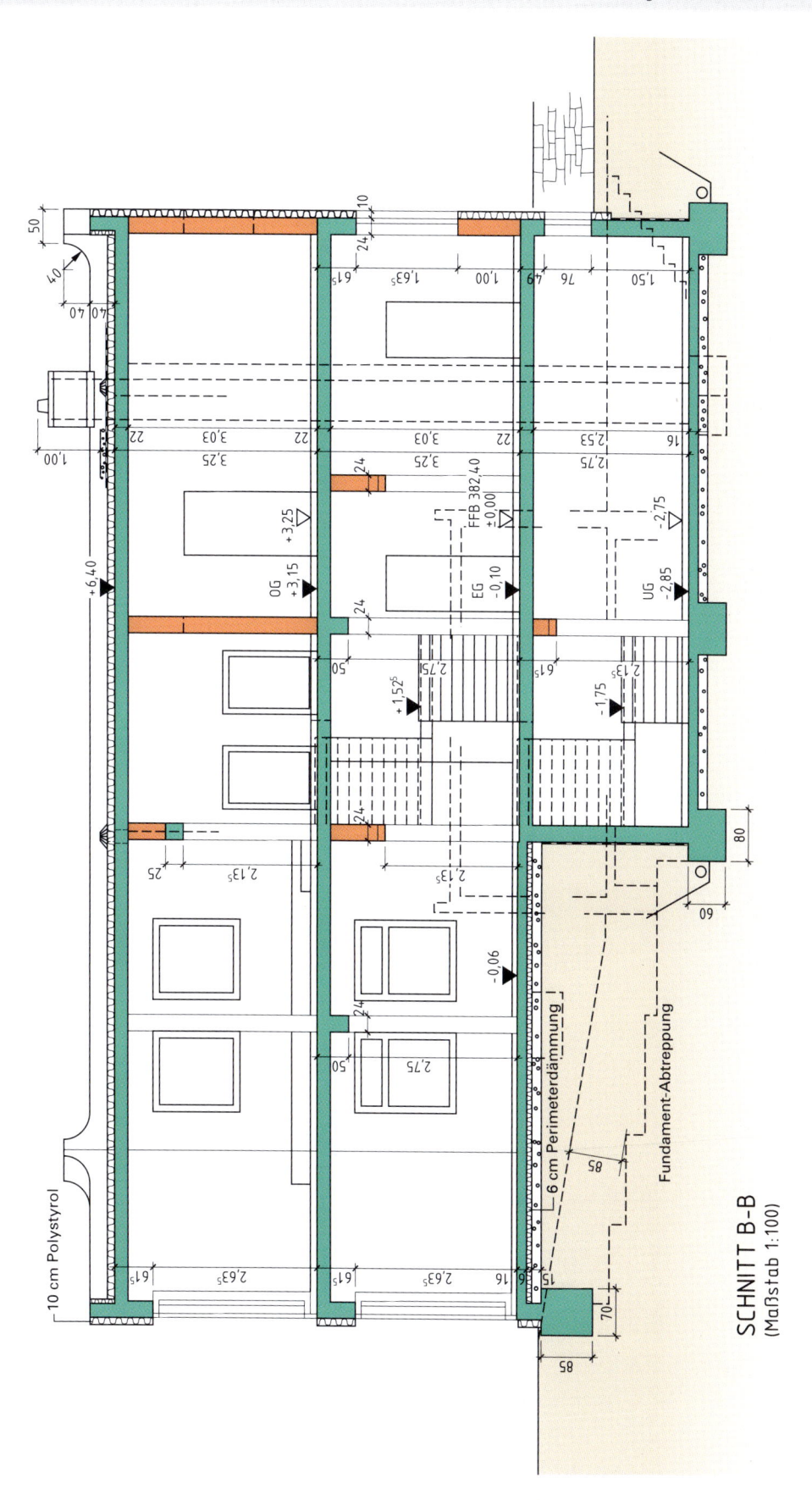

Projektbeschreibung

SCHNITT B-B
(Maßstab 1:100)

P Das Projekt Projektbeschreibung

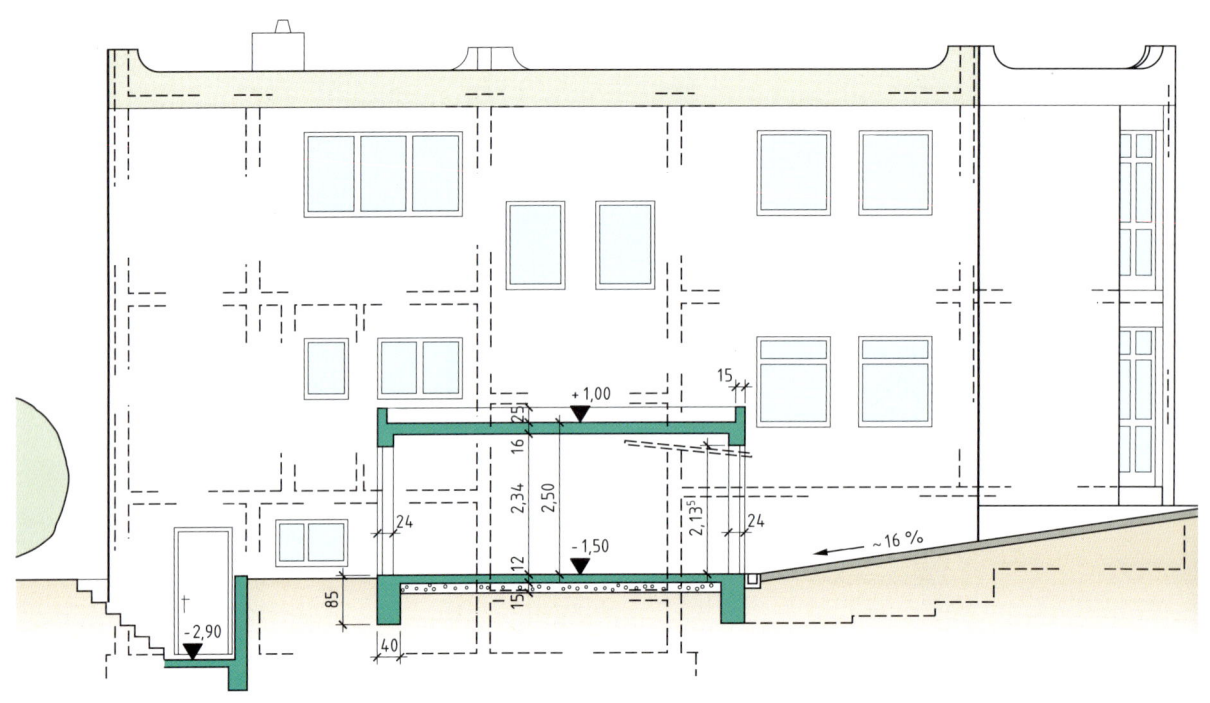

ANSICHT VON NORDEN
Längsschnitt Garage

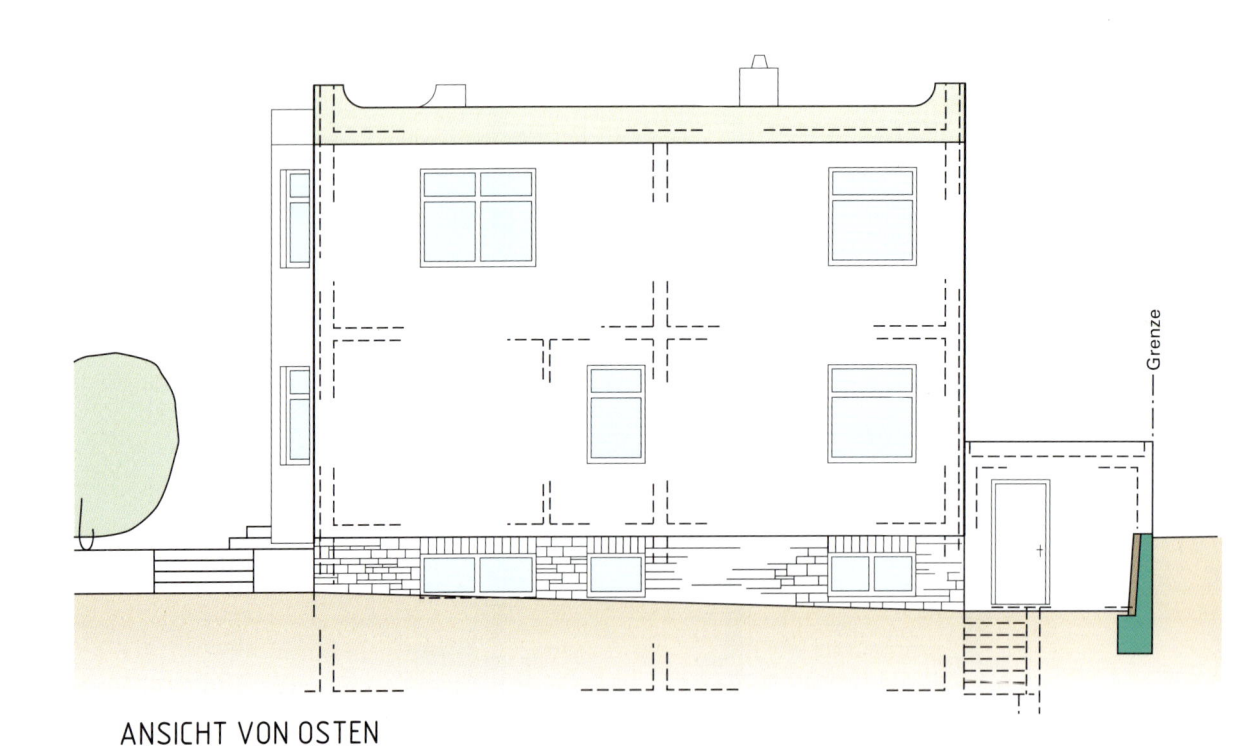

ANSICHT VON OSTEN

Ansichten

Die Kapitel

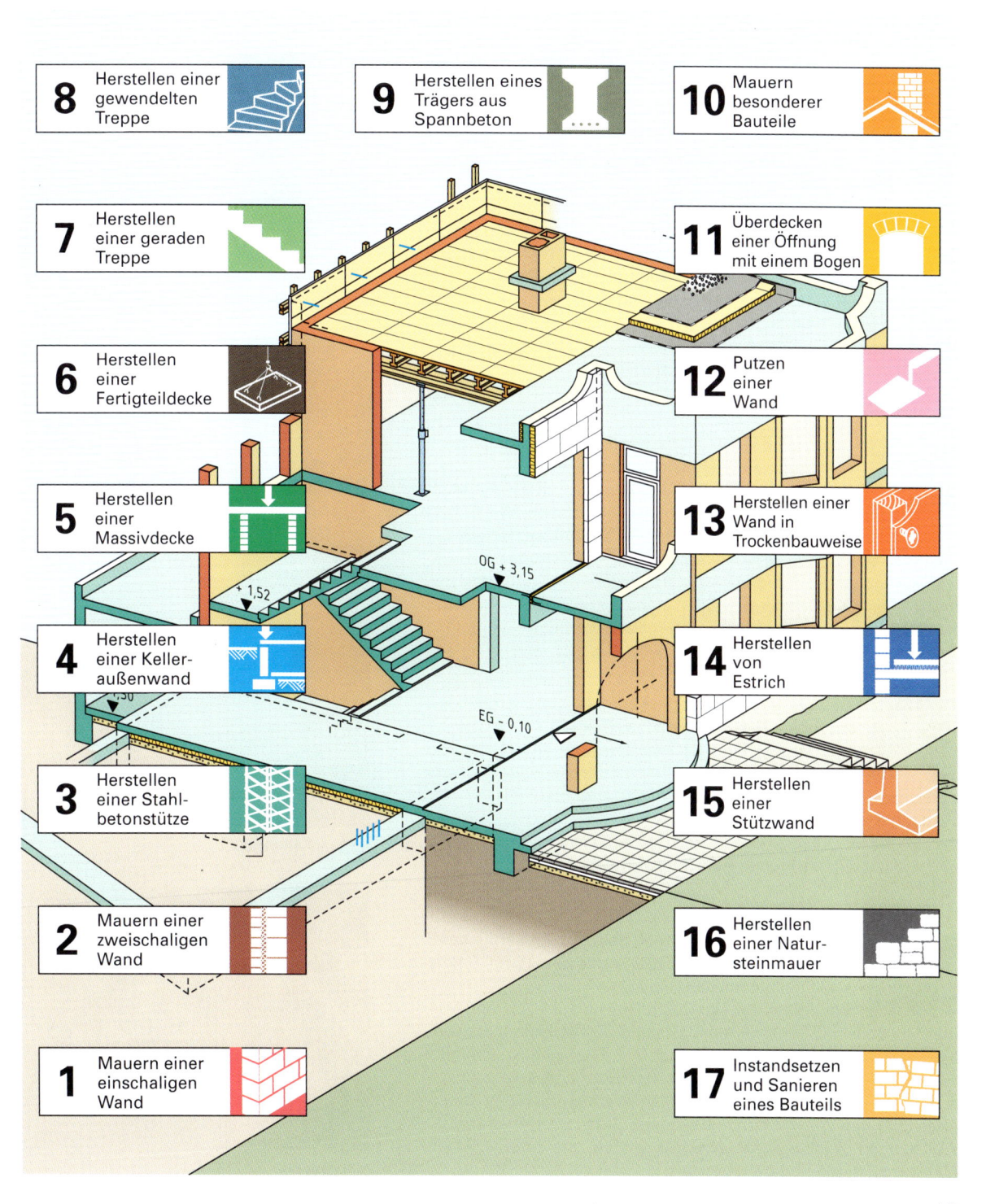

K

1	Mauern einer einschaligen Wand
2	Mauern einer zweischaligen Wand
3	Herstellen einer Stahlbetonstütze
4	Herstellen einer Kelleraußenwand
5	Herstellen einer Massivdecke
6	Herstellen einer Fertigteildecke
7	Herstellen einer geraden Treppe
8	Herstellen einer gewendelten Treppe
9	Herstellen eines Trägers aus Spannbeton
10	Mauern besonderer Bauteile
11	Überdecken einer Öffnung mit einem Bogen
12	Putzen einer Wand
13	Herstellen einer Wand in Trockenbauweise
14	Herstellen von Estrich
15	Herstellen einer Stützwand
16	Herstellen einer Natursteinmauer
17	Instandsetzen und Sanieren eines Bauteils

K Die Kapitel — Was wir lernen werden

Was wir in den einzelnen Kapiteln lernen werden

1 Mauern einer einschaligen Wand

Das Kapitel vermittelt die Kenntnisse des Lernfeldes 7 für Maurer/-innen und des Lernfeldes 9 für Beton- und Stahlbetonbauer/-innen.
Wir lernen, einschalige Wände herzustellen. Wir berücksichtigen dabei den Arbeitsschutz und lernen den vorschriftsmäßigen Aufbau von Arbeits- und Schutzgerüsten.
Außerdem ermitteln wir den Materialbedarf für Mauerwerk und führen Kostenvergleiche durch.
Wir lernen, die Untergeschoss-Außenwände gegen nicht drückendes Wasser abzudichten.

Einschaliges Mauerwerk

2 Mauern einer zweischaligen Wand

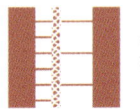

Das Kapitel vermittelt die Kenntnisse des Lernfeldes 8 für Maurer/-innen.
Wir lernen, eine zweischalige Außenwand aus künstlichen Mauersteinen herzustellen. Dabei erkennen wir die konstruktiven und bauphysikalischen Unterschiede zwischen einschaligem und zweischaligem Wandaufbau.
Wir fertigen Zeichnungen an, lernen dabei das Lesen von Arbeitsplänen und ermitteln die Kosten der Herstellung von Mauerwerk. Mithilfe selbst gefertigter Aufmaßskizzen erstellen wir ein Aufmaß und berechnen die Massen nach VOB.

Zweischaliges Mauerwerk

3 Herstellen einer Stahlbetonstütze

Das Kapitel vermittelt die Kenntnisse des Lernfeldes 7 für Beton- und Stahlbetonbauer/-innen.
Wir lernen, eine Stahlbetonstütze mit Einzelfundament und Balkenanschluss herzustellen. Wir führen rechnerische und zeichnerische Arbeiten aus und ermitteln die Mengen. Wir treffen Entscheidungen zur Ausführung und den Abmessungen des Fundamentes. Außerdem entwerfen wir die Konstruktion der Schalung, wählen einen Transportbeton aus und berücksichtigen die betontechnologischen Verarbeitungsregeln.

Stahlbetonstützen

4 Herstellen einer Kelleraußenwand

Das Kapitel vermittelt die Kenntnisse des Lernfeldes 8 für Beton- und Stahlbetonbauer/-innen.
Wir lernen, eine Kelleraußenwand zu schalen, zu bewehren, zu betonieren und abzudichten. Dabei berücksichtigen wir auch wirtschaftliche und ökologische Gesichtspunkte.
Wir führen die rechnerischen und zeichnerischen Arbeiten aus und wählen entsprechende Abdichtungsmaßnahmen.

Kelleraußenwand

5 Herstellen einer Massivdecke

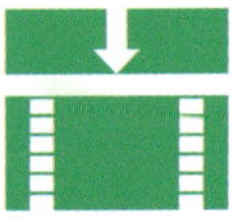

Das Kapitel vermittelt die Kenntnisse des Lernfeldes 9 für Maurer/-innen und des Lernfeldes 11 für Beton- und Stahlbetonbauer/-innen.
Wir lernen Stahlbetondecken herzustellen und vergleichen dabei die Deckenarten hinsichtlich Konstruktion, Tragverhalten, bauphysikalischer Eigenschaften und Schalungsaufwand.
Wir berücksichtigen dabei den Arbeitsschutz und erkennen die Notwendigkeit von Absturzsicherungen. Wir erwerben uns Kenntnisse über den Werkstoff Stahlbeton und dessen Verarbeitung.
Wir fertigen Zeichnungen an und ermitteln die erforderlichen Mengen an Beton und Betonstahl.

Massivdecke

Die Kapitel
Was wir lernen werden

6 Herstellen einer Fertigteildecke

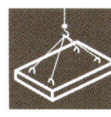

Das Kapitel vermittelt die Kenntnisse des Lernfeldes 8 für Beton- und Stahlbetonbauer/-innen.

Wir lernen den Einbau einer Fertigteildecke zu planen. Dabei vergleichen wir verschiedene Arten im Hinblick auf Belastbarkeit und Wirtschaftlichkeit.

Wir erstellen einen Verlegeplan und beachten dabei die notwendige Stützkonstruktion. Außerdem ermitteln wir die Mengen der Baustoffe und Bauhilfsstoffe.

Fertigteildecke

7 Herstellen einer geraden Treppe

Das Kapitel vermittelt die Kenntnisse des Lernfeldes 12 für Maurer/-innen und des Lernfeldes 10 für Beton- und Stahlbetonbauer/-innen.

Wir lernen, Treppen unter Beachtung der baurechtlichen Vorschriften und des Aspekts der Sicherheit zu errichten. Dabei unterscheiden wir die Treppen hinsichtlich ihrer Form, Lage und Konstruktion. Wir berechnen das Steigungsverhältnis von Treppen und stellen Treppen zeichnerisch dar.

8 Herstellen einer gewendelten Treppe

Das Kapitel vermittelt die Kenntnisse des Lernfeldes 13 für Beton- und Stahlbetonbauer/-innen.

Wir lernen, eine gewendelte Treppe herzustellen und beachten dabei die Konstruktionsregeln. Wir lernen die Stufen zu verziehen, und wir konstruieren eine Treppenschalung. Außerdem vergleichen wir die Vor- und Nachteile von gewendelten und geraden Treppen.

Schalung für gerade Treppe   **Gewendelte Treppe**

9 Herstellen eines Trägers aus Spannbeton

Das Kapitel vermittelt die Kenntnisse des Lernfeldes 16 für Beton- und Stahlbetonbauer/-innen.

Wir lernen, die Wirkungsweise des Spannbetons sowie die Prinzipien der Vorspannung zu beschreiben. Wir vergleichen Bauteile aus Spannbeton mit schlaff bewehrten Bauteilen.

Wir lernen anhand von Zeichnungen, den Verlauf der Spannbewehrung und die Ausbildungen der Verankerungen zu beschreiben.

Spannbetonträger

10 Mauern besonderer Bauteile

Das Kapitel vermittelt die Kenntnisse des Lernfeldes 11 für Maurer/-innen.

Wir lernen, wie vielseitig Mauerwerk einsetzbar ist. Dabei schätzen wir die Tragfähigkeit von Wänden und Pfeilern ein, wenden Verbandsregeln für Pfeiler und schiefwinklige Mauerecken an und führen Berechnungen durch.

Wir lernen die Möglichkeiten der Herstellung von Schornsteinen kennen und stellen sie zeichnerisch dar. Außerdem lernen wir, wie Gebäude gegen drückendes Wasser abzudichten sind.

Schornstein

11 Überdecken einer Öffnung mit einem Bogen

Das Kapitel vermittelt die Kenntnisse des Lernfeldes 14 für Maurer/-innen.

Wir lernen die Herstellung gemauerter Bögen. Dabei treffen wir Entscheidungen zum Baustoffeinsatz und ziehen aufgrund des Kräfteverlaufs Schlussfolgerungen für die Ausbildung der Widerlager.

Wir stellen gemauerte Bögen zeichnerisch dar.

Gemauerter Bogen

K Die Kapitel — Was wir lernen werden

12 Putzen einer Wand

Das Kapitel vermittelt die Kenntnisse des Lernfeldes 7 für Maurer/-innen.

Wir lernen die Beurteilung eines Putzgrundes und legen den Putzaufbau unter Berücksichtigung bauphysikalischer Anforderungen fest.

Wir planen den Arbeitsablauf für die Herstellung von Wandputzen einschließlich der vorbereitenden Arbeiten, bestimmen den Geräteeinsatz und ermitteln den Baustoffbedarf.

Putzen einer Wand

13 Herstellen einer Wand in Trockenbauweise

Das Kapitel vermittelt die Kenntnisse des Lernfeldes 11 für Maurer/-innen.

Wir lernen, nicht tragende leichte Trennwände in Trockenbauweise einschließlich ihrer Unterkonstruktionen herzustellen und entscheiden uns dabei für die Baustoffe der Beplankung und die Befestigungsmittel.

Wir beschreiben die Montageabläufe und lernen die Arbeitsregeln und den Geräteeinsatz kennen.

Wand in Trockenbauweise

14 Herstellen von Estrich

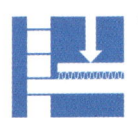

Das Kapitel vermittelt die Kenntnisse des Lernfeldes 12 für Maurer/-innen.

Wir lernen, einen schwimmenden Estrich herzustellen. Dabei legen wir den Schichtaufbau sowie die Anforderungen an die Fugen fest und wählen die Baustoffe aus.

Wir gehen auf den baulichen Schallschutz ein und lernen die Dämmstoffe kennen. Wichtige Details stellen wir zeichnerisch dar und ermitteln die Baustoffmengen für Estriche.

Herstellen eines Estrichs

15 Herstellen einer Stützwand

Das Kapitel vermittelt die Kenntnisse des Lernfeldes 15 für Beton- und Stahlbetonbauer/-innen.

Wir lernen eine Stützwand zu konstruieren. Aufgrund der erforderlichen und gewünschten Eigenschaften, die an eine Stützwand gestellt werden, wählen wir die Schalung sowie den Beton aus.

Außerdem lernen wir, eine Stützwand zu bewehren.

Stützwandschalung

16 Herstellen einer Natursteinmauer

Das Kapitel vermittelt die Kenntnisse des Lernfeldes 15 für Maurer/-innen.

Wir lernen, Möglichkeiten zur Konstruktion von Natursteinmauern darzustellen und uns für Ausführungsarten zu entscheiden. Hierbei werden auch gestalterische und ökologische Überlegungen mit einbezogen.

Wir lernen Arbeitsabläufe beim Herstellen von Natursteinmauern und fertigen Ausführungszeichnungen an.

Natursteinmauer

17 Instandsetzen und Sanieren eines Bauteiles

Das Kapitel vermittelt die Kenntnisse des Lernfeldes 17 für Maurer/-innen und des Lernfeldes 14 für Beton- und Stahlbetonbauer/-innen.

Wir lernen eine Außenwand zu sanieren. Mögliche Schadensursachen müssen dabei erkannt und Maßnahmen zur Schadensbegrenzung erarbeitet werden.

Wir wollen Verständnis für erhaltenswerte Bausubstanz entwickeln und uns über die Baustile und deren konstruktive Besonderheiten informieren.

Instandsetzen von Stahlbeton

Kapitel 1:
Mauern einer einschaligen Wand

Kapitel 1 vermittelt die Kenntnisse des Lernfeldes 7 für Maurer/-innen und des Lernfeldes 9 für Beton- und Stahlbetonbauer/-innen.

Der Mauerwerksbau aus künstlichen Steinen geht bis zu den Anfängen unserer Kulturen zurück. In Ägypten, Persien und Babylon entstanden aus luftgetrockneten Ziegeln Wohnhäuser, Festungs- und Monumentalbauten.

Im heutigen Mauerwerksbau werden Mauersteine verwendet, die sehr unterschiedliche Eigenschaften besitzen, z. B. hohe Wärmedämmfähigkeit für die Herstellung von Außenwänden, hohe Festigkeit und Tragfähigkeit für die Herstellung von Tragwänden oder große Dichte und damit hohe Schalldämmfähigkeit für die Herstellung von Wohnungstrennwänden.

Mauerwerk besteht aus Mauersteinen, die in Mörtel nach bestimmten Regeln versetzt werden.

Nach **Art der Mauersteine** unterscheidet man zwischen Mauerwerk aus **künstlichen Steinen** und **Natursteinmauerwerk**. Beim Mauerwerk aus künstlichen Steinen wird in Bezug auf den **inneren Aufbau** zwischen **einschaligem** und **zweischaligem** Mauerwerk unterschieden.

Außerdem wird beim Mauerwerk aus künstlichen Steinen hinsichtlich der **Steingrößen** zwischen Mauerwerk aus **klein-, mittel- und großformatigen Steinen** sowie zwischen Mauerwerk aus **Wandbauplatten** und **Wandelementen** unterschieden.

In diesem Kapitel liegt der Schwerpunkt bei der Herstellung von **einschaligem** Mauerwerk aus **großformatigen Steinen, Wandbauplatten und Wandelementen**.

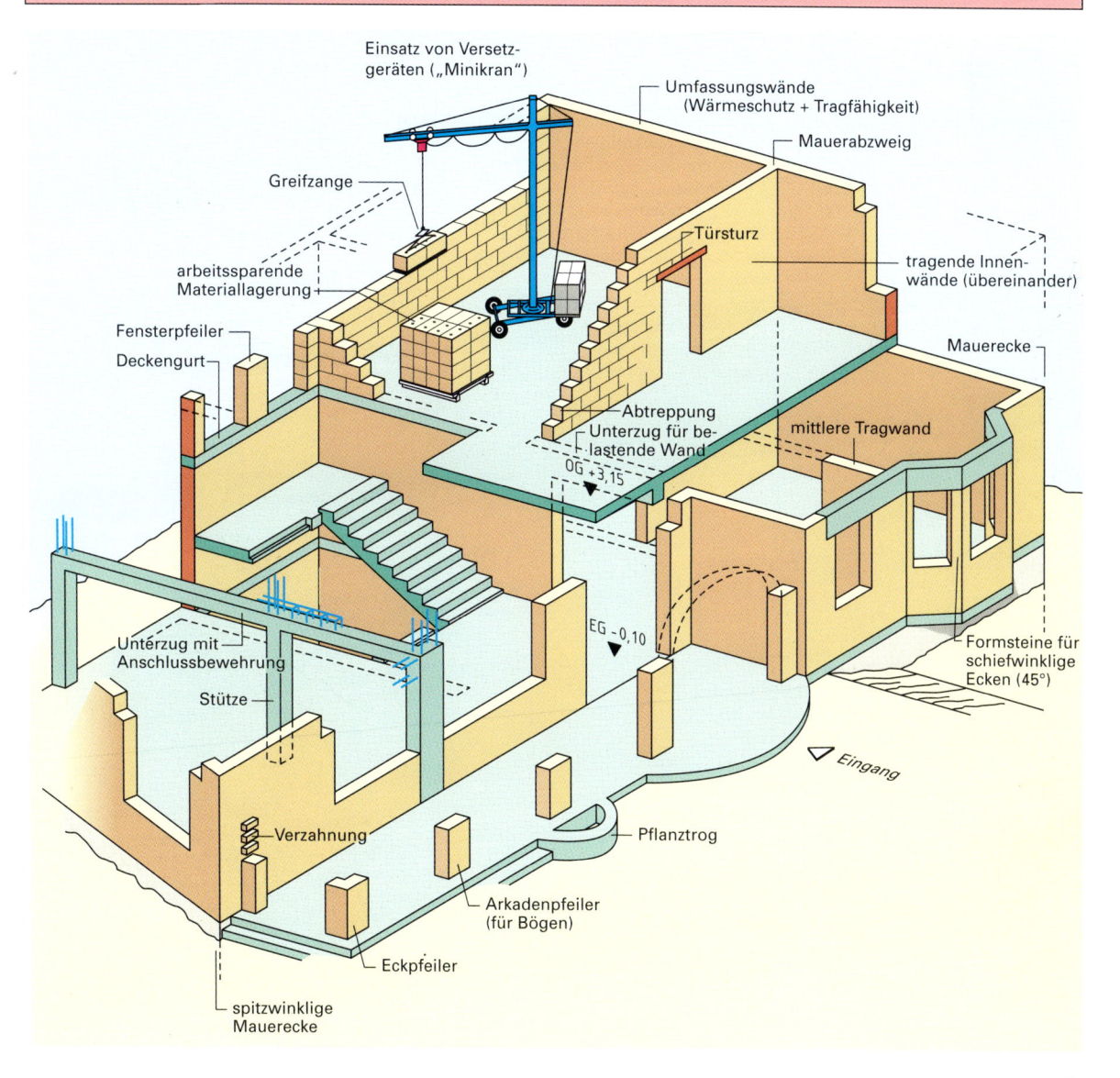

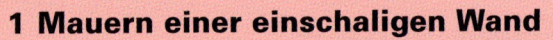

1 Mauern einer einschaligen Wand — Übersicht über genormte Steine

1.1 Übersicht über die genormten Mauersteine

Festlegungen für Mauersteine

In DIN EN 771 (Teile 1 bis 6) sind Ausgangsstoffe, Herstellung, Anforderungen, Klassifizierung, Steingeometrie usw. für Mauerziegel (Teil 1), Kalksandsteine (Teil 2), Mauersteine aus Beton (Teil 3), Porenbetonsteine (Teil 4), Betonwerksteine (Teil 5) und Natursteine (Teil 6) festgelegt.

Folgende Übersicht beinhaltet lediglich die Mauerziegel, Kalksandsteine, Mauersteine aus Beton und Porenbetonsteine.

Steinart/Norm	Kurzzeichen	Ausgangsstoffe und Herstellung	Formate	Rohdichteklasse	Druckfestigkeitsklasse
Mauerziegel DIN V 105-100 DIN EN 771-1 LD-Ziegel mit niedriger Trockenrohdichte zur Verwendung in geschütztem Mauerwerk. HD-Ziegel mit höherer Trockenrohdichte zur Verwendung in ungeschütztem und geschütztem Mauerwerk.	Mz HLz HLzW VHLz WDz VMz KMz KHLz KK KHK	Mauersteine, die aus Ton oder anderen tonhaltigen Stoffen mit oder ohne Sand oder andere Zusätze bei einer ausreichend hohen Temperatur gebrannt werden, um einen keramischen Verbund zu erzielen.	1 DF … 16 DF	0,55 … 2,4	2 … 60
Kalksandsteine DIN V 106 DIN EN 771-2	KS KS L KS P KS XL KS XL-PE KS XL-RE KS XL-N KS XL-E	Kalksandsteine bestehen vorwiegend aus einer Mischung aus Kalk und natürlichen kieselsäurehaltigen Stoffen (Sand, gebrochenem oder ungebrochenem kieselsäurehaltigem Kies oder Gestein oder einem hieraus bestehenden Gemisch), die unter Dampfdruck erhärtet wird.	1 DF … 20 DF XL Planelemente Höhe > 248 mm, Länge ≥ 498 mm	0,6 … 2,2	4 … 60
Mauersteine aus Beton (mit dichten und porigen Gesteinskörnungen) DIN EN 771-3 Hohlblöcke aus Leichtbeton DIN V 18151-100	Hbl Hbl-P	Mauersteine aus grober und feiner Gesteinskörnung und hydraulischem Bindemittel (meist Zement).	8 DF … 24 DF	0,45 … 1,6	2 … 12
Vollsteine und Vollblöcke aus Leichtbeton DIN V 18152-100	Vbl Vbl S Vbl SW V Vbl-P Vbl S-P Vbl SW-P V-P		1,7 DF … 24 DF		2 … 20
Mauersteine aus Beton (Normalbeton) DIN V 18153-100	Hbn Vbn Vn Vm Vmb Hbn-P Vbn-P Vn-P		1,7 DF … 24 DF	0,8 … 2,4	2 … 48
Porenbetonsteine DIN EN 771-4 DIN V 4165-100 Porenbeton-Plansteine Porenbeton-Planelemente	PP PE	Porenbetonsteine sind aus hydraulischen Bindemitteln wie Zement und/oder Kalk sowie fein gemahlenen, kieselsäurehaltigen Stoffen, unter Verwendung von porenbildenden Zusätzen und Wasser hergestellt und unter Dampfdruck in Autoklaven erhärtet.	Stein- bzw. Elementbreiten 115 mm … 500 mm, Stein- bzw. Elementlängen 249 mm … 1499 mm, Stein- bzw. Elementhöhen 124 mm … 624 mm	0,35 … 1,0	2 … 8

1 Mauern einer einschaligen Wand — Betonsteine

1.1.1 Genormte großformatige Mauersteine

In der Bauwirtschaft werden in immer stärkerem Maße großformatige Mauersteine verwendet. Der Fugenanteil im Mauerwerk wird dadurch verringert, die erforderliche Mörtelmenge herabgesetzt und die Arbeitszeit wesentlich verkürzt. Dies bringt beachtliche **wirtschaftliche Vorteile**.

Die Größe der Steine wird durch ihre Masse begrenzt. Großformatige Steine wiegen über 7,5 kg und dürfen nicht mehr mit einer Hand versetzt werden. Beide Hände werden beim Versetzen gebraucht; man bezeichnet deshalb diese Mauersteine als **Zweihandsteine**. Mauersteine dürfen nur bis 25 kg von Hand versetzt werden. Dies gilt auch dann, wenn eine zweite Person dabei mithelfen würde. Steine über 25 kg müssen maschinell versetzt werden, z. B. mit Versetzgeräten und -maschinen.

In folgender Übersicht werden die großformatigen Steine am Beispiel der **Betonsteine** dargestellt.

Werden die Steine in der Stoßfuge **dicht** (knirsch) aneinander gesetzt, wobei die „Mörteltaschen" mit Mauermörtel verfüllt werden, betragen die Steinlängen **24,5 cm**, **37 cm** und **49,5 cm**. Bei Hohlblöcken mit Nut- und Federausbildung an den Stirnseiten können die Längen auch 24,7 cm, 37,2 cm und 49,7 cm betragen. Die Steinlängen betragen 24 cm, 36,5 cm und 49 cm, wenn eine **1 cm dicke** Mörtelfuge als Stoßfuge vorgesehen ist.

Arten	Hohlblöcke aus Leichtbeton DIN V 18151-100			Hohlblöcke aus Beton DIN V 18153-100		
Begriff Hohlblock aus Leichtbeton (Hbl) Plan-Hohlblock aus Leichtbeton (Hbl-P) Hohlblock aus Beton (Hbn) Plan-Hohlblock aus Beton (Hbn-P)	Hohlblöcke aus Leichtbeton sind großformatige fünfseitig geschlossene Mauersteine mit Kammern senkrecht zur Lagerfläche, hergestellt aus mineralischer Gesteinskörnung und hydraulischen Bindemitteln. Die Kammern sind in einer bis sechs Reihen angeordnet.			Hohlblöcke aus Beton sind großformatige fünfseitig geschlossene Mauersteine mit Kammern senkrecht zur Lagerfläche, hergestellt aus mineralischer Gesteinskörnung und hydraulischen Bindemitteln. Die Kammern sind in einer bis vier Reihen angeordnet.		
Gesteinskörnungen	Gesteinskörnung mit **porigem** Gefüge			Gesteinskörnung mit **dichtem** Gefüge		
Maße, z. B. (Sollwerte in cm) **Länge**	24,5 (24,7) (24); 37 (37,2) (36,5); 49,5 (49,7) (49)			24,5 (24,7) (24); 37 (37,2) (36,5); 49,5 (49,7) (49)		
Breite	17,5; 24; 30; 36,5; 49			17,5; 24; 30; 36,5		
Höhe	17,5; 23,8			17,5; 23,8		
Zulässige Abweichungen	Länge und Breite: ± 3 mm; Höhe: ± 4 mm			Länge und Breite: ± 3 mm; Höhe: ± 4 mm		
Hohlkammern (Beispiele)	Einkammer(1-K)-Stein	2-K- Stein	3-K-Stein			4-K-Stein
Gebräuchliche Formate (Beispiele)	(Abbildungen von Hohlblocksteinen mit Maßen 49,5; 37; 30; 24)			(Abbildungen von Hohlblocksteinen mit Maßen 49,5; 36,5; 24)		
Rohdichteklassen, z. B.	0,5; 0,6; 0,7; 0,8; 0,9; 1,0; 1,2; 1,4			1,2; 1,4; 1,6; 1,8		
Druckfestigkeitsklasse, z. B.	2	4	6	4	6	12
Bezeichnung, z. B.	Hbl 2	Hbl 4	Hbl 6	Hbn 4	Hbn 6	Hbn 12

Großformatige Mauersteine

1 Mauern einer einschaligen Wand — Betonsteine

Arten	Vollblöcke aus Leichtbeton DIN V 18152-100				Wandbauplatten aus Leichtbeton DIN 18162
Begriff	Vollblöcke aus Leichtbeton sind Mauersteine ohne Kammern aus mineralischen Gesteinskörnungen und hydraulischen Bindemitteln. Als Vollblöcke werden Mauersteine mit einer Höhe von 238 mm bezeichnet. Sie können mit bis 11 mm breiten Schlitzen bis zu 10 % der Lagerfläche und mit Griffhilfen ausgestattet sein.				Wandbauplatten aus Leichtbeton sind Bauplatten ohne Hohlräume. Sie bestehen aus mineralischen Gesteinskörnungen und hydraulischen Bindemitteln.
Gesteinskörnungen	Gesteinskörnung mit **porigem** Gefüge				Gesteinskörnung mit **porigem** Gefüge
Maße, z. B. (Sollwerte in cm) — Länge	24,5 (24,7) (24); 37 (37,2) (36,5); 49,5 (49,7) (49)				99; 49
Breite	17,5; 24; 30; 36,5				5; 6; 7; 10
Höhe	23,8				24; 32
Zulässige Abweichungen von den Sollwerten	Länge und Breite: ± 3 mm; Höhe: ± 4 mm				Länge und Breite: ± 3 mm; Höhe: ± 4 mm
Hohlkammern (Beispiele)	Geschlitzter Vollblock				keine
Gebräuchliche Formate (Beispiele)					
Rohdichteklassen, z. B.	0,5; 0,6; 0,7; 0,8; 0,9; 1,0; 1,2; 1,4; 1,6; 1,8; 2				0,8; 0,9; 1,0; 1,2; 1,4
Festigkeit, z. B. (N/mm²) ≥	Druckfestigkeit				Biegezugfestigkeit
	2,0	4,0	6,0	12,0	0,8
Bezeichnung	Vbl 2	Vbl 4	Vbl 6	Vbl 12	Wpl

Großformatige Mauersteine

Mauerwerk aus großformatigen Mauersteinen hat gegenüber dem Mauerwerk aus klein- und mittelformatigen Steinen wirtschaftliche Vorteile.

Mauersteine mit mehr als 25 kg dürfen nur mithilfe von Versetzgeräten und -maschinen verarbeitet werden.

Mauerwerk aus großformatigen Leichtbetonsteinen

1 Mauern einer einschaligen Wand — Nicht genormte Mauersteine

1.1.2 Nicht genormte großformatige Mauersteine

Die Anforderungen an die Mauersteine sind in Normen festgelegt. Daneben gibt es Mauersteine, die noch nicht in eine Norm aufgenommen sind. Diese Steine müssen jedoch eine **bauaufsichtliche Zulassung** besitzen.

Hohlblöcke aus Leichtbeton mit Einlagen bzw. Füllungen aus Schaumkunststoff

Hohlblöcke in Anlehnung an DIN V 18151-100, bei denen aufgrund hoher Anforderungen an den Wärmeschutz eine Kammerreihe oder auch alle Kammern mit Wärmedämmstoffen ausgefüllt sind.

Für Wanddicken von 17,5 cm, 24 cm und 30 cm.

Hohlblöcke aus Leichtbeton mit Dämmstoffeinlage

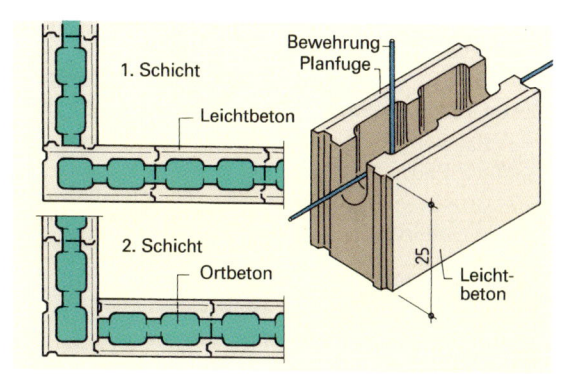

Schalungssteine

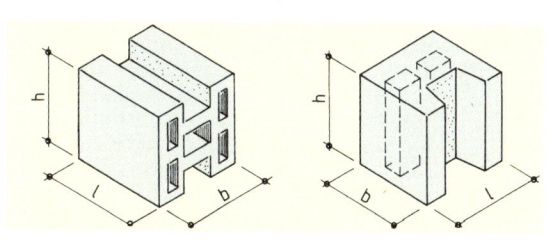

Schalungssteine aus Leichtbeton oder Beton besitzen in der Regel zwei große Kammern. Sie werden ohne Mörtel im Verband so versetzt, dass die Kammern übereinander zu stehen kommen. Die Kammern werden mit Leichtbeton oder Beton verfüllt, und sie können auch Bewehrungen aufnehmen.

Für Wanddicken von 17,5 cm, 24 cm, 30 cm und 36,5 cm.

Schalungssteine

H-Steine aus Leichtbeton

Die Steine besitzen glatte Stirnflächen. Im Mauerwerk entstehen horizontale Kanäle. H-Steine finden für Einsteinmauerwerk im Läuferverband Verwendung.

Für Wanddicken von 17,5 cm, 24 cm und 30 cm.

Installationssteine

Steine für senkrechte Wandschlitze aus Leichtbeton oder Beton.

Bei Verwendung dieser Steine erübrigt sich das oft sehr zeitaufwendige Aussparen von senkrechten Wandschlitzen im Mauerwerk.

Für Wanddicken von 24 cm.

H-Stein und Installationsstein

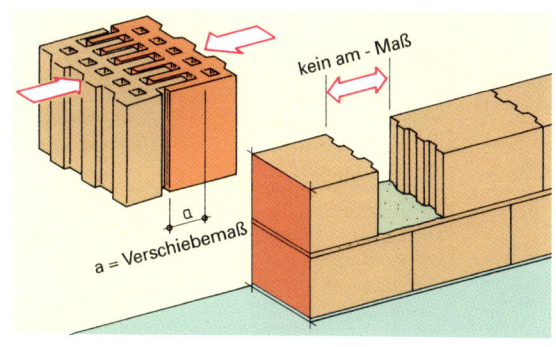

Verschiebeziegel

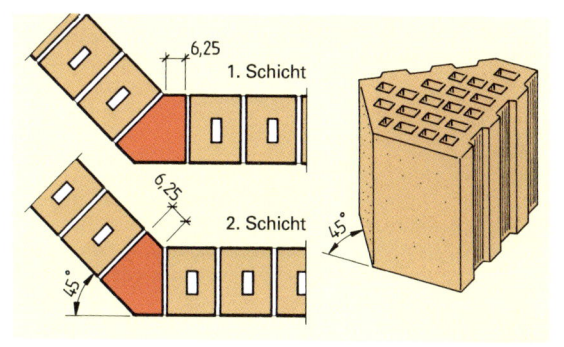

Der Verschiebeziegel ist ein längenveränderlicher Mauerziegel, der jedes erforderliche Ergänzungsformat von etwa 10…25 cm ersetzt.

Durch den Einsatz von Verschiebeziegeln entfällt der Zeitaufwand für das Sägen.

Für Wanddicken von 24 cm, 30 cm und 36,5 cm.

Verschiebeziegel

Winkelziegel

Ziegel für die Ausbildung von 135°-Winkeln.

Das sonst notwendige Sägen der Mauersteine erübrigt sich.

Für Wanddicken von 24 cm, 30 cm und 36,5 cm.

> Nicht genormte Mauersteine müssen bauaufsichtlich zugelassen sein.

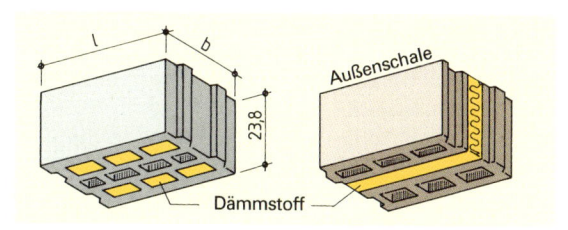

Winkelziegel

1 Mauern einer einschaligen Wand — Mauermörtel

1.2 Mauermörtel

Mauermörtel sollen Unebenheiten an den verschiedenen Steinen ausgleichen, damit die Lasten des Mauerwerks gleichmäßig übertragen werden. Außerdem soll der Mauermörtel mit dem Stein so fest und doch elastisch verbunden sein, dass er auch bei Setzungen und Erschütterungen nicht reißt.

Nach DIN V 18580 wird zwischen **Normalmauermörtel** (NM), **Leichtmauermörtel** (LM) und **Dünnbettmörtel** (DM) unterschieden.

Nach Art der Herstellung wird zwischen **Baustellenmörtel** und **Werkmörtel** unterschieden.

Beim Baustellenmörtel werden alle Mörtelbestandteile auf der Baustelle dosiert und gemischt.

Beim Werkmörtel wird noch zwischen **Trockenmörtel** und **Frischmörtel** unterschieden.

Mörtel-gruppe	Eigenschaften und Verwendung
I	Umfasst **Kalkmörtel**, die besonders elastisch und gut verarbeitbar sind. Eine besondere Festigkeit wird nicht gefordert. Diese Mörtel sind nur für Wände, die mindestens 24 cm dick sind, und für Gebäude mit höchstens zwei Geschossen zugelassen sowie für unbelastete Wände. Für Mauerwerk nach Eignungsprüfung ist Mörtel der Mörtelgruppe I nicht zulässig. Die Verwendung für Gewölbe und Kellermauerwerk ist nur bei Instandsetzung von altem Mauerwerk, das mit Mörtel der Gruppe I gemauert wurde, zugelassen.
II	Umfasst **Kalkzementmörtel** und hydraulischen Kalkmörtel. Diese Mörtel sind bei guter Elastizität und Verarbeitbarkeit hinreichend fest. Sie dürfen deshalb für alle Wände verarbeitet werden, nur nicht für bewehrtes Mauerwerk. Mörtel der Mörtelgruppen II und IIa sind die üblicherweise verwendeten Mörtel.
IIa	Umfasst ebenfalls Kalkzementmörtel, aber mit einer höheren Festigkeit. Um Verwechslungen auf der Baustelle auszuschließen, dürfen die Mörtelgruppen II und IIa nicht gleichzeitig verwendet werden.
III	Umfasst **Zementmörtel** mit einer höheren Festigkeit als Kalkzementmörtel. Dieser Mörtel ist aber weniger elastisch und schlecht verarbeitbar. Deshalb wird er meist nur dort verwendet, wo besonders hohe Festigkeiten erforderlich sind, z.B. für Pfeiler und Gewölbe sowie für bewehrtes Mauerwerk.
IIIa	Hat die gleiche Zusammensetzung wie Gruppe III, erreicht durch Auswahl geeigneter Gesteinskörnungen noch höhere Festigkeiten. Die Verwechslung mit Mörtel der Gruppe III muss ausgeschlossen sein.

Eigenschaften und Verwendung der Mörtelgruppen bei Normalmauermörtel

Trockenmörtel besteht aus trockener Gesteinskörnung, den Bindemitteln und gegebenenfalls Zusätzen. Trockenmörtel wird in Säcken oder in Silos geliefert. Vor dem Verarbeiten wird dem Trockenmörtel auf der Baustelle Wasser hinzugegeben und er wird gemischt.

Werk-Frischmörtel wird verarbeitungsfertig vom Werk auf die Baustelle geliefert.

> Nach Art der Herstellung wird zwischen Baustellenmörtel, Werk-Trockenmörtel und Werk-Frischmörtel unterschieden.

1.2.1 Normalmauermörtel (NM)

Normalmauermörtel ist in fünf Mörtelgruppen (I, II, IIa, III, IIIa) eingeteilt. Die Eigenschaften dieser Mörtel sind jeweils durch Art und Menge des Bindemittels bedingt. Mit steigender Mörtelgruppe nimmt der Zementgehalt zu und der Kalkgehalt ab, außerdem nimmt die Festigkeit zu und die Elastizität ab.

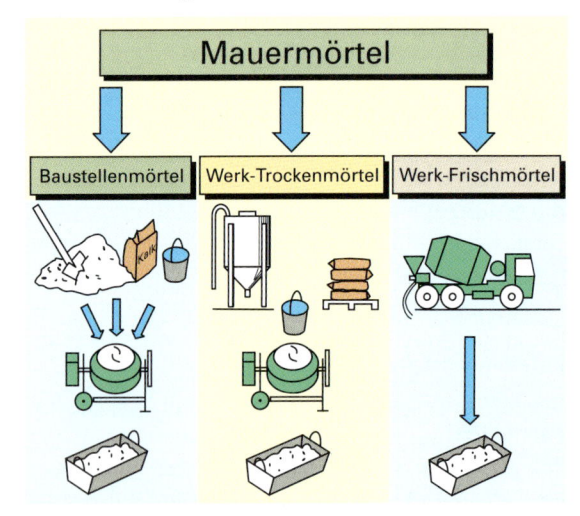

Mauermörtel, Unterscheidung nach Art der Herstellung

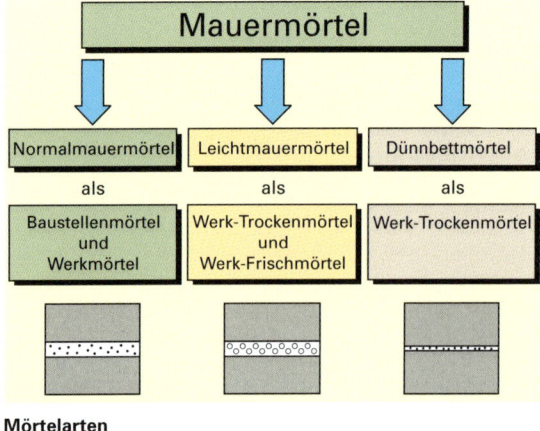

Mörtelarten

> Die Normalmauermörtel sind in die Mörtelgruppen I (Kalkmörtel), II und IIa (Kalkzementmörtel), III und IIIa (Zementmörtel) eingeteilt.

1 Mauern einer einschaligen Wand — Mauermörtel

1.2.2 Leichtmauermörtel (LM)

Um den erhöhten Anforderungen an den Wärmeschutz zu genügen, werden heute für Außenmauerwerk meist hoch wärmedämmende Wandbausteine verwendet. Bei solchen Steinen würde herkömmlicher Mörtel als Wärmebrücke wirken und die Dämmung der Wand abmindern. Zum Vermauern hoch dämmender Wandbausteine, wie Leichtbetonsteine, Leichtziegel und Porenbetonsteine, werden deshalb meist **Leichtmauermörtel** (Dämm-Mauermörtel) eingesetzt.

Die erhöhte Wärmedämmung der Leichtmörtel wird durch Verwendung von leichten Gesteinskörnungen wie Blähglimmer, Blähperlite oder Polystyrolschaumperlen erreicht. Leichtmauermörtel sind als vorgemischte Fertigmörtel erhältlich und brauchen nur noch mit Wasser angemacht zu werden. Die Verarbeitbarkeit ist weniger gut als bei normalem Mörtel. Dies darf aber keinesfalls durch Sandzugabe ausgeglichen werden, da dadurch die Dämmwirkung verschlechtert wird.

Leichtmauermörtel wird in Abhängigkeit von seiner Wärmeleitfähigkeit in die Gruppen LM 21 und LM 36 eingeteilt.

> Hoch dämmende Wandbausteine sollten mit Leichtmauermörtel vermauert werden. Den Leichtmauermörteln darf nachträglich kein Sand zugemischt werden!

Zusammenfassung

Mauerwerk besteht aus Mauersteinen, die in Mörtel nach bestimmten Regeln versetzt werden.

Bei den großformatigen Mauersteinen kann zwischen Ziegeln, Leichtbetonsteinen, Betonsteinen, Porenbetonsteinen, Hüttensteinen und Kalksandsteinen unterschieden werden. Aus diesen Steinen können die Wände unseres Projektes, des Jugendtreffs, hergestellt werden.

Mauerwerk aus großformatigen Mauersteinen hat gegenüber dem Mauerwerk aus klein- und mittelformatigen Steinen den Vorteil, dass die Herstellung schneller ist und dass weniger Fugen vorhanden sind.

Neben den genormten großformatigen Mauersteinen liefern die Hersteller auch nicht genormte Steine wie Schalungssteine, Steine mit Einlagen aus Schaumkunststoffen, Installationssteine, Verschiebeziegel oder Winkelziegel. Die Normalmauermörtel sind in die Mörtelgruppen I, II, IIa, III und IIIa eingeteilt. Nach Art der Herstellung wird zwischen Baustellenmörtel, Werk-Trockenmörtel und Werk-Frischmörtel unterschieden.

Wandbausteine mit hoher Wärmedämmfähigkeit werden mit Leichtmauermörtel vermauert.

Besonders maßhaltige Mauersteine können mit Dünnbettmörtel vermauert werden. Der Fugenanteil des Mauerwerkes ist hier besonders gering.

1.2.3 Dünnbettmörtel (DM)

Dünnbettmörtel sind werkgemischte Trockenmörtel mit einem Größtkorn der Gesteinskörnung von 1 mm und Normzement als Bindemittel.

Dünnbettmörtel werden zum Vermauern der besonders maßhaltigen **Plansteine** mit einer Fugendicke von 1…3 mm verwendet. Der Fugenanteil eines solchen Mauerwerkes ist dadurch sehr gering und die Wärmebrücken, die durch dicke Fugen entstehen, entfallen.

1.2.4 Zusatzmittel

Zusatzmittel sind in geringer Menge zugegebene Zusätze, die die Mörteleigenschaften durch chemische oder physikalische Wirkung ändern. Hierzu gehören Luftporenbildner, Verflüssiger, Dichtungsmittel, Erstarrungsbeschleuniger und -verzögerer sowie Haftverbesserer. Da Zusatzmittel nicht zu Schäden führen dürfen, sind nur Zusatzmittel mit Prüfzeichen zu verwenden. Außerdem ist jeweils eine Eignungsprüfung erforderlich, da manche Zusatzmittel einige Eigenschaften positiv und gleichzeitig andere auch negativ beeinflussen können.

> Es dürfen nur Zusatzmittel mit Prüfzeichen nach Eignungsprüfung und in vorgeschriebener Dosierung verwendet werden.

Aufgaben:

1. Wählen Sie für unser Projekt, den Jugendtreff, eine geeignete Steinart
   a) für das Mauerwerk der Außenwände des Erd- und Obergeschosses,
   b) für das Mauerwerk der Zwischenwände
   und begründen Sie Ihre Wahl.
2. Welche Vorteile hat Mauerwerk aus großformatigen Steinen gegenüber dem Mauerwerk aus klein- und mittelformatigen Steinen?
3. Nennen Sie die Gesteinskörnungen und Bindemittel der nicht gebrannten künstlichen Mauersteine.
4. Ab welchem Verarbeitungsgewicht dürfen Mauersteine nur noch mit Versetzgeräten verarbeitet werden?
5. Nennen Sie Beispiele für nicht genormte großformatige Mauersteine.
6. Nennen Sie die Mörtelgruppen der Normalmauermörtel.
7. Beschreiben Sie die Zusammensetzung der Mauermörtel.
8. Worin besteht der Unterschied zwischen Normalmauermörtel, Leichtmauermörtel und Dünnbettmörtel?
9. Wählen Sie einen geeigneten Mörtel
   a) für die Außenwände des Jugendtreffs,
   b) für die Zwischenwände des Jugendtreffs,
   und begründen Sie Ihre Antworten.
10. Welche Vorteile besitzt Werk-Trockenmörtel und Werk-Frischmörtel gegenüber Baustellenmörtel?

1 Mauern einer einschaligen Wand — Verarbeitung

1.3 Verarbeiten von großformatigen Mauersteinen

1.3.1 Verarbeiten von Hohlblöcken

Beim Vermauern von Hohlblöcken wird zwischen **Einzelverlegung** und **Reihenverlegung** unterschieden. Bei Einzelverlegung wird der Lagerfugenmörtel auf mindestens eine Steinlänge aufgezogen, der Stoßfugenmörtel wird beim bereits versetzten Stein in zwei Randstreifen angetragen, und der zu versetzende Stein wird bis auf 1 cm Fugendicke angeschoben. Der Mörtel darf dabei nicht so weich sein, dass er an der Stoßfuge absackt, bevor der Stein angeschoben ist. Die Aussparung an der Stoßfuge muss von Mörtel frei bleiben, damit die Fuge unterbrochen wird und keine Wärmebrücke entstehen kann.

Bei **Reihenverlegung** wird der Mörtel der Lagerfuge für mehrere Steine in einem Arbeitsgang aufgetragen. Dies kann mit Schaufel, Schöpfer oder Mörtelschlitten geschehen. Die Steine werden dann „der Reihe nach" **knirsch**, d. h. dicht, aneinander gelegt. Bei der Verwendung eines Mörtelschlittens für den Mörtelauftrag kann das Mörtelbett auch aus zwei Randstreifen im Bereich der Längsstege bestehen; das Mörtelbett ist bei dieser Ausführung in der Breite unterbrochen. Während beim Auftrag mit dem Mörtelschlitten stets eine gleichmäßige Fugendicke erreicht wird, muss beim Lagerfugenauftrag mit Schaufel oder Schöpfer das Mörtelbett abgeglichen werden. Nach dem Versetzen der Steine werden die Aussparungen (Mörteltaschen) an den Stoßfugen mit Mörtel verfüllt. Hohlblöcke mit Nut- und Federausbildung an den Stirnseiten werden ohne Vermörtelung gestoßen.

Als Mörtel werden Normalmauermörtel oder Leichtmauermörtel verwendet.

> Hohlblöcke werden in Einzel- oder Reihenverlegung mit Normal- oder Leichtmauermörtel verarbeitet.

1.3.2 Verarbeiten von Porenbeton-Plansteinen und -Planelementen

Porenbeton ist ein künstlicher Stein aus fein gemahlenen kieselsäurehaltigen Stoffen (z. B. Quarzsand) und hydraulischen Bindemitteln wie Zement und/oder Kalk unter Verwendung von porenbildenden Zusätzen. Die Erhärtung erfolgt unter Dampfdruck in Autoklaven.

Durch die Rezeptur der Ausgangsstoffe werden die Rohdichte und die Druckfestigkeit des Porenbetons beeinflusst.

Nach DIN EN 771-4 und DIN V 4165-100 wird zwischen Porenbeton-**Plansteinen** und Porenbeton-**Planelementen** unterschieden.

Porenbeton-Blocksteine, die mit Normal- oder Leichtmauermörtel mit einer Fugendicke von 1 cm versetzt werden, finden immer seltener Verwendung.

Porenbeton-Plansteine und -Planelemente werden beim Mauern in Dünnbettmörtel mit einer Fugendicke

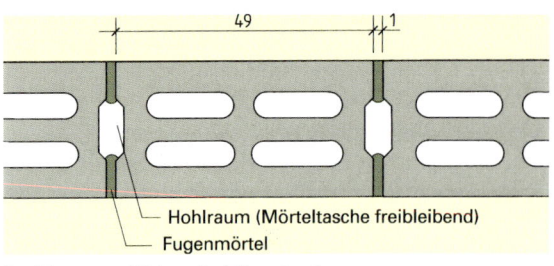

Stoßfugenausbildung bei Einzelverlegung

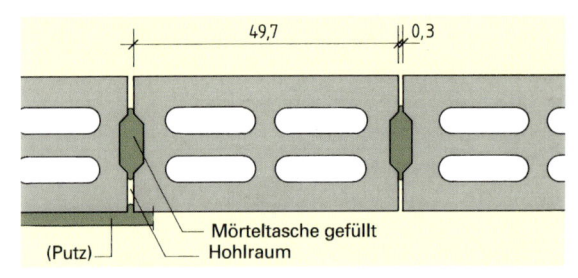

Stoßfugenausbildung bei Reihenverlegung

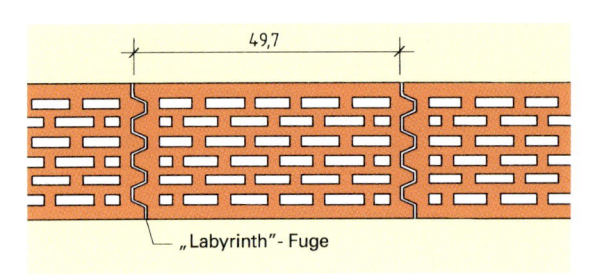

Stoßfugenausbildung ohne Vermörtelung

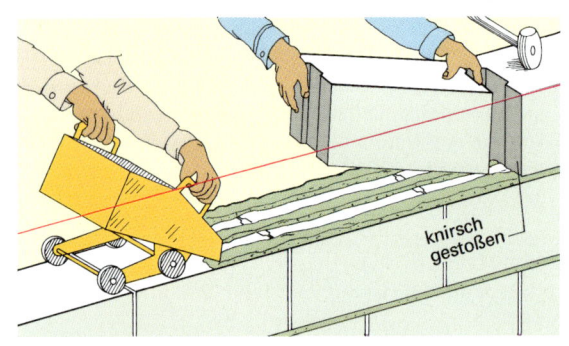

Reihenverlegung, Einsatz des Mörtelschlittens

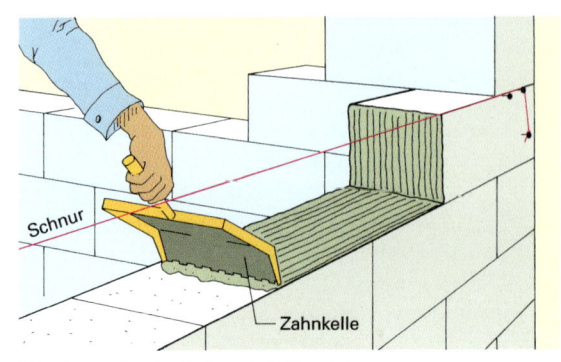

Dünnbettmörtel – Aufzug bei Plansteinen

1 Mauern einer einschaligen Wand — Verarbeitung

von 1...3 mm versetzt. Der Fugenanteil eines solchen Mauerwerkes ist dadurch sehr gering und die Wärmebrücken, die durch dicke Fugen entstehen, entfallen.

> Es werden Porenbeton-Plansteine und Porenbeton-Planelemente unterschieden.

Porenbeton lässt sich sehr leicht bearbeiten. Die Steine und Elemente lassen sich mit Handsägen zuschneiden.

Bei der Verlegung im Dünnbettmörtel-Verfahren entsteht ein Mauerwerk mit einem sehr geringen Fugenanteil. Das Mauerwerk besitzt dadurch eine gleichmäßige Wärmedämmung ohne Wärmebrücken. Ein weiterer Vorteil ist die schnelle Verarbeitung mit geringem Arbeitszeitaufwand.

Porenbeton-Plansteine und Porenbeton-Planelemente mit Nut- und Federausbildung an den Stirnseiten eignen sich für Reihenverlegung. Der Mörtel wird hierbei nur noch auf die Lagerfuge aufgetragen, die Steine oder Elemente werden knirsch (ohne Stoßfugenmörtel) aneinander gefügt.

1.3.3 Verlegen im Dünnbettmörtel-Verfahren

Bei der Verlegung im Dünnbettmörtel-Verfahren wird die erste Lagerfuge in Normalmauermörtel oder Leichtmauermörtel ausgeführt, um eventuell vorhandene Unebenheiten ausgleichen zu können. Erst ab der zweiten Lagerfuge wird dann Dünnbettmörtel verwendet. Vor dem Auftragen des Dünnbettmörtels mit der Zahnkelle müssen von Lager- und Stoßfugenflächen Staub und lose Teilchen abgefegt werden. Der Auftrag an der Stoßfuge entfällt bei Plansteinen oder Planelementen mit Nut- und Federausbildung. Danach wird der Stein oder das Element versetzt und mit einem Gummihammer lot- und fluchtrecht ausgerichtet und festgeklopft.

Der Dünnbettmörtel ist ein Werk-Trockenmörtel mit einem Größtkorn der Gesteinskörnung von 1 mm und Zement als Bindemittel.

Das Dünnbettmörtel-Verfahren ist grundsätzlich für alle maßhaltigen Plansteine, Planblöcke, Planelemente aus Beton, Leichtbeton, Porenbeton, Kalksandsteinen und Ziegeln geeignet.

Bei Planziegel-Mauerwerk kommt immer die Reihenverlegung zur Anwendung, wobei man die Ziegel in den Dünnbettmörtel eintaucht und anschließend ohne Stoßfugenvermörtelung versetzt.

> Das Dünnbettmörtel-Verfahren findet beim Vermauern der besonders maßhaltigen **Plansteine** mit einer Fugendicke von 1...3 mm Anwendung. Der Fugenanteil eines solchen Mauerwerkes ist dadurch sehr gering.

Steinart	Abmessungen in mm		
	Stein- bzw. Elementlänge ± 1,5	Stein- bzw. Elementbreite ± 1,5	Stein- bzw. Elementhöhe ± 1,0
Porenbeton-Plansteine	249...624	115...500	124...249
Porenbeton-Planelemente	499...1499	115...500	374...624

Abmessungen der Porenbetonsteine

Druckfestigkeitsklasse	Rohdichteklasse	Kennfarbe
2	0,35; 0,40; 0,45; 0,50	grün
4	0,55; 0,60; 0,65; 0,70; 0,80	blau
6	0,65; 0,70; 0,80	rot
8	0,80; 0,90; 1,00	Keine Farbkennzeichnung, Aufstempelung von Druckfestigkeits- und Rohdichteklasse.

Eigenschaften und Kennzeichnung von Porenbetonsteinen

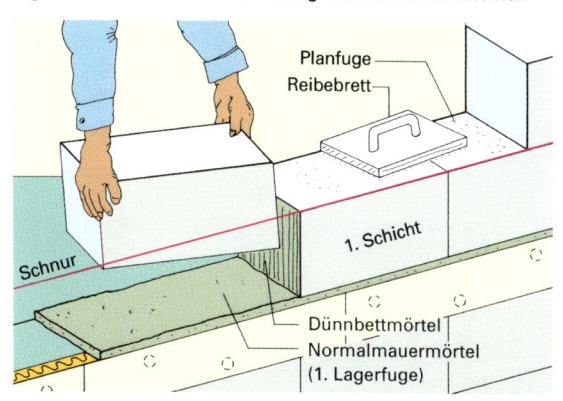

Versetzen von Porenbeton-Plansteinen

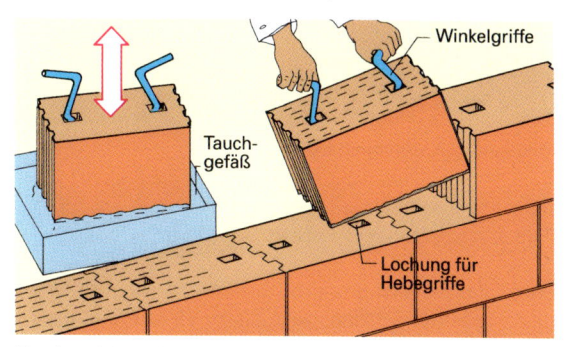

Tauchverfahren für Dünnbettverlegung von Planziegeln

Verarbeitung von Porenbeton-Plansteinen

1 Mauern einer einschaligen Wand — Verbände

1.3.4 Verbandsarten für Mauerwerk aus großformatigen Mauersteinen

Großformatige Mauersteine besitzen die Längen (Richtmaße) 25 cm, 37,5 cm und 50 cm.

Mittiger Verband

Bei Steinlängen (Richtmaß) von **50 cm** wird im mittigen Verband gemauert. Die Steinüberdeckung beträgt in der Regel 25 cm. Bei Ecken, Kreuzungen und Anschlüssen ist auch eine Steinüberdeckung von 12,5 cm erlaubt.

Der mittige Verband kommt auch bei Steinlängen (Richtmaß) von **25 cm** zur Anwendung. Die Steinüberdeckung beträgt hier in der Regel 12,5 cm. Bei Ecken, Kreuzungen und Anschlüssen darf die Steinüberdeckung auf 6,25 cm verringert werden.

Schleppender Verband

Bei Steinlängen (Richtmaß) von **37,5 cm** wird im schleppenden Verband gemauert. Die Steinüberdeckung beträgt in der Regel 12,5 cm. Bei Ecken, Kreuzungen und Anschlüssen soll auch hier die Steinüberdeckung von 12,5 cm eingehalten werden. Nur in Ausnahmefällen darf die Überdeckung auf 6,25 cm verringert werden.

Mauerecke im schleppenden Verband

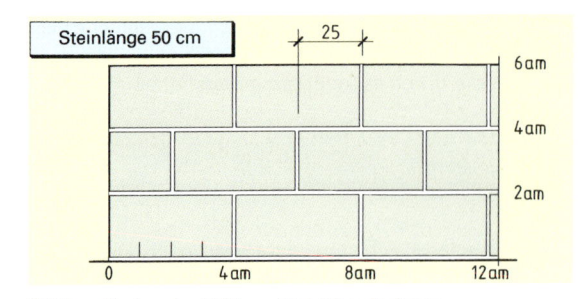

Mittiger Verband mit 25 cm Steinüberdeckung

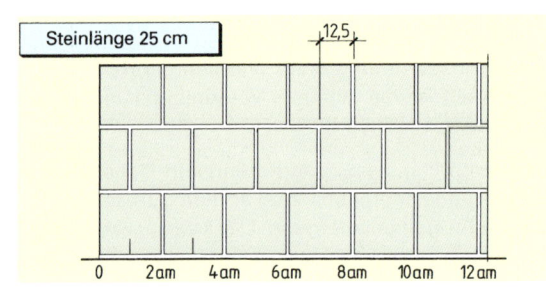

Mittiger Verband mit 12,5 cm Steinüberdeckung

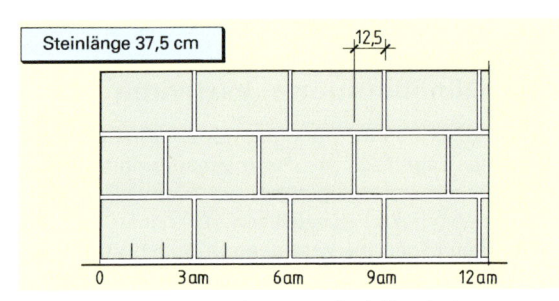

Schleppender Verband mit 12,5 cm Steinüberdeckung

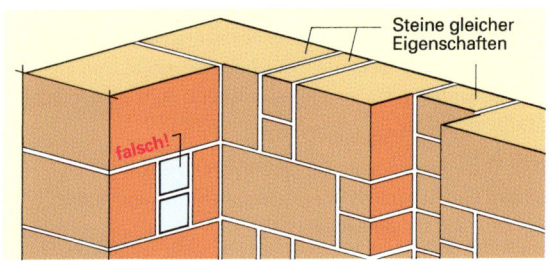

Ausgleich durch kleinformatige Steine

> Großformatige Mauersteine werden im mittigen oder schleppenden Verband vermauert.

Bei Mauerpfeilern aus großformatigen Mauersteinen muss beachtet werden, dass bis zu einer Pfeilerbreite von 50 cm (Richtmaß) keine Stoßfugen vorhanden sein dürfen.

Herstellen von Teilsteinen

Bei Mauerecken, Mauerstößen oder Mauerkreuzungen werden häufig **Teilsteine** (Ausgleichsteine) benötigt. Teilsteine werden von den Steinherstellern angeboten. Für Mauerwerk aus großformatigen Ziegeln werden Verschiebeziegel angeboten, die sich auf beliebige Ergänzungslängen zwischen ca. 10 cm und 25 cm verschieben lassen (siehe Abschnitt 7.1.2 „Nicht genormte großformatige Mauersteine").

Erforderlichenfalls können Steine auch auf jede beliebige Länge zugeschnitten, zugehauen oder gespalten werden.

Mauerstein-Kreissäge

1 Mauern einer einschaligen Wand — Verbände

Mit **Mauerstein-Kreissägen** können alle Mauersteine zugeschnitten werden. Porenbetonsteine, Leichtbetonsteine und Leichtziegel lassen sich auch mit **Handsägen** oder **Bandsägen** zuschneiden. Wegen der längeren Standzeit (= Haltbarkeit) sind die Schneiden der Sägen **gehärtet** oder **hartmetallbestückt**.

Kalksandsteine lassen sich auch sehr leicht auf die erforderliche Länge zuhauen oder mit einem Stein-Spaltgerät spalten. Teilsteine, die im Dünnbettmörtel-Verfahren versetzt werden, müssen jedoch immer mit der Mauerstein-Kreissäge zugeschnitten werden. Dasselbe gilt für schräge Zuschnitte bei schrägwinkeligen Mauerecken oder für schräge Teilsteine bei Giebelmauerwerk.

Soll der erforderliche Ausgleich durch klein- oder mittelformatige Steine erfolgen, so muss darauf geachtet werden, dass die Steine die gleichen Eigenschaften (Druckfestigkeit, Dichte, Wärmedämmfähigkeit) wie die großformatigen besitzen.

> Teilsteine sind in den Lieferprogrammen der Steinhersteller. Gegebenenfalls können die Teilsteine auch auf die erforderliche Länge und Form zugeschnitten werden.

Im Folgenden sind Verbände für **Kreuzungen, Ecken** und **Stöße** dargestellt.

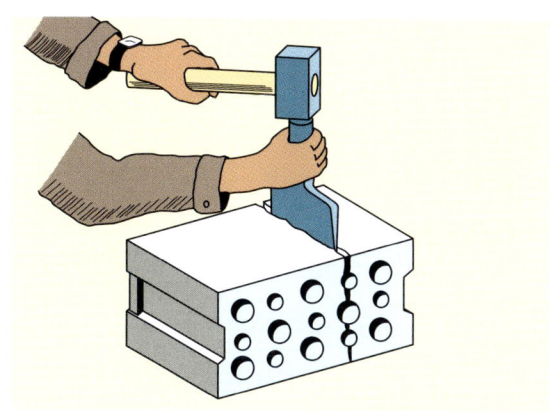

Spalten eines Kalksandsteines

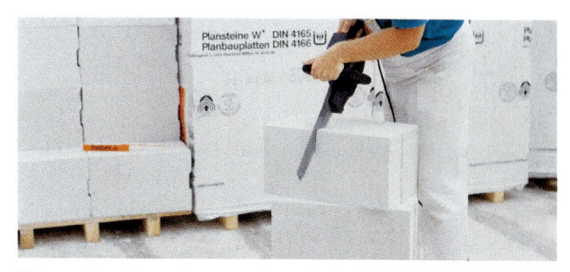

Sägen eines Porenbetonsteins mit der Elektro-Handsäge

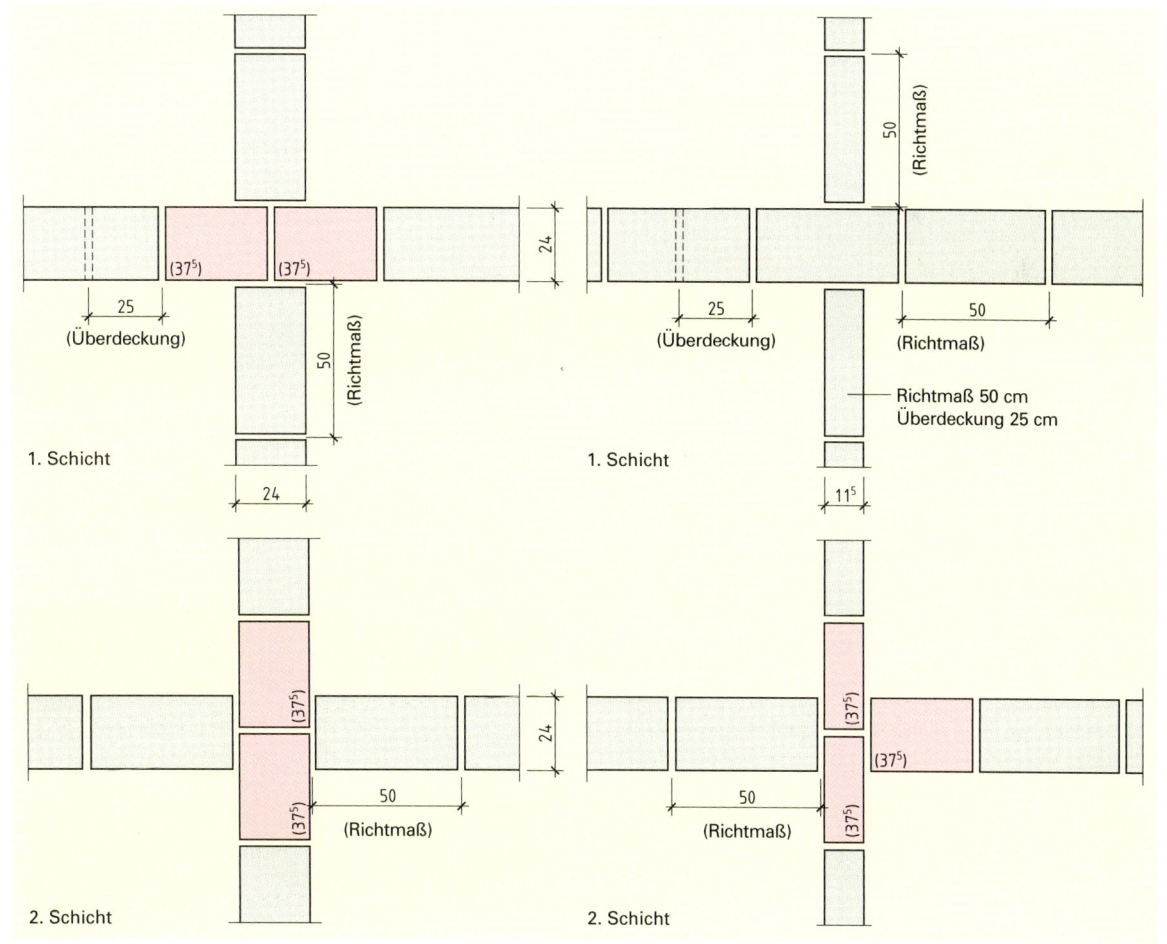

Mauerkreuzungen

1 Mauern einer einschaligen Wand — Verbände

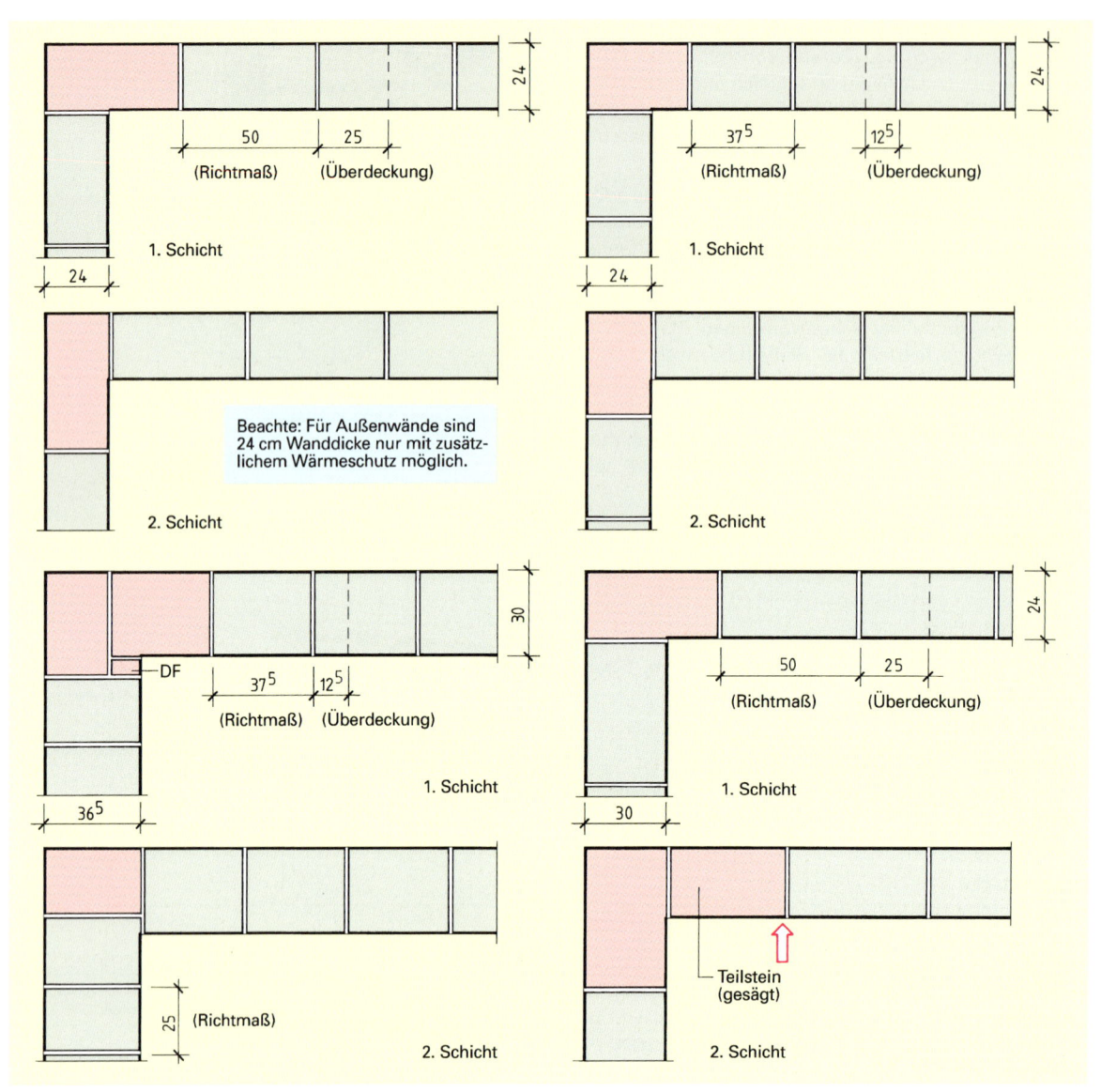

Beachte: Für Außenwände sind 24 cm Wanddicke nur mit zusätzlichem Wärmeschutz möglich.

Eckverbände

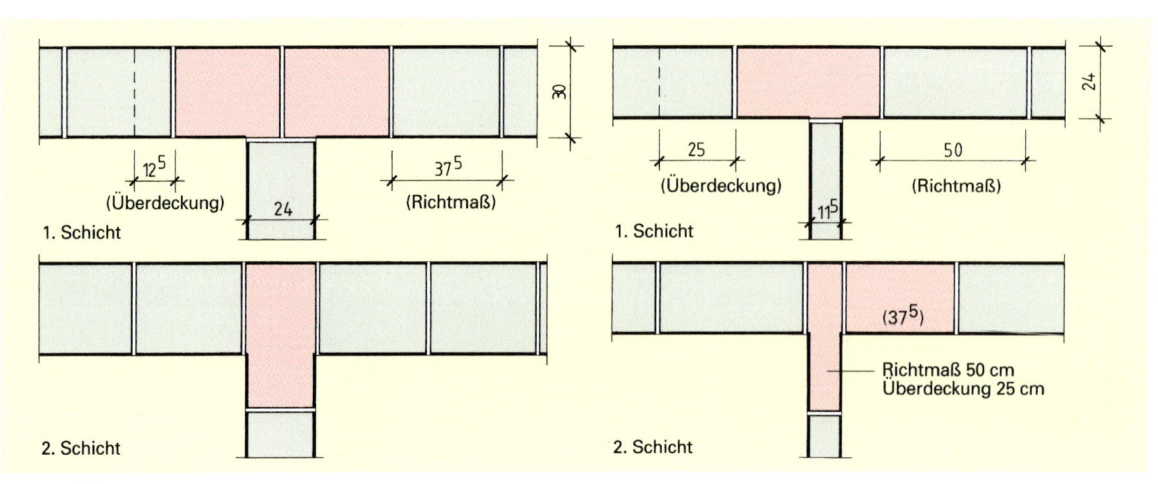

Mauerstöße

1 Mauern einer einschaligen Wand — Aussparungen, Schlitze, Vorlagen

1.3.5 Aussparungen, Schlitze und Vorlagen

Aussparungen und **Schlitze** sollen bereits bei der Planung berücksichtigt werden, damit sie beim Mauern der Wand im Verband ausgespart werden können.

Bei nachträglichem Herstellen dürfen nur Geräte (z. B. Steinfräsen) verwendet werden, die den Mauerwerksverband nicht lockern und mit denen die Schlitztiefe möglichst genau eingehalten werden kann. Aussparungen und Schlitze beeinflussen die Eigenschaften einer Wand. Sie setzen die Tragfähigkeit herab und können außerdem Schall- und Wärmebrücken verursachen. Besonders nachteilig wirken sich horizontale und schräge Schlitze auf die Tragfähigkeit einer Wand aus. Deshalb sind nachträglich hergestellte horizontale und schräge Schlitze in tragenden Wänden nur in ganz geringer Tiefe (max. 3 cm) zulässig. Die zulässige Tiefe ist abhängig von der Wanddicke und der Schlitzlänge. In 11,5 cm dicken Wänden sind horizontale und schräge Schlitze verboten.

Für Rohrleitungsschlitze werden häufig **Installationssteine** (Schlitzsteine) verwendet.

Installationssteine für horizontale Schlitze müssen aus Stahlbeton bestehen.

> Aussparungen und Schlitze vermindern die Tragfähigkeit des Mauerwerkes. Außerdem können sie Schall- und Wärmebrücken verursachen.

Mauervorlagen sind Mauervorsprünge, die dazu dienen, Mauern auszusteifen oder zu verstärken. In manchen Fällen ist auch nur beabsichtigt, eine gestalterische Wirkung zu erzielen, um eintönig wirkende Wandflächen zu gliedern. Ihre Hauptaufgabe besteht aber darin, Einzellasten aus Unterzügen usw. aufzunehmen und weiterzuleiten. Dabei werden einseitige und zweiseitige Vorlagen unterschieden.

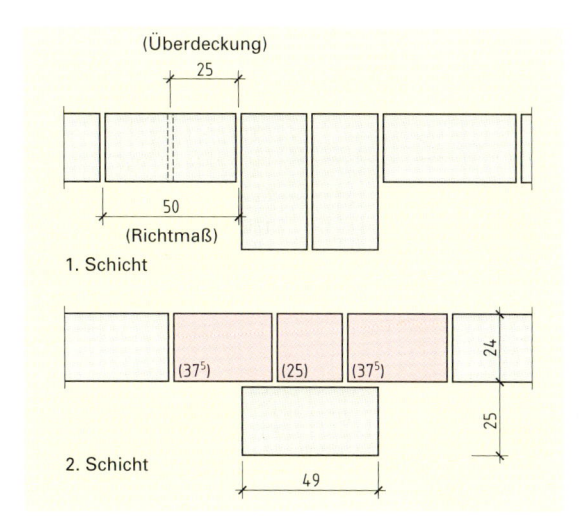

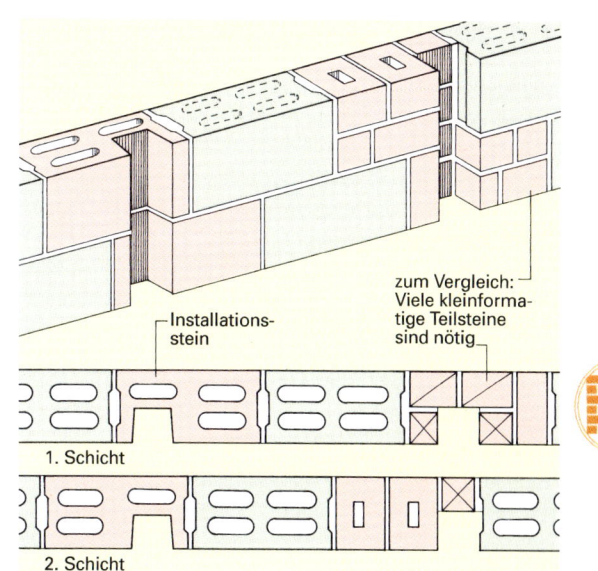

Senkrechter Wandschlitz

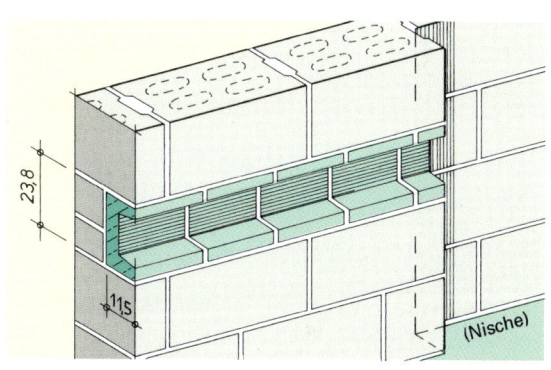

Horizontaler Wandschlitz aus Stahlbeton-Schlitzsteinen

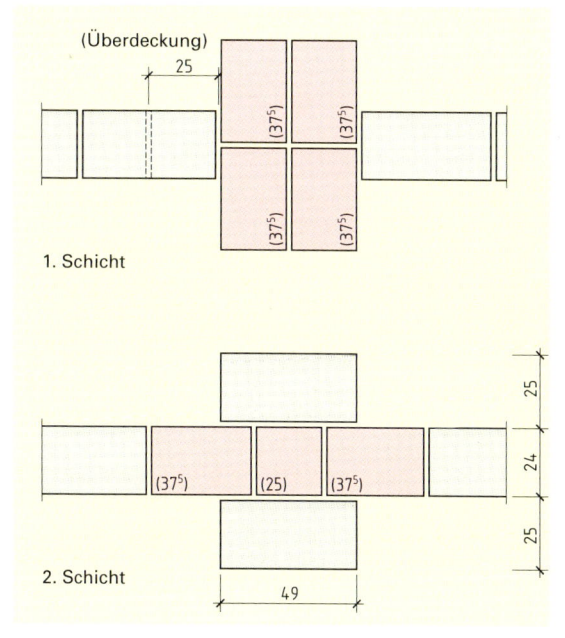

Einseitige Vorlage

Zweiseitige Vorlage

1 Mauern einer einschaligen Wand — Wandbauplatten

1.4 Wandbauplatten

Mauerwerk besteht aus einzelnen Steinen, die in Mörtel nach bestimmten Regeln verlegt werden. Dies ist eine sehr lohn- und dadurch kostenintensive Bauweise.

Da Mauersteine ab 25 kg nur mit Versetzgeräten verarbeitet werden dürfen, geht der Trend bei künstlichen Mauersteinen immer mehr zu großflächigen Wandbauplatten.

Eine Wandbauplatte mit einer Dicke von 30 cm, einer Höhe von 62,3 cm und einer Länge von 99,8 cm ist mit einem Versetzgerät fast genau so schnell versetzt wie ein großformatiger Mauerstein mit gleicher Dicke, jedoch der Höhe von 24,8 cm und der Länge von 49,8 cm.

Die Wandfläche der Wandbauplatte ist aber um das **Fünffache größer** als die des großformatigen Mauersteins.

Die Wahl von Wandbauplatten gegenüber Mauersteinen verkürzt ganz wesentlich die Bauzeit und stellt eine Kostenersparnis dar.

Fugen im Mauerwerk mindern oft die Tragfähigkeit oder erhöhen die Wärmeleitfähigkeit. Unter Umständen können sich Fugen auch schlecht auf die Schalldämmung auswirken. Bei vorherigem Beispiel ist beim Mauerwerk aus großformatigen Steinen der Fugenanteil um ein Vielfaches größer als beim Mauerwerk aus Wandbauplatten.

> Mauerwerk aus Wandbauplatten besitzt gegenüber Mauerwerk aus großformatigen Mauersteinen den Vorteil, dass es in kürzeren Arbeitszeiten hergestellt werden kann und dass der Fugenanteil geringer ist.

Wandbauplatten sind in den üblichen Wanddicken mit einer Richtmaßhöhe (= Plattenhöhe + Fuge) bis 62,5 cm und einer Richtmaßlänge (= Plattenlänge + Fuge) bis 150 cm lieferbar. Üblicherweise werden Wandbauplatten als Kalksandstein-Planelemente oder Porenbeton-Planelemente verwendet.

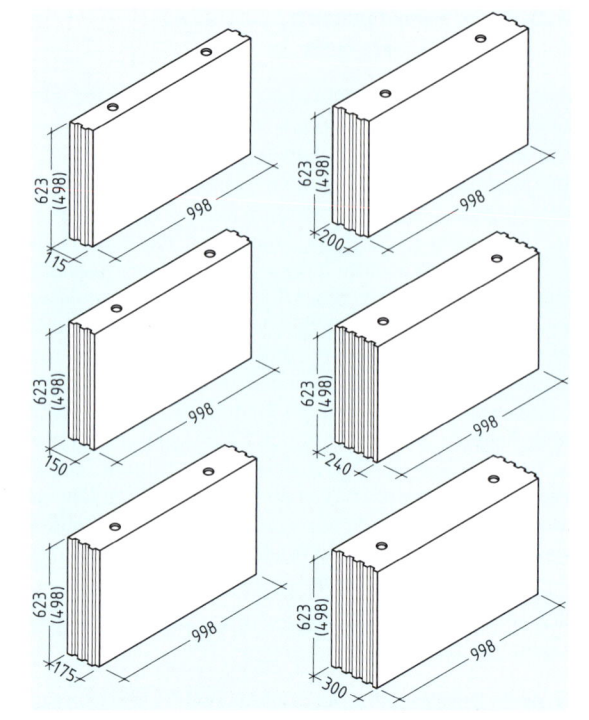

1.4.1 Versetzen von Wandbauplatten

Wandbauplatten werden in der Regel im **Dünnbettmörtel-Verfahren** versetzt.

Da das Dünnbettmörtel-Verfahren einen sehr geringen Fugenanteil besitzt, besteht auch nicht die Möglichkeit über die Fugen Unebenheiten auszugleichen. Deshalb wird die erste Lagerfuge in Normalmauermörtel oder Leichtmauermörtel ausgeführt. In dieser Fuge müssen alle Unebenheiten ausgeglichen werden. Die erste Plattenschicht muss sehr sorgfältig ausgeführt werden; sie muss exakt flucht-, lot- und waagerecht sein. Ein Ausgleich in den Folgeschichten ist nicht mehr möglich. Es ist empfehlenswert, die erste Plattenschicht (auch Ausgleichsschicht genannt) vorab für einen **ganzen Bauabschnitt** anzulegen und bis zum Weitermauern ein bis zwei Tage erhärten zu lassen. Wandbauplatten werden im **Verband** versetzt, d. h. es gelten dieselben Regeln wie für das Mauerwerk mit großformatigen Mauersteinen.

Wandbauplatten werden, da sie schwerer als 25 kg sind, mit Versetzgeräten verarbeitet.

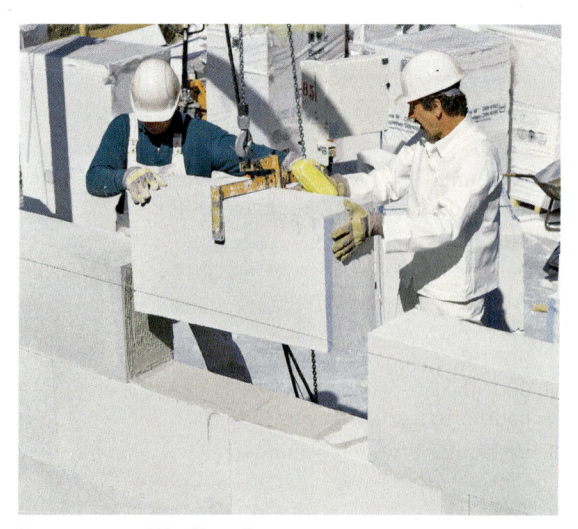

Wandbauplatten als Kalksandstein-Planelemente

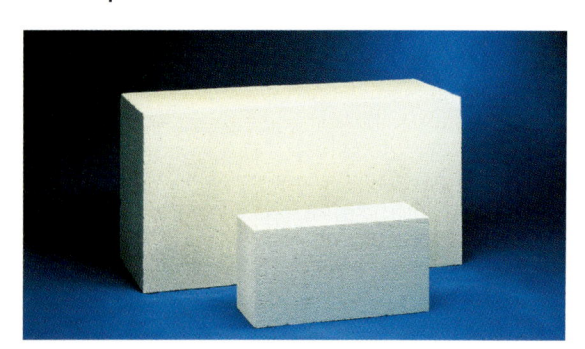

Größenvergleich
Vorne: Großformatiger Mauerstein
Hinten: Wandbauplatte

Versetzen von Wandbauplatten

1 Mauern einer einschaligen Wand
Wandelemente

Verschiedene Wandbauplattenhersteller liefern fertige Wandbausätze, die alle **Pass- und Ergänzungsplatten** enthalten. Die Lieferung umfasst auch einen vom Computer gefertigten Versetzplan (Wandansicht). Hier ist die Verarbeitung besonders rationell. Die zeitaufwendige Arbeit beim Sägen der Passplatten entfällt, es entsteht weder Verhau noch Verschnitt und es entfällt auch die sonst übliche Abfallentsorgung.

> Wandbauplatten werden in der Regel im Dünnbettmörtel-Verfahren versetzt. Für das Versetzen im Verband gelten dieselben Regeln wie für das Mauerwerk aus großformatigen Mauersteinen.

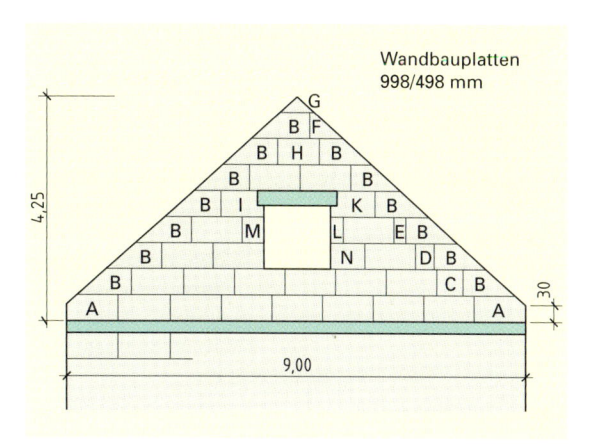

Verlegeplan für einen Wandbausatz

1.5 Wandelemente

Wandelemente sind Tafeln oder Platten, die entweder **stehend** oder **liegend** versetzt werden.

Stehend versetzte Wandelemente sind geschosshoch.

Liegend versetzte Wandelemente finden hauptsächlich im Hallenbau zur Ausfachung der Skelettkonstruktionen Verwendung.

1.5.1 Stehend angeordnete Wandelemente

Diese Elemente sind **geschosshohe** Wandtafeln aus Beton, Leichtbeton oder vorgefertigtem Ziegelmauerwerk.

Wandelemente sind immer bewehrt, da sie sonst beim Transport oder beim Versetzen brechen könnten.

Werden geschosshohe Wandtafeln z. B. für Keller-Außenwände verwendet, muss die Bewehrung so ausgebildet sein, dass die Wandtafeln dem Erddruck, den Lasten aus den Geschossdecken und dem darüber liegenden Mauerwerk standhält.

Die Wandtafeln werden für ein geplantes Gebäude eigens dafür im Werk angefertigt. Sie enthalten alle notwendigen Aussparungen wie z. B. Fenster, Türen und Installationsschlitze.

> Stehend angeordnete Wandelemente sind geschosshohe Wandtafeln. Sie werden für das geplante Bauwerk speziell im Werk vorgefertigt und enthalten alle erforderlichen Aussparungen.

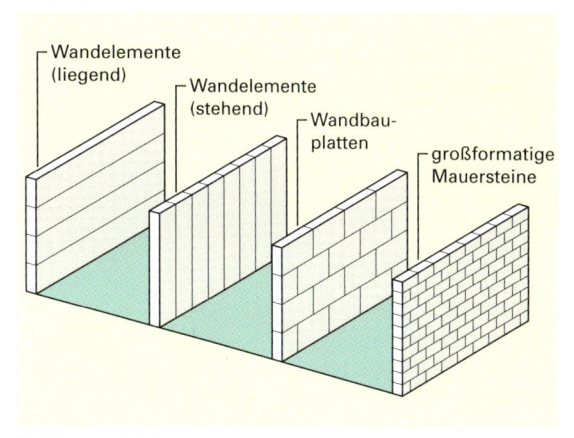

Die einzelnen Tafeln werden zu raumgroßen Elementen verbunden, wobei drei unterschiedliche Möglichkeiten für den vertikalen Fugenverschluss üblich sind.

1. **Stoß mit Vergussnut**
   Die Tafeln werden knirsch gestoßen und die Längsnut wird mit Zementmörtel vergossen.
2. **Stoß mit Nut und Feder**
   Die Tafeln besitzen eine Profilierung (Nut und Feder) an den Stirnseiten. Die Fuge wird im Dünnbettmörtel-Verfahren vermörtelt.
3. **Verklebter Stoß mit Kunstharzkleber**
   Dieser Stoß kommt zur Ausführung, wenn aus Wandtafeln bestehende raumgroße Elemente bereits im Werk verklebt werden.

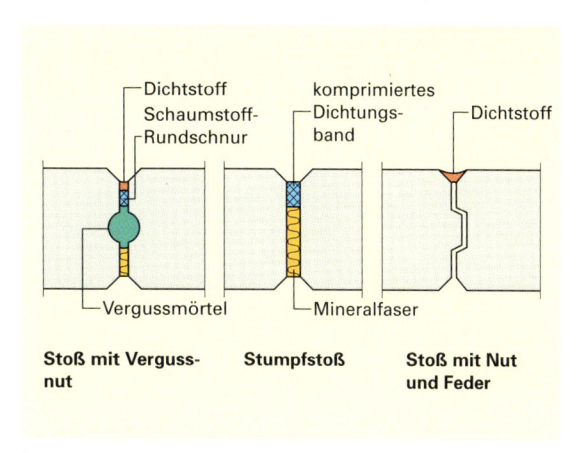

Größenvergleich

Fugenverschluss
Stoß mit Vergussnut — Stumpfstoß — Stoß mit Nut und Feder

> Für senkrecht versetzte Wandelemente sind drei Möglichkeiten für den vertikalen Fugenverschluss üblich:
> - Stoß mit Vergussnut,
> - Stoß mit Nut und Feder,
> - Stoß verklebt mit Kunstharzkleber.

1 Mauern einer einschaligen Wand — Wandelemente

1.5.2 Liegend angeordnete Wandelemente

Eine weitere Art von Wandelementen sind die **liegend** angeordneten Elemente.

Sie werden überwiegend zur Ausfachung von Skelettbauten (Hallenbauten) verwendet. Diese Wandelemente übernehmen im Skelettbau eine aussteifende Funktion und sie übertragen in den Außenwänden auch Windkräfte in das Skelett. Liegend angeordnete Wandelemente können auch Öffnungen (Tore, Fenster) überbrücken. Um diesen Tragfunktionen gerecht zu werden, müssen sie bewehrt sein.

Wandelemente werden z. B. als bewehrte Porenbeton-Wandplatten bis zu einer Länge von 7,50 m, einer Höhe von 75 cm und in Dicken bis 30 cm hergestellt.

Die Fugen (horizontal und vertikal) sind entweder glatt oder mit Nut und Feder ausgebildet.

Die Platten werden in der Regel im Dünnbettmörtel-Verfahren versetzt.

Liegend angeordnete Wandelemente

Da die Gefache im Skelettbau selten größer als 7,50 m sind, werden die Vertikalstöße (Vertikalfugen) der Platten an den Skelettstützen angeordnet; nur selten werden die Platten im Verband versetzt.

> Liegend angeordnete Wandelemente werden überwiegend zur Ausfachung von Skelettbauten verwendet.

Zusammenfassung

Großformatige Mauersteine werden in Einzel- oder Reihenverlegung mit Normal-, Leicht- oder Dünnbettmörtel verarbeitet.

Sie werden im mittigen oder schleppenden Verband vermauert.

Teilsteine (Ausgleichsteine) werden von den Steinherstellern angeboten. Erforderlichenfalls können Steine auch auf jedes beliebige Maß zugeschnitten werden.

Bei den Verbänden wird zwischen Mauerkreuzungen, Mauerecken und Mauerstößen unterschieden. Die Verbandsregeln für Mauerwerk aus großformatigen Steinen sind dieselben wie für klein- und mittelformatige Mauersteine.

Aussparungen und Schlitze vermindern die Tragfähigkeit des Mauerwerkes und können außerdem Wärme- und Schallbrücken verursachen.

Mauervorlagen dienen entweder der Aussteifung des Mauerwerkes oder der Gestaltung.

Mauerwerk aus Wandbauplatten besitzt gegenüber Mauerwerk aus großformatigen Mauersteinen den Vorteil, dass es in kürzeren Arbeitszeiten hergestellt werden kann und dass der Fugenanteil geringer ist.

Wandbauplatten werden in der Regel im Dünnbettmörtel-Verfahren versetzt.

Wandelemente sind Tafeln oder Platten, die entweder stehend oder liegend versetzt werden.

Stehend angeordnete Wandelemente sind geschosshohe Wandtafeln.

Liegend angeordnete Wandelemente werden überwiegend zur Ausfachung von Skelettbauten verwendet.

Aufgaben:

1. Erklären Sie den Unterschied zwischen Einzel- und Reihenverlegung bei großformatigen Mauersteinen.
2. Welcher Unterschied besteht zwischen einem mittigen und einem schleppenden Verband?
3. In welchen Situationen wird der mittige Verband und in welchen der schleppende Verband angewandt?
4. Betrachten Sie den Erdgeschoss-Grundriss unseres Projektes und kennzeichnen Sie Mauerecken, Mauerstöße und Mauerkreuzungen. Skizzieren Sie je ein Beispiel für die 1. und die 2. Schicht aus großformatigen Mauersteinen.
5. Warum vermindern waagerechte oder schräge Wandschlitze ganz besonders die Tragfähigkeit des Mauerwerkes?
6. Welche Aufgaben haben Mauervorlagen?
7. Welche Vorteile besitzt das Mauerwerk aus Wandbauplatten gegenüber dem Mauerwerk aus großformatigen Steinen?
8. Aus welchen Baustoffen werden Wandbauplatten hergestellt?
9. Welche Wände unseres Projektes eignen sich ganz besonders für die Verwendung von Wandbauplatten?
10. Worin unterscheiden sich Wandbauplatten von Wandelementen?
11. Aus welchen Baustoffen werden Wandelemente hergestellt?
12. Nennen Sie den überwiegenden Verwendungszweck von liegend angeordneten Wandelementen.
13. Begründen Sie die Notwendigkeit der Bewehrung bei Wandelementen.
14. Auf welche Art und Weise können die Fugen bei Wandelementen ausgebildet werden? (Skizze)

1 Mauern einer einschaligen Wand — Versetzgeräte

1.6 Versetzgeräte

Mauersteine über 25 kg dürfen **nicht ohne mechanische Hilfe** von Hand versetzt werden, auch dann nicht, wenn zwei Personen dabei beteiligt sind.

Diese Vorschrift ist sehr sinnvoll, denn das Anheben von Lasten über 25 kg kann langfristig zu **Schäden an der Wirbelsäule und den Gelenken** führen.

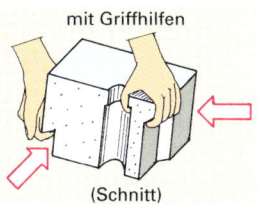

Maurer zu sein ist ein sehr schöner Beruf und sollte von jedem bis zum Eintritt in das Rentenalter mit Freude ausgeübt werden können. Somit sind Versetzgeräte ein wesentlicher Beitrag zur Verbesserung der Arbeitsbedingungen des Maurers. Außerdem tragen Versetzgeräte natürlich auch dazu bei, schneller und damit rationeller Mauerwerk herzustellen.

> Mauersteine über 25 kg dürfen nicht von Hand versetzt werden. Sie werden mithilfe von Versetzgeräten verarbeitet.

Bei den Versetzgeräten unterscheidet man zwischen zwei Arten, den Kleinkranen (Minikranen) und den Maurer-Elevatoren (Elevator = Hebegerät).

Kleinkrane sind auf den Geschossdecken verfahrbare Versetzgeräte mit einer Tragkraft von etwa 300 kg.

Maurer-Elevatoren sind Versetzgeräte in Verbindung mit einer Hebebühne als Arbeitsgerüst. Sie sind wie die Kleinkrane auf den Geschossdecken verfahrbar und verfügen ebenfalls über eine Tragkraft von etwa 300 kg.

> Bei den Versetzgeräten wird zwischen Kleinkran und Maurer-Elevator unterschieden.

Kleinkran

Maurer-Elevator

1.6.1 Arbeiten mit Versetzgeräten

Das Arbeitsteam am Versetzgerät besteht üblicherweise aus zwei Männern. Ein Maurer zieht den Mörtel (am besten mit dem Mörtelschlitten) auf. Der zweite Maurer bedient das Versetzgerät; er fasst mit der Greifzange den Mauerstein und führt ihn zur Versetzstelle. Der andere Maurer versetzt dann den Stein und richtet ihn aus. Die Versetzzangen (Greifzangen) sind so ausgebildet, dass sie entweder einzelne Steine oder Steinreihen (so genannte Steinstangen) bis zu einer Länge von 2 m greifen können. Das Versetzen von Steinstangen ist nur bei Mauerwerk ohne Stoßfugenvermörtelung möglich.

> Das Arbeitsteam besteht aus zwei Männern. Ein Mann zieht den Mörtel auf, versetzt den Stein und richtet ihn aus, der zweite Mann bedient das Versetzgerät und sorgt für den Nachschub.

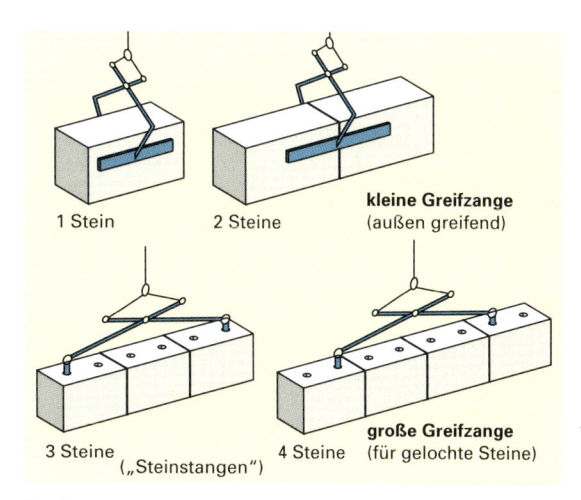

Greifzangen
- 1 Stein
- 2 Steine — kleine Greifzange (außen greifend)
- 3 Steine („Steinstangen")
- 4 Steine — große Greifzange (für gelochte Steine)

1 Mauern einer einschaligen Wand — Zeichnerische Darstellung

1.7 Zeichnerische Darstellung von Mauerwerk

Mauerwerk wird in der Regel in **Grundriss-Zeichnungen** und in **Schnitten** dargestellt.

Grundrisse und Schnitte als Ausführungszeichnungen (auch Werk- oder Arbeitspläne genannt) enthalten alle für die Bauausführung erforderlichen Maße, Angaben und Hinweise. Sie stellen die Arbeitsgrundlage für den Maurer dar.

Grundrisse und Schnitte als Ausführungszeichnungen werden im Maßstab 1:50 angefertigt.

Teil-, Detail- und Sonderzeichnungen werden als Ergänzung zu den Ausführungszeichnungen für bestimmte Bauteile und Ausschnitte, z. B. Mauerverbände, in den Maßstäben 1:5, 1:10 oder 1:20 dargestellt.

> Mauerwerk wird in Grundriss-Zeichnungen und Schnitten dargestellt.

1.7.1 Lage der Grundrisse und Schnitte am Beispiel des Projektes

Den Zeichnungen liegt die DIN 1356 „Linienarten und Linienbreiten, Schraffuren und Symbole" zugrunde.

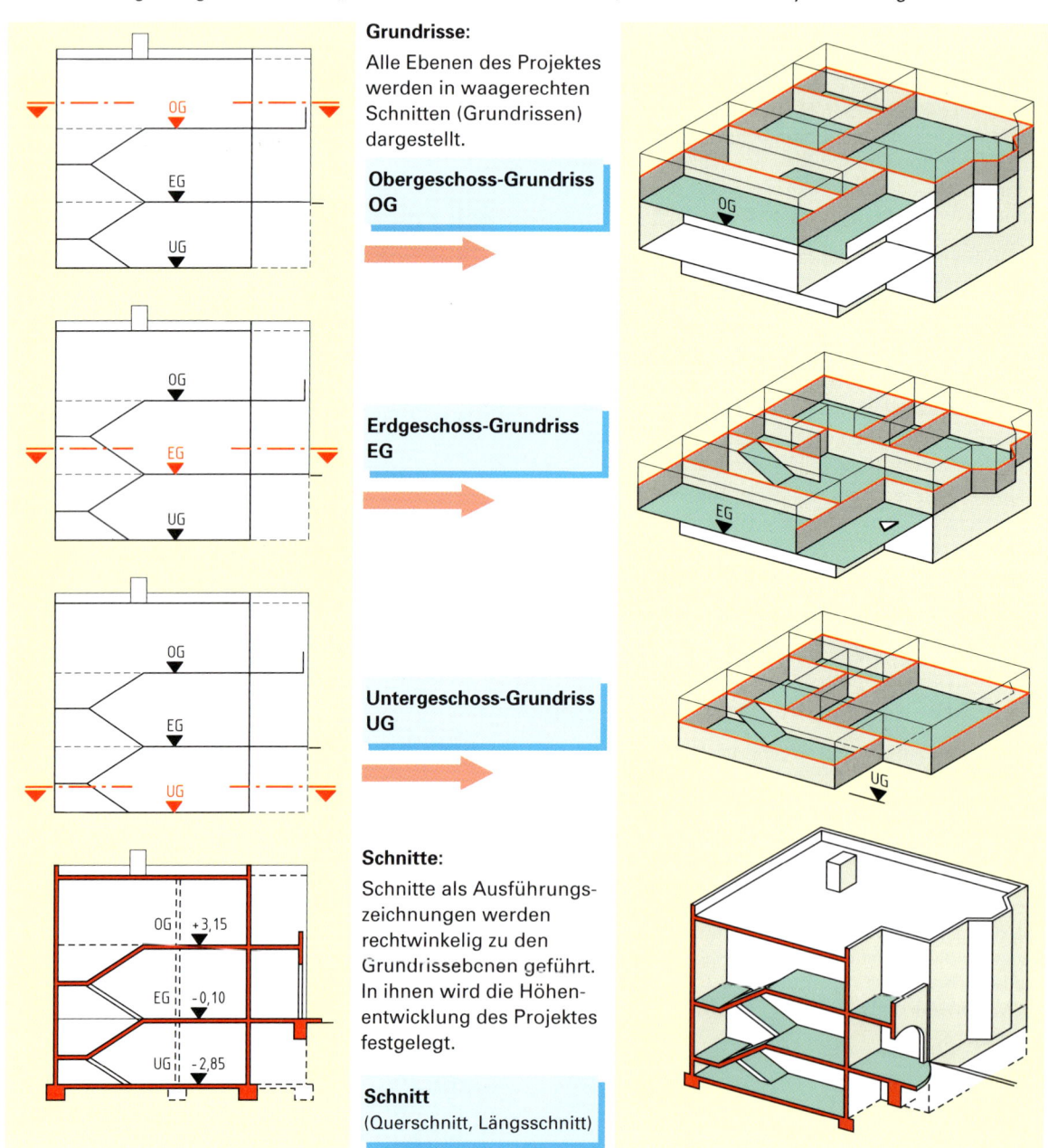

Grundrisse:
Alle Ebenen des Projektes werden in waagerechten Schnitten (Grundrissen) dargestellt.

Obergeschoss-Grundriss OG

Erdgeschoss-Grundriss EG

Untergeschoss-Grundriss UG

Schnitte:
Schnitte als Ausführungszeichnungen werden rechtwinklig zu den Grundrissebenen geführt. In ihnen wird die Höhenentwicklung des Projektes festgelegt.

Schnitt (Querschnitt, Längsschnitt)

OG +3,15
EG −0,10
UG −2,85

1 Mauern einer einschaligen Wand — Zeichnerische Darstellung

1.7.2 Abkürzungen in Ausführungszeichnungen

In Ausführungszeichnungen werden wegen der Übersichtlichkeit oft auftretende Bezeichnungen von Bauteilen und erforderliche Festlegungen mit Abkürzungen dargestellt.

1.7.3 Aufgaben

Aufgabe 1:

Untergeschoss-Grundriss und Schnitt

Fertigen Sie für das Projekt einen Untergeschoss-Grundriss und den Schnitt A-A für den nebenstehend bezeichneten Ausschnitt im Maßstab 1:50 an.

Folgende Bemaßungen und Planeintragungen sind vorzunehmen:
- Wände und Raumgrößen
- Fenster- und Türöffnungen (Breite, Höhe)
- Brüstungshöhen der Fenster
- Höhe der Roh- und Fertigfußböden
- Darstellung und Bemaßung der Wandschlitze und der Deckendurchbrüche in Grundriss und Schnitt (die Deckendurchbrüche werden in der darüber liegenden Decke mit Strichlinien dargestellt)
- Darstellung der Grundleitungen (Hausentwässerung)

UG	Untergeschoss	BR	Brüstungshöhe
EG	Erdgeschoss	GR	Gurtroller (Rollladen)
OG	Obergeschoss	HKN	Heizkörpernische
DG	Dachgeschoss	HG	Hausgrund
DV	Dachvorsprung	Stg	Steigung (Treppe)
FD	Flachdach	PT	Putztür
OK	Oberkante	KS	Kanalsohle
UK	Unterkante	RR	Regenrohr
RFB	Rohfußboden	BA	Bodenablauf
FFB	Fertigfußboden	DN	Nennweite (mm)
DD	Deckendurchbruch	NN	Meereshöhe
DA	Deckenaussparung	FS	Fundamentsohle
WD	Wanddurchbruch	FT	Fertigteil
SWS	senkr. Wandschlitz	UZ	Unterzug

Abkürzungen in Ausführungszeichnungen

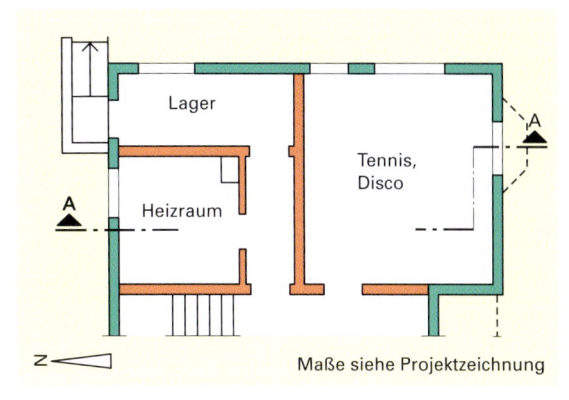

Ausschnitt aus dem Untergeschossplan

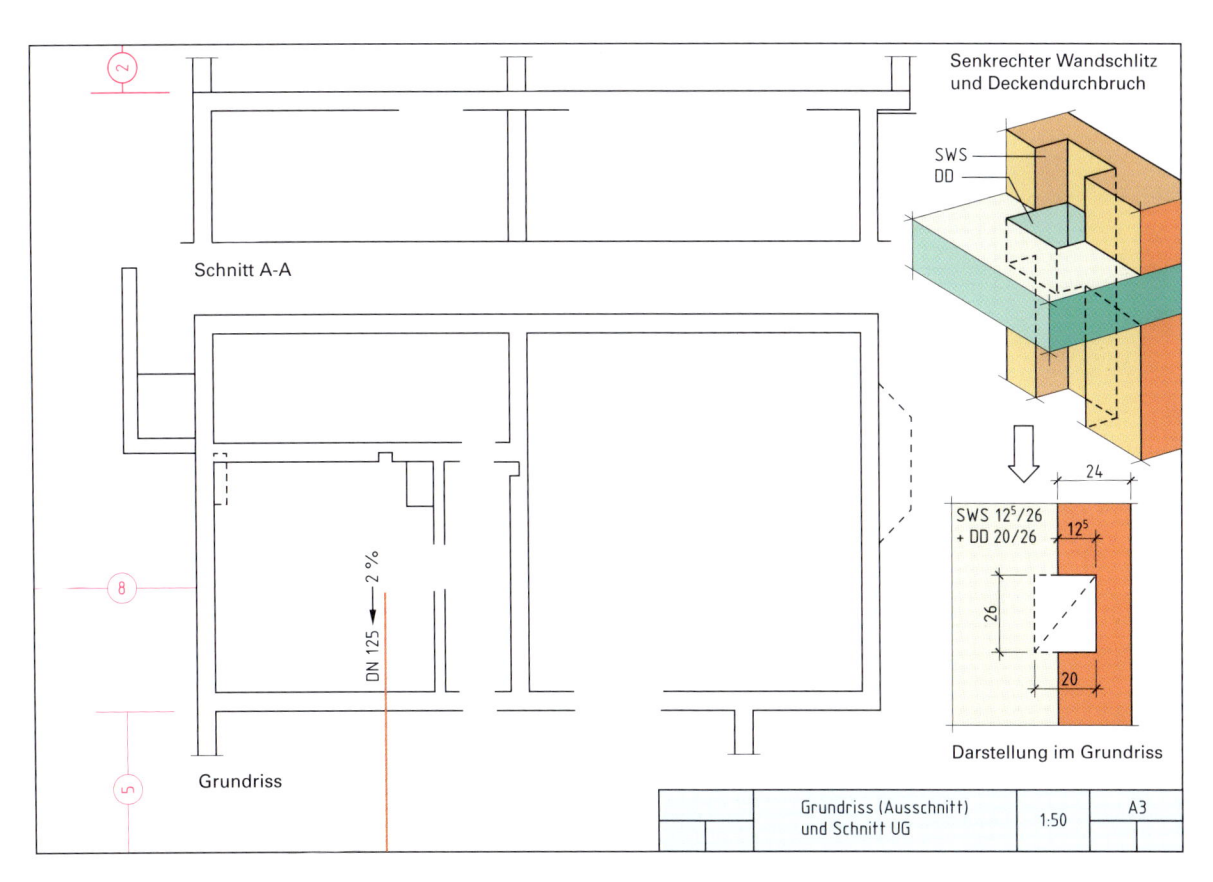

Maße siehe Projektzeichnung

Senkrechter Wandschlitz und Deckendurchbruch

SWS 12⁵/26 + DD 20/26

Darstellung im Grundriss

Schnitt A-A

DN 125 — 2 %

Grundriss

Grundriss (Ausschnitt) und Schnitt UG — 1:50 — A3

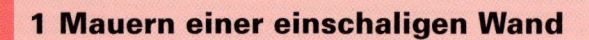

1 Mauern einer einschaligen Wand — Zeichnerische Darstellung

Aufgabe 2:

Erdgeschoss-Grundriss

Fertigen Sie für das Projekt einen Erdgeschoss-Grundriss für den nebenstehend bezeichneten Ausschnitt im Maßstab 1:50 an.

Folgende Bemaßungen und Planeintragungen sind vorzunehmen:

- Wände und Raumgrößen
- Fenster- und Türöffnungen (Breite, Höhe)
- Brüstungshöhen der Fenster
- Höhe der Roh- und Fertigfußböden
- Darstellung und Bemaßung der Wandschlitze und der Deckendurchbrüche in Grundriss und Schnitt (die Deckendurchbrüche werden in der darüber liegenden Decke mit Strichlinien dargestellt)
- Wählen Sie für die Wände entsprechend geeignete Mauersteine und Mörtel und fertigen Sie eine Tabelle nach nebenstehendem Muster an

Hinweis: Auf die Darstellung von Toiletten und Waschbecken kann bei einer Ausführungsbezeichnung für Maurer verzichtet werden.

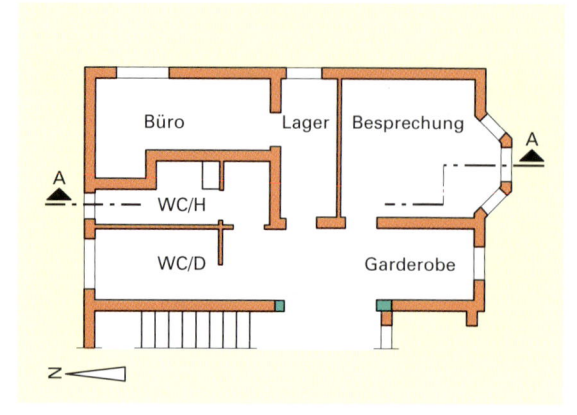

Ausschnitt aus dem Erdgeschossplan

Wandart	Steinart	Formate	Versetzhilfe erforderlich?
Umfassungswände			

Beispiel für eine Tabelle der vorgesehenen Mauersteine

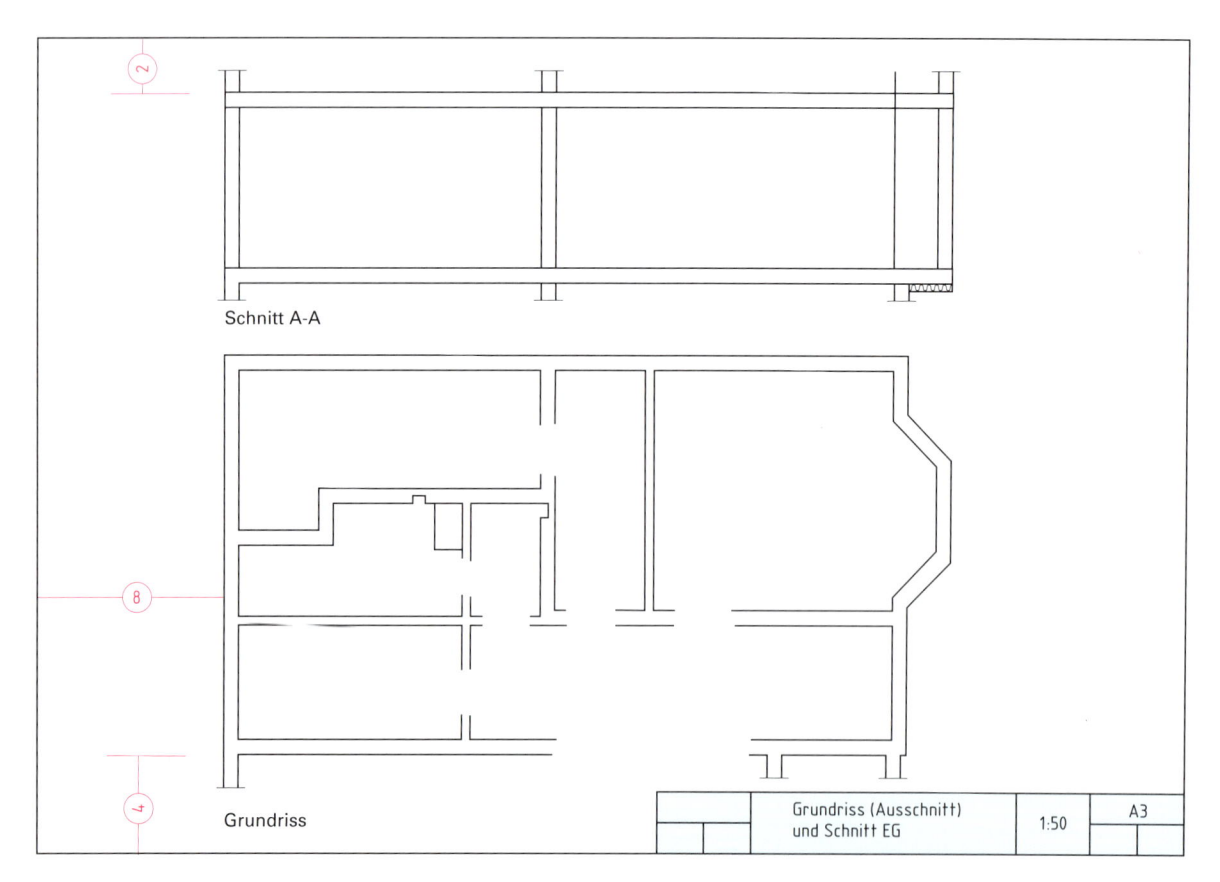

Schnitt A-A

Grundriss

Grundriss (Ausschnitt) und Schnitt EG — 1:50 — A3

1 Mauern einer einschaligen Wand — Zeichnerische Darstellung

Aufgabe 3:

Verbände aus großformatigen Mauersteinen bzw. Wandbauplatten

Zeichnen Sie die 1. und die 2. Schicht der Verbände in großformatigen Mauersteinen (Steinlängen-Richtmaß 50 cm). Fertigen Sie die Zeichnung auf einem karierten A4-Zeichenblatt. Zwei Karos entsprechen dem Richtmaß von 12,5 cm.

Bemaßen Sie mit Baunennmaßen. Die Maße sind der Projektzeichnung (EG) zu entnehmen.

Als Teilsteine können auch mittelformatige Steine verwendet werden.

Außer den vorgegebenen Punkten A–E können auch andere Punkte aus dem Grundriss ausgewählt werden.

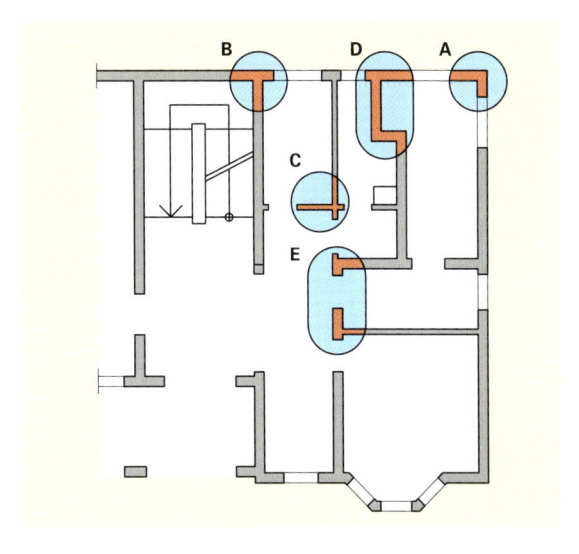

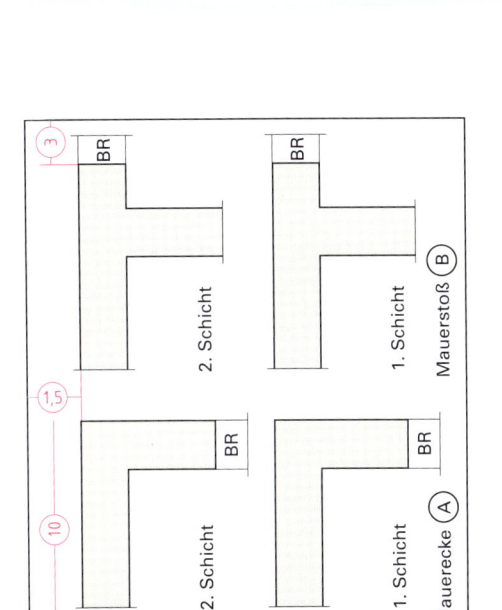

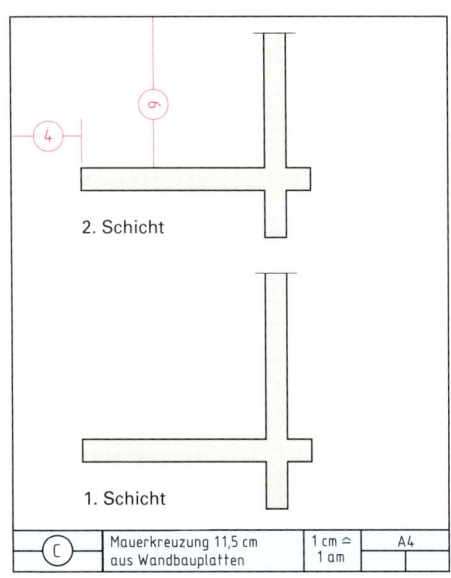

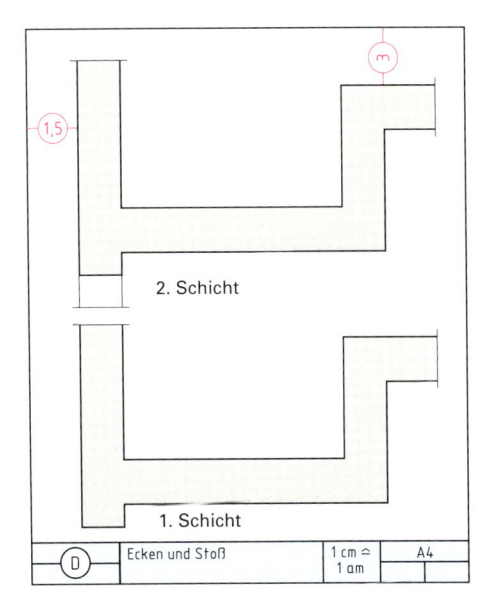

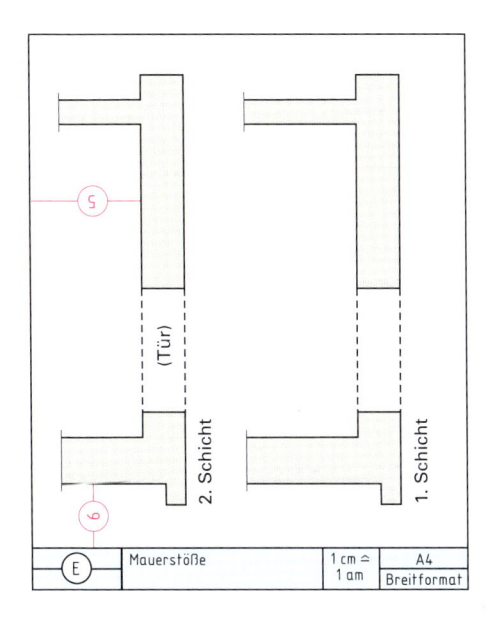

1 Mauern einer einschaligen Wand   Gerüste

1.8 Gerüste

Gerüste werden nach DIN EN 12810, DIN EN 12811 und DIN EN 12812 hergestellt. Außerdem müssen die Unfallverhütungsvorschriften der Bauberufsgenossenschaft genau beachtet werden. Gerüste müssen das unfallfreie Arbeiten an Gebäuden auch in großer Höhe ermöglichen. Sie sind nach den Regeln der Technik herzustellen, müssen ausreichend tragfähig, standsicher und so beschaffen sein, dass weder die am Bau Beteiligten noch Passanten oder Verkehrsteilnehmer wesentlich behindert oder gefährdet werden.

1.8.1 Spezielle Arbeitsgerüste zur Herstellung von Mauerwerk

Die Arbeitshöhe beim Mauern hat einen entscheidenden Einfluss auf die Arbeitsleistung und auf die Gesundheit des Maurers.

Mit einem Bockgerüst von etwa 1,25 m Höhe kann bei den üblichen Geschosshöhen im Wohnungsbau durch einmaliges Rüsten die Wand erstellt werden.

Kurbelböcke oder Auszugsböcke ermöglichen ein Arbeiten in der jeweils günstigsten Höhe.

Die geringste Ermüdung und Gesundheitsgefährdung tritt ein, wenn beim Mauern Maßnahmen gegen unnötiges Bücken getroffen werden.

Um dieser wichtigen Forderung nachzukommen gibt es stufenlos höhenverstellbare Maurergerüste, die zwei verschiedene Ebenen besitzen.

Die Ebenen haben eine Höhendifferenz von etwa 50 cm, wobei auf der unteren Ebene der Maurer steht und auf der oberen Ebene die Mauersteine und der Mörtel gelagert werden.

> Maurergerüste mit zwei Ebenen ermöglichen ein gesundheitsschonendes Arbeiten.

1.8.2 Gerüstarten

Nach Art der Verwendung werden die Gerüste in **Arbeits-** und **Schutzgerüste** unterteilt.

Arbeitsgerüste (Kurzzeichen AG) dienen der Ausführung von Bauarbeiten in Höhen, die vom Boden oder von den Geschossdecken aus nicht mehr erreicht werden. Sie müssen außer den Arbeitern auch noch die notwendigen Werkstoffe und Arbeitsgeräte (Werkzeuge, Maschinen) tragen.

Zu den Schutzgerüsten zählen das **Fanggerüst** (Kurzzeichen FG) oder **Dachfanggerüst** (Kurzzeichen DG), welche Personen vor tieferen Abstürzen schützen, sowie das **Schutzdach** (Kurzzeichen SD), das Personen, Maschinen und Geräte gegen herabfallende Gegenstände schützt.

Die Gerüstbauarten werden nach dem Tragsystem und der Ausführungsart unterschieden:

Tragsysteme (Kurzzeichen)
- Standgerüst (S)
- Hängegerüst (H)

Stufenlos verstellbares Maurergerüst

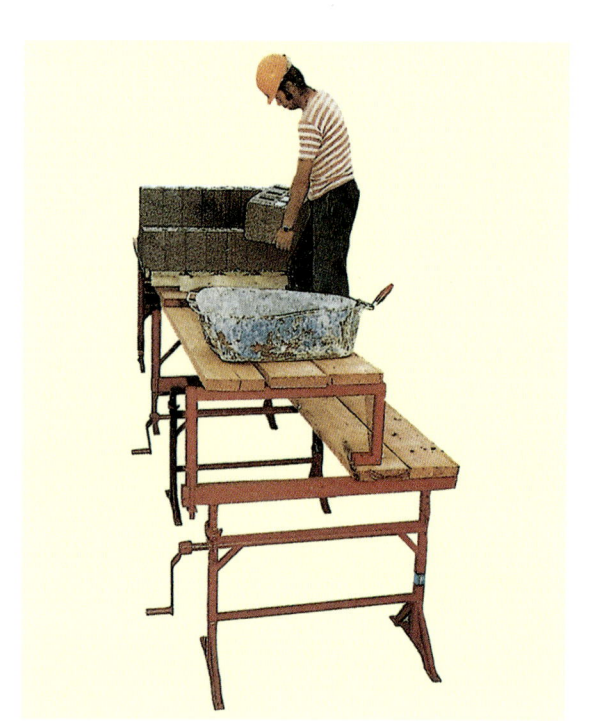

Maurergerüst mit zwei Ebenen

- Auslegergerüst (A)
- Konsolgerüst (K)

Ausführungsarten (Kurzzeichen)
- Stahlrohr-Kupplungsgerüst (SR)
- Rahmengerüst (RG)

> Die Gerüste werden nach Art der Verwendung in Arbeits- und Schutzgerüste unterteilt. Zu den Schutzgerüsten zählen die Fanggerüste, Dachfanggerüste und Schutzdächer.

1 Mauern einer einschaligen Wand — Gerüste

Einteilung der Arbeitsgerüste in Lastklassen

Nach DIN EN 12811-1 werden die Arbeitsgerüste in sechs Lastklassen eingeteilt. Maßgebend für die Zuordnung sind die Mindestbreite der Gerüstbelagfläche und die zulässige Belastbarkeit. Die Belastbarkeit wird als flächenbezogene Nutzlast in kN/m² und als Flächenpressung (= Nutzlast geteilt durch deren tatsächliche Grundrissfläche) angegeben.

Gerüste der **Lastklasse 1** dürfen lediglich für Kontrolltätigkeiten verwendet werden. Dabei darf sich je Gerüstfeld höchstens eine Person aufhalten. Materiallagerungen sind nicht zulässig.

Gerüste der **Lastklasse 2** dürfen nur für Arbeiten verwendet werden, die keine Materiallagerung erfordern, z. B. bei Malerarbeiten.

Gerüste der **Lastklasse 3** eignen sich für Arbeiten, bei denen Baustoffe in geringem Umfang gelagert werden müssen, z. B. bei Putzarbeiten.

Gerüste der **Lastklassen 4**, **5 und 6** können für Arbeiten eingesetzt werden, bei denen Baustoffe und Bauteile auf dem Gerüst abgesetzt werden müssen, z. B. bei Mauer- und Betonierarbeiten.

Grundsätzlich muss beachtet werden, dass die vorgeschriebene zulässige Nutzlast und die Flächenpressung nicht überschritten werden.

> Nach ihrer Belastung werden Arbeitsgerüste in sechs Lastklassen unterteilt. Die jeweils zulässige Nutzlast darf nicht überschritten werden.

1.8.3 Anforderungen an Gerüstbauteile

Gerüstbauteile und Benennungen

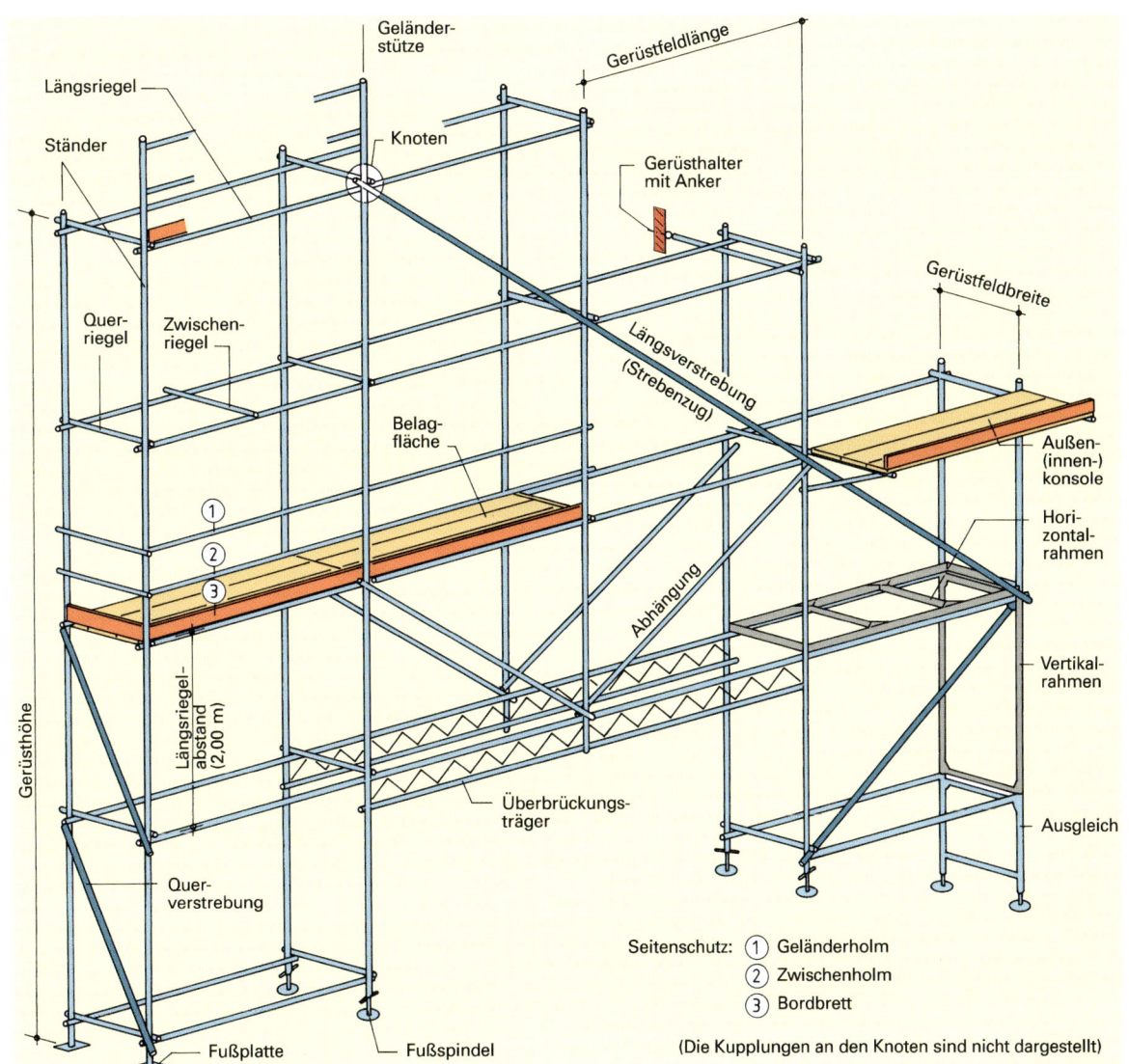

Beispiele für Gerüstbauteile und Benennungen (Fassadengerüst als Standgerüst)

1 Mauern einer einschaligen Wand — Gerüste

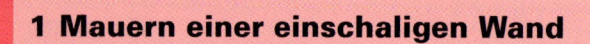

Werkstoffe für Gerüste

Gerüste und Gerüstbauteile können aus den Werkstoffen **Stahl**, **Aluminium** oder **Holz** bestehen.

Gerüstbauteile aus Stahl

Tragende Gerüstbauteile aus Stahl müssen vorgeschriebene Rohrdurchmesser und Rohrwanddicken besitzen. Die Stahlrohre des Seitenschutzes (Geländerholm, Zwischenholm) dürfen etwas schwächer als die Stahlrohre der übrigen Bauteile sein.

Gerüstbauteile aus Aluminium

Für tragende Gerüstbauteile aus Aluminium gilt sinngemäß dasselbe wie für die Gerüstbauteile aus Stahl. Da jedoch Aluminium geringere Festigkeiten besitzt, sind die Außendurchmesser und Wanddicken der Aluminiumrohre immer etwas größer als die der Stahlrohre.

Gerüstbauteile aus Holz

Holzbauteile müssen mindestens der Sortierklasse S 10 entsprechen.

Gerüstbretter und Gerüstbohlen sowie Teile des Seitenschutzes müssen mindestens 3 cm dick und vollkantig sein. An ihren Enden dürfen sie nicht aufgerissen sein.

Brett bzw. Bohlenbreite in cm	Lastklasse	Brett- bzw. Bohlendicke in cm				
		3,0	3,5	4,0	4,5	5,0
		größte Stützweite in m				
20	1, 2, 3	1,25	1,50	1,75	2,25	2,50
24 und 28		1,25	1,75	2,25	2,50	2,75
20	4	1,25	1,50	1,75	2,25	2,50
24 und 28		1,25	1,75	2,00	2,25	2,50
20, 24, 28	5	1,25	1,25	1,50	1,75	2,00
20, 24, 28	6	1,00	1,25	1,25	1,50	1,75

Zulässige Stützweiten für Gerüstbeläge aus Holzbrettern und -bohlen

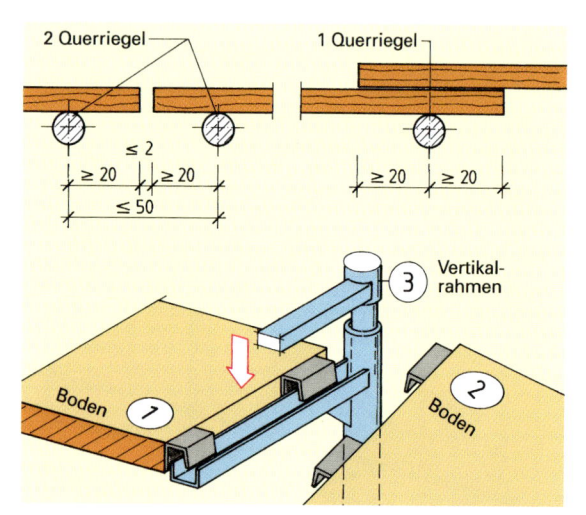

1.8.4 Allgemeine Richtlinien für die Ausführung

Gerüstbelag

Jede benutzte Gerüstlage muss voll ausgelegt sein. Die Belagteile sind dicht aneinander zu verlegen, damit sie weder wippen noch ausweichen können. Bei Gerüstbohlen müssen unter dem Stoß entweder zwei Querriegel liegen oder die Gerüstbohlen müssen sich beidseitig des Querriegels mindestens 20 cm überdecken.

> Belagteile sind so zu verlegen, dass sie weder wippen noch ausweichen können.

Auflagerung von Gerüstbohlen, Böden oder Rahmentafeln

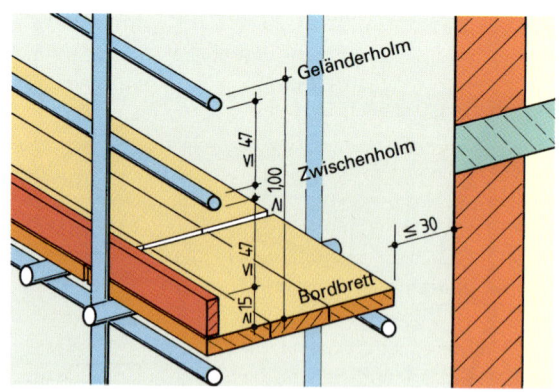

Seitenschutz

Gerüste, deren Belag mehr als 2 m über dem Boden liegt, müssen an der Außenseite einen Seitenschutz erhalten. Bei Gerüsten, die mehr als 30 cm vom Gebäude entfernt sind, ist auch an der Innenseite ein Seitenschutz erforderlich. Außerdem ist ein Seitenschutz an den Enden eines Gerüstbelags, z. B. an den Stirnseiten von Gerüsten, anzuordnen.

Der Seitenschutz wird dreiteilig, bestehend aus Geländerholm, Zwischenholm und Bordbrett, ausgebildet. Der lichte Abstand zwischen den Bauteilen darf nicht größer als 47 cm sein. Die Oberkante des Geländerholmes muss mindestens 1 m, die Oberkante des Bordbrettes mindestens 15 cm über dem Gerüstbelag liegen.

Anstelle des Zwischenholmes können auch ausreichend tragfähige Netze bzw. Geflechte mit Maschenweiten kleiner als 10 cm zwischen Geländerholm und Bordbrett gespannt werden.

Seitenschutz

> Alle Gerüste, deren Gerüstbelag mehr als 2 m über dem Boden liegt, müssen einen Seitenschutz erhalten.

1 Mauern einer einschaligen Wand — Gerüste

Aussteifung

Gerüste müssen alle Lasten sicher ableiten können. Dazu müssen sie ausgesteift werden. Dies geschieht je nach Gerüstbauart durch Diagonalen, Rahmen und Verankerungen.

Verstrebungen durch Diagonalen müssen an den Kreuzungspunkten mit den vertikalen Traggliedern (Ständern) oder den horizontalen Traggliedern (Längs- und Querriegeln) verbunden werden. Verstrebungen zur Gerüstaussteifung werden über die gesamte Gerüstlänge und -höhe als Strebenkreuze oder Strebenzüge angeordnet, wobei jeder Strebenzug höchstens fünf Gerüstfelder übergreifen darf. Erst die Verstrebung gibt diesen Gerüsten die erforderliche Steifigkeit. Diese Verstrebungen dürfen erst beim endgültigen Abbau des Gerüstes und abgestimmt auf ihn entfernt werden.

> Gerüste müssen ausgesteift sein, um alle auf sie einwirkenden Lasten sicher ableiten zu können. Dies geschieht durch Diagonalen, Rahmen und Verankerungen.

Gerüste müssen ein sicheres, unfallfreies Arbeiten ermöglichen.

Wenn Gerüste einstürzen und dabei Unfälle entstehen, so ist der Einsturz in den meisten Fällen auf eine fehlende oder mangelhaft angebrachte Aussteifung zurückzuführen.

Häufig ist die Ursache auch unsachgemäße oder fehlende Verankerung mit dem Gebäude.

Verankerung

Alle Gerüste, die frei stehend nicht standsicher sind, müssen am Gebäude verankert werden. Die Verankerungen (Gerüsthalter) werden an den Knoten (z.B. Kreuzungspunkte Ständer/Längsriegel/Querriegel) angebracht. Die Abstände der Verankerungspunkte richten sich nach der statischen Berechnung. Für Gerüste in Regelausführung werden die Höchstabstände angegeben (siehe Abschnitt 1.8.5).

Verankerungen dürfen nur an standsicheren und festen Bauteilen angebracht werden. Dies sind in der Regel Deckenscheiben, Stützen und Mauerscheiben. Befestigungen an Schneefanggittern, Blitzableitern, Dachrinnen, nicht tragfähigen Fensterpfeilern oder Fensterbrüstungen und dergleichen sind nicht zulässig.

Es dürfen nur zugelassene Verankerungsmittel verwendet werden, und sie sind fachgerecht einzubauen. Befestigungen mit Faserseilen oder Rödeldraht sind unzulässig.

Auch Verankerungen dürfen erst beim Abbau und auf ihn abgestimmt entfernt werden.

> Alle Gerüste, die frei stehend nicht standsicher sind, müssen am Gebäude verankert werden.

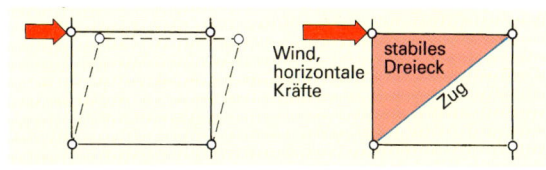

Aussteifung durch stabile Dreiecke

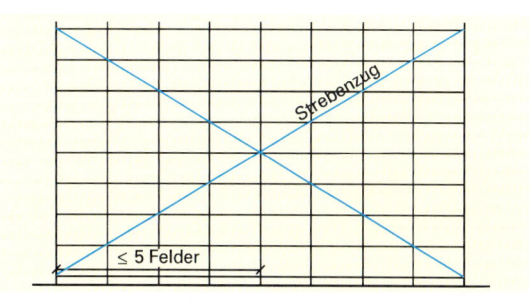

Strebenkreuz (≤ 5 Felder)

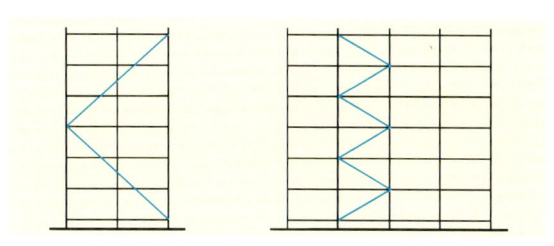

Gegenläufiger Strebenzug — **Turmartige Anordnung**

Verankerungselement

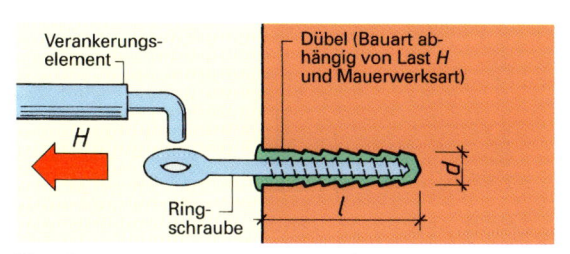

Verankerung im Mauerwerk

1 Mauern einer einschaligen Wand — Gerüste

1.8.5 Regelausführungen für Gerüste

Unter dem Begriff „Regelausführung" ist die Konstruktion von Gerüsten nach bestimmten Regeln zu verstehen. Diese Regeln sind in DIN EN 12811 festgelegt.

Regelausführungen sind für Leitergerüste, Stahlrohr-Kupplungsgerüste, Auslegergerüste, Konsolgerüste und Hängegerüste möglich.

Gerüste ohne Regelausführung werden statisch berechnet und nach Ausführungsplänen erstellt. Außerdem sind noch handwerkliche Gerüste möglich, die aufgrund fachlicher Erfahrungen erstellt werden; zu diesen Gerüsten zählen z. B. Bockgerüste oder Gerüste mit nur geringer Höhe.

Im Folgenden werden Regelausführungen nur jener Gerüste behandelt, die für den Maurer von Bedeutung sind. Das sind das Stahlrohr-Kupplungsgerüst, das Auslegergerüst und das Konsolgerüst.

> Unter dem Begriff „Regelausführung" ist eine Gerüstbauweise nach bestimmten Regeln zu verstehen. Diese Regeln sind in DIN EN 12811 festgelegt.

Stahlrohr-Kupplungsgerüst

Stahlrohrgerüste haben im Vergleich zu Gerüsten aus hölzernen Bauteilen eine höhere Nutzungsdauer, und sie benötigen einen geringeren Lagerraum. Die verhältnismäßig geringe Masse der Gerüstkonstruktion und deren stabile Knotenpunkte ermöglichen das Einrüsten sehr hoher Bauwerke.

Stahlrohr-Kupplungsgerüste in Regelausführung dürfen für Arbeitsgerüste der Lastklassen 1…6 und für Fanggerüste eingesetzt werden.

Die Stahlrohre werden mit Normalkupplungen, Drehkupplungen, Stoßkupplungen und Stoßbolzen verbunden.

Die Ständer stehen unverschiebbar auf Fußplatten oder auf höhenverstellbaren Fußspindeln.

Die **Ständerstöße** müssen in der Nähe der Knotenpunkte liegen. Es ist darauf zu achten, dass sie versetzt angeordnet werden und jeder Stoß im Inneren des Rohres mit einem Steckbolzen versehen ist.

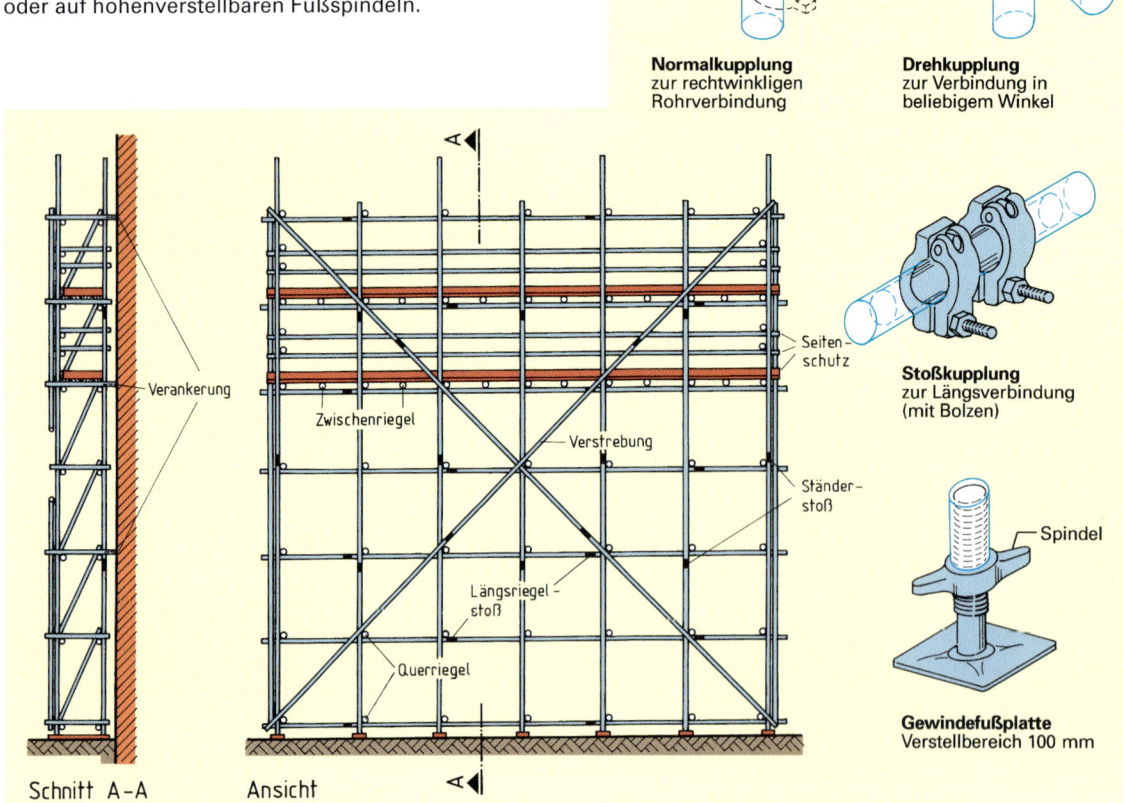

Normalkupplung zur rechtwinkligen Rohrverbindung

Drehkupplung zur Verbindung in beliebigem Winkel

Stoßkupplung zur Längsverbindung (mit Bolzen)

Gewindefußplatte Verstellbereich 100 mm

Stahlrohr-Kupplungsgerüst

1 Mauern einer einschaligen Wand — Gerüste

Die **Längsriegel** müssen über mindestens zwei Gerüstfelder geführt und mit jedem Ständer verbunden werden. Ihre Stöße sind zug- und druckfest auszubilden. Sie sind in der Nähe der Knotenpunkte anzuordnen und so zu verteilen, dass sie weder senkrecht übereinander liegen noch waagerecht, an der Innen- und Außenseite des Gerüstes, nebeneinander liegen.

An jeder Kreuzung eines Ständers mit einem Längsriegel muss ein **Querriegel** angeordnet werden. Er ist an den Ständer anzuschließen. Die Zwischenriegel werden an die Längsriegel angeschlossen.

Die Anordnung und die Anzahl der **Verankerungspunkte** sowie die vorgeschriebene Belastbarkeit der Anker sind davon abhängig, welche Höhe das Gerüst hat und ob es bekleidet oder nicht bekleidet ist.

Für Stahlrohr-Kupplungsgerüste als Standgerüste (Fassadengerüste) in Regelausführung beträgt die zulässige Höhe 30 m.

Die **Gerüstbreite** (Systembreite) darf höchstens 1,00 m betragen, und die Gerüstlagen dürfen einen Vertikalabstand von höchstens 2,00 m besitzen.

Die **Ständerabstände** der Stahlrohr-Kupplungsgerüste sind von der Belastung des Gerüstes, also von der Lastklasse, abhängig.

Lastklasse	Ständerabstand in m
1 und 2	2,50
3 und 4	2,00
5	1,50
6 [1]	1,20

[1] Für die Lastklasse 6 müssen zusätzlich Zwischenholme eingebaut werden.

Ständerabstände

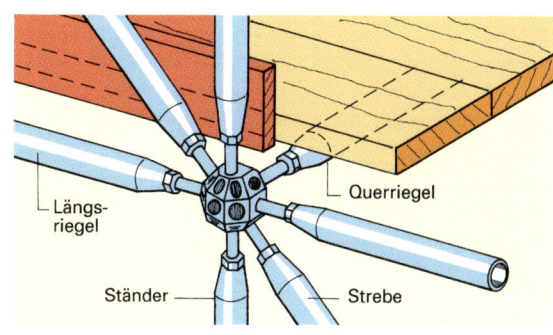

Knotenpunkt eines Stahlrohr-Kupplungsgerüstes in „Kugelknotensystembauweise"

Stahlrohr-Kupplungsgerüste bestehen aus Stahlrohren mit vorgeschriebenen Durchmessern. Die Stahlrohre werden mit Kupplungen verbunden. Stahlrohr-Kupplungsgerüste können in Regelausführung eine Höhe von 30 m haben.

Auslegergerüst

Bei Gebäuden mit sehr großen Höhen ist der Aufbau und Abbau von Standgerüsten sehr zeitaufwendig. Ist durch die Art der Baukonstruktion kein höher belastbares Gerüst erforderlich, so kann ein Auslegergerüst vorgesehen werden.

Auslegergerüste in Regelausführung dürfen für Arbeitsgerüste der Lastklassen 1 bis 3 sowie für Fanggerüste eingesetzt werden.

Der Gerüstbelag wird durch Kragträger (Ausleger), die an den Geschossdecken verankert sind, getragen. Als Ausleger finden Stahlprofile I 80, IPE 80, I 100 oder IPE 100 Verwendung.

Die **Verankerung** ist nur in Stahlbeton-Massivdecken zulässig, wobei immer mindestens zwei Verankerungsbügel aus Betonstahl mit mindestens 10 mm Durchmesser einbetoniert werden. Die Bügel müssen mit ihren Haken unter die untere Querbewehrung der Decke greifen.

Für den **Seitenschutz** werden auf die Profilträger von außen Geländerstützen aufgeschoben und verkeilt. Ein fester Sitz muss gewährleistet sein. Für die Ausbildung des Seitenschutzes gilt Abschnitt 1.8.4.

Auslegergerüst

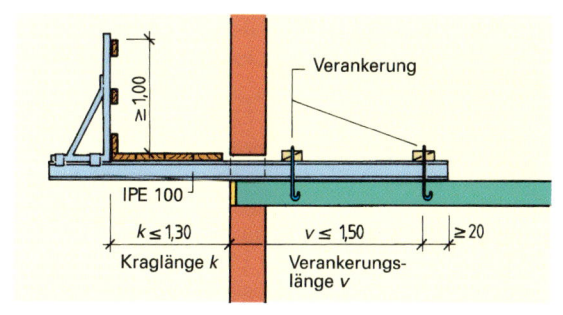

Ausbildung des Auslegergerüsts

Auslegergerüste werden für Arbeitsgerüste der Lastklassen 1…3 sowie für Fanggerüste eingesetzt. Die Ausleger werden mit Stahlbügeln in Stahlbetondecken verankert.

1 Mauern einer einschaligen Wand — Gerüste

Konsolgerüst

Bei Konsolgerüsten liegt der Gerüstbelag auf Konsolen, die am Bauwerk in Stahlbeton-Massivdecken verankert sind. Konsolgerüste in Regelausführung dürfen für Arbeitsgerüste der Lastklassen 1...3 sowie für Fanggerüste eingesetzt werden. Die Konsolhöhe muss mindestens der Belagbreite entsprechen, und der horizontale Konsolabstand darf höchstens 1,50 m betragen.

Konsolgerüste können auch in Abschnitten aus mehreren Konsolen einschließlich Belag mit dem Kran sehr schnell versetzt werden.

Die Konsolen müssen je **Aufhängung** zwei **Einhängehaken** besitzen. Eine Verankerung ist nur in Stahlbeton-Massivdecken mit mindestens zwei Einhängeschlaufen aus Betonstahl (Mindestdurchmesser 10 mm) zulässig.

Die Einhängeschlaufen müssen mindestens 50 cm in die Stahlbetondecke eingreifen, und ihre Enden müssen in die untere Deckenbewehrung eingeführt sein. Erst wenn der Beton eine Mindestdruckfestigkeit von 10 MN/m^2 erreicht hat, dürfen die Einhängeschlaufen belastet werden.

Wandöffnungen (z. B. Fenster) im Bereich des Konsolfußes werden mit Kanthölzern (mind. der Sortierklassen S 10) oder Profilträgern überbrückt.

Gerüstbelag und **Seitenschutz** siehe Abschnitt 1.8.4.

> Bei Konsolgerüsten liegt der Belag auf Konsolen. Sie werden als Arbeitsgerüste der Lastklassen 1...3 und als Fanggerüste eingesetzt.

1.8.6 Rahmengerüste

Rahmengerüste sind **Systemgerüste** aus vorgefertigten Bauteilen. Sie finden immer mehr Verwendung, weil sie sehr einfach und schnell auf- und abzubauen sind.

Rahmengerüste müssen eine **allgemeine baurechtliche Zulassung** besitzen, durch die ihre Brauchbarkeit für den vorgesehenen Verwendungszweck nachgewiesen wird. Danach dürfen sie als Arbeitsgerüste und Schutzgerüste gemäß der im Nachweis der Brauchbarkeit festgelegten Lastklasse verwendet werden. Die Aussteifung erfolgt bei Rahmengerüsten durch biegesteife Rahmen.

In der horizontalen Ebene wird der Gerüstbelag als Rahmentafel ausgebildet. In vertikaler Ebene erfolgt die Queraussteifung durch Ständerrahmen. Die Längsaussteifung der Rahmengerüste wird in der Regel durch Verstrebungen mit Diagonalen erzielt. Außerdem besteht auch die Möglichkeit, die Längsaussteifung durch biegesteife Rahmen im Seitenschutz (Geländerholm und Zwischenholm) zu erzielen.

> Rahmengerüste sind sehr schnell und einfach auf- und abzubauen. Ihre Brauchbarkeit muss durch eine allgemeine baurechtliche Zulassung nachgewiesen sein.

Überbrückungsträger	zu überbrückende Öffnung	
	bis 1,00 m	bis 2,25 m
Kantholz	10 cm/10 cm	2 × 10 cm/12 cm
Profilstahl	–	I 100 oder IPE 100

Überbrückung von Wandöffnungen

Konsolgerüst

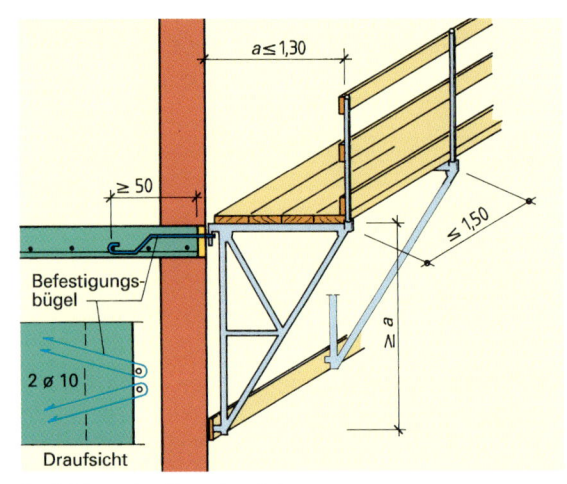

Ausbildung des Konsolgerüsts

Rahmengerüst

1 Mauern einer einschaligen Wand — Gerüste

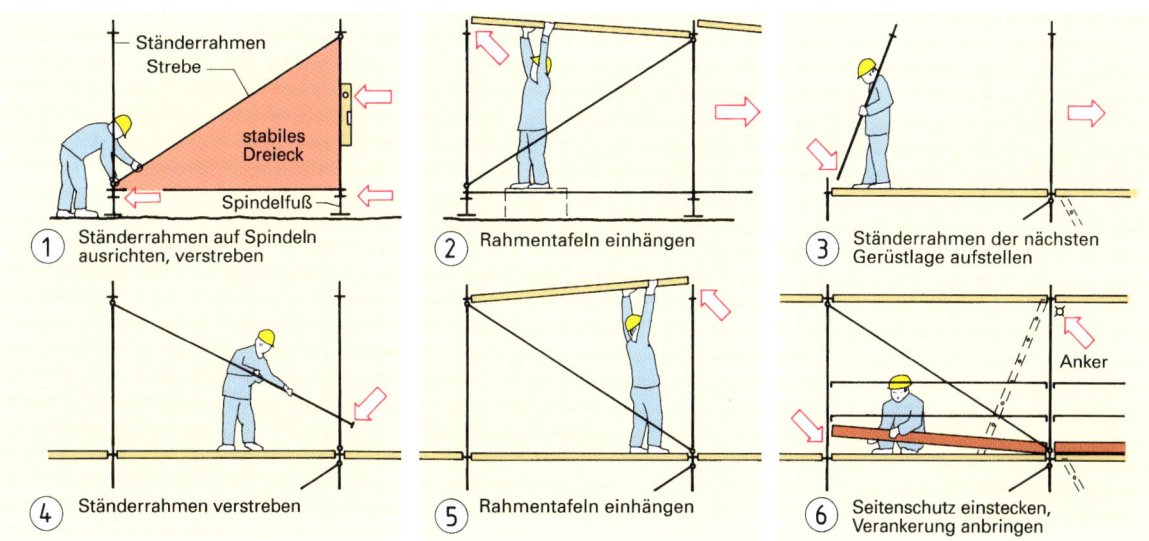

Aufbau eines Rahmengerüstes

① Ständerrahmen auf Spindeln ausrichten, verstreben
② Rahmentafeln einhängen
③ Ständerrahmen der nächsten Gerüstlage aufstellen
④ Ständerrahmen verstreben
⑤ Rahmentafeln einhängen
⑥ Seitenschutz einstecken, Verankerung anbringen

1.8.7 Leitern und Gerüstaufstiege

Anlegeleitern

Anlegeleitern werden an einen Gegenstand, z. B. an ein Bauteil oder ein Gerüst, angelehnt. Der richtige Anstellwinkel beträgt zwischen 68° und 75°. Die Leiter ist so aufzustellen, dass der waagerechte Abstand zwischen Anlegepunkt und Fußpunkt etwa $\frac{1}{3} \ldots \frac{1}{4}$ der Anlegelänge entspricht. Anlegeleitern müssen mindestens 1,00 m über den Austritt hinausragen.

Anlegeleitern müssen gegen Ausgleiten, Umfallen, Umkanten, Abrutschen und Einsinken gesichert sein. Dies geschieht z. B. durch Fußverbreiterungen oder Einhängungen.

> Anlegeleitern müssen mindestens 1,00 m über ihren Austritt hinausragen. Ihr Anstellwinkel beträgt zwischen 68° und 75°.

Gerüstaufstiege

Die früher üblichen Leitergänge, die außen an den Gerüsten angebracht waren, sind nur noch in Ausnahmefällen bis zu einer Höhe von 5,00 m zulässig. Aus Sicherheitsgründen sollten jedoch die Aufstiege bei Gerüsten grundsätzlich innen sein. Auch das Zusammenbinden (Verlängern) von Leitern, das früher bei Leitergängen üblich war, ist nicht mehr gestattet.

Im Allgemeinen werden heute **innen liegende Leitern** bzw. **Treppentürme** als Gerüstaufstiege verwendet, die eine wesentlich höhere Arbeitssicherheit bieten als außen liegende Leitergänge.

Die Leitern der Gerüstaufstiege führen über jeweils ein Gerüstgeschoss, d. h. von einem Gerüstboden zum nächsten darüber oder darunter liegenden.

> Der Aufstieg bei Gerüsten erfolgt über innen liegende Leitern.

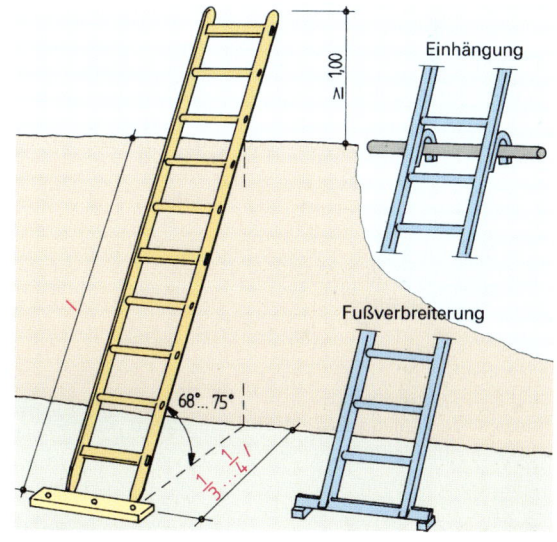

Anlegeleitern

Innen liegender Leiteraufstieg am Rahmengerüst

1 Mauern einer einschaligen Wand — Gerüste

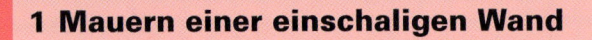

1.8.8 Verhaltensregeln für den Aufenthalt auf Arbeitsgerüsten

1. Jedes Gerüst ist vor dem Betreten auf seine Standsicherheit zu überprüfen!
2. Nur solche Gerüste betreten, die bei Höhen über 2 m einen ordnungsgemäßen Seitenschutz besitzen!
3. Nur absolut schwindelfreie Personen dürfen Gerüste betreten!
4. Bei der geringsten Spur von Unsicherheit ist das Gerüst sofort zu verlassen!
5. Auf Gerüsten muss konzentriert und ruhig gearbeitet werden. Hektik ist zu vermeiden!
6. Es dürfen keine unnötigen Schwingungen verursacht werden. Gerüste langsam begehen, auf keinen Fall laufen!
7. Keine unnötigen Werkstoffe und Werkzeuge auf den Gerüsten lagern. Dies führt zu unnötigen Belastungen und verursacht erhöhte Stolpergefahr!
8. Gerüste sind keine Turngeräte! Zur Überwindung der Höhen sind die Leitern zu benützen! Seilzüge sind nur für den Transport der Werkstoffe und Werkzeuge – niemals für den Transport von Personen!
9. Kein Alkohol am Arbeitsplatz! Alkoholgenuss auf Gerüsten ist ganz besonders gefährlich!
10. Vorsicht ist keine Feigheit und Leichtsinn kein Mut!

Zusammenfassung

Da die richtige Arbeitshöhe beim Mauern einen entscheidenden Einfluss auf die Arbeitsleistung und die Gesundheit des Maurers hat, wurden spezielle Maurergerüste entwickelt. Sie sind stufenlos höhenverstellbar und besitzen zwei Ebenen. Auf der unteren Ebene steht der Maurer und auf der etwa 50 cm höheren Ebene werden Steine und Mörtelkübel abgesetzt. Arbeitsgerüste werden hinsichtlich ihrer Belastbarkeit in sechs Klassen unterteilt.

Gerüste, deren Belag mehr als 2 m über dem Boden liegt, müssen an den Außenseiten einen Seitenschutz erhalten. Der Seitenschutz wird dreiteilig, bestehend aus Geländerholm, Zwischenholm und Bordbrett, ausgebildet.

Gerüste müssen alle Lasten sicher ableiten können. Dazu müssen sie durch Diagonalen, Rahmen und Verankerungen ausgesteift werden.

Alle Gerüste, die frei stehend nicht standsicher sind, müssen am Gebäude verankert werden.

DIN EN 12811 sieht für die wichtigsten Gerüste Regelausführungen vor.

Stahlrohr-Kupplungsgerüste bestehen aus Stahlrohren, die mit Kupplungen verbunden werden. In Regelausführung dürfen sie als Arbeitsgerüste der Gruppen 1…6 und als Fanggerüste eingesetzt werden.

Auslegergerüste werden als Arbeitsgerüste der Lastklassen 1…3 und als Fanggerüste eingesetzt.

Bei Konsolgerüsten liegt der Belag auf Konsolen. Sie werden wie Auslegergerüste als Arbeitsgerüste der Lastklassen 1…3 und als Fanggerüste eingesetzt.

Rahmengerüste sind Systemgerüste aus vorgefertigten Bauteilen.

Anlegeleitern müssen mindestens 1,00 m über ihren Austritt hinausragen.

Der Aufstieg bei Gerüsten erfolgt über innen liegende Leitern.

Aufgaben:

1. Worin besteht der Unterschied zwischen Arbeits- und Schutzgerüsten?
2. Nennen Sie die Einteilung der Arbeitsgerüste hinsichtlich ihrer Belastbarkeit.
3. Nennen Sie Gerüste unterschiedlichen Tragsystems.
4. Nennen Sie Gerüste unterschiedlicher Ausführungsart.
5. Warum sind höhenverstellbare, zweistufige Maurergerüste besonders gesundheitsschonend?
6. Erklären Sie die Bedeutung von „Regelausführung".
7. Wann ist ein Seitenschutz bei Arbeitsgerüsten erforderlich?
8. Aus welchen Bauteilen muss der Seitenschutz bestehen?
9. Welche Güteanforderungen werden an Gerüstbauteile aus Holz gestellt?
10. Beschreiben Sie den vorschriftsmäßigen Stoß von Gerüstbohlen.
11. Welche Aufgabe erfüllen die Verstrebungen bei Gerüsten?
12. Nennen Sie die Verwendungsmöglichkeiten folgender Gerüste in Regelausführung bei unserem Projekt:
    - Stahlrohr-Kupplungsgerüst
    - Auslegergerüst und
    - Konsolgerüst.
13. Welche Vorteile besitzen Rahmengerüste gegenüber Stahlrohr-Kupplungsgerüsten?
14. Wodurch werden bei Rahmengerüsten die vertikale und die horizontale Aussteifung erzielt?
15. Warum müssen Anlegeleitern in einem Winkel von ca. 70° angestellt werden?
16. Wie können Anlegeleitern gegen ungewolltes Abrutschen gesichert werden?
17. Beschreiben Sie einen sicheren Gerüstaufstieg.

1 Mauern einer einschaligen Wand — Baustoffbedarf

1.9 Baustoffbedarf und Zeitaufwand für Mauerwerk aus großformatigen Mauersteinen und Wandbauplatten

Für den reibungslosen Ablauf bei der Herstellung des Mauerwerkes für unser Projekt ist es notwendig, den Arbeitsablauf zu planen, d. h. die anfallenden Arbeiten vorzubereiten.

Planloses Vorgehen würde zu Zeitverlusten und Kostensteigerungen führen; so z. B. wenn bei Arbeitsbeginn benötigte Baustoffe oder Arbeitskräfte nicht zur Verfügung stünden.

Für die Arbeitsvorbereitung des einzelnen Maurers ist es deshalb wichtig, den Werkstoffbedarf für Mauerwerk und den Zeitaufwand im Voraus ermitteln zu können.

1.9.1 Baustoffbedarf für Mauerwerk

Der Baustoffbedarf für Mauerwerk (Mauersteine bzw. Wandbauplatten und Mörtel) wird mithilfe von Tabellen berechnet.

Die Tabellen geben den Bedarf an Mauersteinen oder Wandbauplatten und den Mörtelbedarf je m² und je m³ eines bestimmten Mauerwerkes an.

Vorgehensweise bei der Ermittlung des Baustoffbedarfs:

1. Berechnung der Fläche A oder des Volumens V eines bestimmten Mauerwerkes.
2. Der entsprechenden Tabelle die Anzahl der Mauersteine oder Wandbauplatten je m² bzw. je m³ entnehmen.
   Derselben Tabelle die erforderliche Mörtelmenge je m² bzw. je m³ entnehmen.
3. Die errechnete Fläche bzw. das errechnete Volumen mit den entsprechenden Tabellenwerten multiplizieren.

Bedarf an Mauersteinen bzw. Wandbauplatten	= Fläche A · Stein- oder Wandbauplattenbedarf je m²
Mörtelbedarf	= Fläche A · Mörtelbedarf je m²
Bedarf an Mauersteinen bzw. Wandbauplatten	= Volumen V · Stein- oder Wandbauplattenbedarf je m³
Mörtelbedarf	= Volumen V · Mörtelbedarf je m³

Beispiele:

1. Berechnen Sie den Bedarf an Hohlblöcken aus Leichtbeton 24 cm × 49 cm × 23,8 cm und den Mörtelbedarf (Normalmauermörtel) für das in der Zeichnung dargestellte Mauerwerk.

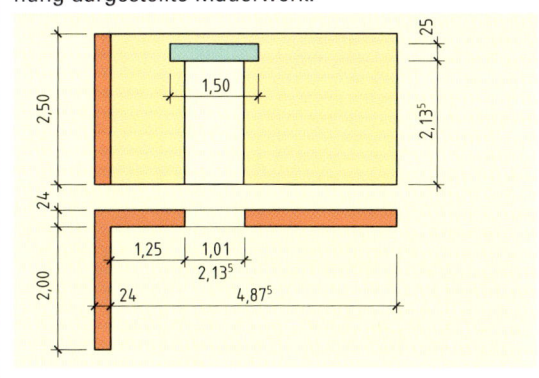

Lösung:

(1) Berechnung der Fläche
$A = (4{,}875 + 2{,}24)\,\text{m} \cdot 2{,}50\,\text{m} - 1{,}01\,\text{m} \cdot 2{,}135\,\text{m} - 1{,}50\,\text{m} \cdot 0{,}25\,\text{m}$
$= 15{,}26\,\text{m}^2$

(2) Nach Tabelle auf folgender Seite werden 8 Steine und 21 l Mörtel je m² Mauerwerk benötigt.

(3) Anzahl der Hbl = $15{,}26\,\text{m}^2 \cdot 8\,\dfrac{\text{Hbl}}{\text{m}^2}$ = __123 Hbl__

Mörtelbedarf = $15{,}26\,\text{m}^2 \cdot 21\,\dfrac{\text{l}}{\text{m}^2}$ = __321 l Mörtel__

2. Berechnen Sie den Bedarf an Wandbauplatten im Format 24 cm × 99,8 cm × 49,8 cm und den Bedarf an Dünnbettmörtel für das Giebelmauerwerk. (Die Stoßfugen werden vermörtelt.)

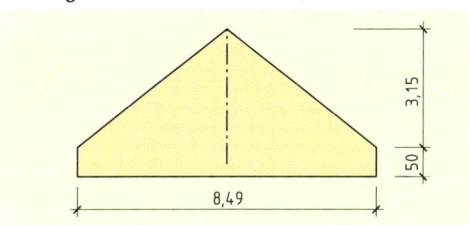

Lösung:

(1) Berechnung der Fläche
$A = 8{,}49\,\text{m} \cdot 0{,}50\,\text{m} + 8{,}49\,\text{m} \cdot \dfrac{3{,}15\,\text{m}}{2} = 17{,}62\,\text{m}^2$

(2) Nach Tabelle auf folgender Seite werden 2 Wandbauplatten und 1,9 l Dünnbettmörtel je m² Wandfläche benötigt.

(3) Anzahl der Wandbauplatten
$= 17{,}62\,\text{m}^2 \cdot 2\,\dfrac{\text{Wandbauplatten}}{\text{m}^2}$
= __36 Wandbauplatten__

Mörtelbedarf
$= 17{,}62\,\text{m}^2 \cdot 1{,}9\,\dfrac{\text{l}}{\text{m}^2}$ = __34 l Mörtel__

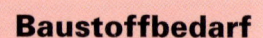

1 Mauern einer einschaligen Wand — Baustoffbedarf

Aufgaben:

1. Wie viele großformatige Mauersteine und wie viel Liter Normalmauermörtel werden für 1 m² Mauerwerk benötigt?
   Steinformat: 24 cm × 36,5 cm × 23,8 cm
   17,5 cm × 49 cm × 23,8 cm
2. Wie viele Wandbauplatten und wie viel Liter Dünnbettmörtel werden für 1 m² Mauerwerk benötigt? (Die Platten sollen ohne Stoßfugenvermörtelung versetzt werden.)
   Plattenformat: 17,5 cm × 99,8 cm × 49,8 cm
   24 cm × 99,8 cm × 62,3 cm
   36,5 cm × 99,8 cm × 49,8 cm
3. Berechnen Sie den Bedarf an großformatigen Mauersteinen (Hohlblocksteinen, 24 cm × 36,5 cm × 23,8 cm) für die Innenwand zwischen dem Werkraum und dem Treppenraum im Erdgeschoss unseres Projektes.
4. Die östliche Außenwand unseres Projektes soll im Erdgeschoss und im Obergeschoss aus Wandbauplatten (Format 36,5 cm × 99,8 cm × 49,8 cm) hergestellt werden. Berechnen Sie die erforderliche Anzahl Wandbauplatten und den Bedarf an Dünnbettmörtel. (Die Stoßfugen werden vermörtelt.)
5. Berechnen Sie den Bedarf an großformatigen Mauersteinen (24 cm × 49 cm × 23,8 cm) und den Mörtelbedarf für den Garagenanbau an der Nordseite des Projektes.

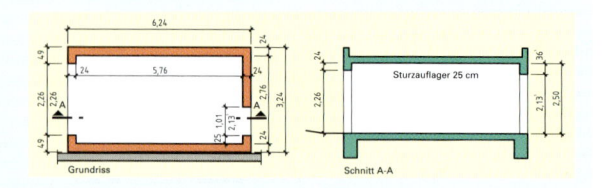

Werkstoffbedarf für Mauerwerk aus großformatigen Steinen (Mörtel in l)*

Steinart (Beispiele)	Steinformat (Breite × Länge × Höhe) in cm	Wanddicke in cm	je m² Steine	je m² Normalmauermörtel
Hochlochziegel	5 DF; 24 × 30 × 11,3	24	26	38
	6 DF; 24 × 36,5 × 11,3	24	22	26
	5 DF; 30 × 24 × 11,3	30	33	50
	6 DF; 36,5 × 24 × 11,3	36,5	33	61
Steine aus Porenbeton	11,5 × 61,5 × 24	11,5	6,4	8,3
	17,5 × 49 × 24	17,5	8	13,7
	24 × 49 × 24	24	8	17,7
	30 × 49 × 24	30	8	23,4
Hohlblöcke aus Leichtbeton	17,5 × 16,5 × 23,8	17,5	11	17
	17,5 × 49 × 23,8	17,5	8	15
	24 × 36,5 × 23,8	24	11	24
	24 × 49 × 23,8	24	8	21
	30 × 49 × 23,8	30	8	26
	36,5 × 24 × 23,8	36,5	16	38

* Bei den Mauerziegeln bzw. Mauersteinen ist ein Zuschlag für Bruch und Verlust enthalten. Beim Mörtel ist ein Zuschlag für Verlust und Verdichtung enthalten.

Werkstoffbedarf für Mauerwerk aus Wandbauplatten (versetzt im Dünnbettmörtel-Verfahren)

Format der Wandbauplatten Breite × Länge × Höhe in cm	Wanddicke in cm	je m² Wandbauplatten	je m² Dünnbettmörtel in l
11,5 × 99,8 × 49,8	11,5	2	0,9 (0,6)
15 × 99,8 × 49,8	15	2	1,2 (0,8)
15 × 99,8 × 62,3		1,6	1,1 (0,7)
17,5 × 99,8 × 49,8	17,5	2	1,4 (1,0)
17,5 × 99,8 × 62,3		1,6	1,2 (0,8)
20 × 99,8 × 49,8	20	2	1,6 (1,1)
20 × 99,8 × 62,3		1,6	1,4 (0,9)
24 × 99,8 × 49,8	24	2	1,9 (1,3)
24 × 99,8 × 62,3		1,6	1,7 (1,0)
30 × 99,8 × 49,8	30	2	2,4 (1,6)
30 × 99,8 × 62,3		1,6	2,1 (1,3)
36,5 × 99,8 × 49,8	36,5	2	2,9 (2,0)
36,5 × 99,8 × 62,3		1,6	2,5 (1,6)

Da Wandbauplatten zugeschnitten werden, ist der Verschnitt sehr klein und deshalb in der Tabelle nicht enthalten.
Die Werte in Klammern gelten für Mauerwerk ohne Stoßfugenvermörtelung.

1 Mauern einer einschaligen Wand — Arbeitszeitbedarf

1.9.2 Zeitaufwand für die Herstellung von Mauerwerk

Der Arbeitszeitbedarf für die Herstellung von Mauerwerk ist von verschiedenen Faktoren abhängig.

Für ein **rationelles Arbeiten** müssen immer geeignete Gerüste, Versetzgeräte, Mauersteinsägen usw. zur rechten Zeit und in erforderlicher Anzahl zur Verfügung stehen.

Bei Mauerwerk aus großformatigen Mauersteinen oder Wandbauplatten, die mit einem Versetzgerät verarbeitet werden, erzielt man im 2-Mann-Team die beste Arbeitsleistung.

Der größte Einfluss auf die Arbeitsleistung hat aber die Stein- bzw. Wandbauplattengröße.

Die Arbeitszeitrichtwerte geben an, wie viele Arbeitsstunden für die Herstellung von 1 m² eines bestimmten Mauerwerkes erforderlich sind.

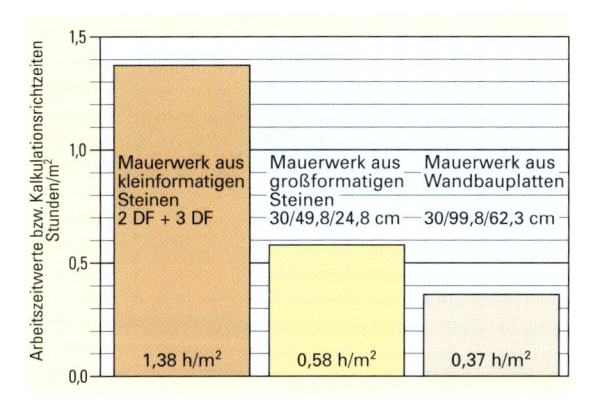

Arbeitszeitrichtwerte für 30 cm dickes Mauerwerk (Beispiele)

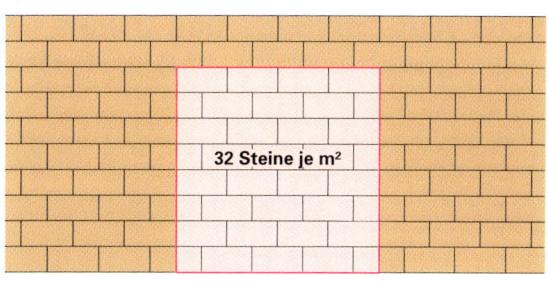

Mauerwerk aus kleinformatigen Mauersteinen
(2 DF bzw. 3 DF)
32 Steine je m²

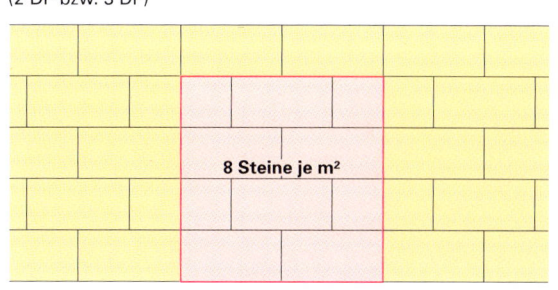

Mauerwerk aus großformatigen Mauersteinen
(Länge/Höhe = 49,8 cm/24,8 cm)
8 Steine je m²

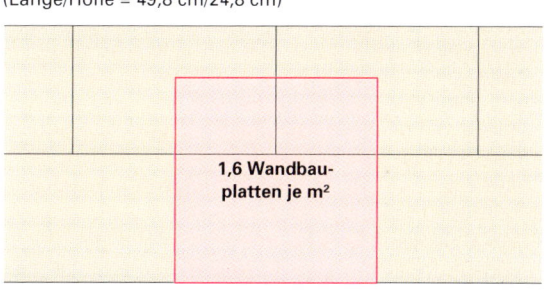

Mauerwerk aus Wandbauplatten
(Länge/Höhe = 99,8 cm/62,3 cm)
1,6 Wandbauplatten je m²

Beispiel:

Vergleichen Sie die erforderlichen Arbeitszeiten für die Herstellung des 30 cm dicken Giebelmauerwerkes aus dem Beispiel 2 auf Seite 47, bei der Verwendung von
a) kleinformatigen Mauersteinen 2 DF + 3 DF,
b) großformatigen Mauersteinen (30 cm × 49,8 cm × 24,8 cm),
c) Wandbauplatten (30 cm × 99,8 cm × 62,3 cm).

Lösung:

Fläche $A = 17{,}62\ m^2$

Erforderliche Arbeitszeiten

a) Mauerwerk aus kleinformatigen Steinen

$17{,}62\ m^2 \cdot 1{,}38\ \dfrac{h}{m^2} = \underline{24{,}32\ h}$

b) Mauerwerk aus großformatigen Steinen

$17{,}62\ m^2 \cdot 0{,}58\ \dfrac{h}{m^2} = \underline{10{,}22\ h}$

c) Mauerwerk aus Wandbauplatten

$17{,}62\ m^2 \cdot 0{,}37\ \dfrac{h}{m^2} = \underline{6{,}52\ h}$

Aufgaben:

1. Die 24 cm dicke Innenwand zwischen dem Werkraum und dem Treppenraum im Erdgeschoss unseres Projektes soll
   a) mit großformatigen Mauersteinen (Arbeitszeitrichtwert 0,6 h/m²),
   b) mit Wandbauplatten (Arbeitszeitrichtwert 0,35 h/m²)
   hergestellt werden.
   Berechnen Sie die erforderlichen Arbeitszeiten.

2. Stellen Sie die Ergebnisse aus dem nebenstehenden Beispiel (Arbeitszeiten für Giebelmauerwerk) in einem Balkendiagramm grafisch dar.

3. Die östliche Außenwand unseres Projektes soll im Erdgeschoss und im Obergeschoss aus Wandbauplatten (Format 36,5 cm × 99,8 cm × 49,8 cm, Arbeitszeitrichtwert 0,53 h/m²) bzw. aus großformatigen Mauersteinen (36,5 cm × 24 cm × 23,8 cm, Arbeitszeitrichtwert 1,04 h/m²) hergestellt werden.
   a) Berechnen Sie die erforderlichen Arbeitszeiten.
   b) Um wie viel Prozent verringert sich die Arbeitszeit bei der Verwendung von Wandbauplatten gegenüber der Verwendung von großformatigen Steinen?

1 Mauern einer einschaligen Wand — Untergeschoss-Mauerwerk

1.10 Außenwände des Untergeschosses in Mauerwerk

Die Außenwände des Untergeschosses werden besonders hoch belastet. Deshalb müssen sie aus sehr tragfähigen Mauersteinen hergestellt werden (Steinfestigkeitsklasse > 4). Kalkmörtel ist ungeeignet.

Untergeschoss-Außenwände werden nicht nur durch die darüber liegenden Geschosse in senkrechter Richtung belastet, sondern sie werden auch horizontal durch den Erddruck beansprucht.

Außenwände des Untergeschosses werden wegen ihrer hohen Belastungen in der Regel von Tragwerksplanern berechnet und bemessen.

Wenn die folgenden Bedingungen eingehalten sind, dürfen Untergeschoss-Außenwände nach einer in DIN EN 1996-3 beschriebenen, vereinfachten Methode berechnet werden. Unter diesen Bedingungen ausgeführte Untergeschoss-Außenwände zeichnen sich durch eine verhältnismäßig hohe Stabilität aus.

Bedingungen:
- Die lichte Wandhöhe h darf 2,60 m nicht überschreiten.
- Die Decke über der Untergeschoss-Außenwand muss als aussteifende Scheibe wirken.
- Die charakteristische Nutzlast auf der Geländeoberfläche im Einflussbereich des Erddrucks darf höchstens 5 kN/m² betragen und es darf keine Einzellast von mehr als 15 kN im Abstand von weniger als 1,5 m zur Wand vorhanden sein.
- Die Geländeoberfläche darf nicht ansteigend sein und die Anschütthöhe h_e darf nicht mehr als das 1,15-Fache der Wandhöhe betragen.
- Es darf kein hydrostatischer Druck (Wasserdruck) auf die Wand wirken.
- Die Untergeschoss-Außenwand muss durch Querwände in entsprechend kleinen Abständen ausgesteift sein.

Die erforderliche Wanddicke t, die erforderliche Steindruckfestigkeitsklasse und Mörtelgruppe sind im Wesentlichen von der Wichte ρ des angeschütteten Bodens, der Anschütthöhe h_e, der lichten Wandhöhe h und den Abständen der aussteifenden Querwände abhängig. Die Wanddicke muss aber immer **mindestens 20 cm** betragen.

> Untergeschoss-Außenwände werden besonders hoch belastet und müssen deshalb aus sehr tragfähigem Mauerwerk bestehen.

Mauersteine für Untergeschoss-Außenwände

Um dem Erddruck entgegenwirken zu können, müssen für das Mauerwerk Mauersteine mit einer großen Dichte verwendet werden. Besonders geeignet sind Mauersteine aus Beton (Normalbeton) nach DIN V 18153-100 sowie Kalksandsteine nach DIN V 106.

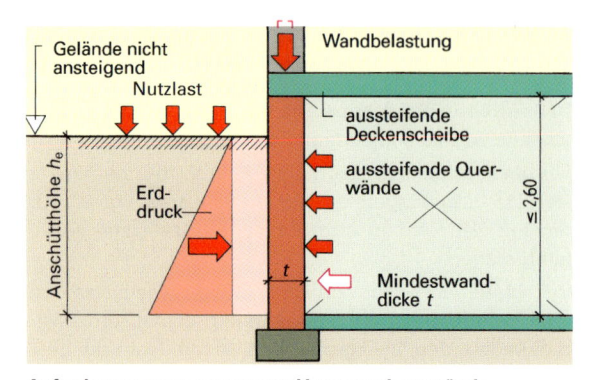

Anforderungen an gemauerte Untergeschosswände

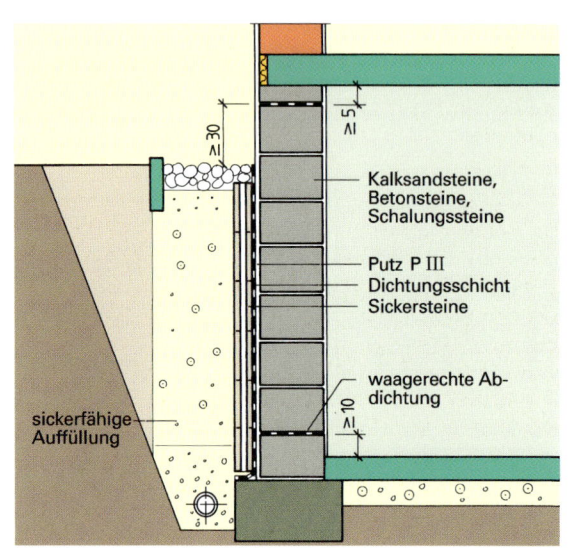

Gemauerte Untergeschoss-Außenwand

Gemauertes Untergeschoss (Kalksandsteinmauerwerk)

Die Tragfähigkeit eines Mauerwerkes kann auch dadurch erhöht werden, dass die Lagerfugen eine spezielle Mauerwerksbewehrung erhalten.

Immer größere Beliebtheit für Untergeschoss-Außenwände finden sogenannte Schalungssteine. Sie bestehen aus Beton oder Polystyrolschaum, werden **knirsch**, d. h. ohne Mörtel, versetzt und anschließend mit Beton verfüllt. Der wesentliche Vorteil eines solchen „Mauerwerks" gegenüber herkömmlichem Mauerwerk ist darin zu sehen, dass eine Bewehrung aus Stabstählen in Längs- und Querrichtung eingebaut werden kann und somit höhere Erddrücke aufnehmbar sind.

1 Mauern einer einschaligen Wand — Abdichtungen

1.10.1 Abdichten der Untergeschoss-Außenwände

Viele Bauschäden sind auf mangelhaften Feuchtigkeitsschutz zurückzuführen. Da immer häufiger auch Untergeschossräume nicht nur wie früher zu Abstellzwecken, sondern als Hobbyräume oder Aufenthaltsräume genutzt werden, muss der Abdichtung der Außenwände eine zunehmende Bedeutung beigemessen werden.

DIN 18195 „Bauwerksabdichtungen" unterscheidet zwischen Abdichtungen gegen **Bodenfeuchtigkeit**, gegen **nicht drückendes Wasser** und gegen **von außen drückendes Wasser**.

Abdichtungen gegen Bodenfeuchtigkeit wurden bereits im Lernfeld 3 „Mauern eines einschaligen Baukörpers" in der Grundstufe behandelt.

Abdichtungen gegen von außen drückendes Wasser werden in Kapitel 10 „Mauern besonderer Bauteile" behandelt.

In diesem Lernfeld wird auf die Abdichtungen gegen nicht drückendes Wasser eingegangen.

Da Bodenfeuchtigkeit immer vorhanden ist, werden Abdichtungen gegen nicht drückendes Wasser bei Untergeschoss-Außenwänden immer in Verbindung mit den Maßnahmen gegen Bodenfeuchtigkeit vorgenommen. Die Feuchtigkeitsbeanspruchung der Außenwände unterscheidet sich bei Bodenfeuchtigkeit und nicht drückendem Wasser dadurch, dass die Böden sehr unterschiedlich wasserdurchlässig sind.

Ist der Boden durchlässig, sodass das Wasser schnell versickern kann, handelt es sich bei der Feuchtigkeitsbelastung um Bodenfeuchtigkeit. Ist jedoch der Boden schlecht durchlässig und das Wasser kann nur langsam versickern, so handelt es sich bei der Feuchtigkeitsbelastung um nicht drückendes Wasser. Das Wasser darf dabei aber **keinen hydrostatischen Druck** (= Wasserdruck) auf die Untergeschoss-Außenwand ausüben.

> Da Bodenfeuchtigkeit immer vorhanden ist, werden Abdichtungen gegen nicht drückendes Wasser bei Untergeschoss-Außenwänden immer in Verbindung mit den Maßnahmen gegen Bodenfeuchtigkeit vorgenommen.

Die entscheidende Maßnahme zur Abdichtung der Wände gegen nicht drückendes Wasser ist, neben den Maßnahmen gegen Bodenfeuchtigkeit, eine funktionierende Dränung sicherzustellen. Vor die Abdichtung gegen Bodenfeuchtigkeit werden deshalb an die Außenwand Dränplatten, Faserzement-Wellplatten oder Noppenbahnen aufgestellt, die eine gute Sickerung des Wassers ermöglichen. Dieses Sickerwasser wird dann einer Dränung am Wandfuß zugeführt und darin abgeleitet.

> Untergeschoss-Außenwände müssen außer einer Abdichtung eine einwandfrei funktionierende Dränung erhalten.

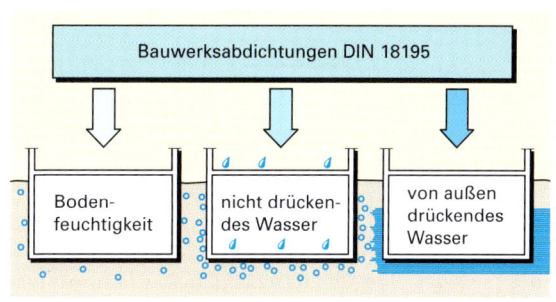

Bauwerksabdichtungen nach DIN 18195

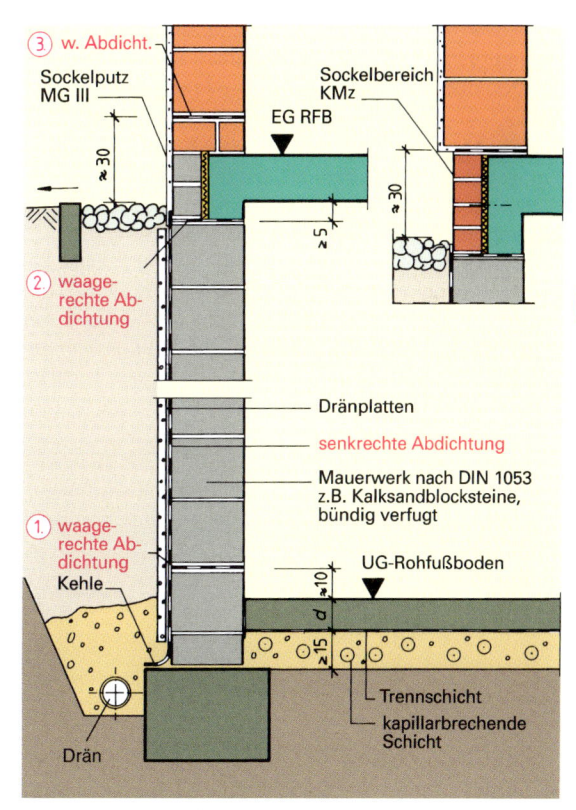

Abdichtung einer UG-Außenwand

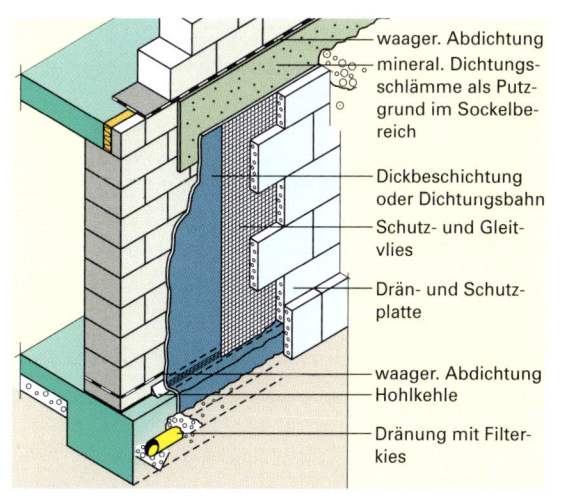

Abdichtungen gemauerter Untergeschoss-Außenwände

1 Mauern einer einschaligen Wand — Abdichtungen

Nicht drückendes Wasser kommt z. B. auch bei Terrassen über Untergeschossräumen oder über Fußböden von gewerblich genutzten Räumen vor, bei denen viel Brauchwasser anfällt.

Hier muss auch durch andere Maßnahmen (z. B. durch Gefälle) für die dauernd wirksame Ableitung des auf die Abdichtung einwirkenden Wassers gesorgt werden.

Abdichtungen bei Terrassen über Untergeschossräumen oder über Fußböden von Feuchträumen erhalten in der Regel eine **Schutzschicht** aus Beton, Mauerwerk oder Platten.

In DIN 18195 wird zwischen **mäßig** und **hoch beanspruchten** Abdichtungen unterschieden. Zu den hoch beanspruchten Abdichtungen zählen z. B. alle waagerechten und geneigten Flächen im Freien oder im Boden.

Für die Abdichtungen gegen nicht drückendes Wasser finden Bitumendachbahnen, Dichtungsbahnen, Dachdichtungsbahnen oder Kunststoffdichtungsbahnen Verwendung. Außerdem kann bei mäßiger Beanspruchung die Abdichtung mit Asphaltmastix erfolgen. Bei hoher Beanspruchung kann die Abdichtung außer mit Bahnen auch mit Metallbändern in Verbindung mit Gussasphalt oder in Verbindung mit Bitumenbahnen sowie mit Asphaltmastix in Verbindung mit Gussasphalt hergestellt werden.

> Gebäude werden gegen nicht drückendes Wasser wie z. B. Niederschlags-, Sicker- oder Brauchwasser mit Bitumenwerkstoffen, Kunststoffdichtungsbahnen oder Metallbändern abgedichtet.

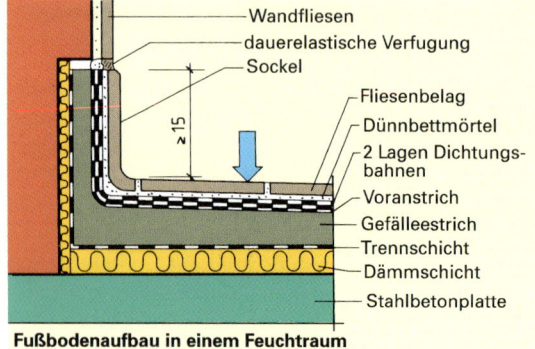

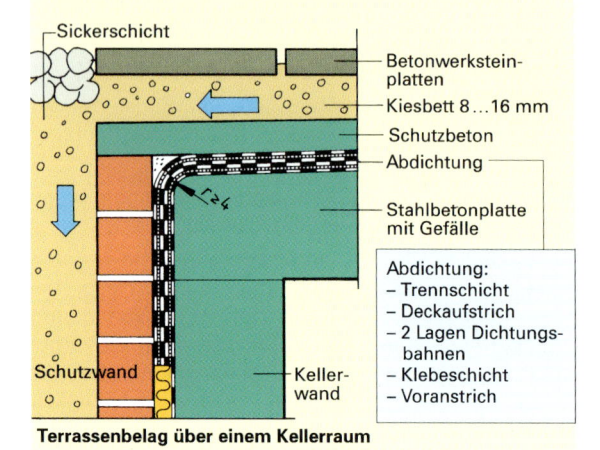

Fußbodenaufbau in einem Feuchtraum
- Wandfliesen
- dauerelastische Verfugung
- Sockel
- Fliesenbelag
- Dünnbettmörtel
- 2 Lagen Dichtungsbahnen
- Voranstrich
- Gefälleestrich
- Trennschicht
- Dämmschicht
- Stahlbetonplatte

Terrassenbelag über einem Kellerraum
- Sickerschicht
- Betonwerksteinplatten
- Kiesbett 8...16 mm
- Schutzbeton
- Abdichtung
- Stahlbetonplatte mit Gefälle
- Schutzwand
- Kellerwand

Abdichtung:
– Trennschicht
– Deckaufstrich
– 2 Lagen Dichtungsbahnen
– Klebeschicht
– Voranstrich

Abdichtungen gegen nicht drückendes Wasser

Zusammenfassung

Untergeschoss-Außenwände werden besonders hoch belastet und müssen deshalb aus sehr tragfähigem Mauerwerk oder bewehrtem Mauerwerk hergestellt werden.

Die erforderliche Wanddicke ist abhängig von der Höhe des Geländes (Erddruck) und von der senkrechten Wandbelastung.

Viele Bauschäden sind auf mangelhaften Feuchtigkeitsschutz zurückzuführen.

DIN 18195 „Bauwerksabdichtungen" unterscheidet zwischen Abdichtungen gegen Bodenfeuchtigkeit, gegen nicht drückendes Wasser und gegen von außen drückendes Wasser.

Ist der Boden nur schlecht wasserdurchlässig und das Wasser kann nur langsam versickern, so handelt es sich bei der Feuchtigkeitsbelastung um nicht drückendes Wasser. Das Wasser darf dabei keinen Druck auf die Wand ausüben.

Gebäude werden gegen nicht drückendes Wasser mit Bitumenwerkstoffen, Kunststoffdichtungsbahnen oder Metallbändern abgedichtet. Außerdem ist eine Dränung erforderlich.

Aufgaben:

1. Welche Belastungen wirken auf eine Untergeschoss-Außenwand?
2. Nennen Sie Mauersteine, die für Untergeschoss-Außenwände besonders gut geeignet sind.
3. Worin unterscheidet sich Bodenfeuchtigkeit von nicht drückendem Wasser?
4. Auf welche Bauteile unseres Projektes kann nicht drückendes Wasser einwirken?
5. Durch welche Maßnahmen kann an der Außenfläche einer Untergeschoss-Außenwand die Sickerung verbessert werden?
6. Skizzieren Sie den Schnitt durch die Untergeschoss-Außenwand unseres Projektes und zeichnen Sie alle Maßnahmen zum Schutz gegen nicht drückendes Wasser ein.
7. Nennen Sie Werkstoffe zur Abdichtung einer Untergeschoss-Außenwand gegen nicht drückendes Wasser.
8. Skizzieren Sie den Schnitt durch eine Terrasse über einem Untergeschossraum mit einer Abdichtung gegen nicht drückendes Wasser.

1 Mauern einer einschaligen Wand — Fertigteile

1.11 Fertigteile im Mauerwerksbau

Im Zuge der Rationalisierung werden in immer stärkerem Maße **vorgefertigte Bauelemente** verwendet. Als Fertigteile im Mauerwerksbau werden vor allem **Stürze**, **Rollladenkästen**, **U-Schalen** und **Randschalungssteine** verwendet.

Außerdem werden auch **Bögen** aller Formen immer häufiger als Fertigteile eingebaut.

Auch für **Lichtschächte** an Kellerfenstern werden fast ausschließlich Fertigteile verwendet.

Der fertige Stahlbetonsturz ist bei Türstürzen inzwischen die Regel.

Vorgefertigte Flachstürze werden aus Spezialziegeln oder Kalksandsteinen in Schalenform hergestellt. Diese Schalen sind 25 cm lang, 7,1 cm oder 11,3 cm hoch und so geformt, dass sie im Innern die Stahleinlagen und den Vergussbeton aufnehmen können. Ihre Breite beträgt 11,5 cm oder 17,5 cm, damit sie sich in die üblichen Steinmaße einfügen. Die Bewehrung besteht aus Betonstabstahl.

Die Flachstürze werden auf Biegung beansprucht. Sie bilden in der Überdeckung einer Wandöffnung die **Zugzone**. Die darüber liegende Übermauerung oder ein darüber liegender Ringbalken oder der Beton als Deckenauflager bilden die **Druckzone**; Zug- und Druckzone zusammen ergeben einen tragfähigen Balken.

Flachstürze sind bis 3,00 m erhältlich, sodass damit je nach Belastung Wandöffnungen bis zu maximal 2,75 m überdeckt werden können.

Rollladenblenden können als verbreiterte Sonderausführung von Flachziegelstürzen gefertigt werden.

> Flachstürze bestehen aus Ziegel- oder KS-Schalen, in denen die Bewehrung liegt.

Allgemein üblich sind heutzutage vorgefertigte **Rollladenkästen** als tragende Fertigteile. Sie sind bei 24 cm, 30 cm oder 36,5 cm dickem Mauerwerk bündig einsetzbar. Die Rollladenkästen müssen wärmegedämmt sein, damit sie keine zu große Wärmebrücke in der Außenwand darstellen. Da die Rollladenkästen durch ihre Form eine große Steifigkeit besitzen, werden sie als Schalungsboden für den darüber liegenden Sturz verwendet.

> Für im Mauerwerk eingebaute Rollladenkästen werden ausschließlich Fertigteile verwendet.

Das Einschalen von Ringbalken oder Ringankern ist sehr zeitaufwendig. **U-Schalen** erleichtern diese Arbeit. Sie werden inzwischen von allen Stein- und Ziegelherstellern für die üblichen Wanddicken angeboten.

Als Ziegel-Fertigteil werden sie auch mit einer integrierten Wärmedämmschicht aus Schaumkunststoff hergestellt.

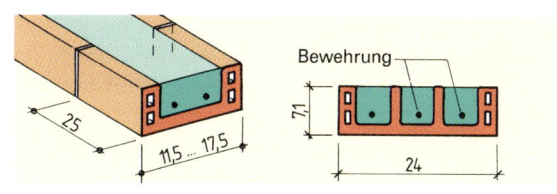

Beispiele vorgefertigter Ziegelstürze

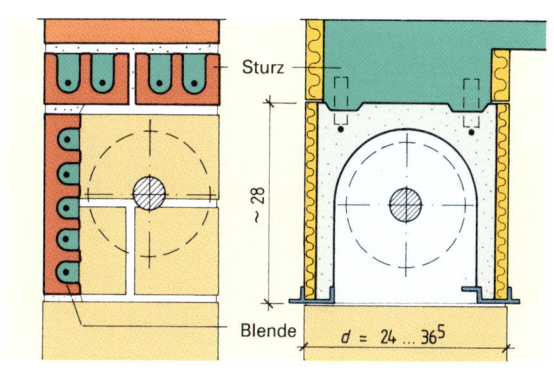

Vorgefertigte Rollladenkästen: Ziegel-Sturzelemente — Dämmstoff-Element

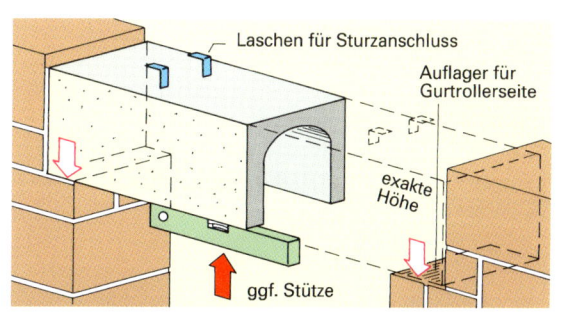

Einbau eines vorgefertigten Rollladenkastens

Ziegel-Fertigteile (L-Schale, U-Schalen)

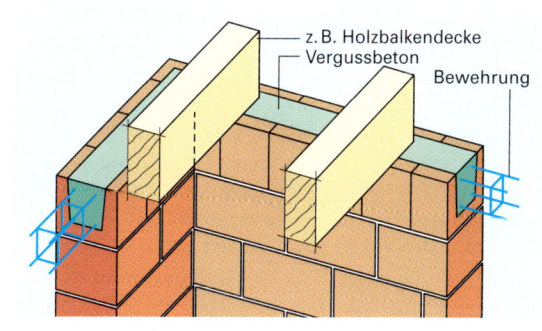

Ringbalken aus U-Schalen

1 Mauern einer einschaligen Wand — Fertigteile

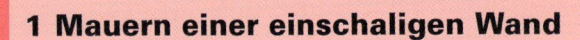

Außer für Ringbalken oder -anker können die U-Schalen auch als verlorene Schalung für Stahlbetonstürze oder in das Mauerwerk eingebundene Stahlbetonstützen verwendet werden.

> U-Schalen werden als verlorene Schalung für Ringanker, Ringbalken, Stürze und in das Mauerwerk eingebundene Stahlbetonstützen verwendet.

Randschalungssteine, auch **L-Schalen** genannt, dienen als verlorene Schalung an Deckenrändern. Sie ersetzen das sehr zeitaufwendige Einschalen der Deckenränder.

Als Ziegel-Fertigteil werden sie auch mit einer integrierten Wärmedämmschicht aus Schaumkunststoff hergestellt.

> **Randschalungssteine** (L-Schalen) ersparen das Einschalen von Deckenrändern.

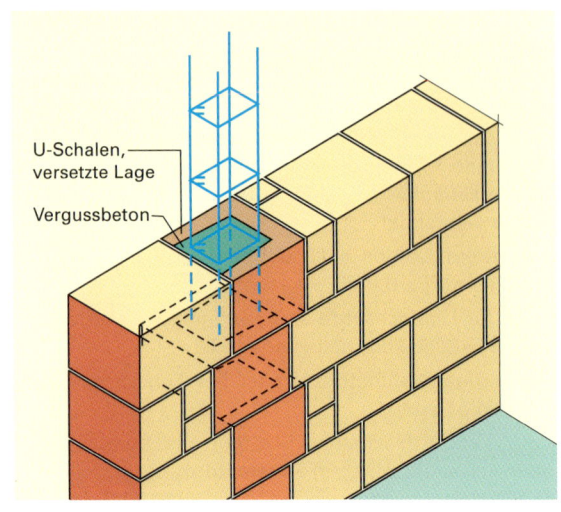

U-Schalen als Schalung für in das Mauerwerk eingebundene Stahlbetonstützen

Zusammenfassung:

Die Verwendung von Fertigteilen im Mauerwerksbau verkürzt die Arbeitszeit und leistet somit einen Beitrag zur Rationalisierung.

Als Fertigteile werden vor allem Stürze, Rollladenkästen, U-Schalen und Randschalungssteine verwendet. Flachstürze bestehen aus Ziegel- oder KS-Schalen, in denen die Bewehrung liegt.

Für im Mauerwerk eingebaute Rollladenkästen werden ausschließlich Fertigteile verwendet.

U-Schalen werden als verlorene Schalung für Ringanker, Ringbalken, Stürze und in das Mauerwerk eingebundene Stahlbetonstützen verwendet.

Randschalungssteine (L-Schalen) ersparen das Einschalen von Deckenrändern.

U-Schalen als „verlorene Schalung" bei einem Sturz

Aufgaben:

1. Nennen Sie die Vorteile von Fertigteilen.
2. Worauf beruht die hohe Tragfähigkeit eines Flachsturzes?
3. Warum müssen Rollladenkästen immer wärmegedämmt sein?
4. Wofür werden U-Schalen verwendet?
5. Warum werden U-Schalen oder L-Schalen mit integrierter Wärmedämmschicht angeboten?
6. Skizzieren Sie den Schnitt durch den Rand einer Stahlbetondecke mit Randschalungssteinen.
7. Zeigen Sie am Projekt, dem Jugendtreff, wo überall im Mauerwerk Fertigteile zum Einsatz kommen können.

L-Schalen als Schalung eines Deckenrandes

Kapitel 2:
Mauern einer zweischaligen Wand

Kapitel 2 vermittelt die Kenntnisse des Lernfeldes 8 für Maurer/-innen.

An Wände werden sehr unterschiedliche Anforderungen gestellt. Sie sollen z. B. Lasten abtragen, dazu müssen sie tragfähig sein. Sie sollen das Gebäude schützen, dazu müssen sie die Wärme und den Schall dämmen sowie die Feuchtigkeit vom Gebäudeinnern fern halten. Nicht zuletzt sollen Wände auch schön aussehen. Eine alte Maurerweisheit besagt, dass Mauerwerk zu schön sei um verputzt zu werden.

Alle diese Forderungen zu erfüllen ist nur bei **zweischaliger Ausführung** möglich.

Betrachten wir eine zweischalige Außenwand, so übernimmt die innere Schale tragende und wärmespeichernde Funktionen, die Füllung zwischen den Schalen wärmedämmende Funktion und die beiden Schalen zusammen bewirken eine erhöhte Schalldämmung. Die äußere Schale besitzt feuchtigkeitsschützende Funktion und nimmt außerdem Einfluss auf das Gesamtaussehen des Gebäudes.

Ist die äußere Schale in Sichtmauerwerk hergestellt, so ist sie zugleich auch eine Art „Visitenkarte" des Maurers.

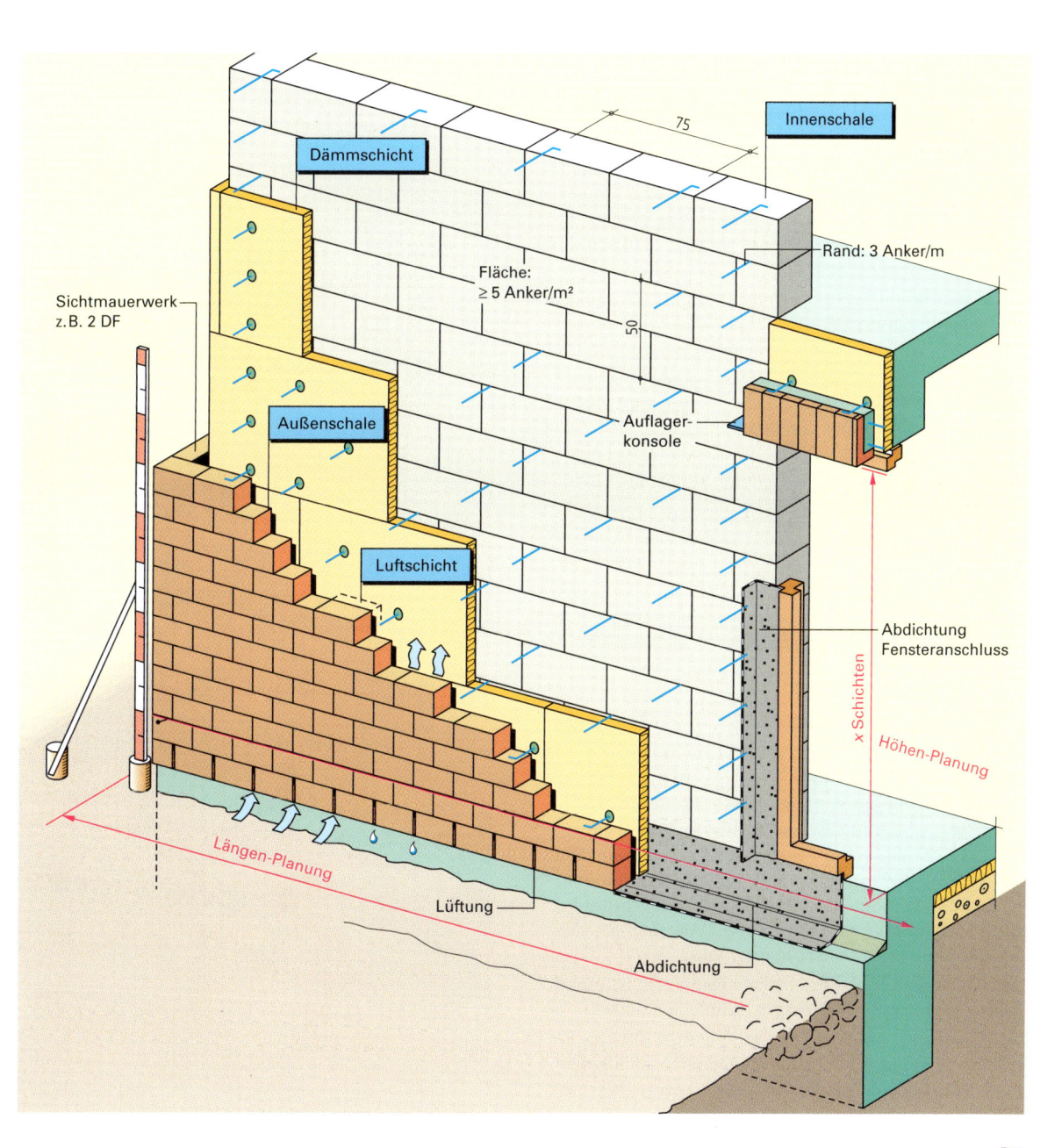

2 Mauern einer zweischaligen Wand — Anforderungen

2.1 Anforderungen an Außenwände

An Außenwände werden sehr unterschiedliche Anforderungen gestellt.

Sie müssen

- das Gebäude vor Witterungseinflüssen schützen,
- dafür sorgen, dass ein gutes Raumklima vorhanden ist; dazu gehört insbesondere eine gute Wärmedämmung,
- den Lärm von außen abschirmen,
- Lasten abtragen.

Im Folgenden wird auf diese vier Hauptanforderungen eingegangen.

2.1.1 Witterungsschutz

Unter Witterungsschutz versteht man den Schutz vor **Feuchtigkeit**, **Wind** und **Temperaturgegensätzen** (= Temperaturschwankungen).

Eine Außenwand muss an der Außenseite so beschaffen sein, dass das Regenwasser nicht in das Mauerwerk eindringen kann, trotzdem aber das Wasser in gasförmigem Zustand (= Wasserdampf) von innen nach außen entweichen kann.

Würde die Außenfläche Feuchtigkeit aufgrund kapillarer Öffnungen aufsaugen, so käme es bei Frost zu Abplatzungen und somit im Laufe der Zeit zur Zerstörung der ganzen Außenfläche.

Temperaturschwankungen führen infolge der wechselnden Ausdehnungen zu Spannungen an der Außenfläche. Eine Außenwand muss deshalb so konstruiert sein, dass diese Spannungen durch geeignete Maßnahmen (z. B. Bewegungsfugen) ausgeglichen werden.

Bei zweischaligem Mauerwerk übernimmt die äußere Schale den Witterungsschutz.

> Außenwände müssen das Gebäude vor Witterungseinflüssen schützen.

2.1.2 Wärmeschutz

Die wirtschaftliche Nutzung eines Gebäudes hängt weitgehend von der Wärmedämmfähigkeit seiner Außenwände ab. Natürlich spielen dabei auch die Größe und die Anordnung der Fensterflächen eine Rolle. Die DIN 4108-2, „Wärmeschutz und Energie-Einsparung in Gebäuden" und die Energieeinsparverordnung (EnEV), legen Mindestanforderungen hinsichtlich des Wärmeschutzes bei Außenwänden fest.

Der Wärmeschutz eines beheizten Gebäudes ist umso besser, je weniger Wärme nach außen abwandert.

Mauerwerk aus Mauersteinen mit **geringer Dichte** (also mit vielen Luftporen) oder Mauerwerk mit **zusätzlichen Wärmedämmschichten** besitzen gute Wärmedämmeigenschaften.

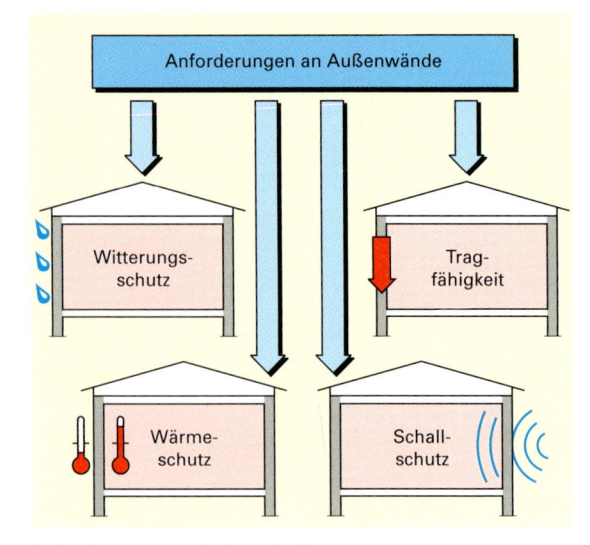

Anforderungen an Außenwände

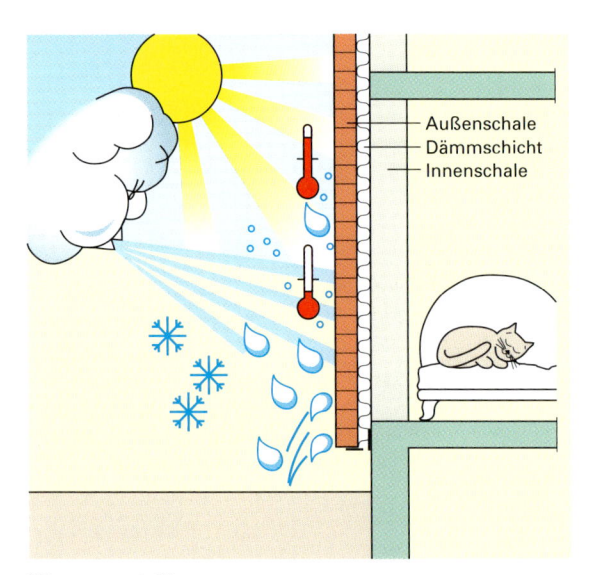

Witterungseinflüsse

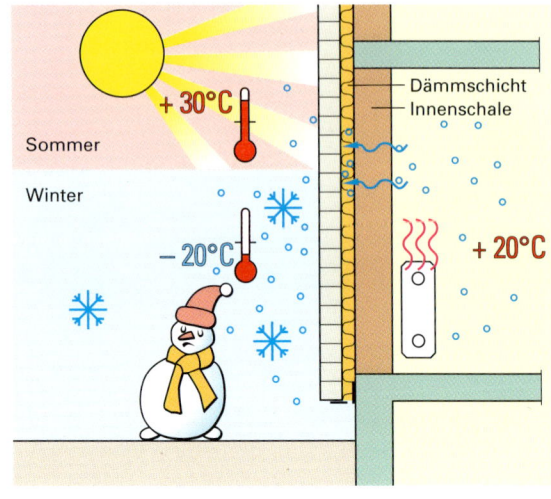

Wärmeschutz

2 Mauern einer zweischaligen Wand — Anforderungen

Die Maßeinheit für diese Eigenschaft ist der **Wärmedurchgangskoeffizient** (*U*-Wert). Er hat die Einheit W/(m²·K) und gibt an, welche Wärmemenge bei einem Temperaturunterschied von einem Kelvin zwischen der Außentemperatur und der Raumtemperatur in einer Sekunde durch einen m² der Außenwandfläche hindurchgeleitet wird.

Großen Einfluss auf die Wärmedämmfähigkeit hat bei zweischaligem Mauerwerk die Dämmschicht zwischen der inneren und der äußeren Schale.

> Die Wirtschaftlichkeit eines Gebäudes hängt weitgehend von der Wärmedämmfähigkeit seiner Außenwände ab.

Eine weitere wärmetechnische Eigenschaft ist die **Wärmespeicherung**.

Dauerbeheizte Räume sollen bei verminderter Wärmezufuhr die vorhandene Wärme speichern. Bei Klassenzimmern z. B. soll nach dem Unterricht die Wärme bei gedrosselter Heizung gespeichert werden. Gute Wärmedämmung bedeutet noch keine Wärmespeicherung.

Der sommerliche Wärmeschutz hat die Aufgabe, die Räume gegen Wärme zu schützen. Sind die Baustoffe der Außenwände und Dachdecken gut wärmespeichernd, so wird die von der Sonne eingebrachte Wärmemenge vorerst gespeichert und erst dann wieder an die Raumluft abgegeben, wenn außen bereits kühlere Temperaturen herrschen.

Bauteile aus dichten Baustoffen (z. B. Beton, Kalksandstein-Mauerwerk, Vollziegel-Mauerwerk) besitzen gute wärmespeichernde Eigenschaften.

> Gute Wärmedämmung bedeutet noch keine Wärmespeicherung. Wärmespeicherung wird durch dichte Baustoffe besonders im Gebäudeinneren erreicht.

Bei zweischaligen Außenwänden übernimmt überwiegend die innere Schale die Aufgabe der Wärmespeicherung.

2.1.3 Schallschutz

Der Schallschutz hat bei Gebäuden eine große Bedeutung für das Wohlbefinden des Menschen.

Außenwände müssen vor allem Schutz vor **Luftschall**, z. B. Verkehrs- oder Fluglärm, bieten.

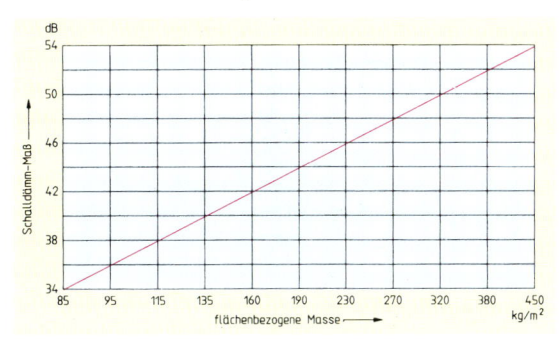

Zusammenhang zwischen Schalldämm-Maß und flächenbezogener Masse bei einschaligen, biegesteifen Bauteilen

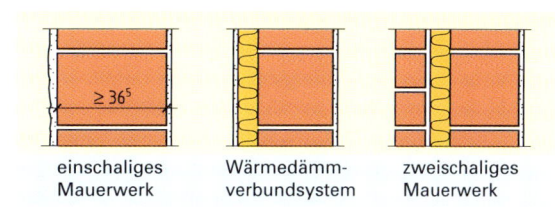

einschaliges Mauerwerk ≥ 36,5

Wärmedämmverbundsystem

zweischaliges Mauerwerk

Wärmedämmung von Außenwänden

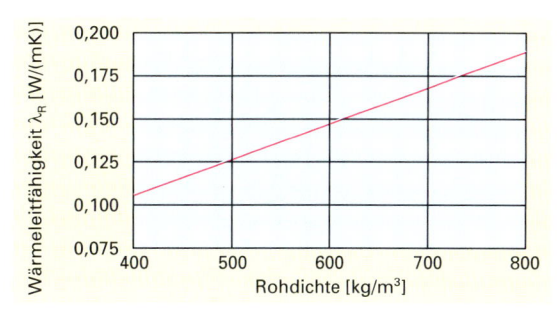

Abhängigkeit der Wärmeleitfähigkeit von der Rohdichte

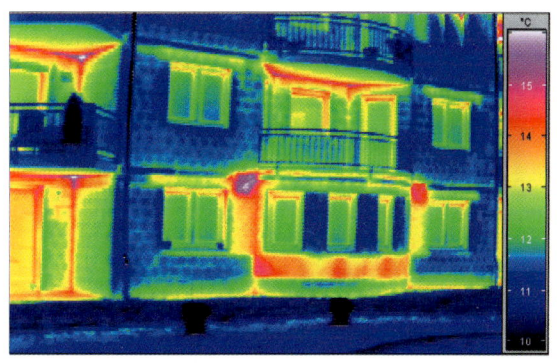

Die Farben kennzeichnen die Bauteile mit unterschiedlichem Wärmedurchgang.

Thermografie eines beheizten Gebäudes

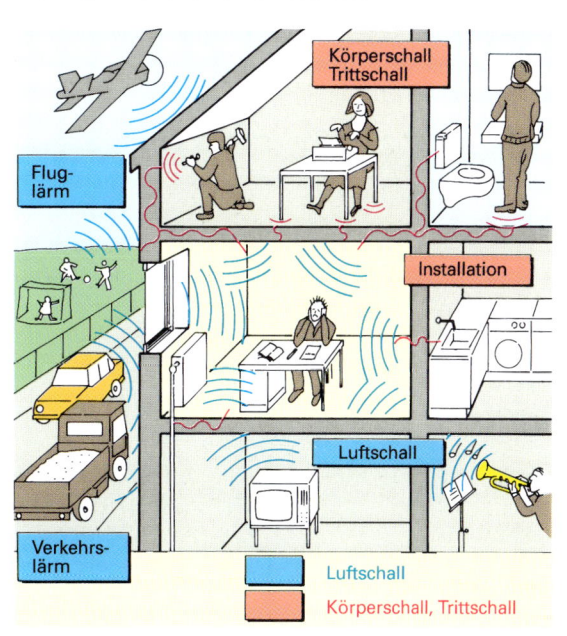

Schallschutz

2 Mauern einer zweischaligen Wand — Anforderungen

Bei **einschaligen Wänden** ist die Luftschalldämmung umso besser, je schwerer sie sind, d. h. je größer die flächenbezogene Wandmasse ist, desto besser ist die Luftschalldämmung der einschaligen Wände.

Bei **zweischaligen Außenwänden** lässt sich eine entsprechende Luftschalldämmung mit einer geringeren flächenbezogenen Masse erzielen als bei einschaligen. Wichtig dabei ist, dass die beiden Schalen durch eine Dämmschicht getrennt sind.

> Einschalige Wände besitzen eine umso bessere Luftschalldämmung, je schwerer sie sind. Bei zweischaligen durch eine Dämmschicht getrennten Außenwänden lässt sich eine noch bessere Luftschalldämmung erzielen.

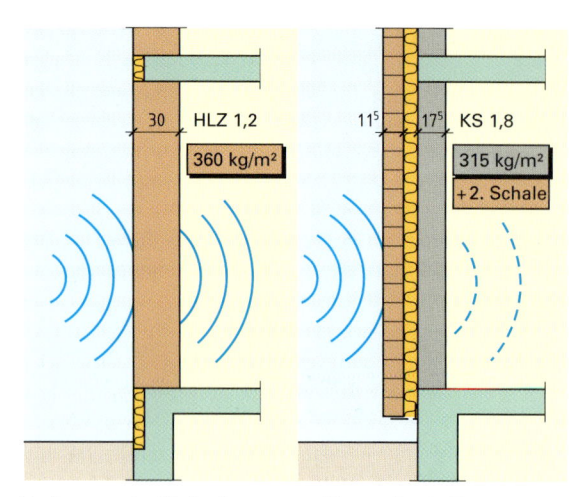

Bedeutung der flächenbezogenen Masse einschaliger Bauteile

2.1.4 Tragfähigkeit

Außenwände werden im Wesentlichen durch **Dachlasten** an der Dachtraufe, durch **Deckenauflager** und durch ihre **Eigenlast** in ihrer senkrechten Ebene belastet.

Quer zu ihrer Ebene werden Außenwände durch **Wind**, Untergeschoss-Außenwände auch durch **Erddruck** belastet.

Außenwände müssen diese Lasten sicher abtragen können. Sicheres Abtragen bedeutet hier, dass die auftretenden Spannungen die in den Normen vorgeschriebenen zulässigen Spannungen nie überschreiten und dass die infolge der Belastung auftretenden Verformungen nur so gering sind, dass keine Risse entstehen.

Dies nachzuweisen ist Aufgabe der Tragwerksplaner (Statiker) und kommt durch Angaben in den Ausführungszeichnungen zum Ausdruck, z. B. durch die Angaben der **Steindruckfestigkeitsklasse** und der **Mörtelgruppe**. Der Maurer muss diese Angaben beachten.

Bei zweischaligen Außenwänden übernimmt die innere Schale die tragende Funktion.

> Außenwände werden durch Dachlasten, Deckenlasten und Eigenlasten in ihrer Ebene belastet. Quer zu ihrer Ebene werden sie durch Wind oder Erddruck (bei Untergeschoss-Außenwänden) belastet.

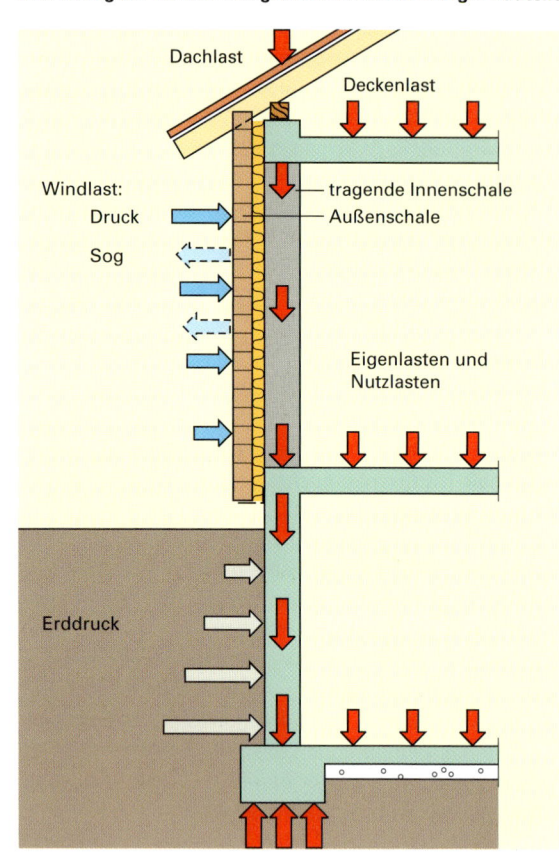

Tragfähigkeit

Zusammenfassung

Außenwände müssen das Gebäude vor Witterungseinflüssen schützen, sie müssen dafür sorgen, dass ein gesundes Raumklima vorhanden ist, sie müssen den Lärm von außen abschirmen und sicher die Lasten abtragen.

Durch das Zusammenwirken der beiden Schalen erfüllen zweischalige Außenwände diese Anforderungen in besonderem Maße.

Aufgaben:

1. Welche Anforderungen werden an die Außenwände unseres Projektes gestellt?
2. Wodurch kann bei den Außenwänden unseres Projektes die Wärmedämmfähigkeit erhöht werden?
3. Welcher Zusammenhang besteht zwischen der flächenbezogenen Wandmasse einer Außenwand und dem Luftschallschutz?
4. Welche Lasten wirken auf die Außenwände ein?

2 Mauern einer zweischaligen Wand — Arten

2.2 Zweischaliges Mauerwerk

Zweischaliges Mauerwerk findet hauptsächlich bei Außenwänden Verwendung. Eine Ausnahme sind **Trennwände bei Reihenhäusern**. Zur Verbesserung der Schalldämmung zwischen den einzelnen Reihenhäusern werden diese Wände aus zwei Schalen mit 17,5 cm oder 24 cm Dicke aus Mauerwerk mit großer Dichte (z. B. Kalksandstein-Mauerwerk) hergestellt.

Die Trennfuge muss durch das ganze Gebäude, vom First bis zum Fundament, geführt werden und ihre Dicke (= Schalenabstand) beträgt mindestens 3 cm. Die erhöhte Schalldämmung wird nur wirksam, wenn keine „Brücken" (z. B. durch Mörtel) zwischen den beiden Schalen vorhanden sind.

Der Fugenhohlraum wird mit dicht gestoßenen und vollflächig verlegten Mineralwolleplatten ausgefüllt.

> Zur Verbesserung der Schalldämmung werden Trennwände zwischen Reihenhäusern zweischalig ausgeführt.

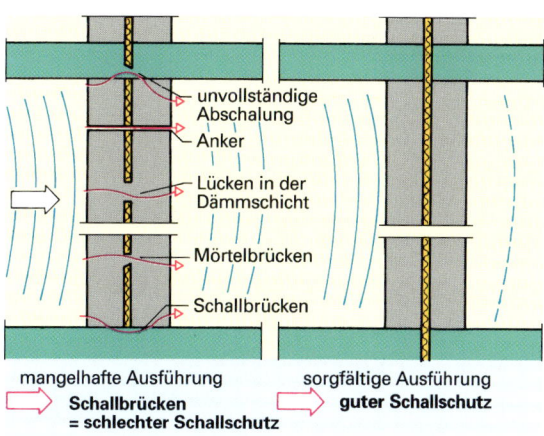

Zweischalige Trennwand

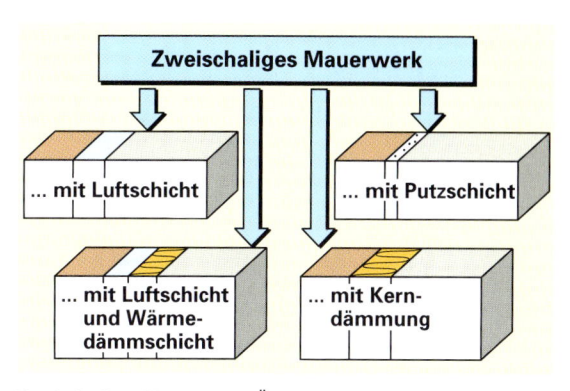

Zweischaliges Mauerwerk (Übersicht)

2.2.1 Allgemeine Regeln für die Herstellung von zweischaligen Außenwänden

Die Außenschale (Verblendschale oder verputzte Vormauerschale) ist in der Regel nicht tragend. Die Innenschale (Hintermauerschale) trägt die Lasten ab.

Die Mindestdicke der Außenschale beträgt im Allgemeinen 11,5 cm. Außenschalen, die dünner als 9 cm sind, werden als Bekleidungen bezeichnet, deren Ausführung in DIN 18515 geregelt ist.

Die Außenschale soll nach Möglichkeit über ihre ganze Länge vollflächig aufgelagert sein. Bei unterbrochener Lagerung wird die Außenschale durch eine Abfangkonstruktion (Konsolen aus nicht rostendem Edelstahl) gehalten.

Ist die Außenschale nicht höher als zwei Geschosse, bzw. wird sie alle zwei Geschosse abgefangen (z. B. durch Konsolen), so darf sie bis zu einem Drittel ihrer Dicke über ihr Auflager vorstehen.

Die beiden Mauerwerkschalen werden auf jeden Quadratmeter durch mindestens 5 Drahtanker aus nicht rostendem Stahl mit mindestens 3 mm Durchmesser verbunden. Bei einem Abstand der Mauerwerksschalen, der größer als 7 cm ist, oder in Wandbereichen, die mehr als 12 m über dem Gelände liegen, muss der Durchmesser der Drahtanker mindestens 4 mm betragen. Der senkrechte Abstand der Drahtanker soll höchstens 50 cm, der waagerechte Abstand höchstens 75 cm betragen. Außer mit Drahtankern können die Mauerwerksschalen auch mit anderen bauaufsichtlich zugelassenen Ankern verbunden werden.

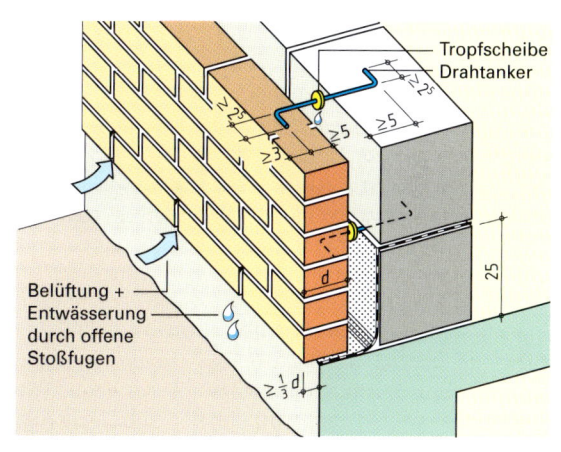

Drahtanker

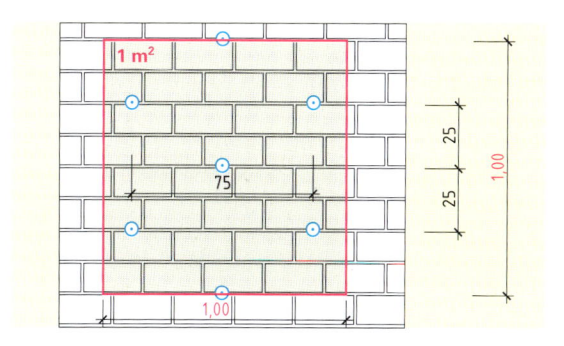

59

2 Mauern einer zweischaligen Wand — Arten

Die Innenschalen und die Geschossdecken müssen am Fußpunkt der beiden Wandschalen gegen Feuchtigkeit geschützt werden.

Die Abdichtung, in der Regel eine Dichtungsbahn, erhält im Bereich des Zwischenraums ein Gefälle nach außen. Ebenso wird auch bei Fenster- und Türstürzen verfahren.

In Abhängigkeit von der klimatischen Beanspruchung, der Art und Farbe der Baustoffe werden in der Außenschale senkrechte Bewegungsfugen angeordnet, damit Bewegungen in horizontaler Richtung möglich sind. Außerdem muss darauf geachtet werden, dass sich die Außenschale auch in vertikaler Richtung bewegen kann. Eine starre Verbindung (ohne Bewegungsfugen) würde in der Außenschale zu **Rissen** führen.

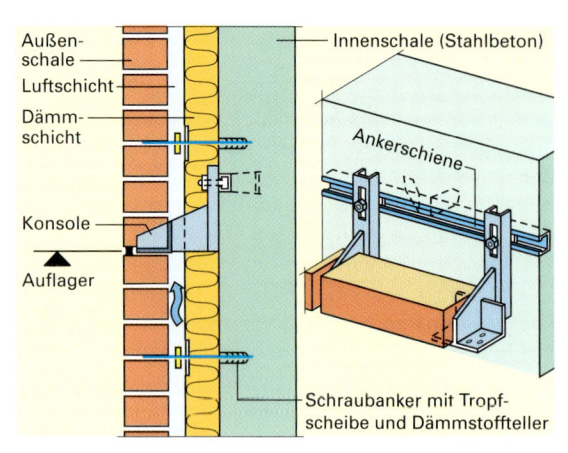

2.2.2 Arten von zweischaligen Außenwänden

DIN 1053 „Mauerwerk" unterscheidet bei zweischaligen Außenwänden nach dem Wandaufbau zwischen

- zweischaligem Mauerwerk mit Luftschicht,
- zweischaligem Mauerwerk mit Luftschicht und Wärmedämmschicht,
- zweischaligem Mauerwerk mit Kerndämmung,
- zweischaligem Mauerwerk mit Putzschicht.

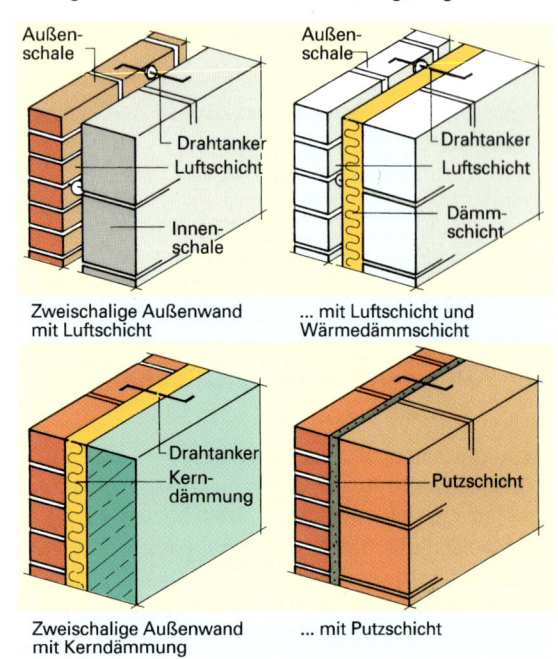

Zweischaliges Mauerwerk mit Luftschicht

Die Luftschicht hat eine Dicke von 6...15 cm. Es muss gewährleistet sein, dass die Luft zirkulieren kann. Dafür werden in der Außenschale unten und oben Lüftungsöffnungen (z.B. offene Stoßfugen) vorgesehen, wobei die unteren Öffnungen auch zur Entwässerung dienen.

Die Lüftungsöffnungen sollen auf 20 m² Wandfläche (einschließlich Fenster und Türen) eine Fläche von etwa 75 cm² besitzen.

Die Innenschale, die Geschossdecken und die Wand unterhalb des zweischaligen Mauerwerkes sind vor Feuchtigkeit zu schützen. Dies geschieht durch eine Dichtungsschicht, die im Bereich der Luftschicht im Gefälle nach außen eingebaut wird. Auch über Fenster- und Türstürzen ist diese Maßnahme durchzuführen.

Der Fugenmörtel an den Hohlraumseiten ist beim Mauern abzustreichen, um eine möglichst ebene Fläche zu erreichen. In den Hohlraum der Luftschicht darf kein Mörtel fallen, auch die Drahtanker müssen davon freigehalten werden.

Die Drahtanker besitzen im Bereich der Luftschicht eine **Kunststoffscheibe**. Sie verhindert die Leitung der Feuchtigkeit von der Außenschale zur Innenschale.

Die Luftschicht darf frühestens 10 cm über der Geländeoberkante beginnen und muss über die gesamte Wandhöhe ohne Unterbrechung hochgeführt werden.

> Bei zweischaligem Mauerwerk mit Luftschicht muss die Luft zirkulieren können. Dies wird durch Lüftungsschlitze unten und oben in der Außenschale ermöglicht.

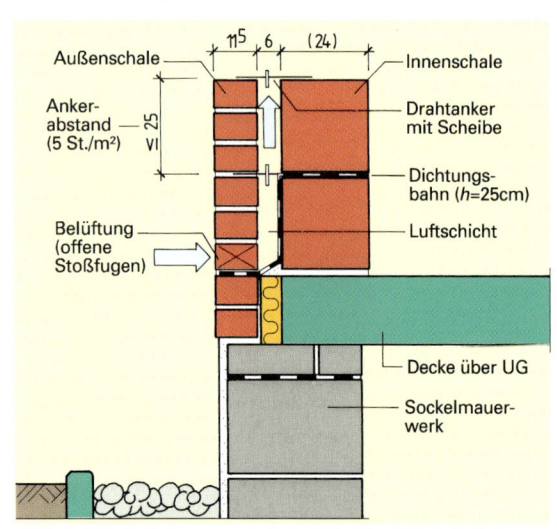

Abfangkonstruktion bei unterbrochener Lagerung

Arten zweischaligen Mauerwerks

Zweischaliges Mauerwerk mit Luftschicht

2 Mauern einer zweischaligen Wand — Arten

Die **Luftschicht** hat folgende Aufgaben:
- Das zwischen den beiden Schalen entstehende Kondenswasser wird der Außenluft zugeführt.
- Über die Außenschale eindringende Feuchtigkeit wird der Außenluft zugeführt.
- Die Luftschalldämmung der Außenwand wird durch die Trennung von Außenschale und Innenschale erhöht.
- Die Wärmedämmung der Außenwand wird (trotz Hinterlüftung) verbessert.

Zweischaliges Mauerwerk mit Luftschicht und Wärmedämmung

Der innere Abstand zwischen Innen- und Außenschale darf höchstens 15 cm betragen. Die Luftschicht muss dabei mindestens 4 cm dick sein und darf nicht durch Unebenheiten der Wärmedämmschicht eingeengt werden. Dämmstoffe aus Mineralwolle sowie Platten aus Schaumkunststoffen werden als Wärmedämmung verwendet.

Damit die Luft in der Luftschicht zirkulieren kann, müssen Lüftungsöffnungen unten und oben in der Außenschale vorgesehen werden. Ebenso ist am Fußpunkt und über Stürzen eine Abdichtung wie beim zweischaligen Mauerwerk mit Luftschicht vorzusehen.

> Bei zweischaligem Mauerwerk mit Luftschicht und Wärmedämmung befindet sich zwischen äußerer und innerer Schale eine Luftschicht (der äußeren Schale zugewandt) und eine Dämmschicht.

Zweischaliges Mauerwerk mit Kerndämmung

Der innere Abstand zwischen Innen- und Außenschale darf höchstens 15 cm betragen. Der Hohlraum zwischen den Mauerwerksschalen wird ohne verbleibende Luftschicht verfüllt, wobei platten- und mattenförmige Dämmstoffe aus Mineralwolle, Platten aus Schaumkunststoffen oder lose eingebrachte Wärmedämmstoffe wie z.B. Mineralwollegranulat, Blähperlit oder Polystyrolschaum-Partikeln verwendet werden. Am Fußpunkt der Außenschale und über den Stürzen werden Entwässerungsöffnungen (offene Stoßfugen) vorgesehen, ebenso eine Abdichtung, damit keine Feuchtigkeit in die darunter liegenden Bauteile eintreten kann.

Die Entwässerungsöffnungen am Fußpunkt der Außenschale sollen auf 20 m² Wandfläche (einschließlich Fenster und Türen) eine Fläche von mindestens 50 cm² besitzen.

Da zweischaliges Mauerwerk mit Kerndämmung keine Hinterlüftung zur Ableitung von Wasserdampf besitzt, muss die Außenschale dampfdurchlässig sein. Mauerwerk aus Klinkern besitzt eine nur geringe Dampfdurchlässigkeit. Bei einer Vormauerung mit Ziegeln sollten deshalb Vormauerziegeln den Klinkern bevorzugt werden.

> Bei zweischaligem Mauerwerk mit Kerndämmung ist der gesamte Zwischenraum zwischen innerer und äußerer Schale mit einem Wärmedämmstoff ausgefüllt.

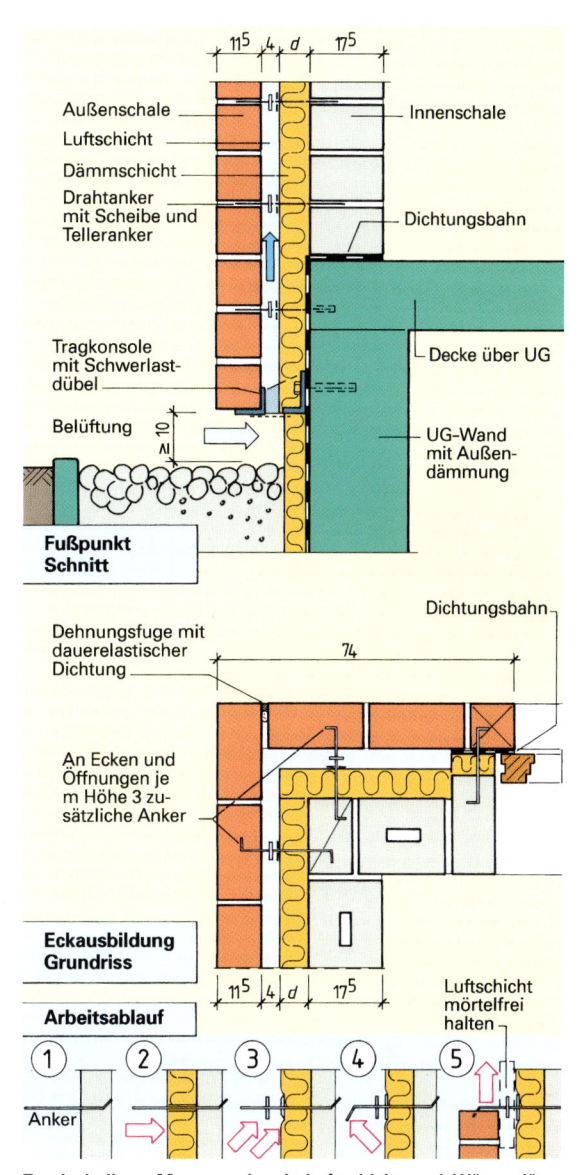

Zweischaliges Mauerwerk mit Luftschicht und Wärmedämmung

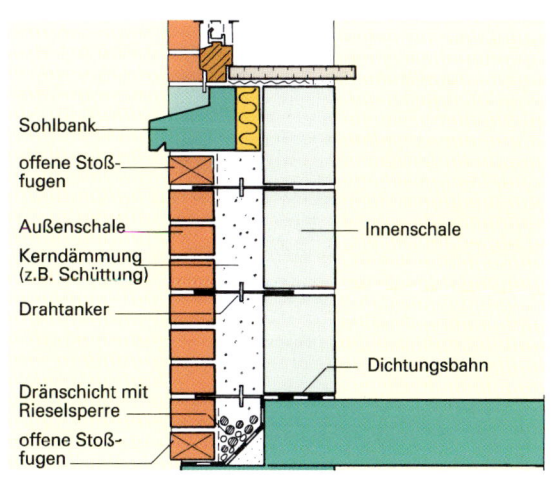

Zweischaliges Mauerwerk mit Kerndämmung

2 Mauern einer zweischaligen Wand — Arten

Beim **Einbau der Wärmedämmschichten** sind bei zweischaligem Mauerwerk mit Luftschicht und Wärmedämmschicht sowie bei zweischaligem Mauerwerk mit Kerndämmung folgende Grundsätze zu beachten:

1. Platten- und mattenförmige Dämmstoffe werden an der Innenschale so befestigt, dass eine **gleichmäßige Schichtdecke** sichergestellt wird. **Eingedrückte Dämmstoffe verlieren ihre Dämmfähigkeit!**
2. Die **Stöße** der Platten bzw. der Matten sind **so dicht wie möglich** herzustellen. Platten aus Schaumkunststoffen sollen deshalb z. B. einen Stufenfalz oder einen Nut-und-Feder-Rand besitzen. In zwei Lagen versetzt angeordnete Platten sind besonders dicht. **Offene Fugen sind Wärmebrücken!**
3. Materialausbruchstellen, wie sie häufig bei Hartschaumplatten beim Durchstoßen der Drahtanker entstehen, müssen **mit einer Dichtungsmasse geschlossen** (verstrichen) werden. **Undichte Stellen sind Wärmebrücken!**
4. Bei zur Kerndämmung lose eingebrachten Dämmstoffen muss darauf geachtet werden, dass der Dämmstoff den Hohlraum zwischen Außen- und Innenschale **vollständig ausfüllt. Die entstehenden Hohlräume sind Wärmebrücken, außerdem entsteht Kondenswasser, das die Dämmschicht durchfeuchtet und ihre Dämmfähigkeit herabsetzt!**
5. Bei lose eingebrachten Dämmstoffen ist besonders darauf zu achten, dass die Entwässerungsöffnungen am Wandfuß ein **Ausrieseln des Dämmstoffs verhindern, die Öffnungen aber trotzdem funktionsfähig bleiben**. Dies kann z. B. durch ein feinmaschiges Gitter aus nicht rostendem Stahl erzielt werden. **Ein Verschluss der Öffnung hätte eine dauerhafte Durchfeuchtung der Dämmschicht und damit eine wesentliche Minderung der Dämmfähigkeit zur Folge!**

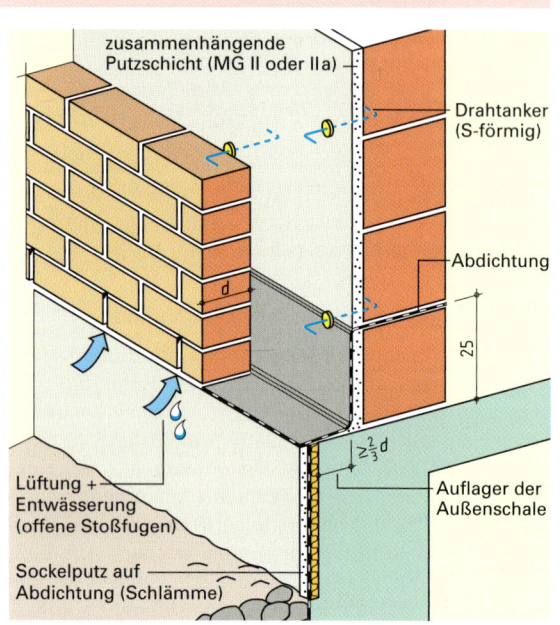

Zweischaliges Mauerwerk mit Putzschicht

Beim zweischaligen Mauerwerk mit Putzschicht wird auf die Außenseite der Innenschale eine zusammenhängende Putzschicht aufgebracht. Davor wird so dicht wie möglich die Außenschale als Verblendschale vollfugig errichtet.

Wird anstelle der Verblendschale eine verputzte Außenschale gewählt, so darf auf die Putzschicht an der Außenseite der Innenschale verzichtet werden. Die beiden Schalen müssen auch bei dieser Art von Mauerwerk mit Drahtankern miteinander verbunden werden, wobei jedoch immer eine Drahtdicke von 3 mm ausreichend ist. (Andere bauaufsichtlich zugelassene Anker sind auch möglich.)

Die Außenschale muss nur unten Lüftungsöffnungen (z. B. offene Stoßfugen) erhalten, die zugleich zur Entwässerung dienen.

Für die Anordnung von Bewegungsfugen gelten die selben Regeln wie für die übrigen Arten von zweischaligen Außenwänden.

Zweischaliges Mauerwerk mit Putzschicht

Zusammenfassung

DIN 1053 „Mauerwerk" unterscheidet bei zweischaligen Außenwänden nach dem Wandaufbau zwischen

- zweischaligem Mauerwerk mit Luftschicht,
- zweischaligem Mauerwerk mit Luftschicht und Wärmedämmschicht,
- zweischaligem Mauerwerk mit Kerndämmung,
- zweischaligem Mauerwerk mit Putzschicht.

Bei zweischaligem Mauerwerk mit Luftschicht bzw. mit Luftschicht und Wärmedämmung muss die Luft zwischen den beiden Schalen ungehindert zirkulieren können.

Bei zweischaligem Mauerwerk mit Kerndämmung ist der gesamte Zwischenraum mit einem Dämmstoff ausgefüllt.

Aufgaben:

1. Nennen Sie die Arten von zweischaligen Außenwänden.
2. Stellen Sie die Vorteile und Nachteile der einzelnen Arten von zweischaligen Außenwänden einander gegenüber.
3. Wählen Sie für die Außenwände unseres Projektes eine Art von zweischaligem Mauerwerk und begründen Sie Ihre Entscheidung.
4. Warum müssen Innenschale und Außenschale mit Drahtankern verbunden werden?
5. Beim Einbau der Dämmschichten sind gewisse Grundsätze zu beachten. Nennen Sie diese.
6. Warum muss die äußere Schale bei Mauerwerk mit Kerndämmung besonders dampfdurchlässig sein?

2 Mauern einer zweischaligen Wand — Ziegel

2.3 Mauersteine

In der Regel wird bei zweischaligem Mauerwerk die äußere Schale **unverputzt als Verblendschale** ausgeführt. Da das Mauerwerk ohne schützende Putzschicht allen Witterungseinflüssen ausgesetzt ist, können dafür nicht alle Mauersteine verwendet werden. Am häufigsten werden für Verblendmauerwerk **Ziegel** oder **Kalksandsteine** verwendet.

Gelegentlich kommen auch Natursteine zur Verwendung. Auf solch eine Art von Mauerwerk wird in diesem Lernfeld jedoch nicht eingegangen. Informationen über Natursteine und Natursteinmauerwerk finden Sie im Kapitel 16 „Herstellen einer Natursteinmauer".

> Für Verblendmauerwerk werden hauptsächlich Ziegel oder Kalksandsteine verwendet.

Ziegel für Verblendmauerwerk

An diese Ziegel werden im Wesentlichen zwei Anforderungen gestellt:

1. Sie müssen **witterungsbeständig** sein; d.h., die Ziegel dürfen **kaum wassersaugend** sein. Nur so erfüllen sie die wichtige Eigenschaft der **Frostbeständigkeit**.
2. Da es sich um Sichtmauerwerk handelt, müssen die Ziegel **schön aussehen**. Im Zusammenwirken aller Gestaltungselemente wie Verband, Ausbildung der Stürze, Ausbildung der Fensterbänke, vortretende Pfeiler, Anordnung der Bewegungsfugen usw., muss ein **schönes Bild** entstehen. Sichtmauerwerk ist immer eine Art „Visitenkarte" des Maurers.

Diese Anforderungen an Ziegel für Verblendmauerwerk erfüllen

- Vormauerziegel (VMz),
- Vormauerlochziegel (VHLz),
- Vollklinker (KMz),
- Hochlochklinker (KHLz).

Eine schöne Wirkung bei Verblendmauerwerk wird mit Ziegeln erzielt, die aufgrund des Herstellungsverfahrens besondere Oberflächen besitzen.

Nach Art der Oberfläche werden z.B.

- Handformziegel,
- Glattformziegel und
- Wasserstrichziegel

unterschieden.

Bevorzugte Formate für Verblendmauerwerk sind das
- Dünnformat (DF),
- Normalformat (NF),
- 2 Dünnformat (2 DF).

> Ziegel für Verblendmauerwerk müssen witterungsbeständig sein. Diese Voraussetzung erfüllen Vormauerziegel, Vormauerlochziegel, Vollklinker und Hochlochklinker.

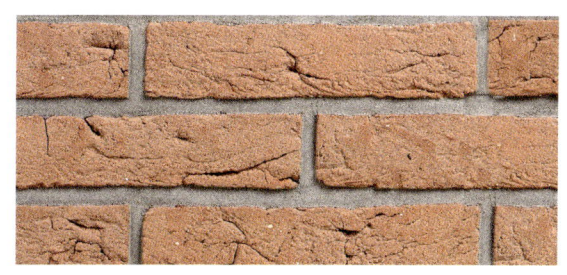

Handformziegel

Glattformziegel

Wasserstrichziegel

Fensterbank aus Formziegeln

2 Mauern einer zweischaligen Wand — KS-Steine/Fugen

Kalksandsteine für Verblendmauerwerk

An Kalksandsteine für Verblendmauerwerk werden ähnliche Anforderungen wie an Ziegel gestellt. Sie müssen **witterungsbeständig** sein und sich zur **Gestaltung eines schönen Sichtmauerwerks** eignen. Da Kalksandsteine immer hellgrau sind und ihre Oberfläche immer gleich ist, muss auf die Gestaltung des Mauerwerkes z. B. durch den Verband, die Ausbildung der Stürze, die Ausbildung der Fensterbänke oder die Anordnung der Bewegungsfugen Einfluss genommen werden.

Als Kalksandsteine für Verblendmauerwerk eignen sich
- KS-Vormauersteine (KSVm und KSVmL),
- KS-Verblender (KSVb und KSVbL).

KS-Vormauersteine und KS-Verblender werden als Vollsteine (KSVm bzw. KSVb) und als Lochsteine (KSVmL bzw. KSVbL) hergestellt.

Bevorzugte Formate für Verblendmauerwerk sind das
- Dünnformat (DF),
- Normalformat (NF),
- 2 Dünnformat (2 DF),
- 3 Dünnformat (3 DF).

> Für Verblendmauerwerk aus Kalksandsteinen eignen sich KS-Vormauersteine und KS-Verblender.

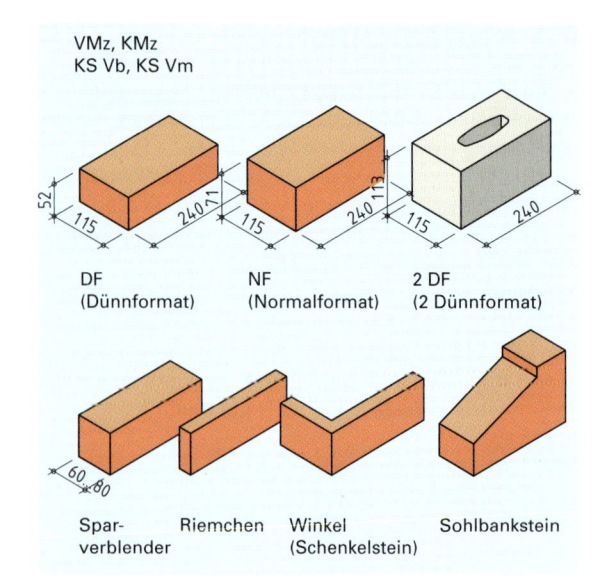

Steinformate für Verblendmauerwerk

2.3.1 Verfugung

Zum Verfugen soll derselbe Mörtel verwendet werden, der für das Mauern verwendet wird. Mauermörtel der Mörtelgruppe I (Kalkmörtel) eignet sich nicht dafür, da er nicht dauerhaft den Witterungseinflüssen standhalten würde.

Zur Verwendung kommen Baustellenmörtel oder Werktrockenmörtel.

Da die Fugen ein Bestandteil des Sichtmauerwerkes sind, muss beim Verfugen darauf geachtet werden, dass die Farbe des erhärteten Mörtels immer gleich ist. Dies wird erreicht, wenn bei Baustellenmörtel das Mischungsverhältnis immer genau eingehalten wird, immer derselbe Sand und Bindemittel desselben Herstellers verwendet wird. Bei Werktrockenmörtel muss stets dieselbe Mörtelart eines einzigen Herstellers verwendet werden.

Verblendmauerwerk aus Kalksandsteinen

> Zum Verfugen wird Normalmauermörtel der Mörtelgruppen II, IIa und III verwendet. Es ist darauf zu achten, dass die Farbe des erhärteten Fugenmörtels durchgängig gleich ist.

Für die Ausbildung der Fugen sind grundsätzlich zwei unterschiedliche Verfahren üblich:
- vollfugiges Vermauern
- nachträgliches Verfugen

Beim **vollfugigen Vermauern** erfolgt das Verfugen und Mauern in einem Arbeitsgang. Die Lager- und Stoßfugen werden sofort nach dem Ansteifen des Mörtels mit einem Kunststoffschlauch, einem Holzspan oder einem Fugeneisen verstrichen (= Fugenverstrich).

Nachträgliches Verfugen

2 Mauern einer zweischaligen Wand — Fugen

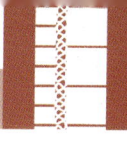

Beim **nachträglichen Verfugen** sind folgende Arbeitsschritte einzuhalten:

1. Grobe Verschmutzungen mit Kelle, Spachtel oder Holzbrettchen entfernen.
2. Verblendflächen trocken vorreinigen. Dabei müssen insbesondere die Fugen von Mauermörtelresten gesäubert werden.
3. Reinigen mit Wasser, Abbürsten mit Wurzelbürste. Das früher übliche Absäuren soll vermieden werden. Säuren belasten die Umwelt und sind gefährlich.
4. Vornässen bis zur Wassersättigung (von unten nach oben).
5. Verfugen; dabei muss der Fugenmörtel plastisch sein und soll innerhalb ca. einer Stunde verarbeitet werden.

Die nachträgliche Verfugung darf nicht bei zu trockenem Wetter, starker Sonneneinstrahlung und Wind ausgeführt werden. Fugenarbeiten werden zweckmäßigerweise an Tagen mit hoher Luftfeuchtigkeit und geringer Luftbewegung durchgeführt.

> Die Fugen von Sichtmauerwerk entstehen entweder beim vollfugigen Mauern oder durch nachträgliches Verfugen.

Fugenausbildung

Der Fugenmörtel soll möglichst bündig mit den Ziegeln bzw. Mauersteinen abschließen. Dadurch werden Staub- und Schmutzablagerungen vermieden und die Gefahr von Frostschäden durch in die Fugen eindringendes Wasser vermindert.

2.3.2 Bewegungsfugen

Die Außenschale von zweischaligen Wänden ist allen Witterungseinflüssen ausgesetzt. Insbesondere die Temperaturschwankungen verursachen ganz beachtliche Bewegungen (Stauch- und Dehnbewegungen) in den Fassaden.

Solche Bewegungen müssen durch geplante Fugen ausgeglichen werden. Diese Fugen werden in senkrechter und waagerechter Richtung angeordnet und werden an der Oberfläche elastisch verschlossen.

Die Größe der Bewegungen sind abhängig von
- den klimatischen Bedingungen, vor allem von den zu erwartenden Temperaturschwankungen,
- der Himmelsrichtung (Südseite = starke Sonneneinstrahlung, Ost- und Westseite = geringere Sonneneinstrahlung, Nordseite = keine direkte Sonneneinstrahlung),
- der Farbe der Außenschale (dunkel = hohe Aufheizung, hell = geringe Aufheizung).

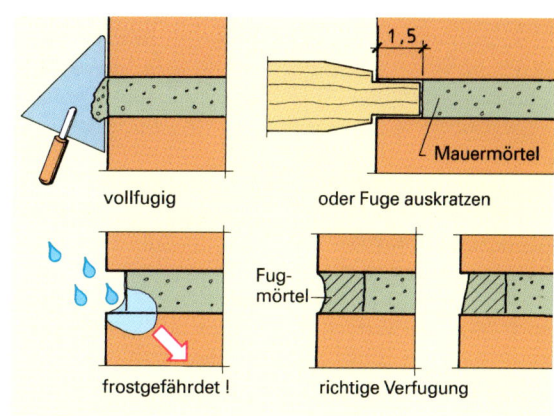

Fugenausbildung

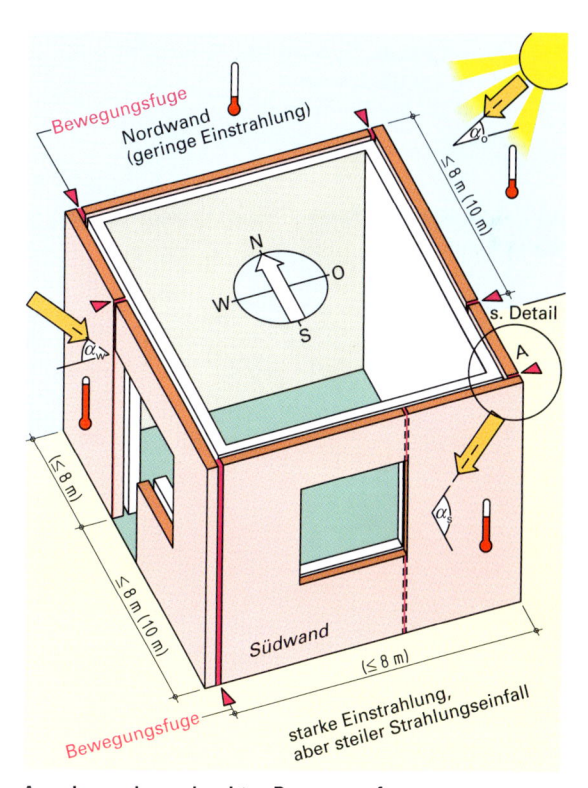

Anordnung der senkrechten Bewegungsfugen

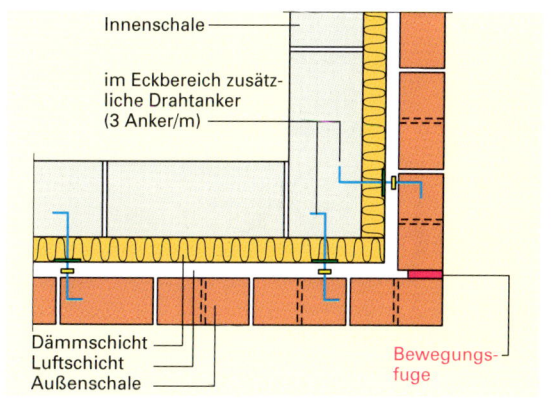

Detail

2 Mauern einer zweischaligen Wand — Bewegungsfugen

Temperaturschwankungen führen zu Stauch- und Dehnbewegungen in der Außenschale. Diese Bewegungen müssen durch Fugen aufgenommen werden.

Abstände und Anordnung der **senkrechten Bewegungsfugen**:

Grundsätzlich sind an den Gebäudeecken senkrechte Bewegungsfugen vorzusehen. Bei langen Wandflächen sind bei Verblendmauerwerk aus Ziegeln nach etwa 10 m, bei Verblendmauerwerk aus Kalksandsteinen nach etwa 8 m zusätzliche Bewegungsfugen erforderlich.

Die Bewegungsfugen an den Gebäudeecken werden so angeordnet, dass sich die Wandflächen folgendermaßen bewegen können:

- Westwand vor der Süd- und der Nordwand,
- Südwand vor der Ostwand,
- Ostwand vor der Nordwand.

Anordnung **waagerechter Bewegungsfugen**:

Waagerechte Bewegungsfugen werden immer angeordnet, wenn die Außenschale von unten gegen ein anderes Bauteil stößt.

Dies trifft zu z. B.

- unter Dachüberständen,
- unter Fenster- und Sohlbänken,
- unter Abfangungen (Konsolen) bei einer Höhe der Außenschale von mehr als 12 m.

Senkrechte Bewegungsfugen werden grundsätzlich an den Gebäudeecken angeordnet, waagerechte Bewegungsfugen immer dann, wenn die Außenschale von unten gegen ein anderes Bauteil stößt.

An den Ansichten unseres Projektes wird gezeigt, wo bei zweischaligen Außenwänden Bewegungsfugen erforderlich sind.

Südseite (Ansicht von Süden)

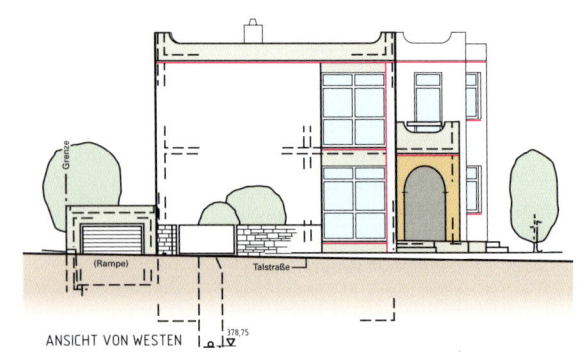

Westseite (Ansicht von Westen)

Nordseite (Ansicht von Norden, Längsschnitt Garage)

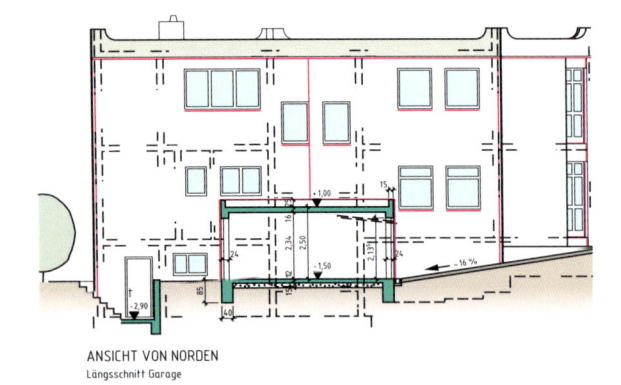

Ostseite (Ansicht von Osten)

2 Mauern einer zweischaligen Wand — Bewegungsfugen/Verbände

Die Bewegungsfugen müssen so **verschlossen** werden, dass sie
- die Stauch- und Dehnbewegungen ausgleichen,
- dauerhaft dicht sind.

Dies geschieht entweder durch elastoplastische **Fugendichtungsmassen** (auf Acryl- oder Siliconbasis) oder durch vorkomprimierte **Fugenbänder** aus elastoplastischem Schaumstoff.

Die Fugenabdichtung erfolgt nur an der Außenseite, der Innenraum der Fuge muss immer frei bleiben.

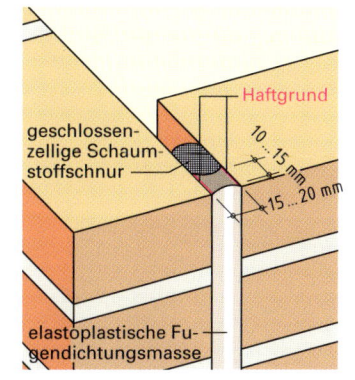

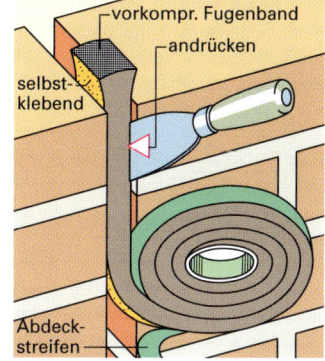

Fugenverschluss

2.3.3 Verbände für Verblendmauerwerk

Mit dem Verband kann großer Einfluss auf die Gestaltung einer Fassade genommen werden.

Durch die Wahl des Steinformates und durch das Zusammenstellen der verschiedenen Schichten kann eine reizvolle Flächenwirkung erzielt werden.

Verblendmauerwerk muss eine Zierde sein, deshalb wird auch in diesem Zusammenhang von **Zierverbänden** gesprochen.

Alle Zierverbände lassen sich durch Verschieben der Schichten abwandeln.

> Durch die Wahl des Verbandes kann großer Einfluss auf die Gestaltung der Fassade genommen werden.

Gelungene Gestaltung durch Sichtmauerwerk

Läuferverband

Alle Schichten bestehen aus Läufern, die um 1 am überbinden. Der Läuferverband eignet sich besonders für zweischaliges Mauerwerk, weil er ohne störende Binder ausgeführt wird.

Gotischer Verband

Läufer und Binder wechseln in den Schichten regelmäßig ab. Dieser Verband ist nur bei Verblendmauerwerk anwendbar.

Märkischer Verband

Zwei Läufer und ein Binder wechseln in jeder Schicht ab. Die Binder können über den Stoßfugen der Läufer oder über der Mitte der Läufer liegen.

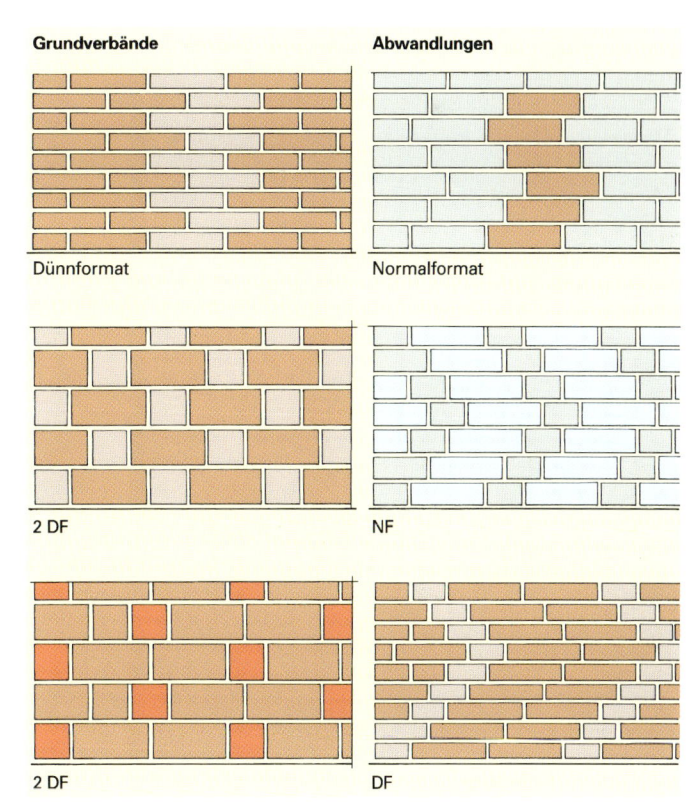

Zierverbände aus verschiedenen Steinformaten

2 Mauern einer zweischaligen Wand — Verbände

Im **Märkischen Verband** ergeben sich durch Abwandlungen in den Läuferschichten oder durch zusätzliche Läuferschichten interessante „Bilder".

Abwandlung „Zickzack"-Verband — Dünnformat

Abwandlung mit Läuferschichten — Normalformat

bewusst unregelmäßig („wilder Verband")

Dünnformat — 2 DF

Zierverbände aus verschiedenen Steinformaten

Wilder Verband

Der Wilde Verband wird bewusst unregelmäßig angelegt. Läufer und Binder wechseln in willkürlicher Folge.

Dadurch entsteht eine betont lebhafte Flächengestaltung.

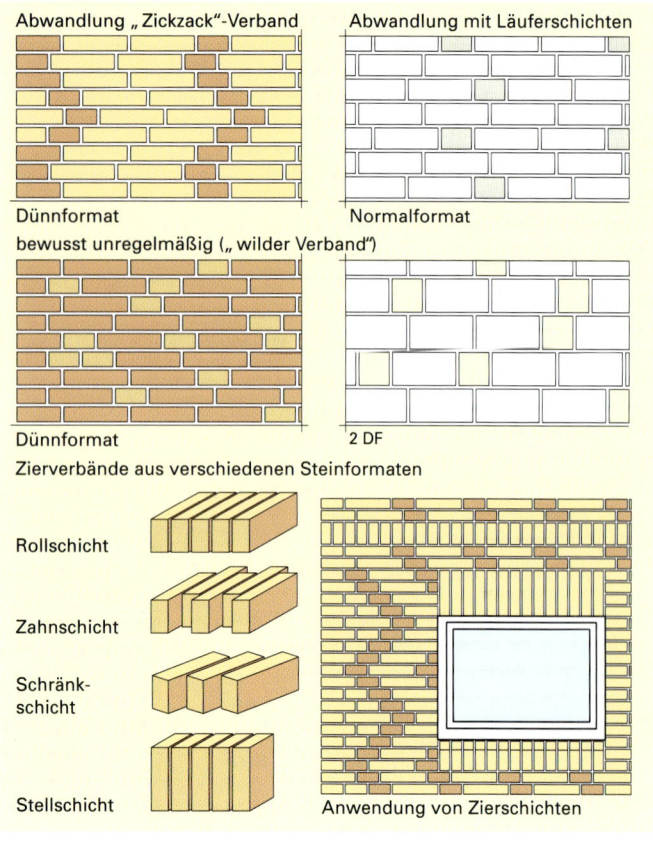

Rollschicht

Zahnschicht

Schränkschicht

Stellschicht

Anwendung von Zierschichten

Zierverbände aus verschiedenen Steinformaten

Zusammenfassung

Für Verblendmauerwerk werden hauptsächlich Ziegel oder Kalksandsteine verwendet.

Ziegel für Verblendmauerwerk müssen witterungsbeständig sein. Diese Voraussetzung erfüllen Vormauerziegel, Vormauerlochziegel, Vollklinker und Hochlochklinker.

Für Verblendmauerwerk aus Kalksandsteinen eignen sich KS-Vormauersteine und KS-Verblender.

Zum Verfugen wird Mörtel der Mörtelgruppen II, IIa und III verwendet. Es ist darauf zu achten, dass die Farbe des erhärteten Fugenmörtels durchgängig gleich ist.

Die Fugen von Sichtmauerwerk entstehen entweder beim vollfugigen Mauern oder durch nachträgliches Verfugen.

Temperaturschwankungen führen zu Stauch- und Dehnbewegungen in der Außenschale. Diese Bewegungen müssen durch Fugen aufgenommen werden. Senkrechte Bewegungsfugen werden grundsätzlich an den Gebäudeecken angeordnet, waagerechte Bewegungsfugen immer dann, wenn die Außenschale von unten gegen ein anderes Bauteil stößt.

Durch die Wahl des Verbandes kann großer Einfluss auf die Gestaltung der Fassade genommen werden.

Aufgaben:

1. Welche Mauersteine werden hauptsächlich für Verblendmauerwerk verwendet?
2. Welche Anforderungen werden an Mauersteine für Verblendmauerwerk gestellt?
3. Wählen Sie eine Mauersteinart für die zweischaligen Außenwände unseres Projektes, dem Jugendtreff, und begründen Sie Ihre Wahl.
4. Welche Formate werden für Verblendmauerwerk bevorzugt?
5. Welche Mörtelgruppen eignen sich für das Verfugen von Sichtmauerwerk? Begründen Sie Ihre Antwort.
6. Nennen Sie die Arbeitsschritte beim nachträglichen Verfugen von Sichtmauerwerk.
7. Warum sind Bewegungsfugen bei Verblendmauerwerk immer erforderlich?
8. Wo müssen immer senkrechte Bewegungsfugen angeordnet werden? Begründen Sie Ihre Antwort.
9. Wo müssen immer waagerechte Bewegungsfugen angeordnet werden? Begründen Sie Ihre Antwort.
10. Nennen Sie Möglichkeiten für das Verschließen von Bewegungsfugen.
11. Gestalten Sie eine Fassade des Projektes mit einem Zierverband Ihrer Wahl.

2 Mauern einer zweischaligen Wand — Baustoffbedarf

2.4 Ermittlung des Baustoffbedarfs und der Herstellungskosten einer zweischaligen Wand

Für den reibungslosen Ablauf bei der Herstellung des Mauerwerks für unser Projekt ist es notwendig, den erforderlichen Werkstoffbedarf zu wissen. Dazu sind Berechnungen erforderlich, die im Folgenden vorgestellt werden.

Um einen Auftrag zu erhalten, muss der Unternehmer ein Preisangebot abgeben. Dazu muss er die entstehenden Kosten im Voraus möglichst genau erfassen.

2.4.1 Ermittlung des Baustoffbedarfs

Der Baustoffbedarf für einschaliges Mauerwerk wird, wie bereits im Kapitel 1 behandelt wurde, mithilfe von Tabellen berechnet.

Die Ermittlung des Baustoffbedarfs von zweischaligem Mauerwerk unterscheidet sich von einschaligem dadurch, dass die Fläche des Mauerwerkes der Innenschale und der Außenschale zu berechnen sowie die Anzahl der Drahtanker und gegebenenfalls die Fläche oder das Volumen der Dämmung zu ermitteln ist.

Vorgehensweise bei der Ermittlung des Baustoffbedarfs für zweischaliges Mauerwerk:

1. Berechnung der Fläche des Mauerwerkes der Innenschale.
2. Mithilfe der entsprechenden Tabelle wird die Anzahl der Mauersteine und die Mörtelmenge ermittelt.
3. Berechnung der Fläche des Mauerwerkes der Außenschale.
4. Mithilfe der entsprechenden Tabelle wird die Anzahl der Mauersteine und die Mörtelmenge ermittelt.
5. Berechnung der erforderlichen Drahtanker (in der Regel 5 Anker je m² der Außenschale).
6. Berechnung der Fläche oder des Volumens der Dämmung. (Fläche bei Dämmmatten oder -platten, Volumen bei losen Dämmschüttungen.)

Beispiel:

Beim dargestellten Giebel besteht das Mauerwerk der Innenschale aus Wandbauplatten im Format 24 cm × 99,8 cm × 49,8 cm, die im Dünnbettverfahren mit vermörtelter Stoßfuge vermauert werden. Die Außenschale besteht aus Vormauerziegeln im Normalformat. Die Verfugung erfolgt beim Vermauern.

Die Schalen sind mit 5 Drahtankern je m² miteinander verbunden.

Als Dämmung werden Faserdämmplatten in der Abmessung von 62,5 cm × 100 cm verwendet.

Ermitteln Sie
- den Bedarf an Wandbauplatten,
- den Bedarf an Dünnbettmörtel,
- den Bedarf an Vormauerziegeln,
- den Bedarf an Normalmauermörtel,
- den Bedarf an Drahtankern,
- den Bedarf an Dämmplatten.

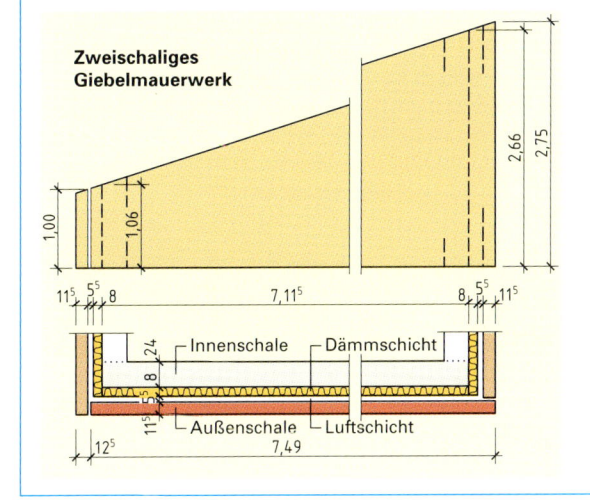

Lösung:

(1) Berechnung der Fläche der Innenschale

$$A_1 = \frac{(1{,}06 + 2{,}66)\ \text{m}}{2} \cdot 7{,}115\ \text{m} = 13{,}23\ \text{m}^2$$

(2) Nach Tabelle im Tabellenanhang werden 2 Wandbauplatten und 1,9 l Dünnbettmörtel je m² Wandfläche benötigt.

Anzahl der Wandbauplatten

$$= 13{,}23\ \text{m}^2 \cdot \frac{2\ \text{Platten}}{\text{m}^2} = \underline{27\ \text{Wandbauplatten}}$$

Dünnbettmörtel

$$= 13{,}23\ \text{m}^2 \cdot 1{,}9\ \frac{\text{l}}{\text{m}^2} = \underline{26\ \text{l Mörtel}}$$

(3) Berechnung der Fläche der Außenschale

$$A_2 = \frac{(1{,}00 + 2{,}75)\ \text{m}}{2} \cdot 7{,}49\ \text{m} = 14{,}04\ \text{m}^2$$

(4) Nach Tabelle im Tabellenanhang werden 50 Vormauerziegel und 27 l Mörtel je m² Wandfläche benötigt.

Anzahl der Vormauerziegel

$$= 14{,}04\ \text{m}^2 \cdot 50\ \frac{\text{Ziegel}}{\text{m}^2} = \underline{702\ \text{Ziegel}}$$

Mörtelbedarf

$$= 14{,}04\ \text{m}^2 \cdot 27\ \frac{\text{l}}{\text{m}^2} = \underline{380\ \text{l Mörtel}}$$

(5) Anzahl der Drahtanker

$$= 14{,}04\ \text{m}^2 \cdot 5\ \frac{\text{Anker}}{\text{m}^2} = \underline{71\ \text{Drahtanker}}$$

(6) Fläche der Dämmschicht und Anzahl der Dämmplatten

Die Fläche der Dämmschicht entspricht bei diesem Beispiel der Fläche der Innenschale. $A_1 = 13{,}23\ \text{m}^2$

Anzahl der Dämmplatten

$$= 13{,}23\ \text{m}^2 : (0{,}625\ \text{m} \cdot 1{,}00\ \text{m}) = \underline{22\ \text{Dämmplatten}}$$

Zweischaliges Giebelmauerwerk

2 Mauern einer zweischaligen Wand — Baustoffbedarf/Kostenrechnen

Aufgaben:

1. Es sollen 28 m² zweischaliges Mauerwerk mit Luftschicht hergestellt werden. Die Innenschale besteht aus Hohlblockmauerwerk im Steinformat 24 cm × 49 cm × 23,8 cm, die Außenschale besteht aus Ziegeln im Dünnformat. Pro m² Wandfläche sind 5 Drahtanker einzubauen.
Wie viele Hohlblöcke und Ziegel und wie viel Liter Mörtel sind dafür erforderlich? (Für das Hohlblockmauerwerk und das Verblendmauerwerk wird derselbe Mörtel verwendet. Die Verfugung des Verblendmauerwerks erfolgt beim Vermauern.)

2. Bei den Umfassungswänden eines Einfamilienhauses aus zweischaligem Mauerwerk sind für die Innenschale 140 m² Mauerwerk aus Wandbauplatten (24 cm × 99,8 cm × 62,3 cm) mit vermörtelten Stoßfugen erforderlich. Die Außenschale aus Vormauerziegeln in Normalformat hat eine Fläche von 152 m². Die zwischen den beiden Schalen liegende Dämmschicht hat eine Fläche von 144 m². Die beiden Schalen sind mit 5 Drahtankern je m² verbunden.
Berechnen Sie
 • die Anzahl der Wandbauplatten,
 • den Bedarf an Dünnbettmörtel für das Vermauern der Wandbauplatten,
 • die Anzahl der Vormauerziegel,
 • den Bedarf an Mauermörtel für die Außenschale (die Verfugung erfolgt beim Vermauern),
 • die Anzahl der Drahtanker,
 • die Anzahl der Dämmplatten bei einer Plattengröße von 0,50 m × 1,00 m.

3. Die Garage an der Nordseite des Projektes soll aus zweischaligem Mauerwerk mit Putzschicht hergestellt werden. Die Innenschale besteht aus Hohlblöcken (17,5 cm × 49 cm × 23,8 cm), die Außenschale aus KS-Vormauersteinen, 2 Dünnformat. Die Verfugung erfolgt beim Vermauern. Die beiden Schalen werden mit 5 Drahtankern pro m² verbunden.
Berechnen Sie den Baustoffbedarf für das Mauerwerk und die Putzschicht.

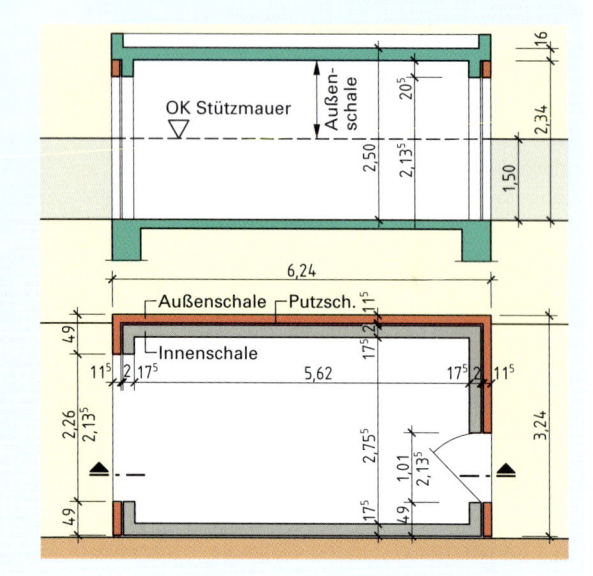

2.4.2 Kostenermittlung

Für die Preisgestaltung ist es erforderlich, die entstehenden Kosten im Voraus möglichst genau zu erfassen. Hierzu wird das Gesamtbauvorhaben (z. B. unser Projekt) in der **Leistungsbeschreibung** in einzelne überschaubare Einzelleistungen aufgegliedert. Für diese **Teilleistungen** werden dann jeweils auf die Einheit (m, m², m³, Stück) bezogene **Einheitspreise** ermittelt. Solche Teilleistungen können z. B. sein:

> Mauerwerk der Außenwände (Innenschale aus Leichtbeton-Hohlblöcken (DIN V 18151-100), Hbl, 24 cm × 49 cm × 23,8 cm, Mörtelgruppe II a, Mauerwerksdicke 24 cm, Mauerwerkshöhe bis 4,00 m   **m²**
>
> Einbau von Drahtankern aus nicht rostendem Stahl, Ø 3 mm mit Kunststoffscheibe (bauaufsichtliche Zulassung)   **Stück**
>
> Wärmedämmschicht aus Polystyrol-Dämmplatten zwischen Innen- und Außenschale, Wärmeleitfähigkeitsgruppe 030, mit Stufenfalz, Plattengröße 0,50 m × 1,00 m   **m²**
>
> Mauerwerk der Außenwände (Außenschale) aus Vormauerziegeln (DIN V 105-100) als Sichtmauerwerk, Verfugung beim Vermauern, VMz 8–1,8, Normalformat, Mauerwerksdicke 11,5 cm, Mörtelgruppe II a, Mauerwerkshöhe bis 4,00 m   **m²**

Für jede Teilleistung fallen so genannte **Einzelkosten** wie z. B. Lohn und Material an, die dieser Teilleistung direkt zugeordnet werden können. So können der Teilleistung Mauerwerk z. B. pro m² Wandfläche eine bestimmte Menge Steine und Mörtel sowie ein bestimmter Stundenaufwand zugeordnet werden. Sind aus der kaufmännischen Buchführung die Verrechnungssätze für die verschiedenen Materialien und die Lohnstunde bekannt, können die direkten **Herstellkosten** für die Teilleistung errechnet werden.

Damit sind aber nicht **alle** Kosten erfasst. In jedem Betrieb fallen so genannte **Gemeinkosten** an, die keiner Teilleistung direkt zugeordnet werden können, wie z. B. Bürokosten, Miete, Steuern, Sozialleistungen, Abschreibungen der Geräte usw. Diese Kosten müssen ebenfalls auf die einzelnen Teilleistungen umgelegt werden.

2 Mauern einer zweischaligen Wand — Kostenrechnen

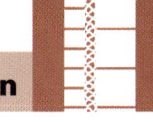

Hierzu gibt es verschiedene Verfahren. In kleineren Betrieben wird meist so verfahren, dass die gesamten Gemeinkosten prozentual auf die Lohn- und Materialkosten zugeschlagen werden.

Damit sind alle anfallenden Kosten erfasst, nicht aber der Gewinn. Es kommt deshalb noch ein Zuschlag für **Wagnis und Gewinn** hinzu, der meist in den Gemeinkostenzuschlag eingerechnet wird.

Die **Mehrwertsteuer** wird nicht bei der einzelnen Teilleistung, sondern erst bei der Angebotssumme zugerechnet.

Zusammensetzung des Einheitspreises

  Lohnkosten
+ Materialkosten
  (u. ggf. Gerätekosten)

= Herstellkosten
+ Zuschläge für Gemeinkosten
  auf Lohn und Material
+ Zuschlag für Wagnis und Gewinn

= Einheitspreis der Teilleistung

Zur Ermittlung des Einheitspreises müssen also Lohnkosten, Materialkosten (Gerätekosten) und Gemeinkostenzuschläge ermittelt werden.

Die **Lohnkosten** sind am schwierigsten vorherzubestimmen, da im Voraus nicht bekannt ist, wie viel Zeit für eine bestimmte Arbeit erforderlich ist. Man behilft sich deshalb mit Erfahrungswerten, die bei früheren Baustellen durch **Nachkalkulation** (s. Aufg. 1. und 2.) ermittelt wurden. Dieser zu erwartende Stundenbedarf ergibt, mit dem kaufmännisch ermittelten Mittellohn multipliziert, die Lohnkosten.

Lohnkosten pro Einheit
= Zeitaufwand pro Einheit · Mittellohn

Die **Materialkosten** werden berechnet, indem die erforderliche Materialmenge unter Berücksichtigung des Verlustes ermittelt und mit dem Verrechnungssatz für das jeweilige Material multipliziert wird.

Materialkosten pro Einheit
= Materialbedarf pro Einheit
 · Verrechnungssatz

Die **Gemeinkostenzuschläge** werden in der Betriebsabrechnung ermittelt und für die Kostenrechnung vorgegeben. Sie enthalten meist gleich den Zuschlag für **Wagnis und Gewinn**.

Gemeinkosten sowie Wagnis und Gewinn werden durch vorgegebene Zuschläge auf Lohn und Material berücksichtigt.

Beispiel:

Für die Verblendschale beim zweischaligen Mauerwerk der Außenwände unseres Projektes ist der Einheitspreis zu ermitteln.

Verblendmauerwerk aus Handstrich-Vormauerziegeln VHLz, Normalformat (DIN V 105-100) als Sichtmauerwerk für eine Wanddicke von 11,5 cm als aufgehendes Mauerwerk nach DIN 1053 mit Mörtel der Mörtelgruppe II a. Verbindung mit der Innenschale durch 5 Drahtanker/m² Wandfläche aus nicht rostendem Stahl Ø 3 mm mit Kunststoffscheibe.

Verfugung beim Vermauern.

Zusätzliche Angaben:
Verblendmauerwerk Stundenbedarf   1,5 h/m²
Einbau eines Drahtankers Stundenbedarf   0,1 h/Stück
Mittellohn   12,45 €/h

Materialbedarf:
50 Ziegel/m²; 0,53 €/Ziegel
27 l Mörtel/m²; 0,20 €/l Mörtel
5 Drahtanker/m²; 0,25 €/Anker

Gemeinkostenzuschlag auf Lohn   130 %
Gemeinkostenzuschlag auf Material   15 %

Lösung:

Lohnkosten
Verblendmauerwerk
1,5 h/m² · 12,45 €/m²   = 18,68 €/m²
Einbau der Drahtanker
5 St/m² · 0,1 h/St · 12,45 €/h =   6,23 €/m²

18,68 €/m² + 6,23 €/m²   = 24,91 €/m²

Materialkosten
Vormauerziegel
50 Ziegel/m² · 0,53 €/Ziegel   = 26,50 €/m²
Mörtel
27 l/m² · 0,20 €/m²   = 5,40 €/m²
Drahtanker
5 St/m² · 0,25 €/St   = 1,25 €/m²

(26,50 + 5,40 + 1,25) €/m²   = 33,15 €/m²

Gemeinkostenzuschlag auf Lohn
24,91 €/m² · 1,30   = 32,38 €/m²

Gemeinkostenzuschlag auf Material
33,15 €/m² · 0,15   = 4,97 €/m²

Einheitspreis   = **95,41 €/m²**

2 Mauern einer zweischaligen Wand — Kostenrechnen

Aufgaben:

1. Für das Mauern von 32 m³ einer 30 cm dicken Wand aus großformatigen Mauersteinen (30 cm × 49 cm × 23,8 cm) benötigen 4 Maurer jeweils 16 Stunden. Ermitteln Sie den Arbeitszeitrichtwert für 1 m² dieses Mauerwerks.

2. Für die Herstellung von 55 m² eines 11,5 cm dicken Mauerwerks wurden jeweils 16 Stunden von 2 Maurern benötigt; für 75 m² eines 24 cm dicken Mauerwerks benötigen diese beiden Maurer 20 Stunden. Ermitteln Sie die Arbeitszeitrichtwerte.

3. Ermitteln Sie den Einheitspreis pro m² der Teilleistung (ohne MwSt.).

   Mauerwerk der Außenwände, 36,5 cm dick mit Lochziegeln (36,5 cm × 24 cm × 23,8 cm), Leichtmauermörtel.

   Zusätzliche Angaben:

Lochziegel frei Baustelle	3 140,– €/1 000 St
Leichtmauermörtel	0,25 €/l
Materialbedarf	16 Ziegel/m²
	38 l Mörtel/m²
Mittellohn	12,05 €/h
Arbeitszeitrichtwert Mauerwerk	1,02 h/m²
Gemeinkostenzuschlag auf Lohn	130 %
Gemeinkostenzuschlag auf Material	20 %

4. Für die zweischaligen Außenwände unseres Projektes ist der Einheitspreis in Euro pro m² zu ermitteln.

   Außenwandaufbau:

   Innenschale 24 cm dick, aus Wandbauplatten (24 cm × 99,8 cm × 62,5 cm), Dünnbettmörtel, verzahnte, nicht vermörtelte Stoßfugen.

   Dämmschicht aus Polystyrol-Hartschaumplatten mit Stufenfalz, 8 cm dick, Plattengröße 0,50 cm × 1,00 m. Verblendmauerwerk als Sichtmauerwerk, 11,5 cm dick aus Vormauerziegeln, Verfugung (Fugenverstrich) beim Vermauern, Normalmauermörtel, Mörtelgruppe II.

   Verbindung der beiden Schalen mit 5 Drahtankern pro m² Wandfläche aus nicht rostendem Edelstahl. Bedarf an Wandbauplatten, Ziegeln und Mörtel pro m² ist den entsprechenden Tabellen zu entnehmen.

   Zusätzliche Angaben:

Wandbauplatten frei Baustelle	3 600,– €/1 000 St
Dünnbettmörtel	0,80 €/l
Dämmplatten frei Baustelle	4,10 €/m²
Vormauerziegel frei Baustelle	560,– €/1 000 St
Normalmauermörtel der Mörtelgruppe II	0,25 €/l
Drahtanker	0,30 €/St
Zeitrichtwerte	
Mauerwerk Wandbauplatten	0,4 h/m²
Versetzen der Dämmplatten	0,1 h/m²
Verblendmauerwerk	1,5 h/m²
Einbau der Drahtanker	0,1 h/St
Mittellohn	12,– €/h
Gemeinkostenzuschlag auf Lohn	130 %
Gemeinkostenzuschlag auf Material	18 %

2.5 Zeichnerische Darstellung von zweischaligem Mauerwerk

Zweischaliges Mauerwerk wird in Arbeitsplänen (wie einschaliges Mauerwerk) im **Grundriss** und **Schnitt** dargestellt.

Da es sich in der Regel um Sichtmauerwerk handelt, ist es zudem erforderlich, die **Ansichten** als Arbeitsplan auszuarbeiten.

Die äußere Schale als Sichtmauerwerk trägt ganz wesentlich zum Gesamtaussehen eines Gebäudes bei. Deswegen muss aus den Ansichten der Arbeitspläne das **Steinformat**, der **Mauerverband** und die Anordnung der **Bewegungsfugen** hervorgehen.

Außerdem müssen in den Ansichten die **Ankerpunkte** angegeben werden.

Da bei Sichtmauerwerk z. B. der Ausbildung von Stürzen, Fensterbänken und Fensterleibungen größte Sorgfalt beigemessen werden muss, ist es wichtig, diese Situationen in **Teilzeichnungen** (Details) darzustellen.

Grundrisse als Arbeitspläne werden im Maßstab 1:50, Ansichten als Arbeitspläne werden im Maßstab 1:50, 1:25 oder 1:20 und Teilzeichnungen werden im Maßstab 1:20 oder 1:10 dargestellt.

2 Mauern einer zweischaligen Wand — Zeichnerische Darstellung

2.5.1 Verblendmauerwerk in der Ansicht als Arbeitsplan

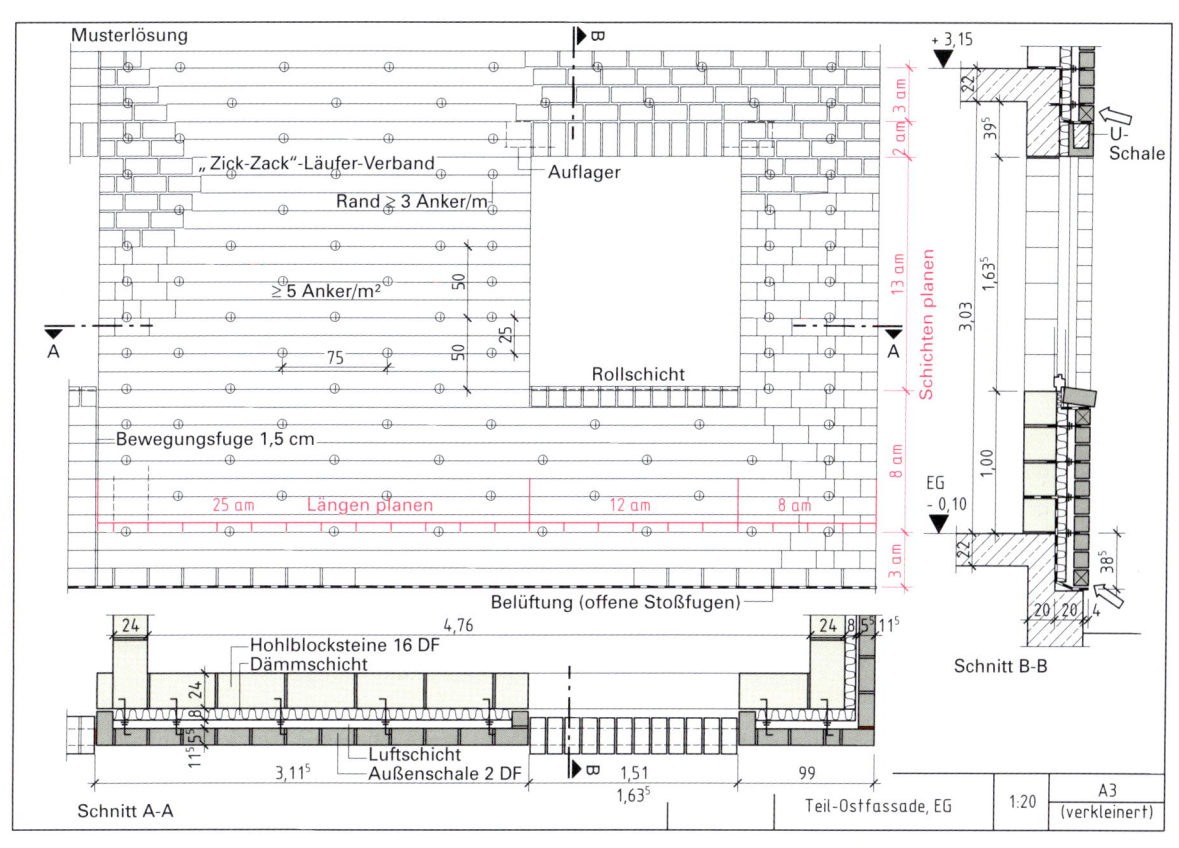

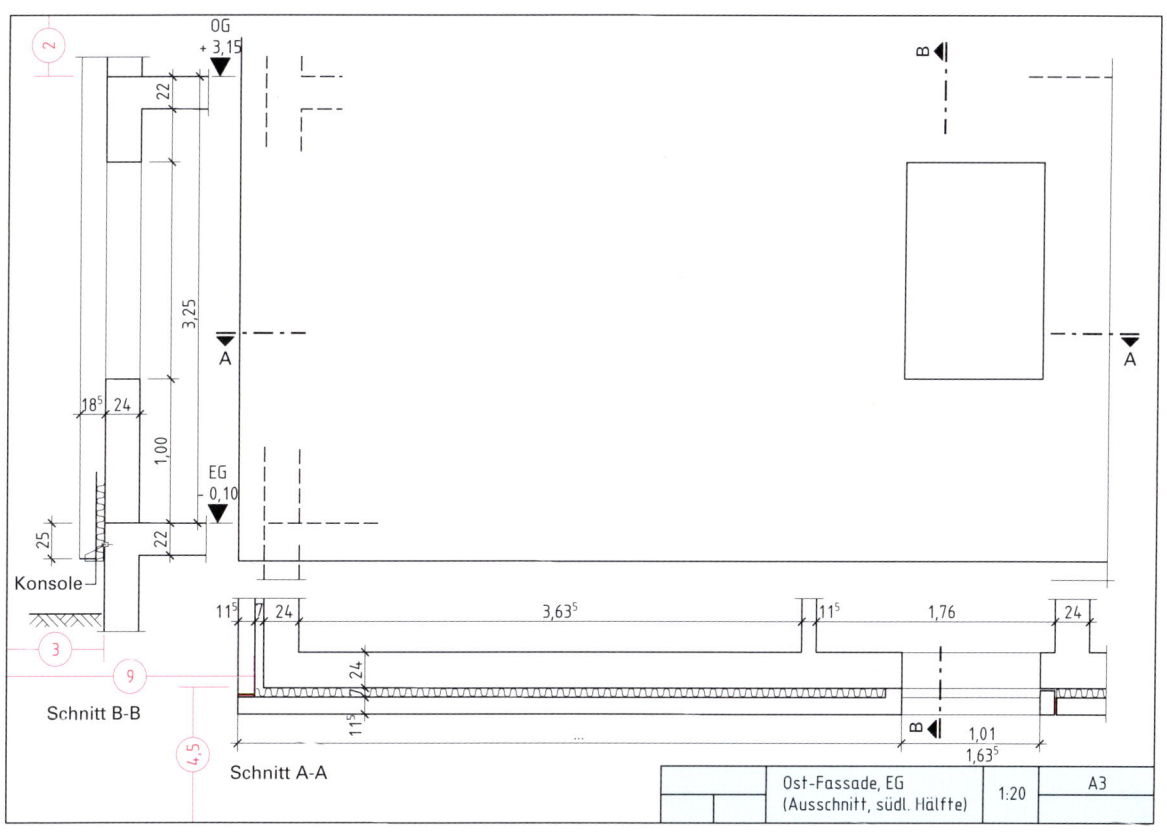

2 Mauern einer zweischaligen Wand — Zeichnerische Darstellung

2.5.2 Teilzeichnung (Detail), Fenster

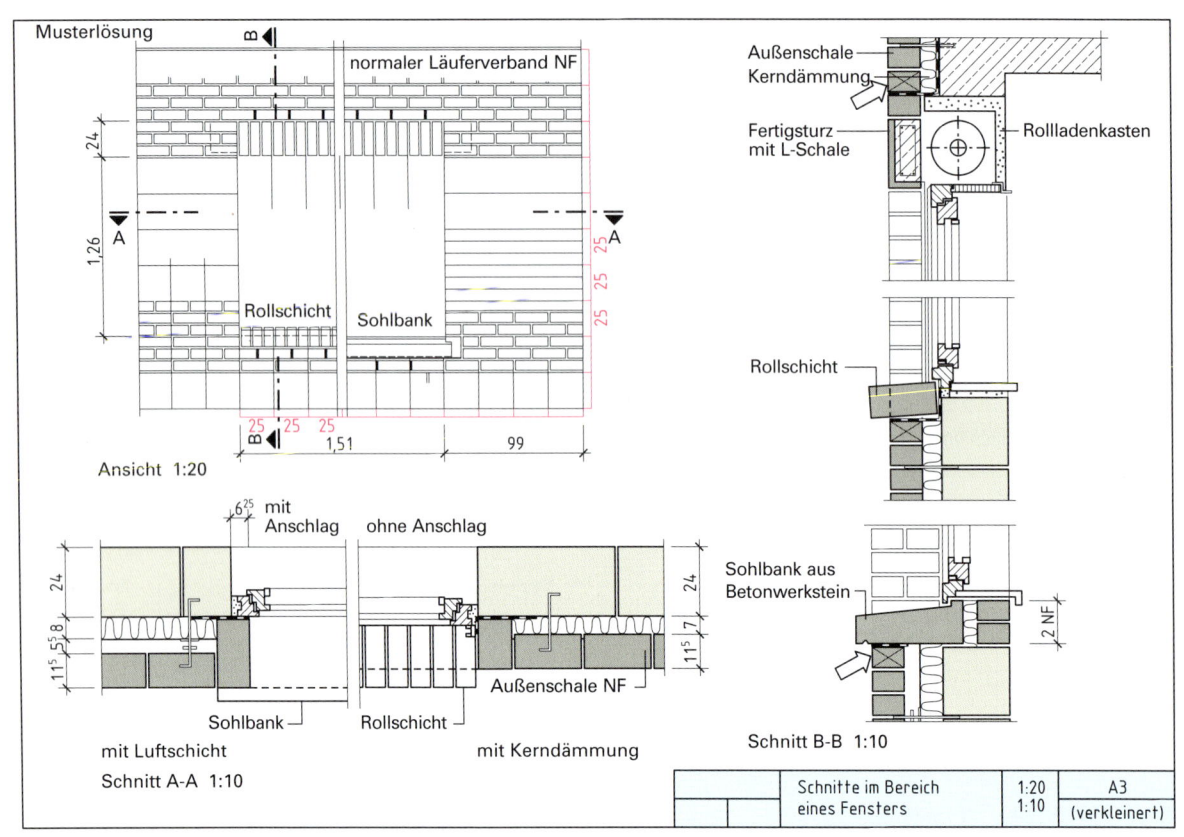

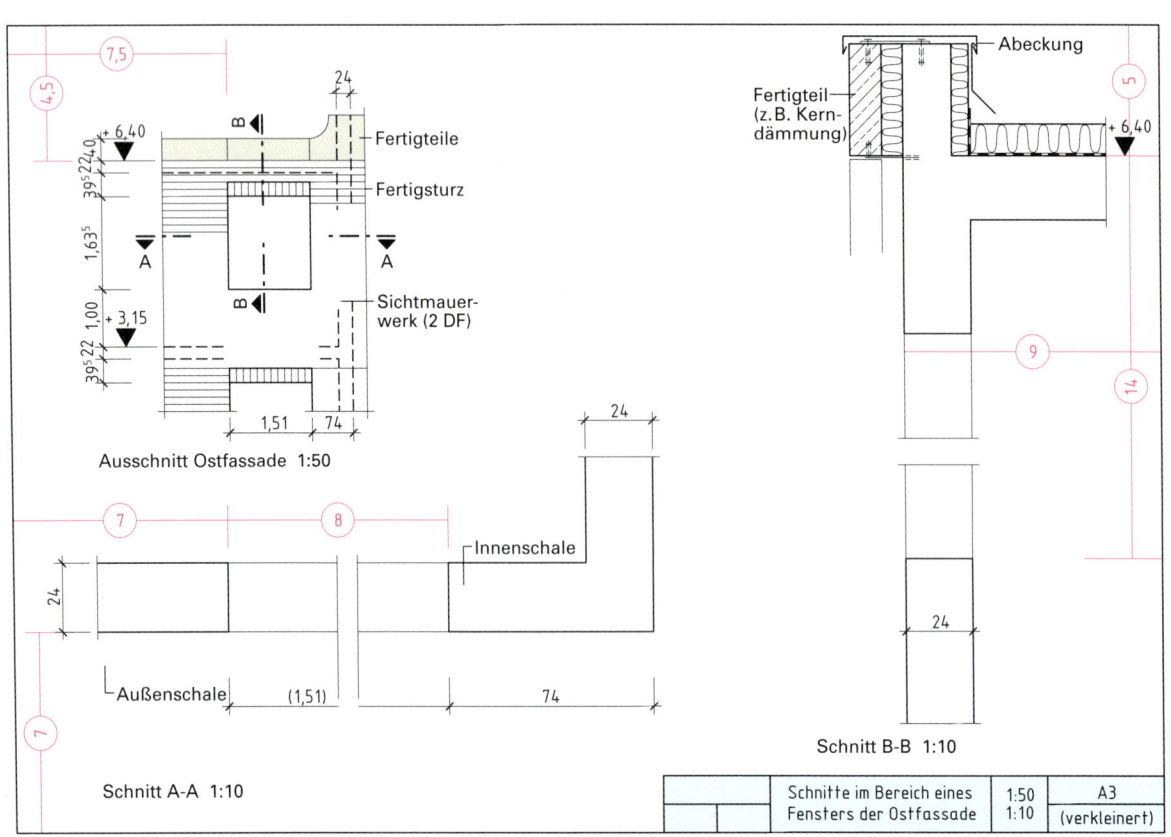

2 Mauern einer zweischaligen Wand — Aufmaß und Abrechnung

2.6 Aufmaß und Abrechnung nach VOB

VOB = **V**ergabe- und Vertrags**o**rdnung für **B**auleistungen

Jeder Auftragnehmer (= Bauunternehmer) ist verpflichtet, seine Leistungen **prüfbar** abzurechnen. Der Leistungsumfang wird dafür entweder nach Zeichnung ermittelt oder er wird an der Baustelle aufgemessen. Die zum Nachweis von Art und Umfang der Leistung erforderlichen Massenberechnungen, Zeichnungen und Belege sind beizufügen. Die entsprechenden „Spielregeln" für die Vorgehensweise sind in der VOB, Teil C, enthalten.

Arbeitshilfen

In der Praxis wird das Aufmaß auf besonderen Aufmaßzetteln erstellt. Dies erleichtert das Ausrechnen und Prüfen der Aufmaße.

Vielfach erfolgt die Abrechnung auch mithilfe des Computers. Die speziellen Aufmaßzettel für die elektronische Datenverarbeitung sind mit besonderer Sorgfalt auszufüllen, da die Daten oft von Personen in den Computer eingegeben werden, die keine Baufachleute sind. Insbesondere müssen die vorgegebenen Zeilen und Spalten genau eingehalten werden.

Schema für Aufmaßzettel

Pos.	Benennung	Anzahl	Ausmaße			Abzug	Messgehalt	Reiner* Messgehalt
			Länge	Breite	Höhe			

* Reiner Messgehalt = Messgehalt – Abzug

2.6.1 Aufmaß und Abrechnung von Mauerarbeiten

Bauteile aus Mauerwerk werden nach den Konstruktionsmaßen abgerechnet. Dabei wird nach Geschossen, Mauerwerksarten und Mauerwerksdicken unterteilt.

Mauerwerk wird nach **Flächenmaß (m²)** und **Längenmaß (m)** abgerechnet.

Abrechnungseinheit	Beispiele
Flächenmaß (m²)	• Mauerwerk • Ausmauerungen bei Fachwerkwänden • Sicht- und Verblendmauerwerk • Ausfugen
Längenmaß (m)	• Leibungen bei Sicht- und Verblendmauerwerk • Mauerpfeiler, Pfeilervorlagen • Gemauerte Schornsteine • Gemauerte Stufen

Beim Aufmaß und bei der Abrechnung von Mauerwerk wird als **Höhe** die tatsächliche Höhe bzw. bei durchgehendem Mauerwerk die Höhe von Oberfläche Rohdecke bis Oberfläche Rohdecke des darüber liegenden Geschosses berücksichtigt.

Stürze oder Rollladenkästen, die sich im Mauerwerk befinden werden übermessen (d.h., sie werden nicht abgezogen) und dann gesondert gerechnet.

Tür- und Fensterpfeiler im Mauerwerk werden gesondert gerechnet, wenn sie schmaler als 50 cm sind und die beiderseits dieser Pfeiler liegenden Öffnungen jeweils über 2,5 m² sind.

Nach VOB sind beim Aufmaß abzuziehen

1. Bei Abrechnung nach **Flächenmaß (m²)**:
   - Öffnungen über 2,5 m² Einzelgröße,
   - Nischen sowie Aussparungen für einbindende Bauteile, soweit für das dahinter liegende Mauerwerk gesonderte Positionen in der Leistungsbeschreibung vorgesehen sind,
   - Unterbrechungen der Mauerwerksfläche durch Bauteile (z. B. durch Fachwerkteile, Stützen usw.) mit einer Einzelbreite über 30 cm.

2. Bei Abrechnung nach **Längenmaß (m)**:
   - Unterbrechungen über 1 m Einzellänge.

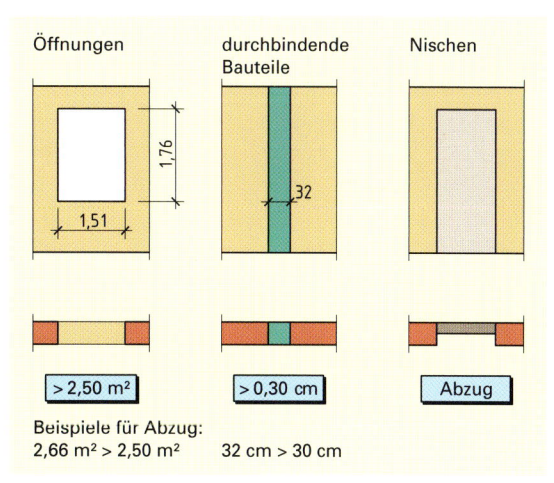

Beispiele für Abzug:
2,66 m² > 2,50 m²   32 cm > 30 cm

Abzüge bei Flächenmaß

2 Mauern einer zweischaligen Wand — Aufmaß und Abrechnung

Beispiel:
Ermitteln Sie nach VOB für die gemauerten Innenwände des Untergeschosses unseres Projektes
a) das 11,5 cm dicke Mauerwerk in m²,
b) das 17,5 cm dicke Mauerwerk in m² und
c) das 24 cm dicke Mauerwerk in m².

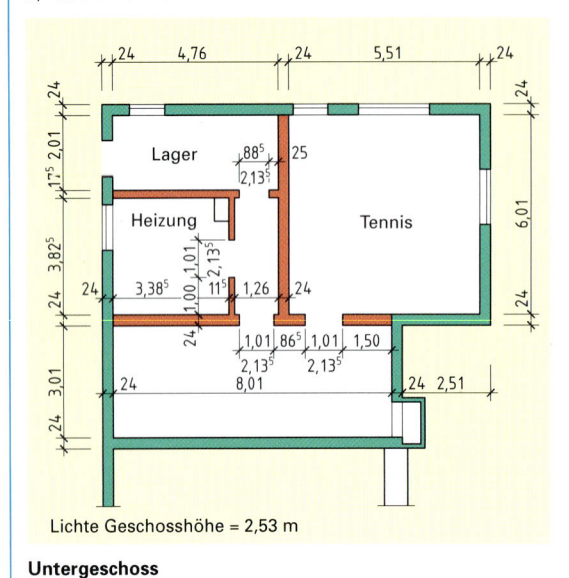

Lichte Geschosshöhe = 2,53 m
Untergeschoss

Lösung:

a) Mauerwerk 11,5 cm dick

   3,825 m · 2,53 m   = 9,68 m²

   Die Türöffnung wird nicht abgezogen, da ihre Fläche kleiner als 2,50 m² ist.

   Messgehalt   = 9,68 m²

b) Mauerwerk 17,5 cm dick

   4,76 m · 2,53 m   = 12,04 m²

   Die Türöffnung wird nicht abgezogen, da ihre Fläche kleiner als 2,50 m² ist.

   Messgehalt   = 12,04 m²

c) Mauerwerk 24 cm dick

   (8,01 m + 6,01 m) · 2,53 m = 35,47 m²

   Die Türöffnungen werden nicht abgezogen, da ihre Flächen kleiner als 2,50 m² sind.

   Messgehalt   = 35,47 m²

Aufgaben:

1. Ermitteln Sie nach VOB für die Garage an der Nordseite unseres Projektes
 a) das Verblendmauerwerk in m² und
 b) das Mauerwerk der Innenschale in m².
 Fertigen Sie für das Aufmaß einen Aufmaßzettel nach dem Schema auf der vorhergehenden Seite.
 Vergeben Sie folgende Positionen:
 - Pos. 1 Mauerwerk 17,5 cm dick (in m²)
 - Pos. 2 Verblendmauerwerk 11,5 cm dick (in m²).

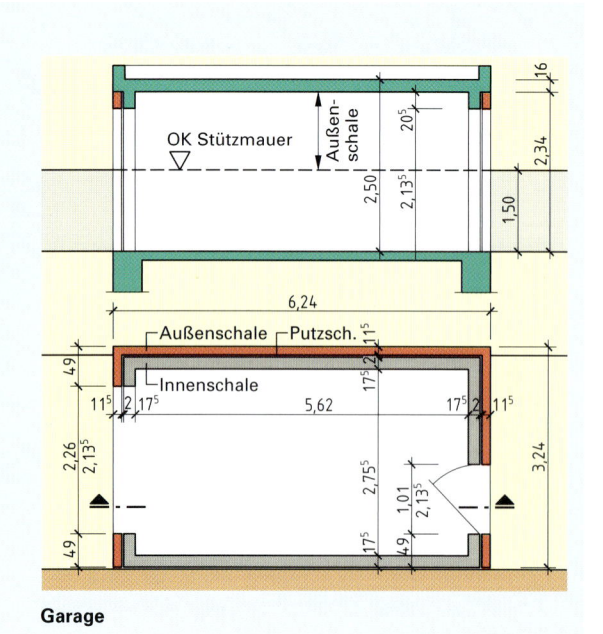

Garage

2 Mauern einer zweischaligen Wand — Aufmaß und Abrechnung

2. Ermitteln Sie nach dem dargestellten Grundriss (EG)
   a) das 11,5 cm dicke Mauerwerk nach Flächenmaß,
   b) das 24 cm dicke Mauerwerk nach Flächenmaß,
   c) das 36,5 cm dicke Mauerwerk nach Flächenmaß.

   Die lichte Raumhöhe beträgt 2,62 m (Betonstürze werden vernachlässigt).

   Nicht im Plan eingetragene Maße sind zu errechnen.

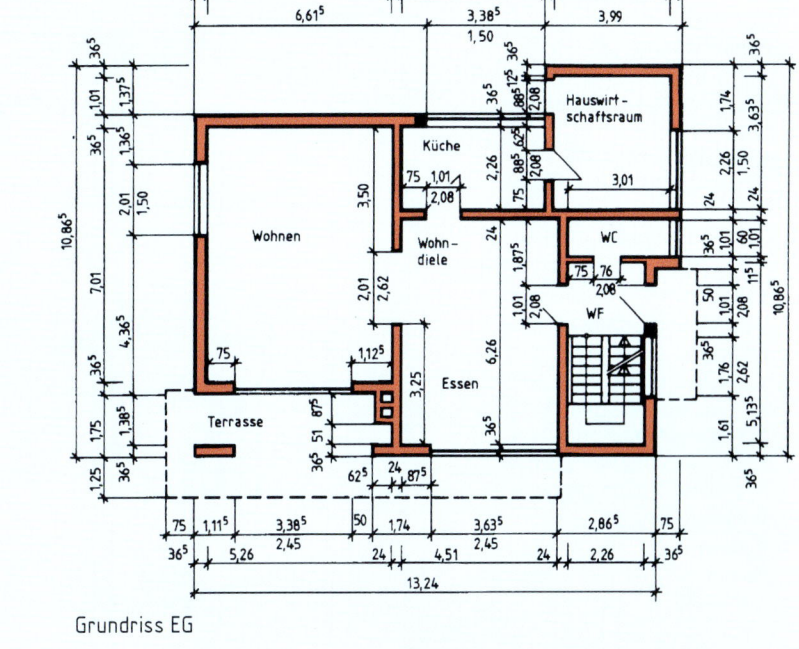

Grundriss EG

3. Berechnen Sie nach dem dargestellten Grundriss (OG) mithilfe eines Aufmaßzettels
   a) das 11,5 cm dicke Mauerwerk nach Flächenmaß,
   b) das 24 cm dicke Mauerwerk nach Flächenmaß,
   c) das 36,5 cm dicke Mauerwerk nach Flächenmaß.
   d) Für das 11,5 cm dicke Mauerwerk werden 2 DF-Steine verwendet. Ermitteln Sie hierfür den Stein- und Mörtelbedarf.

   Die lichte Raumhöhe beträgt 2,55 m.

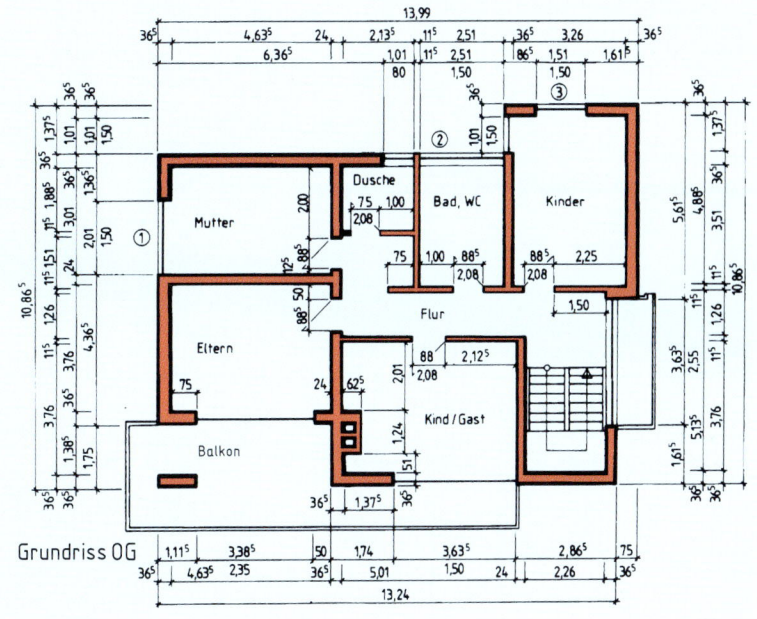

Grundriss OG

2.6.2 Aufmaßskizzen

Jeder Auftragnehmer (= Bauunternehmer) ist verpflichtet, die Leistungen **prüfbar** abzurechnen. Der Auftraggeber (= Bauherr) muss deshalb in der Lage sein, den Rechenhergang nachzuvollziehen. Dazu sind oft **Skizzen** erforderlich.

Skizzen werden **freihändig** angefertigt und sind **unmaßstäblich**.

In der Darstellung (Grundriss, Schnitt, Ansicht) gelten jedoch dieselben Regeln wie für technische Zeichnungen, die mit Zeichengeräten gezeichnet werden.

2 Mauern einer zweischaligen Wand — Aufmaßskizzen

Zum Aufmaß des Beispiels von Seite 76

Musterlösung
Aufmaßskizze für die Innenwände des Untergeschosses unseres Projekts.

Hinweise:
Skizzieren Sie freihand auf kariertem Papier.
Sie können maßstäblich oder unmaßstäblich (Maßverhältnisse ungefähr einhalten) skizzieren.

Empfohlene Arbeitsschritte:

Grundriss
1. Umfassungswände
2. Tragende Wände
3. Leichte Trennwände
4. Öffnungen (Türen, Fenster)
5. Baustoffe (Schraffuren)
6. Maßeintrag

Schnitt
Wie beim Grundriss verfahren; Höhenmaße

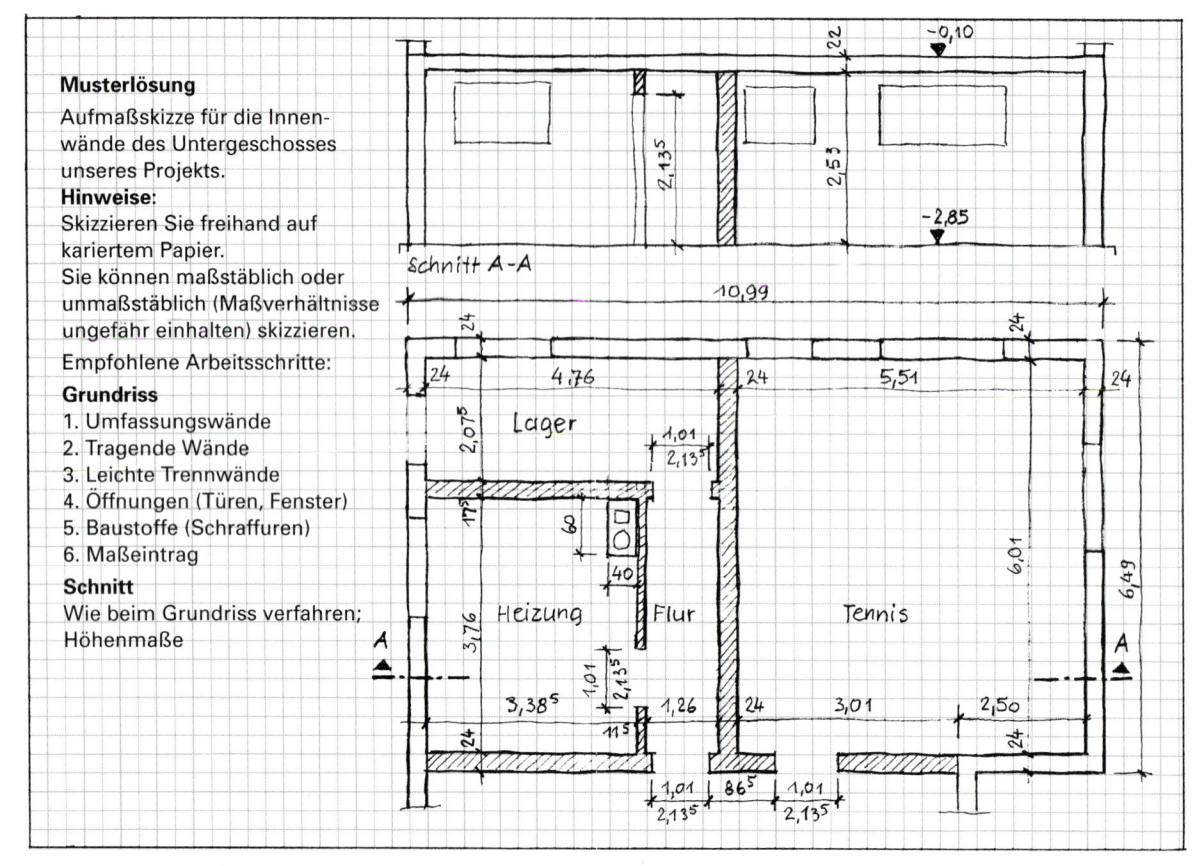

Aufmaßskizze für die Innenwände des Untergeschosses unseres Projektes

---

Aufgabe:
Fertigen Sie eine Aufmaßskizze der Südwand mit Erker unseres Projektes.

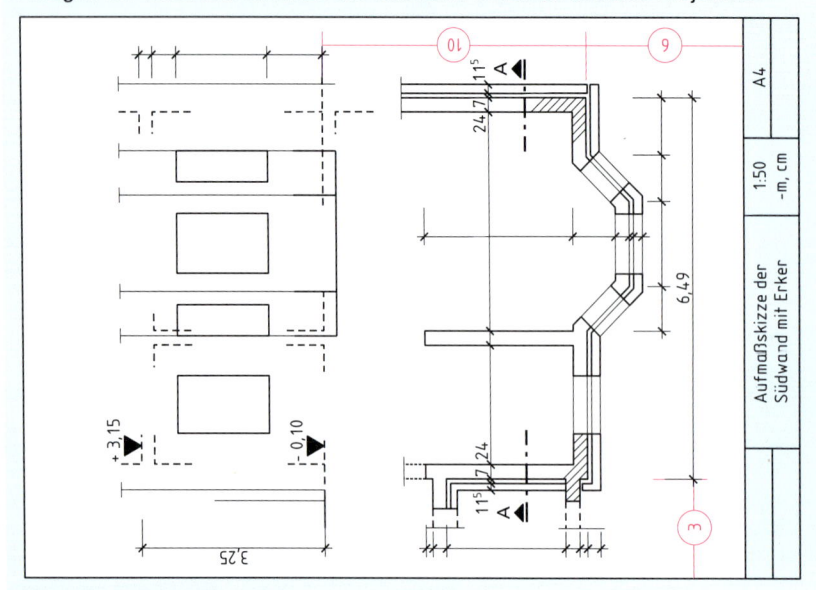

Aufmaßskizze

Kapitel 3:
Herstellen einer Stahlbetonstütze

Kapitel 3 vermittelt die Kenntnisse des Lernfeldes 7 für Beton- und Stahlbetonbauer/-innen.

Bei unserem Projekt „Jugendtreff" werden Stahlbetonstützen im Erd- und Obergeschoss eingebaut. Sie unterstützen Decken mit größeren Spannweiten.

Bei zahlreichen Gebäuden werden Stützen mit Bindern, Unterzügen und Deckenelementen kombiniert. Stützen, die Kräfte in den Untergrund ableiten, benötigen am Fußpunkt ein Fundament. Im Skelettbau werden vorzugsweise vorgefertigte Stützen, die über mehrere Geschosse durchgehen, eingesetzt.

Zu den Aufgaben des Beton- und Stahlbetonbauers gehört es, die Beton-, Bewehrungs- und Schalungsarbeiten sach- und fachgerecht auszuführen. Dazu sind Kenntnisse über die Verarbeitung des Baustoffes Stahlbeton, über die Bewehrungsrichtlinien und die Schalungskonstruktionen erforderlich.

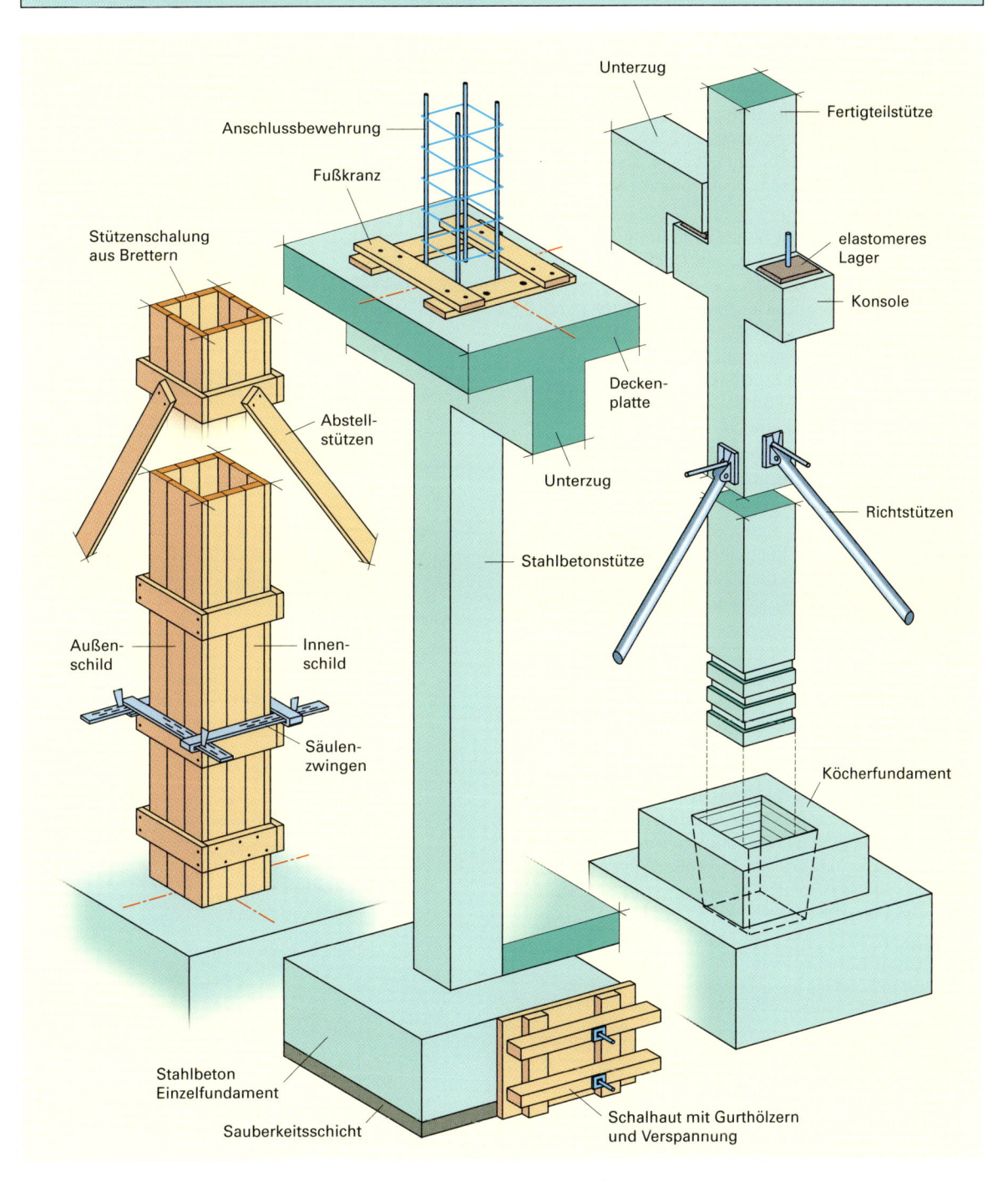

3 Herstellen einer Stahlbetonstütze — Aufgaben

3.1 Aufgaben einer Stütze

Stahlbetonstützen sind **stabförmige Bauteile**, die auf **Druck** beansprucht werden. Sie haben die Aufgabe, die in einem Bauwerk auftretenden Lasten mit einem möglichst kleinen Materialquerschnitt aufzunehmen und sie direkt oder über andere Bauteile (z.B. Wände) auf das Fundament zu übertragen.

Nach der Dauer der Lasteinwirkung auf Bauteile werden Eigen- und Nutzlasten unterschieden.

- **Eigenlasten** sind i.d.R. unveränderlich und ständig vorhanden. Sie resultieren aus der Masse der tragenden oder stützenden Bauteile und den unveränderlichen, dauernd aufzunehmenden Lasten, wie z.B. Auffüllungen, Fußbodenbeläge, Putze usw.
- **Nutzlasten** sind veränderliche oder bewegliche Lasten, die auf das Bauteil einwirken, wie z.B. Personen, Einrichtungsstücke, unbelastete Trennwände, Lagerstoffe, Maschinen, Fahrzeuge, Kranlasten, Wind, Schnee.

Die **Krafteinleitung** in die Stütze kann unmittelbar von der Decke her erfolgen, d.h., die Deckenplatte liegt auf den Stützen. Im Bereich der Abstützung besteht die Gefahr, dass die Stütze die Deckenplatte durchstanzt. Die Sicherheit gegen Durchstanzen wird durch geeignete Bewehrungsmaßnahmen in der Deckenplatte (= innen liegende Stützenkopfverstärkung) oder durch eine zusätzlich außerhalb der Decke liegende Stützenkopfverstärkung erreicht.

Außen liegende Stützenkopfverstärkungen erhalten eine **pilzkopfartige Form**, wonach auch die Deckenart früher benannt wurde.

Der Schalungsaufwand außen liegender Stützenkopfverstärkungen ist sehr hoch. Innen liegende Stützenkopfverstärkungen erfordern hingegen einen Mehraufwand an Bewehrung und u.U. eine dickere Deckenplatte.

Bei Bauwerken mit hohen Lasten und großen Stützweiten werden die Kräfte in die Stützen über **Träger** (Balken, Unterzüge) eingeleitet. Die Verbindung mit Stütze und Träger wird als **Knoten** bezeichnet. Der Knoten kann sowohl „gelenkig" als auch biegesteif ausgeführt werden. Bei einem biegesteifen Knoten kann die hierfür erforderliche Bewehrung in Eckschrägen, so genannten **Vouten**, untergebracht werden. Gleichzeitig verkürzen Vouten rechnerisch die Spannweite des Trägers und vergrößern die Auflagerfläche des Stützenkopfes. Das Neigungsverhältnis der Vouten ist 1:3.

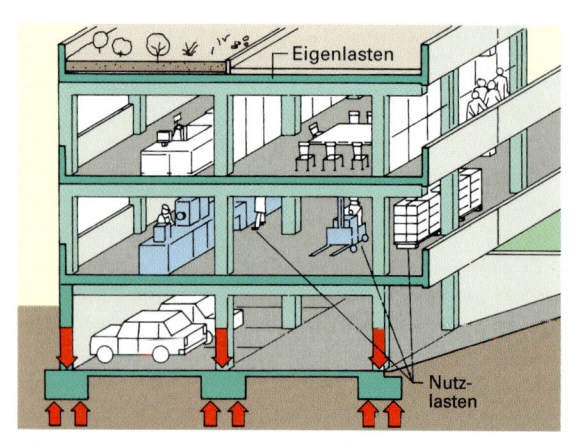

Stahlbetonstützen in einem Skelettbau übernehmen Eigen- und Nutzlasten

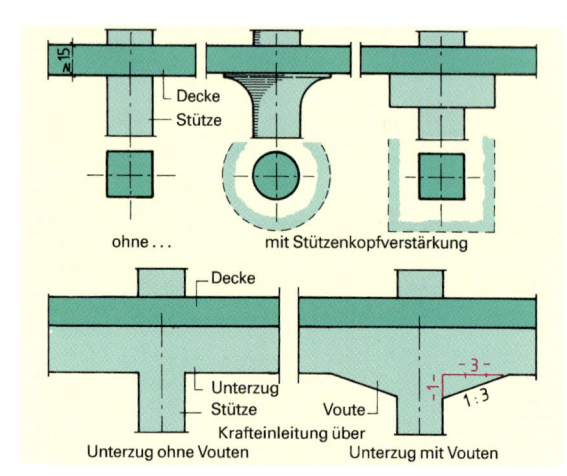

Krafteinleitung von der Decke in die Stütze

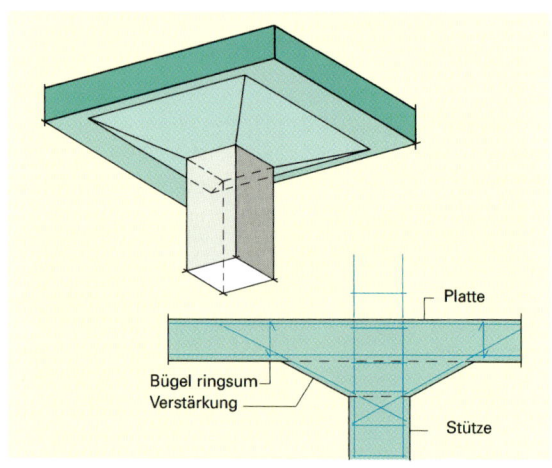

Außen liegende Stützenkopfverstärkung

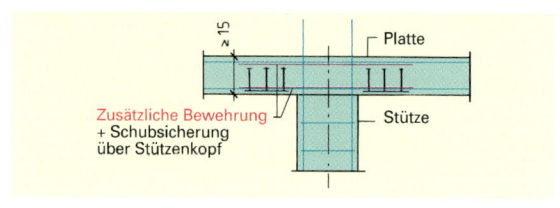

Stützenkopf mit innen liegender Verstärkung („Flachdecke")

> Stahlbetonstützen nehmen die Eigen- und Nutzlasten eines Bauwerks auf und leiten sie sicher in den Untergrund.
>
> Die Krafteinleitung in eine Stütze kann unmittelbar über die Decke oder über Träger erfolgen.
>
> Innen und außen liegende Stützenkopfverstärkungen verhindern ein Durchstanzen der Deckenplatte.

3 Herstellen einer Stahlbetonstütze — Tragverhalten

3.2 Tragverhalten einer Stütze

3.2.1 Beanspruchung

Jede Stütze in einem Bauwerk kann mittig, aber auch außermittig belastet werden. Bei **mittiger Belastung** wird die Stütze in Richtung ihrer Längsachse auf Druck beansprucht. Bei Überbeanspruchung erfahren die Betonteilchen eine Quetschung. Infolge der geringen Betonzugfestigkeit kommt es zu Betonabplatzungen und zum **Gleitbruch**.

Bei **außermittiger Belastung** wird eine Stütze auf **Biegedruck** (Stauchung) und **Biegezug** (Dehnung) beansprucht. Bei Überbeanspruchung knickt die Stütze aus und bricht. Außermittige Belastung ist z. B. dann gegeben, wenn Stütze und Träger biegesteif miteinander verbunden sind. Dies ist bei einer **Rahmenkonstruktion** der Fall. Auch schwankende Betonfestigkeiten innerhalb einer Stütze führen zu Biegebeanspruchungen. Hierbei wird der Beton auf der schwächsten Seite gestaucht, während es auf der gegenüberliegenden Seite zu Dehnungen kommt. Besonders knickgefährdet sind sehr schlanke Stützen, bei denen die Höhe im Vergleich zur Dicke sehr groß ist.

3.2.2 Querschnittsformen

Für Stahlbetonstützen kommen unterschiedliche Querschnittsformen vor. Die gebräuchlichsten sind:
- quadratische und rechteckige Formen,
- runde, sechs- oder achteckige Querschnittsformen,
- Doppel-T-Formen,
- Hohlquerschnitte.

Eine rechteckige Stütze würde bei außermittiger Belastung zuerst um ihre Längsachse ausknicken. Ein Hohlquerschnitt, der den gleichen Materialquerschnitt hat wie ein Rechteck- oder Rundquerschnitt, könnte die 4,5-fache Knicklast des Rechteckquerschnitts aushalten. Deshalb ist eine auf Knicken beanspruchte Stütze mit einem allseits symmetrischen Hohlquerschnitt am günstigsten. Zum Beispiel bei Getreidehalmen und beim Schilfrohr macht sich die Natur die hohe Knicksicherheit des Rohrquerschnittes zunutze.

> Stützen werden im Bauwerk mittig oder außermittig belastet. Dabei wird die Stütze auf Druck und Biegung beansprucht. Die Tragfähigkeit einer Stütze richtet sich nicht nur nach der Querschnittsgröße, sondern auch ihre Form ist maßgebend. Allseits symmetrische Querschnittsformen sind für die Knicksicherheit am günstigsten.

3.2.3 Zusammenwirken von Beton und Stahl

Damit Stützen durch die Belastungen nicht zerstört werden, erhalten sie eine **Bewehrung**. Die Bewehrung besteht aus einer Längs- und Querbewehrung. Die **Längsbewehrung** erfolgt durch Längsstähle und die **Querbewehrung** durch Bügel, Schlaufen oder Wendeln. Durch das Zusammenwirken von **Beton, Längs- und Querbewehrung** werden Verformung und Ausknicken der Stütze verhindert.

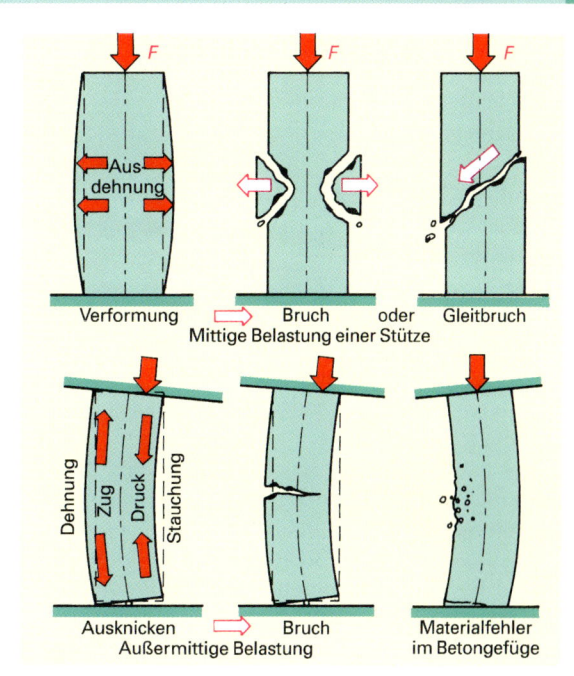

Beanspruchung von Stützen

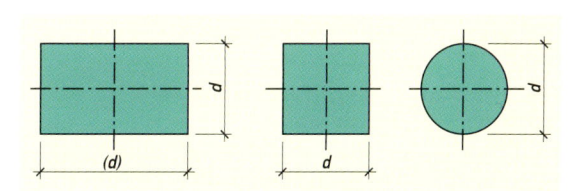

Rechteckige, quadratische und runde Form

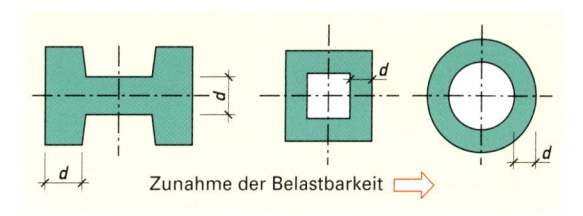

Doppel-T-Form und Hohlquerschnitte

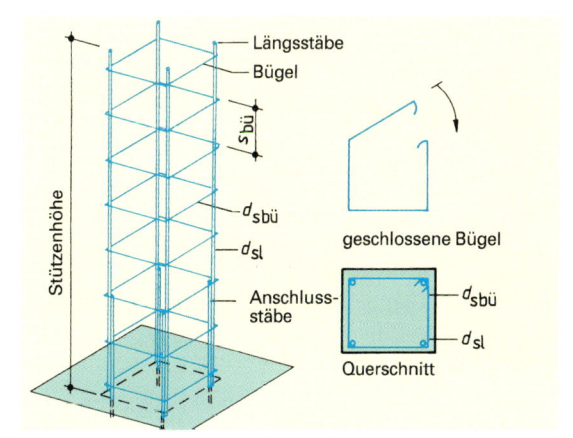

Bewehrung einer Stahlbetonstütze

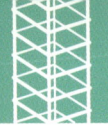

3 Herstellen einer Stahlbetonstütze — Betonstähle

Beton hat wegen seiner hohen Druckfestigkeit den Hauptanteil der Druckspannungen (etwa 80…90%) aufzunehmen.

Längsstähle werden aus folgenden Gründen eingebaut:

1. Durch die Haftung des Stahls im Beton werden die Längsstähle an der Druckübertragung (etwa 10…20%) beteiligt.
2. Die durch Biegebeanspruchung hervorgerufenen Zug- und Druckspannungen müssen durch Längsstähle aufgenommen werden.
3. Die durch Materialfehler verursachten Spannungen müssen durch die Längsstähle ausgeglichen werden.

Bügel haben die Aufgabe, die Längsstähle zu umschnüren, damit sie nicht ausknicken können, und sie müssen der Stauchung entgegenwirken. Ohne Bügel wäre die Stützenbewehrung nur wenig wirksam.

Für die Bewehrung kommt **hochduktiler Betonstahl** in Stäben oder Ringen zum Einsatz.

Betonstabstahl B500B ist warmgewalzter und aus der Walzhitze wärmebehandelter oder warmgewalzter und durch Recken kaltverformter Stahl mit einer Rippung nach DIN 1045. Er kommt in Stablängen von 12 m, 14 m und 15 m in den Handel. Der Durchmesser misst 6, 8, 10, 12, 14, 16, 20, 25, 28, 32 und 40 mm.

Betonstahl in Ringen B500A und B500B ist warmgewalzter und durch Recken kaltverformter Stahl mit Sonderrippung. Der Stahldurchmesser misst 4…16 mm. Die Ringe haben je nach Durchmessergröße eine Masse von 2000 kg…5000 kg.

Betonstabstahl B500B

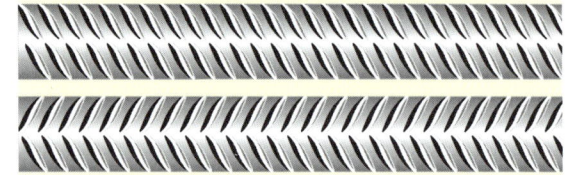

Betonstahl in Ringen B500B

> Stahlbetonstützen erhalten zur Erhöhung der Tragfähigkeit, zur Aufnahme von Biegespannungen und zum Ausgleich von Materialfehlern eine Bewehrung.

Zusammenfassung

Stahlbetonstützen nehmen vorwiegend senkrecht wirkende Kräfte auf, die aus den Eigen- und Nutzlasten eines Gebäudes resultieren.

Die Krafteinleitung in die Stütze kann über die Decke oder über Träger erfolgen.

Innen und außen liegende Stützenkopfverstärkungen verhindern ein Durchstanzen der Decke im Bereich der Abstützung.

Durch mittige und außermittige Belastung wird eine Stütze auf Druck und Biegung beansprucht.

Die Knicksicherheit einer Stütze hängt entscheidend von der Querschnittsform ab. Symmetrische Hohlquerschnitte sind am günstigsten.

Die Bewehrung einer Stahlbetonstütze erhöht die Tragfähigkeit, nimmt Druck- und Biegespannungen auf und gleicht Materialfehler aus.

Die Bewehrung besteht aus Längsstählen und Bügeln. Zum Einsatz kommen hochduktile Stähle.

Aufgaben:

1. Erklären Sie an Beispielen die Begriffe Eigenlasten und Nutzlasten.
2. Warum werden Stahlbetonstützen am Kopf verbreitert?
3. Welche Vor- und Nachteile bringen Vouten?
4. Beurteilen Sie folgende Querschnittsformen hinsichtlich ihrer Knicksicherheit:
   a) Rechteck, b) Quadrat, c) Kreisform,
   d) kreisförmiger Hohlquerschnitt.
5. Woraus besteht die Bewehrung einer Stahlbetonstütze?
6. Nennen Sie drei Aufgaben, die Längsstähle in Stützen zu übernehmen haben
7. Welche Aufgaben übernehmen die Bügel?
8. Für die Bewehrung einer Stahlbetonstütze werden folgende Betonstähle verwendet:
   B500A und B500B
   Welcher Unterschied besteht zwischen den beiden Stählen?
9. Beschreiben Sie einen Stützenkopf
   a) mit außen liegender,
   b) mit innen liegender Verstärkung.

3 Herstellen einer Stahlbetonstütze — Bewehrung

3.3 Bewehrung nach DIN EN 1992-1-1

Stahlbetonstützen müssen in ihrer Ausführung den Richtlinien der DIN EN 1992-1-1 entsprechen.

Die kleinste Querschnittsabmessung beträgt bei Ortbetonstützen 20 cm, bei liegend hergestellten Fertigteilstützen mit Vollquerschnitt 12 cm.

Der Mindestdurchmesser der Längsbewehrung (d_{sl}) beträgt 12 mm (landesspezifischer Wert).

Es werden bügelbewehrte und umschnürte Stützen unterschieden.

3.3.1 Bügelbewehrte Stütze

Die **Längsstähle** liegen unter Berücksichtigung der Betondeckung nahe den Außenflächen. Ihr größter Abstand darf 30 cm nicht überschreiten. Bei Stützenquerschnitten mit $b \leq 40$ cm genügt jedoch ein Bewehrungsstab in jeder Ecke.

Für die Verbügelung dürfen nur **geschlossene Bügel** verwendet werden; ihre Haken sind über die ganze Stützenlänge möglichst zu versetzen.

Der Durchmesser ($d_{sbü}$) darf für Einzelbügel, Bügelwendel und Schlaufen nicht weniger als ein Viertel des maximalen Durchmessers der Längsbewehrung betragen, muss jedoch mindestens 6 mm groß sein. Der Achsabstand der Bügel darf nicht größer sein als die kleinste Querschnittsabmessung der Stütze und auch nicht größer als der 12-fache Durchmesser der Längsstähle. Der Stabdurchmesser bei Betonstahlmatten als Bügelbewehrung muss mindestens 5 mm betragen.

Mit Bügel können in jeder Querschnittsecke bis zu fünf Längsstähle gegen Ausknicken gesichert werden. Weitere Längsstähle sind durch Zwischenbügel zu sichern. Sie dürfen höchstens den doppelten Abstand der Hauptbügel haben. Zwischenbügel sind so anzuordnen, dass sie beim Einbringen des Betons wenig hindern.

Am Stützenfuß und am Stützenkopf sind Bügelabstände enger zu wählen, denn dort entstehen die größten Spalt- bzw. Keilkräfte. Bügel sind auch im Bereich des Anschlusses an einen Träger vorzusehen.

> Bügelbewehrte Stützen erhalten mindestens vier Längsstähle, die von Bügeln umschlossen werden. Ihre Haken sind über die Stützenlänge möglichst zu versetzen.

3.3.2 Umschnürte Stütze

Bei Stützen mit kreisförmigem, sechs- oder achteckigem Querschnitt wird anstelle der Bügelbewehrung eine **Ring-** oder **Spiralbewehrung** eingebaut. Durch die Umschnürung der Längsstähle mit Spiralen wird die Tragfähigkeit der Stütze wesentlich erhöht.

Auf den Umfang sind mindestens sechs Längsstähle gleichmäßig zu verteilen. Die Umschnürung kommt nur

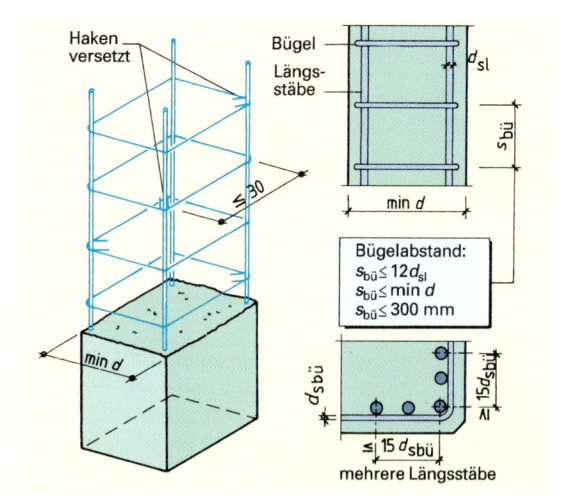

Bügelbewehrte Stütze, Regelmaße

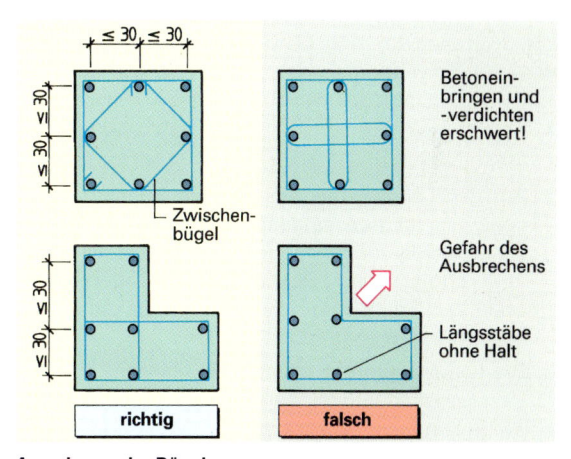

Bügelabstand:
$s_{bü} \leq 12 d_{sl}$
$s_{bü} \leq \min d$
$s_{bü} \leq 300$ mm

Anordnung der Bügel

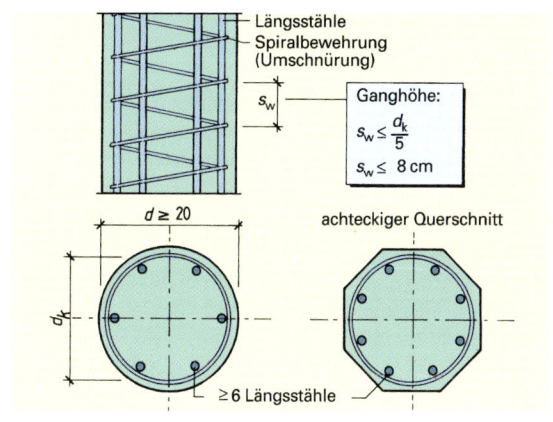

Umschnürte Stützen

Ganghöhe:
$s_w \leq \dfrac{d_k}{5}$
$s_w \leq 8$ cm

dann voll zur Wirkung, wenn die Ganghöhe der Spirale (S_w) 1/5 des Kerndurchmessers (d_k gemessen von Mitte bis Mitte Spirale) und 8 cm nicht überschreitet.

> Umschnürte Stützen erhalten mindestens sechs Längsstähle, die durch eine Ring- oder Spiralbewehrung umschnürt werden.

3 Herstellen einer Stahlbetonstütze — Bewehrungsarbeiten

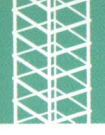

3.3.3 Anschlussbewehrung

Stützen, die über mehrere Geschosse gehen, müssen mit einer **Anschlussbewehrung** ausgeführt werden. Diese ergibt sich durch eine entsprechend vergrößerte Schnittlänge der Längsstähle. Die Bewehrung muss fest an das darunter liegende und evtl. auch darüber liegende Bauteil angeschlossen werden. Die Überlappung beträgt etwa 50…80 cm. Nach DIN EN 1992-1-1 können die Längsstähle auch direkt gestoßen und der Druckstoß durch besondere Verbindungsmittel gesichert werden.

Nimmt der Stützenquerschnitt in einem Bauwerk nach oben hin ab, müssen die Längsstähle am Übergang in das nächste Geschoss **gekröpft** werden, d.h., die Stähle „verjüngen" sich, sie werden um das **Kröpfmaß** ($\geq 2\, d_s$) nach innen abgebogen.

3.3.4 Bewehrungsarbeiten

Die Stützenbewehrung für das Projekt „Jugendtreff" wird als **Bewehrungskorb** vorgefertigt. Bei der Herstellung sind folgende Arbeitsschritte zu beachten:

1. Die Längsstähle einer Stützenseite werden auf Montageböcken aufgelegt.
2. Auf den Längsstählen werden die Bügelabstände angezeichnet und eingehängt. Bügel und Längsstähle werden miteinander verknüpft. Die Verknüpfung erfolgt durch Spannklammern oder Drahtschlaufen. Es ist darauf zu achten, dass die Bügelhaken versetzt angeordnet werden.
3. Die Längsstähle der anderen Stützenseite werden eingeschoben und mit den Bügeln befestigt.
4. An den Bügeln werden die Abstandhalter (meist aus Kunststoff) befestigt und der Bewehrungskorb wird nochmals überprüft.

3.3.5 Betondeckung

Für die Betondeckung der Bewehrung sind nach DIN EN 1992-1-1 **Mindestmaße** vorgesehen. Die Mindestbetondeckung muss eingehalten werden, um die Verbundkräfte sicher zu übertragen, den einbetonierten Stahl vor Korrosion zu schützen und den erforderlichen Feuerwiderstand sicherzustellen. Die **Mindestbetondeckung** (c_{min}) ergibt sich aus den Anforderungen zur Sicherstellung des Verbundes ($c_{min,b}$) und den Anforderungen an die Dauerhaftigkeit des Betonstahls ($c_{min,dur}$), einschließlich eines Sicherheitselementes $\Delta c_{dur,\gamma}$. Zur Sicherstellung des Verbundes darf die Mindestbetondeckung nicht kleiner sein als der Stabdurchmesser (d_{sl}). Die Mindestbetondeckung aus der Dauerhaftigkeitsanforderung, einschließlich eines Sicherheitselementes $\Delta c_{dev,\gamma}$, kann der Tabelle auf Seite 134 entnommen werden. Der Bemessung wird der größere Wert zugrunde gelegt.

Zur Sicherung der **Mindestmaße** c_{min} sind der Ausführung die **Nennmaße** c_{nom} zugrunde zu legen. Die Nennmaße setzen sich aus den Mindestmaßen und einem **Vorhaltemaß** Δc_{dev} zusammen (siehe Seite 134).

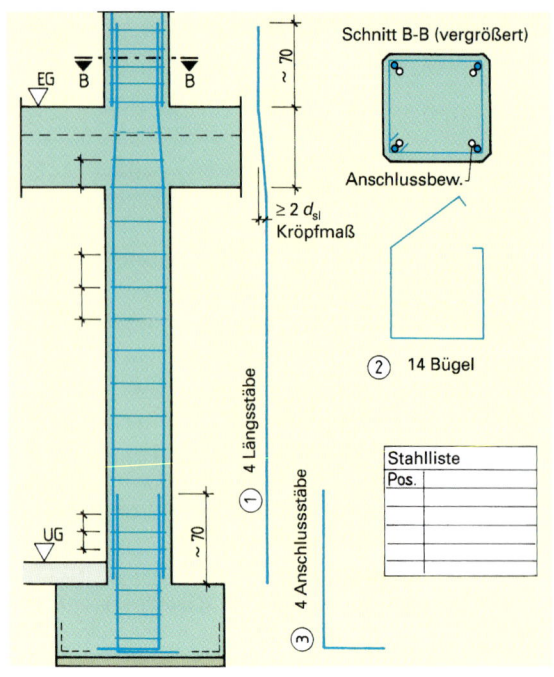

Stützen- und Anschlussbewehrung

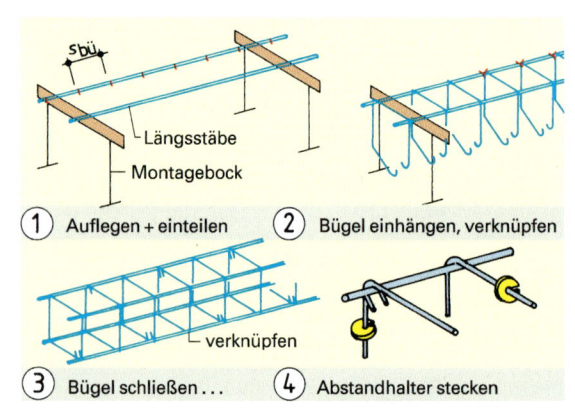

Arbeitsschritte beim Herstellen eines Bügelkorbes

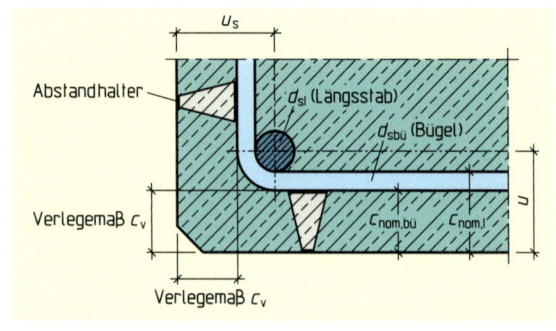

① Auflegen + einteilen ② Bügel einhängen, verknüpfen
③ Bügel schließen… ④ Abstandhalter stecken

Betondeckung

Nennmaß = Mindestmaß + Vorhaltemaß

$$c_{nom} = c_{min}\,[c_{min,b};\; c_{min,dur} + \Delta c_{dur,\gamma}] + \Delta c_{dev}$$

Verlegemaß ≥ Nennmaß, Bügel

$$c_v \geq c_{nom,bü} \geq U_s - \frac{d_{sl}}{2} - d_{sbü}$$

3 Herstellen einer Stahlbetonstütze — Bewehrungsplan

3.3.6 Bewehrungsplan und Stahlliste

Die Bewehrungsarbeiten an den Stützen für das Projekt „Jugendtreff" werden nach einem **Bewehrungs- und Biegeplan** ausgeführt. Im Bewehrungsplan der Stahlbetonstütze werden Ansicht und Schnitt dargestellt und Längsstähle, Anschlussstähle und Bügel eingezeichnet und mit Positionsnummern versehen.

Im Biegeplan werden für die einzelnen Bewehrungen die **Biegeformen** dargestellt. An die Bewehrungsstähle werden Schnittlänge, Teilmaße, Stückzahl, Durchmesser und Positionsnummer geschrieben.

Die Angaben des Stahlauszuges werden in einer **Stahlliste** tabellarisch zusammengefasst, die Einzelmassen und die Gesamtmasse der Stähle rechnerisch bestimmt. Die längenbezogene Masse der Stähle kann Tabellen entnommen werden.

Bei der Ermittlung der Betonstahllängen ist die Betondeckung zu berücksichtigen.

Angaben über Stahlgüte, Stahldurchmesser und Verankerungslänge der Anschlussbewehrung legt der Tragwerksplaner fest.

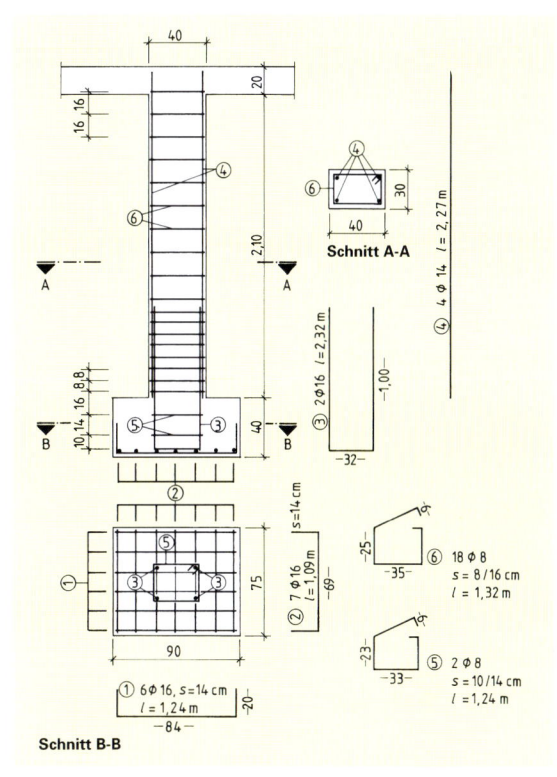

Zusammenfassung

DIN EN 1992-1-1 unterscheidet bügelbewehrte und umschnürte Stahlbetonstützen.

Eine bügelbewehrte Stütze besteht aus mindestens vier Längsstählen und Bügeln im Abstand von $\leq 12\,d_{sl}$ der Längsstähle.

Die Bügel müssen mit geschlossenen Haken über die gesamte Länge versetzt angeordnet werden.

Der Mindestdurchmesser der Bügel richtet sich nach dem Durchmesser der Längsstähle.

An beiden Stützenden kann ein geringerer Bügelabstand gefordert werden als in der Stützenmitte, um die auftretenden Spalt- bzw. Keilkräfte sicher zu übertragen.

Umschnürte Stützen besitzen eine besonders hohe Tragfähigkeit. Sie erhalten mindestens sechs Längsstähle, die durch eine Ring- oder Spiralbewehrung umschnürt sind.

Die Stützenbewehrung muss an das darunter bzw. darüber liegende Bauteil durch eine Anschlussbewehrung fest verbunden werden.

Bügel und Längsstähle sind zu einem festen Bewehrungskorb zu verbinden.

Eine Mindestbetondeckung der Bewehrung muss den Korrosionsschutz und die sichere Verbundwirkung gewährleisten.

Die Betondeckung ist abhängig von der Expositionsklasse und dem Stabdurchmesser der Längsstähle.

Bewehrungsarbeiten werden nach einem Bewehrungs- und Biegeplan ausgeführt.

Die Angaben des Biegeplans werden in einer Stahlliste zusammengefasst und daraus die Einzelmassen und die Gesamtmasse der Stähle errechnet.

Bewehrungsplan **Biegeplan**

Aufgaben:

1. Wie viele Längsstähle müssen mindestens eingebaut werden a) bei einer bügelbewehrten Stütze, b) bei einer umschnürten Stütze?
2. Welchen Abstand dürfen die Längsstähle bei einer bügelbewehrten Stütze nicht überschreiten?
3. Warum dürfen nur geschlossene Bügel verwendet werden?
4. Wie groß ist der Höchstabstand der Bügel, wenn die Längsstähle einen Durchmesser von 16 mm haben?
5. Wann sind Zwischenbügel erforderlich?
6. Warum werden am Stützenfuß bzw. Stützenkopf und im Bereich der Anschlussbewehrung die Bügelabstände enger gewählt?
7. Begründen Sie, warum umschnürte Stützen gegenüber bügelbewehrten Stützen bei gleicher Querschnittsfläche eine höhere Tragfähigkeit aufweisen.
8. Erklären Sie den Begriff „Kröpfmaß".
9. Erläutern Sie die einzelnen Arbeitsschritte bei der Herstellung eines Bewehrungskorbes.
10. Warum müssen die Mindestmaße der Betondeckung durch ein Vorhaltemaß von 1,0 cm bzw. 1,5 cm erhöht werden?
11. Für eine bügelbewehrte Stütze aus C 25/30, Expositionsklasse XC 4, Durchmesser der Längsstähle 20 mm und der Bügel 8 mm ist das Verlegemaß der Betondeckung zu bestimmen.
12. Welche Angaben enthält eine Stahlliste?

3 Herstellen einer Stahlbetonstütze — Bewehrungsführung

3.3.7 Zeichnerische Darstellung

Beispiel:

Am Beispiel des geplanten Projektes „Jugendtreff" soll die Bewehrungsführung für die Stahlbetonstütze im Erdgeschoss einschließlich Fundament dargestellt werden. Der Tragwerksplaner legt folgende Angaben fest:

Längsbewehrung 4 Ø 16 mm mit Anschluss EG 4 Ø 16 mm, etwa 50 cm

Anschlussbewehrung Fundamentstütze 2 Ø 16 mm, 1,0 m hoch

Bügelbewehrung Ø 8 mm:
- im Bereich der Stütze $s_{bü}$ = 16 cm
- am Stützenfuß auf etwa 60 cm $s_{bü}$ = 8 cm
- im Bereich des Fundamentes $s_{bü}$ = 8 cm
- am Stützenkopf auf etwa 50 cm $s_{bü}$ = 8 cm

Fundament kreuzweise bewehrt mit Ø 16 mm, s = 15 cm

Betondeckung:
- Stütze 2,5 cm
- Fundament 3,0 cm

Betonstahlsorte B500B
Betonfestigkeitsklasse C 25/30
Expositionsklasse XC 3

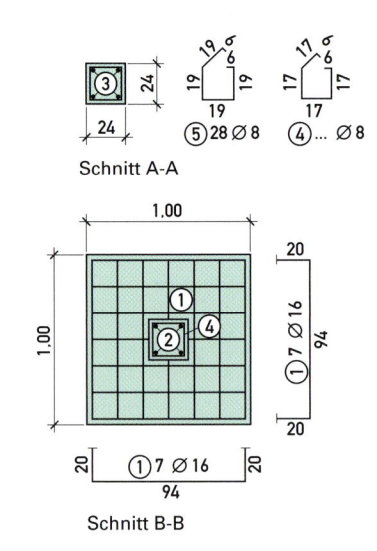

Stützenbewehrung

Biegeplan

Schnitt A-A

Schnitt B-B

Pos.	Stück	Durchmesser in mm	Einzellänge in m	Gesamtlänge in m	
				Ø 8	Ø 16
1	14	16	1,34		18,76
2	2	16	2,18		4,36
3	4	16	3,25		13,00
4	5	8	0,80	5,00	
5	28	8	0,88	24,64	
Gesamtlänge in m				29,64	36,12
längenbezogene Masse in kg/m				0,395	1,578
Masse in kg				11,708	56,997
Gesamtmasse B500B in kg					**68,705**

Stahlliste

3 Herstellen einer Stahlbetonstütze — Aufgaben

Aufgaben:

1. Für die Bewehrung einer Stahlbetonstütze und eines Einzelfundaments sind folgende Stabstähle B500B erforderlich:

Pos.	Anzahl	Durchmesser in mm	Schnittlänge in m
1	2	16	2,15
2	4	16	3,40
3	10	16	0,90
4	22	8	1,00
5	3	8	0,90

   a) Stellen Sie eine Stahlliste auf.
   b) Ermitteln Sie die Gesamtlänge und die Gesamtmasse der Bewehrung.

2. Erstellen Sie die Stahlliste für die abgebildete Stahlbetonstütze.

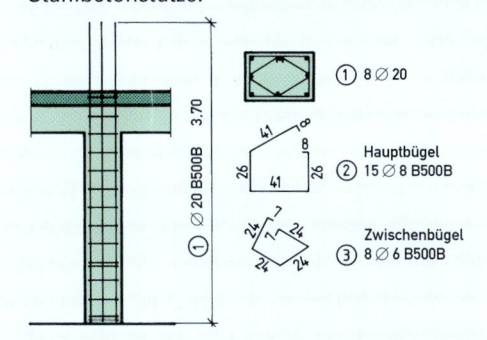

3. a) Zeichnen Sie für die dargestellte Stahlbetonstütze mit Einzelfundament die Bewehrung im Längsschnitt und in den Querschnitten A-A und B-B im Maßstab 1:20 auf ein A3-Zeichenblatt.
   b) Erstellen Sie den Stahlauszug und die Stahlliste.
   Bewehrung Betonstabstahl B500B
   Längsbewehrung 4 Ø 16 mm mit Anschluss EG 4 Ø 16 mm, etwa 60 cm hoch
   Bügelbewehrung Ø 8 mm; $s_{bü}$ = 16 cm mit Abstand UK Fundamentbügel von 8 cm
   Am Stützenfuß auf etwa 60 cm $s_{bü}$ = 8 cm, gleicher Bügelabstand am Stützenkopf auf etwa 50 cm
   Fundamentsohle kreuzweise bewehrt mit Ø 16 cm, s = 15 cm
   Betondeckung 2,5 cm

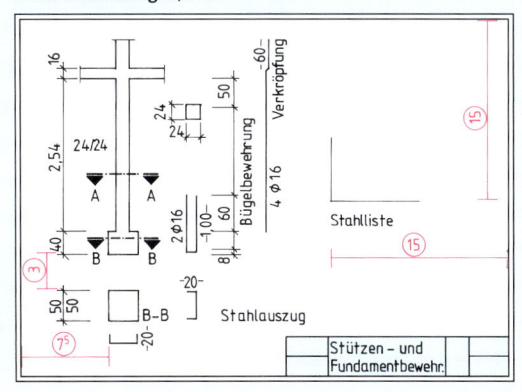

4. Für die dargestellte Stahlbetonstütze (Randstütze) sind auf einem A3-Zeichenblatt (Hochformat) im Maßstab 1:20
   a) der Bewehrungsplan in der Ansicht und im Schnitt und
   b) der Biegeplan zu zeichnen.
   c) Erstellen Sie die Stahlliste.
   Angaben:
   Stütze 30 cm/40 cm,
   Beton C 25/30,
   Expositionsklasse XC 4,
   Betonstabstahl B500B,
   Längsbewehrung 4 Ø 20 mm, davon 2 Ø 20 mm abgewinkelt,
   Schenkellänge 1,30 m, Bügel Ø 8 mm,
   Bügelabstände sind nach den Bewehrungsrichtlinien festzulegen.
   Übergreifungslänge (Fundament – Stütze) für die Anschlussbewehrung l_o = 70 cm
   Betondeckung 3 cm

5. a) Zeichnen Sie für die dargestellte Stahlbetonstütze mit Einzelfundament die Bewehrung im Längsschnitt und in den Querschnitten A-A und B-B im Maßstab 1:20 auf ein A3-Zeichenblatt (Hochformat).
   b) Erstellen Sie den Biegeplan und die Stahlliste. Fehlende Maße sind zu ermitteln.
   Betontechnische Angaben: Betonfestigkeitsklasse C 25/30, Expositionsklasse XC 2, Bewehrung Betonstabstahl B500B, Betondeckung: Stütze 2,5 cm, Fundament 3,0 cm

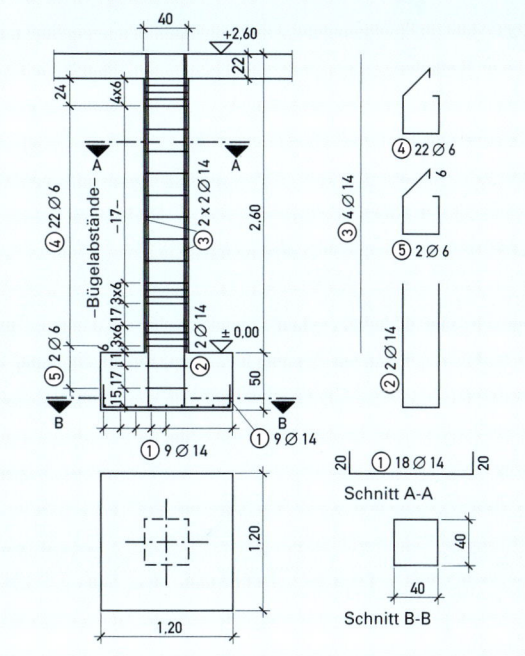

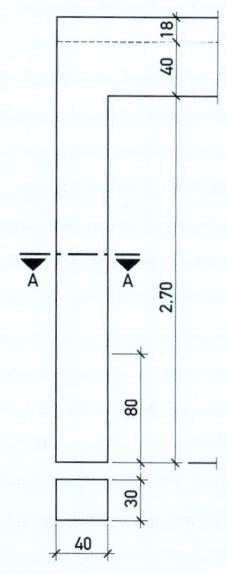

3 Herstellen einer Stahlbetonstütze — Fundament

3.4 Stützenfundament

3.4.1 Bewehrung

Stützenfundamente haben in der Regel quadratische oder rechteckige Form. Sie werden auf Biegung und Schub beansprucht und erhalten deshalb eine Bewehrung. Die Fundamentdicke ist in erster Linie von der Schubspannung abhängig. Die Dicke ist so zu wählen, dass keine Gefahr des Durchstanzens infolge der Stützenlast besteht und keine Schubbewehrung erforderlich wird.

Die **Tragbewehrung** wird in zwei rechtwinklig zueinander verlaufenden Richtungen angeordnet (in Längs- wie auch in Querrichtung) und muss über die gesamte Länge des Fundamentes reichen. Sie wird im Bereich des Stützenquerschnittes konzentriert eingebaut, um ein Durchstanzen zu verhindern. Einzelstäbe werden am Ende mit Winkelhaken im Beton verankert.

Bei großen Stützenlasten ist eine **Ringbewehrung** erforderlich. Sie umschließt die Fundamentplatte und verhindert dadurch ein Abdrücken der Winkelhaken.

Der Anschluss der Stützenbewehrung an die Fundamentbewehrung erfolgt durch eine Anschlussbewehrung, die auch im Bereich des Fundamentes verbügelt wird.

Der Baugrund wird vor dem Bewehren des Fundamentes mit einer mindestens 5 cm dicken Sauberkeitsschicht abgedeckt. So ergibt sich beim Verlegen der Bewehrung eine saubere Unterlage.

> Einzelfundamente sind erforderlich, wenn hohe Lasten aus Stützen auf den Baugrund übertragen werden. Die Bewehrung übernimmt die auftretenden Biegezug- und Schubspannungen. Sie muss sowohl in Längs- als auch in Querrichtung angeordnet werden.

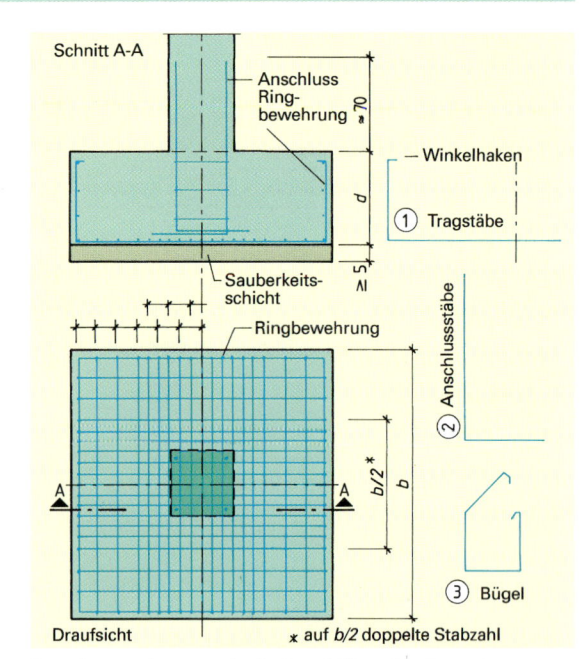

3.4.2 Köcherfundamente

Stützenfundamente werden häufig als Blockfundamente mit ausgespartem **Köcher** ausgebildet. Für die Köcheraussparung wird ein gewelltes Vierkantrohr als verlorene Schalung eingebaut. Die Stützenfüße sind im Bereich der Köchereinspannung profiliert und besitzen somit eine Verzahnung mit dem Fundamentblock. Die Stützenkräfte werden über die Verzahnung an das Fundament weitergeleitet.

Die Tiefe des Köchers ist bei eingespannten Stützen von den statischen Erfordernissen abhängig. Gelenkig gelagerte Stützen erfordern nur zur einfacheren Montage einen Köcher. Bei der Montage werden die Stützen in den Köcher gestellt, ausgerichtet, verkeilt und mit Beton vergossen. Damit der Vergussbeton gut verdichtet werden kann, sind Mindestabstände zwischen Stütze und Köcher einzuhalten, oben mind. 10 cm, unten mind. 5 cm.

Eingebaute Zentrierhilfen (Stahlplatten) erleichtern die Montage.

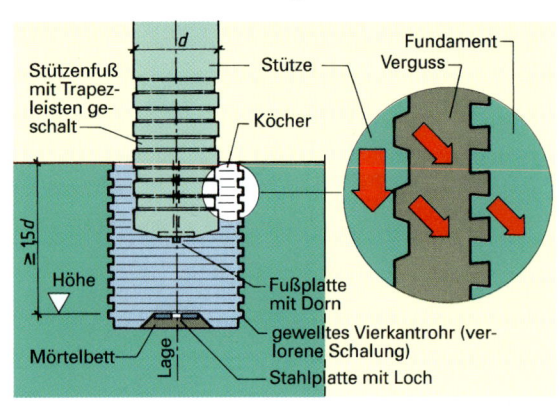

Bewehrung eines quadratischen Stützenfundaments

Stützenfundament mit Schalungsköcher

Köcherfundament

> Beim Blockfundament wird die Stütze in einen entsprechend geformten Köcher gestellt, ausgerichtet, verkeilt und einbetoniert. Zur besseren Haftung des Vergussbetons sind die Oberfläche des Vierkantrohrs und des Stützenfußes wellenartig profiliert.

3 Herstellen einer Stahlbetonstütze — Schalung

3.4.3 Fundamentschalung

Bei Einzelfundamenten besteht die Schalhaut aus Schaltafeln oder Sperrholz-Schalungsplatten. Die Abstützung erfolgt durch Kanthölzer, Gurthölzer und Fundamentzargen. Bei größeren Fundamenten wird der Betondruck durch Verspannung der gegenüberliegenden Seiten aufgenommen.

Zur Einschalung der Stützenfundamente werden häufig **Systemschalungen** eingesetzt. Zugrunde liegen Rasterelemente, die in verschiedenen Breiten und Höhen lieferbar sind. Die Teile können in Handmontage, also kranunabhängig, zusammengebaut werden.

3.5 Stützenschalung

3.5.1 Systemlose Stützenschalung

Systemlose Stützenschalungen werden einzeln gefertigt. Bevorzugt wird hierfür Holz als Schalmaterial. Aus einzelnen Brettern werden jeweils zwei gleiche Seitenteile, auch Schilder genannt, gefertigt. Dabei entspricht die Breite der inneren Schilder dem Stützenmaß, die der äußeren Schilder muss um das Maß der doppelten Schalhautdicke vergrößert werden. Die einzelnen Bretter werden durch Laschen zusammengehalten. Sie werden in jeweils gleicher Höhe angebracht. Am Stützenfuß, wo der Druck des Frischbetons am größten ist, wird in einem Abstand von 25…30 cm begonnen. Nach oben hin können die Abstände größer werden, da der Schalungsdruck abnimmt.

Die Schilder werden durch Säulenzwingen zusammengehalten; sie können auf oder unmittelbar über den Laschen sitzen.

Bei Stützen mit großen Querschnitten werden Zwingen aus Kanthölzern verwendet, die durch Spannstangen zusammengehalten werden.

Wenn Stützen zusammen mit Trägern geschalt werden, ist darauf zu achten, dass die Stützenschalung gegen die Trägerschalung stößt, d.h., der Trägerboden wird auf die Stützentafeln aufgelegt.

3.5.2 Systemschalungen für Stützen

Schalungen für eckige Querschnitte

Systemschalungen für Stützen kommen in zwei Ausführungen vor:

1. Schalhaut und Unterstützung bilden ein Element. Es besteht aus einem Stahl- oder Aluminiumrahmen mit eingebauter Schalhaut aus Sperrholz-Schalungsplatten. Solche Elemente, auch **Rasterelemente** genannt, können auf- und nebeneinander gestellt und durch entsprechend eingebaute Vorrichtungen schnell und sicher miteinander verriegelt werden. Die geringe Einzelmasse der Elemente erlauben die Montage und Demontage von Hand.

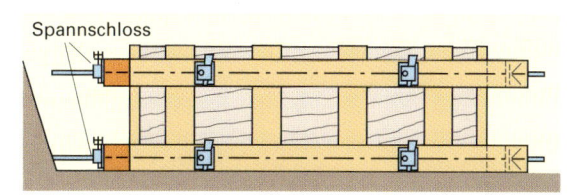

Fundamentschalung mit Verspannung

Stützenfundament aus Rasterelementen

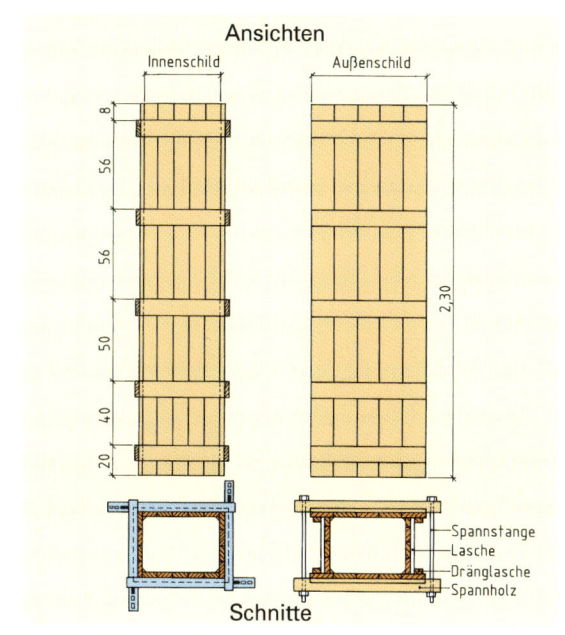

Stützenschalung aus Holz   Spannstangen für schwere Stützen

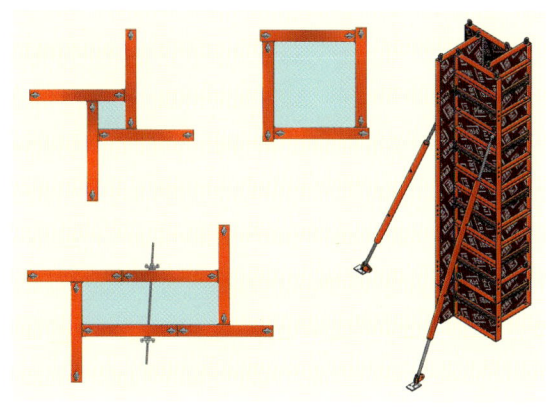

Stützenschalung mit Rasterelementen

3 Herstellen einer Stahlbetonstütze — Systemschalungen

2. Schalhaut und Unterstützung sind getrennt. Solche Schalungen werden als **Trägerschalungen** bezeichnet. Unterstützt wird die Schalhaut z. B. durch senkrecht gestellte Holzgitterträger, die durch besonders ausgebildete Stahlwandriegel zusammengehalten werden.

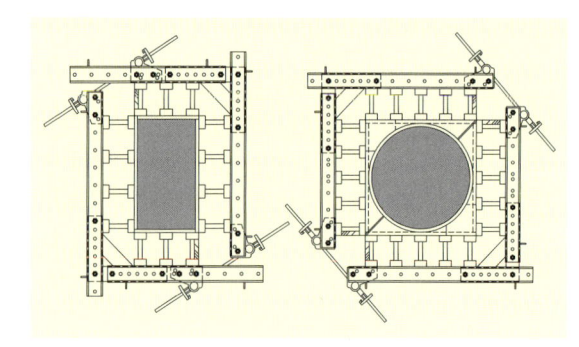

Schalungen für runde Querschnitte

Schalungen für Stützen mit kreisförmigem Querschnitt werden aus Gründen der Wirtschaftlichkeit nicht mehr aus Holz hergestellt. Eine Möglichkeit zur Einschalung von zylindrischen Stützen bietet die Verwendung von Rundstützenschalungen aus Stahl und aus Aluminiumprofilen.

Schalungen aus Aluminium werden aus Profilen gefertigt. Sie sind so geformt, dass sie sich durch übergeschobene Klemmleisten verketten lassen.

Stahlschalungen werden häufig als Halbschalelemente mit Steck-Drehbolzen verbunden. Sie werden in unterschiedlichen Höhen mit 0,50 m, 1,00 m und 3,00 m geliefert. Es können Stützen von 30…60 cm eingeschalt werden. Durch eingebaute Zentrierhilfen ist versatzfreies Aufstocken möglich und es können passgenaue Fugen erzielt werden. Eine Schalhautüberlappung an den Säulenhälften sorgt für dichte Stöße, sie verhindern das Ausbluten des Betons.

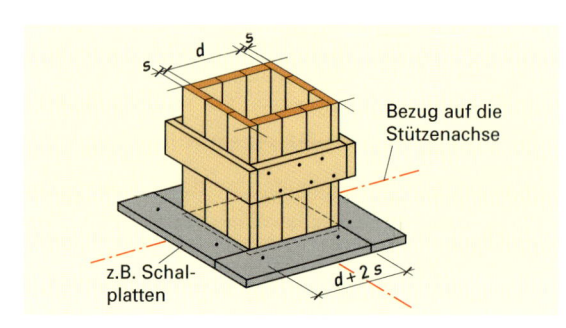

Trägerschalung für rechteckige und runde Stützen

Einmessen der Stützenschalung auf der Decke

3.5.3 Einmessen und Absichern der Schalung

Die Lage der Stütze wird am Boden mithilfe von Brettern festgelegt. Die Anordnung der Bretter wird als **Fußkranz** bezeichnet. Innerhalb des Fußkranzes werden die Schilder bzw. Schalelemente eingebaut. Die Bretter des Fußkranzes dienen bei systemlosen Schalungen gleichzeitig als Drängbretter. Sie müssen um die Schalhautdicke „s" zurückgesetzt befestigt werden.

Ist die Schalung aufgerichtet, muss sie mit Lot oder Wasserwaage senkrecht gestellt und in ihrer Lage gesichert werden. Systemstützenschalungen müssen in jeder Bauphase standsicher aufgestellt werden. Dies erfolgt durch justierbare, dreieckförmige **Abstellstützen**, die unten fest auf der Betondecke bzw. auf dem Boden und oben an der Schalung verankert werden.

Zum Aufstellen und Einrichten müssen pro Stützenschalungshälfte mindestens zwei Abstellstützen befestigt werden. Zum Umsetzen mit dem Kran wird bei großen Stützenschalungen ein Krangehänge mit Traverse verwendet.

Zum Betonieren werden auf der Stützenschalung vorgefertigte **Arbeitsbühnen** montiert, die ein sicheres Arbeiten ermöglichen.

Auch beim Schalungsbau müssen die UVV der Berufsgenossenschaft der Bauwirtschaft beachtet werden.

Stahlschalungen als Halbschalelemente mit Abstützungen und Arbeitsbühne

> Mit Systemschalungen lassen sich alle möglichen Stützenquerschnitte einfach, sicher und schnell schalen.
>
> Stützenschalungen müssen in ihrer Lage durch Abstellstützen gesichert und ausgerichtet werden.

3 Herstellen einer Stahlbetonstütze — Schalungsplan

3.5.4 Schalungsplan und Materialliste

Die Schalungsarbeiten für die Stahlbetonstützen beim Projekt „Jugendtreff" werden nach Schalungsplänen und Materiallisten ausgeführt.

Wird eine systemlose Schalung (Holzschalung) eingesetzt, so wird anhand des Schalungsplanes eine Materialliste erstellt, in die tabellarisch für die einzelnen Schalungsteile, Stückzahl, Querschnittsabmessungen, Längen, Netto- und Bruttomengen eingetragen werden.

Die Nettomengen werden nach den Maßangaben der Schalungspläne ermittelt, die Bruttomengen berücksichtigen einen Verschnittzuschlag von 10…20 %.

Bei Systemschalungen werden Schalungspläne und Materiallisten nur noch über PC-Programme ermittelt. So wird z.B. der Grundriss unseres Jugendtreffs in den Computer eingegeben, der Rechner ermittelt dann eine Schalungsplanung mit sämtlichen Angaben.

Beispiel:

Zeichnen Sie für das Projekt „Jugendtreff" für die Stahlbetonstütze im EG und für das zugehörige Einzelfundament die Schalungskonstruktion und erstellen Sie für die Schalungsteile der Stütze eine Holzliste.

Verwendet werden für die Schalhaut 2,4 cm dicke und 14,4 cm und 12,0 cm breite und für die Laschen 2,4 cm dicke, 10 cm breite sägeraue Bretter. Der Verschnittzuschlag beträgt 15 %.

Lösung:

Die Länge der Schalbretter ist gleich der Stützenhöhe (OK Fundament bis UK Decke EG = 2,96 m).

Die Länge der Laschen für die Innen- und Außenschilde berechnet sich wie folgt:

$l = 24 \text{ cm} + 2 \cdot 2{,}4 \text{ cm} = \underline{28{,}8 \text{ cm}}$

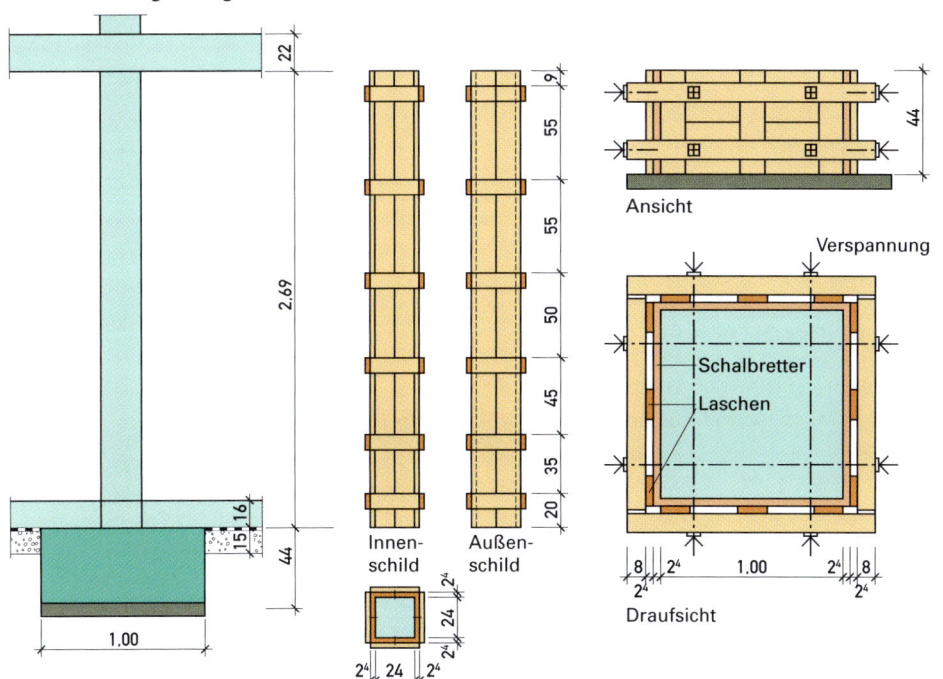

Stützenschalung

Fundamentschalung

Nr.	Bezeichnung	Stück	Querschnitt in cm	Länge in m einzeln	Länge in m zus.	Nettomenge in m²	Bruttomenge in m²
1	Bretter für 2 Innenschilde	4	2,4/12	2,69	10,76	1,29	1,48
2	Bretter für 2 Außenschilde	4	2,4/14,4	2,69	10,76	1,55	1,78
3	Laschen für 2 Innenschilde	6	2,4/10	0,288	1,73	0,173	0,199
4	Laschen für 2 Außenschilde	6	2,4/10	0,288	1,73	0,173	0,199
					Gesamt	3,186	3,658

Holzliste

3 Herstellen einer Stahlbetonstütze — Aufgaben

Aufgaben:

1. Mit geringstem Verschnitt sollen aus 6 Brettern mit 3,50 m Länge und aus 4 Brettern mit 4,50 m Länge folgende Bretter geschnitten werden:
   2 × 0,80 m; 0,84 m; 0,95 m; 2 × 1,00 m; 1,24 m; 1,36 m; 1,50 m; 1,76 m; 1,82 m; 1,88 m; 1,90 m; 2,04 m; 2 × 2,12 m; 2,20 m; 2,32 m; 2,60 m; 2,96 m; 3,00 m.
   a) Wie viele Bretter werden gebraucht?
   b) Wie groß ist der Verschnitt (in Metern)?
   c) Wie viele Bretter müssen nachgekauft werden, wenn die vorhandenen Bretter nicht ausreichen?

2. Auf einer Baustelle wurden 126 m² Schalungsbretter verarbeitet. Die geschalte Fläche betrug 109 m². Berechnen Sie den Verschnittzuschlag.

3. a) Berechnen Sie für die dargestellte Stütze mit Pilzkopf die zu schalende Fläche in m².
   b) Der obere und untere Teil des Pilzkopfes wird mit schmalen, konisch zulaufenden Holzleisten geschalt. Berechnen Sie die Anzahl der Holzleisten, wenn ihre mittlere Breite 4 cm misst.

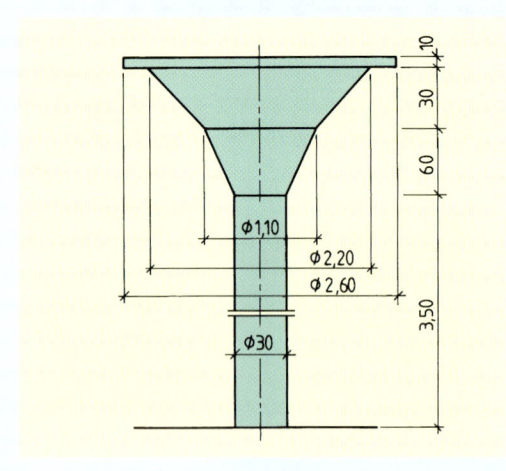

4. Die im Schnitt dargestellte Stahlbetonstütze hat eine Höhe von 3,80 m. Ihre Schalhaut besteht aus 5 cm breiten und 2,5 cm dicken Holzleisten. Ermitteln Sie
   a) den Bedarf an Schalungsleisten in m² und Stück,
   b) die Bruttomenge bei einem Verschnittzuschlag von 20 %.

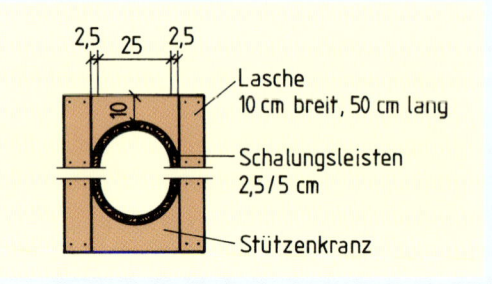

5. Beim Projekt „Jugendtreff" ist für die Stahlbetonstütze im Obergeschoss die Schalungskonstruktion auf ein A3-Zeichenblatt im Querformat darzustellen. Die Maße sind den Zeichnungen auf den Seiten 4…12 zu entnehmen. Die Abmessungen der Schalungsteile sind selbst festzulegen. Die wichtigsten Konstruktionsabstände, die Art der Verspannung und die Bezeichnungen der Konstruktionshölzer sind anzugeben.
   a) Zeichnen Sie im Maßstab 1:10 in der Ansicht Innen- und Außenschild und den Querschnitt durch die Stützenschalung.
   b) Ermitteln Sie anhand einer Holzliste den Bedarf an Schalungsteilen (Bretter und Laschen, Verschnittzuschlag 18 %).

6. Zeichnen Sie für ein Einzelfundament mit den Abmessungen 90/75 cm, Höhe 40 cm die Schalungskonstruktion in der Vorder- und Draufsicht im Maßstab 1:10 auf ein A4-Zeichenblatt.
   Die Justierung der Schalung erfolgt durch einen Brettkranz, die Verspannung durch Spannschlösser mit Abstandshaltern.

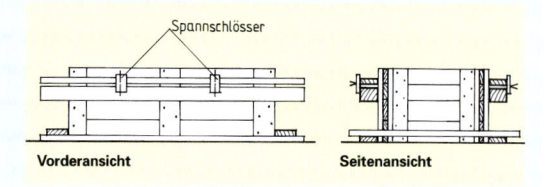

7. Für die in der Vorlage dargestellte Stütze mit Fundament ist die Schalung zu zeichnen (A3-Zeichenblatt).
   Angaben:
   Fundament 50/50/40 cm, Stütze 24/24 cm, Stockwerkshöhe 2,54 m, Deckendicke 16 cm
   a) Zeichnen Sie im Maßstab 1:20 Ansicht und Draufsicht.
   b) Zeichnen Sie im Maßstab 1:10 die Schalungskonstruktion für das Einzelfundament in der Draufsicht, Vorder- und Seitenansicht.
   c) Zeichnen Sie im Maßstab 1:10 für die Stahlbetonstütze das Innenschild in der Ansicht und den Schnitt A-A durch die Schalungskonstruktion.

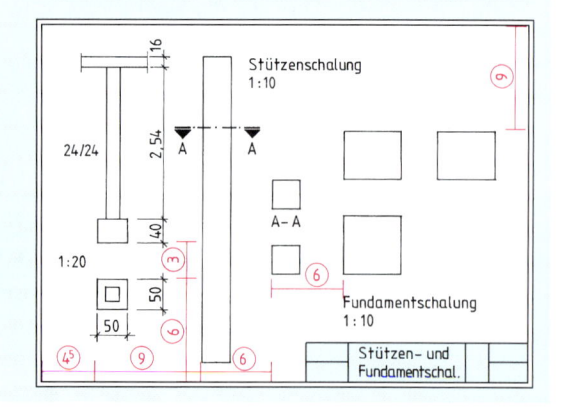

3 Herstellen einer Stahlbetonstütze — Aufgaben

8. Beschreiben Sie den Aufbau der abgebildeten Fundamentschalung.

9. Für die dargestellte Stahlbetonstütze ist nach dem Schalungsplan die Holzliste zu erstellen.
   Verwendet werden für die Schalhaut sägeraue Bretter, 24 mm dick und 10 cm bzw. 12,4 cm breit. Der Verschnittzuschlag beträgt 20 %.

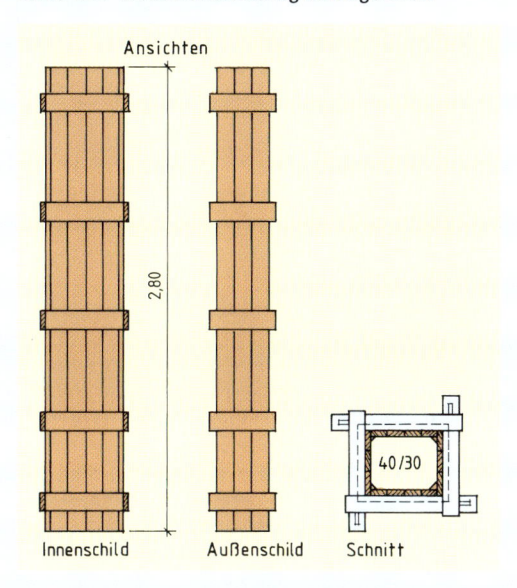

10. Eine Stahlbetonstütze hat die Querschnittsform eines regelmäßigen Sechsecks; eine Seite misst 23 cm, die Höhe 3,35 m. Berechnen Sie die Schalfläche in m².

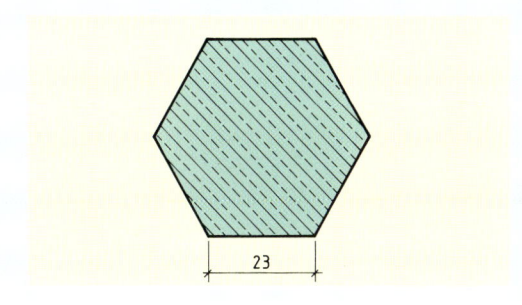

11. Die dargestellte Stütze soll in Stahlbeton C 35/45 hergestellt werden.
    Für das Fundament wird unbewehrter Standardbeton verwendet.
    Berechnen Sie
    a) die Schalfläche für den Stützenschaft in m²,
    b) die Schalfläche für den Stützenkopf in m²,
    c) die Schalfläche für das Fundament in m²,
    d) den Gesamtbedarf an Schalfläche in m² bei einem Verschnittzuschlag von 15 %.

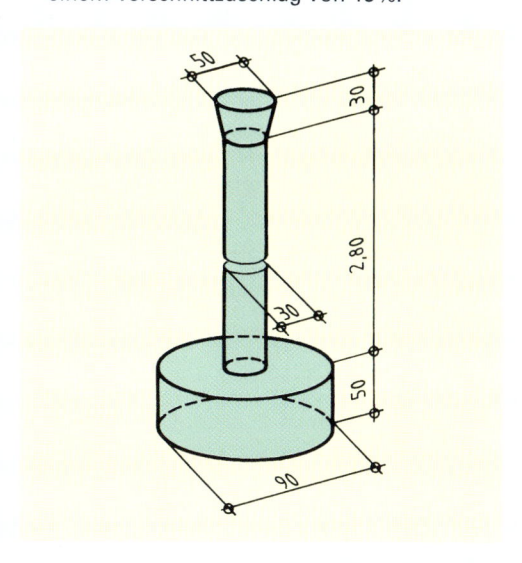

12. Zeichnen Sie für die Stahlbetonstütze mit Konsole im Maßstab 1:20 auf ein Zeichenblatt A3 im Querformat:
    a) Schalungskonstruktion in Draufsicht, Vorderansicht und Schnitt A–A,
    b) Stützenbewehrung in Längsschnitt A–A mit Schnitten B–B und C–C und Stahlauszug.

    Bewehrung:

    Längsbewehrung ⌀ 16 mm
    Bügelbewehrung ⌀ 8 mm mit $s_{bü}$ = 16 cm
    Konsole 2 ⌀ 14 mm und 1 Bügel ⌀ 8 mm
    Betondeckung 2,5 cm

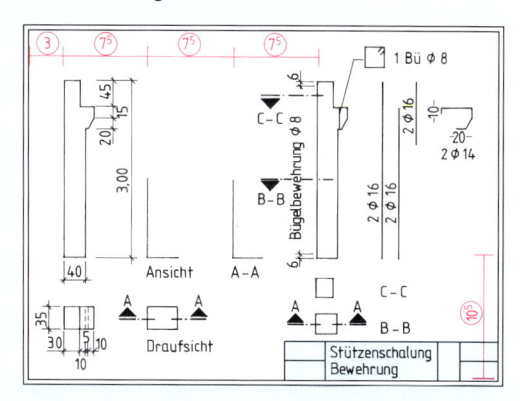

3 Herstellen einer Stahlbetonstütze — Betonieren

3.6 Betonieren einer Stütze

Beim Einbringen darf sich der Beton **nicht entmischen**. Deshalb sollte der Beton nicht mehr als 1 m frei fallen. Dies wird erreicht, wenn bewegliche Pumpenschläuche, Fallrohre, Falltrichter o. ä. eingesetzt werden. Es darf nicht zu schnell betoniert werden (Betoniergeschwindigkeit etwa 2 m/h), da sich sonst wegen des Setzens des Betons besonders an Bügelecken Hohlräume bilden. Der Beton ist in Schüttlagen von 50 cm einzubringen und mit **Innenrüttlern** oder **Schalungsrüttlern** zu verdichten. Damit durch die Stöße kein Zementleim abfließen kann, werden in die Ecken der Schalung Dreikantleisten aus Holz oder Kunststoff eingelegt. Gleichzeitig werden damit scharfe Betonkanten gebrochen. Bei scharfkantigen Stützen werden in die Eckstöße Schaumstoffstreifen eingelegt.

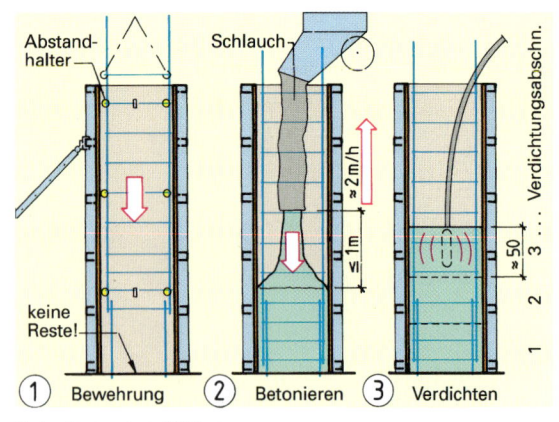

3.7 Ausschalen und Nachbehandeln

Stützen dürfen erst dann ausgeschalt werden, wenn der Beton ausreichend erhärtet ist. Der Beton muss dann alle zum Zeitpunkt des Ausschalens auftretenden Lasten aufnehmen können. Die Ausschalfristen hängen vorwiegend von der verwendeten Zementfestigkeitsklasse und den Witterungsbedingungen ab. Die Ausschalfristen können sich durch eine Betontemperatur beim Erhärten unter 10 °C und durch Frosteinbruch verlängern.

Beton ist in den oberflächennahen Bereichen solange gegen schädliche Einflüsse, z. B. Austrocknen und starkes Abkühlen, zu schützen (beispielsweise durch Belassen in der Schalung), bis eine ausreichende Festigkeit erreicht ist. Die Dauer der Nachbehandlung richtet sich nach der Expositionsklasse, der Oberflächentemperatur und der Festigkeitsentwicklung des Betons.

Betonieren einer Stütze

Thermomatten schützen Stützen vor übermäßigem Wasserverlust und Abkühlung

Zusammenfassung

Stützenfundamente erhalten infolge Biegebeanspruchung eine Tragbewehrung.

Bei Stützenschalungen aus Holz wird der Druck des Frischbetons durch Säulenzwingen oder Spannstangen aufgenommen.

Systemschalungen für eckige Querschnitte werden aus Träger- oder Rahmenschalungen hergestellt.

Für runde Stützen werden vorwiegend Ganzstahlschalungen eingesetzt.

Zum Abstützen und Ausrichten von Stützenschalungen werden dreieckförmige Abstellstützen verwendet.

Beim Einbringen des Betons sind zu große Fallhöhen zu vermeiden. Sonst besteht die Gefahr der Entmischung.

Durch Nachbehandlung soll der junge Beton vor vorzeitigem Austrocknen und vor Temperaturschwankungen geschützt werden.

Aufgaben:

1. Warum werden Stützenfundamente kreuzweise bewehrt?
2. Skizzieren Sie im Maßstab 1:10 den Querschnitt einer Stützenschalung aus Holz, wenn die Stahlbetonstütze die Abmessungen 30 cm × 45 cm hat.
3. Warum muss bei einer Stützenschalung aus Holz der Abstand der Zwingen am unteren Ende kleiner als am oberen Ende sein?
4. Welche Konstruktionsprinzipien gibt es für Systemschalungen bei eckigen Querschnitten?
5. Erklären Sie den Aufbau einer Trägerschalung für runde Stützen.
6. Erklären Sie den Aufbau eines Köcherfundamentes.
7. Welche Möglichkeiten gibt es, um Beton in die Stützenschalung einzubringen?
8. Die Stahlbetonstütze in EG des Jugendtreffs soll ausgeschalt werden. Von welchen Faktoren hängt die Ausschalfrist ab?
9. Was versteht man unter Nachbehandlung?
10. Durch welche Maßnahmen wird der Beton gegen vorzeitiges Austrocknen geschützt?
11. Warum darf die Temperatur des Frischbetons beim Einbringen nicht unter +5 °C liegen?

Kapitel 4:
Herstellen einer Kelleraußenwand

Kapitel 4 vermittelt die Kenntnisse des Lernfeldes 8 für Beton- und Stahlbetonbauer/-innen.

Stahlbetonwände müssen vertikale und horizontale Lasten abtragen, Räume umschließen und Anforderungen an den Wärmeschutz erfüllen.

Nach dem Betonieren der Fundamente und der Bodenplatte werden die Kelleraußenwände des Projektes „Jugendtreff" hergestellt. Werden diese in Ortbeton ausgeführt, müssen die Baufachkräfte über Kenntnisse von Wandschalungen, Bewehrungs- und Betonarbeiten verfügen. Alternativen sind Hohlwandelemente mit einem Kern aus Ortbeton oder massive Fertigteile. Auch Schalungssteine eignen sich für Kelleraußenwände von kleineren Bauwerken. Wirtschaftliche Gesichtspunkte bestimmen neben den technischen Anforderungen die Wahl der Ausführung.

Wird das Gebäude im Grundwasserbereich erstellt, sind besondere Anforderungen an die Abdichtung des Kellergeschosses zu erfüllen.

Für eine beeindruckende Oberflächengestaltung von Sichtbetonwänden sind vertiefte Kenntnisse der Schaltechnik und Betontechnologie wichtig.

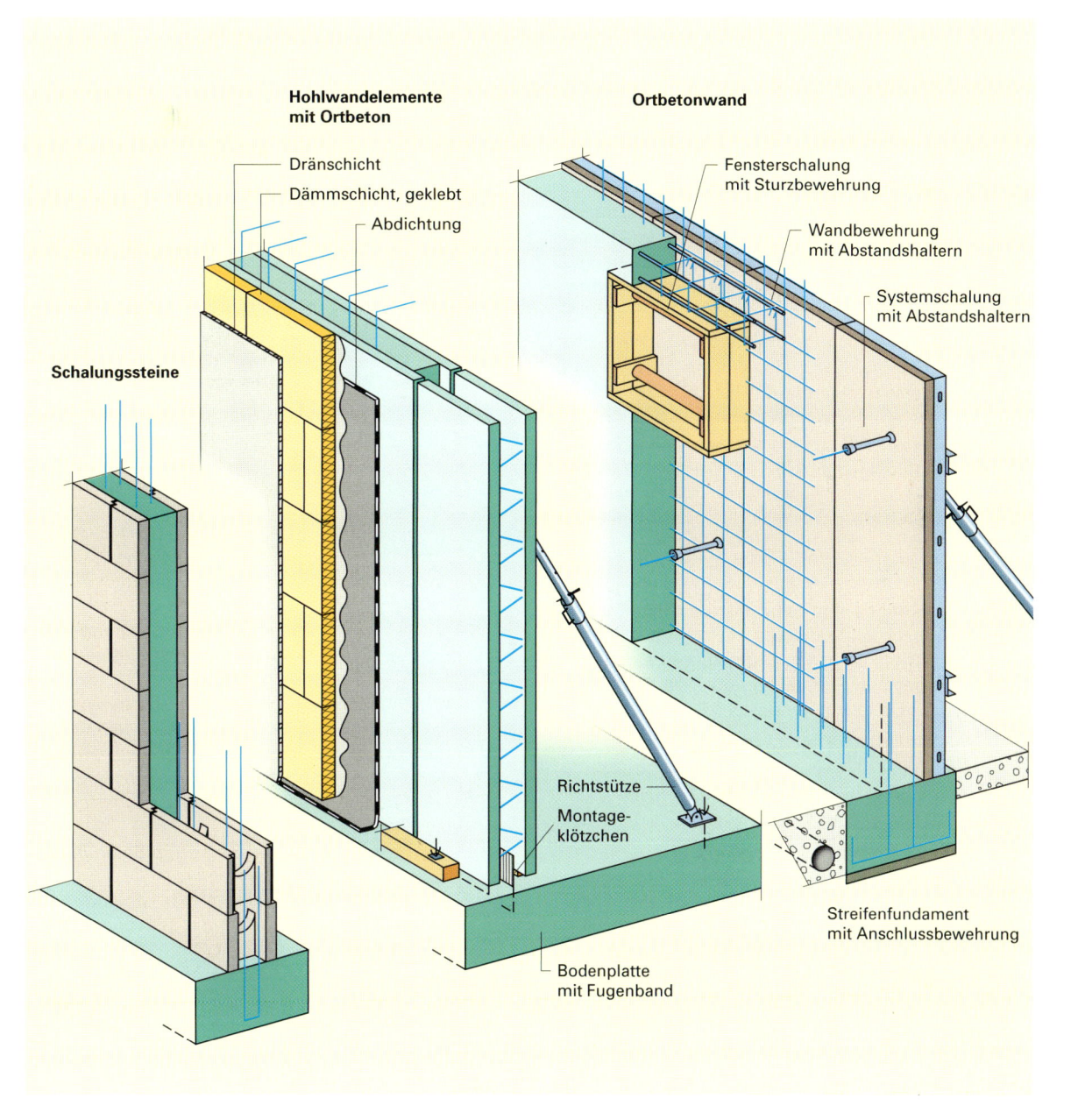

4 Herstellen einer Kelleraußenwand — Wandarten

4.1 Wandarten

4.1.1 Belastung von Wänden

Wände aus Stahlbeton sind **scheibenartige Bauteile** mit den Aufgaben, Räume zu umschließen, Räume zu trennen und Kräfte abzuleiten.

Werden vertikale Lasten durch ständige Einwirkungen (z. B. Eigenlast) oder veränderliche Einwirkungen (z. B. Nutzlasten, Schneelast) durch Wände abgetragen, wirken die Kräfte in Richtung ihrer Fläche. Durch horizontale Belastungen (z. B. Erddruck, hydrostatischer Druck) werden Wände senkrecht zu ihrer Fläche beansprucht.

4.1.2 Bezeichnung von Wänden

Tragende Wände

Tragende Wände nehmen lotrechte Lasten, z. B. Deckenlasten, und waagerechte Lasten, z. B. Erddruck, auf.

Nach DIN EN 1992-1-1 unterscheiden sich Stützen und Wände durch das Verhältnis ihrer Abmessungen.

Bei Stützen beträgt die größere Querschnittsabmessung höchstens das Vierfache der kleineren Abmessung. Als Wände werden Bauteile bezeichnet, bei denen die größere Querschnittsabmessung das Vierfache der kleineren übersteigt.

Die Wanddicken tragender Betonwände richten sich nach der Standsicherheit, dem Wärme-, Schall- und Brandschutz sowie nach den in DIN EN 1992-1-1 vorgeschriebenen Mindestwanddicken.

Der Nachweis der Standsicherheit ist im Allgemeinen Aufgabe des Bauingenieurs.

Aussteifende Wände

Sie werden zur Knickaussteifung tragender Wände eingebaut; auch andere tragende Wände dienen dazu.

Aussteifende Wände sind mit den tragenden Wänden gleichzeitig hochzuführen oder durch Anschlussbewehrung kraftschlüssig mit ihnen zu verbinden. Sie müssen mindestens eine Länge von $\frac{1}{5}$ der Geschosshöhe und eine Dicke von mindestens 8 cm haben.

Nichttragende Wände

Sie werden meist nur durch ihre Eigenlast beansprucht. Nichttragende Wände werden selten aus Stahlbeton hergestellt.

Kelleraußenwände sind scheibenartige Bauteile, die sowohl in ihrer Fläche auf Druck als auch senkrecht zu ihrer Fläche, z. B. durch Erddruck, beansprucht werden.

Es werden **tragende Wände** zur Aufnahme von Lasten, **aussteifende Wände** zur Knickaussteifung tragender Wände und **nicht tragende Wände** unterschieden.

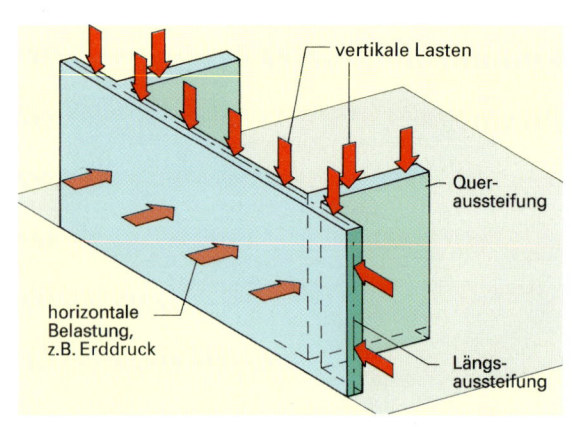

Wanscheibe mit zusätzlicher Belastung quer zur Wandfläche

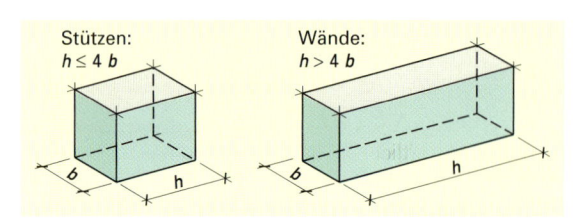

Stützen: $h \leq 4\,b$
Wände: $h > 4\,b$

Unterscheidung Wände und Stützen nach DIN EN 1992-1-1

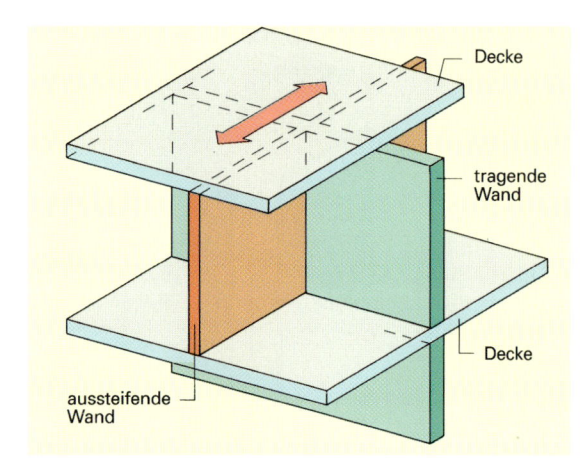

Tragende und aussteifende Wände

Aufgaben:

1. Welche vertikalen Belastungen aus den darüberliegenden Geschossen müssen die Kelleraußenwände des „Jugendtreffs" aufnehmen?
2. Nach welchen Gesichtspunkten wird die Dicke einer Stahlbetonwand festgelegt?

4.2 Wände in Ortbeton

Die Kelleraußenwände des Projektes „Jugendtreff" müssen sowohl für die Abtragung vertikaler als auch horizontaler Lasten konstruiert werden. Die Herstellung aus Ortbeton erfordert umfangreiche fachliche Kompetenzen des Beton- und Stahlbetonbauers. Seine Kenntnisse und Fertigkeiten gewährleisten eine mängelfreie Ausführung.

4 Herstellen einer Kelleraußenwand — Schalungen

4.2.1 Wandschalungen

Die **Schalungstechnik** ist heutzutage wegen der hohen Lohnkosten zu einem Spezialgebiet in der Arbeitsplanung und Bauausführung geworden. Die Herstellerfirmen stellen aufgrund vorgegebener Schalpläne mit PC-Programmen erstellte Ausführungspläne für die von ihnen angebotenen Schalungen auf Wunsch zur Verfügung.

Die folgenden technischen und wirtschaftlichen Gesichtspunkte beeinflussen die Wahl der einzusetzenden Schalung maßgeblich:

- Maßgenauigkeit,
- Oberflächenstruktur,
- Arbeitsaufwand,
- Lebensdauer,
- Wiederverwendbarkeit,
- Einsatzhäufigkeit,
- Wartungsaufwand.

Um die Kelleraußenwände des Projektes „Jugendtreff" wirtschaftlich einschalen zu können, muss der Beton- und Stahlbetonbauer über Kenntnisse der vielfältigen Wandschalungsarten verfügen.

Aufgaben

Wandschalungen haben beispielsweise folgende Aufgaben:

- Formgebung für den Frischbeton bis zum Erreichen der notwendigen Eigenfestigkeit
- Aufnahme des Frischbetondruckes
- Ableitung von horizontalen Lasten, z. B. Windlasten
- Aufnahme von Lasten beim Betonieren
- Oberflächengestaltung
- Schutz des jungen Betons während des Erstarrens und Erhärtens (Witterung, Erschütterung, mechanische Einflüsse …)

> Technische und wirtschaftliche Überlegungen bestimmen die Wahl einer Wandschalung.
> Die zu erfüllenden Aufgaben sind ebenso zu beachten.

Systemlose Schalungen

Der Aufbau einer zimmermannsmäßigen Schalung aus Schalbrettern oder Schaltafeln, einer Unterkonstruktion aus senkrecht verlaufenden Bogenhölzern (Kanthölzer) und waagerecht eingebauten Gurthölzern (Kanthölzer) wird bereits im Lernfeld 4 der Grundstufe, „Herstellen eines Stahlbetonbauteils", ausführlich behandelt. Außerdem finden sich im Kapitel 5, „Herstellen einer Massivdecke", Angaben zu **Schalungsplatten** und industriell gefertigten **Schalungsträgern**, deren Einsatz auf die Wandschalung übertragen werden kann. Für systemlose Wandschalungen mit Schalungsträgern gelten die konstruktiven Ausführungen von Systemschalungen als Trägerschalungen analog.

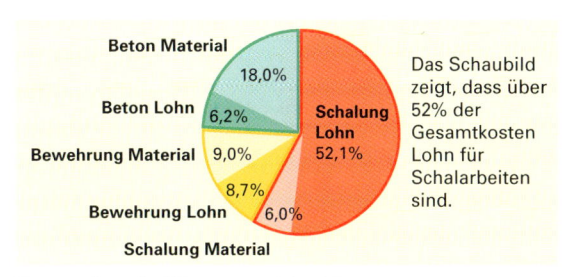

Kosten einer Stahlbetonwand b = 24 cm

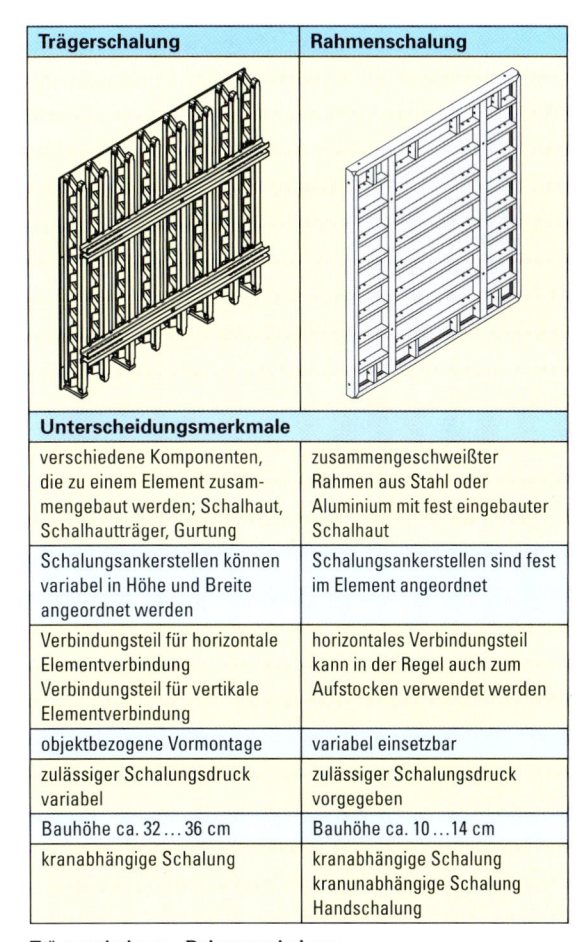

- Beton Material 18,0%
- Beton Lohn 6,2%
- Bewehrung Material 9,0%
- Bewehrung Lohn 8,7%
- Schalung Material 6,0%
- Schalung Lohn 52,1%

Das Schaubild zeigt, dass über 52% der Gesamtkosten Lohn für Schalarbeiten sind.

Trägerschalung	Rahmenschalung
Unterscheidungsmerkmale	
verschiedene Komponenten, die zu einem Element zusammengebaut werden; Schalhaut, Schalhautträger, Gurtung	zusammengeschweißter Rahmen aus Stahl oder Aluminium mit fest eingebauter Schalhaut
Schalungsankerstellen können variabel in Höhe und Breite angeordnet werden	Schalungsankerstellen sind fest im Element angeordnet
Verbindungsteil für horizontale Elementverbindung Verbindungsteil für vertikale Elementverbindung	horizontales Verbindungsteil kann in der Regel auch zum Aufstocken verwendet werden
objektbezogene Vormontage	variabel einsetzbar
zulässiger Schalungsdruck variabel	zulässiger Schalungsdruck vorgegeben
Bauhöhe ca. 32 … 36 cm	Bauhöhe ca. 10 … 14 cm
kranabhängige Schalung	kranabhängige Schalung kranunabhängige Schalung Handschalung

Trägerschalung – Rahmenschalung

Detail Trägerschalung

4 Herstellen einer Kelleraußenwand — Systemschalungen

Systemschalungen

Bei Wandschalungen werden heute fast ausschließlich **vorgefertigte Schalungselemente** eingesetzt.

Die Schalhaut besteht aus kunstharzbeschichteten Schalungsplatten, die durch dahinterliegende Aussteifungselemente aus Holz oder Metall stabilisiert werden.

Man unterscheidet dabei:
- Trägerschalungen,
- Rahmenschalungen.

Trägerschalungen

Für jede Baustelle können projektbezogene Großflächenelemente hergestellt werden.

Trägerschalungen bestehen aus folgenden **Konstruktionselementen**:

- Schalhaut für die Formgebung und Oberflächenstruktur.
- Unterkonstruktion als vertikale Trägerlage (Vollwand- oder Gitterträger) für die Unterstützung der Schalhaut und Ableitung der Kräfte in die horizontalen systemabhängigen Gurtträger (z. B. U-Walzprofile).
- Unterstützungssystem (Verspannung) als Gewindestäbe mit Muttern für die Ableitung der auftretenden Kräfte, z. B. zur Aufnahme des Frischbetondruckes. Kunststoffhülsen dienen als Abstandhalter und ermöglichen nach dem Ausschalen das Entfernen der Spannstähle.
- Elemente der Lagesicherung, als längenverstellbare Richtstützen auf Zug und Druck beanspruchbar. Sie dienen zum Ausrichten der Schalung und zur Sicherung gegen Horizontallasten (z. B. Wind, Anstoßen des Betonierkübels …).
- Sicherheitseinrichtungen (Gerüste, Arbeitsbühnen) für den Schutz der Arbeitskräfte.

Trägerschalelemente können mit geraden oder abgewinkelten **Kupplungsteilen** und **Keilen** zug- und druckfest verbunden werden. Sie gewährleisten einen bündigen und dichten **Schalungsstoß** oder **Eckverbindungen**. Auch Stirnabschalungen sind auf diese Weise möglich.

Rahmenschalungen

Die Rahmenschalung ist neben der Trägerschalung die am häufigsten eingesetzte Wandschalung. Schalhaut, Unterkonstruktion und Gurtträger sind zu einem Element, der Rahmentafel, zusammengefasst. Dadurch wird eine erhebliche **Arbeitsersparnis** durch werkseitige Erstmontage erreicht, die Montage auf der Baustelle ist sehr einfach.

Standardelemente der verschiedenen Hersteller ermöglichen einen Zusammenbau der Elemente für unterschiedliche Wandlängen und Wandhöhen.

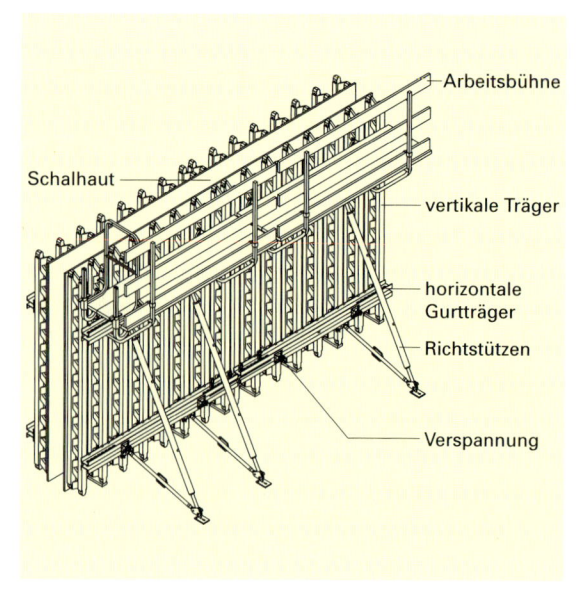

Trägerschalung

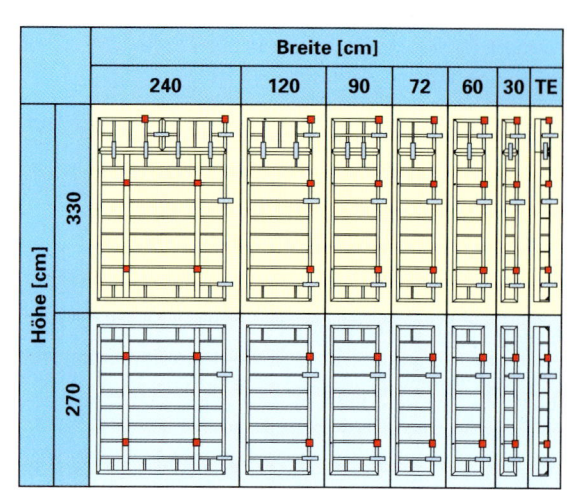

Beispiele Rahmenschalelemente

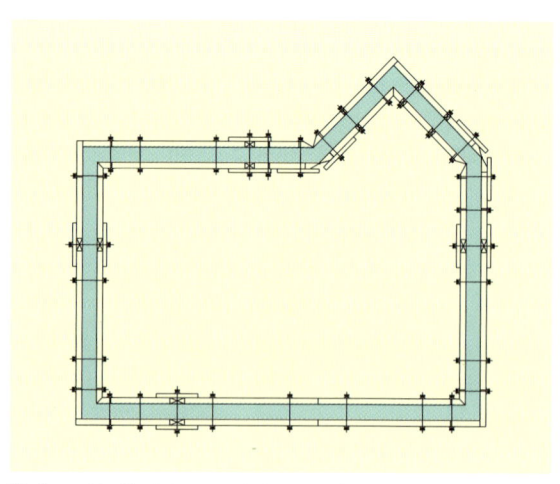

Verlegeplan für Rahmenschalung im Grundriss

4 Herstellen einer Kelleraußenwand — Wirtschaftlichkeit

Innen- und Außenecken erleichtern das Einschalen rechtwinkliger Wandecken. Mit Scharnierecken können spitze und stumpfe Winkel geschalt werden.

Einfache **Elementverbindungen** können per Hammerschlag in einem Arbeitsgang die einzelnen Rahmentafeln zusammenfügen.

Ein weiterer Vorteil ist die umlaufend kantengeschützte Schalhaut durch den **Stahlrahmen** und damit eine längere Lebensdauer.

Der Einsatz von Rahmenschalungen gewährleistet einen hohen zulässigen Frischbetondruck und den Anspruch auf geringe Ebenheitstoleranzen nach DIN 18202.

Leichte Elemente aus **Aluminium** können eingesetzt werden, wenn kein Kran zur Verfügung steht oder der Einsatz eines Kranes nicht möglich ist.

Elemente der Verspannung, Lagesicherung und Sicherheitseinrichtungen sind entsprechend den Trägerschalungen anzubringen.

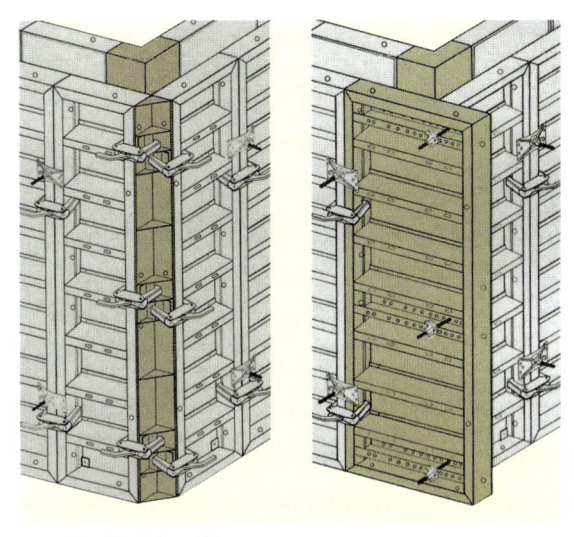

Beispiele für Eckausführungen

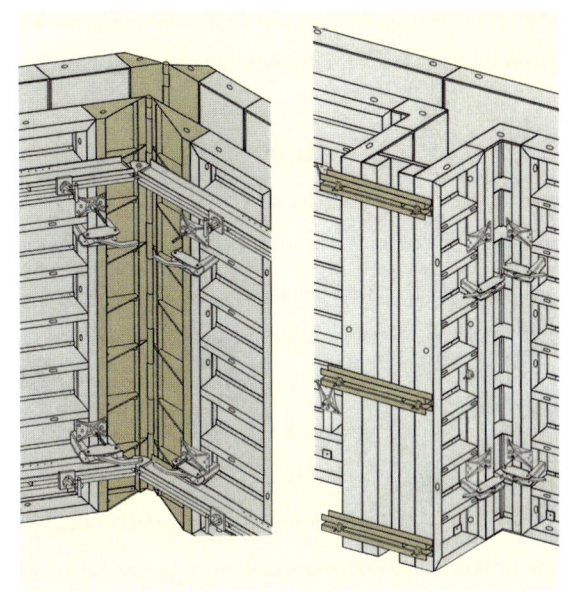

Wirtschaftlichkeitsbetrachtung

Welche Schalung für welchen Einsatz zu wählen ist, richtet sich nach folgenden Kriterien:
- Bauzeit, Bauablauf, Einsatzhäufigkeit,
- Grundrissform, Wandhöhen, Wandstärken,
- Schalungsdruck, Betonierleistung,
- Masse und Größe der Schalungselemente,
- Fugenausbildung, Elementstöße,
- Schalhautart, Ankerraster, Oberflächengestaltung.

Bei der Anschaffung von Systemschalungen ist ein großer **Preisunterschied** zwischen Träger- und Systemschalung zu kalkulieren. Eine Rahmenschalung ist beim Kauf etwas mehr als doppelt so teuer als eine Trägerschalung.

Da die **Anschaffungskosten** sehr hoch sind, lohnen sich Überlegungen, die Schalung eventuell zu mieten.

Eine Trägerschalung besteht aus kauf- und mietbaren Teilen. Kaufteile sind Schalhaut, Schalhautbefestigung, Montage und Demontage. Mietteile sind Träger, Gurte, Befestigungsteile und Elementverbindungen.

Eine Rahmenschalung besteht nur aus mietbaren Teilen, den Elementen und Elementverbindungen.

Im Vergleich ist bei kürzerer **Mietzeit** eine Rahmenschalung wesentlich günstiger als eine Trägerschalung, da die Trägerschalung Kaufteile enthält.

Je länger die Mietzeit, desto rentabler wird die Trägerschalung, da die Kosten der Kaufteile konstant bleiben und die Mietteile kostengünstiger sind als bei der Rahmenschalung.

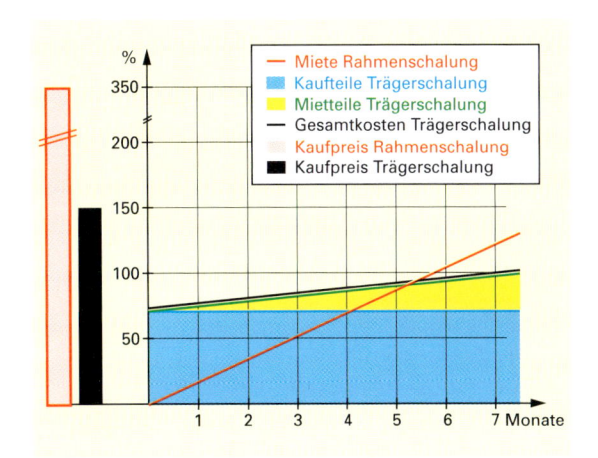

Scharnierecke — **Möglichkeit einer Stirnabschalung**

Kostenvergleich Rahmenschalung/Trägerschalung

- Miete Rahmenschalung
- Kaufteile Trägerschalung
- Mietteile Trägerschalung
- Gesamtkosten Trägerschalung
- Kaufpreis Rahmenschalung
- Kaufpreis Trägerschalung

> Träger- und Rahmenschalungen sind Systemschalungen.
> Sie werden aufgrund vieler Vorteile häufig eingesetzt, besonders wegen ihrer Wirtschaftlichkeit.

4 Herstellen einer Kelleraußenwand — Sicherheitseinrichtungen

Sicherheitseinrichtungen

An Wand- und Stützenschalungen müssen zum Betonieren Arbeitsplätze mit einer Mindestbreite von 0,60 m vorhanden sein.

Die Schalungshersteller bieten als Zubehör zur Schalung **Konsolgerüste** oder ganze **Gerüstbühnen** an, die auch gemietet werden können.

Durch eine schnelle Montage vermindern diese den Zeitaufwand erheblich.

Arbeitsablauf

1. Aufbau einer Seite der Wandschalung.
2. Einbau der Aussparungen (Wanddurchbrüche, Schlitze, Fenster usw.), Verlegen der erforderlichen haustechnischen Installationen (da Elektroinstallationen die Betondeckung beeinflussen könnten, werden sie in der Regel erst nach dem Bewehren eingebaut).
3. Bei Stahlbetonwänden Einbau der Bewehrung.
4. Aufbau der zweiten Seite der Wandschalung.
5. Einbringen und Verdichten des Betons.
6. Nach dem Erhärten Ausschalen. (Ausschalfristen beachten!)
7. Nachbehandeln des Betons.

Trennmittel

Das **Trennmittel** ist je nach Schalhauttyp auszuwählen. Die Trennmittelschicht soll gleichmäßig über die gesamte Schalfläche verteilt und so dünn wie möglich aufgetragen werden. Überdosierungen können z. B. zu Fleckenbildung führen.

Zusammenfassung

Schalungsarbeiten erfordern besondere Sorgfalt.

Am häufigsten werden heute Systemschalungen eingesetzt, da sie sowohl technische wie wirtschaftliche Vorteile aufweisen.

Bei der Herstellung von Wandschalungen sind Sicherheitsbestimmungen zu beachten.

Aufgaben:

1. Erklären Sie den Unterschied zwischen einer systemlosen Schalung und einer Systemschalung?
2. Zeichnen Sie einen Schnitt durch die Schalung für die Kelleraußenwand an der Ostseite des „Jugendtreffs" unter Verwendung einer Trägerschalung.
3. Welche Schalungsart wählen Sie unter wirtschaftlichen Gesichtspunkten für die Kelleraußenwände des „Jugendtreffs"? Begründen Sie Ihre Entscheidung.
4. Zeichnen Sie die Draufsicht einer Rahmenschalung für die Ostwand 1:100, indem Sie die gewählten Elemente mit ihren Stößen darstellen. Seitenlänge der Innenecken 30 cm.

Konsolgerüst

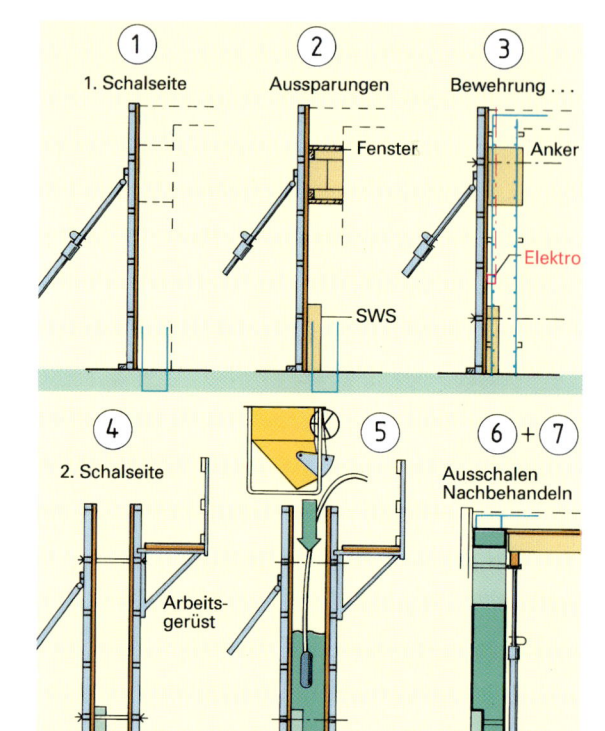

Arbeitsablauf beim Herstellen einer Stahlbetonwand

① 1. Schalseite ② Aussparungen — Fenster, SWS ③ Bewehrung — Anker, Elektro
④ 2. Schalseite — Arbeitsgerüst ⑤ (Betonieren) ⑥ + ⑦ Ausschalen, Nachbehandeln

Einsatz einer Rahmenschalung

4 Herstellen einer Kelleraußenwand — Bewehrung

4.2.2 Bewehrungsarbeiten

Die Bewehrung der Kelleraußenwände wird vom Tragwerksplaner berechnet. Sie ist hauptsächlich erforderlich, um die rechtwinklig zu ihrer Fläche wirkenden Lasten aufnehmen zu können. Der **Erddruck (E)** des anstehenden Geländes erzeugt auf der Wandinnenseite Zugspannungen, die durch die aus den oberen Geschossen abgeleiteten Druckbelastungen in der Wandfläche noch verstärkt werden.

Wirkt auf die Wände außerdem ein **hydrostatischer Druck (W)** aus anstehendem Grundwasser, addieren sich die daraus entstehenden Zugspannungen auf der Wandinnenseite.

Die Kellergeschosswände werden durch das Fundament und die Bodenplatte sowie die Decke horizontal in der vorgesehenen Lage gehalten.

Durch **Anschlussbewehrungen** können sich die Wandenden nicht gelenkig verformen, sie sind eingespannt. In den Randbereichen an den Wandaußenseiten entstehen dadurch Zugspannungen.

Durch z. B. Temperaturunterschiede können über die gesamte Wanddicke Spannungen auftreten.

Der Tragwerksplaner ist dafür verantwortlich, dass alle notwendigen Angaben auf **Bewehrungszeichnungen** vorhanden sind, die sowohl die Einhaltung der erforderlichen Betondeckung und die stabile Lage der Bewehrung während der Bauausführung garantieren als auch das sachgerechte Einbringen des Betons ermöglichen. Die Bewehrung muss sorgfältig nach diesen Vorgaben eingebaut werden. Deshalb ist es wichtig, dass der Beton- und Stahlbetonbauer über Bewehrungsarbeiten Bescheid weiß.

Im Kapitel „Herstellen einer Massivdecke" befinden sich ausführliche Angaben zu **Bewehrungsarbeiten**, auf die hier zugegriffen wird.

Die Abschnitte über Betonstähle, Bewehrungsgrundsätze und zeichnerische Darstellung sind auch als Grundlagen für die Bewehrung einer Kelleraußenwand zu sehen.

Bewehrungspläne werden auf der Grundlage von **Schalplänen** erstellt, die in Grundriss und Schnitt alle Maße für die Kelleraußenwände enthalten.

Die Bewehrung von Wänden wird von der Raumseite gezeichnet, denn sie wird üblicherweise eingebaut, nachdem die äußere Schalung steht.

Mindestbewehrung

Die Gesamtquerschnittsfläche der lotrechten Bewehrung $a_{s,v\min}$ muss mindestens $0{,}0015\, A_c$ betragen, A_c ist dabei die Betonfläche pro m Wandlänge.

Beispiel: Wanddicke 24 cm, $A_c = 2400\ \text{cm}^2$,

$$a_{s,v\min} \geq 3{,}60\ \frac{\text{cm}^2}{\text{m}}\ \text{für beide Seiten,}$$
$$\text{d. h. pro Seite}\ a_{s,v\min} \geq 1{,}80\ \frac{\text{cm}^2}{\text{m}}.$$

Im Allgemeinen sollte die Hälfte der Bewehrung an der inneren und äußeren Seite der Wand liegen.

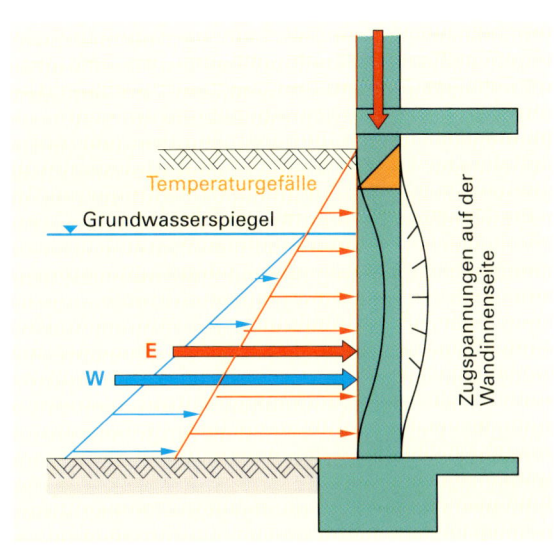

Mögliche Beanspruchungen in einer Kelleraußenwand

Die Querschnittsfläche der Querbewehrung muss mindestens 20 % der Querschnittsfläche der lotrechten Bewehrung betragen, was bei **Betonstahlmatten** gewährleistet ist.

Die Bewehrungsstäbe beider Wandseiten sind je m² Wandfläche an mindestens vier versetzt angeordneten Stellen zu verbinden, z. B. durch S-Haken.

Konstruktive Bewehrung

Freie Wandenden müssen mit **Steckbügeln** und Längsstäben in deren Ecken eingefasst werden.

Wandecken werden ebenso bewehrt, die Steckbügel werden dann von jeder Wandseite eingebaut. Dabei ist auf eine ausreichende **Verankerungslänge** zu achten.

Anstatt Rundstahl können dabei auch gebogene Betonstahlmatten zum Einsatz kommen.

Anschlussbewehrung

Aus den Fundamenten wird nach statischer Berechnung eine **Anschlussbewehrung** vorgesehen, denn die horizontale Beanspruchung, z. B. aus Erddruck, ist dort am größten.

Eine Anschlussbewehrung in die Decke ist bereits bei den Bewehrungsarbeiten der Wände zu berücksichtigen. Wenn die Decke kraftschlüssig mit den Wänden verbunden wird, erfährt sie am Rand eine **Einspannung**, was bedeutet, dass oben in der Decke Zugspannungen entstehen.

Zusammenfassung

Kelleraußenwände werden vertikal und horizontal belastet.

Bewehrungspläne müssen alle erforderlichen Angaben für die Baustelle enthalten.

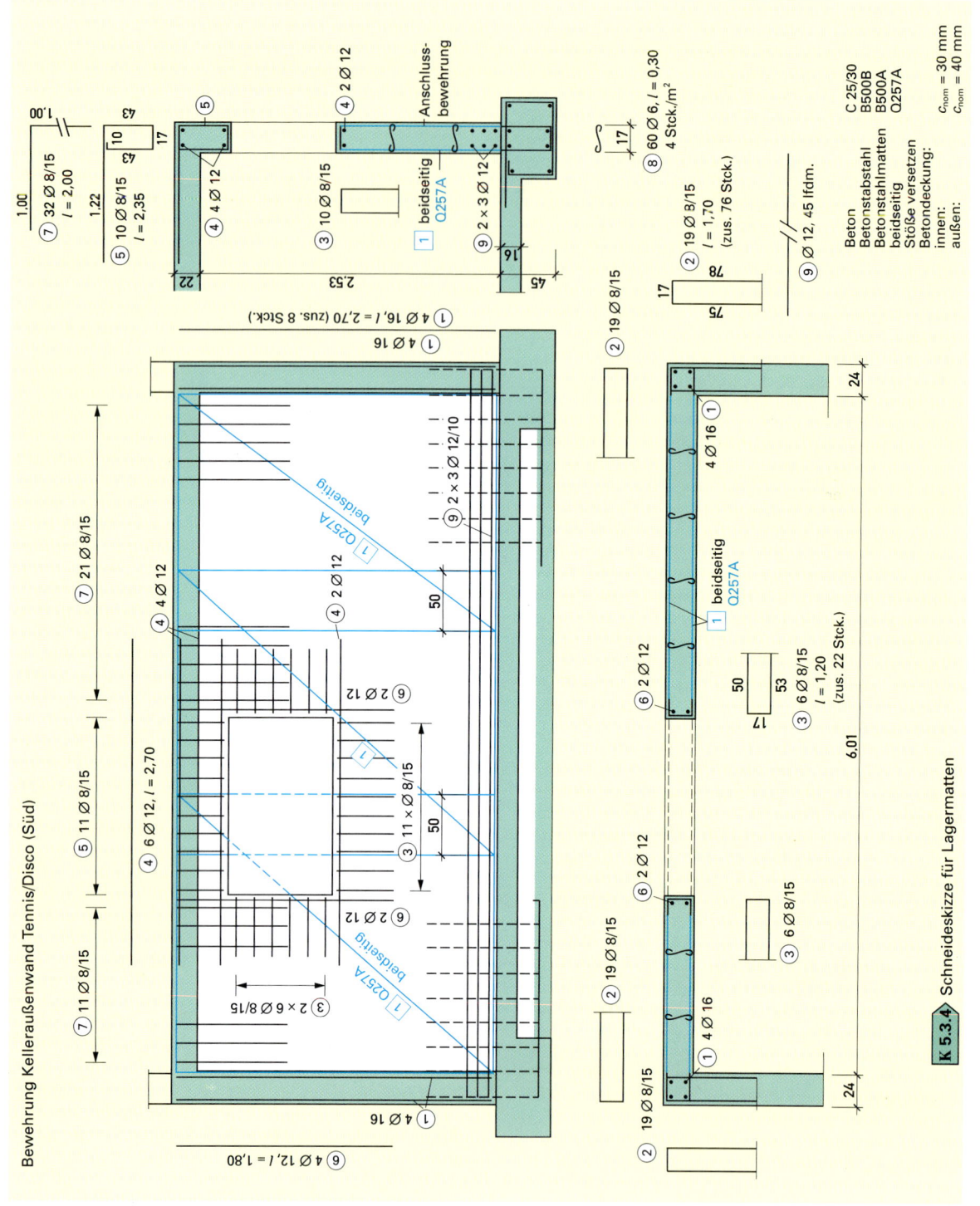

4 Herstellen einer Kelleraußenwand — Bewehrungsplan

K 5.3.4 Schneideskizze für Lagermatten

Bewehrungsplan

Aufgaben:

1. Berechnen Sie die Mindestbewehrung für eine Wanddicke von 30 cm. Welche Betonstahlmatten sind dafür mindestens erforderlich?
2. Zeichnen Sie einen Bewehrungsplan für die Ostseite des Projektes „Jugendtreff" im Bereich Tennis/Disco. Wählen Sie dieselben Bewehrungsquerschnitte wie für die Südseite.
3. Erstellen Sie die Materiallisten für die Betonstahlmatten und die Betonstabstähle.

4 Herstellen einer Kelleraußenwand — Betonarbeiten

4.2.3 Betonarbeiten

Um für die Betonarbeiten der Kelleraußenwände des „Jugendtreffs" fachlich fundierte Entscheidungen zu treffen und eine fachgerechte Ausführung zu gewährleisten, muss der Beton- und Stahlbetonbauer über betontechnologische Kenntnisse verfügen.

Im Kapitel „Herstellen einer Massivdecke" befinden sich ausführliche Angaben zur Betontechnologie, auf die hier zugegriffen wird.

Fördermittel	Betonkonsistenz			
	C1	C2/F2	C3/F3	F4
Förderband				
Kübel				
Betonpumpe				
Kübel mit Fallrohr				
Rinne oder Rutsche				

Fördermittel in Abhängigkeit von der Konsistenz

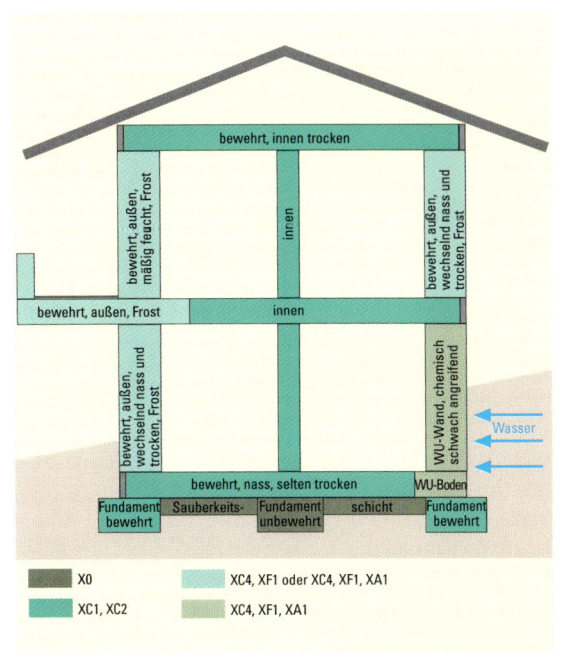

Druckfestigkeitsklassen

Eine Kelleraußenwand muss vom Tragwerksplaner so bemessen werden, dass sie den aus den darüberliegenden Geschossen anfallenden Lasten standhält und diese in die Fundamente ableitet.

Außerdem muss sie den Erddruck des anstehenden Geländes aufnehmen können.

Die Ausführungspläne der Tragwerksplaner müssen genaue Angaben für die Wahl des Betons enthalten. Auf der Baustelle ist verantwortlich darauf zu achten, dass diese Angaben eingehalten werden.

Für die Kelleraußenwände des „Jugendtreffs" mit keinen allzu hohen Belastungen eignet sich z. B. eine **Druckfestigkeitsklasse** C 25/30 mit einer Zylinderdruckfestigkeit $f_{ck,zyl}$ = 25 N/mm² oder einer Würfeldruckfestigkeit von $f_{ck,cube}$ = 30 N/mm².

Konsistenz des Frischbetons

Um den Frischbeton gut verarbeiten zu können, ist bei der Wahl der **Konsistenzklasse** die Wandhöhe und damit die große Fallhöhe zu berücksichtigen.

In der Regel ist für die Herstellung von Kelleraußenwänden die Konsistenzklasse F 3 oder eine weichere Konsistenz sinnvoll.

Da die Konsistenz vom w/z-Wert abhängt und ein hoher Wassergehalt die Schwindrissneigung negativ beeinflusst, kann die Steifigkeit des Betons auch durch **Betonzusatzmittel** herabgesetzt werden. Dadurch wird die Verarbeitbarkeit günstiger.

Bei der Verwendung von Betonzusatzmitteln ist vom Herstellerwerk rechtzeitig zu prüfen, ob diese den gestellten Anforderungen entsprechen.

Expositionsklassen

Um bei den Kelleraußenwänden des „Jugendtreffs" die **Dauerhaftigkeit** zu gewährleisten, ist der Beton für die entsprechenden **Expositionsklassen** zu wählen.

An den Innenflächen ist nutzungsabhängig von einer üblichen Luftfeuchte auszugehen, also von der Expositionsklasse XC 1.

Kann Feuchtigkeitszutritt an der Außenfläche nicht ausgeschlossen werden, liegt die Expositionsklasse XC 2 vor.

Expositionsklassen am Beispiel einer Prinzipskizze für den Hochbau

Bauteil	Betonfestigkeitsklasse	Expositionsklasse	c_{nom} (in cm)	
Unterbeton	C 12/15	X0	–	
Fundamente	C 25/30	XC 2	allg.	5,0
Bodenplatte	C 25/30	XC 2	oben	3,0
Außenwände UG (wärmegedämmt)	C 25/30	XC 2, XF 1	innen außen	3,0 3,0
Außenwände	C 25/30	XC 2, XF 1	innen außen	3,0 4,0
Außenwände (Sichtbeton)	C 25/30	XC 4, XF 1	innen außen	3,0 4,0
Innenwände	C 25/30	XC 1	allg.	2,5
Innenstützen	C 25/30	XC 1	allg.	2,5

Auszug aus einem Bewehrungsplan nach Angaben des Tragwerksplaners

4 Herstellen einer Kelleraußenwand — Betonverarbeitung

Für Außenbauteile ist die Expositionsklasse XF 1 in Erwägung zu ziehen oder, falls ein Teil der Außenwand im Spritzwasserbereich liegt, die Expositionsklasse XF 2.

Ist das Untergeschoss bei anstehendem Grundwasser als **weiße Wanne** (siehe Abschnitt 4.4.2) auszubilden, ist Beton zu verwenden, der die Anforderungen der Expositionsklasse XC 4 und evtl. XA 2 erfüllt.

Ist die Expositionsklasse eines Bauteiles festgelegt, richten sich danach die Mindestdruckfestigkeitsklasse, der Wasserzementwert und der Zementgehalt.

K 5.3.3 In unmittelbarem Zusammenhang mit den Expositionsklassen steht auch die geforderte **Betondeckung** der Bewehrung (siehe Abschnitt 4.2.2).

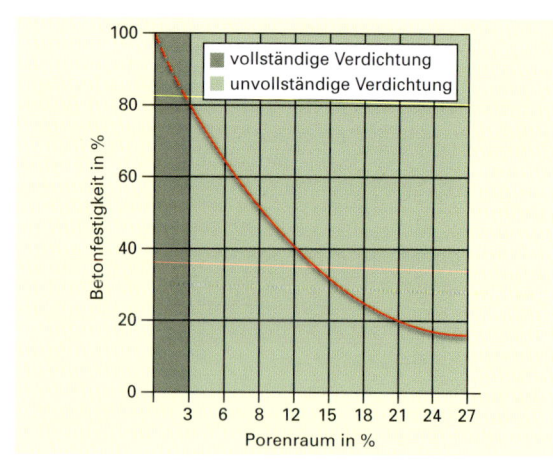

Verdichtungsgrad und Festigkeit

Betonverarbeitung

Vor dem Einbringen des Betons ist die Schalung zu überprüfen.

Der Beton darf sich beim **Einbringen** nicht entmischen. Je größer die Fallhöhe, desto größer ist die Gefahr des Entmischens. Da sich eine große Fallhöhe bei Wänden nicht vermeiden lässt, ist beim Betonieren mit einer Betonpumpe der Schlauch in die Schalung einzuführen oder es ist ein zusätzliches **Fallrohr** zu verwenden.

Der Beton ist in gleichmäßigen Lagen von etwa 30…50 cm einzubringen. Es ist darauf zu achten, dass beim Einbringen einer Folgeschicht die zuvor eingebaute Schicht noch nicht erstarrt ist.

Erst durch ein sorgfältiges **Verdichten** des Frischbetons wird sichergestellt, dass der Beton geforderte Eigenschaften erreicht.

Das Rütteln erfolgt normalerweise mit **Innenrüttlern**. Beim Rütteln werden Schwingungen erzeugt, die die innere Reibung zwischen den Gesteinskörnern herabsetzt. Sie lagern sich dichter aneinander, die eingeschlossene Luft entweicht und die Hohlräume füllen sich mit Feinstmörtel.

Ein geringer Porenanteil ist auch bei sorgfältiger Verdichtung nicht zu vermeiden.

Der **Innenrüttler** ist rasch in möglichst gleichen Abständen in den Beton einzuführen und nach kurzem Verharren langsam herauszuziehen. Die Oberfläche des Betons muss sich dabei schließen. Der Beton darf nicht mit dem Innenrüttler verteilt werden.

Der Abstand der **Eintauchstellen** ist so zu wählen, dass sich die Rüttelbereiche überschneiden. Der Abstand der Eintauchstellen soll etwa dem 8-…10-fachen Durchmesser des Innenrüttlers entsprechen.

Wird der Beton in mehreren Schichten eingebracht, muss der Innenrüttler durch die zu verdichtende Schicht hindurch noch 10…15 cm tief in den sich darunter befindenden Beton eintauchen, damit eine Verbindung der beiden Schichten gewährleistet ist.

Mangelhafte Betongüte als Folge des Entmischens beim Einbringen des Betons

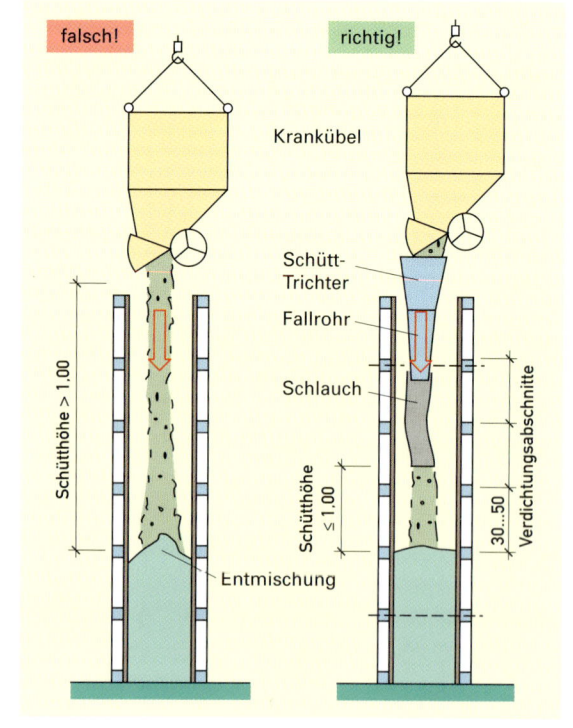

Einbringen des Frischbetons mit Schütt-Trichter und Fallrohr

4 Herstellen einer Kelleraußenwand — Nachbehandlung

Selbstverdichtende Betone sind Hochleistungsbetone, die sich beim Einbringen in die Schalung aufgrund ihrer hohen Mörtelgehalte ohne Entmischung gleichmäßig verteilen und sich ohne den Einsatz von Verdichtungsgeräten selbst verdichten. Diese Eigenschaft ist durch einen hohen Mehlkorngehalt und ein hochwirksames Fließmittel zu erzielen.

Nachbehandeln

Damit die geforderten Eigenschaften des Betons sicher erreicht werden, ist die **Nachbehandlung** einer betonierten Wand sehr wichtig.

Der junge Beton wird dabei vor Wasserverlust und schädlichen Einwirkungen geschützt. Druckfestigkeit allein garantiert keine Dauerhaftigkeit, der Beton muss auch dicht sein. Gerade im oberflächennahen Bereich ist ein **Zementstein** mit hoher Dichtigkeit und einer möglichst geringen Porosität sehr wichtig, um einen genügenden **Rostschutz** der Bewehrung zu gewährleisten.

Beispiele für mögliche Maßnahmen gegen vorzeitiges Austrocknen:
- in der Schalung belassen,
- mit Folien abdecken,
- mit Thermomatten abdecken,
- flüssige Nachbehandlungsmittel aufbringen.

Zusammenfassung

Kelleraußenwände müssen die Lasten aus den darüberliegenden Geschossen abtragen und den Erddruck aufnehmen.

Die Betondruckfestigkeitsklasse, die Konsistenz des Frischbetons und die Expositionsklasse richten sich nach den jeweiligen Anforderungen.

Eine sorgfältige Betonverarbeitung ist Voraussetzung für das Erreichen der gestellten Anforderungen an den Festbeton.

Die Nachbehandlung schützt den jungen Beton vor vorzeitigem Austrocknen.

Aufgaben:

1. Erklären Sie die Bezeichnung des beim Projekt „Jugendtreff" verwendeten Betons C 25/30.
2. Beim Projekt „Jugendtreff" soll eine weiche Konsistenzklasse verwendet werden. Welche Möglichkeiten der Prüfung gibt es dafür?
3. Wie viele Lagen sind beim Einbringen des Betons in die Wandschalung der Kellergeschosswände nötig?
4. Begründen Sie die Verwendung eines Fallrohres beim Einbringen des Betons.
5. In welchen Abständen ist ein Innenrüttler mit 5 cm Durchmesser einzutauchen?
6. Berechnen Sie die zu bestellende Betonmenge in m³ für die Kelleraußenwand an der Ostseite des „Jugendtreffs".

Durchmesser Innenrüttler [mm]	Durchmesser des Wirkungsbereichs [cm]	Abstand zwischen den Eintauchstellen [cm]
< 40	30	25
40…60	50	40
> 60	80	70

Anhaltswerte für den Durchmesser des Wirkungsbereichs von Innenrüttlern und den Abstand der Eintauchstellen

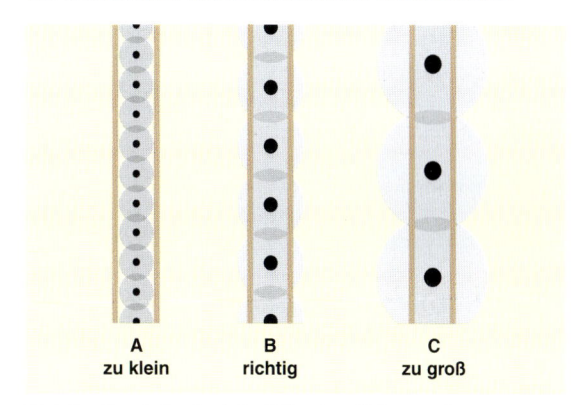

A zu klein **B** richtig **C** zu groß

Richtige Tauchabstände bei Wandverdichtung einhalten

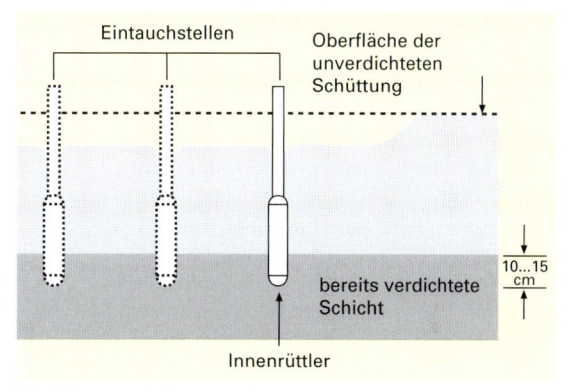

Verdichtung mit Innenrüttler

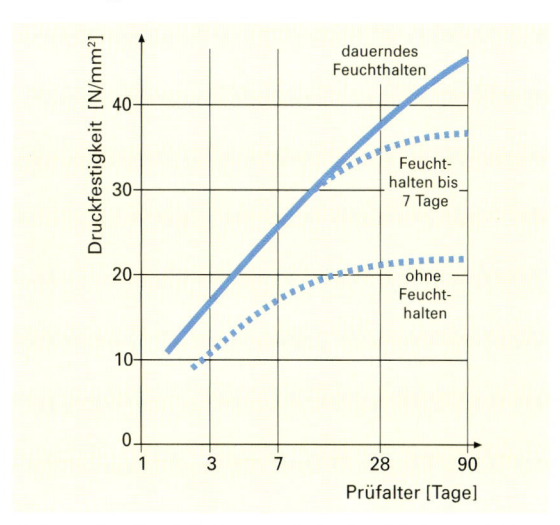

Einfluss des Feuchthaltens auf die Festigkeitsentwicklung des Betons im Oberflächenbereich

4 Herstellen einer Kelleraußenwand — Hohlwandelemente

4.3 Fertigteilwände

Vorteile

Bei der Planung von Untergeschosswänden (Kellerwände) sprechen folgende Vorteile für eine Ausführung als Fertigteile:
- keine konventionelle Schalung,
- kurze Bauzeiten,
- schnelle Montage,
- hohe Maßgenauigkeit,
- glatte Oberfläche,
- wenig Baufeuchte,
- günstige Kosten.

Die Qualität der Fertigteile wird durch eine **Fremdüberwachung** gewährleistet.

> Die Fremdüberwachung bei der Herstellung von Fertigteilen garantiert eine gleichmäßige Qualität.

4.3.1 Hohlwandelemente

Heute gewinnen Hohlwandelemente bei der Herstellung von Kellerwänden immer mehr an Bedeutung.

Sie bestehen aus zwei im **Fertigteilwerk** hergestellten geschosshohen Betonelementen, die durch **Gitterträger** fest miteinander verbunden sind.

Nach der Montage werden die Wandelemente mit **Ortbeton** verfüllt, wodurch eine massive, monolithische Betonwand entsteht.

Die Wandoberflächen haben Sichtbetonqualität und können nach Verspachtelung der Fertigteilfugen sofort gestrichen oder tapeziert werden. Alternativ kann eine strukturierte Oberfläche, z.B. eine Brettstruktur gewählt werden.

Abmessungen

Die Betonschalen sind etwa 5…8 cm stark, die Elemente werden für Wanddicken zwischen 17,5 und 40 cm hergestellt. Sondermaße sind auf Anfrage erhältlich.

Die Höhe der **Hohlwandelemente** richtet sich nach der **Geschosshöhe**. Bei Außenwänden kann die äußere Schale um die Deckendicke höher als die Innenschale hergestellt werden, wodurch die Abschalung des Deckenrandes entfallen kann. Die innere Schale kann als Auflager für die Decke dienen.

Die Elemente sind üblicherweise bis zu einer Breite von 3,00 m lieferbar.

Bereits werkseitig können Fenster, Türzargen, Aussparungen, Elektroleerrohre eingebaut werden. Ebenso ist es möglich, bereits im Fertigteilwerk eine Außendämmung anzubringen.

Gegenstand	Überprüfung/ Prüfung	Zweck	Mindesthäufigkeit
Formen, Schalung, Bewehrung, und Einbauteile	Überprüfung der Maßhaltigkeit	Übereinstimmung der Maße der Schalung, der Lage der Dämmschichten, der Einbauteile, der Aussparungen, der Bewehrungen mit den Werksunterlagen; ausreichende Anzahl von Abstandshaltern; Stabilität der Schalungen; Möglichkeiten des Einbringens und Verdichtens des Betons	Jedes Betonteil
Schweißen an der Bewehrung	Prüfungen nach DIN 4099-2 unter den zu erwartenden Bedingungen an Proben der vorgesehenen Schweißverbindungen	Einhalten der Anforderungen nach DIN 1045-3	Nach DIN 4099-2
Temperatur	Überprüfung der Außentemperatur und der Temperatur im Fertigungs- und Erhärtungsraum	Einhalten der Temperaturen nach DIN 1045-3	An jedem Arbeitstag
Fertigteile	Überprüfung der Nachbehandlung	Einhalten der Nachbehandlungsdauer nach DIN 1045-3	
Wärmebehandlung	Überprüfung der Funktionen	Einhalten des Temperaturverlaufs	An jedem Arbeitstag

Kontrolle der Herstellung der Betonfertigteile, Auszug aus DIN 1045-4

Gegenstand	Überprüfung/ Prüfung	Zweck	Mindesthäufigkeit
Fertigteile	Sichtprüfung auf Beschädigungen	Feststellen der Unversehrtheit	Jedes Fertigteil
Fertigteile	Zerstörungsfreie Prüfung der Betondruckfestigkeit nach DIN 1048-2	Feststellen der Gleichmäßigkeit der Betonfestigkeit und Vergleich mit den Ergebnissen an Probekörpern	Eine ausreichende Anzahl von Messreihen unter gleichzeitigem Vergleich mit den Ergebnissen der Probekörper nach DIN EN 206-1 und DIN 1045-2.
Fertigteile	Überprüfung der Kennzeichen bzw. Lieferscheine	Erfüllung der Kennzeichnungspflicht	Jedes Fertigteil

Kontrolle der fertigen Erzeugnisse (Fertigteile), Auszug aus DIN 1045-4

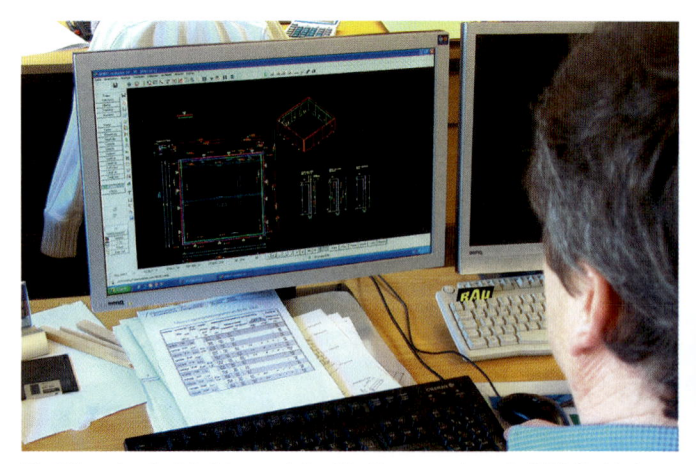

Die Pläne des Architekten und des Statikers werden mit CAD für Verlegepläne aufgearbeitet

4 Herstellen einer Kelleraußenwand — Bewehrung

Bewehrung

Um die Belastungen der Untergeschosswände aufzunehmen, ist eine werkseitig eingelegte **Bewehrung** der Wandelemente erforderlich.

Da Kelleraußenwände neben den vertikalen Einwirkungen auch horizontale Einwirkungen z. B. aus **Erddruck** aufnehmen müssen, sind diese bei der statischen Berechnung zu berücksichtigen.

Vom Beton- und Stahlbetonbauer ist in den **Fundamenten eine Anschlussbewehrung** vorzusehen, diese ist besonders z. B. zur Aufnahme und Übertragung des Erddruckes nach statischer Berechnung nötig.

Plattenstöße, Eckstöße und Wandanschlüsse sind nach den Vorgaben des Statikers zu bewehren.

Während des Betoniervorgangs ist im oberen Bereich der Wand eine **Anschlussbewehrung für die Decke** einzubauen, um eine **kraftschlüssige Verbindung** der beiden Bauteile zu gewährleisten (siehe 4.2.2).

Hohlwandelemente

Gitterträger

Die **Gitterträger** sind statisch erforderlich, die Dimensionierung erfolgt nach
- Trägertyp,
- Trägerhöhe,
- Trägerabstand.

Sie bestehen aus B500A oder B500B.

Die Gitterträger halten die beiden Betonschalen im vorgesehenen Abstand.

Da die Hohlwandelemente mit dem Lkw an den Einbauort transportiert werden, müssen die Betonschalen in diesem **Transportzustand** durch die Gitterträger stabilisiert werden.

Sie werden vom Lkw aus mit dem Kran versetzt. Auch für diesen **Montagezustand** ist eine ausreichende Dimensionierung der Gitterträger erforderlich.

Beim Einbringen des Ortbetons in die Hohlwandelemente entsteht **Frischbetondruck** auf die Betonschalen. Die eingebauten Gitterträger dienen zur Aufnahme dieses von der Wandhöhe abhängigen Frischbetondruckes und müssen entsprechend bemessen werden.

Weitere Einflussfaktoren auf die Bemessung sind neben der Betoniergeschwindigkeit die Betonkonsistenz, die Betonrezeptur und die Temperatur des Betons.

Anschlussbewehrung im oberen Bereich

Arbeitsgänge auf der Baustelle

Für den Beton- und Stahlbetonbauer entstehen auf der Baustelle im Zusammenhang mit dem Einbau von Hohlwandelementen vielfältige Aufgaben, die ein verantwortungsvolles Handeln erforderlich machen.
- Herstellen der Streifenfundamente oder der Fundamentplatte mit geringen Unebenheiten der Oberfläche. Eine Anschlussbewehrung ist nach statischer Berechnung einzubauen.
Ebenso sind Dichtungsbänder für Arbeitsfugen einzulegen, falls diese erforderlich sind.

Hohlwandelement mit Gitterträgern

4 Herstellen einer Kelleraußenwand — Arbeitsgänge

- Anzeichnen der genauen Lage der Hohlwandelemente.
- Die Hohlwandelemente werden nach **Verlegeplänen** in der richtigen Reihenfolge mit dem Kran auf den Streifenfundamenten oder der Fundamentplatte aufgesetzt, wo sie durch Schrägstützen in der vorgesehenen Lage gehalten werden.
- Bewehren und zuschalen von evtl. erforderlichen Ortbetonbereichen, die aus produktionstechnischen oder statischen Gründen nicht als Fertigteile möglich sind.
- Aussteifen der werkseitig hergestellten Aussparungen.
- Einbringen des Ortbetons laut statischer Berechnung und anschließendes sorgfältiges Verdichten. Je nach Wandhöhe sind zum Befüllen Rohre oder Schläuche notwendig.
- Die Schrägstützen werden nach dem Erhärten des Ortbetons entfernt.

Versetzen der Hohlwandelemente mit dem Kran

Die Elemente werden nach Verlegeplänen versetzt und durch Schrägstützen gesichert

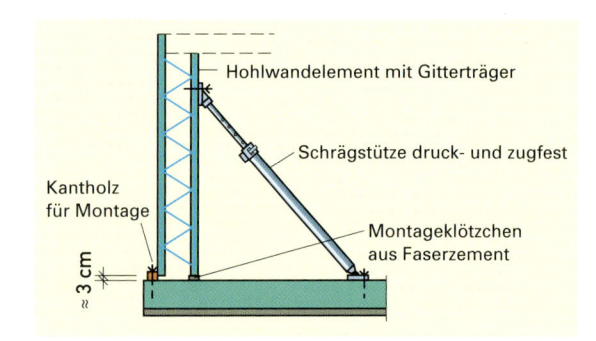

Sicherung der Elemente durch Schrägstützen

Zusammenfassung

Hohlwandelemente bestehen aus zwei im Fertigteilwerk hergestellten geschosshohen Betonelementen, die durch Gitterträger fest miteinander verbunden sind.

Nach der Montage werden die Wandelemente mit Ortbeton verfüllt.

Für die Herstellung der Elemente ist eine statische Berechnung erforderlich, die sowohl die Bewehrung der Betonschalen, als auch die Anschlussbewehrung aus den Fundamenten festlegt.

Gitterträger halten die beiden Betonschalen im vorgesehenen Abstand und stabilisieren die Elemente im Transport- und Montagezustand. Eine weitere Aufgabe der Gitterträger ist die Aufnahme des Frischbetondruckes beim Verfüllen mit Ortbeton.

Rohre beim Einbringen des Betons verhindern ein Entmischen

Aufgaben:

1. Begründen Sie den Einsatz von Hohlwandelementen bei der Erstellung der Kelleraußenwände des „Jugendtreffs".
2. Zeichnen Sie die obere Kantenausbildung eines Hohlwandelementes für die Möglichkeit, dass an der Außenwandfläche im Bereich des Deckenauflagers keine Fuge entsteht (1:20).
3. Welche Aufgaben haben Gitterträger bei Hohlwandelementen?
4. a) Entwerfen Sie für die Ostwand des Kellergeschosses eine Möglichkeit für den Einsatz von Hohlwandelementen. Zeichnen Sie diese im Grundriss 1:100.
   b) Zeichnen und bemaßen Sie mindestens ein Element in der Ansicht von innen, das eine Fensteröffnung enthält (1:100).

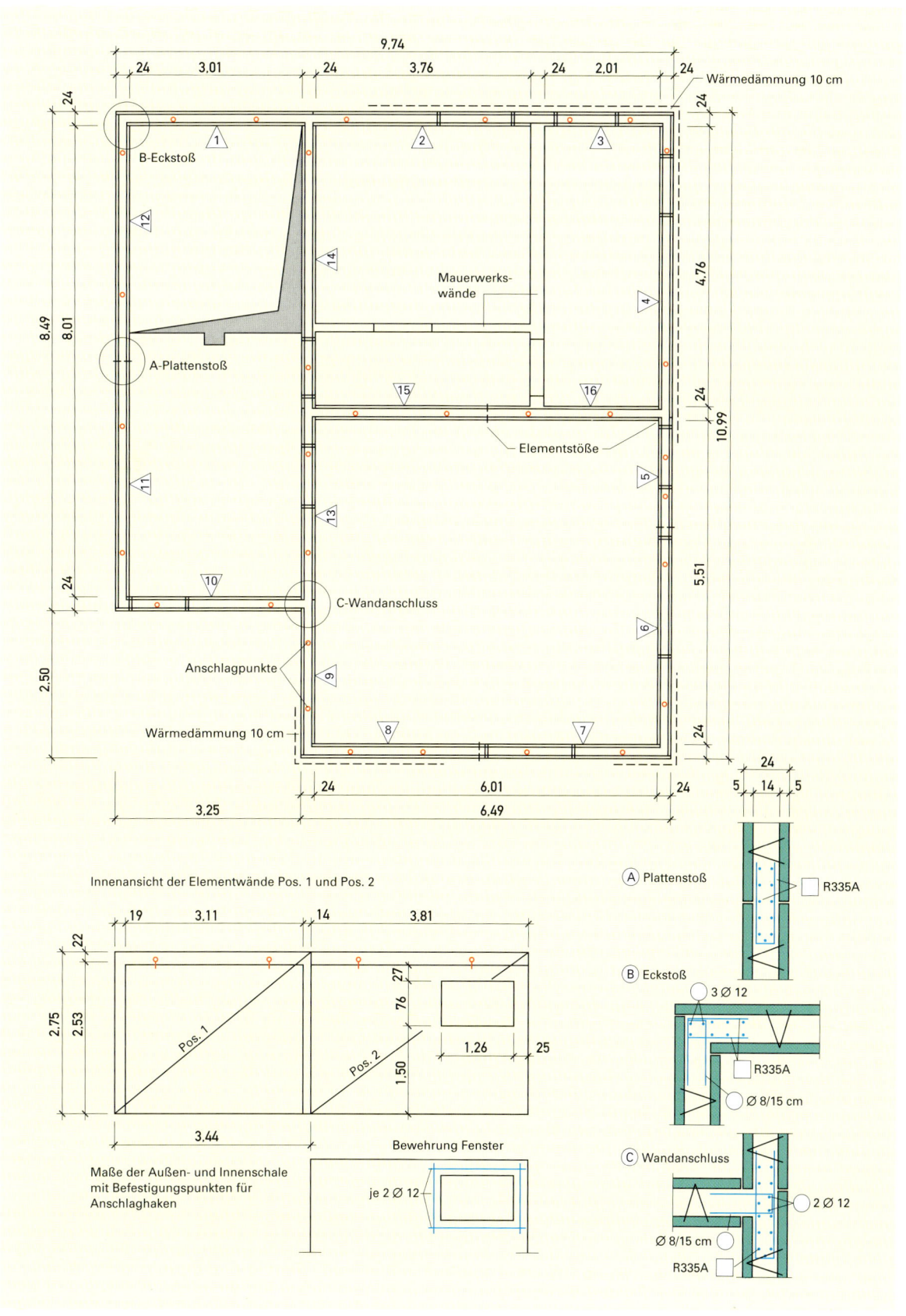

4 Herstellen einer Kelleraußenwand — Ausführungspläne

Ausführungspläne für Elementwände

4 Herstellen einer Kelleraußenwand — Fertigteile

4.3.2 Massive Wandelemente

Ziel ist es, fertige, **geschosshohe Bauelemente** im **Fertigteilwerk** witterungsunabhängig herzustellen und sie auf der Baustelle innerhalb kurzer Zeit zu montieren. Die **Montage**, das Aufstellen und Verbinden der Fertigteile, übernimmt normalerweise die Herstellerfirma.

An der Oberkante können die Wandelemente für das **Deckenauflager** in der geplanten Deckenstärke ausgespart werden, sodass an der Außenfläche keine horizontale Fuge entsteht.

Aussparungen jeglicher Art, auch für Fenster und Türen, werden werkseitig berücksichtigt. Wahlweise sind die Wandelemente bereits mit eingebauten Fenstern und Türen auf die Baustelle lieferbar. Der Elektriker kann beim Einziehen der Elektroleitungen auf eingelegte **Leerrohre** zugreifen.

Nutzungsabhängig können die Fertigteile bereits im Werk mit einer berechneten **Wärmedämmschicht** ausgestattet werden („Sandwichelemente"), auch eine Herstellung aus **Leichtbeton** ist möglich.

Beim Betonieren der Bodenplatte entfällt die Anschlussbewehrung.

Der Beton- und Stahlbetonbauer hat dennoch wichtige Vorarbeiten zu leisten, denn das Versetzen der Fertigteilwände erfordert einen sorgfältig vorbereiteten Untergrund nach Angabe des jeweiligen Herstellers.

> Geschosshohe Wandfertigteile mit eingebauten Aussparungen sind eine wirtschaftliche Möglichkeit für Kellergeschosswände.

4.3.3 Wände aus Schalungssteinen

Bei kleineren Bauwerken können bewehrte Kellergeschosswände aus **Schalungssteinen** hergestellt werden.

Die Steine aus Stahlbeton, Holzspanbeton oder auch Schaumstoff übernehmen die Funktion einer Schalung.

Die Steine, oft mit Nut- und Feder-Anschlüssen, werden meist lose versetzt und abschnittsweise bewehrt und mit Beton verfüllt.

Die Steine sind für gängige Wandstärken von 17,5 cm …36,5 cm im Handel erhältlich. Spezielle **Formteile** gewährleisten einen sauberen Wandabschluss bzw. Verband der Schalungssteine.

Durch die durchlaufenden horizontalen und vertikalen Öffnungen werden die statisch berechnete **Tragbewehrung** und die **Querbewehrung** in der vorgesehenen Position gehalten. Die Schalungssteine werden in die Anschlussbewehrung aus den Fundamenten eingeführt, die Anschlussbewehrung in die Decke wird beim Betonieren der obersten Schichten eingebaut.

Schalungssteine aus Leichtbeton mit integrierter Wärmedämmung ermöglichen einen erhöhten Wärmeschutz.

> **Schalungssteine** werden im Verband versetzt und abschnittsweise bewehrt und mit Beton verfüllt.

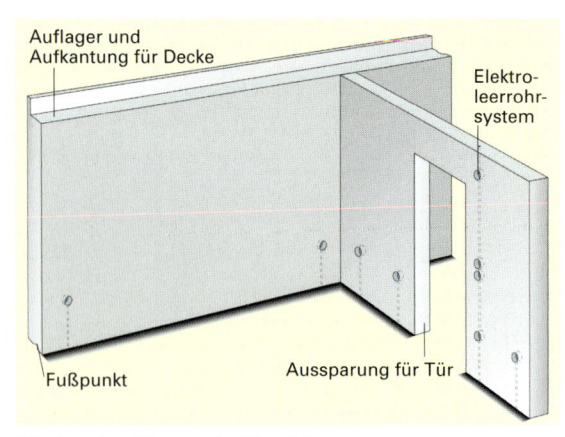

Prinzipskizze für massive Wandelemente

Massives Wandelement mit Aussparungen, Elektroleerrohrsystem und Aussparungen für Eckverbindung

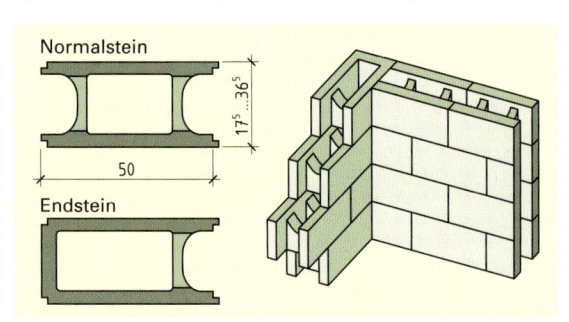

Beispiele für Schalungssteine — Schalungssteine im Verband versetzt

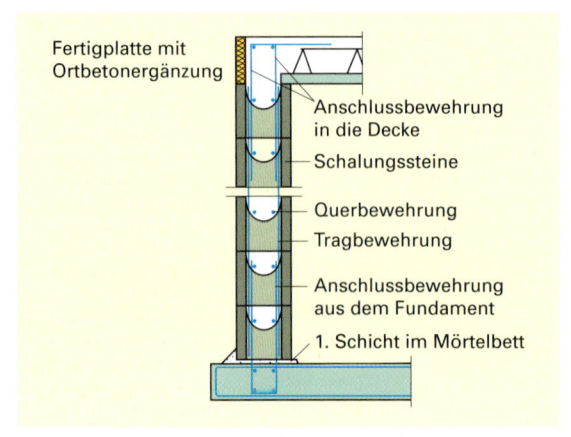

Untergeschosswand aus Schalungssteinen

4 Herstellen einer Kelleraußenwand — Nicht drückendes Wasser

4.4 Abdichtung gegen Feuchtigkeit

Bei der Herstellung von Kelleraußenwänden sind die Angaben der **DIN 18195, „Bauwerksabdichtungen"**, zu beachten.

Diese Norm unterscheidet Einwirkungen durch

- Bodenfeuchte,
- nicht drückendes Wasser,
- von außen drückendes Wasser und zeitweise aufstauendes Sickerwasser.

Niederschläge, die versickern, sind im Boden meistens kapillar gebunden. Diese Feuchtigkeit wird als **Bodenfeuchte** bezeichnet.

In durchlässigen Boden einsickerndes Wasser wird als **nicht stauendes Sickerwasser** bezeichnet und wirkt auf Kelleraußenwände als **nicht drückendes Wasser**.

Treten wenig wasserundurchlässige Bodenschichten auf, staut sich das Niederschlagswasser auf diesen Schichten, was zu einer Belastung der Kelleraußenwände führen kann. Besonders bei Hanglagen bildet sich oft **Schichtenwasser**, wenn Sickerwasser auf wasserundurchlässige Bodenschichten trifft. Diese Einflüsse werden als **zeitweise aufstauendes Sickerwasser** bezeichnet.

Bei **drückendem Wasser** ist das Kellergeschoss teilweise oder ganz bis in den **Grundwasserbereich** gebaut, sodass auf die Wände ein hydrostatischer Druck wirkt.

Um Bauschäden zu vermeiden, müssen erdberührte Bauteile gegen Feuchtigkeit und Wasser geschützt werden.

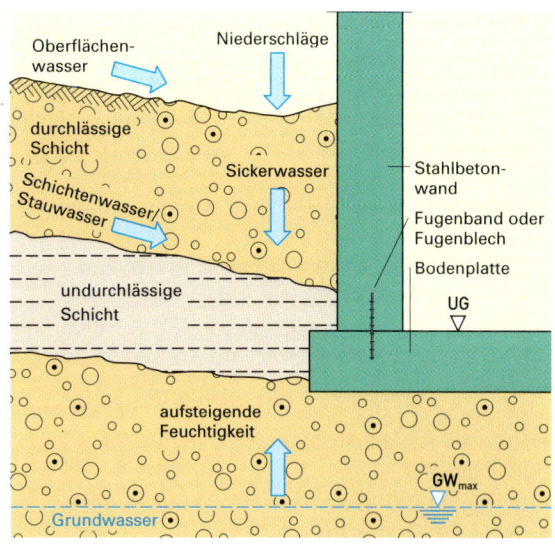

Anfallende Wässer bei tief liegendem Grundwasserspiegel

4.4.1 Abdichtung gegen Bodenfeuchtigkeit und nicht drückendes Wasser

Bei Kelleraußenwänden aus Stahlbeton kann die waagerechte Abdichtung zwischen Wand und Fundament durch wasserundurchlässigen Beton erreicht werden.

Für die senkrechte Abdichtung eignen sich zementgebundene Dichtungsschlämmen oder -putze. Üblicherweise werden Kelleraußenwände aus Stahlbeton jedoch wie gemauerte, erdberührte Außenwandflächen abgedichtet.

4.4.2 Abdichtung gegen drückendes Wasser

Zeitweise aufstauendes Sickerwasser und Grundwasser üben auf Wände einen **hydrostatischen Druck** aus, der durch Abdichtungsmaßnahmen aufgenommen werden muss.

Werden Wände aus Mauerwerk oder Stahlbeton durch zusätzlich aufgebrachte hautförmige Abdichtungen aus Bitumen- oder Kunststoffbahnen gegen drückendes Wasser geschützt, spricht man von einer **schwarzen Wanne**. ◁ K 10.5.1

Eine Konstruktion aus **Beton mit hohem Wassereindringwiderstand** (wasserundurchlässiger Beton) ohne zusätzliche Abdichtungen wird als **weiße Wanne** bezeichnet. ◁ K 15.6.2

Weiße Wanne

Für den Fall, dass das Projekt „Jugendtreff" im Grundwasserbereich steht, ist der unterkellerte Teil als **weiße Wanne** auszuführen.

Neben der tragenden Funktion übernehmen die Bauteile aus Stahlbeton bei der weißen Wanne auch die abdichtende Aufgabe.

Bei der Erstellung einer weißen Wanne sind die fachliche Kompetenz und die sorgfältige Arbeitsweise des Beton- und Stahlbetonbauers wichtige Voraussetzungen.

Er muss sich sehr gut mit Schaltechniken, der Bewehrungsführung und der Betonverarbeitung auskennen (siehe Abschnitt 4.2) sowie genau Bescheid wissen über die Ausbildung von unvermeidbaren Fugen.

Eine **weiße Wanne** wird als **wasserundurchlässiges Bauwerk** bezeichnet. Wasserdicht ist sie nicht, denn ein sehr geringer Wassertransport kann kapillar oder durch Diffusion erfolgen.

In der Richtlinie **„Wasserundurchlässige Bauwerke aus Beton (WU-Richtlinie)"** des Deutschen Ausschusses für Stahlbeton (DAfStb) sind in Ergänzung zur DIN 1045 maßgebliche Anforderungen an die Herstellung weißer Wannen geregelt.

4 Herstellen einer Kelleraußenwand — Weiße Wanne

Bauteildicke

Mindestdicke und Konstruktion der Betonbauteile sind so zu wählen, dass die Bauteile unter Beachtung der Betondeckung, der erforderlichen Bewehrung und der Fugenabdichtungen fachgerecht betoniert werden können.

In nebenstehender Tabelle sind empfohlene Mindestdicken für Wände aus Ortbeton, Elementwände und Fertigteile, sowie Bodenplatten in Abhängigkeit von der **Beanspruchungsklasse** angegeben.

K 15.6.2 Um den fachgerechten Einbau innen liegender Fugenabdichtungen sicherzustellen, gibt es Empfehlungen für die Mindestmaße $b_{W,i}$, für Ortbeton als lichtes Maß zwischen den Bewehrungslagen, für Elementwände als lichten Abstand der Innenflächen der Fertigteilplatten:

- bei einem Größtkorn von 8 mm, $b_{W,i} \geq 120$ mm,
- bei einem Größtkorn von 16 mm, $b_{W,i} \geq 140$ mm,
- bei einem Größtkorn von 32 mm, $b_{W,i} \geq 180$ mm.

Beton

Die statische Beanspruchung und die **Expositionsklasse** des Bauteils nach DIN 1045 bestimmen die Wahl der **Betonfestigkeitsklasse**, des **w/z-Wertes**, des **Mindestzementgehaltes** und der **Zementart**.

K 5.4

Für eine ausreichende Verarbeitbarkeit ist meist die **Konsistenzklasse** F3 oder eine weichere Konsistenz zu wählen.

Bei freien Fallhöhen des Betons von mehr als 1 m ist stets eine **Anschlussmischung** mit kleinerem Größtkorn zu verwenden, um einen fehlstellenfreien Betoneinbau am Fußpunkt sicherzustellen.

Um die Schwindrissbildung bei der Erhärtung des Betons möglichst gering zu halten, ist Wert auf eine sorgfältige **Nachbehandlung** zu legen.

Für die Herstellung einer weißen Wanne können auch **Hohlwandelemente** eingebaut werden, deren Innenseiten so beschaffen sind, dass der Verbund und eine hohlraumfreie Verbindung zwischen dem Kernbeton und den Elementschalen sichergestellt sind. Die raue Oberfläche an der Innenseite der Schalen muss besonderen Anforderungen genügen.

Vor dem Einbau des Kernbetons sind die Innenoberflächen ausreichend vorzunässen. Der Einbau des Kernbetons erfolgt in gleichmäßigen, etwa 50 cm hohen Lagen (siehe Abschnitt 4.2.3). Durch eine sorgfältige **Verdichtung** werden Hohlräume und Kiesnester vermieden. Elementwandplatten müssen im Bereich der Arbeitsfuge zur Bodenplatte mindestens 30 mm hoch aufgeständert werden (siehe Abschnitt 4.3.1).

Bewehrung

Die Bewehrungsführung muss ein einwandfreies Einbringen und Verdichten des Frischbetons ermöglichen.

Die Anordnung einer beidseitigen Längs- und Querbewehrung ergibt ein Bewehrungsnetz für wasserundurchlässige Bauwerke. Bewehrungsstöße sollten versetzt angeordnet werden.

Bauteil	Beanspruchungsklasse	Ausführungsart		
		Ortbeton	Elementwände	Fertigteile
Wände	1[1]	240	240	200
	2[2]	200	240[3]	100
Bodenplatte	1[1]	250		200
	2[2]	150		100

[1] Beanspruchungsklasse 1: drückendes und nicht drückendes Wasser sowie zeitweise aufstauendes Sickerwasser

[2] Beanspruchungsklasse 2: Bodenfeuchte und nicht stauendes Sickerwasser

[3] Unter Beachtung besonderer betontechnischer und ausführungstechnischer Maßnahmen ist eine Abminderung auf 200 mm möglich.

Empfohlene Mindestdicken von Bauteilen (Angaben in mm)
(Auszug aus der DAfStb-Richtlinie „Wasserundurchlässige Bauwerke aus Beton (WU-Richtlinie)")

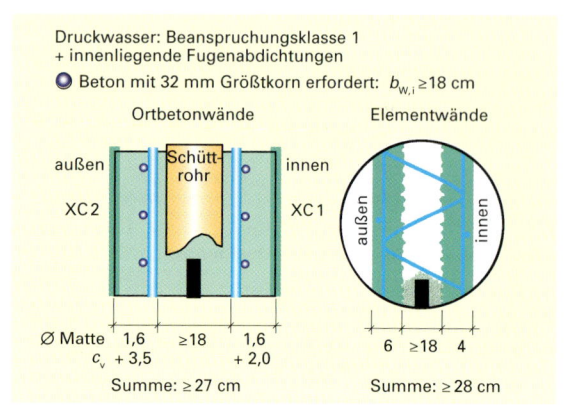

Druckwasser: Beanspruchungsklasse 1 + innenliegende Fugenabdichtungen

- Beton mit 32 mm Größtkorn erfordert: $b_{W,i} \geq 18$ cm

Ortbetonwände: außen XC2 — Schüttrohr — innen XC1
Ø Matte 1,6 ≥18 1,6
c_v + 3,5 + 2,0
Summe: ≥ 27 cm

Elementwände: außen — innen
6 ≥18 4
Summe: ≥ 28 cm

Bauteildicken aufgrund der Mindestanforderungen an das lichte Maß $b_{W,i}$

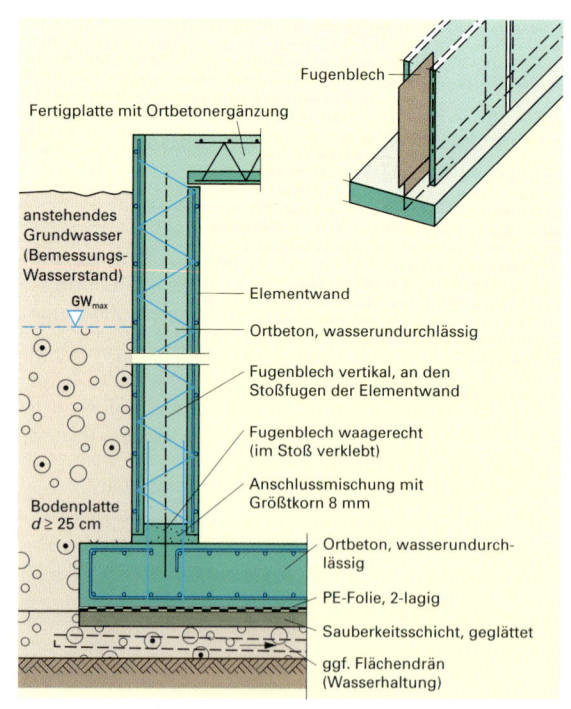

Fugenblech
Fertigplatte mit Ortbetonergänzung
anstehendes Grundwasser (Bemessungs-Wasserstand) GW_{max}
Elementwand
Ortbeton, wasserundurchlässig
Fugenblech vertikal, an den Stoßfugen der Elementwand
Fugenblech waagerecht (im Stoß verklebt)
Anschlussmischung mit Größtkorn 8 mm
Bodenplatte $d \geq 25$ cm
Ortbeton, wasserundurchlässig
PE-Folie, 2-lagig
Sauberkeitsschicht, geglättet
ggf. Flächendrän (Wasserhaltung)

Beispielhafte Ausführung einer Elementwand mit Ortbetonergänzung und Fugenabdichtungssystem (Weiße Wanne)

4 Herstellen einer Kelleraußenwand — Arbeitsfugen

Bei der Herstellung einer weißen Wanne ist es sinnvoll, zusätzlich zu der statisch erforderlichen Bewehrung einen Bewehrungsanteil zur **Begrenzung der Schwindrissbildung** vorzusehen.

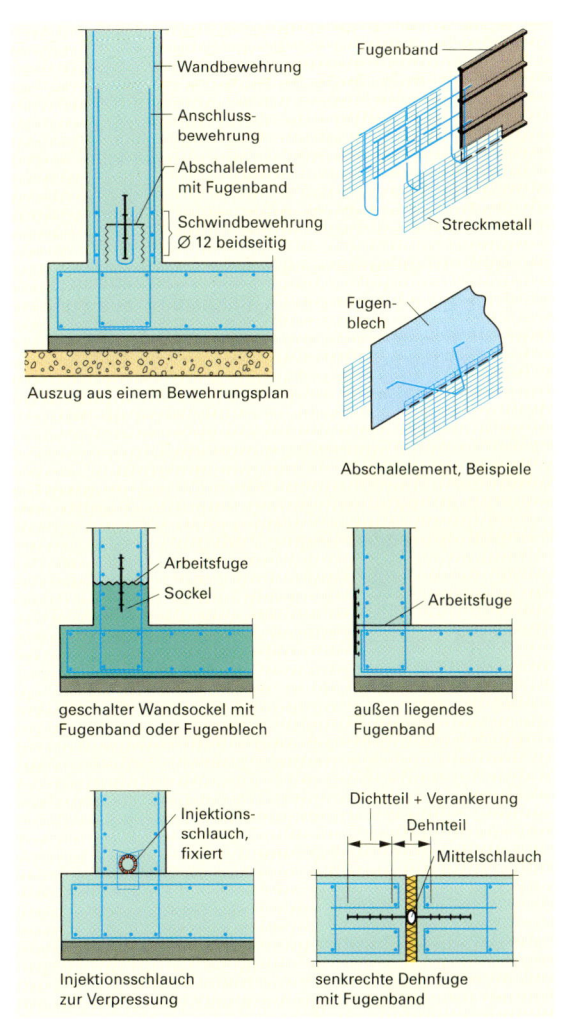

Fugen

Fugen müssen bei weißen Wannen dauerhaft wasserundurchlässig sein.

Arbeitsfugen

Um eine dichte Wannenkonstruktion aus **Beton mit hohem Wassereindringwiderstand** zu erhalten, wird die Bodenplatte in der Regel als Plattenfundament ausgeführt. Vor dem Betonieren der Fundamentplatte ist eine **Sauberkeitsschicht** einzubringen.

Die aufgehenden Kelleraußenwände können erst in unabhängigen Arbeitschritten nach dem Betonieren der Bodenplatte hergestellt werden. Bei der Ausbildung der dadurch unvermeidlichen **Arbeitsfuge** ist besondere Sorgfalt wichtig.

Am Übergang von der Fundamentplatte zur aufgehenden Wand ist ein horizontales Eindringen von Feuchtigkeit zu verhindern.

Es gibt mehrere Möglichkeiten der Ausführung für Arbeitsfugen, die eine abdichtende Wirkung aufweisen. Dazu ist eine genaue Planung notwendig.

Fugenabdichtungen

Arbeitsfugen sind planmäßig festzulegen und entwurfsmäßig auszuführen.

Als Fugenabdichtungen dürfen nur Produkte verwendet werden, für die durch einen Verwendbarkeitsnachweis sichergestellt ist, dass sie den Anforderungen genügen.

Die am meisten ausgeführten Abdichtungen von Arbeitsfugen sind der Einbau von Fugenbändern, wobei zwischen **innen liegenden** und **außen liegenden Fugenbändern** unterschieden wird, **sowie Fugenblechen** oder **Injektionsschläuchen** mit Verpressung.

Innen liegende Fugenbänder

Innen liegende Fugenbänder sind gegen mechanische Einflüsse von außen geschützt. Bei horizontalen Arbeitsfugen zwischen Fundamentplatte und Wand können die Fugenbänder beim Betonieren leicht umknicken, wodurch Hohlräume entstehen können.

Um dies zu vermeiden, müssen die **innen liegenden Fugenbänder** durch die Bewehrung fixiert werden. Beim Betonieren ist darauf zu achten, dass die Fugenbänder in ihrer vorgesehenen Lage verbleiben.

Wird die Bodenplatte mit einer Aufkantung betoniert, kann das innen liegende Fugenband dort platziert werden. Dies ist sinnvoll, wenn im Anschlussbereich von der Bodenplatte zur Wand ein hoher Bewehrungsgrad den Einbau des Fugenbandes erschwert.

Heute gibt es werkmäßig hergestellte Einbauteile, die als Abschalelemente mit einem Fugenbandkorb die Herstellung einer Aufkantung zwischen Bodenplatte und Wand erleichtern und die Lage des Fugenbandes fixieren. Ein Umknicken beim Einbau des Wandbetons wird verhindert.

Bei Hohlwandelementen dürfen Arbeitsfugen nur in Höhe der Bodenplatte angeordnet werden.

Bei senkrechten Arbeitsfugen ist eine ordnungsgemäße Ausführung mit innen liegenden Fugenbändern weniger problematisch.

Außen liegende Fugenbänder

Außen liegende Fugenbänder können an der Außenschalung befestigt und damit in ihrer Lage fixiert werden. Nach dem Ausschalen ist sofort zu erkennen, ob eine sichere Ausführung erfolgt ist. Etwaige Fehler werden erkannt und können behoben werden.

Von Nachteil ist, dass außen liegende Fugenbänder mehr mechanischen Beschädigungen ausgesetzt sind. Sie müssen vor dem Verfüllen des Arbeitsraumes durch Schutzschichten gesichert werden.

Die Verbindung von Fugenbändern an z. B. Ecken oder Kreuzungen muss durch werkseitige Formteile oder auf der Baustelle durch geschulte Fachkräfte erfolgen.

4 Herstellen einer Kelleraußenwand — Wanddurchführungen

Fugenbleche

Eine Alternative zu innen liegenden Fugenbändern sind Fugenbleche. Für Fugenbleche aus fettfreien unbeschichteten Blechen mit einer Blechdicke von mindestens 1,5 mm darf der Verwendbarkeitsnachweis entfallen, wenn je nach Höhe des Wasserdruckes festgelegte Breiten eingehalten werden. Die Fugenbleche müssen beiderseits der Fuge jeweils mit ihrer halben Breite in den Beton einbinden.

Da diese gegenüber den Fugenbändern aus steifem Material hergestellt sind, besteht bei horizontalen Arbeitsfugen beim Betonieren weniger die Gefahr des Umknickens.

Auch hierfür gibt es werkmäßig hergestellte Einbauteile als Abschalelemente mit einem fixierten Fugenblech.

Bewegungsfugen und Trennfugen

Ist es durch große Bauwerksabmessungen notwendig, Fugen anzuordnen, die Spannungen in den Bauteilen (z. B. durch Temperaturdehnungen) vermindern bzw. verhindern, spricht man von **Bewegungsfugen**.

Bei **Trennfugen** handelt es sich um Fugen zwischen verschiedenen Bauteilen.

Für die Abdichtung dieser Fugen werden **Dehnfugenbänder** mit eingebauten Kammern gewählt, die Bewegungen im Bauwerk oder zwischen Bauteilen ausgleichen können.

Wanddurchführungen

Sind Wanddurchführungen für **Versorgungs- und Entsorgungsleitungen** im Kellerbereich unvermeidlich, können fertige Dichteinsätze direkt in die Aussparungen eingesetzt werden. Obwohl diese industriell vorgefertigt sind, ist beim Einbau besondere Sorgfalt geboten.

Fugenart	Fugenband	Form/Bezeichnung
Arbeitsfugen	innen liegendes Arbeitsfugenband	Typ A
Arbeitsfugen	außen liegendes Arbeitsfugenband	Typ AA
Dehnfugen	innen liegendes Dehnfugenband	Typ D
Dehnfugen	außen liegendes Dehnfugenband	Typ DA
	Fugenabschlussband	Typ FA

Formen und Bezeichnungen von Fugenbändern (Beispiele)

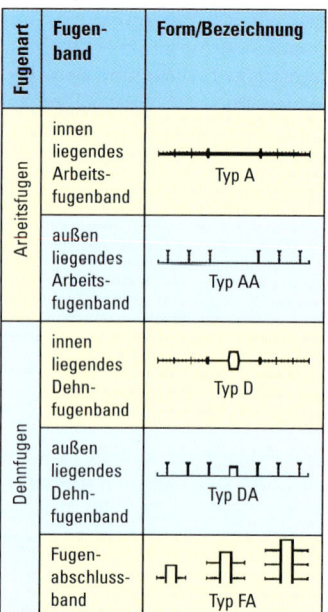

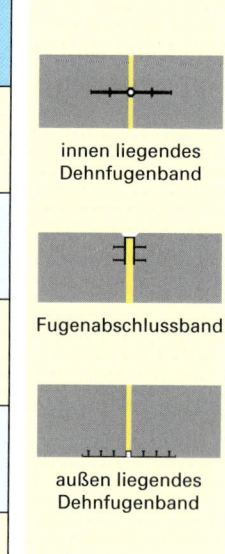

Beispiele für den Einbau von Dehnfugenbändern:
- innen liegendes Dehnfugenband
- Fugenabschlussband
- außen liegendes Dehnfugenband

Möglichkeit der Wanddurchführung

Beispiel Wanddurchführung

Zusammenfassung

Gebäude müssen gegen Bodenfeuchtigkeit und drückendes Wasser abgedichtet werden.

Schwarze und weiße Wannen schützen die Bauwerke gegen drückendes Wasser.

Bei einer weißen Wanne übernehmen die Stahlbetonbauteile auch die abdichtende Funktion.

Besondere Sorgfalt ist bei einer weißen Wanne auf die Ausführung der Fugen zu legen.

Arbeitsfugen entstehen beim Betonieren zwischen Bodenplatte und aufgehender Wand und zwischen Wand und Decke.

Fugen können durch innen oder außen liegende Fugenbänder, bzw. durch Fugenbleche oder Injektionsschläuche abgedichtet werden.

Um Bewegungen in Bauwerken aufnehmen zu können, werden Bewegungs- oder Trennfugen vorgesehen.

Aufgaben:

1. Erklären Sie den Begriff „weiße Wanne".
2. Wählen Sie die Bauteildicke für die Kelleraußenwände des „Jugendtreffs" in Ortbeton für den Fall, dass Grundwasser ansteht (weiße Wanne). Begründen Sie Ihre Wahl.
3. Die Kelleraußenwände der weißen Wanne sollen aus Hohlwandelementen hergestellt werden. Worauf ist beim Verfüllen mit Beton zu achten?
4. Unterscheiden Sie die Möglichkeiten der Abdichtung von Arbeitsfugen.
5. Als Alternative zur weißen Wanne soll eine schwarze Wanne in Erwägung gezogen werden. Beschreiben Sie die Arbeitsschritte.

4 Herstellen einer Kelleraußenwand — Oberflächengestaltung

4.5 Oberflächengestaltung

Stahlbetonwände können ohne weitere Beschichtungen gestaltet werden. Im Kellergeschoss des „Jugendtreffs" sollen sowohl die betonierten Wände des Raumes für Tennis und Disco wie auch die Treppenhauswände unbeschichtet bleiben und daher in Sichtbeton ausgeführt werden.

Die Oberfläche dieser Kelleraußenwände ist das Spiegelbild der verwendeten Schalung sowie einer fachgerechten Ausführung.

Der Planer muss beim Beton- und Stahlbetonbauer eine hohe Fachkompetenz voraussetzen können, um sicher zu sein, dass die geplante Betonoberfläche seinen Vorstellungen entspricht.

Sichtbeton wird in **vier Sichtbetonklassen** eingeteilt, denen entsprechende Anforderungen zugeordnet sind.

Kriterien hierfür sind z. B. die Porigkeit, die Farbgleichmäßigkeit, die Ebenheit und die Fugen.

Der Sichtbetonklasse 1 entspricht eine Oberfläche mit nur geringen gestalterischen Anforderungen, z. B. in Kellerräumen oder Wände in Werkstätten.

Normale gestalterische Anforderungen werden z. B. an Treppenhauswände oder an Stützwände gestellt.

Die Sichtbetonklasse 3 wird nochmals unterteilt, wobei z. B. Fassaden bei Sichtbetonbauwerken hohen gestalterischen Anforderungen genügen müssen, während z. B. Sichtbetonwände in Bauwerken mit hohem Publikumsverkehr von besonders hoher gestalterischer Bedeutung sind.

Je höhere Ansprüche an die Oberfläche der Betonoberfläche gestellt werden, umso kostenintensiver wird die Herstellung.

Es ist deshalb sinnvoll, die Herstellung einer Erprobungsfläche zu erwägen. Während bei den Sichtbetonklassen 1…3 Erprobungsflächen freigestellt, empfohlen und dringend empfohlen werden, sind sie bei der Klasse 4 unbedingt erforderlich.

Die Sichtfläche hängt im Wesentlichen vom verwendeten Schalmaterial, dem gewählten Beton und dessen Einbau, der Anordnung der Fugen und der Lage der Schalungsanker ab. Der Planer muss hierzu genaue Angaben machen.

Schalhaut

Durch den Einsatz von **kunstharzbeschichteten Schalungsplatten** und **glatten Kunststoffschalungen** erhält man eine glatte Oberfläche. Die Schalhautelemente bleiben durch die Stoßfugen der Schalhaut in der Ansichtsfläche stets sichtbar und sind zwangsläufiger Teil der Flächengestaltung.

Werden als Schalhaut **raue Bretter** verwendet, spiegelt sich deren Struktur in der ausgeschalten Betonoberfläche wider.

Erprobungsflächen für Sichtbeton

Glatte Sichtbetonfläche. Die Schalhautelemente und die Öffnungen für die Schalungsanker bieten gestalterische Möglichkeiten

> Eine Sichtbetonoberfläche ist das Spiegelbild der verwendeten Schalung und einer fachgerechten Ausführung.
> Es gibt vier Sichtbetonklassen.

4.5.1 Mit Schalhaut gestaltete Betonflächen

Diese Ausführungsvariante wird am häufigsten ausgeführt.

Die Oberfläche einer Betonwand kann individuell gestaltet werden, z. B. durch

- kunstharzbeschichtete Schalungsplatten,
- glatte Kunststoffschalungen,
- raue Bretter,
- gehobelte oder geflammte Bretter,
- Strukturschalungen.

Glatte Sichtbetonfläche in einem Treppenhaus

4 Herstellen einer Kelleraußenwand — Schalungsanker

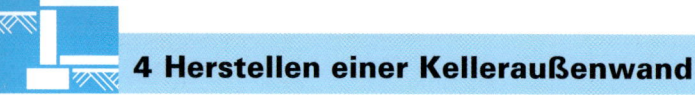

Beim Schalungsaufbau ist auf eine gleichmäßige Holzqualität zu achten, um ungleichmäßige Verfärbungen zu vermeiden. Je nach gewähltem Brettabstand entstehen unterschiedlich breite Schalungsgrate.

Durch **gehobelte Bretter** entsteht eine gleichmäßigere Struktur der Betonoberfläche, **geflammte Bretter** heben die Holzstruktur noch mehr hervor.

Mit vorgefertigten **Schalungsmatrizen** kann eine beliebig strukturierte Oberfläche gestaltet werden.

Da scharfkantige Bauteilecken beim Ausschalen und durch mechanische Beanspruchung im Gebrauchszustand leicht beschädigt werden können, werden diese üblicherweise durch Einlegen einer **Dreikantleiste** gebrochen. Es ist wichtig, bei der Materialwahl darauf zu achten, dass die Dreikantleisten in ihrem Saugverhalten dem eingesetzten Schalhautmaterial entsprechen, um Farbunterschiede im Randbereich zu vermeiden. Dies bedeutet, entweder PVC- oder Holzdreikantleisten zu verwenden.

Aus gestalterischen Gründen können auch scharfkantige Bauteilecken ausgeführt werden. Anstatt der Dreikantleisten muss eine gesonderte **Abdichtung der Schalung** vorgesehen werden, um ein Ausbluten des Betons zu verhindern.

Schalungsanker

Um den Frischbetondruck aufzunehmen, ist ein Verspannen der Schalung mit Schalungsankern notwendig. Sinnvoll sind **Schalungsanker mit Hüllrohren**, da die Ankerstellen sichtbar bleiben und als wesentliches Gestaltungsmerkmal genutzt werden können. Durch das Einlegen eines Konus an der Kontaktstelle zur Schalung entsteht eine gebrochene Kante. Nach dessen Entfernung wird der entstandene Hohlraum mit einem Verschlusskonus aus Kunststoff oder Faserzement geschlossen.

Beton

Für Sichtbetonwände wird üblicherweise ein **Größtkorn** von 16 mm gewählt. Um Fehlstellen von Bauteilanschlüssen, z. B. im Fußbereich von Wänden, zu vermeiden, ist in diesen Bereichen oft ein kleineres Größtkorn sinnvoll.

Durch **Betonzusatzmittel** kann die Konsistenz des Betons wunschgemäß verändert werden, wobei es ratsam ist, rechtzeitig eine Erstprüfung durchzuführen.

Das **Einbringen und Verdichten des Betons** bei Wänden erfolgt in gleichmäßigen Lagen von etwa 30…50 cm. Durch eine geringe Fallhöhe beim Einbau ist ein Entmischen des Betons zu verhindern.

Die **Wahl des Zementes** kann das Erscheinungsbild der Betonoberfläche maßgeblich beeinflussen, wobei die Farbe von hell- bis dunkelgrau oder bis rötlichbraun variieren kann.

Auch durch **Farbpigmente** können unterschiedliche Farbtöne erzielt werden.

Am häufigsten wird für die **Nachbehandlung** eine PE-Folie angebracht. Dabei ist darauf zu achten, dass ein

Sichtbeton mit waagerechter Brettstruktur

Waagerechte und senkrechte Brettstruktur

Mit Schalungsmatrizen gestaltete Sichtbetonfläche

Beispiele für Sichtbeton mit Schalungsmatrizen

4 Herstellen einer Kelleraußenwand — Sichtbeton

geringer Luftaustausch möglich ist, um eine zu starke Kondenswasserbildung und damit Verfärbungen zu vermeiden. Durch eine Hilfskonstruktion aus Kunststoff ist das möglich, denn Holz würde an den Kontaktstellen wiederum zu ungewünschten Verfärbungen führen.

Bewehrung

Ein störungsfreies Einbringen des Betons muss durch **ausreichende Betondeckung** gewährleistet sein.

Das sorgfältige Verlegen der Bewehrung mit einer genügenden Anzahl **Abstandhalter** ist Voraussetzung für eine einwandfreie Sichtbetonfläche.

Üblicherweise werden Abstandhalter aus Kunststoff oder Faserzement verwendet.

> Betonflächen können unterschiedlich gestaltet werden.
>
> Die Sichtfläche hängt vom verwendeten Schalmaterial, dem gewählten Beton und dessen Einbau, der Anordnung der Fugen und der Schalungsanker ab.
>
> Eine ausreichende Betondeckung und Abstandhalter gewährleisten einen sicheren Einbau der Bewehrung.

4.5.2 Nachträglich bearbeitete Betonflächen

Um eine sichtbare Betonoberfläche zu gestalten, kann diese nach dem Betonieren bearbeitet werden.

Die Bearbeitung kann vor dem Erhärten des Betons erfolgen, z. B. durch Auswaschen der oberen Zementschicht, damit die Kornstruktur der Gesteinskörnung sichtbar wird.

Eine weitere Gestaltungsmöglichkeit ist eine Bearbeitung nach dem Erhärten des Betons, z. B. durch Sandstrahlen, Stocken oder Spitzen, um Effekte zu erzielen wie die Steinmetze bei der Bearbeitung von Naturstein.

> **Zusammenfassung**
>
> Stahlbetonwände können ohne weitere Beschichtungen gestaltet werden.
>
> Sichtbeton wird in vier Sichtbetonklassen eingeteilt.
>
> Die Oberflächengestaltung von Sichtbeton kann durch die Schalung erfolgen oder durch eine nachträgliche Bearbeitung.
>
> Besondere Sorgfalt ist nötig bei der Wahl des Schalmaterials, des Betons und dessen Einbringen, der Anordnung der Fugen und der Schalungsanker und dem Einbau der Bewehrung.
>
> Bei der Herstellung von Sichtbeton sind die Vorgaben des Planers zu beachten.

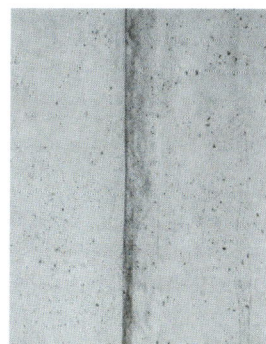

Arbeitsfuge ohne und mit Dichtband

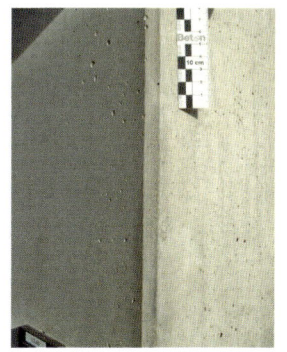

Bauteilkante mit und ohne Dreikantleiste

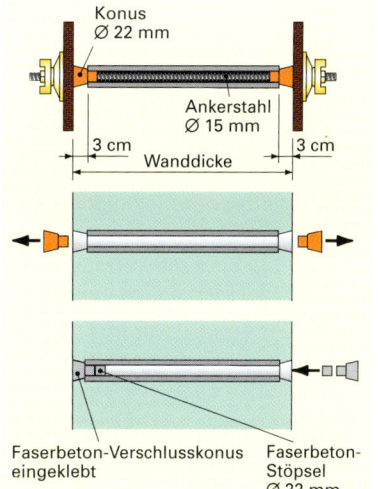

Einbauprinzip eines Schalungsankers mit Hüllrohr

Eingebauter Betonabstandhalter aus Faserzement

Aufgaben:

1. a) Machen Sie je einen Vorschlag für die Gestaltung der Sichtbetonwände des Raumes Tennis/Disco und des Treppenhauses im „Jugendtreff". Begründen Sie Ihre Wahl.
   b) Ordnen Sie den Räumen eine Sichtbetonklasse zu.
2. Beschreiben Sie das Einbauprinzip eines Schalungsankers bei einer Sichtbetonwand.

4 Herstellen einer Kelleraußenwand — Perimeterdämmung

4.6 Lichtschächte

Liegt der Sockel eines Gebäudes im Boden, so müssen für die Kellergeschossfenster Lichtschächte vorgesehen werden.

Um ausreichenden Lichteinfall zu erhalten, soll die innere Lichtschachtausladung mindestens der Fensterhöhe entsprechen. Die innere Breite des Lichtschachtes entspricht der Fensterbreite +10…20 cm.

Der Lichtschachtboden liegt etwa 10 cm tiefer als die Fensterbrüstung und erhält ein Gefälle zum Auslauf. Eine gute Sickerung (Kiesschüttung) unter dem Auslauf muss gewährleistet sein.

Häufig werden Lichtschächte auch ohne Betonboden ausgeführt. Der Boden wird dann mit Kies (etwa 15 cm dick) aufgefüllt.

Lichtschächte müssen fest mit den Kelleraußenwänden verbunden sein, damit sie bei Setzungen nicht abgerissen werden.

Zum Schutze der Passanten werden Lichtschächte mit verzinkten Stahlrosten abgedeckt.

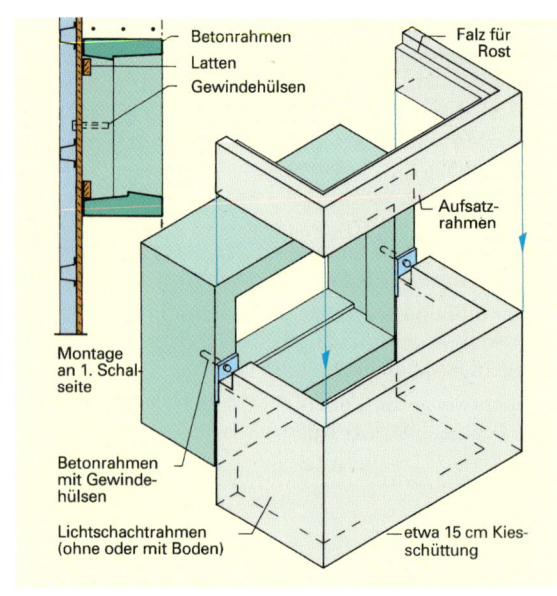

> Zur Belichtung und Belüftung im Boden liegender Kellergeschossräume werden an den Fenstern Lichtschächte angebaut.
>
> Die Lichtschächte sind mit den Wänden fest zu verbinden.

Fensterrahmen und Lichtschacht aus Betonfertigteilen

4.7 Wärmedämmung

Außenwände haben einen erheblichen Einfluss auf den Heizenergieverbrauch eines Gebäudes.

Durch die Einführung der Energieeinsparverordnung wird ein Nachweis des Wärmeschutzes von Gebäuden verlangt.

Weitere Ziele der Wärmedämmung sind die Vermeidung von Bauschäden durch Tauwasserbildung und eine Verbesserung des Raumklimas.

Perimeterdämmung

Kelleraußenwände können im Bereich der Erdanschüttung eine außen liegende Wärmedämmung erhalten. Dafür eignen sich geschlossenporige Schaumkunststoffplatten mit geringer Wasseraufnahme und hoher Druckfestigkeit, z. B. extrudierte Polystyrol-Hartschaumplatten. Die Dämmplatten werden außerhalb der wasserundurchlässigen Schicht (z. B. Abdichtung mit Bitumen- oder Kunststoffbahnen, WU-Beton) angebracht.

Eine Perimeterdämmung hat gegenüber einer innen liegenden Wärmedämmschicht den Vorteil, dass der Taupunkt außerhalb der Wandkonstruktion liegt und dass die Wärmespeicherfähigkeit des Wandbaustoffes für ein angenehmeres Raumklima sorgt. Außerdem ist dadurch eine Oberflächengestaltung aus Sichtbeton möglich (siehe Abschnitt 4.5).

1. **Kellerwand gegen Feuchtigkeit abdichten.** Geeignet sind bitumenhaltige Anstriche, Spachtelmassen, Dichtungsschlämmen oder Abdichtungsbahnen und WU-Beton.

2. **Zweikomponentenkleber aufbringen.** Er sorgt dafür, dass die Dämmplatten an der Wand kleben, bis sie später vom Erdreich angepresst werden.

3. **Ansetzen der Platten.** Die Dämmstoffplatten müssen dicht gestoßen im Verband verlegt werden. Der umlaufende Stufenfalz sorgt für einen guten Fugenschluss.

4. **Verfüllung der Baugrube, in Lagen verdichten.**

Anbringen einer Perimeterdämmung

> Für die Wärmedämmung von Kellergeschosswänden eignet sich eine außen liegende Dämmschicht, die Perimeterdämmung.

Aufgabe:

Begründen Sie das Anbringen einer Perimeterdämmung bei der Kelleraußenwand des Projektes „Jugendtreff".

Kapitel 5:
Herstellen einer Massivdecke

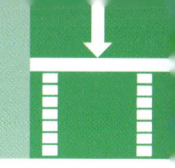

Kapitel 5 vermittelt die Kenntnisse des Lernfeldes 9 für Maurer/-innen und des Lernfeldes 11 für Beton- und Stahlbetonbauer/-innen.

Bei unserem Projekt „Jugendtreff" handelt es sich um ein zweigeschossiges Gebäude. Die beiden Geschosse werden durch Massivdecken voneinander getrennt. Für die Massivdecken wird der Baustoff Stahlbeton verwendet. Er ermöglicht Deckenkonstruktionen mit geringer Bauhöhe und großer Spannweite. Die Massivdecken, die für das Projekt „Jugendtreff" vorgesehen werden, können als Stahlbetonvollplatten und/oder Teilmontagedecken eingebaut werden. Die Verwendung industriell gefertigter Fertigteildecken hat zum Ziel, wirtschaftlicher und schneller zu bauen sowie Preise und Bautermine zu halten.

Für die Baufachkraft ist es notwendig, die Beton-, Bewehrungs- und Schalungsarbeiten sach- und fachgerecht auszuführen. Dazu sind Kenntnisse über die Zusammensetzung des Baustoffes Stahlbeton, über die Bewehrungsrichtlinien und die Schalungskonstruktionen erforderlich.

Das Arbeiten auf der Baustelle „Jugendtreff" ist mit großen Gefahren verbunden. Um Unfälle zu vermeiden bzw. einzuschränken, sind Unfallverhütungsvorschriften zu beachten. Deshalb sind Kenntnisse über Schutzdächer und Schutzgerüste unverzichtbar.

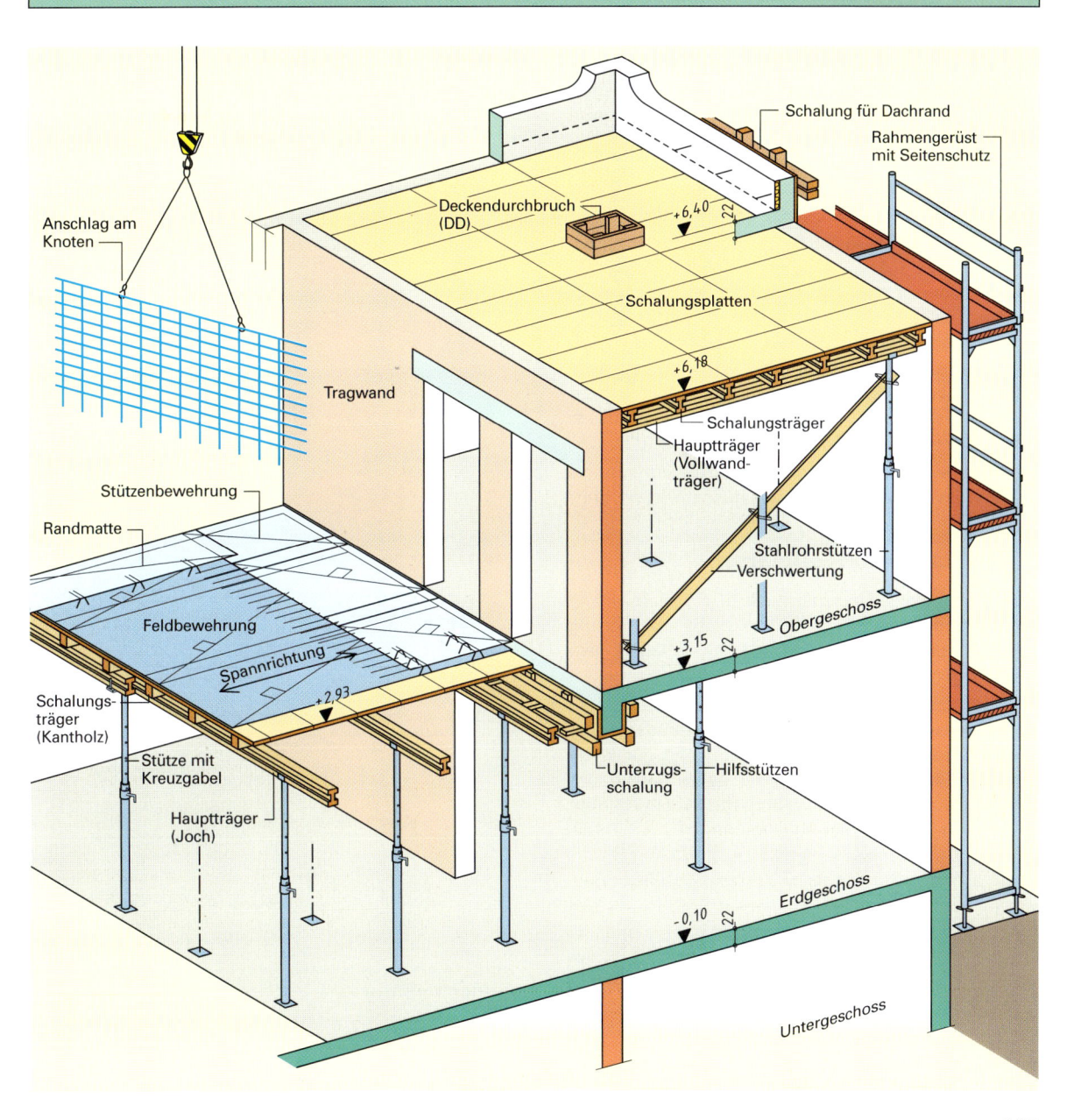

5 Herstellen einer Massivdecke — Grundformen

5.1 Deckenkonstruktionen

Die Massivdecken für das Projekt „Jugendtreff" werden aus Stahlbeton hergestellt.

Decken sind flächige Bauteile, die Räume nach oben bzw. unten abschließen und die bauphysikalischen Anforderungen hinsichtlich Schall-, Wärme- und Brandschutz erfüllen müssen. Sie werden so ausgeführt, dass sie die ständigen Lasten und Nutzlasten aufnehmen und sicher in die Auflager ableiten. Sie liegen als ebene Flächentragwerke linienförmig auf Wänden oder Balken oder punktförmig auf Stützen auf. Neben der raumabschließenden und kräfteableitenden Funktion erfüllen Decken eine wichtige **aussteifende Aufgabe**.

5.1.1 Grundformen

Die Massivdecken, die für den Jugendtreff eingebaut werden, weisen unterschiedliche **Spannrichtungen** auf. Sie ergeben sich aus den vorhandenen Auflagerflächen. Die Stahlbetondecken liegen bei unserem Bauwerk über dem Untergeschoss auf Stahlbetonwänden und über dem ersten Obergeschoss auf gemauerten Wänden auf. Aus der vorhandenen Auflagerfläche ergibt sich die Spannrichtung.

Die Decken können **einachsig** gespannt sein, d. h., die Lasten werden auf zwei einander in einer Richtung gegenüberliegende Auflager abgeleitet. Bei **zweiachsig** gespannten Decken werden die Lasten über alle unterstützten Deckenränder abgeleitet. Weiter können Decken über ein Feld (**Einfeldplatte**) oder über mehrere Felder gespannt sein (**Durchlaufplatte**). Balkone werden in den meisten Fällen als **Kragarme** angeschlossen (z. B. Decke über dem Werkraum des Jugendtreffs).

Die Massivdecken für den Jugendtreff können als Stahlbetonvollplatten in Ortbeton ausgeführt werden.

5.1.2 Stahlbetonvollplatten

Platten sind ebene Flächentragwerke, die rechtwinklig zu ihrer Ebene belastet sind. Sie können linienförmig (z. B. Wandauflager) oder punktförmig gelagert sein (z. B. Stützenauflager).

Die **Auflagertiefe** ist wie bei Stahlbetonbalken so zu wählen, dass die zulässigen Pressungen in der Auflagerfläche nicht überschritten werden und die erforderlichen Verankerungslängen der Bewehrung untergebracht werden können. Die Auflagertiefe muss aber mindestens betragen bei Auflagerung auf

- Mauerwerk und Beton C 8/10 **7 cm**
- Beton C 16/20 bis C 50/60 und Stahlbauteilen **5 cm**
- Trägern aus Stahlbeton oder Stahl, wenn seitliches Ausweichen der Auflager verhindert wird und die Stützweite der Platte nicht größer als 2,5 m ist, **3 cm**

Die **Dicke der Platte** richtet sich nach der Belastung, der Eigenlast, der Spannweite und der Bewehrung. Außerdem müssen die Forderungen des Bautenschutzes (Schall- und Brandschutz) berücksichtigt werden.

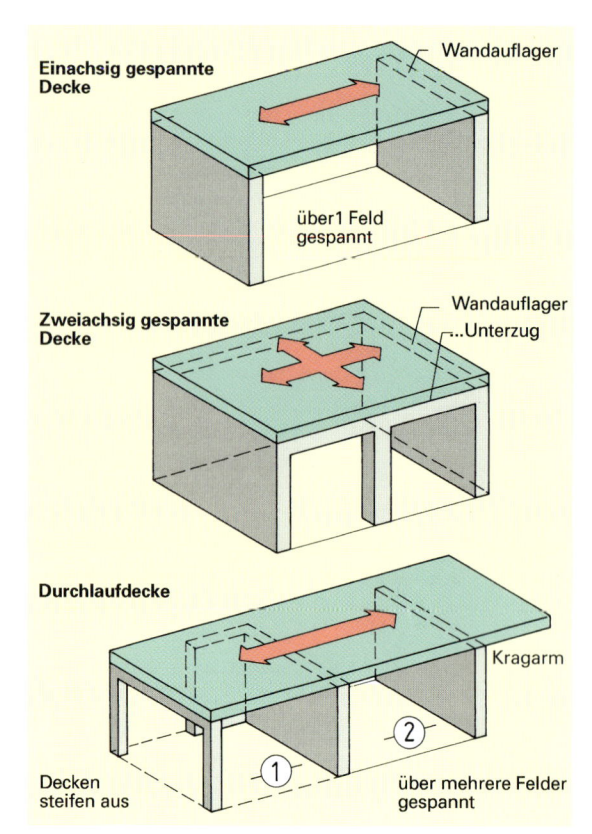

Grundformen der Massivdecken

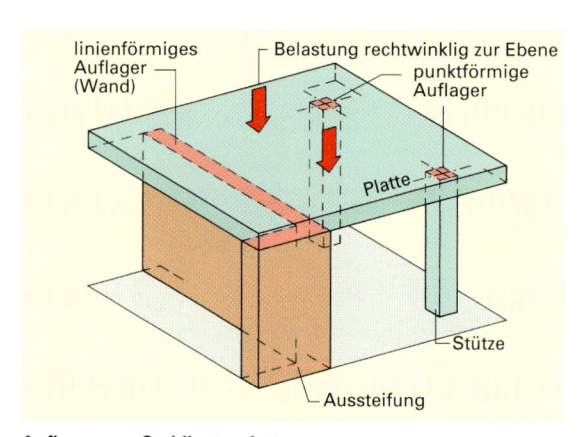

Auflager von Stahlbetonplatten

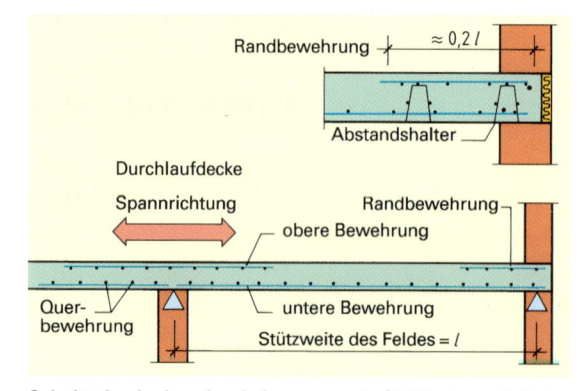

Schnitt durch eine einachsig gespannte Stahlbetonvollplatte

5 Herstellen einer Massivdecke — Stahlbetonvollplatten

Sofern nicht mit Rücksicht auf die Tragfähigkeit und den Bautenschutz dickere Decken erforderlich sind, betragen die Mindestdicken im Allgemeinen **7 cm**, für Platten mit Querkraftbewehrung **16 cm** und für Platten mit Durchstanzbewehrung **20 cm**. Platten, die nur ausnahmsweise begangen werden (z. B. bei Dachdecken zu Reinigungs- oder Ausbesserungsarbeiten), beträgt die Mindestdicke **5 cm**. Im Wohnungsbau besitzen die Decken in der Regel eine Dicke von 16…20 cm.

Punktförmig gestützte Platten

Punktförmig gestützte Platten sind Platten, die ohne Unterzug auf Stützen aufgelagert und mit ihnen verbunden sind. Sie werden häufig in Gebäuden eingebaut, die große und leicht überschaubare Räume (z. B. bei Großraumbüros) erfordern.

Für den weiteren Ausbau der Gebäude sind bei punktförmig gestützten Platten keine hinderlichen Unterzüge vorhanden.

Da das Schalen und Bewehren von Unterzügen sehr aufwendig ist, sind punktförmig gestützte Platten kostengünstig in der Herstellung.

Die Konstruktionshöhen der punktförmig gestützten Platten sind im Vergleich zu Plattenbalken- oder Rippendecken gering. Die vorgeschriebene **Mindestdicke** beträgt 15 cm.

> Punktförmig gestützte Platten sind Platten, die unmittelbar auf Stützen aufgelagert sind.

Die Bewehrungen von Stahlbetonvollplatten werden heute aus Gründen der Wirtschaftlichkeit fast ausschließlich mit Betonstahlmatten ausgeführt. Die Bewehrungsgrundsätze werden in Abschnitt 5.3 im einzelnen dargestellt.

> Massivdecken sind einachsig oder zweiachsig gespannt und können als Einfeld-, Durchlauf- oder Kragarmplatten ausgebildet werden.

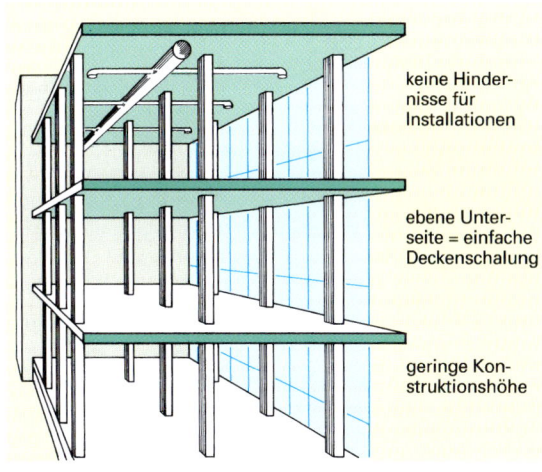

keine Hindernisse für Installationen

ebene Unterseite = einfache Deckenschalung

geringe Konstruktionshöhe

Skelettbau mit punktförmig gestützten Platten („Flachdecken")

Zusammenfassung

Decken werden senkrecht zu ihrer Ebene beansprucht und daher auch als Platten bezeichnet.

Decken haben neben der raumabschließenden und Kräfte übertragenden Funktion eine wichtige aussteifende Aufgabe.

Eine Decke, die nur auf zwei Wänden aufliegt, wird als Einfeldplatte bezeichnet.

Eine Decke, die über mehrere Felder spannt, wird als Durchlaufplatte bezeichnet.

Nach der Spannrichtung werden einachsig und zweiachsig gespannte Decken unterschieden.

Liegt die Decke auf zwei parallelen Wänden auf, ist sie einachsig gespannt, liegt sie auf vier Auflagern, so ist sie zweiachsig gespannt.

Die Spannrichtung gibt die Lage und Richtung der Zugbewehrung an.

Stahlbetonvollplatten haben immer eine untere und obere Bewehrungslage.

DIN EN 1992-1-1 schreibt die Auflagertiefen für Decken vor. Bei härterem Auflagermaterial wird die Auflagertiefe kleiner.

Die Dicke der Massivdecke richtet sich nach der Nutzlast, der Eigenlast, der Spannweite und der Bewehrung.

DIN EN 1992-1-1 schreibt Mindestdicken vor, die eingehalten werden müssen.

Aufgaben:

1. Welche Aufgaben erfüllen Decken?
2. Nennen Sie den Unterschied zwischen einachsig und zweiachsig gespannten Decken
   a) in Bezug auf die Ableitung der Kräfte,
   b) in Bezug auf die Bewehrungsführung.
3. Beschreiben Sie die dargestellte Decke
   a) nach ihrer Auflagerart,
   b) nach ihrer Spannrichtung. 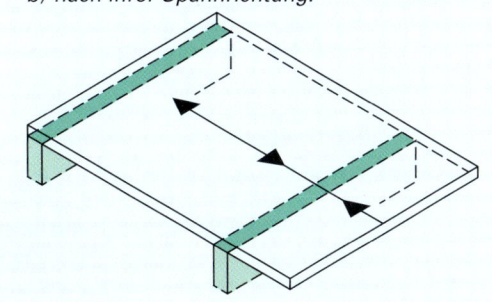
4. Begründen Sie, warum eine Stahlbetonvollplatte über der Cafeteria des Jugendtreffs zweiachsig gespannt sein kann.
5. Wonach richtet sich die Dicke einer Stahlbetonvollplatte in einem Wohngebäude?
6. Welche Vorteile bieten punktförmig gestützte Platten?
7. Welche Mindestdicke ist für punktförmig gestützte Platten vorgeschrieben?

5 Herstellen einer Massivdecke — Systemlose Schalungen

5.2 Deckenschalungen

Die Massivdecken für das Projekt „Jugendtreff" sollen schnell und ohne großen Arbeitsaufwand eingeschalt werden. Da die Schalungen für Decken mehr als die Hälfte des gesamten Betonbaus eines Gebäudes ausmachen, ist man bestrebt, den Schalungsaufwand möglichst zu reduzieren.

Bei allen Schalungsarbeiten sind die **Unfallverhütungsvorschriften (UVV)** der BG Bau (Berufsgenossenschaft der Bauwirtschaft) zu beachten.

Für Deckenschalungen kommen systemlose Schalungen (herkömmliche Schalungen) und Systemschalungen in Frage.

5.2.1 Systemlose Schalungen

Systemlose Schalungen zeigen einen dreiteiligen Schalungsaufbau: sie bestehen aus der Schalhaut, der Unterkonstruktion, der Unterstützung und der Verspannung am Deckenrand.

Für die **Schalhaut** werden Brettschalungen und Schalungsplatten verwendet.

Brettschalungen werden aufgrund ihrer aufwendigen Herstellung und ihrer geringen Einsatzmöglichkeiten nur noch zur Herstellung von Passschalungen, Schalungen für Aussparungen und bei Restflächen eingesetzt. Verwendet werden in der Regel etwa 24 mm dicke sägeraue oder gehobelte Bretter aus Fichten- und Tannenholz.

Schalungsplatten werden bei großen Deckenschalungsflächen verwendet. Sie kommen entweder als dreischichtverleimte Platten aus Stabsperrholz (Kennzeichnung BST) oder als mehrschichtige Furnierplatten (Kennzeichnung BFU) zum Einsatz. Sie sind koch- und wetterfest verleimt. Die Oberfläche der Dreischichtplatten erhält eine hochdruckverpresste Kunstharzschicht, die einen ca. 30-maligen Einsatz ermöglicht. Die mehrschichtigen Furnierplatten erhalten durch getränktes Papier oder Folie eine Filmbeschichtung, die die Platten wasserundurchlässig machen und einen ca. 100-maligen Einsatz gewährleisten. Schalungsplatten können für alle Schalungsaufgaben eingesetzt werden. Sie werden in der Regel in Dicken von 22 mm gefertigt und sind in Formaten von 100/50 cm bis 600/100 cm lieferbar.

Für die **Unterkonstruktion**, sie besteht aus Joch- und Querträgern, können Kanthölzer und Schalungsträger eingesetzt werden. Die Tragfähigkeit von Kanthölzern hängt vom Querschnitt ab, wobei rechteckige Hölzer in Hochkantstellung mehr tragen. Schalungsträger sind gegenüber Kanthölzern formstabiler und in ihren Abmessungen genauer. Sie kommen als **Vollwandträger** und **Gitterträger** zum Einsatz. Bei Vollwandträgern greift der aus Furnieren verleimte Steg mit Keilzinken in die Gurthölzer ein. Bei Gitterträgern sind die Gurte mehrschichtig verleimt und mit den Streben ebenfalls durch Keilzinken verbunden.

Die Schalungsträger werden in unterschiedlichen Längen und Höhen geliefert. Die Anpassung an die Raummaße erfolgt durch Überlappung.

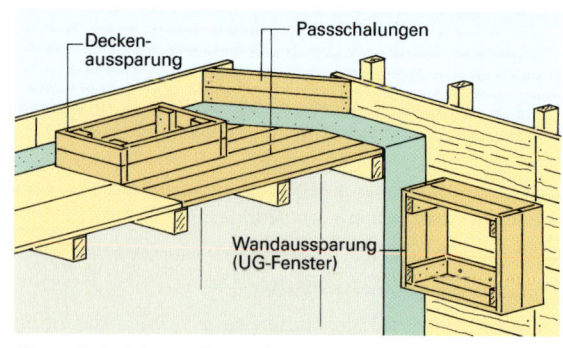

Einsatzbeispiele von Brettschalungen

Verlegen von Schalungsplatten aus Sperrholz (Dreischichtplatten)

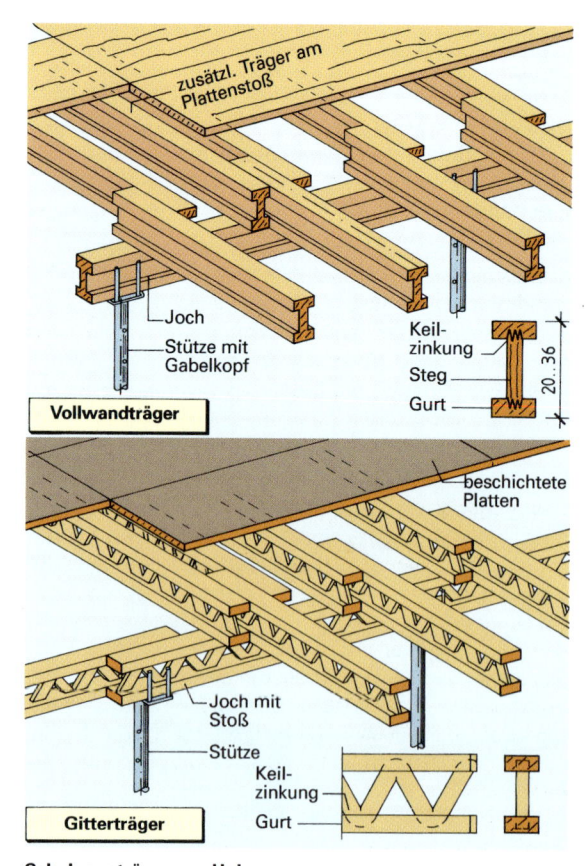

Schalungsträger aus Holz

5 Herstellen einer Massivdecke — Systemschalungen

Für die **Unterstützung** werden genau justierbare Stahlrohrstützen verwendet. Sie müssen nach dem Entwurf der europäischen Norm als Stützen der Klasse E eine Belastung von 30 kN über den gesamten Stützenauszugsbereich aufnehmen. Die mit Stützbeinen versehenen **Stahlrohrstützen** nehmen mit ihren Absenk- bzw. Halteköpfen die **Jochträger** (Hauptträger) auf. Auf die Jochträger kommen die **Querträger** (Nebenträger) zu liegen, auf denen die Schalungsplatten und/oder Brettschalungen verlegt werden. Der Abstand der Stahlrohrstützen und der Jochträger richtet sich nach der gewünschten Deckenstärke und dem gewählten Querträgerabstand; er sollte nicht größer als 1,20 m sein. In Längs- und Querrichtung werden die Stützen durch Verschwertungen (diagonal verlaufende Bretter) ausgesteift.

Die Randschalung am Auflager wird von Kanthölzern gehalten, die mit Spannschlössern und Spanndrähten verspannt werden.

> Systemlose Deckenschalungen bestehen aus Brettschalungen oder Schalungsplatten, Schalungsträgern und Stahlrohrstützen.

5.2.2 Systemschalungen

Deckenschalungssysteme werden aus vorgefertigten, industriell hergestellten Schalungselementen zusammengebaut. Für das Einschalen der Massivdecken unseres Projektes „Jugendtreff" kommt vorzugsweise eine **Modulschalung** zum Einsatz. Ihr Vorteil liegt darin, dass immer die gleichen Teile verwendet werden. Dies ergibt im Vergleich zur herkömmlichen Schalung 50% weniger zu bewegende Einzelteile beim Ein- und Ausschalen und beim Transport. Wegen ihrer geringen Masse sind sie besonders auch für Baustellen ohne Kraneinsatz geeignet.

Modulschalungen bestehen aus Tafeln, Trägern und Fallköpfen. Die selbsttragenden **Tafeln** sind Rahmenkonstruktionen aus verschweißten Aluminiumprofilen mit eingelegten Sperrholz-Schalungsplatten, deren Oberfläche kunstharzvergütet ist. Durch die Abstufung der Elementbreiten mit 80, 60 und 40 cm kann der Passbereich sehr gering gehalten werden.

Die **Träger** werden ebenfalls aus Aluminium gefertigt. Das Trägersystem besteht aus Haupt- und Nebenträgern, in die die Tafeln eingehängt werden. Die Lastableitung erfolgt über die Hauptträger und die Stahlrohrstützen. Die Hauptträger nehmen die Nebenträger auf, die stufenlos eingelegt und im Hauptträger verschoben werden können, auch über den Fallkopf hinweg. Durch das Einhängen der Hauptträger in den Fallkopf wird der Stützenabstand automatisch vorgegeben und die Stützenanzahl festgelegt. Der Jochabstand ist durch Einhängen der Nebenträger in die Hauptträger vorgegeben. Die Anpassung in Hauptträgerrichtung an jedes Raummaß erfolgt stufenlos durch einen Wechsel der Tragrichtung. Eine Anpassung quer zu den Hauptträgern wird durch Überlappung der Nebenträger erreicht.

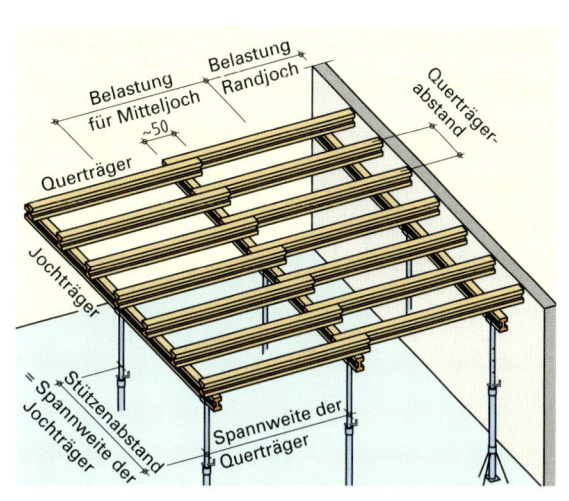

Unterkonstruktion und Unterstützung für eine Deckenschalung

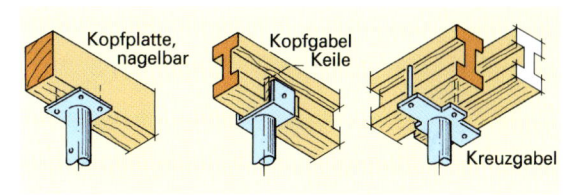

Verschiedene Halteköpfe für eine Stahlrohrstütze

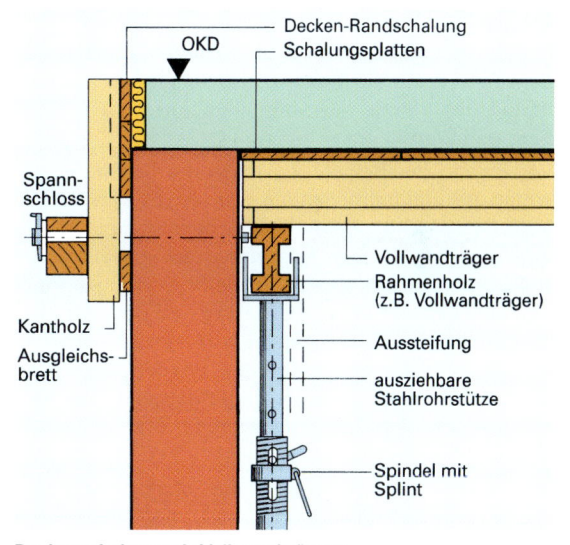

Deckenschalung mit Vollwandträgern

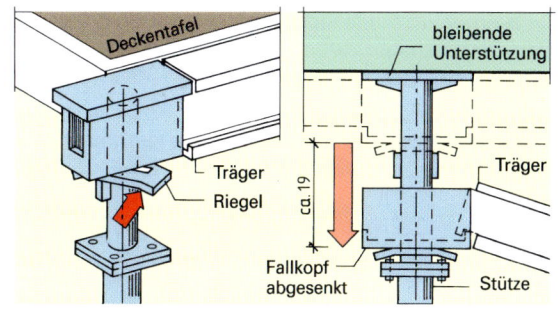

Stütze mit Fallkopf

5 Herstellen einer Massivdecke — Modulschalungen

Das Modulsystem kann noch variiert werden:
- Die Tafeln können auch ohne Nebenträger in die Hauptträger eingelegt und verschoben werden
- Die Tafeln können ohne Hauptträger direkt auf die Stützenköpfe aufgelegt werden, d.h., Reduzierung der Schalung auf zwei Teile – Tafeln und Stütze

Der **Fallkopf**, der auf jede Stahlrohrstütze werkseitig aufgeschraubt wird, hat zwei Aufgaben. Zum einen nimmt er die Hauptträger bzw. die Tafeln auf, fixiert sie und leitet die Last mittig in die Stütze. Zum anderen dient er zum exakten Ausrichten der Schalung. Die Kopfplatte des Fallkopfes und die Oberseite des Hauptträgers bilden eine Ebene.

Durch einen Hammerschlag auf den Keil des Fallkopfes wird die Schiebehülse um ca. 19 cm abgesenkt. Die Schalungskonstruktion löst sich von der Betondecke. Träger und Tafeln werden ausgehängt. Einzelne Fallkopfstützen können als Hilfsunterstützung stehen bleiben.

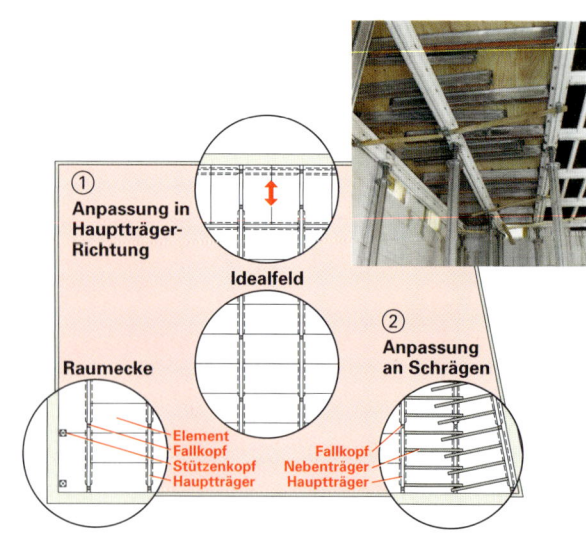

> Modulschalungen werden immer mit den gleichen Systemteilen aufgebaut. Sie bestehen aus Tafeln, Trägern und besonders ausgebildeten Fallköpfen.

Anpassung der Modulschalung an die Raumsituation

5.2.3 Pflege der Schalung

Schalungen sind teuer, daher müssen sie pfleglich behandelt werden. Die Pflege der Schalung umfasst vor dem Betonieren die **Trennmittelbehandlung**, nach Erhärten des Betons das sorgfältige **Ausschalen**, **Säubern** und **Warten** der Schalung.

Vor Einbau der Bewehrung muss die Schalhaut mit einem Trennmittel behandelt werden. Es mindert die Haftung zwischen Beton und Schalhaut und erhöht ihre Haltbarkeit. Die Trennmittel verschließen die Holzporen, sodass kein Zementleim eindringen kann und eine Verzahnung von Schalung und Beton verhindert wird. Zum Einsatz kommen Mineralöle, Wachse und Öl-Emulsionen. Trennmittel werden dünn und gleichmäßig mit Sprühgeräten aufgetragen. Die Vorschriften der Gefahrstoffverordnung sind zu beachten.

Nach dem Ausschalen werden die Schalungsteile entnagelt, von Betonresten gesäubert, mögliche Schadstellen repariert und die Schalungsteile getrennt nach Art und Abmessungen gestapelt. Zum Reinigen kunstharzvergüteter Schalungsplatten können Schleifscheiben, Handschaber, Riffelwalzen und Reinigungsmaschinen eingesetzt werden. Brettschalungen werden mit dem Betonschaber gesäubert.

Die Reinigung von Systemschalungen wird mehr und mehr von Fremdfirmen übernommen.

Aufsprühen eines Trennmittels

> Pflege der Schalung durch richtiges Vorbehandeln und Nachbehandeln erhöht ihre Einsatzhäufigkeit und ist für eine dichte und glatte Betonoberfläche von entscheidender Bedeutung.

Reinigen einer Rahmentafelschalung mit der Schleifmaschine

5 Herstellen einer Massivdecke — Ausschalen

5.2.4 Ausrüsten und Ausschalen

Gerüste und Schalungen dürfen erst dann entfernt werden, wenn der Beton ausreichend erhärtet ist. Dies ist dann der Fall, wenn die Decke eine solche Festigkeit erreicht hat, dass sie alle zur Zeit des Ausrüstens oder Ausschalens auftretenden Lasten sicher aufnehmen kann.

Der Beton muss die aufgebrachten Lasten aufnehmen können, ungewollte Verformungen aus dem Beton sind gering zu halten und eine Beschädigung der Oberflächen und Kanten durch das Ausschalen muss vermieden werden. Zur Bestimmung der Ausschalfristen kann eine Erhärtungsprüfung oder eine Reifegradprüfung sinnvoll sein.

Um Durchbiegungen von ausgeschalten Bauteilen zu verhindern, müssen **Hilfsstützen**, so genannte Notstützen, bei oder unmittelbar nach dem Ausschalen stehen bleiben. Bei Platten und Balken bis etwa 8 m Stützweiten genügen Hilfsstützen im mittleren Bereich, bei größeren Stützweiten sind mehr Hilfsstützen zu stellen. Bei Decken mit weniger als 3 m Stützweite sind Hilfsstützen in der Regel entbehrlich.

Beim Ausschalen muss vorsichtig vorgegangen werden. Die Schalung muss ohne Stoß und Erschütterung entfernt werden können. Die Unterstützung darf niemals ruckweise weggeschlagen werden. Sie muss durch Lockern der Keile, Schrauben oder Gewindemuffen langsam abgesenkt werden. Zuerst werden Stützen und Wände ausgeschalt, danach Balken und Decken. Bei Balkenschalungen kann die Seitenschalung bereits nach wenigen Tagen entfernt werden.

> Beim Ausschalen und Abrüsten sind die Angaben nach DIN 1045-3 und die Vorschriften der Bauberufsgenossenschaften zu beachten.

Hilfsstützen

Zusammenfassung

Systemlose Schalungen für Massivdecken setzen sich aus der Schalhaut, der Unterkonstruktion und der Unterstützung zusammen.

Für die Schalhaut kommen Brettschalungen und Schalungsplatten zum Einsatz. Für die Unterkonstruktion werden Kanthölzer, Vollwand- oder Gitterträger verwendet. Die Abstützung erfolgt vorwiegend über Stahrohrstützen.

Systemschalungen für Decken werden aus vorgefertigten Schalungselementen zusammengebaut. Schalhaut und Unterkonstruktion bilden eine biegefeste, formstabile Einheit.

Modulschalungen können in drei Varianten eingesetzt werden:
1. Die Tafeln liegen auf Hauptträgern, Nebenträgern und Stahlrohrstützen.
2. Die Tafeln liegen auf Hauptträgern und Stahlrohrstützen.
3. Die Tafeln liegen direkt auf den Stahrohrstützen.

Nach dem Ausschalen sind alle Schalungsteile zu reinigen und gegebenenfalls zu reparieren.

Aufgaben:

1. Welche Vorzüge weisen kunstharzvergütete Schalungsplatten auf?
2. Aus welchen Elementen besteht eine systemlose Schalung für Massivdecken?
3. Beschreiben Sie die Arbeitsschritte beim Einschalen einer Massivdecke mit einer herkömmlichen Schalung.
4. Warum müssen die Stützen einer Deckenschalung nach beiden Richtungen ausgesteift werden?
5. Aus welchen Teilen setzt sich eine Modulschalung zusammen?
6. Beschreiben Sie den Schalungsvorgang bei Modulschalungen.
7. Aus welchen Gründen wird die Schalhaut mit Trennmitteln behandelt?
8. Warum bleiben bei und nach dem Ausschalen Hilfsstützen stehen?
9. Unter welchen Umständen müssen die in DIN 1045-3 angegebenen Ausschalfristen für Decken verlängert werden?
10. Skizzieren Sie im Maßstab 1:10 den Querschnitt durch die Deckenschalung im Randbereich. Verwendet werden Vollwandträger, Stahlrohrstützen, Kanthölzer, Schalungsbretter und Spannschlösser.

5 Herstellen einer Massivdecke — Schalungsplan und Materiallisten

5.2.5 Schalungspläne und Materiallisten

Die Schalungsarbeiten für die Massivdecken unseres Projektes „Jugendtreff" werden nach Schalungsplänen und Materiallisten ausgeführt. Sie werden im Planungsbüro erstellt. Bei Systemschalungen geschieht dies heute fast nur noch mit PC-Programmen. So wird z. B. der Grundriss unseres Jugendtreffs in den Computer eingegeben, der Rechner ermittelt dann eine Schalungsplanung mit sämtlichen Angaben.

Wird eine systemlose Schalung verwendet, erstellt man anhand des Schalungsplanes eine Materialliste, in die tabellarisch für die einzelnen Schalungsteile Stückzahl, Querschnittsabmessungen, Längen, Netto- und Bruttomengen eingetragen werden. Die Nettomengen werden nach den Maßangaben der Schalungspläne ermittelt, die Bruttomengen berücksichtigen einen Verschnittzuschlag von 10…20%.

Beispiel 1:
Die Garagendecke des Jugendtreffs weist eine Deckenschalfläche von 19,70 m² aus. Wie viele m² Schalbretter sind erforderlich, wenn mit einem Verschnittzuschlag von 15% gerechnet wird?

Lösung:
Nettomenge = 19,70 m²
Bruttomenge = 19,70 m² · 1,15 = __22,66 m²__

Beispiel 2:
Die Decke über dem EG des Jugendtreffs erhält eine systemlose Schalung aus Schalungsplatten, Schalungsträgern und Stahlrohrstützen.

Ermitteln Sie anhand einer Materialliste für den dargestellten Ausschnitt

a) die Nettomenge an Schalungsplatten in m² und Stück; verwendet werden Schalungsplatten 150/50/2,4 cm,
b) den Bedarf an Hauptträgern (Gitterträgern) in m und Stück,
c) den Bedarf an Stahlrohrstützen in Stück.

Lösung:

Nr.	Bezeichnung	Stück	Abmessung in cm	Länge in m einzeln	zus.	Nettomenge in m²
Deckenschalung						
1	Hauptträger L 24/290	4		2,90		
2	Hauptträger L 24/330	18		3,30		
3	Stahlrohrstützen	60				
4	Schalungsplatten	92	150/50			69

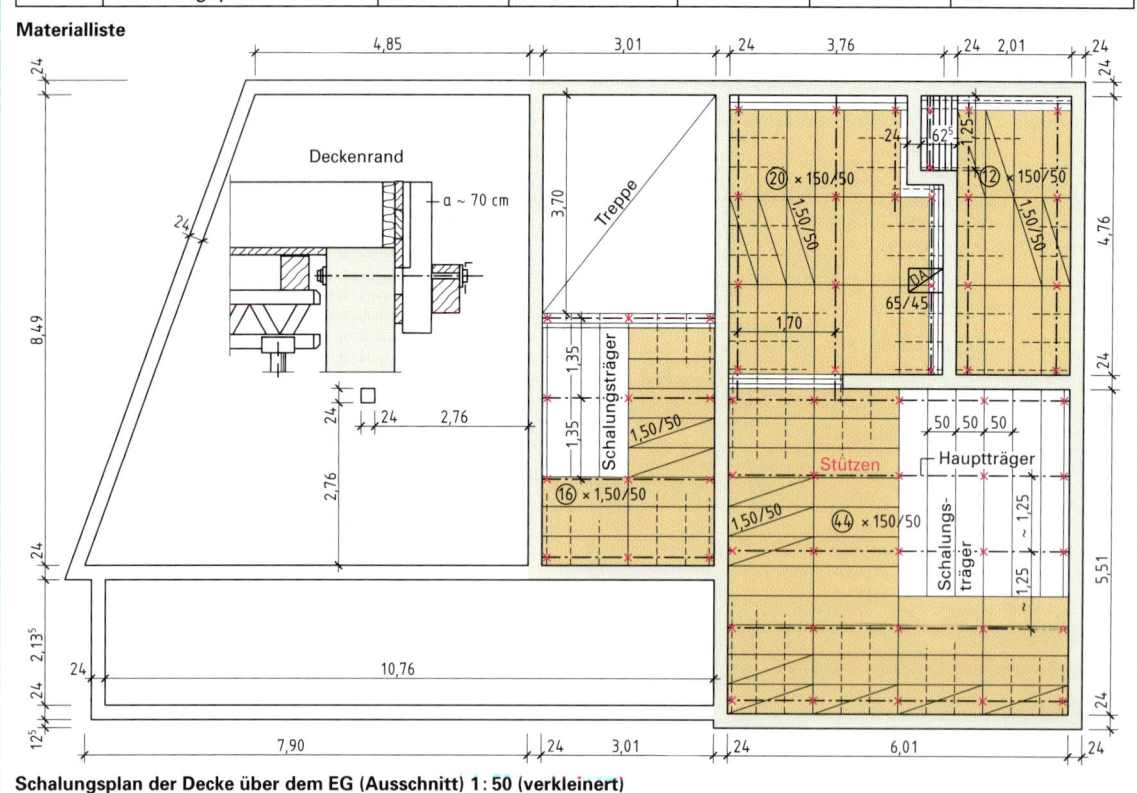

Materialliste

Schalungsplan der Decke über dem EG (Ausschnitt) 1:50 (verkleinert)

5 Herstellen einer Massivdecke Aufgaben

5.2.6 Zeichnerische Darstellung

Aufgabe 1:

Die Garagendecke des Jugendtreffs erhält eine Stahlbetonvollplatte mit einer Dicke von 16 cm. Es ist eine systemlose Schalung (vgl. Beispiel 2 auf Seite 90) vorgesehen. Zum Einsatz kommen Hauptträger mit 5,70 m Länge, Kanthölzer mit 2,75 m Länge und Schalungsplatten mit den Abmessungen 150/50 cm und 125/50 cm.
a) Ermitteln Sie anhand einer Materialliste den gesamten Bedarf an Schalungsteilen.
b) Zeichnen Sie im Maßstab 1:50 den Schalungsplan.
c) Zeichnen Sie im Maßstab 1:10 den Querschnitt durch die Deckenrandschalung, die mit Kanthölzern, Schalungsbrettern und Spannschlössern ausgeführt wird.

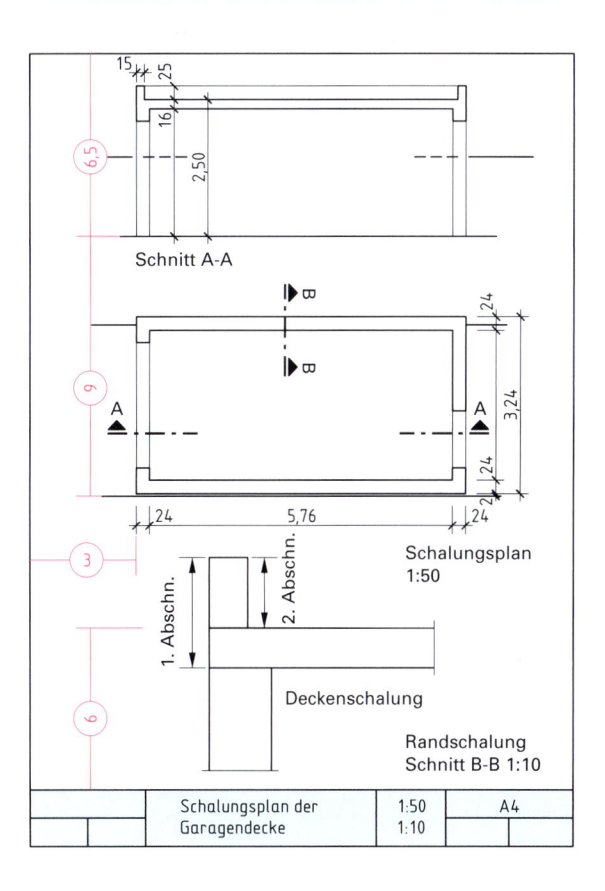

Aufgabe 2:

Die Decke über dem OG des Jugendtreffs erhält eine Modulschalung, die aus zwei Teilen – selbsttragenden Tafeln und Stützen – besteht. Die Tafeln werden in den Kreuzungspunkten direkt unterstützt. Zu Verfügung stehen Tafelelemente mit den Abmessungen 160/80 cm, 160/60 cm, 160/40 cm, 80/40 cm und Stahlrohrstützen mit Fallköpfen. Zur Anpassung können Ausgleichsträger mit den Längen 160 cm, 80 cm, 40 cm, Schalbretter 2,4/10 cm und Stahlrohrstützen mit Kreuzgabeln eingesetzt werden.
a) Zeichnen Sie im Maßstab 1:50 den Schalungsplan für den rechten Teil.
b) Ermitteln Sie anhand einer Materialliste den Bedarf an Schalungsteilen.

Lösen Sie die Aufgabe in Kleingruppen und stellen Sie Ihre Ergebnisse der Klasse vor.

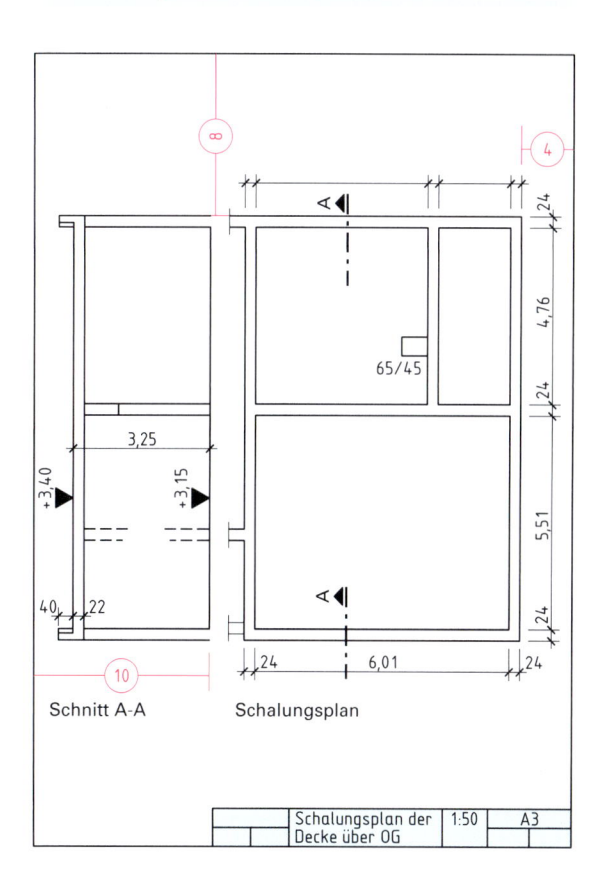

5 Herstellen einer Massivdecke — Betonstähle

5.3 Bewehrungsarbeiten

Eine Decke ist vergleichbar mit vielen nebeneinander liegenden Balken geringer Höhe. Damit treten auch in einer Decke die entsprechenden Spannungen auf wie in einem Balken. Die Druckspannungen werden im Allgemeinen durch Beton aufgenommen, u. U. kann eine Druckbewehrung notwendig werden. Die Zugspannungen werden durch die Zugbewehrung, die Schubspannungen durch aufgebogene Bewehrungsstäbe und Bügel aufgenommen.

Nach DIN 488 wird Betonstahl als Betonstabstahl (Kennzeichnung B500B), Betonstahl in Ringen (Kennzeichnung B500A und B500B), Betonstahlmatte (Kennzeichnung B500A und B500B) und als profilierter Bewehrungsdraht (Kennzeichnung B500A+P) bzw. glatter Bewehrungsdraht (Kennzeichnung B500A+G) hergestellt.

Bewehrungsdraht wird unmittelbar vom Hersteller an den Verarbeiter geliefert. Es ist kein Betonstahl im Sinne der DIN 488 und wird deshalb für Sonderzwecke eingesetzt (z. B. für Rohre nach DIN 4035).

Für die Bewehrung von Massivdecken können **Betonstabstähle**, **Betonstahl in Ringen** oder **Betonstahlmatten** verwendet werden. Aus wirtschaftlichen Gründen werden vorwiegend Betonstahlmatten eingesetzt.

5.3.1 Betonstahlgüte und Sorteneinteilung

Bei allen Betonstählen beträgt die für die Bemessung notwendige Streckgrenze einheitlich 500 N/mm^2.

Nach DIN 488 werden Betonstähle in zwei **Duktilitätsklassen** unterschieden, die mit den Großbuchstaben „A" und „B" gekennzeichnet werden. Duktilität ist ein Maß für die Dehnung, die der Betonstahl aufnehmen kann, ohne dass er zerstört wird. „A" kennzeichnet Betonstähle mit normaler, „B" mit hoher Duktilität.

Die Betonstähle sind nach den in DIN EN ISO 4063 angegebenen Verfahren zum Schweißen geeignet.

Betonstabstahl B500B ist ein hochduktiler Betonstahl, der warmgewalzt und aus der Walzhitze wärmebehandelt oder warmgewalzt und durch Recken kaltverformt ist. Durch die Kaltverformung erhält der Betonstahl verbesserte Festigkeitseigenschaften.

Betonstabstahl besitzt eine **gerippte** Oberfläche gemäß DIN 1045-1.

Stablängen: 12, 14, 15 m; andere Längen (6…21 m) auf Anfrage

Stabdurchmesser: 6, 8, 10, 12, 14, 16, 20, 25, 28, 32, 40 mm

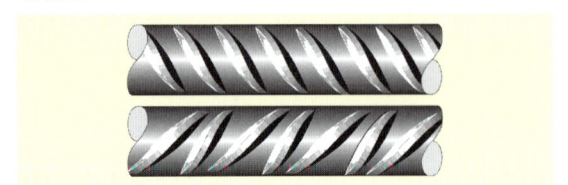

Betonstabstahl

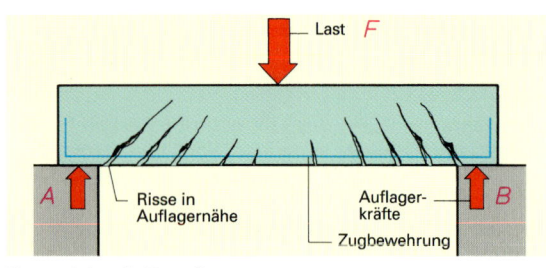

Unzureichende Bewehrung

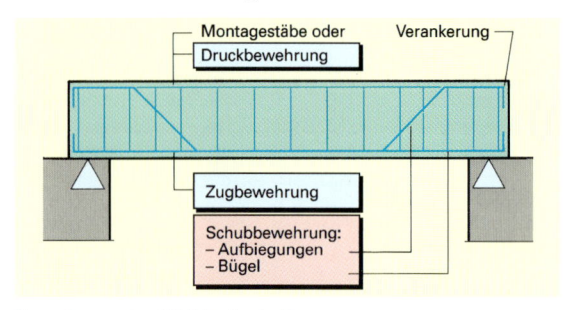

Bewehrung des Stahlbetonbalkens

Betonstahl in Ringen ist ein normalduktiler Betonstahl (B500A) bzw. hochduktiler Betonstahl (B500B), der warmgewalzt und durch Recken kaltverformt ist. Betonstahl in Ringen darf unter den gleichen Bedingungen verwendet werden, wie sie in DIN EN 1992-1-1 für gerippten Betonstabstahl festgelegt sind.

Betonstahl in Ringen erhält als Oberfläche eine **Sonderrippung** (nach Zulassung).

Stabdurchmesser: 4…16 mm
Ringmasse: 2500…5000 kg bei Ø 8, Ø 10, Ø 12, Ø 14, Ø 16 mm; 2000 kg bei Ø 6 mm

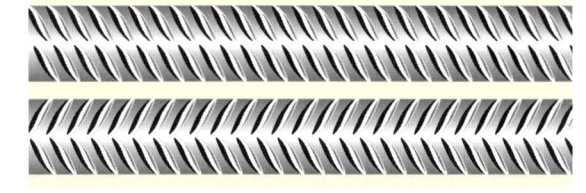

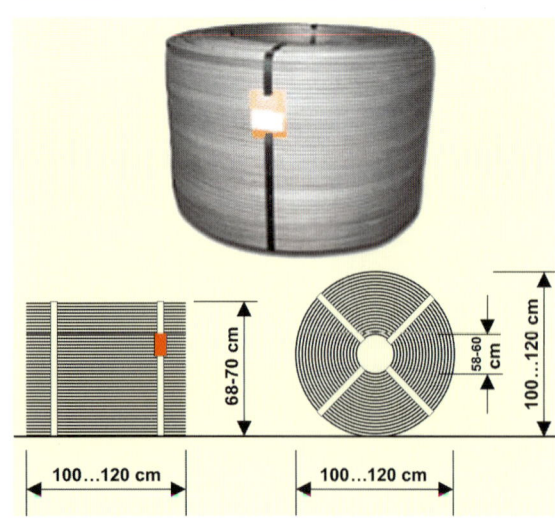

Betonstahl in Ringen

5 Herstellen einer Massivdecke — Betonstähle

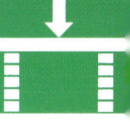

Betonstahl nach DIN 488 und DIN EN 1992-1-1

Begriffe	Kurzname, Streckgrenze/ Zugfestigkeit in N/mm²	Form und Kennzeichnung	Durch- messer in mm	Schweiß- prozesse nach DIN EN ISO 4063[1]
Betonstab- stahl	B500B 500/550	Betonstabstahl B500B	6…40	111[2] – Lichtbogen- hand- schweißen
Betonstahl in Ringen	B500A B500B 500/550	Betonstahl in Ringen B500B[8] mit Sonderrippung	4…16	114[3] – Metall- Lichtbogen- schweißen ohne Schutzgas
Betonstahl- matten	B500A 500/550	Normalduktile Lagermatte B500A Rippung nach DIN 488 (Hochrippung „KARI")	5…11,5[9]	135[4] – Metall- Aktivgas- schweißen
	B500B 500/550	Hochduktile Lagermatte B500B Sonderrippung nach Zulassung	4…12	136[4] – Metall- Aktivgas- schweißen mit Fülldraht- elektrode
Bewehrungs- draht	B500A+P 500/550	Profilierter Bewehrungs- draht, β ≈ 40…60°	4…12	21[5] – Widerstands- punkt- schweißen
	B500A+G 500/550	Glatter Bewehrungs- draht	4…12	24[6] – Abbrenn- stumpf- schweißen 42[7] – Reib- schweißen

[1] Die Norm unterscheidet zwischen **tragenden Schweißverbindungen** – sie dienen der Kraftübertragung – und **nichttragenden Schweißverbindungen** – sie dienen der Lagersicherung beim Transport und während des Betonierens. Jedes Schweißverfahren ist durch eine Kennzahl festgelegt. Die Kennzahl gibt die Verbindungsart an und ist auch für die zeichnerische Darstellung von Schweißnähten in Zeichnungen zu benutzen.
[2] 111 Stumpfstoß, Laschenstoß, Überlappstoß
[3] 114 Kreuzungsstoß, Verbindung mit anderen Stahlteilen
[4] 135, 136 Stumpfstoß, Überlappstoß, Laschenstoß, Kreuzungsstoß, Verbindung mit anderen Stahlteilen
[5] 21 Überlappstoß, Kreuzungsstoß (zulässiges Verhältnis der Stabnenndurchmesser sich kreuzender Stäbe ≥ 0,57)
[6] 24 Stumpfstoß
[7] 42 Stumpfstoß, Verbindung mit anderen Stahlteilen
[8] nur Durchmesser 14 und 16 mm
[9] Herstellung auf Anfrage

Betonstähle – Übersichtstabelle

5 Herstellen einer Massivdecke — Betonstahlmatten

Betonstahlmatten

Aufbau

Betonstahlmatten sind werkmäßig vorgefertigte Bewehrungen, sie besitzen eine Mindeststreckgrenze von 500 N/mm² und eine Mindestzugfestigkeit von 550 N/mm².

Die sich kreuzenden Stäbe werden durch Widerstands-Punktschweißung scherfest miteinander verbunden.

Betonstahlmatten werden in den **Duktilitätsklassen A** (**normalduktil**) und **B** (**hochduktil**) hergestellt. Zur eindeutigen Unterscheidung muss immer die Bezeichnung angegeben werden.

Kennzeichnung

DIN 488 legt für die Betonstahlmatten folgende Kurznamen fest:

Kurzname – B500A
– B500B

Normalduktile Matten erhalten eine **gerippte** Oberfläche nach DIN 488-2 (Hochrippung KARI), hochduktile Matten eine **Sonderrippung** nach Zulassung.

Hinsichtlich Aufbau und Konstruktion unterscheiden sich hoch- und normalduktile Matten nicht.

Der Handel sieht drei unterschiedliche **Betonstahlmatten-Systeme** vor:

- Vorratsmatten
- Listenmatten
- Lagermatten

Vorratsmatten

Vorratsmatten sind standardisierte Matten, die die Vorteile der Lagermatten und Listenmatten miteinander verknüpfen. Sie werden direkt vom Werk geliefert.

Die Mattenlänge von 6,0 m ist eine Vorzugsgröße, auf Anfrage können andere Mattenlängen geliefert werden. Ihre Breite misst 2,45 m.

An zwei Stellen weisen Vorratsmatten Überstände auf, die so gewählt sind, dass gute Verbundbedingungen hergestellt werden können.

Vorratsmatten werden mit „B" gekennzeichnet und in folgenden Typen geliefert: B188, B257, B335, B424, B524, B636. Für die Vorratsmatten B188…B524 gibt die Zahl hinter dem Buchstaben B jeweils die Querschnittsfläche der Stähle in Längs- und Querrichtung in mm² pro m Länge an. Für die Vorratsmatte B636 beträgt die Querschnittsfläche der Längsstähle 636 mm² pro m Länge und der Querstähle 628 mm² pro m Länge.

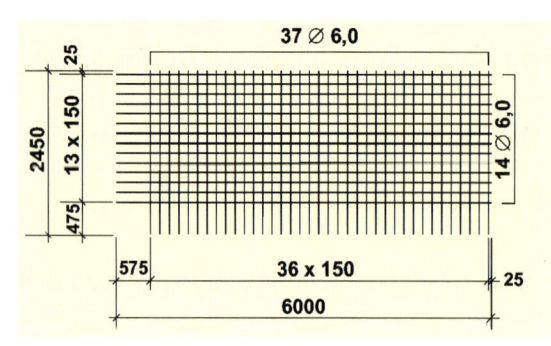

Vorratsmatte B 188

Listenmatten

Listenmatten sind Matten, die vom Anwender nach individuellen Anforderungen konstruiert werden. Länge, Breite, Stabdurchmesser und Stababstand sind frei wählbar.

Sie kommen als **Einzelstab-** und **Doppelstabmatten** in den Handel. Prinzipiell können bei beiden die Stababstände sowohl der Längsstäbe als auch der Querstäbe beliebig kombiniert werden. Bei den Längsstäben können maximal zwei unterschiedliche Stabdurchmesser angeordnet werden. Bei den Querstäben kann prinzipiell nur ein Stabdurchmesser gewählt werden.

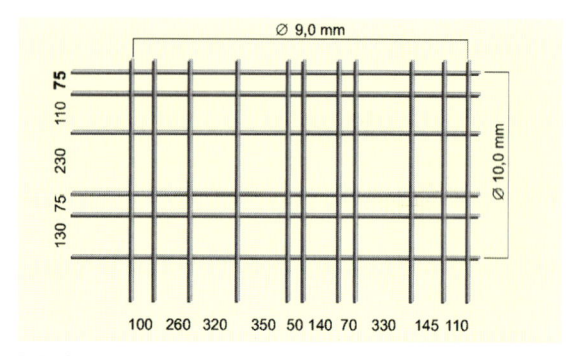

Beispiel einer Einzelstabmatte

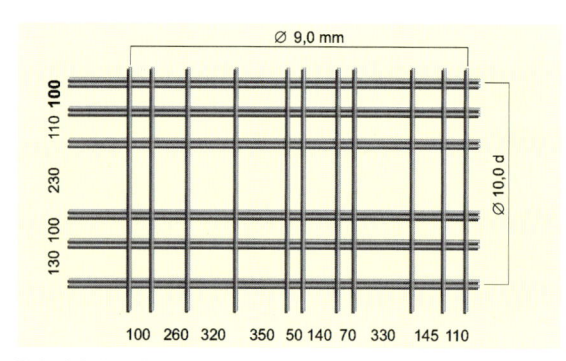

Beispiel einer Doppelstabmatte

Lagermatten

Lagermatten sind standardisierte Betonstahlmatten mit festgelegten Abmessungen und festgelegtem Aufbau. Sie können direkt ab Lager geliefert werden. Es werden **Q-** und **R-Matten** unterschieden.

Kurzbezeichnung einer Lagermatte, z. B. **Q335A/B**

- **Q** = Matte mit quadratischen Stababständen
- **335** = Stahlquerschnitt in Längsrichtung in mm²/m
- **A** = normale Duktilität
- **B** = hohe Duktilität

Folgende **Mattentypen** werden unterschieden:

- Q188A/B, Q257A/B, Q335A/B, Q424A/B, Q524A/B, Q636A/B
- R188A/B, R257A/B, R335A/B, R424A/B, R524A/B

5 Herstellen einer Massivdecke — Betonstahlmatten

Q-Matten: Es sind Matten mit lastabtragender Längs- und Querbewehrung. Sie sind 6,0 m lang und 2,30 m bzw. 2,35 m (Q636A/B) breit. Bei den Matten Q188A/B …Q524A/B sind in Querrichtung 16 Stäbe und in Längsrichtung 40 Stäbe und bei der Matte Q636A/B sind in Querrichtung 24 Stäbe und in Längsrichtung 48 Stäbe angeordnet.

Die Matten Q188A/B, Q257A/B, Q335A/B, Q424A/B und Q524A/B haben quadratische Stababstände von 150 × 150 mm, die Matte Q636A/B weist Stababstände von 100 × 125 mm auf.

Die Matten Q424A/B, Q524A/B und Q636A/B besitzen am Rand jeweils 4 Stäbe mit Durchmesser 7 mm.

R-Matten: Es sind Matten mit lastabtragender Längsbewehrung. Die Matten besitzen rechteckige Stababstände von 150 × 250 mm.

Sie sind 6,0 m lang und 2,30 m breit. Bei allen Matten sind in Querrichtung 16 Stäbe und in Längsrichtung 24 Stäbe angeordnet.

Die Matte R188A/B hat in Längs- und Querrichtung den gleichen Stabdurchmesser von 6 mm.

Bei allen anderen Matten sind die Durchmesser in Längs- und Querrichtung unterschiedlich.

Die Matten R424A/B und R524A/B besitzen am Rand jeweils zwei Stäbe mit Durchmesser 8 mm.

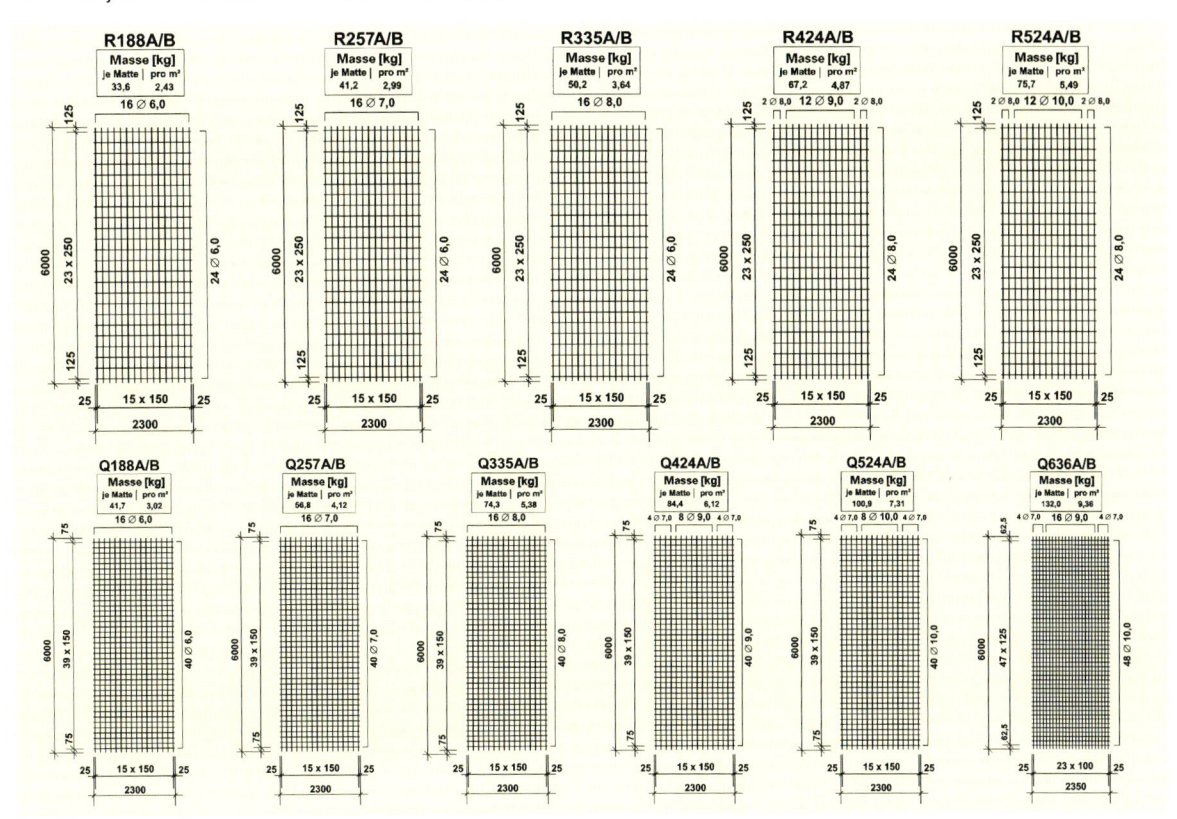

Aufbau der Q-Matten

5.3.2 Lage der Bewehrung

Massivdecken sind biegebeanspruchte Bauteile, d.h., immer dort, wo Zugkräfte auftreten, muss die Zugbewehrung eingelegt werden.

Die Massivdecken des Projektes „Jugendtreff" liegen auf Mauerwerk auf. Aus der vorhandenen Auflagerfläche ergibt sich die **Spannrichtung**, die die Lage der Zugbewehrung bestimmt. Wird das Mauerwerk im Auflagerbereich weitergeführt, so entsteht eine geringe Einspannung, die zu einem Aufwölben der Decke im Randbereich führt. Um dies zu vermeiden, ist dort eine konstruktive Zugbewehrung erforderlich.

> Stahlbetondecken brauchen immer eine untere und obere Bewehrung.

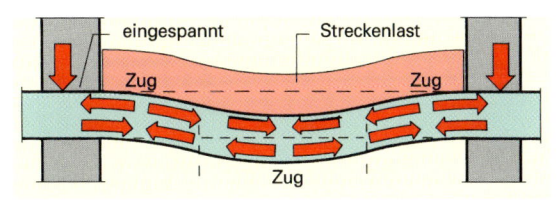

Durchbiegung einer eingespannten Decke

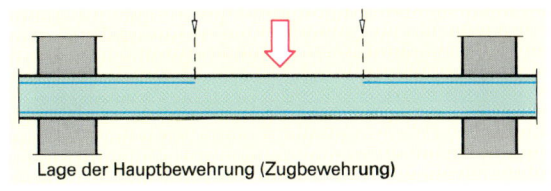

Lage der Hauptbewehrung (Zugbewehrung)

Obere und untere Bewehrung

5 Herstellen einer Massivdecke — Bewehrungsbeispiele

An verschiedenen Beispielen des Projektes „Jugendtreff" sollen die Bewehrungsgrundsätze dargelegt werden. Es werden jeweils Stahlbetonvollplatten eingebaut, die mit **Betonstahlmatten** bewehrt werden sollen.

Die Belastung wird jeweils in der Feldmitte angenommen, beim Kragarm am Kragarmrand. Die Auflager sind eingespannt. Dargestellt wird jeweils im **Schnitt** und in der **Draufsicht** die untere und die obere Bewehrung.

Bewehrungsbeispiel für Decke über Garage

Eingebaut wird eine einachsig gespannte Platte. Im Feldbereich treten unten Zug- und oben Druckspannungen auf. Im oberen Randbereich ergeben sich geringe Zugspannungen. Die Längsstäbe der Matten liegen im Feldbereich unten und nehmen die Zugspannungen auf. Die Querstäbe verteilen die Querlast auf die Längsstäbe und nehmen die geringen Schubkräfte auf. Als konstruktive Zugbewehrung im oberen Randbereich und quer zu den Auflagern liegen die Längsstäbe oben.

Bewehrungsbeispiel für Decke über „Cafeteria"

Eingebaut wird eine zweiachsig gespannte Platte. Im Feldbereich treten unten Zug- und oben Druckspannungen auf. Im Randbereich aller vier Auflagerseiten zeigen sich oben geringere, an den Ecken stärkere Zugspannungen.

Für die Zugbewehrung im Feld werden Matten eingebaut, die etwa gleich dicke Längs- und Querstäbe haben. Die rechtwinklige Eckbewehrung, auch Drillbewehrung genannt, verhindert ein Aufwölben der Decke.

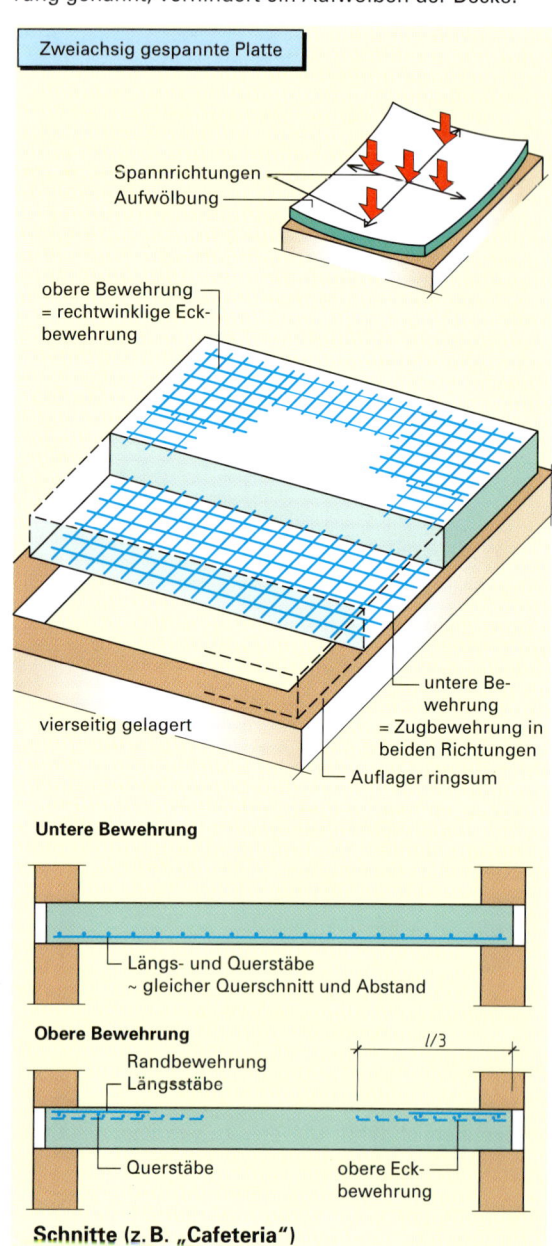

Einachsig gespannte Platte

- Belastung
- Spannrichtung
- obere Bewehrung = Randbewehrung
- untere Bewehrung = Zugbewehrung
- zweiseitig gelagert

Untere Bewehrung
- (Bewehrung der Aufkantung)
- Längsstäbe (Hauptbew.) — Zugbewehrung
- Querstäbe (oben)

Obere Bewehrung
- Längsstäbe (oben) — konstruktive Zugbewehrung
- Querstäbe (unten)

Schnitte (Garage)

Zweiachsig gespannte Platte

- Spannrichtungen
- Aufwölbung
- obere Bewehrung = rechtwinklige Eckbewehrung
- untere Bewehrung = Zugbewehrung in beiden Richtungen
- Auflager ringsum
- vierseitig gelagert

Untere Bewehrung
- Längs- und Querstäbe ~ gleicher Querschnitt und Abstand

Obere Bewehrung
- Randbewehrung
- Längsstäbe
- Querstäbe
- obere Eckbewehrung
- $l/3$

Schnitte (z. B. „Cafeteria")

5 Herstellen einer Massivdecke

Bewehrungsbeispiele

Bewehrungsbeispiel für Decke über „Küche und Vorratsraum"

Eingebaut wird eine Platte über drei Auflagern. Die Decke wird in beiden Feldern unten auf Zug und oben auf Druck beansprucht. Über dem mittleren Auflager treten oben Zug- und unten Druckspannungen auf. Im Randbereich ergeben sich oben geringe Zugspannungen. Die Zugbewehrung über dem Auflager, sie wird auch als Stützbewehrung bezeichnet, ragt in die Felder hinein.

Bewehrungsbeispiel für Decke über „Werkraum" (Variante ohne Arkaden)

Es handelt sich hierbei um eine Einfeldplatte mit Kragarm. Im Feldbereich wird die Decke unten auf Zug und oben auf Druck beansprucht. Im Kragarmbereich entstehen oben große Zugspannungen und an der Unterseite des Kragarms treten auch wegen hoher Temperaturunterschiede geringere Zugspannungen auf. Über dem Auflager entstehen oben große Zug- und unten Druckspannungen. Im Randbereich ist oben mit geringeren Zugspannungen zu rechnen.

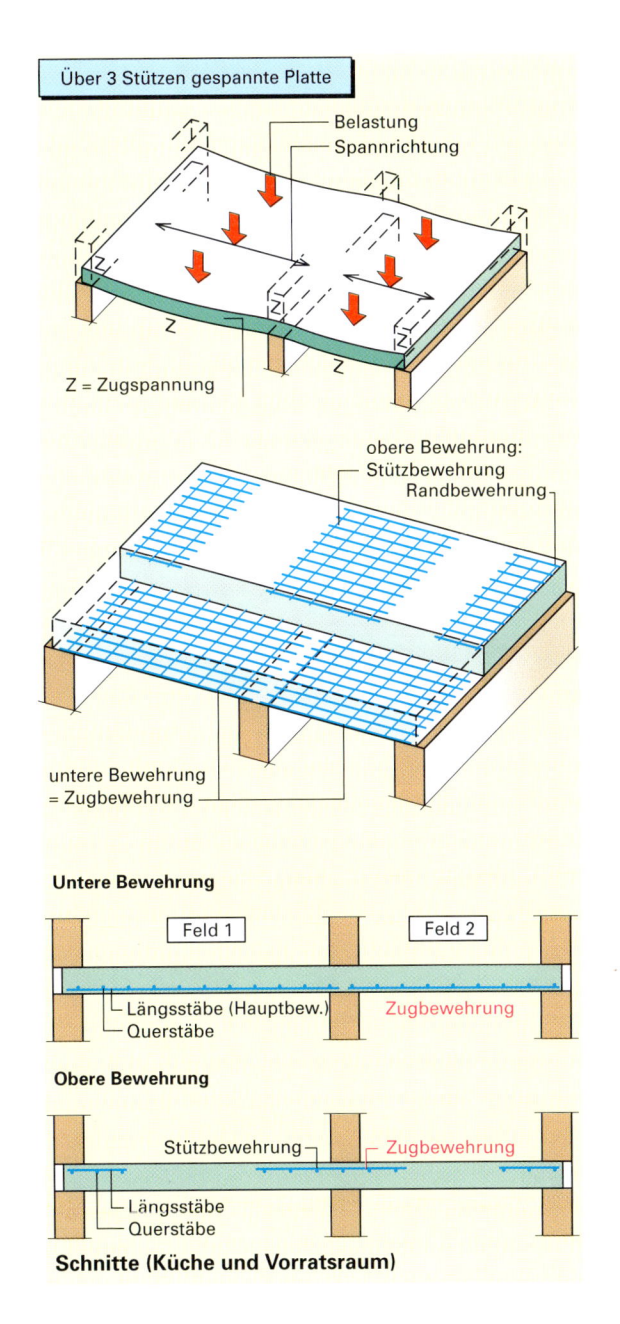

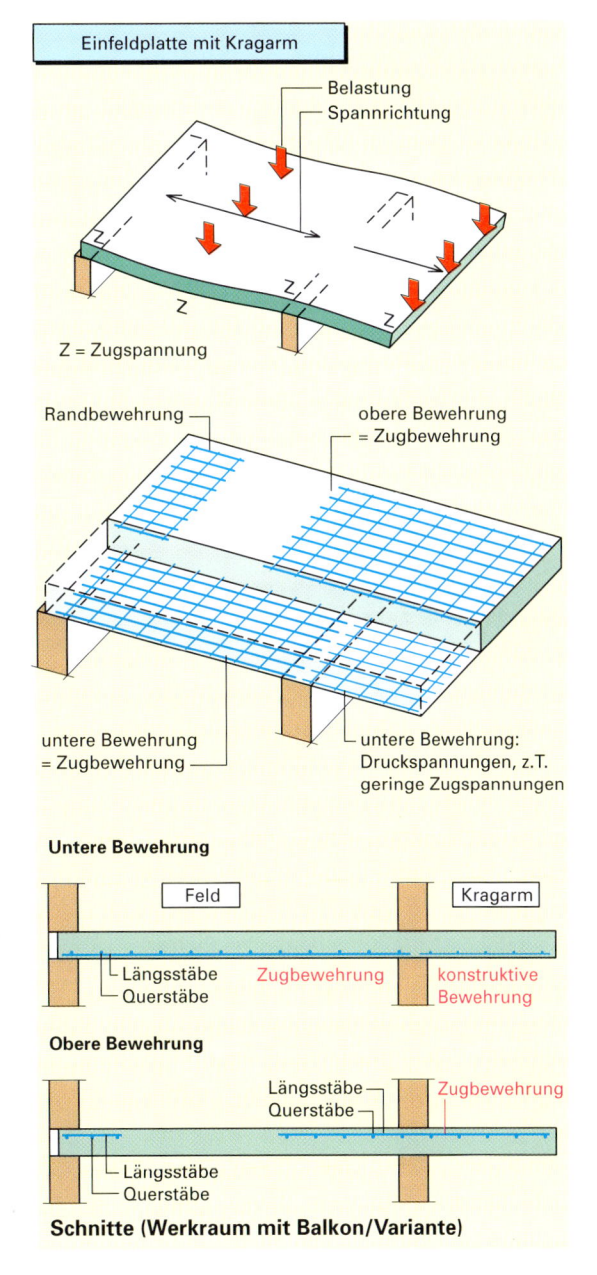

5 Herstellen einer Massivdecke — Betondeckung

5.3.3 Bewehrungsgrundsätze

Betondeckung

Für die Betondeckung der Bewehrung sind nach DIN EN 1992-1-1 **Mindestmaße** vorgesehen. Die Mindestbetondeckung muss eingehalten werden, um die Verbundkräfte sicher zu übertragen, den einbetonierten Stahl vor Korrosion zu schützen und den erforderlichen Feuerwiderstand sicherzustellen. Die **Mindestbeondeckung (c_{min})** ergibt sich aus den Anforderungen zur Sicherstellung des Verbundes ($c_{min,b}$) und den Anforderungen an die Dauerhaftigkeit des Betonstahls ($c_{min,dur}$), einschließlich eines Sicherheitselementes $\Delta c_{dur,\gamma}$. Der Bemessung wird der größere Wert zugrunde gelegt.

Zur Sicherstellung des Verbundes darf die Mindestbetondeckung nicht kleiner sein als der Stabdurchmesser (d_{sl}). Die Mindestbetondeckung aus den Anforderungen an die Dauerhaftigkeit des Betonstahls kann der Tabelle entnommen werden.

Zur Sicherstellung der **Mindestmaße c_{min}** sind der Ausführung die **Nennmaße c_{nom}** zugrunde zu legen. Die Nennmaße setzen sich aus den Mindestmaßen und einem **Vorhaltemaß Δc** zusammen. Der nach DIN EN 1992-1-1 empfohlene Wert für das Vorhaltemaß Δc_{dev} ist 10 mm. Der landesspezifische Wert (siehe DIN EN 1992-1-1 NA) beträgt für die Dauerhaftigkeit Δc_{dev} = 15 mm (für XC1 Δc_{dev} = 10 mm) und für den Verbund Δc_{dev} = 10 mm. Mit dem Vorhaltemaß sollen unplanmäßige Abweichungen ausgeglichen werden. Das **Verlegemaß der Betondeckung c_v** ist maßgebend für die durch Abstandhalter zu unterstützende Bewehrung, z. B. Bügel in Balken. Beim Betonieren gegen unebene Flächen und bei Beton mit hoher Verschleißbeanspruchung ist es erforderlich die **Betondeckung zu vergrößern**. Bei Bauteilen mit hoher Betondruckfestigkeit, mit kraftschlüssiger Verbindung zwischen Fertigteil und Ortbeton und entsprechender Qualitätskontrolle ist eine **Verringerung der Betondeckung** zulässig.

Die Betondeckung muss durch den Einbau von Abstandhaltern gesichert werden. Dies wird für die untere Bewehrung durch Kunststoffabstandhalter erreicht. Sie dürfen sich beim Einbringen und Verdichten des Betons nicht verschieben oder verformen.

Der geforderte Abstand der oberen von der unteren Bewehrung wird durch Abstandbügel oder serienmäßig gefertigte Unterstützungskörbe oder Unterstützungsstreifen gesichert.

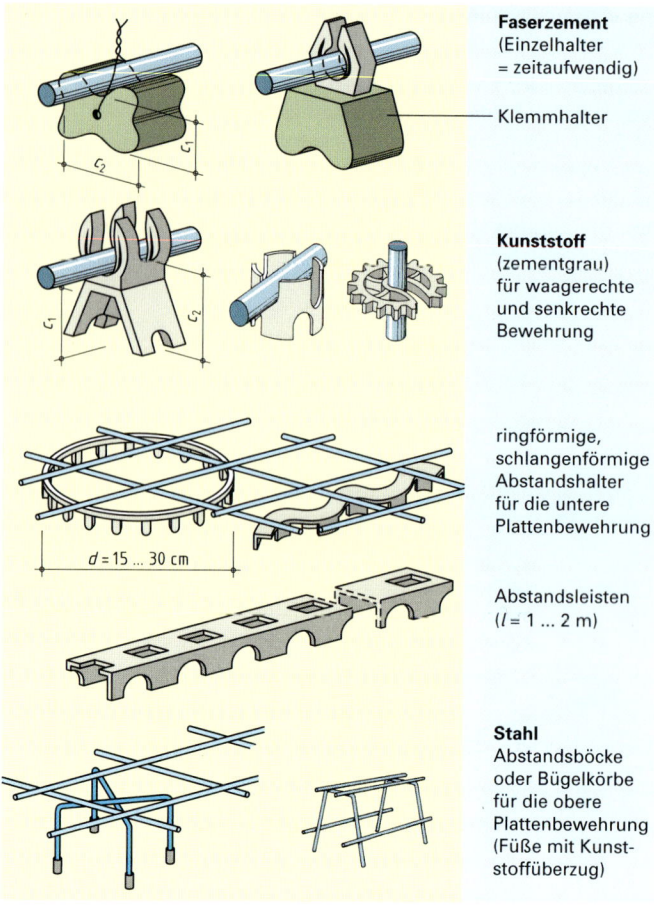

Abstandhalter

- **Faserzement** (Einzelhalter = zeitaufwendig)
- **Klemmhalter**
- **Kunststoff** (zementgrau) für waagerechte und senkrechte Bewehrung
- ringförmige, schlangenförmige Abstandshalter für die untere Plattenbewehrung
- Abstandsleisten (l = 1 ... 2 m)
- **Stahl** Abstandsböcke oder Bügelkörbe für die obere Plattenbewehrung (Füße mit Kunststoffüberzug)

Nennmaß der Betondeckung:
$$c_{nom} = c_{min}\,[c_{min,b};\ c_{min,dur} + \Delta c_{dur,\gamma}] + \Delta c_{dev}$$

Anforde-rungsklasse	Mindestbetondeckung $c_{min,dur}$ Anforderungen an die Dauerhaftigkeit						
	Expositionsklasse						
	X0	XC1	XC2 XC3	XC4	XD1 XS1	XD2 XS2	XD3 XS3
S1	10	10	10	15	20	25	30
S2	10	10	15	20	25	30	35
S3 $\Delta c_{dur,\gamma}$	10 0	10 0	20 0	25 0	30 +10	35 +5	40 0
S4	10	15	25	30	35	40	45
S5	15	20	30	35	40	45	50
S6	20	25	35	40	45	50	55

Mindestbetondeckung $c_{min,dur}$ – Anforderungen an die Dauerhaftigkeit von Betonstahl, einschließlich des Sicherheitswertes $\Delta c_{dur,\gamma}$ für die Anforderungsklasse S3

Eine ausreichend dichte und dicke Betondeckung muss eingehalten werden, um die erforderliche Verbundwirkung zu erreichen, den Betonstahl dauerhaft vor Korrosion zu schützen und den Feuerwiderstand sicherzustellen.

Abstandhalter gewährleisten die vorgeschriebene Betondeckung und die Unverschiebbarkeit der Bewehrung.

5 Herstellen einer Massivdecke — Bewehrungsrichtlinien

Verankerungslänge

Damit der Stahl im Beton Zugkraft aufnehmen kann, muss er im Beton verankert werden. Die **Verankerung** ist von der Stahlsorte, der Betonfestigkeit, der Lage der Bewehrung, der Verankerungsart und der Beanspruchungsart der Bewehrung abhängig. Bei der Verankerungsart wird zwischen geraden Stabenden, Haken, Winkelhaken, Schlaufen, angeschweißten Querstählen oder Ankerkörpern unterschieden. Die geraden Stabenden erfordern die größten Verankerungslängen, sind aber am einfachsten herzustellen.

Die Verankerungslängen der Matten am Mattenrand müssen im Verlegeplan angegeben werden. Der Mindestwert der Verankerungslänge ($l_{b,min}$) von Zug- und Druckstäben beträgt 10 d_s (d_s = Durchmesser des Stahls).

> Das Mindestmaß für die Verankerungslänge bei Matten ist das Zehnfache des Stahldurchmessers.

Bewehrungen müssen häufig gestoßen werden, zum einen aus herstellungstechnischen Gründen, zum anderen aus dem Grund, dass Stabstähle eine maximale Länge von 12 m bzw. 14 m besitzen und Betonstahlmatten als Lagermatten 6 m lang und 2,30 m bzw. 2,35 m breit sind.

Die Bewehrungsstöße werden **direkt** als Schweißstoß, Mattenstoß oder Kontaktstoß oder **indirekt** als Übergreifungsstoß ausgeführt.

Übergreifungsstöße

Zur Anpassung an die Abmessungen der Bauteile sind oft übergreifende Mattenstöße in Längs- und Querrichtung notwendig. Diese Übergreifungstöße können als Ein-Ebenen-Stöße und Zwei-Ebenen-Stöße ausgeführt werden.

Ein-Ebenen-Stöße sind Mattenstöße, bei denen die zu stoßenden Stäbe in einer Ebene nebeneinander liegen.

Zwei-Ebenen-Stöße sind Mattenstöße, bei denen die zu stoßenden Stäbe übereinander liegen.

Die Übergreifungslängen (l_o) der Betonstahlmatten sind statisch zu ermitteln und den Verlegeplänen zu entnehmen. Der Mindestwert der Übergreifungslänge muss größer dem Abstand der geschweißten Querstäbe und kleiner 20 cm sein. Bei der Anordung der Stöße ist darauf zu achten, dass nicht mehr als drei Matten übereinander liegen.

> Übergreifungsstöße können als Ein-Ebenen-Stoß oder als Zwei-Ebenen-Stoß ausgeführt werden.

Zusatzbewehrung

Die Massivdecken beim Projekt „Jugendtreff" müssen an verschiedenen Stellen durchbrochen werden. Es müssen für den Einbau der Treppe, für das Hochziehen des Schornsteins und für die Führung von Leitungen und Rohren Aussparungen vorgesehen werden. Durch zusätzliche Bewehrungsstäbe sind deshalb die Ränder der Aussparungen in der unteren Bewehrungslage zu verstärken.

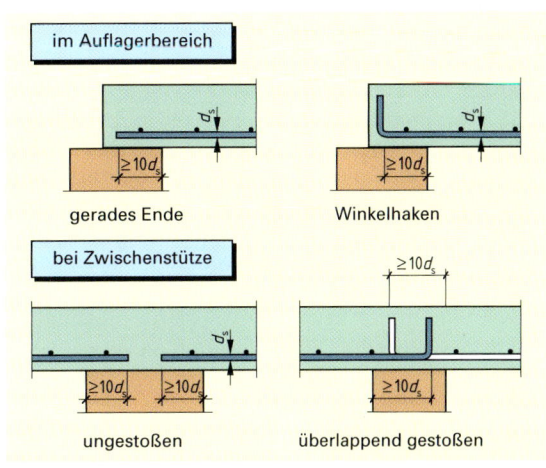

Mindestmaße für die Verankerungslängen bei Mattenbewehrungen

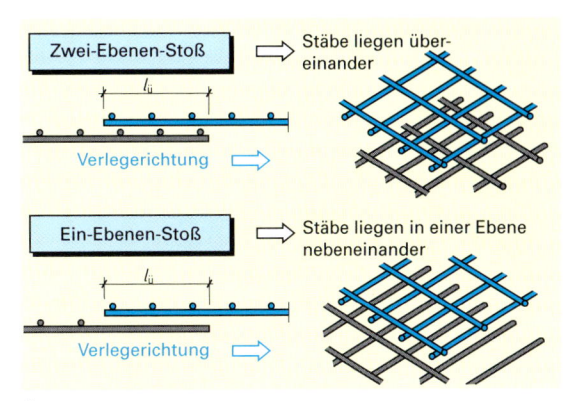

Übergreifungsstöße bei Mattenbewehrungen
(l_o = Übergreifungslänge)

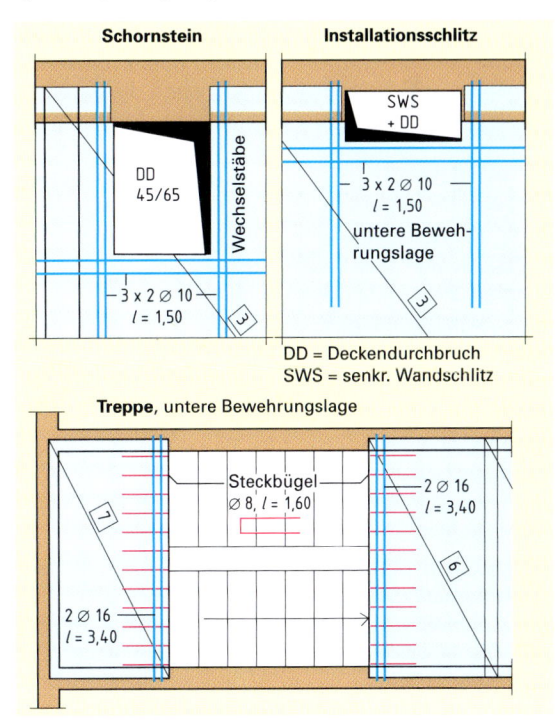

DD = Deckendurchbruch
SWS = senkr. Wandschlitz

Zusatzbewehrung bei Deckendurchbrüchen und freien Rändern

135

5 Herstellen einer Massivdecke — Ringanker

Rechtwinklige Eckbewehrung

Wie in Abschnitt 9.3.2 dargelegt, wird die **Eckbewehrung** als obere Bewehrung bei Endauflagern eingebaut. Sie nimmt die im Randbereich durch die Einspannung der Decke im Mauerwerk auftretenden geringen Zugspannungen auf. Die Eckbewehrung wird auch als Abreißbewehrung bezeichnet. Die Länge muss mindestens 0,3 der effektiven Mindeststützweite (min l_{eff}) betragen. Die Drillbewehrung hat in jeder Richtung die gleiche Querschnittsfläche wie die Feldbewehrung. In der Regel werden hierfür Restmatten oder besonders hergestellte Randmatten verwendet.

Randbewehrung

Nicht eingespannte, freie und ungestütze Deckenränder erhalten eine besondere Zulagenbewehrung (Längs- und Querbewehrung). Sie besteht aus einer Randlängsbewehrung und einer bügelartigen Einfassung, den so genannten Steckbügeln. Anstelle von Steckbügeln können auch gebogene Bewehrungsstäbe verwendet werden, wobei die freie Schenkellänge der zweifachen Plattendicke entsprechen soll.

Eine Einfassbewehrung ist beim Balkon (Kragplatte) des Projektes „Jugendtreff" einzubauen.

> Deckendurchbrüche, Deckenrandbereiche und frei liegende, ungestützte Deckenränder erfordern zusätzliche Bewehrungsmaßnahmen.

Ringanker

Durch unterschiedliche Setzungen des Baugrundes sowie durch ungewollte Verformungen des Baugefüges infolge Temperaturschwankungen und Durchfeuchtungen können in Mauerwerkswänden Zugspannungen auftreten. Diese müssen durch **bewehrte Ringanker** aufgenommen werden, wenn die Betondecke **direkt** auf dem Mauerwerk aufliegt. Als geschlossener Bewehrungsring soll der Anker zudem die Wände des Bauwerks zusammenhalten. Der Ringanker wird also im Gegensatz zum Ringbalken nicht auf Biegung, sondern vielmehr auf **Zug** beansprucht.

Ringanker sind nach DIN EN 1992-1-1 auf allen **Außenwänden** und auf den **Querwänden**, die der Abtragung horizontaler Windlasten dienen, anzuordnen. Dies ist in folgenden Fällen erforderlich:

- bei Bauten, die aus mehr als 2 Vollgeschossen bestehen bzw. länger als 18 m sind
- bei Wänden, die viele oder besonders große Öffnungen haben
- bei Baugrundverhältnissen, bei denen die Gefahr unterschiedlicher Setzungen besteht

Ringanker werden häufig aus Stahlbeton oder bewehrtem Mauerwerk ausgeführt. Der Ringanker sollte eine Zugkraft von mindestens 45 kN aufnehmen können. Die Bewehrung kann in den Randbereichen der Stahlbetondecke, in einem Stahlbetonbalken, wobei häufig U-Schalen verwendet werden, oder in den Lagerfugen des Mauerwerks angeordnet werden.

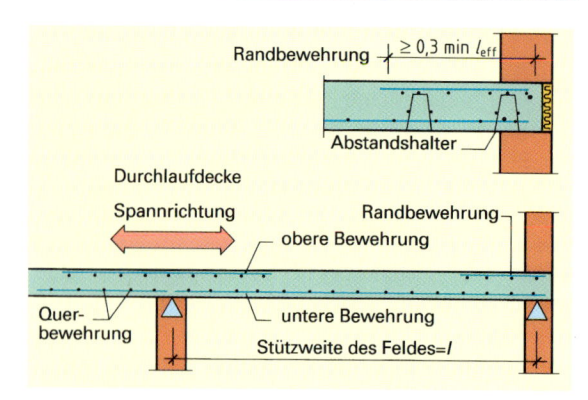

Eckbewehrung bei eingespannten Decken

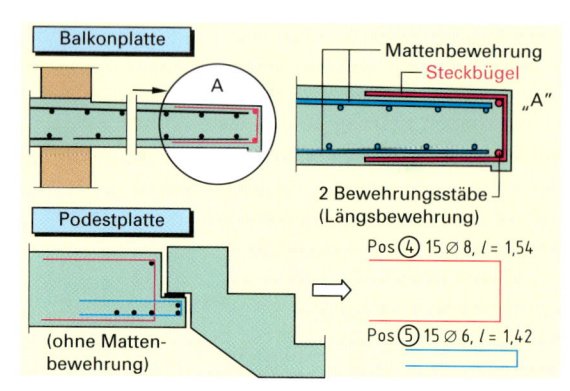

Einfassbewehrung bei ungestützten Deckenrändern

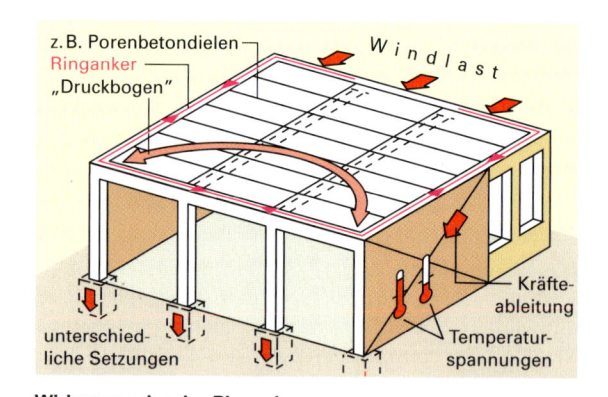

Pos ④ 15 ⌀ 8, l = 1,54
Pos ⑤ 15 ⌀ 6, l = 1,42

Wirkungsweise des Ringankers

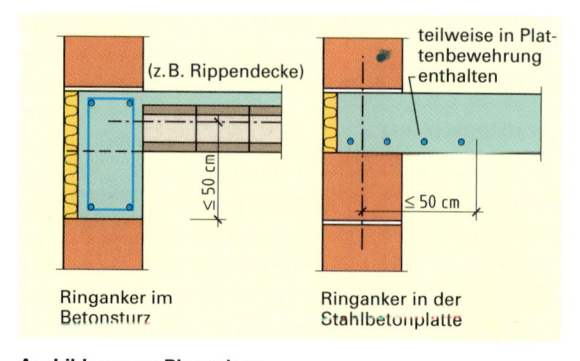

Ausbildung von Ringankern

5 Herstellen einer Massivdecke — Ringbalken

Ringbalken

Für die Standsicherheit entscheidend ist, ob die Geschossdecke als stabile Scheibe ausgebildet ist. Liegt sie nicht direkt auf dem Mauerwerk auf, sondern ist sie durch eine Gleitschicht vom Stein getrennt, entfällt die Haftreibung und es entsteht keine Scheibenwirkung. Ist keine stabile Scheibe vorhanden und treten zusätzliche horizontale Belastungen auf, werden **Ringbalken** unter Decken angeordnet. Ringbalken müssen stärker bemessen werden als Ringanker. Um Zug- und Biegebeanspruchungen aufzunehmen, wird der Ringbalken als **Bewehrungskorb** erstellt. Um Wärmebrücken zu vermeiden, müssen im Bereich der Ringbalken Wärmedämmschichten eingebaut werden.

> Ringanker müssen Zugspannungen aufnehmen, die im Mauerwerk durch ungewollte Verformungen und unterschiedliche Setzungen des Bauwerks entstehen. Ringbalken müssen eingebaut werden, wenn zwischen Decke und Mauerwerk keine stabile Scheibe entsteht.

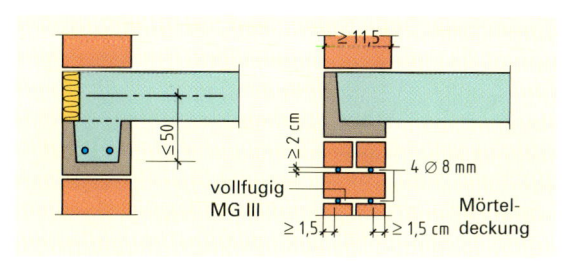

Ausbildung von Ringankern

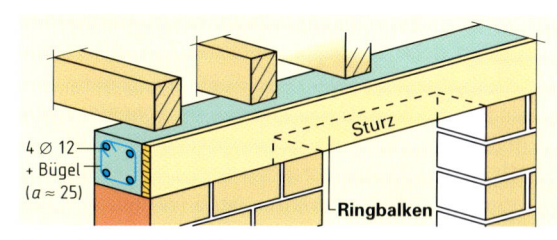

Ringanker und Ringbalken

Aufgaben:

1. In welcher Festigkeitsklasse werden Betonstähle hergestellt?
2. Erklären Sie die Bedeutung der Kurznamen B500A und B500B.
3. Worin besteht der Unterschied zwischen Design- und Lagermatten?
4. Welche Informationen gehen aus den Mattenbezeichnungen Q257A und R524B hervor?
5. Welcher Unterschied besteht zwischen einer R- und Q-Matte?
6. Erklären Sie die Lage der Zugbewehrung
   a) bei einer Zweifeldplatte,
   b) bei einer zweiachsig gespannten Einfeldplatte.
7. Begründen Sie, warum bei zweiachsig gespannten Platten in den Ecken eine zusätzliche Zugbewehrung eingebaut wird?
8. Skizzieren Sie die Durchbiegung bei einem eingespannten Zweifeldträger mit einseitigem Kragarm und zeichnen Sie den Kräfteverlauf ein.
9. Welche Betondeckung (Nennmaß c_{nom}) ist für die Stahlbetondecke des Erdgeschosses beim Projekt „Jugendtreff" vorzusehen?
10. Nennen Sie drei Aufgaben der Betondeckung.
11. Welche Aufgaben haben die Abstandhalter?
12. Welche Bedeutung haben die Verankerungslängen bei Betonstählen?
13. Wie groß ist das Mindestmaß für die Verankerungslänge im Auflagerbereich, wenn die Matte Q524A eingebaut wird?
14. Skizzieren Sie a) den Ein-Ebenen-Stoß,
                   b) den Zwei-Ebenen-Stoß.
15. Beim Projekt „Jugendtreff" wird ein Schornstein über alle Geschosse hochgeführt. Welche Auswirkungen hat dies für die Bewehrungsführung?
16. Skizzieren Sie im Schnitt Maßstab 1:10 verschiedene Möglichkeiten, wie Ringanker ausgeführt werden können.

Zusammenfassung

Die Bewehrung von Stahlbetondecken besteht aus Betonstahl. Vorzugsweise werden Betonstahlmatten eingesetzt.

Betonstahlmatten sind werkmäßig vorgefertigte Bewehrungen aus sich kreuzenden Bewehrungsstäben, die an den Kreuzungspunkten durch Punktschweißung scherfest verbunden sind.

Betonstahlmatten werden heute ausschließlich als Betonstahlsorten B500A und B500B geliefert.

Betonstahlmatten können als Lagermatten, Listenmatten und Vorratsmatten gefertigt werden.

Lagermatten haben festliegende Stabdurchmesser und Abmessungen. Sie werden als Q- und R-Matten geliefert.

Listenmatten werden vom Anwender nach individuellen Anforderungen konstruiert. Länge, Breite, Stabdurchmesser und Stababstand sind frei wählbar.

Die Bewehrung von Stahlbetonvollplatten richtet sich nach den vorhandenen Belastungsfällen. Die Hauptbewehrung (Zugbewehrung) liegt immer dort, wo Biegezugkräfte auftreten.

Je nach Belastungsfall kann die Zugbewehrung als Feld-, Auflager-, Rand- oder Eckbewehrung bezeichnet werden.

Zur Sicherung des Verbundes, des Korrosionsschutzes und zum Schutz gegen Brandeinwirkung müssen die Bewehrungsstäbe ausreichend dick und dicht mit Beton ummantelt sein.

Die Dicke der Betondeckung hängt vom Stabdurchmesser und von den Umweltbedingungen ab.

Bei eingespannten Decken ist im oberen Bereich eine Randbewehrung zur Aufnahme der Spannungen erforderlich.

5 Herstellen einer Massivdecke — Schneideskizzen

5.3.4 Zeichnerische Darstellung

Grundlage sind **Positionspläne**, die vorwiegend der Erläuterung der statischen Berechnung dienen. Sie enthalten Angaben über die Lage der tragenden Bauteile, über die Bauteilabmessungen, über die Positionsnummern und über die Tragrichtung der Decken.

DIN 1356-1 regelt die Darstellungsweise von Bewehrungen. Zum Herstellen und Einbauen der Bewehrungen müssen **Bewehrungspläne** erstellt werden. Zum Bewehrungsplan einer Stahlbetonvollplatte gehören Verlegepläne für die obere und untere Bewehrung und Schneideskizzen mit Mattenlisten.

Die **Schneideskizze** dient als Ausführungshilfe zum Ablängen der Bewehrungsstäbe. Eine Schneideskizze ist dann unverzichtbar, wenn Lagermatten auf der Baustelle zugeschnitten werden.

Für die Erstellung von **Mattenlisten** werden von einzelnen Herstellern geeignete Formulare, auf denen Mattenabmessungen bereits maßstäblich vorgedruckt sind, zur Verfügung gestellt. Die Massen für die einzelnen Mattensorten können Tabellen entnommen werden.

Schneideskizzen und Mattenlisten können folgende Angaben entnommen werden:

- Art der Matten
- Positionsnummer der Matten
- Abmessungen der Matten
- Art der Unterstützungskörbe für die obere Bewehrung
- Gesamtbedarf der Matten

Tragrichtung	Anwendungsbereich
	Zweiseitig gelagert
	Dreiseitig gelagert
	Vierseitig gelagert
	Auskragend

Tragrichtung von Platten

Zum Bewehrungsplan einer Stahlbetondecke gehören Verlegeplan, Schneideskizzen und Mattenliste.

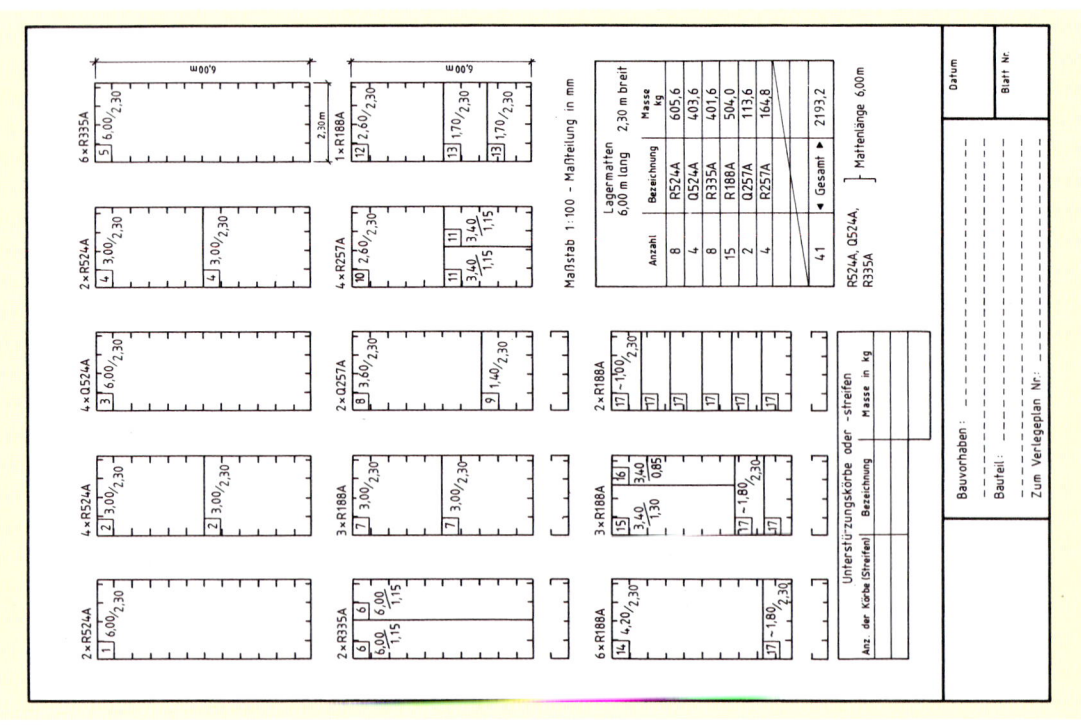

Schneideskizzen für Lagermatten

5 Herstellen einer Massivdecke   Verlegepläne

In **Verlegeplänen** werden bei Betonstahlmatten die Positionsnummer, die Mattenkurzbezeichnung und, soweit erforderlich, die Betonstahlsorte angegeben. Bei der Darstellung von Matten ist Folgendes zu beachten:

- Die Positionsnummer steht in einem Rechteck. Bei Lagermatten wird mindestens einmal die Kurzbezeichnung des Mattentyps, bei Listenmatten der gesamte Mattenaufbau entlang der Diagonalen angegeben
- In Verlegeplänen werden nie die einzelnen Stäbe einer Matte gezeichnet, sondern immer nur die Matten in ihren Umrissen bzw. mit ihren Achsen. Die Diagonale kennzeichnet stets die Fläche der Matte. Das Mindestmaß des Übergreifungsstoßes $l_ü$ (vgl. Abschnitt 5.3.3) ist durch Querlinien zu markieren und muss bei jeder Mattenposition mindestens einmal angegeben werden
- In der Regel wird die untere und die obere Bewehrung getrennt dargestellt. Bei einfachen Anwendungen lässt sich die untere und obere Bewehrung in einem Grundriss bzw. einer Draufsicht darstellen
- Bei der Verwendung von **Mattenresten** muss die Tragrichtung der Matte mit einem Doppelpfeil gekennzeichnet werden, wenn aufgrund der Seitenlängen der Matte Verwechslungen möglich sind

Bei der Darstellung von Matten in Verlegeplänen sind **drei Formen** möglich:

1. **Einzelmattendarstellung**: Jede einzelne Matte wird in der Draufsicht mit Umrisslinie und Diagonale dargestellt.
2. **Zusammengefasste Darstellung**: Matten gleicher Positionsnummern werden mit einer gemeinsamen Umrisslinie und mit einer Diagonalen gekennzeichnet. Mattenanzahl, Positionsnummer und Übergreifungslänge sind anzugeben.
3. **Achsbezogene Darstellung**: Auf die Darstellung der Mattenumrisse wird verzichtet. Es werden nur die Achsen der Längs- und Querstäbe gezeichnet. Die Position jeder Matte und die Übergreifungslänge sind anzugeben.

Für die Bestellung und Verarbeitung an der Baustelle werden die Betonstahlmatten in einer **Mattenliste** erfasst. Für das Schneiden von Lagermatten werden Größe und Anzahl der von den einzelnen Mattensorten benötigten Mattenstücke festgelegt und in Form von **Schneideskizzen** angegeben.

Der Schneideskizze und der Mattenliste können folgende Angaben entnommen werden:

- Art der Matten
- Positionsnummer der Matten
- Abmessungen der Matten
- Art der Unterstützungskörbe für die obere Bewehrung
- Gesamtbedarf der Matten

> Bei Matten, die auf der Baustelle zugeschnitten werden, ist eine Schneideskizze mit Mattenliste unentbehrlich. In Verlegeplänen werden nicht die einzelnen Stäbe einer Matte gezeichnet, sondern immer nur die Matte in ihren Umrissen.

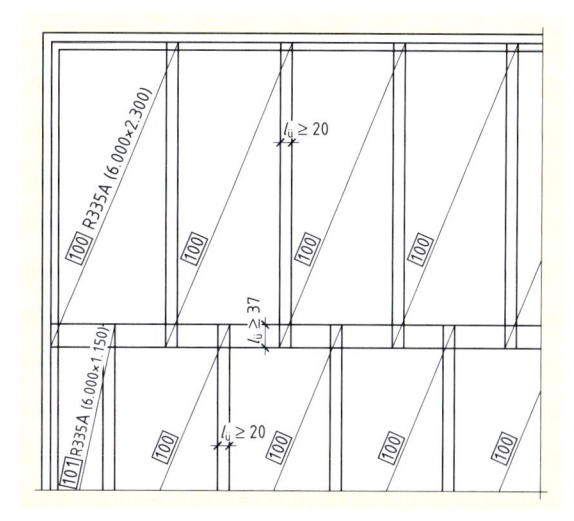

Einzelmattendarstellung

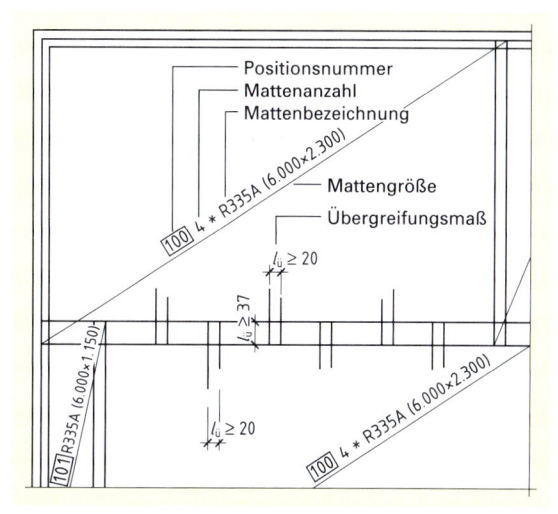

Zusammengefasste Mattendarstellung

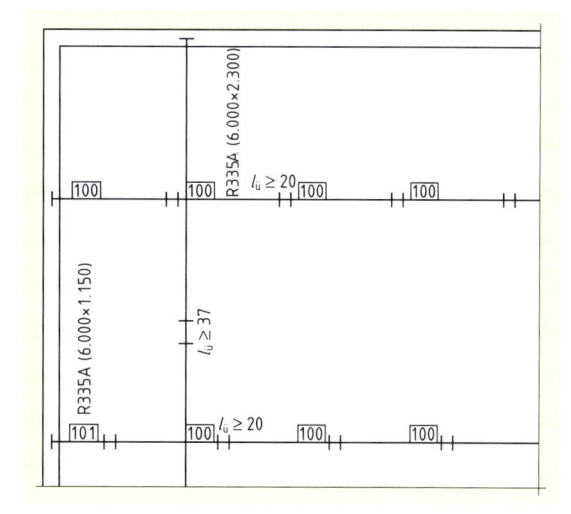

Achsbezogene Mattendarstellung

5 Herstellen einer Massivdecke — Bewehrungspläne

Beispiel 1:

Am Beispiel der Garage des Projektes „Jugendtreff" soll die Bewehrungsausführung dargelegt werden. Die Garage erhält eine einachsig gespannte Stahlbetonvollplatte mit 16 cm Dicke. Sie wird hergestellt aus Beton der Druckfestigkeitsklasse C 20/25 und der Expositionsklasse XC 1. Für die Bewehrung werden Lagermatten R257A vorgesehen. Die Betondeckung beträgt 3 cm.

Zu zeichnen sind in Einzelmattendarstellung die Verlegepläne und die Schneideskizzen. Die Mattenliste ist zu erstellen.

Lösung:

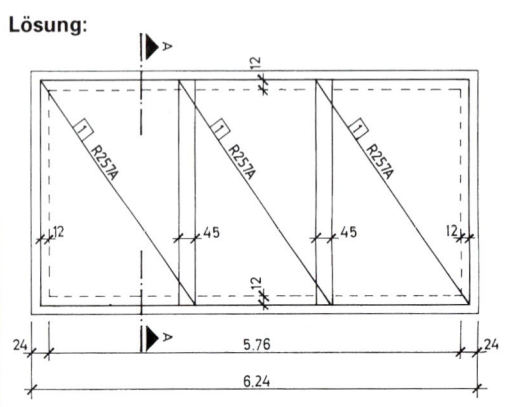

Untere Bewehrung

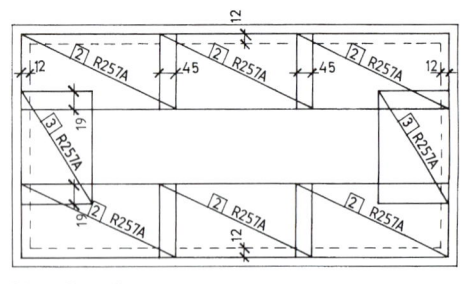

Obere Bewehrung

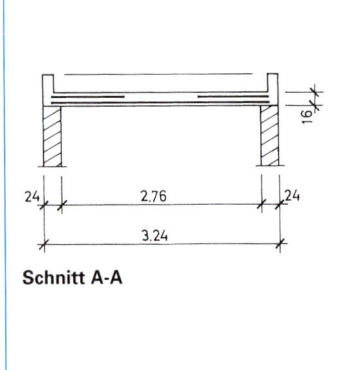

Schnitt A-A

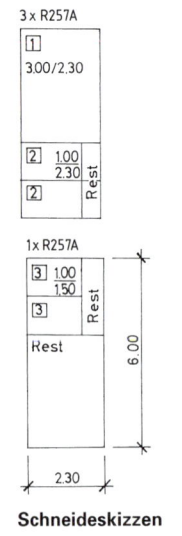

Mattenliste

Lagermatten	B500A		
Stk	Bezeich.	kg	kg
4	R257A	41.2	164.8

Schneideskizzen

3 x R257A — ① 3.00/2.30; ② 1.00/2.30 Rest

1 x R257A — ③ 1.00/1.50; ③ Rest

Beispiel 2:

Für die zweiachsig gespannte Stahlbetonvollplatte über dem Heizungs-, Lager- und Hobbyraum des Jugendtreffs sind in Einzeldarstellung die Verlegepläne zu zeichnen, die Schneideskizzen und die Mattenliste zu erstellen. Für die untere Bewehrung werden Lagermatten Q524A und für die Bewehrung im oberen Randbereich und in den Ecken Lagermatten Q524A und R524A verwendet. Verarbeitet wird Beton der Druckfestigkeitsklasse C 30/37 und der Expositionsklasse XC 1. Die Betondeckung beträgt 3 cm.

Lösung:

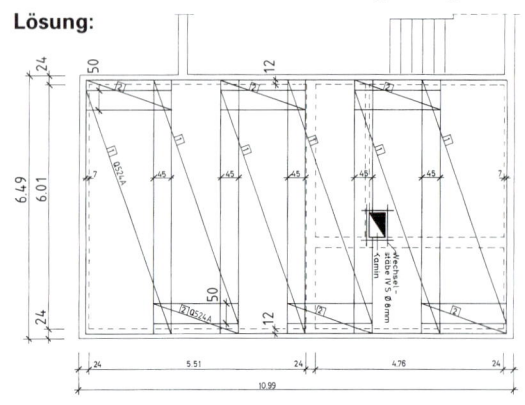

Untere Bewehrung

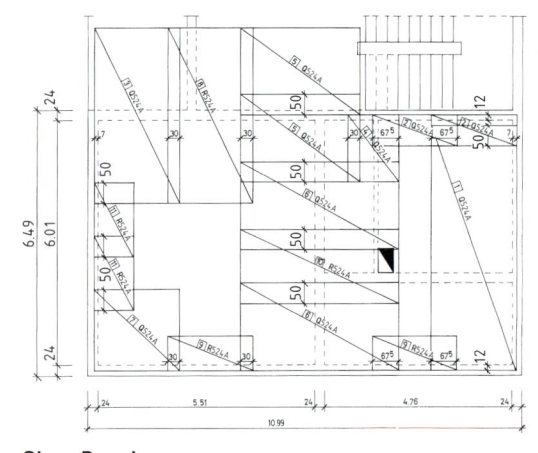

Obere Bewehrung

Schneideskizzen

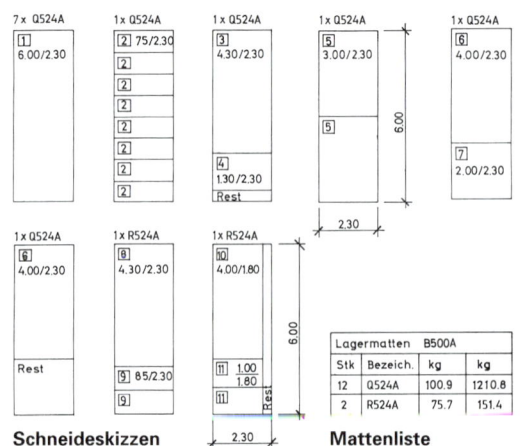

7 x Q524A — ① 6.00/2.30
1 x Q524A — ② 75/2.30
1 x Q524A — ③ 4.30/2.30
1 x Q524A — ⑤ 3.00/2.30
1 x Q524A — ⑥ 4.00/2.30
④ 1.30/2.30 Rest
⑦ 2.00/2.30
1 x Q524A — ⑥ 4.00/2.30 Rest
1 x R524A — ⑧ 4.30/2.30; ⑨ 85/2.30
1 x R524A — ⑩ 4.00/1.80; ⑪ 1.00/1.80 Rest

Mattenliste

Lagermatten	B500A		
Stk	Bezeich.	kg	kg
12	Q524A	100.9	1210.8
2	R524A	75.7	151.4

5 Herstellen einer Massivdecke — Aufgaben

Aufgaben:

1. In der Zeichnung ist die Mattenbewehrung für eine Garagendecke dargestellt. Zeichnen Sie den Schnitt A–A im Maßstab 1:50 und die Schneideskizzen im Maßstab 1:100. Erstellen Sie die Mattenliste.

   Angaben: Stahlbetondecke mit d = 16 cm
   Betondruckfestigkeitsklasse C 16/20
   Expositionsklasse XC 1
   Betondeckung 3 cm

   Beantworten Sie folgende Fragen:
   a) Wie bezeichnet man die Positionen 1 und 3?
   b) Um welche Mattenart handelt es sich?
   c) Wie groß ist bei der unteren Bewehrung die Übergreifungslänge der Matten in Längsrichtung, wenn sie in voller Breite verlegt werden?
   d) Wie groß ist der Abstand in cm zwischen Ober- und Unterbewehrung?

2. Die 15 cm starke Stahlbetonmassivdecke des dargestellten Kiosks mit seitlichem Überstand von 7 cm ist mit Betonstahlmatten zu bewehren.

   Zeichnen Sie die untere und obere Lage der Bewehrung mit Schnitt A–A im Maßstab 1:50 mit Mattenliste und Schneideskizzen im Maßstab 1:100 auf ein Zeichenblatt A3 Querformat.

   Angaben:
   Untere Bewehrung: einachsig mit R335A
   Obere Bewehrung: Randeinspannung umlaufend mit R257A, Breite ca. 80 cm Mattenauflagerlänge 12 cm, Betondeckung 2 cm

3. Die Decke über der Küche und dem Vorratsraum des Jugendtreffs ist mit Betonstahlmatten zu bewehren.

   Zeichnen Sie die untere und obere Lage der Bewehrung mit Schnitt A–A im Maßstab 1:50 mit Mattenliste und Schneideskizzen im Maßstab 1:100 auf ein Zeichenblatt A3 Querformat.

   Angaben:
   Stahlbetondecke mit d = 22 cm
   Betondruckfestigkeitsklasse C 30/37
   Expositionsklasse XC 1
   Betondeckung 2 cm
   Mattenauflagerlänge 12 cm
   Untere Bewehrung im Feld R257A, Zusatzbewehrung für Aussparung Kamin Ø 14 mm B500B
   Obere Bewehrung: Stützbewehrung R257A, Randeinspannung umlaufend mit R335A, Breite 1,20 m

   Beantworten Sie folgende Fragen:
   a) Wie groß ist das Mindestmaß für die Verankerungslänge der Matten?
   b) Warum ist eine Randbewehrung erforderlich?
   c) Welche Angaben muss der Verlegeplan enthalten?
   d) Welche Abstände haben bei den verwendeten Matten die Längs- und Querstäbe voneinander?
   e) Erklären Sie die Lage der Stützbewehrung.

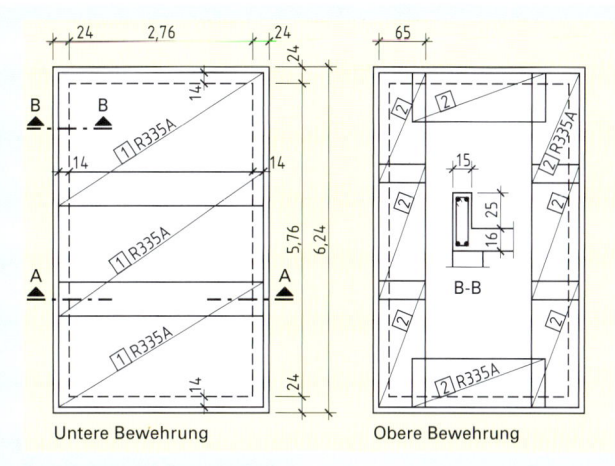

Bewehrung der Garagendecke

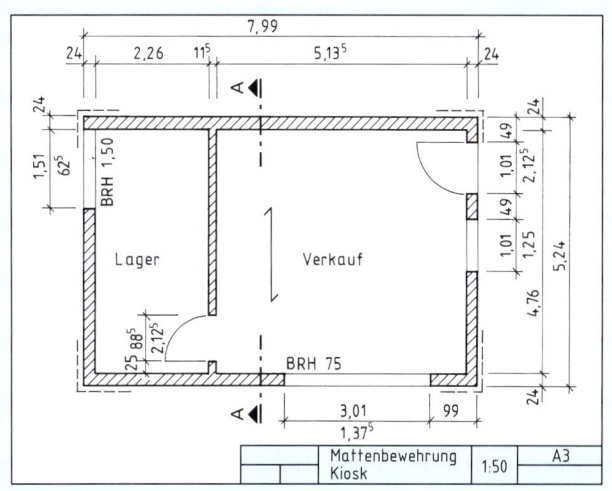

Grundriss (Kiosk)

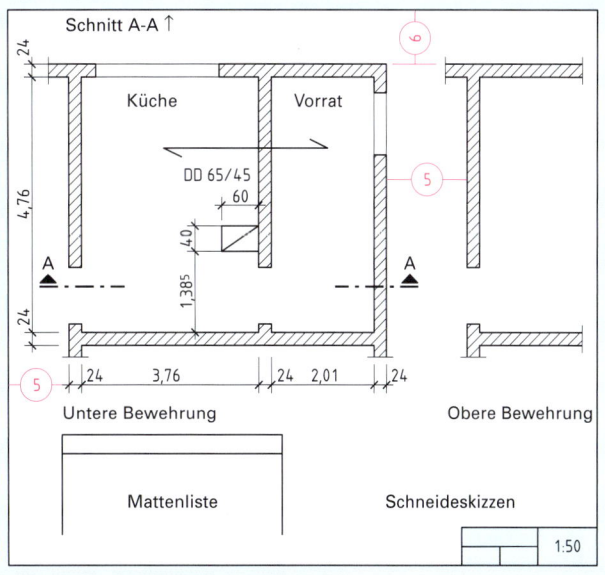

Mattenbewehrung über 3 Stützen

5 Herstellen einer Massivdecke — Aufgaben

4. Zeichnen Sie den Bewehrungsplan für die untere und obere Bewehrungslage mit Schnitt A–A im Maßstab 1:50 und Schneideskizzen im Maßstab 1:100 auf ein Zeichenblatt A3 Querformat.

   Angaben:
   Untere Bewehrung: R257A
   Zusatzbewehrung Aussparung
   4 ⌀ 14 mm, l = 3,70 m und
   2 ⌀ 14 mm, l = 1,00 m
   Obere Bewehrung:
   Stützbewehrung R335A
   Randeinspannung umlaufend mit R335A, Breite 1,00 m
   Mattenauflagerlänge 12 cm, Betondeckung 2 cm

5. Für eine Decke mit Balkonplatte d = 16 cm ist der Bewehrungsplan für die untere und obere Bewehrungslage mit Schnitt A–A im Maßstab 1:50 einschließlich Stahlliste, Mattenliste und Schneideskizzen im Maßstab 1:100 auf ein Zeichenblatt A3 Querformat zu zeichnen.

   Angaben:
   Untere Bewehrung:
   im Feld R257A
   Bereich Kragplatte Q188A
   Obere Bewehrung: R257A
   Länge 3,25 m
   Zulage R188A, Länge 2,50 m
   Randbereich R188A,
   Breite 1,20 m
   Stabbewehrung:
   Pos. ① 2 ⌀ 12 mm, Pos. ②
   2 ⌀ 12 mm, Pos. ③ 21 ⌀ 6 mm,
   Pos. ④ 2 × 8 ⌀ 6 mm

6. Zeichnen Sie für das **Projekt** „Kleines Wohnhaus in A" den Bewehrungsplan für die Decke über UG im Maßstab 1:50 mit Stahlliste, Mattenliste und Schneideskizzen Maßstab 1:100 auf ein Zeichenblatt A3 Querformat.

   Angaben:
   Mattenauflagerlänge 25 cm, Betondeckung 2,5 cm
   Untere Bewehrung: Q524A und R335A
   Obere Bewehrung:
   über Mittelwand R335A
   l = 5,00 m, über Stütze Q335A
   l = 2,50 m
   Stabbewehrung siehe Zeichnung.
   Beantworten Sie folgende Fragen:
   a) Welche Abmessungen haben die Matten Q524A und R335A?
   b) Wie werden die Positionen ① und ③ fachgerecht bezeichnet?

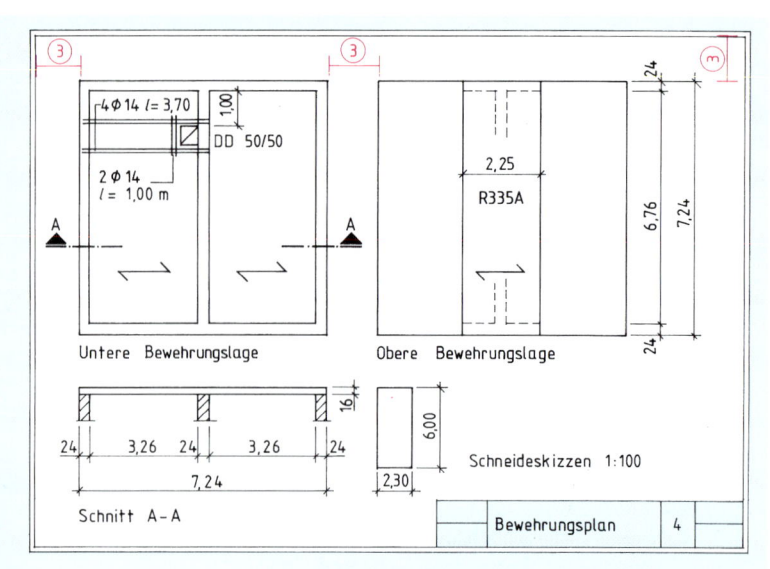

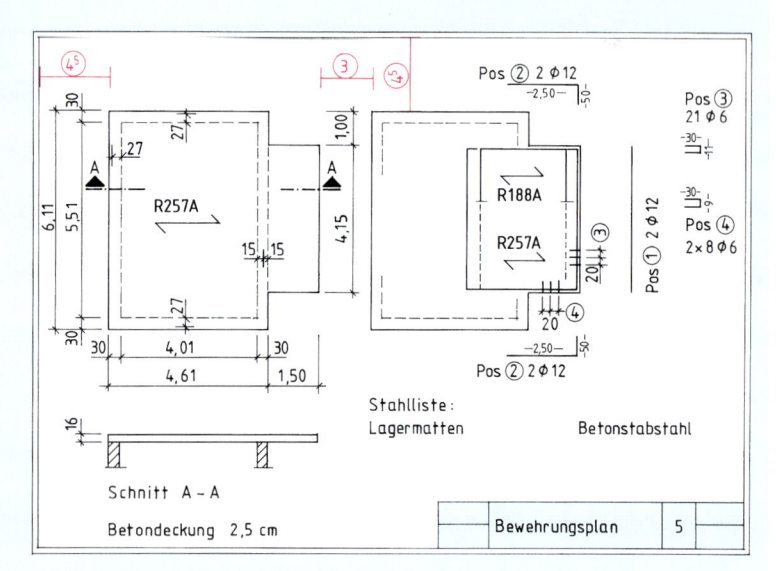

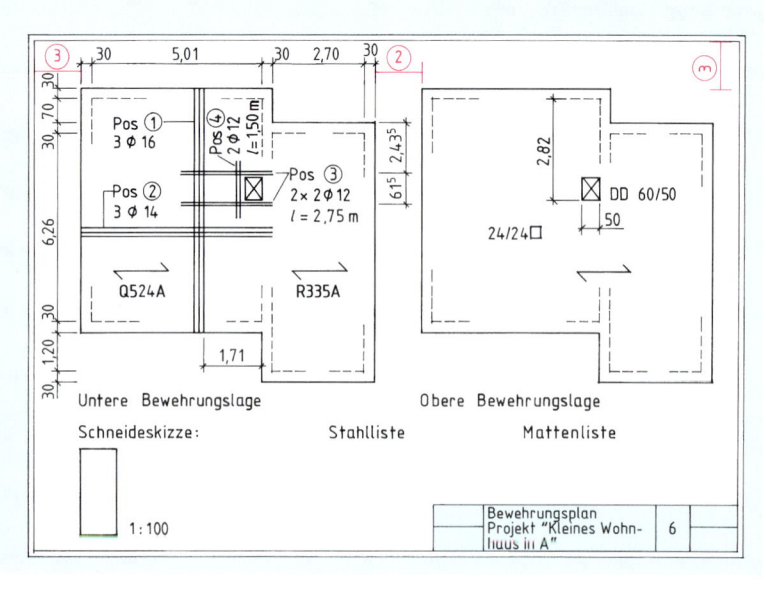

5 Herstellen einer Massivdecke — Betongruppen

5.4 Betonverarbeitung

Zur Ausführung der Massivdecken für das Projekt „Jugendtreff" kann der Beton entweder einbaufertig zur Baustelle befördert oder auf der Baustelle zusammengestellt werden. Die Vorteile des Transportbetons haben die Herstellung des Betons auf der Baustelle verdrängt. Dennoch muss der Maurer in der Lage sein, Beton selbst herzustellen.

5.4.1 Druckfestigkeitsklassen für Normal- und Schwerbeton

Eine der wichtigsten Eigenschaften des Betons ist seine Druckfestigkeit. Um den unterschiedlichen Beanspruchungen, wie sie z.B. bei Fundamenten, Stützen, Wänden vorherrschen, gerecht zu werden, sind **verschiedene Druckfestigkeiten** erforderlich.

Die Druckfestigkeit wird nach 28 Tagen an Probekörpern ermittelt, die unter den Bedingungen nach DIN 1048-5 gelagert werden. Die Probekörper werden mit Zylindern von 150 mm Durchmesser und 300 mm Länge oder mit Würfeln (Symbol: cube) von 150 mm Kantenlänge hergestellt. In manchen europäischen Ländern ist der Zylinder die Probekörperform für die Bestimmung der Festigkeit, in Deutschland wird der Würfel hierfür verwendet.

Der Beton wird nach DIN EN 1992-1-1 in **15 Festigkeitsklassen** eingeteilt. Sie beginnt für Normal- und Schwerbeton mit einem „C" als Abkürzung für „concrete", der englischen Übersetzung für Beton. Anschließend folgen zwei Zahlen, die durch einen Schrägstrich getrennt werden, z.B. C30/37. Die erste Zahl steht für die **an Zylindern** geprüfte Betondruckfestigkeit (f_{ck} = 30 N/mm²), die zweite Zahl steht für die **an Würfeln** geprüfte Betondruckfestigkeit ($f_{ck,\,cube}$ = 37 N/mm²). Beton der Druckfestigkeitsklassen C55/67 bis C100/115 wird als **hochfester Beton** bezeichnet.

5.4.2 Konsistenzklassen

Auf der Baustelle wird ein Beton benötigt, der sich gut verarbeiten lässt. Die Verarbeitbarkeit hängt von der Steife des Frischbetons ab. Sie wird als **Konsistenz** bezeichnet. Sie wird in erster Linie von der Zementleimmenge, d.h. vom Zement- und Wassergehalt bestimmt. Zur Beurteilung und Bestimmung der Konsistenz sind nach DIN EN 197-1 in Deutschland zwei Verfahren bzw. Versuche vorgesehen:
- Ausbreitmaßverfahren/Ausbreitversuch
- Verdichtungsmaßverfahren/Verdichtungsversuch

Ausbreitmaßverfahren: Es werden sechs Konsistenzklassen mit den jeweiligen Beschreibungen unterschieden. Sie werden mit den Buchstaben „F" (engl.: **f**low table test) gekennzeichnet.

Verdichtungsmaßverfahren: Es werden fünf Konsistenzklassen mit den jeweiligen Beschreibungen unterschieden. Sie werden mit dem Buchstaben „C" (engl.: **c**ompaction test) gekennzeichnet.

Druckfestigkeitsklassen	Mindestdruckfestigkeit von Zylindern f_{ck} in N/mm²	Mindestdruckfestigkeit von Würfeln $f_{ck,\,cube}$ in N/mm²	Anwendung
C 12/15[1]	12	15	Normal- und Schwerbeton
C 16/20	16	20	
C 20/25	20	25	
C 25/30	25	30	
C 30/37	30	37	
C 35/45	35	45	
C 40/50	40	50	
C 45/55	45	55	
C 50/60	50	60	
C 55/67	55	67	Hochfester Beton
C 60/75	60	75	
C 70/85	70	85	
C 80/95	80	95	
C 90/105[2]	90	105	
C 100/115[2]	100	115	

[1] Die Festigkeitsklasse C 12/15 darf nur bei vorwiegend ruhenden Einwirkungen verwendet werden.
[2] Für Beton der Druckfestigkeitsklassen C 90/105 und C 110/115 ist eine allgemeine bauaufsichtliche Zulassung oder eine Zustimmung im Einzelfall erforderlich.

Festigkeitsklassen: Normal- und Schwerbeton nach DIN EN 1992-1-1

Klasse	Ausbreitmaß (Durchmesser in mm)	Konsistenzbeschreibungen
F1	≤ 340	steif
F2	350 … 410	plastisch
F3[1]	420 … 480	weich
F4	490 … 550	sehr weich
F5	560 … 620	fließfähig
F6	≥ 630	sehr fließfähig

[1] Hochfester Ortbeton muss eine Konsistenzklasse F3 oder weicher aufweisen.

Ausbreitmaßklassen

Klasse	Verdichtungsmaß	Konsistenzbeschreibungen
C0	≥ 1,46	sehr steif
C1	1,45 … 1,26	steif
C2	1,25 … 1,11	plastisch
C3[1]	1,10 … 1,04	weich
C4	< 1,04	sehr weich (nur für Leichtbeton)

[1] Hochfester Ortbeton muss eine Konsistenzklasse C3 oder weicher aufweisen.

Verdichtungsmaßklassen

Klasse	Setzfließmaß in mm
SF1	550 … 650
SF2	660 … 750
SF3	760 … 850

Setzfließmaßklassen für Selbstverdichtenden Beton

Selbstverdichtender Beton (SVB) fließt unter dem Einfluss der Schwerkraft, verdichtet sich selbst und behält dabei seine Homogenität. Die Bestimmung der Fließfähigkeit erfolgt unter anderem durch einen Setzfließversuch. Es werden drei **Setzfließmaßklassen (SF)** unterschieden (siehe Kapitel 15.5.3).

5 Herstellen einer Massivdecke — Expositionsklassen

5.4.3 Expositionsklassen

Neben der Tragfähigkeit muss auch die **Dauerhaftigkeit** von Betonbauteilen gewährleistet sein. Beton gilt als dauerhaft, wenn er über viele Jahre (ca. 50 Jahre) widerstandsfähig gegenüber Umwelteinwirkungen bleibt. Unter Umwelteinwirkungen, auch **Umgebungsbedingungen** genannt, sind chemische und physikalische Einwirkungen auf den Beton zu verstehen. Bei Zerstörung spricht man dann von der Bewehrungskorrosion bzw. der Betonkorrosion.

Mögliche Zerstörungen können hervorgerufen werden durch:

- Karbonatisierung (engl.: **C**arbonation)
- Chlorideinwirkung aus Streusalzen (engl.: **D**eicing Salt)
- Chlorideinwirkung aus Meerwasser (engl.: **S**eawater)
- Frost mit und ohne Taumittel (engl.: **F**reezing)
- Chemische Angriffe (engl.: chemical **A**cid)
- Verschleiß (engl.: **M**echanical abrasion)

Entsprechend den Anforderungen aus den vorliegenden Umgebungsbedingungen werden für den Beton **Expositionsklassen** festgelegt. Sie sind sowohl die Grundlage für die Anforderungen an die Ausgangsstoffe und die Zusammensetzung des Betons als auch an die Mindestmaße der Betondeckung.

Die Kennzeichnung der Expositionsklassen erfolgt durch zwei Großbuchstaben, wobei der erste Buchstabe immer „**X**" ist. Der zweite Buchstabe ist der Anfangsbuchstabe des englischen Fachbegriffes. Die verschiedenen **Angriffsstufen** werden mit Ziffern gekennzeichnet. In der Regel zeigt eine höhere Ziffer eine Verschärfung des Angriffsrisikos an.

Bei unserem Projekt „Jugendtreff" ist hinsichtlich der Dauerhaftigkeit bei den Innenräumen mit üblicher

	Bedingungen	Expositions-klasse	Angriffs-stufen
Beton-korrosion	kein Angriff	X0	keine
	Frost mit und ohne Taumitteln	XF	1–4
	chemischer Angriff	XA	1–3
	Verschleiß	XM	1–3
Bewehrungs-korrosion	Chlorid (Tausalz)	XD	1–3
	Chlorid (Meerwasser)	XS	1–3
	Karbonatisierung	XC	1–4

Korrosionsarten und Expositionsklassen

Luftfeuchte die Expositionsklasse XC 1 zu wählen. Ist im Untergeschoss mit Grundwasser zu rechnen, ist Beton zu verwenden, der die Anforderungen der Expositionsklasse XC 4 erfüllt. Beton für die Kellersohle muss zusätzlich in die Expositionsklasse XA 1 eingeordnet werden.

Da Beton mehr als einer Einwirkung ausgesetzt sein kann, müssen die Umgebungsbedingungen als Kombination von Expositionsklassen ausgedrückt werden.

Aufbauend auf der Einteilung in Expositionsklassen werden die Anforderungen an die Zusammensetzung des Betons festgelegt. Dazu gehören

maximaler Wasserzementwert, Mindestdruckfestigkeitsklasse, Mindestzementgehalt bzw. Mindestzementgehalt bei Anrechnung von Zusatzstoffen.

> Nach DIN 1045-2 und DIN EN 206-1 wird Beton in Expositionsklassen eingeteilt. Die Unterteilung wird nach der Beanspruchung des Betons oder seiner Bewehrung aufgrund unterschiedlicher Umweltbedingungen vorgenommen.

Klasseneinteilung von Beton/Expositionsklassen (DIN 1045-2/DIN EN 206-1)

Klasse	Umgebung	max. w/z	min f_{ck}	min $z^{1)}$ (kg/m³)	Anwendungsbeispiele
X0	kein Korrosions- oder Angriffsrisiko	–	C 8/10	–	unbewehrte Fundamente ohne Frost, unbewehrte Innenbauteile
XC	Bewehrungskorrosion, ausgelöst durch Karbonatisierung				
XC 1	trocken oder ständig nass	0,75	C 16/20	240	Bauteile in Innenräumen mit üblicher Luftfeuchte (Küche, Bad, Waschküche in Wohngebäuden); Beton, der ständig in Wasser getaucht ist
XC 2	nass, selten trocken				Teile von Wasserbehältern, Gründungsbauteile
XC 3	mäßige Feuchte	0,65	C 20/25	260 (240)	Bauteile, zu denen die Außenluft häufig oder ständig Zugang hat, z. B. offene Hallen, Innenräume mit hoher Luftfeuchtigkeit (gewerbliche Küchen, Bäder, in Feuchträumen von Hallenbädern und Viehställen)
XC 4	wechselnd nass und trocken	0,60	C 25/30	280 (270)	Außenbauteile mit direkter Beregnung
XD	Bewehrungskorrosion, verursacht durch Chloride				
XD 1	mäßige Feuchte	0,55	C 30/37	300 (270)	Bauteile im Sprühnebelbereich von Verkehrsflächen; Einzelgaragen
XD 2	nass, selten trocken	0,50	C 35/45	320²⁾ (270)	Solebäder und Bauteile, die chloridhaltigen Abwässern ausgesetzt sind
XD 3	wechselnd nass und trocken	0,45	C 35/45	320²⁾ (270)	Teile von Brücken mit häufiger Spritzwasserbeanspruchung; Fahrbahndecken; Parkdecks

5 Herstellen einer Massivdecke — Expositionsklassen

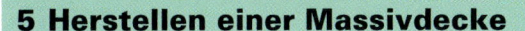

Expositionsklassen (Fortsetzung)

Klasse	Umgebung	max. w/z	min f_{ck}	min $z^{1)}$ (kg/m³)	Anwendungsbeispiele
XS	**Bewehrungskorrosion, verursacht durch Chloride aus Meerwasser**				
XS 1	salzhaltige Luft, kein Meerwasserkontakt	0,55	C 30/37	300 (270)	Außenbauteile in Küstennähe
XS 2	unter Wasser	0,50	C 35/45	320²⁾ (270)	Bauteile in Hafenbecken, die ständig unter Wasser liegen
XS 3	Tide⁴⁾, Spritzwasser-, Sprühnebelbereich	0,45	C 35/45	320²⁾ (270)	Kaimauern in Hafenanlagen
XF	**Frostangriff mit und ohne Taumittel**				
XF 1	mäßige Wassersättigung, ohne Taumittel	0,60	C 25/30	280 (270)	Außenbauteile
XF 2	mäßige Wassersättigung	0,55	C 25/30	300	Bauteile im Sprühnebel- oder Spritzwasserbereich von taumittelbehandelten Verkehrsflächen, soweit nicht XF 4
	mit Taumitteln	0,50	C 35/45	320	Betonbauteile im Sprühnebelbereich von Meerwasser
XF 3	hohe Wassersättigung	0,55	C 25/30	300 (270)	offene Wasserbehälter
	ohne Taumittel	0,50	C 35/45	320 (270)	Bauteile in der Wasserwechselzone von Süßwasser
XF 4	hohe Wassersättigung mit Taumittel	0,50	C 30/37	320	mit Taumitteln behandelte Verkehrsflächen; überwiegend horizontale Bauteile im Spritzwasserbereich von taumittelbehandelten Verkehrsflächen; Räumerlaufbahnen von Kläranlagen, Meerwasserbauteile in der Wasserwechselzone
XA	**Betonkorrosion durch chemischen Angriff**				
XA 1	chemisch schwach angreifende Umgebung	0,60	C 25/30	280 (270)	Behälter von Kläranlagen; Güllebehälter
XA 2	chemisch mäßig angreifende Umgebung und Meeresbauwerke	0,50	C 35/40	320 (270)	Betonbauteile, die mit Meerwasser in Berührung kommen; Bauteile in betonangreifenden Böden
XA 3	chemisch stark angreifende Umgebung	0,45	C 35/45	320 (270)	Industrieabwasseranlagen mit chemisch angreifenden Abwässern; Gärfuttersilos und Futtertische der Landwirtschaft; Kühltürme mit Rauchgasableitung
XM	**Betonkorrosion durch Verschleißbeanspruchung**				
XM 1	mäßige Verschleißbeanspruchung	0,55	C 30/37	300³⁾ (270)	tragende oder aussteifende Industrieböden mit Beanspruchung durch luftbereifte Fahrzeuge
XM 2	starke Verschleißbeanspruchung	0,55	C 30/37	300³⁾ (270)	tragende oder aussteifende Industrieböden mit Beanspruchung durch luft- oder vollgummibereifte Gabelstapler
		0,45	C 35/45	320³⁾ (270)	Flächen mit schwerem Gabelstaplerverkehr
XM 3	sehr starke Verschleißbeanspruchung	0,45	C 35/45	320³⁾ (270)	tragende oder aussteifende Industrieböden mit Beanspruchung durch elastomer- oder stahlrollenbereifte Gabelstapler; Oberflächen, die häufig mit Kettenfahrzeugen befahren werden; Wasserbauwerke in geschiebebelasteten Gewässern

Die Klammerwerte geben den Mindestzementgehalt bei Anrechnung von Zusatzstoffen (kg/m³) an.
¹) Bei Größtkorn der Gesteinskörnung von 63 mm darf der Zementgehalt um 30 kg/m³ reduziert werden. In diesem Fall darf ²) nicht angewandt werden.
²) Für massige Bauteile (≥ 80 cm) gilt: Mindestzementgehalt von 300 kg/m³.
³) Höchstzementgehalt 360 kg/m³, jedoch nicht bei hochfestem Beton.
⁴) Unter Tide versteht man das Steigen und Fallen des Meerwassers im Gezeitenablauf.

Feuchtigkeitsklassen

Bestimmte Gesteinsarten, wie z. B. Feuerstein und Opalsandstein, können unter Feuchtigkeit und Alkalizufuhr zu Treiberscheinungen im Beton führen. Deshalb werden Betone in Abhängigkeit von den zu erwartenden Umwelteinflüssen in **Feuchtigkeitsklassen** eingeteilt.

Beton, der hoher dynamischer Beanspruchung und direkter Alkalizufuhr ausgesetzt ist (z. B. Betonfahrbahnen), wird der **Feuchtigkeitsklasse WS** zugeordnet.

Feuchtigkeitsklasse	Abkürzung	Beispiele
trocken	WO	Innenbauteile eines Hochhauses
feucht	WF	Ungeschützte Außenbauteile
feucht und Alkalizufuhr von außen	WA	Bauteile mit Meerwasser- und Tausalzeinwirkung

5 Herstellen einer Massivdecke — Anforderungen an den Beton

5.4.4 Anforderungen an den Beton

Die Ausgangsstoffe dürfen keine schädlichen Bestandteile in solchen Mengen enthalten, dass diese die Dauerhaftigkeit des Betons nachteilig beeinflussen oder gar eine Korrosion der Bewehrung verursachen.

Zement

Als allgemein geeignet gilt Zement nach DIN EN 197-1 und nach DIN 1164. Zur Herstellung von Beton in Abhängigkeit der Expositionsklassen können nach DIN 1045-2 jedoch nicht alle Normalzemente eingesetzt werden.

Gesteinskörnungen und Kornzusammensetzung

Die Art der Gesteinskörnungen (leichte, normale, schwere Gesteinskörnungen und Recycling-Gesteinskörnungen), die Korngröße und die Eigenschaften sind entsprechend der Verwendung auszuwählen. Nicht aufbereitete Gesteinskörnungen dürfen für Beton der Druckfestigkeitsklasse C 12/15 verwendet werden. Für die Verwendung von rezyklierten (wieder aufbereiteten) Gesteinskörnungen ist die DafStb-Richtlinie „Beton mit Recycling-Gesteinskörnungen" zu beachten.

Die Zusammensetzung der Gesteinskörnungen ist für die Betonqualität von ausschlaggebender Bedeutung.

Die richtige Kornzusammensetzung wird nach DIN EN 206-1 durch

- Siebversuche mit **Prüfsieben** ermittelt,
- in einem **Sieblinienprotokoll** festgehalten,
- in ein **Siebliniendiagramm** eingetragen, ausgewertet und anhand von Regelsieblinien beurteilt.

Der Korngröße entsprechend werden Gesteinskörnungen in **Korngruppen** unterteilt und nach dem Verhältnis der oberen Siebgröße d_g und der unteren Siebgröße d bezeichnet. Das Verhältnis darf nicht kleiner als 1,4 sein.

Bei ungebrochenen Gesteinskörnungen sind folgende Korngruppen gebräuchlich: 0/2 0/4 2/8 4/8 6/16 16/32

Zur Erreichung bestimmter Eigenschaften können dem Beton Gesteinsmehl, sogenannte **Füller**, zugegeben werden. Darunter versteht man die Gesteinskörnung, deren überwiegender Teil durch das 0,063-mm-Sieb hindurchgeht. Nach DIN EN 933-7 dürfen Höchstwerte nicht überschritten werden. An Gesteinskörnungen für Beton werden je nach Betoneinsatz Anforderungen gestellt, wie z. B. Widerstand gegen Zertrümmerung, Eigenfestigkeit, Widerstand gegen Verschleiß, Widerstand gegen Abrieb, Frost- und Frost-Tausalz-Widerstand.

DIN 1045-2 gibt **Grenzsieblinien** vor, die die Beurteilung von Korngemischen mit Größtkorn 8, 16, 32 und 63 mm ermöglichen. Die untere (grobe) Sieblinie wird mit **A**, die mittlere mit **B** und die obere (feine) mit **C** bezeichnet. Sie grenzen mit stetigem Verlauf einen grobkörnigen Bereich ①, einen grob- bis mittelkörnigen Bereich ③, einen mittel- bis feinkörnigen Bereich ④ und einen feinkörnigen Bereich ⑤ ab. Der Bereich ② gilt für **Ausfallkörnungen**. Sie liegen dann vor, wenn in der Gesteinskörnung eine oder mehrere Korngruppen fehlen. Diese Sieblinie verläuft dann **unstetig**; sie wird mit **U** bezeichnet. Alle anderen Sieblinien verlaufen **stetig**.

Haupt-zementarten	Bezeichnungen	Kurzzeichen
CEM I	Portlandzement	CEM I
CEM II	Portlandhüttenzement	CEM II/A-S CEM II/B-S
	Portlandsilikastaubzement	CEM II/A-D
	Portlandpuzzolanzement	CEM II/A-P CEM II/B-P CEM II/A-Q CEM II/B-Q
	Portlandflugaschezement	CEM II/A-V CEM II/B-V CEM II/A-W CEM II/B-W
	Portlandschieferzement	CEM II/A-T CEM II/B-T
	Portlandkalksteinzement	CEM II/A-L CEM II/B-L CEM II/A-LL CEM II/B-LL
	Portlandkompositzement	CEM II/A-M CEM II/B-M
CEM III	Hochofenzement	CEM III/A CEM III/B CEM III/C
CEM IV	Puzzolanzement	CEM IV/A CEM IV/B
CEM V	Kompositzement	CEM V/A CEM V/B

Normalzemente

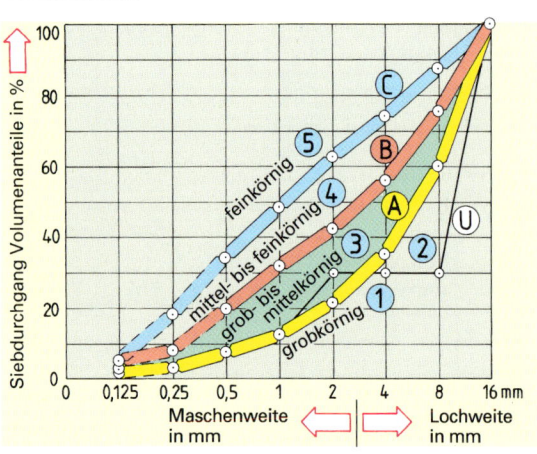

Sieblinien mit einem Größtkorn von 16 mm

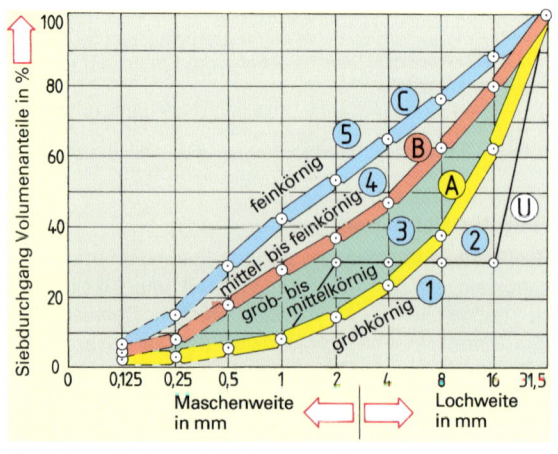

Sieblinien mit einem Größtkorn von 32 mm

5 Herstellen einer Massivdecke — Anforderungen an den Beton

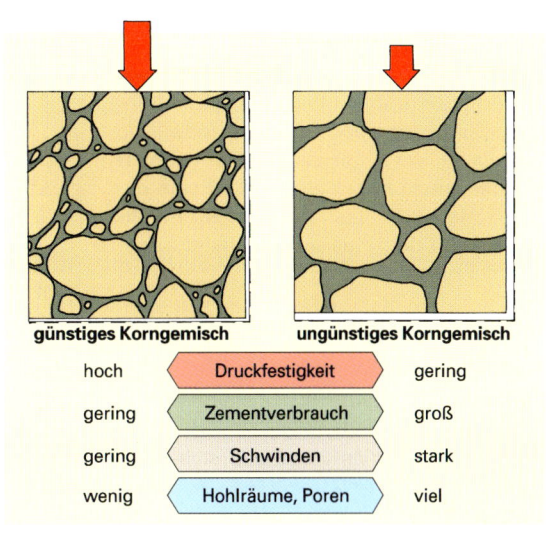

Das Größtkorn eines Korngemisches ist so zu wählen, dass das Mischen, Fördern, Einbringen und Verarbeiten des Betons gewährleistet ist. Die Korngröße darf deshalb $\frac{1}{3}$ der kleinsten Bauteilabmessung nicht überschreiten. Bei enger Bewehrung oder geringer Betondeckung soll der überwiegende Teil der Gesteinskörnung kleiner sein als der Bewehrungsabstand.

Der Kornaufbau eines Korngemisches, besonders im Bereich 0…4 mm, ist entscheidend für den Wasseranspruch und die Verarbeitung des Betons. Ungünstig zusammengesetzte Korngemische verursachen zu hohen Zementgehalt, aufwendiges Verdichten und führen zu Schwierigkeiten bei Sichtbeton, Pumpbeton und wasserundurchlässigem Beton.

Mehlkorngehalt

Um den Beton ausreichend zu verarbeiten und um ein dichtes Gefüge zu erzielen, ist eine bestimmte Menge an Mehlkorngehalt erforderlich. **Mehlkorngehalt** setzt sich zusammen aus dem Zement, dem in den Gesteinskörnungen enthaltenen Kornanteil 0…0,125 mm und gegebenenfalls dem Betonzusatzstoff. Ausreichender Mehlkorngehalt ist sehr wichtig bei Beton, der gepumpt wird, bei Beton für dünnwandige, eng bewehrte Bauteile und bei wasserundurchlässigem Beton.

DIN 1045-2 schreibt für bestimmte Expositionsklassen und für hochfesten Beton Maximalwerte vor.

Zugabewasser

Als **Zugabewasser** kann Trinkwasser und geeignetes in der Natur vorkommendes Wasser ohne schädliche Bestandteile verwendet werden. Als geeignet gilt auch **Restwasser**, das auf dem Gelände der Betonproduktion anfällt und nach Aufbereitung zur Betonproduktion wiederverwendet wird. Für die Herstellung von hochfestem Beton darf kein Restwasser verwendet werden.

Chloridgehalt

Chloride, wie Natrium- und Kalziumchlorid, die durch Reaktion mit Salzsäure entstehen, können im Randbereich bewehrter Betonbauteile für die Bewehrung korrosionsschädlich sein. Geringe Mengen können im Zementstein chemisch gebunden werden. Deshalb darf der Chloridgehalt im Beton die angegebenen Höchstwerte nicht überschreiten.

Für den Chloridgehalt von Gesteinskörnungen gelten folgende Grenzwerte:
- 0,15 M.-% für Beton ohne Betonstahlbewehrung oder eingebettetes Metall,
- 0,04 M.-% für Beton mit Betonstahlbewehrung oder anderem eingebetteten Metall,
- 0,02 M.-% für Beton mit Spannstahlbewehrung,
- 0,10 M.-% für alle Betone mit CEM III-Zement.

> Ausgangsstoffe für Beton sind Zement, Gesteinskörnungen und Wasser. Als geeignet gelten Zemente nach DIN EN 197-1 und nach DIN 1164. Als Gesteinskörnungen werden normale, schwere, leichte Gesteinskörnungen und Recycling-Gesteinskörnungen verwendet.

günstiges Korngemisch — **ungünstiges Korngemisch**

günstiges Korngemisch		ungünstiges Korngemisch
hoch	Druckfestigkeit	gering
gering	Zementverbrauch	groß
gering	Schwinden	stark
wenig	Hohlräume, Poren	viel

Kornzusammensetzung

Zementgehalt in kg/m³	Höchstzulässiger Mehlkorngehalt in kg/m³
≤ 300	400
≥ 350	450

Die Werte dürfen erhöht werden, wenn
- der Zementgehalt 350 kg/m³ übersteigt, um den über 350 kg/m³ hinausgehenden Zementgehalt,
- ein puzzolanischer Zusatzstoff des Typs II verwendet wird, jedoch insgesamt um höchstens 50 kg/m³,
- das Größtkorn der Gesteinskörnung 8 mm beträgt, Erhöhung um 50 kg/m³.

Für alle anderen Betone beträgt bei den Expositionsklassen XO, XC, XD, XS, XA der höchstzulässige Mehlkorngehalt 550 kg/m³.

Höchstzulässiger Mehlkorngehalt für Beton mit einem Größtkorn der Gesteinskörnung von 16…63 mm bis Betonfestigkeitsklassen C50/60 bei den Expositionsklassen XF und XM

Zementgehalt in kg/m³	Höchstzulässiger Mehlkorngehalt in kg/m³ Die Werte dürfen um 50 kg/m³ erhöht werden, wenn das Größtkorn der Gesteinskörnung 8 mm beträgt
≤ 400	500
450	550
≥ 500	600

Höchstzulässiger Mehlkorngehalt für Beton mit einem Größtkorn der Gesteinskörnung 16…63 mm ab den Betonfestigkeitsklassen C55/67 bei allen Expositionsklassen

Anwendung	Klasse des Chloridgehaltes	Max. Chloridgehalt des Betons, bezogen auf den Zement
ohne Bewehrung oder eingebettetes Metall	Cl 1,0	1,0 %
mit Bewehrung oder eingebettetem Metall	Cl 0,40	0,40 %
mit Spannstahlbewehrung	Cl 0,20	0,20 %

Höchstzulässiger Chloridgehalt von Beton

> Mehlkorn verbessert die Verarbeitbarkeit des Betons und erzielt ein dichtes Betongefüge.
>
> Aus Gründen des Korrosionsschutzes für die Bewehrung muss der Chloridgehalt begrenzt werden.

5 Herstellen einer Massivdecke — Zusatzstoffe

Zusatzstoffe

Um bestimmte Eigenschaften des Betons zu verbessern, können hydraulisch wirkende oder puzzolanische **Zusatzstoffe**, wie Flugasche und Silikastaub, verwendet werden (siehe Abschnitt 5.4.10). Beide Zusatzstoffe dürfen auf den Mindestzementgehalt und den Wasserzementwert angerechnet werden.

Der Zementgehalt darf für alle Expositionsklassen außer XF 2 und XF 4 reduziert werden. Die in der Tabelle angegebenen Werte dürfen nicht unterschritten werden.

Bei Verwendung von Flugasche und Silikastaub darf der Wasserzementwert durch den **äquivalenten Wasserzementwert** $(w/z)_{eq}$ ersetzt werden. Darunter versteht man das Masseverhältnis des wirksamen **Wassergehaltes** w zur Summe aus **Zementgehalt** z und anrechenbaren Anteilen aus **Flugasche** f und/oder **Silikastaub** s. Die Berücksichtigung beim Wasserzementwert erfolgt über einen Kennwert, der bei Flugasche 0,4 und bei Silikastaub 1,0 beträgt.

Der **äquivalente Wasserzementwert** $(w/z)_{eq}$ wird nach folgenden Formeln ermittelt:

Bei Flugasche: $(w/z)_{eq} = w/(z + 0{,}4 \cdot f)$
Bei Silikastaub: $(w/z)_{eq} = w/(z + 1{,}0 \cdot s)$

Zusatzstoffe werden auf den Zementgehalt und den Wasserzementwert angerechnet.

Zusatzstoff	Flugasche f [3]	Silikastaub s [3]
Kennwert	0,4	1,0
Höchstmenge in kg/m³	$0{,}33 \times z$	$0{,}11 \times z$
Mindestzementgehalt in kg/m³ bei Anrechnung des Zusatzstoffes		
XC 1, XC 2, XC 3	240 [1]	240 [2]
XC 4, XS, XD, XA, XM, XF 1, XF 3	270 [1]	270 [2]

[1] Zulässige Zementarten: CEM I, CEM II/A-D, CEM II/A-S oder CEM II/B-S, CEM II/A-T oder CEM II/B-T, CEM II/A-LL, CEM II/A-P, CEM II/A-V (für XF3 nicht zulässig), CEM II/A-M, CEM II/B-M, CEM III/A, CEM III/B mit max. 70% Hüttensand
[2] Zusätzlich zu Fußnote [1] sind weiter zulässig: CEM II/B-P
[3] Bei Verwendung von Flugasche und Silikastaub sind zulässig: CEM I, CEM II-S, CEM II-T, CEM II/A-LL, CEM II/A-M, CEM II/B-M, CEM III/A

Beispiel: Die Stahlbetonstütze (Expositionsklasse XC 3, Beton C 35/45, Größtkorn der Gesteinskörnung 16 mm) im Erd- und Obergeschoss des Jugendtreffs soll mit Flugasche hergestellt werden, deren Menge angerechnet werden soll. Verwendet wird CEM I 42,5 R. Der Mindestzementgehalt beträgt 240 kg/m³, die Gesamtwassermenge 175 kg/m³. Nach Tabelle auf Seite 144 ist der höchstzulässige Wasserzementwert 0,65. Zu ermitteln sind:
a) die höchstzulässige Menge an Flugasche,
b) die anrechenbare Menge an Flugasche.

Lösung:
a) Nach Tabelle betragen die maximal anrechenbare Flugaschenmenge $f = 0{,}33 \cdot z = 0{,}33 \cdot 240\ \text{kg/m}^3 = \underline{79\ \text{kg/m}^3}$ und der Kennwert zur Anrechnung von Flugasche $k_f = 0{,}4$.
b) Unter Berücksichtigung des Kennwertes $k_f = 0{,}4$ und der Wassermenge w wird die anrechenbare Menge an Flugasche nach der Formel $w/(z + 0{,}4 \cdot f) = 0{,}65$ ermittelt.
$175\ \text{kg/m}^3 / (400\ \text{kg/m}^3 + 0{,}4 \cdot f) = 0{,}65$
$$f = 73{,}08\ \text{kg/m}^3$$

Die anrechenbare Menge an Flugasche von 73 kg/m³ bleibt unter der Maximalmenge von 79 kg/m³.

Zusammenfassung

Betone werden nach DIN EN 1992-1-1 in 15 Druckfestigkeitsklassen eingeteilt, ab C 55/67 werden sie als hochfeste Betone bezeichnet. Die erste Zahl steht für die an Zylindern geprüfte Druckfestigkeit, die zweite Zahl steht für die an Würfeln geprüfte Druckfestigkeit.

Für die Bestimmung der Konsistenzklasse gilt das Ausbreit- und Verdichtungsmaß.

Fließbeton wird mit den Konsistenzen sehr weich, fließfähig und sehr fließfähig beschrieben.

Aufgrund unterschiedlicher Umweltbedingungen werden Betone in Expositionsklassen eingeteilt. Die Einteilung hängt vom Korrosions- und Angriffsrisiko ab, denen der Beton ausgesetzt ist.

Zur Auswahl des Betons muss neben der Druckfestigkeitsklasse auch eine oder mehrere Expositionsklassen angegeben werden.

Zur Herstellung des Beton werden in der Regel Normalzemente verwendet.

Mithilfe von Prüfsieben lässt sich die Zusammensetzung von Gesteinskörnungen ermitteln. An Gesteinskörnungen werden bestimmte Anforderungen gestellt.

Aufgaben:

1. Erklären Sie die Kennzeichnung für folgenden Beton: C 25/30, XC 3/XF 1, XC 1/WO
2. Erklären Sie die Kennzeichnung für folgende Konsistenzen: F 1, C 2, SF 3.
3. Welcher Ausbreitmaßklasse wird ein plastischer Beton zugeordnet?
4. Welche Konsistenzklasse wäre für die Massivdecken unseres Projekts zu wählen. Begründen Sie Ihre Entscheidung.
5. Welche Konsistenzklassen gelten für Fließbeton?
6. Begründen Sie, warum die Kellersohle bei unserem Projekt in die Expositionsklasse XA 1 eingeordnet wird.
7. Wonach richtet sich die Wahl des Größtkorns bei Korngemischen?
8. Welche Auswirkungen hat ein ungünstig zusammengesetztes Korngemisch?
9. Begründen Sie, warum der Chloridgehalt im Beton Höchstwerte nicht überschreiten darf.
10. Was versteht man unter Mehlkorngehalt und welche Bedeutung hat er für den Beton?
11. Erklären Sie den Begriff „äquivalenter Wasserzementwert".

5 Herstellen einer Massivdecke — Qualitätssicherung

5.4.5 Festlegung des Betons

Verantwortungsträger und Qualitätssicherung

In den neuen Normen für den Betonbau wird der Dauerhaftigkeit des Baustoffes Beton eine große Bedeutung beigemessen. Eine konsequente Qualitätsüberwachung soll ein Mehr an Sicherheit bringen. So hat die Festlegung des Betons den Charakter eines **Qualitätssicherungssystems**.

Unter der Festlegung des Betons versteht man die endgültige Zusammenstellung der Betonanforderungen, die dokumentiert und dem Betonhersteller vorgegeben werden.

Für die Festlegung und Herstellung des Betons werden nach DIN 1045-2 **drei Personenkreise** in die Verantwortung genommen:

1. Der **Verfasser** der Leistungsbeschreibung – Person (Architekt, Planer) oder Stelle, die alle Anforderungen für die Betoneigenschaften festlegt.

2. Der **Verwender** – bauausführende Firma, die den Frischbeton verarbeitet. Er muss auf der Baustelle die **Identitätsprüfung** durchführen. Diese Prüfung stellt fest, ob eine gewählte Charge und Ladung zu derselben Gesamtmenge gehört, für die die Konformität mit der charakteristischen Festigkeit durch den Hersteller beurteilt wurde.

3. Der **Hersteller** des Frischbetons – der Transportbetonhersteller, der die Anforderungen an den Beton sys-tematisch prüft und die Zusammensetzung des Betons festlegt. Die Qualitätsüberwachung im Betonwerk spielt hierbei eine wichtige Rolle. Hierfür muss der Hersteller die Erstprüfungen und die Produktionskontrolle einschließlich Konformitätskontrolle durchführen. Dies erfolgt durch Eigen- und Fremdüberwachung.

Die **Erstprüfungen** erfolgen vor Herstellung des Betons, um zu ermitteln, wie ein neuer Beton oder eine Betonfamilie zusammengesetzt sein muss. So werden alle festgelegten Anforderungen im frischen und erhärteten Zustand erfasst. Unter **Konformitätskontrolle** versteht man die systematische Überprüfung, in welchem Umfange der Beton die festgelegten Anforderungen erfüllt. Die **Produktionskontrolle** erfasst alle Maßnahmen, die für die Aufrechterhaltung der Konformität des Betons mit den festgelegten Anforderungen erforderlich sind. Sie ist für alle Betone mit Ausnahme von Standardbeton durch eine anerkannte Überwachungsstelle zu überwachen und zu bewerten. Die Erfüllung der Anforderungen an den Beton ist durch ein **Übereinstimmungszertifikat** einer anerkannten Zertifizierungsstelle nachzuweisen.

DIN 1045-2 und DIN EN 206-1 unterscheiden in der Leistungsbeschreibung:

- Beton nach Eigenschaften,
- Beton nach Zusammensetzung und
- Standardbeton.

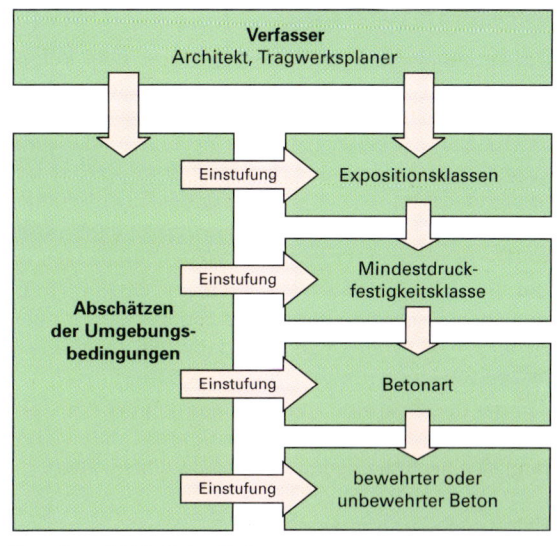

Verantwortlichkeit des Verfassers

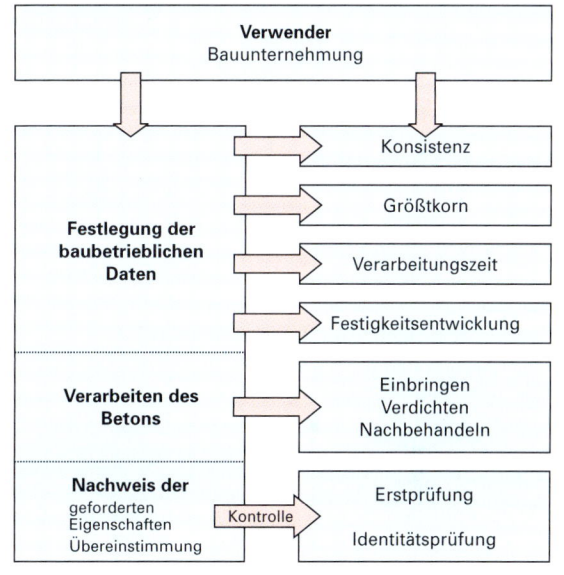

Verfasser: Architekt, Tragwerksplaner
Abschätzen der Umgebungsbedingungen → Einstufung →
- Expositionsklassen
- Mindestdruckfestigkeitsklasse
- Betonart
- bewehrter oder unbewehrter Beton

Verantwortung des Verwenders

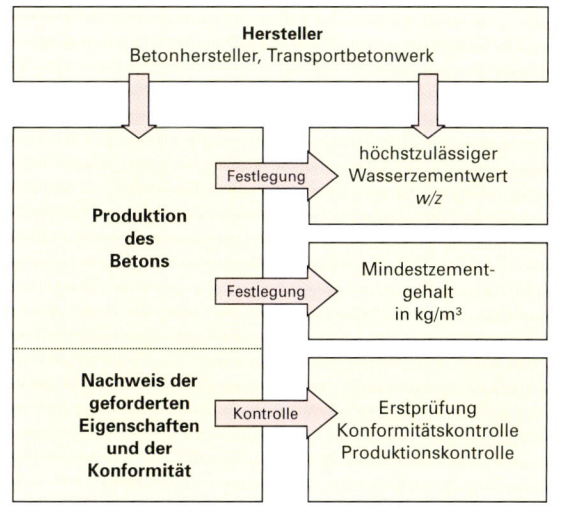

Verwender: Bauunternehmung
- Festlegung der baubetrieblichen Daten → Konsistenz, Größtkorn, Verarbeitungszeit, Festigkeitsentwicklung
- Verarbeiten des Betons → Einbringen, Verdichten, Nachbehandeln
- Nachweis der geforderten Eigenschaften Übereinstimmung → Kontrolle → Erstprüfung, Identitätsprüfung

Verantwortung des Herstellers

Hersteller: Betonhersteller, Transportbetonwerk
- Produktion des Betons → Festlegung → höchstzulässiger Wasserzementwert w/z
- Festlegung → Mindestzementgehalt in kg/m³
- Nachweis der geforderten Eigenschaften und der Konformität → Kontrolle → Erstprüfung, Konformitätskontrolle, Produktionskontrolle

5 Herstellen einer Massivdecke — Festlegung des Betons

Beton nach Eigenschaften

Der Verfasser des Betons legt gegenüber dem Betonhersteller alle Anforderungen für die Betoneigenschaften fest und erstellt auf dieser Grundlage eine Leistungsbeschreibung, die alle grundlegenden und zusätzlichen Anforderungen enthalten muss. Der Betonhersteller ist für die Einhaltung der Eigenschaften verantwortlich. Er führt auch die notwendigen Erstprüfungen und Konformitätskontrollen durch.

Der Transportbetonhersteller führt mit einer Erstprüfung den Nachweis, dass diese Eigenschaften auch sicher erreicht werden und legt damit die Zusammensetzung fest.

Auf der Baustelle sind vom Bauunternehmer (Verwender) Identitätsprüfungen durchzuführen, deren Umfang sich nach der Bedeutung des Bauteils richten.

Beton nach Zusammensetzung

Der Verfasser ist dafür verantwortlich, dass die Anforderungen der Norm berücksichtigt sind und dass mit der festgelegten Betonzusammensetzung und den vorgesehenen Ausgangsstoffen (z. B. Zementgehalt, Zementart, Zementfestigkeitsklasse, Größtkorn, Art und Menge der Zusätze) die erforderlichen Frisch- und Festbetoneigenschaften erreicht werden. Aufgrund seiner hohen Verantwortung haftet der Verfasser für die Eigenschaften des Betons. Die Erstprüfungen und Konformitätsnachweise liegen somit im Verantwortungsbereich des Verfassers und nicht des Herstellers. Der Verfasser muss dem Betonhersteller lediglich die Zusammensetzung des Betons angeben.

Der Hersteller ist für die Bereitstellung des Betons mit der festgelegten Zusammensetzung verantwortlich.

Auf der Baustelle ist vom Verwender die Identitätsprüfung durchzuführen und er hat durch Überprüfen und Vorlegen gesicherter Erkenntnisse zu bestätigen, dass die festgelegten Anforderungen erfüllt worden sind (Konformitätsnachweis).

Standardbeton

Anforderungen an die Betonzusammensetzung werden auf der Grundlage von Erfahrungen festgelegt. Er ist mit dem früheren Rezeptbeton vergleichbar. Eine Erstprüfung durch den Hersteller ist daher nicht erforderlich. Standardbeton darf nur als Normalbeton für unbewehrte und bewehrte Betonbauteile bis zur Druckfestigkeitsklasse C16/20 und den Expositionsklassen XO, XC1 und XC2 hergestellt werden. Zusatzmittel und Zusatzstoffe dürfen nicht verwendet werden. Der Mindestzementgehalt ist entsprechend der Tabelle einzuhalten. Die Werte gelten für Gesteinskörnungen mit einem Größtkorn von 32 mm und Zement der Festigkeitsklasse 32,5 N und 32,5 R. Bei geringerem Größtkorn der Gesteinskörnung müssen die Zementmengen vergrößert werden. Bei einem Größtkorn der Gesteinskörnung von 63 mm bzw. bei Zement der Festigkeitsklasse 42,5 N und 42,5 R darf der Zement unter Umständen verringert werden.

C25/30	XC4, XF1	$d_g = 32$	Cl 0,40	F3
Druckfestigkeitsklasse	Expositionsklasse	Größtkorn	Chloridgehaltsklasse	Ausbreitmaß

Beispiel für die Festlegung eines Betons nach Eigenschaften – Beton für eine Decke

Festigkeitsklasse	Mindestzementgehalt in kg/m³ für folgende Konsistenzbeschreibungen		
	steif	plastisch	weich
C 8/10	210	230	260
C 12/15	270	300	330
C 16/20	290	320	360

Mindestzementgehalt für Standardbeton mit einem Größtkorn von 32 mm und Zement der Festigkeitsklasse 32,5 nach DIN EN 197-1

Der Zementgehalt muss **vergrößert** werden um
- 10 % bei einem Größtkorn von 16 mm
- 20 % bei einem Größtkorn von 8 mm

Der Zementgehalt **darf verringert** werden um
- max. 10 % bei Zement der Festigkeitsklasse 42,5
- höchstens 10 % bei einem Größtkorn von 63 mm

Konsistenz	Druckfestigkeitsklasse	Sieblinienbereich	Baustoffbedarf		
			Zement in kg/m³	Gesteinskörnung in kg/m³	Wasser in kg/m³
steif C1, F1	C 8/10	3 4	230 250	2045 1975	140 160
	C 12/15	3 4	290 320	1990 1915	140 160
	C 16/20	3 4	310 340	1975 1895	140 160
plastisch C2, F2	C 8/10	3 4	250 270	1975 1900	160 180
	C 12/15	3 4	320 350	1915 1835	160 180
	C 16/20	3 4	340 370	1895 1815	160 180
weich C3, F3	C 8/10	3 4	280 300	1895 1825	180 200
	C 12/15	3 4	350 380	1835 1755	180 200
	C 16/20	3 4	380 410	1810 1730	180 200

Zusammensetzung von Standardbeton (Anhaltswerte) Zementgehalt bei Gesteinskörnungen mit einem Größtkorn von 32 mm und Zement der Festigkeitsklasse 32,5 N und 32,5 R nach DIN EN 197-1

> Beton darf nach DIN 1045-2 und DIN EN 206-1 als Beton nach Eigenschaften, als Beton nach Zusammensetzung oder als Standardbeton beschrieben werden.
>
> Bei Beton nach Eigenschaften ist der Hersteller für die Einhaltung der Eigenschaften verantwortlich. Bei Beton nach Zusammensetzung haftet der Verfasser. Für Standardbetone sind Anhaltswerte für mögliche Zusammensetzungen in Abhängigkeit von der Druckfestigkeitsklasse, dem Sieblinienbereich und der Konsistenz Tabellen zu entnehmen.

5 Herstellen einer Massivdecke   Transportbeton

5.4.6 Lieferung von Frischbeton

Für die Massivdecken unseres Projektes „Jugendtreff" wird Transportbeton eingesetzt. Die bauausführende Firma, der Verwender, muss mit dem Betonhersteller Lieferdatum, Uhrzeit, Menge und Abnahmegeschwindigkeit vereinbaren. Außerdem ist der Hersteller gegebenenfalls über den besonderen Transport auf der Baustelle, die besonderen Einbauverfahren und über Beschränkungen bei den Lieferfahrzeugen, z. B. Vorrichtungen mit oder ohne Rührwerk, Größe, Höhe oder Bruttogewicht zu informieren.

Der Betonhersteller muss vor der Lieferung auf Anfrage seitens des Verwenders Angaben zur Betonzusammensetzung zur Verfügung stellen. Für Beton nach Eigenschaften müssen folende Angaben erteilt werden:

- Art und Festigkeitsklasse des Zements und Art der Gesteinskörnung;
- Art der Zusatzmittel, Art und ungefährer Gehalt der Zusatzstoffe;
- Zielgröße des Wasserzementwertes;
- Ergebnisse aus der Produktionskontrolle oder von Erstprüfungen;
- Festigkeitsentwicklung;
- Herkunft der Ausgangsstoffe;
- bei Fließbeton Konsistenzklasse.

Vor dem Entladen des Frischbetons muss der Hersteller dem Verwender einen Lieferschein für jede Betonladung übergeben, auf dem Angaben entsprechend DIN 1045-2 eingetragen sind.

Die Zugabe von Wasser und Zusatzmittel bei Lieferung, die im Allgemeinen verboten ist, ist unter der Verantwortung des Herstellers unter drei Voraussetzungen erlaubt:

1. dass die Grenzwerte für die Konsistenz nicht überschritten werden,
2. dass die Zugabe von Zusatzmitteln im Entwurf des Betons vorgesehen sind und
3. dass der Fahrmischer mit einer geeigneten Dosiereinrichtung ausgestattet ist.

Die nachträglich zugegebenen Mengen an Wasser und Zusatzmittel müssen auf dem Lieferschein vermerkt werden. Die Proben für die Produktionskontrolle sind nach der letzten Wasserzugabe zu entnehmen.

Die Art der Lieferfahrzeuge, mit denen der Frischbeton auf die Baustelle transportiert wird, hängt vom Konsis-tenzbereich ab. Frischbeton steifer Konsistenz darf mit Fahrzeugen ohne Mischer oder Rührwerk transportiert werden. Der Beton sollte nach der ersten Wasserzugabe zum Zement nach 45 min vollständig entladen sein.

Frischbeton anderer Konsistenzbereiche darf nur in Fahrmischern oder Fahrzeugen mit Rührwerk zur Baustelle transportiert werden. Die Beförderungszeit beträgt max. 90 min.

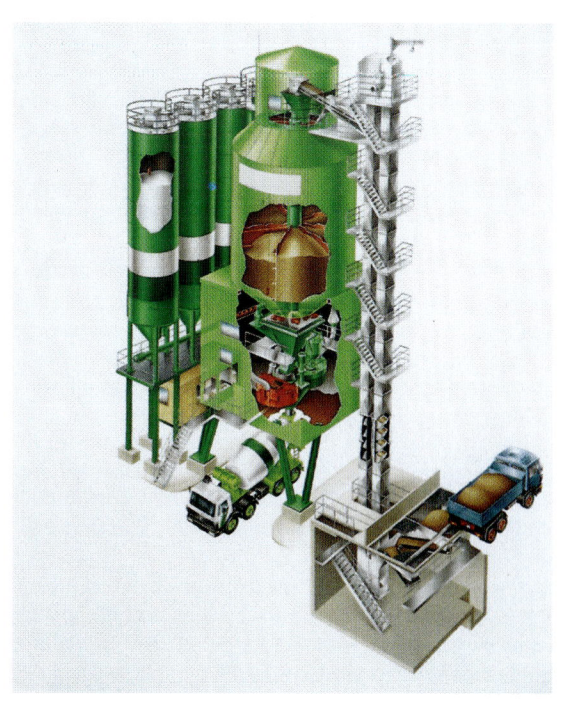

Transportbetonmischanlage

Angaben auf dem Lieferschein für Standardbeton

- Name des Transportbetonwerks
- Lieferscheinnummer
- Datum und Zeit des Beladens
- Kennzeichen des LKW oder Identifikation des Fahrzeugs
- Name des Käufers
- Bezeichnung und Lage der Baustelle
- Einzelheiten oder Verweise auf die Festlegung
- Menge des Betons in Kubikmetern
- Bauaufsichtliches Übereinstimmungszeichen unter Angabe von DIN EN 206-1 und DIN 1045-2
- Name oder Zeichen der Zertifizierungsstelle, falls beteiligt
- Zeitpunkt des Eintreffens des Betons auf der Baustelle
- Zeitpunkt des Beginns des Entladens
- Zeitpunkt des Beendens des Entladens
  für Fließbeton (Zugabe ist handschriftlich auf dem Lieferschein einzutragen) gilt:
- Zeitpunkt der Zugabe
- zugegebene Menge an Fließmittel
- geschätzte Restmenge in der Mischtrommel vor Zugabe
- Druckfestigkeitsklasse
- Expositionsklasse
- Nennwert des Größtkorns der Gesteinskörnung
- Konsistenzbezeichnung
- Festigkeitsentwicklung, falls festgelegt

Lieferscheinangaben für Standardbeton

Bei jeder Lieferung von Transportbeton nach DIN 1045-2 wird für den Verwender des Betons ein Lieferschein erstellt, der alle wichtigen Einzelheiten über die Betonzusammensetzung enthält.

5 Herstellen einer Massivdecke — Fördern und Verdichten

5.4.7 Fördern und Verdichten

Beton ist sofort nach der Anlieferung zu verarbeiten. Die Verarbeitungszeit erfasst das **Fördern**, **Einbringen** und **Verdichten**. Beton darf während des Verarbeitens nicht versteifen. Witterungseinflüsse können den Versteifungsvorgang beschleunigen bzw. verzögern. Die Verarbeitungszeit kann durch Zusatz eines Erstarrungsverzögerers (VZ) verlängert werden (siehe Abschnitt 5.4.9).

Zum Fördern des Betons können Krankübel, Förderbänder und Betonpumpen eingesetzt werden. Die Letzteren verdrängten aus Gründen der Wirtschaftlichkeit die früher üblichen Fördergeräte. Beim Pumpen wird der Beton durch Rohre von der Herstellungsstelle oder einem Aufgabebehälter zur Einbaustelle gefördert. Allerdings ist nicht jeder Beton zum Pumpen geeignet. Es müssen ein mittlerer Wasserzementwert, eine geeignete Sieblinie und ein Mindestgehalt an Feinteilen eingehalten werden. Zum Pumpen werden Kolben- und Rotorpumpen eingesetzt.

Der Frischbeton für die Massivdecken des Jugendtreffs kann in den Konsistenzen F2…F5 hergestellt werden. Dieser Beton wird durch Rütteln verdichtet. Eingesetzt werden **Innenrüttler**.

Sie werden in den Beton eingeführt. Die Schwingungen, erzeugt durch eine in der Rüttelflasche rotierende Unwuchtmasse, werden auf den Frischbeton übertragen. Dadurch wird die Reibung herabgesetzt; der Beton setzt sich, entlüftet dabei und alle Bewehrungsteile werden dicht mit Beton umhüllt.

Als Antrieb für die Innenrüttler dient meist ein Elektromotor, der entweder in der Rüttelflasche oder in einem separaten Gehäuse untergebracht ist. Je nach Aufgabenstellung gibt es Innenrüttler mit unterschiedlichen Durchmessern der Rüttelflasche und mit unterschiedlichen Verdichtungsleistungen.

Die Rüttelflasche ist zügig einzutauchen und langsam herauszuziehen. Die Eintauchstellen müssen sich überschneiden. Es ist so lange zu rütteln, bis sich an der Oberfläche eine Schlempe zeigt.

5.4.8 Nachbehandeln

Der Beton muss im Anschluss an das Verdichten nachbehandelt werden. Darunter versteht man sämtliche Maßnahmen, die notwendig sind, damit der Festbeton seine volle Qualität erreicht.

Beton muss gegen **vorzeitiges Austrocknen** geschützt werden, sonst kommt es durch zu schnellen Wasserentzug zu Erhärtungsstörungen, die geringere Festigkeit, absandende Oberflächen, Schwindrissbildungen und verminderten Korrosionsschutz der Bewehrung nach sich ziehen können. Geschützt werden kann der Beton je nach Umgebungstemperatur durch Abdecken mit Folie, durch häufiges Benetzen mit Wasser oder durch Aufsprühen eines Nachbehandlungsfilms.

Die Dauer der Nachbehandlung hängt von der Entwicklung der Betoneigenschaften in der Randzone ab. Sie richtet sich nach der Expositionsklasse, der Oberflächentemperatur und der Festigkeitsentwicklung des Betons.

Autobetonpumpe mit Verteilermast (fahrbereit)

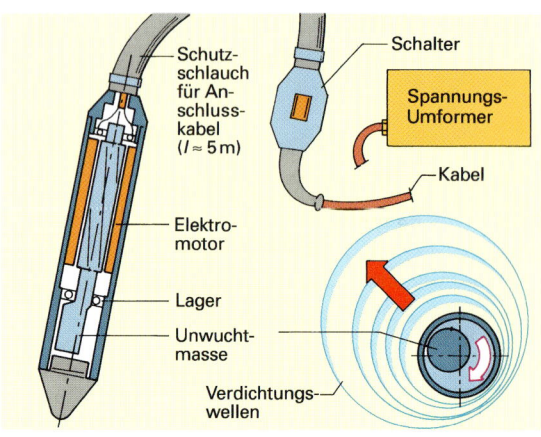

Aufbau und Wirkungsweise einer Rüttelflasche

Innenrüttler

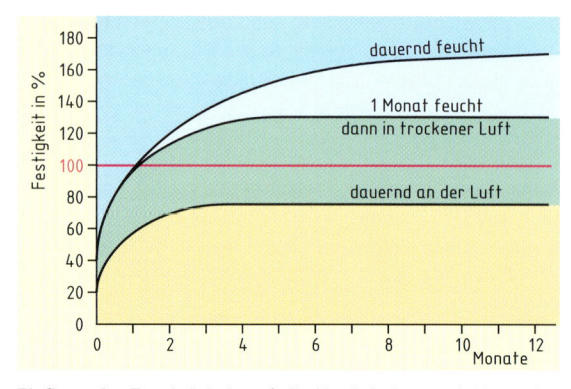

Einfluss der Feuchtigkeit auf die Festigkeitsentwicklung des Betons

5 Herstellen einer Massivdecke — Zusatzmittel

5.4.9 Betonieren bei besonderen Witterungsverhältnissen

Bei extremen Temperaturen ist die Gefahr der Erhärtungsverzögerung und möglicher Spannungen und Verformungen mit Rissebildung gegeben. Daher ist bei kühler Witterung und bei Frost der Beton mit einer bestimmten Mindesttemperatur einzubringen und gegen Wärmeverlust, Durchfrieren und Austrocknen zu schützen. Die Mindesttemperatur des eingebrachten Betons richtet sich nach der Lufttemperatur, dem Zementgehalt und der Zementart.

Bei kühler Witterung und bei Frost tritt eine Verzögerung des Erstarrens und der Festigkeitsentwickung ein. Beispielsweise benötigt ein Beton bei 5 °C Lagertemperatur etwa die doppelte Zeit bis er die gleiche Festigkeit erreicht hat wie bei 20 °C Lagertemperatur. Bei Lufttemperaturen zwischen +5 °C und −3 °C darf deshalb die **Temperatur des Frischbetons** beim Einbringen nicht unter +5 °C liegen. Sie darf +10 °C nicht unterschreiten, wenn der Zementgehalt kleiner als 240 kg/m^3 oder wenn Zemente mit niedriger Hydratationswärme verwendet werden. Bei Lufttemperaturen unter −3 °C muss die Frischbetontemperatur beim Einbringen mindestens +10 °C betragen. Falls erforderlich sind das Zugabewasser und die Gesteinskörnungen vorzuwärmen.

Der Schutz gegen Wärmeverlust kann durch Abdecken der Betonoberfläche, Verwendung wärmedämmender Schalung, späteres Ausschalen, Umschließen des Arbeitsplatzes und Zuführung von Wärme erfolgen.

> Die Mindesttemperatur des eingebrachten Betons richtet sich nach der Lufttemperatur, dem Zementgehalt und der Zementart.

Durch Frost zerstörte Betonoberfläche

Schutz des jungen Betons mit wärmedämmendem Material

5.4.10 Zusatzmittel und Zusatzstoffe

Dem Beton können bestimmte Zusätze beigegeben werden. Sie können sowohl die Eigenschaften des Frischbetons als auch die des Festbetons verändern. Nach DIN 1045-2 dürfen für Standardbeton (siehe Abschnitt 5.4.5) keine Zusatzmittel und Zusatzstoffe verwendet werden.

Zusatzmittel

Es sind Stoffe, die flüssig oder pulverförmig während des Mischvorgangs des Betons in kleinen Mengen zugegeben werden. Die Angaben in DIN 1045-2 über die Zugabemengen sind zu beachten. Mengen unter 2 g/kg Zement sind nur erlaubt, wenn sie in einem Teil des Zugabewassers aufgelöst sind. Ist die Gesamtmenge größer als 3 l/m^3 Beton, muss die darin enthaltene Wassermenge bei der Berechnung des Wasserzementwertes berücksichtigt werden. Wird mehr als ein Zusatzmittel zugegeben, muss die Verträglichkeit in der Erstprüfung untersucht werden.

Die Kennzeichnung der Zusatzmittel erfolgt jeweils durch ein Kurzzeichen und einen Farbaufdruck. Im Handel werden verschiedene Zusatzmittel angeboten.

Anwendungsbereich	Zugabemenge in ml[1]) je kg Zement	
	Mindestzugabe	Höchstzugabe[3])
Beton, Stahlbeton, Spannbeton	2[2])	50[4])
Beton mit alkaliempfindlichen Gesteinskörnungen		20[5]) oder 50[5])
Hochfester Beton		70[6])

[1]) bei pulverförmigen Zusatzmitteln Zugabe in g
[2]) nur dann zulässig, wenn in einem Teil des Zugabewassers aufgelöst
[3]) maßgebend sind die Angaben des Prüfbescheids
[4]) bei Verwendung mehrerer Zusatzmittel bis zu einer Gesamtmenge von 60 ml/kg bzw. 60 g/kg Zement und anrechenbaren Zusatzstoffen ohne besonderen Nachweis
[5]) abhängig vom Alkaligehalt des Zusatzmittels
[6]) bei verflüssigenden Zusatzmitteln; bei gleichzeitiger Anwendung mehrerer Zusatzmitteln max. 80 ml(g)

Grenzwerte für die Zugabe von Zusatzmitteln

5 Herstellen einer Massivdecke — Zusatzmittel

Dem Frischbeton für die Massivdecken des Jugendtreffs können folgende Betonzusatzmittel beigegeben werden:

1. Betonverflüssiger (BV): Er wirkt als Gleitmittel, das die innere Reibung des Betongemenges verringert, und er setzt die Oberflächenspannung des Wassers herab. Das hat zur Folge, dass der Beton sich leichter verarbeiten und verdichten lässt und dass der Zement feiner verteilt und damit auch besser ausgenutzt wird. Eigenschaften wie Druckfestigkeit, Wasserundurchlässigkeit, Frost- und Wetterbeständigkeit und Widerstandsfähigkeit gegen chemische Angriffe werden verbessert.

Bei Verwendung von Betonverflüssigern kann der für eine bestimmte Konsistenz erforderliche Wassergehalt um 8…15 % reduziert werden. Dadurch ist es möglich, entweder bei gleichem Zementgehalt den Wasserzementwert oder bei gleichem Wasserzementwert den Zementgehalt zu verringern.

2. Fließmittel (FM): Sie sind besonders wirksame Betonverflüssiger, jedoch mit begrenzter Wirkungsdauer. Beton der Konsistenzklassen ≥ F 4 ist mit Fließmitteln herzustellen. Fließbeton kann dort eingesetzt werden, wo Bauteile eine sehr enge Bewehrung haben bzw. schwer zu verdichten sind. Fließmittel verbessern die Betonqualität durch Erhöhung der Festigkeit, der Dauerhaftigkeit und sie vermindern das Schwinden und Kriechen.

3. Luftporenbildner (LP): Sie bilden kugelige, kleine in sich abgeschlossene Luftbläschen, so genannte **Mikroporen**. Sie unterbrechen die Kapillaren und verändern dadurch das Porengefüge des Betons. Die Mikroporen – vergleichbar einem Kugellager – erleichtern das Gleiten der festen Bestandteile. Dies führt zu einer verbesserten Verarbeitbarkeit des Betons und vermindert den Wasser- gegebenenfalls auch den Mehlkorngehalt.

Geringe Kapillarwirkung erhöht die Wasserundurchlässigkeit, die Widerstandsfähigkeit gegen aggressive Einflüsse und den Frost- bzw. Tausalzwiderstand. Das Schwindmaß kann jedoch größer und die Druckfestigkeit etwas beeinträchtigt werden.

In neuester Zeit werden anstelle von Luftporenbildnern so genannte Mikrohohlkugeln **(MHK)** eingesetzt. Es sind kleine, in sich geschlossene Luftbläschen mit elastischer Kunststoffhülle, die einen Durchmesser von 0,02…0,08 mm aufweisen. Sie werden präzise dosiert als Fertigprodukt in den Beton eingemischt.

4. Betondichtungsmittel (DM): Sie sind unterschiedlich zusammengesetzt; je nachdem wirken sie Wasser abstoßend (hydrophobierend), porenverstopfend, porenvermindernd oder verflüssigend. Der Beton wird dadurch wasserundurchlässig und gegen chemische Angriffe widerstandsfähig. Betondichtungsmittel werden dort angewendet, wo Beton schädlichen Wässern oder einer ständigen Durchfeuchtung ausgesetzt ist.

Betonersatzmittel	Kurzzeichen	Farbkennzeichen
Betonverflüssiger	(BV)	gelb
Fließmittel	(FM)	grau
Luftporenbildner	(LP)	blau
Dichtungsmittel	(DM)	braun
Verzögerer	(VZ)	rot
Beschleuniger	(BE)	grün
Einpresshilfen	(EH)	weiß
Stabilisierer	(ST)	violett
Chromatreduzierer	(CR)	rosa
Recyclinghilfen	(RH)	schwarz
Schaumbildner	(SB)	orange

Kennzeichnung von Zusatzmitteln

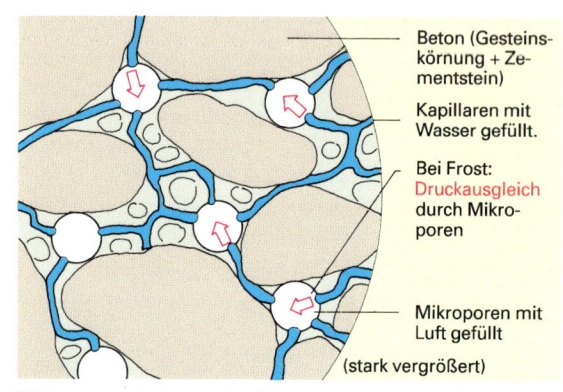

Beton (Gesteinskörnung + Zementstein)
Kapillaren mit Wasser gefüllt.
Bei Frost: Druckausgleich durch Mikroporen
Mikroporen mit Luft gefüllt
(stark vergrößert)

Wirkung von Luftporen im Beton

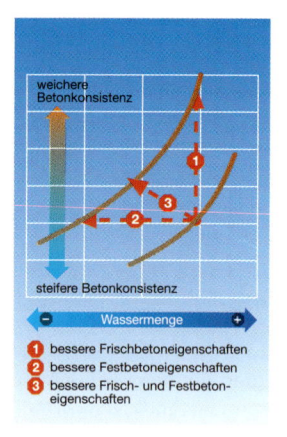

① bessere Frischbetoneigenschaften
② bessere Festbetoneigenschaften
③ bessere Frisch- und Festbetoneigenschaften

Einsatzmöglichkeiten von Verflüssigern und Fließmitteln

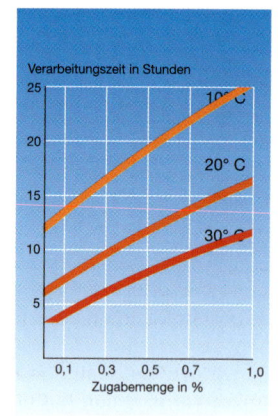

Verarbeitungszeit bei Verwendung eines Erstarrungsverzögerers

> Fließbeton ist Beton mit der Konsistenzbeschreibung sehr weich, fließend oder sehr fließend. Die Konsistenz des Fließbetons wird mit den Ausbreitmaßklassen F 4, F 5 und F 6 angegeben.

154

5 Herstellen einer Massivdecke — Zusatzstoffe

5. Erstarrungsverzögerer (VZ): Sie bestehen aus organischen oder anorganischen Stoffen, die den Zement langsamer erstarren lassen. Eine Verlangsamung der Anfangserhärtung von einer bis zu zwanzig Stunden ist möglich. Erstarrungsverzögerer werden dann verwendet, wenn größere Bauteile ohne Arbeitsfugen herzustellen sind, wenn bei hohen Temperaturen betoniert wird und wenn der Betoniervorgang unterbrochen wird.

Eine Überdosierung ist zu vermeiden, weil sonst unter Umständen die umgekehrte Wirkung erzielt wird.

6. Erstarrungsbeschleuniger (BE): Sie sollen das Erstarren des Betons deutlich beschleunigen. Sie werden hauptsächlich in Fertigteilwerken eingesetzt. Erstarrungsbeschleuniger dürfen keine Stoffe enthalten, die den Korrosionsschutz der Bewehrung beeinträchtigen. Die Dosierung muss sorgfältig abgestimmt sein.

7. Chromatreduzierer (CR): Sie reduzieren den wasserlöslichen Chromatanteil in zementhaltigen Produkten und beugen so allergischen Hauterkrankungen vor.

8. Recyclinghilfen (RH): Sie werden dem Waschwasser, das beim Reinigen der Mischfahrzeuge anfällt, zugegeben. Sie verzögern die Hydratation des im Waschwasser enthaltenen Zements. Somit kann das Waschwasser als Anmachwasser (Restwasser) wiederverwendet werden.

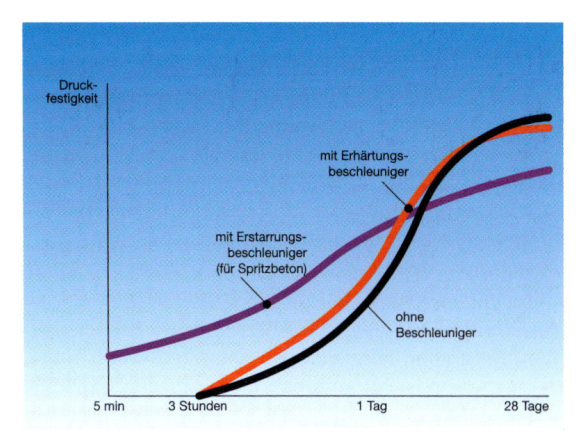

Wirkung von Beschleunigern im Beton

Zusatzstoffe

Zusatzstoffe sind fein verteilte Stoffe, die im Beton verwendet werden, um bestimmte Eigenschaften zu verbessern oder um bestimmte Eigenschaften zu erreichen. Da sie dem Beton in deutlich größeren Mengen zugegeben werden, sind sie bei der Stoffraumberechnung zu berücksichtigen.

DIN 1045-2 beinhaltet zwei Arten von anorganischen Zusatzstoffen:

1. **Typ I** sind nahezu inaktive Zusatzstoffe wie Gesteinsmehle oder Pigmente.
2. **Typ II** sind puzzolanische oder latenthydraulische Zusatzstoffe wie Trass, Flugasche oder Silikastaub.

Zusatzstoffe des Typs II dürfen, sofern die Eignung nachgewiesen ist, bei der Betonzusammensetzung auf den Zementgehalt und den Wasserzementwert (Äquivalenter Wasserzementwert) angerechnet werden (siehe Abschnitt 5.4.4).

Die wichtigsten Zusatzstoffe, die dem Frischbeton für die Massivdecken beigegeben werden können, sind Trass, Steinkohleflugasche und Gesteinsmehle.

1. Fein gemahlener Trass reagiert ähnlich wie Zement mit Wasser unter Bildung von beständigen Verbindungen. Gleichzeitig macht er den Beton geschmeidiger und besser verarbeitbar.

2. Steinkohleflugaschen, die an den Filtern von Kohlekraftwerken in großen Mengen anfallen, haben ebenfalls hydraulische Eigenschaften. Im Gegensatz zum Zement und Trass besitzen sie annähernd kugelige Form. Sie verbessern deshalb die Verarbeitbarkeit des Betons bzw. ermöglichen bei gleicher Konsistenz den Wasseranteil zu vermindern.

3. Gesteinsmehle haben keine hydraulischen Eigenschaften, bewirken aber durch eine Verbesserung der Sieblinie ebenfalls eine bessere Verarbeitbarkeit des Betons.

4. Silikastaub besteht aus hauptsächlich kugeligen Teilchen von Siliciumdioxid mit einer spezifischen Oberfläche von etwa 18…25 m^2/g. Die übliche Dosierung für Beton liegt bei 3…7 M.-%, bezogen auf den Zementgehalt.

5. Kunststoffdispersionen sind fein verteilte Kunststoffpartikel in Wasser. Sie vernetzen bei Wasserentzug durch Hydratation des Zements zu einem Film im Zementstein. Bei Einwirkung von Flüssigkeiten quellen die Partikel auf. Einsatzgebiete sind Betonbauwerke zum Schutz der Umwelt (z. B. Auffangwannen), Betone mit hohem Korrosionswiderstand (z. B. Abwasserrohre, Kläranlagen) und haufwerksporige Betone mit hoher Dauerhaftigkeit (z. B. Dränbeton, Filterbeton).

6. Farbpigmente ermöglichen die Herstellung von farbigem Beton. Aus Gründen der Beständigkeit kommen Metalloxide, wie Eisen-, Chrom-, Titanoxid, in Betracht.

> Zusatzmittel verändern die Eigenschaften des Frisch- und Festbetons. Sie werden während des Mischvorgangs in kleinen Mengen zugegeben. Zusatzstoffe sind fein verteilte Zusätze, die in größeren Mengen dem Beton zugegeben werden, um bestimmte Eigenschaften zu verbessern oder bestimmte Eigenschaften zu erreichen.

5 Herstellen einer Massivdecke — Überwachungsklassen

5.4.11 Überwachung durch das Bauunternehmen

Der Bauunternehmer, der das Projekt „Jugendtreff" ausführt, ist nach DIN 1045-3 verpflichtet, alle Tätigkeiten zur Herstellung eines Betonbauteils oder eines Betonbauwerkes regelmäßig zu überprüfen. Damit wird sichergestellt, dass die **Bauausführung** in Übereinstimmung mit der Norm und der Projektbeschreibung erfolgt.

Zur Überprüfung der maßgebenden Frisch- und Festbetoneigenschaften wird Beton in **drei Überwachungsklassen** eingeteilt. Die Einteilung in Klassen erfolgt nach Festigkeit, Umweltbedingungen und besonderen Eigenschaften mit unterschiedlichen Anforderungen an die Überwachung. Umfang und Häufigkeit der Prüfungen bei Beton nach Eigenschaften, bei Beton nach Zusammensetzung und bei Standardbeton sind in DIN 1045-3 geregelt. Bei mehreren zutreffenden Überwachungsklassen ist die höchste maßgebend.

Wird Beton der Überwachungsklassen 2 und 3 eingebaut, muss das Bauunternehmen über eine **ständige Betonprüfstelle** verfügen. Sie muss mit entsprechenden Geräten und Einrichtungen ausgestattet sein und von einem in der Betontechnik erfahrenen Fachmann geleitet werden. Wichtige Angaben sind aufzuzeichnen und mindestens fünf Jahre aufzubewahren.

Zusätzlich zur Überwachung durch das Bauunternehmen ist eine Überwachung des Einbaus von Beton der Überwachungsklassen 2 und 3 durch eine **anerkannte Überwachungsstelle** vorzunehmen. Jede Baustelle ist mindestens einmal zu überprüfen. Die Ergebnisse der Überwachung sind in einem Bericht festzuhalten.

> Zur Überprüfung maßgebender Eigenschaften durch den Bauunternehmer wird Beton in drei Überwachungsklassen eingeteilt. Der Einbau von Beton der Überwachungsklassen 2 und 3 muss regelmäßig durch eine anerkannte Überwachungsstelle überprüft werden.

Zusammenfassung

Für die Herstellung eines Betons tragen Verfasser, Hersteller und Verwender die Verantwortung.

Beton kann nach der neuen Norm als Beton nach Eigenschaften und Beton nach Zusammensetzung einschließlich Standardbeton hergestellt werden.

Frischbeton der Konsistenzbereiche plastisch, weich, sehr weich, fließend, sehr fließend darf nur in Fahrmischern mit Rührwerk transportiert werden.

Beton muss möglichst vollständig durch Rütteln, Stochern, Klopfen, Stampfen verdichtet werden.

Junger Beton muss durch Nachbehandlung geschützt werden. Die Nachbehandlung beginnt sofort nach dem Verdichten.

Zusatzmittel und Zusatzstoffe verbessern die Eigenschaften des Betons.

Zur Überwachung durch das Bauunternehmen wird Beton in drei Überwachungsklassen eingeteilt.

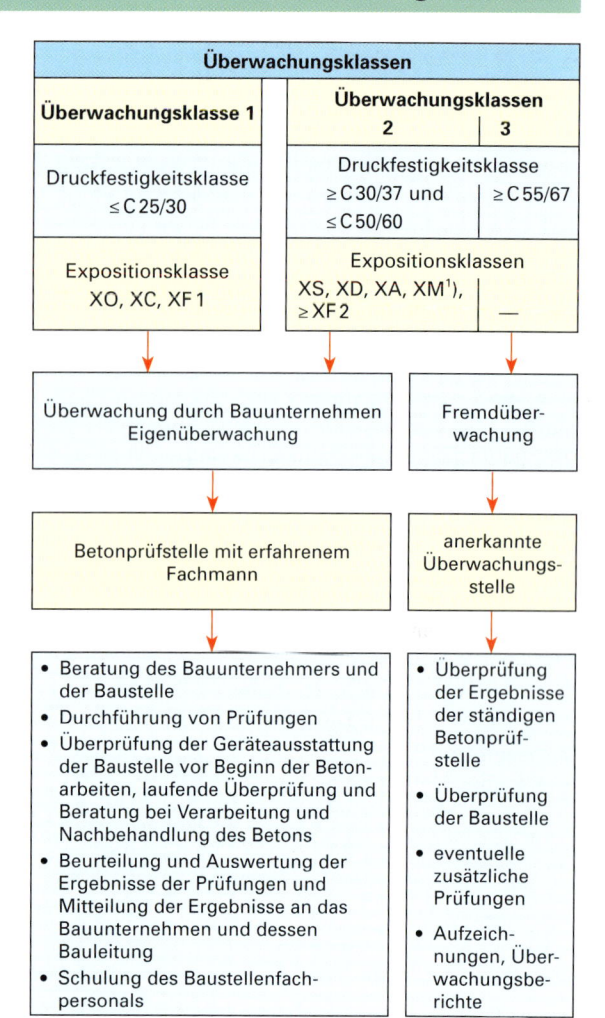

Überwachungsklassen		
Überwachungsklasse 1	**Überwachungsklassen 2**	**3**
Druckfestigkeitsklasse ≤ C 25/30	Druckfestigkeitsklasse ≥ C 30/37 und ≤ C 50/60	≥ C 55/67
Expositionsklasse XO, XC, XF 1	Expositionsklassen XS, XD, XA, XM[1]), ≥ XF 2	—

↓ ↓ ↓

Überwachung durch Bauunternehmen Eigenüberwachung	Fremdüberwachung
↓	↓
Betonprüfstelle mit erfahrenem Fachmann	anerkannte Überwachungsstelle

- Beratung des Bauunternehmers und der Baustelle
- Durchführung von Prüfungen
- Überprüfung der Geräteausstattung der Baustelle vor Beginn der Betonarbeiten, laufende Überprüfung und Beratung bei Verarbeitung und Nachbehandlung des Betons
- Beurteilung und Auswertung der Ergebnisse der Prüfungen und Mitteilung der Ergebnisse an das Bauunternehmen und dessen Bauleitung
- Schulung des Baustellenfachpersonals

- Überprüfung der Ergebnisse der ständigen Betonprüfstelle
- Überprüfung der Baustelle
- eventuelle zusätzliche Prüfungen
- Aufzeichnungen, Überwachungsberichte

[1]) Gilt nicht für übliche Industrieböden

Überwachung von Beton auf der Baustelle nach DIN 1045-3

Aufgaben:

1. Mit welchen Geräten kann Beton der Konsistenzbeschreibung sehr steif und fließend verdichtet werden?
2. Durch welche Maßnahmen wird Beton gegen vorzeitiges Austrocknen geschützt?
3. Welche Verantwortung übernimmt der Hersteller bei Beton nach Eigenschaften?
4. Welche Anforderungen werden an Standardbeton gestellt?
5. Welche Betone werden in DIN 1045-2 nach der Leistungsbeschreibung unterschieden?
6. Welche Verantwortung übernimmt der Hersteller bei Beton nach Eigenschaften?
7. Veranschlagen Sie den Bedarf an Zement, Gesteinskörnungen und Wasser nach Tabelle für die Stahlbetondecke der Garage. Verwendet wird Beton C 16/20, Sieblinienbereich 3, F3.
8. Welche Aufgabe übernimmt die Betonprüfstelle des Bauunternehmers?

5 Herstellen einer Massivdecke — Betonmischungen

5.5 Betonmischungen

Für Standardbetone bis zur Druckfestigkeitsklasse C 16/20 sind Anhaltswerte für mögliche Zusammensetzungen in nebenstehenden Tabellen zusammengestellt. Sie sind anwendbar für die Expositionsklassen X 0, XC 1 und XC 2. Aus den Tabellen kann der Bedarf an **Zement**, **Gesteinskörnung** und **Wasser** je m³ Beton entnommen werden. Dabei ist zu beachten, dass es sich bei der angegebenen Wassermenge um den **Gesamtwasserbedarf** handelt. Ein Teil davon wird durch die **Oberflächenfeuchte** der Gesteinskörnung abgedeckt, nur der Rest muss als **Zugabewasser** zugegeben werden.

Die Anhaltswerte gelten für Standardbetone mit Größtkorn 32 mm und Zement der Festigkeitsklassen 32,5 N und 32,5 R. Bei geringerem Größtkorn der Gesteinskörnung reichen die Zementmengen unter Umständen nicht aus und müssen vergrößert werden. Bei einem Größtkorn der Gesteinskörnung von 63 mm bzw. Zement der Festigkeitsklasse 42,5 N und 42,5 R darf der Zementgehalt unter Umständen verringert werden (vgl. Abschnitt 5.4.5).

Es dürfen nur natürliche Gesteinskörnungen und weder Zusatzmittel noch Zusatzstoffe verwendet werden.

Zur Herstellung des Betons wird allerdings nicht die Angabe des Materialbedarfs je m³, sondern des Materialbedarfs **je Mischerfüllung** benötigt. Der Nenninhalt eines Mischers gibt das Volumen der mit einer Füllung herstellbaren Menge **verdichteten Frischbetons** der Konsistenz steif C 1, F 1 ($v = 1,45$) in **m³** an. Bei Beton der Konsistenz plastisch C 2, F 2 oder weich C 3, F 3 muss das jeweils unterschiedliche Verdichtungsmaß berücksichtigt werden.

In der nebenstehenden Tabelle sind für übliche Mischergrößen die Zahl der Mischungen je m³ verdichteten Frischbetons in Abhängigkeit von der Konsistenz angegeben.

Selbstverständlich können auch errechnete Materialmengen je m³ nach dem gleichen Verfahren auf Materialmengen je Mischerfüllung umgerechnet werden.

Druckfestigkeitsklasse	Sieblinienbereich	Baustoffbedarf		
		Zement in kg/m³	Gesteinskörnung in kg/m³	Wasser in kg/m³
Konsistenz steif C 1, F 1				
C 8/10	③	230	2045	140
	④	250	1975	160
C 12/15	③	290	1990	140
	④	320	1915	160
C 16/20	③	310	1975	140
	④	340	1895	160
Konsistenz plastisch C 2, F 2				
C 8/10	③	250	1975	160
	④	270	1900	180
C 12/15	③	320	1915	160
	④	350	1835	180
C 16/20	③	340	1895	160
	④	370	1815	180
Konsistenz KR weich C 3, F 3				
C 8/10	③	280	1895	180
	④	300	1825	200
C 12/15	③	350	1835	180
	④	380	1755	200
C 16/20	③	380	1810	180
	④	410	1730	200

Zusammensetzung von Standardbeton (Anhaltswerte)

Nenninhalt (m³) des Mischers	Konsistenz	Mischungen je m³
0,15	steif C 1, F 1	8,0
	plastisch C 2, F 2	7,3
	weich C 3, F 3	7,0
0,25	steif C 1, F 1	4,8
	plastisch C 2, F 2	4,4
	weich C 3, F 3	4,2
0,5	steif C 1, F 1	2,4
	plastisch C 2, F 2	2,2
	weich C 3, F 3	2,1
0,75	steif C 1, F 1	1,6
	plastisch C 2, F 2	1,5
	weich C 3, F 3	1,4
1,0	steif C 1, F 1	1,2
	plastisch C 2, F 2	1,1
	weich C 3, F 3	1,05

Beispiel:

Die Garagendecke des Projektes „Jugendtreff" soll in C 16/20 (Sieblinienbereich ③, Konsistenz plastisch) hergestellt werden.
a) Ermitteln Sie den Betonbedarf in m³,
b) den Bedarf an Zement in kg,
c) den Bedarf an Gesteinskörnung in kg,
d) den Materialbedarf für eine Mischerfüllung eines 0,5-m³-Mischers.
e) Wie viele Mischungen sind erforderlich?

Lösung:

V_{Decke} = $l \cdot b \cdot h$ = 6,24 m · 3,25 m · 0,16 m = 3,245 m³
$V_{Aufkantung}$ = 18,38 m · 0,15 m · 0,25 m = 0,689 m³
V_{Beton} = 3,934 m³

Materialbedarf je m³ nach Tabelle:
Zement = 340 kg/m³ · 3,934 m³ = 1337,56 kg
Gesteinskörnung = 1895 kg/m³ · 3,934 m³ = 7454,93 kg

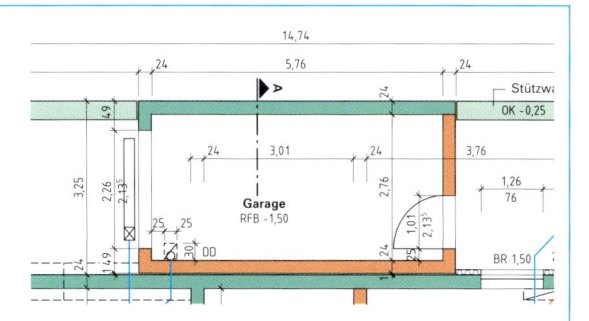

Materialbedarf je Mischerfüllung (Mischungen je m³ nach Tabelle = 2,2):
Zement = 340 kg : 2,2 = 154,5 kg
Gesteinskörnung = 1895 kg : 2,2 = 861,4 kg
Wasser = 160 kg : 2,2 = 72,7 kg
Anzahl Mischungen = 2,2 Mi/m³ · 3,934 m³ = 8,7

Für 3,934 m³ Beton sind 9 Mischungen erforderlich.

5 Herstellen einer Massivdecke — Aufgaben

Aufgaben:

1. Veranschlagen Sie den Bedarf an Zement, Gesteinskörnung und Wasser nach Tabelle für
   a) C 12/15, Sieblinienbereich ③, Konsistenz plastisch,
   b) C 8/10, Sieblinienbereich ③, Konsistenz steif.

2. Wie viele Liter Zugabewasser sind bei den Betonen aus Aufgabe 1 jeweils erforderlich, wenn die Oberflächenfeuchte der Gesteinskörnung 3,5 % beträgt?

3. Um wie viele kg/m³ muss der Zementgehalt erhöht werden, wenn ein C 12/15, Sieblinienbereich ③, in der Konsistenz weich statt plastisch hergestellt werden soll?

4. Um wie viele Liter muss die Wasserzugabe eines Betons C 12/15 bei Sieblinienbereich ④ gegenüber Sieblinienbereich ③ erhöht werden?

5. Das dargestellte Fundament soll in C 12/15 (Sieblinienbereich ③, Konsistenz weich) hergestellt werden. Die Fundamenttiefe beträgt 0,60 m. Wie viel Zement und Gesteinskörnung sind zu bestellen?

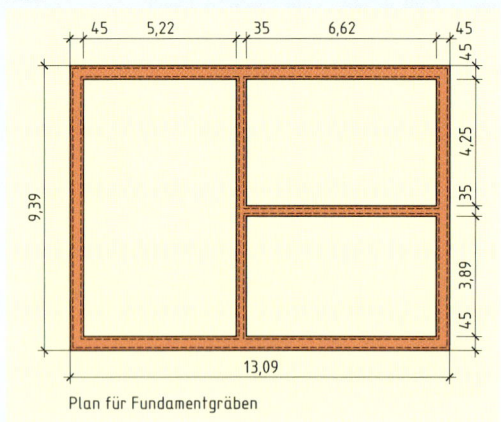

6. Wie viel Zement, Gesteinskörnung und Wasser werden zur Herstellung von 35 m³ Standardbeton C 16/20 (Sieblinienbereich ④, Konsistenz weich) benötigt?

7. Zehn der dargestellten Einzelfundamente sollen in C 16/20 (Sieblinienbereich ③, Konsistenz plastisch) hergestellt werden.
   Wie viel Zement und Gesteinskörnung sind zu bestellen?

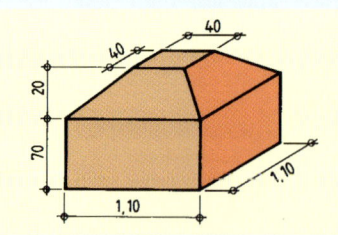

8. Welcher Mindestzementgehalt ist erforderlich bei
   a) C 8/10, Konsistenz steif, Zementfeuchtigkeitsklasse 32,5 N, Größtkorn 32 mm,
   b) C 12/15, Konsistenz plastisch, Zementfestigkeitsklasse 32,5 R, Größtkorn 32 mm?

9. Wie viel Säcke Zement sind zu bestellen, wenn 6,5 m³ Beton C 16/20 (Sieblinienbereich ③, Zementfestigkeitsklasse 32,5 N, Konsistenz plastisch, Größtkorn 32 mm) hergestellt werden?

10. Die Dachgeschossdecke für das Projekt „Jugendtreff" wird aus Beton C 16/20 (Sieblinienbereich ③, Zementfestigkeitsklasse 32,5 N, Konsistenzklasse weich, Größtkorn 32 mm) hergestellt.
    a) Wie viel Transportbeton (Festbetonmenge in m³) ist zu bestellen?
    b) Wie viel Zement und Gesteinskörnung sind erforderlich?
    Die Maße sind den Zeichnungen auf den Seiten 4…12 zu entnehmen.

11. Die Bodenplatte für den unterkellerten Bereich des Jugendtreffs wird aus Beton C 12/15 (Sieblinienbereich ④, Zementfestigkeitsklasse 32,5 R, Konsistenz plastisch, Größtkorn 32 mm) hergestellt.
    a) Berechnen Sie den Betonbedarf in m³.
    b) Wie viel Zement und Gesteinskörnung sind erforderlich?
    Die Maße sind den Zeichnungen auf den Seiten 4…12 zu entnehmen.

12. Wie viel Mischungen werden je m³ verdichtetem Frischbeton benötigt bei einem Nenninhalt des Mischers von 0,25 m³ und Konsistenz steif?

13. Ermitteln Sie für C 16/20 (Sieblinienbereich ④, Konsistenz plastisch) den Materialbedarf je Mischerfüllung für einen
    a) 0,15-m³-Mischer,
    b) 0,25-m³-Mischer,
    c) 0,5-m³-Mischer.

14. Ermitteln Sie den Materialbedarf für die Füllung eines 0,25-m³-Mischers für
    a) C 12/15, Sieblinienbereich ③, Konsistenz plastisch
    b) C 16/20, Sieblinienbereich ④, Konsistenz weich,
    c) C 8/10, Sieblinienbereich ③, Konsistenz steif.

15. Für die Außentreppe des Jugentreffs werden 5 Stufen benötigt. Die Stufen werden aus Beton C 12/15, Sieblinienbereich ③, Konsistenz plastisch hergestellt.
    a) Wie viel Zement und Gesteinskörnung sind zu bestellen?
    b) Wie viele Mischerfüllungen werden benötigt, wenn ein Mischer mit einem Fassungsvermögen von 0,15 m³ zur Verfügung steht?

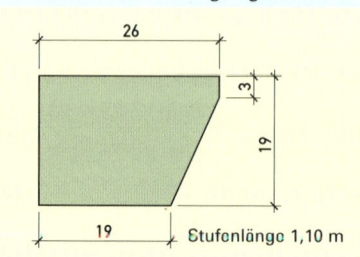

5 Herstellen einer Massivdecke — Schutzdächer

5.6 Absturzsicherung

Das Arbeiten auf Baustellen führt häufig zu Unfällen, die mehr oder weniger schwere Verletzungen mit sich bringen oder gar zum Tode führen können. Auch bei der Ausführung der Massivdecken sind nicht nur die am Bau beteiligten Fachkräfte, sondern auch Passanten gefährdet. Herabfallende Werkzeuge und Baustoffe können Verkehrsteilnehmer verletzen. Um solche Unfälle zu vermeiden oder sie weitgehend einzuschränken, hat die Berufsgenossenschaft der Bauwirtschaft **Unfallverhütungsvorschriften** erlassen. Unternehmer und Betriebsangehörige sind verpflichtet, diese einzuhalten und zu beachten. Gerüste müssen das unfallsichere Arbeiten am Gebäude auch in großer Höhe ermöglichen. Sie sind nach den Regeln der Technik (DIN EN 12811) oder entsprechend einem statischen Nachweis herzustellen, müssen ausreichend tragfähig und standsicher sein. Das Absetzen von Lasten mit Hebezeugen ist nicht zulässig. In Bezug auf die Ausführung von Massivdecken sehen die Unfallverhütungsvorschriften **Schutzdächer** und **Schutzgerüste** vor.

Schutzdach an einem Außengerüst mit schräger Bordwand

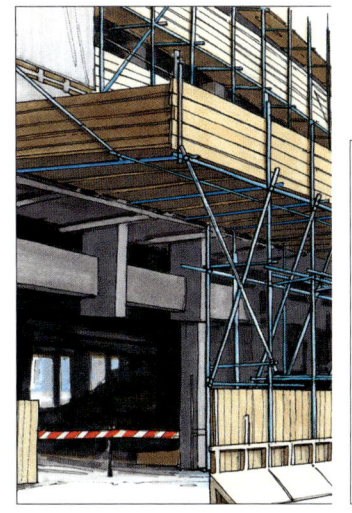

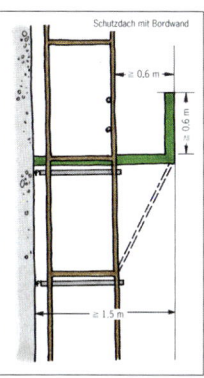

> Unternehmer und Betriebsangehörige sind verpflichtet, die Unfallverhütungsvorschriften einzuhalten.

5.6.1 Schutzdächer

Lässt sich der Gefahrenbereich beim Bau des Jugendtreffs **außerhalb** (z. B. zum Schutz des öffentlichen Verkehrs, von Passanten) und **innerhalb** (z. B. über Arbeitsplätzen und Verkehrswegen) der Baustelle nicht abgrenzen, dann sind Schutzdächer erforderlich.

Schutzdächer an Gerüsten müssen mindestens 1,50 m breit sein und die Außenseite des Gerüstes um mindestens 60 cm überragen. Die Bordwände von Schutzdächern müssen mindestens 60 cm hoch sein.

Bei turmartigen Bauwerken müssen Schutzdächer aus kreuzweise verlegten Bohlen 24 × 4 cm mit dazwischenliegender Dämmschicht bestehen. Im Gefahrenbereich sind zusätzlich Schutznetze unmittelbar unter dem Arbeitsplatz anzuordnen. Sollen sie gegen herabfallende Gegenstände schützen, darf die Maschenweite 2 cm nicht überschreiten.

Schutzdach an einem Außengerüst mit senkrechter Bordwand

> Schutzdächer haben die Aufgabe, die am Bau Beteiligten, die Passanten und die Verkehrsteilnehmer vor herabfallenden Gegenständen zu schützen.

5.6.2 Schutzgerüste

Beim Arbeiten auf den Geschossdecken des Jugendtreffs, wenn beispielsweise die Mauern hochgezogen werden, sind besondere Absturzsicherungen vorzusehen. Da beim Arbeiten an der Kante der Geschossdecken kein Seitenschutz verwendet werden kann, müssen statt dessen Fanggerüste angebracht werden.

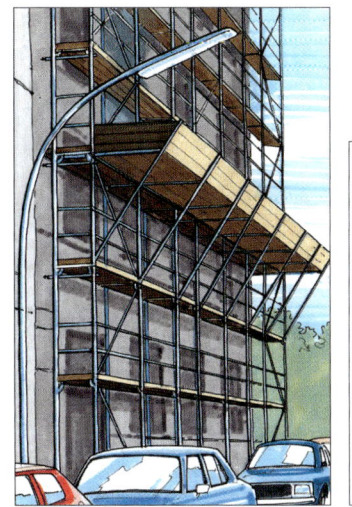

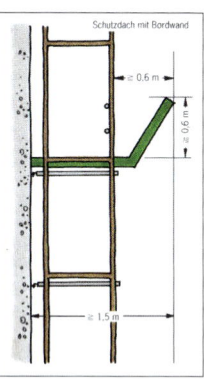

Schutzdach

5 Herstellen einer Massivdecke — Schutzgerüste

Fanggerüste

Für Arbeitsplätze, die mehr als 5,00 m über dem Boden liegen und nicht durch ein Arbeitsgerüst gesichert sind, muss ein Fanggerüst vorgesehen werden. Die Breite des Fanggerüstes richtet sich nach der möglichen Absturzhöhe über dem Gerüst. Bis 2,00 m Absturzhöhe muss die Breite mindestens 0,90 m, bis 3,00 m Absturzhöhe mindestens 1,30 m betragen.

Der horizontale Abstand zwischen Bauwerk und Fanggerüst darf nicht größer als 30 cm sein. Besteht eine Absturzgefahr auch zum Bauwerk hin, so ist die Belagfläche nach innen zu verbreitern.

Bei auskragenden Gebäudeteilen (z. B. Balkone, Gesimsplatten) ist die nutzbare Gerüstbreite von der Außenkante dieser vorspringenden Bauteile zu messen.

K 1.8 > Als Fanggerüste sind **Auslegergerüste, Konsolgerüste** und **Rahmengerüste** geeignet.

Da diese Gerüste auch als Arbeitsgerüste verwendet werden, sind ihre Konstruktionen in Kapitel **1.8 Gerüste** behandelt.

Seitenschutz

Der Seitenschutz bei Fanggerüsten wird entweder senkrecht oder schräg angebracht. Wird ein dreiteiliger Seitenschutz wie bei Arbeitsgerüsten verwendet, so darf dieser um max. 15° gegen die Senkrechte geneigt sein. Bei einer Neigung über 15° muss der Seitenschutz als geschlossene **Schutzwand** ausgebildet werden, wobei die Schutzwanddicke der Gerüstbelagdicke entsprechen muss. Die senkrechte Höhe der Schutzwand muss mindestens 1,00 m betragen.

> Schutzgerüste sind Absturzsicherungen. Sie dürfen nie zum Aufenthalt bei Arbeiten am Bauwerk benützt werden.

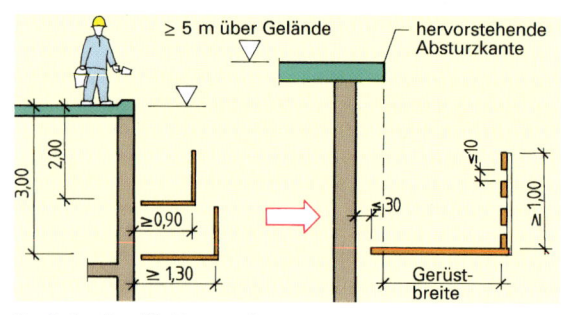

Gerüstbreiten für Fanggerüste

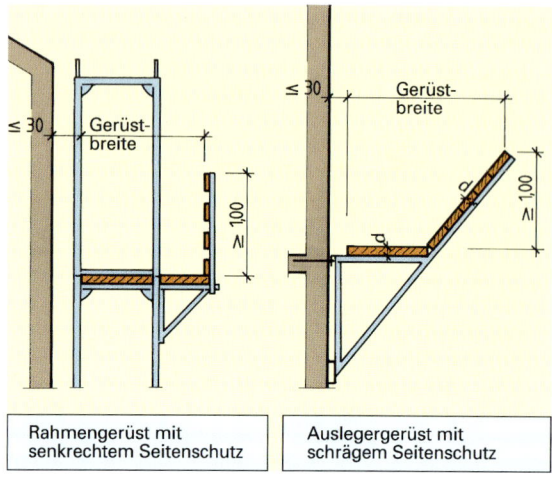

Rahmengerüst mit senkrechtem Seitenschutz — **Auslegergerüst mit schrägem Seitenschutz**

Fanggerüste

Zusammenfassung

Schutzdächer schützen die am Bau Beteiligten sowie Passanten und Verkehrsteilnehmer vor herabfallenden Gegenständen.

Schutzgerüste haben die Aufgabe, die am Bau Beteiligten gegen Absturz zu sichern sowie das Herabfallen von Baustoffen und Werkzeugen zu verhindern.

Auf Schutzgerüste und -dächer ist das Absetzen von Lasten nicht zulässig.

Lässt sich der Gefahrenbereich in der Nähe turmartiger Bauwerke oder höher gelegener Arbeitsplätze nicht absperren, sind Schutzdächer oder Schutznetze vorzusehen.

Zu den Schutzgerüsten, die bei der Ausführung von Massivdecken zu errichten sind, zählen die Fanggerüste. Sie müssen für Arbeitsplätze, die mehr als 5,00 m über dem Boden liegen, vorgesehen werden.

Fanggerüste können als Auslegergerüst, Konsolgerüst oder Rahmengerüst ausgeführt werden.

Aufgaben:

1. Welche Aufgaben haben
   a) Schutzdächer,
   b) Schutzgerüste zu übernehmen?
2. Wie hoch müssen die Bordwände bei Schutzdächern ausgeführt werden?
3. Welche Breitenmaße sind bei Schutzdächern einzuhalten?
4. Welche Konstruktionsarten kommen für Fanggerüste in Frage?
5. Ab welcher Arbeitshöhe sind Fanggerüste erforderlich?
   Wovon ist die Breite eines Fanggerüstes abhängig?
6. Zeichnen Sie im Maßstab 1:10 den Querschnitt eines Auslegergerüstes, das auf der Obergeschossdecke des Jugendtreffs angebracht wird. Folgende Angaben sind zu beachten:
   - als Auslager wird IPE 100 verwendet,
   - Verankerungslänge der Ausleger 1,80 m,
   - Auskragung der Ausleger 1,20 m,
   - Gerüstbelag 20/3 cm.

Kapitel 6:
Herstellen einer Fertigteildecke

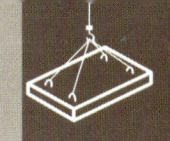

Kapitel 6 vermittelt die Kenntnisse des Lernfeldes 12 für Beton- und Stahlbetonbauer/-innen.

Decken müssen die auf sie wirkenden Lasten aufnehmen und abtragen. Diese entstehen sowohl aus den Eigenlasten der Deckenkonstruktion sowie aus den Nutzlasten. Außerdem haben Decken die Aufgabe, das Gebäude in horizontaler Richtung auszusteifen.

Beim Projekt „Jugendtreff" müssen Geschossdecken für verschiedene Nutzungen geplant und hergestellt werden. Eine Möglichkeit, diese Decken wirtschaftlich auszuführen, sind Fertigteildecken.

Baufachkräfte müssen über Kenntnisse der verschiedenen Konstruktionsvarianten und deren Begleitarbeiten auf der Baustelle verfügen.

Fertigteildecken können als Plattendecken, Balkendecken oder Plattenbalkendecken ausgeführt werden. Heute werden hauptsächlich Halbfertigteile eingebaut, die erst zusammen mit Ortbeton ihre geforderte Tragfähigkeit erreichen.

Wirtschaftliche Gesichtspunkte bestimmen neben den technischen Anforderungen entscheidend die Wahl der Ausführung. Außerdem können Kenntnisse der Baufachkräfte bei Umbau- und Instandsetzungsmaßnahmen für heute weniger ausgeführte Fertigteildecken gefragt sein.

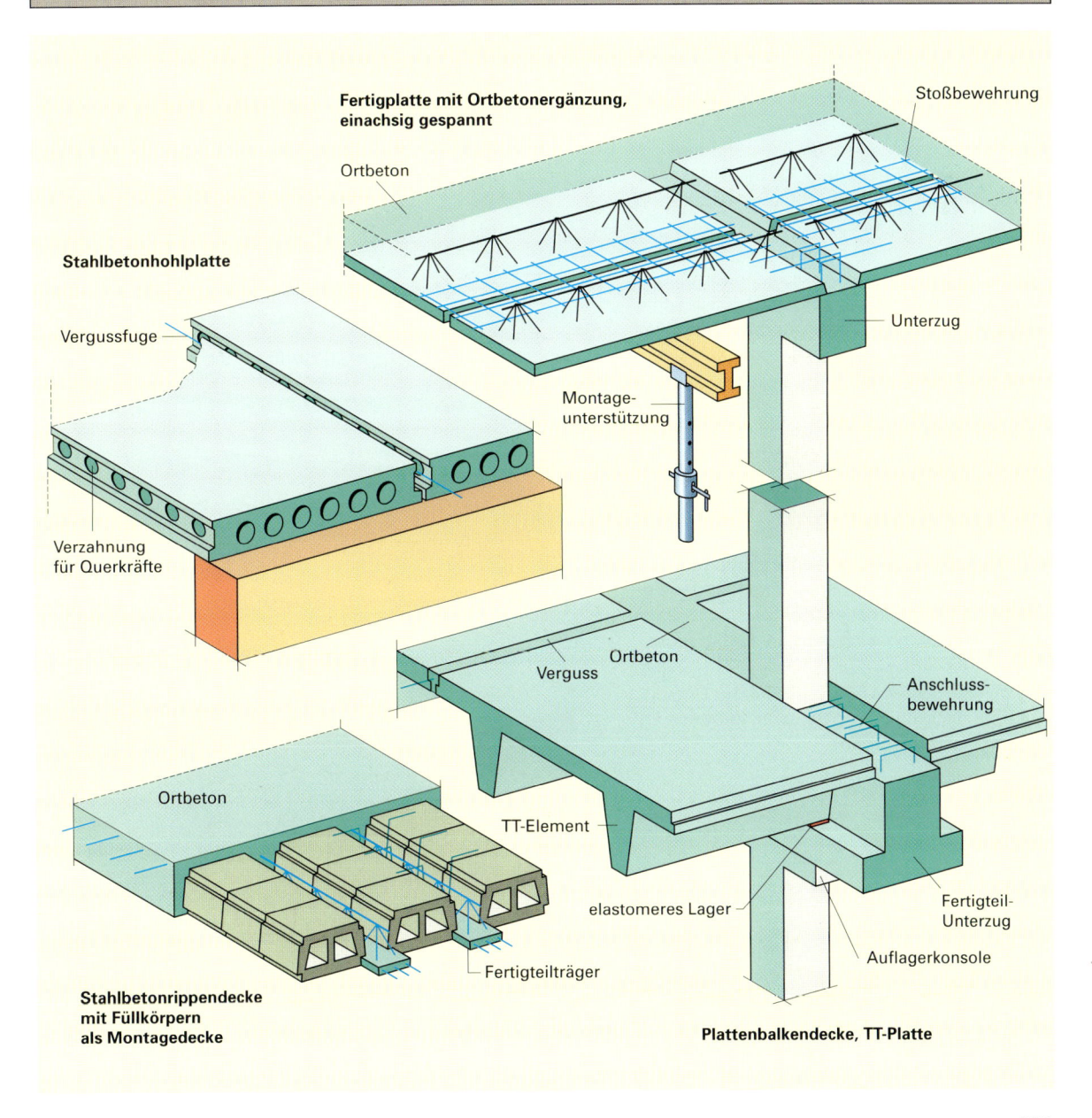

6 Herstellen einer Fertigteildecke — Werksfertigung

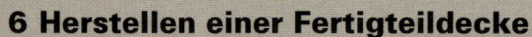

6.1 Werksfertigung

Um wettbewerbsfähig zu sein, müssen Produkte besser, kostengünstiger oder schneller herzustellen sein, als dies die Konkurrenz kann. Optimal wäre eine Kombination dieser Kriterien.

K 4.3
- Durch die werkseitige Produktion von Fertigteilen mit konstanten klimatischen Bedingungen, einer hohen Maßgenauigkeit der Schalungen und einer überschaubaren Betonverarbeitung lässt sich die **Qualität** des Endproduktes gezielt verbessern.
- Durch einen serienmäßigen Einsatz der Schalungen kann der mit hohen Kosten verbundene personelle und materielle **Schalungsaufwand** auf der Baustelle minimiert werden. Dem entgegen stehen jedoch die Transportkosten.
- Durch den Einsatz von Fertigteilen werden die **Bauzeiten** erheblich verkürzt, da eine baufortschrittsunabhängige Produktion im Werk möglich ist.

Für kleinere Gebäude ist die Verwendung von standardisierten Elementen für die Tragkonstruktion sinnvoll, bei großen Bauvorhaben kann individuell geplant werden.

Für das Projekt „Jugendtreff" sollen die vorgesehenen Decken möglichst kostengünstig und in kurzer Zeit hergestellt werden. Deshalb sollte bereits bei der Planung eine **Alternative zu einer Ortbetondecke** in Erwägung gezogen werden.

Der Beton- und Stahlbetonbauer muss über die vielfältigen Möglichkeiten des Herstellens einer Fertigteildecke Bescheid wissen.

Er ist verantwortlich für Vorarbeiten bei der **Vollmontage** von Fertigteilen und für Vor- und Begleitarbeiten beim Einbau von **Halbfertigteilen** (Teilmontage).

Auch im Bereich der **Instandsetzung** von Fertigteildecken kann das Betätigungsfeld des Beton- und Stahlbetonbauers Kenntnisse der eher in früheren Zeiten eingesetzten Fertigteilbauweisen erfordern.

Es gibt verschiedene Möglichkeiten für Deckensysteme, die entweder ganz oder teilweise im Werk hergestellt werden.

> Der Einbau von Fertigteilen ist begründet durch hohe Qualität, Wirtschaftlichkeit und kurze Bauzeiten.

Aufgaben:
1. Nennen Sie Gründe für den Einbau von im Fertigteilwerk hergestellten Bauteilen.
2. Geben Sie Aufgabenbereiche für den Beton- und Stahlbetonbauer im Zusammenhang mit dem Einbau von Fertigteilen an.

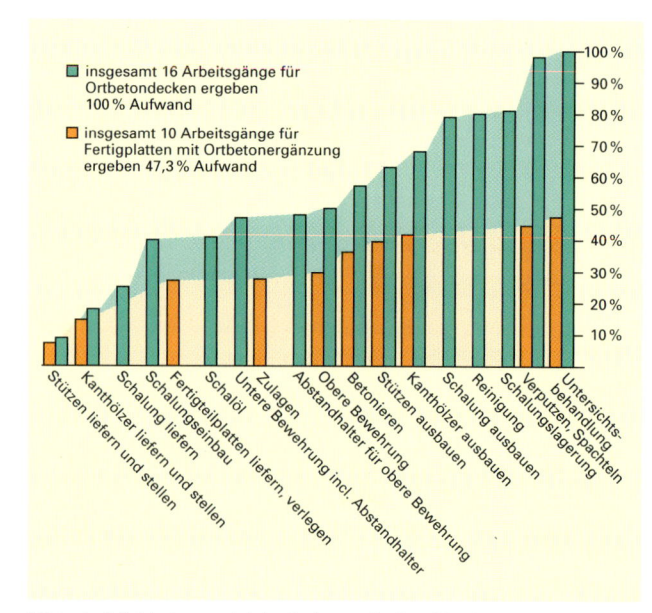

Wirtschaftlichkeitsvergleich Ortbetondecken/Fertigplatten mit Ortbetonergänzung

Rationelle Fertigung von Fertigteilplatten mit Gitterträgern im Werk

Große mögliche Spannweiten von Fertigplatten mit Ortbetonergänzung mit geringem Schalungsaufwand

6 Herstellen einer Fertigteildecke — Teilmontagedecken

6.2 Plattendecken

Platten sind ebene Flächentragwerke, die senkrecht zu ihrer Fläche belastet werden. Sie können einachsig oder zweiachsig gespannt sein und geben ihre Lasten auf unterstützende Bauteile ab.

6.2.1 Fertigplatten mit Ortbetonergänzung – Teilmontagedecken

Die moderne Schalungstechnik erlaubt eine wirtschaftliche Herstellung von Ortbetondecken. Dennoch ist eine weitere **Rationalisierung** durch eine Vorfertigung im Fertigteilwerk möglich.

Vollständig vorgefertigte Deckenplatten können nur als Einfeldplatten eingebaut werden, eine Durchlaufwirkung kann statisch nicht berücksichtigt werden. Dies führt zu einem erhöhten Stahlverbrauch. Deshalb und auch wegen ihrer hohen Transportmasse gibt es weitere Optimierungsmöglichkeiten.

Fertigteilplatten mit Gitterträgern

Günstiger sind nur teilweise vorgefertigte Deckensysteme, bei denen im Fertigteilwerk etwa 5…7 cm dicke Betonplatten mit **integrierter unterer Bewehrung** hergestellt werden.

Da die dünnen Platten im Transport- und Montagezustand einer Aussteifung bedürfen, werden zunächst **Gitterträger** mit frei liegenden **Diagonalen** und **Obergurten** eingebaut.

Auf der Baustelle werden die Deckenelemente nach dem Verlegen mit **Ortbeton** (mindestens 4 cm und mindestens C 20/25) zu einer Stahlbeton-Vollplatte in Deckenstärke ergänzt. Die Gitterträger sorgen hierbei für einen **schubfesten Verbund**.

Die fertige Decke wirkt durch diesen Verbund als einheitliche Scheibe und zählt dadurch zu den **aussteifenden Elementen** des Gesamtbauwerks.

Lediglich eine Randabschalung der Decke bedingt auf der Baustelle einen Schalungsaufwand.

Die Fertigteilplatten mit Gitterträgern müssen auf der Baustelle nur z. B. am Auflager und in Feldmitte unterstützt werden, eine kostenintensive Schalung entfällt. Die erforderlichen Unterstützungen werden auf den Verlegeplänen angegeben.

Jedes Deckenelement ist eine **Maßanfertigung** und wird individuell auf das Bauvorhaben abgestimmt. Jede gewünschte Form kann passgenau produziert werden. Die Regelbreite liegt zwischen 2,20…2,50 m, größere Breiten sind unter Beachtung der Transportbeschränkung möglich. Die Elementlänge wird durch die Grundrissmaße bestimmt.

Außerdem sind werkseitig **Deckenaufkantungen** möglich sowie **Balkonanschlusselemente**, bei denen spezielle Wärmedämmkörper mit integrierter Bewehrung Wärmebrücken verhindern.

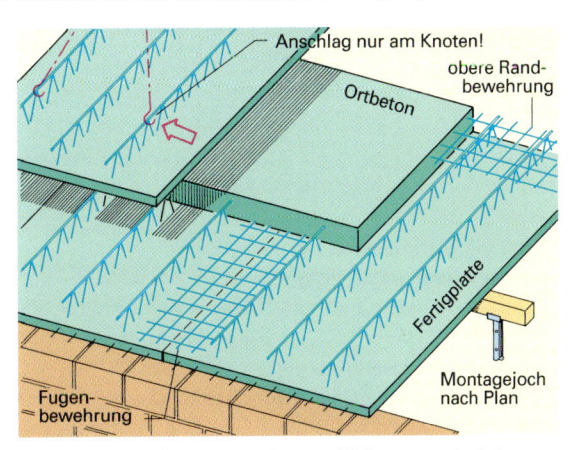

Fertigplatte mit Ortbetonergänzung (Teilmontagedecke)

Gitterträger und raue Oberfläche sorgen für einen kraftschlüssigen Verbund mit dem Ortbeton

Balkonelemente mit Aufkantung

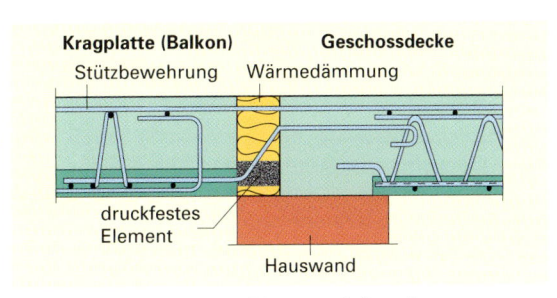

Thermisch getrennter Anschluss von Balkonelementen

6 Herstellen einer Fertigteildecke — Bewehrung

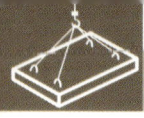

Um die Anwendung von Fertigteiltreppen zu erleichtern, können **Podestplatten** mit entsprechend ausgebildeten Auflagern geliefert werden, in die die Fertigteiltreppen nur noch eingehängt werden müssen.

Beim Projekt „Jugendtreff" bieten sich Gelegenheiten, Fertigteile mit solchen besonderen Detailausführungen einzuplanen.

Durch die Fertigung im Werk ist es möglich, sämtliche **Aussparungen** nach Plan einzumessen und bei der Bewehrungsführung und dem Betoniervorgang zu berücksichtigen.

K 5.3.3 Die geforderte **Betondeckung** nach DIN EN 1992-1-1 wird durch eingelegte **Abstandhalter** aus Kunststoff oder Faserbeton sicher eingehalten. Die Werte für das **Vorhaltemaß** Δc_{dev} dürfen um 5…10 mm vermindert werden, wenn dies durch eine entsprechende **Qualitätskontrolle** bei Planung, Entwurf, Herstellung und Bauausführung gerechtfertigt werden kann. Für Fertigteile sind diese Voraussetzungen normalerweise gegeben.

Die **Oberflächenqualität** der Fertigteile erlaubt nach einer geringen Vorbereitung des Untergrundes, z.B. Fugenspachtelung, ein direktes Streichen oder Tapezieren.

> Bei Fertigteilplatten mit Gitterträgern liegt die untere Bewehrung in der Fertigteilplatte. Gitterträger und Obergurt sorgen für einen kraftschlüssigen Verbund mit der Ortbetonschicht und steifen das Element im Montagezustand aus.
>
> Die Fertigteilmaße können auf das Bauwerk abgestimmt werden. Unterschiedliche Randdetails sind möglich.

Bewehrung

Die Bemessung der **Deckenplatten mit Ortbetonergänzung** erfolgt wie für Ortbetondecken nach DIN EN 1992-1-1. Die raue Oberfläche der Fertigteile und die Diagonalen der Gitterträger sorgen für eine gute Verbindung mit dem Ortbeton, sodass die Decke wie eine in einem Arbeitsgang hergestellte **Massivplatte** berechnet werden kann.

Die untere Tragbewehrung und die erforderliche Querbewehrung von **einachsig gespannten Platten** werden in die Fertigteilplatten werkseitig eingelegt.

Im Stoßbereich ergänzen Zulagen über den Fugen auf den Fertigteilplatten die konstruktive **Querbewehrung**, sie müssen mindestens 20% der Längsbewehrung betragen. Für die Zulagen sind Einzelstäbe oder Mattenstreifen möglich. Deren Länge richtet sich nach DIN EN 1992-1-1 und wird auf den Montageplänen angegeben.

Eine **Durchlaufwirkung** der Decke kann durch eine obere Bewehrung erreicht werden, die auf der Baustelle einzubringen ist und der oberen Biegezugbewehrung einer Ortbetonplatte entspricht. Die Obergurte der Gitterträger dürfen dabei nicht grundsätzlich als Abstandhalter für die obere Bewehrung herangezogen werden.

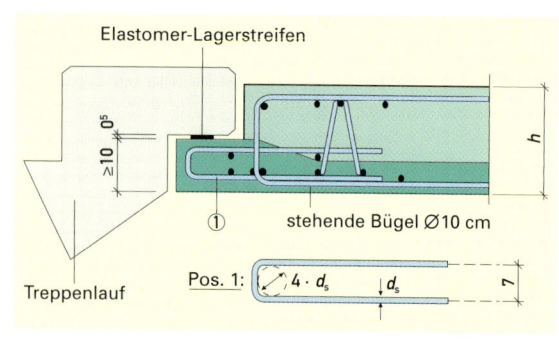

Auflagerdetail für eine Fertigteiltreppe

Schalung für Fertigteilplatten mit Gitterträgern mit angezeichneten Aussparungen

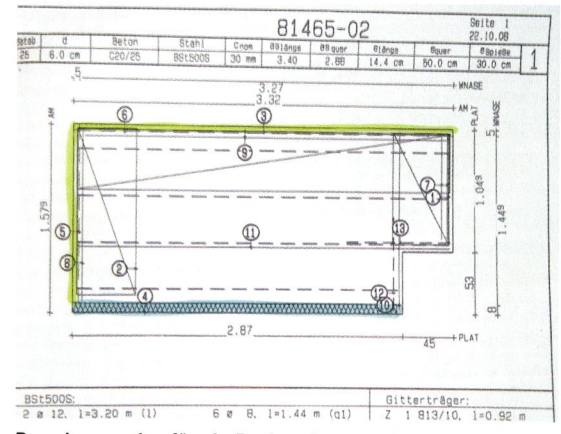

Bewehrungsplan für ein Deckenelement als Balkonplatte mit Wärmedämmung

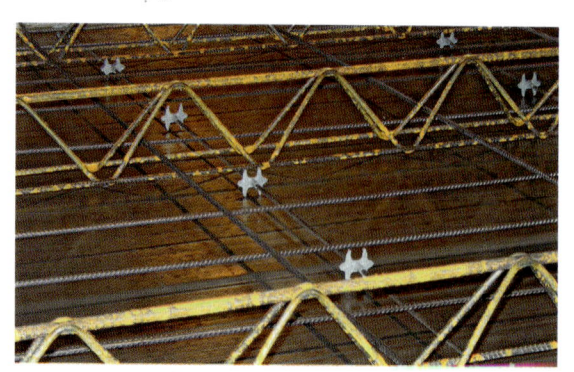

Untere Tragbewehrung, Querbewehrung und Gitterträger – Abstandhalter aus Kunststoff garantieren die geforderte Betondeckung

6 Herstellen einer Fertigteildecke — Auflager

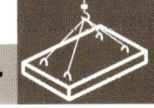

Deckenplatten mit Ortbetonergänzung besitzen gegenüber anderen Fertigteilkonstruktionen für Decken den großen Vorteil, dass mit annehmbarem Aufwand eine **zweiachsig gespannte Wirkungsweise** der Deckenplatte zu erreichen ist.

Wird quer zu der Spannrichtung der Fertigteilplatten durchgehend eine untere Bewehrung $\leq \varnothing 14$ mm und ≤ 10 cm^2/m direkt auf die Fertigteile verlegt, kann der Tragwerksplaner die Decke dem Grundriss entsprechend **zweiachsig gespannt** berechnen. Er muss dabei beachten, dass die statische Nutzhöhe der Querbewehrung geringer ist als die der Längsbewehrung in den Fertigteilplatten.

Liegen Decken ohne weitere Unterstützung wie z. B. Unterzüge direkt auf Stützen auf, handelt es sich um **punktförmig gestützte Platten**. Bei diesen Decken besteht durch die konzentrierte Krafteinleitung in die Stütze die Gefahr des **Durchstanzens**. Spezielle Gitterträgersysteme gegen dieses Durchstanzen machen inzwischen auch die Ausführung punktgestützter Platten als Gitterträgerdecken möglich.

Wenn eine Scheibenwirkung der Decke zur Sicherung der Gesamtstabilität erforderlich ist, muss in der Deckenebene ein Ringanker angeordnet werden.

Werden Deckenplatten mit Ortbetonergänzung in Zusammenhang mit betonierten Wänden, heute auch häufig Hohlwandelementen, eingebaut, ist eine **konstruktive Einspannbewehrung** einzulegen. Diese ist bereits beim Betonieren der Wände vorzusehen.

> Deckenplatten mit Ortbetonergänzung können einachsig und zweiachsig gespannt berechnet werden, ebenso ist eine Durchlaufwirkung möglich.
>
> Bei punktförmig gestützten Platten ist eine Durchstanzbewehrung erforderlich.

Auflager

Die **Verankerungslänge** der Bewehrung von der Auflagervorderkante bis zum Ende der Bewehrung ist in DIN EN 13747 geregelt, unabhängig davon, ob die Verankerung im Fertigteil oder im Ortbeton erfolgt. Die Angaben auf den Verlegeplänen der Hersteller sind dabei zu beachten.

Deckenplatte mit Ortbetonergänzung, einachsig gespannt (x-Richtung)

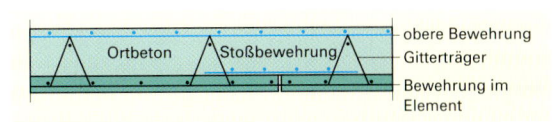

Einachsig gespannte Deckenplatte mit Ortbetonergänzung, Stoßbereich

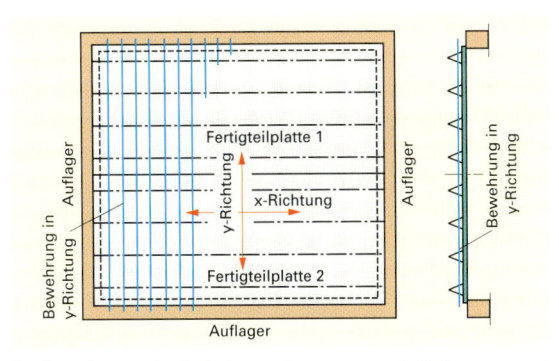

Deckenplatte mit Ortbetonergänzung, zweiachsig gespannt (x- und y-Richtung)

Gefahr des Durchstanzens bei punktförmig gestützten Platten

Mögliche Durchstanzbewehrung (schematisch)

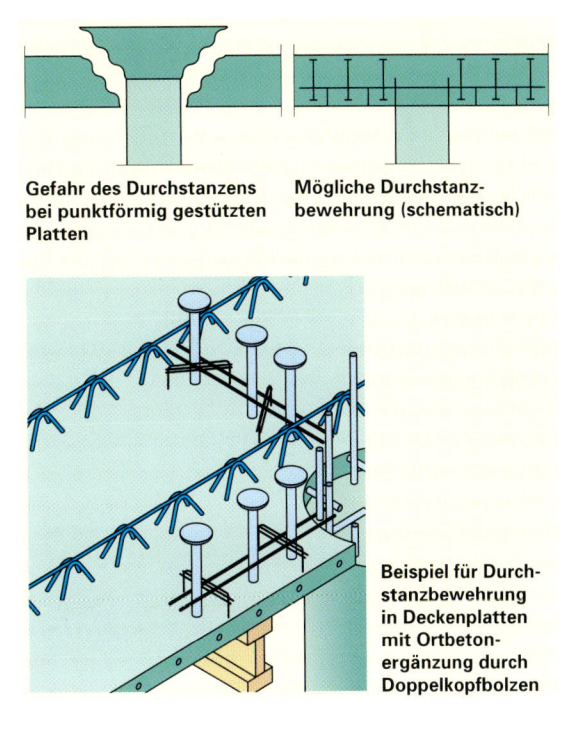

Durchstanzbewehrung mit Gitterträgern

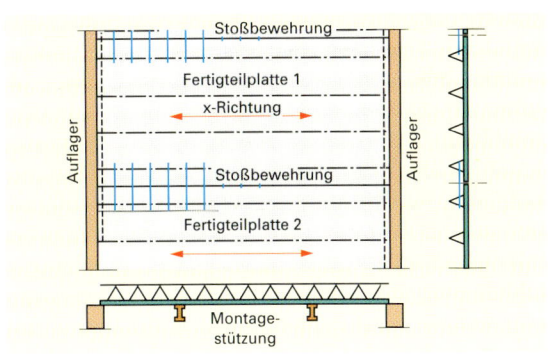

Beispiel für Durchstanzbewehrung in Deckenplatten mit Ortbetonergänzung durch Doppelkopfbolzen

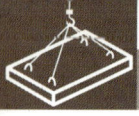

6 Herstellen einer Fertigteildecke — Unterstützungen

Wenn die Auflagertiefe der Fertigteilplatte nicht ausreicht, um eine Verankerung der unteren Hauptbewehrung der Fertigplatte mit Ortbetonergänzung in der Fertigteilplatte sicherzustellen, kann die Verankerung durch überstehende Bewehrung gewährleistet werden. Die Auflagertiefe der Fertigteilplatte einschließlich überstehender Bewehrung sollte ohne besonderen Nachweis am Endauflager mehr als 10 cm betragen. Ist diese Auflagertiefe, z. B. an Zwischenauflagern, nicht möglich, ist eine zusätzliche Bewehrung auf den Fertigteilplatten vorzusehen.

Bei **Plattenbalkendecken** werden die Fertigteilplatten auf Unterzüge als Halbfertigteile gelegt, die statisch mitwirkende Ortbetonschicht wird nach Einlegen der noch erforderlichen Bewehrung aufgebracht. Alternativ können die Fertigteilplatten zwischen geschalte Unterzüge platziert werden, die dann zusammen mit der Ortbetonschicht betoniert werden.

> An den Auflagern der Fertigteilplatten muss eine Verankerung der Bewehrung gewährleistet sein.

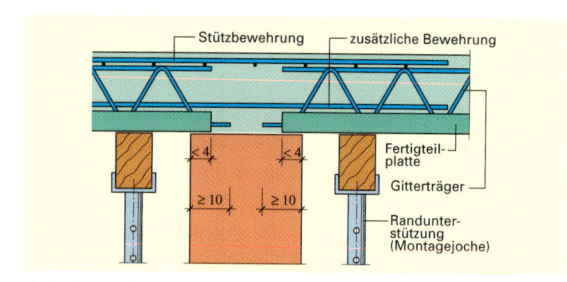

Zwischenauflager einer Fertigplatte mit Ortbetonergänzung

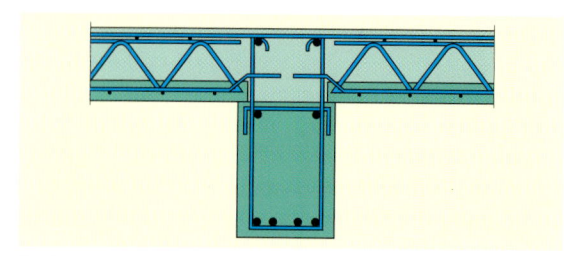

Deckenplatte mit Ortbetonergänzung auf Unterzug als Halbfertigteil

Unterstützungen

Im **Montagezustand** müssen die dünnen Betonfertigteile zusammen mit den Gitterträgern die Eigenlast, die Last des Ortbetons, sowie die Lasten aus Personen und Geräten aufnehmen.

Dafür sind zeitweilige Unterstützungen als sogenannte **Montagejoche** notwendig.

Die Joche werden rechtwinklig zu den Gitterträgerachsen verlegt. Die Abstände sind abhängig von der Stützweite der Decke und damit von der Länge der Fertigteilplatten. Außerdem bestimmen der Gitterträgerabstand, deren Typ und Höhe und die Aufbetonstärke die möglichen Abstände.

Für geringere Stützweiten und entsprechend bemessene Obergurte der Gitterträger ist auch eine Montage ohne zeitweilige Unterstützung möglich. Dabei sind Hinweise der Hersteller genau zu beachten.

Es wird zwischen Montage mit zusätzlichen zeitweiligen und ohne zusätzliche zeitweilige Unterstützungen am Endauflager unterschieden.

Auf Randunterstützungen kann verzichtet werden, wenn Fertigteilplatten mit überstehender Hauptbewehrung, z. B. auf Mauerwerk, mindestens 4 cm aufliegen und Zwischenunterstützungen eingebaut werden.

> Fertigteilplatten müssen außer bei geringen Stützweiten durch Montagejoche unterstützt werden.
>
> Es wird zwischen Montage mit und ohne zusätzliche zeitweilige Unterstützungen am Endauflager unterschieden.

Montagejoche mit Schalungsträgern bei einer punktförmig gestützten Platte mit Durchstanzbewehrung

h [cm]*)	s_T [cm]	h_T = 15 cm			h_T = 19 cm		
		Ø 8	Ø 10	Ø 12	Ø 8	Ø 10	Ø 12
20	33	210	274	335	–	–	–
	40	198	254	319	–	–	–
	50	183	227	302	–	–	–
	55	174	217	295	–	–	–
	60	167	208	286	–	–	–
	62,5	162	203	281	–	–	–
	75	141	181	258	–	–	–
24	33	194	256	323	211	256	340
	40	183	235	308	196	235	324
	50	167	212	291	177	212	306
	55	159	202	279	167	202	292
	60	152	191	267	158	191	280
	62,5	148	187	261	154	187	274
	75	128	165	239	134	165	244

h = Deckendicke, s_T = Gitterträgerabstand,
h_T = Gitterträgerhöhe, Ø = Durchmesser Obergurt
*) Fertigplattendicke ≥ 5 cm, Mindestbewehrung nach Zulassung

Beispiele für Montagestützweiten (cm) für Standard-Gitterträger

6 Herstellen einer Fertigteildecke — Vorgespannte Fertigteilplatten

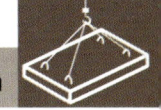

Versteifungsrippen – Höckerdecke

Die Wirtschaftlichkeit einer Deckenplatte mit Ortbetonergänzung wird unter anderem durch die Anzahl der Montageunterstützungen bestimmt. Kann deren Anzahl reduziert werden, entspricht dies einer Steigerung der Wirtschaftlichkeit.

Da die Obergurte der Gitterträger im Montagezustand durch Druckkräfte beansprucht sind, führt dies zu engen Trägerabständen und großen Stabdurchmessern, was die Wirtschaftlichkeit wiederum mindert.

Eine Möglichkeit, die Deckenplatten im Montagezustand ohne zeitweilige Unterstützungen weiter spannen zu können, ist die **Höckerdecke**.

Die Grundidee dabei ist, die spätere **Druckzone** der Vollplatte bereits im Montagezustand auszunutzen, indem die Obergurte der Gitterträger durch eine Fertigteil-Betondruckzone zwischen zwei Gitterträgern unterstützt werden. Für die Produktion wird an zwei Gitterträgern einseitig Streckmetall angeordnet, dazwischen werden die Versteifungsrippen („Höcker") auf die Höhe der endgültigen Deckenstärke betoniert.

Die Höckerelemente eignen sich vorwiegend für **einachsig gespannte Platten**, da in diesem Fall nur eine konstruktive Querbewehrung über den Plattenfugen erforderlich ist.

Unterstützungsfreie Spannweiten sind auf diese Weise bis etwa 5 m möglich.

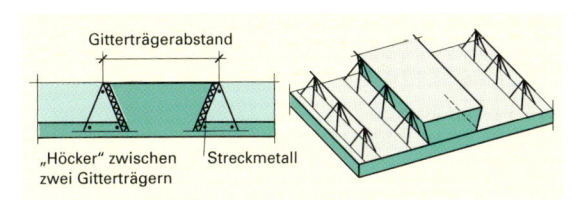

Vorgespannte Fertigteilplatten

Durch eine **Vorspannung** der Fertigteilplatten kann auf eine Montageunterstützung bei Spannweiten zwischen 4…12 m verzichtet werden.

Mit ergänzender Bewehrung und Ortbeton sind dieselben Ergebnisse zu erzielen wie mit den Fertigteilplatten ohne Vorspannung.

Durch den Verzicht auf die zeitweilige Unterstützung ist auf der Baustelle ein gewerksübergreifender Weiterbau kontinuierlich möglich.

> Höckerelemente sind Fertigteilplatten mit einer Verstärkung des druckbelasteten Obergurtes aus Beton.
> Diese und vorgespannte Fertigteilplatten können ohne zeitweilige Unterstützung für große Spannweiten eingebaut werden.

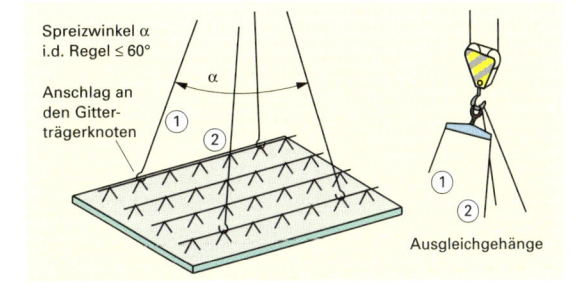

Einbau

Das Bauen mit Fertigteilen erfordert nach DIN 1045-3 eine **Montageanweisung**, die auf der Baustelle verfügbar sein muss. Diese regelt die Handhabung, die Lagerung, das Versetzen und den Einbau.

Da die Fertigteilplatten normalerweise direkt vom Lkw aus versetzt werden, müssen hauptsächlich die Gesamtmasse und die Anschlagpunkte für den Kraneinsatz bekannt sein sowie die zulässigen Montagestützweiten.

Höckerelement

Unterstützungsfreie Montage einer Höckerdecke

Spannweiten l (m)	Plattendicke d (cm)	Deckendicke h (cm)
4,00	8	16
4,50	8	16
5,00	9	20
5,00	10	20
6,00	10	20
6,00	12	20
6,00	12	24
7,00	12	24
8,00	15	25

Vorgespannte Fertigteilplatten

Stützweiten für unterstützungsfreie Montage von vorgespannten Fertigteilplatten

Verlegung von Fertigteilplatten mit Ausgleichgehänge

Anschlagpunkte am Knoten der Gitterträger

6 Herstellen einer Fertigteildecke — Wirtschaftlichkeit

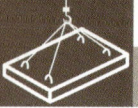

Ebenso sind in den Verlegeplänen für Deckenplatten mit Ortbetonergänzung die Bewehrungen anzugeben, die auf der Baustelle einzubauen sind.

Die Fertigteilplatten werden termingerecht „just in time" geliefert. Dies setzt eine frühzeitige Planung und Bestellung voraus.

Qualitätskontrolle

Die Fertigteilindustrie ist heute in ein **Qualitätsmanagementsystem** eingebunden, das auf Grundlage der Normenreihe EN ISO 9000 zum Standard gehört. Dabei werden alle Prozesse vom Auftrag bis zur Betreuung auf der Baustelle gesteuert.

Die **Güteüberwachung** der Fertigteile erfolgt nach DIN 1045 und DIN EN 206.

Ortbeton

K 5.4 — Sämtliche Betonierarbeiten (mindestens C 20/25) sind wie bei Ortbetondecken auszuführen. Diese sind im Kapitel 5 ausführlich behandelt.

Wirtschaftlichkeit

Die Herstellungskosten einer Deckenplatte mit Ortbetonergänzung einschließlich aller Material- und Personalkosten und Fugenspachtel für einen tapezierfähigen Untergrund betragen etwa 80% der Kosten einer Ortbetondecke in der Qualität einer Deckenplatte mit Ortbetonergänzung.

> Fertigteilplatten für Deckenplatten mit Ortbetonergänzung werden termingerecht geliefert und vom Lkw aus versetzt. Fertigteilwerke unterliegen einer Qualitätskontrolle.

Zusammenfassung

Fertigplatten mit Ortbetonergänzung sind Teilmontagedecken, die im Fertigteilwerk und in Ergänzung auf der Baustelle hergestellt werden.

Für die Montage sind zeitweilige Unterstützungen durch Joche notwendig, ein hoher Schalungsaufwand entfällt.

Die untere Bewehrung in den Fertigteilplatten entspricht der unteren Tragbewehrung einer Ortbetondecke, die obere Biegezugbewehrung muss wie bei einer Ortbetondecke auf der Baustelle eingelegt werden. Die Gitterträger und die raue Oberfläche der Halbfertigteile gewährleisten einen guten Verbund zwischen Fertigteil und Ortbeton.

Deckenplatten mit Ortbetonergänzung können als einachsig oder zweiachsig gespannte Platten oder als punktförmig gestützte Platten ausgeführt werden.

Höckerdecken oder vorgespannte Fertigteilplatten benötigen auch bei großen Spannweiten keine Montageunterstützung.

Die Bauzeit ist durch den Einsatz von Fertigplatten mit Ortbetonergänzung gering, die Qualität wird laufend kontrolliert.

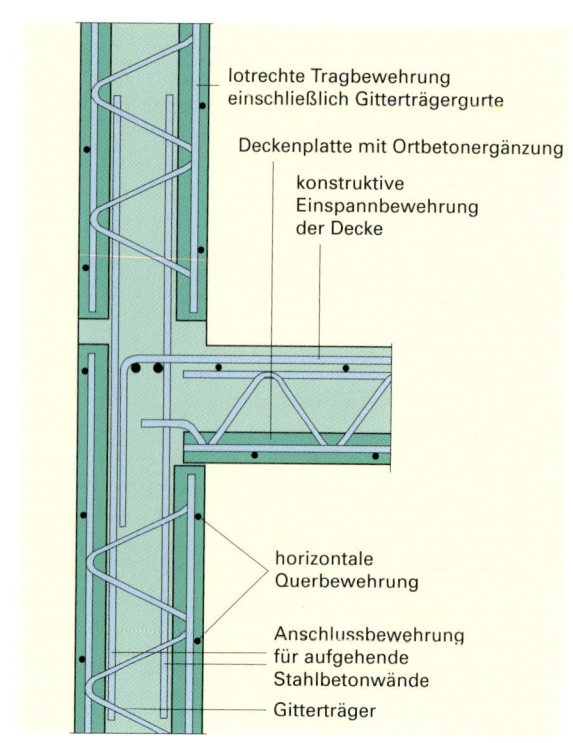

Einspannbewehrung in die Deckenplatte mit Ortbetonergänzung aus Hohlwandelementen

- lotrechte Tragbewehrung einschließlich Gitterträgergurte
- Deckenplatte mit Ortbetonergänzung
- konstruktive Einspannbewehrung der Decke
- horizontale Querbewehrung
- Anschlussbewehrung für aufgehende Stahlbetonwände
- Gitterträger

Fertigplatten mit Ortbetonergänzung in Verbindung mit Hohlwandelementen als wirtschaftliche Lösung

Die Kombination von aufeinander abgestimmten Fertigteilen erhöht die Wirtschaftlichkeit

6 Herstellen einer Fertigteildecke Rechnerische und zeichnerische Arbeiten

Rechnerische und zeichnerische Arbeiten

Im Zusammenhang mit dem Einbau einer Fertigplatte mit Ortbetonergänzung beim Projekt „Jugendtreff" müssen bei der Planung und Ausführung viele Überlegungen angestellt werden. Dabei fallen auch vielfältige rechnerische und zeichnerische Arbeiten an.

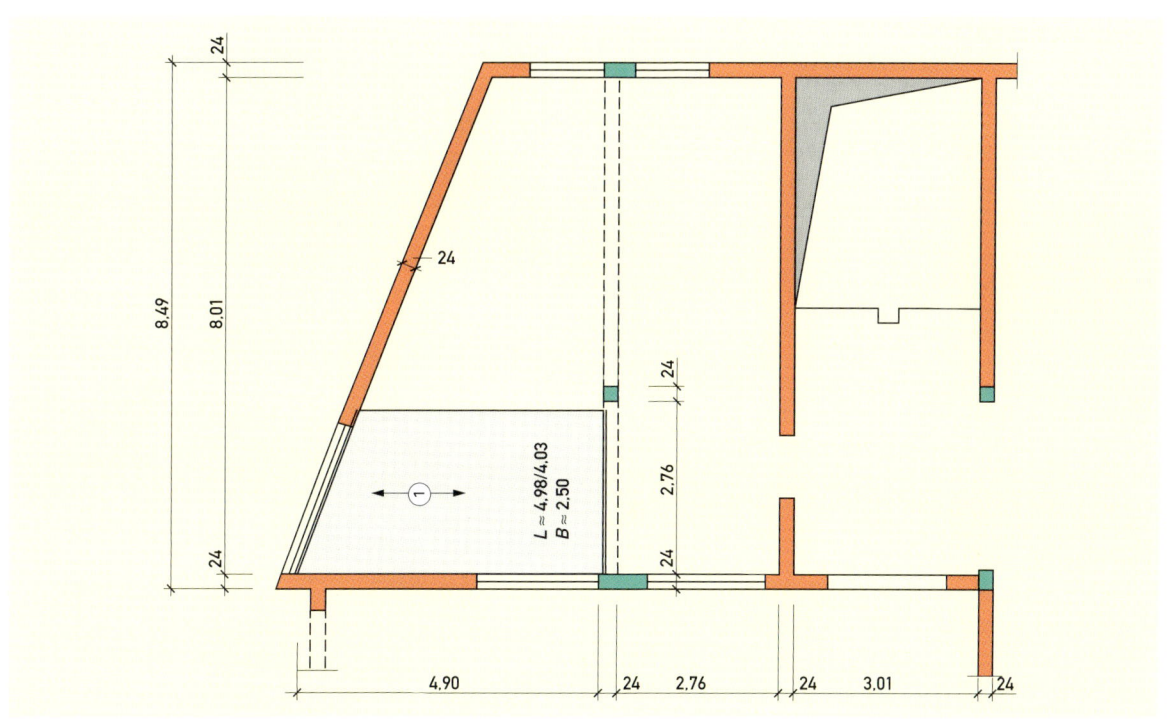

Decke über dem Erdgeschoss (Jugendhaus)

Aufgaben:

1. Begründen Sie die Wahl einer Fertigplatte mit Ortbetonergänzung für das Projekt „Jugendtreff".
2. a) Zeichnen Sie den Grundriss des dargestellten Deckenteils über dem Erdgeschoss des „Jugendtreffs" 1:50.
   b) Ergänzen Sie den Verlegeplan der einachsig gespannten Deckenplatte mit Ortbetonergänzung im angegebenen Bereich, indem Sie mit der Position ② fortfahren (Endauflager 4 cm).
   c) Ermitteln Sie die Fläche der Fertigteilplatten, die das Fertigteilwerk für den Deckenbereich in Rechnung stellen wird.
3. a) Zeichnen Sie die obere Deckenbewehrung im Bereich des Unterzuges 1:50. Verwenden Sie im Bereich der größeren Spannweite R424A, im Bereich der kleineren Stützweite R335A.
   b) Überprüfen Sie, ob die obere Bewehrung auf die Gitterträger aus Aufgabe 4 verlegt werden kann. Begründen Sie Ihre Entscheidung.
4. a) Ermitteln Sie für die Deckendicke 22 cm des „Jugendtreffs" die zulässige Montagestützweite bei einer Gitterträgerhöhe von 15 cm, einem Obergurt Ø 10 und einem Gitterträgerabstand von 50 cm.
   b) Berechnen Sie die Gesamtlänge der Kanthölzer 10/14 für die erforderlichen Montagejoche im angegebenen Bereich.
5. a) Im Bereich der Stoßfugen sollen Bewehrungsstäbe Ø 8/20, l = 70 cm für eine kraftschlüssige Verbindung sorgen. Berechnen Sie die Anzahl der notwendigen Stäbe und die Gesamtmasse (kg) der Stoßfugenbewehrung.
   b) Zeichnen Sie den Stoß der Fertigplatten mit Ortbetonergänzung 1:20 für die obige Rundstahlbewehrung und alternativ für die Ausführung mit Betonstahlmatten.
6. Fertigen Sie eine Prinzipskizze im Bereich des Unterzuges mit dem Unterzug als Halbfertigteil.
7. Wie viele m³ Beton sind für die Ortbetonschicht des Deckenteils zu bestellen (Fertigteilplatte 5 cm)?
8. Die Montagejoche stören beim Fortgang der weiteren Arbeiten. Zeigen Sie eine Alternative auf und begründen Sie die Machbarkeit.

6 Herstellen einer Fertigteildecke — Stahlbeton-Hohlplatten

6.2.2 Vollmontage durch Fertigdecken – Hohlplatten mit Fugenverguss

Um die Bauzeiten und den Aufwand auf der Baustelle noch mehr zu verkürzen, können Fertigteile eingesetzt werden, bei denen nur noch minimale Ortbetonarbeiten notwendig werden.

Maßgenau gefertigte Platten in der vorgesehenen Deckendicke und in jeder Form werden vom Lkw aus bei jeder Witterung versetzt.

Ein weiterer Vorteil liegt darin, dass so gut wie keine Baufeuchte entsteht und die Decken sofort nach der Verlegung begehbar sind. Eine Montageunterstützung entfällt ganz, sodass im darunterliegenden Geschoss zeitnah weitergearbeitet werden kann.

Stahlbeton-Hohlplatten

Vorgefertigte Vollplatten aus Stahlbeton sind wegen der hohen Transportmasse und des hohen Stahlverbrauchs unwirtschaftlich und werden höchst selten angewendet. Daher werden Vollmontagedecken häufig mit Hohlplatten hergestellt.

Da über Auflagern keine obere Bewehrung möglich ist, kann keine Durchlaufwirkung wie bei Ortbetondecken entstehen.

Eine Einsparung der Betonmasse bis zu 40% kann durch **Hohlplatten** erreicht werden, wobei die Öffnungen z. B. eine runde oder ovale Form haben können.

Bei der Herstellung werden die Öffnungen mit durchlaufenden Rohren oder Schnecken in den Beton mit sehr **steifer Konsistenz** eingebracht. Der geringe **w/z-Wert** führt zu einer hohen Frühfestigkeit des Betons.

Die Hohlräume verlaufen in Platten-Längsrichtung.

Die Decken sind normalerweise einachsig gespannt, wobei in der **Biegezugzone** unten und der **Biegedruckzone** oben der volle Materialquerschnitt vorhanden ist und in der Mittelzone mit weniger Beanspruchung die mögliche Materialersparnis genutzt wird.

Werden die Decken durch **Linienlasten** aus darüber liegenden Wänden oder **Punktlasten** aus Stützen belastet, können die Elemente in diesen Bereichen verstärkt werden, indem massive, bewehrte Streifen integriert werden.

Die Hohlräume können, je nach Hersteller, am Ende verschlossen werden, um ein Eindringen des Vergussbetons zu verhindern.

Die Hohlräume eignen sich auch als Elektro- oder Installationsleerrohre.

Um bei den Fertigdecken eine **Scheibenwirkung** zu erzielen, werden die Ränder in Längsrichtung profiliert ausgebildet.

Nach DIN EN 1992-1-1 ist die Voraussetzung einer Scheibenwirkung von Fertigteildecken im Endzustand eine druckfeste Verbindung zwischen den Fertigteilen und eine Aufnahme von Beanspruchungen durch z. B. Bogenwirkung. Dadurch entstehende Zugkräfte müssen durch **Ringanker** aufgenommen werden.

Verlegen von Hohlplatten mit Verschlusskappen aus Kunststoff

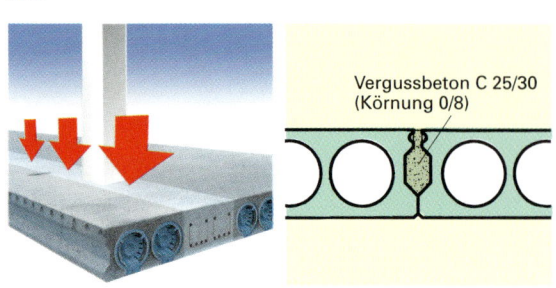

Verstärkung unter Wänden oder Stützen

Mögliche Fugenausbildung (Vergussbeton C 25/30 (Körnung 0/8))

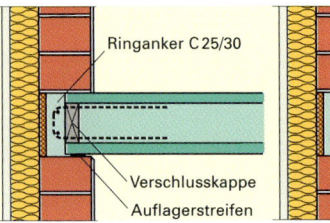

Beispiel Ringanker am Endauflager (Ringanker C 25/30)

Beispiel Ringanker am Rand einer Hohlplatte (Ringanker C 25/30)

Anwendungsgebiet Expositionsklasse XC 1	Wohngebäude
Deckentyp	Richtwerte Spannweite (m)
$h = 20$ cm	7,50
$h = 26\ldots27$ cm	10,00
$h = 32$ cm	12,00

Beispiele für mögliche Spannweiten bei Hohlplatten

6 Herstellen einer Fertigteildecke — Spannbeton-Hohlplatten

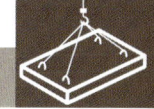

Die Fertigdecken aus Hohlplatten werden deshalb grundsätzlich mit einem umlaufenden Ringanker nach Angaben des Statikers ausgebildet. Der Ringanker kann in der Decke oder unmittelbar unter der Decke liegen.

Die Fugen werden mit Beton C 25/30, Gesteinskörnung 0/8 vergossen. Die Platten sind in diesem Bereich gut anzufeuchten.

Je nach Hersteller sind auch Verschlusssysteme möglich, die die Deckenplatten miteinander „verspannen" und kraftschlüssig verbinden.

> Stahlbetonhohlplatten sind einachsig gespannte Fertigteile mit Hohlräumen in Längsrichtung. Hohlplatten können in Bereichen konzentrierter Lasteinleitung verstärkt werden. Die Fugen müssen kraftschlüssig verbunden werden, damit die Decke zusammen mit dem Ringanker als aussteifende Scheibe wirkt.

Spannbeton-Hohlplatten

Die heute am häufigsten verwendeten Hohlplatten-Fertigteile werden im Werk mit **sofortigem Verbund** vorgespannt.

Durch die **Vorspannung** sind größere Spannweiten mit geringen Bauhöhen und hohen zulässigen Nutzlasten möglich. Im **Gebrauchszustand** sind die Deckenelemente frei von Rissen und die Durchbiegung ist sehr gering.

Bei Deckendicken bis etwa 20 cm sind im Wohnhausbereich Spannweiten bis zu 7 m möglich, bei größeren Dicken bis 30 cm bis zu 12 m.

Die Breite der Deckenelemente ist je nach Hersteller verschieden.

Die Auflagertiefe legt der Tragwerksplaner fest.

> Durch die Vorspannung von Fertigdecken sind große Spannweiten möglich.

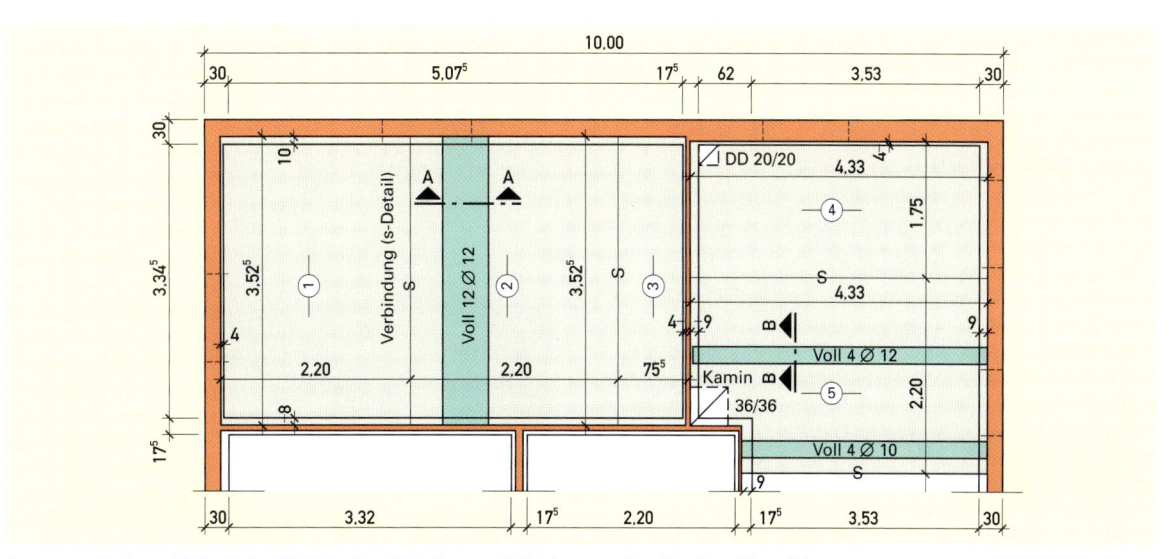

K 9.2.1

Auszug aus einem Verlegeplan für eine Fertigdecke aus Hohlplatten mit teilweisen Verstärkungen

Beispiel einer kraftschlüssigen Verbindung von Hohlplatten (s. Symbol im Verlegeplan ⌀)

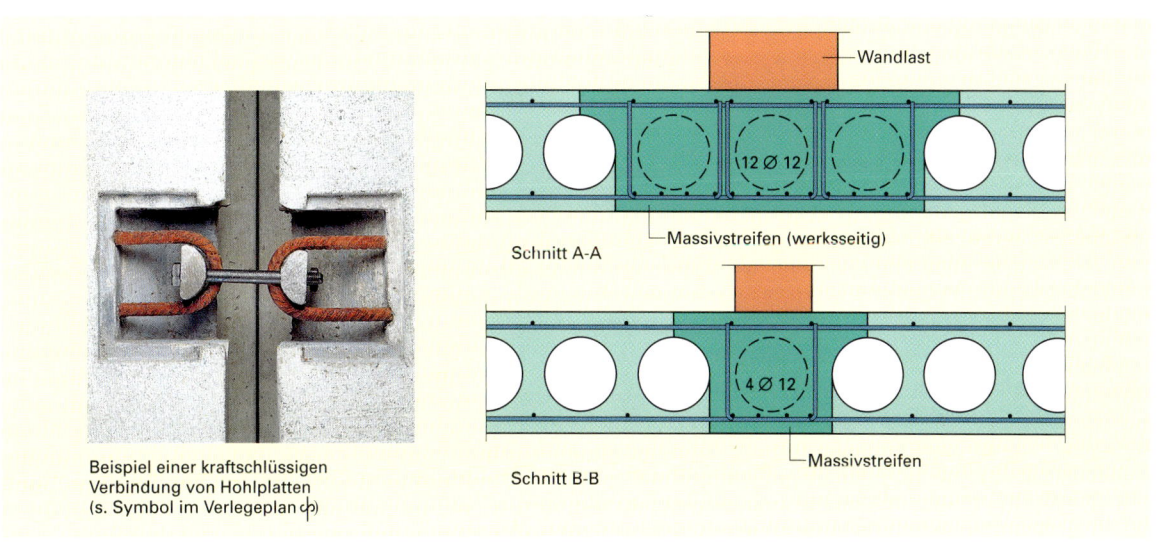

Schnitt A-A — Massivstreifen (werksseitig)

Schnitt B-B — Massivstreifen

Details zum Verlegeplan

6 Herstellen einer Fertigteildecke — Decken aus Leicht- oder Porenbeton

Sonderformen

Der Wettbewerb veranlasst die Hersteller, ihre Produkte laufend technisch weiterzuentwickeln.

Besonders die **Energieeinsparverordnung** beeinflusst diese Weiterentwicklung in besonderem Maße.

Sowohl Überlegungen der Bauherren zur **Heizkostenersparnis** wie zum **Umweltschutz** tragen entscheidend zu diesen Neuentwicklungen bei.

Eine Möglichkeit, Räume zu beheizen oder im Sommer zu kühlen, sind im Werk in die Hohlplatten eingegossene, an den Heizkreislauf angeschlossene Heiz-/Kühlschlangen. Die Strahlungswärme kann für ein angenehmes Raumklima sorgen.

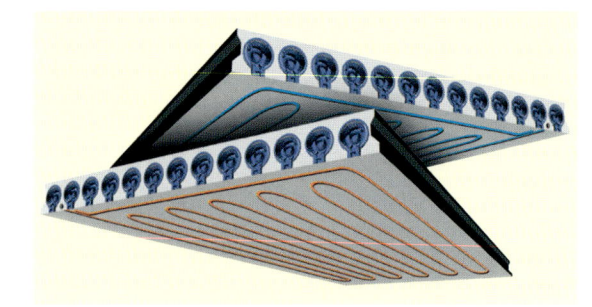

Eingebaute Heiz-/Kühlschlangen in Hohlplatten

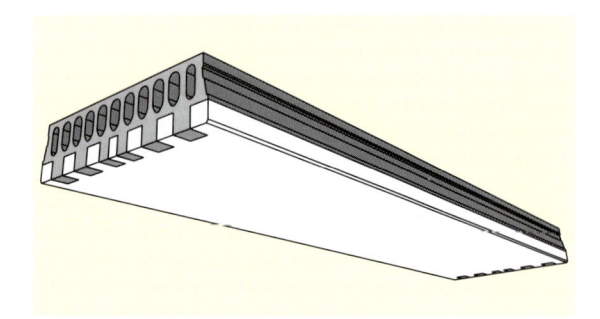

Ebenso eine Weiterentwicklung hinsichtlich des Wärmeschutzes sind wärmegedämmte Spannbeton-Hohlplatten. Sie eignen sich hauptsächlich für den Einsatz über nicht beheizten Kellergeschossen oder wenn die Außenluft von unten Zutritt hat. Im Auflagerbereich ist die Dämmung ganz oder teilweise ausgespart, sodass die Auflagerkräfte übertragen werden können.

6.2.3 Fertigdecken aus Leicht- oder Porenbeton

Integrierte Wärmedämmung in Hohlplatten

Um für Vollplatten die Masse gegenüber Normalbeton zu reduzieren, können die Fertigteile aus bewehrtem Leichtbeton hergestellt werden.

Ebenso hat die Porenbetonindustrie Deckensysteme entwickelt, mit denen meist im Zusammenhang mit Wandelementen kurze Bauzeiten einzuhalten sind. Der **Rostschutz der Bewehrung** wird durch einen besonderen Korrosionsschutz gewährleistet, da der Porenbeton wegen seiner hohen Porosität keinen ausreichenden Schutz bietet.

Auch wärmeschutztechnisch bringen diese Deckenfertigteile Vorteile gegenüber den Stahlbetondecken.

Die konstruktiven Detailausbildungen entsprechen denen der Hohlplattenelemente.

> Fertigdecken aus Leicht- oder Porenbeton bringen eine Ersparnis der Deckenmasse.

Einbau einer Fertigdecke aus Porenbeton

6.2.4 Stahlsteindecken

Bereits zu Beginn des 20. Jahrhunderts wurden in Deutschland verstärkt Massivdeckensysteme als Stahlsteindecken anstelle der bis dahin üblichen Holzbalkendecken konstruiert.

Stahlsteindecken sind Decken aus Deckenziegeln mit längs und quer verlaufenden Betonfugen. Sie dürfen nur einachsig gespannt ausgeführt werden. Die Betonstabbewehrung liegt in den Längsfugen. Bei Decken mit einer Nutzlast bis 3,5 kN/m^2 darf auf eine Querbewehrung verzichtet werden.

Die **Deckenziegel** müssen DIN 4159 entsprechen. Danach wird zwischen Deckenziegeln mit teilvermörtelbaren und voll vermörtelbaren Stoßfugen unterschie-

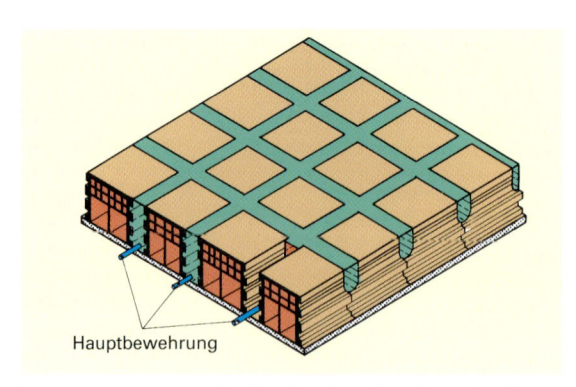

Stahlsteindecke aus Deckenziegeln mit teilvermörtelbaren Stoßfugen (Hauptbewehrung)

6 Herstellen einer Fertigteildecke — Stahlsteindecken

den. Sie sind jeweils 25 cm breit und haben eine Höhe von 9...29 cm. Die Längen betragen 16,6 cm, 25 cm, 33,3 cm oder 50 cm, wobei letztere Ziegel nur für Decken ohne Querbewehrung verwendet werden dürfen.

Durch die Deckenziegel wird die Eigenlast der Decke verhältnismäßig niedrig gehalten. Es können dadurch große Spannweiten erreicht werden, ohne dabei unwirtschaftlich (zu hoher Stahlbedarf und zu große Konstruktionshöhe) zu werden.

Die Auflagertiefen sind wie bei Stahlbetonvollplatten auszuführen.

Die Deckenziegel dürfen nicht auf den Auflagern liegen. In den Auflagerbereichen der Umfassungswände sind Massivstreifen zur Aufnahme des Ringankers vorzusehen. Da die Deckenziegel im oberen Bereich (Druckzone) Druck aufnehmen, ist darauf zu achten, dass die Stoßfugen dicht vermörtelt sind. Die erforderliche Querbewehrung liegt in den Stoßfugen.

Die Hauptbewehrung wird auf die Längsfugen verteilt. Für den Fugenverguss ist Beton mindestens der Festigkeitsklasse C 16/20 zu verwenden.

Zur Unterstützung der Ziegel wird entweder ein geschlossener Schalungsboden oder eine Streifenschalung im Achsabstand von 25 cm benötigt.

Nach dem trockenen Verlegen der Deckenziegel und dem Einbringen der Bewehrungsstäbe sind die Ziegel vor dem Einbringen des Fugenbetons so anzufeuchten, dass sie nur noch wenig Wasser aufsaugen.

Stahlsteindecken werden heute häufig als Fertigteildecken (Montagedecken) ausgeführt. Diese **Montagedecken** werden unterstützungsfrei von Auflager zu Auflager verlegt.

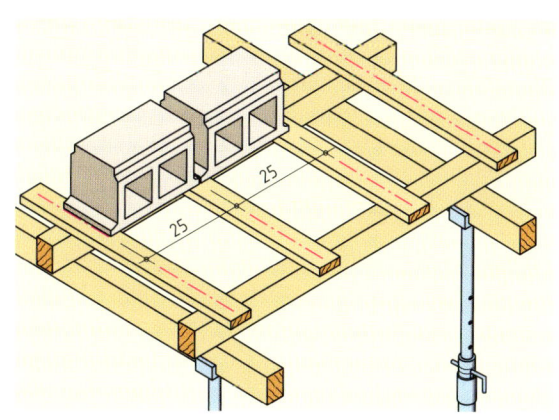

Streifenschalung für Stahlsteindecken

> Stahlsteindecken bestehen aus Deckenziegeln und bewehrten Betonfugen. Die Deckenziegel sind im oberen Bereich auf Druck beansprucht. Stahlsteindecken haben eine geringe Eigenlast.

Zusammenfassung

Fertigdecken bestehen aus schlaff bewehrten oder vorgespannten Hohlplatten. Auf der Baustelle sind nur noch wenige Arbeitsgänge notwendig, sie werden deshalb auch als Vollmontagedecken bezeichnet.

Die Hohlräume verlaufen in Längsrichtung der einachsig gespannten Elemente. Eine Durchlaufwirkung ist nicht gegeben.

Nach dem Vergießen der Fugen mit Beton und in Zusammenwirkung mit dem Ringanker wirken Hohlplatten als aussteifende Scheibe im Gesamtbauwerk.

In den Hohlräumen können Leerrohre für Elektroleitungen oder Installationen verlegt werden.

Fertigdecken können auch aus Leicht- oder Porenbeton hergestellt werden.

Stahlsteindecken zählen zu den Plattendecken.

Stahlsteindecke als Montagedecke

Aufgaben:

1. Begründen Sie die Wahl von vorgespannten Hohlplatten für die Decke über EG.
   Der Unterzug im Bereich Werken/Labor soll wegen des Schalungsaufwandes dabei entfallen.
2. Auf die Decke aus Aufgabe 1 wirkt durch die Stütze aus dem Obergeschoss eine Punktlast. Welche Möglichkeit besteht für die Lastabtragung?
3. Beschreiben Sie die Scheibenwirkung einer Hohlplattendecke anhand einer Skizze.
4. Zeichnen Sie einen Schnitt der Hohlplattendecke im Auflagerbereich der Außenwand 1:20.

6.3 Balkendecken

Der Vorteil von Balkendecken liegt in der geringen Masse der Einzelbauteile. Sie sind deshalb besonders für den Einbau ohne Hebezeug geeignet. Besonders bei Modernisierungs- und Instandsetzungsmaßnahmen besteht die Möglichkeit, dass der Beton- und Stahlbetonbauer gefordert ist, Arbeiten an diesem Deckentyp auszuführen.

Bei **Balkendecken** trägt jeder Balken den von ihm selbst eingenommenen Teil der Decke. Sind die Balken in Abständen angeordnet und die Zwischenräume durch Ausfachungen oder Überdeckungen geschlossen, so tragen die Balken die Last des jeweiligen Balkenfeldes.

6.3.1 Dicht nebeneinander verlegte Balken

Die einzelnen Stahlbetonbalken werden vorgefertigt. Bei Belastung eines Balkens sollen die benachbarten Balken mittragen. Dies kann z.B. durch eine querbewehrte Ortbetonschicht über den Balken erreicht werden.

6.3.2 Balkendecken mit Zwischenbauteilen

Die Stahlbetonbalken aus Fertigteilen werden auf Abstand verlegt. Die Zwischenräume sind mit Zwischenbauteilen, die in Längsrichtung nicht mittragen, auszufachen. Sie bestehen aus Leichtbeton, Normalbeton oder Ziegeln. Nur die Stahlbetonbalken als Fertigteile in Verbindung mit Ortbeton sind statisch wirksam.

Die meisten dieser Decken können auch mit einer Ortbetonschicht über den Zwischenbauteilen als Rippendecke ausgeführt werden.

Der **Arbeitsablauf** beim Herstellen einer Balkendecke mit Zwischenbauteilen lässt sich mit folgenden Arbeitsschritten beschreiben:

1. Verlegen der Träger. Die Trägerauflager müssen mindestens 10 cm betragen. Als Abstandhalter werden an den Trägerenden Zwischenbauteile eingehängt.
2. Montageunterstützungen (Joche) nach den im Verlegeplan angegebenen Abständen aufstellen.
3. Einhängen der Zwischenbauteile. Die Zwischenbauteile sollen nicht mehr als 3 cm auf den Auflagern liegen.
4. Einbau der zusätzlichen Bewehrung (z.B. Ringanker oder Querbewehrungen).
5. Einbringen und Verdichten des Vergussbetons. Vorher sind die Zwischenbauteile (vor allem bei Ziegel-Zwischenbauteilen) zu nässen.
6. Nach dem Erhärten (Ausschalfristen beachten!) werden die Joche entfernt. Nachbehandlung des Betons.

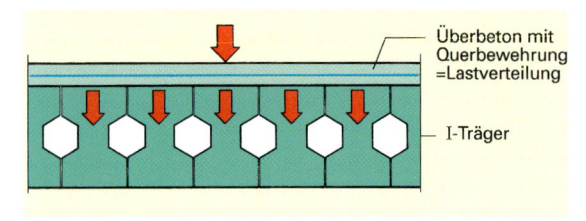

Balkendecke

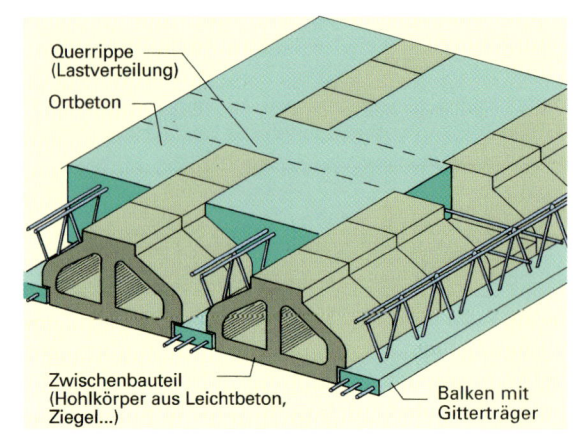

Balkendecke mit Zwischenbauteilen

① Träger verlegen, * Abstandhalter
② Montagejoche nach Verlegeplan
③ Zwischenbauteile einhängen
④ Befeuchten, betonieren, abziehen

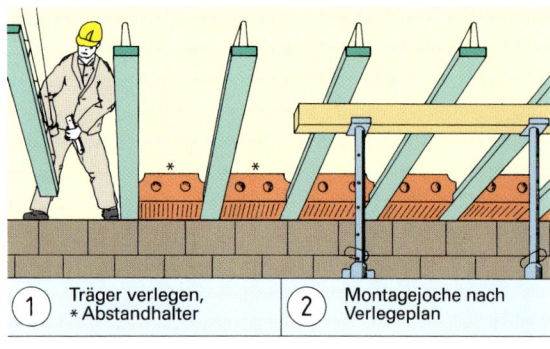

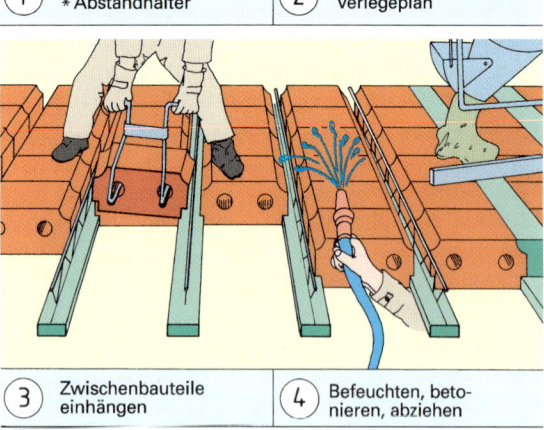

Arbeitsschritte beim Herstellen einer Balkendecke mit Zwischenbauteilen (z.B. Ziegeln)

> Bei dicht nebeneinander verlegten Balken und Balkendecken mit Zwischenbauteilen trägt jeder Balken den von ihm selbst eingenommenen Teil der Decke bzw. die Last des jeweiligen Balkenfeldes.

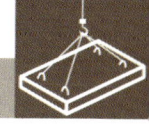

6 Herstellen einer Fertigteildecke — Plattenbalkendecken

6.4 Plattenbalkendecken

Bei großen Deckenbelastungen oder großen Spannweiten, wie sie vor allem bei Industriebauten auftreten, werden Plattenbalkendecken eingebaut. Dabei wirken Deckenplatte und Stahlbetonbalken als Einheit.

Die Deckenplatte überträgt die Lasten auf die Balken, die normalerweise in Richtung der kleineren Grundrissmaße gespannt sind. Die Spannrichtung der Platte verläuft rechtwinklig zu der Spannrichtung der Balken. In Spannrichtung der Balken übernimmt die Decke auf eine **„mitwirkende Breite"** die **Druckspannungen**, die Zugzone liegt im Balken. Die **Zugspannungen** werden durch die untere Bewehrung im Balken aufgenommen.

Durch diese Anordnung wird die Betonmasse im Bereich der Zugzone auf ein Mindestmaß begrenzt.

Plattenbalkendecken können aus Ortbeton oder Fertigteilen als **Voll- oder Teilmontagedecken**, schlaff bewehrt oder vorgespannt hergestellt werden.

Im Allgemeinen haben die Balken in Ortbeton einen Abstand von 2…3 m, bei Fertigteilen von 1…1,5 m.

6.4.1 TT-Platten und Trogplatten

Üblich sind zwei Balken pro Fertigteil bei einer **TT-Platte (Doppelstegplatte)**. Diese werden entweder als Fertigteil mit Fugenverguss verbunden oder die Scheibenwirkung wird wie bei Fertigplatten mit Ortbetonergänzung durch eine Ortbetonschicht mit Bewehrung gewährleistet (Plattendicke 6 cm).

Die Platten werden in Breiten bis 3 m, Höhen bis 80 cm und Längen bis 16 m hergestellt.

Seltener kommen **Trogplatten** mit Fugenverguss zum Einsatz, wobei die Platte durch die größere Spannweite zwischen den Trägern mindestens 12 cm dick sein muss und auch mehr Bewehrung erfordert.

Vouten, Abschrägungen der Decke im Balkenbereich, vermindern den Stahlbedarf. Der Schalungsaufwand ist dafür größer, was bei der Herstellung im Fertigteilwerk jedoch unerheblich ist.

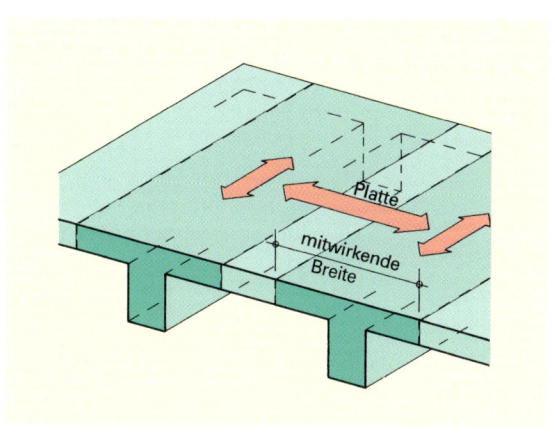

Wirkungsweise von Plattenbalken

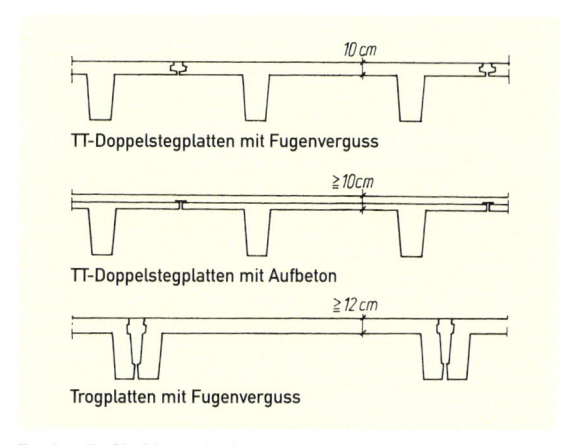

Fertigteile für Plattenbalkendecken

Einbau einer TT-Platte

Doppelstegplatte mit Aufbeton

Bei Plattenbalken sind Deckenplatte und Balken fest miteinander verbunden. In Spannrichtung nimmt die Bewehrung des Balkens die Zugspannungen auf, die Decke die Druckspannungen. Bei Fertigteilen sind TT-Platten mit Fugenverguss oder mit Ortbetonschicht gebräuchlich.

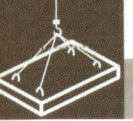

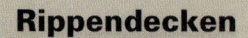

6.4.2 Rippendecken

Sind bei Plattenbalkendecken die Mittenabstände der Balken höchstens 70 cm, bezeichnet man sie als **Rippendecken**.

Die Platte muss mindestens $\frac{1}{10}$ des lichten Rippenabstandes, mindestens aber 5 cm dick sein. Die mindestens 5 cm dicken Längsrippen sind bei hoher Belastung und großer Spannweite durch Querrippen auszusteifen.

Stahlbetonrippendecken können ohne Füllkörper oder mit Füllkörpern hergestellt werden.

Stahlbetonrippendecken mit Füllkörpern erfordern keine Rippenschalung. Die Füllkörper werden auf einer ebenen Schalung verlegt, die Zwischenräume bewehrt und mit Ortbeton ausgefüllt.

Bei den Füllkörpern sind zwei Bauarten üblich, **statisch mitwirkende** und **statisch nicht mitwirkende** Zwischenbauteile. Sie werden in der Regel aus Leichtbeton oder aus gebranntem Ton hergestellt. Ihre Ausführung und Prüfung müssen der DIN EN 15037-1 entsprechen.

Bei statisch mitwirkenden Zwischenbauteilen übernimmt der Füllkörper zum Teil die Aufgabe der Druckplatte.

Rippendecken mit Zwischenbauteilen können mit ganz oder teilweise vorgefertigten Rippen ähnlich wie Balkendecken hergestellt werden. Sie unterscheiden sich von Balkendecken mit Zwischenbauteilen im Wesentlichen durch eine Druckplatte aus Ortbeton oder durch die Verwendung von statisch mitwirkenden Zwischenbauteilen. Stahlbetonrippendecken mit Zwischenbauteilen haben eine geschlossene Unterseite.

Stahlbetonrippendecke mit statisch nicht mitwirkenden Füllkörpern (Deckenziegel)

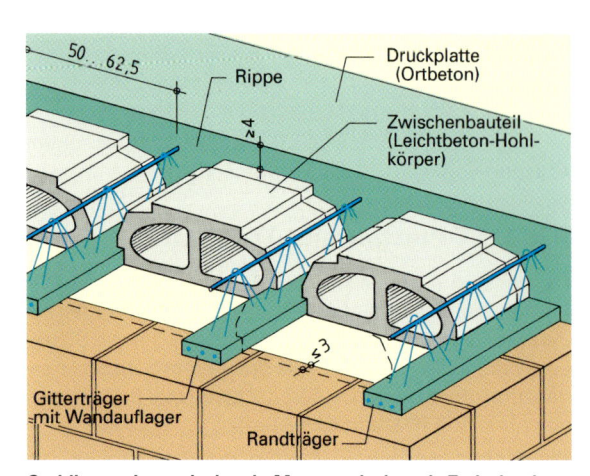

Stahlbetonrippendecke als Montagedecke mit Zwischenbauteilen aus Leichtbeton

> Stahlbetonrippendecken sind Plattenbalkendecken mit einem Mittenabstand der Rippen von höchstens 70 cm.

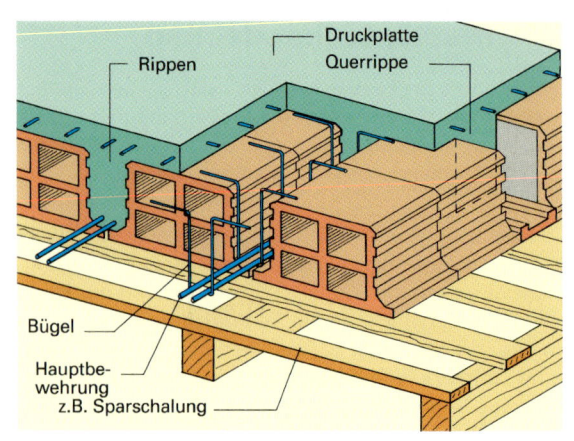

Zusammenfassung

Bei Balkendecken mit dicht nebeneinander verlegten Balken trägt jeder Balken den von ihm selbst eingenommenen Teil, bei Balken mit Zwischenbauteilen die Last des jeweiligen Balkenfeldes.

Bei Plattenbalkendecken bildet die Deckenplatte mit den Balken eine Einheit. Die Bewehrung der Balken nimmt die Zugspannungen auf, die Deckenplatte die Druckspannungen. Fertigteile werden als TT-Platten oder Trogplatten hergestellt und eignen sich für große Lasten und große Spannweiten.

Bei Rippendecken sind die Mittenabstände der Balken höchstens 70 cm.

Aufgaben:

1. Da beim Bau des „Jugendtreffs" möglicherweise kein Kran zur Verfügung steht, soll die Möglichkeit der Verwendung einer Balkendecke mit Zwischenbauteilen untersucht werden.
   a) Beschreiben Sie die Herstellung.
   b) Erklären Sie die Tragwirkung.
   c) Vergleichen Sie die Einsatzmöglichkeit bei der Decke über dem Erdgeschoss im Bereich Werken/Labor und der Decke über dem Obergeschoss im Bereich des Saals.

2. a) Begründen Sie den Einbau von TT-Platten bei der Decke über dem Obergeschoss, wenn im „Saal" die Stütze entfallen soll.
   b) Vergleichen Sie auch den Einbau von schlaff bewehrten gegenüber vorgespannten TT-Fertigteilen.

3. Erklären Sie den Unterschied zwischen einer Rippendecke mit statisch mitwirkenden und statisch nicht mitwirkenden Zwischenbauteilen.

Kapitel 7:
Herstellen einer geraden Treppe

Kapitel 7 vermittelt die Kenntnisse des Lernfeldes 10 für Beton- und Stahlbetonbauer/-innen und des Lernfeldes 13 für Maurer/-innen.

Die Geschosse beim Projekt „Jugendtreff" werden durch Treppen mit geraden Läufen verbunden. Hierfür kommen unterschiedliche Formen und eine Vielzahl von Treppenkonstruktionen in Frage. Treppen müssen sicher und bequem zu begehen sein. Unter Beachtung baurechtlicher Vorschriften wird die Lage, die Laufrichtung und die Konstruktion der Treppe festgelegt. Unter den Aspekten Sicherheit und Gestaltung werden die Stufenform und die Beläge ausgewählt. Sie müssen rutschsicher, abriebfest und pflegeleicht sein. Im Außenbereich wird von Treppenbelägen Frostbeständigkeit verlangt. Für die Ausführung der Treppen kommen Beton, Stahlbeton und Mauerwerk in Frage.

Der Maurer muss in der Lage sein, alle wichtigen Maße einer Treppe zu berechnen und sie zeichnerisch darzustellen. Um Stahlbetontreppen aus Ortbeton fachgerecht auszuführen, sind Kenntnisse über die Herstellung der Schalung und über die Lage der Bewehrung erforderlich.

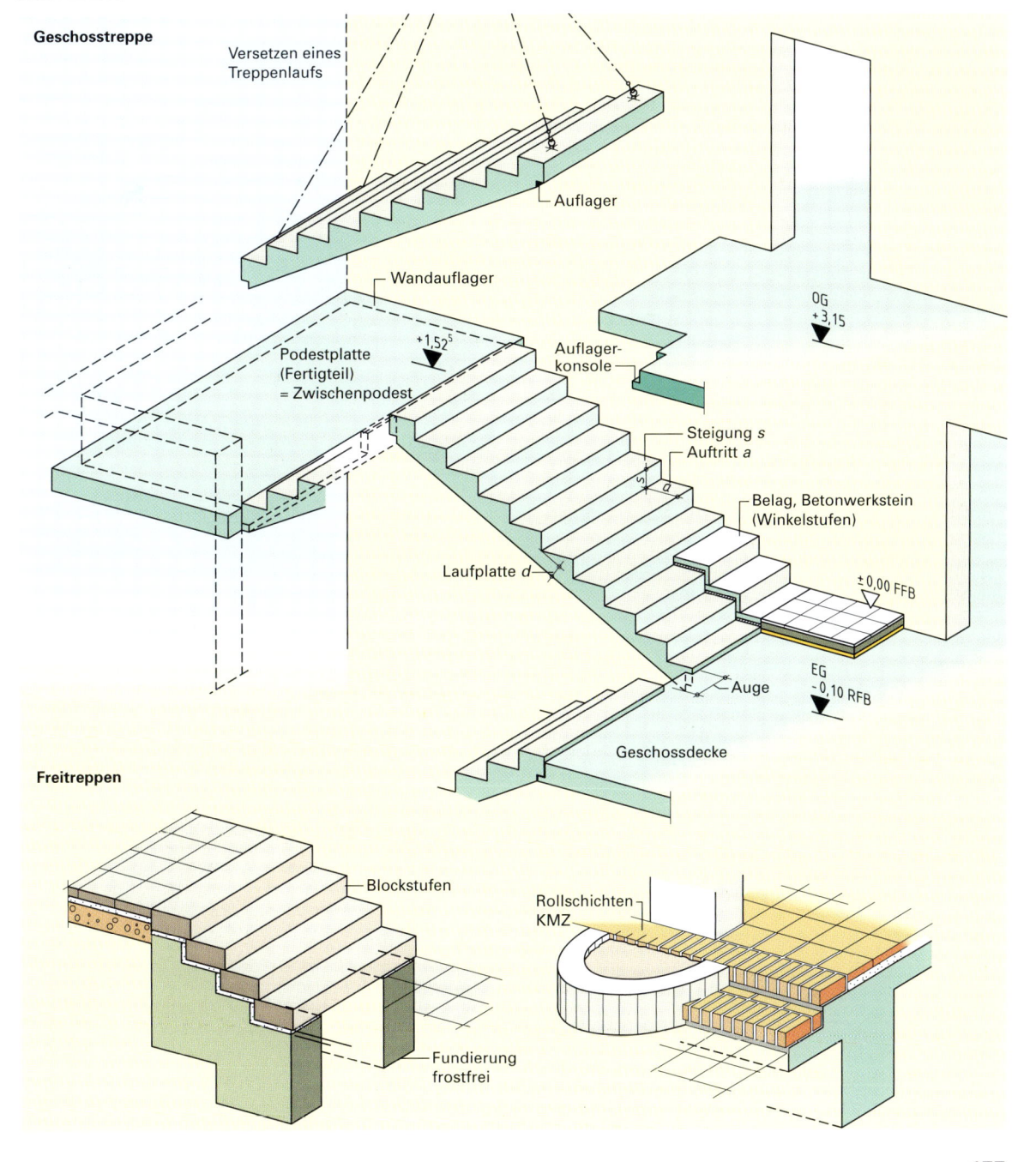

Geschosstreppe

Freitreppen

7 Herstellen einer geraden Treppe — Begriffe

7.1 Grundlagen des Treppenbaus

7.1.1 Bezeichnungen und Vorschriften

Eine Treppe besteht aus mindestens einem Treppenlauf, der mindestens drei Treppenstufen aufweist. Treppen, die nach behördlichen Vorschriften vorhanden sein müssen, werden als „**notwendige Treppen**" bezeichnet. Zusätzliche Treppen gelten als „**nicht notwendige Treppen**".

Der waagerechte Teil einer Stufe wird **Trittstufe** genannt, der lotrechte oder annähernd lotrechte Stufenteil **Setzstufe**. Nach der Lage der Stufen werden **Antrittstufen** und **Austrittstufen** unterschieden. Die Antrittstufe ist die erste (unterste), die Austrittstufe, deren Trittfläche bereits ein Teil des Podestes oder Zwischenpodestes ist, die letzte (oberste) Stufe eines Treppenlaufes. Treppenteile, welche die Stufen tragen und seitlich begrenzen, nennt man **Wangen**. Der **Treppenlauf** ist die ununterbrochene Folge von mindestens drei Treppenstufen zwischen zwei Ebenen. Das Maß von Vorderkante Antrittstufe bis Vorderkante Austrittstufe, im Grundriss an der Lauflinie gemessen, ergibt die **Treppenlauflänge**. Ein Treppenlauf sollte nicht mehr als 18 Stufen haben; andernfalls wird eine Unterteilung durch **Podeste** (Treppenabsätze) erforderlich. Der Treppenlauf wird im Grundriss durch die **Lauflinie** gekennzeichnet (vgl. Abschnitt 7.1.2). Das waagerechte Maß von der Vorderkante einer Treppenstufe bis zur Vorderkante der folgenden Stufe, in der Lauflinie gemessen, nennt man **Auftritt a**. Das lotrechte Maß von der Trittfläche einer Stufe zur Trittfläche der folgenden Stufe bezeichnet man als **Steigung s**. Das waagerechte Maß, um das die Vorderkante einer Stufe über die Breite der Trittfläche der darunter liegenden Stufe vorspringt, ergibt die **Unterschneidung u**.

Die **Treppenlaufbreite** ist gleich dem Grundrissmaß der Konstruktionsbreite bzw. der lichte Abstand zwischen den Rohbauwänden. Der vom Treppenlauf und den Podesten umschlossene freie Raum wird als **Treppenauge** bezeichnet. Der lotrecht gemessene Abstand (gemessen in gebrauchsfertigem Zustand der Treppe) über den Vorderkanten der Stufen und über den Podesten bis zu den Unterkanten darüber liegender Bauteile ist die **lichte Treppendurchgangshöhe**. Sie misst nach DIN 18065 mindestens 2,0 m.

Bezeichnungen

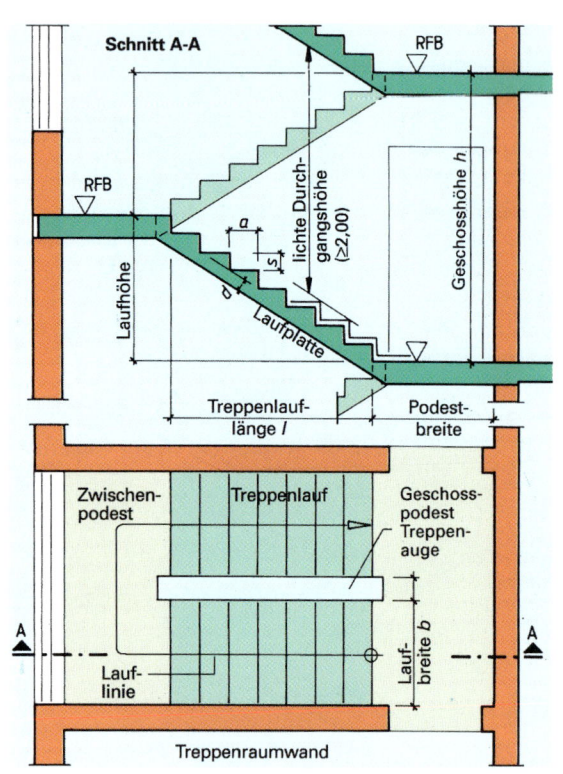

Podesttreppe mit Bezeichnungen und Maßen

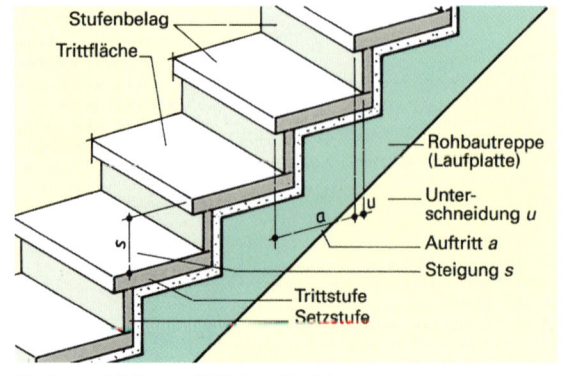

Stufenausbildung mit Unterschneidung

Grenzmaße für	Treppenart	nutzbare Laufbreite	Steigung s	Auftritt a
Wohngebäude mit bis zu zwei Wohnungen und innerhalb von Wohnungen	baurechtlich notwendige Treppe	≥ 80	14…20	23…37
	baurechtlich nicht notwendige (zusätzliche) Treppe	≥ 50	14…21	21…37[1]
Gebäude im Allgemeinen	baurechtlich notwendige Treppe	≥ 100	14…19	26…37[2]
	baurechtlich nicht notwendige (zusätzliche) Treppe	≥ 50	14…21	21…37[2]

Grenzmaße (in cm) für nutzbare Treppenlaufbreite, Treppensteigung und Treppenauftritt

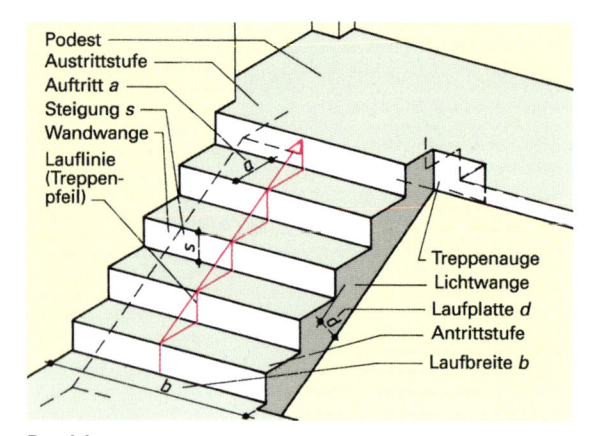

7 Herstellen einer geraden Treppe — Treppenformen

7.1.2 Treppenarten nach der Form

Die Form einer Treppe wird hauptsächlich von der Größe, Bedeutung und Nutzung des Bauwerks und dem zur Verfügung stehenden Raum bestimmt. Für das Projekt „Jugendtreff" werden Treppen mit geraden Läufen vorgesehen. Nach der Anordnung der Treppenläufe gibt es ein-, zwei- und mehrläufige Treppen.

Die **einläufige gerade** Treppe wird vorwiegend in Wohngebäude mit geringer Geschosshöhe eingebaut. Bei vielgeschossigen Gebäuden mit größeren Geschosshöhen werden meist **zweiläufige** Treppen vorgesehen. Sie beanspruchen weniger Raum und sind sicherer und bequemer zu begehen. Die zweiläufige gegenläufige Treppe mit Zwischenpodest ist die im Wohnungsbau bevorzugte Treppenform. Sie wird häufig als „Podesttreppe" bezeichnet. Sie ist die bevorzugte Treppenform für die Verbindung der Geschosse des Jugendtreffs. Podeste fügen sich passend in einen Treppenlauf ein. Zwischenpodeste liegen zwischen zwei rechtwinklig zueinander angeordneten Treppenläufen, Halbpodeste verbinden Treppenläufe mit entgegengesetzter Laufrichtung.

Treppen werden nach der Bewegung beim Aufwärtsgehen als Linkstreppen (gegen den Uhrzeigersinn) oder Rechtstreppen (im Uhrzeigersinn) bezeichnet.

Die Treppenlauflinie, die im Gehbereich liegt, gibt den üblichen Weg der Benutzer einer Treppe an. An der zeichnerischen Darstellung im Grundriss ist die Laufrichtung der Treppe erkennbar. Punkt oder Kreis markieren die Vorderkante der Antrittstufe, der Pfeil die Vorderkante der Austrittstufe. Die Pfeile geben an, in welcher Richtung die Treppe ansteigt.

> Größe und Bedeutung eines Bauwerks und der zur Verfügung stehende Raum bestimmen die Form einer Treppe. Typische Treppenform im Wohnungsbau ist die zweiläufige gegenläufige Treppe mit Halbpodest.

Einläufige gerade Treppe

Zweiläufige gerade Treppe mit Zwischenpodest

Zweiläufige gewinkelte Treppe mit Zwischenpodest

Zweiläufige gegenläufige Treppe mit Zwischenpodest; Änderung der Laufrichtung um 180° (kurz: „Podesttreppe")

Dreiläufige zweimal abgewinkelte Treppe mit Zwischenpodesten

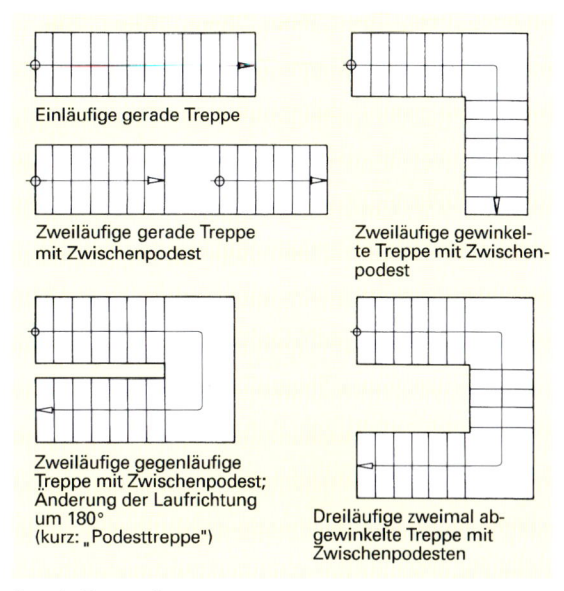

Gerade Treppenformen

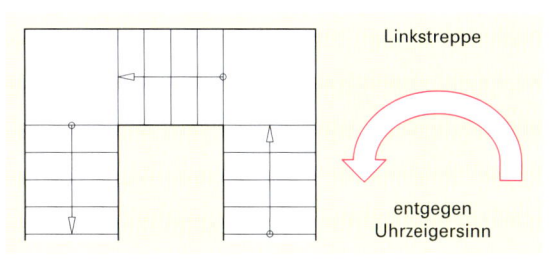

Dreiläufige zweimal abgewinkelte Treppe mit Zwischenpodesten (Linkstreppe) — Linkstreppe entgegen Uhrzeigersinn

7.1.3 Treppenregeln

Eine Treppe ist umso bequemer und sicherer zu begehen, je günstiger das Verhältnis von Treppensteigung zur Auftrittbreite ist. Als Grundlage zur Ermittlung des **Steigungsverhältnisses** dient die mittlere Schrittmaßlänge eines Menschen, die mit 59…65 cm angenommen wird. Beim Begehen einer Treppe verkürzt sich nun dieses Maß um den doppelten Betrag der zu überwindenden Steigung. Das verbleibende Maß stellt die Auftrittbreite dar. Daraus leitet sich die **Schrittmaßregel** ab, nach der die Summe aus zwei Steigungen (s) und einem Auftritt (a) 59…65 cm (angenommen wird meist 63 cm) beträgt. Für flache Treppen ergeben sich große und für steile Treppen kleine Auftritte.

Neben der Schrittmaßregel können auch die **Sicherheits-** und **Bequemlichkeitsregel** angewendet werden. Nach der Sicherheitsregel beträgt die Summe aus Steigung und Auftritt 46 cm. Nach der Bequemlichkeitsregel ist die Differenz zwischen Auftritt und Steigung 12 cm.

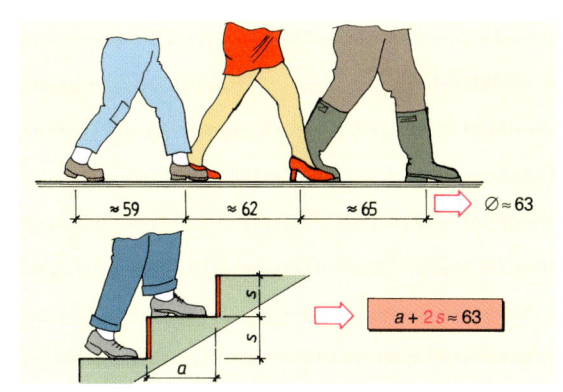

Durchschnittliche Schrittmaße des Menschen

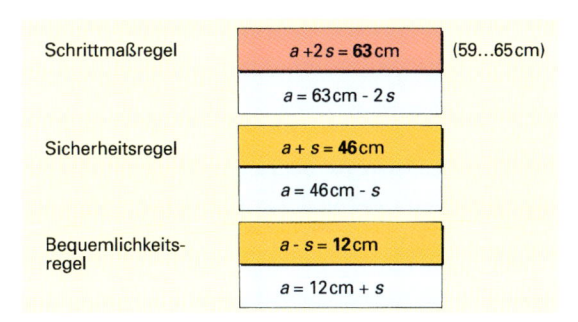

≈ 59 | ≈ 62 | ≈ 65 | ⌀ ≈ 63

$a + 2s ≈ 63$

Treppenregeln

Schrittmaßregel	$a + 2s = 63$ cm	(59…65 cm)
	$a = 63$ cm $- 2s$	
Sicherheitsregel	$a + s = 46$ cm	
	$a = 46$ cm $- s$	
Bequemlichkeitsregel	$a - s = 12$ cm	
	$a = 12$ cm $+ s$	

7 Herstellen einer geraden Treppe — Steigungsverhältnisse

Untersuchungen haben für den Wohnungsbau als günstigstes Steigungsverhältnis 17/29 cm ermittelt. Dieses Steigungsverhältnis erfüllt sowohl die Schrittmaß-, die Bequemlichkeits- als auch die Sicherheitsregel. Soweit keine Vorschriften die Steigungsverhältnisse regeln, werden im Allgemeinen folgende Steigungen eingehalten:

Gartentreppen, Freitreppen	14 … 16 cm
Theater, Schulen	16 … 17 cm
Mehr- und Einfamilienhäuser	17 … 18 cm
Keller- und Bodentreppen	20 … ≤ 21 cm

In Bauzeichnungen werden die Anzahl der Steigungen und das Maß für die Steigungshöhe und die Auftrittbreite in cm angegeben, z. B. 16 × 17,2/29.

7.1.4 Berechnungen an Treppen

Bei Treppen sind in der Regel zu berechnen:
- die Anzahl der Steigungen (n)
- die Steigungshöhe (s)
- die Auftrittbreite (a)
- die Treppenlauflänge jedes Treppenlaufs (l)

Wird eine gegebene Geschosshöhe durch eine angenommene Steigungshöhe dividiert, ergibt sich die Zahl der Steigungen. Ergibt die Division kein ganzzahliges Ergebnis, so wird die nächstliegende Zahl gewählt.

Bei Podesttreppen, wie sie im Projekt „Jugendtreff" eingebaut werden, ist in der Regel eine geradzahlige Steigungszahl nötig.

Anzahl der Steigungen

$$= \frac{\text{Geschosshöhe in cm}}{\text{angenommene Steigungshöhe in cm}}$$

Wird die Geschosshöhe durch die gewählte Anzahl der Steigungen dividiert, so erhält man die Steigungshöhe (s).

$$\text{Steigungshöhe in cm} = \frac{\text{Geschosshöhe in cm}}{\text{Anzahl der Steigungen}}$$

Die Auftrittbreite wird mithilfe der Treppenformel ($a + 2 \cdot s = 63$ cm) ermittelt.

Die Treppenlauflänge errechnet sich:

$$\text{Treppenlauflänge} = \text{Anzahl der Auftritte} \cdot \text{Auftrittbreite}$$

Anzahl der Auftritte = Anzahl der Steigungen − 1

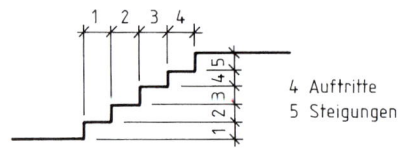

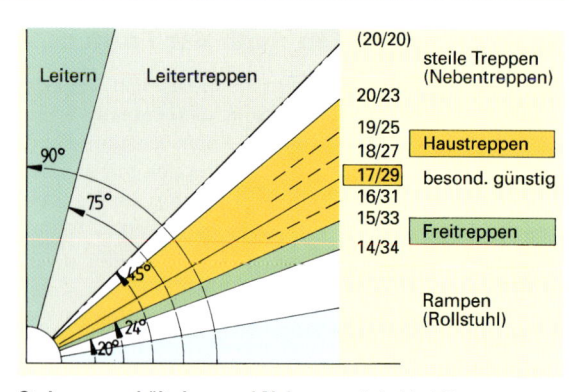

4 Auftritte
5 Steigungen

Steigungsverhältnisse und Neigungswinkel bei Treppen

(20/20)	
20/23	steile Treppen (Nebentreppen)
19/25	
18/27	Haustreppen
17/29	besond. günstig
16/31	
15/33	Freitreppen
14/34	
	Rampen (Rollstuhl)

Bequemes und sicheres Begehen einer Treppe ist vom Steigungsverhältnis abhängig. Bei gegebener Steigung kann die Auftrittbreite nach der Schrittmaßregel und/oder Sicherheitsregel berechnet werden.

Beispiele:

1. Wie groß sollte die Auftrittbreite einer Treppe sein, wenn die Steigungshöhe 17,5 cm beträgt?

Lösung:

Auftrittbreite + 2 · Auftritthöhe ≈ 63 cm
$\quad a \quad\quad + 2 \cdot s = 63$ cm
$\quad\quad\quad\quad\quad\quad\quad a = 63$ cm $− 2 \cdot 17{,}5$ cm
$\quad\quad\quad\quad\quad\quad\quad \mathbf{a = 28\ cm}$

2. Berechnen Sie die Steigungshöhe einer Treppenstufe eines Wohnhauses, wenn die Auftrittbreite 29 cm beträgt.

Lösung:

Auftritthöhe bei Wohnungstreppen 17 … 18 cm
Auftrittbreite + 2 · Auftritthöhe ≈ 63 cm
$\quad a \quad + 2 \cdot s = 63$ cm
$\quad 29 \ + 2 \cdot s = 63$ cm
$\quad\quad\quad\ 2 \cdot s = 63$ cm $− 29$ cm
$\quad\quad\quad\quad s = \frac{34}{2}$ cm
$\quad\quad\quad\quad \mathbf{s = 17\ cm}$

3. In einem Wohnhaus mit einer Geschosshöhe von 2,75 m soll eine einläufige Treppe eingebaut werden.

Berechnen Sie die Anzahl der Steigungen, Steigungshöhe, Auftrittbreite und Treppenlauflänge.

Lösung:

Anzahl der Steigungen:

$$= \frac{\text{Geschosshöhe (cm)}}{\text{angenommene Steigungshöhe (cm)}}$$

$= \frac{275\ \text{cm}}{17\ \text{cm}} = \mathbf{16{,}18}; \quad$ gewählt: **16 Steigungen**

7 Herstellen einer geraden Treppe — Treppenberechnung

Aufgaben:

1. Berechnen Sie die Treppenlauflänge einer geraden Hauseingangstreppe mit 5 Steigungen. Die Auftrittbreite beträgt 29,2 cm.

2. Wie groß ist die Stufenauftrittbreite einer Kellertreppe mit 15 Steigungen und einer Treppenlauflänge von 2,80 m?

3. Berechnen Sie die Treppenlauflänge einer geraden Treppe mit 16 Steigungen (Auftrittbreite 28,6 cm).

4. Wie groß ist die Auftrittbreite einer geraden einläufigen Treppe bei 16 Steigungen und 4,02 m Treppenlänge?

5. Berechnen Sie mithilfe der Treppenformel die Auftrittbreite einer Schulhaustreppe bei einer Steigungshöhe von 16,8 cm.

6. Wie groß ist die Steigungshöhe bei einer Wohnhaustreppe mit einer Auftrittbreite von 28,4 cm?

7. Berechnen Sie nach den Angaben der dargestellten Treppe das Steigungsverhältnis der Treppe und die Treppenlauflänge.

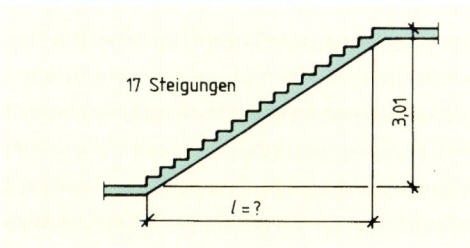

   (17 Steigungen, Höhe 3,01, $l = ?$)

8. Bei der dargestellten Treppe sind zu berechnen:
   a) Auftrittbreite,
   b) lichte Treppendurchgangshöhe,
   c) Treppenlauflänge.

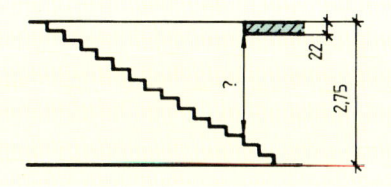

   (22; 2,75; ?)

9. Ein Mehrfamilienwohnhaus mit einer Geschosshöhe von $2,87^5$ m soll eine zweiläufige gerade Treppe mit Zwischenpodest erhalten. Nach wie vielen Stufen ist das Podest anzuordnen, damit unter diesem die notwendige lichte Treppendurchgangshöhe erreicht wird?

10. Berechnen Sie die Lauflänge und die Geschosshöhe bei einer geraden Treppe mit 16 Steigungen bei einem Steigungsverhältnis 17,6/27,8 cm.

11. Berechnen Sie mithilfe der Treppenformel die in der Tabelle fehlenden Werte:

	Kellertreppen		Geschosstreppen				Freitreppen		
Steigungshöhe s	?	20^5	?	17^2	?	18^5	?	14^5	16
Auftrittbreite a	24^4	?	22^5	?	29	?	26^5	?	?
	a)	b)	c)	d)	e)	f)	g)	h)	i)

12. Ermitteln Sie das Steigungsverhältnis für eine Hauseingangstreppe mit 5 Steigungen und einer Treppenlauflänge von 1,04 m.

13. Bei einer Kellertreppe mit 15 Steigungen ist eine Treppenlauflänge von 2,60 m vorhanden. Ermitteln Sie das Steigungsverhältnis.

14. Berechnen Sie für die Podesttreppe zwischen EG und OG des Jugendtreffs folgende Größen:
    a) die Anzahl der Steigungen,
    b) die Steigungshöhe,
    c) die Treppenlauflänge.
    Alle erforderlichen Maße sind den Zeichnungen zu entnehmen.

15. Die Kellergeschosshöhe beträgt $2,62^5$ m. Berechnen Sie für eine einläufige, gerade Treppe:
    a) Anzahl der Steigungen,
    b) Steigungshöhe,
    c) Auftrittbreite,
    d) Treppenlauflänge.

16. Berechnen Sie nach den Angaben zur dargestellten Treppe
    a) Treppenlauflänge,
    b) Länge des Treppenloches,
    c) lichte Treppendurchgangshöhe an angegebener Stelle.

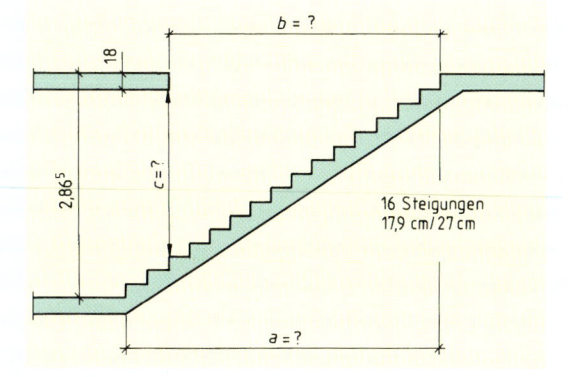

    (18; $2,86^5$; $c = ?$; $b = ?$; 16 Steigungen 17,9 cm/27 cm; $a = ?$)

7 Herstellen einer geraden Treppe — Stufenarten

7.1.5 Stufenarten

Nach dem **Querschnitt** werden folgende Stufenarten unterschieden:

a) **Blockstufen** mit rechteckigem und trapezförmigem Querschnitt, dabei ist die Stufenhöhe h annähernd gleich der Steigung s;
b) **Keilstufen** mit dreieckigem Querschnitt;
c) **Plattenstufen** mit plattenförmigem Querschnitt, mit und ohne Setzstufe, dabei ist die Stufendicke d im Gegensatz zur Blockstufe wesentlich geringer als die Steigung s;
d) **Winkelstufen** und **L-Stufen** mit winkelförmigem Querschnitt (nur in Betonwerkstein ausführbar).

Block- und Keilstufen kommen dort zum Einsatz, wo die Stufen beidseitig unterstützt werden (siehe Abschnitt 7.2), Platten- und Winkelstufen werden meist als Beläge für Stahlbetontreppen im Wohnungsbau verwendet.

Nach dem **Werkstoff** werden Natur- und Betonwerksteinstufen unterschieden.

Naturwerksteinstufen werden steinmetzmäßig hergestellt. Geeignet sind wetterbeständige, harte Steine, wie Granit, Basaltlava und harte Sandsteine. Die freitragende Länge des Granits reicht bis 1,50 m, die des Sandsteins bis 1,20 m.

Betonwerksteinstufen bestehen aus Kernbeton und Vorsatzbeton. Der Kern wird aus Beton der Festigkeitsklasse C 25/30 hergestellt. Die Sichtflächen der Stufen erhalten einen 1,5…3 cm dicken, abriebfesten Vorsatzbeton, der in der Regel maschinell geschliffen wird. Nach DIN 18500 müssen Kern- und Vorsatzbeton untrennbar miteinander verbunden sein. Betonwerksteinstufen können bewehrt werden. Die Bewehrung wird aus Sicherheitsgründen und zum Transportieren angeordnet.

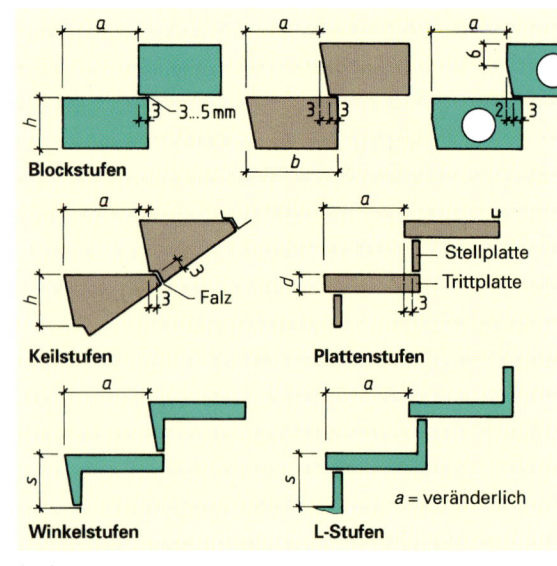

Stufenarten

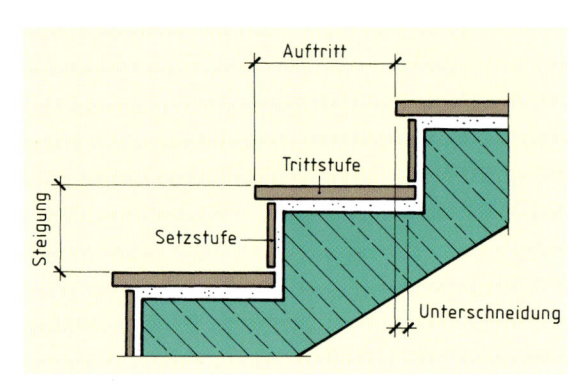

Plattenstufen auf einer Stahlbetontreppe

Zusammenfassung

Eine Treppe besteht aus mindestens drei Stufen, bei mehr als 18 Stufen wird eine Unterteilung durch Podeste erforderlich.

Es werden notwendige und nicht notwendige Treppen unterschieden.

Eine Treppe wird durch folgende Angaben gekennzeichnet: Anzahl der Treppenläufe, Laufrichtung, Podestart.

Eine Treppe kann aus ein oder mehreren Treppenläufen bestehen.

Ausgangspunkt für alle Berechnungen an Treppen im Wohnungsbau ist die Schrittmaßregel.

Die Steigung und die Auftrittbreite sollen im Wohnungsbau möglichst an das Steigungsverhältnis 17/29 angepasst werden.

Stufenarten werden nach dem Querschnitt und dem Werkstoff unterschieden.

Betonwerksteinstufen bestehen aus Kernbeton und Vorsatzbeton.

Aufgaben:

1. Unterscheiden Sie zwischen Trittstufe und Setzstufe.
2. Wie wird das Maß für die Treppenlauflänge festgelegt?
3. Erkläre folgende Begriffe:
   a) Steigung,
   b) Auftritt,
   c) Unterschneidung,
   d) lichte Treppendurchgangshöhe?
4. Skizzieren Sie im Grundriss
   a) eine einläufige gerade Treppe,
   b) eine dreiläufige, zweimal abgewinkelte Treppe mit Zwischenpodesten,
   c) eine Podesttreppe.
5. Geben Sie die Formeln an
   a) für die Schrittmaßregel,
   b) für die Sicherheitsregel.
6. Zeichnen Sie im Querschnitt im Maßstab 1:10 folgende Stufenarten:
   a) Blockstufen,
   b) Keilstufen.
7. Beschreiben Sie den Aufbau von Betonwerksteinstufen.

7 Herstellen einer geraden Treppe — Unterstützte und freitragende Stufen

7.2 Treppenkonstruktionen

Für die Treppen, die im Jugendtreff vorgesehen sind, können verschiedene Konstruktionen mit unterschiedlichen Werkstoffen gewählt werden. Es werden grundsätzlich Treppenkonstruktionen unterschieden, bei denen die Stufen unterstützt oder freitragend sind.

Unterstützte Stufen

Die Stufen können an ihren beiden Enden, in der Mitte oder vollflächig unterstützt werden. Es gibt folgende Konstruktionsmöglichkeiten:

a) Die Stufen werden beidseitig **eingemauert** oder **untermauert**.

b) Die Stufen werden beidseitig durch **Wangen** unterstützt; die Wangen spannen (als Stahlbetonfertigteile) von Podest zu Podest. Zwischen den Wangen werden meist Keilstufen versetzt.

c) Die Stufen werden durch **Stahlbeton-Laufplatten** unterstützt. Die Laufplatten können längs und quer gespannt sein und brauchen keine Einbindung in seitliche Wände. **Längs gespannte** Platten lagern entweder auf quer gespannten Podestbalken, auf quer gespannten Podestplatten mit verstärkten Podesträndern oder spannen als geknickte Laufplatten von Treppenhauswand zu Treppenhauswand. Die letztere Konstruktion kommt heute selten vor. Die große Spannweite verlangt größere Konstruktionsdicken und Stahlquerschnitte.

Quer gespannte Laufplatten können zwischen Trägern liegen. Wegen der kleineren Spannweiten erfordern sie geringere Plattendicken und Bewehrungsquerschnitte.

d) Stufen können auch in ihrer Mitte durch einen **Stahlbetonbalken** unterstützt werden; sie kragen nach beiden Seiten aus. Stufen und Balken müssen biegesteif miteinander verbunden werden.

Der Mittelträger kann auch als Plattenbalken ausgebildet werden.

Bei **Trägertreppen** werden die Trittstufen durch zwei Treppenholme oder Treppenbalken unterstützt. Die Trittstufen werden als Stahlbetonvollplatten ausgebildet und stehen seitlich 10…20 cm über. Der senkrechte Teil zwischen den Trittstufen und den Treppenholmen bleibt offen.

Freitragende Stufen

Treppenkonstruktionen mit freitragenden Stufen brauchen zur Unterstützung keine Wangen, Platten oder Träger. Die Stufen sind einseitig eingespannt. Jede Stufe stellt einen Kragarm dar. Bevorzugte Konstruktion hierfür ist die Spindeltreppe.

> Treppenkonstruktionen können so ausgeführt werden, dass die Stufen entweder unterstützt oder freitragend sind. Unterstützte Stufen können eingemauert oder untermauert werden, sie liegen zwischen Wangen, auf Stahlbeton-Laufplatten oder werden durch Stahlbetonbalken unterstützt.

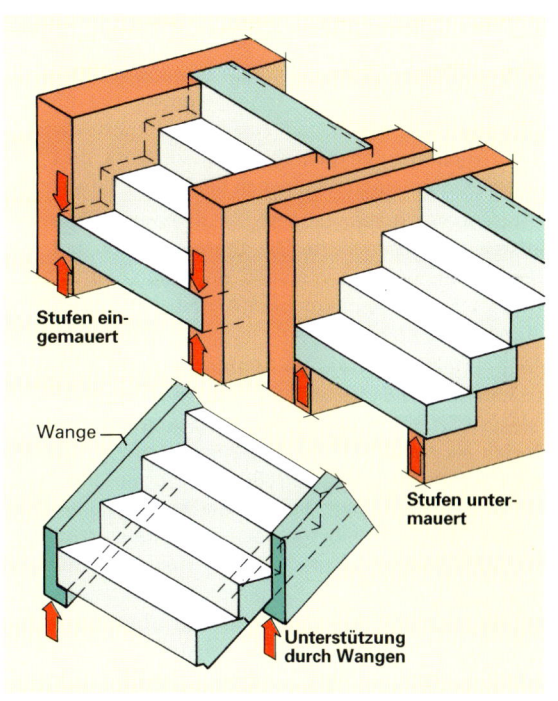

Stufen eingemauert

Wange

Stufen untermauert

Unterstützung durch Wangen

Unterstützte Stufen

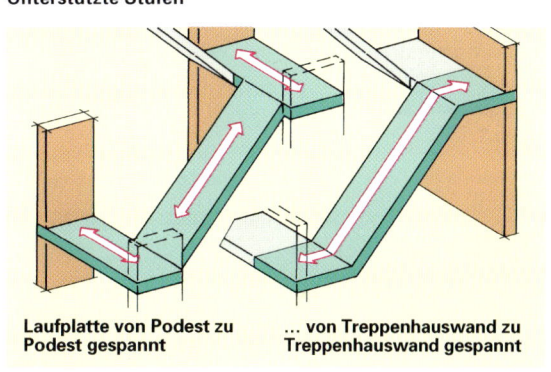

Laufplatte von Podest zu Podest gespannt

… von Treppenhauswand zu Treppenhauswand gespannt

Stahlbeton-Laufplatten

Balken = Waage

Anker

Stahlbetonbalken mit quer gespannter Laufplatte

Mittiger Stahlbetonbalken

Zwei Stahlbetonbalken

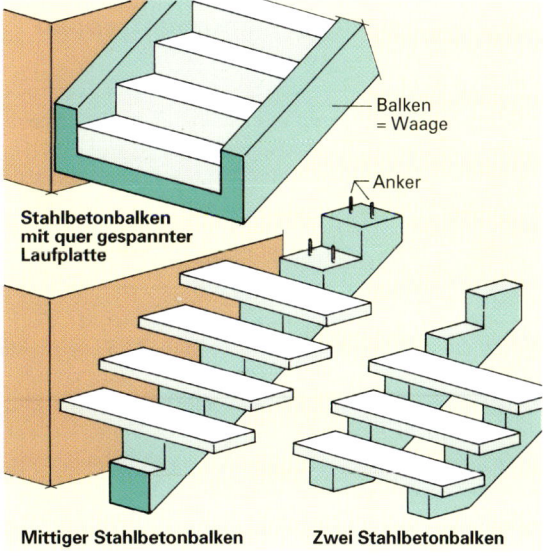

Balkentreppen

7 Herstellen einer geraden Treppe — Freitreppen

7.2.1 Gemauerte Treppen

Gemauerte Treppen verlangen Treppenstufen aus Mauerwerk mit hohem Abnutzungswiderstand und erfordern bei Freitreppen zusätzlich Frostbeständigkeit. Treppenstufen aus Klinkermauerwerk und aus harten Natursteinen haben sich besonders bewährt.

Freitreppen erhalten abgestufte Streifenfundamente für die Wangenmauern. Die Stufen werden auf das abgetreppte Erdreich in einer 5 cm dicken Sandschicht verlegt. Bei schlechtem Baugrund ordnet man eine Stahlbetonplatte an.

Freitreppen in **Garten-** und **Parkanlagen** werden aus architektonischen Gründen häufig aus Natursteinen hergestellt. Bei ausreichender Tragfähigkeit kann der Boden als Auflager für die Stufen dienen. Der Boden wird abgetreppt, und die Steine werden in einem Kies- oder Mörtelbett verlegt. Bei nicht tragfähigem Boden ist eine Stahlbetonplatte als Unterstützung erforderlich. Für die Stufen werden meist **Bruchsteine** verwendet, also mit dem Hammer grob bearbeitete Steine. Die Stufen werden in ganzer Höhe gemauert und können zusätzlich mit **Bruchsteinplatten** abgedeckt werden. Die Platten, die 5...6 cm dick sind, werden mit 3 cm Überstand und geringem Gefälle über dem Steinauflager im Mörtelbett verlegt.

Hauseingangstreppen mit nur wenigen Stufen können ebenfalls mit Klinkern hergestellt werden. Als Unterstützung kann eine auskragende Stahlbetonplatte dienen.

> Stufen für einfache Freitreppen können mit Vormauerziegeln oder Hochbauklinkern gemauert werden. Die Steine werden als Roll- und Flachschichten verlegt.
>
> Freitreppen in Garten- und Parkanlagen werden bevorzugt mit Bruchsteinen ausgeführt.

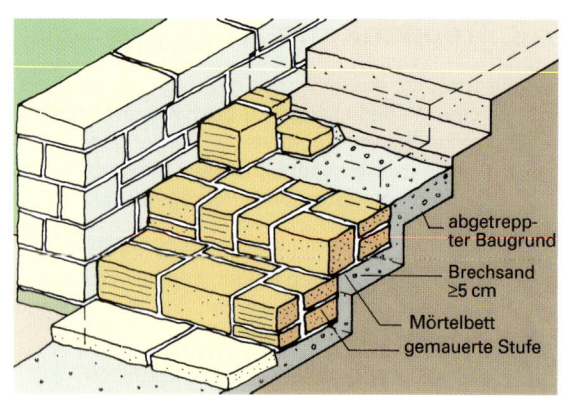

Gemauerte Natursteinstufen im Sandbett

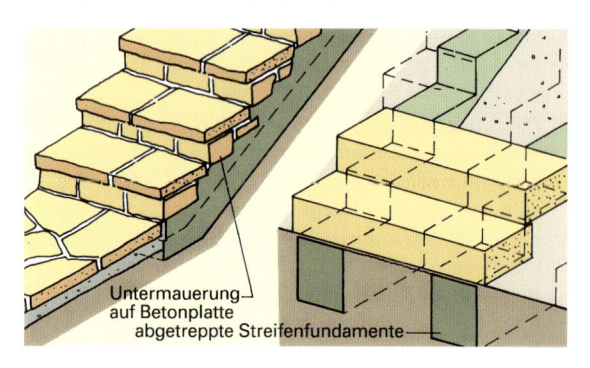

Gemauerte Natursteinstufen mit Trittplatten

Naturstein-Blockstufen auf Streifenfundamenten

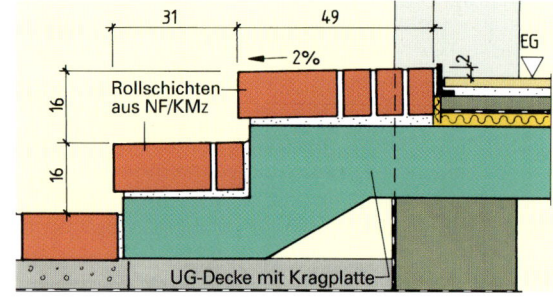

Hauseingangstreppe aus Vollklinkern

7.2.2 Unterstützte Werksteintreppen

Geschosstreppen

Für Geschosstreppen mit Werksteinstufen gibt es zwei Ausführungen. Die Stufen liegen in Aussparungen der Treppenhauswände und/oder werden durch Wangenmauern unterstützt. Um eine ebene Treppenuntersicht zu erhalten, werden Keilstufen mit Falz verwendet. Sie behalten im Bereich der Einmauerung einen rechteckigen Querschnitt. Die Aussparungen werden beim Mauern der Treppenhauswände angeordnet. Wirtschaftlich ist es jedoch, eine eigene 11,5 cm dicke Wangenmauer vorzumauern. Die innere Wangenmauer wird 24 cm dick, die Stufen binden 12,5 cm ein. Hochführen der Wangenmauer und Verlegen der Werksteinstufen erfolgen dann in einem Arbeitsgang. Da Geschosstreppen aus Werksteinen sehr teuer sind, werden sie in zunehmendem Maße von Stahlbetontreppen (siehe Abschnitt 7.2.4) und Fertigteiltreppen (siehe Abschnitt 7.2.5) verdrängt.

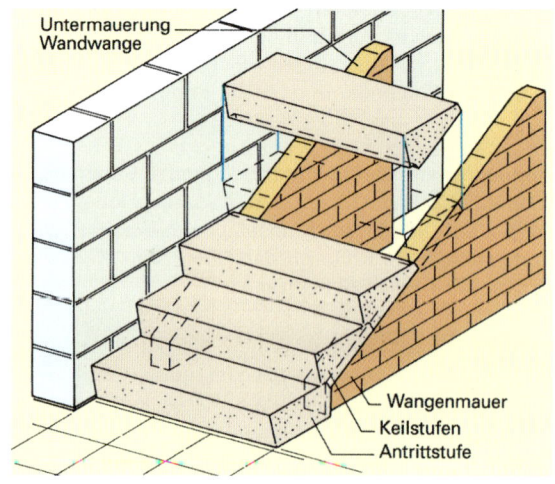

Unterstützte Werksteintreppe

7 Herstellen einer geraden Treppe   Kellerinnentreppen

Hauseingangstreppen

Auch Eingangstreppen lassen sich mit Werksteinstufen ausführen. Die Stufen werden beispielsweise durch Wangen aus Mauerwerk, Beton oder Stahlbeton unterstützt. Auf frostfreie Gründung der Wangen ist zu achten. Die Abbildung zeigt eine Hauseingangstreppe, bei der Betonwerksteinplatten auf vorgefertigten Stahlbetonwangen lagern. Die Wangen werden oben beiderseits der Türöffnung eingemauert und können unten auf eine Fundamentschwelle abgestützt werden.

Kellerinnentreppen

Die Kellerinnentreppe wird vielfach durch Wangenmauern bzw. Treppenhauswände begrenzt. Als Auflager reicht für die Stufen an beiden Enden 11,5 cm dickes Mauerwerk aus, das unmittelbar neben den Wangenmauern bzw. Treppenhauswänden hochgeführt wird.

Die Abbildungen zeigen eine einläufige gerade Treppe mit Zwischenpodest. Blockstufen aus Betonwerkstein mit trapezförmigem Querschnitt werden an der Untergeschosswand durch eine 11,5 cm dicke Mauer unterstützt. An der Lichtwange liegen die Stufen 12,5 cm tief auf einer 24 cm dicken Wangenmauer, die mit 11,5 cm Dicke über die Stufen hinausgeführt wird.

Beim Versetzen der Blockstufen muss die Fertigfußbodenhöhe berücksichtigt werden.

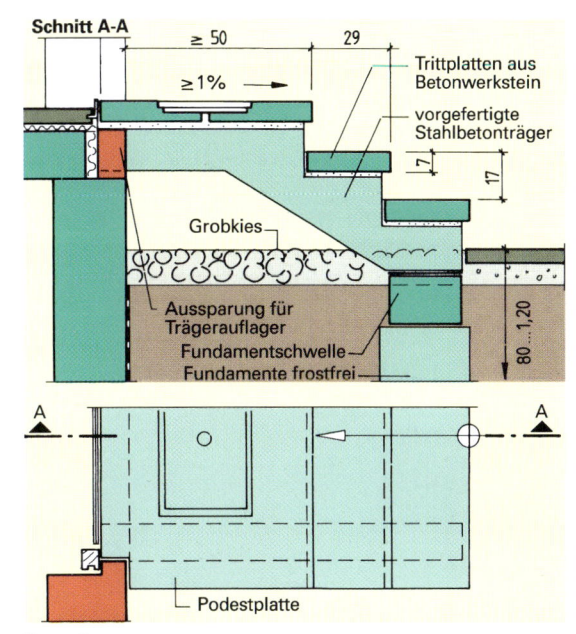

Hauseingangstreppe

Für Hauseingangstreppen eignen sich Betonwerksteinplatten, die auf vorgefertigten Stahlbetonwangen versetzt werden.

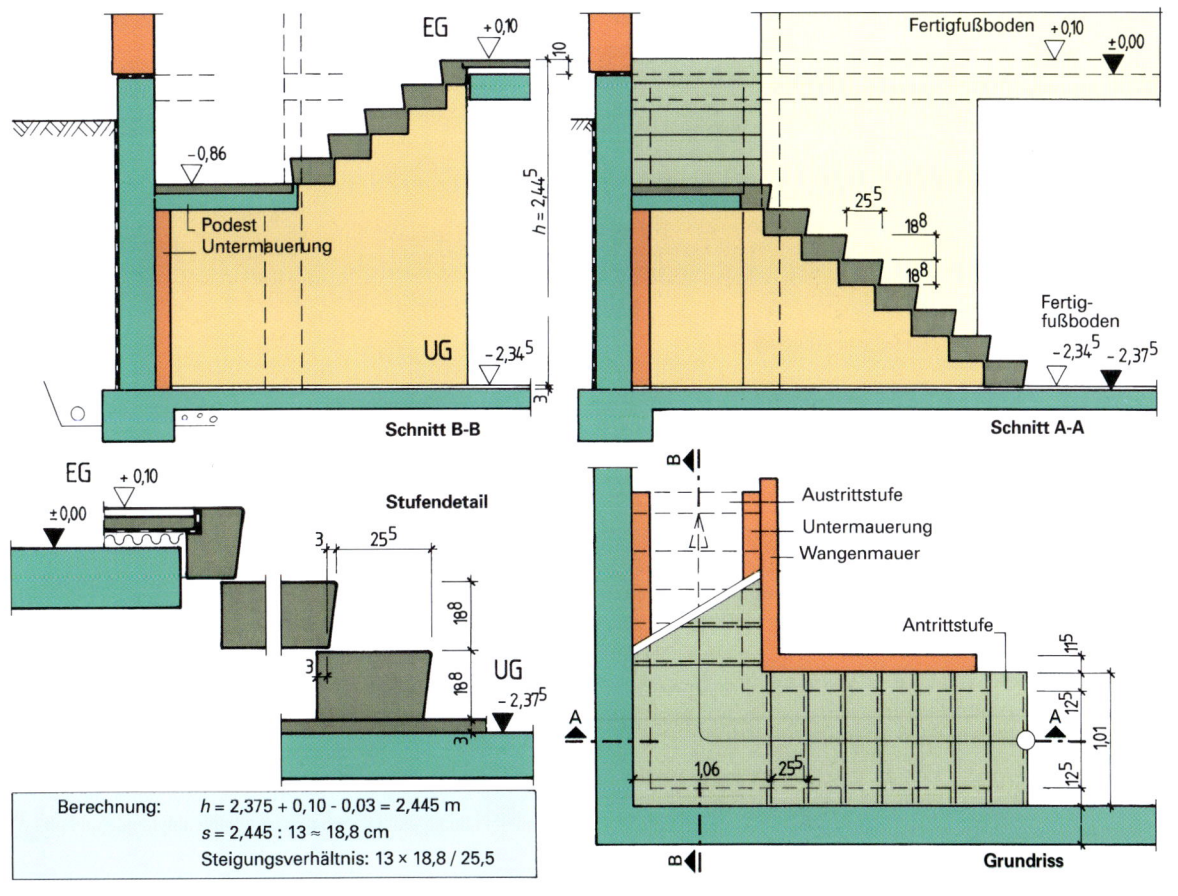

Berechnung:
$h = 2{,}375 + 0{,}10 - 0{,}03 = 2{,}445$ m
$s = 2{,}445 : 13 \approx 18{,}8$ cm
Steigungsverhältnis: 13 × 18,8 / 25,5

Kellerinnentreppe

7 Herstellen einer geraden Treppe — Kelleraußentreppen

Kelleraußentreppen

Die Kelleraußentreppe wird im Allgemeinen parallel oder rechtwinklig zum Gebäude angeordnet. Im ersten Falle begrenzen Untergeschosswand und Wangenmauer die Treppe; im zweiten Falle liegt sie zwischen zwei Wangenmauern. Die Wangenmauern, die den Erddruck aufnehmen, müssen mindestens 24 cm dick sein. Sie werden knapp über das Gelände geführt; ihre Fundamente sind frostfrei zu gründen. Die Stufen werden wie bei Kellerinnentreppen durch halbsteindicke Mauern unterstützt.

Die Abbildungen zeigen eine einläufige gerade Treppe mit Vorplatz. Die Treppe liegt parallel zum Gebäude. Die Wangenmauer wird aus Stahlbeton hergestellt. Betonwerksteinstufen mit rechteckigem oder trapezförmigem Querschnitt mit oder ohne profilierte Vorderkanten werden über einer 11,5 cm dicken Untermauerung versetzt. Zwischen die Untermauerung wird unterhalb der Werksteinstufen eine Schotterschicht eingebracht. Sie wirkt als kapillarbrechende Schicht.

Um Gewicht einzusparen, können auch Winkelstufen verwendet werden. Sie lassen sich von Hand versetzen. Statt auf eine Untermauerung werden sie auf abgetreppte Fertigteilträger gelegt.

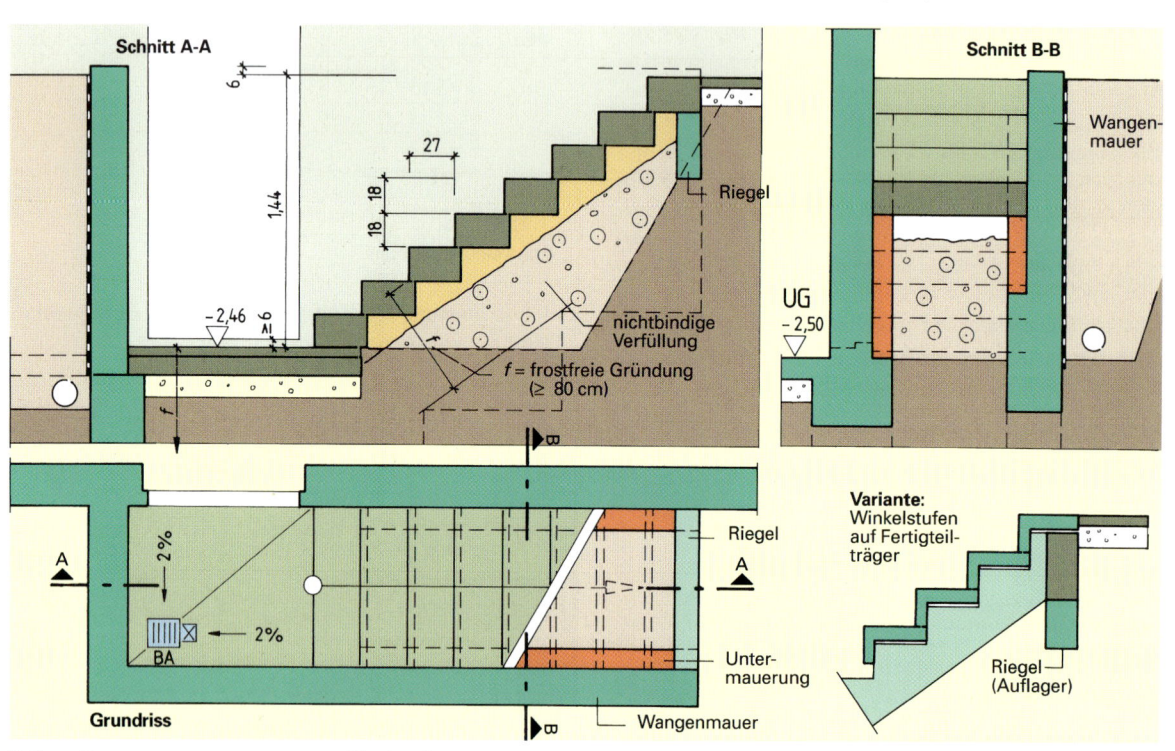

Kelleraußentreppe aus untermauerten Blockstufen

Sowohl bei Kellerinnen- als auch Kelleraußentreppen wird das **Treppenprofil** auf der Untergeschosswand bzw. der Wangenmauer angerissen. Hierzu werden auf Richtlatten die Steigungen und Auftrittbreiten eingemessen. Durch die Teilpunkte auf den Richtlatten werden **Lot-** und **Waagerisse** gezogen, die das Profil der Treppe ergeben. Zum Anzeichnen der Lotrisse müssen die Fertigfußbodenhöhen unbedingt bekannt sein.

> Werksteinstufen für Geschosstreppen können in Treppenhauswände einbinden und/oder auf einer Untermauerung aufliegen.
>
> Kellerinnen- und Kelleraußentreppen werden vielfach mit Betonwerksteinstufen ausgeführt. Die Stufen werden durch halbsteindicke Mauern unterstützt. Wangenmauern bei Kelleraußentreppen sind frostfrei zu gründen.

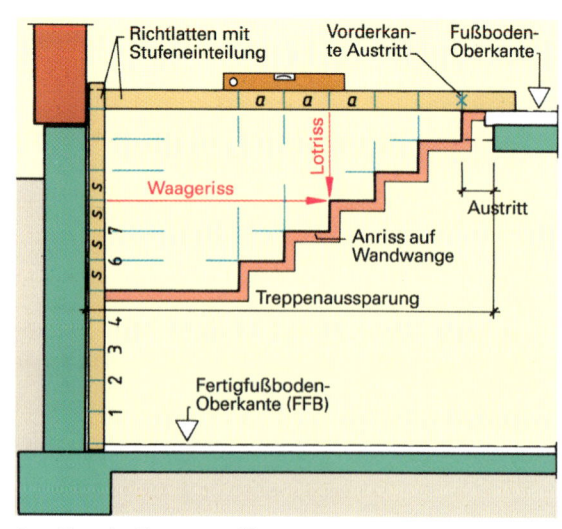

Anreißen des Treppenprofils

7 Herstellen einer geraden Treppe   Stahlbetontreppen

7.2.3 Freitragende Werksteinstufen

Freitragende Werksteinstufen sind einseitig in die Treppenhauswand eingespannt. Tragfähigkeit und Sicherheit einer solchen Treppe sind von Auflast, von der Einbundtiefe im Mauerwerk und von der Biegefestigkeit der Stufen abhängig. Die Treppenhauswände müssen mindestens 24 cm dick sein, um eine ausreichende Auflast zu haben. Bei Treppen bis 1,00 m Laufbreite genügt es, wenn jede dritte Stufe 24 cm, die übrigen 12 cm einbinden. Stufen größerer Freilänge binden durchweg 24 cm ein. Die Laufbreite der freitragenden Treppe ist durch die maximale Auskragung der Stufen auf etwa 1,20 m begrenzt.

Betonwerksteinstufen erhalten zur Erhöhung ihrer Biegefestigkeit eine **Bewehrung**. Die Bewehrungsstähle müssen zur Aufnahme von Zugspannungen oben liegen. Jede Stufe stellt einen eingespannten Kragträger dar, bei dem infolge der Belastung die Zugspannungen oben auftreten. Eingespannte Keilstufen stützen sich zusätzlich noch im Falz aufeinander ab. Durch Keilstufen mit Falz erhält man glatte Treppenuntersichten. Bei eingespannten Trittplatten erfolgt eine zusätzliche Abstützung durch Stahlbolzen.

Die Stufen werden beim Hochmauern der Treppenhauswände versetzt. Unter den freien Stufenenden ist eine **Einrüstung** erforderlich. Sie darf erst entfernt werden, wenn die Geschossdecke betoniert, das Mauerwerk genügend erhärtet und die Fugen der Stufen vermörtelt sind.

7.2.4 Treppen aus Stahlbeton (Ortbeton)

Als Stahlbetontreppen werden solche Treppen bezeichnet, bei denen Laufplatten und Podeste in Ortbeton hergestellt werden. Die Laufplatten werden heute fast ausschließlich mit aufbetonierten Trittstufen hergestellt. Die Trittstufen werden nach Fertigstellung des Innenausbaues mit Platten aus Natur- oder Betonwerkstein oder mit Winkelplatten aus Betonwerkstein verkleidet.

Um Dehnungen zu ermöglichen, werden Tritt- und Setzstufen und Winkelplatten nicht voll im Mörtelbett, sondern auf etwa 10 cm breiten Mörtelstreifen aus plastischem Zementmörtel verlegt.

Von der Vielzahl der Treppenkonstruktionen wird die **längs gespannte Laufplattentreppe** wegen ihrer Zweckmäßigkeit und einfachen Herstellung bevorzugt ausgeführt. Sie ist auch für das Projekt „Jugendtreff" vorgesehen. Geeignete Treppenform für den Geschosswohnungsbau ist die zweiläufige gegenläufige Treppe mit Zwischenpodest. Die Laufplatte wird durch die Podeste abgestützt. Die Podeste liegen auf den seitlichen Treppenhauswänden auf. Sie werden daher wie Stahlbetonplatten über zwei Auflagern bewehrt.

Da die Laufplatten auf die **Podestränder** gelagert werden, müssen diese besonders verstärkt werden. Das geschieht durch zusätzliche Bewehrung, d.h., die Podestränder erhalten zwei bis drei Bewehrungsstäbe, die über die ganze Podestbreite liegen.

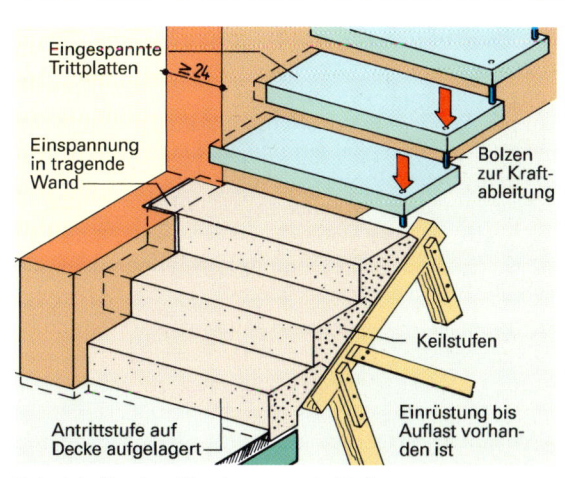

Beispiele für einseitig eingespannte Stufen

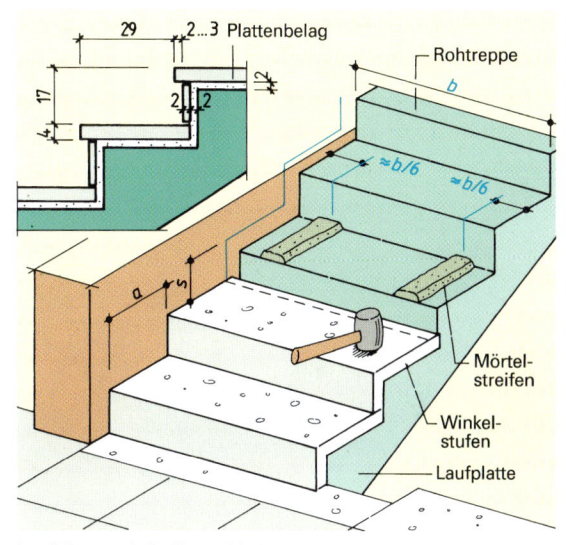

Laufplatte mit Belägen, Verlegevorgang

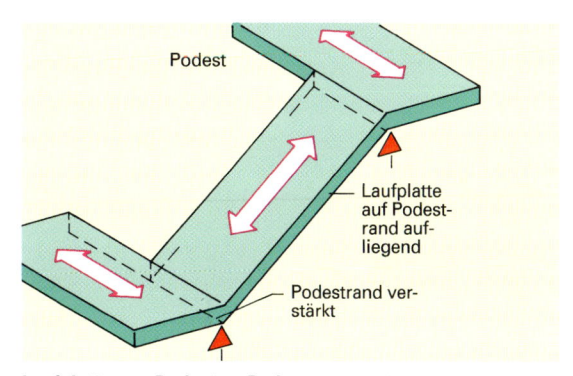

Laufplatte von Podest zu Podest gespannt

7 Herstellen einer geraden Treppe — Stahlbetontreppen

Die **Hauptbewehrung** der Laufplatte liegt in Spannrichtung unten. Die Knickstellen müssen durch zusätzliche Bewehrung verstärkt werden. An den unteren ausspringenden Ecken werden die Feldbewehrung um die Knickstelle geführt und die umgelenkten Kräfte der Bewehrung durch Zulagen aufgenommen. An den oberen einspringenden Ecken darf die Zugbewehrung nicht um die Knickstelle geführt werden. Deshalb werden kreuzende Bewehrungsstäbe angeordnet, die in der Platte zu verankern sind.

Zur Herstellung der Stahlbetontreppe wird Beton der Festigkeitsklasse C 25/30 mit der Konsistenz F 3 verwendet. Der Frischbeton sollte nicht zu weich sein, um das Bluten des Betons zu verhindern. Er darf auch nicht zu steif sein, weil sich sonst unter Umständen Kiesnester bilden. Da die Laufplatten einen hohen Bewehrungsanteil aufweisen, sollte das Betonzuschlaggemisch im Sieblinienbereich ③ mit dem Kornaufbau 0/16 mm liegen. Die Zugabe eines Betonverflüssigers erleichtert die Verarbeitung und das Verdichten des Frischbetons. Damit durch den Eigendruck des Frischbetons möglichst wenig Hohlräume entstehen, sollte der Beton von unten nach oben eingebracht werden.

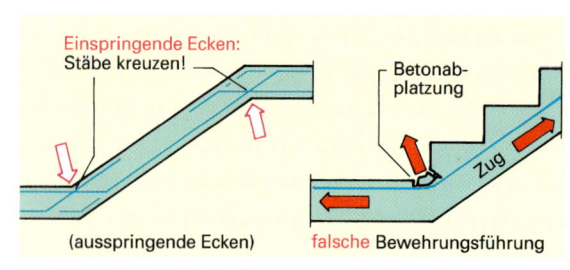

Knickstellen an Bauteilecken

Stahlbetontreppen aus Ortbeton werden im Geschosswohnungsbau meist als zweiläufige gegenläufige Treppen mit Zwischenpodesten ausgeführt.

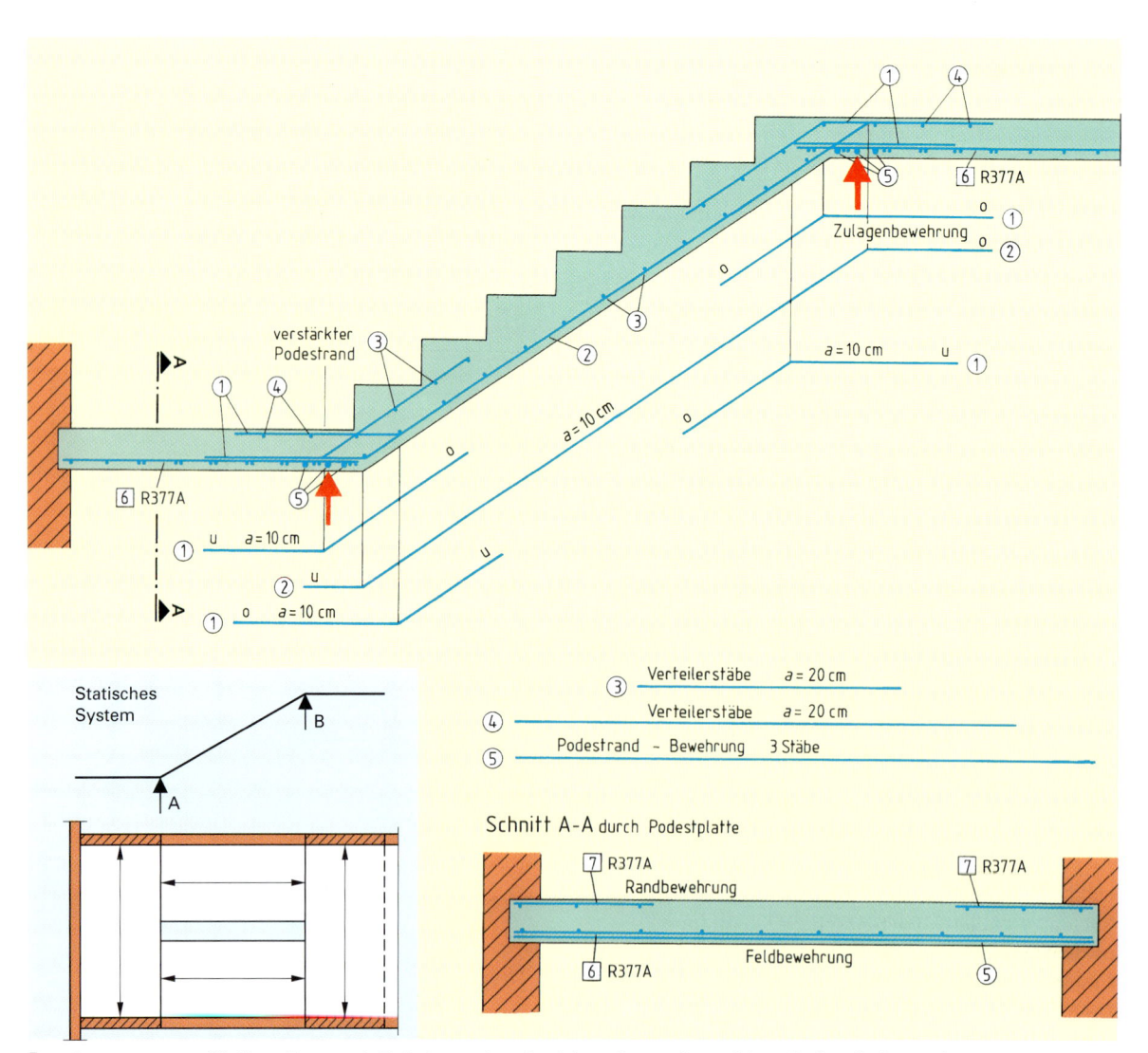

Bewehrung einer zweiläufigen Treppe mit Zwischenpodest, Laufplatte liegt auf verstärkten Podesträndern auf

7 Herstellen einer geraden Treppe Stahlbetontreppen

Treppenschalung

Ortbetontreppen lassen sich vorteilhaft mit Holz einschalen. Es werden zuerst die Podeste geschalt, danach werden die Rüstung und Abstützung für die Laufplatte zwischen die Podeste eingeschnitten und die Schalhaut aufgebracht. Auf der Seitenschalung wird das Stufenprofil aufgerissen, an der Treppenhauswand eine Stufenlehre befestigt. Zwischen beiden werden die Stirnbretter eingesetzt und gegen seitliches Ausweichen versteift.

Nach dem Ausschalen sind in jedem Treppenhaus Sicherungen gegen den Absturz von Personen zu treffen. Nach der Unfallverhütungsvorschrift „Gerüste" der Bau-Berufsgenossenschaften sind Treppenläufe und Podeste mit Schutzgeländer und fest sitzendem Bordbrett zu umwehren.

> Ortbetontreppen werden mit Holz eingeschalt, da es sich leicht und gut verarbeiten lässt.

7.2.5 Treppen aus Stahlbetonfertigteilen

Wirtschaftliche und technische Gründe sprechen für den Einsatz von Stahlbetonfertigteilen im Treppenbau. Es lassen sich dadurch zeitraubende Schalungsarbeiten vermeiden und einwandfreie Sichtbetonflächen herstellen. Voraussetzung für den Einbau ist jedoch die Einhaltung genormter **Stockwerkshöhen** von **2,625 m**, **2,75 m** und **3,00 m**.

Für das Projekt „Jugendtreff" können Treppen aus Stahlbetonfertigteilen eingebaut werden. Hierfür kommen zwei Systeme in Frage, die **Laufträgertreppe** und die **Laufplattentreppe**.

Laufträgertreppe (Lamellentreppe)

Diese Treppe besteht aus vorgefertigten **Podestbalken** und mehreren schmalen **Längslaufträgern**, so genannten Lamellen. Die Lamellen haben eine Breite von 16,6 cm; sechs Lamellen einschließlich Fugen ergeben somit eine Treppenlaufbreite von 1,00 m. Der Querschnitt der Lamellen ist [-förmig. Zuerst werden die Podestbalken auf den Treppenhauswänden in die richtige Lage gebracht und eingemauert. Danach werden die Lamellenträger zwischen die Podestbalken eingehängt. Nach Fertigstellung eines Treppenlaufes werden in die Aussparungen in der Mitte der Lamellen eine Querbewehrung eingelegt und die Querrippe von oben mit Beton ausgegossen.

Laufplattentreppe

Bei dieser Konstruktion werden keine einzelnen Treppenfertigteile zusammengebaut. Vielmehr werden **Laufplatten** mit **Trittstufen** in ganzer Länge im Betonwerk vorgefertigt. Zur Herstellung werden Spezialstahlschalungen eingesetzt. Auf der Baustelle müssen die Laufplatten mit einem Kran versetzt werden.

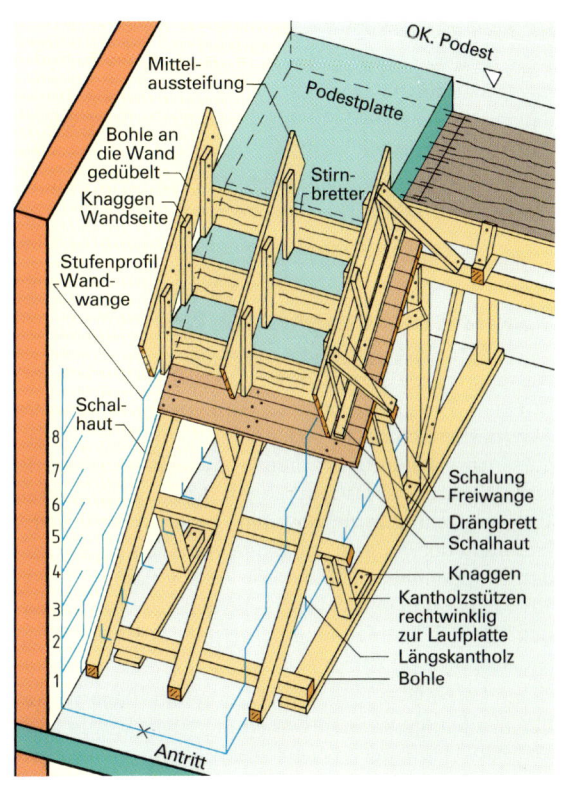

Schalung einer Ortbetontreppe

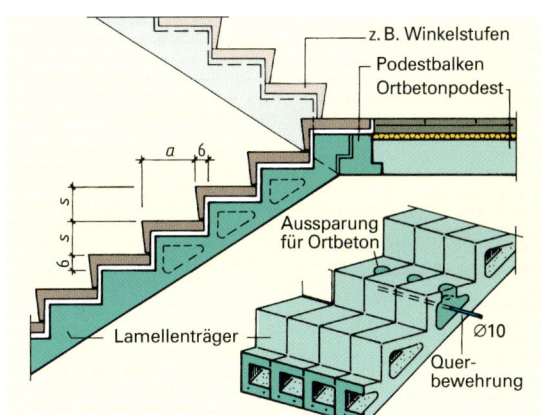

Laufträgertreppe (Lamellentreppe)

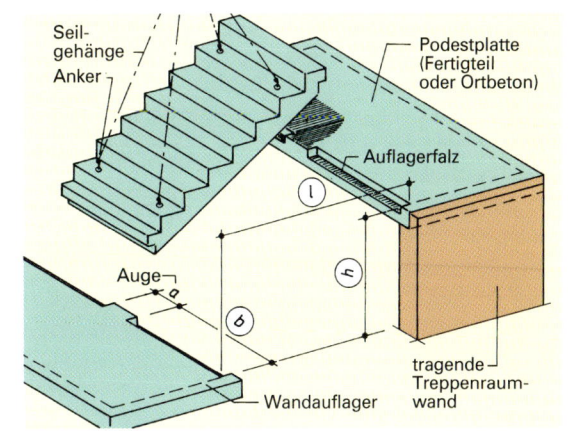

Montage einer Laufplattentreppe

7 Herstellen einer geraden Treppe — Stahlbetontreppen

Für die **Auflagerung** der Laufplatten gibt es verschiedene Möglichkeiten:

Die Laufplatten stützen sich auf vorgefertigten **Podestbalken** ab; die anschließenden Podeste können z. B. in Ortbeton hergestellt werden.

Die Laufplatten werden durch vorgefertigte **Podestplatten** unterstützt. Die Podeste sind immer quer zur Laufrichtung gespannt.

7.3 Trittschallschutz bei Stahlbetontreppen

Um den Trittschallschutz zu verbessern, werden im Auflagerbereich zwischen Laufplatten- und Podesträndern **trittschallunterbrechende Zwischenlagen**, z. B. aus Neopren, eingebaut. Einen noch wirksameren Trittschallschutz erreicht man durch konsequente Trennung der Podeste und Läufe von allen angrenzenden Treppenhauswänden. Die Treppenläufe werden 10…15 cm von den Wänden abgesetzt, zwischen aufgemörtelten Trittplatten und Treppenhauswand bleibt ein Abstand von maximal 4 cm.

Durch **körperschallgedämmte Deckengleitlager**, die in die Treppenhauswände einbetoniert werden und die als Podestauflager dienen, kann das Problem der Schallbrücke über Treppenhauswände wirkungsvoll gelöst werden.

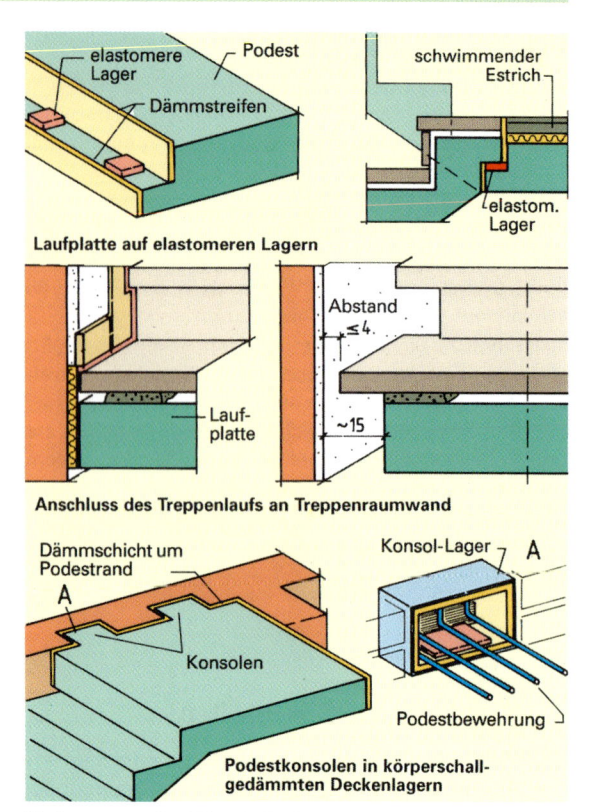

Laufplatte auf elastomeren Lagern

Anschluss des Treppenlaufs an Treppenraumwand

Verbesserung des Trittschallschutzes

Zusammenfassung

Stufen für einfache Außentreppen können mit Vormauerziegeln, Hochbauklinkern oder witterungsbeständigen Natursteinen gemauert werden.

Werksteintreppen werden mit Natur- oder Betonwerksteinstufen hergestellt. Sie eignen sich für Geschosstreppen, Kellerinnen- und -außentreppen und für Hauseingangstreppen.

Werksteinstufen binden in die Treppenhauswände ein oder werden durch halbsteindicke Mauern unterstützt.

Freitragende Werksteinstufen sind als Kragarme fest in die Treppenhauswand eingespannt.

Längs gespannte Stahlbetonplatten werden auf verstärkte Podestränder gelagert. Die Bewehrung muss oben und unten in die Podeste eingreifen.

Geknickte Stahlbetonplatten liegen auf den Treppenhauswänden auf. Sie werden wie Platten über zwei Auflagern bewehrt.

Stahlbetontreppen können mit oder ohne Trittstufen betoniert werden.

Treppen aus Stahlbetonfertigteilen haben sich vorwiegend im Geschosswohnungsbau durchgesetzt. Es überwiegt die zweiläufige gerade Podesttreppe.

Es werden entweder einzelne Treppenfertigteile montiert oder Treppenläufe in einem Stück versetzt.

Aufgaben:

1. Warum müssen Außentreppen 80…120 cm tief gegründet werden?
2. Warum erhalten Betonwerksteinstufen eine Bewehrung?
3. Eine einläufige gerade Kellerinnentreppe ist auszuführen. Sie wird durch zwei Wangenmauern begrenzt.
   a) Geben Sie die Unterstützungsart an.
   b) Zeichnen Sie im Maßstab 1:10 den Schnitt durch drei übereinander liegende Betonwerksteinstufen mit trapezförmigem Querschnitt. Die Zeichnung ist zu bemaßen.
4. Warum ist eine halbsteindicke Treppenhauswand für die Herstellung einer freitragenden Treppe unbrauchbar?
5. Welchen Zweck hat die Wangenmauer bei der Kelleraußentreppe des Projektes „Jugendtreff"?
6. Für das Projekt „Jugendtreff" ist eine längs gespannte Stahlbetontreppe als Podesttreppe vorgesehen. Beschreiben Sie die Möglichkeit der Auflagerung.
7. Wie müssen während der Bauzeit Treppenhäuser gegen den Absturz von Personen gesichert werden?
8. Nennen Sie drei Möglichkeiten, wie vorgefertigte Laufplatten unterstützt werden können.
9. Wie kann Körperschallschutz bei Treppen wirkungsvoll verbessert werden?

7 Herstellen einer geraden Treppe — Treppenkonstruktionen

7.4 Zeichnerische Darstellung von Treppen

7.4.1 Treppenkonstruktion

Treppen werden im Grundriss und im Schnitt dargestellt. Zugrunde liegen Ausführungspläne im Maßstab 1:50 und Detailpläne im Maßstab 1:10 bzw. 1:20.

Im **Grundriss** ist die Steigungsrichtung der Treppe durch den Lauflinienpfeil, der Treppenanfang durch einen Kreis am Schnittpunkt zwischen Lauflinie und Antrittsstufenvorderkante gekennzeichnet. Die Schnittebene für den Grundriss geht etwa durch die sechste Steigung des aufwärtsführenden Treppenlaufs. Der obere Teil wird im Grundriss nicht mit dargestellt, sondern evtl. der darunterliegende Teil des vorangehenden Treppenlaufs. Die Schnittlinie durch den Treppenlauf wird durch eine schräge Doppellinie markiert. Auf der Gehlinie werden die Anzahl der Steigungen und das Steigungsverhältnis angegeben.

Im **Schnitt** sind die geschnittenen Treppenläufe, die Geschossdecken und Podeste sowie die nicht geschnittenen Treppenläufe in der Ansicht darzustellen. Tür- und Fensteröffnungen sind einzuzeichnen.

Bei zweiläufigen geraden Podesttreppen sollen die Unterseite der beiden Treppenläufe sowie die Unterseite des Podestes in einer Linie zusammentreffen. Dies kann folgendermaßen erreicht werden:

- Die Stufenvorderkanten der Treppenläufe werden im Schnitt senkrecht übereinanderliegend angeordnet und die Unterseiten der Läufe zum Schnitt gebracht. Es kann eine größere Podestdicke als vorgesehen entstehen.
- Es werden die Unterseite des unteren Laufs und die Unterseite des Podestes zum Schnitt gebracht und dann die Unterseite des oberen Treppenlauf konstruiert. Hierbei werden die Treppenläufe gegeneinander verschoben, u. U. muss die Treppenraumlänge vergrößert werden.

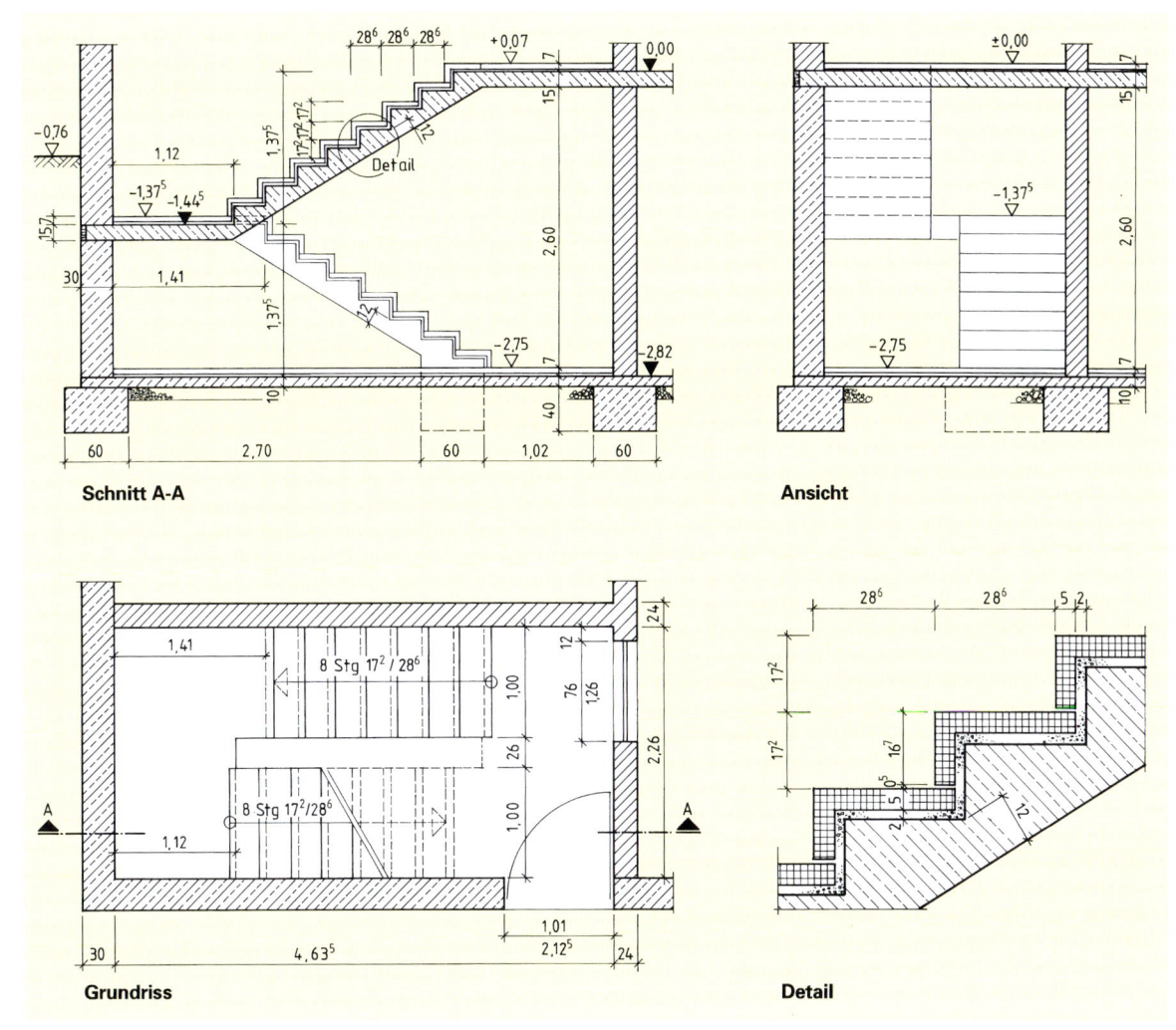

Schnitt A-A

Ansicht

Grundriss

Detail

Zweiläufige, gerade Treppe mit Zwischenpodest (Musterlösung)

7 Herstellen einer geraden Treppe — Treppenbewehrung

7.4.2 Treppenbewehrung

Bei Stahlbetontreppen werden **Schal-** und **Bewehrungspläne** im Maßstab 1:20 gezeichnet. Der Schalplan enthält alle für das Einschalen notwendigen Betonmaße. Der Bewehrungsplan erfasst den Schnitt durch den Treppenlauf mit der Bewehrungslage, den Stahlauszug und die Stahlliste.

Die Bewehrung der Laufplatten und ihrer Podeste gleicht der Plattenbewehrung. Bei abgeknickten Laufplatten müssen die Knickstellen (siehe Abschnitt 7.4.2) nach dem Prinzip biegesteifer Ecken bewehrt werden. Bewehrungsstäbe für einspringende Ecken werden stets auf der gegenüberliegenden Plattenseite verankert, die Bewehrungsstäbe für ausspringende Ecken verlaufen entlang des äußeren Randes.

Am Musterbeispiel der **zweiläufigen Treppe mit Zwischenpodest** wird die Bewehrung der geknickten Laufplatte dargestellt.

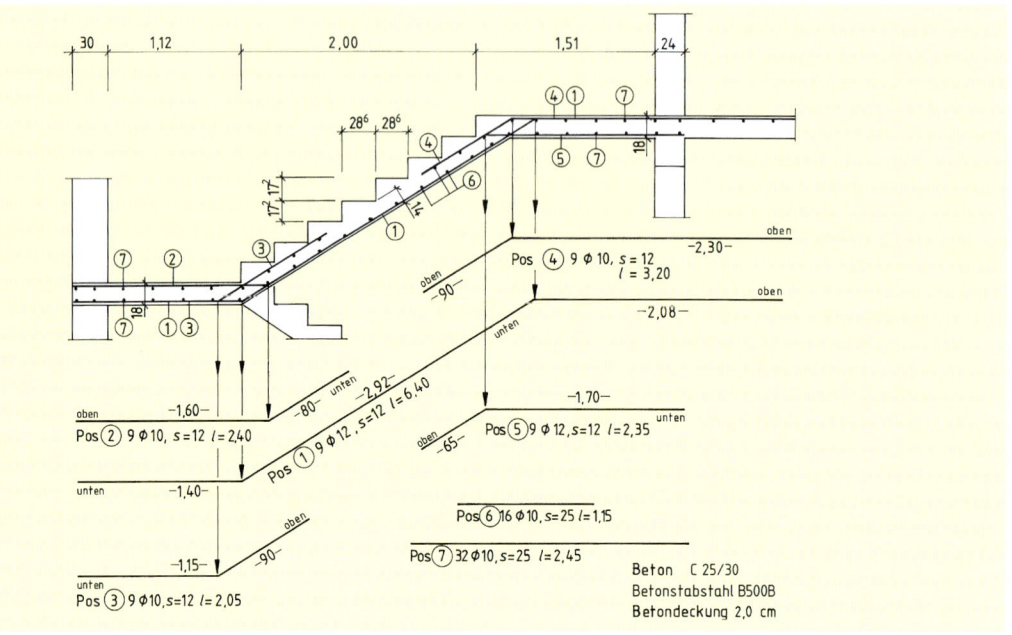

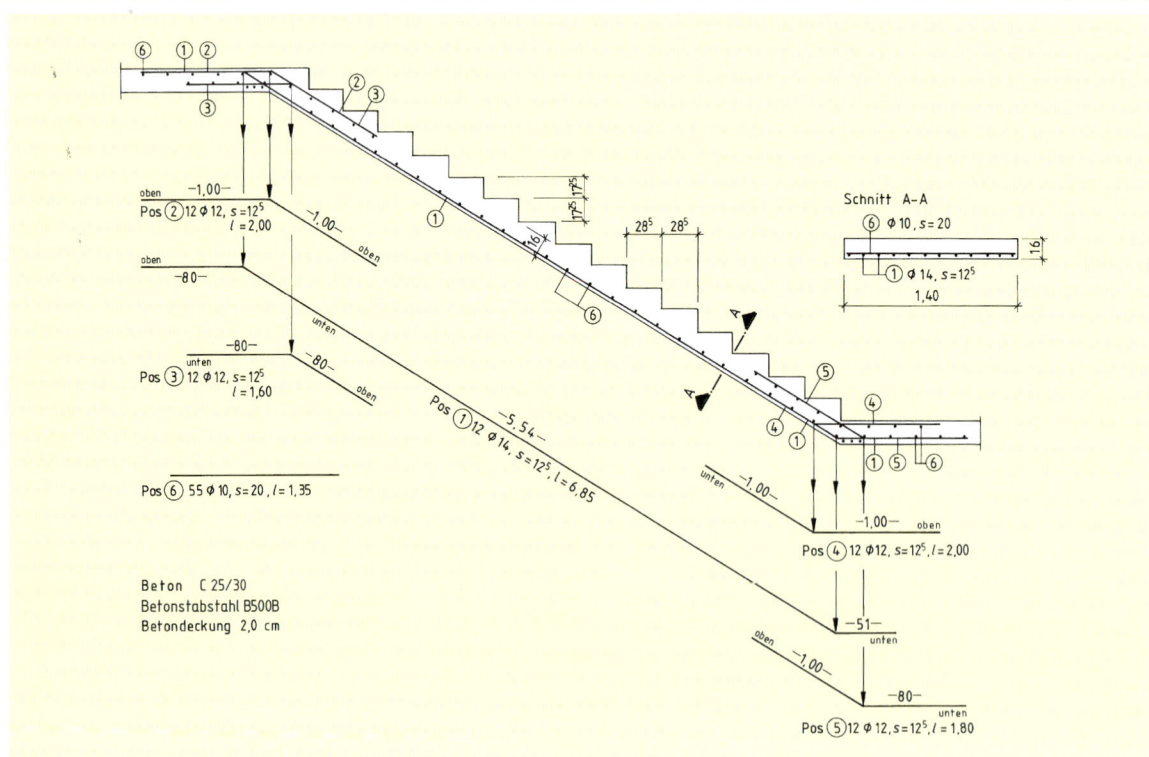

Einläufige Treppe mit Bewehrung in Längs- und Querschnitt (Musterlösung)

7 Herstellen einer geraden Treppe — Treppenkonstruktionen

Aufgaben:

1. Zeichnen Sie die Kelleraußentreppe aus dem Projekt „Jugendtreff" im Maßstab 1:20 auf ein Zeichenblatt A3.

Ausführung

Betonblockstufen oder Winkelstufen wie unten dargestellt mit 11,5 cm Untermauerung.

Führen Sie die Treppenberechnung durch. Zeichnen Sie zuerst den Grundriss, dann die Schnitte A-A und B-B und schließlich die Stufendetails.

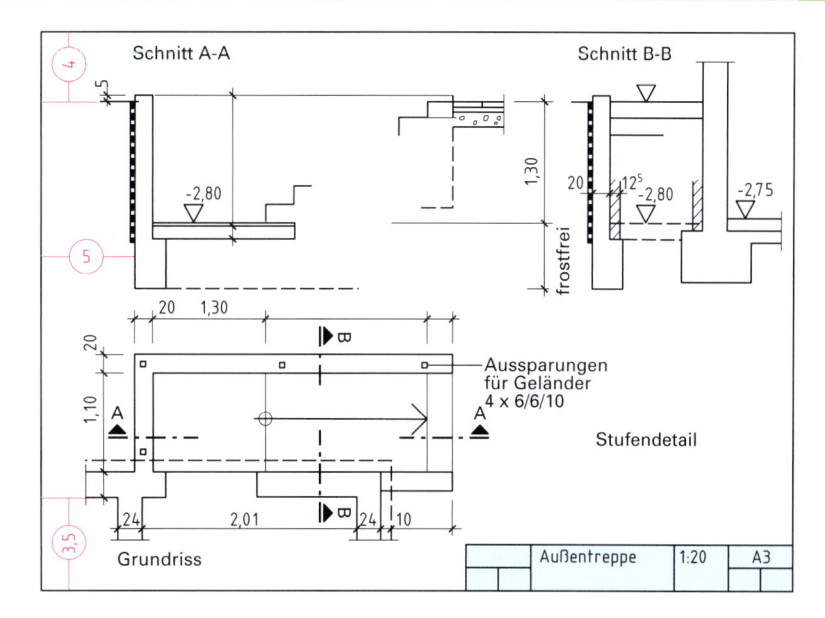

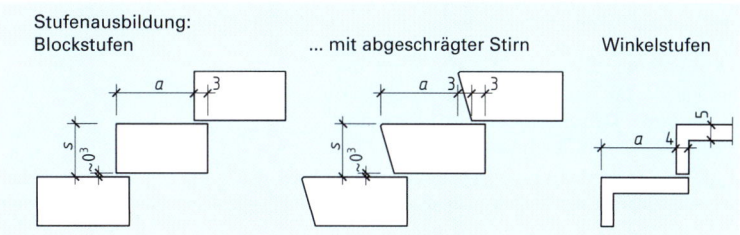

2. Zeichnen Sie in den vorgegebenen Treppenraumgrundriss für das Untergeschoss des Jugentreffs eine zweiläufige gegenläufige Treppe mit Zwischenpodest im Grundriss und Schnitt A-A auf ein Zeichenblatt A3 im Maßstab 1:20. Die Treppe wird als Stahlbetontreppe in Ortbetonweise hergestellt.

Die Treppenlaufuntersichten sollen im Treppenauge in einem Punkt zusammenlaufen.

Die Maße sind der Projektzeichnung zu entnehmen.

Ausführung

Trittstufe 40 mm, Setzstufe 20 mm dicke Natursteinplatten im Mörtel verlegt. Decken- und Podestdicke sind selbst festzulegen.

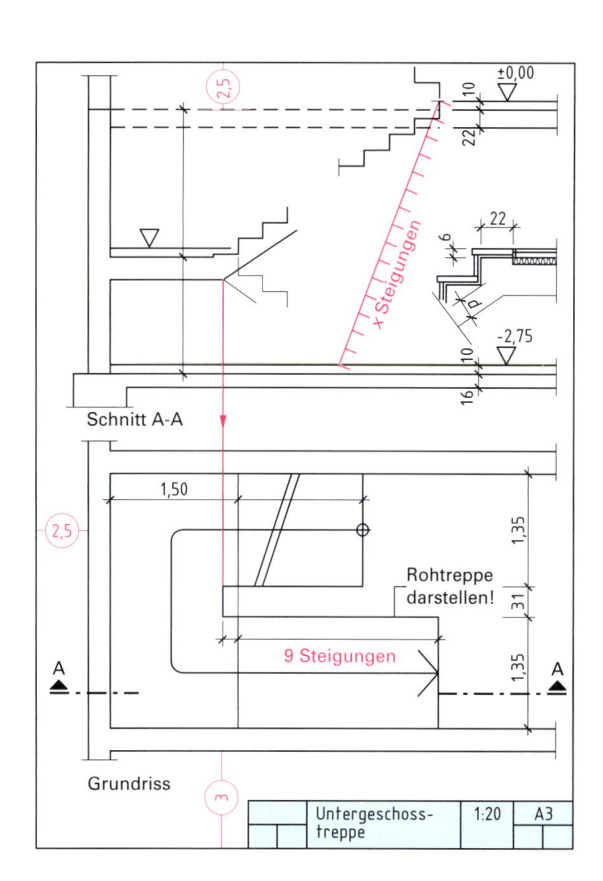

7 Herstellen einer geraden Treppe   Treppenkonstruktionen

3. Zeichnen Sie den Grundriss und die Ansicht der zweiläufigen, gewinkelten Treppe mit Zwischenpodest für die dargestellte Galeriewohnung im Maßstab 1:20 auf ein Zeichenblatt A3.

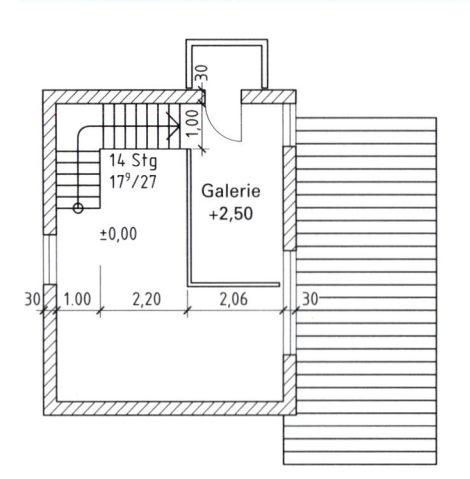

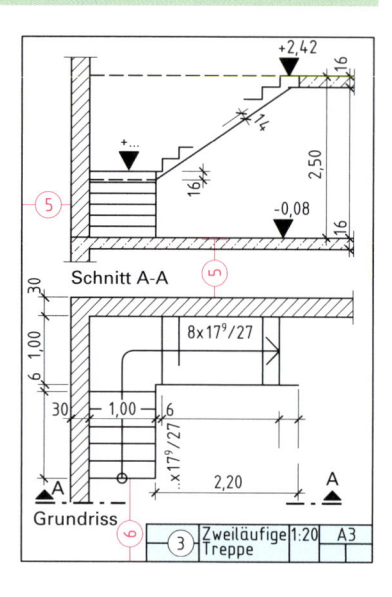

Grundriss Galeriegeschoss (Planausschnitt)

4. Zeichnen Sie den Schnitt durch die geknickte Treppenlaufplatte aus dem Projekt „Jugendtreff" im Maßstab 1:20 auf ein Zeichenblatt A3.

Die Bewehrung ist entsprechend der Musterlösung auf Seite 188 einzuzeichnen, und eine Stahlliste ist zu fertigen.

Bewehrung:
Betonstabstahl B500B
Masse pro m: $\varnothing\,10 = 0{,}617$ kg/m
$\varnothing\,12 = 0{,}888$ kg/m

Beton: C 25/30
Betondeckung: 2,0 cm
Laufbreite: 0,90 m
Podestbreite: 2,50 m

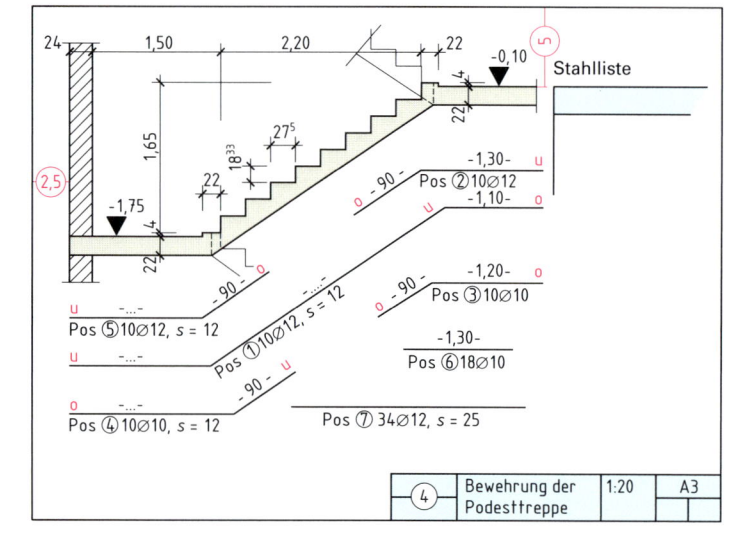

5. Zeichnen Sie den Längs- und Querschnitt der einläufigen Treppe im Maßstab 1:20 auf ein Zeichenblatt A3.

Die Bewehrung ist entsprechend der Musterlösung auf Seite 188 einzuzeichnen, und eine Stahlliste ist zu fertigen.

Bewehrung:
Betonstabstahl B500B
Masse pro m: $\varnothing\,10 = 0{,}617$ kg/m
$\varnothing\,12 = 0{,}888$ kg/m
$\varnothing\,14 = 1{,}21$ kg/m

Beton: C 25/30
Betondeckung: 2,5 cm

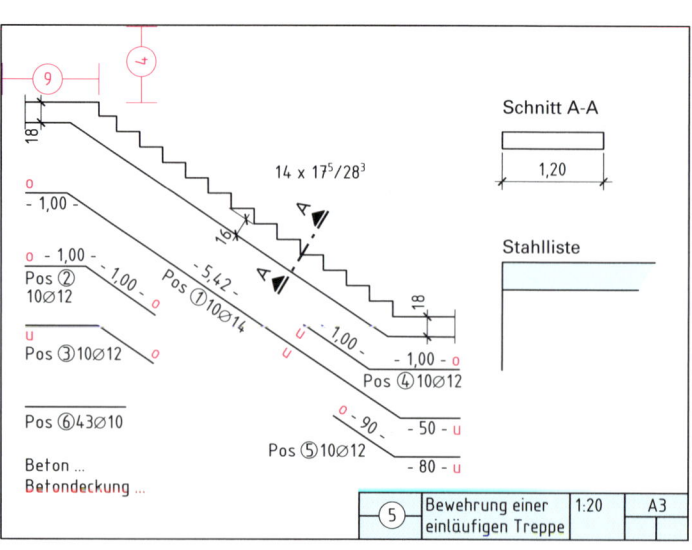

Kapitel 8:
Herstellen einer gewendelten Treppe

Kapitel 8 vermittelt die Kenntnisse des Lernfeldes 13 für Beton- und Stahlbetonbauer/-innen.

Im Kapitel 7 wurden für das Projekt „Jugendtreff" gerade Treppenläufe vorgeschlagen. Gestalterische Überlegungen, Optimierung der Wegführung innerhalb eines Gebäudes oder aber Größe und Form der für Treppen vorgesehenen Räume können dazu führen, dass der Einbau von gewendelten Treppen von Vorteil erscheint oder gar zwingend notwendig ist.

Im Vergleich zu geraden Treppen sind gewendelte Treppen schwieriger zu konstruieren und herzustellen. Dies gilt für alle gewendelten Treppen, unabhängig vom Material, aus dem sie hergestellt werden.

Die Auftrittbreiten der Stufen sind nicht immer gleich groß. Daher müssen die Stufen von gewendelten Treppen verzogen werden. Trotz dieser Verziehung muss die Treppe sicher und bequem begehbar sein.

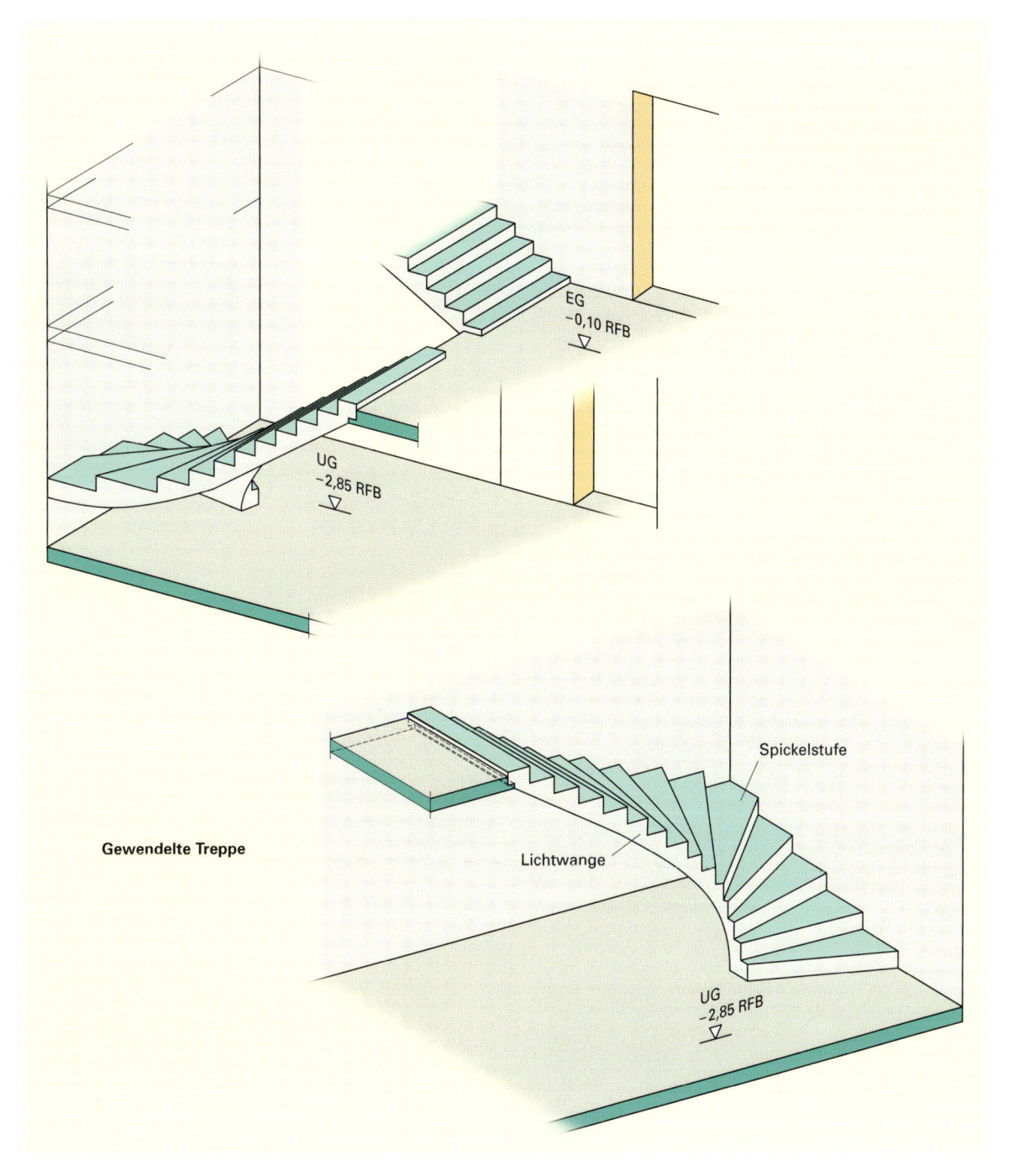

Gewendelte Treppe

8 Herstellen einer gewendelten Treppe

8.1 Treppenformen

Gewendelte Treppen werden wie auch gerade Treppen in der DIN 18065 nach ihrer Grundrissform unterschieden.

Gewendelte Treppen bestehen aus geraden und gewendelten oder nur aus gewendelten Treppenlaufteilen. Die äußeren Begrenzungen der Treppenläufe sind meist geradlinig und auch im Bereich der Wendelungen den Wänden des Treppenraumes angepasst. Die inneren Begrenzungen im Knickbereich der Treppe sind entweder geradlinig mit rechtem Winkel oder mit einem Kreisbogen ausgeführt.

Einläufige viertelgewendelte Treppen benötigen im Vergleich zu einläufigen geraden Treppen weniger Platz und sind aufgrund der Wendelung flexibler einzusetzen. Viertelgewendelte Treppen können am Antritt oder auch am Austritt gewendelt sein.

Einläufige zweimal viertelgewendelte Treppen sind sowohl am An- als auch am Austritt gewendelt.

Einläufige halbgewendelte Treppen benötigen ebenfalls erheblich weniger Platz als gerade Treppen vergleichbarer Form wie z. B. die zweiläufige gegenläufige Treppe mit Zwischenpodest beim Projekt Jugendhaus.

Wendeltreppen mit Treppenauge werden meist aus gestalterischen Gründen gewählt. Sie führen spiralförmig zum nächst höheren Stockwerk. Die Schönheit dieser Treppen kommt erst dann zur Geltung, wenn viel Platz vorhanden ist und sie frei im Raum stehen.

Spindeltreppen sind Wendeltreppen mit kleinstem Bogenradius. Sie benötigen die geringste Grundfläche. Die gleichmäßig „verzogenen" keilförmigen Stufen sind in der Mitte an einer Säule, der so genannten **Spindel**, befestigt.

Kreisbogentreppen übernehmen oft gestalterische Funktion. Sie haben kreisförmige, elliptische oder korbbogenförmige seitliche Begrenzungen. Der Bogenradius ist größer als bei Wendeltreppen. Bogentreppen wirken im Vergleich zu Wendeltreppen gestreckter.

Ergänzt werden die vorgenannten Treppenbezeichnungen durch den Hinweis auf ihre Drehrichtung (Bewegung im Aufwärtsgehen). Demnach können alle Treppenformen als Linkstreppen oder Rechtstreppen ausgeführt werden.

> Gewendelte Treppen bestehen aus geraden und gewendelten Laufteilen. Wendeltreppen bestehen ausschließlich aus gewendelten Stufen. Wird der Bogenradius erhöht, spricht man von Bogentreppen. Spindeltreppen weisen den kleinsten Bogenradius auf. Die Stufen werden von der Spindel getragen.

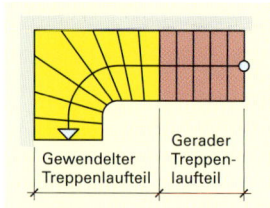

Einläufige, im Austritt viertelgewendelte Treppe (Linkstreppe)

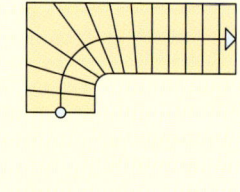

Einläufige, im Antritt viertelgewendelte Treppe (Rechtstreppe)

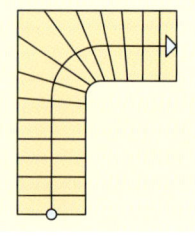

Einläufige gewinkelte viertelgewendelte Treppe (Rechtstreppe)

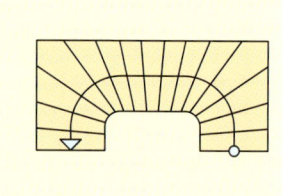

Einläufige, zweimal viertelgewendelte Treppe (Linkstreppe)

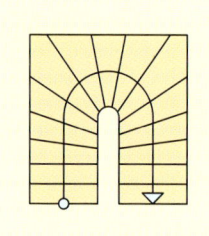

Einläufige halbgewendelte Treppe (Rechtstreppe)

Halbgewendelte Ortbetontreppe

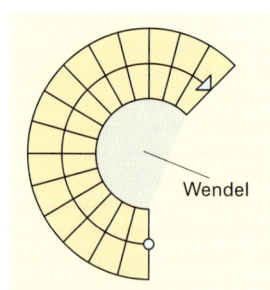

Wendeltreppe: Einläufige Treppe mit Treppenauge (Rechtstreppe)

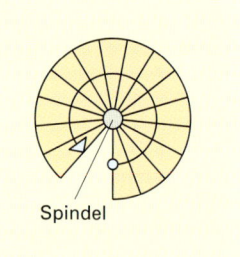

Spindeltreppe: Einläufige Treppe mit Treppenspindel (Linkstreppe)

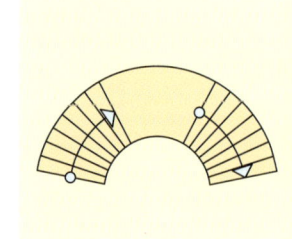

Bogentreppe: Zweiläufige gewendelte Treppe mit Zwischenpodest (Rechtstreppe)

Schalung einer Bogentreppe

8 Herstellen einer gewendelten Treppe — Gehbereiche

8.2 Verziehen von gewendelten Treppen

8.2.1 Gehbereiche

Da die innere Begrenzung von gewendelten Treppen kürzer ist als die Lauflinie, werden die Auftrittbreiten der Stufen dort kleiner. Die äußere Begrenzung ist länger als die Lauflinie. Die Auftrittbreiten müssen nach außen hin größer werden. Die Auftrittbreiten können aber nicht beliebig vergrößert oder verkleinert werden. Die Breite wird nach bestimmten Regeln ermittelt. Diese Arbeit wird als **Verziehen** einer Treppe bezeichnet. Ziel ist es, im Gehbereich der Treppe eine gleichmäßige Auftrittbreite zu erreichen.

Bevor in der Planungsphase einer Treppe mit dem Verziehen begonnen wird, sind einige Grundsätze zu beachten.

Gehbereich gewendelter Treppen

Die nach der Schrittmaßregel berechnete Auftrittbreite an der Treppenlauflinie bei geraden Stufen gilt auch für die zu verziehenden Stufen gewendelter Treppen. Hierzu muss die Treppenlauflinie innerhalb des Gehbereiches der Treppe liegen.

Die bei einer gewendelten Treppe zu verziehenden Stufen werden auch Wendelstufen genannt.

Bei gewendelten Treppen mit einer nutzbaren Treppenlaufbreite bis 100 cm, hat der Gehbereich eine Breite von $\frac{2}{10}$ der nutzbaren Treppenlaufbreite. Er liegt in der Mitte der Treppen.

Bei nutzbaren Treppenlaufbreiten über 100 cm, außer bei Spindeltreppen, beträgt die Breite des Gehbereiches 20 cm. Der Abstand des Gehbereiches von der inneren Begrenzung der Treppenlaufbreite beträgt 40 cm. Beim Begehen ist der Handlauf somit gut zu erreichen.

Diese Festlegungen gelten auch für Wendel- und Bogentreppen.

Gehbereich bei Spindeltreppen

Bei Spindeltreppen beträgt der Gehbereich immer $\frac{2}{10}$ der nutzbaren Treppenlaufbreite. Die innere Begrenzung des Gehbereichs liegt in der Mitte des Treppenlaufes.

> Damit gewendelte Treppen sicher und bequem zu begehen sind, müssen die Stufen gleichmäßig verzogen werden. Sie weisen dann in der Lauflinie eine gleichmäßige Auftrittbreite auf.
>
> Die Lauflinie muss im festgelegten Gehbereich der Treppe liegen.

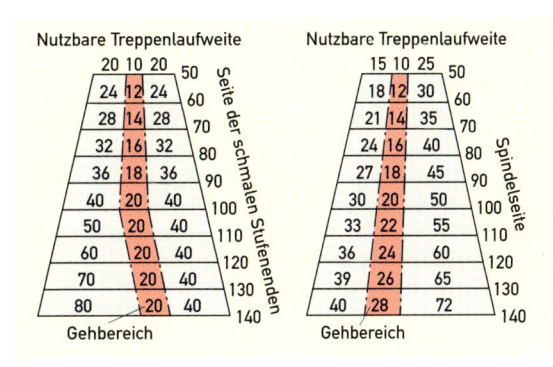

Gehbereich für gewendelte Treppen sowie für Treppen die sich aus geraden und gewendelten Laufteilen zusammensetzen

Gehbereich für Spindeltreppen

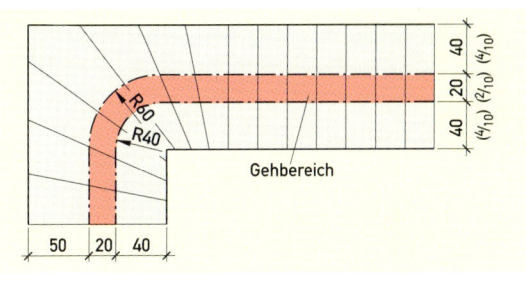

Gehbereich bei viertelgewendeltem Treppenlauf

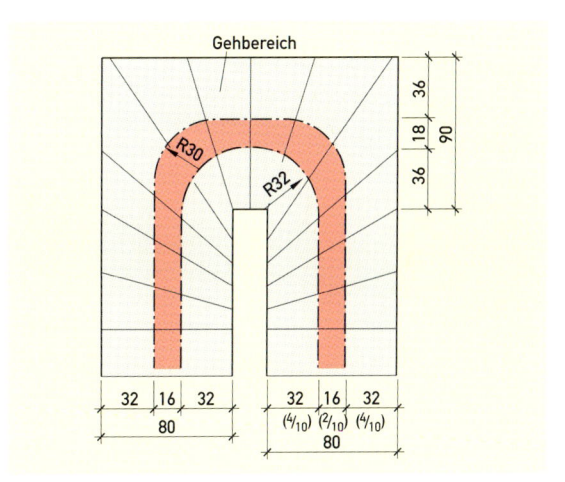

Gehbereich bei halbgewendeltem Treppenlauf

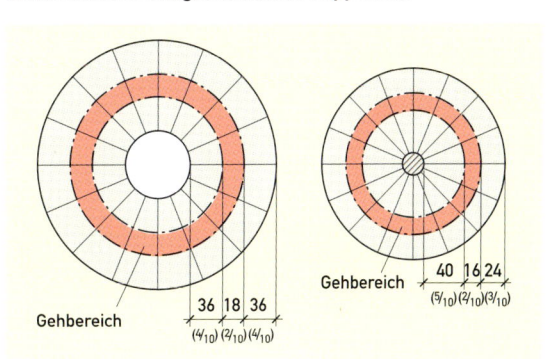

Gehbereich bei Wendeltreppen

Gehbereich bei Spindeltreppen

8 Herstellen einer gewendelten Treppe — Verziehung

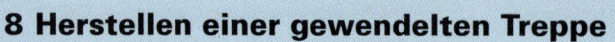

8.2.2 Grundsätze des Verziehens

Auftrittbreiten außerhalb des Gehbereichs

Wendelstufen müssen eine Mindestbreite von 10 cm aufweisen. Diese wird bei Wohngebäuden mit nicht mehr als zwei Wohnungen sowie innerhalb von Wohnungen im Abstand von 15 cm parallel zur inneren Treppenbegrenzung gemessen. Im Krümmungsbereich ist die Auftrittbreite der Abstand zwischen den Schnittpunkten der Stufenvorderkanten mit der Lauflinienbegrenzung. Bei runden Begrenzungen gilt das Sehnenmaß des Bogens.

In allen sonstigen Gebäuden wird die Mindestauftrittbreite von 10 cm direkt an der inneren Begrenzung gemessen. Die Wendelstufen dürfen demnach weniger „spitz" zulaufen. Beim Projekt Jugendhaus ist dies zu berücksichtigen.

Die Stufe, die an der Innenseite einer gewendelten Treppe die kleinste zulässige Auftrittbreite aufweist, wird Spickelstufe genannt.

Für die Platz sparenden Spindeltreppen in Wohngebäuden mit nicht mehr als zwei Wohnungen wird kein Mindestauftritt festgelegt.

Stufenanordnung

Schließt die äußere Treppenwange an begrenzende Bauteile wie Treppenhauswände an, sollte folgender Grundsatz berücksichtigt werden:

Die Vorderkante einer Tritt- oder Setzstufe sollte nach Möglichkeit nicht direkt in den Eckbereich der Wandwange geführt werden. Der sich ergebende Winkel zwischen Setzstufe und Treppenbegrenzung ist im Eckbereich am kleinsten. Dies führt häufig zu Schmutzecken, die nur erschwert gereinigt werden können.

Bei der Herstellung von Stahlbetontreppen ist zu berücksichtigen, dass die Rohtreppen meist noch mit Belägen versehen werden. Die Rohkanten entsprechen dann nicht den fertigen Vorderkanten von Setz- oder Trittstufen.

Anzahl der zu verziehenden Stufen

Bei im Antritt viertelgewendelten Treppen sollte die in Laufrichtung letzte zu verziehende Stufe etwa im Abstand der doppelten Treppenlaufbreite von der Stirnseite der Treppe liegen. Gleiches gilt für den Abstand der ersten zu verziehenden Stufe bei im Austritt gewendelten Treppen (siehe Abbildung). Werden zu wenig Stufen für die Wendelung verzogen, ergibt sich keine optimale Treppenlauflinie. Ein sicheres und komfortables Begehen der Treppe kann nicht gewährleistet werden.

Darüber hinaus können durch zu wenig verzogene Stufen die Mindestmaße der Auftrittbreiten an der inneren Begrenzung nicht eingehalten werden.

Zu frühes Verziehen von Stufen sollte ebenfalls vermieden werden. Dies führt zu einer falschen Richtungsvorgabe. Der Treppenbegeher würde dazu neigen, gegen die innere Begrenzung des Treppenlaufes zu gehen.

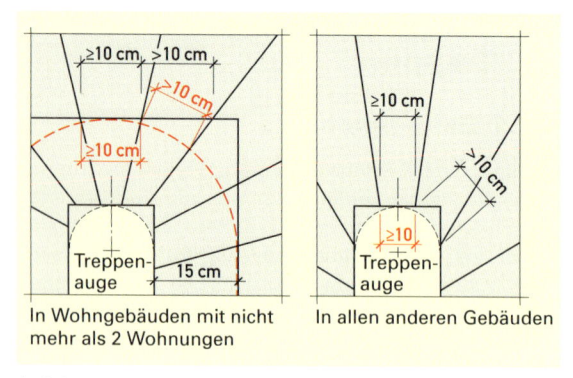

Auftrittbreiten an der inneren Treppenbegrenzung

In Wohngebäuden mit nicht mehr als 2 Wohnungen / In allen anderen Gebäuden

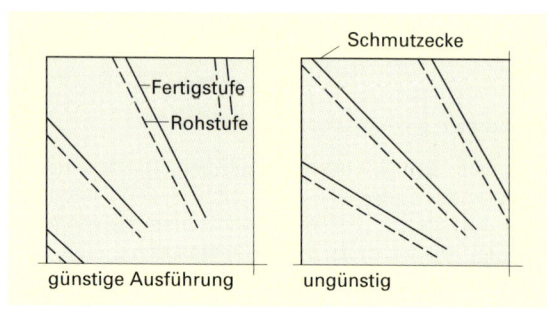

Treppenbegrenzung im Eckbereich

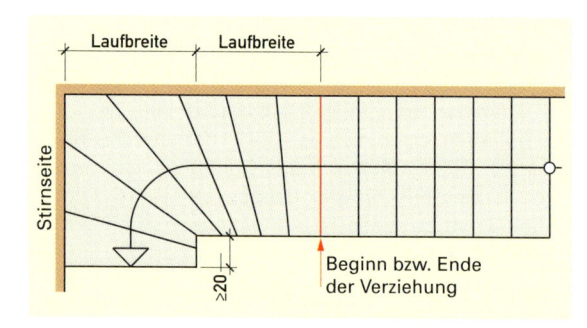

günstige Ausführung / ungünstig

Zu verziehender Bereich einer einläufigen, im Austritt viertelgewendelten Treppe (Linkstreppe)

Ungünstig: Anzahl der verzogenen Stufen ist zu gering

8 Herstellen einer gewendelten Treppe — Verziehungsmethoden

8.2.3 Grafisches Verziehen

Für das Verziehen der Stufen stehen eine Vielzahl rechnerischer und grafischer Methoden zur Verfügung, von denen hier nur eine Auswahl beschrieben werden kann.

Fluchtpunktmethode

- Auf der Lauflinie werden die Auftrittbreiten a der Treppe abgetragen.
- Die Spickelstufe wird festgelegt:
  am Beispiel der halbgewendelten Treppe die Stufe in Verlängerung des Treppenauges.
- Die Anzahl der zu verziehenden Stufen wird festgelegt.
- Die Vorderkanten der ersten und letzten geraden Stufen werden eingezeichnet und als Bezugslinie verwendet.
- Die Vorder- und Hinterkanten der Spickelstufe werden verlängert und mit der Bezugslinie zum Schneiden gebracht.
- Auf der Bezugslinie entsteht die Strecke b. Entsprechend der Anzahl der zu verziehenden Stufen wird die Strecke b auf der Bezugslinie abgetragen (Zirkel, $r = b$).
- Die Punkte auf der Bezugslinie werden mit den auf der Lauflinie festgelegten Auftrittbreiten verbunden.
- Die so ermittelten Linien stellen die Vorderkanten der zu verziehenden Stufen dar.

Vergatterung

- Auf der Lauflinie werden die Auftrittbreiten a der Treppe abgetragen.
- Die Spickelstufe wird festgelegt:
  am Beispiel der viertelgewendelten Treppe die Stufe von der Außenecke zur Innenecke der Treppe.
- Die Anzahl der zu verziehenden Stufen wird festgelegt.
- Die Strecke $\overline{AB}$, von der Vorderkante der ersten geraden Stufe bis zur Mitte der Spickelstufe (Innenecke der Treppe), wird abgetragen.
- Rechtwinklig dazu wird von Punkt A aus eine gleich lange Strecke gezeichnet (Kreis um A mit $r = \overline{AB}$). So entsteht Punkt C.
- Durch die Punkte C und B wird eine Linie über B hinaus gezogen.
- Von Punkt A aus wird die Strecke $\overline{A'B'}$ der Treppenlauflinie abgetragen (Kreis um A mit $r = \overline{A'B'}$) und mit der Linie durch C und B zum Schneiden gebracht.
- Auf der Strecke $\overline{A'B'}$ werden die Auftrittbreiten a abgetragen und mit dem Punkt C verbunden.
- Die Schnittpunkte auf der Strecke $\overline{AB}$ entsprechen den Stufenbreiten an der Treppeninnenseite.

Ist die Anzahl der zu verziehenden Stufen auf beiden Seiten der Wendelung unterschiedlich, so muss für jede Seite die Verziehung vorgenommen werden.

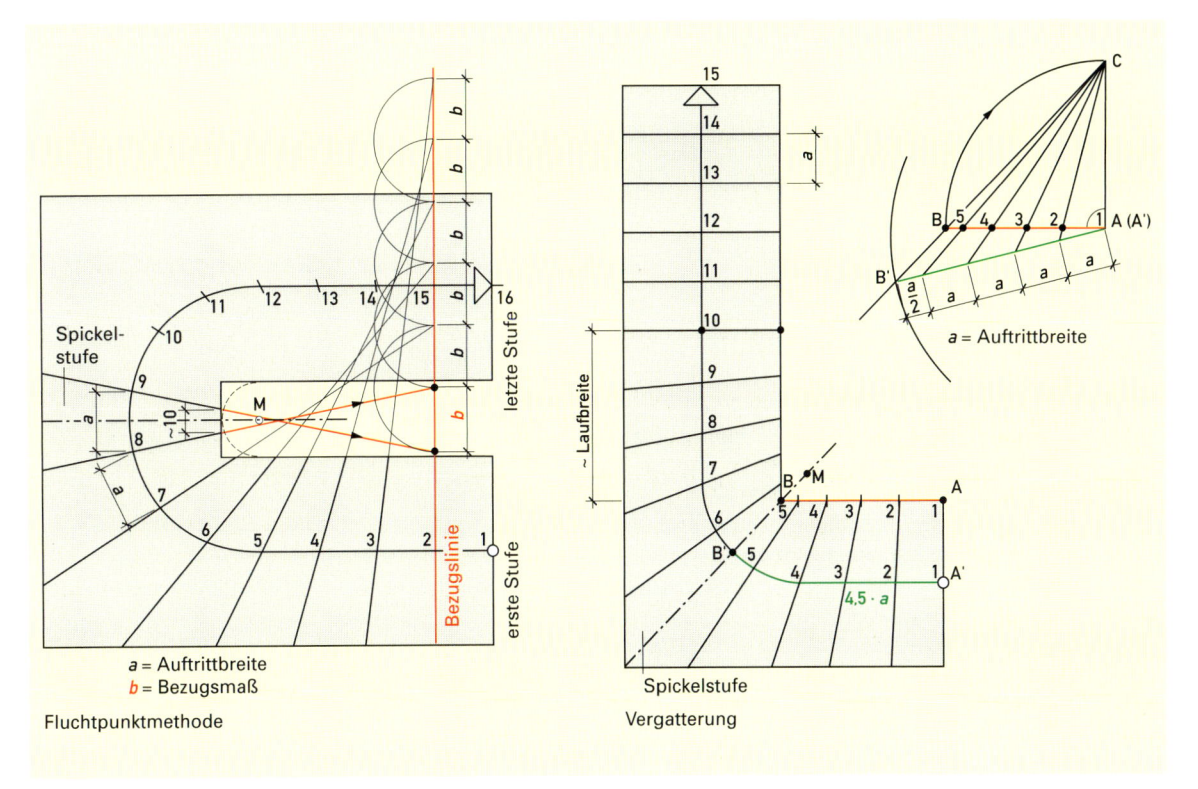

Fluchtpunktmethode
a = Auftrittbreite
b = Bezugsmaß

Vergatterung
Spickelstufe

Verziehungsmethoden

8 Herstellen einer gewendelten Treppe — Verziehungsmethoden

8.2.4 Rechnerisches Verziehen

Am Beispiel einer einläufig halbgewendelten Treppe, die man alternativ beim Projekt Jugendhaus aus Platzgründen anordnen könnte, soll die Stufenverziehung rechnerisch ermittelt werden.

Bei der Treppe mit 16 Steigungen und 15 Auftritten teilt der 8. Auftritt die Treppe in zwei gleich große Abschnitte. Der 8. Auftritt wird die Spickelstufe, die an der Treppeninnenseite die kleinste Auftrittbreite aufweist. Diese legen wir mit 10 cm fest. Im Folgenden wird die Verziehung einer Treppenhälfte bis zu dieser Stufe berechnet.

Hierzu benötigen wir die Länge der inneren Begrenzung vom Beginn der Verziehung bis zur Spickelstufe. Um ein optimales Ergebnis zu erreichen, runden wir wie in 8.2.2 dargestellt, das rechtwinklig auszuführende Treppenauge ab. Die Innenkanten bilden die Tangenten eines Kreises mit dem Durchmesser von 20 cm. Dies entspricht dem lichten Maß des Treppenauges. Wir berechnen also die Auftrittbreiten an der gerundeten Begrenzung und übertragen anschließend das Ergebnis zeichnerisch auf den rechtwinkligen Eckbereich.

Der gebogene Teil beträgt

$$\frac{\pi \cdot d}{4} - \frac{10\ \text{cm}}{2} = \frac{3{,}14 \cdot 20\ \text{cm}}{4} - 5\ \text{cm} = 10{,}7\ \text{cm}$$

Der gerade Teil wird an der Lauflinie berechnet.

$5\tfrac{1}{2}$ Auftrittbreiten $- \dfrac{\pi \cdot d}{4}$

$= 5{,}5 \cdot 29\ \text{cm} - \dfrac{3{,}14 \cdot 110\ \text{cm}}{4} = 73{,}1\ \text{cm}$

Gesamtlänge = 73,1 cm + 10,7 cm = <u>83,8 cm</u>.

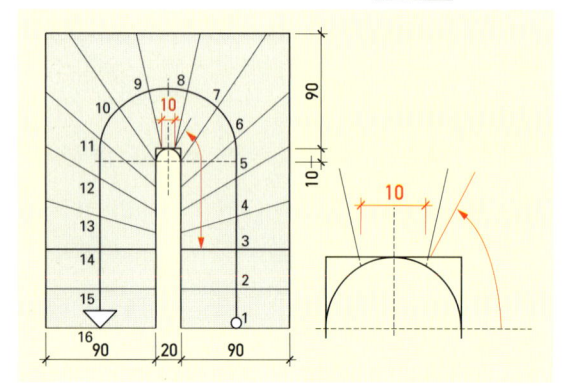

Das Mindestmaß der Spickelstufe 8 wird nun für die Stufen 3 … 7 als Grundmaß an der Lichtwange (Treppeninnenseite) festgelegt. Insgesamt 5 · 10 cm = 50 cm.

Die Differenz zwischen der ermittelten Länge an der Lichtwange und den Grundmaßen wird den zu verziehenden fünf Stufen zugemessen.

Differenz = 83,8 cm − 50 cm = 33,8 cm

Stufe 7 + 1 Teil
Stufe 6 + 2 Teile
Stufe 5 + 3 Teile
Stufe 4 + 4 Teile   1 Teil beträgt
<u>Stufe 3 + 5 Teile</u>   33,8 cm : 15 = 2,3 cm
Zusammen 15 Teile

Demnach betragen die Auftrittbreiten an der Lichtwange für

Stufe 7 10 cm + 2,3 cm =   12,3 cm
Stufe 6 10 cm + 2 · 2,3 cm = 14,6 cm
Stufe 5 10 cm + 3 · 2,3 cm = 16,9 cm
Stufe 4 10 cm + 4 · 2,3 cm = 19,2 cm
Stufe 3 10 cm + 5 · 2,3 cm = 21,5 cm

Durch die Symmetrie können die Ergebnisse auf die zweite Treppenhälfte übertragen werden.

8.2.5 Verziehen mit Leisten

Vor allem bei der Vorfertigung von Treppen in Werkstätten oder Fertigteilwerken werden Stufen häufig durch das Auslegen von Leisten nach Augenmaß verzogen. Für die Herstellung von Stahlbetontreppen kann dieses Verfahren auf der Baustelle gleichermaßen angewendet werden.

- Der Treppengrundriss wird im Maßstab 1:1 aufgezeichnet.
- Die Auftrittbreiten werden auf der Lauflinie abgetragen.
- Die Spickelstufe und die ersten und letzten geraden Stufen werden festgelegt.
- Die restlichen zu verziehenden Stufen werden durch Leisten markiert.

Die Leisten werden im Bereich der Wendelung so lange verschoben, bis eine optimale Verziehung gefunden ist. Dabei kann es erforderlich werden, dass die bereits festgelegte Spickelstufe korrigiert werden muss.

Das Verziehen mit Leisten erfordert zwar viel Erfahrung, kann aber zu sehr günstigen Ergebnissen führen. Grafische und rechnerische Verziehung können durch das Auslegen von Leisten optimiert werden. Das ermittelte Ergebnis kann dann maßstabsgleich für die Schalung der Treppe auf der Baustelle oder im Werk verwendet werden.

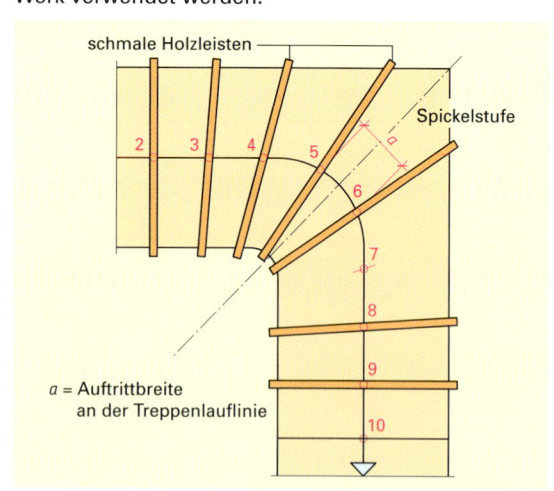

> Die Verziehung von Stufen kann rechnerisch, grafisch oder nach Erfahrungswerten durchgeführt werden. Beim Verziehen nach Erfahrungswerten werden die einzelnen Stufen in einer Art Modell in Originalgröße dargestellt.

8 Herstellen einer gewendelten Treppe — Schalung

8.3 Gewendelte Treppen aus Ortbeton

8.3.1 Treppenschalung

Gewendelte Treppen erfordern einen hohen Schalaufwand. Um bei einer gewendelten Treppe die geplante Form herzustellen, sind zum einen auf der Oberseite der Treppe die Stufen zu schalen, zum andern ist die Treppenlaufunterseite einzuschalen.

Sofern die äußeren oder auch inneren Kanten des Treppenlaufes nicht durch Bauteile wie Treppenhauswände oder Mauerscheiben begrenzt sind, müssen die freien Seiten der Treppenlaufplatten und der Stufenstirnseiten (Freiwangen) ebenfalls geschal werden. Neben der Formgebung muss die Ortbetonschalung natürlich auch die Aufgabe der Lastabtragung übernehmen und daher ausreichend zur Kräfteaufnahme und deren Weiterleitung an den Untergrund dimensioniert sein.

Schalung der Stufen

Wie bei der geraden Treppe werden die Stufenvorderkanten mit Stirnbrettern geschalt. Diese werden durch Knaggen fixiert. Die Breite des Stirnbretts entspricht der Stufenhöhe. Im Verlauf der Wendelung müssen die Stirnbretter allerdings, entsprechend der Stufenverziehung, schräg angebracht werden.

Schalung der Treppenlaufunterseite

Schwieriger gestaltet sich die Schalung der Treppenuntersicht. Betrachtet man die Außenwange, werden die unterschiedlichen Auftrittbreiten der Stufen sichtbar. Aus statischen Gründen ist am Schnittpunkt Trittstufe/Setzstufe eine Mindestdicke der Laufplatte einzuhalten. Die Einhaltung dieser Mindestdicke im gewendelten Bereich der Treppe führt zu einer geschwungenen Form der Treppenunterseite, zu deren Einschalung Lehren notwendig sind. Um die Form der Lehren zu ermitteln, muss der Verlauf der Unterseite und die Lage der Stufen aufgerissen werden. Dies kann im Maßstab 1:1 vor Ort erfolgen. Die in Kapitel 8.2.5 beschriebene Verziehung der Stufen durch Auslegung von Leisten kann diesem Vorgang vorausgehen.

Nach Abtragen des Stufenverlaufs an das die Wange begrenzende Bauteil oder an die die Freiwange begrenzende Schalung, können die mit einer Schablone hergestellten Lehren befestigt werden.

Schalhaut der Unterseite

Die eigentliche Schalhaut besteht aus schmalen und konisch zugeschnittenen Leisten. Diese liegen auf den Lehren auf und spannen von der Außenwange zur Innenwange. Sowohl die Rundung der Unterseite als auch die schiefe Ebene im Wendelbereich kann somit hergestellt werden. Das Zuschneiden und Einpassen dieser Leisten ist aufwendig. Es gibt mittlerweile verschiedene Schalungssysteme, die die Ausbildung des Schalbodens der gekrümmten Treppenunterseiten erleichtern.

Stufenschalung: Stirnbretter werden durch eine Stufenlehre fixiert.

ausgeschalte Treppe

Zweimal viertelgewendelte Treppe

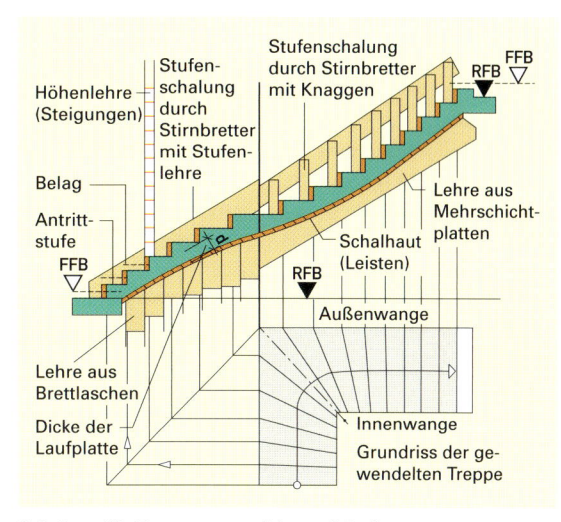

Schalung für Treppenuntersicht und Stufen

Schalungshilfen

Die konventionelle Schalarbeit kann durch die Verwendung verschiedener, auf dem Markt vorhandener Schalungssysteme erleichtert werden. Mittels ausziehbarer Teleskopleisten aus Metall können die gekrümmten Unterseiten unterschiedlich breiter Treppen geschalt werden. Diese Schalungshilfen können auch wieder verwendet werden. Die eigentliche Schalhaut ist ein auf die Leisten aufgebrachtes ausreichend starres Netzgewebe, das beim Betonieren den Frischbeton aufnimmt. Nach dem Ausschalen kann die strukturierte Betonoberfläche durch Verputzen geglättet werden.

System für den Schalboden mit Lehren aus einzelnen Metallstangen

8 Herstellen einer gewendelten Treppe — Bewehrung

8.3.2 Bewehrung

Im Gegensatz zu einläufigen geraden Treppen oder zweiläufig gegenläufigen Treppen, verläuft die Spannrichtung bei gewendelten Treppen nicht linear zwischen den Auflagerpodesten. Vielmehr folgt die Spannrichtung der Lauflinie über die Wendelungen hinweg bis zur Einbindung in Decke oder Podest beim Treppenaustritt.

Bei einer im Antritt viertelgewendelten Treppe würden Eigenlast und Nutzlast im Bereich der Wendelung zu einer außermittigen Lasteinwirkung auf den Treppenlauf führen. Die Folge wäre, dass der Treppenlauf abkippen würde. Dies kann nur durch eine Verstärkung der für gerade Treppen üblichen Auflagerbewehrungen am Podestbereich verhindert werden. Eine Zusatzbewehrung müsste das in den gewendelten Bereich auskragende Bauteil am Podest einspannen.

> K 7.4.2

Eine solche Einspannung ist mit erhöhtem Schallschutz allerdings nicht herzustellen. Trittschallunterbrechende elastomere Lager und die Einlage von Dämmstreifen setzen voraus, dass die Treppenlaufplatten von den Podesten getrennt sind und lediglich über Auflagerflächen ihre Lasten an die Podeste weiterleiten.

> K 7.3

Gelöst wird dieses Problem, indem der gewendelte Treppenlauf ein zusätzliches Auflager im Bereich der Wendelung erhält. Wie an den Podestauflagern wird durch trittschalldämmende Wandkonsolen eine Schallübertragung vermieden. Der erste Bereich des Treppenlaufes liegt somit linear auf den Auflagern A und D auf. Der zweite Laufbereich kann durch eine Zusatzbewehrung B innerhalb des ersten Laufbereiches seine Lasten an diesen Treppenlauf abgeben. Das Auflager am Austritt bleibt unverändert.

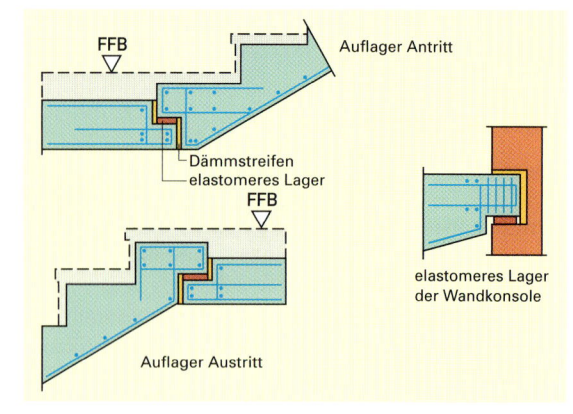

Trittschallunterbrechende Treppenauflager

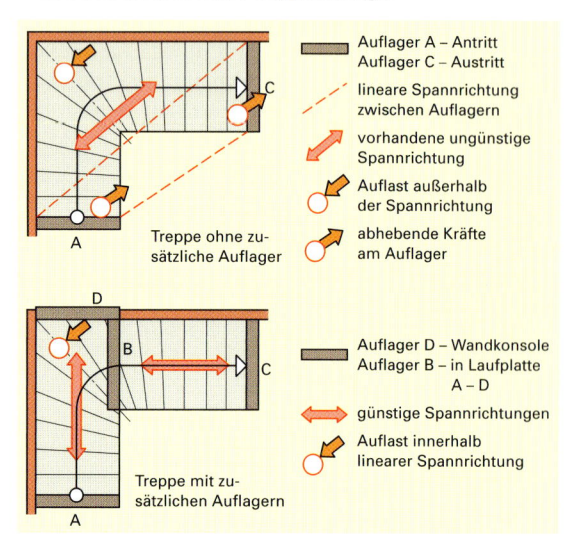

Auflagersituationen bei viertelgewendelten Treppen

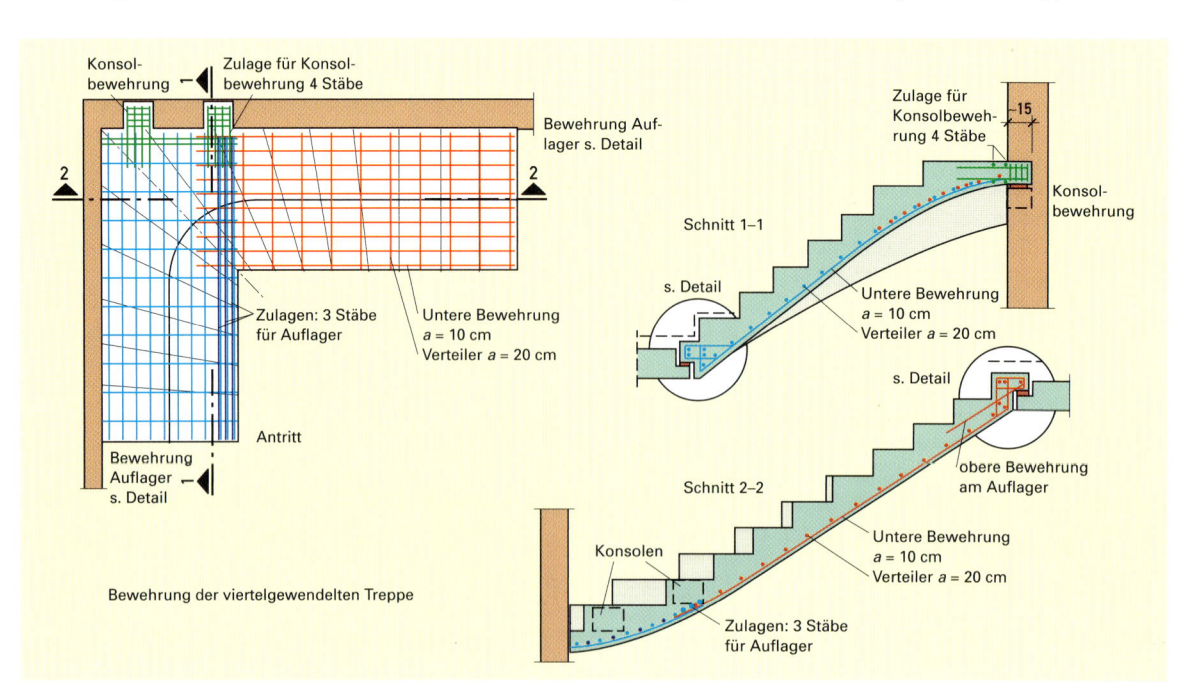

Auflagersituation einer viertelgewendelten Treppe

8 Herstellen einer gewendelten Treppe — Fertigteiltreppen

8.4 Gewendelte Treppen aus Stahlbetonfertigteilen

Wirtschaftliche und technische Gründe sprechen bei Treppen oftmals für den Einsatz von Stahlbetonfertigteilen. Denn trotz der Schalungshilfen für die Herstellung gewendelter Treppen auf der Baustelle (Ortbetontreppen), bildet der Schalungsaufwand einen nicht unbeträchtlichen Faktor für den Herstellungspreis und die Herstellungszeit einer Treppe. Sofern beim Bauen im Bestand, bei Umbauten oder Sanierungen eine Treppe aus Stahlbeton gefordert wird, kann deren Herstellung oftmals nur vor Ort mit den in Kapitel 8.3.1 beschriebenen notwendigen Schalungsarbeiten erfolgen. Erforderliche Hebezeuge für das Versetzen von Fertigteilen können meistens nicht eingesetzt werden.

Bei Neubauten hingegen können im Zuge der Rohbauarbeiten Treppenelemente aus Betonfertigteilen in der Regel problemlos mit dem Kran versetzt werden. Der Einbau von bereits vorgefertigten Stahlbetontreppen, auch gewendelten Treppen, stellt daher eine zeitsparende und wirtschaftliche Alternative dar. Ferner können bei der Vorfertigung im Werk besondere Eigenschaften, z. B. Sichtbetonoberflächen, in hoher Qualität erzielt werden.

Schalungssystem für gewendelte Fertigteiltreppen

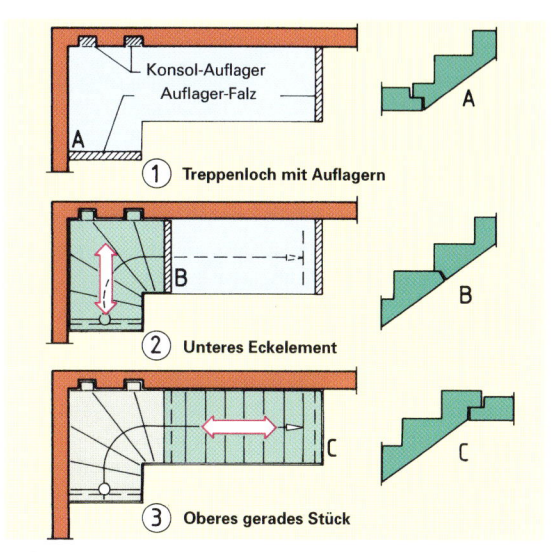

Auflager und Spannrichtung einer zweiteiligen Elementtreppe

8.4.1 Elementtreppen

Für die Herstellung von gewendelten Treppen eignen sich bevorzugt sogenannte Elementtreppen. Bei den Elementen handelt es sich, wie bei geraden Treppenelementen auch, um Massivplatten mit aufbetonierten Stufen. Diese sind, entsprechend der in der Planung durchgeführten Verziehung, mit unterschiedlichen Auftrittbreiten ausgebildet.

Gerade Fertigteiltreppen liegen lediglich an ihren Auflagerpunkten an den Podesten (Podestbalken oder Podestplatten) auf. Gewendelte Treppen hingegen benötigen an der äußeren Wange im gewendelten Bereich zusätzliche Auflagermöglichkeiten (siehe Abschnitt 8.3.2), um ein Kippen der Treppen zu verhindern. Um die Montage zu erleichtern, wird beispielsweise der geschosshohe Treppenlauf einer einmal viertelgewendelten Treppe in zwei Teilen hergestellt, wobei die vor beschriebenen statischen Spannrichtungen und Auflagerpunkte sinnvoll Berücksichtigung finden. Die **zweiteilige Elementtreppe** besteht aus einem unteren oder oberen gewendelten Eckelement und einer geraden Laufplatte. Eine **dreiteilige Elementtreppe** für eine zweimal viertelgewendelte Treppe besteht aus einem gewendelten unteren und oberen Eckelement und einem geraden Zwischenstück.

Die Auflagerung der Elemente untereinander erfolgt wie an den Podestauflagern über Auflagerfalze. Diese werden malerfertig verspachtelt. Die Treppenuntersichten können dann ohne weitere Putzarbeiten tapeziert oder gestrichen werden.

Versetzen einer dreiteiligen Elementtreppe

Tapezierte Treppenuntersicht einer zweiteiligen Elementtreppe

8 Herstellen einer gewendelten Treppe — Fertigteiltreppen

8.4.2 Stahlbetonfertigteiltreppe als Wendeltreppe

Wird eine Treppe aus einzelnen vorgefertigten Stahlbetonstufen hergestellt, spricht man ebenfalls von einer Stahlbetonfertigteiltreppe. Wendeltreppen können mit eingespannten und sich selbst tragenden Winkelstufen hergestellt werden. Hierzu werden die Fertigteilstufen in einer äußeren Rundsteintragwand eingemauert. Diese ist auf die anschließenden unteren und oberen Geschossdecken und Podeste abgestimmt. Beim Aufmauern des Rohbaus werden die Stufen mit der Tragwand des Treppenhauses vermauert.

Außerhalb der Tragwand liegen die Stufen mit einem Falz aufeinander auf. Jede Stufe trägt somit ihre Last auf die darunter liegende Stufe ab. Am Falzbereich werden sie vermörtelt. Während des Mauervorgangs werden die Stufen im Bereich des Treppenauges behelfsmäßig abgestützt. Erst wenn die Tragwand aus besonders geformten Steinen bis zur Decke hochgemauert wurde und die Geschossdecke betoniert und erhärtet ist, wird die Unterstützung der Stufen entfernt. Die runde Treppenhaustragwand wird in jedem Geschoss mit einem Betongurt in Deckenhöhe abgefangen.

8.4.3 Stahlbetonfertigteiltreppe als Spindeltreppe

Spindeltreppen können aus einzelnen Fertigteilstufenelementen hergestellt werden. Tragendes Bauteil ist eine ausreichend bemessene, im Querschnitt runde Stahlrohrstütze – die Spindel. Das Stufenfertigteil wird mit einer kreisrunden Öffnung hergestellt. Der lichte Durchmesser ist geringfügig größer als der Außendurchmesser der Spindel. Somit können die Stufen vom oberen Ende der Spindel auf diese aufgereiht werden. Je nach Auftrittbreite bzw. Lauflinienlänge können die Stufen in die entsprechende Position gerückt werden. Die Befestigung erfolgt durch das Einbringen eines Vergussmörtels in den Ringspalt zwischen Stahlrohrspindel und Stufe. Um das Verfüllen mit Vergussmörtel zu erleichtern, sind die kreisrunden Öffnungen der Stufen an deren Wandungen eingenutet.

Die Stufenelemente können aus Stahlbeton zur Aufnahme von Belagmaterialien oder aber als fertige Betonwerksteinstufen ausgeführt werden. Da die Stufen herstellungsbedingt Maßtoleranzen aufweisen, müssen diese an den Auflagerfugen unterlegt werden. Stufe um Stufe kann somit in der exakten Steigungshöhe eingebaut werden. Die Lagerfugen werden anschließend verspachtelt.

> **Absturzsicherungen**
>
> Währende der Bauzeit müssen Treppen bis zur endgültigen Geländermontage gegen Absturz gesichert werden. Eine unfallsichere Baugeländermontage an runden Treppenwangen erfordert besondere Sorgfalt und ist in den Bauablauf mit einzuplanen.

Mauern einer Wendeltreppe

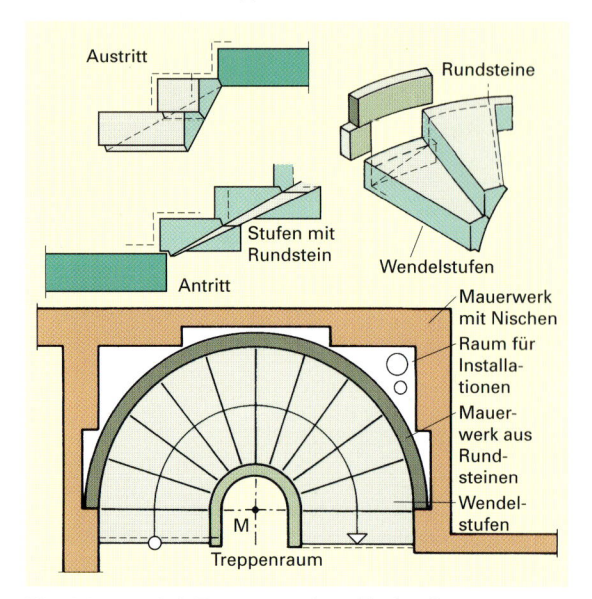

Wendeltreppe (mit Treppenauge) aus Fertigteilen

Spindeltreppe aus Winkelstufenelementen in Sichtbetonqualität

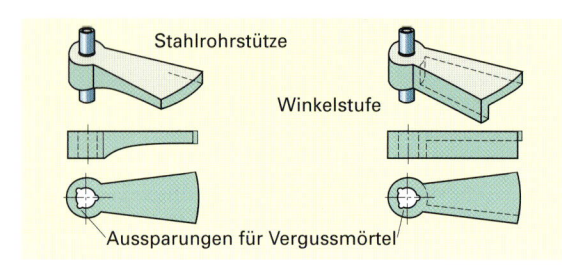

Spindeltreppe aus Fertigteilen (Betonwerkstein)

8 Herstellen einer gewendelten Treppe — Aufgaben

Zusammenfassung

Gewendelte Treppen werden nach der Form der Wendelung unterschieden. Es werden viertel-, halb- und vollgewendelte Treppen unterschieden. Auch Spindeltreppen, Wendeltreppen und Bogentreppen zählen zu den gewendelten Treppen.

Gewendelte Treppen haben in der Regel einen geringeren Platzbedarf als gerade Treppen.

Häufig kommen gewendelte Treppen aus gestalterischen Gründen zum Einsatz. Damit die Treppen richtig zur Geltung kommen, sollte genügend Platz für die Treppen vorgesehen werden.

Die Stufen gewendelter Treppen müssen sorgfältig verzogen werden, damit die Treppen sicher und bequem zu begehen sind.

An der Spickelstufe ist die Auftrittbreite am kleinsten. Sie darf die in der DIN 18065 festgelegten Mindestmaße nicht unterschreiten.

Die Treppenlauflinie muss im Gehbereich der Treppe liegen.

Das Verziehen der Stufen kann mithilfe zeichnerischer und rechnerischer Methoden sowie durch das Auslegen von Leisten vorgenommen werden.

Gewendelte Stahlbetontreppen können in Ortbeton oder aus Betonfertigteilen hergestellt werden. Für die Schalung vor Ort müssen die gekrümmten Treppenunterseiten an den die Wangen begrenzenden Bauteilen oder Schalungen markiert werden.

Der Schalungsboden selbst wird mit Holzleisten oder Schalungshilfen aus Metall ausgebildet.

Von Podest zu Podest spannende Treppenläufe werden im gewendelten Bereich in der Regel zusätzlich über bewehrte Konsolen auf die Treppenhauswände aufgelagert.

8.5 Aufgaben

1. Nennen Sie wesentliche Grundsätze, die beim Verziehen von gewendelten Treppen zu beachten sind.
2. Beschreiben Sie den Unterschied des Gehbereichs einer geraden Treppe im Gegensatz zum Gehbereich einer gewendelten Treppe.
3. DIN 18065 legt für die Lage des Gehbereichs bei gewendelten Treppen bestimmte Maße fest.
   a) Unterscheiden Sie die Lage des Gehbereichs bei einer Spindeltreppe von der einer im Antritt viertelgewendelten Treppe.
   b) Welche Folge hat dies für das Anbringen eines Handlaufes?
4. Erklären Sie den Begriff „Lichtwange".
5. Beschreiben Sie die Besonderheit einer Spickelstufe!
6. Ordnen Sie die in der DIN 18065 aufgeführten Mindestauftrittbreiten von Wendelstufen den unterschiedlich möglichen Gebäuden zu.
7. Die Auftrittbreite der Treppe beträgt 28 cm. Verziehen Sie die Stufen 1…9 mit der rechnerischen Methode. Die fünfte Stufe ist die Spickelstufe und soll mittig von der Ecke der Lichtwange zur Außenwange führen. Ihre Mindestauftrittbreite soll 12 cm betragen.

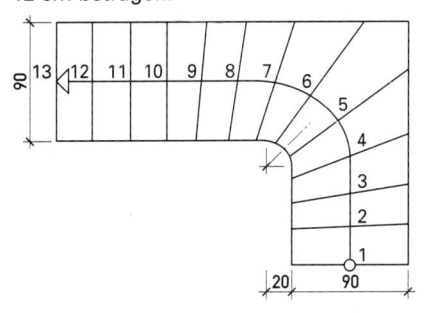

8. Die dargestellte Wohnhaustreppe hat 17 Stufen. Das Steigungsverhältnis beträgt 17,8/27,5 cm. Die Stufen 1…6 und 12…17 sind zu verziehen. Ermitteln Sie die Auftrittbreiten der verzogenen Stufen im Abstand von 15 cm von der Lichtwange mithilfe der Rechenmethode. Die Stufen 3 und 15 sind Spickelstufen.

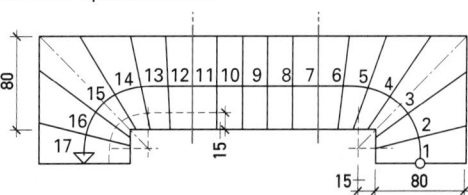

9. Zeichnen Sie den Grundriss einer halbgewendelten Treppe im Maßstab 1:20 (A4-Blatt). Die Nutzbare Treppenlaufbreite beträgt 80 cm. Das Maß des Treppenauges beträgt 20 cm. Die Geschosshöhe ist mit 2,80 m vorgegeben.
   a) Ermitteln Sie nach der Schrittmaßregel die Anzahl der notwendigen Stufen, die Auftrittbreite und Auftritthöhe.
   b) Legen Sie die Treppenlauflinie fest und verziehen Sie die Stufen mit der Fluchtpunktmethode. Den Beginn der Verziehung legen Sie selbst fest.
   c) Verziehen Sie die gleiche Treppe mit der Methode der Vergatterung. Vergleichen und Beurteilen Sie die Ergebnisse aus b) und c).

8 Herstellen einer gewendelten Treppe — Projektaufgabe

Projektaufgabe

Aufgabe 1

Der Tennis- und Discobereich im Untergeschoss des Jugendtreffs soll nach Ansicht der bei der Planung mitwirkenden Jugendlichen größer werden. Eine Arbeitsgruppe hat sich hierzu Gedanken über eine mögliche Grundrissänderung gemacht. Diese lässt sich aber nur realisieren, wenn die bisher vorgesehene zweiläufige gerade Treppe vom UG ins EG umgeplant wird.

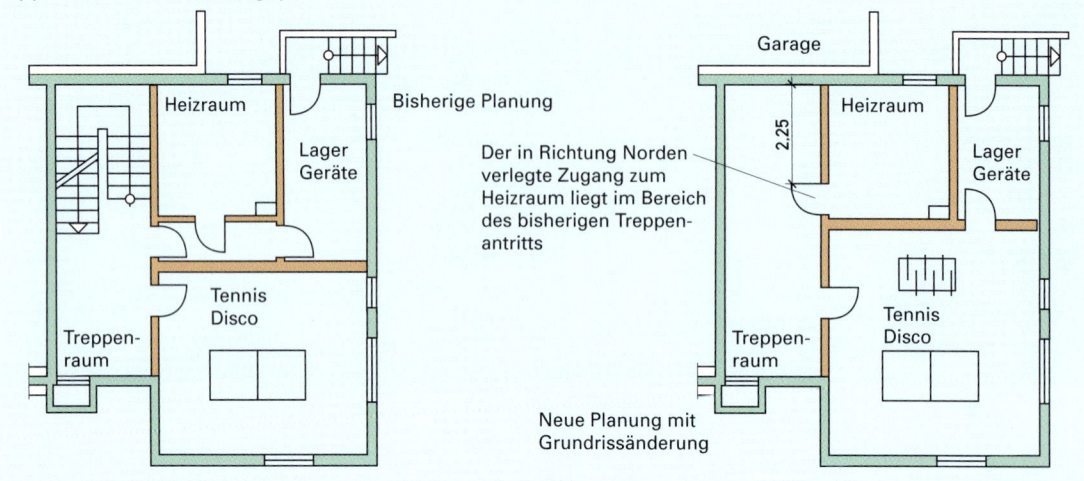

Bisherige Planung

Der in Richtung Norden verlegte Zugang zum Heizraum liegt im Bereich des bisherigen Treppenantritts

Neue Planung mit Grundrissänderung

Zeichnen Sie einen Vorschlag für:
a) eine **viertelgewendelte** Treppe im Maßstab 1:20. Verziehen Sie die Stufen mit der Methode der Vergatterung. Die Maße des Treppenhauses entnehmen sie den Projektzeichnungen. Die Treppenlaufbreite von 1,35 m soll beibehalten werden. Die bisherige Lage der letzten Stufe bleibt unverändert. Legen Sie die Anzahl der zu verziehenden Stufen selbst fest.
b) eine **halbgewendelte** Treppe im Maßstab 1:20. Verziehen Sie die Stufen mit der Fluchtpunktmethode. Die erste Stufe soll einen Abstand von etwa 2,00 m von der Treppenhausrückwand haben (Abstand zur neuen Heizraumtüre 0,25 m).
c) Beurteilen Sie Ihre beiden Lösungen hinsichtlich der Vorteile und Nachteile. Berücksichtigen Sie hierbei auch den Treppenverlauf vom EG zum OG. Dieser soll weiterhin als gerade zweiläufige Treppe ausgeführt werden.

Aufgabe 2

Beim Projekt Jugendtreff soll die in Aufgabe 1a) vorgeschlagene, im Antritt viertelgewendelte Treppe als Ortbetontreppe erstellt werden.

Die Lehren zum Schalen der Treppenuntersicht und der Stufen müssen hergestellt werden.

a) Übertragen Sie den in Aufgabe 1 erstellten Treppengrundriss und ermitteln Sie hierzu zeichnerisch die Abwicklung der Außenwange. Dicke der Treppenlaufplatte 16 cm.

Treppenbelag:
Trittplatte 40 mm + 20 mm Mörtel
Stellplatte 15 mm + 15 mm Mörtel
Unterschneidung 20 mm

b) Ermitteln Sie zeichnerisch die Abwicklung der Innenwange.

Kapitel 9:
Herstellen eines Trägers aus Spannbeton

Kapitel 9 vermittelt die Kenntnisse des Lernfeldes 16 für Beton- und Stahlbetonbauer/-innen.

Bei unserem Projekt „Jugendhaus" werden die Geschosse durch Massivdecken voneinander getrennt. Wäre der Saal im Obergeschoss stützenfrei, so könnte er noch vielseitiger genutzt werden, z. B. für sportliche Aktivitäten. Eine Stütze wäre also hinderlich. Um den Saal stützenfrei zu gestalten, muss die Massivdecke und der Unterzug aus **Spannbeton** hergestellt werden. Ein Träger aus vorgespanntem Beton ermöglicht größere Spannweiten und somit für unser Projekt einen stützenfreien Saal.

Träger aus Spannbeton werden vor allem im Hallenbau als vorgespannte Dachbinder verwendet. Auch im Brückenbau kommt fast ausschließlich Spannbeton zur Anwendung.

Für Spannbetonbauteile sind hochfeste Spannstähle erforderlich, welche die Vorspannung des Betons ermöglichen.

Für Baufachleute ist es notwendig, die Wirkungsweise des Spannbetons, sowie die speziellen Regeln der Betonverarbeitung, die unterschiedlichen Spannverfahren und die konstruktiven Zusammenhänge zu kennen. Unter anderem ist auch der Korrosionsschutz des Stahls ein wichtiger Aspekt bei der Herstellung von Trägern aus Spannbeton.

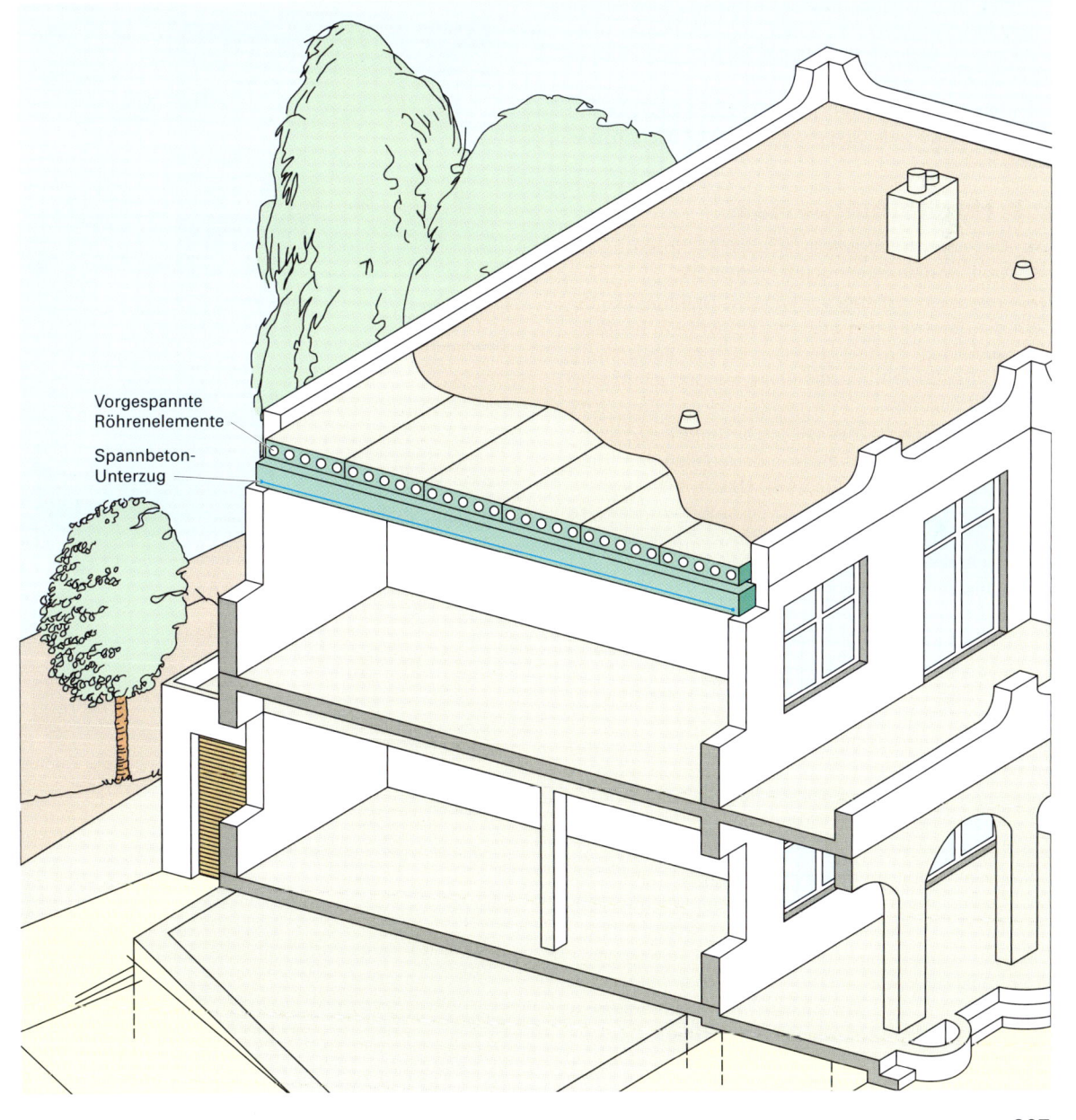

9 Herstellen eines Trägers aus Spannbeton — Herstellungsarten

9.1 Geschichte

Die erste Idee Beton vorzuspannen kam 1886 von dem Amerikaner Jackson. Zwei Jahre später meldete W. Döhring aus Berlin ein Patent an. Er sah gespannte Drahteinlagen in kleinen Balken vor. Es gab aber noch keine Versuche, die die Wirkungsweise von Spannbeton dokumentierten.

Den ersten Durchbruch für wirkungsvollen Spannbeton gab es 1919. Ein Ingenieur namens K. Wettstein verwendete für dünne Betonbretter Klaviersaiten aus hochfestem Stahl mit hoher Spannung. Wettsteins Betonbretter funktionierten, nur erkannte Wettstein nicht die Tragweite seiner Erfindung für den Ingenieurbau.

Als Erschaffer des heutigen Spannbetons gilt der französische Ingenieur Eugene Freyssinet. Er erkannte die Bedeutung von vorgespanntem Beton und untersuchte diese Technik eingehend. Er errichtete sein erstes Spannbetonbauwerk im Hafen von Le Havre 1935. Sein erstes bedeutendes Bauwerk war eine Brücke über die Marne in Frankreich 1947.

Die erste Spannbetonbrücke in Deutschland entstand 1937, sie hatte eine Spannweite von 69 Metern und stand in Aue.

9.2 Herstellungsarten

Der Träger im Mehrzwecksaal unseres Projekts „Jugendtreff" wird in Spannbeton hergestellt.

Der Spannbeton ist eine Variante des Stahlbetons, bei dem die Bewehrungen aus vorgespanntem, hochfesten Spannstahl besteht und den Beton „zusammendrückt". Die Bewehrungselemente werden als **Spannglieder** bezeichnet.

Die Vorspannung der Bewehrung im Beton wird angewandt, um der Verformung von Bauwerken oder Bauteilen gezielt entgegenzuwirken. Durch das Vorspannen der Bewehrung und das „Zusammendrücken" des Betons im Zugbereich, kann der Beton in einer größeren Fläche Druck aufnehmen. Somit ist eine höhere Belastung möglich, bevor Zugspannungen im Beton entstehen. Außer der Spannbewehrung ist auch eine Bewehrung aus Betonstahl erforderlich. Diese Bewehrung wird als „schlaffe Bewehrung" bezeichnet.

Da Beton zwar eine hohe Druckfestigkeit, aber nur eine geringe Zugspannung aufweist, ist der vorgespannte Beton besser nutzbar. Durch die Vorspannung ist das Bauteil steifer, die Durchbiegung des Bauteils wird reduziert, größerer Stützweiten und eine höhere Tragfähigkeit ist dadurch möglich.

Der Spannbeton findet im Brückenbau und Behälterbau Anwendung. Im Hochbau wird Spannbeton insbesondere für Fertigteildecken, Balkenplattendecken, Dachbinder, Pfetten, Träger und Balken angewendet.

Der Spannbeton kann grundsätzlich drei Herstellungsarten zugeordnet werden: Dem **Vorspannen mit sofortigem Verbund**, dem **Vorspannen mit nachträglichem Verbund** und dem **Vorspannen ohne Verbund**. Das Vorspannen ohne Verbund wird mit einer internen Vorspannung oder einer externen Vorspannung ausgeführt.

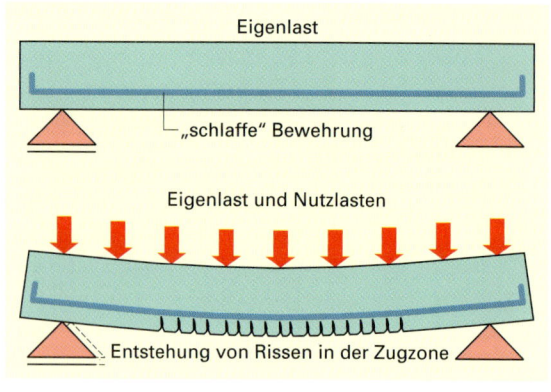

Stahlbeton

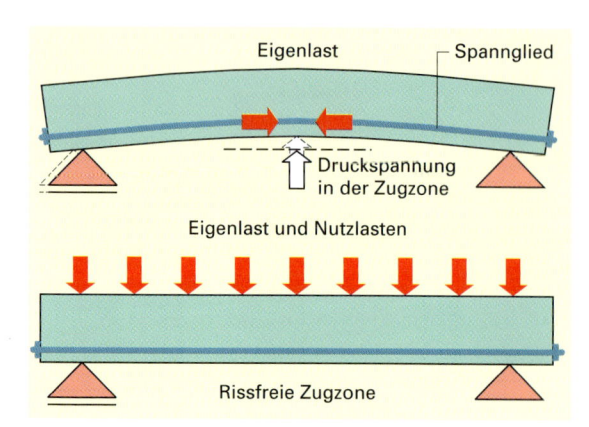

Spannbeton

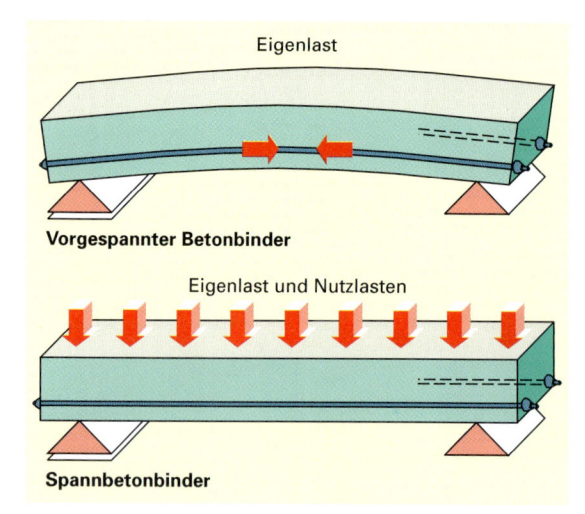

Funktionsweise eines Binders aus Spannbeton

Ein Stahlbetonbalken bekommt an der Zugseite Risse. Mit einer „schlaffen Bewehrung" werden die Zugkräfte durch die Bewehrung aufgenommen und die Rissbildung minimiert oder verhindert. Bei einem Träger mit Spanngliedern wird die Druckaufnahme im Beton erhöht und somit die Rissbildung verhindert.

9 Herstellen eines Trägers aus Spannbeton — Herstellungsarten

9.2.1 Vorspannen mit sofortigem Verbund

Beim Vorspannen mit sofortigem Verbund sind der Spannstahl oder die Spannlitzen kraftschlüssig mit dem Beton verbunden.

Die im Betonquerschnitt liegenden Spannglieder aus Spannstahl werden vor dem Betonieren in das Spannbett gespannt. Der Verbund zwischen Beton und Spannglied entsteht nach dem Betonieren mit dem Erhärten des Betons.

Herstellung

Bei diesem Verfahren werden die Spanndrähte oder Litzen in einem vorgefertigten Spannbett mittels hydraulischen Pressen vorgespannt. Der Träger oder Balken wird in einer Schalung im Spannbett betoniert. Nach der Erhärtung des Betons ist der Spanndraht im festen Verbund mit dem Beton. Nun werden die Verankerungen der Spanndrähte gelöst. Der Spanndraht zieht sich zusammen und erzeugt durch den Verbund eine Druckspannung im Beton.

Diese Methode wird vor allem in Fertigteilwerken angewendet. Diese Art der Vorspannung eignet sich nur bei geradliniger Führung der Spannglieder. Vorspannen mit sofortigem Verbund ist geeignet für die Spannbetondecke und den Unterzug in unserem Projekt „Jugendtreff".

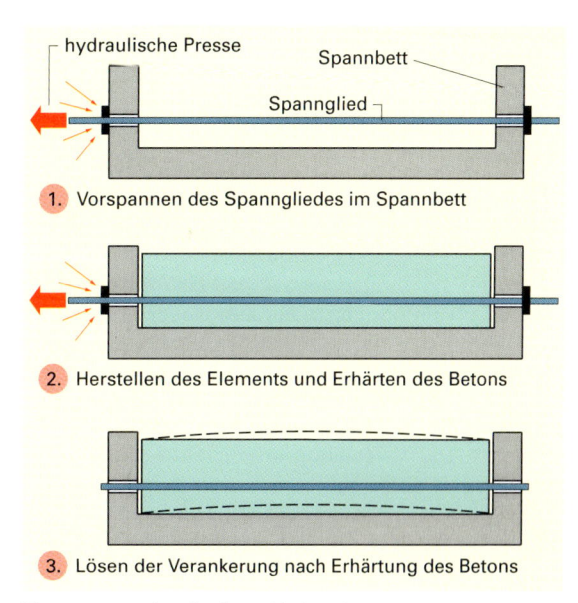

9.2.2 Vorspannen mit nachträglichem Verbund

Beim Vorspannen mit nachträglichem Verbund wird der Spannstahl in einem mit Zementmörtel verpresstes Hüllrohr kraftschlüssig mit dem Beton verbunden.

Die im Betonquerschnitt in Hüllrohren liegenden Zugglieder aus Spannstahl werden beim Vorspannen gegen den bereits erhärteten Beton gespannt und durch Ankerköpfe verankert. Der Verbund zwischen Beton und Spannglied entsteht nach dem Einpressen und Erhärten des Mörtels.

Herstellung

Bei diesem Verfahren werden in das Betontragwerk Hüllrohre nach DIN 18553 aus Metall oder Kunststoff einbetoniert. Der Spannstahl ist innerhalb des Hüllrohrs frei beweglich. An den Enden des Spannstahls werden Ankerplatten in das Tragwerk mit einbetoniert. Auf einer Seite befindet sich ein **Festanker**, welcher mit dem Spannglied fest verbunden wird. Auf der gegenüberliegenden Seite befindet sich der **Spannanker**, in dem der Spannstahl verschiebbar bleibt. Nach Erhärtung des Betons werden an den Spannankern die Spannglieder mittels mobiler, hydraulischer Pressen auf die gewünschte Vorspannkraft gebracht. Nach Erreichen der gewünschten Vorspannkraft wird der Spannstahl durch Muttern, Keile und Klemmen im Spannanker befestigt.

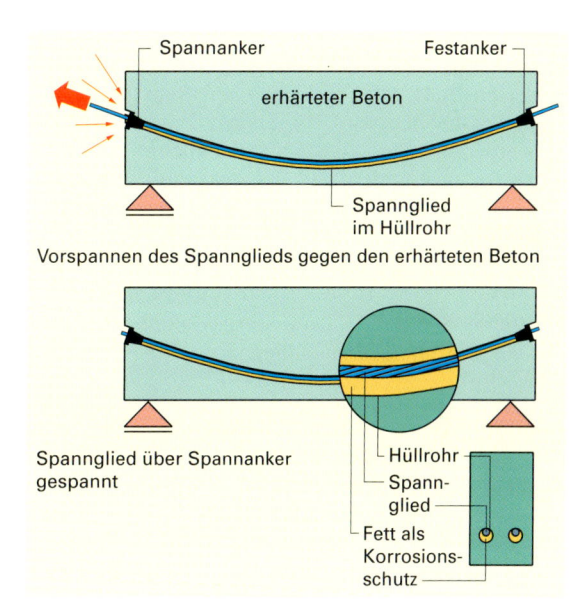

Vorspannen mit sofortigem Verbund

Internes Vorspannen ohne Verbund

Sehr schnell nach dem Vorspannen muss das Hüllrohr vollständig mit Zementmörtel verpresst werden um
- den Korrosionsschutz des Spannglieds zu gewährleisten,
- den nachträglichen Verbund sicherzustellen.

> Spannbetonbauteile werden in drei Herstellungsarten unterschieden:
> a) Vorspannen mit sofortigem Verbund,
> b) Vorspannen mit nachträglichem Verbund,
> c) externes und internes Vorspannen ohne Verbund.

209

9 Herstellen eines Trägers aus Spannbeton — Herstellungsarten

Nach dem Erhärten des Zementmörtels im Hüllrohr ist der Verbund wirksam.

Der Spannstahl wird entweder zusammen mit dem Hüllrohr eingebracht oder nachträglich mit speziellen Maschinen eingeschoben.

9.2.3 Vorspannen ohne Verbund

Internes Vorspannen

Beim internen Vorspannen werden die im Betonquerschnitt im Hüllrohr liegenden Zugglieder aus Spannstahl beim Vorspannen gegen den bereits erhärteten Beton gespannt und nur an den Verankerungen mit dem Tragwerk verbunden. Im Bereich der Spanngliedkrümmungen werden Umlenkkräfte auf den Beton ausgeübt. Die Herstellung erfolgt ähnlich dem Vorspannen mit nachträglichem Verbund, nur dass das Spannglied im Hüllrohr nicht mit Zementmörtel umhüllt wird, sondern mit Fett. Es gibt keinen Verbund des Spannglieds mit dem Tragwerk. Das Fett ist notwendig, um einen ausreichenden Korrosionsschutz des Spannstahls zu gewährleisten.

Externes Vorspannen

Beim externen Vorspannen befinden sich die Zugglieder aus Spannstahl außerhalb des Betonquerschnitts, aber innerhalb des umhüllenden Betontragwerks. Beim Vorspannen wird das Zugglied gegen den bereits erhärteten Beton gespannt und mit dem Tragwerk durch Verankerungen und Umlenksättel verbunden. Die Zugglieder werden nur im Ankerbereich und im Umlenkbereich durch den Betonquerschnitt geführt. Das Spannglied liegt auch in einem Hüllrohr, welches mit Fett für den Korrosionsschutz verpresst ist.

Ein Vorteil des Verspannens ohne Verbund besteht in der Möglichkeit nachzuspannen.

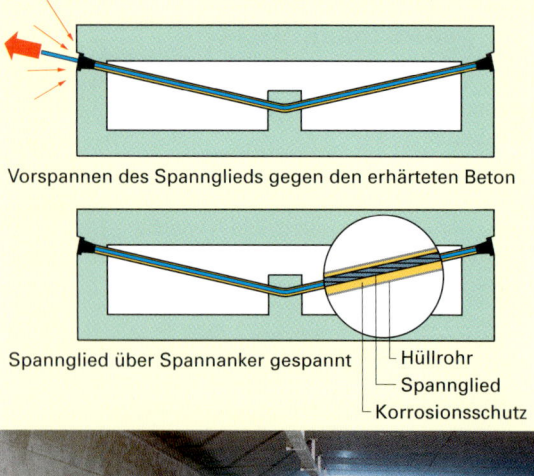

9.2.4 Lage der Spannglieder

Mittige Vorspannung

Bei der mittigen Vorspannung liegen die Spannglieder in der Schwerachse des Bauteils. Mit dieser Methode wird im Betonquerschnitt ein gleichmäßiger Druck erzeugt. Angewandt wird diese Methode bei Spannbetonfertigteildecken oder Spannbetonmasten. Bei Spannbetonmasten weisen die Biegemomente keine eindeutige Richtung auf, da Windlasten von allen Seiten angreifen können.

Ausmittige Vorspannung

Die ausmittige Vorspannung wird in der Regel bei biegebeanspruchten Bauteilen verwendet. Die Lage der Spannglieder richtet sich nach dem Verlauf der Biegemomente. Mit dieser Methode werden vor allem Brücken gebaut. Bei gleicher Tragfähigkeit ist ein Spannbetonträger wesentlich dünner, leichter und schlanker als ein Stahlbetonträger.

> Je nach Anordnung der Spannglieder im Querschnitt wird zwischen mittiger und ausmittiger Vorspannung unterschieden.

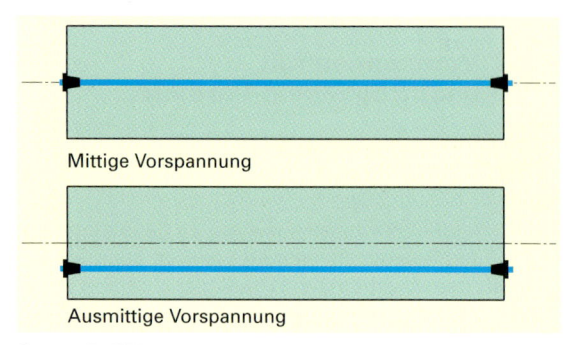

Vorspannen des Spannglieds gegen den erhärteten Beton

Spannglied über Spannanker gespannt — Hüllrohr — Spannglied — Korrosionsschutz

Externes Vorspannen ohne Verbund

Mittige Vorspannung

Ausmittige Vorspannung

Spanngliedführung

Zusammenfassung

Tragwerke aus Spannbeton werden angewandt, um der Verformung des Bauteils gezielt entgegenzuwirken.

Durch das Vorspannen von Tragwerken wird die Druckaufnahme im Beton erhöht.

Ein Träger aus Spannbeton ist wesentlich leichter und schlanker als ein Träger aus Stahlbeton mit schlaffer Bewehrung.

Tragwerke aus Spannbeton werden hinsichtlich ihrer Herstellung unterschieden in:
- Vorgespannte Träger mit oder ohne Verbund der Spannglieder,
- Träger mit mittiger oder ausmittiger Anordnung der Spannglieder.

9 Herstellen eines Trägers aus Spannbeton — Vorspannen

9.3 Spannverfahren

Zum Spannen werden **Verankerungsteile**, **Kopplungen**, **Hüllrohre**, **Umlenkelemente** und **Spannglieder** benötigt. Spannglieder bestehen aus hochfestem Spannstahl in der Form von Drähten, Litzen und Stäben und deren Verankerungen.

Für Spannbetonbauteile mit nachträglichem Verbund oder ohne Verbund dürfen nur Spannverfahren eingesetzt werden, für die eine allgemeine bauaufsichtliche Zulassung vorliegt.

Spannstahl, Hüllrohre, Kopplungen sowie vorgefertigte und baustellengefertigte Spannglieder müssen während Transport und Lagerung gegen schädliche Einflüsse geschützt werden. Dies ist auch in eingebautem Zustand solange erforderlich, bis ein dauerhafter Korrosionsschutz vorgenommen wurde.

Beim Vorspannen auf der Baustelle und in Werken dürfen nur Führungskräfte mit entsprechenden Kenntnissen im Spannbetonbau eingesetzt werden.

Spannlitzen mit Spannscheibe und Spannanker

9.3.1 Spannglieder

Spannglieder bestehen aus dem Spannstahl oder den Spannlitzen, dem Hüllrohr (nur bei Vorspannung ohne Verbund oder bei nachträglichem Verbund) und den Verankerungselementen.

Das Spannverfahren benötigt eine bauaufsichtliche Zulassung und darf nur in Übereinstimmung mit dieser angewandt werden.

Spannlitzen am Spannanker

Einbau

Spannglieder sind so einzubauen, dass die Betondeckung nach DIN 1045-1 eingehalten wird.

Zur Sicherstellung der Betondeckung sind die, in den Bewehrungszeichnungen vorgegebenen Nennmaße der Betondeckung c_{nom} der Ausführung zugrunde zu legen (siehe Abschnitt 9.4, Tabelle 1).

Spannglieder mit leichtem Flugrost dürfen verwendet werden, wenn er noch nicht zur Bildung von mit bloßem Auge erkennbaren Korrosionsnarben geführt hat. Der Flugrost lässt sich im Allgemeinen mit einem trockenen Lappen entfernen.

Vorbereitung zum Spannen

Die Abstände der Spannglieder müssen so festgelegt sein, dass der Beton ordnungsgemäß eingebracht und verdichtet werden kann.

Die Spannglieder dürfen keinen Kontakt mit der schlaffen Bewehrung bekommen. Verzinkte Einbauteile oder Bewehrungen müssen einen Mindestabstand von mindestens 20 mm zu den Spanngliedern aufweisen.

Spannstahl, Hüllrohre, Verankerungsteile, Kopplungen, vorgefertigte und baustellengefertigte Spannglieder müssen während des Transports und der Lagerung gegen Korrosion und anderer Beschädigung geschützt werden.

Gekürzte Spannlitzen befestigt mit einer Spannscheibe, gespannt mit Spannkeilen. Durch das schwarze Rohr wird der Zementmörtel eingepresst.

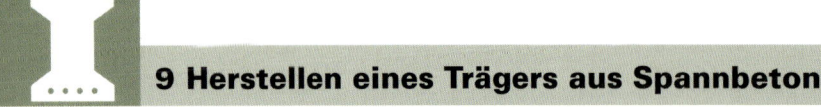

9 Herstellen eines Trägers aus Spannbeton — Spannstahl

Bei Bauteilen mit Spanngliedern mit oder ohne Verbund ist vor dem Betonieren Folgendes zu überprüfen:
- Die Lage der Spannglieder, Hüllrohre, Verankerungen, Kopplungen, Einpressöffnungen, Entlüftungen und Entwässerungen der Hüllrohre.
- Der Abstand der Spannglieder für die erforderliche Betondeckung.
- Die Befestigung der Spannglieder und Hüllrohre, damit ein Auftrieb beim Betonieren verhindert wird.
- Die Unversehrtheit und die Sauberkeit der Spannglieder.

Spannglieder mit sofortigem Verbund

Für Vorspannungen mit sofortigem Verbund ist die Verwendung von glatten Drähten nicht zulässig.

Der horizontale und vertikale lichte Mindestabstand einzelner Spannglieder ist einzuhalten. Der vertikale Abstand zwischen den Spanngliedern beträgt den Durchmesser des Spanngliedes, aber mindestens 10 mm. Der horizontale Abstand beträgt den Durchmesser des Spanngliedes, aber mindestens 20 mm.

Spannglieder mit nachträglichem Verbund

Der lichte Abstand zwischen den Hüllrohren muss mindestens das 0,8-Fache des äußeren Hüllrohrdurchmessers, jedoch nicht weniger als 40 mm vertikal und 50 mm horizontal betragen.

9.3.2 Spannstahl

Vorspannstahl gibt es als:
- Warmgewalzte Stäbe, glatt oder mit profiliertem Querschnitt mit den Durchmessern von etwa 26 mm bis etwa 40 mm.
- Vergütete runde Drähte, glatt oder mit profiliertem Querschnitt mit den Durchmessern von etwa 5,0…14 mm.
- Kaltgezogene runde Drähte, glatt oder mit profiliertem Querschnitt mit den Durchmessern von etwa 4…12,0 mm.

> Das Schweißen von Spannstahl sowie das Schweißen in der Nähe von Spannstahl sind verboten!

Bei den Zuggliedern wird zwischen Spannstahl und Spannlitzen unterschieden.

Spannstahl

Spannstahl besteht aus hochfestem Stahl, meist gerippt oder profiliert, mit rundem Querschnitt. Er besteht aus Stäben oder Drähten.

Der Unterschied zum normalen Betonstahl besteht in seiner wesentlich größeren Zugfestigkeit.

Spannlitzen

Spannlitzen bestehen in der Regel aus einem Bündel von hochfesten, runden, nichtprofilierten Spanndrähten, die miteinander verwunden sind. Sie werden in unterschiedlichen Varianten gefertigt. Ab der Bündelung von zwei Spanndrähten oder Spannstäben werden diese als Spannlitze bezeichnet.

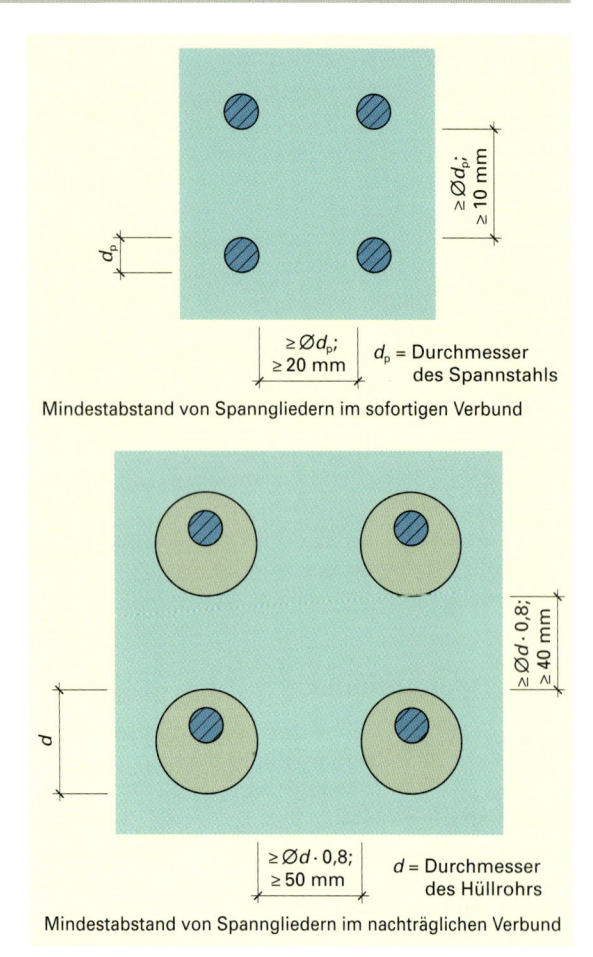

Mindestabstand von Spanngliedern im sofortigen Verbund
d_p = Durchmesser des Spannstahls

Mindestabstand von Spanngliedern im nachträglichen Verbund
d = Durchmesser des Hüllrohrs

Mindestabstände zwischen Spanngliedern und Hüllrohren

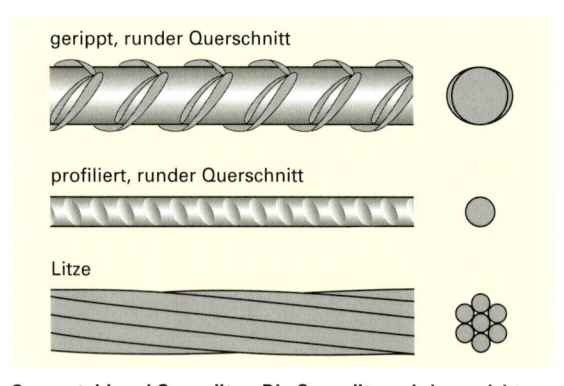

Spannstahl und Spannlitze. Die Spannlitze wird aus nicht gerippten Spanndrähten oder Spannstäben hergestellt

Spannlitzen gibt es in einer Bündelung von 2; 3; 5 und 7 Spanndrähten.

Die Zugfestigkeit von Spannstahl bzw. Spannlitzen beträgt etwa 835…1700 N/mm².

> Beim Vorspannen ohne Verbund und mit nachträglichem Verbund ist darauf zu achten, dass für das Absetzen der Vorspannkraft auf den Beton eine ausreichende Betondruckfestigkeit vorhanden ist.

9 Herstellen eines Trägers aus Spannbeton — Spannstahl

9.3.3 Spannanker

Beim Vorspannen mit sofortigem Verbund erfolgt die Verankerung des profilierten Spannstahls durch Haftung und Scherverbund mit dem Beton.

Beim Vorspannen mit nachträglichem Verbund oder beim Vorspannen ohne Verbund wird die Spannkraft vom Ankerkörper auf den Beton übertragen. Die Verankerung des Spannstahls am Spannanker erfolgt durch Keile, Schraubenmuttern oder Klemmen in Ankerlochplatten am Spannanker.

Die Verankerung des Festankers entsteht durch den festen Verbund mit dem Beton.

9.3.4 Kopplungen

Kopplungen werden verwendet um Spannlitzen oder Spannstäbe miteinander zu verbinden bzw. zu verlängern.

Kopplungen müssen so angeordnet werden, dass das Bauteil im Tragverhalten nicht beeinträchtigt wird.

Es ist darauf zu achten, dass Kopplungen möglichst in Bereichen geringer Beanspruchung liegen. Kopplungen werden nur für Tragwerke mit sehr großen Spannweiten verwendet, wie beispielsweise im Brückenbau.

9.3.5 Hüllrohre

Hüllrohre werden nur für vorgespannte Träger mit nachträglichem Verbund und für vorgespannte Träger ohne Verbund verwendet. Sie bestehen in der Regel aus geripptem Walzblech oder Kunststoff.

Geripptes Walzblech

Geripptes Walzblech wird für vorgespannte Träger mit nachträglichem Verbund verwendet. Durch die Rippen bekommt das Hüllrohr eine ausreichende Versteifung und der Verbund zwischen Beton und Hüllrohr wird damit hergestellt. Durch die Rippen lassen sich die Hüllrohre an den Stößen zusammenschrauben.

Hüllrohre aus Kunststoff

Hüllrohre aus Kunststoff werden für vorgespannte Tragelemente ohne Verbund verwendet. Für Vorspannungen mit nachträglichem Verbund sind die Kunststoffrohre stark gewellt, damit über die Verzahnung im Beton die Verbundwirkung erreicht wird.

PE-Ummantelung (**P**oly**e**thylen)

Zum Teil werden Spannlitzen mit PE-Ummantelung verwendet. Bezeichnet werden sie auch als **Monolitzen** und werden bei der internen Vorspannung verwendet. Die PE-Ummantelung erfüllt die Funktion eines Hüllrohres. Innerhalb der Ummantelung liegt die Spannlitze im Fett.

In den Hüllrohren sind genügend Entlüftungsöffnungen vorzusehen, damit beim Verpressen von Zementmörtel oder Fett die Luft entweichen kann. Nur so wird der Korrosionsschutz gewährleistet.

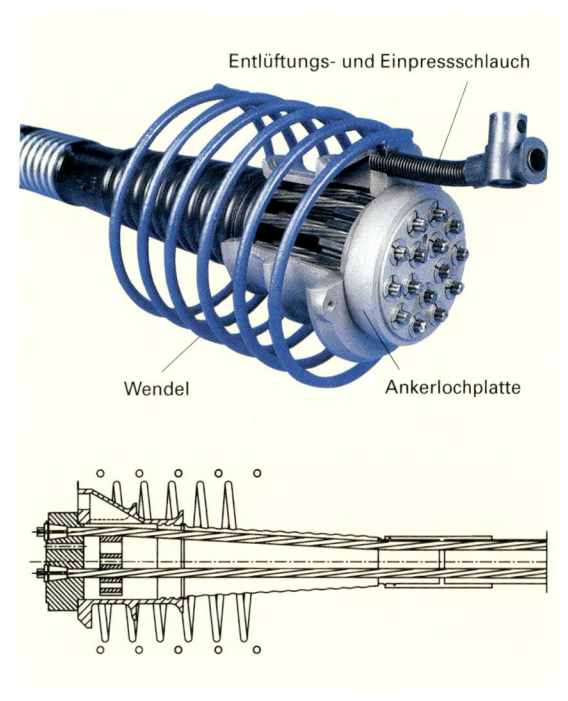

Spannanker

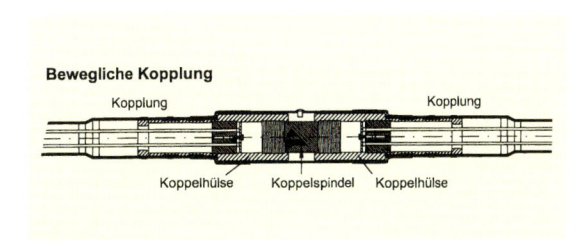

Kopplung

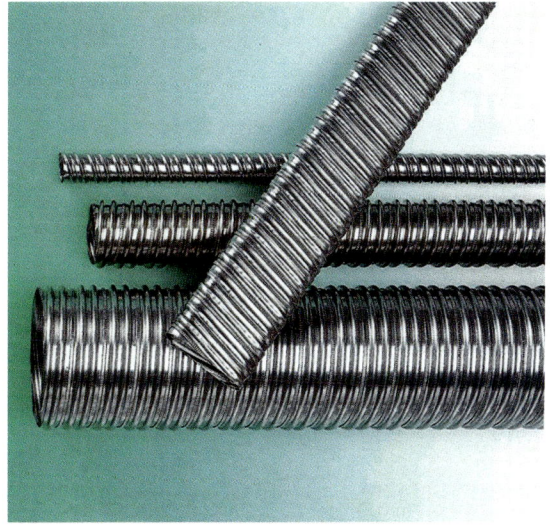

Hüllrohre aus Stahl

9 Herstellen eines Trägers aus Spannbeton — Spannanker

Bestandteile der Ankerelemente

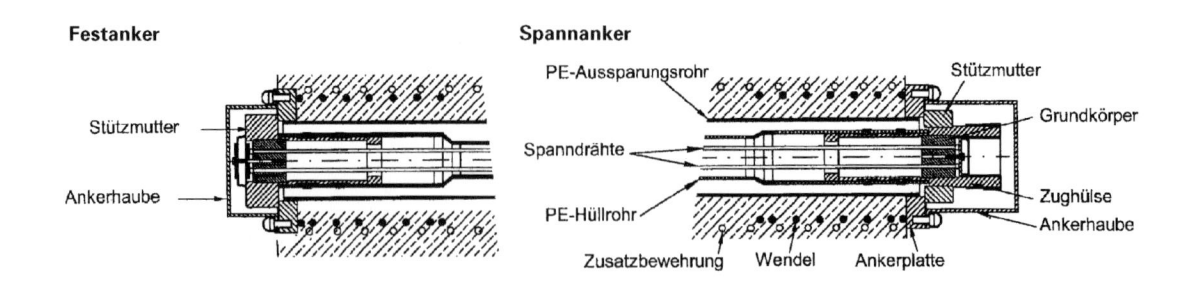

Festanker / Spannanker

Beschriftungen Festanker: Stützmutter, Ankerhaube

Beschriftungen Spannanker: PE-Aussparungsrohr, Stützmutter, Grundkörper, Spanndrähte, Zughülse, Ankerhaube, PE-Hüllrohr, Zusatzbewehrung, Wendel, Ankerplatte

Beispiel eines Spann- und Festankers für externe Spannverfahren ohne Verbund

Spannanker / Festanker mit rechteckiger Ankerplatte

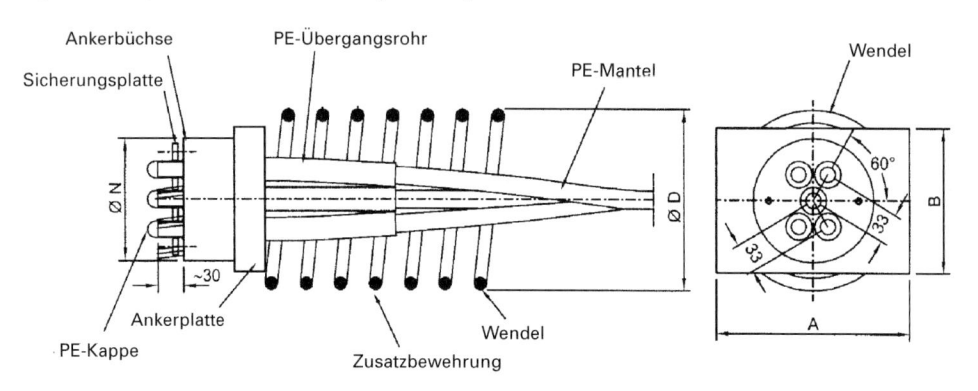

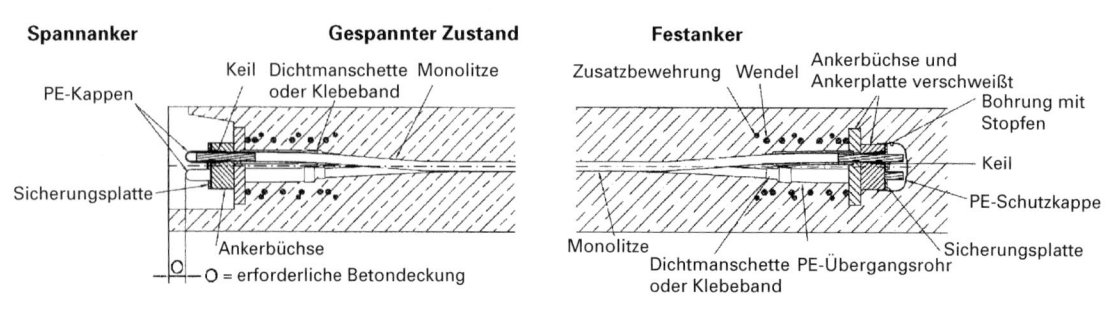

Beschriftungen: Ankerbüchse, PE-Übergangsrohr, Wendel, Sicherungsplatte, PE-Mantel, Ankerplatte, PE-Kappe, Zusatzbewehrung, Wendel

Spannanker — Gespannter Zustand — **Festanker**

Beschriftungen Spannanker: PE-Kappen, Sicherungsplatte, Keil, Dichtmanschette oder Klebeband, Monolitze, Ankerbüchse, O = erforderliche Betondeckung

Beschriftungen Festanker: Zusatzbewehrung, Wendel, Ankerbüchse und Ankerplatte verschweißt, Bohrung mit Stopfen, Keil, PE-Schutzkappe, Sicherungsplatte, Monolitze, Dichtmanschette oder Klebeband, PE-Übergangsrohr

Beispiel eines Spann- und Festankers mit Ankerplatte im Monolitzenspannverfahren ohne Verbund

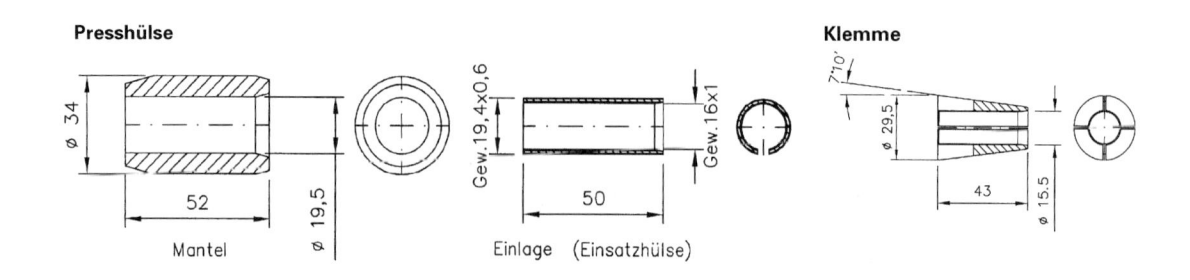

Preßhülse — **Klemme**

Maße Preßhülse: Ø 34, 52, Ø 19,5, Mantel; Gew.19,4×0,6, Gew.16×1, 50, Einlage (Einsatzhülse)

Maße Klemme: 7°10′, Ø 29,5, 43, Ø 15,5

Beispiel von Preßhülsen und Klemmen zur Befestigung von Litzen in der Ankerplatte

214

9 Herstellen eines Trägers aus Spannbeton — Korrosionsschutz

9.4 Korrosionsschutz

Gegen Korrosion sind Spannglieder in besonderem Maße zu schützen.

Spannglieder mit Verbund

Die Mindestbetondeckung für Spannglieder mit Verbund ist in Abhängigkeit der Expositionsklassen zu wählen. Bei Spanngliedern mit sofortigem und mit nachträglichem Verbund ist im Vergleich zu „normalem" Betonstahl die Mindestbetondeckung um 10 mm zu erhöhen.

Bei Spanngliedern mit nachträglichem Verbund muss gewährleist sein, dass das Hüllrohr komplett mit Einpressmörtel verpresst wird. Dazu sind genügend Einpressschläuche und Entlüftungsschläuche am Hüllrohr vorzusehen.

> Die Spannglieder sind bei der Herstellung, Lagerung und im verbauten Zustand vor Korrosion zu schützen!

Spannglieder ohne Verbund

Für den Korrosionsschutz bei Spanngliedern ohne Verbund wird das Hüllrohr mit Fett verpresst.

Bei externen Vorspannungen kann durch Abklopfen der Hüllrohre überprüft werden, ob Hohlstellen vorhanden sind.

Gegebenenfalls sind Nachpressarbeiten durchzuführen.

Rechnerische Kontrolle

Das freie Volumen der zu verpressenden Hüllrohre kann berechnet werden. Die Menge des eingepressten Mörtels muss dem errechneten freien Volumen entsprechen.

Chloridgehalt

Chloride sind korrosionsschädlich. Der Chloridgehalt des Spannbetons, bezogen auf den Zement, darf daher höchstens 0,2 % betragen. ◄ K 5.4.4

Klasse	Mindestbetondeckung c_{min} mm [a, b]		Vorhaltemaß Δc mm
	Betonstahl $\varnothing$	Spannglieder mit sofortigem Verbund und mit nachträglichem Verbund [c]	
XC 1	10	20	10
XC 2	20	30	15
XC 3	20	30	15
XC 4	25	35	15
XD 1	40	50	15
XD 2	40	50	15
XD 3 [d]	40	50	15
XS 1	40	50	15
XS 2	40	50	15
XS 3	40	50	15

[a] Für die Dauerhaftigkeit von Leichtbetonbauteilen ist die Erhöhung der Dichtheit für die Reduktion der Mindestbetondeckung unabhängig von der Festigkeitsklasse über die Anpassung der Betonzusammensetzung in Analogie zum Normalbeton entsprechend DIN 1045-2 sicherzustellen.
[b] Wird Ortbeton kraftschlüssig mit einem Fertigteil verbunden, dürfen die Werte an den der Fuge zugewandten Rändern auf 5 mm im Fertigteil und auf 10 mm (bzw. 5 mm bei rauer Fuge) im Ortbeton verringert werden. Die Bedingungen zur Sicherstellung des Verbundes nach Absatz (4) müssen jedoch eingehalten werden, sofern die Bewehrung im Bauzustand ausgenutzt wird. Auf das Vorhaltemaß der Betondeckung darf auf beiden Seiten der Verbundfuge verzichtet werden.
[c] Die Mindestbetondeckung bezieht sich bei Spanngliedern im nachträglichen Verbund auf die Oberfläche des Hüllrohrs.
[d] Im Einzelfall können besondere Maßnahmen zum Korrosionsschutz der Bewehrung nötig sein.

Mindestbetondeckung c_{min} in Abhängigkeit von der Expositionsklasse (nach DIN 1045-1)

9 Herstellen eines Trägers aus Spannbeton — Korrosionsschutz

9.4.1 Rissbildung

Rissbildungen in den Zugbereichen von Beton sind in der Regel nicht zu vermeiden. Risse ermöglichen das Eindringen von Wasser und damit die Korrosion des Stahls. Damit der Korrosionsschutz trotzdem gewährleistet wird, sind die Rissbreiten so zu begrenzen, dass die Nutzung, das Erscheinungsbild und die Dauerhaftigkeit des Tragwerks nicht beeinträchtigt werden.

In der DIN 1045-1 sind Rissbegrenzungen für vorgespannte Tragwerke geregelt.

Die Mindestanforderungsklassen in Abhängigkeit der Expositionsklassen lassen sich aus der unten stehenden Tabelle entnehmen.

Je höher die Anforderungsklasse ist, desto wahrscheinlicher ist eine Rissbreitenbegrenzung festzulegen.

Aus der nebenstehenden Tabelle ist zu entnehmen, ob eine Dekompression vorkommt oder ob sie häufig ist.

Die Rissbreitenbegrenzung wird vom Tragwerksplaner errechnet und nachgewiesen.

Dekompression

Die Einhaltung der Dekompression bedeutet, dass der Betonquerschnitt im Bereich der infolge Vorspannung „zusammengedrückten" Zugzone komplett unter Druckspannung steht.

Der Bauherr kann andere Anforderungsklassen für das Bauwerk festlegen. Es dürfen dabei aber nicht die bei der Erstellung des Tragwerks geltenden Expositionsklassen unterschritten werden.

Bauteile, bei denen die Vorspannarten „mit" und „ohne" Verbund kombiniert sind, sind in der Rissbreitenbegrenzung und Dekompression so zu behandeln wie „mit" Verbund.

Anforderungs-klasse	Einwirkungskombination für den Nachweis der	
	Dekompression	Rissbreiten-begrenzung
A	selten	–
B	häufig	selten
C	quasi-ständig	häufig
D	–	häufig
E	–	quasi-ständig
F	–	quasi-ständig

Anforderungsklassen für Rissbreitenbegrenzungen

Expositionsklasse	Mindestanforderungsklasse			
	Vorspannart			
	Vorspannung mit nachträglichem Verbund	Vorspannung mit sofortigem Verbund	Vorspannung ohne Verbund	Stahlbetonbauteile
XC 1	D	D	F	F
XC 2, XC 3, XC 4	C [a]	C	E	E
XD 1, XD 2, XD 3 [b], XS 1, XS 2, XS 3	C [a]	B	E	E

[a] Wird der Korrosionsschutz anderweitig sichergestellt, darf Anforderungsklasse D verwendet werden. Hinweise hierzu sind den allgemeinen bauaufsichtlichen Zulassungen der Spannverfahren zu entnehmen.
[b] Im Einzelfall können zusätzlich besondere Maßnahmen für den Korrosionsschutz notwendig sein.

Einteilung der Anforderungsklassen in Abhängigkeit der Expositonsklasse

Beispiel

Ein Unterzug zur Aufnahme der Spannbetonfertigteildecke in unserem Projekt „Jugendhaus" würde der Expositionsklasse XC 1 entsprechen. Der Träger kommt mit der Vorspannart „Vorspannung mit sofortigem Verbund" zur Ausführung. Er ist somit der Anforderungsklasse D zuzuordnen. Eine Rissbreitenbegrenzung ist danach häufig notwendig und wäre in Abstimmung mit dem Tragwerksplaner zu treffen.

Aufgabe

Ein Träger mit Vorspannung mit sofortigem Verbund und der Expositionsklasse XS 1 wird gefertigt.
Ist eine Rissbreitenbegrenzung notwendig?

> Die Rissbreitenbegrenzung unterstützt den Korrosionsschutz von Spanngliedern.

9.4.2 Beton

Beton

Das Betonieren von Spannbetontragwerken muss besonders überwacht werden. Dazu wird der Beton in drei Überwachungsklassen eingeteilt.

Spannbeton gehört aufgrund der Festigkeitsklasse des Betons grundsätzlich zu den Überwachungsklassen 2 oder 3.

Überwacht werden die Frisch- und Festbetoneigenschaften, sowie die technischen Einrichtungen, die zum Betonieren notwendig sind.

Die Überwachungsklassen regeln, wie häufig und in welchem Umfang Überwachungen auszuführen sind.

Die Vorgehensweise bei der Prüfung ist in der DIN 1045-3 geregelt.

9 Herstellen eines Trägers aus Spannbeton — Profile

Für jeden verwendeten Beton der Überwachungsklassen 2 und 3 ist folgendes einzuhalten:
- Der Bauunternehmer muss über eine Betonprüfstelle verfügen.
- Der Einbau ist durch eine Überwachungsstelle zu prüfen.

Diese Überwachungspflicht gilt auch für Arbeiten mit Einpressmörtel bei Spannbeton mit nachträglichem Verbund.

Eine Überwachungsstelle prüft die Lieferscheine, die Konsistenz und die Rohdichte des Frischbetons, die Druckfestigkeit und den Luftporengehalt des Festbetons, sowie die Verdichtungs-, Mess- und Laborgeräte.

Einpressmörtel

Der Einpressmörtel wird mit speziellen Zusatzmitteln eingebracht, um ihn fließfähig zu machen und um das Schwinden des Zementmörtels bei der Erhärtung zu unterbinden. So wird der Verbund und der Korrosionsschutz des Stahls gewährleistet.

9.5 Profile für Träger aus Spannbeton

Träger aus Spannbeton werden in unterschiedlichen Querschnitten hergestellt. Je nachdem wie groß die erforderlichen Spannweiten werden, sind die entsprechenden Querschnitte ausgebildet.

Der **Rechteck-Träger** wird für weniger große Spannweiten gefertigt, als Unterzug oder Riegel oftmals nur in normalem Stahlbeton. Für unser Projekt Jugendhaus würde sich die Rechteckform als Spannbetonbinder durchaus eignen, da die Spannweite nicht sonderlich groß ist, aber der Mehrzwecksaal stützenfrei bleiben soll.

Für große Spannweiten sind **T-Träger** notwendig, beispielsweise für Dachbinder bei Industriehallen. Er wird eingesetzt für Spannweiten von etwa 17…30 m. **I-Träger** werden für Spannweiten bis zu 40 m gewählt.

Im Allgemeinen gilt für Fertigteilträger, dass Spannbetonträger ab einer Länge von etwa 20 m kostengünstiger hergestellt werden können als Träger aus Stahlbeton mit schlaffer Bewehrung. Bei einer Länge zwischen 15 m und 20 m halten sich die Kosten die Waage. Bis 15 m ist der Träger aus Stahlbeton mit schlaffer Bewehrung die kostengünstigere Variante.

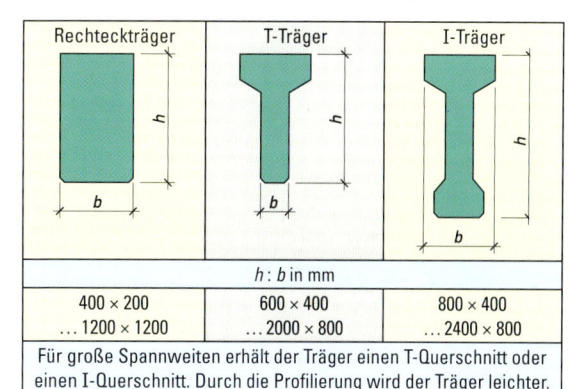

Rechteckträger	T-Träger	I-Träger
$h : b$ in mm		
400 × 200 … 1200 × 1200	600 × 400 … 2000 × 800	800 × 400 … 2400 × 800
Für große Spannweiten erhält der Träger einen T-Querschnitt oder einen I-Querschnitt. Durch die Profilierung wird der Träger leichter.		

Trägerquerschnitte

Dachbinder als I-Träger

Gegenstand	Überwachungsklasse 1	Überwachungsklasse 2[a]	Überwachungsklasse 3[a]
Festigkeitsklasse für Normal- und Schwerbeton nach DIN EN 206-1 und DIN 1045-2	≤ C 25/30[b]	≥ C 30/37 und ≤ C 50/60	≥ C 55/67
Festigkeitsklasse für Leichtbeton nach DIN 1045-2 und DIN EN 206-1 der Rohdichteklassen D 1,0 … D 1,4 D 1,8 … D 2,0	nicht anwendbar ≤ LC 25/28	≤ LC 25/28 LC 30/30 und LC 35/38	≥ LC 30/33 ≥ LC 40/44
Expositionsklasse nach DIN 1045-2	X0, XC, XF1	XS, XD, XA, XM, XF2, XF3, XF4	–
Besondere Betoneigenschaften	–	• Beton für wasserundurchlässige Baukörper (z. B. Weiße Wannen) • Unterwasserbeton • Beton für hohe Gebrauchstemperaturen $T \leq 250\,°C$ Strahlenschutzbeton (außerhalb des Kernkraftwerkbaus) • Für besondere Anwendungsfälle (z. B. Verzögerter Beton, Betonbau beim Umgang mit wassergefährdenden Stoffen) sind die jeweiligen DAfStb-Richtlinien anzuwenden.	–

[a] Bei Beton der Überwachungsklasse 2 und 3 muss der Bauunternehmer über eine ständige Betonprüfstelle verfügen
[b] Spannbeton der Klasse C 25/30 ist stets in Überwachungsklasse 2 einzuordnen

Überwachungsklassen für Beton

9 Herstellen eines Trägers aus Spannbeton — Aufgaben

Zusammenfassung

Träger aus Spannbeton sind leichter, schlanker und sie sind in der Lage, größere Druckspannungen aufzunehmen als Träger aus Stahlbeton mit schlaffer Bewehrung.

Spannglieder bestehen aus Spannstahl, Hüllrohr, Fest- und Spannanker.

Entsprechend dem Verlauf der Biegemomente des Spannbetontragwerkes wird die Spanngliedführung eingelegt. Es wird zwischen mittiger Spanngliedführung und ausmittiger Spanngliedführung unterschieden.

Spannstahl besteht aus hochfesten Spannstäben oder Spanndrähten, die eine wesentlich höhere Zugspannung aufnehmen können als „gewöhnlicher" Betonstahl. Eine Form von Spannstahl ist die Spannlitze, die aus verwundenen Spanndrähten besteht.

Der Korrosionsschutz des Stahls bei Spannbetontragwerken ist sehr wichtig. Hier sind besondere Maßnahmen bei der Mindestbetondeckung beim Bewehren des Tragwerks, sowie bei der Herstellung, Lagerung und dem Einbau der Spannglieder erforderlich.

Das Herstellen von Spannbetontragwerken als Fertigteil oder auf der Baustelle ist nur durch dafür ausgebildete Fachkräfte zulässig.

Bauteile aus Spannbeton benötigen eine bauaufsichtliche Zulassung.

Die Herstellung von Tragwerken aus Spannbeton ist überwachungspflichtig. Je nach den Anforderungen des Spannbetontragwerkes, wird dieses in Überwachungsklassen eingeteilt. Die Überwachungsklassen regeln wie oft das Betonieren, der Beton, das Verpressen der Hüllrohre und die dazugehörigen Geräte überprüft werden müssen.

Träger aus Spannbeton gibt es in unterschiedlichen Querschnittsformen.

9.6 Aufgaben

1. Nach welchen Herstellungsarten werden Träger aus Spannbeton unterschieden?
2. Erklären Sie, weshalb Tragwerke aus Beton vorgespannt werden.
3. Welche Arten der Spanngliedführung gibt es?
4. Die Lage des Spanngliedes ist je nach Tragwerk unterschiedlich.
   a) Nennen Sie Tragwerke mit unterschiedlicher Spanngliedführung.
   b) Begründen Sie, warum die Lage des Spanngliedes in Tragwerken unterschiedlich sein kann.
5. Beschreiben Sie den Unterschied zwischen interner Vorspannung und externer Vorspannung.
6. Nennen Sie die Vorteile eines Spannbetonträgers gegenüber einem Stahlbetonträger mit schlaffer Bewehrung.
7. Beschreiben Sie, aus welchen Bestandteilen Spannglieder bestehen.
8. Welche Maßnahmen sind zum Korrosionsschutz von Spanngliedern zu beachten?
9. Wie groß ist Betondeckung c_{nom} bei einem Spannbetonträger im sofortigen Verbund und der Expositionsklasse XC3?
10. Um den Beton verdichten zu können, müssen Mindestabstände zwischen den Spanngliedern eingehalten werden. Welche Mindestabstände sind bei:
    a) Spanngliedern im sofortigen Verbund,
    b) Spanngliedern im nachträglichen Verbund notwendig?
11. Unterscheiden Sie Hüllrohre nach ihrer
    a) Art,
    b) Funktion.
12. Ein Hüllrohr eines Spannbetonträgers mit externer Vorspannung wird verpresst. Ermitteln Sie die Menge des benötigten Korrosionsschutzfettes.
    Länge des Hüllrohres: 20 m
    Durchmesser des Hüllrohres: 70 mm
    Anzahl der Spannstähle: 5 Stück
    Durchmesser des Spannstahls: 15,5 mm
13. Nennen Sie die unterschiedlichen Spannstahlarten.
14. Skizzieren Sie eine Spannlitze im Querschnitt.
15. Welche Ausführungen von Spannlitzen sind Ihnen bekannt?
16. Nennen Sie den wesentlichen Unterschied zwischen Spannstahl und Betonstahl.
17. Beschreiben Sie den Unterschied zwischen einem Spannanker und einem Festanker.
18. Welche Funktion erfüllt die Kopplung bei einem Spannglied?
19. Beschreiben Sie den Unterschied zwischen einem Spannbetonträger mit:
    a) Rechteckprofil,
    b) T-Profil,
    c) I-Profil.
20. Bewerten Sie die Wirtschaftlichkeit der Herstellung von Spannbetonträgern gegenüber Stahlbetonträgern.
    a) Bei Trägern mit Längen bis 16 m.
    b) Bei Trägern mit Längen ab 25 m.

Kapitel 10:
Mauern besonderer Bauteile

Kapitel 10 vermittelt die Kenntnisse des Lernfeldes 16 für Maurer/-innen.

Mauerwerk ist sehr vielseitig einsetzbar; dies wird ganz besonders bei unserem Projekt deutlich.

Um Mauerwerk hinsichtlich seiner Tragfähigkeit richtig einschätzen zu können, sind Kenntnisse erforderlich, die dem Maurer ermöglichen, einen vereinfachten Spannungsnachweis für Mauerwerk durchzuführen.

Dieses Kapitel widmet sich auch den Verbandsregeln für Pfeiler und schiefwinklige Mauerecken, wie sie z.B. bei unserem Projekt, dem Jugendtreff, vorkommen.

Mauerwerk findet auch für Ausfachungen von Stahl-, Stahlbeton- und Holzskeletten Verwendung.

Zur Beheizung des Jugendtreffs ist eine Zentralheizung vorgesehen, für die ein geeigneter Schornstein zu erstellen ist. An die Herstellung von Schornsteinen werden spezielle bautechnische Anforderungen gestellt. Dies erfordert vom Maurer besonderes Fachwissen und handwerkliches Können.

Ein wichtiger Aufgabenbereich des Maurers ist das Abdichten von Gebäuden. In diesem Kapitel wird deshalb auch auf Abdichtungen gegen drückendes Wasser eingegangen.

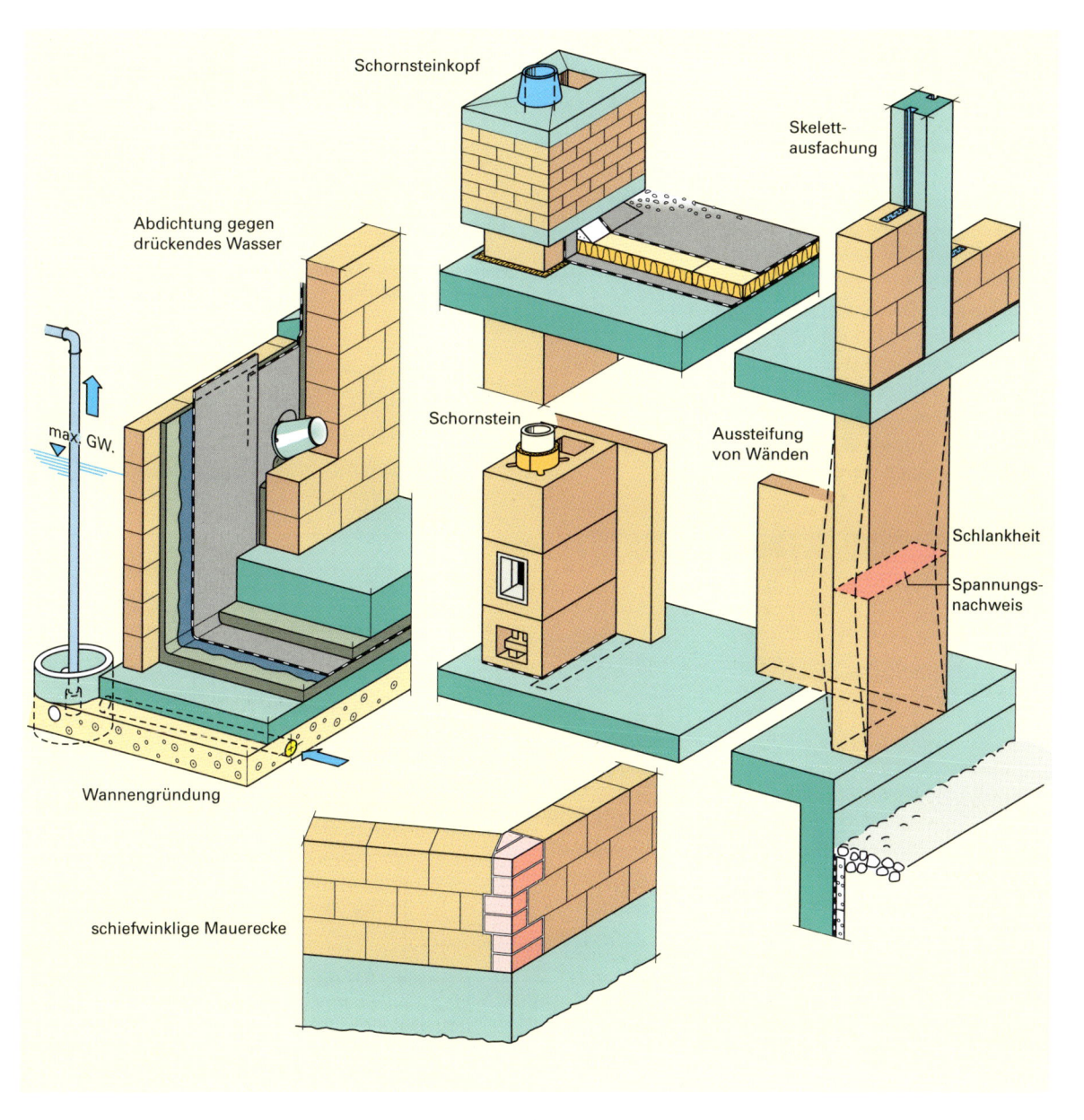

10 Mauern besonderer Bauteile — Tragfähigkeit

10.1 Tragfähigkeit von Mauerwerk

Das Mauerwerk von tragenden Wänden hat unter anderem die Aufgabe, Lasten sicher abzuleiten.

In der Regel ist es die Aufgabe des Tragwerkplaners, die tragenden Wände statisch zu berechnen; d. h., der Tragwerkplaner muss den rechnerischen Nachweis erbringen, dass die Wände allen Belastungen standhalten. Das genaue Berechnungsverfahren für Mauerwerk ist sehr kompliziert und geht weit über die Ziele des Ausbildungsberufes Maurer hinaus.

Nach DIN EN 1996-3 gibt es aber eine **vereinfachte Berechnungsmethode** für unbewehrte Mauerwerkswände bei Gebäuden mit höchstens drei Geschossen.

Im Folgenden wird auf dieses Berechnungsverfahren eingegangen.

Voraussetzungen für die Anwendung der vereinfachten Berechnungsmethode

- Höchstens drei Geschosse über dem Gelände.
- Die Wände sind rechtwinklig zu ihrer Ebene durch Decken, das Dach oder geeignete Konstruktionen in horizontaler Richtung gehalten.
- Die Auflagertiefe der Decken bzw. des Daches beträgt mindestens $\frac{2}{3}$ der Wanddicke, mindestens jedoch 85 mm. Bei teilaufliegenden Decken ist eine Mindestwanddicke von 30 cm erforderlich.
- Die kleinste Gebäudeabmessung beträgt mindestens $\frac{1}{3}$ der Gebäudehöhe.
- Die Schlankheit der Wand (das Verhältnis der Knicklänge h_{ef} zur effektiven Wanddicke t_{ef}) darf 21 nicht überschreiten.
- Außerdem müssen die Bedingungen folgender Tabelle eingehalten werden.

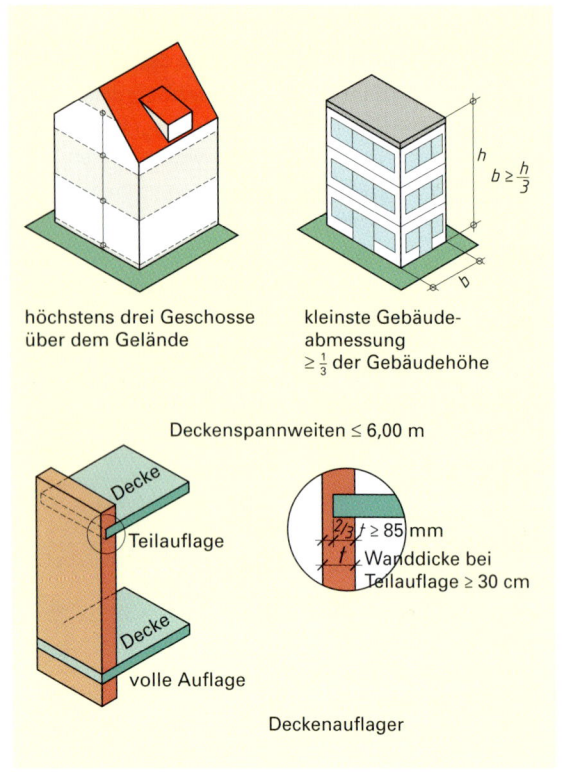

höchstens drei Geschosse über dem Gelände

kleinste Gebäudeabmessung $\geq \frac{1}{3}$ der Gebäudehöhe

Deckenspannweiten $\leq 6{,}00$ m

$\frac{2}{3} t \geq 85$ mm
Wanddicke bei Teilauflage ≥ 30 cm

Deckenauflager

Voraussetzungen für die Anwendung der vereinfachten Berechnungsmethode

Die vereinfachte Berechnungsmethode darf nur unter Einhaltung bestimmter Voraussetzungen angewendet werden.

Wandart	Voraussetzungen			
	Wanddicke t	lichte Wandhöhe h	aufliegende Decke	
			Nutzlast[1] q	Stützweite l
	mm	m	kN/m²	m
tragende Innenwände	≥ 115 < 240	$\leq 2{,}75$	$\leq 5{,}0$	$\leq 6{,}00$
	≥ 240	$\leq 3{,}00$		
tragende Außenwände und zweischalige Haustrennwände	≥ 115[2] < 150[2]	keine Einschränkungen	$\leq 3{,}0$	
	≥ 150[3] < 175[3]			
	≥ 175 < 240		$\leq 5{,}0$	
	≥ 240	$3{,}00 \leq 12\,t$		

[1] Einschließlich Trennwandzuschlag.
[2] Als einschalige Außenwand nur bei eingeschossigen Garagen und ähnlichen Bauwerken, die nicht zum dauernden Aufenthalt von Menschen vorgesehen sind.
[3] Bei charakteristischen Mauerwerksdruckfestigkeiten $f_d < 1{,}8$ N/mm² gilt zusätzlich Fußnote [2].

Voraussetzung für die Anwendung der vereinfachten Berechnungsmethode

10 Mauern besonderer Bauteile — Tragfähigkeitsnachweis

10.1.1 Tragfähigkeitsnachweis

Die Tragfähigkeit einer gemauerten Wand wird dadurch nachgewiesen, dass die **einwirkende Normalkraft** N_{Ed} am Wandfuß **kleiner oder gleich** der **zulässigen Normalkraft** N_{Rd} ist.

Ermittlung der Lasten

Die Belastungen eines Bauteils können sich trotz genauer und gewissenhafter Ermittlung verändern. Eine Schneelast kann sich z.B. durch Verwehungen ungünstig verändern oder die Eigenlast eines Baustoffes kann sich erhöhen, wenn er durchfeuchtet. Ebenso kann sich eine Nutzlast auf eine Decke erhöhen, wenn einmal auf der Decke mehr Lasten abgesetzt werden als ursprünglich in der Berechnung angenommen wurde.

Um derartigen Problemen gerecht zu werden, müssen die Lasten (ständige und veränderliche Lasten) mit einem **Teilsicherheitsbeiwert** γ multipliziert werden.

Die zunächst ermittelten Lasten werden als „charakteristische" Lasten bezeichnet.

Die Bemessungslasten entstehen durch Multiplikation mit den Teilsicherheitsbeiwerten.

Charakteristische Lasten

Ständige Lasten wie z.B. die Eigenlasten haben als Kräfte das Formelzeichen G_k. Veränderliche Lasten wie z.B. die angenommenen Belastungen einer Geschossdecke durch Personen oder Einrichtungsgegenstände haben als Kraft das Formelzeichen Q_k. Sind die Lasten flächen- oder längenbezogen haben sie das Formelzeichen g_k bzw. q_k. In der Regel werden die charakteristischen Belastungen von Wänden längenbezogen angegeben, z.B. in kN/m. Soll aus einer längenbezogenen Belastung am Wandfuß die belastende Normalkraft ermittelt werden, so erfolgt dies, indem die längenbezogene Last mit einem Meter (1 m) multipliziert wird. Die so ermittelte Normalkraft wirkt dann als Druckkraft auf eine Wandgrundfläche mit einem Meter Länge und der Breite t (t = Wanddicke).

Bemessungslast = $\gamma_G \cdot G_k + \gamma_Q \cdot Q_k$
(Bei nur einer veränderlichen Last)
Teilsicherheitsbeiwert γ_G = 1,35
Teilsicherheitsbeiwert γ_Q = 1,50
Vereinfacht:

$$\text{Bemessungslast} \approx 1{,}40 \cdot (G_k + Q_k)$$

Für folgende Berechnungen bedeutet dies vereinfacht
$N_{Ed} \approx 1{,}40 \cdot (G_K + Q_K)$

> Die auf ein Bauteil wirkenden Lasten (= charakteristische Lasten) werden durch Multiplikation mit einem Sicherheitsbeiwert zu den Bemessungslasten.

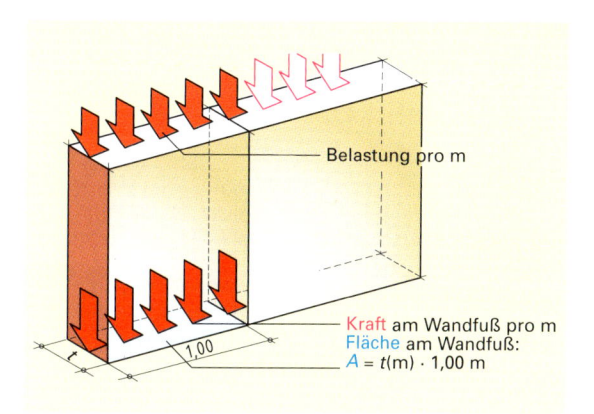

Belastung bei Wänden am Wandfuß

Einflüsse auf die Tragfähigkeit

• **Knicklänge und Schlankheit**

Die **Knicklänge** h_{ef} ist eine rechnerische Wandhöhe in Abhängigkeit von der lichten Wandhöhe h und der Randeinspannung bzw. der Lagerung der Wand. Die Randeinspannung bzw. die Lagerung der Wand kommt durch den Abminderungsfaktor ϱ_n zum Ausdruck.

$$\text{Knicklänge } h_{ef} = \varrho_n \cdot h$$

Die **Schlankheit** einer Wand ist der Quotient aus der Knicklänge h_{ef} und der effektiven Wanddicke t_{ef}.

Für einschalige Wände ist t_{ef} gleich der Wanddicke t.

$$\text{Schlankheit einer Wand} = \frac{h_{ef}}{t_{ef}}$$

Schlankheiten über 21 sind für diese Berechnungsmethode zulässig.

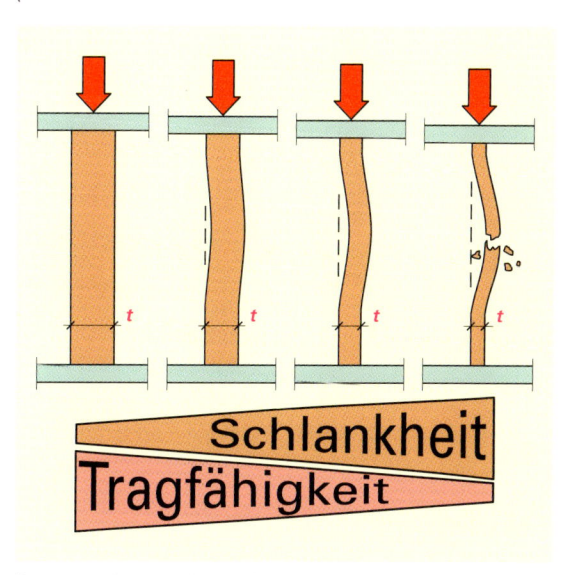

Zusammenhang zwischen Schlankheit und Tragfähigkeit

10 Mauern besonderer Bauteile — Tragfähigkeitsnachweis

Einspannung durch Decken oder Dach.

1. Nur oben und unten horizontal gehaltene Wände. Auflagertiefe der Betondecken mind. $\frac{2}{3}$ der Wanddicke, aber nicht weniger als 85 mm.

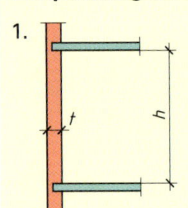

   Wenn die Wand als Endauflager einer Decke wirkt.
   $\varrho_2 = 1{,}0$

2. Wie bei 1.

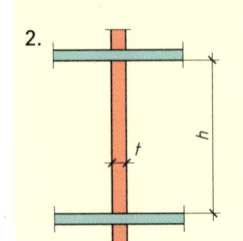

   Für alle übrigen Wände
   $\varrho_2 = 0{,}75$

Keine Einspannung durch Decken und Dach.

3. Nur oben und unten horizontal gehaltene Wände (z. B. durch Ringbalken oder Holzbalkendecke), ohne Einspannung durch Decken oder Dach.
   $\varrho_2 = 1{,}0$

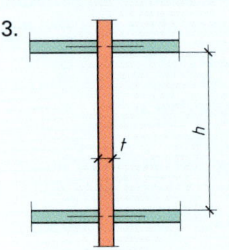

Horizontal oben und unten gehalten sowie an einem vertikalen Rand.

4. Einspannung oben und unten, wenn die Wand nicht als Endauflager einer Decke wirkt.
   $\varrho_3 = 1{,}5 \cdot \dfrac{l}{h} \leq 0{,}75$
   In allen anderen Fällen nach 1.–3.
   $\varrho_3 \leq 1{,}0$

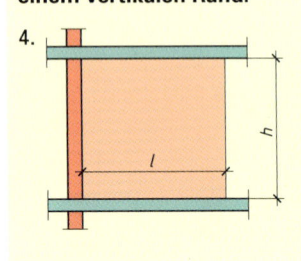

Horizontal oben und unten gehalten sowie an beiden vertikalen Rändern.

5. Einspannung oben und unten, wenn die Wand nicht als Endauflager einer Decke wirkt.
   $\varrho_4 = \dfrac{l}{2h} \leq 0{,}75$
   In allen anderen Fällen nach 1.–3.
   $\varrho_4 \leq 1{,}0$

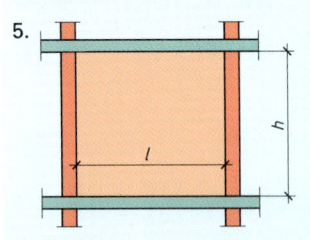

t = Wanddicke, h = lichte Geschosshöhe, l = Abstand zwischen den Halterungen der vertikalen Ränder
Ermittlung des Abminderungsfaktors ϱ_n

• Druckfestigkeit des Mauerwerks

Der Bemessungswert für die Druckfestigkeit des Mauerwerks f_d ist von der Mauersteinart, deren Steindruckfestigkeitsklasse und dem Mauermörtel abhängig.

$$f_d = 0{,}85 \cdot \dfrac{f_k}{1{,}50} = \dfrac{f_k}{1{,}76}$$

Der Faktor 0,85 ist zur Berücksichtigung von Langzeiteinwirkungen und weiterer Einflüsse.

1,5 ist der Teilsicherheitsbeiwert für Mauerwerk γ_M.

f_k ist die charakteristische Druckfestigkeit des Mauerwerks (siehe Tabelle).

Bei Wandquerschnittsflächen kleiner 0,1 m² (Pfeilern) wird der Bemessungswert der Druckfestigkeit des Mauerwerks um den Faktor 0,8 verringert.

Steindruckfestigkeitsklasse	Charakteristische Druckfestigkeit f_k in N/mm² (MN/m²)					
	Normalmauermörtel				Leichtmauermörtel	
	NM II	NM IIa	NM III	NM IIIa	LM 21	LM 36
6	2,7	3,1	3,7	4,2	2,2	2,9
8	3,1	3,9	4,4	4,9	2,5	3,3
10	3,5	4,5	5,0	5,6	2,8	3,3
12	3,9	5,0	5,6	6,3	2,8	3,3
16	4,6	5,9	6,6	7,4	2,8	3,3
20	5,3	6,7	7,5	8,4	2,8	3,3
28	5,3	6,7	9,2	10,3	2,8	3,3

Beispiele für charakteristische Druckfestigkeiten von Einsteinmauerwerk aus Hochlochziegeln sowie Kalksand-Lochsteinen und Hohlblocksteinen mit Normalmauer- und Leichtmauermörtel

Die charakteristische Druckfestigkeit (f_k) von Mauerwerk ist von der Mauersteinart, der Steindruckfestigkeitsklasse und der Art des Mauermörtels abhängig. Der Bemessungswert der Druckfestigkeit (f_d) entspricht der charakteristischen Druckfestigkeit geteilt durch 1,76.

10 Mauern besonderer Bauteile — Tragfähigkeitsnachweis

Nachweis der Tragfähigkeit

Wie oben schon erwähnt, erfolgt der Tragfähigkeitsnachweis mit folgender Formel:

$$N_{Ed} \leq N_{Rd}$$

N_{Ed} = einwirkende Normalkraft
N_{Rd} = zulässige Normalkraft = $c_A \cdot f_d \cdot A$
$N_{Rd} = c_A \cdot f_d \cdot A$

$c_A = 0{,}7$ für $\frac{h_{ef}}{t_{ef}} \leq 10$ (nur bei vollaufliegender Decke)

$c_A = 0{,}5$ für $10 < \frac{h_{ef}}{t_{ef}} \leq 18$

$c_A = 0{,}36$ für $18 < \frac{h_{ef}}{t_{ef}} \leq 21$

f_d = Bemessungswert der Druckfestigkeit des Mauerwerks
A = Querschnittsfläche der Wand (ohne Öffnungen)

Das Berechnungsverfahren als Flussdiagramm

- Prüfen der Voraussetzungen für das vereinfachte Berechnungsverfahren
- Ermittlung der Wandbelastung N_{Ed}
  $N_{Ed} \approx 1{,}40 \cdot (G_K + Q_K)$
- Ermittlung des Abminderungsfaktors ϱ_n
- Ermittlung der Knicklänge
  $h_{ef} = \varrho_n \cdot h$
- Ermittlung der Schlankheit und des Beiwertes c_A
- Ermittlung der Bemessungsfestigkeit f_d und der aufzunehmenden Normalkraft N_{Rd}
- Nachweis
  $N_{Ed} \leq N_{Rd}$

Beispiel:

Für die tragende Wand zwischen dem Heizraum und dem Lagerraum im Untergeschoss unseres Projektes soll die Standsicherheit nachgewiesen werden. Die Wand besteht aus Mauerwerk in Hohlblocksteinen der Steindruckfestigkeitsklasse 6 und Normalmauermörtel der Mörtelgruppe II. Die Massivdecke über der Wand ist durchlaufend, die Wand bietet der Decke also ein Zwischenauflager.

Weitere Angaben:
Lichte Geschosshöhe = 2,50 m
Charakteristische Lasten
Flächenbezogene Eigenlast
der Wand = 2,40 kN/m²
Belastung aus den darüber
liegenden Geschossen = 45,10 kN/m

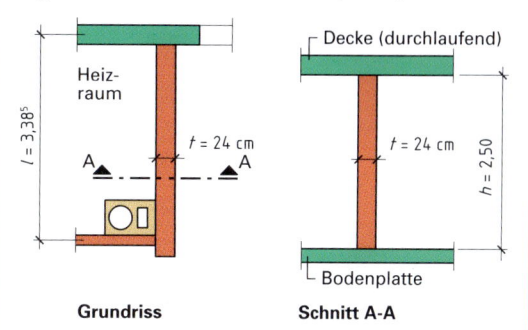

Grundriss — **Schnitt A-A**

Lösung:

Die Voraussetzungen für die Anwendung der vereinfachten Berechnungsmethode sind erfüllt.

Charakteristische Belastung am Wandfuß
Eigenlast 2,4 kN/m² · 2,50 m = 6,00 kN/m
Last aus darüber liegenden
Geschossen = 45,10 kN/m
Gesamtlast = 51,10 kN/m
= 0,0511 MN/m

Einwirkende Normalkraft am Wandfuß auf 1,00 m Wandlänge
$N_{Ed} = 1{,}40 \cdot 0{,}0511 \text{ MN/m} \cdot 1{,}00 \text{ m} = 0{,}072 \text{ MN}$

Die Wand ist horizontal oben und unten sowie an beiden Rändern gehalten. Die Wand wirkt nicht als Endauflager der Decke.

$\rightarrow \varrho_4 = \dfrac{l}{2 \cdot h} = \dfrac{3{,}385 \text{ m}}{2 \cdot 2{,}50 \text{ m}} = 0{,}68$

Knicklänge $h_{ef} = \varrho_4 \cdot h = 0{,}68 \cdot 2{,}50 \text{ m} = 1{,}70 \text{ m}$

Schlankheit = $\dfrac{h_{ef}}{t} = \dfrac{1{,}70 \text{ m}}{0{,}24 \text{ m}} = 7{,}08 < 10 \rightarrow c_A = 0{,}7$

Bemessungsfestigkeit
f_k aus Tabelle $\rightarrow 2{,}7$ MN/m²

$f_d = \dfrac{f_k}{1{,}76} = \dfrac{2{,}7}{1{,}76}$ MN/m² = 1,53 MN/m²

Nachweis
Zulässige Normalkraft $N_{Rd} = c_A \cdot f_d \cdot A$

$N_{Rd} = 0{,}7 \cdot 1{,}53 \text{ MN/m}^2 \cdot 1{,}00 \text{ m} \cdot 0{,}24 \text{ m} = 0{,}257 \text{ MN}$

$N_{Ed} \leq N_{Rd}$

0,072 MN ≤ 0,257 MN

10 Mauern besonderer Bauteile — Tragfähigkeitsnachweis

Aufgaben:

1. Für welche der unter a)…d) beschriebenen Wände darf für den Nachweis ihrer Tragfähigkeit das vereinfachte Berechnungsverfahren angewandt werden?
   a) Mauerwerk, 11,5 cm dick in einem Gebäude mit 3 Geschossen und 2,75 m lichter Wandhöhe.
   b) Mauerwerk, 24 cm dick, in einem Gebäude mit 5 Geschossen.
   c) Mauerwerk (Innenwand), 24 cm dick,
      lichte Wandhöhe 3,00 m,
      Deckenspannweiten < 6,00 m,
      Nutzlasten der Decken < 5,00 kN/m^2,
      2 Geschosse über dem Gelände.
   d) Mauerwerk (einschalige Außenwand), t = 24 cm, lichte Wandhöhe 3,10 m.

2. Wie groß sind die charakteristischen Druckfestigkeiten f_k bei Hohlblocksteinen?

	Steindruckfestigkeitsklasse	Mörtelgruppe
a)	8	NM IIIa
b)	10	LM 21
c)	16	NM II
d)	28	NM III

3. Berechnen Sie die Knicklänge h_{ef} für oben und unten gehaltene Wände bei durchlaufenden Decken.

	Lichte Wandhöhe h	Wanddicke t
a)	2,45 m	24 cm
b)	2,70 m	17,5 cm
c)	2,55 m	11,5 cm
d)	2,80 m	30 cm

4. Berechnen Sie die Schlankheit der Wände aus Aufgabe 3.

5. Berechnen Sie die Knicklänge und die Schlankheit für folgende Wände:
   (Die Wände wirken nicht als Endauflager der Decken.)

	Lichte Wandhöhe h in m	Wanddicke t in cm	Bei durchlaufenden Decken, Wand horizontal oben und unten gehalten	
			sowie an einem vertikalen Rand l in m	sowie an beiden vertikalen Rändern l in m
a)	2,80	17,5	1,25	–
b)	2,70	24	–	3,75
c)	2,95	24	1,40	–
d)	2,85	30	–	4,00

6. Berechnen Sie die zulässige Normalkraft am Wandfuß N_{Rd} pro m des jeweiligen Mauerwerks aus Kalksand-Lochsteinen für eine Innenwand (nur oben und unten gehalten) bei durchlaufender Decke. Die Wanddicke beträgt 24 cm und die lichte Wandhöhe beträgt 2,60 m. Die Wand hat eine Querschnittsfläche von über 0,1 m^2.
   a) Steindruckfestigkeitsklasse 10, LM 36
   b) Steindruckfestigkeitsklasse 6, NM II
   c) Steindruckfestigkeitsklasse 16, NM IIa
   d) Steindruckfestigkeitsklasse 12, LM 21

7. Führen Sie den Tragfähigkeitsnachweis für folgende Wand durch:
   Mauerwerk aus Hochlochziegeln, Steindruckfestigkeitsklasse 8, NM IIa. Die Wand bietet der Massivdecke ein Endauflager, seitlich wird die Wand durch Querwände gehalten.

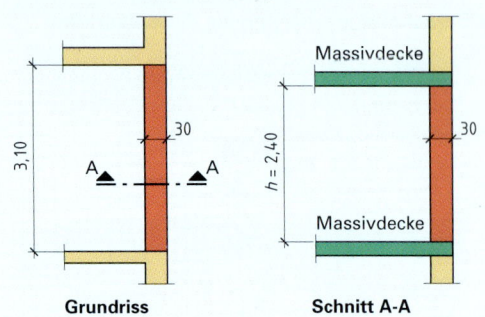

   Grundriss — **Schnitt A-A**

   Die charakteristische Belastung am Wandfuß beträgt 76,50 kN/m.

8. Führen Sie den Tragfähigkeitsnachweis für eine beliebige Innenwand des Jugendtreffs durch.
   Das Mauerwerk soll aus Hohlblocksteinen der Steindruckfestigkeitsklasse 10 und Normalmauermörtel der Mörtelgruppe IIa hergestellt werden.
   Die charakteristische Belastung am Wandfuß beträgt 57,80 kN/m.

9. Führen Sie den Tragfähigkeitsnachweis für eine beliebige Außenwand des Jugendtreffs durch.
   Das Mauerwerk soll aus Hochlochziegeln der Steindruckfestigkeitsklasse 6 und Leichtmauermörtel der Mörtelgruppe LM 21 hergestellt werden.
   Die charakteristische Belastung am Wandfuß beträgt 48,20 kN/m.

10. Führen Sie den Tragfähigkeitsnachweis für eine beliebige Wand des Jugendtreffs durch.
    Das Mauerwerk soll aus Kalksand-Lochsteinen der Steindruckfestigkeitsklasse 10 und Normalmauermörtel der Mörtelgruppe III hergestellt werden.
    Die charakteristische Belastung am Wandfuß beträgt 33,90 kN/m.

10 Mauern besonderer Bauteile — Pfeilerverbände

10.2 Verbände

Mauerwerk, insbesondere das der tragenden Wände, kann nur dann seinen Aufgaben gerecht werden, wenn es fachgerecht hergestellt ist. Neben der richtigen Wahl der Mauersteine und des Mörtels ist vor allem der fachgerechte Verband dafür ausschlaggebend.

Verbände und Verbandsregeln wurden bereits in der Grundstufe und in den Kapiteln 1 und 2 behandelt. Im folgenden Abschnitt wird auf die Verbände für Mauerpfeiler und schiefwinklige Mauerecken eingegangen.

Mauerpfeiler erfordern handwerkliches Können

10.2.1 Pfeilerverbände

Pfeiler sind „kurze Wände". Sie haben daher kleine Querschnittsflächen im Verhältnis zu ihren Höhen.

Pfeiler sind in der Regel sehr **hoch belastet**. Auf ihnen konzentrieren sich die Lasten, die sonst bei einer Wand auf einer wesentlich größeren Querschnittsfläche verteilt sind.

Um die Tragfähigkeit von Mauerpfeilern zu gewährleisten, müssen sie deshalb mit größter Sorgfalt gemauert werden.

Bei unserem Projekt, dem Jugendtreff, sind Mauerpfeiler an der Südseite des Erdgeschosses vorhanden.

Für Pfeiler werden die Verbandsregeln der 24er- und 36,5er-Mauern so weit wie möglich angewendet.

Für Pfeiler aus DF-, NF- oder 2 DF-Steinen braucht man viele Viertelsteine und Dreiviertelsteine. Diese Steinformate werden deshalb nur für Pfeiler-Sichtmauerwerk, eingesetzt.

Die Verwendung **mittelformatiger Steine** (z. B. 3 DF-Steine) vereinfacht die Pfeilerverbände wesentlich und macht sie dadurch wirtschaftlicher. Teilsteine werden nur in geringer Zahl benötigt. Das zeitraubende Schlagen der Steine entfällt weitgehend.

Die Tragfähigkeit der Pfeiler aus mittelformatigen Steinen ist größer, weil weniger Fugen vorhanden sind und Fugendeckung entfällt.

Diese Pfeiler sind auch für hohe statische Belastungen geeignet.

> Pfeiler sind in der Regel immer sehr hoch belastet. Sie müssen deshalb mit großer Sorgfalt gemauert werden.

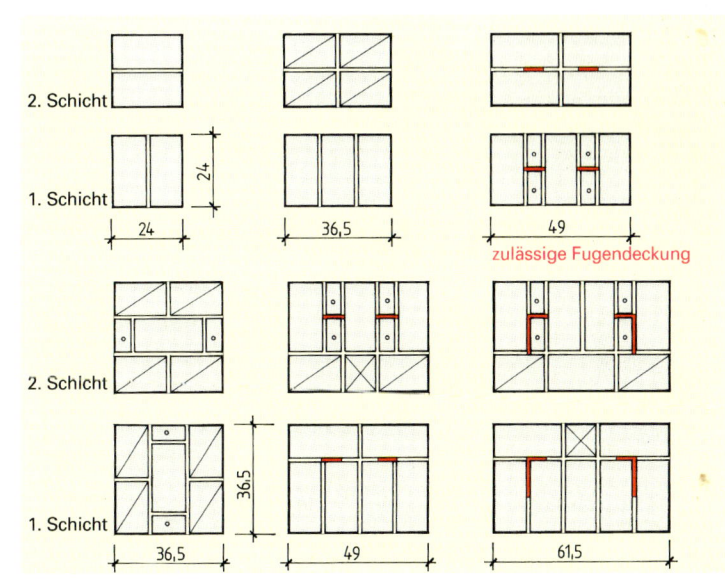

DF-, NF- oder 2 DF-Steine

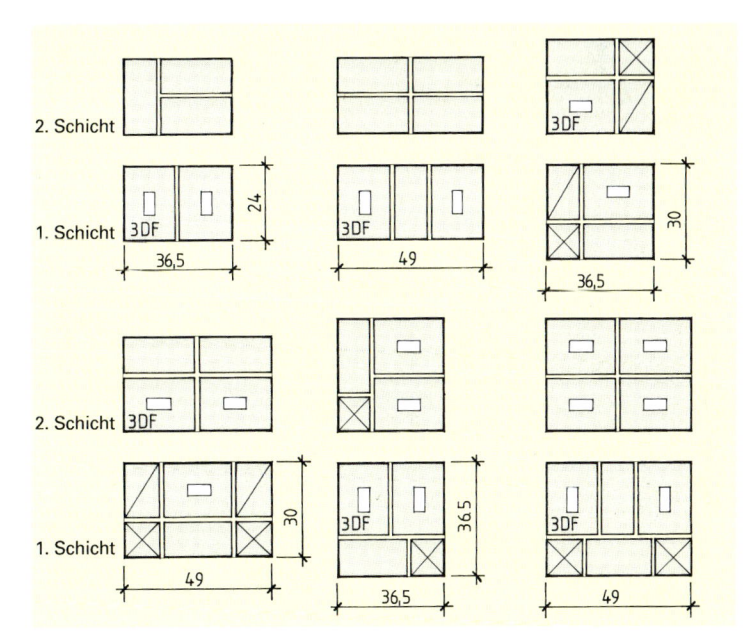

2 DF- und 3 DF-Steine
Pfeilerverbände

10 Mauern besonderer Bauteile — Pfeilerverbände

10.2.2 Zeichnerische Darstellung von Pfeilerverbänden
Format A4

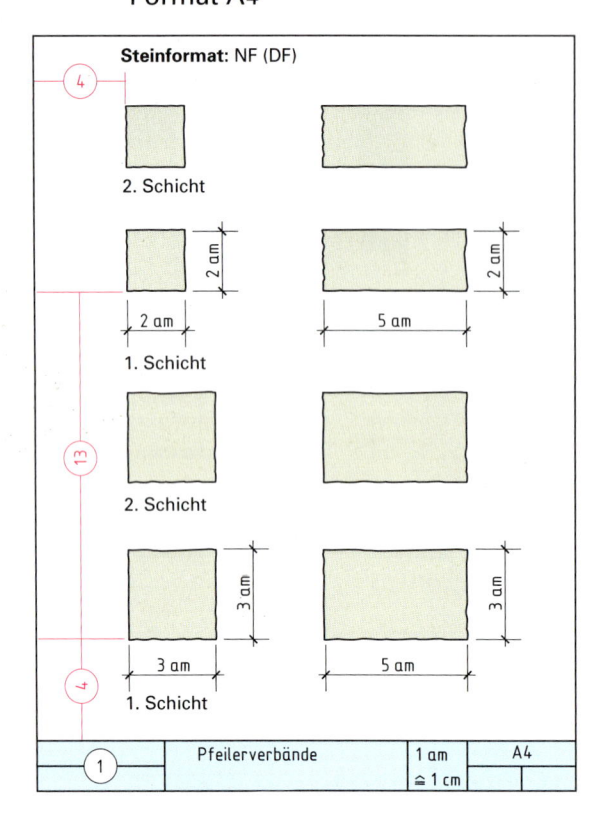

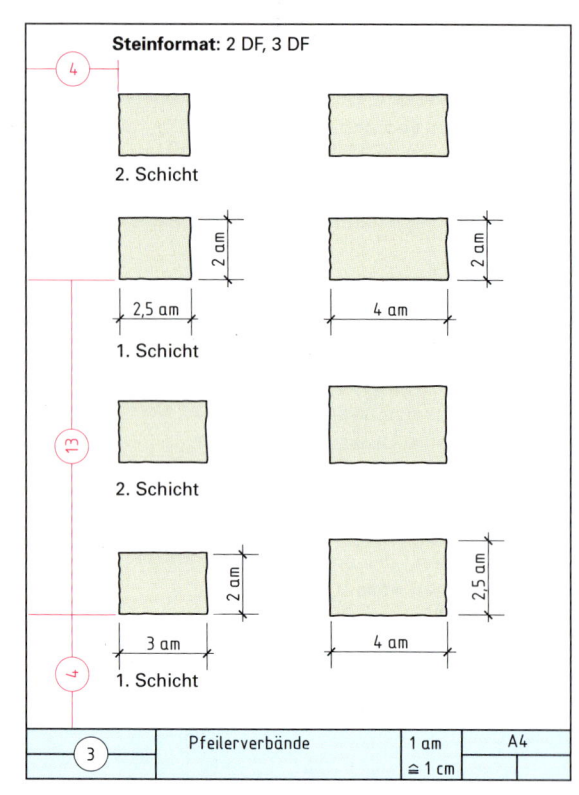

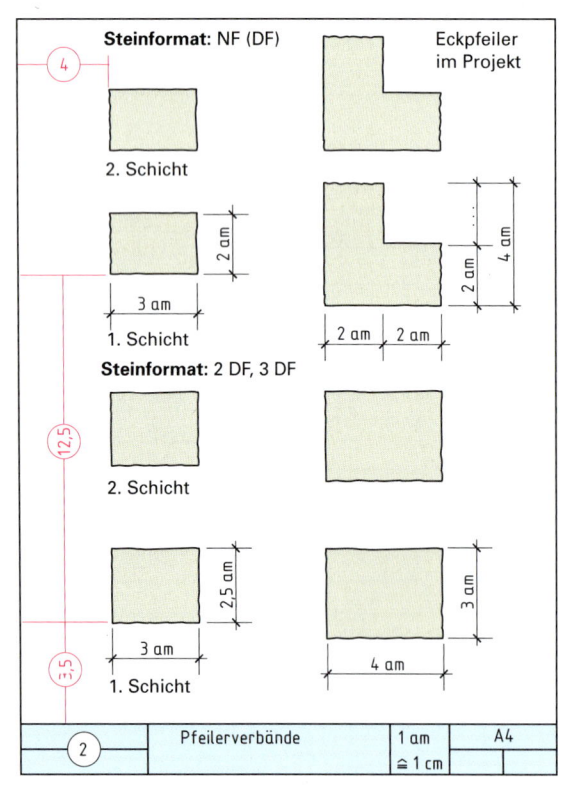

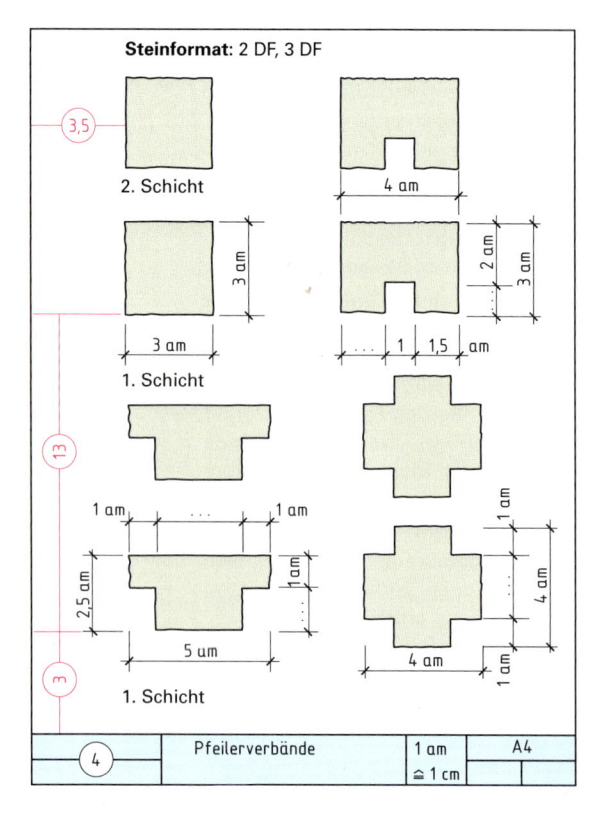

Fertigen Sie die Zeichnungen freihändig an.

10 Mauern besonderer Bauteile — Schiefwinklige Mauerecken

10.2.3 Schiefwinklige Mauerecken

Bei unserem Projekt, dem Jugendtreff, treten schiefwinklige Mauerecken an der Westseite und Südseite auf.

Spitzwinklige Mauerecken

Beim Verband im **Kleinformat** wird die äußere Läuferreihe bis zur Ecke durchgeführt. Die Binderschicht der anstoßenden Mauer geht bis an die durchgehende Läuferreihe und beginnt mit einem Binder. Der Läuferstein an der Ecke soll die Länge der abgeschrägten Stirnfläche plus $\frac{1}{2}$ am (6,25 cm) erhalten (siehe Regelbild 1). Also: $l = b + \frac{1}{2}$ am.

Beim Verband im **Mittelformat** bei 24 cm dicken Mauern aus 3 DF-Steinen werden im Binderverband an der Ecke 2 DF-Läufersteine verwendet. Bei 30 cm und 36,5 cm dicken Mauern im Läuferverband werden bis zur Ecke nur Läuferreihen aus 2 DF-Steinen durchgeführt.

Gebäude mit schiefwinkligen Mauerecken

Regelbilder:

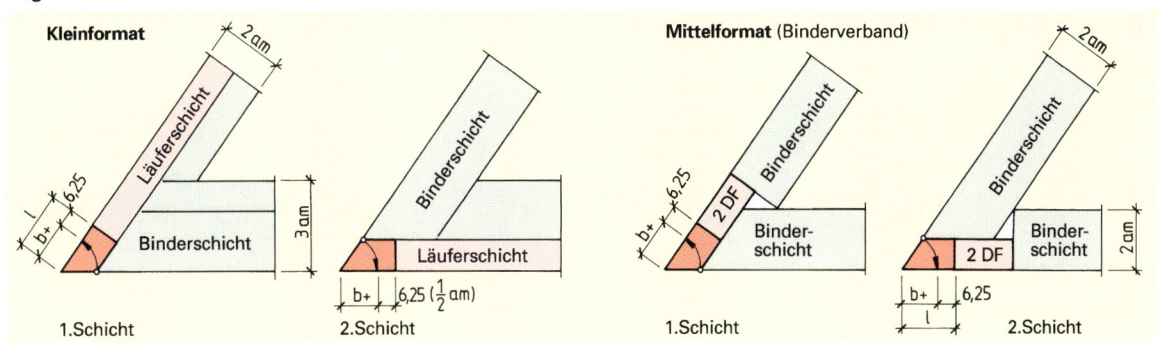

Regelbilder spitzwinkliger Mauerecken

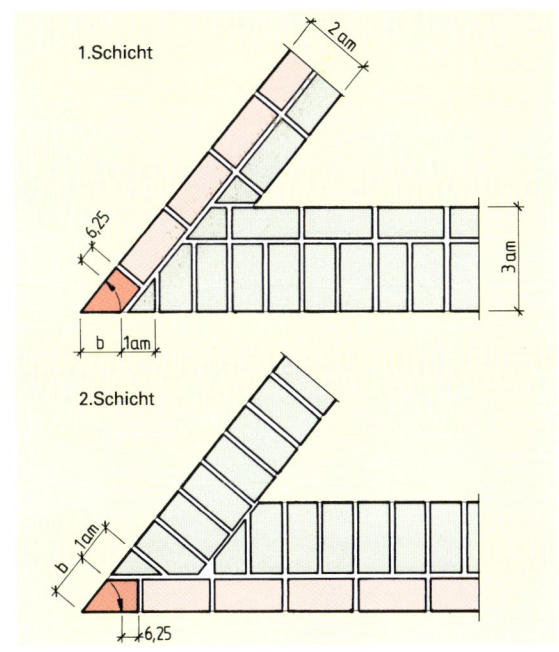

Beispiele spitzwinkliger Mauerecken

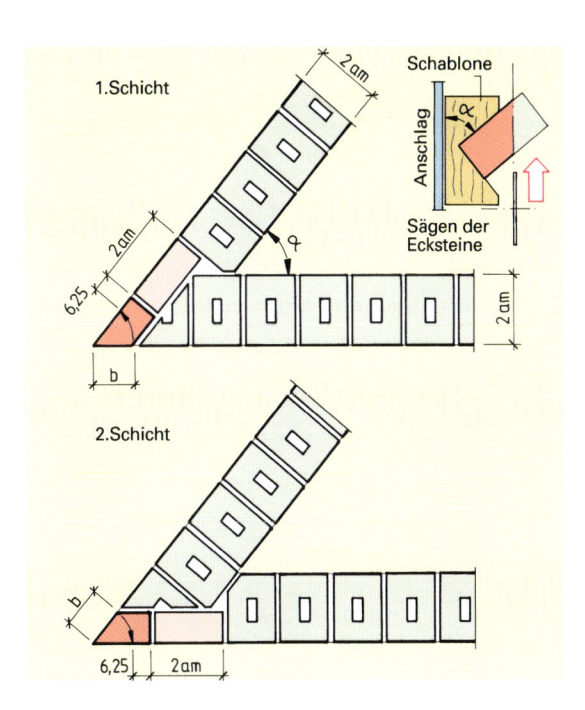

10 Mauern besonderer Bauteile — Schiefwinklige Mauerecken

Stumpfwinklige Mauerecken

Beim Anlegen des Verbandes sind die Stoßfugen von der inneren Ecke aus zu bestimmen. Sie sind um $\frac{1}{2}$ am (6,25 cm) gegeneinander zu versetzen.

Die **Regelfuge** der Binderschicht geht rechtwinklig von der inneren Ecke durch die Mauer.

Beim **Verband mit kleinformatigen Steinen** beginnt die Binderschicht mit ganzen Steinen. In der Läuferschicht der anderen Mauer ist die Regelfuge um $\frac{1}{2}$ am (6,25 cm) versetzt. Damit werden Fugenüberdeckungen vermieden.

Beim **Verband mit mittelformatigen Steinen** beginnt die Läuferschicht an der Regelfuge mit einem ganzen Stein. Die Regelfuge in der Läuferreihe der anderen Mauer liegt 1 am (12,5 cm) von der Innenecke entfernt. Die Länge der Ecksteine in den außen liegenden Läuferreihen ist abhängig von der Lage der Regelfuge zur Innenecke und von der Größe des Winkels, den die beiden Mauern an der Ecke bilden.

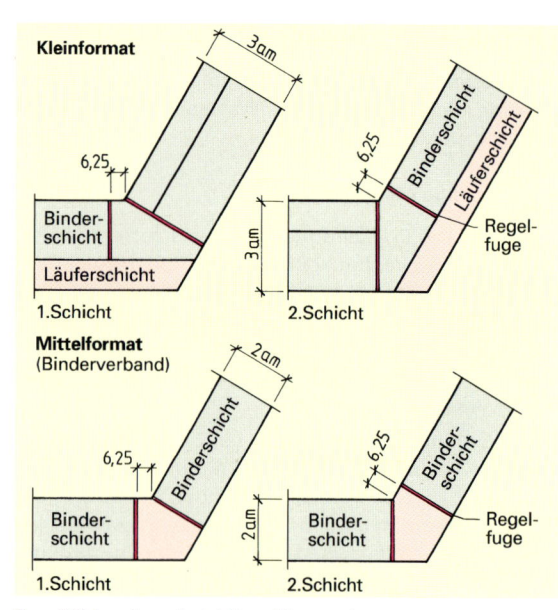

Beispiele:

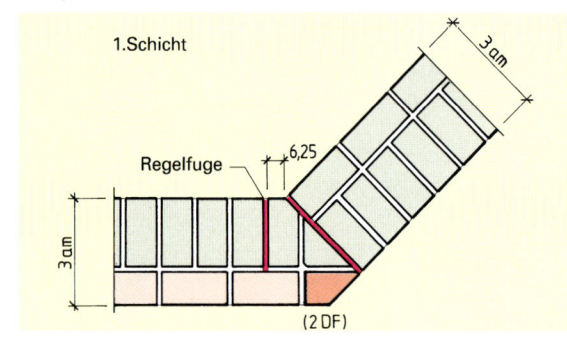

Regelbilder stumpfwinkliger Mauerecken

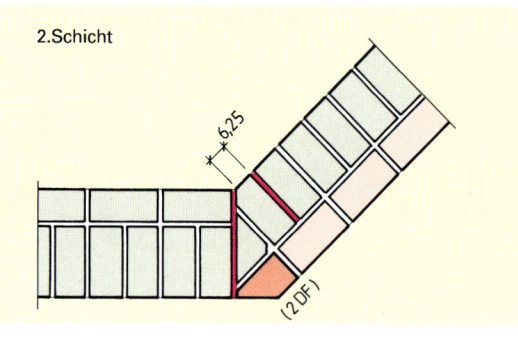

Stumpfwinklige Mauerecke, Kleinformat

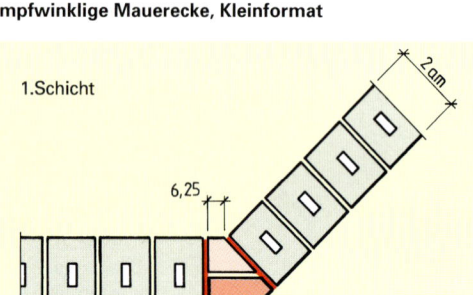

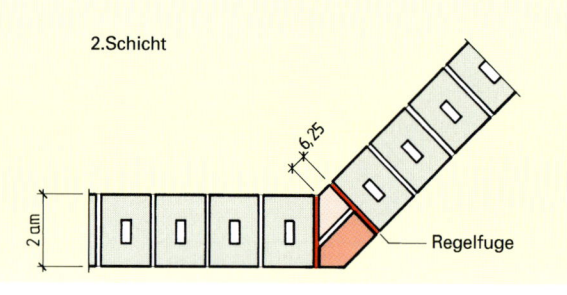

Stumpfwinklige Mauerecke, Mittelformat (Binderverband)

Bei schiefwinkligen Mauerecken aus **großformatigen Steinen** werden die Ecksteine mit der Steinsäge auf den entsprechenden Winkel zugeschnitten.

Für stumpfwinklige Mauerecken im Winkel von 135° gibt es großformatige **Winkelziegel** für die Wanddicken 24 cm, 30 cm und 36,5 cm.

Zusammenfassung

Mauerpfeiler besitzen kleine Querschnittsflächen.

Pfeiler aus mittelformatigen Steinen sind tragfähiger als Pfeiler aus kleinformatigen Steinen, da sie weniger Fugen haben.

Schiefwinklige Mauerecken treten bei unserem Projekt im Mauerwerk der Westseite und Südseite auf.

Aufgaben:

1. Warum sind Mauerpfeiler in der Regel höher belastet als Wände?
2. Warum sind Pfeiler, die aus mittelformatigen Steinen bestehen, tragfähiger als Pfeiler aus kleinformatigen Steinen? (Gleiche Pfeilergröße ist vorausgesetzt.)
3. Skizzieren Sie die 1. und 2. Schicht der Mauerpfeiler an der Südseite unseres Projekts.

10 Mauern besonderer Bauteile — Schiefwinklige Mauerecken

10.2.4 Zeichnerische Darstellung von schiefwinkligen Mauerecken
Format A4

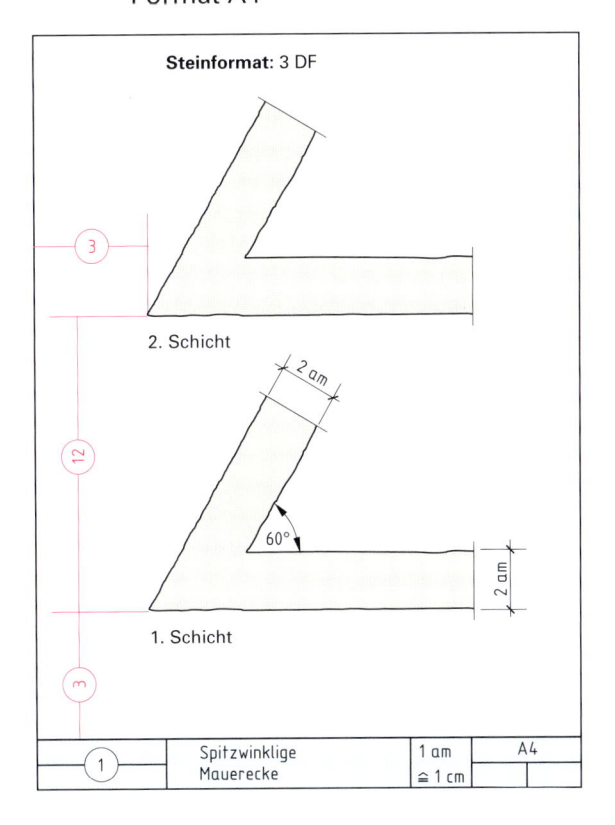

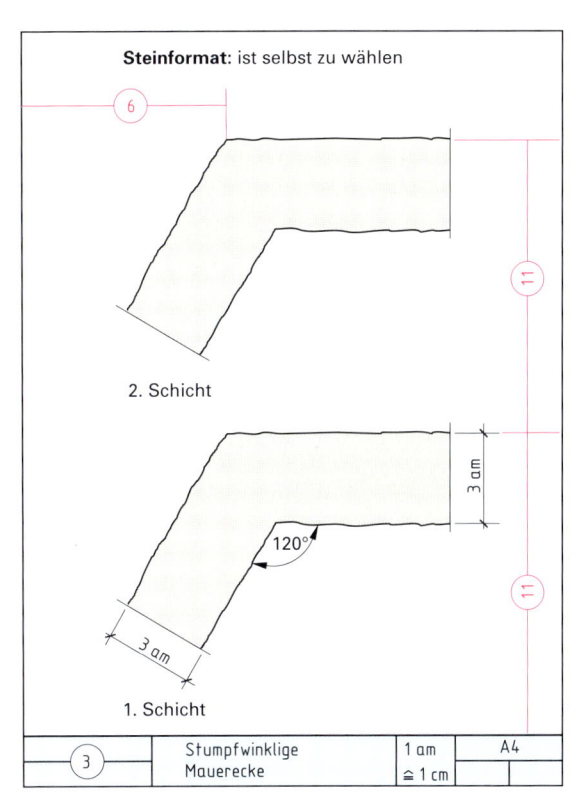

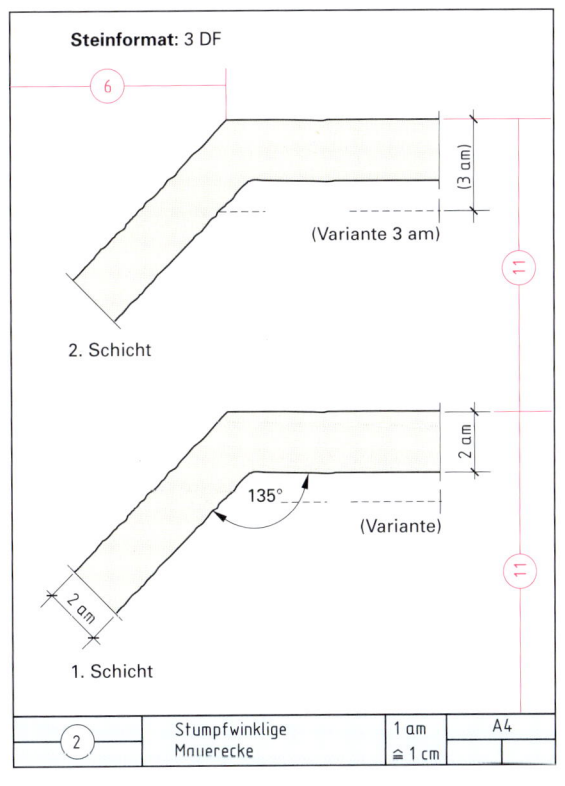

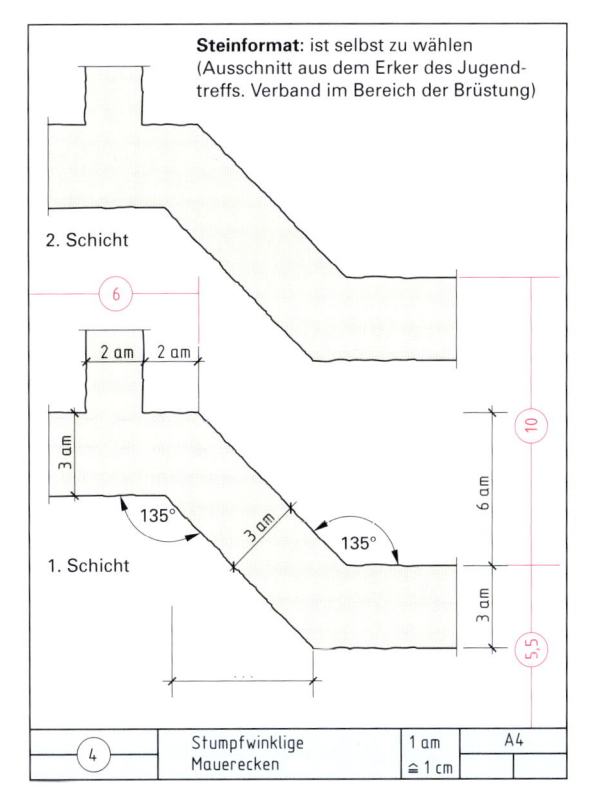

1 Spitzwinklige Mauerecke — Steinformat: 3 DF — 1 am ≙ 1 cm — A4	**3** Stumpfwinklige Mauerecke — Steinformat: ist selbst zu wählen — 1 am ≙ 1 cm — A4
2 Stumpfwinklige Mauerecke — Steinformat: 3 DF — 1 am ≙ 1 cm — A4	**4** Stumpfwinklige Mauerecken — Steinformat: ist selbst zu wählen (Ausschnitt aus dem Erker des Jugendtreffs. Verband im Bereich der Brüstung) — 1 am ≙ 1 cm — A4

Fertigen Sie die Zeichnungen freihändig an.

10 Mauern besonderer Bauteile — Ausfachungen

10.3 Ausfachung von Fachwerk- und Skelettkonstruktionen

Bei Fachwerkhäusern, Stahlskelettbauten und Stahlbetonskelettbauten übernimmt das Holz-, Stahl- oder Stahlbetonskelett die tragende Funktion. Das Mauerwerk ist in der Regel nicht tragend. Es hat lediglich **raumabschließende** und gegebenenfalls **aussteifende** Funktion.

Bei Ausfachungen stößt das Mauerwerk immer „stumpf" auf einen anderen Werkstoff (Holz, Stahl oder Stahlbeton). Diese Fugen müssen besonders sorgfältig ausgeführt werden, damit sie keine Wärmebrücken darstellen und dauerhaft dicht bleiben.

> Bei Fachwerkhäusern und Skelettkonstruktionen übernimmt das Skelett tragende Funktion. Die Ausfachung aus Mauerwerk hat raumabschließende und aussteifende Funktion.

10.3.1 Ausfachung von Holzfachwerken

Fachwerkbauten zeichnen sich durch ihr schönes Erscheinungsbild aus und bestimmen in vielen Regionen seit Jahrhunderten das Bild der Dörfer und Städte.

Da die Holzkonstruktion bei Fachwerken die Standsicherheit gewährleisten muss, hat die Ausmauerung (Ausfachung) keine tragende Funktion.

Um bei der Ausmauerung wenig Verhau zu haben, sollen die Größen der Gefache der Maßordnung im Hochbau entsprechen; d. h., die Innenmaße sollen einem Vielfachen von 12,5 cm + 1 cm entsprechen.

Da Holz schwindet und zudem stärkeren Verformungen ausgesetzt ist als Mauerwerk, sind die Verbindungen zwischen Holz und Mauerwerk besonders sorgfältig auszubilden.

Der Anschluss des Mauerwerks an das Holz erfolgt durch eine ringsum angenagelte Dreikantleiste. An den Stirnseiten der Mauersteine wird eine Nut ausgeschlagen (bei Porenbetonsteinen ausgesägt). Die Fuge zwischen Holz und Stein wird vermörtelt.

Bei großen Gefachen werden neben den Dreikantleisten nicht rostende Winkellaschen als zusätzliche Befestigung vorgesehen. Die Winkellasche wird mit nicht rostenden Nägeln am Holz angenagelt, und sie bindet mit dem anderen Schenkel in die Lagerfuge ein.

> Der Anschluss des Mauerwerkes an das Holz erfolgt durch eine umlaufende Dreikantleiste.

10.3.2 Ausfachung von Stahlskeletten

Die Stahlskelettbauweise ist vor allem im Hallen- und Industriebau verbreitet.

Die für Stützen und Riegel verwendeten Stahlprofile (I-Profile, U-Profile) bieten durch ihre Formen einfache Anschlüsse für das ausfachende Mauerwerk.

Holzskelett vor dem Ausfachen

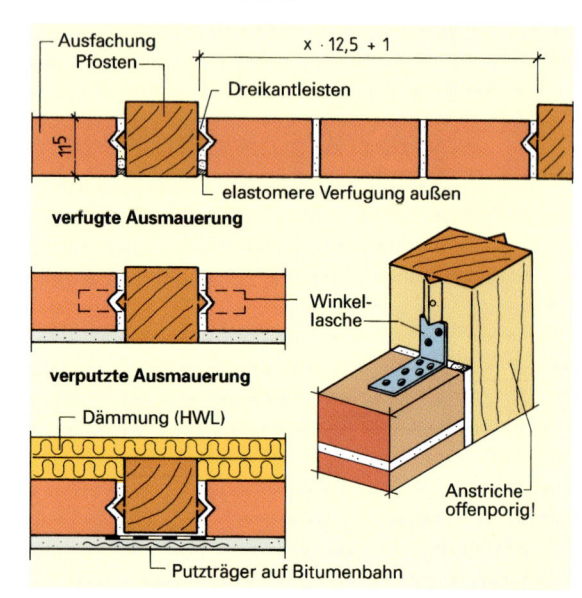

Ausmauerung von Holzfachwerk

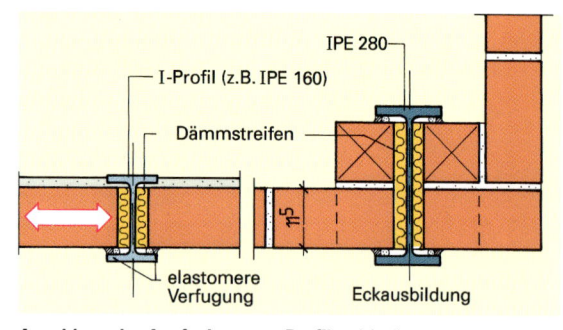

Anschluss der Ausfachung an Profilstahlstützen

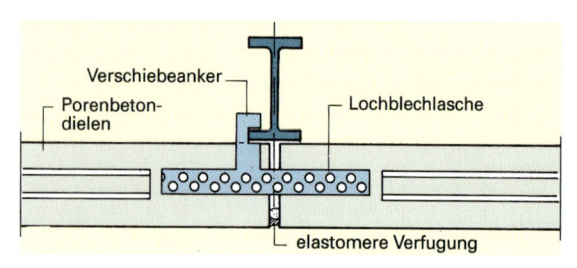

Anschluss von Porenbetondielen an Stahlstütze (Vorteil: keine Wärmebrücke)

10 Mauern besonderer Bauteile — Ausfachungen

Anstelle der Ausfachung mit Mauerwerk finden auch immer häufiger großformatige Wandbauelemente aus Porenbeton oder Leichtbeton Verwendung.

Die Anschlüsse zwischen Mauerwerk und Stahlprofilen werden so ausgebildet, dass geringe Verformungen des Stahlskelettes möglich sind, ohne dabei im Mauerwerk Risse zu verursachen. Es werden deshalb zwischen den Stahlprofilen und dem Mauerwerk Dämmstreifen eingelegt und an der Oberfläche zwischen Mauerwerk bzw. Putz und Stahlprofil eine elastische Fuge vorgesehen.

> Stahlprofile bieten einfache Anschlussmöglichkeiten für das ausfachende Mauerwerk. Zwischen Stahlprofilen und Mauerwerk müssen Dämmstreifen eingebaut werden.

10.3.3 Ausfachung von Stahlbetonskeletten

Auch hier hat das Mauerwerk außer seiner Eigenlast oder Windlasten keine weiteren Baulasten zu tragen.

Die seitlichen und oberen Anschlüsse sind wie bei Stahlskeletten elastisch mit einem Dämmstreifen auszubilden, damit für die Ausfachung und die Skelettbauteile spannungsfreie Formveränderungen möglich sind.

Zur Stabilisierung der Ausfachung muss das Mauerwerk mit den Stahlbetonstützen verbunden werden. Dies kann durch Stahlblechanker und einbetonierte Ankerschienen erfolgen, oder es kann durch Stahlprofile (z. B. U-Profile) an der Stahlbetonstütze, in die das Mauerwerk einbindet, geschehen.

> Die Anschlüsse zwischen den Skelettbauteilen und der Ausfachung müssen Formveränderungen ermöglichen.

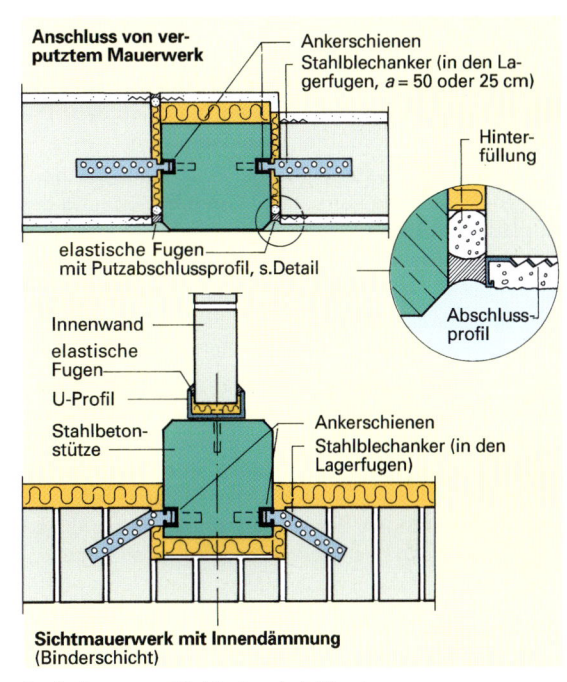

Zusammenfassung

Bei Fachwerken und Skelettkonstruktionen tragen die Skelettbauteile alle Baulasten ab. Die Ausfachungen haben außer ihren Eigenlasten oder Windlasten keine weiteren Baulasten zu tragen.

Beim Holzfachwerk erfolgt der Anschluss des Mauerwerkes durch eine umlaufende Dreikantleiste.

Die Stahlprofile der Stahlskelettbauweise bieten einfache Anschlussmöglichkeiten für das ausfachende Mauerwerk.

Bei Stahlskeletten und Stahlbetonskeletten müssen zwischen den Skelettbauteilen und dem ausfachenden Mauerwerk Dämmstreifen eingebaut werden, damit Formveränderungen ermöglicht werden.

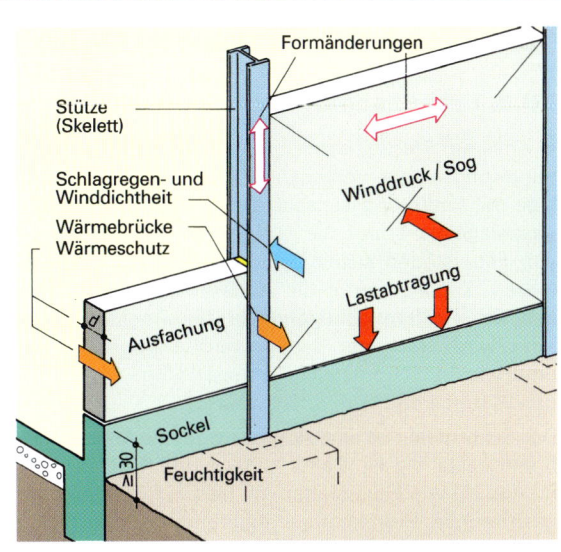

Anforderung an die Ausfachung von Skelettbauten

Ausfachung von Stahlbetonskelettbauten

Aufgaben:

1. Welche Aufgaben hat das ausfachende Mauerwerk in der Fachwerk- und Skelettbauweise?
2. Beschreiben Sie den Anschluss des ausfachenden Mauerwerkes an die Holzteile eines Fachwerkes.
3. Skizzieren Sie den Anschluss eines 11,5 cm dicken Mauerwerkes an eine Stütze (IPE 160) eines Stahlskelettbaues.
4. Begründen Sie die Notwendigkeit der Dämmstreifen zwischen dem ausfachenden Mauerwerk und den Stahl- oder Stahlbetonstützen.
5. Beschreiben Sie die Anschlussmöglichkeiten von ausfachendem Mauerwerk an Stahlbetonstützen.

10 Mauern besonderer Bauteile — Abgasanlagen

10.4 Schornsteinbau

10.4.1 Abgasanlagen, Schornsteine

In unserem Projekt, dem „Jugendtreff", ist eine Zentralheizungsanlage vorgesehen, für die eine Abgasanlage mit Entlüftungsschacht zu erstellen ist. Eine **Abgasanlage** dient dazu, die Verbrennungsgase (Abgase) von Feuerstätten sicher über das Dach ins Freie zu führen. Zugleich sorgt die Abgasanlage dafür, dass den Feuerstätten genügend Verbrennungsluft zugeführt wird. Nach der Bauart werden Abgasanlagen unterteilt in Schornsteine, Abgasleitungen, Luft-Abgas-Systeme und Verbindungsstücke.

Der **Schornstein** ist eine Abgasanlage, die gegen Rußbrand beständig ist. Daher können durch Schornsteine Abgase von Feuerstätten mit festen, flüssigen oder gasförmigen Brennstoffen abgeführt werden. Nach der Bauart werden gemauerte Schornsteine, System- und Montage-Schornsteine aus Formsteinen und keramischen Formstücken und Montageschornsteine aus Edelstahl unterschieden.

In **Abgasleitungen** dürfen Abgase von gasförmigen oder flüssigen Brennstoffen eingeleitet werden. Die Anlage muss nicht rußbrandbeständig sein.

Das **Luft-Abgas-System** führt der Feuerstätte Verbrennungsluft über den Luftschacht von der Mündung der Abgasanlage zu und die Abgase über Dach ins Freie ab. Luft-Abgas-Systeme müssen nicht rußbrandbeständig sein.

Das **Verbindungsstück** verbindet den Abgasstutzen der Feuerstätte mit dem senkrechten Teil der Abgasanlage.

Abgasanlagen müssen unmittelbar auf den Baugrund oder auf einem feuerbeständigen Unterbau errichtet sein. Sie müssen so gebaut sein, dass sie dicht sind, damit Abgase nicht durch Fugen und Schornsteinwände in Räume austreten. Abgasanlagen müssen den Anforderungen des Brandschutzes entsprechen und die erforderlichen Reinigungsöffnungen haben.

10.4.2 Aufgaben des Schornsteins

Schornsteine haben die Aufgabe, sowohl die Verbrennungsgase von der Feuerstelle sicher über das Dach ins Freie abzuleiten, als auch die für die Verbrennung notwendige Luft anzusaugen. Für die vollständige Verbrennung ist eine Mindestsauerstoffmenge erforderlich, die durch Luftzufuhr zur Feuerstelle gelangen muss. Der richtig funktionierende Schornstein ermöglicht eine vollständige Verbrennung. Zu geringe Luftzufuhr führt zu unvollkommener Verbrennung, bei der giftiges Kohlenstoffmonoxid (CO), Ruß (C), freier Wasserstoff (H_2) sowie Teere entstehen. Unvollkommene Verbrennung bewirkt Wärmeverlust, stärkere Verrußung des Schornsteins und Umweltbelastung.

> Der Schornstein schafft die Voraussetzung, dass an der Feuerstätte im Heizraum eine geregelte Verbrennung ablaufen kann.

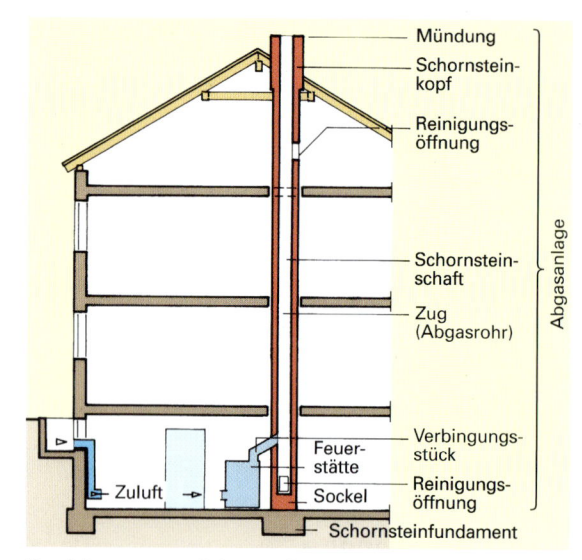

Bezeichnungen am Schornstein

Abgasanlage	Brennstoffe	rußbrand-beständig
Schornstein	feste, flüssige und gasförmige	ja
Abgasleitung	flüssige und gasförmige	muss nicht sein
Luft-Abgas-System	gasförmige	muss nicht sein

Arten von Abgasanlagen

Brenn-stoff	+ Sauer-stoff	⇒ Rauchgas, Abgas	+ Wärme
C Kohlenstoff	+ O_2	⇒ CO_2 Kohlenstoffdioxid	Klima, Treibhauseffekt
S Schwefel	+ O_2	⇒ SO_2 Schwefeldioxid	Schadstoff, Waldsterben
$2 H_2$ Wasserstoff	+ O_2	⇒ $2 H_2O$ Wasserdampf	unschädlich

Chemische Reaktion bei vollkommener Verbrennung

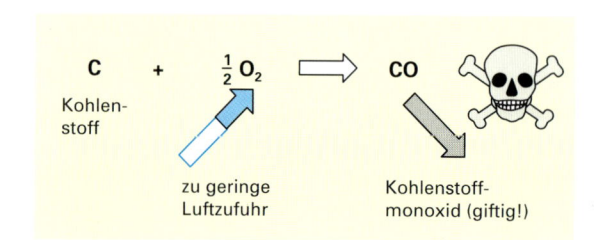

C Kohlenstoff + ½ O_2 (zu geringe Luftzufuhr) ⇒ CO Kohlenstoffmonoxid (giftig!)

Chemische Reaktion bei unvollkommener Verbrennung des Kohlenstoffes

10 Mauern besonderer Bauteile Schornsteinzug

10.4.3 Wirkungsweise des Schornsteins

Hält man eine brennende Kerze an die leicht geöffnete Reinigungsöffnung eines Schornsteins, der in Betrieb ist, wird die Kerzenflamme zur Öffnung hin abgelenkt. Die abgelenkte Flamme zeigt an, dass im Schornstein eine Gasströmung herrscht.

Eine Gasströmung entsteht durch das Bestreben der Gase, Druckunterschiede auszugleichen. Bei einer betriebenen Feuerungsanlage besteht ein Druckunterschied zwischen dem Gasdruck im Schornstein und dem Druck der umgebenden Luft. Dabei herrscht im Schornstein Unterdruck, da sich die durch die Verbrennung erwärmte Luft ausdehnt und deren Dichte dadurch geringer wird als die der Außenluft. Die erwärmte Luft und die heißen Abgase steigen nach oben. Im Bestreben, den entstandenen Druckunterschied auszugleichen, strömt die kalte Außenluft über die Feuerstätte nach und liefert dadurch auch die notwendige Luft für die weitere Verbrennung. Da die Verbrennungsgase im Schornstein wieder nach oben steigen und an der Schornsteinmündung ins Freie strömen, entsteht im Schornstein bei betriebener Feuerungsanlage ein fortwährender Sog. Man nennt diesen Vorgang **Schornsteinzug**.

Der Schornsteinzug entsteht durch Auftrieb der heißen und daher leichteren Verbrennungsgase und Nachströmen der kälteren Außenluft. Die Zugwirkung ist um so größer, je größer der Temperaturunterschied zwischen Abgasen und Außenluft an der Schornsteinmündung ist.

10.4.4 Einflüsse auf den Schornsteinzug

Damit ein Schornstein ausreichenden Zug erzeugen kann, müssen beim Schornsteinbau wesentliche Einflussfaktoren beachtet werden.

Wärmedämmung der Schornsteinwandungen

Die im Abgasrohr aufsteigenden Verbrennungsgase geben Wärme an die Schornsteinwandungen ab. Damit die Abkühlung der Abgase möglichst gering und damit die Zugwirkung des Schornsteins erhalten bleibt, müssen die Schornsteinwandungen eine gute **Wärmedämmung** besitzen. Das ist besonders bei Schornsteinteilen im Dachraum und über Dach erforderlich. Im Schornsteinbau werden daher Baustoffe mit guter Wärmedämmeigenschaft verwendet, z. B. Formstücke aus Leichtbeton. Zudem müssen die Schornsteinwandungen einschaliger Schornsteine ausreichend dick sein. Mehrschalige Schornsteine mit Dämmschicht bieten den besten Schutz gegen Wärmeverlust und Abkühlung der Verbrennungsgase (siehe Abschnitt 10.4.5).

Die gute Wärmedämmung der Schornsteinwandungen ist eine wesentliche Voraussetzung für einen guten Schornsteinzug.

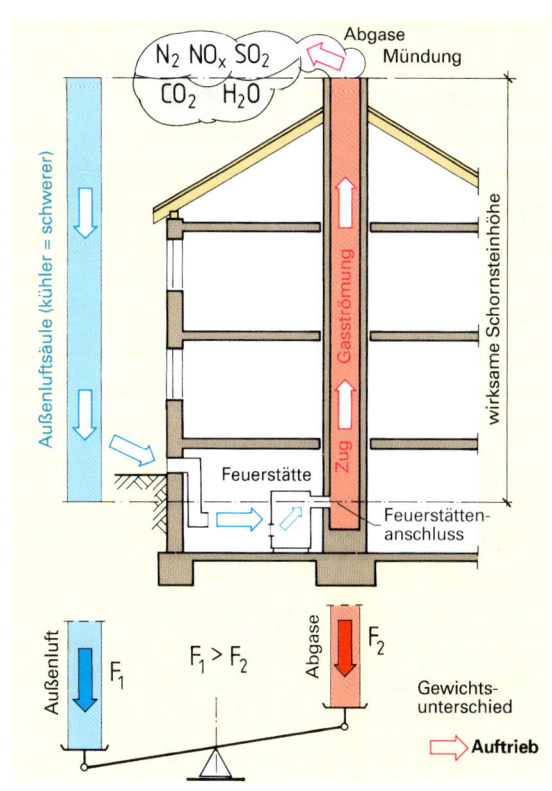

Auftrieb und Schornsteinzug

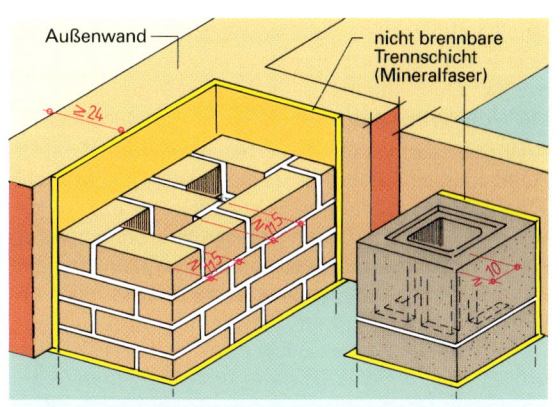

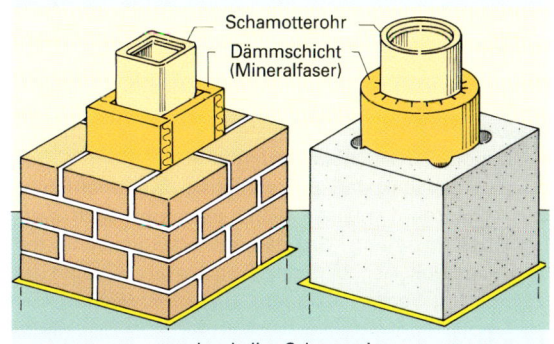

Wärmedämmung beim Schornsteinbau

10 Mauern besonderer Bauteile — Schornsteinzug

Wird Abgas durch unzureichende Wärmedämmung so stark abgekühlt, dass der Wasserdampftaupunkt unterschritten wird, kommt es im Schornstein zu Kondensatbildung mit der Gefahr der Schornsteinversottung. Unter **Versottung** versteht man die Durchfeuchtung der Schornsteinwangen durch **säurehaltiges Kondensat**. Dieses entsteht, wenn sich der vorhandene Wasserdampf in Tropfen an der Schornsteininnenwand niederschlägt und mit Verbrennungsoxiden (z. B. Schwefeldioxid) Säuren bildet (z. B. Schwefelsäure). Das säurehaltige Kondensat greift die Schornsteinwandung an und kann sie im Laufe der Zeit zerstören. Mit der Durchfeuchtung wird zugleich die Wärmedämmung der Schornsteinwandung stark gemindert, wodurch wiederum die Zugwirkung des Schornsteins stark beeinträchtigt wird. Der Schornstein zieht schlecht.

Strömungsgünstiger Abgasrohrquerschnitt

Abgasrohrquerschnitte werden quadratisch, rechteckig oder rund hergestellt. Strömungstechnisch am günstigsten ist die runde Querschnittsform. In Schornsteinen mit quadratischen und rechteckigen Querschnitten bilden sich mit der Abgasströmung in den Ecken Wirbel, die sich als Strömungswiderstand auswirken. In quadratischen Querschnitten ist der Strömungswiderstand aber nur gering. Rechteckige Querschnitte sind strömungstechnisch noch günstig, wenn das Seitenverhältnis höchstens **1 : 1,5** beträgt. Bei ungünstigeren Seitenverhältnissen beeinträchtigen die erhöhten Wirbelbildungen den Schornsteinzug erheblich. Bei Schornsteinformstücken mit quadratischen und rechteckigen Querschnitten sind die Ecken gerundet, um die Wirbelbildung in den Abgasrohren zu verringern.

Auch die Querschnittsgröße beeinflusst den Schornsteinzug. Kleine Rohrquerschnitte bewirken eine hohe Abgasströmung, die den Schornsteinzug erhöht, dadurch aber auch höheren Brennstoffverbrauch verursacht. Zu große Rohrquerschnitte bewirken eine geringe Abgasströmung, wodurch die Abgase rasch abkühlen. Dadurch wird der Schornsteinzug gemindert. Die Rohrquerschnitte sollen nicht kleiner und nicht größer sein, als dies Leistung und Abgasmenge der Feuerstelle tatsächlich erfordern. Nach DIN 18160 müssen Schornsteine aber eine Innenrohrquerschnittsfläche von **mindestens 100 cm^2** besitzen.

Ebene und glatte Abgasrohrinnenflächen

Unebene und raue Schornsteininnenflächen beeinträchtigen die Abgasströmung durch erhöhten Reibungswiderstand und Wirbelbildung. Die Innenfläche der Abgasrohre müssen daher eben und glatt sein. Die Abgasströmung wird dadurch weniger behindert und eventuell sich bildende Kondensate können rascher zum Sockel ablaufen. Die Innenflächen der Schamotterohre erfüllen diese Anforderungen. Beim „Hochziehen" des Schornsteins muss darauf geachtet werden, dass kein Fugenkleber (Fugenkitt) in die Rohrinnenfläche gelangt.

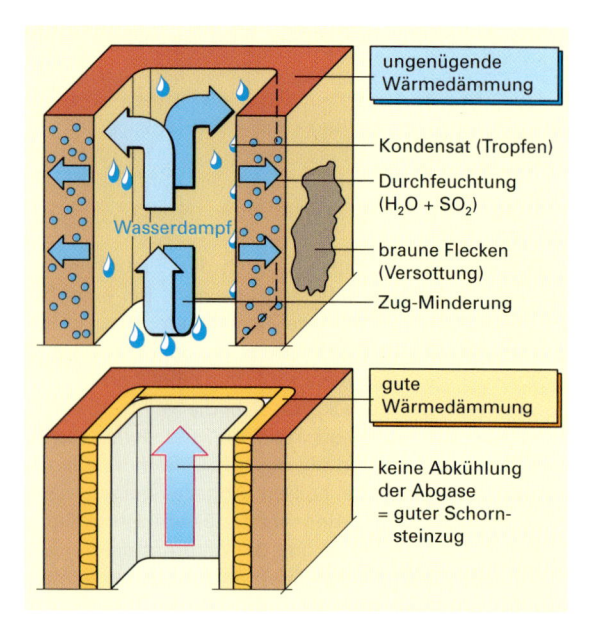

Versottung des Schornsteins: Abgastemperatur unter dem Wasserdampftaupunkt

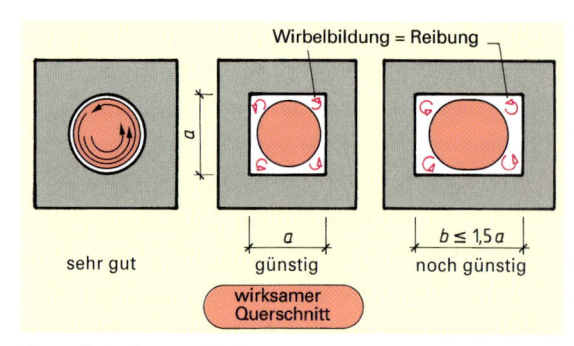

Querschnittsformen für Schornsteine

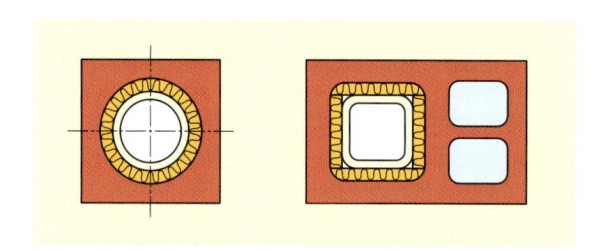

Rohrquerschnitte bei Formstücken

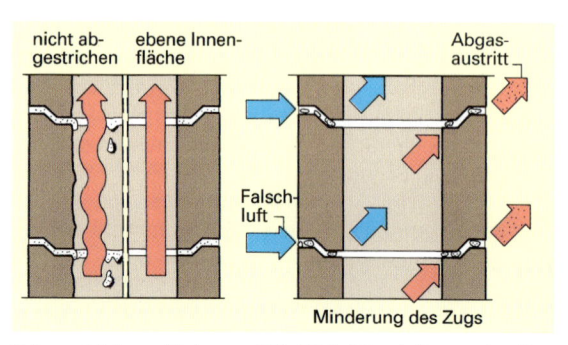

Schornsteininnenflächen und Dichtigkeit beeinflussen den Zug

10 Mauern besonderer Bauteile — Schornsteinmündung

Wirksame Schornsteinhöhe

Der Schornsteinzug hängt auch von der Schornsteinhöhe ab. Die Zugwirkung ist umso größer, je höher der Schornstein ist (Auftrieb wächst mit zunehmendem Volumen). Damit ausreichender Zug entstehen kann, muss der Schornstein, vom letzten Rohranschluss gemessen, eine bestimmte Mindesthöhe haben. Es ist die wirksame Schornsteinhöhe. Sie muss bei Schornsteinen mit nur einer angeschlossenen Feuerstätte (eigener Schornstein) mindestens **4 m** betragen, bei Schornsteinen, an denen mehrere Feuerstätten angeschlossen sind (gemeinsamer Schornstein), mindestens **5 m**. Für gemeinsame Schornsteine mit Feuerstätten für gasförmige Brennstoffe beträgt die wirksame Schornsteinhöhe mindestens 4 m.

Wird die wirksame Schornsteinhöhe unterschritten, kann der Schornstein nicht mehr richtig funktionieren.

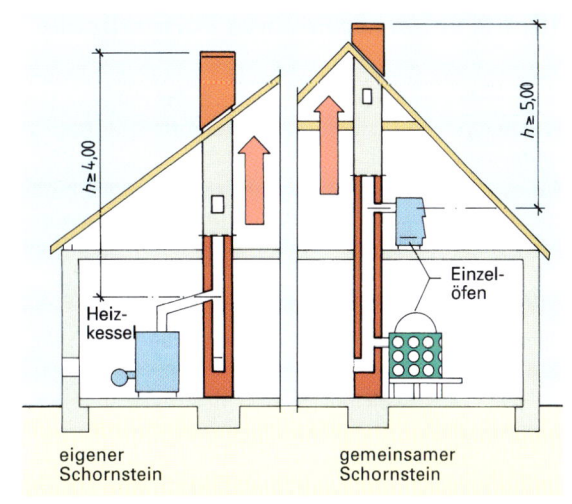

Schornsteinmündung über Dach

Schornsteinmündungen sind so hoch über Dach zu führen, dass sie im Windstrom liegen. Der Windstrom nimmt die Abgase mit und erhöht dadurch die Zugwirkung des Schornsteins. Bei zu niedrigen Schornsteinköpfen drückt der Wind in den Schornstein und hemmt den Schornsteinzug.

Die Schornsteinhöhe über Dach ist von der Dachneigung und von eventuell vorhandenen Dachaufbauten und Brüstungen abhängig. Bei Dächern mit einer Neigung von mehr als 20° müssen Schornsteinmündungen mindestens 40 cm über der höchsten Dachkante (z. B. First) liegen. Bei Dächern mit weniger als 20° Neigung müssen sie mindestens 1,00 m Abstand von der Dachfläche haben. Dies gilt auch für Flachdächer.

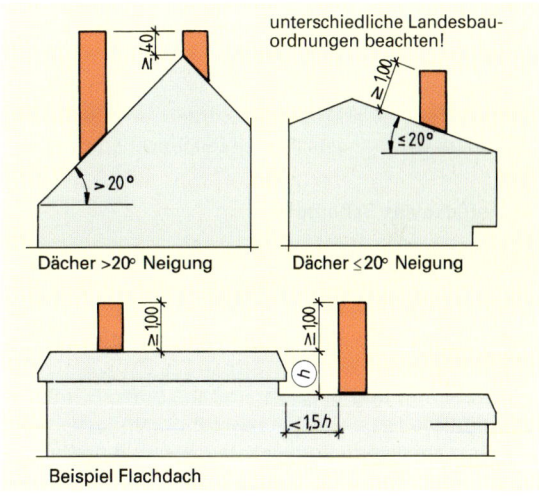

Befinden sich Schornsteine neben Dachaufbauten, so müssen sie diese um mindestens 1,00 m überragen, wenn ihr Abstand zu den Aufbauten kleiner ist als deren 1,5-fache Höhe über Dach. Die Landesbauordnungen (LBO) der einzelnen Bundesländer können davon abweichende Abmessungen vorschreiben.

Schornsteine sollten in Gebäuden so angeordnet werden, dass die Schornsteinmündung in der Nähe der höchsten Dachkante, z. B. in Firstnähe, liegt. Die Zugwirkung ist dort am gleichmäßigsten. Zudem werden die Abgase dort günstig, vom Gebäude weg, abgeführt.

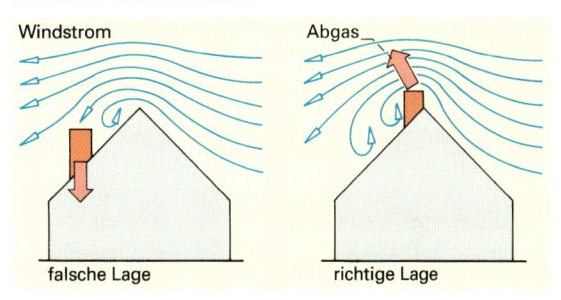

Zusammenfassung

Der Schornsteinzug entsteht durch den Auftrieb der heißen und daher leichteren Verbrennungsgase und Nachströmen der kälteren Frischluft.

Der Schornsteinzug wird beeinflusst von Form und Größe des Rohrquerschnitts, von der Wärmedämmung und Dichtigkeit der Wangen, dem Zustand der Innenflächen, der Schornsteinhöhe und der Lage der Schornsteinmündung im Windstrom.

Aufgaben:

1. Erklären Sie die Wirkungsweise des Schornsteins.
2. Warum sollen Schornsteine möglichst im Inneren des Gebäudes liegen?
3. Welchen Einfluss haben auf den Schornsteinzug:
   a) Größe und Form des Abgasrohrquerschnitts,
   b) die Wärmedämmfähigkeit der Wangen?
4. Warum muss die Schornsteinmündung eines eigenen Schornsteins mindestens 4,00 m über dem Brenner liegen?

10 Mauern besonderer Bauteile — Schornsteinformstücke

10.4.5 Schornsteine aus Formstücken

Schornsteine werden heute aus Fertigteilen hergestellt. Schornsteinfertigteile sind z. B. Formstücke aus Leichtbeton, Formstücke aus Schamotte und Abgasrohre aus Edelstahl.

Für den Schornstein des Jugendtreffs werden Schornsteinformstücke aus Leichtbeton und aus Schamotte verwendet.

Formstücke aus Leichtbeton

Schornsteinformstücke sind Bauteile, die einzeln den ganzen Schornsteinquerschnitt umfassen.

Formstücke aus Leichtbeton bestehen meist aus hochwertigem Ziegelsplitt-Leichtbeton. Sie werden als voll- oder hohlwandige Formstücke hergestellt. Bei den hohlwandigen Formstücken bestehen die Wangen aus zwei Schalen, die durch Stege verbunden sind. Die dadurch entstehenden Zellen enthalten im aufgemauerten Schornstein die wärmedämmenden Luftschichten.

Die Formstücke sind strömungstechnisch günstig, da sie eine geringe innere Oberflächenrauigkeit haben und die Rohrquerschnitte in den Ecken angerundet sind, sofern sie nicht überhaupt rund geformt sind. Vertikale Fugen fallen weg und an horizontalen Fugen können pro steigenden Meter höchstens vier anfallen, da die geringste Formstückhöhe 24 cm beträgt (Regelhöhen 24 cm und 32 cm, bei Sonderformstücken 49 cm).

Die Lagerfugen der Formstücke können mit und ohne Falz ausgebildet sein. Falze erleichtern das Versetzen der Formstücke und ergeben besonders dichte Fugen.

> Schornsteine aus Formstücken können mit geringerem Zeitaufwand erstellt werden und besitzen günstige strömungstechnische Eigenschaften.

Formstücke aus Schamotte

Formstücke aus Schamotte werden als Innenrohrformstücke für Montageschornsteine verwendet. Durch das hochwertige Schamottematerial sind sie feuer-, säure- und temperaturwechselbeständig und für alle Brennstoffarten einsetzbar. Die Schamotterohre werden mit und ohne keramische Innenrohrglasur gefertigt. Die Glasur macht die Rohrinnenfläche dicht und lässt anfallende Kondensate rascher abfließen.

Die Formstücke aus Schamotte werden mit Falz hergestellt. Dieser dient der Zentrierung der Rohre und gewährleistet ein dichtes Auflager. Der umlaufende, hochstehende Falz am äußeren Rand der Rohre und die hohe Maßgenauigkeit lassen bei sorgfältiger Fugenausführung, z. B. mit speziellem Säurekitt, eine sehr dichte und glatte Rohrinnenfläche entstehen.

> Formstücke ermöglichen rationelles Bauen von Schornsteinen. Wegen der guten Wärmedämmung, der hohen Dichtigkeit und der strömungsgünstigen Querschnittsform sind Schornsteine aus Formstücken besonders leistungsfähig.

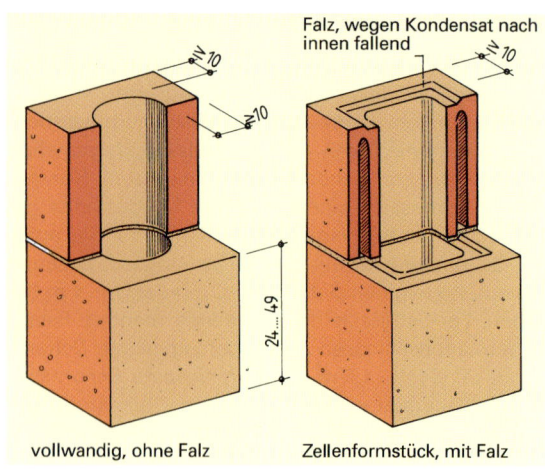

Formstücke aus Leichtbeton für einschalige Schornsteine
(vollwandig, ohne Falz — Zellenformstück, mit Falz)

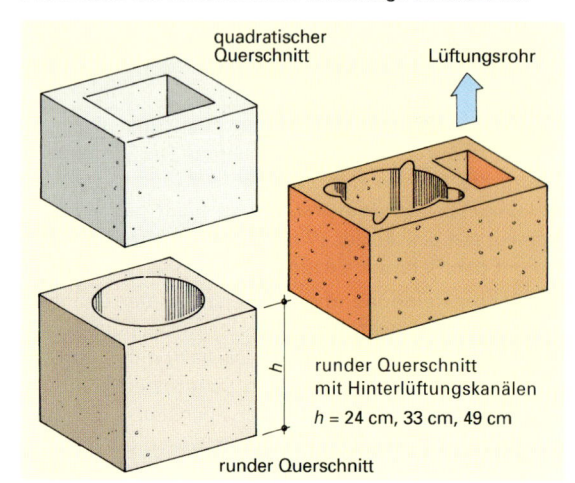

Formstücke aus Leichtbeton für mehrschalige Schornsteine (Mantelsteine)
quadratischer Querschnitt — runder Querschnitt mit Hinterlüftungskanälen, h = 24 cm, 33 cm, 49 cm — runder Querschnitt

Formstücke aus Schamotteton (Regelhöhe 66 cm)

10 Mauern besonderer Bauteile Schornsteinkonstruktionen

10.4.6 Schornsteinkonstruktionen

Hausschornsteine aus Formstücken werden vorwiegend mehrschalig hergestellt. Diese Bauweise berücksichtigt Anforderungen, die z. B. moderne Feuerungsanlagen mit niedrigen Abgastemperaturen an Schornsteine stellen.

Auch im Jugendtreff ist ein Schornsteinsystem vorgesehen, das für die Verwendung von Öl, Gas und Festbrennstoffen geeignet sein soll. Diesen Anforderungen entsprechend wird ein dreischaliger Schornstein mit Hinterlüftung gewählt.

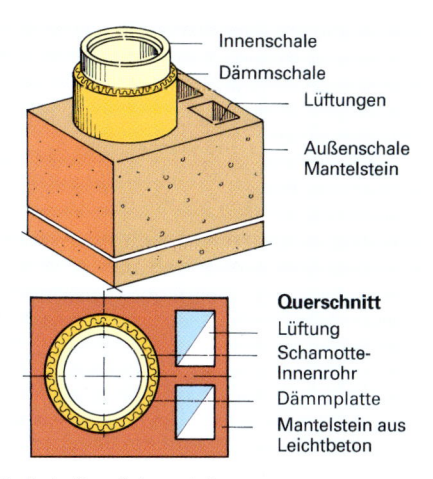

Dreischalige Schornsteine

Bei dreischaligen Schornsteinen wird der Hohlraum zwischen Innenrohr und Ummantelung mit einer nichtbrennbaren Dämmschicht ausgefüllt. Diese Bauteile bilden drei Schalen:
- Innenschale (Innenrohr)
- Dämmschale (Wärmedämmschicht)
- Außenschale (Ummantelung)

Als Innenrohre werden meist Schamotterohre verwendet. Die Ummantelung wird mit Formstücken aus Leichtbeton (Mantelsteine) hergestellt. Als Wärmedämmschichten werden Dämmplatten aus Mineralfasern oder fertige Dämmschichtmassen (auf Perlit- oder Vermiculitbasis) sowie lose Dämmschüttungen eingebracht. Die Dämmschichten erhöhen die Wärmedämmfähigkeit des Schornsteins und ermöglichen die spannungsfreie waagerechte und senkrechte Dehnung des Innenrohrs. Der Mantelstein wird von schädlichen Temperaturen und das Innenrohr vor mechanischer Beanspruchung geschützt. Zudem wird durch den dreischaligen Aufbau die Schallfortpflanzung im Schornstein stark gemindert.

Die Anpassung an moderne Feuerungsanlagen mit niedrigen Abgastemperaturen (z. B. ab 40°C) erfordert, dass trotz permanenter Taupunktunterschreitung im Abgasweg (mit Kondensatbildung) keine Durchfeuchtung oder Schädigung des Schornsteins stattfindet. Um dies zu erreichen, wird in die mehrschichtige Bauweise noch die Hinterlüftungstechnik einbezogen (siehe Abschnitt 10.4.5).

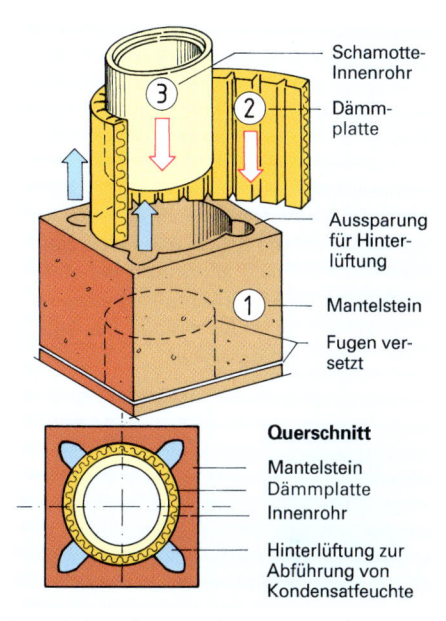

Hinterlüftete dreischalige Schornsteine führen in besonderen Luftröhren, die in den Eckbereichen der Mantelsteine ausgebildet werden, anfallende Kondensatfeuchte nach oben über die Mündung ins Freie. Über eine Lufteinlassöffnung im Bereich des Sockelsteins wird ständig Luft zugeführt, sodass auch während einer Stillstandzeit der Heizung die Hinterlüftung wirksam ist. Sie verhindert, dass sich Feuchtigkeit in der Schornsteinkonstruktion ansammelt, gewährleistet die Wirkung der Dämmschicht und schützt die Ummantelung vor eventuellen Feuchteschäden.

Anfallendes Kondensat fließt von der Innenrohrwand zur Schornsteinsohle und wird dort über eine Kondensatablaufschale (z. B. Sockelstein mit Kondensatablauf) in eine Neutralisierungsbox geleitet. Da das Kondensat Schadstoffe enthält, z. B. Säuren, muss es umweltfreundlich entsorgt werden.

Für feuchtigkeitsunempfindliche Schornsteinkonstruktionen werden auch Schamotte-Innenrohre mit glasierten Innenflächen verwendet.

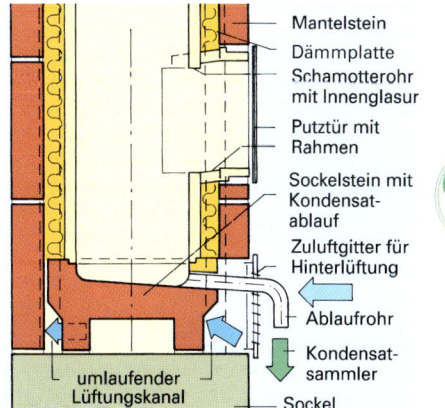

> Dreischalige Schornsteine mit Hinterlüftung und dreischalige Schornsteine mit glasiertem Schamotterohr sind als feuchtigkeitsunempfindliche Schornsteine für Abgastemperaturen ab 40°C geeignet.

Dreischaliger Schornstein
Querschnitt: Lüftung, Schamotte-Innenrohr, Dämmplatte, Mantelstein aus Leichtbeton
(Innenschale, Dämmschale, Lüftungen, Außenschale Mantelstein)

Dreischaliger Schornstein mit Hinterlüftung
Schamotte-Innenrohr, Dämmplatte, Aussparung für Hinterlüftung, Mantelstein, Fugen versetzt
Querschnitt: Mantelstein, Dämmplatte, Innenrohr, Hinterlüftung zur Abführung von Kondensatfeuchte

Schornsteinsohle mit Hinterlüftung und Kondensatablauf, Längsschnitt
Mantelstein, Dämmplatte, Schamotterohr mit Innenglasur, Putztür mit Rahmen, Sockelstein mit Kondensatablauf, Zuluftgitter für Hinterlüftung, Ablaufrohr, Kondensatsammler, umlaufender Lüftungskanal, Sockel

10 Mauern besonderer Bauteile — Schornsteinkonstruktionen

Hausschornsteine werden als Universalschornsteine und als Luft-Abgasschornsteine in mehrschaliger Konstruktion hergestellt.

Universalschornsteine haben in der Regel einen dreischaligen Aufbau und werden zum Anschluss von nur einer Feuerstelle (Zentralheizung) verwendet. Sie eignen sich für alle Brennstoffe (z. B. Öl, Gas oder Kohle).

Luft-Abgasschornsteine können zweischalig aufgebaut sein und eignen sich zum Anschluss mehrerer Feuerstellen (z. B. Gasetagenheizungen). Sie können nur für Gasheizungen eingesetzt werden.

Luft-Abgasschornsteine sind besondere Schornsteinkonstruktionen zum Anschluss von raumluftunabhängigen Feuerungsanlagen. Die für die Verbrennung erforderliche Frischluft wird am Schornsteinkopf eingezogen und strömt zwischen Abgasrohr und Schacht zur Feuerstelle. In der Regel wird die Frischluftzufuhr und die Abgasführung von einem Abgas- bzw. Zuluftgebläse am Gasbrenner unterstützt.

In unserem Jugendtreff ist ein Schornstein mit **Lüftungsschacht** vorgesehen. Dieser dient zur Be- und Entlüftung des Heizraumes. Die Lüftungsschachtöffnung ist im Schornsteinformstück des Schornsteins mit eingearbeitet.

Ein Lüftungsschacht ist stets notwendig, wenn die Raumluft im Heizraum nicht ausreicht, z. B. wenn eine Luftzufuhr durch Fenster und Lüftungen unzureichend oder nicht möglich ist. Sofern bei einem Luft-Abgasschornstein keine Frischluftregelung im Schornstein vorgesehen ist, muss immer ein eigener Lüftungsschacht angeschlossen sein.

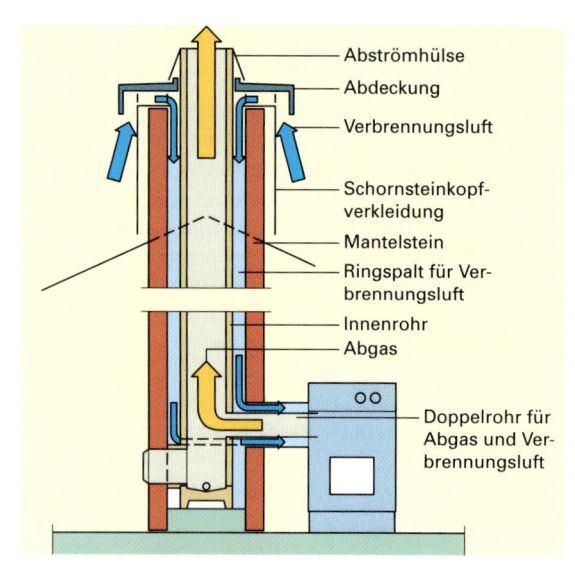

System raumluftunabhängige Feuerungsanlage (Luft-Abgas-System)

Labels: Abströmhülse, Abdeckung, Verbrennungsluft, Schornsteinkopfverkleidung, Mantelstein, Ringspalt für Verbrennungsluft, Innenrohr, Abgas, Doppelrohr für Abgas und Verbrennungsluft

Bei raumluftunabhängigen Feuerungsanlagen wird die Verbrennungsluft über einen Ringspalt vom Schornsteinkopf aus zugeführt (Energieeinsparung durch Wärmetauscheffekt).
Raumluftabhängige Feuerungsanlagen entnehmen die Verbrennungsluft direkt aus dem Aufstellraum.

Zusammenfassung

Formstücke ermöglichen rationelles Bauen von Schornsteinen.

Dreischalige Schornsteine besitzen eine besonders gute Wärmedämmfähigkeit.

Die Wärmedämmschalen sichern niedere Wandtemperaturen und geringe Wärmeabstrahlung an die angrenzenden Räume.

Durch die Dämmschicht wird die thermische Dehnung der Innenrohre schadlos aufgenommen.

Hinterlüftungskanäle sind dazu bestimmt, Feuchtigkeit aus dem Schornstein als Wasserdampf ins Freie zu leiten.

Luft-Abgasschornsteine sind Schornsteinkonstruktionen zum Anschluss von raumluftunabhängigen Feuerungsanlagen.

Bei Feuerstätten, die ihre Verbrennungsluft dem Heizraum entnehmen, muss die verbrauchte Luftmenge ständig durch aus dem Freien nachströmende Luft ersetzt werden.

Ein Lüftungsschacht ist erforderlich, wenn die ausreichende Zuluft durch Fenster oder Lüftung nicht möglich ist.

Aufgaben:

1. Begründen Sie: Schornsteinformsteine ermöglichen rationelles Bauen.
2. Warum besitzen Formstücke aus Leichtbeton eine gute Wärmedämmung?
3. Welche Eigenschaften müssen Schamotterohre haben?
4. Was versteht man unter einem dreischaligen Schornstein?
5. Welche technische Bedeutung hat die Dämmschale beim dreischaligen Schornstein?
6. Welche Aufgaben erfüllen die Hinterlüftungskanäle?
7. Worauf muss bei der Entsorgung von Schornsteinkondensaten geachtet werden?
8. Skizzieren Sie den Querschnitt eines dreischaligen Schornsteins.
9. Bei welchen Gegebenheiten sind Lüftungsschächte für Feuerungsanlagen notwendig? Warum ist beim Schornstein des Jugendtreffs ein Lüftungsschacht vorgesehen?
10. Was versteht man unter einem Luft-Abgasschornstein?

10 Mauern besonderer Bauteile — Schornsteinteile

10.4.7 Bauliche Ausführung

Schornsteine aus Formstücken sind Montageschornsteine, die aus vorgefertigten Einzelteilen wie im Baukastenverfahren zusammengefügt bzw. zusammengebaut werden. Die erforderlichen Bau- und Zubehörteile werden vom Hersteller nach Plan geliefert und vom Maurer nach Versetzanweisung zum Fertigschornstein zusammengebaut.

Aufbau eines dreischaligen Schornsteins

Beispiel: Schornstein des „Jugendtreffs", einzügig mit Lüftungsschacht

Bauteile Mantelsteine aus Leichtbeton mit Lüftungsschacht 12/25 cm, Außenmaß 56/38 cm, Bauhöhe 33 cm.

Mineralfaserplatten 4 cm dick (Dämmschale)

Schamotte-Innenrohre Ø 16 cm, Bauhöhe 33 cm, 50 cm und 66 cm.

Schamotte-Innenrohre mit Rechteckstutzen für Putztüranschluss und mit Rundstutzen für Abgasrohranschluss, Bauhöhe 66 cm.

Schornsteinkopfummauerung mit KMz in DF sowie Kragplatte und Abdeckplatte aus Stahlbeton werden bauseits erstellt.

Als Schornsteinsockel wird der erste Mantelstein mit Beton aufgefüllt.

Zubehörteile Sockelstein mit Kondensatablauf und Zuluftgitter,
Putz- bzw. Revisionstüren aus Edelstahl,
Lüftungsgitter,
Abströmrohr mit Manschette.

Zusammenbau des Schornsteins

Arbeitsschritte:

1. Mantelstein auf Abdichtung setzen und ausbetonieren.
2. Sockelstein aufsetzen.
3. Zweiten Mantelstein versetzen (Kalkzementmörtel, Mörtelgruppe II).
4. Dämmschale einbringen.
5. Schamotte-Formstück mit Putztüröffnung versetzen (Säurekitt).
6. Weitere Mantelsteine und Innenrohre mit Dämmschale versetzen.

Beim Zusammenbau des Schornsteins ist zu beachten:

> Die Außenschale darf keinen Verbund mit Wänden oder Decken haben. Dazwischen sind Dämmstreifen anzubringen (≥ 2 cm).
>
> Schamotterohre sind nur mit Säurekitt zu versetzen. Alle Fugen sind innen sauber und glatt zu verstreichen.
>
> Die Fugendicke für die Innenschale darf nicht mehr als 7 mm und für die Außenschale nicht mehr als 10 mm betragen.

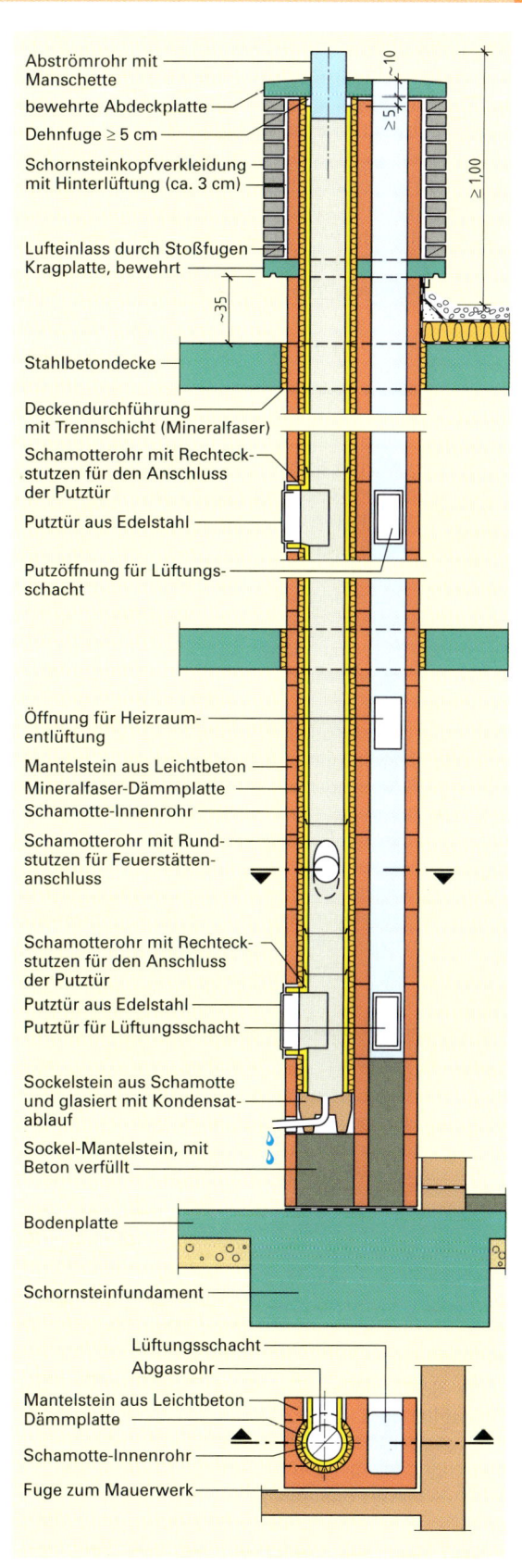

Dreischaliger Montageschornstein, Grundriss und Längsschnitt

Beschriftungen (von oben nach unten):
- Abströmrohr mit Manschette
- bewehrte Abdeckplatte
- Dehnfuge ≥ 5 cm
- Schornsteinkopfverkleidung mit Hinterlüftung (ca. 3 cm)
- Lufteinlass durch Stoßfugen
- Kragplatte, bewehrt
- Stahlbetondecke
- Deckendurchführung mit Trennschicht (Mineralfaser)
- Schamotterohr mit Rechteckstutzen für den Anschluss der Putztür
- Putztür aus Edelstahl
- Putzöffnung für Lüftungsschacht
- Öffnung für Heizraumentlüftung
- Mantelstein aus Leichtbeton
- Mineralfaser-Dämmplatte
- Schamotte-Innenrohr
- Schamotterohr mit Rundstutzen für Feuerstättenanschluss
- Schamotterohr mit Rechteckstutzen für den Anschluss der Putztür
- Putztür aus Edelstahl
- Putztür für Lüftungsschacht
- Sockelstein aus Schamotte und glasiert mit Kondensatablauf
- Sockel-Mantelstein, mit Beton verfüllt
- Bodenplatte
- Schornsteinfundament
- Lüftungsschacht
- Abgasrohr
- Mantelstein aus Leichtbeton
- Dämmplatte
- Schamotte-Innenrohr
- Fuge zum Mauerwerk

10 Mauern besonderer Bauteile — Decken- und Dachdurchführung

Bau- und sicherheitstechnische Vorschriften

Beim Bau von Schornsteinen sind besondere bau- und sicherheitstechnische Vorschriften zu beachten. Sie betreffen Konstruktionen und Schornsteinbereiche, deren fachgerechte und sorgfältige Ausführung die zuverlässige Funktion des Schornsteins, seine Standsicherheit sowie den Brandschutz gewährleisten. Für den Maurer sind der Sockelbereich, die Bereiche der Schornsteinführung durch Decken und Dächer sowie der Bereich des Schornsteinkopfs von besonderer Bedeutung.

Decken- und Dachdurchführungen

Der Schornstein muss so durch Decken (z. B. Stahlbetondecken) geführt werden, dass er in seiner Wärmeausdehnung nicht behindert wird. Die Möglichkeit zur Dehnung bzw. zum Schwinden des Schornsteinschaftes wird sichergestellt, indem Dämmstreifen von mindestens 2 cm Dicke zwischen Schornstein und Decke eingebaut werden. Dadurch werden auch Rissebildungen vermieden, die durch ungleiche Setzungen von Schornstein und angrenzenden Bauteilen entstehen können. Grenzt ein Schornstein großflächig an Wände, sind Mineralfaserplatten als Trennschichten zwischen dem Schornstein und den Wänden anzubringen.

Durch das Dach muss der Schornstein so geführt werden, dass angrenzende Bauteile aus brennbaren Baustoffen, z. B. Dachsparren, von den Außenflächen des Schornsteins mindestens 5 cm Abstand haben. Dies gilt auch für die Führung des Schornsteins durch Holzbalkendecken. Der Raum zwischen Schornstein und Holzbauteilen wird mit Beton und Mineralfaserplatten (Trennschicht) ausgefüllt (= Verwahrung). Für Holzteile mit geringem Querschnitt (z. B. Dachlatten), ist kein Abstand erforderlich.

Schornsteinsockelbereich mit Reinigungsöffnung

Der Schornstein ist auf einen **Schornsteinsockel** zu stellen. Dieser, betoniert oder gemauert, muss auf einem ausreichend tragfähigen Schornsteinfundament angelegt sein. In der Praxis haben sich vorgefertigte Sockelsteine bewährt. Die Sockelhöhe soll etwa 50 cm betragen, um anfallende Kondensate von der Schornsteinsohle in ein tiefer stehendes Neutralisationsgefäß leiten zu können. Wenn die Höhe des Abgasrohranschlusses von den Rastermaßen der Schornsteinelemente (116 cm und jeweils 33 cm höher) abweicht, kann dies durch Anpassung der Sockelhöhe ausgeglichen werden.

Jeder Schornstein muss an der Sohle eine **Reinigungsöffnung** haben. Diese muss mindestens 20 cm tiefer als der unterste Abgasrohranschluss liegen. Eine weitere Reinigungsöffnung ist im Dachraum vorzusehen, wenn die Reinigung nicht von der Schornsteinmündung aus vorgenommen werden soll. Reinigungsöffnungen sind grundsätzlich so anzuordnen, dass die Reinigungsarbeiten vom Schornsteinfeger problemlos durchgeführt werden können.

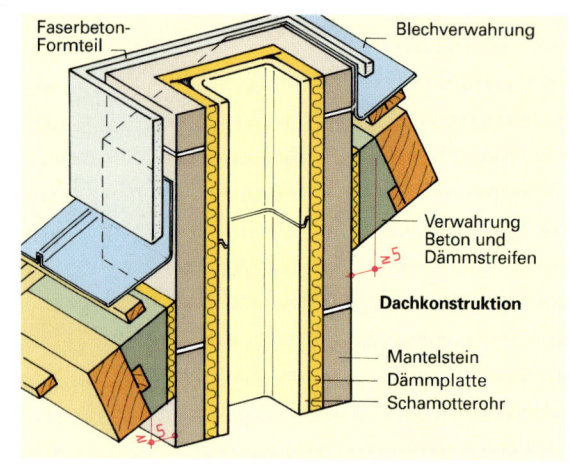

Dachdurchführung

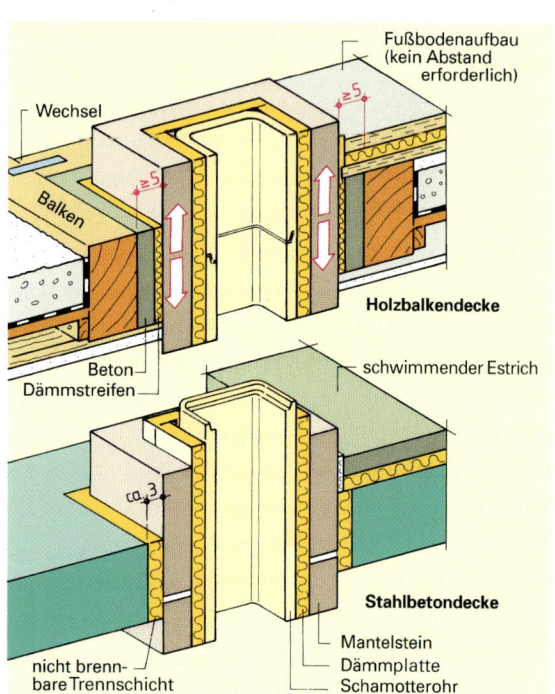

Deckendurchführung

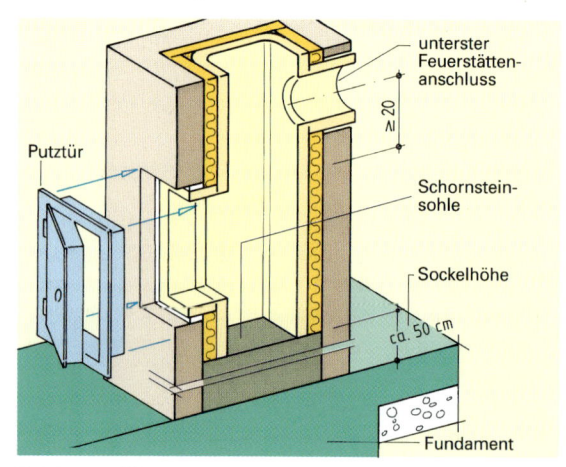

Reinigungsöffnung über der Schornsteinsohle

10 Mauern besonderer Bauteile — Schornsteinkopf

Der Schornsteinkopf

Der über Dach herausragende Schornsteinteil, der **Schornsteinkopf**, ist aufgrund seiner Lage besonderen Belastungen ausgesetzt. Während des Jahres wirken Hitze, Regen, Schnee und Wind abwechselnd auf ihn ein und die damit verbundenen Temperaturschwankungen belasten diesen Teil des Schornsteins stark. Ebenso beanspruchen die zeitweise hohen Temperaturunterschiede zwischen Abgasrohrinnenwand und Außentemperatur (z. B. bei Frost) diesen Bauteil in hohem Maße. Der Schornsteinkopf muss daher so ausgeführt werden, dass er den Witterungseinflüssen sowie den extremen Temperaturveränderungen zuverlässig und dauerhaft standhält.

Um witterungsbedingte Schäden zu vermeiden, muss der Schornsteinteil über Dach mit witterungsbeständigen Baustoffen verkleidet oder ummauert werden. Da der Schornsteinkopf erheblichen Windkräften ausgesetzt ist, muss er dementsprechend standsicher ausgebildet sein und den auftretenden Winddruck sicher in die angrenzenden Bauteile einleiten.

Weil der Schornsteinkopf auch niedrigen Umgebungstemperaturen ausgesetzt ist, kommt auch der Wärmedämmung in diesem Bereich eine besondere Bedeutung zu.

Schornsteinköpfe als Fertigteilelemente

Für die Verkleidung des Schornsteinkopfes werden heute z. B. **Stülpköpfe** als Fertigteilelemente verwendet. Die Fertigteile sind auf den Fertigteilschornstein genau abgestimmt und benötigen keine Kragplatte, da sie auf das obere Ende des Schornsteins aufgesetzt werden. Als Verkleidungsmaterialien dürfen nur nicht brennbare Baustoffe eingesetzt werden. Häufig wird Faserbeton verwendet. Die Verkleidung muss Regenwasser vom Schornstein zuverlässig fernhalten und ist in der Regel hinterlüftet. In einem ca. 3 cm breiten Luftspalt zwischen Schornstein und Verkleidung kann der aus dem Schornstein diffundierende Wasserdampf nach außen abströmen. Bei feuchtigkeitsunempfindlichen Schornsteinen wird der Schornsteinkopf mit einer zusätzlichen Dämmschicht versehen. Die Dicke der Wärmedämmung sollte 3…5 cm betragen.

Schornsteinkopfummauerung

Für die Schornsteinkopfummauerung müssen frostbeständige Mauersteine wie Klinker oder Vormauerziegel verwendet werden. Die Ummauerung ist bündig mit der Außenkante der Kragplatte. An der Schornsteinmündung sind Wangen und Zungen mit einer Abdeckplatte gegen Eindringen von Niederschlagswasser zu schützen. Die nebenstehende Abbildung zeigt einen konstruktiven Aufbau des Schornsteinkopfes mit Ummauerung.

> Schornsteinköpfe sind der Witterung ausgesetzt und müssen deshalb besonders geschützt werden.
> Sie werden mit Fertigteilelementen verkleidet oder mit frostbeständigen Mauersteinen ummauert.

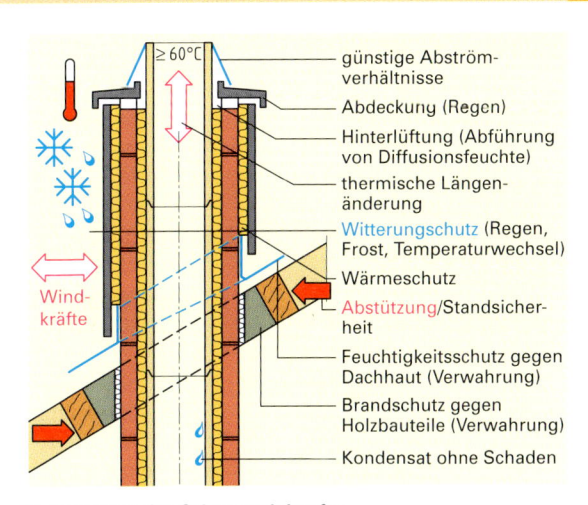

Belastungen des Schornsteinkopfes

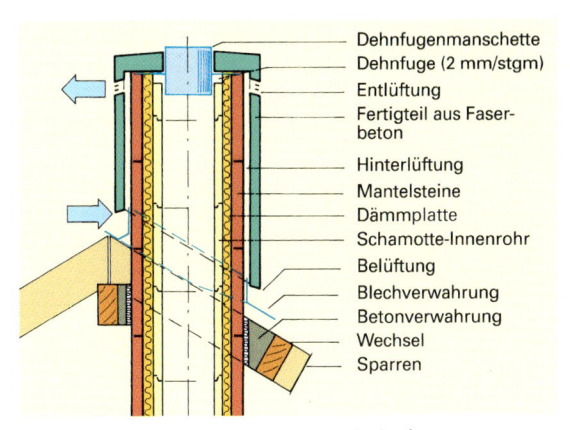

Dreischaliger Schornstein mit Fertigteil-Kopf

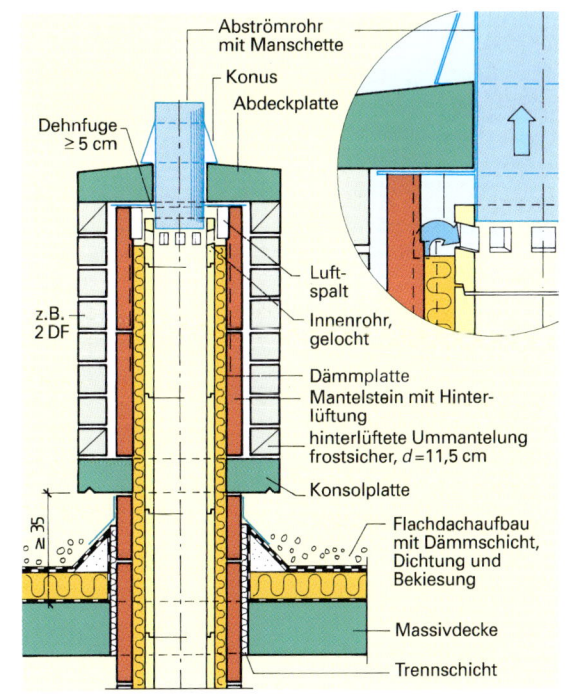

Dreischaliger Schornsteinkopf, ummauert (Flachdach)

10 Mauern besonderer Bauteile — Schornsteinverbände

10.4.8 Schornsteinverbände

Der aus kleinformatigen Mauersteinen im Verband **gemauerte Schornstein** spielt heute keine Rolle mehr. Er kann die hohen Anforderungen moderner Feuerungsanlagen nicht mehr erfüllen und ist in der Herstellung zu zeitaufwendig und daher unwirtschaftlich.

Bei der Sanierung alter Schornsteine stößt der Maurer noch auf gemauerte Schornsteine. Das fachgerechte Sanieren verlangt unter Umständen auch das Wissen von den Regeln des mauerwerksgerechten Schornsteinverbands.

Für das Schornsteinmauerwerk müssen die Mauersteine feuer- und hitzebeständig, widerstandsfähig gegen chemische Angriffe der Rauchgase und bei Verwendung über Dach frostbeständig sein. Gemauert wird mit Mörtel der Mörtelgruppe II.

Allgemeine Regeln zum Schornsteinverband

Das Schornsteinmauerwerk muss dicht sein, damit keine Luft von außen (Falschluft) eintreten kann und keine Abgase nach außen entweichen können. Aus dieser Forderung ergeben sich für den Schornsteinverband folgende Regeln:

1. möglichst wenig Fugen im Schornsteininnern,
2. möglichst ganze Mauerziegel verwenden,
3. keine Kreuzfugen, d.h., an den Ecken des lichten Querschnittes darf nur eine Fuge auftreten,
4. Viertelsteine nur an den äußeren Ecken vermauern,
5. vollfugig mauern,
6. Zungen schichtweise abwechselnd in die Wangen einbinden.

> Als Schornsteinverband ist stets der zu wählen, der im Schornsteininnern die geringste Fugenzahl aufweist und für den die geringste Anzahl von Teilsteinen benötigt wird.
>
> Der Schornsteinquerschnitt darf sich auf der ganzen Höhe nicht verengen oder erweitern.

Zusammenfassung

Der Fertigschornstein ist ein Montageschornstein, der aus serienmäßig vorgefertigten und aufeinander abgestimmten Bauelementen wie nach einem Baukastensystem zusammengebaut wird.

Beim Aufbau müssen die vorgeschriebenen Fugendicken eingehalten und die Rohrinnenflächen von Mörtelresten glatt gehalten werden.

Der Schornsteinsockel muss auf einem ausreichend tragfähigen Fundament angelegt werden.

Bei Decken- und Dachdurchführungen darf der Schornstein mit den angrenzenden Bauteilen nicht fest verbunden, d.h. nicht eingespannt sein.

Der Schornsteinkopf muss standsicher und gegen Witterungseinflüsse geschützt sein.

Die Schornsteinkopfabdeckplatte darf die Wärmeausdehnung des Innenrohres nicht behindern.

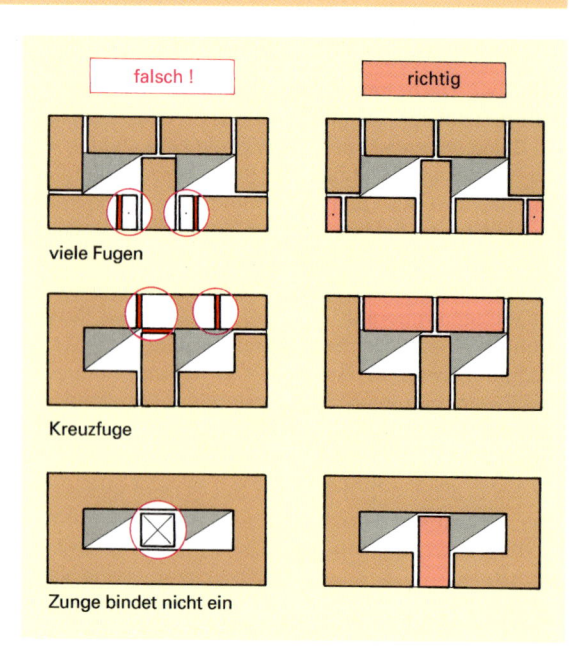

Regelskizzen für Schornsteinverbände

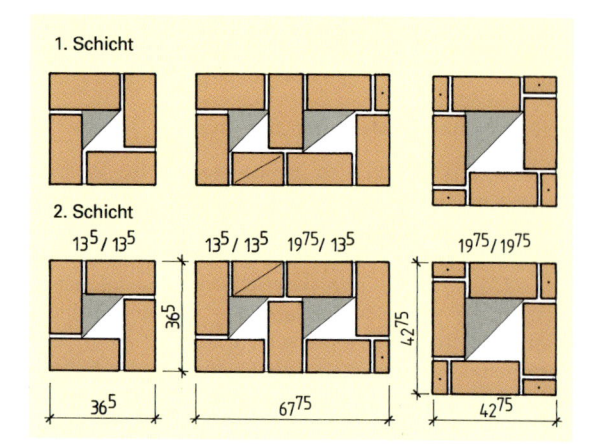

falsch! — richtig

viele Fugen
Kreuzfuge
Zunge bindet nicht ein

Beispiele für Schornsteinverbände

1. Schicht
2. Schicht

$13^5/13^5$ — 36^5
$13^5/13^5$ $19^{75}/13^5$ — 42^{75}
$19^{75}/19^{75}$

36^5 — 67^{75} — 42^{75}

Aufgaben:

1. Stellen Sie mithilfe der Projektzeichnung und der Abbildung des Projektschornsteins auf Seite 235 den Bedarf der Bau- und Zubehörteile überschlägig zusammen.
2. Beschreiben Sie die Arbeitsgänge der Grundmontage.
3. Welche Mindesthöhen sind im Sockelbereich des Schornsteins zu berücksichtigen? Aus welchen Gründen?
4. Beschreiben Sie die fachgerechte Schornsteinführung durch Decken und Dach.
5. Welchen witterungsbedingten Belastungen ist der Schornsteinkopf ausgesetzt?
6. Beschreiben Sie die erforderlichen baulichen Schutzmaßnahmen und geben Sie deren jeweils vorgesehenen Zweck an.
7. Begründen Sie die allgemeinen Regeln zum Schornsteinverband.

10 Mauern besonderer Bauteile — Schornstein mit Lüftungsrohr

10.4.9 Zeichnerische Darstellung

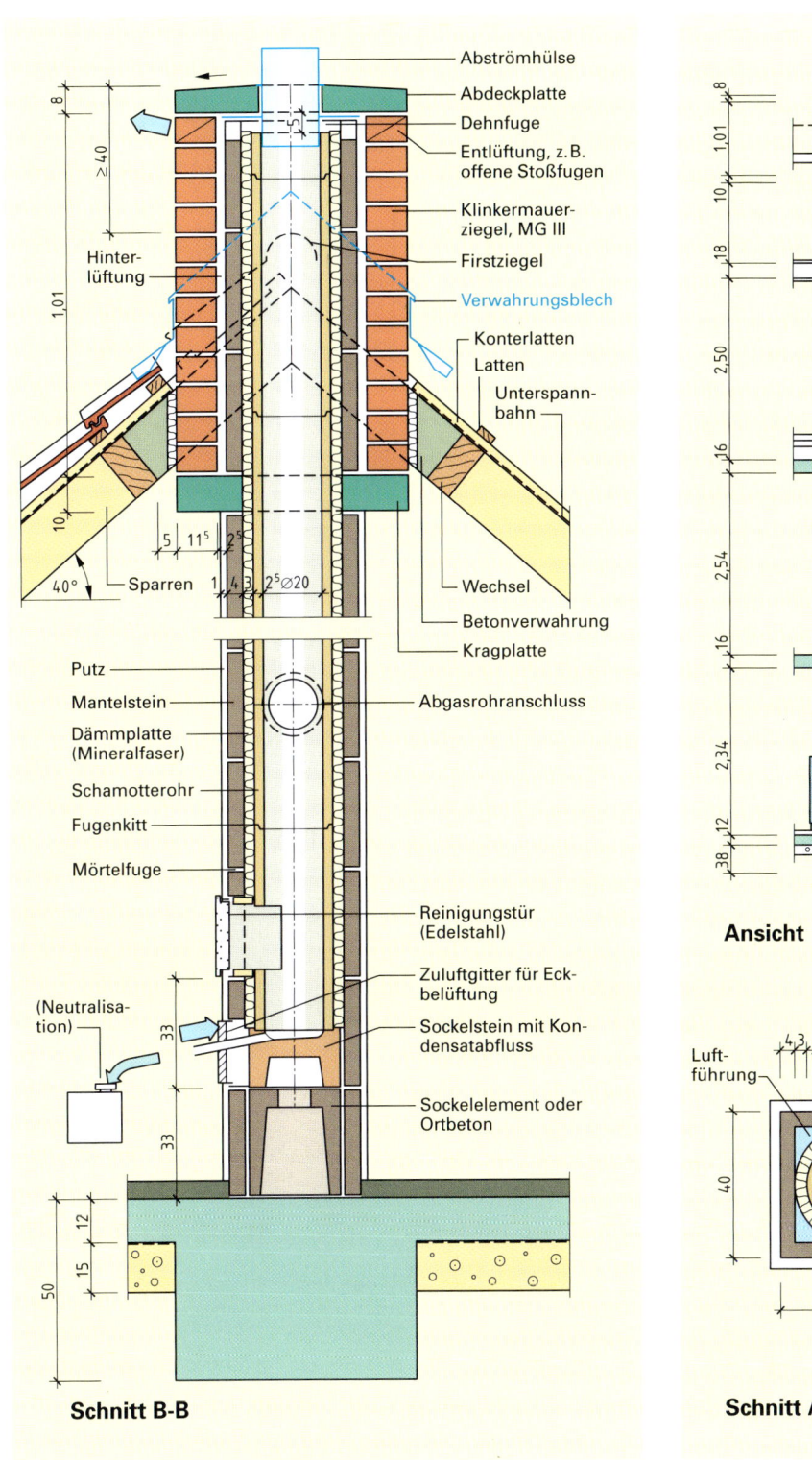

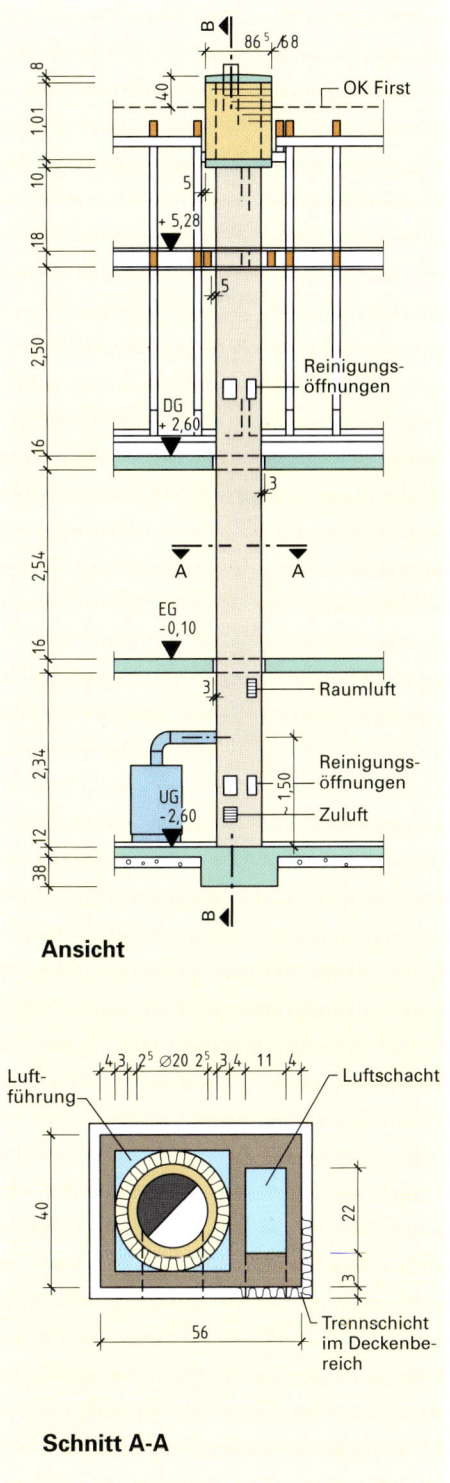

Schnitt B-B

Beschriftungen:
- Abströmhülse
- Abdeckplatte
- Dehnfuge
- Entlüftung, z. B. offene Stoßfugen
- Klinkermauerziegel, MG III
- Firstziegel
- Verwahrungsblech
- Konterlatten
- Latten
- Unterspannbahn
- Hinterlüftung
- Sparren
- Wechsel
- Betonverwahrung
- Kragplatte
- Putz
- Mantelstein
- Dämmplatte (Mineralfaser)
- Schamotterohr
- Fugenkitt
- Mörtelfuge
- Abgasrohranschluss
- Reinigungstür (Edelstahl)
- (Neutralisation)
- Zuluftgitter für Eckbelüftung
- Sockelstein mit Kondensatabfluss
- Sockelelement oder Ortbeton

Ansicht
- OK First
- +5,28
- DG +2,60
- Reinigungsöffnungen
- EG −0,10
- Raumluft
- UG −2,60
- Reinigungsöffnungen
- Zuluft

Schnitt A-A
- Luftführung
- Luftschacht
- Trennschicht im Deckenbereich

Dreischaliger und einzügiger Hausschornstein
(Beispiel: Haus mit Satteldach)

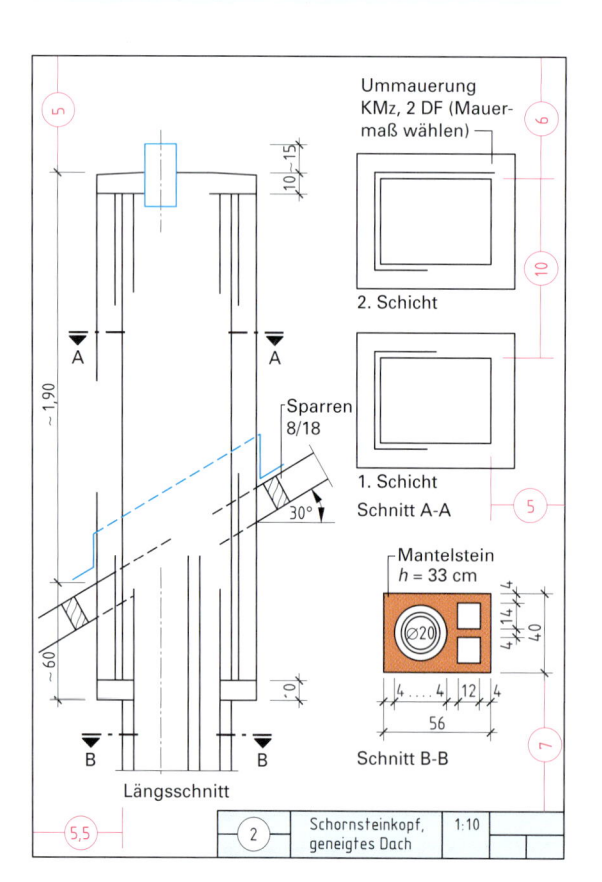

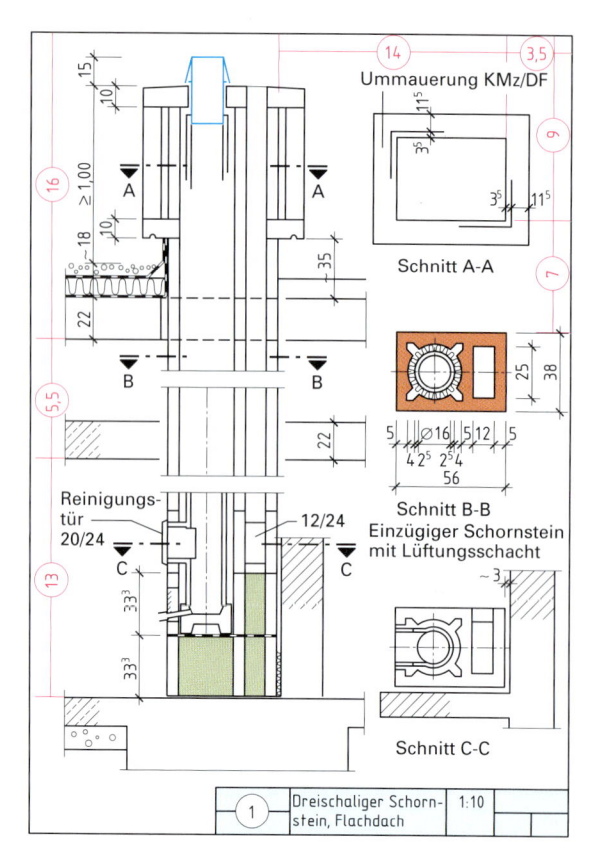

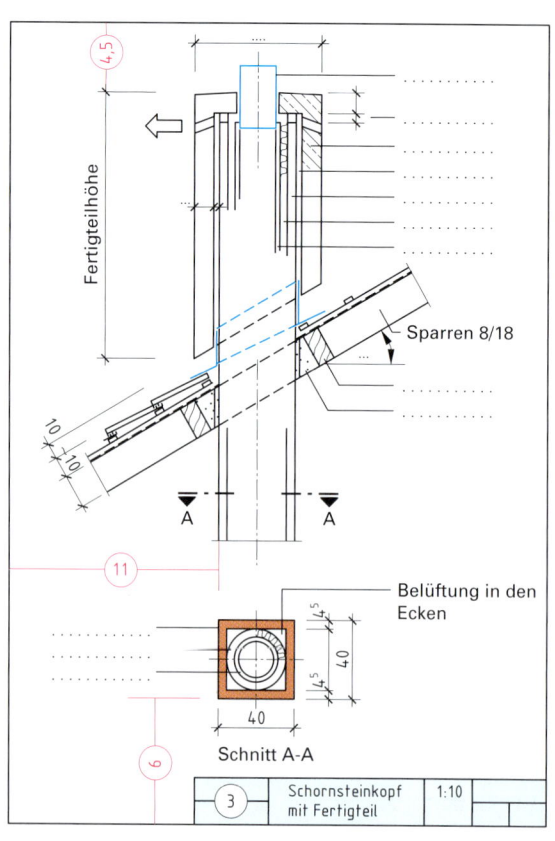

10 Mauern besonderer Bauteile — Schornstein mit Lüftungsrohr

Zeichnerische Darstellung

Aufgaben:

1. Dreischaliger Schornstein des Jugendtreffs
Zeichnen Sie den Längsschnitt mit Sockelbereich, Deckendurchgang und Schornsteinkopf sowie die Schnitte A-A, B-B und C-C.
Maße und weitere Angaben entnehmen Sie der Projektzeichnung sowie der zeichnerischen Darstellung der Aufgabe. Die Zeichnung ist zu bemaßen und zu beschriften. Maßstab 1:10, Format A3.

2. Schornsteinkopf mit Ummauerung
Zeichnen Sie den Längsschnitt, den Schnitt A-A (mit jeweils der 1. und 2. Steinschicht) sowie den Schnitt B-B.
Maße und weitere Angaben in der zeichnerischen Darstellung der Aufgabe. Bemaßen und beschriften Sie die Zeichnung. Maßstab 1:10, Format A3.

3. Schornsteinkopf mit Stahlbetonfertigteil
Zeichnen Sie den Längsschnitt und den Schnitt A-A. Bemaßen und beschriften Sie die Zeichnung. Maßstab 1:10, Format A3.
Mantelstein: Außenmaße 40/40 cm, Wanddicke 4,5 cm, Dämmschicht 30 mm, Schamotte-Innenrohr: Wanddicke 25 mm, Schornsteinfertigteil: Höhe 1,50 m, Wanddicke 8 cm, Sparrendach: Dachneigung 30°, Sparren 8/18 cm.
Weitere Angaben in der zeichnerischen Darstellung der Aufgabe.

10 Mauern besonderer Bauteile — Schwarze Wanne

10.5 Abdichtungen gegen von außen drückendes Wasser

Erfordern zwingende Umstände ein Untergeschoss unterhalb des Grundwasserspiegels, so ist eine wasserdruckhaltende Abdichtung vorzusehen. In diesem Falle schützt die Dichtung nicht nur vor der Bodenfeuchtigkeit, sondern sie muss dem Druck des Grund- und Stauwassers standhalten.

Die Abdichtung (in der Regel auf der dem Wasser zugekehrten Bauwerksseite) muss eine geschlossene Wanne bilden.

Für die erforderlichen Abdichtungen gibt es zwei unterschiedliche Möglichkeiten; sie können entweder mit einer Dichtungshaut oder mit wasserdichtem Beton hergestellt werden.

Da die Dichtungshaut in der Regel bitumenhaltig ist, wird diese Abdichtungsmöglichkeit auch als **schwarze Wanne** bezeichnet. Im Gegensatz dazu wird das aus wasserdichtem Beton hergestellte Untergeschoss wegen seiner hellen Farbe als **weiße Wanne** bezeichnet.

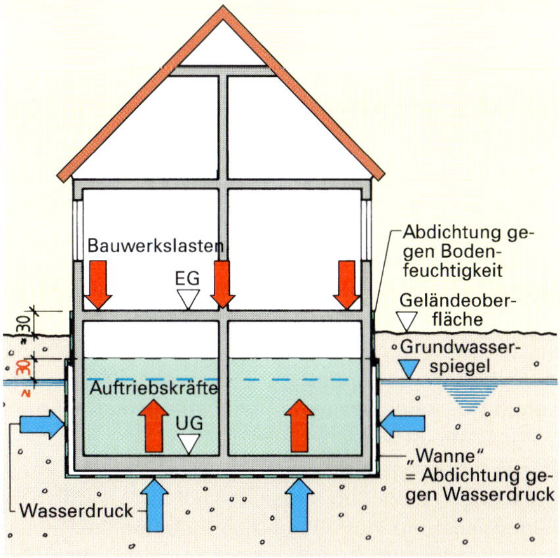

Prinzip der Abdichtung gegen drückendes Wasser

10.5.1 Schwarze Wanne

Bei **nichtbindigen Böden** ist die Abdichtung **mindestens 30 cm** über den höchsten Grundwasserstand zu führen. Darüber hinaus ist das Gebäude durch eine Abdichtung gegen nicht drückendes Wasser oder gegen Bodenfeuchtigkeit bis etwa 30 cm über das Gelände zu schützen.

Bei **bindigen Böden** muss die Abdichtung gegen drückendes Wasser **mindestens 30 cm** über die Geländeoberfläche geführt werden.

Die Bauwerksflächen, auf welche die Abdichtungen aufgebracht werden, müssen fest, eben, frei von Nestern, klaffenden Rissen und Graten sein. Kehlen und Kanten werden mit einem Radius von 4 cm ausgerundet.

Die Abdichtungen erhalten **Schutzschichten**, in der Regel aus Mauerwerk oder Beton.

Für die Abdichtungen finden Bitumenbahnen, Metallbänder, Kunststoffdichtungsbahnen, Deckaufstrichmittel, Asphaltmastix und Spachtelmassen Verwendung. Die Ausführung der Abdichtung ist von der Tiefe (Eintauchtiefe in das Grundwasser) abhängig. DIN 18195 unterscheidet dabei zwischen drei Eintauchtiefen: bis 4 m, über 4 m … 9 m und über 9 m.

Da mit zunehmender Eintauchtiefe der Wasserdruck zunimmt, ist auch die Abdichtung höher belastbar auszubilden.

> Abdichtungen gegen drückendes Wasser bilden eine geschlossene Wanne. Die Abdichtung muss von einer Schutzschicht aus Mauerwerk oder Beton umgeben sein.

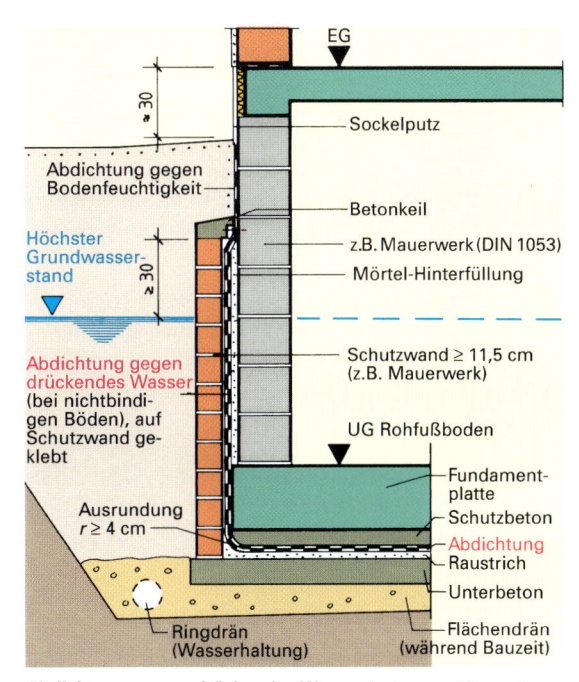

Abdichtung gegen drückendes Wasser (schwarze Wanne)

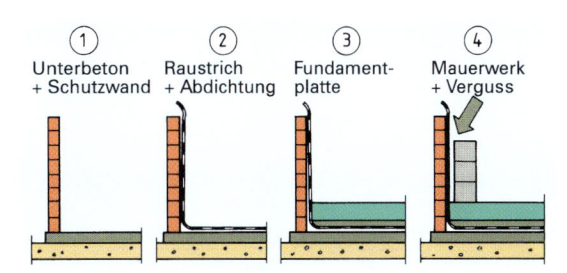

① Unterbeton + Schutzwand ② Raustrich + Abdichtung ③ Fundamentplatte ④ Mauerwerk + Verguss

Arbeitsschritte beim Herstellen der „Wanne"

10 Mauern besonderer Bauteile — Weiße Wanne

10.5.2 Weiße Wanne

K 4.4.2

Bereits vor über 2000 Jahren bauten die Römer Zisternen, Schwimmbäder und Massivdächer aus einem wasserdichten Baustoff, der als „römischer Beton" bezeichnet wird.

Diese Bauwerke hielten drückendem Wasser jahrhundertelang stand, obwohl sie ohne zusätzliche Dichtungshaut ausgebildet waren.

Das Prinzip der Abdichtung ist im Vergleich zur schwarzen Wanne verhältnismäßig einfach: Das im Grundwasser stehende Untergeschoss wird in der Form einer Wanne aus **Beton mit hohem Wassereindringwiderstand** hergestellt. Für diesen Beton müssen dabei keine weiteren Abdichtungsmaßnahmen vorgenommen werden.

Besonders sorgfältig müssen die **Arbeitsfugen** (Unterbrechungen beim Betonieren) ausgeführt werden. Die Fugensicherung kann durch das Einbetonieren eines Fugenbandes aus Gummi oder Kunststoff, eines Fugenbleches aus nichtrostendem Edelstahl oder eines Injektionsschlauchs (mit nachträglicher Verpressung durch z. B. Polyurethanharz) erfolgen. Schwachstellen bei weißen Wannen können Risse im Beton sein, die infolge von Belastungen auftreten. Solche ungewollten Risse können durch geplante Dehnfugen und Sollrissfugen vermieden werden. Sie werden ähnlich wie Arbeitsfugen ausgebildet.

Kabel- und Rohrdurchbrüche sollen nach Möglichkeit nicht nachträglich hergestellt werden. Die Rohre sind beim Betonieren mit einem Abdichtungsring einzubauen.

> Das in das Grundwasser eintauchende Untergeschoss wird in der Form einer „Wanne" aus Beton mit hohem Wassereindringwiderstand hergestellt.

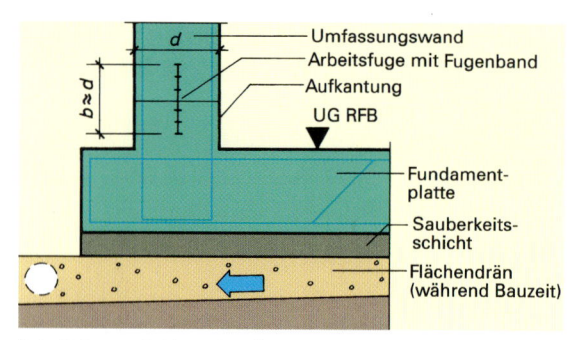

Arbeitsfuge mit Fugenband

Injektionsschlauch nach Injektion

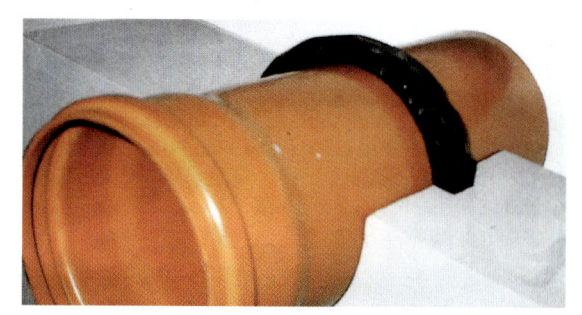

Rohr mit Abdichtungsring

Zusammenfassung

Erfordern zwingende Umstände ein Untergeschoss unterhalb des Grundwasserspiegels, so ist eine wasserdruckhaltende Abdichtung vorzusehen.

Dies kann durch eine dem Wasser zugekehrte Abdichtung aus Dichtungsstoffen oder durch Beton mit hohem Wassereindringwiderstand erfolgen.

In jedem Fall muss die Abdichtung eine geschlossene Wanne bilden.

Abdichtungen aus Dichtungsstoffen werden als schwarze Wannen, solche aus Beton mit hohem Wassereindringwiderstand als weiße Wannen bezeichnet.

Für die Abdichtungen aus Dichtungsstoffen werden Bitumenbahnen, Kunststoffdichtungsbahnen, Metallbänder, Deckaufstrichmittel, Asphaltmastix und Spachtelmassen verwendet.

Bei Wannen aus Beton mit hohem Wassereindringwiderstand müssen Arbeitsfugen, Dehnfugen und Sollrissfugen durch Fugenbänder, Fugenbleche oder Injektionsschläuche gesichert werden.

Aufgaben:

1. Worin unterscheiden sich Bodenfeuchte und nicht drückendes Wasser von drückendem Wasser?
2. Worauf sind die Bezeichnungen schwarze Wanne und weiße Wanne zurückzuführen?
3. Welche Dichtungsstoffe finden für Abdichtungen gegen drückendes Wasser Verwendung?
4. Wie kann einem Riss in der Wand einer aus Beton mit hohem Wassereindringwiderstand hergestellten Wanne vorgebeugt werden?
5. Beschreiben Sie die Ausbildung einer Arbeitsfuge bei der Herstellung einer Wanne aus Beton mit hohem Wassereindringwiderstand.
6. Das Untergeschoss unseres Projekts liegt unterhalb des Grundwasserspiegels. Wählen Sie eine Möglichkeit für die Ausbildung des Untergeschosses.
   Begründen Sie Ihre Wahl.
7. Welcher Zusammenhang besteht zwischen der Eintauchtiefe des Gebäudes in das Grundwasser und dem auftretenden Wasserdruck?

Kapitel 11:
Überdecken einer Öffnung mit einem Bogen

Kapitel 11 vermittelt die Kenntnisse des Lernfeldes 14 für Maurer/-innen.

Bis zur Entwicklung des Stahlbetonbaues waren Überdeckungen im massiven Mauerwerksbau nur mit gemauerten Bögen möglich. Deshalb finden wir bei historischen Bauten hauptsächlich Bogenkonstruktionen – Rundbögen, Spitzbögen, Segmentbögen – für die Überdeckung von Fenstern und Türen, was vielfach das Erscheinungsbild dieser Bauten ausmacht. Konstruktionen mit Holzbalken waren zwar einfacher auszuführen, aber sie erwiesen sich als weniger stabil und dauerhaft. Heute erscheint uns der nüchterne waagerechte Stahlbetonsturz als eine Selbstverständlichkeit.

Gemauerte Bögen wenden wir heute ausschließlich aus formalen Gründen an: zur Betonung von Eingängen, zur Auflockerung von Fassaden, für die Erzeugung von „Gemütlichkeit" in Gastbetrieben oder bei Arkadengängen im Fußgängerbereich. Auch in unserem Jugendtreff finden wir eine solche Anlage.

Bei der Sanierung historischer Bauwerke stellt sich dem Maurer vielfach die Problematik des Umgangs mit diesen Bauformen. Dabei werden hohe Anforderungen an den Facharbeiter gestellt. Er sollte Bescheid wissen über die geometrische Konstruktion der Bogenformen, die Herstellung der Lehrbögen, die wirkenden Kräfte und die fachgerechte Ausführung des Mauerwerks. Bei der Ausführung in Sichtmauerwerk werden Planungs- und Ausführungsmängel besonders augenscheinlich.

Als Ersatz für gemauerte Bögen kommen heute auch Bogenfertigteile oder in Mischtechnik ausgeführte verblendete Bauteile zur Anwendung.

Gemauerte Rundungen finden wir aber auch bei Gebäudeecken, Einfriedungen und Freitreppen.

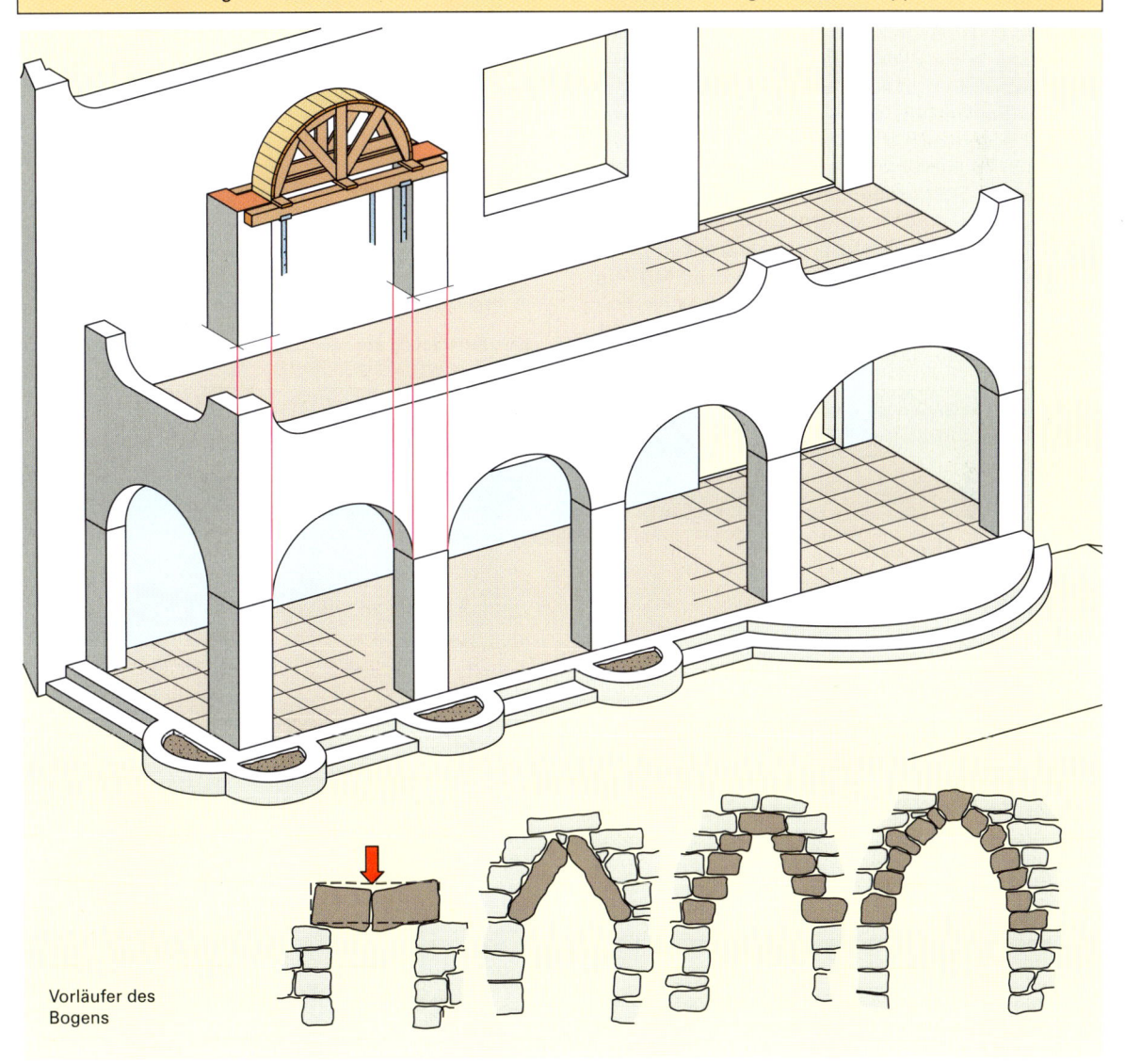

Vorläufer des Bogens

11 Herstellen eines Bogens

11.1 Bogenarten

Früher war der Bogen die einzige Möglichkeit, Öffnungen im Mauerwerksbau zu überdecken. Bögen werden heute meist durch Stahlbetonstürze ersetzt. Bögen und Stürze haben die Aufgabe, die Lasten über den Öffnungen auf das seitlich angrenzende Mauerwerksauflager zu übertragen. Deshalb sind an dieses Mauerwerk besondere Anforderungen zu stellen.

Gemauerte Bögen werden heute nur noch aus gestalterischen Gründen gewählt. Ihre Herstellung erfordert vom Maurer Fachwissen und großes Geschick. Mauerwerksbögen können auch vorgefertigt und auf der Baustelle versetzt werden. Für verputzte Bauten werden auch vorgefertigte Betonbögen verwendet.

11.1.1 Tragweise der Bögen

Bogenmauerwerk kann nur Druckspannungen aufnehmen. Die Tragfähigkeit beruht auf der Gewölbebildung. Durch die Bogenform werden die auftretenden Druckkräfte in die **Widerlager** geleitet. Je flacher der Bogen ist, umso größer ist am Widerlager die „horizontale Komponente" der Auflagerkraft. Diese Kraft wird bei Bögen auch als **Bogenschub** bezeichnet. Sie muss vom Fugenmörtel des Mauerwerks aufgenommen werden. Deshalb dürfen Bögen nicht zu nah an Mauerecken angeordnet werden. Bei Bogenreihen heben sich die Horizontalkräfte gegenseitig auf.

Für die Fugen ist mindestens Mörtelgruppe MG II zu wählen, die Mauersteine müssen mindestens die Festigkeitsklasse 12 N/mm² besitzen. Bei Sichtmauerwerk ist auf Frostbeständigkeit zu achten.

> Je flacher ein Bogen ist, desto größer sind die horizontalen Schubkräfte.

11.1.2 Rundbogen

Fachbegriffe

s = Spannweite	P = Scheitelpunkt
r = Bogenradius (= $\frac{s}{2}$)	L = Leibung
M = Mittelpunkt	R = Rücken
W = Widerlager = Auflager	h = Stichhöhe
K = Kämpferpunkt	a = Bogendicke
A = Anfänger	t = Bogentiefe
S = Schlussstein (König)	

Die Bogenlinie des Rundbogens beschreibt einen Halbkreis. Die Stichhöhe des Bogens entspricht also der halben Spannweite. Die horizontale Auflagerkraft (Bogenschub) ist bei Rundbögen verhältnismäßig gering.

Die **Tragfähigkeit** des Rundbogens wird durch die Last des darüberliegenden Mauerwerks („Hintermauerung") gesteigert.

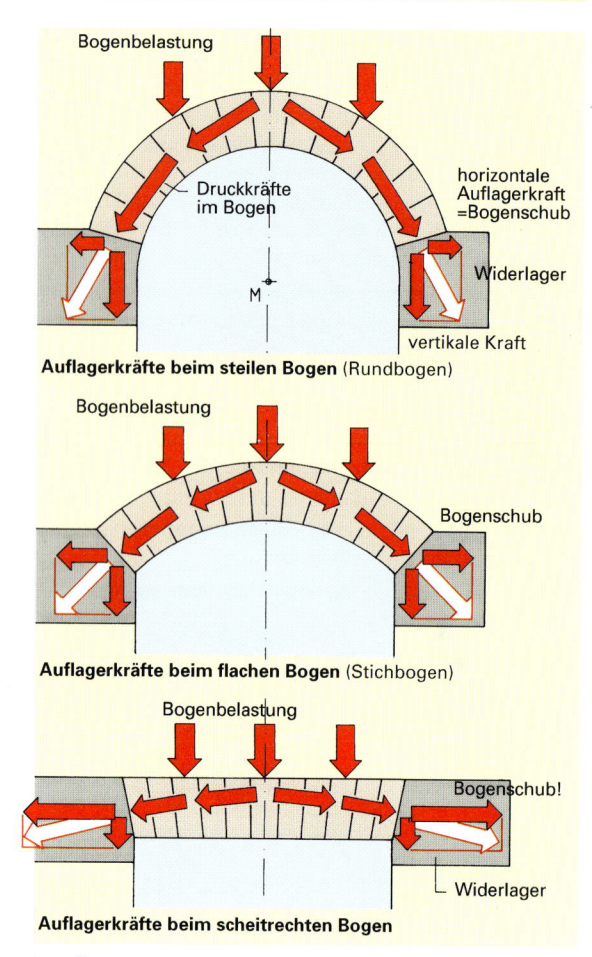

Auflagerkräfte beim steilen Bogen (Rundbogen)

Auflagerkräfte beim flachen Bogen (Stichbogen)

Auflagerkräfte beim scheitrechten Bogen

Lastübertragung über den Bogen auf die Widerlager

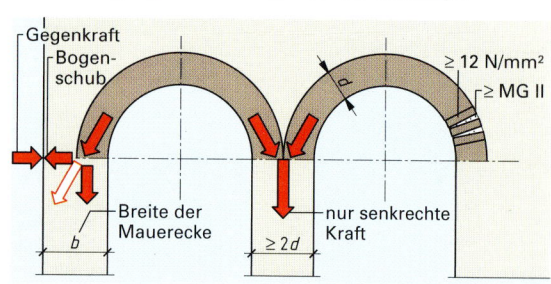

Bogenreihung

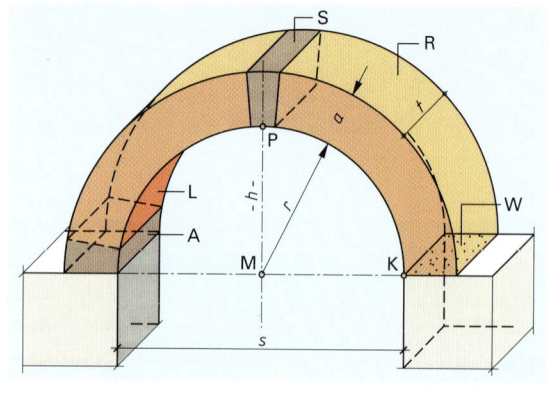

Bezeichnungen an Bögen

11 Herstellen eines Bogens — Rundbogen

Die **Bogendicke** gemauerter Bögen wird in Abhängigkeit von der Spannweite gewählt. In der Regel ist dazu eine statische Berechnung erforderlich.

Folgende Größen haben Einfluss auf die Bogendicke:
- Spannweite s des Bogens,
- Belastung des Bogenrückens,
- Wanddicke bzw. Bogentiefe t,
- Festigkeitsklasse der Bogenmauersteine,
- Mörtelgruppe des Fugenmörtels.

Zum Mauern der Bögen werden meist kleinformatige Mauersteine verwendet, wobei sich keilförmige Fugen ergeben.

Die **Fugendicke** an der Leibung soll mindestens 0,5 cm ($\leq$ 1,2 cm) und am Bogenrücken höchstens 2 cm betragen. Je geringer die Spannweite, desto kleiner ist das Steinformat zu wählen.

Bogendicke a (in cm)	Mindestspannweite (in m)		
	DF (5,2)	NF (7,1)	2 DF (11,3)
11,5	0,885	1,26	1,885
24	1,885	2,51	3,76
36,5	2,76	3,76	5,76

Spannweiten bei Einhaltung der Fugendicken (Rundbogen)

Die Steine bzw. die Fugen sind auf den Bogenmittelpunkt auszurichten. Dies geschieht mit einer Schnur, die vom Mittelpunktsnagel gespannt wird (an der Steinmittelachse anlegen), oder mit einer Latte in Steindicke.

Bei Sichtmauerwerk sollen Bogen und Mauerwerk im gleichen Steinformat ausgeführt werden.

Gleichmäßig dicke Fugen erreicht man nur mit werksgefertigten Radialziegeln („Keilsteine"). Diese sind als Sonderanfertigung teuer und nur bei großer Stückzahl empfehlenswert.

Herstellung des Bogens

Nach dem Mauern der Widerlagerwände (bzw. der Pfeiler bei unserem Projekt) bis zu den Kämpferpunkten erfolgt die Einrüstung. Diese besteht aus zwei nebeneinander liegenden **Lehrbögen**, die bei kleineren Spannweiten aus Brett-Tafeln oder plattenförmigen Holzwerkstoffen ausgesägt werden. Für größere Spannweiten werden die Lehrbögen aus passenden Brettstücken zu Brettkränzen zusammengenagelt. Die Lehrbögen werden durch Kopfhölzer und Sprieße unterstützt. Über die Bögen werden je nach Krümmung schmale Bretter oder biegsame Schalungsplatten genagelt, deren Dicke beim Aussägen der Lehrbögen zu berücksichtigen ist. Durch Unterkeilen der Sprieße bzw. Spindeln der Stahlstützen wird die genaue Scheitelhöhe eingestellt. Dabei soll der künftige Scheitelpunkt des Bogenrückens mit einer Lagerfuge des Wandmauerwerks übereinstimmen.

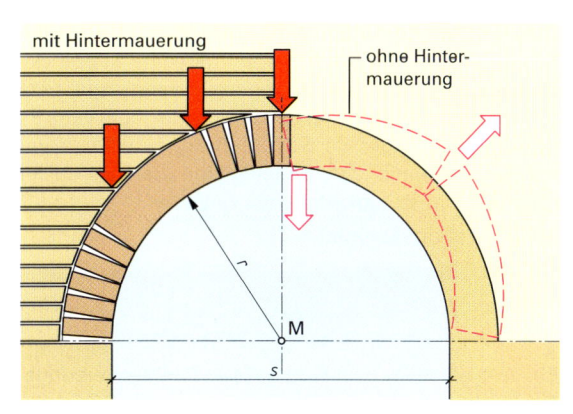

Die Hintermauerung stabilisiert den Bogen

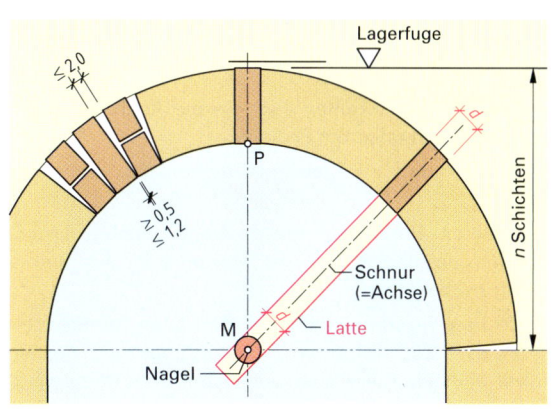

Ausbildung und Ausrichtung der Fugen

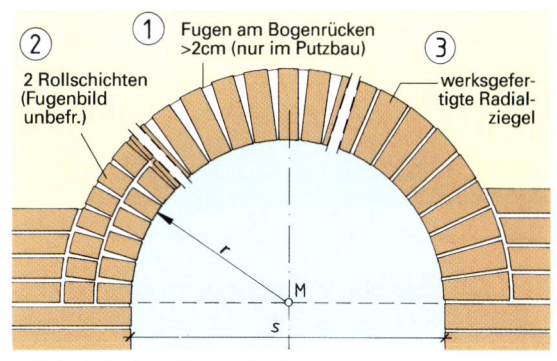

1 Stein dicker Rundbogen, Varianten

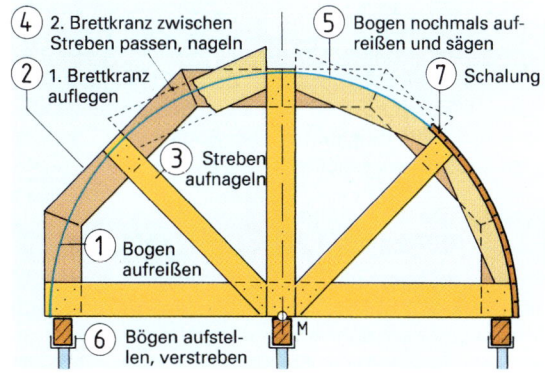

Brettkranz-Lehrbogen für größere Spannweiten

11 Herstellen eines Bogens Rundbogen, Segmentbogen

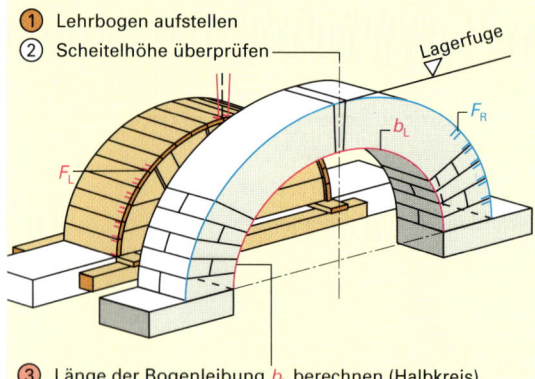

Dem Mauern muss zuerst die **Einteilung der Bogenschichten** vorausgehen. Dazu werden eine **Steindicke plus Fuge** an der Bogenleibung fortlaufend angezeichnet und eine eventuelle Restlänge ausgeglichen. Es ist stets eine ungerade Schichtenzahl zu wählen um am Scheitelpunkt des Bogens eine Schlussschicht (Schlussstein, König) entstehen zu lassen.

Die Schichtenzahl ergibt sich

$$n = \frac{\text{Bogenleibung (in cm)} - 1\ \text{Fuge}}{\text{Schichtdicke an der Leibung}}$$

Ein verbleibender Rest wird auf die Zahl der Leibungsfugen gleichmäßig verteilt. Danach werden Schichten und Fugen auf den Lehrbogen aufgezeichnet.

Wegen der gleichmäßigen Belastung erfolgt das Mauern des Bogens von beiden Seiten her. Es ist auf Vollfugigkeit zu achten.

Dieselben Regeln gelten auch für die Ausführung der **Korbbögen** in unserem Projekt.

Die Verbände für Bögen entsprechen den Pfeilerverbänden.

In unserem Projekt können die Bögen auch in Ortbeton hergestellt und verputzt werden oder aus Betonfertigteilen bestehen.

Nach den gleichen Regeln werden auch Rundfenster gemauert. Zur „Auflockerung" von Fassaden werden diese auch mit Keilsteinen aus Natur- oder Betonwerkstein hergestellt.

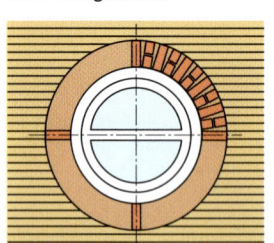

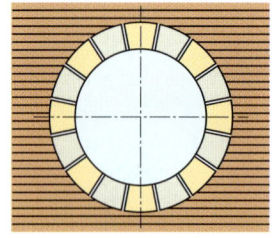

Rundfenster aus Mauerziegel oder Betonwerkstein

Die Lehrbögen für Rundbögen werden aus Brett-Tafeln, Platten oder Brettkränzen gefertigt.

11.1.3 Segmentbogen

Die Bogenlinie ist ein Teil der Segmentfläche eines Kreises. Die Verbindungslinie der Bogenendpunkte ist die **Spannweite** des Bogens. Der Höhenunterschied dieser Verbindungslinie und dem Scheitelpunkt des Bogens ist die **Stichhöhe**. Der Bogen wird deshalb auch **Stichbogen** genannt.

Konstruktion des Bogens

Spannweite, Mittellinie und Stichhöhe werden aufgetragen. Die Stichhöhe beträgt im Allgemeinen $\frac{1}{12} \ldots \frac{1}{6}$ der Spannweite. Bogenendpunkt (Kämpferpunkt) und Scheitelpunkt werden verbunden und durch die Mittelsenkrechte halbiert. Der Schnittpunkt zwischen Mittellinie und der Halbierungslinie ist der Bogenmittelpunkt.

① Lehrbogen aufstellen
② Scheitelhöhe überprüfen
③ Länge der Bogenleibung b_L berechnen (Halbkreis)
④ Schichtenzahl n berechnen (ungerade Zahl)
⑤ Fugendicke F_L an der Leibung berechnen (≥0,5 cm)
⑥ Kontrolle der Fugendicke F_R am Bogenrücken (≤2 cm)
⑦ Aufzeichnen der Fugen auf den Lehrbogen
⑧ Mauern des Bogens (von beiden Widerlagern aus)

Arbeitsablauf beim Herstellen eines Bogens

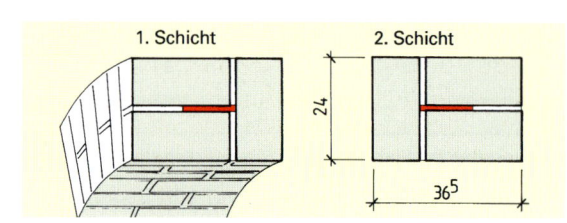

Bogenverband (Beispiel)

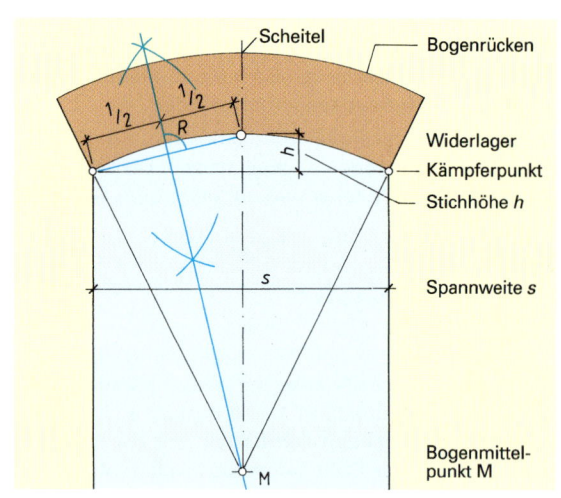

Konstruktion des Segmentbogens, Bezeichnungen

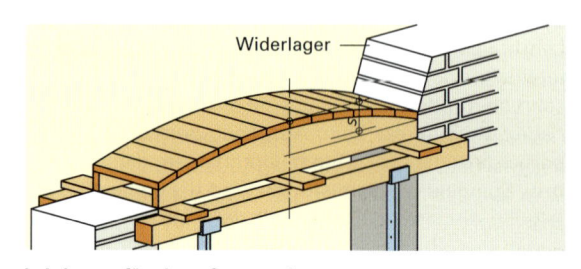

Lehrbogen für einen Segmentbogen

11 Herstellen eines Bogens — Segmentbogen, scheitrechter Sturz

Lehrbogen

Die Bogenform wird aus Brettern oder Schalungsplatten zweimal ausgesägt. Wie beim Rundbogen werden schmale Bretter, über die Lehrbogen genagelt. Als Unterstützung dienen Joch- und Kopfhölzer auf ausziehbaren Stahlstützen oder Holzstützen.

Mauern des Bogens

Die **Widerlager** auf beiden Seiten sind so abzuschrägen, dass ihre Kanten in Richtung zum Bogenmittelpunkt hin verlaufen. Die vom Bogen abzuleitenden Kräfte müssen senkrecht auf die Widerlager treffen.

Dem Mauern muss wie beim Rundbogen die **Einteilung der Bogenschichten** vorausgehen. Die Länge der Bogenleibung kann durch Messen mit dem Meterstab (biegen entlang des Lehrbogens) oder durch Rechnung mit Hilfe des Mittelpunktwinkels erfolgen.

Folgende Regeln sind einzuhalten:
- Schlussstein im Scheitel (ungerade Schichtenzahl),
- durchgehende Lagerfuge am Leibungsrücken,
- Lagerfuge am oberen Ende des Widerlagers,
- keine Lagerfuge am Kämpferpunkt,
- bei Sichtmauerwerk für Bogen und Mauerwerk gleiche Steinformate.

Die Eingangstreppe in unserem Projekt stellt einen liegenden Segmentbogen in Rollschicht dar.

> Je flacher der Segementbogen ausgeführt wird, desto größer ist der Bogenschub. Er wird rechtwinklig in die Widerlager eingeleitet.

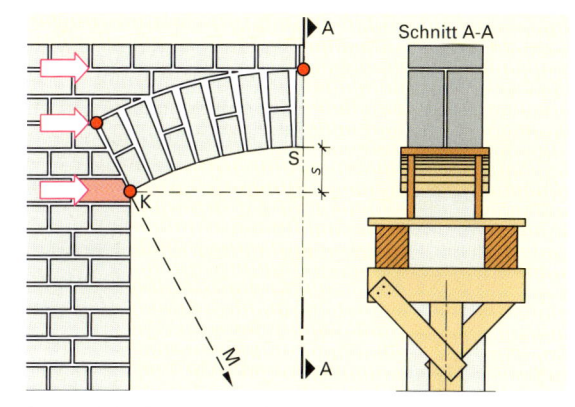

Regeln beim Anlegen des Segmentbogens, Einrüstung

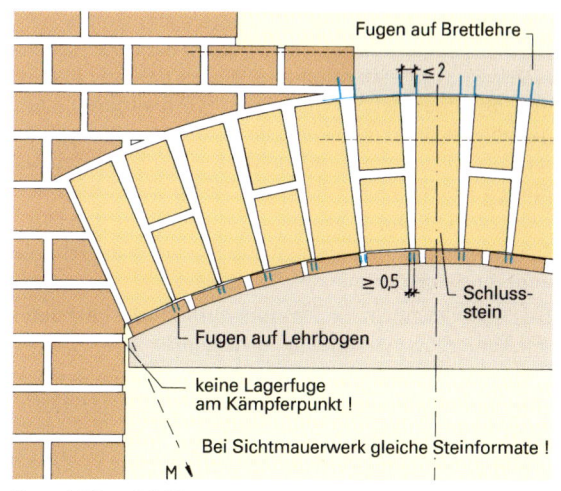

Fugenbild an Stichbogen

11.1.4 Scheitrechter Sturz (Bogen)

Der scheitrechte Sturz zählt zu den Bögen, obwohl er an der Leibung und am Bogenrücken fast waagerecht („scheitrecht") verläuft. Trotzdem beruht seine Tragweise wie bei den Bögen auf der Gewölbebildung. Das „Gewölbe" bildet sich im Inneren des Sturzes. An den Widerlagern entstehen sehr große horizontale Schubkräfte. Scheitrechte Stürze können aus diesem Grunde keine weiten Öffnungen überdecken. Die maximale Spannweite liegt etwa bei 1,25 m, und die Widerlager dürfen nie in der Nähe von Ecken liegen.

Beim Einrüsten des Sturzes erhält der Bogen mithilfe des Lehrbretts in der Mitte eine kleine Überhöhung von 1…2 cm. Wegen der geringen zulässigen Spannweite genügt das Unterlegen einer Leiste, um dem Lehrbrett eine leichte Rundung zu verleihen. (Ohne Überhöhung hätte der Betrachter den Eindruck eines „durchhängenden" Sturzes.)

Die **Widerlager** werden schräg, im Verhältnis 8:1…6:1, ausgebildet. Dies hat zur Folge, dass die Steine des Sturzmauerwerks an der Leibung und am Bogenrücken „Zähne" aufweisen. Soll dies vermieden werden, müssen die Köpfe der Steine entsprechend zugeschnitten werden.

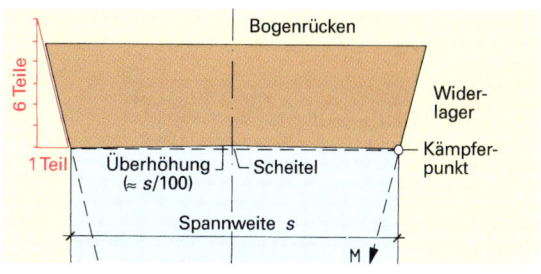

Scheitrechter Bogen, Bezeichnungen

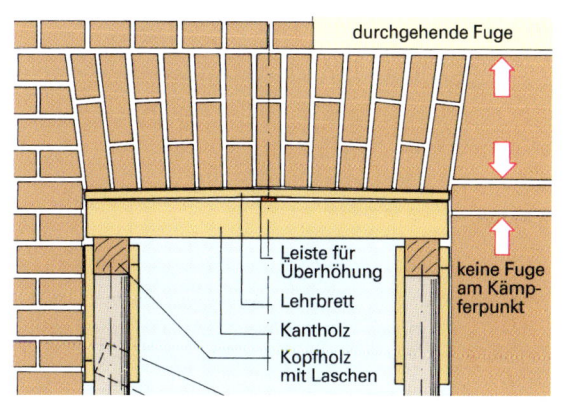

Scheitrechter Bogen mit Fugenschnitt und Einrüstung (Normalformat)

11 Herstellen eines Bogens — Scheitrechter Sturz

Für den scheitrechten Sturz wird nach Möglichkeit ebenfalls eine ungerade Zahl von Steinen vorgesehen (Schlussstein). Die Schichten werden auf dem Lehrbrett angerissen. Da der Bogenmittelpunkt meist zu weit entfernt ist, muss die Fugenrichtung mit einem weiteren Lehrbrett für den Bogenrücken festgelegt werden. Dort werden die Fugen durch Aufteilen der beiden Grundmaße entsprechend vergrößert. Auch hier darf die Fugenbreite 2 cm nicht überschreiten. Der Sturzrücken muss mit einer Lagerfuge des Mauerwerks übereinstimmen, der Kämpferpunkt dagegen soll nicht an einer Fuge liegen.

Die **Ausrüstung** kann nach etwa 8 Tagen durch vorsichtiges Absenken des Lehrgerüsts erfolgen.

Scheitrechte Stürze passen sich am besten in das „Rechteckgefüge" moderner Bauten ein. Sollen größere Öffnungen überdeckt werden, wird der scheitrechte Sturz in Verbindung mit einem dahinter liegenden Stahlbetonsturz gemauert (Verblendung). Am günstigsten wird dabei der „Grenadiersturz" mit senkrechten Widerlagern ausgeführt. Die Sturzverblendung muss mit nicht rostenden Stählen am tragenden Betonsturz verankert werden.

Die Ziegelindustrie liefert solche Stürze, wie auch alle anderen Bogenformen, als Fertigteile.

Bei Ausführung in Sichtmauerwerk sind alle Fugen der Mauerbögen sorgfältig zu verfugen.

| Scheitrechte Stürze sind wegen des großen Bogenschubes nur für Öffnungen bis etwa 1,25 m geeignet. |

Anzeichnen der Fugen
$b_R = s + 2g$
$b_L = s$
Lehrbrett für Bogenrücken — Überhöhung — Lehrbrett — Grundmaß g — M?

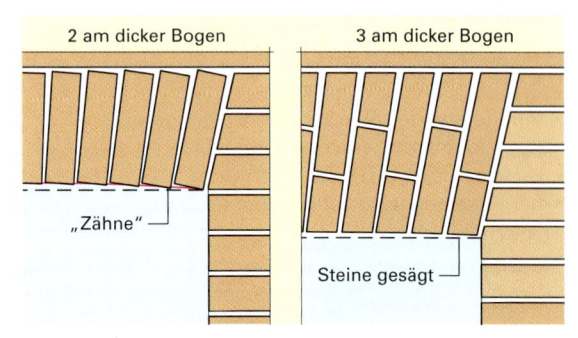

Ausbildung von Bogenleibung und Bogenrücken
2 cm dicker Bogen / 3 cm dicker Bogen
„Zähne" — Steine gesägt

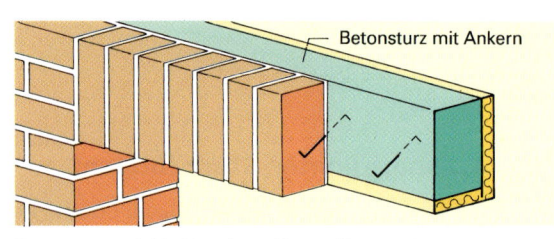

Betonsturz mit Verblendung (Grenadiersturz)
Betonsturz mit Ankern

Zusammenfassung

Bögen aus Mauerwerk sind Bauteile, die nur Druckspannungen aufnehmen können, die auf die Widerlager abgeleitet werden.

Am häufigsten werden Rundbogen, Segmentbogen und scheitrechter Bogen angewendet.

Je flacher der Bogen ist, desto größer ist der auftretende Bogenschub am Widerlager.

Beim Segmentbogen beträgt die Stichhöhe etwa $\frac{1}{6} \dots \frac{1}{12}$ der Bogenspannweite. Scheitrechte Stürze erhalten eine Überhöhung von 1…2 cm. Sie sind nur für Öffnungen bis etwa 1,25 m geeignet.

Vor dem Mauern werden die Bogenschichten auf dem Lehrbogen eingeteilt. Es ist eine ungerade Schichtenzahl zu wählen. Die Fugendicke an der Leibung soll mindestens 0,5 cm und am Bogenrücken höchstens 2 cm betragen.

Aufgaben:

1. Nennen Sie die am häufigsten vorkommenden Bogenformen.
2. Erklären Sie die Bedeutung folgender Begriffe:
   - Widerlager, Kämpferpunkt
   - Bogenleibung, Bogenrücken
   - Bogenspannweite
   - Stichhöhe.
3. Erklären Sie die Tragweise von Bögen.
4. Welche Eigenschaften müssen Mauersteine für das Bogenmauerwerk besitzen?
5. Welcher Zusammenhang besteht zwischen Bogenform und Bogenschub?
6. Warum sind in unserem Projekt statt der Rundbögen keine Segmentbögen geeignet?
7. Beschreiben Sie die Konstruktion eines Segmentbogens.
8. Welche Werkstoffe kommen für Lehrbögen in Frage?

11 Herstellen eines Bogens — Bogenförmiges Mauerwerk

11.2 Bogenförmiges Mauerwerk

Gerundete Wände können gemauert oder betoniert werden. Sie kommen an markanten Gebäudeecken, Treppenräumen, Gartenmauern oder Wasserbecken zur Anwendung.

Klein- und mittelformatige Mauersteine im Binderverband passen sich am besten den Rundungen an. Dabei sind dieselben Fugenregeln wie bei Bögen zu beachten. Da immer von einer waagerechten „Schichtendicke" eines Binders („Kopf") auszugehen ist, sind keine kleinen Bogenradien möglich (mindestens 2,00 m). Bei Sichtmauerwerk stellt sich als erhebliches Problem der Wechsel von reinem Binderverband in der Rundung und üblichem Blockverband im geraden Mauerwerk dar. Dem kann nur durch die Anwendung von Formsteinen (Radialsteine) begegnet werden.

Anlegen einer Gebäudeecke

Bei vorgeschriebenem Radius r endet die Läuferschicht 1/2 am (6,25 cm) vor dem einzumessenden „Radiusquadrat", während die Binderschicht an dieses anschließt. Dementsprechend ist für die Einteilung der Bogenlänge der Viertelskreis + 1/2 am zu berücksichtigen.

Die erste Schicht wird mit einer vom Mittelpunkt M (Nagel) gespannten Schnur angelegt. Die folgenden Schichten müssen wie üblich mit der Wasserwaage gemauert werden, da die Schnur nur waagerecht gespannt werden darf.

> Rundungen werden im Binderverband oder mit dem Bogen angepassten Formsteinen gemauert.

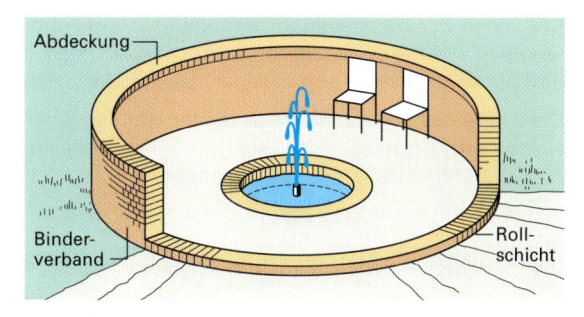

Beispiel einer Rundmauer

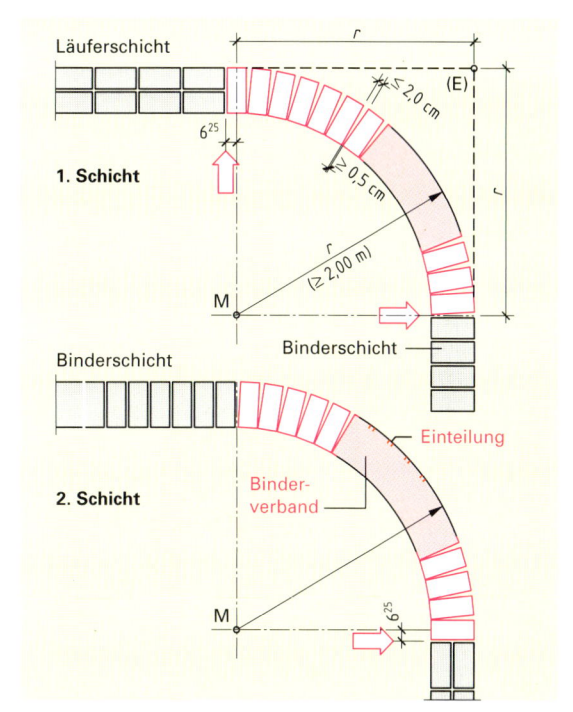

Anlegen einer Rundung

11.3 Berechnung von Bogenkonstruktionen

Bogenkonstruktionen werden meist mit klein- oder mittelformatigen Steinen ausgeführt. Die Fugendicke soll an der Bogenleibung mindestens 0,5 cm und am Bogenrücken höchstens 2 cm betragen. Werden die Fugen dicker als 2 cm, sind Keilsteine zu verwenden.

11.3.1 Rundbogen

Der Rundbogen ist ein Halbkreisbogen (bei Rundfenstern ein ganzer Kreisbogen), dessen Durchmesser der **Spannweite s** entspricht. Der Bogen beginnt am Kämpferpunkt. Im Scheitelpunkt wird ein Schlussstein angeordnet. Deshalb ist die **Schichtenzahl** stets eine **ungerade**. Die Schichtdicke ist gleich der Steindicke (11,5; 7,1; 5,2 cm) zuzüglich der Fugendicke.

Ausgangspunkt für Bogenberechnungen ist der Kreisumfang $U = d \cdot \pi$.

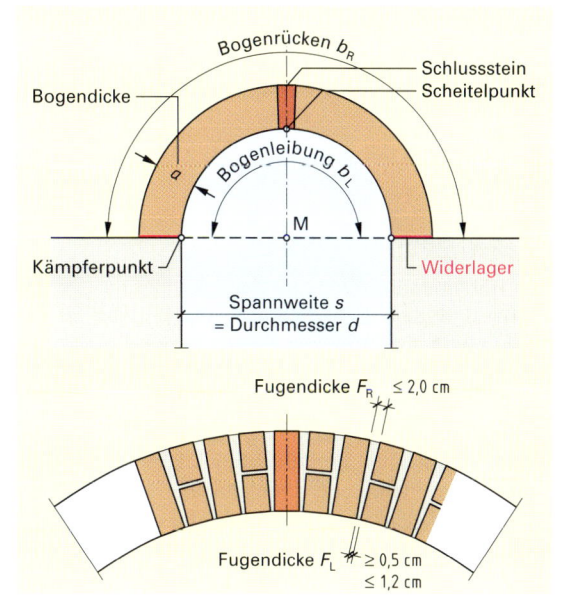

Bezeichnungen am Rundbogen

11 Herstellen eines Bogens   Berechnung von Bogenkonstruktionen

Die **Länge der Bogenleibung** b_L entspricht dem Umfang eines Halbkreises, dessen Durchmesser d gleich der Spannweite s ist:

$$b_L = \frac{\text{Durchmesser} \cdot \pi}{2} = \frac{\text{Spannweite} \cdot \pi}{2}$$

Die **Länge des Bogenrückens** b_R ist der Umfang eines Halbkreises, dessen Durchmesser der Spannweite zuzüglich der zweifachen Bogendicke entspricht:

$$b_R = \frac{(\text{Spannweite} + 2 \cdot \text{Bogendicke}) \cdot \pi}{2}$$

Ist die Länge der Bogenleibung bekannt, so kann unter Berücksichtigung der Steindicke und der Fugendicke die **Schichtenzahl** n berechnet werden:

$$n = \frac{\text{Bogenleibung (cm)} - 1 \text{ angen. Fugendicke (cm)}}{\text{Steindicke (cm)} + \text{angen. Fugendicke (cm)}}$$

Der Bogen erhält eine Fuge mehr als er Schichten hat. Bei bekannter Länge der Bogenleibung lässt sich die **Fugendicke an der Bogenleibung** berechnen:

$$F_L = \frac{\text{Bogenleibung (cm)} - \text{Schichtenzahl} \cdot \text{Steindicke}}{\text{Schichtenzahl} + 1}$$

Dementsprechend ist die **Fugendicke am Bogenrücken**:

$$F_R = \frac{\text{Bogenrücken (cm)} - \text{Schichtenzahl} \cdot \text{Steindicke}}{\text{Schichtenzahl} + 1}$$

Beispiel:

Ein Rundbogen hat eine Spannweite $s = 1{,}51$ m. Seine Bogendicke misst 11,5 cm. Der Bogen wird mit DF-Steinen ausgeführt. Zu ermitteln sind:

a) die Länge der Bogenleibung,
b) die Länge des Bogenrückens,
c) die Schichtenzahl,
d) die Fugendicke an der Bogenleibung,
e) die Fugendicke am Bogenrücken.

Lösung:

a) $b_L = \dfrac{1{,}51 \text{ m} \cdot 3{,}14}{2}$ = __2,37 m__

b) $b_R = \dfrac{(1{,}51 \text{ m} + 2 \cdot 0{,}115 \text{ m}) \cdot 3{,}14}{2}$ = __2,73 m__

c) $n = \dfrac{237 \text{ cm} - 0{,}5 \text{ cm}}{5{,}2 \text{ cm} + 0{,}5 \text{ cm}} = \dfrac{236{,}5 \text{ cm}}{5{,}7 \text{ cm}}$

     = 41,49 gewählt __41 Schichten__

d) $F_L = \dfrac{237 \text{ cm} - 41 \cdot 5{,}2 \text{ cm}}{41 + 1}$

   $= \dfrac{237 \text{ cm} - 213{,}2 \text{ cm}}{42}$ = __0,56 cm__

e) $F_R = \dfrac{273 \text{ cm} - 41 \cdot 5{,}2 \text{ cm}}{41 + 1}$

   $= \dfrac{273 \text{ cm} - 213{,}2 \text{ cm}}{42}$ = __1,42 cm__

Hierzu Aufgaben 1 … 10

11.3.2 Segmentbogen

Der Höhenunterschied zwischen der Sehne (Spannweite) und dem Scheitelpunkt des Bogens ist die **Stichhöhe** h. Das Maß der Stichhöhe wird als Bruchteil der Spannweite oder in cm angegeben. Es soll zwischen $\frac{1}{6}$ und $\frac{1}{12}$ der Spannweite liegen.

Die Formel für die Berechnung des **Radius** r bei gegebener Spannweite und Stichhöhe kann nach dem Lehrsatz des Pythagoras abgeleitet werden.

Daraus ergibt sich folgende Formel für den Radius:

$$r = \frac{h}{2} + \frac{s^2}{8h}$$

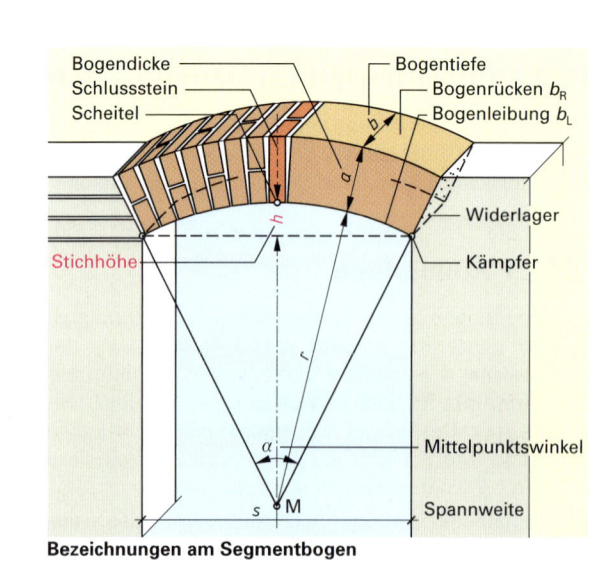

Bezeichnungen am Segmentbogen

11 Herstellen eines Bogens — Berechnung von Bogenkonstruktionen

Der Mittelpunktswinkel α für die Stichhöhen von $\frac{1}{6}\ldots\frac{1}{12}$ der Spannweite kann der nebenstehenden Tabelle entnommen werden.

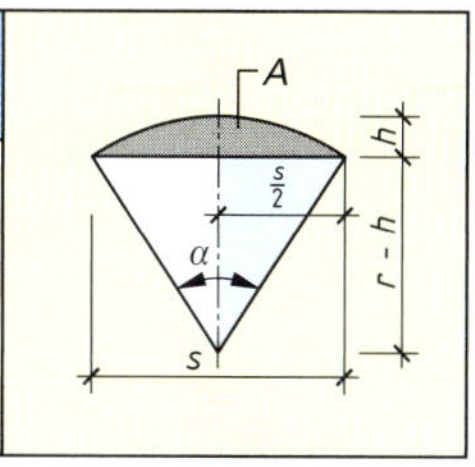

Für die Segmentfläche kann angenähert gerechnet werden:

$$A \approx \frac{2}{3} \cdot s \cdot h$$

Stichhöhe h	Mittelpunktswinkel α
$\frac{1}{6} s$	74°
$\frac{1}{8} s$	56°
$\frac{1}{10} s$	45°
$\frac{1}{12} s$	38°

Bei bekanntem Mittelpunktswinkel kann die **Länge der Bogenleibung** b_L berechnet werden, wobei der Durchmesser $d = 2r$ ist:

$$b_L = \frac{d \cdot \pi \cdot \alpha}{360°}$$

Dementsprechend ergibt sich für die **Länge des Bogenrückens** b_R folgende Formel:

$$b_R = \frac{(d + 2 \cdot \text{Bogendicke}) \cdot \pi \cdot \alpha}{360°}$$

Die Schichtenzahl und die Fugendicke werden wie bei Rundbogen berechnet (siehe Abschnitt 11.3.1).

Schichtenzahl:

$$n = \frac{\text{Bogenleibung (cm)} - \text{angen. Fugendicke (cm)}}{\text{Steindicke (cm)} + \text{angen. Fugendicke (cm)}}$$

Fugendicke an der Bogenleibung:

$$F_L = \frac{\text{Bogenleibung (cm)} - \text{Schichtenzahl} \cdot \text{Steindicke}}{\text{Schichtenzahl} + 1}$$

Fugendicke am Bogenrücken:

$$F_R = \frac{\text{Bogenrücken (cm)} - \text{Schichtenzahl} \cdot \text{Steindicke}}{\text{Schichtenzahl} + 1}$$

Beispiel:

Der dargestellte Segmentbogen aus NF-Steinen hat eine Spannweite von 2,70 m. Die Stichhöhe beträgt $\frac{1}{10}$ der Spannweite. Zu ermitteln sind:
a) der Radius,
b) die Länge der Bogenleibung,
c) die Länge des Bogenrückens,
d) die Schichtenzahl,
e) die Fugendicke an der Leibung.

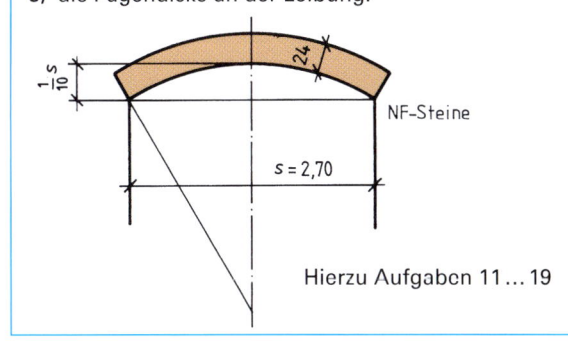

Hierzu Aufgaben 11…19

Lösung:

a) $r = \dfrac{0{,}27\ \text{m}}{2} + \dfrac{2{,}70\ \text{m} \cdot 2{,}70\ \text{m}}{8 \cdot 0{,}27\ \text{m}} = \underline{3{,}51\ \text{m}}$

bei $\frac{1}{10} s$ wird $\alpha = 45°$

b) $b_L = \dfrac{2 \cdot 3{,}51\ \text{m} \cdot 3{,}14 \cdot 45°}{360°} = \underline{2{,}76\ \text{m}}$

c) $b_R = \dfrac{(2 \cdot 3{,}51\ \text{m} + 2 \cdot 0{,}24\ \text{m}) \cdot 3{,}14 \cdot 45°}{360°} = \underline{2{,}94\ \text{m}}$

d) $n = \dfrac{276\ \text{cm} - 0{,}5\ \text{cm}}{7{,}1\ \text{cm} + 0{,}5\ \text{cm}} = 36{,}25$

gewählt <u>35 Schichten</u>

e) $F_L = \dfrac{276\ \text{cm} - 35 \cdot 7{,}1\ \text{cm}}{35 + 1}$

$= \dfrac{276\ \text{cm} - 248{,}5\ \text{cm}}{36} = \underline{0{,}76\ \text{cm}}$

Durch die Bogenform werden die aufzunehmenden Lasten als Druckkräfte in die Widerlager geleitet. Je flacher der Bogen ist, umso größer ist am Widerlager die „horizontale Komponente" der Auflagerkraft. Diese Kraft wird bei Bögen auch als Bogenschub bezeichnet. Sie lässt sich mit dem Kräfteparallelogramm (hier Sonderfall des Rechtecks) zeichnerisch ermitteln.

Die Druckkraft im Bogen (Resultierende F_R) trifft annähernd rechtwinklig auf das Widerlager. Sie wird im Kräftemaßstab gezeichnet (z. B. 2 mm $\triangleq$ 1 kN) und in die beiden Kräfte F_1 und F_2 zerlegt (siehe Abschnitt 11.1.1).

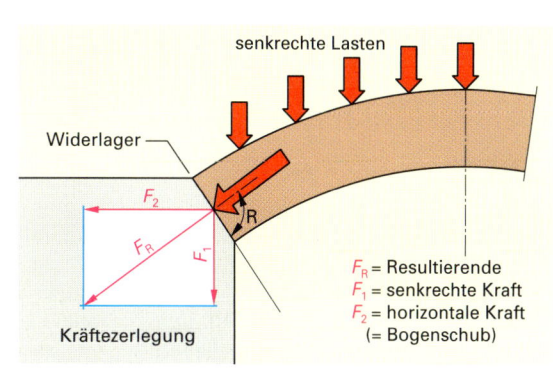

F_R = Resultierende
F_1 = senkrechte Kraft
F_2 = horizontale Kraft (= Bogenschub)

Ermittlung der Auflagerkräfte

11 Herstellen eines Bogens — Berechnung von Bogenkonstruktionen

11.3.3 Scheitrechter Bogen (Sturz)

Der scheitrechte Bogen unterscheidet sich vom Segmentbogen nur dadurch, dass er statt der bogenförmigen eine annähernd waagerechte Abdeckung darstellt. Wegen der geringen **Überhöhung** (Stich) von nur 1…2 cm entspricht die Länge der Bogenleibung annähernd der Spannweite. Die **Widerlagerneigung** soll im Verhältnis 8:1…6:1 zur Senkrechten angelegt werden. Dementsprechend errechnet sich die Länge des Bogenrückens aus der Bogenleibung zuzüglich des doppelten Grundmaßes der Widerlagerneigung. Aus Gründen der Symmetrie sollte auch beim scheitrechten Bogen ein Schlussstein und damit eine ungerade Schichtenzahl gewählt werden.

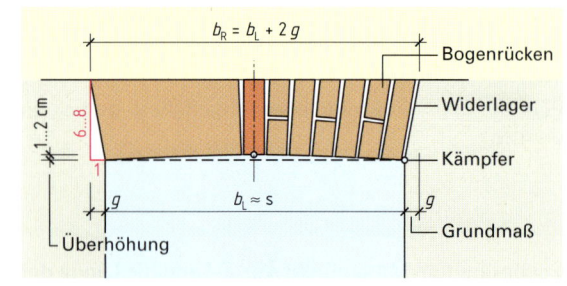

Bezeichnungen am scheitrechten Bogen

Bogenleibung b_L ≈ Spannweite s
Bogenrücken b_R = Bogenleibung + 2 · Grundmaß

Beispiel:

Ein scheitrechter Bogen mit der Spannweite von 1,01 m wird mit Mauerziegeln im Dünnformat eingewölbt. Die Bogenhöhe beträgt 24 cm, die Neigung an den Widerlagern 8:1. Zu ermitteln sind:

a) die Länge des Bogenrückens,
b) die Schichtenzahl,
c) die Fugendicke an der Leibung,
d) die Fugendicke am Bogenrücken.

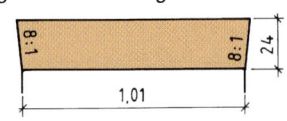

Lösung:

a) Wiederlagergrundmaß = $\frac{24\ cm}{8}$ = 3 cm
  b_R = 101 cm + 2 · 3 cm = 107 cm

b) $n = \frac{101\ cm - 0{,}5\ cm}{5{,}2\ cm + 0{,}5\ cm}$
   = $\frac{100{,}5\ cm}{5{,}7\ cm}$ = 17,6 cm   gewählt 17 Schichten

c) $F_L = \frac{101\ cm - 17 \cdot 5{,}2\ cm}{17 + 1}$
   = $\frac{101\ cm - 88{,}4\ cm}{18}$ = 0,7 cm

d) $F_R = \frac{107\ cm - 17 \cdot 5{,}2\ cm}{17 + 1}$
   = $\frac{107\ cm - 88{,}4\ cm}{18}$ = 1,03 cm

Hierzu Aufgaben 20…22

11.4 Aufgaben

Rundbogen

1. Ein Rundbogen hat eine Spannweite von 2,50 m. Berechnen Sie die Länge der Bogenleibung.
2. Berechnen Sie für den in Abb. 1 dargestellten Rundbogen die Länge des Bogenrückens.
3. Der in Abb. 2 dargestellte Rundbogen wird mit 2 Lehrbogen bei einer Bogentiefe von 24 cm eingerüstet.
   Ermitteln Sie den Holzbedarf in m² (ohne Laschen) einschließlich der Schalbretter. Der Verschnittzuschlag beträgt 15 %.
4. Ein Rundbogen hat an der Leibung eine Bogenlänge von 2,96 m.
   a) Wie groß ist die Spannweite des Bogens?
   b) Wie viele Schichten aus NF-Steinen sind zu wählen, wenn die Fugen an der Leibung ca. 6…9 mm dick angenommen werden?
   c) Wie dick werden aufgrund der ermittelten Schichtenzahl die Fugen der Bogenleibung tatsächlich?
5. Ein Rundbogen weist 29 Schichten aus NF-Steinen auf. Die Fugendicke ist an der Leibung mit 0,6 cm angenommen worden.
   Ermitteln Sie die Spannweite des Bogens.
6. Ein Rundbogen ist mit 35 Schichten aus DF-Steinen hergestellt worden. Die Fugendicke an der Leibung beträgt 0,7 cm.
   Ermitteln Sie die Länge der Bogenleibung.

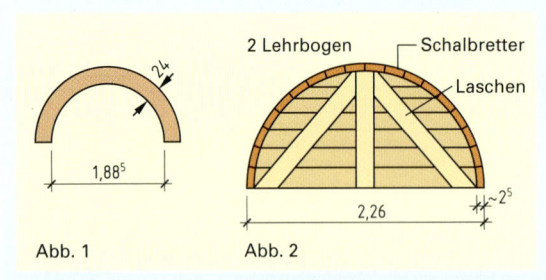

11 Herstellen eines Bogens — Aufgaben

7. Die Rundbögen in unserem Projekt haben eine Spannweite von 2,01 m und eine Bogendicke von 24 cm. Sie sollen mit NF-Steinen gemauert werden. Prüfen Sie durch die folgenden Berechnungen nach, ob dies bei Einhaltung der zulässigen Fugendicken möglich ist oder ob auf DF-Steine umgestellt werden muss.
   Ermitteln Sie dazu
   a) die Länge der Bogenleibung,
      die Länge des Bogenrückens,
      die Anzahl der Bogenschichten,
      die Fugendicke an der Bogenleibung und am Bogenrücken.
   b) Begründen Sie Ihre Entscheidung.

8. Eine Türöffnung erhält den in Abb. 1 dargestellten Rundbogen. Da er bei Einhaltung der Fugendicken nicht gemauert werden kann, wird er als Fertigteil aus Leichtbeton 30 cm dick hergestellt.
   Ermitteln Sie
   a) den Flächeninhalt der Öffnung in m²,
   b) die nötige Schalfläche des Fertigteils bei liegender Fertigung in m²,
   c) die Eigenlast des Fertigteils bei einer Betonrohdichte von 1100 kg/m³.

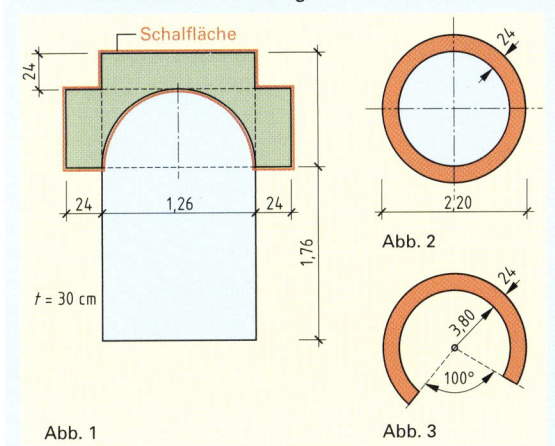

9. Ein Wasserbecken erhält eine 50 cm hohe Einfassung aus NF-Steinen (s. Abb. 2).
   Ermitteln Sie
   a) den inneren Beckenumfang,
   b) die Schichtenzahl einer Bogenschicht im Binderverband,
   c) den Bedarf an Steinen und Mörtel,
   d) die zu verfugende Innen- und Deckfläche in m².

10. Auf dem Gelände unseres Projekts wird ein Freisitz mit einer 1,50 m hohen Rundmauer aus 2 DF-Steinen umgeben (s. Abb. 3).
    Ermitteln Sie
    a) die Fläche für die waagerechte Abdichtung in m²,
    b) den Steinbedarf in m³,
    c) den Bedarf an Putzmörtel bei einer Putzdicke von 1,5 cm auf allen senkrechten Flächen in l.

Segmentbogen

11. Bei einem Segmentbogen misst die Spannweite 2,25 m, die Stichhöhe beträgt 24 cm.
    Ermitteln Sie
    a) das Verhältnis Stichhöhe : Spannweite (angenähert),
    b) den Radius des Segmentbogens.

12. Ein Arkadengang erhält 8 gleiche Segmentbogen. Die Einrüstung besteht aus je 2 Lehrbogen.
    Ermitteln Sie
    a) die Zahl der nötigen Bogenrüstungen, wenn ein Bogen an einem Tag gemauert wird, jede Rüstung 6 Tage stehen muss und 21 Arbeitstage insgesamt zur Verfügung stehen,
    b) den Holzbedarf für die Lehrbogen bei 30% Verschnitt in m² (Näherungsformel $A \approx \frac{2}{3} \cdot s \cdot h$),
    c) den Radius des Segmentbogens (stellen Sie fest, ob der Bogenmittelpunkt zum Mauern mit der Schnur zugänglich ist, wenn der Bogenscheitel 3,00 m über dem Rohfußboden liegt).

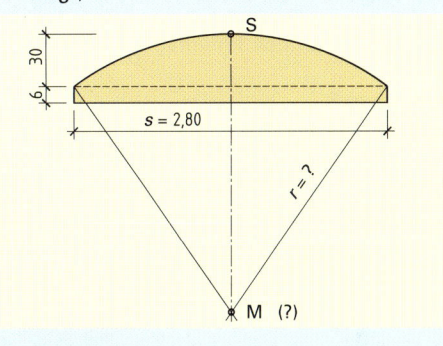

13. Die Spannweite eines Segmentbogens beträgt 2,50 m, die Stichhöhe $\frac{1}{10}$ der Spannweite, die Bogendicke 36,5 cm.
    Ermitteln Sie
    a) die Länge der Bogenleibung,
    b) die Länge des Bogenrückens.

14. Die Leibung eines Segmentbogens ist 1,34 m lang. Wie viele Schichten aus NF-Steinen sind erforderlich, wenn die Fugendicke an der Leibung mit 0,8 cm angenommen wird?

15. Für einen Segmentbogen sind 25 Schichten aus NF-Steinen erforderlich. Die Fugendicke an der Leibung wird mit 0,5 cm angenommen. Berechnen Sie die Länge der Bogenleibung.

11 Herstellen eines Bogens — Aufgaben

16. Ein Segmentbogen mit der Spannweite von 1,60 m und der Stichhöhe von 20 cm wird bei einer Bogendicke von 24 cm mit Kalksandvollsteinen im Normalformat eingewölbt.
    Ermitteln Sie
    a) den Radius des Bogens,
    b) die Länge der Bogenleibung,
    c) die Länge des Bogenrückens,
    d) die Schichtenzahl,
    e) die Fugendicke an der Leibung und am Rücken.

17. Am Eingang unseres Projekts werden zwei Stufen als „liegende Segmentbogen" mit Rollschichten aus Klinkern im Normalformat ausgeführt. Die Maße sind der Projektzeichnung zu entnehmen. Berechnen Sie die Fugendicken an den Innenseiten der Rollschichten („Leibung"), wenn sie an der Stufenvorderkante höchstens 1,2 cm betragen dürfen.

18. Ein Segmentbogen mit der Spannweite von 1,80 m ist mit DF-Steinen auszuführen. Die Bogenneigung an den Widerlagern soll 60° betragen.
    Berechnen Sie
    a) die Länge der Bogenleibung,
    b) die Schichtenzahl,
    c) die Fugendicke an der Leibung.

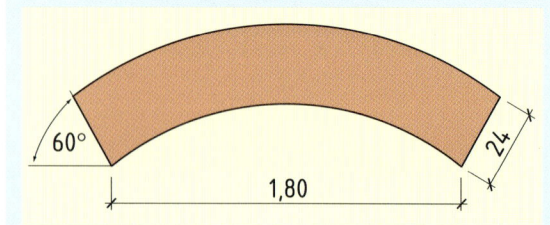

19. Beim dargestellten Segmentbogen trifft die Druckkraft im Bogen rechtwinklig auf die Widerlagerfläche. Die sich daraus ergebende senkrechte Kraft beträgt F_1 = 12 kN.
    Ermitteln Sie zeichnerisch im Maßstab 1:10 die Widerlagerneigung und daraus mithilfe eines Kräftemaßstabs die Größe der Horizontalkraft F_2 (Bogenschub).
    Kräftemaßstab 2 mm ≙ 1 kN

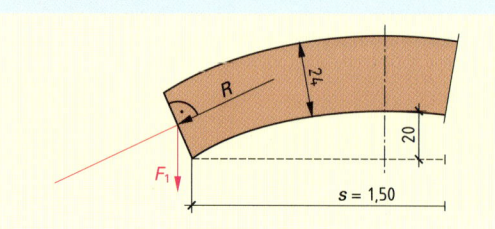

Scheitrechter Bogen

20. Als Türsturz wird ein scheitrechter Bogen im Dünnformat ausgeführt.
    Ermitteln Sie
    a) die Länge des Bogenrückens,
    b) die Schichtenzahl bei einer angenommenen Fugendicke von 8…10 mm an der Leibung,
    c) die tatsächliche Fugendicke an der Leibung,
    d) die Fugendicke am Bogenrücken.

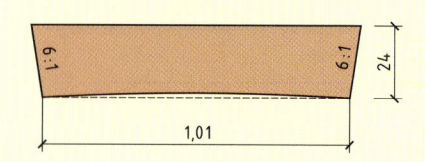

21. Ein scheitrechter Bogen mit der Spannweite von 1,26 m wird aus Mauerziegeln im Normalformat hergestellt. Die Bogenhöhe beträgt 36,5 cm, die Neigung an den Widerlagern 8:1.
    Ermitteln Sie
    a) die Länge des Bogenrückens,
    b) die Schichtenzahl bei einer angenommenen Fugendicke von 6…9 mm an der Leibung,
    c) die tatsächliche Fugendicke an der Leibung und am Bogenrücken,
    d) die Größe der „Zähne" der Bogenschichten in Kämpfernähe. (Folgerung?)

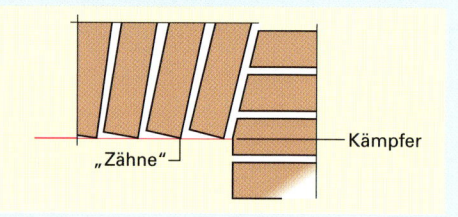

22. Ein scheitrechter Fenstersturz wird als Grenadiersturz aus Dünnformatziegeln in Verbindung mit einem tragenden Stahlbetonsturz als Fertigteil ausgeführt.
    Ermitteln Sie
    a) die Schichtenzahl und die Fugendicke,
    b) die Eigenlast des Fertigteils.

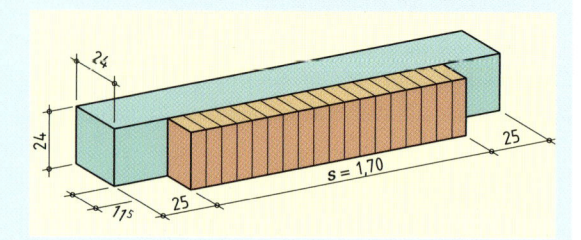

11 Herstellen eines Bogens — Zeichnerische Darstellung

11.5 Zeichnerische Darstellung von Bögen

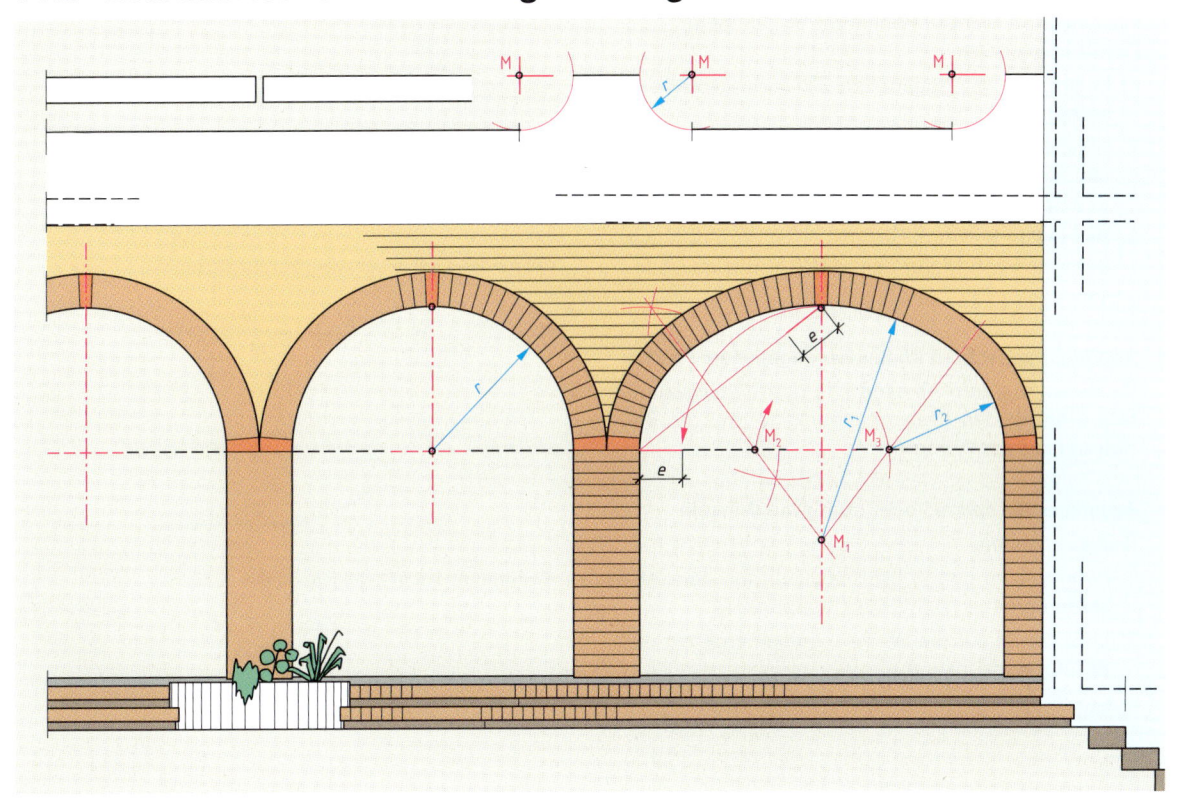

11.5.1 Grundkonstruktionen

Bestimmen des Mittelpunktes eines Kreises

1. Zwei nicht parallele Sehnen AB und CD zeichnen.
2. Auf beiden Sehnen Mittelsenkrechte errichten; der Schnittpunkt ist der gesuchte Kreismittelpunkt M.

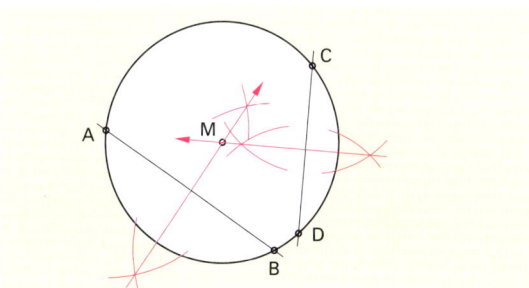

Bestimmen des Kreismittelpunktes

Segmentbogen konstruieren

Gegeben sind Sehne s und Stichhöhe h.

1. Sehne s und Mittelachse zeichnen.
2. Stichhöhe auf der Mittelachse auftragen; Scheitelpunkt S.
3. Mittelsenkrechte der Verbindung AS oder BS errichten. Der Schnittpunkt mit der Mittelachse ist der gesuchte Kreismittelpunkt M.

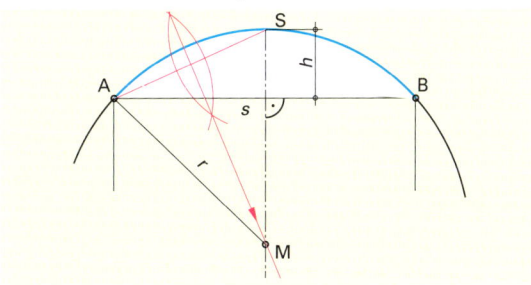

Segmentbogen

Tangente an einen Kreispunkt

1. Berührungspunkt P auf dem Kreis festlegen.
2. Verbindung MP zeichnen = Berührungsradius r.
3. Senkrechte auf r im Punkt P zeichnen = Tangente t.

Tangente im Punkt P

> Eine Tangente ist eine Gerade, die mit dem Kreis nur einen Berührungspunkt hat. Die Tangente steht senkrecht auf dem Berührungshalbmesser.

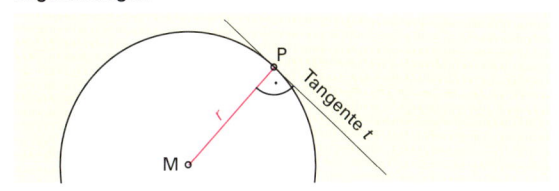

11 Herstellen eines Bogens — Zeichnerische Darstellung

Ausrundungen (Bogenanschlüsse)

- **Anschluss an rechten Winkel bei gegebenem Berührungspunkt**
  1. Senkrechte im gegebenen Berührungspunkt A antragen.
  2. Winkelhalbierende im Schnittpunkt S konstruieren. Schnitt mit der Senkrechten ist der Kreismittelpunkt M.
  3. Der zweite Berührungspunkt A' ist der Fußpunkt des Lotes von M auf den anderen Winkelschenkel.

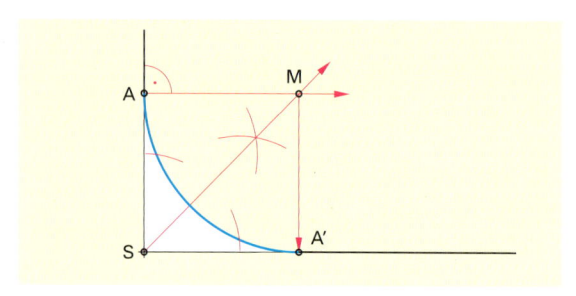

Ausrundung bei gegebenem Berührungspunkt

- **Anschluss an rechten Winkel bei gegebenem Radius**
  Parallelen mit dem Abstand r zu den Winkelschenkeln ergeben den Kreismittelpunkt M und die Berührungspunkte A und A'.

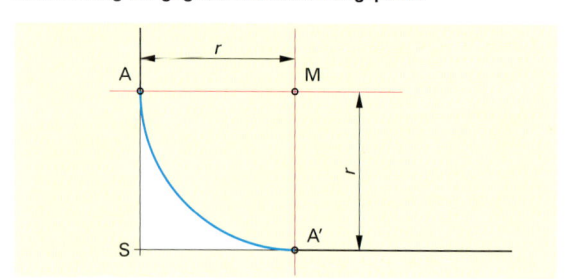

Ausrundung bei gegebenem Radius

- **Anschluss bei spitzen oder stumpfen Winkeln**
  Radius gegeben:
  1. Parallelen zu den Winkelschenkeln mit dem Abstand r ergeben den Kreismittelpunkt M.
  2. Lote von M auf die Winkelschenkel ergeben die Berührungpsunkte A und A'.

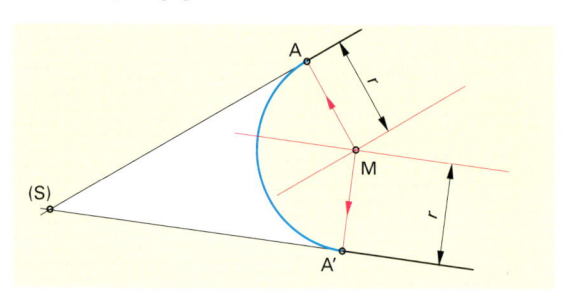

> Bei der Ausrundung von Winkeln gehen die Winkelschenkel tangentenförmig in den Kreis über. In den Berührungspunkten darf kein „Knick" entstehen.

Ausrundung eines Winkels, Radius gegeben

11.5.2 Bogenkonstruktionen

Rundbogen

Der Rundbogen ist ein Halbkreis, dessen Halbmesser gleich der halben Spannweite ist.

Konstruktion:
1. Spannweite und Mittelachse zeichnen; Punkte K und M.
2. Kreisbogen um M mit $r = \frac{s}{2}$.

> Die Krümmung des Halbkreisbogens geht am Kämpferpunkt K ohne Knick in die Senkrechte über.

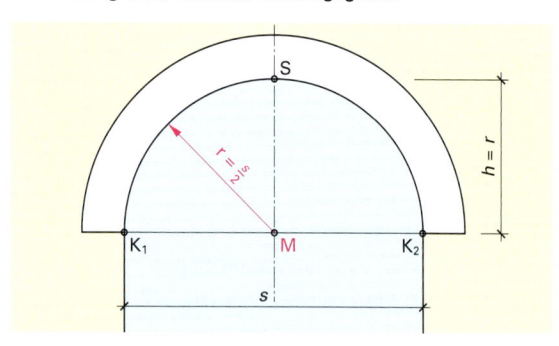

Rundbogen (Halbkreisbogen)

Segmentbogen

Der Segmentbogen ist der Bogen über einer Sehne, dessen Krümmung durch das Verhältnis Stichhöhe : Spannweite (1:6 … 1:12) gekennzeichnet ist.

Konstruktion:
1. Spannweite und Mittelachse mit Stichhöhe h zeichnen; Punkte K_1, K_2 und S.
2. Punkte S und K_1 (K_2) verbinden und auf $\overline{SK_1}$ die Mittelsenkrechte konstruieren; Schnittpunkt mit Mittelachse in M.
3. Kreisbogen um M mit $r = \overline{MS}$ zeichnen.

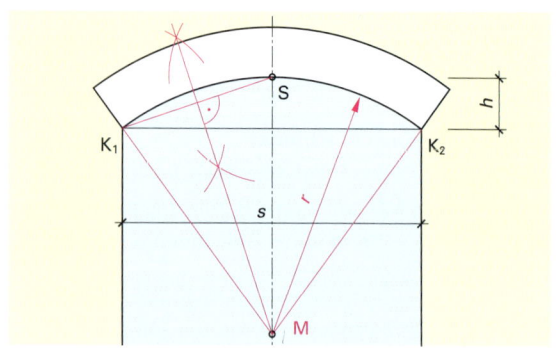

Segmentbogen

11 Herstellen eines Bogens — Zeichnerische Darstellung

Scheitrechter Bogen

Der scheitrechte Bogen ist ein Flachbogen mit einer Stichhöhe von $\frac{1}{50} \ldots \frac{1}{100}$ der Spannweite. Wegen der geringen Stichhöhe kann er in der Regel nicht mit einem Kreisbogen gezeichnet werden. Die Widerlagenschrägen werden unabhängig von der Stichhöhe in einer Neigung von 6:1 … 8:1 angetragen.

Konstruktion:

1. Spannweite und Mittelachse mit Überhöhung zeichnen; Punkt K_1, K_2 und S.
2. In den Kämpferpunkten K_1, K_2 die Widerlagerschrägen im Verhältnis 6:1 … 8:1 zeichnen (rechtwinkliges Dreieck mit der Höhe 6 Teile und dem Grundmaß 1 Teil).
3. Bogenleibung $\overline{K_1 S K_2}$ mit leichter Krümmung zeichnen, Bogenrücken als gerade Strecke.

> Die Verlängerung der Widerlagerschrägen schneiden sich zwar im Mittelpunkt M auf der Mittelachse, dieser Punkt ist aber in der Regel nicht zugänglich.

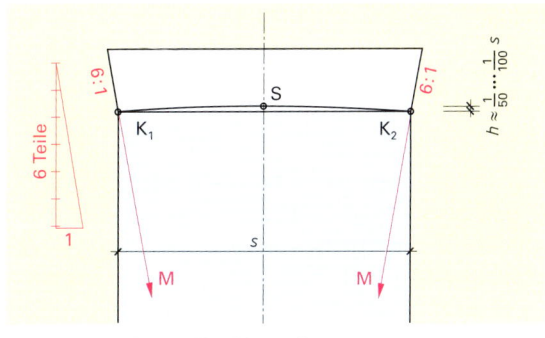

Scheitrechter Bogen (Flachbogen)

Spitzbogen

Spitzbögen setzen sich aus gleich großen Segmentbögen zusammen. Die Mittelpunkte der beiden Bögen liegen immer auf der Verbindung der Kämpferpunkte oder auf ihrer Verlängerung.

Normaler Spitzbogen

Spannweite ist gegeben; Bogenhöhe h ergibt sich durch die Konstruktion.

1. Spannweite und Mittelachse zeichnen; Punkte K_1, K_2.
2. Kreisbögen um K_1, K_2 mit $r = s$ zeichnen; Schnittpunkt S = Scheitelhöhe h.

Beim gedrückten oder überhöhten Spitzbogen ist außer der Spannweite die Scheitelhöhe gegeben. Die Kreismittelpunkte ergeben sich durch den Schnitt der Mittelsenkrechten über $\overline{K_1 S}$ mit der Spannweite.

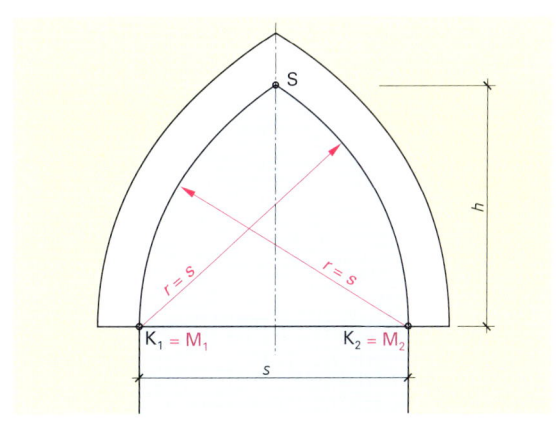

Normaler Spitzbogen ($r = s$)

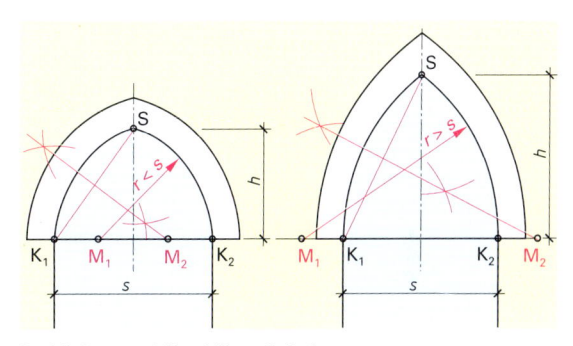

Gedrückter und überhöhter Spitzbogen

> Spitzbögen werden in der Regel nur bei Sanierungsarbeiten an historischen Gebäuden ausgeführt. Sie üben nur geringe Bogenschubkräfte aus.

Korbbogen

Spannweite und Bogenhöhe sind gegeben (s. Korbbogen am Eingang des Projekts).

Konstruktion:

1. Spannweite und Bogenhöhe zeichnen; K_1, K_2, S.
2. Kreisbogen um Z mit $r = \overline{ZS}$; Punkt A; $\overline{K_1 A} = a$.
3. Von S aus auf SK_1 Maß a abtragen; Punkt B.
4. Mittelsenkrechte von $K_1 B$ zeichnen; Mittelpunkt M_1 auf der Achse und M_2 auf $\overline{K_1 Z}$.
5. Kreisbogen um Z mit $r = ZM_2$; Mittelpunkt M_3.
6. Kreise um M_1, M_2, M_3 bis zu den Grenzlinien.

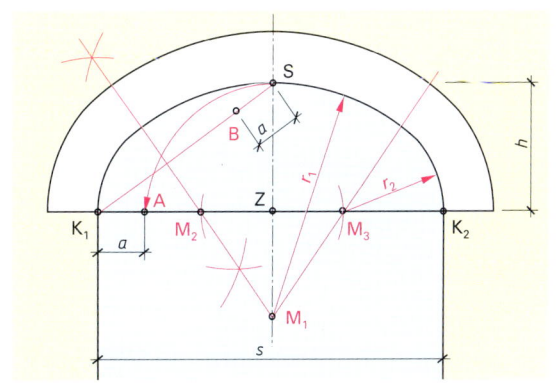

Korbbogen mit 3 Einsatzpunkten

> Der Korbbogen setzt sich aus Kreisbögen zusammen, die ohne Knick ineinander übergehen.

11 Herstellen eines Bogens — Zeichnerische Darstellung

Elliptischer Bogen

Eine Ellipse entsteht, wenn ein Zylinder oder ein Kegel schräg geschnitten wird. Auch das Schrägbild eines Kreises ist eine Ellipse. Sie ist „stetig gekrümmt", d. h. nicht aus Kreisen zusammengesetzt.

Konstruktion nach der Kreisflächenprojektion:

Gegeben sind großer Durchmesser (= Spannweite) und kleiner Halbmesser (= Bogenhöhe).

1. Spannweite und senkrechte Achsen zeichnen; Punkte K_1, K_2, M und S.
2. Kreis um M mit $\overline{K_1M}$ und $\overline{SM}$.
3. Jedes Kreisviertel durch mehrere Durchmesser aufteilen („Tortenstücke"); Schnittpunkte mit den Kreisen P_1, P_2 usw.
4. Von den Punkten P_1 senkrechte und von P_2 waagerechte Geraden zeichnen; Schnittpunkte P.
5. Bogenpunkte P mit dem Kurvenlineal verbinden.

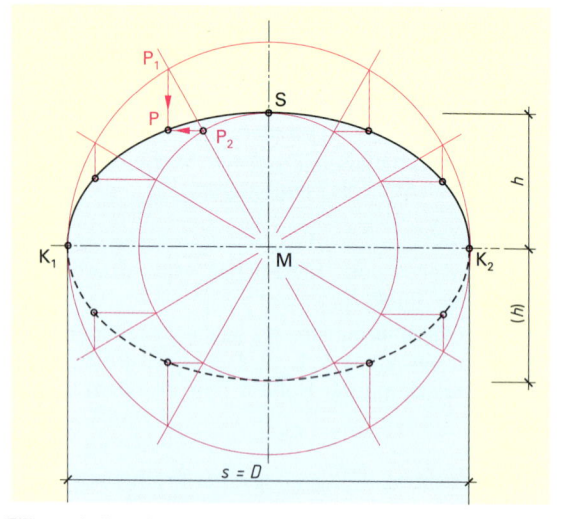

Ellipse als Kreisflächenprojektion

Einhüftiger Bogen

Bei diesen Bogenformen liegen die Kämpferpunkte in verschiedener Höhe.

Konstruktion nach der Vergatterung:

1. Spannweite und Höhenlage der Kämpferpunkte zeichnen; Punkte K_1, K_2 und K_2'.
2. Halbkreis über $\overline{K_1K_2}$ zeichnen, $\overline{K_1K_2'}$ verbinden.
3. Strecke $\overline{K_1K_2}$ durch mehrere Lote unterteilen.
4. Die von der Strecke $\overline{K_1K_2}$ und dem Halbkreis begrenzten Längen der Lote jeweils auf demselben Lot von der Strecke K_1K_2' aus nach oben abtragen; Bogenpunkte P_1, P_2 usw.

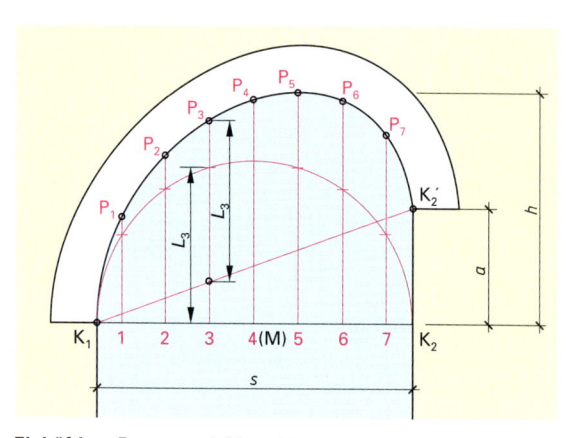

Einhüftiger Bogen nach Vergatterung

11.5.3 Aufgaben

1. Die beiden rechten Winkel sind auszurunden (Maßstab 1:100 – m).
    a) Berührungspunkt P_1 ist gegeben.
       Gesucht sind Radius r_1 und Mittelpunkt M_1.
    b) Radius $r_2 = 3{,}50$ m ist gegeben.
       Gesucht sind die Berührungspunkte A_1 und A_2 und der Mittelpunkt M_2.
2. Tropfenförmiger Verkehrsteiler („Verkehrsinsel")
   Maßstab 1:100 – m.
   Die gegebenen Winkelschenkel sind mit Kreisen auszurunden.
   M_1, $r_1 = 0{,}75$ m
   M_2, $r_2 = 1{,}70$ m

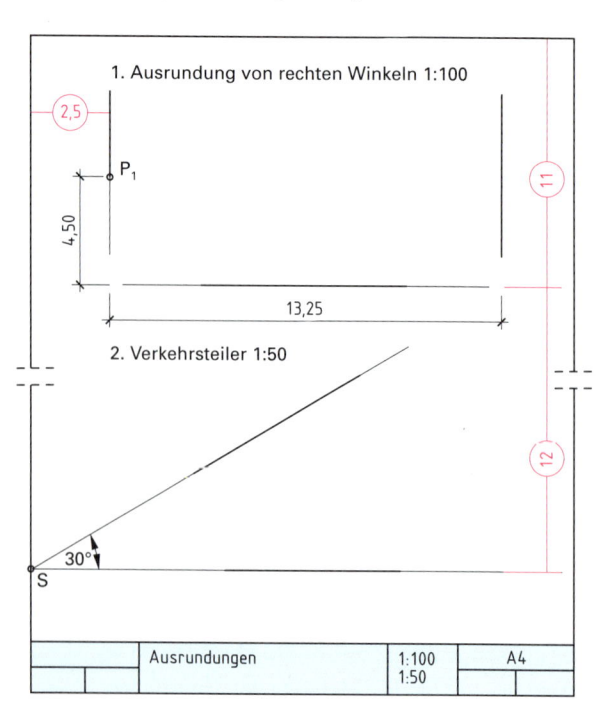

11 Herstellen eines Bogens — Zeichnerische Darstellung

3. Zeichnen Sie einen Segmentbogen im Maßstab 1:20
   $s = 1{,}76$ m, $h \approx 1/6\, s$, Bogendicke 24 cm
4. Spitzbogen, gedrückte Form, im Maßstab 1:20
   $s = 1{,}65$ m, $r = 1{,}50$ m, Bogendicke 24 cm

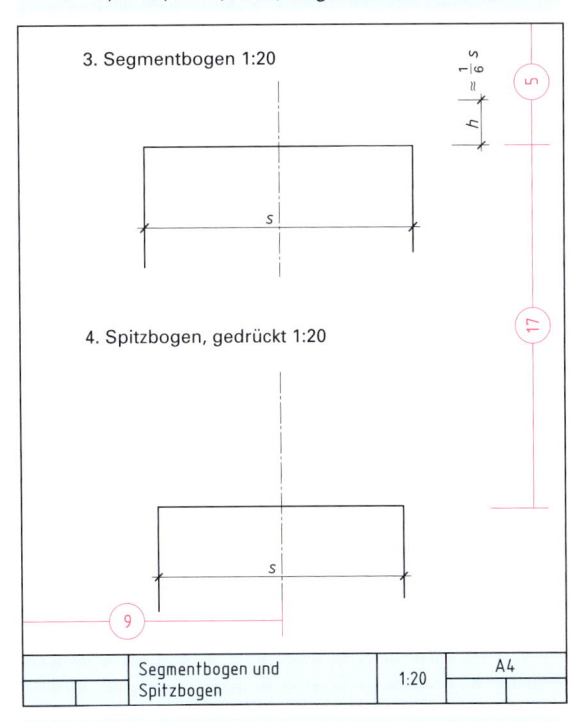

7. Zylindrischer Körper, schräger Schnitt, im Maßstab 1:1 – mm (Mantellinien in der Draufsicht durch Kreisteilung festlegen, auf Ansicht und Seitenansicht übertragen. Punkte der Schnittfläche ergeben eine Ellipse).

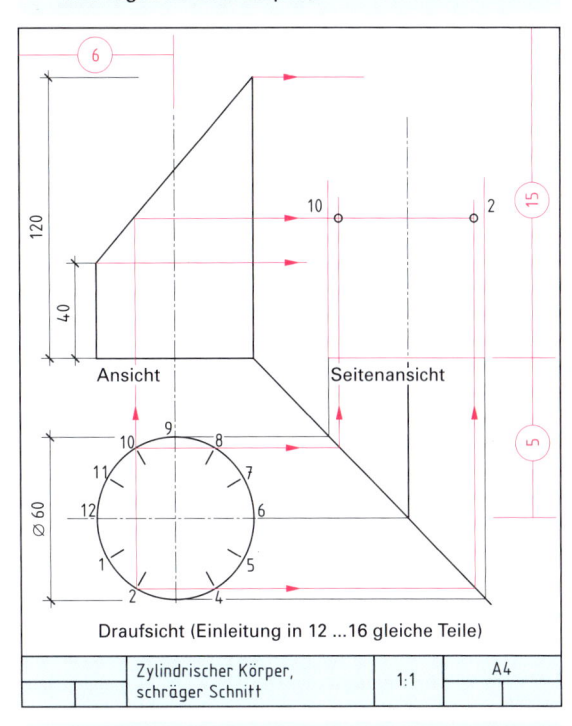

5. Zeichnen Sie einen Korbbogen im Maßstab 1:20
   $s = 2{,}40$ m, $h = 0{,}75$ m, Bogendicke 24 cm
6. Elliptischer Bogen im Maßstab 1:20 (Konstruktion nach der Vergatterung) $s = 2{,}00$ m, $h = 0{,}8$ m

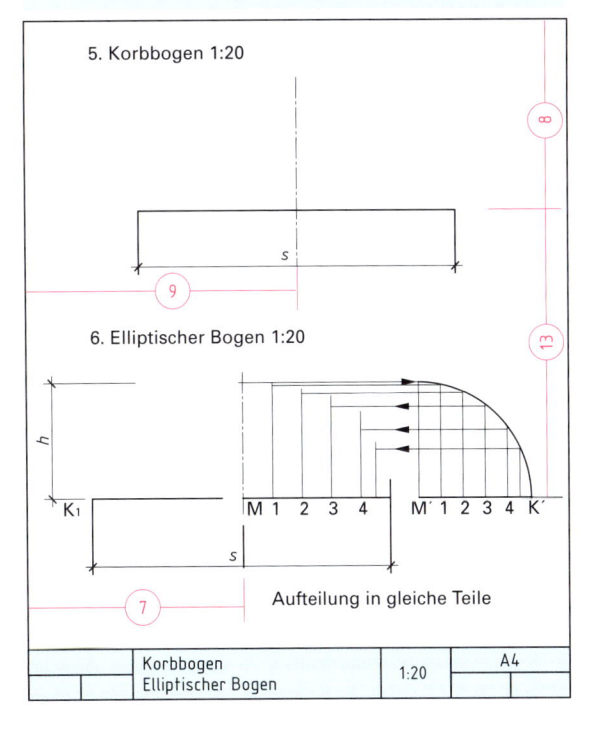

8. Lehrbogen für ein Rundbogenfenster mit Unterstützung im Maßstab 1:10. $s = 1{,}26$ m, Wanddicke 24 cm.
   Es stehen zur Verfügung: Bretter 10/2,4; 12/2,4 cm, Kanthölzer 10/12 cm, Stützen $\varnothing \approx 10$ cm.

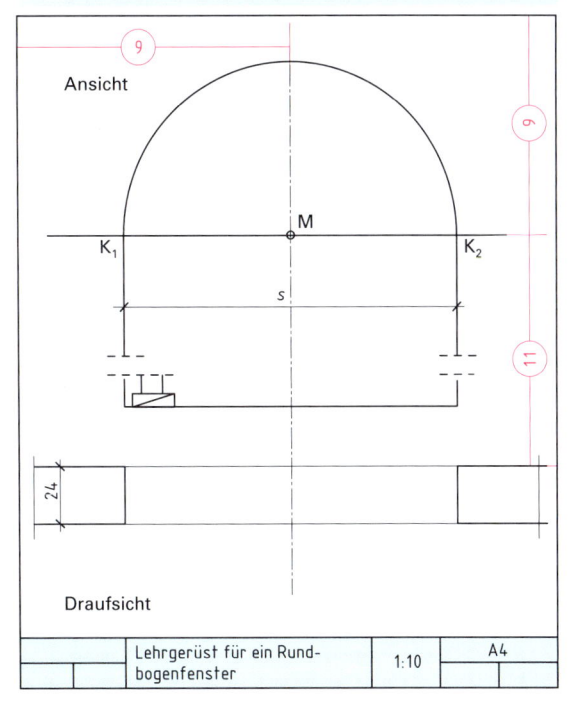

11 Herstellen eines Bogens — Zeichnerische Darstellung

9. Rundbogenarkade im Projekt, Maßstab 1:20. Zeichnen Sie den Bogen am Eckpfeiler und das anschließende Mauerwerk aus NF-Steinen. Beschreiben Sie worauf besonders zu achten ist.

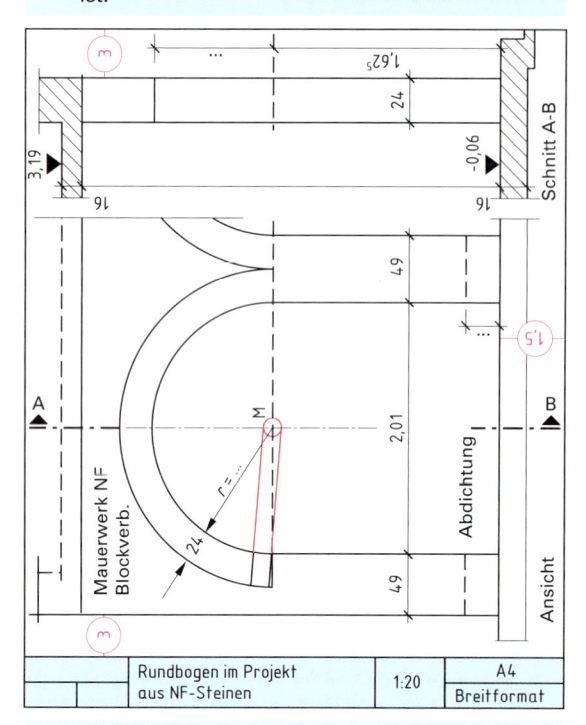

11. Scheitrechter Sturz, Dünnformat, Maßstab 1:10. Grenadiersturz, Kalksandstein, 2 DF, Maßstab 1:10. Spannweiten $s = 1{,}26$ m, Sturzdicke 36,5 cm. Zeichnen Sie die Stürze mit umgebendem Mauerwerk.

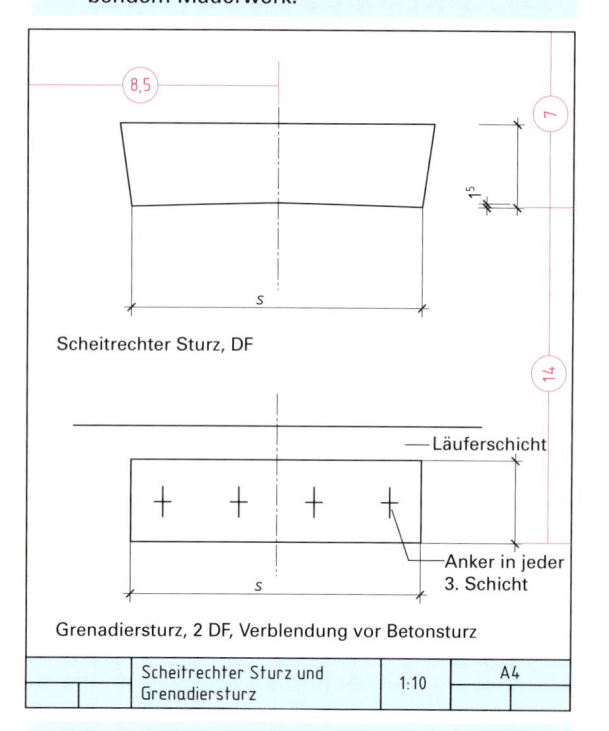

10. Segmentbogen mit Einrüstung, Maßstab 1:10. Spannweite $s = 1{,}26$ m, Stichhöhe $h = 15$ cm, Bogendicke 24 cm, Normalformat. Zeichnen Sie den Bogen mit umgebendem Mauerwerk, darunter die Einrüstung.

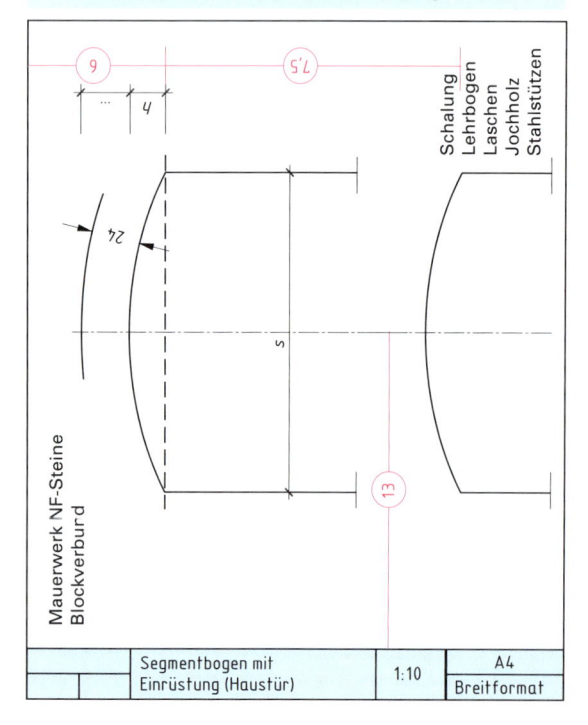

12. Korbbogen am Eingang des Projekts, Maßstab 1:20. Konstruieren Sie den Korbbogen mit 3 Mittelpunkten. $s = 2{,}63^5$ m, $h = 1{,}00$ m, Bogendicke 24 cm, NF. Zeichnen Sie dazu einen Brettkranz-Lehrbogen. (s. auch Aufg. 9)

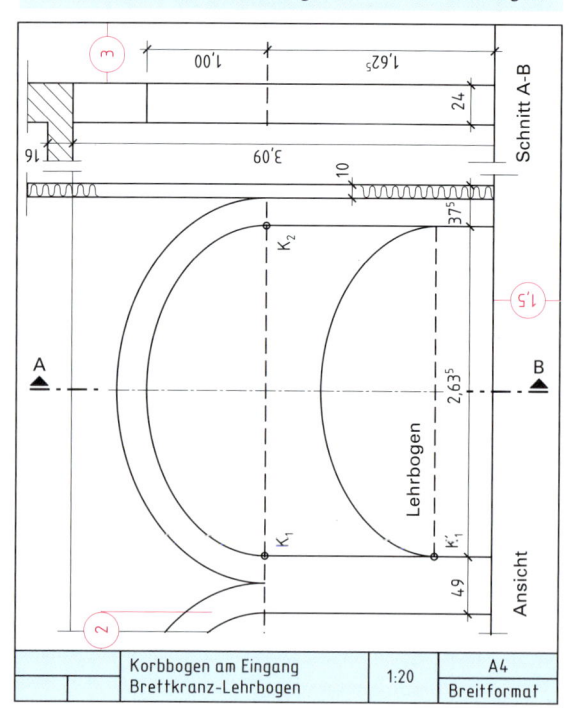

Kapitel 12:
Putzen einer Wand

Kapitel 12 vermittelt die Kenntnisse des Lernfeldes 10 für Maurer/-innen.

Nachdem der Rohbau des Jugendtreffs fertiggestellt ist, wird es notwendig, Innen- und Außenflächen mit ihrer endgültigen Oberfläche zu versehen. Die Bauteile, die als Sichtmauerwerk oder Sichtbeton keiner weiteren Bearbeitung bedürfen, sind hier natürlich nicht gemeint. Die meisten Außenwand- und Innenwandflächen des Jugendtreffs warten darauf verputzt zu werden.

Zu Beginn dieses Lernfeldes werden die Aufgaben und Anforderungen an moderne Putzmörtel und erhärtete Putze gezeigt.

Voraussetzung für das Gelingen der Putze ist ein „guter" Putzgrund. Anforderungen und Eigenschaften von Putzgründen behandelt der nächste Abschnitt. Vorbehandlungsmaßnahmen sind zu treffen, wenn der Putzgrund die Haftung und Erhärtung der Putzmörtel gefährden könnte.

Die Aufteilung von Putzmörteln nach der Art ihrer Bindemittel, Eigenschaften und Anwendungsgebiete in Putzmörtelgruppen wird im folgenden Abschnitt beschrieben.

Die Kenntnis der Aufgaben der einzelnen Putzlagen und die Anforderung an die jeweilige Wand ermöglicht anschließend die Auswahl geeigneter Putzsysteme für die Wände des Jugendtreffs.

Die Möglichkeiten der Oberflächengestaltung mithilfe von Farbe und Putzweise werden erklärt. Für besondere Anwendungsgebiete gibt es eine große Anzahl hochspezialisierter Putzsysteme, die auch in diesem Projekt zur Anwendung kommen können.

Die letzten Abschnitte dieses Lernfeldes beschäftigen sich mit der Planung und Ausführung von Putzarbeiten. Der Arbeitsablauf beim Verputzen, die Ermittlung des Mörtelbedarfs und die Besonderheiten des maschinellen Verputzens bilden den Abschluss des Lernfeldes.

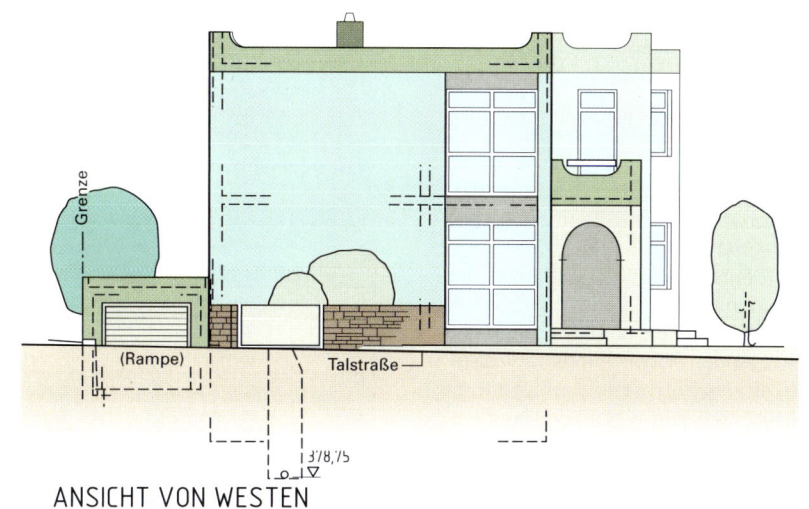

ANSICHT VON SÜDEN

ANSICHT VON WESTEN

Verschiedene Vorschläge für die Fassadengestaltung

12 Putzen einer Wand — Aufgaben und Anforderungen

12.1 Aufgaben und Anforderungen an Putzmörtel und Putze

12.1.1 Aufgaben moderner Putzsysteme

Es gibt heutzutage eine große Auswahl moderner Putze und Putzsysteme. Manche sind sehr spezialisiert und berücksichtigen besondere Anforderungen und Aufgaben. Bei der Auswahl eines Putzes bzw. eines Putzsystems muss der Planer sämtliche funktionalen und ästhetischen Aspekte des Gebäudes abwägen.

Meistens erhalten Gebäude erst nach dem Aufbringen des Putzmörtels und nach dessen Erhärten ihr endgültiges Aussehen. Putze und deren Ausführung sind eines der **wichtigsten Gestaltungsmittel**, sowohl für den Innenraum als auch die Außenfassade eines Gebäudes. Eine gelungene Gestaltung der Fassade setzt ein zwischen Architekt und Stuckateur abgestimmtes Konzept voraus. Ebenso wichtig sind die **bauphysikalischen Aufgaben**, die Putze erfüllen. Putze haben einen großen Anteil an der Dauerhaftigkeit der Baustoffe eines Gebäudes. Sie werden benötigt, um Eigenschaften wie die Wärmedämmfähigkeit der Wandbaustoffe zu erhalten. Darüber hinaus können sie schalltechnische Aufgaben (Akustikputz) oder brandschützende Funktionen (Brandschutzputz) erfüllen. Es gibt **Aufgaben und Anforderungen, die für jeden Putz gelten**, und Aufgaben, die in besonderen Fällen auftreten, abhängig von der Wand bzw. dem Raum, in dem sich die Wand befindet.

> Putze sind eines der wichtigsten Gestaltungsmittel eines Gebäudes. Sie erfüllen außerdem eine große Zahl bauphysikalischer Aufgaben.

12.1.2 Anforderungen an Putze

Allgemeine Anforderungen

Die folgenden Anforderungen betreffen sowohl Innenputze als auch Außenputze. Sie müssen unter Umständen durch Maßnahmen wie Vorbehandeln des Putzgrundes oder Auswahl eines besonderen Putzsystems erreicht werden:

- Gute Haftung und Verbund mit dem Putzgrund.
- Gleichmäßiges Gefüge innerhalb der Putzlage.
- Ausreichende Festigkeit bei den üblichen Beanspruchungen durch Reibung und mechanische Einflüsse.
- Die Festigkeiten der Putze sind niedriger als die Festigkeit des Wandbaustoffes.
- Ausreichende Wasserdampfdurchlässigkeit.
- Ausreichende Biegezugfestigkeit, um Risse durch Schwingungen und Erschütterungen zu vermeiden.
- Die Oberflächenbeschaffenheit muss auf die Aufgabe des Putzes abgestimmt sein.
- Die Putze müssen mögliche Durchfeuchtungen des Putzgrundes vermeiden helfen.
- Fertig verputzte Wände sollen gleichmäßig, eben und frei von Rissen sein (geringe Abweichungen zulässig).
- Gute Verarbeitbarkeit des Putzmörtels, abgestimmt auf Maschineneinsatz oder Verputzen von Hand.

> Die Qualität der Putzmörtel und die Sorgfalt beim Verarbeiten der Putzmörtel tragen entscheidend zum Erfüllen dieser Anforderungen bei.

Modern gestaltete verputzte Fassade

Aufbringen des Außenputzes

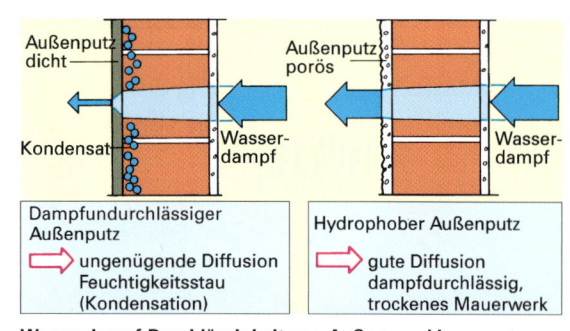

Wasserdampf-Durchlässigkeit von Außen- und Innenputz

Klasse	Mindestwerte für die Ebenheit des Putzgrundes	Geforderte Normalausführung für die Ebenheit der Oberfläche
0	Keine Anforderung	Keine Anforderung
1	15 mm auf 2 m	10 mm auf 2 m
2	12 mm auf 2 m	7 mm auf 2 m
3	10 mm auf 2 m	5 mm auf 2 m
4[a]	5 mm auf 2 m	3 mm auf 2 m
5[a]	2 mm auf 2 m	2 mm auf 2 m

[a] Nur zutreffend für Putzsysteme mit einer Putzdicke von ≤ 6 mm

Klassifizierung der Ebenheit von verputzten Oberflächen DIN EN 13914-2

12 Putzen einer Wand — Aufgaben der Putze

12.1.3 Aufgaben von Innenputzen

Je nach der technischen Funktion der Wand muss der Innenputz die folgenden Aufgaben erfüllen:
- Ebener Untergrund, der für Tapeten oder Fliesen geeignet ist, oder gestaltete Oberfläche, z. B. Stuckmarmor, Kratzputz (siehe Abschnitt 12.1.2).
- Regulierung des Raumklimas durch Aufnahme und Abgabe von Feuchtigkeit (gilt vor allem für Wohnräume).
- Ausreichender Abriebwiderstand (gilt besonders in Treppenhäusern, Schulen usw.).
- Brandschutz, wenn die Bauvorschriften es erfordern, z. B. in Fluren von öffentlichen Gebäuden.
- Verbesserung der Raumakustik.
- Beständig gegen einwirkende Feuchtigkeit (gilt in Feuchträumen).

> Innenputze müssen eben, abriebfest und tragfähig sein. Sie können das Raumklima regulieren und nach Bedarf brandschützende und schallschützende Aufgaben übernehmen.

12.1.4 Aufgaben von Außenputzen

Die Außenputze vervollständigen die Wand und bilden für schutzbedürftige Baustoffe eine Schicht, die sie vor äußeren Einflüssen schützt. Die wichtigsten Anforderungen, die Außenputze erfüllen müssen sind:
- Gestaltung des Gebäudes,
- Regen und Schlagregenschutz,
- Schutz vor Verschmutzung,
- Aufnahme von Temperaturschwankungen,
- Schutz vor Witterungseinflüssen,
- Schutz vor mechanischen Einflüssen,
- ausreichende Wasserdampfdurchlässigkeit.

Dazu kommen je nach bauphysikalischen Anforderungen der Wand besondere Aufgaben im Hinblick auf
- Wärmeschutz, Brandschutz bzw. Schallschutz hinzu.

> Außenputze dienen der Gestaltung des Gebäudes, bieten Witterungsschutz, müssen Temperaturspannungen aufnehmen und ausreichend fest sein. Dazu können Aufgaben aus dem Bereich des Wärme-, Brand- und Schallschutzes kommen.

Zusammenfassung

Putze sind eines der wichtigsten Gestaltungsmittel für Innen- und Außenwände. Sie erfüllen sowohl bauphysikalische Anforderungen wie je nach Lage des Putzes (Innenputz oder Außenputz, Feuchtraum, Sockel) besondere Aufgaben.

Voraussetzung für die Dauerhaftigkeit von Putzen sind die Berücksichtigung wichtiger Anforderungen wie: gute Haftung, ausreichende Festigkeit und trotzdem genügende Elastizität, gute Verarbeitbarkeit usw.

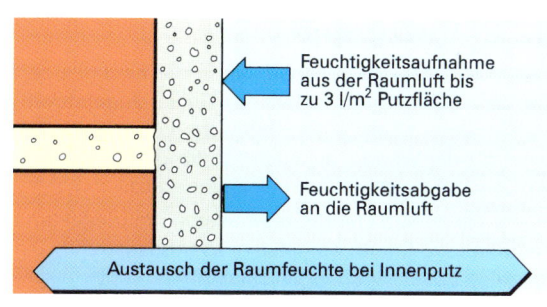

Feuchtigkeitsaufnahme aus der Raumluft bis zu 3 l/m² Putzfläche

Feuchtigkeitsabgabe an die Raumluft

Austausch der Raumfeuchte bei Innenputz

Feuchtigkeitsaufnahme und -abgabe bei Innenputz

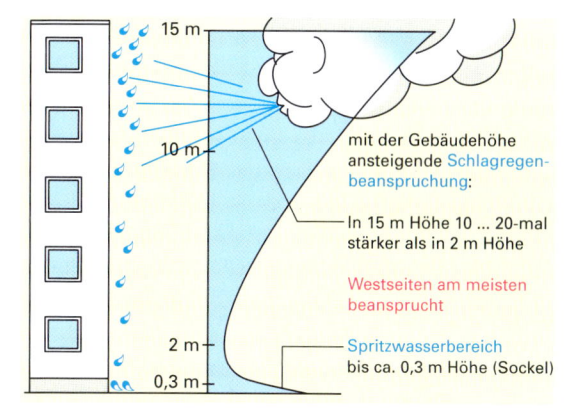

mit der Gebäudehöhe ansteigende Schlagregenbeanspruchung:

In 15 m Höhe 10 ... 20-mal stärker als in 2 m Höhe

Westseiten am meisten beansprucht

Spritzwasserbereich bis ca. 0,3 m Höhe (Sockel)

Schlagregenbeanspruchung, abhängig von der Gebäudehöhe

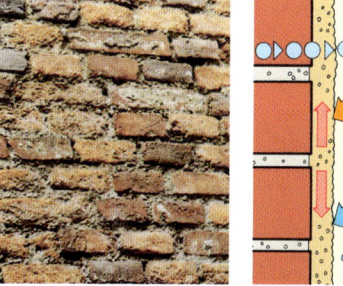

Zerstörung der Mauerziegel durch Salze, weil das Mauerwerk zu lange unverputzt stehen blieb!

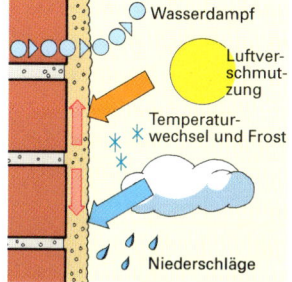

Wasserdampf, Luftverschmutzung, Temperaturwechsel und Frost, Niederschläge

Beanspruchung des Außenputzes

Aufgaben:

1. Wählen Sie zwei verschiedene Wände des Jugendtreffs (z. B. Außenwand im „Saal", Innenwand zwischen Toilette und Büro). Stellen Sie fest, welche Anforderungen und Aufgaben diese Wände erfüllen müssen. Zeichnen Sie einen Schnitt durch die jeweiligen Wände 1:5 und stellen Sie die Aufgaben, die diese Wände erfüllen müssen, grafisch dar.
2. Stellen Sie die Anforderungen an einen Außenputz den Anforderungen an einen Innenputz gegenüber. Wo gibt es Unterschiede und wo Übereinstimmungen? Arbeiten Sie tabellarisch, z. B.:

Anforderung	Innenwand	Außenwand
Schlagregenschutz	nicht erforderlich	erforderlich, steigt mit der Gebäudehöhe

12 Putzen einer Wand — Putzgrund

12.2 Putzgrund

Wenn wir Gebäude ansehen, die in der heutigen Zeit erstellt werden (darunter fällt auch unser Jugendtreff), treffen wir auf sehr unterschiedliche Putzgründe. Sowohl für die Wände, als auch für die Decken werden die verschiedensten Materialien eingesetzt.

Noch vor einem Jahrhundert waren Vollziegel und Natursteine die verbreitetsten Wandbaustoffe. Die ständige Entwicklung neuer Baustoffe und die gestiegenen Ansprüche an die Ausführung haben dazu geführt, dass Putze auf einer Vielzahl von Mauerwerksarten und Baustoffen, also den unterschiedlichsten Putzgründen zur Anwendung kommen. Ein weiteres Problem ist, dass Gebäude in sehr kurzer Zeit erstellt und auch bezogen werden. Zur Vermeidung von Putzschäden sollte mit den Putzarbeiten erst mehrere Monate nach der Fertigstellung des Rohbaus begonnen werden.

Für eine gute Haftung des Putzes ist die Beschaffenheit des Putzgrundes von entscheidender Bedeutung. Je nach Putzgrund müssen geeignete Vorbehandlungsmaßnahmen durchgeführt werden.

Mischmauerwerk als schwieriger Putzgrund

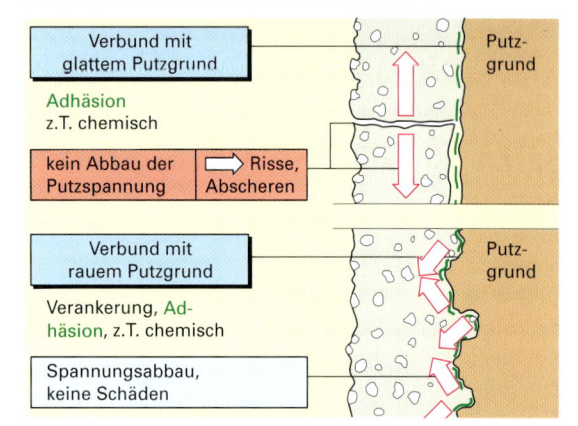

Verbund des Putzes mit glattem und rauem Putzgrund

12.2.1 Anforderungen an den Putzgrund – Maßnahmen

Vor dem Verputzen muss der Putzgrund mit größter Sorgfalt daraufhin untersucht werden, ob er für das Verputzen geeignet ist. Bei auftretenden Mängeln müssen geeignete Vorbehandlungsmaßnahmen ergriffen werden.

> Anforderungen an einen geeigneten Putzgrund sind: maßgerecht, rau, tragfähig, sauber, trocken, gleichmäßig saugend, einheitlich und frostfrei.
>
> Mit geeigneten Vorbehandlungsmaßnahmen kann der Putzgrund verbessert werden.

Anforderung an den Putzgrund	Vorbehandlungsmaßnahmen – Beispiele
Maßgerecht Der Putz muss in gleichmäßiger Dicke aufgetragen werden können – übliche Toleranzen können auftreten.	Grobe Unebenheiten durch zusätzliche Spachtelung ausgleichen, Schlitze schließen.
Rau	Aufrauen mit entsprechenden Werkzeugen, Sinterschichten entfernen, Haftbrücke aufbringen, Spritzbewurf (warzenförmig) aufbringen.
Tragfähig	Abschlagen von Altputz, Verfestigen mit „Tiefgrund", Einsatz von Putzträgern, Einsatz eines Leichtputzes.
Sauber frei von Lehm, Staub, Schalölresten, alten Nägeln, Ausblühungen (Salzen) usw.	Abbürsten und abkehren, Abwaschen mit Wasser, Reinigen mit Lösungsmitteln, Dampfstrahlen, Sandstrahlen, chemisch behandeln (Ausblühungen).
Trocken Die Bauteile müssen vor aufsteigender Feuchtigkeit geschützt sein und die Baufeuchte muss weggetrocknet sein.	Neubau: Trocknen lassen – auf Standzeiten achten. Ein wirksamer Schutz des Mauerwerks (Mauerkronen und Brüstungen) gegen eindringendes Regenwasser ist erforderlich. Altbau: Eventuell Horizontalabdichtung einbauen und Mauerwerk trocken legen.
Gleichmäßig gute Saugfähigkeit	Vermindern: annässen, Aufbrennsperre, Erhöhen: Spritzbewurf, Haftbrücke.
Einheitlich homogen – kein Mischmauerwerk	Ausgleich mit volldeckendem Spritzbewurf, Putzträger und/oder Putzbewehrung einsetzen.
Frostfrei Bauteiltemperatur ≥ 5 °C	Auftauen lassen – in der kalten Jahreszeit die Temperatur des Untergrundes prüfen.

Abdeckung der Mauerkrone als vorbeugende Maßnahme gegen Durchfeuchtung

Aufbringen einer Aufbrennsperre

12 Putzen einer Wand — Prüfung und Beurteilung des Putzgrundes

12.2.2 Prüfungen zur Beurteilung des Putzgrundes

Die nebenstehende Tabelle zeigt Prüfungen, mit denen der Putzgrund beurteilt werden kann. Sie müssen sorgfältig und aufmerksam durchgeführt werden.

12.2.3 Maßnahmen zur Vorbereitung von Putzgründen

Die geeigneten Maßnahmen zur Putzgrundvorbehandlung richten sich nach den festgestellten Mängeln. Besonders in der Altbausanierung müssen konstuktive Mängel und schadhafte Oberflächen häufig sehr aufwendig behandelt werden. Hier sollten Fachleute zu Rate gezogen werden.

Bei einigen Wandbaustoffen sind immer besondere Vorbehandlungsmaßnahmen vor dem Verputzen notwendig. Dazu gehören Holzwolle-Platten oder extrudiertes Polystyrol (XPS). Auch Betonflächen oder baufällige Putzgründe in der Sanierung müssen aufmerksam geprüft und behandelt werden.

Die Werkmörtelhersteller bieten eine Vielzahl von Produkten zur Putzgrundvorbehandlung im Zusammenhang mit ihren Putzsystemen an. Die Anweisungen der Hersteller sind unbedingt zu beachten.

Spritzbewurf – eine wichtige Vorbehandlungsmaßnahme

Der Spritzbewurf kann voll deckend oder nicht voll deckend (warzenförmig) ausgeführt werden. Eine grobe Körnung des Sandes sorgt für ausreichende Rauigkeit der Oberfläche. Ein Spritzbewurf ist keine Putzlage. Er benötigt mindestens einen Tag zum Abbinden.

Nicht voll deckende Ausführung: Bei weniger saugenden Putzgründen wie Betonflächen wird der Spritzbewurf nicht voll deckend ausgeführt.

Voll deckende Ausführung: Stark saugende Putzgründe oder sehr ungleichmäßig saugende Putzgründe wie Mischmauerwerk erfordern einen voll deckenden Spritzbewurf. Der Spritzbewurf wird entsprechend MG P III hergestellt, wobei Zugaben von Kalkhydrat die Verarbeitbarkeit verbessern können (siehe Abschnitt 12.3).

> Durch Prüfung der Putzgründe können Mängel festgestellt werden. Diese müssen durch geeignete Vorbehandlungsmaßnahmen behoben werden. Einige Wandbaustoffe müssen immer vor dem Verputzen behandelt werden.

Zusammenfassung

Für die Dauerhaftigkeit eines Putzes spielt der Putzgrund eine entscheidende Rolle. Ein guter Putzgrund muss maßgerecht, rau, tragfähig, sauber, trocken, gleichmäßig saugend, einheitlich, riss- und frostfrei sein. Mit Prüfungen können Mängel am Putzgrund festgestellt und mit entsprechenden Vorbehandlungsmaßnahmen vor dem Verputzen behoben werden.

Der Spritzbewurf ist eine wichtige Vorbehandlungsmaßnahme, z. B. bei Mischmauerwerk.

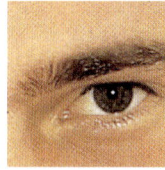

Optische Prüfung
Nach Augenschein sind oftmals Fremdstoffe, Verschmutzungen, Schalholzreste, Ruß und lockere Teile auf der Oberfläche zu erkennen.

Wischprobe
Bei der Prüfung durch Wischprobe mit der flachen Hand kann man Staub und Schmutz feststellen. Die Wischprobe ist an mehreren Stellen durchzuführen.

Kratzprobe
Mit einem harten und spitzen Gegenstand (Kelle, Spachtel) wird die Kratzprobe durchgeführt. Dabei kann festgestellt werden, ob der Untergrund ausreichend tragfähig ist.

Benetzungsprobe
Durch gezieltes Befeuchten des Untergrundes kann die Saugfähigkeit beurteilt werden. Perlt das Wasser ab, müssen geeignete Reinigungsmaßnahmen durchgeführt werden. Eventuell müssen Sinterschichten aufgeraut werden. Es kann außerdem festgestellt werden, ob der Putzgrund noch zu feucht ist.

Feuchtemessung
Mithilfe von besonderen Messgeräten kann in unklaren Fällen der Feuchtigkeitsgehalt des Putzgrundes bestimmt werden.

Prüfungen zur Beurteilung des Putzgrundes

Misch-mauerwerk	Spritzbewurf oder Vorbehandlung mit Grundiermittel bei stark saugendem Putzgrund
Holzwolle-Platten	Spritzbewurf Putzbewehrung (s. Abschnitt 12.6) Die Platten dürfen nicht vorgenässt werden, sonst Gefahr der Rissbildung
Beton normal saugend glatt	Fläche entgraten und säubern Benetzungsprobe, eventuell mit Spritzbewurf vorbehandeln
wenig saugend glatt	zusätzlich: Haftbrücke und Spritzbewurf Flächen mechanisch aufrauen

Beispiele für Vorbehandlungsmaßnahmen

Aufgaben:

1. Erstellen Sie eine Liste der unterschiedlichen Putzgründe, die im Jugendtreff eine Rolle spielen.
   a) Welche dieser Putzgründe sind unproblematisch? Begründen Sie Ihre Antwort.
   b) Welche Putzgründe werden voraussichtlich Vorbehandlungsmaßnahmen erforderlich machen? Begründen Sie Ihre Antwort.

12 Putzen einer Wand — Putzmörtelgruppen

12.3 Putzmörtel

Je nach Bindemittel wird zwischen mineralischen Putzmörteln und Putzen mit organischen Bindemitteln unterschieden. In diesem Abschnitt wird ihre Zusammensetzung und ihre jeweilige Verwendung beschrieben. Aus der Kenntnis der jeweiligen Bindemittel erhält der Facharbeiter wichtige Hinweise für die Verarbeitung.

Die Eigenschaften der meisten Bindemittel sind aus der Grundstufe bekannt und werden im Zusammenhang mit den Mauermörteln nochmals behandelt. Sie werden in diesem Kapitel deswegen nicht einzeln besprochen.

12.3.1 Werktrockenmörtel

Moderne Putzmörtel werden meist als Werktrockenmörtel hergestellt. Das sind werkmäßig hergestellte Putztrockenmörtel, sie werden in Säcken oder Silos geliefert. Unter Zugabe von Wasser entsteht der Frischmörtel. Bei Einhaltung der Verarbeitungsrichtlinien der Hersteller erreichen diese Mörtel eine hohe, gleichmäßige Qualität. Mörtel, die auf der Baustelle gemischt werden kommen nur noch selten zum Einsatz. Werkputzmörtel sind in der Regel einer Putzmörtelgruppe zugeordnet.

> Je nach Bindemittel wird zwischen mineralischem Putzmörtel und Putzen mit organischen Bindemitteln unterschieden. Werktrockenmörtel haben eine sehr gute und gleichmäßige Qualität.

12.3.2 Mineralische Putzmörtel

Putzmörtel bestehen aus mineralischen Bindemitteln, Gesteinskörnungen und Wasser. Die Gesteinskörnung kann bei Gipsmörtel entfallen, da sich Gips durch Kristallwassereinlagerung bei der Erhärtung ausdehnt. Mithilfe von Zusatzmitteln und Zusatzstoffen werden darüber hinaus bestimmte Eigenschaften erreicht oder verbessert.

Die Putzmörtel werden den Putzmörtelgruppen P I ... P IV zugeordnet (abgekürzt MG P I ... P IV). Die Putzmörtel einer bestimmten Putzmörtelgruppe werden mit den in der nebenstehenden Tabelle aufgeführten Bindemitteln hergestellt. Die Putzmörtel einer Putzmörtelgruppe weisen ähnliche Eigenschaften (z. B. Festigkeiten) auf. Zusätzlich werden Festmörtel im Hinblick auf Druckfestigkeit, kapillare Wasseraufnahme und Wärmeleitfähigkeit klassifiziert.

Putzmörtel sind Mörtel, deren Zusammensetzung auf jahrhundertelanger Erfahrung basieren. Putzmörtel mit abweichender Zusammensetzung oder Mischungsverhältnissen werden auf der Grundlage von Eignungsprüfungen einer bestimmten Putzmörtelgruppe zugeordnet.

> Die mineralischen Putzmörtel werden in die Putzmörtelgruppen P I ... P IV eingeteilt. Putzmörtel einer Putzmörtelgruppe haben ähnliche Festigkeiten, Zusammensetzungen und Anwendungsgebiete. Mit Zusatzmitteln, -stoffen und Farbstoffen können die Eigenschaften der Putze verändert werden.

Bestandteile	Aufgabe	bestehend aus (Beispiele):
Bindemittel	„Klebstoff", durch chemische Reaktion und/oder physikalische Bindung (Adhäsion)	• Luftkalk, Wasserkalk • hydraulische Kalke • Putz- u. Mauerbinder • Zement • Baugips • Calciumsulfatbinder
Gesteinskörnung	• Gerüst des Mörtels • Magerungsmittel • Dichte vergrößern oder verringern • Dämmfähigkeit verbessern (λ)	• Natur- u. Brechsande (0,25 ... 4 mm) • organische Stoffe (z. B. EPS-Kügelchen) • mineralische porösierte Gesteinskörnung
Wasser	• Verarbeitbarkeit ermöglichen • chemische Reaktionen wie Hydratation bewirken	sauberes Leitungswasser
Zusatzstoffe, Zusatzmittel	zum Beispiel: • Abbinden verzögern beschleunigen • Luftporen bilden • Färben • Haftung verbessern • Hydrophobieren (Wasser abweisend machen)	• organische und anorganische Stoffe • Pigmente • Fasern • Kunstharzemulsionen

Mineralische Putzmörtel: Bestandteile und deren Aufgabe

Putzmörtelgruppe	Mörtelart
P I	Luftkalkmörtel, Wasserkalkmörtel, Mörtel mit hydraulischem Kalk
P II	Kalkzementmörtel, Mörtel mit hochhydraulischem Kalk oder mit Putz- und Mauerbinder
P III	Zementmörtel mit oder ohne Zusatz von Kalkhydrat
P IV	Gipsmörtel und gipshaltige Mörtel

Putzmörtelgruppen nach DIN V 18550

Eigenschaften	Kategorien	Werte
Druckfestigkeit nach 28 Tagen	CS I CS II CS III CS IV	0,4 ... 2,5 N/mm² 0,4 ... 5,0 N/mm² 3,5 ... 7,5 N/mm² ≥ 6 N/mm²
Kapillare Wasseraufnahme	W 0 W 1 W 2	Nicht festgelegt $c \leq 0{,}40$ kg/m² · min^{0,5} $c \leq 0{,}20$ kg/m² · min^{0,5}
Wärmeleitfähigkeit	T 1 T 2	≤ 0,1 W/m · K ≤ 0,2 W/m · K

Klassifizierung der Eigenschaften von Festmörtel nach EN 998

12 Putzen einer Wand — Kunstharzputze

12.3.3 Zusatzmittel, Zusatzstoffe und Farbstoffe

Zusatzmittel beeinflussen die Mörteleigenschaften durch chemische und/oder physikalische Vorgänge. Beispiele für Zusatzmittel sind Luftporenbildner, Abbindeverzögerer oder -beschleuniger und Haftungsverbesserer. Zusatzstoffe (z. B. Glasfasern) beeinflussen ebenfalls die Mörteleigenschaften, jedoch muss bei ihnen der Stoffraumanteil berücksichtigt werden.

Farbstoffe dürfen nur als licht-, kalk- und zementechte Pigmente dem Mörtel zugesetzt werden. In der Regel sollen nicht mehr als 5 Gewichtsprozente des Bindemittels als Farbstoffe beigemischt werden.

12.3.4 Putze mit organischen Bindemitteln – Kunstharzputze

Erhärtete Kunstharzputze sind aus Beschichtungsstoffen auf der Grundlage organischer Bindemittel entstanden. Sie enthalten wie die mineralischen Putzmörtel Gesteinskörnungen, Zusatzmittel und -stoffe. Sie werden im Werk gefertigt und als pastöse Massen in Gebinden (Eimern) geliefert. Sie werden in Beschichtungsstoff-Typen eingeteilt.

Kunstharzputze werden hauptsächlich als Oberputze verwendet. Besonders bei der Verarbeitung von Wärmedämm-Verbundsystemen spielen sie eine sehr große Rolle. Bei der Verarbeitung von Putzmörteln mit organischen Bindemitteln sind die Herstellerangaben genau zu beachten. Sie benötigen fast immer einen Voranstrich und reagieren während der Verarbeitung sehr empfindlich auf starke Besonnung, tiefe Temperaturen und Wind.

Eigenschaften von Kunstharzputzen

Kunstharzputze haften besonders gut am Putzgrund. Sie zeigen eine geringe Rissanfälligkeit. Kunstharzputze werden als Fertigprodukt ohne Anmischen verarbeitet. Die Schichtdicke von Kunstharzputzen ist relativ niedrig. Die Vielfalt der Oberflächenstrukturen ist sehr groß, Kunstharzputze sind in nahezu allen Farben lieferbar. Sie sind schlagregendicht und ausreichend wasserdampfdurchlässig. Kunstharzputze sind UV-empfindlicher als mineralische Putzmörtel.

> Auf der Grundlage organischer Bindemittel werden Beschichtungsstoffe hergestellt. Erhärtete Beschichtungen werden als Kunstharzputze bezeichnet.

Zusammenfassung

Mineralische Putzmörtel bestehen aus Bindemitteln, Wasser, Gesteinskörnungen, Zusatzstoffen und/oder -mitteln. Werkmörtel sind werkseitig hergestellte Mörtel, meist als Werktrockenmörtel. Putzmörtel werden in die Putzmörtelgruppen P I … P IV eingeteilt. Putzmörtel derselben Putzmörtelgruppe haben die gleiche Mindestfestigkeit und ähnliche Anwendungsgebiete.

Beschichtungsstoffe werden mithilfe organischer Bindemittel hergestellt. Erhärtete Beschichtungen werden als Kunstharzputze bezeichnet.

Beschichtungsstoff-Typ	für Kunstharzputze als	Anteil organischer Bindemittel
P Org 1	Außen- und Innenputze	7 … 8 %
P Org 2	Innenputze	4,5 … 5,5 %

Beschichtungsstoff-Typen für Kunstharzputze DIN V 18550

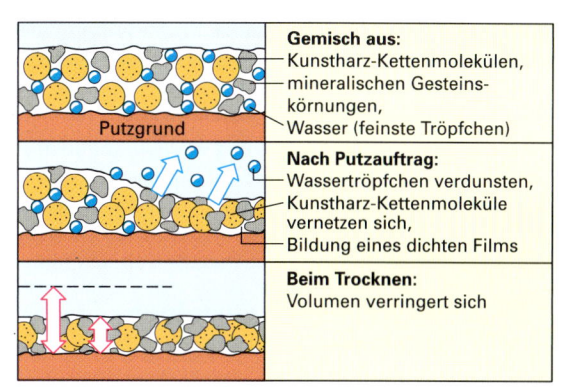

Gemisch aus:
- Kunstharz-Kettenmolekülen,
- mineralischen Gesteinskörnungen,
- Wasser (feinste Tröpfchen)

Nach Putzauftrag:
- Wassertröpfchen verdunsten,
- Kunstharz-Kettenmoleküle vernetzen sich,
- Bildung eines dichten Films

Beim Trocknen:
- Volumen verringert sich

Die Erhärtung von Kunstharzputzen als physikalische Reaktion

Kunstharzputze bestehen zu über 80 % aus min. Bestandteilen

Aufgaben:

1. Ermitteln Sie für alle zu verputzenden Wände des Jugendtreffs (auf der Grundlage der festgestellten Aufgaben, Anforderungen), die für die jeweilige Anwendung mögliche(n) Putzmörtelgruppe(n). Begründen Sie Ihre Antwort, indem Sie typische Eigenschaften der ausgewählten Putzmörtelgruppen beschreiben.
Arbeiten Sie tabellarisch. Beispiel:

Wand	Putzmörtelgruppe	Begründung
…	…	…

2. Stellen Sie fest, welche Putzmörtel für Feuchträume im Innenbereich geeignet sind.
3. Welche Putzmörtelgruppe ist **nur für** Innenputze geeignet?
4. Beschreiben Sie mithilfe des Tabellenanhangs die typische CE-Kennzeichnung für Putzmörtel.

12 Putzen einer Wand — Putzaufbau

12.4 Putzaufbau

Der Putzaufbau ist bestimmten konstruktiven Regeln unterworfen. Jede Putzlage erfüllt eine besondere Aufgabe. Die Kenntnis dieser Aufgaben und die daraus folgenden Verhaltensregeln beim Verputzen verbessern die Voraussetzungen für die Dauerhaftigkeit des Putzes.

12.4.1 Einlagige und mehrlagige Putze

Traditionell bestehen Putzsysteme aus mehreren Putzlagen. Sie werden deshalb als **mehrlagige Putze** bezeichnet. Eine Putzlage kann durch mehrere Anwürfe eines Putzes nass in nass hergestellt werden.

Durch die mehrlagige Ausführung werden ungünstige Vorgänge wie zu **Rissbildungen** führendes Schwinden oder übermäßige Spannungen, die durch dickschichtige Putze auftreten können, vermieden. Die Festigkeit der Putzlagen soll von innen nach außen abnehmen.

12.4.2 Aufgaben der einzelnen Putzlagen

Der **Unterputz** sorgt für den mechanischen und chemischen Verbund mit dem Putzgrund und gleicht grobe Unebenheiten aus. Der **Oberputz** sorgt für die Gestaltung der Oberfläche und erfüllt die bauphysikalischen Aufgaben der Außenfläche wie Schlagregenschutz.

Innenputze werden sehr häufig auch einlagig ausgeführt. Ihre Mindestdicke sollte dann aber so groß sein, dass die Regulierung des Raumklimas durch Feuchtigkeitsaufnahme und -abgabe gewährleistet ist. **Außenputze** werden in der Regel mehrlagig ausgeführt.

12.4.3 Putzdicken und Wartezeiten

Die **mittlere Dicke eines mehrlagigen Außenputzes** sollte 20 mm betragen. Die zulässige Mindestdicke liegt bei 15 mm. Diese Mindestdicke darf nur an einigen wenigen Stellen auftreten. Die **mittlere Dicke eines Innenputzes** liegt bei 15 mm. Bei einlagigen Innenputzen sind 10 mm ausreichend.

Sehr gleichmäßige Putzgründe erlauben Dünnlagenputze als Innenputze. Die Putzdicken liegen zwischen 3…5 mm. Bei Wärmedämmputzen, Sanierputzen und Brandschutzputzen können die Putzdicken wesentlich größer sein.

Jede Unterputzlage sollte trocknen und erhärten, bevor die nächste Putzlage aufgebracht wird. Die **Wartezeiten** zwischen dem Aufbringen der einzelnen Schichten betragen in der Regel 1 Tag/mm Putzdicke. Diese können sich jedoch bei speziellen Putzsystemen, ungünstigen Witterungsverhältnissen und besonderen Untergrundvoraussetzungen ändern.

> Mehrlagige Putze bestehen aus Unterputz und Oberputz. Außenputze werden in der Regel mehrlagig mit einer Putzdicke von 20 mm ausgeführt. Die Festigkeit der Putzlagen soll von innen nach außen abnehmen. Innenputze (außer Dünnlagenputze) werden meistens einlagig mit einer Mindestputzdicke von 10…15 mm ausgeführt.

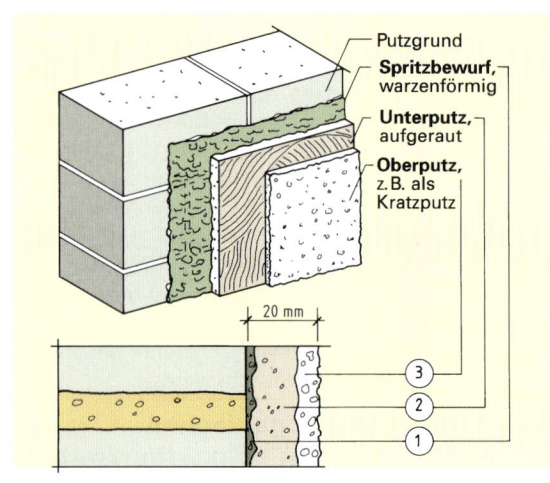

Herkömmlicher Außenwandputz

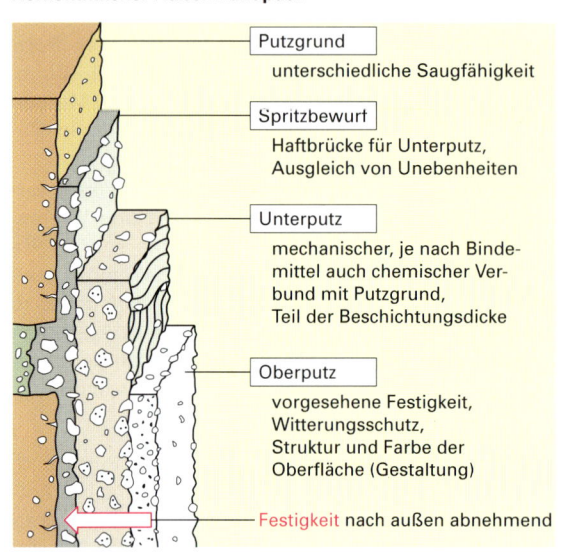

- Putzgrund
- Spritzbewurf, warzenförmig
- Unterputz, aufgeraut
- Oberputz, z. B. als Kratzputz

Funktionen der Putzlagen

- Putzgrund — unterschiedliche Saugfähigkeit
- Spritzbewurf — Haftbrücke für Unterputz, Ausgleich von Unebenheiten
- Unterputz — mechanischer, je nach Bindemittel auch chemischer Verbund mit Putzgrund, Teil der Beschichtungsdicke
- Oberputz — vorgesehene Festigkeit, Witterungsschutz, Struktur und Farbe der Oberfläche (Gestaltung)
- Festigkeit nach außen abnehmend

Aufgerauter Unterputz

Wandart	Anzahl der Lagen im Putzsystem	Mindest-Gesamtputzdicke mm
Beton	Zwei Lagen	15
Massives Mauerwerk	Zwei Lagen	15
Mauerwerk zweischalig	Zwei Lagen	15
Putzträger	Drei Lagen	20

Empfehlung nach DIN EN 13914: Mindestputzdicke für normale Putze

12 Putzen einer Wand

Putzsysteme

12.5 Putzsysteme

12.5.1 Putzanwendung und Putzsysteme

Um den geeigneten Putzmörtel für eine Wand festzulegen, bietet die DIN V 18550 bewährte Putzsysteme an. Wir brauchen also nicht die Putzmörtel auf der Grundlage unserer Kenntnisse der Bindemittel auszusuchen, sondern können die Putzsysteme mithilfe der Tabellen aus der DIN V 18550 festlegen. Allerdings müssen wir wissen, welche Anforderungen das jeweilige Bauteil erfüllen muss. Die an einen Putz zu stellenden Anforderungen sind vom Putzsystem in seiner Gesamtheit zu erfüllen. Diese Anforderungen sind erfüllt, wenn ein Putzsystem nach DIN V 18550 zur Anwendung kommt. Auch ein einlagiger Putz wird als Putzsystem bezeichnet.

Neben der Putzmörtelgruppe gibt das jeweilige Putzsystem die notwendige Druckfestigkeitskategorie des Festmörtels an.

Untergrundvorbehandlungen, Imprägnierungen, Anstriche und Ausgleichsschichten sind keine Putze.

Die Putzsysteme der DIN V 18550 haben sich in Deutschland bewährt. In anderen Ländern sind andere Putzsysteme bekannt und verbreitet. Skandinavische Länder müssen ganz andere Bedingungen als südeuropäische Länder berücksichtigen.

Grundsätzlich ist es sinnvoll, die überlieferten und bewährten Putzsysteme einer Region zu berücksichtigen – wobei diese allerdings auf die heutigen modernen Putzgründe abgestimmt werden müssen.

Die DIN V 18550 zeigt bewährte Putzsysteme für bestimmte Anwendungen. Diese Putzsysteme haben sich in unseren Breiten bewährt. Bei Verwendung anderer Putzsysteme ist ein Nachweis der Eignung erforderlich.

12.5.2 Putzsysteme für Innen- und Außenwände

In der DIN wird zwischen den folgenden Außen- und Innenputzen unterschieden:

Außenputze ohne besondere Anforderungen, wasserhemmende Außenputze, wasserabweisende Außenputze, Kellerwandaußenputz und Außensockelputze.

Innenputze mit üblicher Beanspruchung, Innenputze für Feuchträume.

> **Zusammenfassung**
>
> Traditionell werden Putze mehrlagig hergestellt, dadurch werden Spannungen vermindert und Schäden vermieden. Sie bestehen in der Regel aus Unterputz und Oberputz, welche jeweils verschiedene Aufgaben erfüllen. Zwischen dem Aufbringen der Putzlagen müssen Wartezeiten eingehalten werden.
>
> Die DIN V 18550 bietet bewährte Putzsysteme aus Unter- und Oberputz an. Je nach Anforderung an die Anwendung kann ein Putzsystem gewählt werden.

	Anforderung bzw. Putzanwendung	Mörtelgruppe für Unterputz	Druckfestigkeitskategorie des Unterputzes	Mörtelgruppe bzw. Beschichtungsstoff-Typ für Oberputz	Druckfestigkeitskategorie des Oberputzes
1	ohne besondere Anforderung	–	–	P I	CS I
2		P I	CS I	P I	CS I
3a		–	–	P II	CS II
4a		P II	CS II	P I	CS I
5a		P II	CS II	P II	CS II
6		P II	CS III	P Org 1	–
7		–	–	P Org 1	–
8		–	–	P III	CS IV
9	wasserhemmend	P I	CS I	P I	CS I
10		–	–	P I	CS I
11a		–	–	P II	CS II
12a		P II	CS II	P I	CS I
12b		P II	CS III	P I	CS I
13a		P II	CS II	P II	CS II
13b		P II	CS III	P II	CS II
14		P II	CS III	P Org 1	–
15		–	–	P Org 1	–
16		–	–	P III	CS IV
17	wasserabweisend	P I	CS I	P I	CS I
18a		P II	CS II	P I	CS I
18b		P II	CS III	P I	CS I
19		–	–	P I	CS I
20a		–	–	P II	CS II
21a		P II	CS II	P II	CS II
22		P II	CS II	P Org 1	–
23		–	–	P Org 1	–
24		–	–	P III	CS IV
25	Kellerwandaußenputz	–	–	P III	CS IV
26	Außensockelputz	–	–	P III	CS IV
27		P III	CS IV	P III	CS IV
30		P III	CS IV	P II	CS II
31		P II	CS III	P II	CS II

Putzsysteme für Außenputze nach DIN V 18550, Beispiele

	Anforderung bzw. Putzanwendung	Mörtelgruppe bzw. Beschichtungsstoff-Typ für Unterputz	Druckfestigkeitskategorie des Unterputzes	Mörtelgruppe bzw. Beschichtungsstoff-Typ für Oberputz	Druckfestigkeitskategorie des Oberputzes
1	übliche Beanspruchung	–	–	P I	CS I
2		P I	CS II	P I	CS I
3		–	–	P II	CS II
4a		P II	CS II	P I	CS I
4b		P II	CS II	P II	CS II
4c		P II	CS II	P IV	$\geq 2{,}0 N/mm^2$
5		–	–	P III	CS IV
6a		P III	CS III	P I	CS I
6b		P III	CS III	P II	CS II
6c		P III	CS IV	P II	CS III
7		–	–	P IV	$\geq 2{,}0 N/mm^2$
8a		P IV	$\geq 2{,}0 N/mm^2$	P I	CS I
8b		P IV	$\geq 2{,}0 N/mm^2$	P II	CS II
9a		–	–	P Org 1	–
9b		–	–	P Org 2	–
10	Feuchträume	–	–	P II	CS II
11		P II	CS II	P I	CS I
12a		P II	CS II	P II	CS II
13a				P II	CS III
14a		P III	CS III	P II	CS II
15		–	–	P Org 1	–

Putzsysteme für Innenputze nach DIN V 18550, Beispiele

Aufgaben:

1. Welche Aufgaben erfüllen der Unterputz und der Oberputz?
2. Warum soll die Körnung des Unterputzes gröber sein als die des Oberputzes?
3. Wonach richtet sich die Zusammensetzung der Gesteinskörnung bei einem Oberputz?
4. Bestimmen Sie für die wichtigsten zu verputzenden Bauteile Ihres Jugendtreffs sinnvolle Putzsysteme. Begründen Sie Ihre Auswahl.

12 Putzen einer Wand — Putzträger

12.6 Putzträger und Putzbewehrung/-armierung

An manchen Bauteilen, sicherlich auch in unserem Jugendtreff, wird es nötig sein, Hilfsmittel wie Putzträger und/oder -bewehrungen einzusetzen.

12.6.1 Putzträger

Putzträger – Wann werden sie eingesetzt?

Putzträger werden eingesetzt wenn kein ausreichend fester und tragfähiger Putzgrund vorhanden ist. Mithilfe eines Putzträgers kann man eine eigenständige Putzschale vorbereiten.

Stahlträger oder Holzbalken im Putzgrund müssen mithilfe von Putzträgern überbrückt werden. Dasselbe gilt für sehr breite oder tiefe Installationsschlitze.

Arten und Einbau

Putzträger sind **flächig ausgebildet** und werden mit Dübeln, Klammern o. Ä. am Putzgrund befestigt. Sie ermöglichen ein vom Putzgrund unabhängiges Verputzen.

Die gebräuchlichsten Arten sind **Drahtgewebe** wie Rippenstreckmetall, Ziegeldrahtgewebe, verzinktes Drahtgitter, Balkenmatte (Drahtgewebe auf Bitumenpappe). Weiterhin kommen **plattenförmige Materialien** wie Holzwolle-Platten, Mehrschicht-Platten, extrudierte Polystyrolplatten und Gipsplatten Typ P (Putzträgerplatten) zur Anwendung.

Die Drahtgewebe werden hauptsächlich bei nicht tragfähigen Putzgründen und zur Überbrückung eingesetzt. Die plattenförmigen Materialien findet man bei der Dämmung von Deckenspiegeln und Rollladenkästen.

In der Sanierung stößt man noch auf die früher häufig eingebauten Rohrmatten. Einige Hersteller bieten dieses Material heute wieder an.

Wenn die Putzträger zum Überbrücken von Bauteilen, die als Putzgrund nicht geeignet sind, verwendet werden, müssen sie an allen Seiten mindestens 20 cm überlappend am Untergrund befestigt sein. Wenn das zu überbrückende Bauteil nicht mit dem Putz in Berührung kommen soll (z.B. Holzbalken), kann der Putzträger mit einem Papier hinterlegt sein (Balkenmatte). Befestigungsmittel müssen aus mit dem Putz verträglichen Materialien bestehen.

Mithilfe von Putzträgern, z.B. Rippenstreckmetall, können Installationsschlitze geschlossen werden. Bei sehr breiten Schlitzen wird mit Rundstahl eine Grundkonstruktion für das Rippenstreckmetall aufgebaut. Bei schmaleren Schlitzen kann das Rippenstreckmetall direkt auf dem seitlichen Mauerwerk befestigt werden.

> Putzträger werden eingesetzt, wenn kein ausreichend tragfähiger Putzgrund vorhanden ist oder Bauteile wie Holzbalken und Schlitze überbrückt werden müssen. Putzträger werden am Putzgrund mit Dübeln oder Klammern befestigt. Rippenstreckmetall, verzinktes Drahtgittergewebe und Holzwolle-Platten sind bekannte Putzträger.

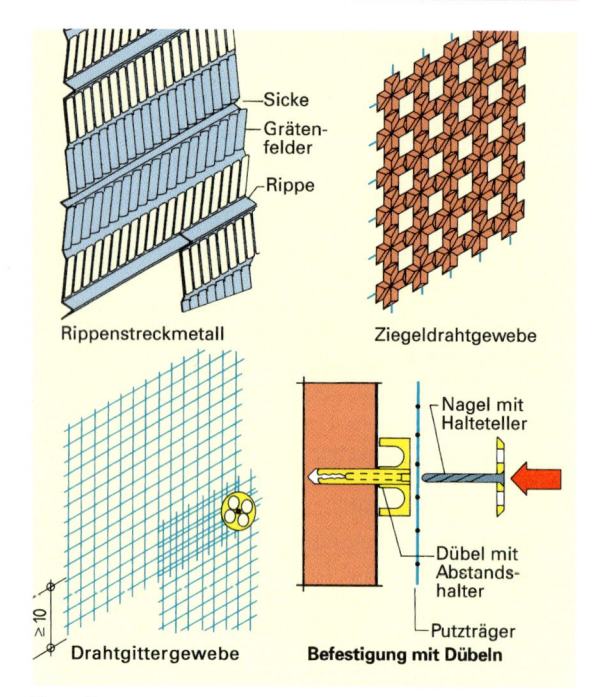

Putzträger (Rippenstreckmetall, Ziegeldrahtgewebe, Drahtgittergewebe, Befestigung mit Dübeln)

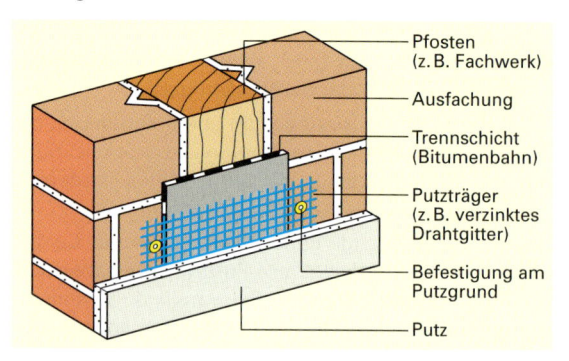

Putzträger über Fachwerkpfosten

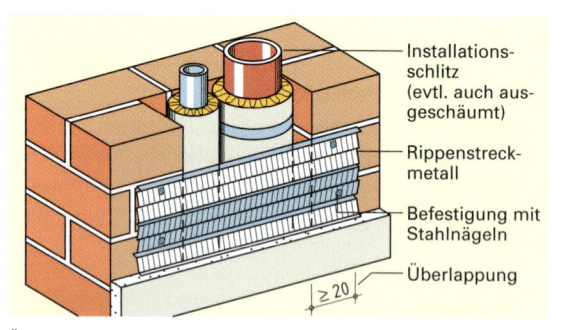

Überbrückung von Wandschlitzen

Rippenstreckmetall als Putzträger mit Spritzbewurf

12 Putzen einer Wand — Putzbewehrung

12.6.2 Putzbewehrung/-armierung

Putzbewehrung – Wann wird sie eingesetzt?

Ähnlich wie bei der Bewehrung im Stahlbetonbau ist es die Aufgabe der Putzbewehrung, Zugspannungen, die im Putz auftreten können, aufzunehmen. Dadurch soll die Bildung von Rissen verhindert oder vermindert werden.

Bei folgenden Putzgründen ist besonders mit Spannungen zu rechnen: Verkleidungen über Rollladenkästen, Decken- und Türstürze, tiefe und breite Schlitze und uneinheitlicher Putzgrund aus verschiedenen Materialien. Dämmplatten aus Kunststoff (Wärmedämm-Verbundsysteme siehe Abschnitt 12.10.1) werden großflächig mit Putzbewehrungen versehen. Die Wirkung der Putzbewehrung darf allerdings nicht überschätzt werden. Sie ist nicht geeignet, um konstruktionsbedingte Rissbildungen auszugleichen.

Putzbewehrung – Arten

Bei der Putzbewehrung kommen Glasfasergewebe, Kunstfasergewebe und gitterartige Metallgewebe (eher selten) zum Einsatz.

Die Glasfasergewebe bestehen aus einem Bündel feinster Glasfasern, die mit unterschiedlicher Maschenweite geliefert werden. Sie sind meistens kunststoffummantelt, um vor äußeren Angriffen (Kalk- und Zementputze) geschützt zu sein.

Einbau der Putzbewehrung

Das Gewebe wird im äußeren Drittel des Putzes eingelegt. Es muss straff und faltenfrei eingearbeitet werden. Gewebestöße müssen mindestens 10 cm überlappen, auf benachbarte Bauteile muss die Überlappung mindestens 20 cm betragen. Die Maschenweite der Putzbewehrungen muss so groß sein, dass durch die Putzbewehrung keine Trennung der Putzschichten erfolgen kann. Die Maschenweite sollte ca. 8…10 mm größer als das Größtkorn der Gesteinskörnung sein. An Ecken von Fenstern und Türen empfiehlt es sich, zusätzlich eine diagonale Bewehrung anzubringen.

Verputzen einer Holzwolle-Platte

Holzwolle-Platten oder Mehrschicht-Platten sind häufig verwendete, stark saugende Putzgründe. Beim Verputzen kann folgendermaßen verfahren werden: Zuerst volldeckenden Spritzbewurf aufbringen und warten bis er ausreichend erhärtet ist, Risse gebildet hat und die Feuchtigkeit aus der Platte entweichen konnte (Empfehlung: 4 Wochen). Anschließend im äußeren Drittel des Unterputzes ein Glasfasergewebe einbetten. Als Oberputz sollte ein möglichst heller Putzmörtel gewählt werden, um Spannungen zu verringern.

> Putzbewehrungen dienen dazu, Spannungen aufzunehmen und dadurch Risse zu verhindern. Sie werden auf uneinheitlichen Putzgründen, bei Materialwechsel und auf Dämmplatten eingesetzt. Putzbewehrungen werden im äußeren Drittel des Unterputzes eingelegt. Sie berühren den Putzgrund nicht. Übliche Putzbewehrungen sind Glasfasergewebe.

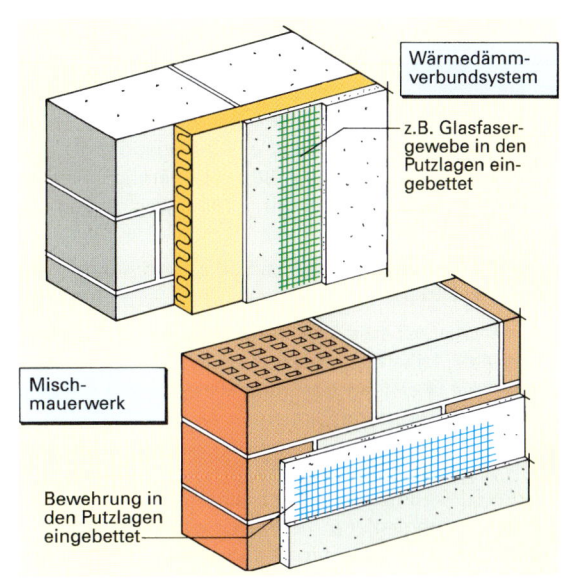

Anwendungsbeispiele für Putzbewehrung

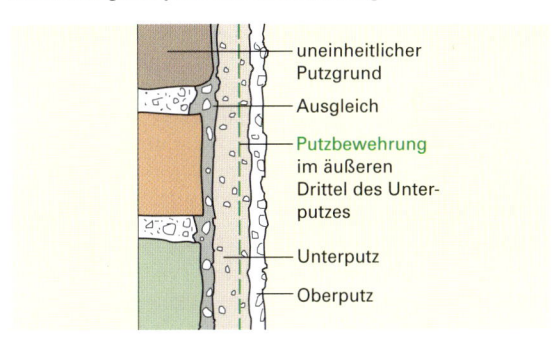

Einbau der Putzbewehrung

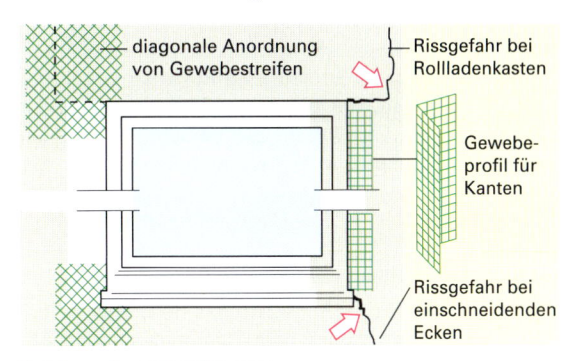

Putzbewehrung bei Fenstern

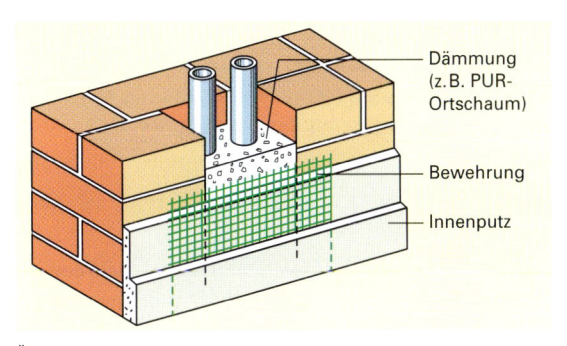

Überbrückung von schmalen Installationsschlitzen

12 Putzen einer Wand — Oberflächengestaltung

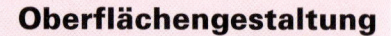

12.7 Oberflächengestaltung durch den Oberputz

Es gibt verschiedene Möglichkeiten mithilfe des Oberputzes das Erscheinungsbild eines Gebäudes zu prägen. Die hauptsächlichen Gestaltungsmöglichkeiten beim Verputzen liegen in der Farbgebung und in der Putzweise.

12.7.1 Farbe

Die natürliche Farbe des Putzes, die durch den Zement, Kalk, feine Gesteinskörnungen und den Wassergehalt der Mischung bestimmt wird, kann zusätzlich durch die Zugabe von Pigmenten verändert werden.

Edelputz (auch gefärbter Putz)

Die Farbe wird dem Oberputz schon im Werk bei der Werkmörtelherstellung in Form von farbigen Gesteinsmehlen und Pigmenten zugesetzt.

Farbanstrich

Mit Anstrichen wird Farbe auf das Gebäude aufgebracht. Häufig sind Anstrichsysteme wie die Putze mehrschichtig aufgebaut und können Aufgaben wie Regenschutz und nachträgliche Hydrophobierung (wasserabweisende Wirkung) des Putzes übernehmen. Die Helligkeit der Farbgebung wirkt sich auf die Oberflächentemperatur der Wände aus.

> Ein wichtiges Gestaltungsmittel der Außenfassade ist die Farbgebung. Edelputze sind mit Pigmenten oder Gesteinsmehlen gefärbte Putze.

12.7.2 Putzweise

Unter Putzweise versteht man die strukturierte Oberfläche eines Putzes. Strukturierte Putze sind weniger anfällig für Risse. Sie bieten ein einheitlicheres Erscheinungsbild, vermindern die Verschmutzungsneigung und erhöhen die Witterungsbeständigkeit der Wandfläche.

Putzweisen – Beispiele

Oberfläche mit Rillen – Geriebene Putze

Ein rundes Grobkorn (Rollkorn), das dem Putz beigegeben worden ist, erzeugt beim Reiben des noch nicht abgebundenen Oberputzes eine Rillenstruktur. Dabei ist wichtig, dass der Putz in der Stärke des Größtkorns angeworfen wird. Durch das Reiben und damit verbundene Verdichten des Putzes können Oberflächenspannungen erzeugt werden, die ein ungleichmäßiges Abbinden des Putzes zur Folge haben.
Typische Vertreter: Münchener Rauputz, Rillenputze und Wurmputz.

Spritzputz

Spritzputze entstehen durch ein- oder mehrlagiges Aufspritzen des Materials (sehr fein) mit einem speziellen Spritzputzgerät. Spritzputze finden z. B. als Akustikputze Anwendung (siehe Abschnitt 12.8.4).

vorher: unansehnlich    Farbvorschlag

nachher: attraktives Fachwerkgebäude

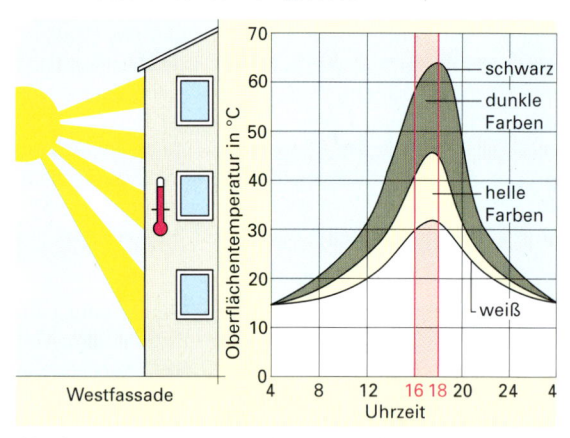

Oberflächentemperaturen auf einer Westfassade

Geriebener Putz: Münchener Rauputz

12 Putzen einer Wand — Oberflächengestaltung

Kratzputz

Hierfür muss ein Putzmörtel verwendet werden, der einen geeigneten Kornaufbau besitzt und mehrschichtig aufgebracht wird. Während der Erhärtungsphase wird die oberste, bindemittelreiche Schicht mit einem Nagelbrett oder einer Ziehklinge abgekratzt. Es erfordert Materialkenntnisse, genau den richtigen Zeitpunkt zum Kratzen herauszufinden. Durch das herausspringende Korn entsteht die charakteristische Kratzstruktur. Gekratzte Putze sind witterungsbeständig und schmutzunempfindlich.

Weitere Putzweisen

Waschputz: Die Struktur entsteht durch Abwaschen der an der Oberfläche noch nicht erhärteten Bindemittelschlämme. Das Erscheinungsbild wird durch die Auswahl der Gesteinskörnung bestimmt.

Kellenwurf: Der Mörtel wird mit der Hand nass angeworfen.

Gefilzte Oberfläche: Die Glätte der Oberfläche hängt von der max. Korngröße des verwendeten Sandes ab. Während der Erhärtungsphase wird der Putz mit einer Filzscheibe fein gerieben. Der richtige Zeitpunkt des Verreibens muss genau gefunden werden, da sich sonst Schwindrisse bilden oder der Erhärtungsvorgang der Oberfläche gestört wird.

Kratzputz – grobe Struktur

Anwerfen von Mörtel mit der Dreieckskelle

Einebnen von angeworfenem Mörtel mit der Kartätsche

Aufziehen von Mörtel mit der gerundeten Viereckskelle

Aufrauen mit dem Nagelbrett

Arbeiten mit Putzwerkzeugen

> Unter Putzweise versteht man die Oberflächenbearbeitung des Putzes. Neben der optischen Wirkung hat sie bedeutenden Einfluss auf Eigenschaften wie Verschmutzungsneigung des Putzes oder Verhalten beim Abbinden.

Zusammenfassung

Putzträger und Putzbewehrungen sind wichtige Hilfsmittel bei der Erstellung schadensfreier Putze. Putzträger „tragen" den Putz und werden mit Dübeln/Klammern am Putzgrund/Untergrund befestigt. Sie werden vor allem dann eingesetzt, wenn der Putzgrund nicht tragfähig ist. Typische Putzträger sind Rippenstreckmetall, Drahtgewebe und Holzwolle-Platten.

Putzbewehrungen sollen Rissbildungen aufgrund von Zugspannungen vermeiden. Sie dürfen den Putzgrund nicht berühren und werden möglichst weit außen im Unterputz eingebettet. Meistens wird kunststoffummanteltes Glasfasergewebe verwendet.

Das endgültige Aussehen eines Gebäudes wird einerseits durch die farbliche Gestaltung und andererseits durch die Putzweise bestimmt. Bei der farblichen Gestaltung kommen Natursteinputze, gefärbte Oberputze (Edelputze) oder Anstriche zum Einsatz. Unter Putzweise versteht man die handwerkliche Oberflächengestaltung eines Putzes. Hierdurch wird das Erscheinungsbild beeinflusst und die Verschmutzungsneigung und Rissbildung verringert. Bekannte Putzweisen sind geriebene Putze wie der Münchener Rauputz oder gekratzte Putze und Spritzputz.

Aufgaben:

1. Aus welchem Grund werden Putzträger als „Träger" bezeichnet?
2. Nennen Sie die wichtigsten Putzträger.
3. An welchen Bauteilen im Jugendtreff muss voraussichtlich mit Putzträgern gearbeitet werden?
4. Worin unterscheiden sich Putzträger von Putzbewehrungen hinsichtlich ihrer Anwendungsgebiete und ihres Einbaues?
5. Welches sind die wichtigsten Putzbewehrungen?
6. Stellen Sie fest, wo in Ihrem Jugendtreff möglicherweise Putzbewehrungen eingebaut werden müssen! Begründen Sie Ihre Antwort.
7. Zeichnen Sie die Ansichten Ihres Jugendtreffs 1:100. Vervielfältigen Sie diese Zeichnungen und gestalten Sie die Fassade farbig.
   Stellen Sie auch Überlegungen zur Putzweise der einzelnen Putzflächen an.

12 Putzen einer Wand   Besondere Putzsysteme

12.8 Putze für besondere Anwendungsgebiete

Schwierige Putzgründe und besondere Anforderungen (z. B. Brand- oder Feuchteschutz) haben zur Entwicklung von Putzen für besondere Anwendungen geführt. Auch in unserem Jugendtreff finden wir Bauteile, die den Einsatz solcher Putze erfordern könnten.

12.8.1 Kellerwandaußenputz

Kellerwandaußenputze werden im erdberührten Bereich eingesetzt. Sie müssen zusätzlich abdichtend beschichtet werden.

Kellerwandaußenputze sind mineralische Werkmörtel der MG P III. Sie werden mit ausgewählten Korngemischen hergestellt. Dazu kommt ein hoher Mehlkornanteil und abdichtende Zusätze. Diese Putze müssen in mehreren Schichten aufgebracht werden. Die Schwindrissneigung ist sehr hoch und muss durch sorgfältige Verarbeitung möglichst niedrig gehalten werden. Beschichtete wasserabweisende Putze sind weitgehend auch wasserdampfdicht.

12.8.2 Außensockelputz

Im Sockelbereich sind Gebäude besonderen Belastungen durch Regen und Schmutz ausgesetzt. Die am stärksten belastete Zone reicht bis etwa 30 cm über die Geländeoberkante (siehe Abschnitt 12.1.4). Die für Sockelputze üblichen Putze der MG P II oder P III ergeben sehr feste, kaum saugende und starre, wenig elastische Putze. Diese Mörtel sind für Mauersteine geringerer Festigkeitsklassen zu starr. Für diese Fälle gibt es „abgeminderte" Mörtel, die eine niedrigere Festigkeit aufweisen.

Diese Putzsysteme eignen sich oft auch für den Einsatz in Feuchträumen bei späterer Verfliesung.

12.8.3 Brandschutzputz

Brandschutzputze werden dort eingesetzt, wo die Bauvorschriften besondere Anforderungen an den Brandschutz stellen. Sie sind in der DIN 4102 genormt.

Brandschutzputze sind mineralische nichtbrennbare Putze. Kalkarme ausgewählte Zuschläge wie Blähglimmer oder Perlite vergrößern die Porosität. Vor allem Gipsputze zeigen aufgrund des austretenden Kristallwassers im Brandfall besonders gute Schutzwirkungen.

Je nach Beanspruchungsfall reichen die Dicken der Putze von 15…65 mm. Bei der Ummantelung von Stahlstützen werden zusätzlich Putzträger eingesetzt.

12.8.4 Akustikputz – Schallabsorbierender Putz

Mithilfe von Akustikputzen kann die Nachhallzeit (Echo) in Räumen vermindert werden. Sie haben eine poröse Oberfläche, die im Zusammenwirken mit dem Untergrund (muss abgestimmt sein) eine deutliche Verbesserung der Raumakustik bewirkt. Die Schallwellen werden von den Poren aufgenommen und hörbar abgemindert.

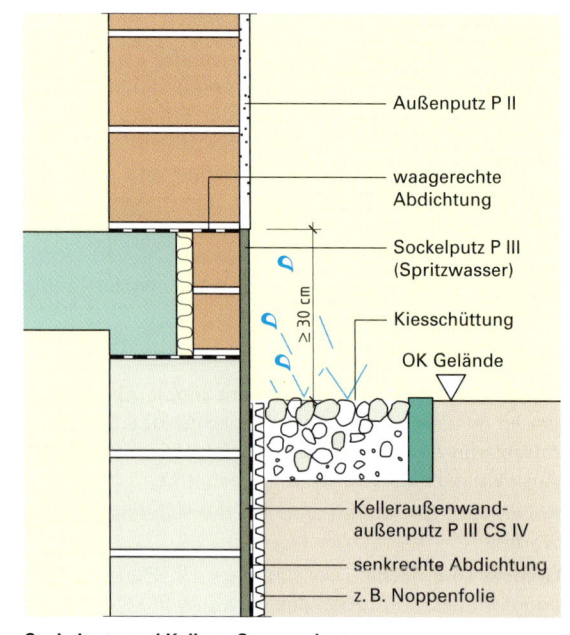

Sockelputz und Kelleraußenwandputz

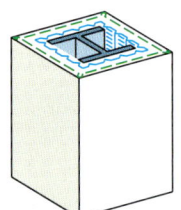

Umfang/Oberfl. $\frac{1}{m}$	Mörtelgruppe P IV (nach DIN V 18550), min. d in mm				
	F 30 A	F 60 A	F 90 A	F 120 A	F 180 A
< 90	10	10	35	35	45
90…119	10	20	35	45	60
120…179	10	20	45	45	60
180…300	10	20	45	60	60

z. B. Stütze HE 260 B; U = 1,5 m; O = 118 cm²;
$U/O = 1,5 : 0,0118 \frac{1}{m} = 127,1 \rightarrow$ F 90 = 45 mm

Brandschutzputz: Mindestdicken d in mm über einem Putzträger (z. B. Rippenstreckmetall) beim Bekleiden einer Stahlstütze

Als Untergrund für Abdichtungen eignen sich Kellerwandaußenputze. Außensockelputze werden im besonders beanspruchten Sockelbereich von Gebäuden eingesetzt. Brandschutzputze wirken im Brandfall feuerhemmend oder feuerbeständig. Akustikputze absorbieren Schallwellen.

Typische Spritzputzoberfläche (Akustikputz)

12 Putzen einer Wand — Besondere Putzsysteme

Hochabsorbierende Akustikputze werden mit der Hand (selten) oder als Spritzputz mit der Maschine aufgebracht. Der Spritzdruck muss niedrig sein, um die Putze nicht unnötig zu verdichten. Akustikputze haben eine geringe Abriebfestigkeit und sind stoßempfindlich. Sie sollten deshalb nur an nicht erreichbaren Wandflächen (über 2 m Höhe) oder an Decken angebracht werden. Akustikputzsysteme weisen Dicken von 5...20 mm auf. Da Akustikputze auch die gestaltete Innenraumoberfläche bilden, werden sie eingefärbt geliefert oder können vor Ort mit Farben vermischt werden.

12.8.5 Leichtputz

Die Forderung nach besserer Wärmedämmung führte zu der Entwicklung leichter Wandbaustoffe. Dies sind häufig wärmedämmende Leichtziegel. Die alte Putzregel „Nie hart auf weich", ist mit den üblichen Putzen nicht einzuhalten. Sie erfordern einen auf diese Wandbaustoffe abgestimmten Leichtputz.

Leichtputze haben durch die Verwendung von leichten Gesteinskörnungen eine geringe Rohdichte. Zusätzlich wird durch den Zusatz von Luftporenbildnern die Endfestigkeit verringert. Die Putzmörtel werden der MG P II und P I zugeordnet, sowie der Druckfestigkeitskategorie CS I und CS II. Es ist empfehlenswert, nur handelsübliche Leichtputzsysteme zu verwenden.

12.8.6 Sanierputz

Sanierputze sind sehr moderne und hochspezialisierte Putzsysteme. Sie sind für das Verputzen auf feuchtem und salzhaltigem Mauerwerk geeignet und werden überwiegend im Bereich des Sockels und der Erdgeschossaußenwände aufgebracht. Sie können keine Wunder bewirken, jedoch richtig eingesetzt sind sie eine solide Maßnahme in der Sanierung feuchtigkeitsgeschädigter Wände.

Sanierputze sind Putzmörtel der MG P II. Durch den Zusatz von Luftporenbildnern (z. B. Naturharzseifen) wird erreicht, dass der erhärtete Putz über 40 % Luftporenanteil besitzt. Außerdem befinden sich wasserabweisende (hydrophobierende) Zusätze im Mörtel. Diese bewirken, dass der Putz selber Feuchtigkeit nicht kapillar aufnimmt. Die im Mauerwerk enthaltene Feuchtigkeit kann auf diese Weise dem Putz keinen Schaden zufügen. Die austretende Feuchtigkeit **verdunstet innerhalb** des Putzes und **lagert dort die mitgeführten Salze** ab. Diese werden dann nicht mehr als Schadensbild an der Oberfläche sichtbar. Die Grenze des Sanierputzes ist erreicht, wenn alle Poren mit Salzen gefüllt sind. Die üblichen Putzdicken sind bei Sanierputzen deshalb größer als bei üblichen Putzen. Eine wichtige Voraussetzung für eine erfolgreiche Sanierung der Wand ist außerdem, dass das Mauerwerk vorher dauerhaft trockengelegt wurde.

> Leichtputze werden auf porösen, wärmedämmenden Baustoffen eingesetzt. Sanierputze sind Putzsysteme, die für das Verputzen von feuchtigkeits- und salzhaltigem Mauerwerk geeignet sind.

Wand aus wärmedämmenden Leichtziegeln

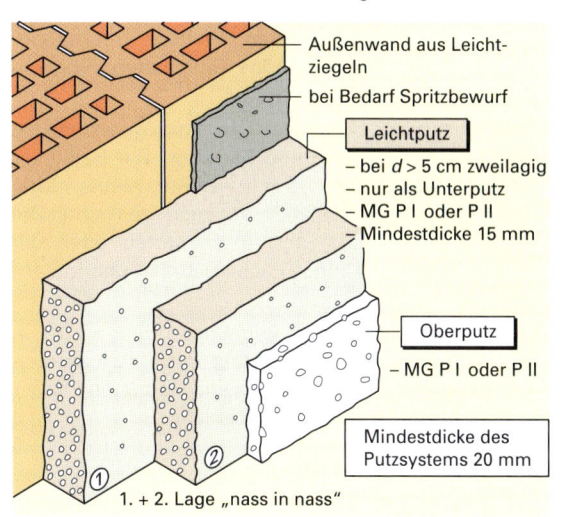

Leichtputz
- Außenwand aus Leichtziegeln
- bei Bedarf Spritzbewurf
- Leichtputz
  - bei $d > 5$ cm zweilagig
  - nur als Unterputz
  - MG P I oder P II
  - Mindestdicke 15 mm
- Oberputz
  - MG P I oder P II
- Mindestdicke des Putzsystems 20 mm
- 1. + 2. Lage „nass in nass"

Durch Feuchtigkeit und bauschädliche Salze völlig zerstörte Fassade

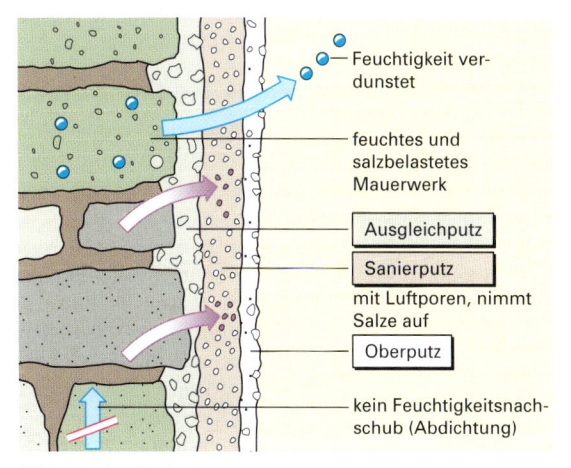

Wirkung des Sanierputzes
- Feuchtigkeit verdunstet
- feuchtes und salzbelastetes Mauerwerk
- Ausgleichputz
- Sanierputz mit Luftporen, nimmt Salze auf
- Oberputz
- kein Feuchtigkeitsnachschub (Abdichtung)

12 Putzen einer Wand — Trockenputz

12.9 Trockenputz

Beim Trockenputz werden plattenförmige Werkstoffe an den Untergrund geklebt bzw. angemörtelt. Diese Alternative zum Nassputz verkürzt Bau- und Wartezeiten bei Innenputzarbeiten. Sehr von Vorteil ist die Tatsache, dass wenig Baufeuchtigkeit in das Gebäude gebracht wird.

12.9.1 Trockenbauwerkstoffe

Als Baumaterialien stehen verschiedene **Trockenbauwerkstoffe** zur Verfügung. Die wichtigste und größte Gruppe sind die **Gipsplatten**. Weitere Trockenbauwerkstoffe sind faserverstärkte Gipsplatten, Fibersilikatplatten und Holzwolle-Platten.

Die Trockenbauwerkstoffe werden mit Ansetzmörteln bzw. Klebern am Putzgrund befestigt. Die Hersteller geben genau an, wie und mit welchen Klebern bzw. Ansetzmörteln ihren Platten zu verkleben sind. Die Menge und Verteilung des Ansetzmörtels oder Klebers auf der Platte kann je nach Hersteller und Material sehr unterschiedlich sein.

Gipsplatten werden in der Regel mit Kleber auf Gipsbasis, faserverstärkte Gipsplatten mit einem spezialvergüteten Kleber auf Gipsbasis und Holzwolle-Platten mit hydraulischen Bauklebern befestigt.

12.9.2 Untergrund

Für den Untergrund gelten annähernd dieselben Anforderungen, wie bei einem Nassputz:
- ausreichend fest, tragfähig, rau und haftfähig,
- gleichmäßig und nicht zu stark saugend,
- sauber, fettfrei, staubfrei,
- eben und vollflächig vermauert.

Abhängig von der Beschaffenheit des Untergrundes wird der Ansetzmörtel oder Kleber unterschiedlich dick bzw. auf unterschiedliche Art und Weise aufgebracht.

Bei Porenbeton und Beton werden die Trockenbauplatten im Dünnbett angesetzt. Der Fugengips wird mit einem Zahnspachtel in Streifen aufgetragen.

Vollflächiger Kleberauftrag wird notwendig bei Schornsteinen, in Bereichen mit hohen Wandlasten wie Waschbecken und Hängeschränken und bei Fensterleibungen, Türleibungen und Rollladenkästen.

12.9.3 Herstellung eines Trockenputzes

Nach dem Aufmaß von Wandlängen und -höhen werden die Platten annähernd raumhoch zugeschnitten (Raumhöhe minus 1…2 cm für die Bodenfuge und 0,5 cm für die Deckenfuge).

Der Kleber auf Gipsbasis wird in Batzen auf die Plattenrückseite nach Herstellervorschrift aufgebracht. Dünne Platten werden anders als dickere Platten behandelt. Die Platten werden aufgerichtet, mit Keilen unterfüttert, an die Wand gedrückt und mit dem Richtscheit ausgerichtet. Die Plattenfuge wird anschließend systemgerecht verspachtelt. Die Anschlussfugen werden erst nach Ablauf der vorgeschriebenen Austrocknungszeiten vermörtelt.

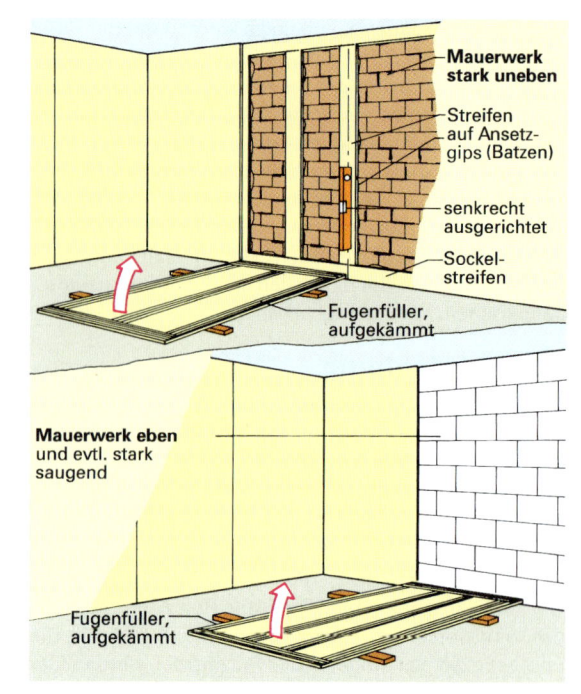

Trockenputz auf unebenem und ebenem Untergrund

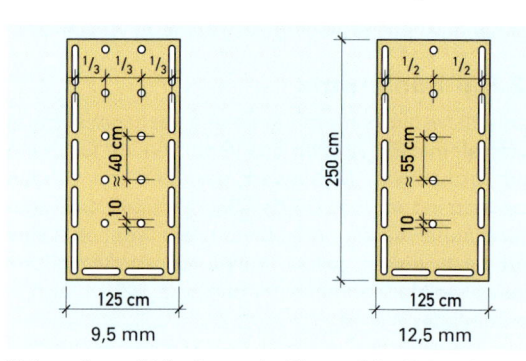

Kleberauftrag abhängig von der Plattendicke, Beispiele

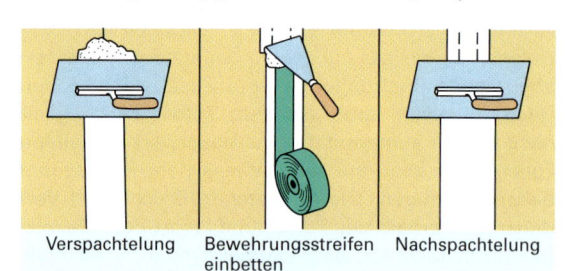

Verfugung mit Bewehrungsstreifen

Verkleiden von Innenwänden mit Trockenbauwerkstoffen ist eine sinnvolle Alternative zum Nassputz. Wartezeiten werden verkürzt und weniger Baufeuchte belastet den Innenraum. Bei der Verarbeitung von Trockenbauwerkstoffen müssen die Herstellerangaben genau beachtet werden. Ein einwandfreier Untergrund muss vorhanden sein. Gipsplatten sind die am häufigsten verwendeten Baustoffe für diese Anwendung.

12 Putzen einer Wand — Wärmedämm-Verbundsystem

12.10 Wärmedämmung mit Putzsystemen

Niedrige Wärmeverluste durch die Außenwände eines Gebäudes haben geringe Kosten für die Heizung zur Folge. Die Energieeinsparverordnung (EnEV) beschreibt die Anforderungen an den Wärmeschutz von Gebäuden. Ein normaler Putz kann in dieser Hinsicht nicht viel leisten. Besondere Putzmörtel oder -systeme wie das Wärmedämm-Verbundsystem und der Wärmedämmputz wurden entwickelt.

12.10.1 Wärmedämm-Verbundsystem

In den fünfziger Jahren begann man damit, Wärmedämmplatten an Fassaden zu kleben. Thermohaut oder Vollwärmeschutz waren gängige Begriffe. Heute spielt dieses System eine wichtige Rolle im Zusammenhang mit der nachträglichen Wärmedämmung von Gebäuden, aber auch im Neubaubereich.

Wärmedämm-Verbundsysteme, kurz **WDVS,** sind aus mehreren Schichten aufgebaut. Wärmedämmplatten werden mit Kleber (auch gedübelt) an der Wand befestigt und anschließend verputzt oder beschichtet.

An den **Untergrund** werden dieselben Anforderungen wie an einen üblichen Putzgrund gestellt. Wenn der Putzgrund nicht tragfähig ist, und bei größerer Gebäudehöhe, werden die Platten an die Wand gedübelt oder mit Schienensystemen befestigt.

Als **Wärmedämmplatten** werden Schaumkunststoff-Platten (expandiertes Polystyrol), Mineralwolle-Platten, Holzwolle-Platten, Korkplatten usw. verwendet. Ganz neu auf dem Markt sind transparente WDVS mit durchsichtigen Kunststoffplatten. Bei diesen Systemen wird die Dämmschicht und das Putzsystem aus lichtdurchlässigen Materialien gefertigt. Die Strahlungswärme kann auf diese Weise in das Gebäude eindringen. Bei der Verkleidung mit brennbaren Materialien ist der Brandschutz zu berücksichtigen. Die **Deckschichten** bestehen aus zwei Lagen, wobei in die erste Deckschicht **immer eine Putzbewehrung** eingelegt wird. Die Deckschichten können mineralische Putzsysteme oder Putzsysteme mit organischen Bindemitteln (Kunstharzputze) sein. Der Oberputz muss wasserabweisend sein.

Noch vor einigen Jahren wurden diese Systeme wegen ihrer Schadensanfälligkeit sehr kritisch betrachtet. Die Anforderungen an Materialien und Ausführung von Wärmedämmverbundsystemen sind sehr hoch. Alle Systemkomponenten müssen zusammenpassen und die Herstellerangaben müssen sehr sorgfältig eingehalten werden.

> Bei Wärmedämm-Verbundsystemen (kurz WDVS) werden Dämmplatten an die Fassade geklebt und mit mineralischen Putzmörteln oder Beschichtungsstoffen verkleidet. In die Deckschicht muss eine Putzbewehrung eingelegt weden. WDVS eignen sich ausgezeichnet zur Wärmedämmung von Außenwänden.

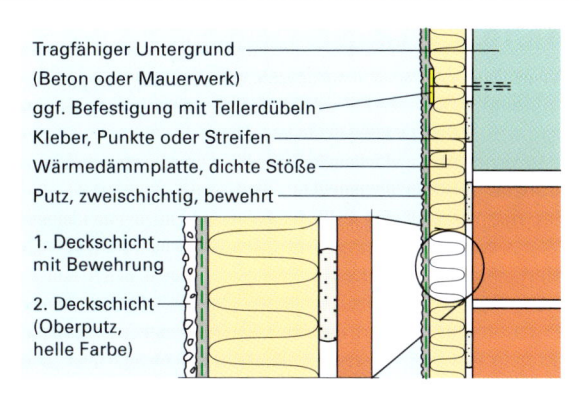

Prinzipieller Aufbau eines Wärmedämm-Verbundsystems

- Tragfähiger Untergrund (Beton oder Mauerwerk)
- ggf. Befestigung mit Tellerdübeln
- Kleber, Punkte oder Streifen
- Wärmedämmplatte, dichte Stöße
- Putz, zweischichtig, bewehrt
- 1. Deckschicht mit Bewehrung
- 2. Deckschicht (Oberputz, helle Farbe)

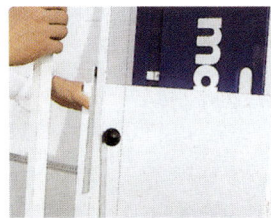

1. Schneiden mit EPS-Schneidegerät
2. Klebemörtelauftrag aus der Pistole 
3. Ansetzen der Dämmplatte 
4. Dämmplatten im Verbund verlegt 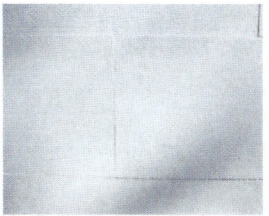
5. Aufspritzen des Armierungsmörtels 
6. Verziehen des Armierungsmörtels 
7. Einbetten des Armierungsgewebes 
8. Fertige Armierungsfläche
9. Aufspritzen des Edelputzes 
10. Verziehen zum späteren Strukturieren 

Typischer Ablauf bei der Verarbeitung eines Wärmedämm-Verbundsystems

12 Putzen einer Wand — Wärmedämmputz

12.10.2 Wärmedämmputz

Wärmedämmputze nennen sich Putze, die eine Wärmeleitfähigkeit von $\lambda \leq 0{,}2$ W/(mK) aufweisen. Diese Anforderung gilt als erfüllt, wenn die Trockenrohdichte des erhärteten Mörtels ≤ 600 kg/m^3 beträgt. Handelsübliche Wärmedämmputze liegen jedoch weit darunter mit Werten um $\lambda = 0{,}07$ W/(mK). Diese günstigen Werte werden durch einen hohen Anteil an Polystyrol-Hartschaum-Kügelchen, Blähglimmer (Vermiculite) oder Blähtuff (Perlite) erreicht. Die Rohdichte dieser Putze ist sehr niedrig. Handelsübliche Dämmputze weisen Rohdichten zwischen 200 … 300 kg/m^3 auf. Sie werden als Putzsysteme aus Wärmedämmputz und darauf abgestimmtem Oberputz angeboten.

Wärmedämmputze sind Putze, die in großen Schichtdicken aufgebracht werden können (bis insgesamt 10 cm). Allerdings müssen ab einer Dicke von 4 … 5 cm Wärmedämmputzträger verwendet werden. Die Wärmedämmputzlage muss in mehreren Schichten mit Wartezeiten nach Herstellerangaben aufgebracht werden. Bei der Verarbeitung besteht die Gefahr der Entmischung. Die EPS-Kügelchen sind leichter als der restliche Mörtel. Für die maschinelle Verarbeitung benötigt die Putzmaschine eine besondere Dämmputz-Einrichtung.

Die Bedeutung der Wärmedämmputze hat in den letzten Jahren abgenommen. Die erreichbaren Wärmdämmwerte sind für die Anforderungen der Energieeinspar-Verordnung häufig nicht ausreichend. Sie spielen jedoch eine wichtige Rolle in Fällen, in denen der Putz nur einen Teil der Wärmdämmung übernehmen muss. Dies ist z.B. der Fall, wenn eine Wand aus Leichtziegeln den vorgeschriebenen *U*-Wert annähernd erreicht. Dann kann mithilfe eines Dämmputzes die Dämmleistung vervollständigt werden.

K 17

Wärmedämmputz

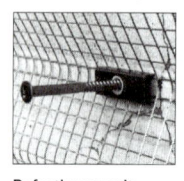

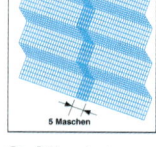

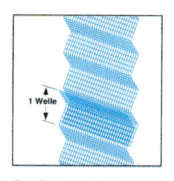

- Putzgrund
- Spritzbewurf (nach Bedarf)
- Dämmputz mit leichter Gesteinskörnung (nach Bedarf mehrlagig)
- Oberputz (helle Farbe, grobe Struktur)
- Dämmputzträger (bei d > 5 cm)

Befestigung mit Spezialdübel — Stoßüberdeckung seitlich = 5 Maschen — Stoßüberdeckung senkrecht = 1 Welle

Dämmputzträger ab 5 cm Putzdicke

Wärmedämmputze haben durch wärmedämmende Zuschläge (meist EPS-Kügelchen) eine niedrige Wärmeleitfähigkeit. Sie werden in einer Putzdicke bis 10 cm aufgebracht (Verarbeitung in mehreren Schichten) und anschließend mit einem Oberputz versehen.

Zusammenfassung

Für besondere Anforderungen wurden spezialisierte Putzsysteme entwickelt.

Wasserabweisende Putze und Außensockelputze sind für Anwendungen unter Feuchtigkeitsbelastung geeignet. Brandschutzputze weisen bei großer Hitze besondere Standfestigkeit auf. Akustikputze verringern die „Halligkeit" in Räumen durch Schallabsorption.

Leichtputze wurden für poröse Wandbaustoffe entwickelt. Leichtputzsysteme der MG P II haben eine geringere Festigkeit als normale Putzmörtel der MG P II.

Sanierputze sind hoch entwickelte Putzsysteme, für feuchte- und salzbelastetes Mauerwerk in der Sanierung.

Mit Trockenbaumaterialien können Innenwände verkleidet werden.

Für die Wärmedämmung von Gebäuden stehen Wärmedämm-Verbundsysteme und Wärmedämmputze zur Verfügung.

Bei **allen** spezialisierten Putzen sollen erprobte Putzsysteme verwendet werden. Die Qualität der Putze ist maßgeblich von der sorgfältigen Verarbeitung unter Beachtung der Verarbeitungsrichtlinien abhängig.

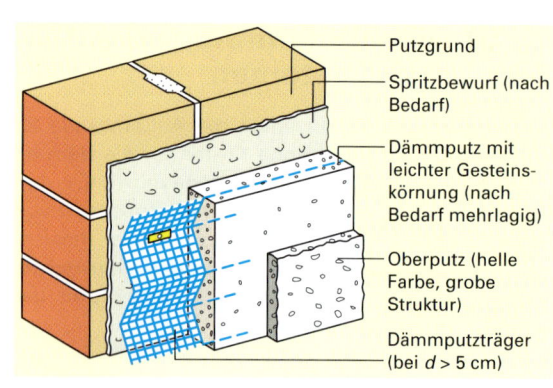

Aufgaben:

1. Beschreiben Sie jeweils die Einsatzgebiete und die besonderen Eigenschaften der folgenden Putze: Kellerwandaußenputz, Außensockelputz, Brandschutzputz und Akustikputz.
2. Auf welchen Putzgründen ist der Einsatz eines Leichtputzes notwendig?
   Welche Eigenschaften hat ein Leichtputz der MG P II im Unterschied zu einem üblichen P II?
3. Erklären Sie die Wirkungsweise eines Sanierputzes mithilfe einer Skizze.
4. Aus welchen Gründen könnte der Einsatz von Trockenbauplatten anstelle eines Nassputzes sinnvoll sein?
   Beschreiben Sie den Arbeitsablauf bei der Herstellung eines „Trockenputzes".
5. Auf welche Weise wird beim Wärmedämm-Verbundsystem bzw. beim Wärmedämmputz die wärmedämmende Wirkung erreicht?
   Zeichnen Sie 1:2 einen Schnitt durch eine Wand (Mauerwerk 36,5 cm, Innenputz 1 cm Gipsputz), die
   a) mit einem Wärmedämm-Verbundsystem (12 cm EPS) verkleidet und
   b) mit einem Wärmedämmputz (8 cm Putzdicke) verputzt wurde.
6. Für welche Wände/Wandabschnitte Ihres Jugendtreffs würden Sie eines der Putzsysteme aus Abschnitt 12.8 … 12.10 vorsehen. Begründen Sie Ihre Auswahl.

12 Putzen einer Wand — Arbeitsvorbereitung

12.11 Arbeitsvorbereitung

12.11.1 Planung von Putzarbeiten

Putzarbeiten stellen einen kompletten Produktionsabschnitt innerhalb des Bauvorhabens dar.

Architekten und Handwerksbetriebe müssen die konstruktiven Beanspruchungen des Gebäudes, das geplante gestalterische Konzept sowie die Beschaffenheit und den Zustand der Putzgründe (Altputz) berücksichtigen und aus diesen technologische Vorgaben (z. B. Auswahl des Putzsystems, bauphysikalische Anforderungen), gestalterische Vorgaben (Farbe und Oberflächengestaltung) und wirtschaftliche Vorgaben ableiten.

12.11.2 Organisatorische Umsetzung

Nach Abschluss der Ausführungsplanung folgt die organisatorische Umsetzung des Bauvorhabens. Zu diesem Zeitpunkt muss ein **genauer Zeitplan** erarbeitet werden. Dieser muss die Vorleistungen anderer Gewerke und ihr Zusammenwirken während der Ausführung der Putzarbeiten beachten (Maurer, Maler, Elektriker usw.). Die notwendigen Baustoffmengen müssen ermittelt und bestellt werden (siehe Abschnitt 12.12).

12.11.3 Vorbereitung des Arbeitsplatzes

Bei der Vorbereitung des Arbeitsplatzes sind die folgenden Bedingungen zu beachten:

Die Versorgung mit **Wasser und Elektrizität** muss sichergestellt werden. Der **Wasserdruck** muss am Eingangsmanometer der Putzmaschine mindestens 2,5 bar betragen, sonst muss eine Druckerhöhungspumpe eingesetzt werden. Die meisten **Putzmaschinen arbeiten mit 400 V**. Die Absicherung sollte mit 3 × 25 Ampere erfolgen. Notwendige **Gerüstbauarbeiten** müssen geplant und durchgeführt werden. Der **Lagerplatz für die Baustoffe** muss vorbereitet werden, ebenso die Stellplätze für Maschinen und bei Bedarf für das Silo.

Der **Putzgrund** muss abschließend geprüft werden. Letzte Absprachen mit anderen Gewerken werden getroffen. Nun können die erforderlichen Baumaterialien geliefert werden. Sie müssen fachgerecht gelagert und die notwendigen Werkzeuge und Maschinen bereitgestellt werden.

12.11.4 Ausführungsregeln

Außenputzarbeiten dürfen nicht bei Temperaturen unter 5 °C, starker Feuchtigkeitseinwirkung, Wind oder Schlagregen durchgeführt werden. Ebenso sollte zu starke Sonneneinstrahlung vermieden werden (Beschattung). **Innenputzarbeiten** dürfen ebenfalls nicht unter 5 °C durchgeführt werden. Die Austrocknung ist abhängig von der Feuchtigkeit im Untergrund, der Putzart, der Putzdicke, der Raumfeuchtigkeit und der -temperatur. Es ist für eine ausreichende Lüftung zu sorgen.

> Voraussetzung für das Gelingen der Putzarbeiten ist eine sorgfältige Planung und ein genauer Zeitplan. Witterung und Temperatur sind zu beachten.

Maschinelles Putzverfahren (Praxis)

Druckerhöhungspumpe bei nicht ausreichendem Wasserdruck

Putzregel:
Nicht in die Sonne, sondern immer mit der Sonne verputzen.

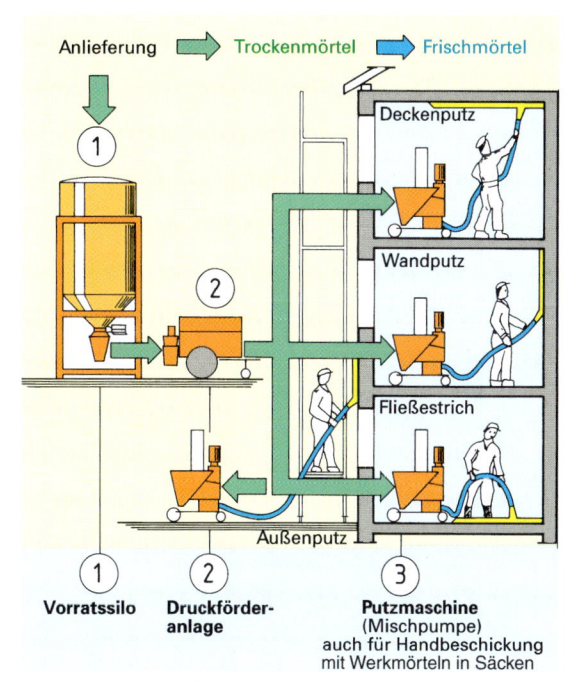

1 Vorratssilo
2 Druckförderanlage
3 Putzmaschine (Mischpumpe) auch für Handbeschickung mit Werkmörteln in Säcken

Rationelles Putzverfahren (Maschinensystem)

12.12 Ermittlung des Putzmörtelbedarfs

Heutzutage werden fast ausschließlich Werktrockenmörtel auf der Baustelle eingesetzt.

In diesem Abschnitt wird gezeigt, wie man den **Mörtelbedarf eines modernen Werktrockenmörtels** ermittelt.

12.12.1 Berechnungsvorgang

Vor Beginn der Berechnung muss feststehen, welches Putzsystem mit welcher Putzdicke eingesetzt werden soll. Anschließend wird folgendermaßen vorgegangen:

1. Berechnen der **Putzfläche** in m².
2. Feststellen des Volumens des **„Festmörtels"** in l/m² auf Grund der Putzdicke (s. Abb. rechte Seite).
   Je m² zu verputzender Fläche und je mm Putzdicke wird 1 l Mörtel benötigt.
3. Der **Mörtelverlust** auf der Baustelle beträgt in der Regel 10 %. Dieser Verlust muss in der **Frischmörtelmenge** enthalten sein.
4. Putzmörtel werden in **Papiersäcken oder in Silos** auf die Baustelle geliefert. Für die Bestellung ist eine Angabe des Gewichtes in kg notwendig.
   Dies wird auf der Grundlage der **Ergiebigkeit** (Angabe der Werktrockenmörtelhersteller) berechnet. Z.B. Kalkzementputz: 1 Sack zu je 30 kg ergibt 25 l Frischmörtel. Ist die Gesamtmenge des notwendigen Frischmörtels bekannt, kann nun die **erforderliche Sackzahl** berechnet werden.
5. Um das notwendige **Volumen eines Silos** feststellen zu können, muss man die Schüttdichte des jeweiligen Werktrockenmörtels kennen.

Aufmaßskizzen

Die Berechnung der Putzfläche kann auf der Grundlage von Aufmaßskizzen geschehen. Das sind unmaßstäbliche, freihändig gefertigte Zeichnungen.

Beispiel

220 m² Putzfläche (innen) sollen mit einem Kalkputz P I verputzt werden:
Putzdicke 12 mm; Verlust 10 %; 1 Sack zu je 30 kg ergibt 24 l Frischmörtel, 1 t ergibt 800 l Frischmörtel; Schüttdichte des Trockenmörtels 1,1 kg/l.
a) Wie viele Säcke müssen bestellt werden?
b) Wie viele kg muss das Silo fassen können und welches Volumen muss es mindestens haben?

Lösung
- 12 mm Putzdicke = 12 l Festmörtel/m²
- 12 l/m² + 10 % Verlust = 12 l/m² + 1,2 l/m² = 13,2 l/m² Frischmörtel
- 13,2 l/m² Frischmörtel · 220 m² Putzfläche = 2904 l Frischmörtel
- a) 2904 l : 24 l/Sack = 121 Säcke
  121 Säcke müssen bestellt werden.
- b) 2904 l · 1000 kg : 800 l = 3630 kg
  3630 kg : 1,1 kg/l = 3300 l bzw. dm³
Das Silo muss 3630 kg Trockenmörtel mit einem Volumen von 3300 l bzw. dm³ aufnehmen.

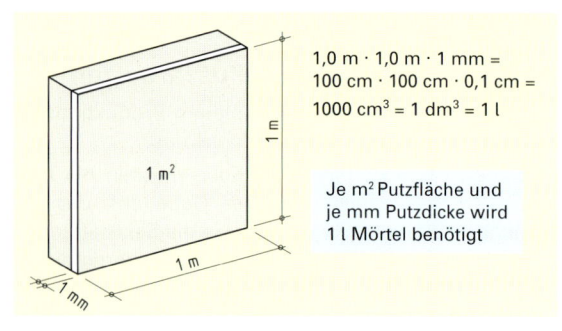

1,0 m · 1,0 m · 1 mm =
100 cm · 100 cm · 0,1 cm =
1000 cm³ = 1 dm³ = 1 l

Je m² Putzfläche und je mm Putzdicke wird 1 l Mörtel benötigt.

Putzdicke und Frischmörtelmenge

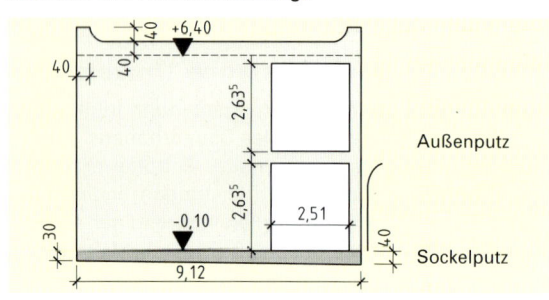

Westansicht des Jugendtreffs

Aufgaben:

1. Die **„westliche Außenwand"** des Jugendtreffs soll mit einem **Leichtputz** verputzt werden. Stellen Sie fest, welche Putzmörtelmenge (in Papiersäcken) bestellt werden muss.
   Angaben: Kalkzement-Luftporen-Leichtputz P II
   Dicke 22 mm, Verlust 10 %, 1 Sack zu je 30 kg ergibt 25 l Frischmörtel.

2. Die **„Werkstatt des Jugendtreffs"** soll mit einem Gipsputz verputzt werden.
   a) Fertigen Sie eine Aufmaßskizze an.
   b) Berechnen Sie die Anzahl der notwendigen Säcke und ermitteln Sie, welches Volumen ein entsprechendes Silo aufweisen müsste!
   Angaben: Gips-Maschinenputz P IV (DIN V 18550)
   Dicke 10 mm, Verlust 10 %, 1 Sack zu je 25 kg ergibt 27 l Frischmörtel, 1 t ergibt 1100 l Frischmörtel. Der Mörtel hat eine Schüttdichte von 0,8 kg/dm³.

3. Der **Sockel der Westfassade** soll verputzt werden. Berechnen Sie die notwendige Sackzahl!
   Angaben: Zement-Maschinen-Sockelputz P III
   Dicke 22 mm, 1 Sack à 30 kg ergibt 21 l Frischmörtel.

Zusammenfassung

Nachdem die zu verputzende Fläche ermittelt wurde, muss das Putzsystem und die Putzdicke festgelegt werden. Die Putzdicke bestimmt die Festmörtelmenge. Die Frischmörtelmenge berücksichtigt den Verlust auf der Baustelle (meist 10 %). Die Ergiebigkeit gibt an, wie viel Putzmörtel mit dem jeweiligen Trockenmörtel hergestellt werden kann. Mithilfe der Schüttdichte kann das Volumen des Trockenmörtels ermittelt werden.

12 Putzen einer Wand — Putztechnik

12.13 Putztechnik

12.13.1 Verputzen mit der Hand

Das Verputzen mit der Hand wird nur noch bei kleinen Flächen, in der Sanierung oder bei besonderen Mörtelgestaltungsarbeiten durchgeführt.

12.13.2 Verputzen mit der Maschine

Seit Mitte des vorigen Jahrhunderts gibt es Putzmaschinen, die die körperlich sehr anstrengenden Putzarbeiten vereinfacht haben. Die Geschwindigkeit beim Verputzen eines Gebäudes ist erheblich gestiegen. Auch die Qualität des Putzes hat sich durch die gleichmäßige Verdichtung deutlich verbessert. Der Verbund mit dem Putzgrund ist durch den hohen Spritzdruck besser geworden. Trotz dieses Einsatzes sind Putzarbeiten immer noch sehr kraftaufwendig. Die Voraussetzung für qualifizierte maschinelle Putzarbeiten sind maschinengängige Werktrockenmörtel, die möglichst dünnflüssig verarbeitet werden. Die Facharbeiter müssen für die Wartung und Pflege von Putzmaschinen ausgebildet worden sein.

Die Putzmaschine kann auf zwei Weisen mit dem Werktrockenmörtel versorgt werden: Die Maschine wird mit Trockenmörtel aus Säcken beschickt, oder eine Förderanlage transportiert den Trockenmörtel von Silos oder Containern zur Putzmaschine.

In der Putzmaschine werden die Trockenmörtel mit Wasser vermischt (Mischwendel) und mit einer Schneckenpumpe durch Schläuche zum Spritzgerät befördert.

Eine durchschnittliche Putzmaschine kann 20 l Mörtel/Min transportieren, sodass bei 10 mm Putzdicke ca. 2 m^2/Min angespritzt werden können.

Die Mörtel müssen gleichmäßig dick aufgebracht und ebenflächig verzogen werden. Die folgende Lage darf erst aufgebracht werden, wenn die vorhergehende ausreichend trocken und fest ist. Standzeit mindestens 1 Tag/mm Putzdicke.

Werktrockenmörtel aus dem Silo

Silos werden mit Werktrockenmörtel gefüllt auf die Baustelle geliefert. Mit einer Druckförderanlage, die am Silo angeschlossen ist, wird das lose Material durch Schläuche bis zur Putzmaschine gefördert.

Für die maschinelle Verarbeitung sind besondere maschinengängige Werkmörtel erforderlich. Sie enthalten Zusätze, die das Versteifungsverhalten für längere Zeit steuern und die Mörtelhaftung begünstigen. Maschinelles Verputzen ermöglicht umweltschonendes Verhalten. Wenn Säcke durch Silos ersetzt werden, entsteht weniger Abfall.

> Das Verputzen mit der Maschine hat das Verputzen mit der Hand weitgehend abgelöst. Maschinelles Verputzen gewährleistet eine gleichmäßige Qualität der Putze, eine hohe Arbeitsleistung der Facharbeiter und umweltschonende Verarbeitung beim Einsatz von Silos.

Verputzen mit der Hand

Werkzeuge zur Putzverarbeitung
(Aufziehbrett, Gummikübel, Gipserbeil, Kartätschen, Inneneckspachtel, Schwammscheibe, Eckenspachtel, Breitenspachtel, Putzkelle/Gipserkelle, Traufel/Glättkelle, Putzkelle, Stucksäge, Putzkamm)

Typische Putzmaschine

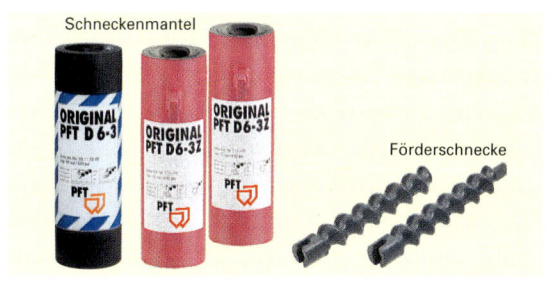

Die Schneckenpumpe ist das Herzstück der Putzmaschine
(Schneckenmantel, Förderschnecke)

285

12 Putzen einer Wand — Putztechnik

12.13.3 Arbeitsablauf beim Verputzen mit der Maschine

Am Beispiel einer Innenwand soll der typische Arbeitsablauf beim Verputzen einer Wand mit Maschinenputzgips gezeigt werden:

- Mithilfe eines Richtscheites oder einer Schnur wird die Maßgenauigkeit der Wand überprüft.
- Wird eine besonders ebenmäßige Fläche verlangt, empfiehlt es sich die Wand mit Putzlehren (Pariser Leisten) vorzubereiten. Das sind etwa 10 cm breite Streifen, die vor dem eigentlichen Putzauftrag im Abstand von etwa 1,50 m an der Wand angebracht werden. Sie markieren die Dicke des fertigen Putzes.
- Das Anmachen des Mörtels erfolgt durch intensives Mischen in der Putzmaschine. Die Wasserzugabe ist so zu regeln, dass die flüssigste Konsistenz erreicht wird, die bei dem vorhandenen Untergrund und der vorgesehenen Auftragsdicke die einwandfreie Verarbeitung zulässt.
- Der Mörtel wird durch die im Spritzkopf zugeführte Druckluft gleichmäßig und in gewünschter Dicke auf den Putzgrund gespritzt. Durch den Anspritzdruck wird eine gute Haftung erreicht, weil der Mörtel auch in Fugen und Vertiefungen eindringt.
- Nach dem Anspritzen wird der Mörtel mit der Kartätsche oder dem Richtscheit lot- und fluchtrecht verteilt. Mit beginnender Versteifung wird die Putzfläche z. B. mit der Kartätsche ausgezogen, um Spuren und Grate zu entfernen.
- Die Oberfläche wird nach ausreichender Versteifung nochmals angenässt und mit der Schwammscheibe oder dem Filzgerät geglättet.
- Für das Ausziehen der Ecken verwendet man Eckspachtel oder Hobel.
- Maschinenputzgips bleibt lange plastisch, Arbeitsunterbrechungen sollten 15 Minuten aber nicht überschreiten. Nach Beendigung der Arbeiten müssen Maschine, Schläuche und Spritzkopf sorgfältig gereinigt werden.

Verputzen einer Wand mit Maschinenputzgips und verteilen mit der Kartätsche

> Beim Verputzen mit der Maschine wird der Mörtel durch den Spritzkopf gleichmäßig auf den Putzgrund gespritzt. Mit der Kartätsche oder dem Richtscheit wird der Mörtel anschließend gleichmäßig verteilt.

Zusammenfassung

Die sorgfältige Planung der Putzarbeiten, ein genauer Zeitplan, und eine gewissenhafte Vorbereitung der Baustelle sind wichtige Voraussetzungen für das Gelingen der Putzarbeiten.

Das Verputzen mit der Maschine hat das Verputzen mit der Hand fast völlig abgelöst. Mit der Putzmaschine können große Flächen bei gleichbleibender Qualität sehr schnell verputzt werden. Auch beim Verputzen mit der Maschine ist nach dem Aufspritzen des Putzes Handarbeit notwendig.

Aufgaben:

1. Mit welchen anderen Gewerken muss sich der Stuckateur in der Regel abstimmen?
2. Erstellen Sie eine Check-Liste für eine Baustellenbesichtigung vor Beginn der Innenputzarbeiten.
3. Beschreiben Sie den Arbeitsablauf beim Verputzen mit der Putzmaschine.
4. Welche Vorteile hat das maschinelle Verputzen gegenüber dem Verputzen mit der Hand?

Aufgabenstellungen für das Projekt Jugendtreff:

Das Projekt Jugendtreff soll nach Fertigstellung der Rohbauarbeiten verputzt werden.

Folgende Arbeitsaufträge können für die Arbeit am Projekt entstehen:

1. Auswahl der zu verputzenden Wände – innen und außen. Beschreiben von Aufgaben und Anforderungen an die einzelnen Wände.
2. Auswahl der Putzsysteme – Beschreibung der Putzsysteme und Begründung der Auswahlentscheidung.
3. Zeichnerische Darstellung der Außenfassade. Genaue Festlegung der zu verputzenden Flächen. Farbige Gestaltung der Außenwandflächen.
4. Untersuchung der vorhandenen Putzgründe auf besondere Anforderungen und eventuell notwendige Vorbehandlungsmaßnahmen. Bei Bedarf Planung des Einsatzes von Putzträgern oder -bewehrungen. Zeichnerische Darstellung (Schnitt 1:5 oder 1:2) des Aufbaus ausgewählter Wände.
5. Fertigen von Aufmaßskizzen und Berechnung der notwendigen Baustoffmengen für die Putzmörtel ausgewählter Wände.

Kapitel 13:
Herstellen einer Wand in Trockenbauweise

Kapitel 13 vermittelt die Kenntnisse des Lernfeldes 11 für Maurer/-innen.

In unserem Jugendhaus (Jugendtreff) ist der Labor- und Werkraum im Erdgeschoss durch leichte Trennwände in drei Gruppenräume zu unterteilen, damit Arbeitsgruppen räumlich getrennt voneinander arbeiten können. Eine dieser Trennwände ist als Einfachständerwand mit Metallprofilen auszubilden. Bei Bedarf kann diese Trennwand später auch wieder aus- bzw. abgebaut werden, ohne dass die angrenzenden Bauteile besonders beansprucht werden. Als Beplankungsbaustoff sind Gipsplatten geplant.

Leichte Trennwände werden eingebaut, wenn Räume mit Wänden zu unterteilen sind, ohne dass diese die Statik des Gebäudes beeinflussen. Diese Trennwände haben keine tragende Funktion. Leichte Trennwände werden im Wohnhausbau (z. B. im Dachgeschoss), besonders aber in Verwaltungs- und Industriegebäuden ausgeführt.

Einfachere leichte Trennwände können vom Maurer hergestellt werden, z. B. eine Einfachständerwand mit Metallprofilen. Die fachlich richtige Ausführung erfordert allerdings von ihm besondere Kenntnisse und Fertigkeiten. Er muss wissen, worauf bei der fachgerechten Herstellung einer Trennwand besonders zu achten ist.

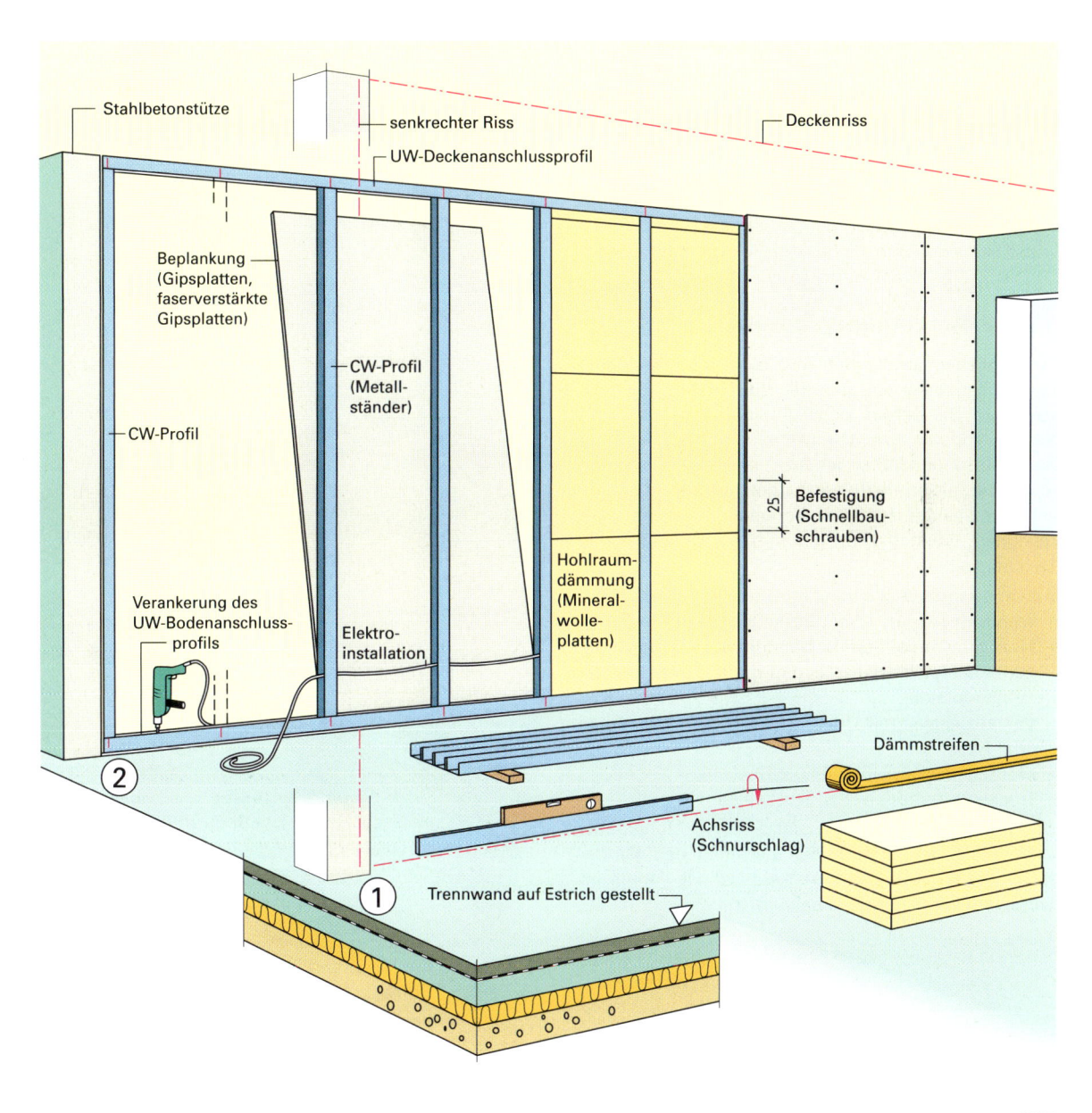

13 Herstellen einer Wand in Trockenbauweise — Trockenbau

13.1 Leichte Trennwände in Trockenbauweise

13.1.1 Trockenbau

Die im Werkraum des Jugendtreffs zu erstellende Einfachständerwand ist eine Trockenbaukonstruktion. Merkmal des Trockenbaus ist, dass die zur Herstellung der Trockenbaukonstruktion notwendigen Bauelemente vorgefertigt sind und im Wesentlichen trocken zusammengefügt und verbunden werden.

Die Trockenbauweise bietet erhebliche Vorteile. Sie verringert z. B. die Baufeuchte (da keine Verwendung von Nassmörtel für Mauerwerk und Putze), verkürzt die Bauzeit durch die vorgefertigten, großflächigen und relativ leichten Bauelemente und erfüllt aufgrund deren stofflicher Struktur bauphysikalische Eigenschaften wie Wärme-, Schall- und Brandschutz.

Allerdings sind auch Nachteile aufzuführen, wie z. B. die meist feuchtigkeitsempfindlichen Baustoffe, die meist mechanisch geringer beanspruchbaren Konstruktionen und die in der Regel höheren Materialkosten.

> Die fachgerechte Herstellung von Trockenbaukonstruktionen erfordert besondere Fachkenntnisse und besondere Sorgfalt bei der Ausführung.

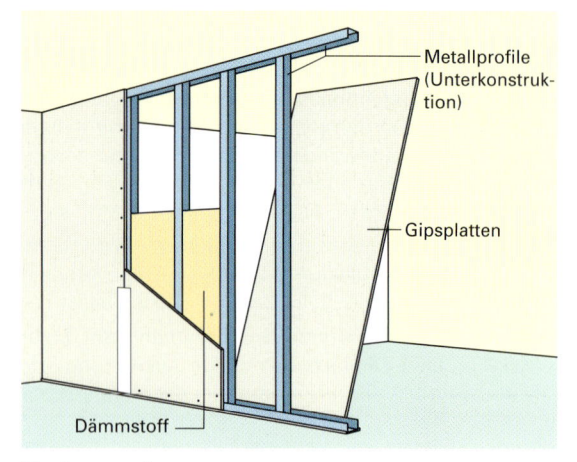

13.1.2 Anwendungsbereiche

Trockenbaukonstruktionen sind Teil des konstruktiven Gebäudeausbaus und gehören zu den Ausbaukonstruktionen. Sie werden als Nachfolgearbeiten mit dem Ausbau von neu errichteten Gebäuden z. B. bei Wohnhaus-, Büro- und Industriebauten sowie bei Sanierung und Modernisierung von Altbauten und beim Dachgeschossausbau ausgeführt. Verwendet werden dazu geeignete Baustoffe von geringer Masse und wenig Feuchtigkeit.

Anwendungsbereiche von Trockenbaukonstruktionen:
- **Wandtrockenputz** (Wandbekleidungen),
- **Montagewände** (Ständerwände) mit Unterkonstruktion aus Metall oder Holz und Beplankung aus Trockenbauplatten,
- **Vorsatzschalen** mit Unterkonstruktionen aus Metall oder Holz,
- **Montagedecken** (abgehängte Decken),
- **Trockenunterböden** (z. B. Trockenestriche).

Die Trockenbauarbeiten Vorsatzschalen, Montagedecken und Trockenunterböden betreffen den Maurer nicht. Das Thema „Wandtrockenputz" ist bereits im Lernfeld 6 der Grundstufe behandelt.

> Trockenbaukonstruktionen sind wirtschaftliche Ausbaukonstruktionen mit vorgefertigten „trockenen" Bauelementen.
>
> Trockenbauarbeiten erfordern sorgfältige Planung und fachgerechte Ausführung.

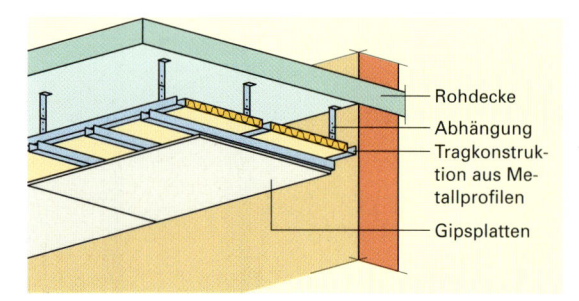

Montagewand — Metallprofile (Unterkonstruktion), Gipsplatten, Dämmstoff

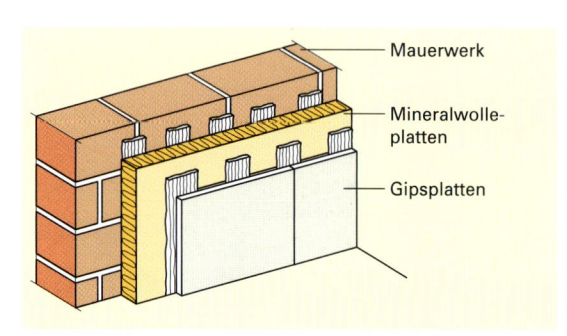

Vorsatzschale mit Gipsplatten — Mauerwerk, Mineralwolleplatten, Gipsplatten

Montagedecke — Rohdecke, Abhängung, Tragkonstruktion aus Metallprofilen, Gipsplatten

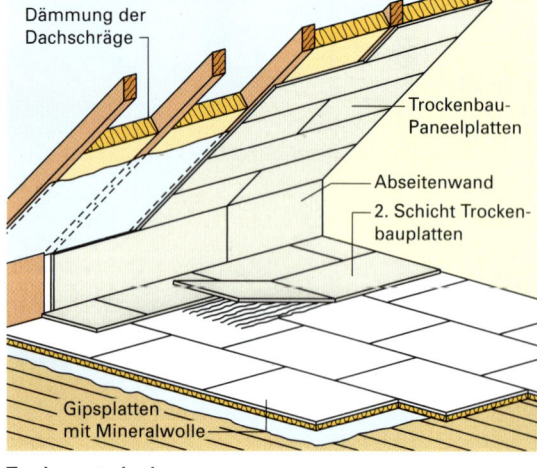

Trockenunterboden — Dämmung der Dachschräge, Trockenbau-Paneelplatten, Abseitenwand, 2. Schicht Trockenbauplatten, Gipsplatten mit Mineralwolle

13 Herstellen einer Wand in Trockenbauweise — Leichte Trennwände

13.1.3 Nicht tragende leichte Trennwände

Einschalige Trennwände

Einschalige Trennwände sind Leichtwände, die in massiver Bauart aus leichten Wandbaustoffen (meist Gips oder Porenbeton) hergestellt werden. Sie werden mit speziellem Dünnbettmörtel oder -kleber mit durchlaufenden waagerechten Lagerfugen im Verband „gemauert" und stellen den Übergang zum reinen Trockenbau dar.

Montagewände

Montagewände sind mehrschalige leichte nicht tragende Trennwände in Ständerbauart mit beidseitiger Beplankung (zwei Schalen). Die Unterkonstruktion kann aus Holz (Holzständerwände) oder aus Metallprofilen (Metallständerwände) bestehen. Der Rasterabstand der Ständer beträgt in der Regel 62,5 cm.

Holzständerwände kommen heute weniger vor. Sofern sie noch hergestellt werden, muss das Holz der Unterkonstruktion mindestens der Sortierklasse S 10 entsprechen, scharfkantig und im eingebauten Zustand eben und verwindungsfrei sein. Die Holzfeuchtigkeit darf beim Einbau 20 % nicht überschreiten.

Metallständerwände werden in zwei Bauarten ausgeführt:

- als **Einfachständerwand** aus Unterkonstruktion und beidseitiger Beplankung mit Trockenbauplatten und
- als **Doppelständerwand** aus zwei nebeneinander angeordneten Unterkonstruktionen, von denen jeweils nur die Wandaußenseite mit Trockenbauplatten beplankt ist.

Die Beplankung kann einlagig oder mehrlagig (z. B. doppelte Beplankung) ausgeführt werden. Die Anzahl der Plattenlagen bestimmt im Wesentlichen die Eigenschaften für den Schall- und Brandschutz. Bei Anforderungen an den Brandschutz sind Feuerschutzplatten vorzusehen, z. B. Gipsplatten, Typ F. Eine mehrlagige Beplankung erhöht auch die mechanische Beanspruchbarkeit (z. B. für Fliesenbeläge).

Doppelständerwände werden im Allgemeinen bei höheren Anforderungen an den Schallschutz eingebaut. Sie werden deswegen auch mit einer doppelten Beplankung ausgeführt.

Der Hohlraum zwischen der Beplankung kann mit Dämm- und Sperrstoffen gefüllt und zum Einbau von Installationen genutzt werden.

Die Montagewand in unserem Werkraum ist als Metall-Einfachständerwand auszuführen.

> Montagewände sind Trockenbaukonstruktionen, bestehend aus einer Unterkonstruktion (Holz oder Metall) und einer Beplankung mit Trockenbauplatten.
> Metall- und Holzständerwände werden als Einfachständer- oder als Doppelständerwände mit einlagiger oder mehrlagiger Beplankung ausgeführt.

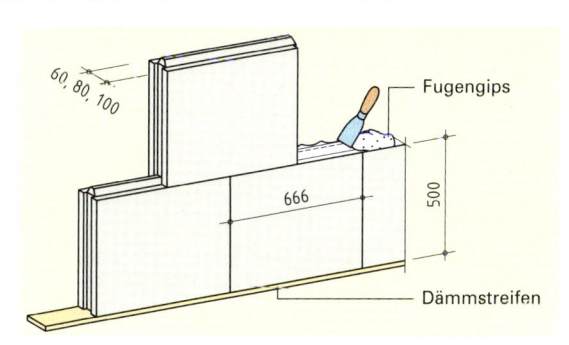

Einschalige leichte Trennwand aus Gips-Wandbauplatten

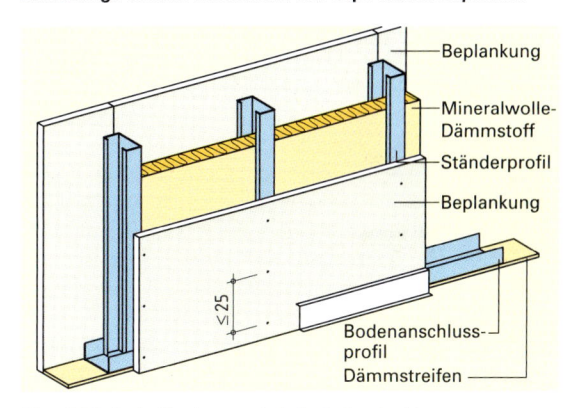

Metall-Einfachständerwand einlagig beplankt

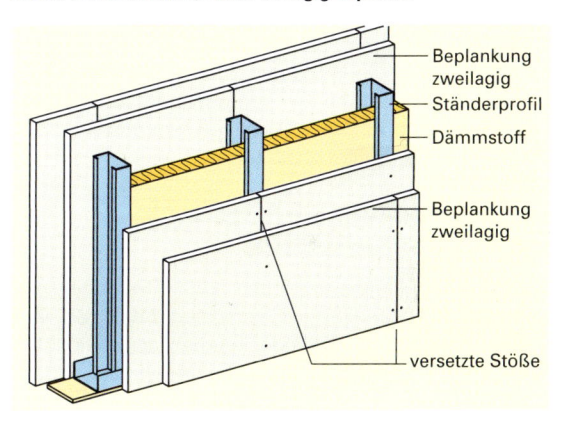

Metall-Einfachständerwand zweilagig beplankt

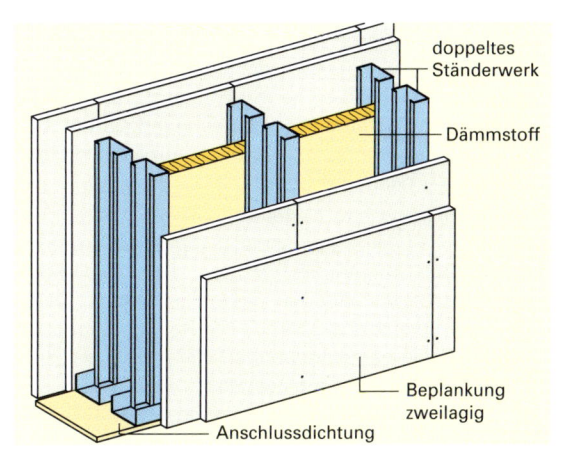

Metall-Doppelständerwand zweilagig beplankt

13 Herstellen einer Wand in Trockenbauweise — Montagewand

13.1.4 Anschluss an angrenzende Bauteile

Die **Montagewand** unseres Werkraumes ist zwischen zwei Pfeilern, Boden und Decke einzubauen. Der Deckenanschluss soll starr ausgeführt werden. Nach DIN 4103 werden starre und gleitende Wandanschlüsse unterschieden.

Bei **starren Anschlüssen** ist die Unterkonstruktion über die Anschlussprofile mit den angrenzenden Bauteilen unverschieblich verbunden, z. B. durch Verdübelung. Dieser Anschluss kann Deckendurchbiegungen bis etwa 10 mm aufnehmen.

Gleitende Anschlüsse sind verschiebliche Verbindungen (bei meist weit gespannten Decken mit Spannweite > 4,50 m), die Deckendurchbiegungen von mehr als 10 mm ausgleichen können. Der gleitende Deckenanschluss entsteht dadurch, dass ein verkürzter Ständer in das Deckenanschlussprofil beweglich eingreift bzw. geführt wird (mindestens 15 mm). Das Deckenanschlussprofil wird mit einem Paket aus Gipsplattenstreifen an der Decke befestigt und von der Beplankung ohne Verbindung, also verschieblich, überdeckt.

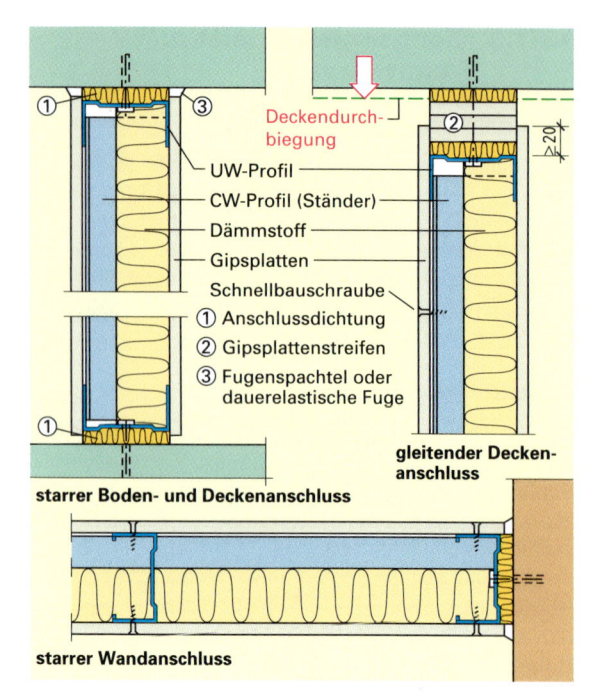

Wand- und Deckenanschlüsse

13.1.5 Metallprofile für Ständerwände

Metallprofile werden aus korrosionsbeständigem dünnwandigem Stahlblech hergestellt. Mit der nebenstehenden Tabelle sind Standardprofile für Ständerwandkonstruktionen aufgeführt. Die CW-Wandprofile haben vorgestanzte Öffnungen, die eine Installationsführung im Wandhohlraum ermöglichen. Zur Befestigung der Metallprofile an Massivdecken und -wänden werden spezielle Dübel verwendet.

13.1.6 Trockenbauplatten für Montagewände

Für die Beplankung von Metall- und Holzständerwänden können grundsätzlich verschiedene Arten von Trockenbauplatten verwendet werden, z. B. Gipsplatten, faserverstärkte Gipsplatten, Holzspanplatten, Bau-Furnierplatten. Am häufigsten werden Gipsplatten sowie faserverstärkte Gipsplatten dafür verwendet.

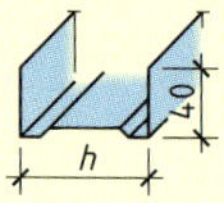

Gipsplatten werden für verschiedene Anwendungsbereiche in mehreren Plattenarten bzw. Plattentypen hergestellt, z. B. Gipsplatten der Typen A, H, E, F, R, D, I und P. Die Buchstaben kennzeichnen die Leistungsmerkmale der Platten (s. Grundstufenband, Lernfeld 6). Für die Montagewand unseres Werkraumes sind Gipsplatten Typ A (Standard-Gipsplatte) vorgesehen.

Auf der Ansichtsseite dieser Gipsplatten können ein geeigneter Gipsputz oder eine geeignete dekorative Beschichtung aufgebracht werden. Für Gipsplatten Typ E sind Beschichtungen nicht vorgesehen. Diese Gipsplatten werden besonders als Beplankungen für Außenwandelemente verwendet, wenn sie nicht dauernder Außenbewitterung ausgesetzt sind. Sie weisen eine reduzierte Wasseraufnahmefähigkeit auf, ihre Wasserdampfdurchlässigkeit ist auf ein Mindestmaß begrenzt.

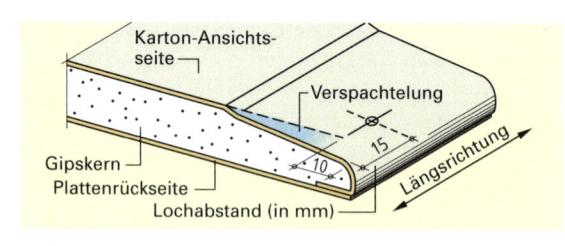

Profil	Kurz-zeichen	Höhe h (mm)	Anwendungs-bereiche
(CW)	CW 50 CW 75 CW 100	48,8 73,8 98,8	Ständerprofile für Montagewände und Wandvorsatzschalen
(UW)	UW 50 UW 75 UW 100	50 75 100	Anschlussprofile an Boden und Decke für Montagewände und Wandvorsatzschalen

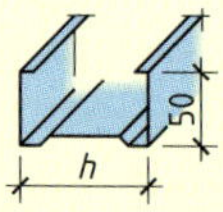

Standardprofile für Wandkonstruktionen

Aufbau der Gipsplatte (Standardplatte)

Gipsplatte	Längen	Breiten	Dicken
Typen A, H, E, F, D, R, I, P	1200 1500 1800 2000	600 625 900 1200 1250	9,5 12,5 15
	zulässig weitere Längen, Breiten und Dicken		

Gipsplatten: übliche Nennmaße in mm

13 Herstellen einer Wand in Trockenbauweise — Montagewand

Faserverstärkte Gipsplatten sind Gipsfaserplatten und Gipsplatten mit Vliesbewehrung.

Gipsfaserplatten bestehen aus einem abgebundenen Gipskern, der mit im Kern verteilten anorganischen oder organischen Fasern (z. B. Cellulosefasern aus Papierrecycling) verstärkt ist. Es gibt Platten mit und ohne Deckschichten aus Karton oder oberflächennah eingebettetem Galsfasergewebe.

Gipsplatten mit Vliesbewehrung bestehen aus einem Gipskern mit stabilisierender Glasfaserbewehrung, ummantelt mit einer auf oder direkt unter der Oberfläche eingebetteten, unbrennbaren Deckschicht aus einer Verbundbahn aus Glasseidengewebe und -vlies.

Beide Plattenarten können auch Zusatzstoffe (z. B. Hydrophobierungsmittel) und Füllstoffe enthalten, die unterschiedliche Eigenschaften und Plattenarten, wie z. B. Feuerschutzplatten und Feuchtraumplatten, ermöglichen.

13.1.7 Hilfsmittel für Trockenbauarbeiten

Verfugungsmaterialien

Die Montagewand unseres Werkraumes soll eine geschlossene Oberfläche erhalten. Das bedeutet, die Fugen zwischen den Trockenbauplatten müssen fachgerecht verspachtelt werden.

Für Gipsplatten werden je nach Fugenart und dem teilweise erforderlichen Bewehrungsstreifen unterschiedliche Spachtelmassen verwendet, z. B. Fugenspachtel und gebrauchsfertige Spachtelmassen (als Gebinde).

Fugenbewehrungsstreifen

Je nach Art der Trockenbauplatten, ihrer Kantenausbildung, des Verfugungsmaterials und den Ansprüchen der Konstruktion müssen Bewehrungsstreifen im Fugenbereich eingespachtelt werden. Die Fugenbewehrungsstreifen nehmen Zugspannungen auf (z. B. thermische Spannungen), die im Fugenbereich zu Rissbildungen führen können.

Länge	Breite	Dicken der faserverstärkten Gipsplatten			
2000	1245	10	12,5	15	18 auf Anfrage
2500		10	12,5	15	
2540		10	12,5	15	
2750		–	12,5	15	
3000		–	12,5	15	
1500	1000	10	12,5	15	–

Abmessungen der faserverstärkten Gipsplatten (in mm)

Fugenspachtel auf Gipsbasis nach DIN EN 13963 Verfugen von Gipsplatten mit Fugenbewehrungsstreifen. Feinkörnig, hohes Wasserrückhaltevermögen.
Fugenspachtel auf Gipsbasis nach DIN EN 13963, Typ 4 B Zur Fugenverspachtelung ohne Bewehrungsstreifen von Gipsplatten mit entsprechender Kantenausbildung (HRK, HRAK), GF-Platten und GM-Platten. Hohes Wasserrückhaltevermögen.
Dispersionsspachtel (gebrauchsfertig, als Gebinde) Verwendung zur Fugennachspachtelung (Feinspachtelung). Erhärtung durch Austrocknung. Anwendungsbereiche sind herstellerabhängig.

Spachtelmassen zur Fugenverspachtelung

Fugenbewehrungsstreifen	Anwendung
Papierbewehrungsstreifen = perforiertes Spezialpapier	geeignet für Hand- und Maschinenverspachtelung, für maschinelles Verspachteln notwendig
Glasfaserbewehrungsstreifen	nicht maschinell verarbeitbar
Selbstklebende Bewehrungsstreifen (Glasgittergewebe)	Verklebung direkt auf dem Karton von GK-Platten, Verspachtelung entfällt

Fugenbewehrungsstreifen

Zusammenfassung

Trockenbaukonstruktionen sind Ausbaukonstruktionen, die mit vorgefertigten „trockenen" Bauelementen durch mechanische Verbindungen zusammengefügt werden.

Montagewände sind Trockenbaukonstruktionen, bestehend aus einer Unterkonstruktion (Holz oder Metall) und einer Beplankung mit Trockenbauplatten.

Metallständerwände werden als Einfachständerwände oder als Doppelständerwände mit einlagiger oder mehrlagiger Beplankung ausgeführt.

Mit gleitenden Randanschlüssen werden mögliche Deckendurchbiegungen berücksichtigt.

Als Verfugungsmaterialien werden Fugenspachtel und gebrauchsfertige Spachtelmassen verwendet.

Aufgaben:

1. Welche Arbeiten bzw. Konstruktionen könnten in unserem „Jugendtreff" in Trockenbauweise ausgeführt werden?
2. Was versteht man unter einer Montagewand als „leichte Trennwand"?
3. Die Trennwand im Werkraum soll als Einfachständerwand ausgeführt werden. Welche Konstruktionsart ist darunter zu verstehen?
4. Welche Anforderungen sind an die Montagewand im Werkraum zu stellen?
5. In welchen Fällen sind gleitende Randanschlüsse erforderlich?
6. Nennen Sie drei mögliche Hohlraumtiefen von Metalleinfachständerwänden. Welche ist für unsere Montagewand zweckmäßig?

13 Herstellen einer Wand in Trockenbauweise Metall-Einfachständerwand

13.2 Einfachständerwand mit Gipsplatten

13.2.1 Herstellung

Die Montagewand im Werkraum des Jugendtreffs ist als Einfachständerwand mit einlagiger Beplankung auszuführen. Die angrenzenden Bauteile sind unverputzt, der Bodenanschluss erfolgt direkt auf dem Estrich. Die Hohlraumdämmung wird mit Mineralfaserplatten ausgeführt.

Montageschritte

1. Einmessen und Anreißen

Die genaue Lage der Wandachse wird mit Schnurschlag am Boden aufgerissen und mit Lot oder Laser auf Pfeiler, Wand und Decke übertragen.

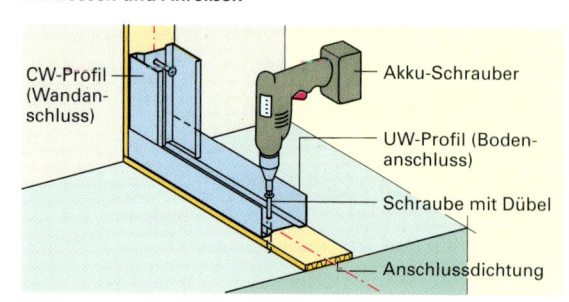

2. Befestigung der Anschlussprofile

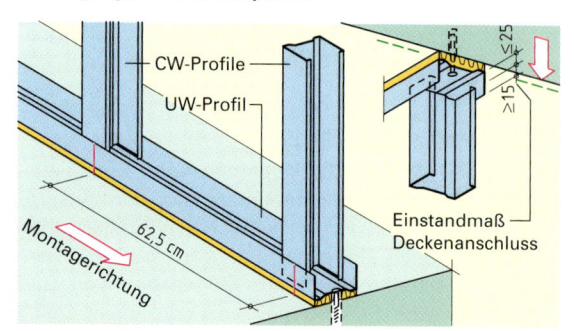

Nach dem Ausgleichen von Unebenheiten an angrenzenden Bauteilen mit Gipsmörtel werden die UW-Anschlussprofile rückseitig mit Trennwandkitt oder Dämmstreifen versehen. Die Befestigung erfolgt lot- und fluchtrecht mit zugelassenen Dübeln und Schrauben oder mit Schlagdübeln im Abstand von höchstens 1,00 m. An Wänden sind mindestens drei Befestigungspunkte vorzusehen.

3. Einbau der Ständerprofile

Die auf Länge gerichteten Ständerprofile sind bei starren Anschlüssen etwa 10…15 mm kürzer als die lichte Weite zwischen den UW-Profilen. Dadurch sind Deckendurchbiegungen bis zu 10 mm ohne Zwängung der Wand möglich. Die CW-Profile werden mit der offenen Seite in Montagerichtung der Beplankung im Achsabstand von 62,5 cm in die UW-Profile eingestellt und ausgerichtet. Sie müssen mindestens 15 mm in die Anschlussprofile eingreifen.

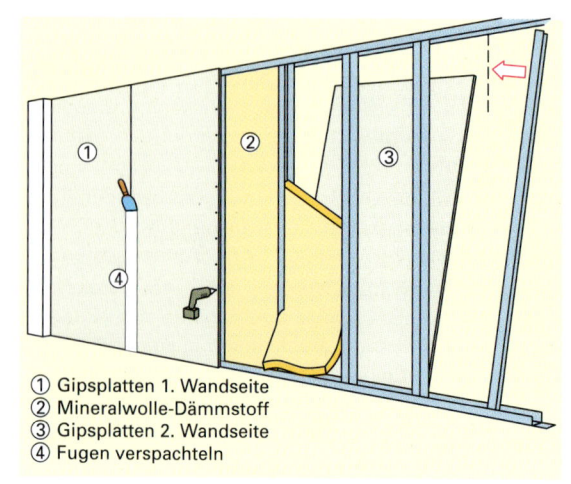

4. Beplankung und Hohlraumdämmung

Die zugeschnittenen Gipsplatten sind 15…20 mm kürzer als die lichte Raumhöhe. Dadurch werden Stauchungen der Platten vermieden.

An der ersten Wandseite wird mit ganzer Plattenbreite (1250 mm) begonnen. Die Gipsplatten werden an die Unterkonstruktion fest angedrückt und im Abstand von 25 cm mit Schnellbauschrauben verschraubt. Dabei sind die Plattenrandabstände zu beachten (>1,0 cm von der kartonierten Längskante und >1,5 cm von der geschnittenen Kante). Die obersten Schrauben sind nicht mit dem UW-Profil, sondern 1,0 cm tiefer mit dem CW-Profil zu verschrauben. Dadurch wird eine eventuelle Deckendurchbiegung nicht auf die Ständerkonstruktion übertragen.

Die **Hohlraumdämmung** wird anschließend zwischen die CW-Profile geklemmt (Zuschnitt etwa 1 cm breiter als der Profilabstand, **Mindestdicke 40 mm**).

Die Beplankung der zweiten Wandseite wird mit einer halben Plattenbreite (625 mm) begonnen. Dadurch entsteht der erforderliche Fugenversatz. Die Platten werden ebenfalls mit Schnellbauschrauben befestigt.

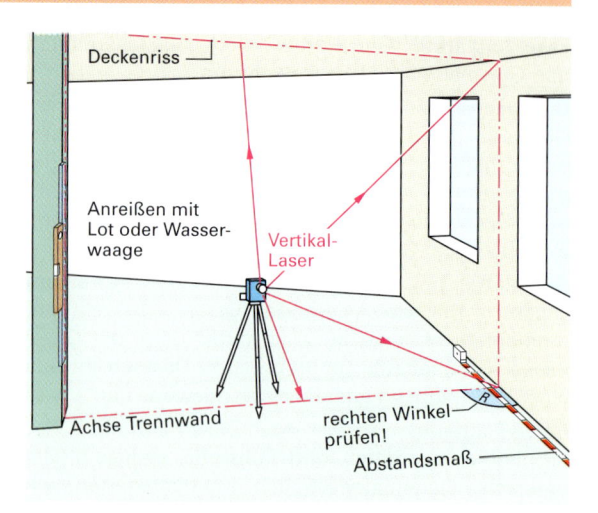

Einmessen und Anreißen

Befestigung der Anschlussprofile

Einbau der Ständerprofile

① Gipsplatten 1. Wandseite
② Mineralwolle-Dämmstoff
③ Gipsplatten 2. Wandseite
④ Fugen verspachteln

Beplankung und Hohlraumdämmung

13 Herstellen einer Wand in Trockenbauweise — Fugenverspachtelung

13.2.2 Verfugen von Trockenbauplatten

Der Fugenbereich stellt eine Unterbrechung der in sich geschlossenen Plattenfläche dar. Durch die Verfugung werden flächengleiche Übergänge geschaffen, sodass eine insgesamt geschlossene Wandoberfläche entsteht. Die Verspachtelung muss aber ausreichende Festigkeit besitzen, um auftretende Spannungen aufnehmen zu können. Nach DIN EN 520 werden Gipsplatten mit abgeflachten, kartonummantelten Längskanten unter Einlegung eines Bewehrungsstreifens verspachtelt.

Verfugen von Gipsplatten mit abgeflachten Kanten (AK) und Bewehrungsstreifen

Die Fugen sind im ersten Arbeitsgang mit einer Spachtel oder Traufel und mit Fugengips auszufüllen und zu verspachteln. Um eine vollständige Verfüllung der Fuge zu erreichen, ist es zweckmäßig, den Fugenspachtel beim ersten Spachtelgang quer zur Fuge unter leichtem Druck einzubringen.

Das Abziehen sollte nach Möglichkeit in einem Zug von oben nach unten, oder umgekehrt, erfolgen. Dadurch werden unnötige Ansätze und Spachtelgrate vermieden. Mit dem Überschussmaterial können die sichtbaren Schraubenköpfe verspachtelt werden.

Der Bewehrungsstreifen ist vollflächig in das frische Fugenbett einzulegen und ohne Spachtelüberzug zu glätten. Nach dem Erhärten der Spachtelmasse wird nachgespachtelt bis eine übergangslose Fläche hergestellt ist. Nach dem Erhärten werden Unebenheiten abgeschliffen.

Bei **faserverstärkten Gipsplatten** werden die Fugen (Längs- und Querfugen) der mit einem Abstand von etwa 5…7 mm montierten Platten bis auf den Grund mit bewehrtem Spezialspachtel ausgefüllt. Nach dem Erhärten werden Unebenheiten abgeschliffen. Erforderlichenfalls wird der Fugenbereich mit gleichem Material nachgespachtelt.

> **Zusammenfassung**
>
> Randanschlussprofile werden mit Anschlussdichtungsschichten an die angrenzenden Bauteile befestigt. Dichte Anschlüsse verbessern die Schalldämmwirkung der Trennwand.
>
> Ständerprofile werden so verkürzt in die UW-Profile eingestellt, dass Deckendurchbiegungen ohne Zwängung möglich sind.
>
> Aus gleichem Grunde sind Gipsplatten nicht am Deckenanschlussprofil zu verschrauben, sondern ca. 1 cm tiefer mit dem CW-Profil.
>
> Die Plattenstöße der beidseitigen Beplankung müssen gegenseitig versetzt angeordnet werden.
>
> Beim Verspachteln der Plattenfugen ist auf flächengleiche Übergänge zu achten.
>
> Zur Fugensicherheit sind die Fugen nach Angaben des Plattenherstellers zu verspachteln.

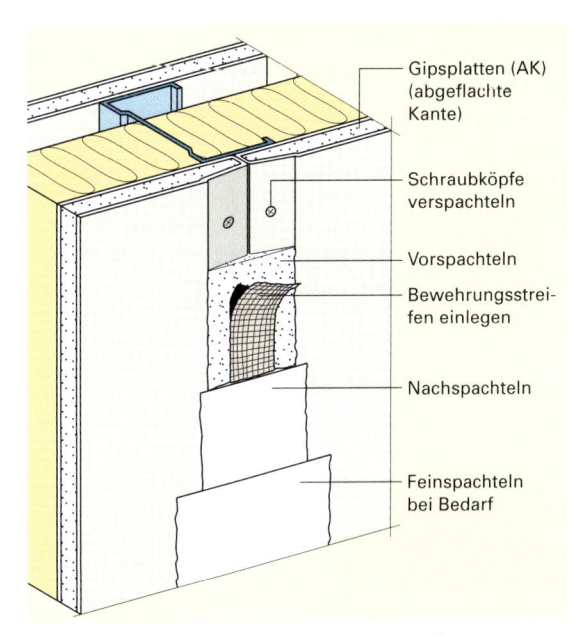

Verfugen von GK-Platten mit Bewehrungsstreifen

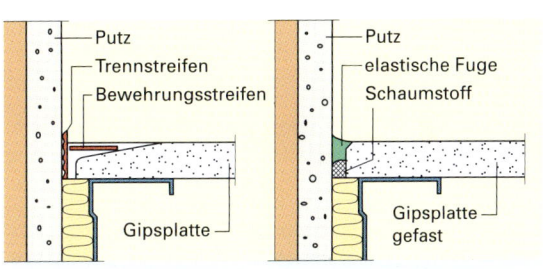

- Gipsplatten (AK) (abgeflachte Kante)
- Schraubköpfe verspachteln
- Vorspachteln
- Bewehrungsstreifen einlegen
- Nachspachteln
- Feinspachteln bei Bedarf

Anschlussfugen zu angrenzenden Bauteilen

Gipsplatte, **starre Fuge**: Putz, Trennstreifen, Bewehrungsstreifen, Gipsplatte

Gipsplatte, **elastische Fuge**: Putz, elastische Fuge, Schaumstoff, Gipsplatte gefast

Um das Abreißen der Fugen zu verhindern, sind Trennstreifen einzulegen oder die Fugen elastisch auszubilden.

Aufgaben:

1. Beschreiben Sie die Arbeitsschritte bei der Herstellung einer Einfachständerwand.
2. Aus welchen Gründen sind Unebenheiten an angrenzenden Bauteilen auszugleichen? Welche Baustoffe werden dazu verwendet?
3. In welchen Abständen werden UW- und CW-Profile von Metallständerwänden an angrenzenden Bauteilen befestigt?
4. Die Raumhöhe unseres Werkraumes beträgt 3,00 m. In welcher Länge sind die CW-Ständer zuzuschneiden? Begründen Sie diese Länge.
5. In welcher Länge sind die Gipsplatten für unsere Montagewand zuzuschneiden? Begründung.
6. Warum wird die Beplankung nicht mit dem UW-Profil der Decke verschraubt?
7. Auf welche Weise wird der Mineralfaserdämmstoff zwischen den Ständern befestigt?
8. Beschreiben Sie die Fugenverspachtelung von Gipsplatten und von faserverstärkten Gipsplatten.

13 Herstellen einer Wand in Trockenbauweise — Werkzeuge

13.2.3 Werkzeuge für Trockenbauarbeiten

Bei der Herstellung unserer Metalleinfachständerwand mit Gipsplatten werden vom Aufreißen der Wandachse bis zum Verspachteln der Plattenfugen eine Menge verschiedener Werkzeuge gebraucht. Es sind spezielle Werkzeuge für die Ausführung von Trockenbauarbeiten, wie z. B. Plattenmesser, Stanzzange, Kantenhobel, Surformhobel, Streifentrenner, Handschleifer, Bauschrauber und diverse Kellen. Da es bei Trockenbaukonstruktionen auf Genauigkeit ankommt (geringe Maßtoleranzen), muss der ausführende Handwerker gutes handwerkliches Geschick besitzen und stets gutes und einwandfreies Werkzeug benutzen.

Für den Trockenbaufachmann ist es zweckmäßig, sich einen Grundstock an Fachwerkzeugen zuzulegen, die er bei den Trockenbauarbeiten auch nur allein benutzt. Eine kleine Auswahl davon, abgestimmt auf die Verarbeitung von Gipsplatten, ist nebenstehend abgebildet und nachfolgend beschrieben.

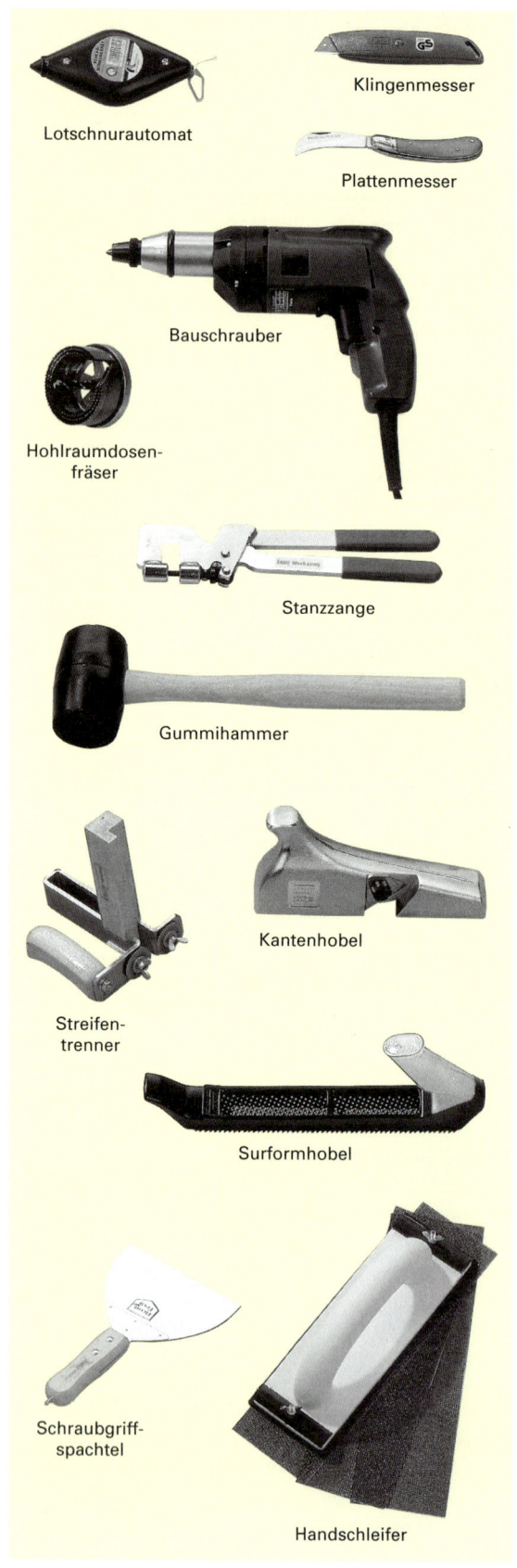

Fachwerkzeuge

Mit dem **Platten-** oder dem **Klingenmesser** wird beim Zuschneiden der Gipsplatten die Kartonummantelung aufgeschnitten.

Der **Bauschrauber** ermöglicht das maschinelle Einschrauben von Schnellbauschrauben, z. B. bei der Befestigung der Gipsplatten an CW-Profilen.

Die **Stanzzange** wird bei der Verbindung von U- und C-Profilen benutzt.

Der **Streifentrenner** dient zum Abschneiden kleiner Streifen von Gipsplatten z. B. für den gleitenden Anschluss des Deckenprofils, Streifenbreiten bis zu 12 cm.

Mit dem **Kantenhobel** können Gipsplattenkanten angefast werden (22,5° oder 45°).

Der **Surformhobel** dient zum Ebnen von Schnittstellen an Gipsplatten.

Mit dem **Hohlraumdosenfräser** werden in der Beplankung Öffnungen gefräst, z. B. für Elektrodosen.

Die in Form und Größe unterschiedlichen **Spachteln** (z. B. Kellenspachtel, Breitspachtel, Außeneckspachtel, Inneneckspachtel) sind den verschiedenen Einsatzzwecken angepasst (Herstellen ebener Flächen, exakte Ausbildung von Anschlüssen, Ecken und Kanten).

> Grundsatz: Gute Facharbeiten erfordern einwandfreie Fachwerkzeuge. Mit den Fachwerkzeugen muss daher auch stets pfleglich umgegangen werden.

Werkzeuge für Trockenbauarbeiten

13 Herstellen einer Wand in Trockenbauweise — Einfachständerwand

13.2.4 Zeichnerische Darstellung

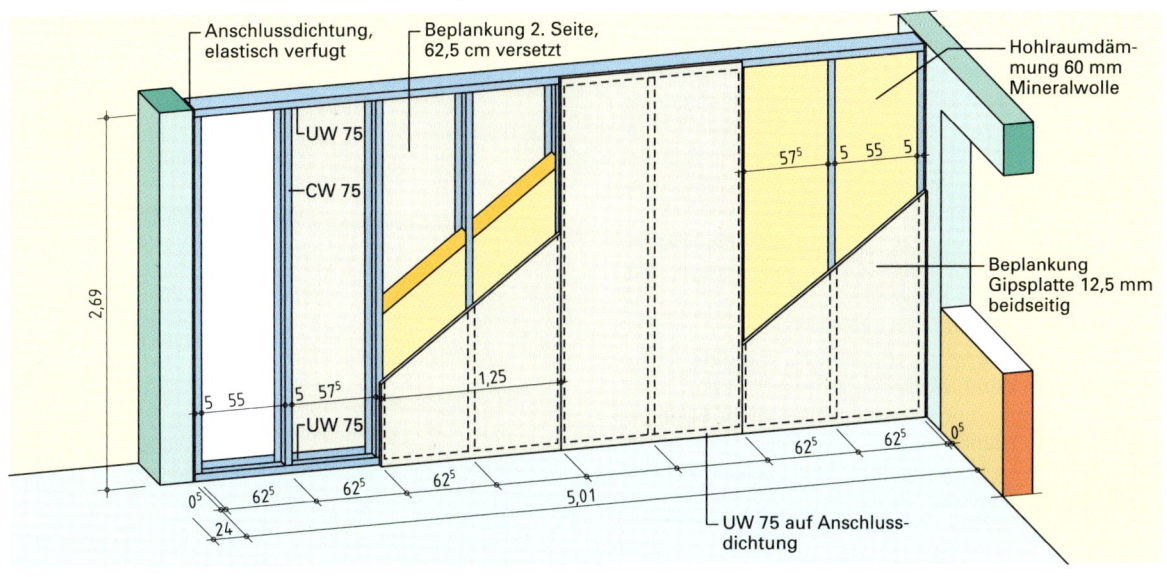

Einfachständerwand CW75/100 (Wanddicke 100 mm) mit starren Randanschlüssen, Bodenanschluss auf Estrich

Aufgaben:

1. Zeichnen Sie für die Metallständerwand des Werkraums im Maßstab 1:50, Format A4
   a) den Grundriss mit Einteilung der Unterkonstruktion,
   b) die Ansicht mit Einteilung der Unterkonstruktion,
   c) den Vertikalschnitt A-B,
   d) die Ansicht mit Platteneinteilung.
   Angaben zur Konstruktion und Bemaßung siehe Abbildung oben und Projektdarstellung auf Seite 7 und Seite 11.

2. Zeichnen Sie für diese Metallständerwand im Maßstab 1:2, Format A4
   a) die Schnitte der Randanschlüsse Decke, Boden und Wand,
   b) als Alternative den Schnitt eines gleitenden Deckenanschlusses.

3. Die Wand zwischen Besprechungszimmer und Vorraum zum Büro soll als Einfachständerwand ausgeführt werden. Planen und zeichnen Sie diese als Montagewand CW 100/125 (Wanddicke 125 mm). Zeichnerische Darstellung wie Aufgabe 1.

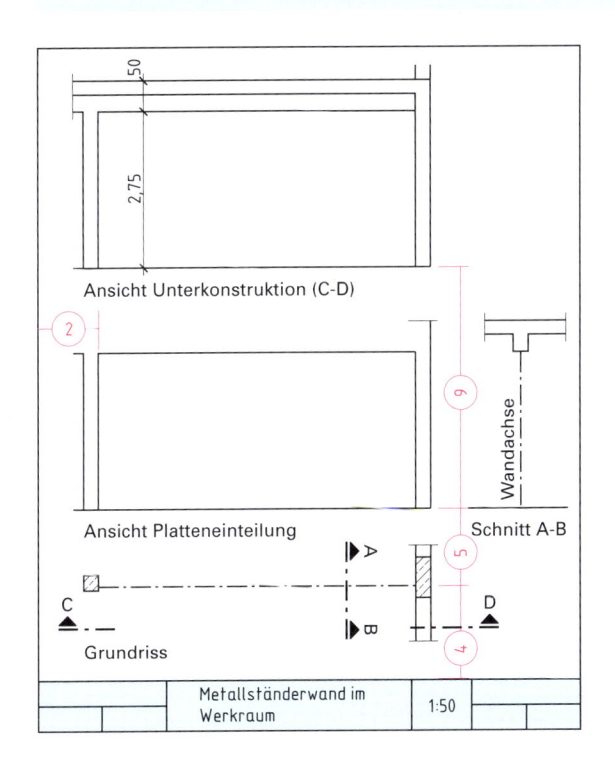

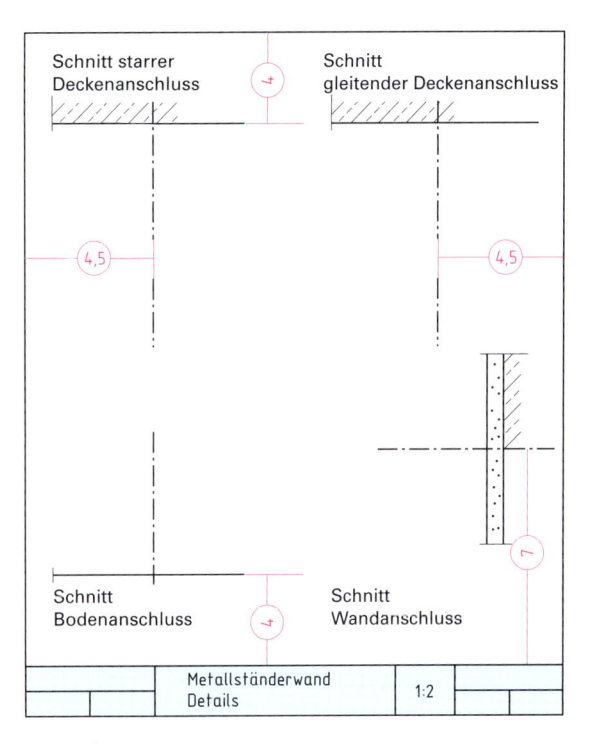

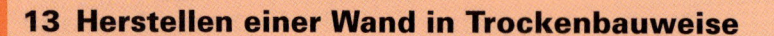

13 Herstellen einer Wand in Trockenbauweise — Aufgaben

13.2.5 Ermittlung des Materialbedarfs

Für die im Werkraum zu erstellende Montagewand müssen die erforderlichen Wandbaustoffe und Bauelemente bestellt werden. Vorher sind die Mengen der verschiedenen Baustoffe und Teile überschlagsmäßig zu ermitteln. Dazu werden die zeichnerischen Vorgaben sowie Materialbedarfstabellen benutzt. Aus der Zeichnung kann das Aufmaß der Wandflächen ermittelt werden, aus den Tabellen können die Material- bzw. Bauteilmengen pro m² für die unterschiedlichen Trockenbaukonstruktionen entnommen werden. Materialverschnitt und Baustellenverluste werden pauschal mit Prozentsätzen hinzugerechnet.

Bei der Aufmaßberechnung für nicht tragende Trennwände gelten deren Maße bis zu den sie begrenzenden ungeputzten, ungedämmten bzw. nicht bekleideten Bauteilen (Rohbaumaße). Wandöffnungen bis zu einer Größe von 2,5 m² werden übermessen, Öffnungen über 2,5 m² werden abgezogen.

Beispiel:

In einem Wohnhaus sollen Metallständerwände eingebaut werden. Ermitteln Sie den Materialbedarf.

Konstruktive Angaben:
- Metallständerwand CW 100/125[1], feste Randanschlüsse;
- Hohlraumdämmung MW 1,25 m/0,625 m/80 mm;
- Beplankung Gipsplatten 2,50 m/1,25 m/12,5 mm, Verspachtelung ohne Bewehrungsstreifen;
- Aufmaß: 38 m² Trennwandfläche;
- Verluste/Verschnitt pauschal 8 %.

Lösung:

Gipsplatten
2,0 m²/m² · 38 m² · 1,08 = 82,08 m²
Anzahl: 82,08 m² : (2,50 · 1,25) m²
        82,08 m² : 3,125 m² = 26,26   = **27 Platten**

Fugengips (25 kg/Sack)
0,5 kg/m² · 38 m² · 1,08 = 20,52 kg   = **1 Sack**

Dämmplatten
1,0 m²/m² · 38 m² · 1,08 = 41,04 m²
Anzahl: 41,04 m² : (1,25 · 0,625) m²
        41,04 m² : 0,781 m² = 52,548   = **53 Platten**

CW-Profile (2,50 m/Stück)
2,0 m/m² · 38 m² · 1,08 = 82,08 m
Stückzahl: 82,08 m : 2,50 m = 32,83   = **33 Stück**

UW-Profile (4,00 m/Stück)
0,7 m/m² · 38 m² · 1,08 = 28,72 m
Stückzahl: 28,72 m : 4,00 m = 7,18   = **8 Stück**

Anschlussdichtung (30 m/Rolle)
1,2 m/m² · 38 m² · 1,08 = 49,24 m
Rollenzahl: 49,24 m : 30 m = 1,64   = **2 Rollen**

Dübelverankerung (100 Stück/Paket)
1,5 Stück/m² · 38 m² · 1,08 = 61,56 Stück   = **1 Paket**

Schnellbauschrauben (1000 Stück/Paket)
29 Stück/m² · 38 m² · 1,08 = 1191 Stück = **2 Pakete**

[1] Wanddicke in mm

Konstruktion/Material		Verbrauch
Ständerwände (Montagewände)		
• Beplankung Trockenbauplatten	einlagig	2,0 m²/m²
	zweilagig	4,0 m²/m²
• Holzständer	Einfachständerwand	1,5 m/m²
	Doppelständerwand	3,0 m/m²
• Anschluss-Kanthölzer	Einfachständerwand	1,2 m/m²
	Doppelständerwand	2,4 m/m²
• CW-Ständerprofile	Einfachständerwand	2,0 m/m²
	Doppelständerwand	4,0 m/m²
• UW-Anschlussprofile	Einfachständerwand	0,7 m/m²
	Doppelständerwand	1,4 m/m²
• Anschlussdichtung	Einfachständerwand	1,2 m/m²
	Doppelständerwand	2,4 m/m²
• Dämmstreifen zw. Doppelständern		0,5 m/m²
• Mineralwolledämmplatten		1,0 m²/m²
• Dübelverankerung	Einfachständerwand	1,5 St./m²
	Doppelständerwand	3,0 St./m²
• Schnellbauschrauben	Bepl. einlagig TN 25/35	29 St./m²
	zweilagig TN 25/35	12,5 St./m²
	TN 35/45	29 St./m²
• Bewehrungsstreifen		1,5 m/m²
• Fugengips/Fugenfüller	einlagige Beplankung	0,5 kg/m²
	zweilagige Beplankung	0,8 kg/m²

Materialbedarf ohne Verschnitt und Baustellenverluste

Länge (mm)	Breite (mm)	Dicken (mm)
1000	600	20; 30; 40
1250	625	50; 60; 80;
		100; 120; 140

Abmessungen Mineralwolleplatten (MW)

Aufgaben:

Ermitteln Sie für die Montagewände (Trennwände) der nachfolgenden Aufgaben den Materialbedarf.

1. Montagewand im Werkraum des Jugendtreffs
   Konstruktive Angaben sind der Zeichnung in 13.2.4 zu entnehmen.
   Verspachtelung mit Bewehrungsstreifen;
   Aufmaß nach Zeichnung;
   Verschnitt/Verlust pauschal 10 %.
2. Montagewände mit doppelter Beplankung für eine Arztpraxis
   Konstruktive Angaben:
   Metallständerwand CW 75/125, feste Randanschlüsse;
   Hohlraumdämmung MW 1,25 m/0,625 m/60 mm;
   Beplankung Gipsplatten 3,00 m/1,25 m/12,5 mm;
   Verspachtelung mit Bewehrungsstreifen;
   Aufmaß: 165 m² Trennfläche;
   Verschnitt/Verlust pauschal 8 %.
3. Montagewände für ein Bürogebäude
   Konstruktive Angaben:
   Metallständerwand CW 100/125, feste Randanschlüsse;
   Hohlraumdämmung MW 1,25 m/0,625 m/80 mm;
   Beplankung Gipsplatten 3,00 m/1,25 m/12,5 mm,
   Verspachtelung ohne Bewehrungsstreifen;
   Aufmaß: 125 m² Trennfläche;
   Verschnitt/Verlust pauschal 10 %.

Kapitel 14:
Herstellen von Estrich

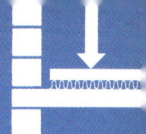

Kapitel 14 vermittelt die Kenntnisse des Lernfeldes 12 für Maurer/-innen.

Estriche werden auf einem tragenden Untergrund oder auf eine zwischenliegende Trenn- oder Dämmschicht aufgebracht. Sie werden entweder unmittelbar genutzt oder mit einem Belag versehen. Im Wohnungsbau werden hauptsächlich „schwimmende Estriche" verwendet, deren Hauptaufgabe der Schallschutz ist, die aber auch zum Wärmeschutz beitragen. Estriche werden sowohl nach dem verwendeten Bindemittel, als auch nach der Art des Einbaus unterschieden.

Der Schallschutz spielt neben dem Wärmeschutz im Bauwesen eine immer bedeutendere Rolle, da Geräusche und Lärm in unserer Umwelt allgegenwärtig und für den Menschen belastend, ja oft gesundheitsschädlich sind. Die Ausführung der entsprechenden Maßnahmen erfordert Einsicht in bauphysikalische Zusammenhänge und ein hohes Maß an Verantwortungsbewusstsein, da schon kleine Mängel den geplanten Schallschutz wirkungslos machen können. Die Baustoffindustrie bietet heute eine Vielzahl von Dämmstoffen mit bestimmten Eigenschaften an. Die Kenntnis dieser Eigenschaften ist die Voraussetzung für eine fachgerechte und mängelfreie Ausführung. Dämmstoffe sind, wie auch andere Baustoffe, in ökologischer Hinsicht teilweise nicht unbedenklich. Daher sollte den umweltfreundlichen Konstruktionen der Vorzug eingeräumt werden.

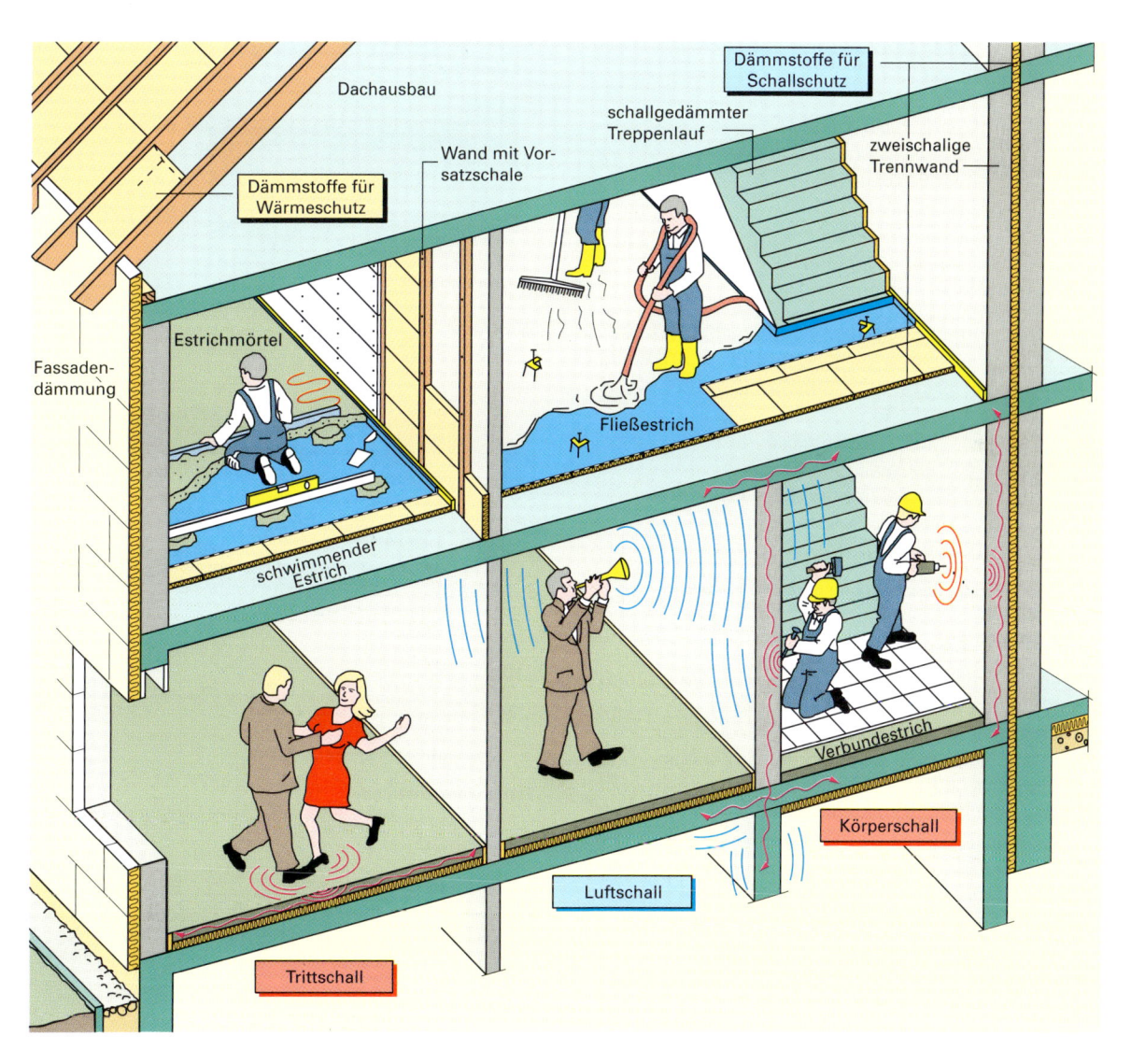

14 Herstellen von Estrich

Estricharten

Aufgaben von Estrichen

Die Estriche auf den Geschossdecken und Rohfußböden unseres Projekts haben folgende Aufgaben zu erfüllen:
- tragenden Untergrund ebnen,
- Lasten aufnehmen (ständige Lasten und Nutzlasten),
- Schallschutz,
- Wärmeschutz,
- Fußbodenbeläge aufnehmen.

Im Wohnungsbau steht der Schallschutz an erster Stelle. Bei Industriebauten sind Druckfestigkeit und Verschleißwiderstand der Estriche von Bedeutung.

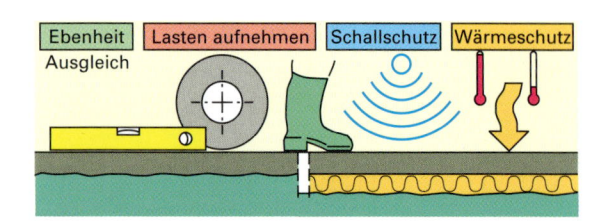

14.1 Estricharten und Estrichkonstruktionen

Estriche werden unterschieden

nach dem verwendeten Bindemittel (DIN EN 13813)
- Zementestriche (CT)
- Calciumsulfatestriche (CA) (Anhydritestrich)
- Magnesiaestriche (MA)
- Gussasphaltestriche (AS)
- Kunstharzestrich (SR)

nach der Verlegeart
- **V**erbundestriche (V)
- Estrich auf **T**rennschicht (T)
- Estrich auf Dämmschicht
  (**s**chwimmender Estrich) (S)

nach der Verlegetechnik
- hand-/kellenverlegter Estrich
- Fließestrich, selbstnivellierend
- Fertigteilestrich (Trockenestrich)

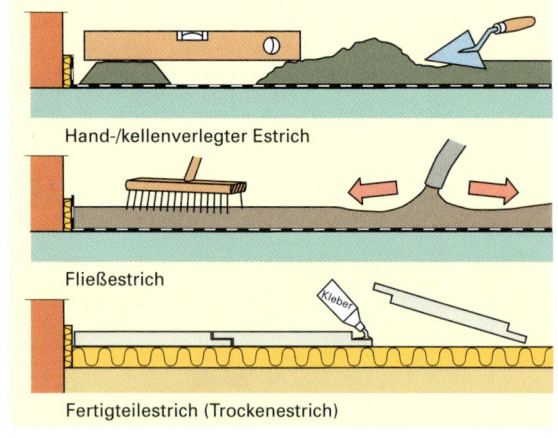

> Schwimmende Estriche im Wohnungsbau haben die Anforderungen des Schallschutzes zu erfüllen und Bodenbeläge aufzunehmen.

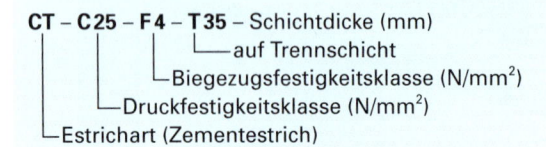

CT – C25 – F4 – T35 – Schichtdicke (mm)
　　　　　　　　　　– auf Trennschicht
　　　　　　– Biegezugfestigkeitsklasse (N/mm²)
　　– Druckfestigkeitsklasse (N/mm²)
– Estrichart (Zementestrich)

Beispiel einer Estrichbezeichnung nach DIN EN 13813

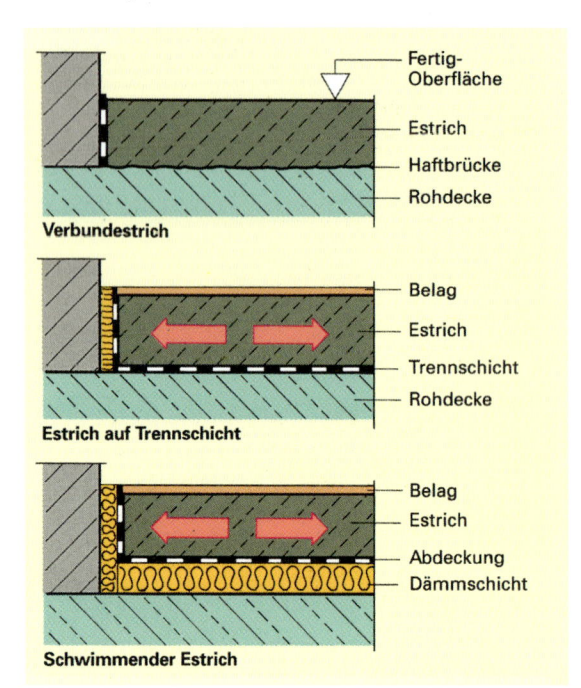

14.1.1 Verbundestriche

Verbundestriche sind mit dem tragenden Untergrund (Rohfußboden, Rohdecke) fest verbunden und sollen größere Unebenheiten überbrücken (Ausgleichsestrich), die direkte Nutzung in untergeordneten Räumen (UG) oder Industriebauten ermöglichen (Nutzestrich). Bei einschichtigem Aufbau beträgt die Dicke ≤ 5 cm.

Gefälleestriche werden in Nassräumen oder auf Terrassen zur direkten Nutzung oder zur Aufnahme von Abdichtungen angeordnet. Das Gefälle beträgt mindestens 1,5 %, an der tiefsten Stelle sollen sie, bei Zementestrich abhängig vom Größtkorn, ≥ 2 cm dick sein.

Verbundestrich ist vollflächig und kraftschlüssig mit dem Untergrund zu verbinden. Deshalb sind an den Untergrund folgende Anforderungen zu stellen:

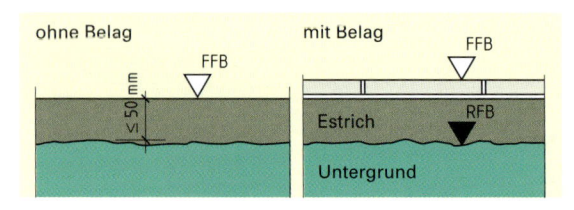

Anforderungen an Estriche

Estricharten

Estrichkonstruktionen

Ausgleich von Unebenheiten

14 Herstellen von Estrich Estricharten

- rissfrei und fest, frei von losen Teilen,
- absolut sauber (frei von Erdstoffen, Staub, Ölen),
- trocken (Ausnahme Zementestrich; dieser kann vorteilhaft auf eine zwei Tage alte Rohdecke aufgebracht werden).

Zur besseren Haftung kann eine Haftbrücke aus Zement/Sand im MV 1:1 (Zementschlämme) oder eine Haftemulsion auf den Untergrund eingebürstet werden.

Da der Verbundestrich mit dem Untergrund fest verbunden ist, sind keine Bewegungsfugen erforderlich!

In unserem Projekt wird Verbundestrich im Untergeschoss angewendet.

> Ungeeigneter und unsauberer Untergrund führt zu Hohlräumen und Rissbildung im Verbundestrich.

Hartstoffestriche eignen sich als Verschleißestriche z. B. in Parkhäusern und Industrieanlagen. Sie bestehen meist aus zweilagigem Verbundestrich: aus einer Übergangsschicht (CT) und einer 0,5…2 cm dicken Hartstoffschicht.

Hartstoffzuschlag besteht aus hartem Natursteinsplit, Korund oder Siliciumcarbid.

Kunstharzestriche werden für spezielle Fälle oder für Ausbesserungen und Anschlüsse verwendet.

14.1.2 Estriche auf Trennschicht

Bei großen Temperaturunterschieden entstehen Spannungen zwischen Estrich und tragendem Untergrund. Dabei kann es zu Rissbildung im Estrich oder Lösung vom Untergrund kommen. Um dies zu vermeiden werden in der Regel Folien (PE, mindestens 0,1 mm dick) oder Bitumenbahnen mit 10 cm übergreifenden Stößen ausgelegt; bei Gussasphaltestrich werden Glasvliesbahnen verwendet. Bei angrenzenden Bauteilen und bei größeren Estrichflächen (>10…40 m²) müssen Bewegungsfugen angeordnet werden.

Die Estrichdicke beträgt z. B. bei Zementestrich mind. 35 mm, bei Calciumsulfatestrich mind. 30 mm.

> Estriche auf Trennschicht können sich vom Untergrund unabhängig bewegen. Es sind Bewegungsfugen anzuordnen.

14.1.3 Estriche auf Dämmschichten

Schwimmende Estriche werden vor allem in Räumen, die für den Aufenthalt von Menschen bestimmt sind (Wohnungsbau), eingebaut. Sie werden auf Dämmschichten aufgebracht, sind lastverteilend, auf ihrer Unterlage beweglich und dürfen keine unmittelbare Verbindung mit angrenzenden Bauteilen haben. Aufgrund der Zweischaligkeit verhindern sie das Eindringen von **Trittschall** in die Deckenkonstruktion (siehe Abschnitt 14.2.3), verbessern aber auch die Luftschalldämmung sowie die Wärmedämmung („Fußwärme").

Sauberer Untergrund

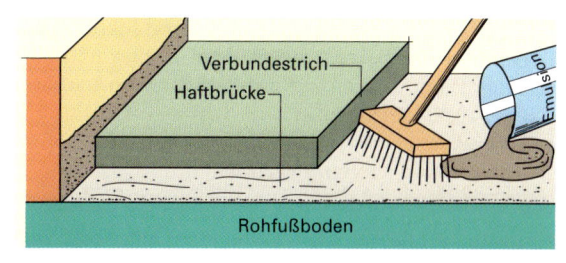

Verbundestrich

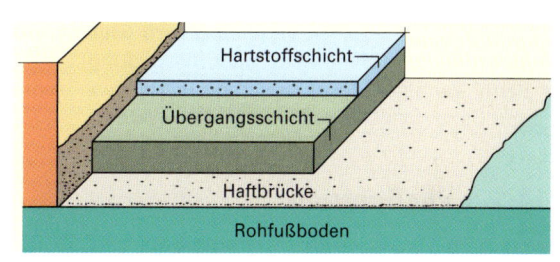

Aufbau des Hartstoffestrichs

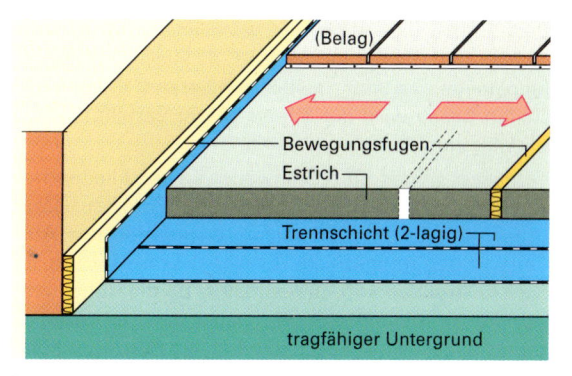

Estrich auf Trennschicht

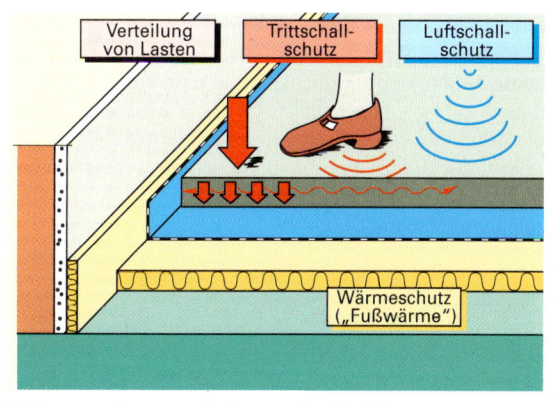

Wirkungsweise von schwimmendem Estrich

14 Herstellen von Estrich — Schwimmende Estriche

Die Estrichdicke hängt einerseits von der Estrichart, andererseits von der Zusammendrückbarkeit der Dämmschicht ab, die aber 5 mm nicht überschreiten sollte. Beträgt die Dicke der Dämmschicht >30 mm, so ist die Estrichdicke um ≥5 mm zu erhöhen.

Herstellen von schwimmendem Estrich bei unserem Projekt:
- Randdämmstreifen, an verputzter Wand anheften; Installationen sorgfältig mit Dämmstreifen umhüllen.
- Dämmschicht, möglichst weichfedernd (geringe dynamische Steifigkeit), auf ebenem Untergrund verlegen; Dämmplatten mit dichtem Stoß im Verband (oder zweilagig versetzt).
- Trennschicht mit ≥10 cm überlappenden Stößen auslegen und am Rand hochziehen.

Was wir bei der Ausführung noch beachten müssen:
- Fenster schließen oder Öffnungen mit Folie verschließen.
- Innentemperatur ≥5 °C und möglichst <15 °C, damit schnelles Austrocknen verhindert wird (Gefahr von Aufwölbung = „Schüsseln" oder Rissbildung).
- Beim Verteilen des Estrichmörtels dürfen Trenn- und Dämmschicht nicht verschoben werden.

14.1.4 Fließestrich

Werkseitig vorgemischter Trockenmörtel wird in Säcken oder im Silo geliefert und auf der Baustelle mit Wasser aufbereitet und an die Einbaustelle gepumpt. Dort entfällt das mühevolle Verteilen, Abziehen, Verdichten und Glätten des Mörtels, da Fließestrich absolut planeben verläuft („selbst nivellierend"). Mit einem steifen Besen wird der Mörtel besser verteilt und die Bildung von Blasen vermieden.

Voraussetzungen für die Anwendung von Fließestrich sind das laufende Überprüfen der Mörtelkonsistenz (Ausbreitmaß) und eine dichte, wannenförmige Ausführung der Trennschicht. Er eignet sich sehr gut für die Konstruktion von Heizestrichen, da die Rohre vollständig ummantelt werden. Dabei darf es natürlich keinesfalls zu einer Beschädigung der Heizrohre kommen. Pro cm Estrichdicke sind etwa 18 kg Trockenmörtel erforderlich.

Fließestrich wird hauptsächlich im **Calciumsulfatsystem** (Anhydritbasis) ausgeführt. Nachteilig hierbei ist seine Feuchteempfindlichkeit, die eine Anwendung in Feuchträumen ausschließt. Deshalb wird inzwischen auch ein Werkmörtel als reines **Zementsystem** angeboten, der zudem ein günstiges Schwindverhalten besitzt (Feldgrößen bis 200 m²) und im Dauernassbereich einsetzbar ist.

Der Anteil an Fließestrichen beträgt zurzeit etwa 50 %.

> Schwimmende Estriche sind im Wohnungsbau üblich. Sie bieten bei sorgfältiger Ausführung einen guten Schutz gegen die Übertragung von Tritt- und Luftschall.

Estrichart		Estrichdicke bei Zusammendrückbarkeit der Dämmschicht	
		≤ 5 mm	5 … 10 mm
Zementestrich	CT	≥ 35 mm	≥ 40 mm
Calciumsulfatestrich	CA		
Gussasphaltestrich	AS	≥ 25 mm	–

Estrichdicke

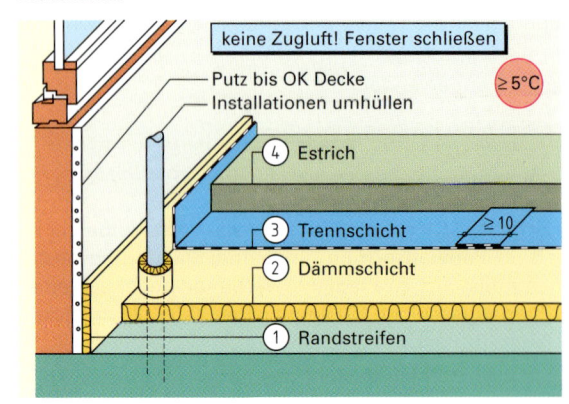

Herstellen von schwimmendem Estrich

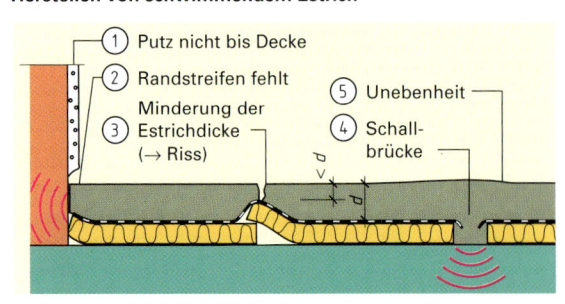

Mängel mindern den Trittschallschutz

> Schwimmende Estriche liegen auf einer stoßabfedernden Dämmschicht. Sie ist zusammen mit der Trennschicht so zu verlegen, dass keine Schallbrücken entstehen können.

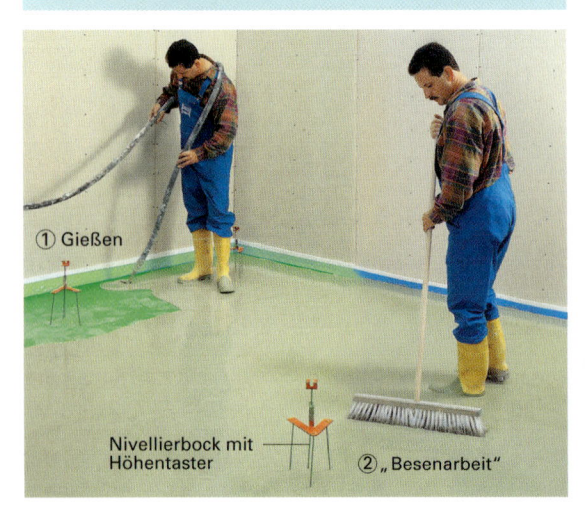

① Gießen
Nivellierbock mit Höhentaster
② „Besenarbeit"

Fließestrich

14 Herstellen von Estrich — Schwimmende Estriche

14.1.5 Estrichdicke und Fugen

Die vorgeschriebene **Estrichdicke** muss unbedingt eingehalten werden. Beim Verlegen des steifen Estrichmörtels mit der Kelle werden mit der Wasserwaage oder mit dem Laser eingemessene „Mörtelpunkte" statt der früher üblichen Abziehleisten verwendet (Rissgefahr). Dabei ist eine geringe Verdichtung des Mörtels von etwa 2 mm zu berücksichtigen.

Beim Fließestrich haben sich Nivellierböcke bewährt, die sowohl die genaue waagerechte Oberfläche als auch die geplante Estrichdicke gewährleisten.

Flächenfertige Untergründe und Böden müssen ein hohes Maß an **Ebenheit** aufweisen. Dazu gibt die DIN 18202 Ebenheitstoleranzen an, die z.B. in unserem Projekt nur 3…4 mm bei 1 m entfernten Messpunkten betragen dürfen. Durch entsprechende Ausschreibung im Leistungsverzeichnis können diese Maße noch reduziert werden.

Anordnung von Fugen

Alle Bauteile sind Längenänderungen ausgesetzt, die durch Austrocknen, Belastung und Temperaturschwankungen verursacht werden. Im Falle des Estrichmörtels muss durch Feuchtigkeitsabgabe hauptsächlich mit Schwinden gerechnet werden. Bei Heizestrichen ist wiederum die Ausdehnung beim Erwärmen zu berücksichtigen. Um Risse zu vermeiden, sind genau geplante Fugen anzuordnen:

Dehnungsfugen, die den Estrich in „Felder" von etwa 30…40 m² unterteilen und etwa 10 mm breit sein sollen.

Scheinfugen, die mit der Kelle ca. ein Drittel der Estrichdicke in den frischen Mörtel eingeschnitten werden. Sie verhindern die Bildung unkontrollierter Risse; sie sind nach 28 Tagen durch Kunstharz kraftschlüssig zu schließen. In unserem Projekt ordnen wir sie z.B. an jeder Türöffnung an.

Zusammenfassung

Estriche auf Trennschicht und schwimmende Estriche können sich auf dem Untergrund frei bewegen. Sie sind von begrenzenden Bauteilen durch Randstreifen zu trennen und durch Fugen zu unterteilen.

Die Estrichdicke hängt von der Art des Estrichs und der Zusammendrückbarkeit der Dämmschicht ab. Sie muss an jeder Stelle das vorgeschriebene Maß erreichen.

Die vorgeschriebene Ebenheit der Estriche wird durch Höhenpunkte und exaktes Abziehen erreicht.

Bei Fließestrich muss die Trennschicht wannenförmig und dicht ausgeführt werden.

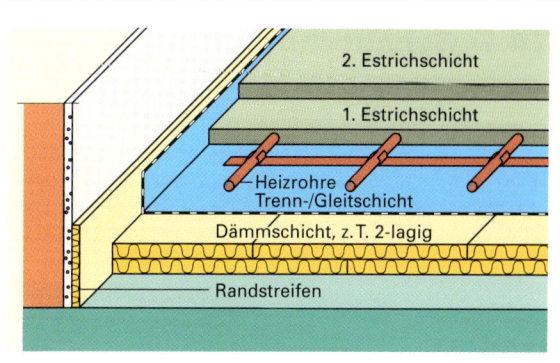

Heizestrich

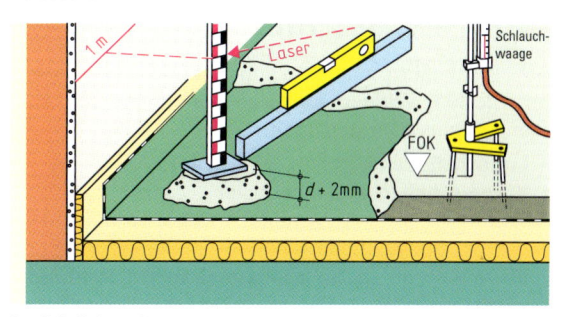

Estrichdicke mittels Mörtelpunkten oder Nivellierböcken

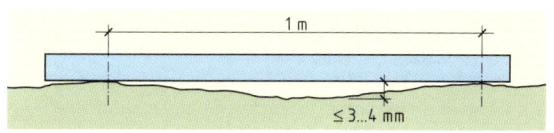

Ebenheit der Estriche messen

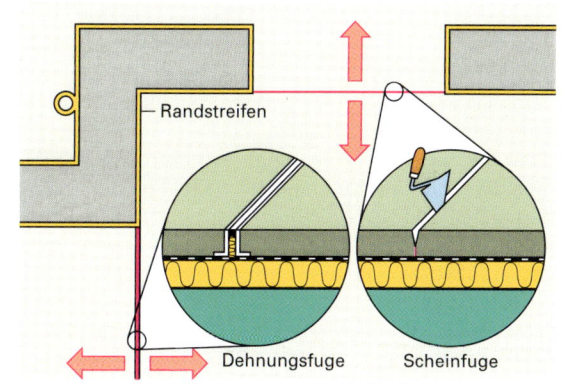

Anordnung von Dehnungsfugen und Scheinfugen

Aufgaben:

1. Welche Estricharten kommen in unserem Projekt zur Anwendung?
2. Welche Anforderungen sind bei Verbundestrich an den Untergrund zu stellen?
3. Beschreiben Sie die Herstellung von schwimmendem Estrich im „Saal" unseres Projekts.
4. Wie wird die vorgeschriebene Dicke von Estrich gewährleistet?
5. Welche Aufgaben haben Dämmschichten unter Estrichen?
6. Wie wird Verschleißestrich hergestellt?

14 Herstellen von Estrich — Schallschutz

14.2 Schallschutz

Durch das vorwiegend enge Zusammenleben der Menschen und die Technisierung unserer Umwelt sind wir einer Vielzahl von Schalleinwirkungen ausgesetzt. Lärm kann unser Wohlbefinden ernsthaft stören, auf Dauer sogar die Gesundheit beeinträchtigen. Deshalb müssen besondere Maßnahmen zur Lärmminderung und zum Schallschutz in den Gebäuden getroffen werden, wie es die DIN 4109 vorschreibt. Vollständiger Schallschutz ist mit zumutbaren Maßnahmen allerdings nicht zu erreichen.

14.2.1 Grundbegriffe

Schall entsteht durch Schwingungen, die sich in festen Stoffen, Wasser oder Luft ausbreiten und zum menschlichen Ohr gelangen.

- **Luftschall** breitet sich in der Luft aus,
- **Körperschall** in festen Bauteilen,
- **Trittschall** ist eine wichtige Art des Körperschalls, der bei Bewegungen auf einer Decke entsteht und als Luftschall in benachbarte Räume übertragen wird.

Jedes Geräusch setzt sich aus Tönen verschiedener **Frequenz** zusammen. Diese gibt die Anzahl der Schwingungen je Sekunde an, wobei bei gleicher **Lautstärke** hohe Töne störender empfunden werden als tiefe. Die sich ausbreitenden Schallwellen üben einen **Schalldruck** aus, der dem Empfinden des menschlichen Ohrs angepasst als **Schallpegel** bezeichnet wird. Er ist die wichtigste Größe und wird in Dezibel (dB) gemessen.

Das Schalldämmmaß eines Bauteils ergibt sich aus Vergleichsmessungen an fertigen Bauwerken. Schallschutzmaßnahmen beruhen deshalb in der Regel nicht auf Vorausberechnungen, sondern auf der Benützung von Erfahrungswerten (Tabellen), die aber wesentlich von der Ausführung auf der Baustelle abhängig sind. Somit ist der Facharbeiter in hohem Maße verantwortlich für den Erfolg des geplanten Schallschutzes. Eine nachträgliche Verbesserung des Schallschutzes ist – im Gegensatz zum Wärmeschutz – leider kaum möglich.

Deshalb können bei mangelhaft ausgeführten Schallschutzmaßnahmen erhebliche Regressforderungen auf das betreffende Unternehmen zukommen.

> Ein lautes Radio erzeugt Luftschall, der sich in den Bauteilen als Körperschall fortpflanzt und wieder in Luftschall umgewandelt wird. Beim Gehen entsteht auf einer Decke unmittelbar Trittschall, der sich ebenso als Luftschall bemerkbar macht.

Das Empfinden der Lautstärke ist nicht proportional den Schallpegelwerten. So wird z. B. laute Musik mit 70 dB doppelt so laut empfunden wie leise Musik (60 dB). Um der Gefahr von Gehörschäden zu begegnen, sollte ab etwa 90 dB Gehörschutz getragen werden.

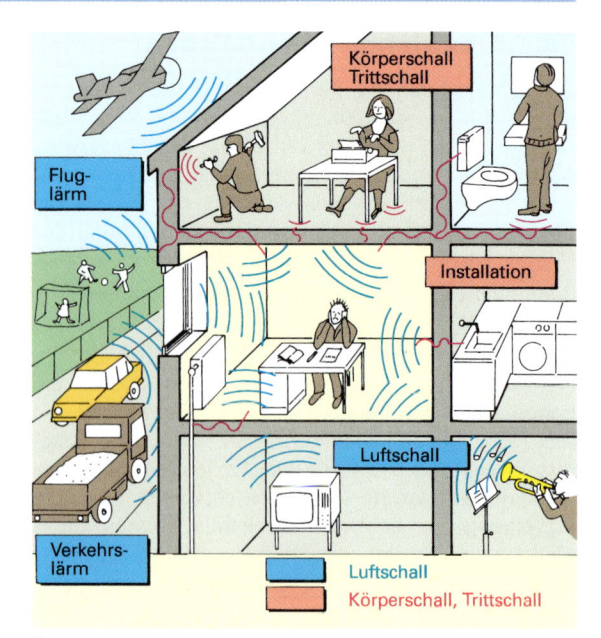

Übertragung von Luft- und Körperschall

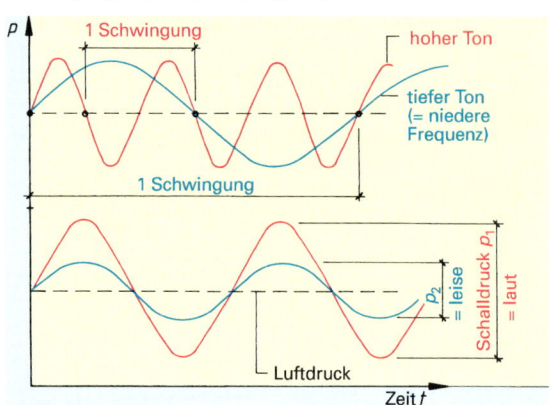

Tonhöhe und Schalldruck

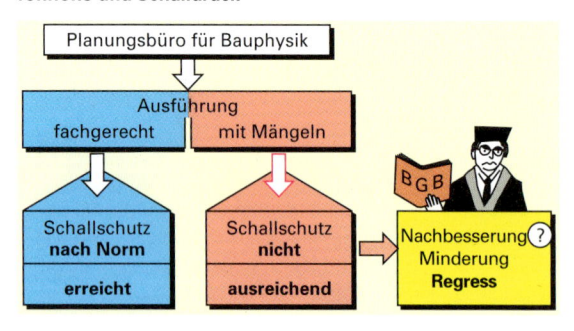

Planung und Ausführung des Schallschutzes

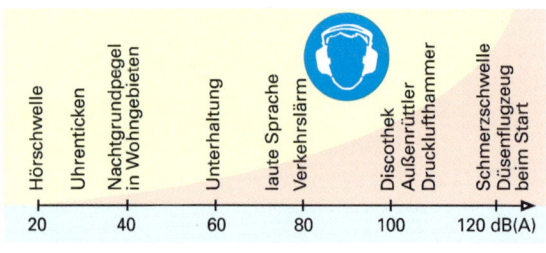

Schallpegel verschiedener Geräusche

14 Herstellen von Estrich — Schallschutz

Unter **Schallschluckung** oder Schallabsorption versteht man den Verlust an Schallenergie bei der Reflexion der Schallwellen an den Begrenzungsflächen eines Raumes (Wände, Decke, Fußboden). Mit entsprechend gestalteten (absorbierenden) Oberflächen kann der Nachhall in einem Raum geregelt werden.

14.2.2 Luftschalldämmung

Um den Anforderungen des Luftschallschutzes gerecht zu werden, sind schon bei der Bauplanung wichtige Grundsätze zu beachten:

- Wohn- und Schlafräume wenig von Außenlärm betroffen (nicht an der Straßenseite).
- Schlafräume nicht neben Treppenraum.
- An Wohnungstrennwänden sollen möglichst Räume gleicher Nutzung aufeinander stoßen, also z. B. Küche an Küche, Schlafzimmer an Schlafzimmer.

Einschalige Bauteile

Einschalige Wände sind umso besser schalldämmend, je größer ihre Masse ist. Deshalb spielen Dicke und Rohdichte eine wesentliche Rolle, wobei auch die Putzschichten mit berücksichtigt werden. Allerdings breitet sich der Schall auch über flankierende Bauteile, also angrenzende Wände und Decken aus, sodass der Schallschutz nie zu knapp bemessen werden darf. Vereinfacht beträgt die Schalldämmung im dargestellten Beispiel

$R \approx 80\ \text{dB} - 30\ \text{dB} = 50\ \text{dB}$

Wir berechnen den Luftschallschutz einer Wohnungstrennwand mit Hilfe des dargestellten Diagramms:

24 cm Hochlochziegel, Rohdichte 1,4 kg/dm³
2 × 1 cm Gipsputz, Rohdichte 1,2 kg/dm³

Ziegelwand $m_1 = 0{,}24\ \text{m} \cdot 1400\ \text{kg/m}^3 = 335\ \text{kg/m}^2$
Putz $\quad m_2 = 2 \cdot 0{,}01\ \text{m} \cdot 1200\ \text{kg/m}^3 = 24\ \text{kg/m}^2$
$\qquad\qquad\qquad\qquad\qquad\qquad m \approx 360\ \text{kg/m}^2$

Im Diagramm lesen wir ab $R \approx 51\ \text{dB}$.

Da für Trennwände ≥ 53 dB als Mindestwert gefordert sind, reicht der Schallschutz nicht aus. Es muss also eine höhere Rohdichte gewählt werden.

Wände und Decken mit Hohlräumen (Kammern, Hohlkörper) sind schlechter, als es ihre ohnedies niedrige flächenbezogene Masse erwarten lässt. Ebenso wirken sich Installationsschlitze negativ aus.

Zweischalige Bauteile

Sowohl Wände als auch Decken können zweischalig ausgeführt werden. Sie verbessern sowohl den Luft- als auch den Körperschallschutz erheblich. Bei schweren Wänden mit einer durchgehenden Trennfuge kann von einer Verbesserung um 12 dB gegenüber einer gleichdicken Massivwand ausgegangen werden. Eine Fuge von ≥ 3 cm mit einem weichfedernden Dämmstoff (Mineralfaser, siehe Abschnitt 14.3), bei Vermeidung jeglicher Schallbrücken, führen zu sehr guten Konstruktionen, die auch für den erhöhten Schallschutz, z. B. bei Reihenhäusern geeignet sind.

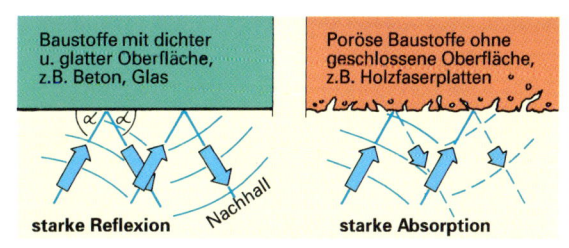

Die Schallschluckung ist von der Oberfläche abhängig

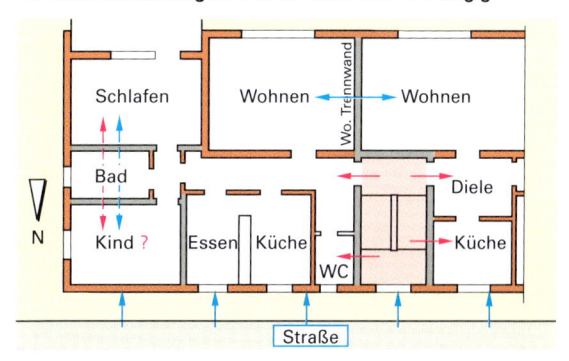

Beispiel für die Anordnung der Räume

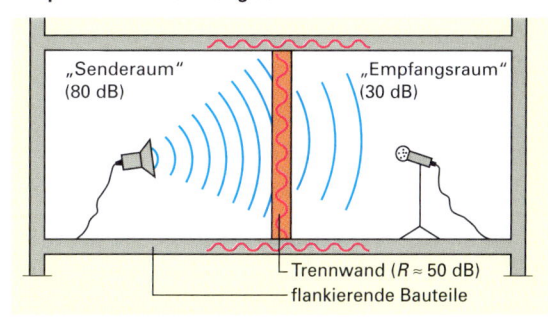

Prüfung der Luftschalldämmung einer Trennwand

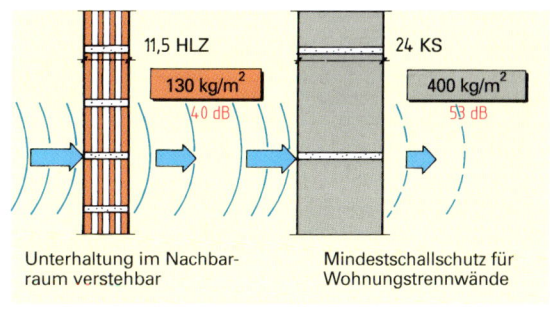

Bedeutung der flächenbezogenen Masse einschaliger Bauteile

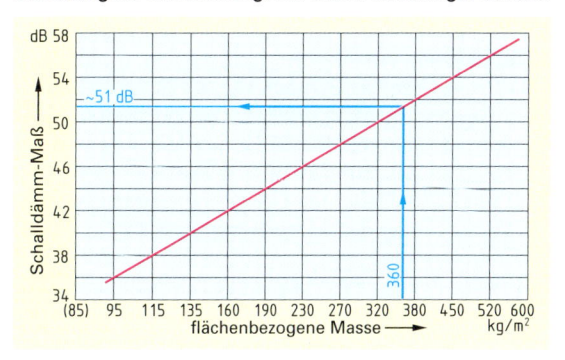

Zusammenhang von Schalldämm-Maß und Masse

14 Herstellen von Estrich   Schallschutz

Beispiel einer zweischaligen Wand aus Kalksandstein-Elementen, unverputzt:

2 × 17,5 cm Kalksandstein, Rohdichte 1,6 kg/dm³
$m = 2 \cdot 0{,}175 \text{ m} \cdot 1600 \text{ kg/m}^3 = 560 \text{ kg/m}^2$

Nach Diagramm	$R \approx 56$ dB
Für die Zweischaligkeit	+ 12 dB
	$R \approx 68$ dB

Neben Bauteilen aus zwei schweren, biegesteifen Schalen unterscheidet man:
- biegeweiche Schale vor biegesteifem Bauteil (Wand mit Vorsatzschale oder Decke mit Unterdecke z. B. aus Gipsplatten),
- zwei biegeweiche Schalen (z. B. Gipsplatten-Ständerwand).

> Einschalige Bauteile besitzen eine umso bessere Luftschalldämmung, je schwerer sie sind. Bei zweischaligen Bauteilen lässt sich die erforderliche Schalldämmung mit einer geringeren flächenbezogenen Masse erzielen. Es dürfen aber keine Schallbrücken vorhanden sein.

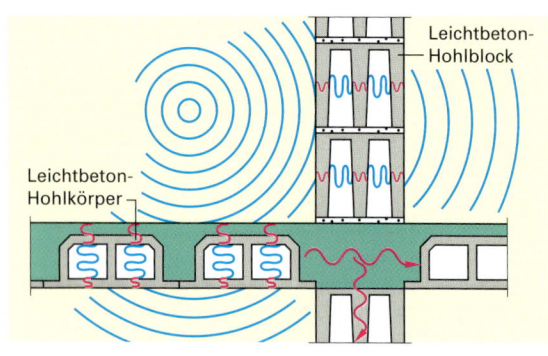

Verringerung des Schallschutzes bei Hohlräumen

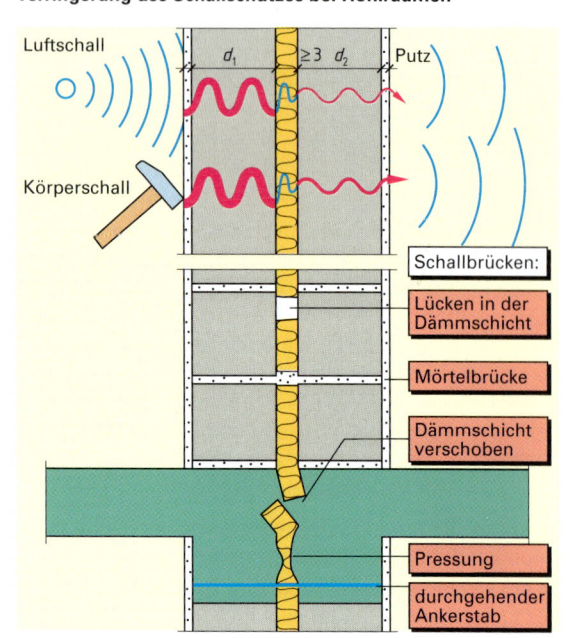

Zweischalige Wand – mögliche Schallbrücken

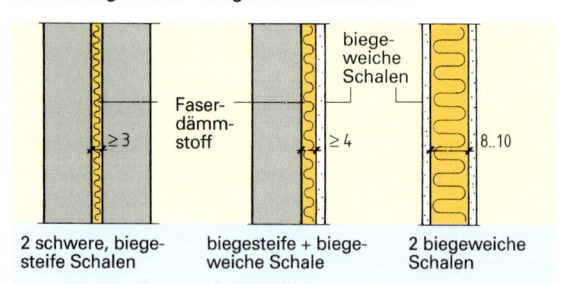

Schallbrücken:
- Lücken in der Dämmschicht
- Mörtelbrücke
- Dämmschicht verschoben
- Pressung
- durchgehender Ankerstab

14.2.3 Trittschalldämmung von Massivdecken

Gehen und andere stoßartigen Bewegungen auf einer Massivdecke erzeugen **Trittschall**, der als Körperschall über andere Bauteile weitergeleitet und in Luftschall umgesetzt wird. Optimaler Trittschallschutz wird nach heutigem Stand der Technik durch schwimmende Estriche auf genügend schweren Massivdecken (Plattendecken $d \geq 16$ cm) erreicht. Auch die Luftschalldämmung wird durch dieses Prinzip der Zweischaligkeit verbessert.

Voraussetzungen sind:
- genügende Estrichdicke ($d \geq 3{,}5$ cm),
- weichfedernde Dämmschicht – (Trittschall-Dämmplatten T mit Federungsvermögen, siehe Abschnitt 14.3),
- das Vermeiden von Schallbrücken.

Je weicher die Dämmschicht, desto besser muss die lastverteilende Wirkung des Estrichs sein. In manchen Fällen muss der Estrich durch ein verzinktes oder Edelstahl-Gewebe bewehrt werden. Die Zusammenpressbarkeit des Dämmstoffs wird durch die Angabe von zwei Zahlen gekennzeichnet (z. B. 30/25 = unbelastet/gepresst). Weichfedernde Gehbeläge tragen ebenfalls zur Verbesserung des Trittschallschutzes bei.

Die Wirksamkeit des geplanten Trittschallschutzes kann erst nach Abschluss der Arbeiten, in der Regel nach Bezug des Gebäudes, durch Messungen überprüft werden.

Arten zweischaliger Wände

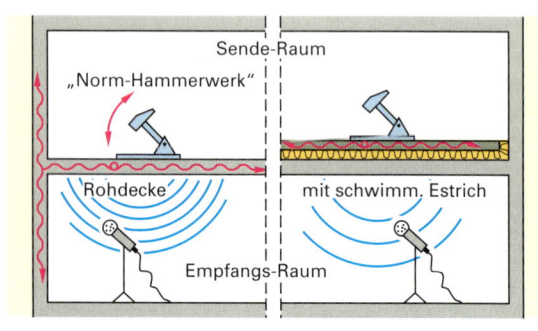

2 schwere, biegesteife Schalen | biegesteife + biegeweiche Schale | 2 biegeweiche Schalen

Messen des Trittschalls

14 Herstellen von Estrich Schallschutz

Auch für Treppenläufe wird Trittschallschutz verlangt. Da hier Beläge nicht „schwimmend" angeordnet werden können, setzt man die Laufplatte auf „Polster" (z. B. Hartgummi, siehe Abschnitt 14.6) und fügt zwischen Wandwange und Treppenraumwand eine Dämmschicht ein. Auch hier kann durch unachtsames Arbeiten der Erfolg erheblich gemindert werden.

> Die erforderliche Trittschalldämmung erreicht man am wirksamsten durch Massivdecken mit großer flächenbezogener Masse und darüber liegendem schwimmendem Estrich.
> Bei Massivtreppen kann Trittschallschutz durch Trennen des Treppenlaufs von den angrenzenden Bauteilen erreicht werden.

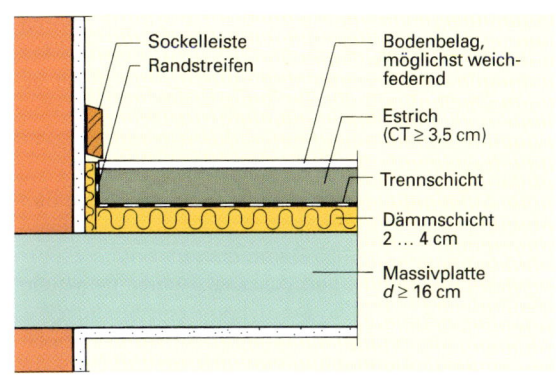

14.3 Dämmstoffe für den Schall- und Wärmeschutz

An die Außenluft grenzende Bauteile müssen einen hohen Wärmeschutz aufweisen, der in der Regel mit porosierten Mauersteinen oder zusätzlichen Dämmschichten erreicht wird. Innen liegende Bauteile müssen häufig einen bestimmten Schallschutz aufweisen. Für den Luftschallschutz günstige schwere Wände und Decken tragen zum Wärmeschutz kaum bei, speichern jedoch die Wärme gut und werden deshalb hauptsächlich im Gebäudeinnern verwendet. Die Dämmstoffschicht zweischaliger Bauteile dient auch dem Wärmeschutz.

Im Bauwesen dürfen nur genormte oder bauaufsichtlich zugelassene Dämmstoffe verwendet werden. Auf den Dämmstoffen bzw. deren Verpackung müssen die Eigenschaften deutlich gekennzeichnet sein. Da eine Reihe von Dämmstoffen ähnlich aussehen (z. B. Mineralfaserdämmstoffe), aber völlig unterschiedliche Eigenschaften haben, ist die Beachtung der Kennzeichnung von großer Bedeutung.

Estrich auf Dämmschicht (schwimmender Estrich)

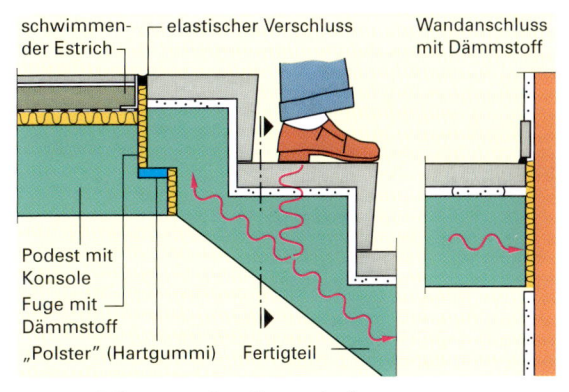

Trittschalldämmung eines Treppenlaufs

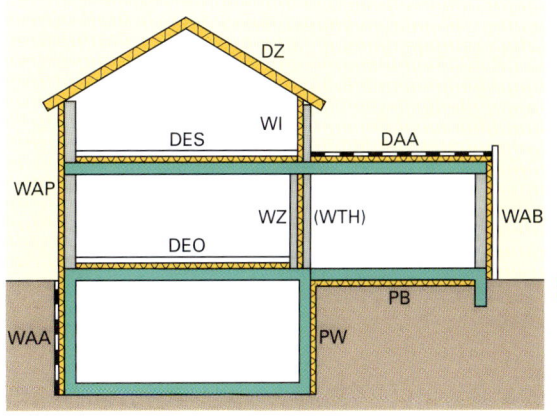

Anwendungsgebiete von Dämmstoffen

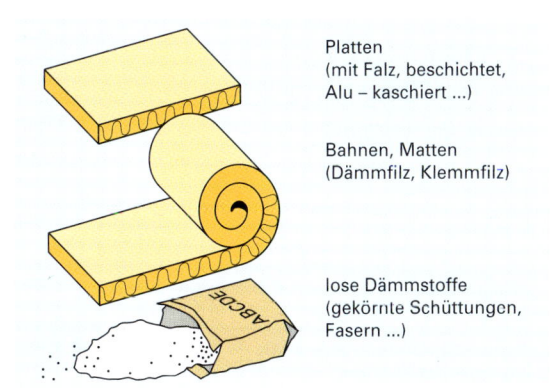

Decke, Dach	
DEO	Innendämmung der Decke unter Estrich, ohne Schallschutz
DES	Innendämmung der Decke unter Estrich, mit Schallschutzanforderungen
DZ	Zwischensparrendämmung
DAA	Dachaußendämmung
Wand	
WAP	Außendämmung der Wand unter Putz
WAB	Außendämmung hinter Wandbekleidung
WAA	Außendämmung hinter Abdichtung
WZ	Dämmung von zweischaligen Wänden, Kerndämmung
WI	Innendämmung von Wänden
WTH	Dämmung zwischen Haustrennwänden
Perimeterdämmung (Befeuchtung ausgesetzt)	
PW	Außen liegende Wärmedämmung von Wänden gegen Erdreich
PB	Außen liegende Wärmedämmung unter der Bodenplatte

Anwendung von Dämmstoffen, Kurzzeichen

Lieferformen von Dämmstoffen

14 Herstellen von Estrich — Dämmstoffe

Außer dem Typ-Kurzzeichen werden auf den Verpackungs-Etiketten noch Angaben zu den Anwendungsbereichen in Bauwerken gemacht. Die Dämmstoff-Bezeichnung gibt die Art des Dämmstoffs an. Die Wärmeleitfähigkeitsgruppe ist die Kurzbezeichnung für die Wärmeleitzahl λ.

Aus der Baustoffklasse kann die Brennbarkeit des Baustoffs ersehen werden. Die Dicke wird in mm angegeben, wobei bei Estrich-Dämmplatten unterschieden wird d_L = Lieferdicke und d_B = Dicke unter Belastung, in Kurzform z. B. 30/25. Die dynamische Steifigkeit s' gibt das Federungsvermögen von Estrich-Dämmplatten an. Dämmstoffe sollen geringe Feuchtigkeitsaufnahme haben; sie können auch wasserabweisend hergestellt werden.

Produkt-eigenschaft	Kurz-zeichen	Beschreibung	Beispiele
Druckbe-lastbarkeit	dk	keine Druckbelastbarkeit	Hohlraum-, Zwischensparrendämmung unter Estrich, Wohnbereich
	dg	geringe Druckbelastbarkeit	
	dh	hohe Druckbelastbarkeit	Flachdach, Terrassen Industrieböden, Parkdecks
	ds	sehr hohe Belastbarkeit	
Wasser-aufnahme	wk	keine Anforder. an Wasseraufnahme	Innendämmung im Wohn- und Bürobereich
	wf	Wasseraufn. durch flüssiges Wasser	Außendämmung von Außenwänden
Zug-festigkeit	zh	hohe Zugfestigkeit	Außendämmung unter Putz

Kurzzeichen von Produkteigenschaften, Beispiele

Beispiel für ein Paket-Etikett:

Firmenbezeichnung

Hersteller
Tel.:
http:/www ....

Werk X
IBP Berlin
überwacht
CE

Estrichdämmplatte DIN EN 13162
Anwendungstyp nach DIN 4108-10 DAD dg

Mineralwolle-Dämmstoff, Innendämmung der Decke unter Estrich mit Schallschutzanforderung.
Frei nach GefStoffV und EU-Richtlinie 97/69
Wärmeleitfähigkeitsgruppe 035
Rohdichte mindestens 30 kg/m³
Nicht brennbar A1 (DIN 4102, EN 13501)
Dynamische Steifigkeit ≤ 8 MN/m³

Werk X	Bestell-Nr. 1234567	Dicke (mm) 30/25
Stück 10	Abmessung (mm) 1250/600	m² 7,5

Erläuterungen zum Beispiel:
- Bezeichnung
- Anwendungsgebiet
- Schadstoff-Freiheit
- Wärmeleitzahl
- Baustoffklasse/Brennbarkeit
- Federungsvermögen
- Dicke
- Abmessungen, Paketinhalt

Dämmstoff-Bezeichnung	Kurz-zeichen	Norm	Form	Anwendungsbeispiele	Wärme-schutz	Schall-schutz
Mineralwolle	MW	DIN EN 13162	Matten Filze Platten	Schwimmende Estriche Dämmung zwischen Sparren (Klemmfilz), Trennwände, zweischalige Wände, Flachdach	• • • •	• • • •
Polystyrol-Hartschaum („Styropor") Extruderschaum („Styrodur")	EPS XPS	DIN EN 13163 DIN EN 13164	Platten mit Falz, Blöcke	Fassadendämmung, zweischaliges Mauerwerk, Dämmung an Betonbauteilen, Flachdächer, Perimeterdämmung	• • •	
Polyurethan-Hartschaum	PUR	DIN EN 13165	Platten	Flachdach, Steildachelemente	•	
Schaumglas	CG	DIN EN 13167	Platten Blöcke	Flachdach, druckbelastete Bauteile, Perimeterdämmung	•	
Holzwolle Holzfaser	WW WF	DIN EN 13168 DIN EN 13171	Platten Platten	Außendämmung von Betonbaut. bitumenimprägniert für zweischalige Wände, schw. Estriche	•	•
Expandiertes Perlite	EPB	DIN EN 13169	Schüttung Platten	Schwimmende Estriche Flachdach (Gefälleschicht)	• •	•
Expandierter Kork Cellulose-Fasern, Hanf, Kokosfasern, Schafwolle	ICB – –	DIN EN 13170 – –	Platten lose Matten	Zweischalige Wände, Flachdach Holzrahmenbau, Schüttungen in Holzbalkendecken, „biol. Bauen"	• • •	• • •

14 Herstellen von Estrich — Dämmstoffe, Aufgaben

Dämmstoffe werden häufig mit einseitiger Beschichtung geliefert, z. B. mit Alu-Folien, Bitumenpapier usw. Dabei kann es sich um Fassadendämmplatten, Matten für geneigte Dächer, Schallschluckplatten, Platten mit Haftbeschichtung u. a. handeln. Hier muss zwingend auf die vorgeschriebene Einbaulage dieser Schichten geachtet werden.

Den unterschiedlichen Anforderungen an Dämmstoffe wird ein vielfältiges Angebot gerecht. Die richtige Wahl kann oft nur ein Fachmann treffen.

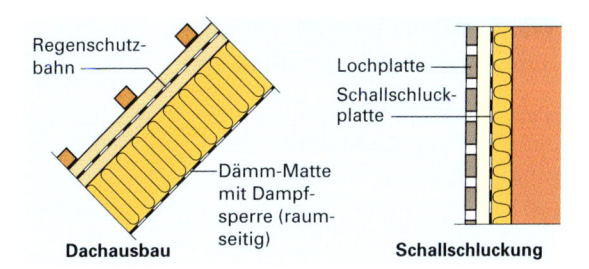

Beschichtungen auf Dämmplatten

Zusammenfassung

Beim baulichen Schallschutz wird Luft-, Körper- und Trittschall unterschieden.

Die erforderliche Schalldämmung wird für einzelne Bauwerksarten und Bauteile durch Tabellenwerte in Dezibel (dB) vorgeschrieben.

Luftschalldämmung kann bei einschaligen Bauteilen durch eine große flächenbezogene Masse erreicht werden. Durch zweischaligen Aufbau kann guter Luftschallschutz schon mit geringeren flächenbezogenen Massen erzielt werden.

Gute Trittschalldämmung erreicht man durch Estriche auf weichfedernden Dämmschichten (schwimmende Estriche) auf Massivdecken mit hoher flächenbezogener Masse. Schallbrücken werden durch Abdeckung der Dämmschicht und durch Randstreifen vermieden.

Baustoffe mit poröser Oberfläche sind schallschluckend und können den Nachhall in einem Raum reduzieren.

Dämmstoffe für den Schallschutz wirken auch wärmedämmend. Steife Dämmstoffe für den Wärmeschutz sind dagegen in der Regel nicht für den Schallschutz geeignet.

Aufgaben:

1. In unserem Projekt soll die 24 cm dicke Trennwand zwischen Büro und Toiletten Schallschutz aufweisen.
   - Welche Schallarten sind zu berücksichtigen?
   - Wählen Sie aus den aufgeführten Mauersteinen den günstigsten und begründen sie: Hochlochziegel, Bimshohlblock, Kalksand-Vollstein, Porenbeton.
2. Durch welche Maßnahmen wird vermieden, dass sich der Trittschall aus der „Cafeteria" in das darunter liegende Besprechungszimmer fortpflanzt?
3. Welche Dämmstoffe können in unserem Projekt bei schwimmenden Estrichen verwendet werden?
4. Welche Baustoffe und Konstruktionen eignen sich um in großen Räumen, z. B. im „Saal", den Nachhall zu reduzieren?
5. Welche Ursachen für Schallbrücken bei zweischaligen Wänden gibt es?
6. Nennen Sie 4 wichtige Bezeichnungen für Eigenschaften von Dämmstoffen für den Schallschutz?
7. Welche Aufgaben kann eine einseitige Folienbeschichtung eines Dämmstoffs haben?

14.4 Umweltfreundliches Bauen mit Dämmstoffen

Beim Bau unseres Jugend-Treffs haben Planer und Bauausführende Überlegungen zum sinnvollen Einsatz der Baustoffe anzustellen. Dies trifft in besonderem Maße auch für Dämmstoffe zu. Einerseits können Dämmstoffe zu besonders guten Ergebnissen beim Schall- und Wärmeschutz führen und tragen z. B. durch geringen Heizenergiebedarf positiv zur Ökobilanz bei. Andererseits müssen sie teilweise mit hohem Energieaufwand produziert werden, beinhalten Schadstoffe oder machen Probleme bei der Entsorgung.

Auf der Baustelle kann diesen negativen Merkmalen am ehesten durch sparsamen Verbrauch und sortenreine Trennung bei der Entsorgung begegnet werden.

Dämmstoff	Einflüsse auf die Umwelt	Gesundheitliche Risiken
Mineralfasern	Problematische Entsorgung	Gefährdung durch Fasern (Allergie)
Asbestfasern	Nicht mehr zulässig (Krebsgefahr!) Atemschutz bei Beseitigung alter Teile	
Extruder- u. a. Hartschäume	FCKW-haltig	gefährliche Gase bei Brand
Schaumglas	Energiekosten	keine
Holzwolleplatten, Holzfaserplatten	gering	keine
Kork, Kokosfaserplatten	Transportwege	gering
Zellulosefasern Schafwolle	keine	keine

Beispiele für die Beurteilung von Dämmstoffen

14 Herstellen von Estrich — Baustoffbedarf

14.5 Massenermittlung und Abrechnung

Nach DIN 18353 sind **Estricharbeiten** getrennt nach Dicke (cm) und Flächenmaß (m²) abzurechnen.

Öffnungen, Pfeilervorlagen und Rohrdurchdringungen von über 0,10 m² Einzelgröße werden abgezogen.

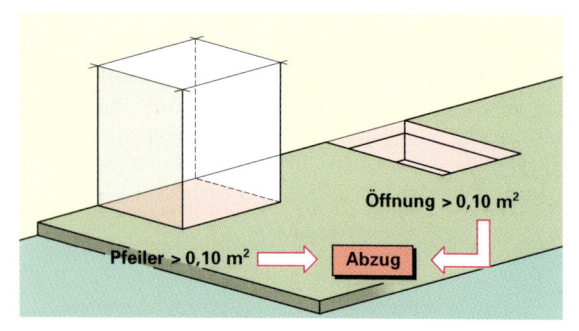

Abzuziehende Einzelgrößen

Beispiel:
Der Stahlbetonboden der dargestellten Doppelgarage erhält einen 3 cm dicken Verbundestrich. Bestimmen Sie die für die Abrechnung maßgebliche Estrichfläche.

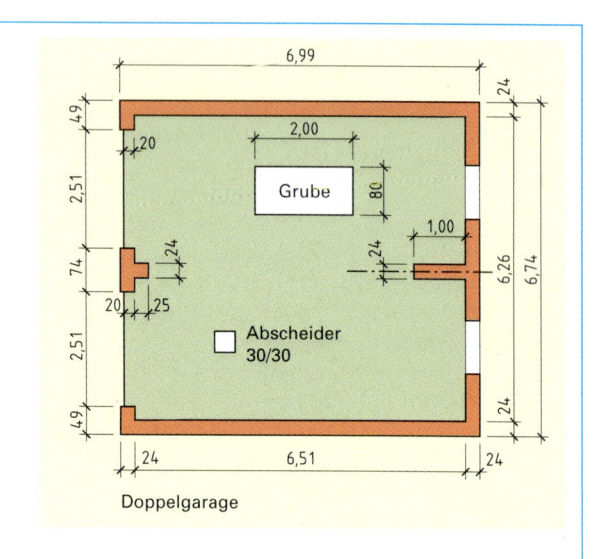

Lösung:

6,51 m · 6,26 m	= 40,75 m²
2 · 0,20 m · 2,51 m	= 1,00 m²
Grundfläche	= 41,75 m²

Abzüge:

2,00 m · 0,80 m = 1,60 m²
1,00 m · 0,24 m = 0,24 m²
(0,25 m · 0,24 m = 0,06 m² < 0,1 m²)
(0,30 m · 0,30 m = 0,09 m² < 0,1 m²)

Summe der Abzüge:	= 1,84 m²
Messgehalt:	= 39,91 m²

Doppelgarage

Die **Eigenlasten** von Decken einschließlich der Putzschichten und des Fußbodenaufbaus sind im Bauwesen für die Aufstellung statischer Berechnungen erforderlich. Für die Einrüstung bei Schalungsarbeiten müssen die Lasten der Rohdecken ermittelt werden.

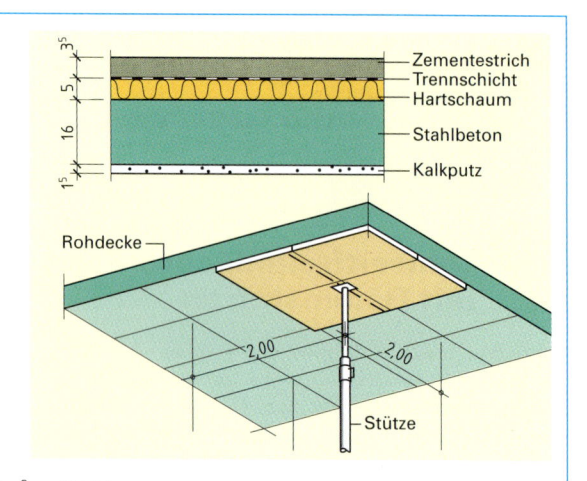

Beispiel:

a) Ermitteln Sie die Eigenlast der dargestellten Stahlbetondecke pro m².
b) Berechnen Sie die Belastung einer Schalungsstütze durch die Rohdecke bei einem Stützenabstand von 2,0 × 2,0 m.

Lösung:

a) Zementestrich: 1,00 m · 1,00 m · 0,035 m · 2100 kg/m³ = 73,5 kg
   Trennschicht: –
   Hartschaum: 1,00 m · 1,00 m · 0,05 m ·   30 kg/m³ = 1,5 kg
   Stahlbetonplatte: 1,00 m · 1,00 m · 0,16 m · 2500 kg/m³ = 400,0 kg
   Kalkputz: 1,00 m · 1,00 m · 0,015 m · 1800 kg/m³ = 27,0 kg
   Gesamtmasse pro m² Decke   502,0 kg
   Eigenlast pro m² Decke = 502 · 10 = 5020 N = **5,02 kN**

b) 4 · 400 kg = 1600 kg = 1600 · 10 = 16 000 N = **16 kN/Stütze**

14 Herstellen von Estrich — Aufgaben

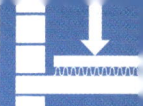

Aufgaben:

1. Auf dem „Balkon" im Obergeschoss unseres Projekts wird ein Gefälleestrich (CT, 1,5% Gefälle) aufgebracht. Die geringste Dicke beträgt 2 cm.
   Berechnen Sie
   a) den Bedarf an Estrichmörtel (Liter),
   b) die mittlere Belastung der Decke pro m² (in kN) durch den Estrich (Rohdichte 2200 kg/m³).

2. Im Laborbereich des Erdgeschosses unseres Projekts wird ein Zementestrich auf Trennschicht, 4 cm dick, aufgebracht. Er soll durch Dehnungsfugen in 4 zweckmäßige Felder unterteilt werden (fehlende Maße entnehmen Sie maßstäblich der Projektzeichnung).
   Berechnen Sie
   a) den Bedarf an Estrichmörtel für jedes Feld (Liter),
   b) den Bedarf an Dehnungsfugen-Leisten (m),
   c) den Bedarf an PE-Folie, 1 m breit, für die Trennschicht bei zweischichtiger Verlegung. Die Stoßüberdeckung beträgt je 10 cm und die Randaufkantung 6 cm (m²).

3. Eingangspodest und überdachte Terrasse des Projekts werden mit Verbundestrich versehen. Berechnen Sie (angenähert) den Bedarf an Estrichmörtel bei 3 mm Verdichtung, einer Mindestdicke von 4 cm an der Pfeilerreihe und 1,5% Gefälle.

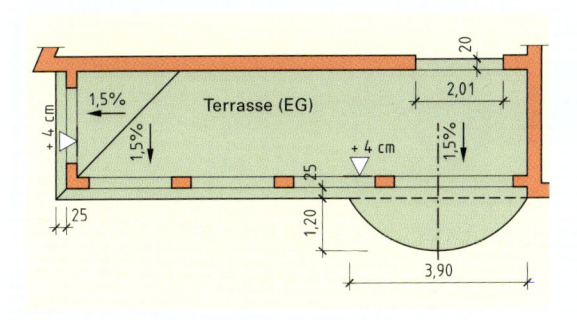

4. Sämtliche Räume im Obergeschoss unseres Projekts werden als schwimmender Estrich (Fließestrich) 4 cm dick ausgeführt.
   Berechnen Sie
   a) den Bedarf an Estrichdämmplatten T, Dicke 25/20 mm bei einem Verschnitt von 4%. Wie viele Pakete sind zu bestellen, wenn 1 Paket 10,50 m² umfasst?
   b) den Bedarf an Randstreifen (m),
   c) den Bedarf an Fließestrich bei einem Verbrauch von 18 kg pro cm Dicke (kg).

5. Für die Wände des Besprechungszimmers wird ein Schalldämm-Maß von 52 dB gefordert. Welche Rohdichte muss eine 24 cm dicke Wand aus Kalksandsteinen mindestens besitzen?

6. a) Ermitteln Sie die Eigenlast der dargestellten Stahlbetondecke unseres Projekts pro m².
   b) Berechnen Sie die Belastung einer Schalungsstütze durch die Rohdecke bei einem Stützenabstand von 2,25 m × 2,25 m.

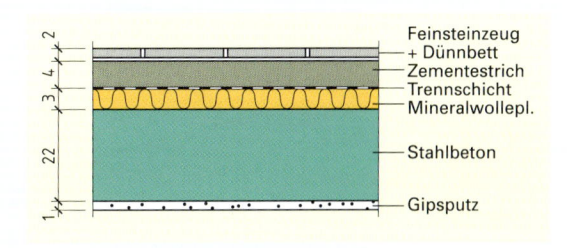

7. Sockel-Detail des Deckenaufbaus zwischen Besprechungszimmer und Tennisraum einschließlich der Außenwandkonstruktion.
   a) Skizzieren Sie das Detail im Maßstab 1:10, bemaßen Sie, tragen Sie die Baustoffsymbole und Bezeichnungen ein.
   b) Überprüfen Sie die Konstruktion in Bezug auf den Schallschutz und hinsichtlich eventuell vorhandener Wärmebrücken.

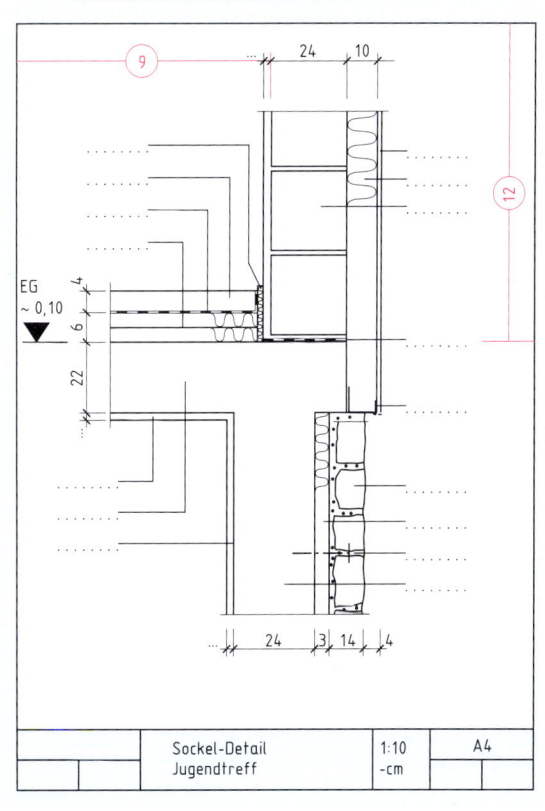

14 Herstellen von Estrich — Estriche, Schallschutz

14.6 Zeichnerische Darstellung

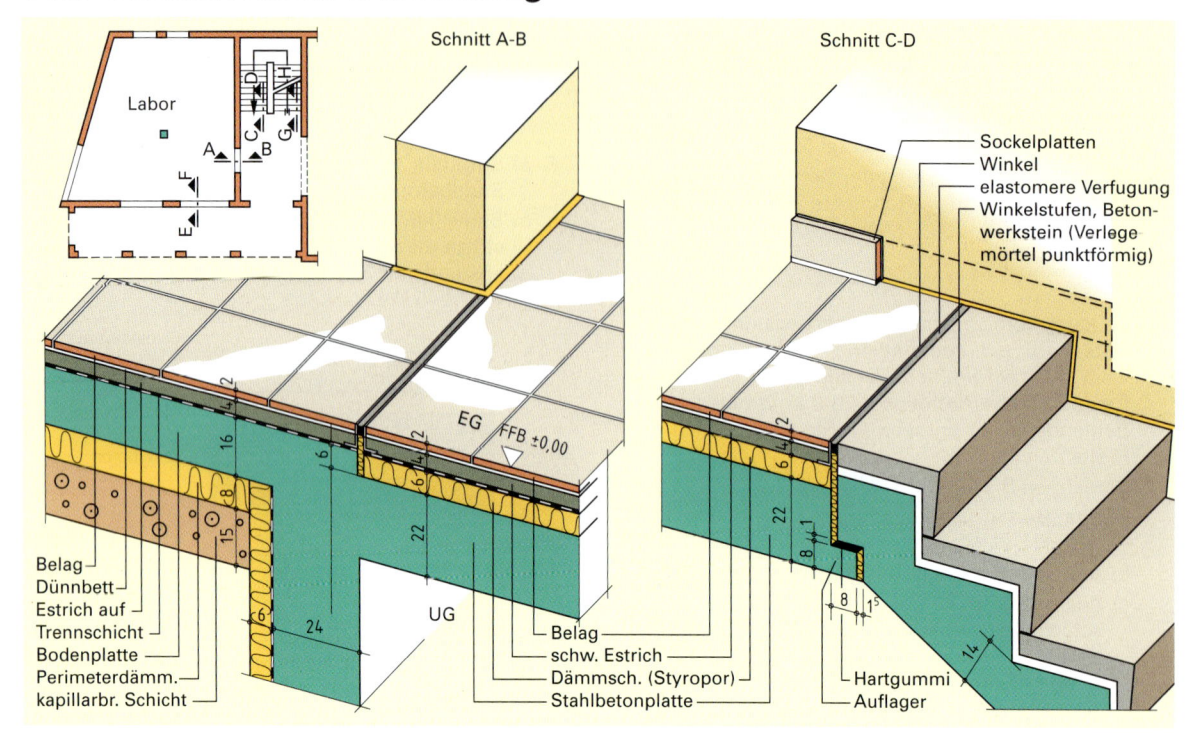

Schnitt A-B

Schnitt C-D — Sockelplatten, Winkel, elastomere Verfugung, Winkelstufen, Betonwerkstein (Verlegemörtel punktförmig)

Belag — Dünnbett — Estrich auf Trennschicht — Bodenplatte — Perimeterdämm. — kapillarbr. Schicht

Belag — schw. Estrich — Dämmsch. (Styropor) — Stahlbetonplatte

Hartgummi — Auflager

Fußbodenaufbau und Treppe im Erdgeschoss

1. Aufgabe:
Zeichnen Sie den Schnitt E-F (s. Grundrissausschnitt) durch die Außenwand des Erdgeschoßes mit den angrenzenden Fußbodenaufbauten.

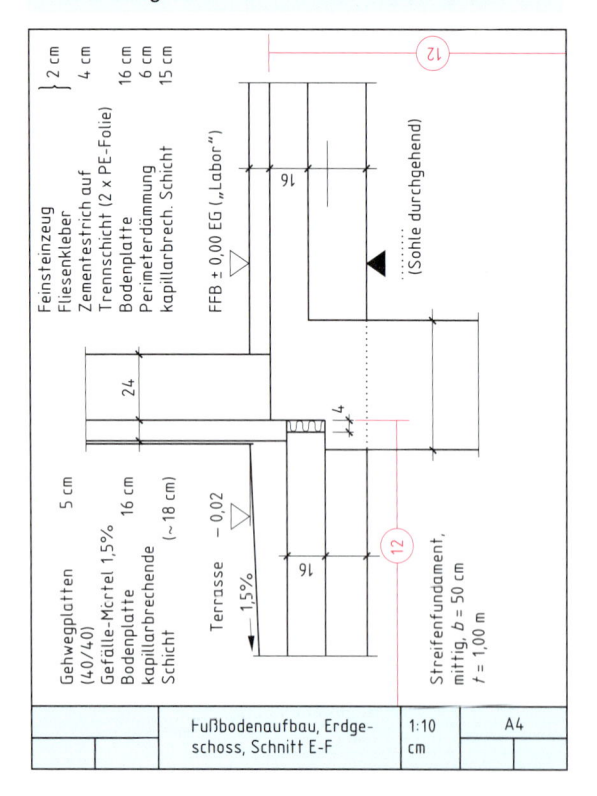

2. Aufgabe:
Zeichnen Sie den Schnitt G-H (s. Grundrissausschnitt) durch die Auflager der Podesttreppe mit dem angrenzenden Fußbodenaufbau.

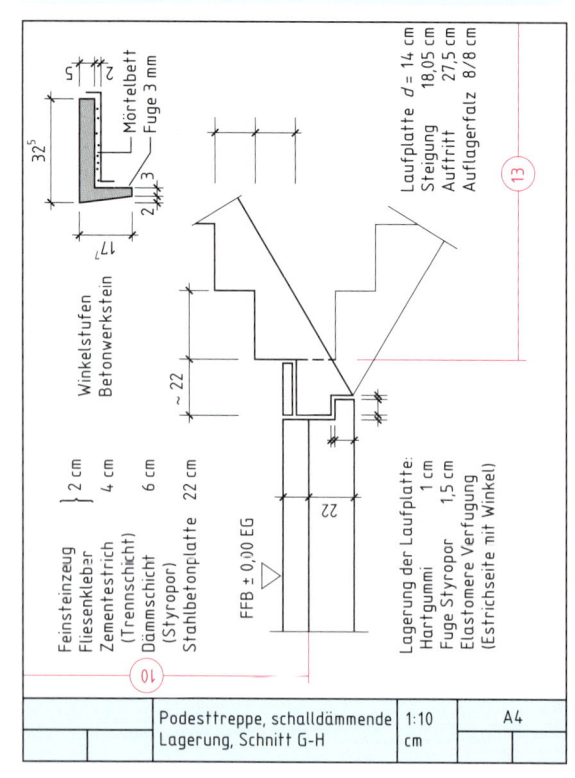

Schnitt E-F: Feinsteinzeug 2 cm, Fliesenkleber 4 cm, Zementestrich auf Trennschicht (2 × PE-Folie) 16 cm, Bodenplatte 6 cm, Perimeterdämmung 15 cm, kapillarbrech. Schicht. FFB ± 0,00 EG („Labor"). Gehwegplatten (40/40) 5 cm, Gefälle-Mörtel 1,5 %, Bodenplatte 16 cm, kapillarbrechende Schicht (~18 cm). Terrasse −0,02, 1,5 %. Streifenfundament, mittig, b = 50 cm, t = 1,00 m.

Fußbodenaufbau, Erdgeschoss, Schnitt E-F — 1:10 cm — A4

Schnitt G-H: Mörtelbett, Fuge 3 mm. Winkelstufen Betonwerkstein. Feinsteinzeug 2 cm, Fliesenkleber 4 cm, Zementestrich (Trennschicht) 6 cm, Dämmschicht (Styropor) 22 cm, Stahlbetonplatte. FFB ± 0,00 EG. Lagerung der Laufplatte: Hartgummi 1 cm, Fuge Styropor 1,5 cm, Elastomere Verfugung (Estrichseite mit Winkel). Laufplatte d = 14 cm, Steigung 18,05 cm, Auftritt 27,5 cm, Auflagerfalz 8/8 cm.

Podesttreppe, schalldämmende Lagerung, Schnitt G-H — 1:10 cm — A4

Kapitel 15:
Herstellen einer Stützwand

Kapitel 15 vermittelt die Kenntnisse des Lernfeldes 15 für Beton- und Stahlbetonbauer/-innen.

Bei unserem Projekt „Jugendtreff" werden auf der Nordseite rechts und links der Garage Stützwände errichtet. Sie verhindern das Abrutschen des höher liegenden Geländes.

Stützwände gibt es in unterschiedlichen Größenordnungen, von der kniehohen Stützwand aus Fertigteilen in Gartenanlagen bis zu mehr als 20 m hohen Stützwänden in Seehäfen. Im Hochbau werden Stützwände als Baugrubenverbau benötigt, wenn die Baugrube nicht abgeböscht werden kann.

Auch für Abstützungen von Verkehrswegen und für die Sicherung von Ufern gegen Unterspülung sind Stützwände erforderlich.

Werden Stützwände betoniert, so werden je nach Bauaufgaben bestimmte Anforderungen an den Beton gestellt. Es sind dann Betone mit besonderen Eigenschaften, Sonderbetone und verschiedene Einbringverfahren erforderlich.

Die fachlich richtige Ausführung erfordert vom Beton- und Stahlbetonbauer besondere Kenntnisse und Fertigkeiten. Er muss wissen, worauf bei der fachgerechten Herstellung einer Stützwand zu achten ist.

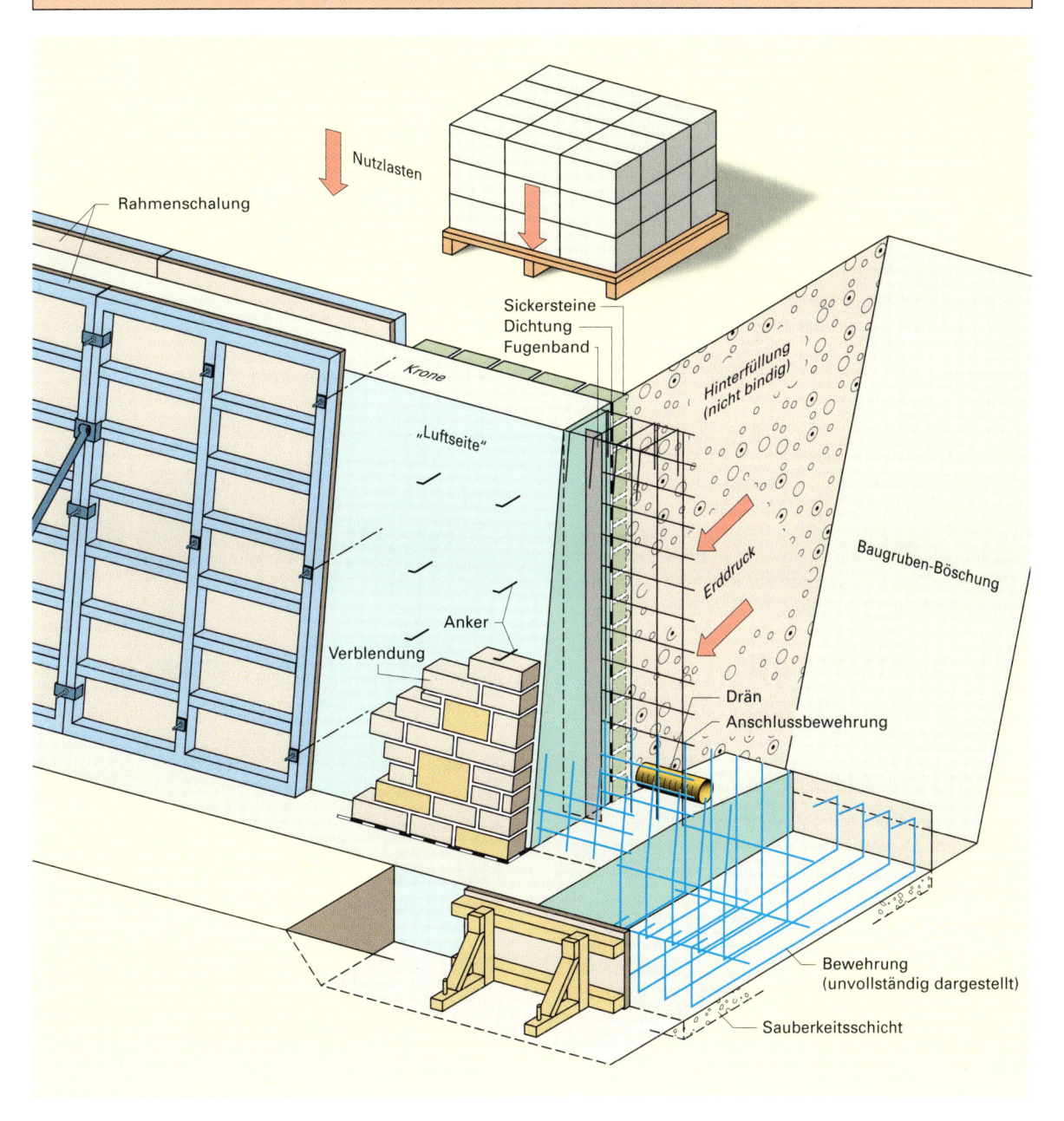

15 Herstellen einer Stützwand

Anforderungen

15.1 Anforderungen an Stützwände

Stützwände haben die Aufgaben, den dahinter liegenden Boden abzustützen. Sie werden gebaut, wenn der natürliche Böschungswinkel des Bodens kleiner als der geforderte Böschungswinkel ist.

Stützwände werden durch den dahinter liegenden Boden belastet.

Nach DIN 1054 müssen Stützwände **standsicher** und **gleitsicher** sein und die Werte für die aufnehmbaren Sohldrücke müssen eingehalten werden.

Die an einer Stützwand wirkenden Kräfte ergeben sich aus folgenden einzelnen Lasten:

G = Eigenlast der Stützwand
G_E = Eigenlast des Bodens
E = Erddruckkraft
E_p = Erddruckkraft aus Nutzlasten

Die aus Wandeigenlast, Erdlast und Erddruckkräften bestehende **Resultierende (R)** erzeugt den Sohldruck. Die Resultierende muss im mittleren Drittel der Bodenfuge liegen, so dass keine klaffende Fuge entsteht. Durch diese Forderung wird vermieden, dass der Baugrund unter dauernd hoch belasteten Fundamentkanten ausweicht. Ein Kippen von Stützwänden ist bei dieser Lage der Resultierenden nicht mehr möglich.

Die **horizontale Komponente (R_H)** der Resultierenden ist die **Schubkraft**, die der **Reibungskraft (F_R)** entgegenwirkt.

Eine Stützwand ist gleitsicher, wenn die Schubkraft kleiner als die Reibungskraft ist.

Durch Wasseransammlung hinter einer Stützwand könnte sich die Reibungskraft mindern und die Gleitsicherheit wäre gefährdet. Außerdem erhöht sich durch Wasseransammlung der Erddruck. Als Gegenmaßnahme sind Stützwände mit Sickersteinen an der Rückseite zu versehen und mit nichtbindigen Böden zu hinterfüllen. Am Wandfuß werden sie durch eine Dränung mit Auslässen quer durch die Wand entwässert.

15.2 Stützwandarten

Es werden Schwerlaststützwände und Winkelstützwände unterschieden.

15.2.1 Schwerlaststützwände

Dem anfallenden Erddruck wird die Eigenlast eines zusammenhängenden Mauerkörpers entgegengesetzt. Schwerlaststützwände können aus natürlichen Steinen oder schweren künstlichen Steinen gemauert werden, am häufigsten werden sie jedoch in Ortbeton ausgeführt. Für Stützwände mit geringer Höhe finden auch Betonsteine in L-Form oder U-Form Verwendung. Stützwände aus U-Steinen können auch aus mehreren Schichten, die zum Hang hin abgetreppt sind, bestehen. Bei hohem Erddruck sind Schwerlaststützwände wegen ihres hohen Materialbedarfs unwirtschaftlich.

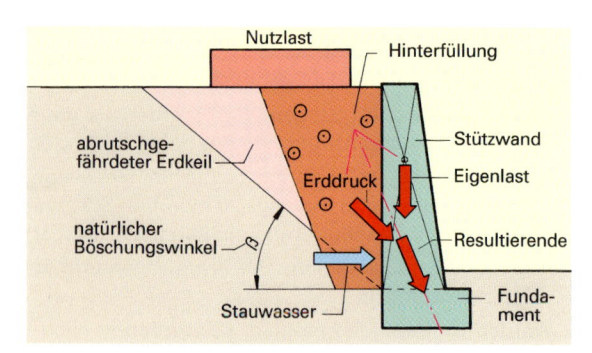

Kräfte an einer Schwerlaststützwand

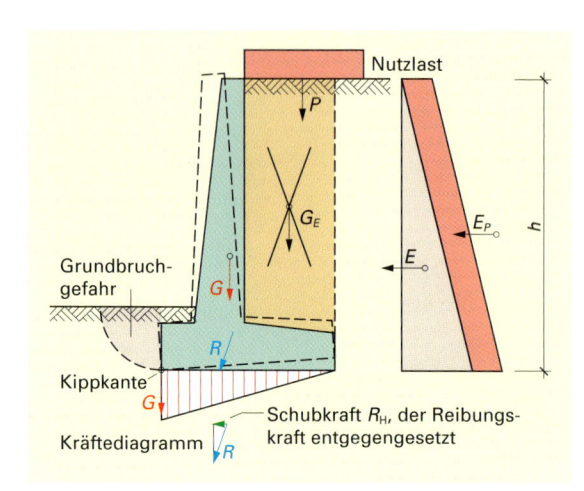

Kräfte an einer Winkelstützwand

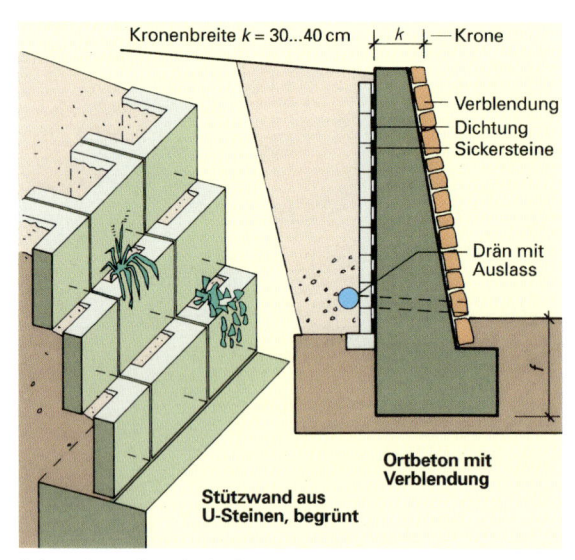

Schwerlaststützwände, Beispiele

> Stützwände haben die Aufgabe, den dahinter liegenden Boden abzustützen. Sie müssen stand- und gleitsicher ausgeführt werden.
>
> Bei Schwerlaststützwänden wirkt dem anfallenden Erddruck die Eigenlast der Wand entgegen.

15 Herstellen einer Stützwand — Winkelstützwände

15.2.2 Winkelstützwände

Winkelstützwände sind ausgesteifte Stützwände aus Stahlbeton. Sie sind gegenüber Schwerlaststützwänden wirtschaftlicher, weil sie weniger Material erfordern. Die senkrechten Erdlasten (Auflast) über dem Fundament können zur Lasterhöhung herangezogen werden.

L-förmige oder **T-förmige Querschnitte** werden gegebenenfalls an der Rückseite durch Rippen ausgesteift. Die Wandplatte muss mit der Grundplatte biegesteif verbunden sein. Bei L-förmigen Querschnitten wird die Grundplatte erdseitig angeordnet.

Verwendet werden Winkelstützwände besonders bei Dämmen und kleinen Einschnitten.

Bei großen Einschnitten ergeben sich wegen der Abböschung für den Arbeitsraum zu große, wiederaufzufüllende Aushubmassen. Diese sollten auch aus Gründen des Landschaftsschutzes vermieden werden.

Die **Stützwand mit Entlastungsplatte** verursacht weniger Aushub, ist daher für Einschnitte besonders gut geeignet. Durch die Vergrößerung der Auflast über dem Kragarm ergibt sich ein rückdrehendes Moment, das nahezu einen gleichmäßigen Sohldruck hervorruft. Nachteilig ist, dass in vier Bauabschnitten zu arbeiten ist.

> Zweck und Wirtschaftlichkeit bestimmen die Form der Stützwand. Filter und Dränung an der Stützwandrückseite sind sorgfältig auszuführen, um die Standsicherheit der Wand nicht zu gefährden.

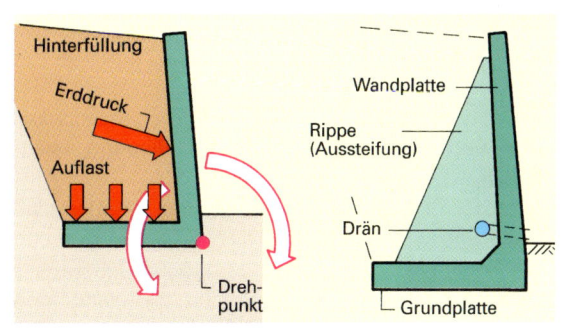

Zusammenfassung

Stützwände stützen den dahinter liegenden Boden ab, dienen der Abstützung von Verkehrswegen und sichern Uferböschungen gegen Unterspülung.

Stützwände müssen stand- und gleitsicher ausgeführt werden.

Gleitsicherheit von Stützwänden ist dann gegeben, wenn die Schubkraft kleiner als die Reibungskraft des Bodens ist.

Stützwände müssen mit Filterschicht und Dränung ausgeführt werden, um Wasseransammlung zu vermeiden.

Es werden Schwerlaststützwände und Winkelstützwände unterschieden.

Schwerlaststützwände können in Ortbeton ausgeführt werden oder aus natürlichen bzw. schweren künstlich hergestellten Steinen gemauert werden.

Winkelstützwände haben L-förmige oder T-förmige Querschnitte, die durch Rippen ausgesteifte sein können.

Wandplatte und Grundplatte müssen biegesteif miteinander verbunden sein.

Eine Stützwand mit Entlastungsplatte als Kragarm ist für große Einschnitte besonders geeignet.

Stahlbeton-Stützwand mit L-Querschnitt

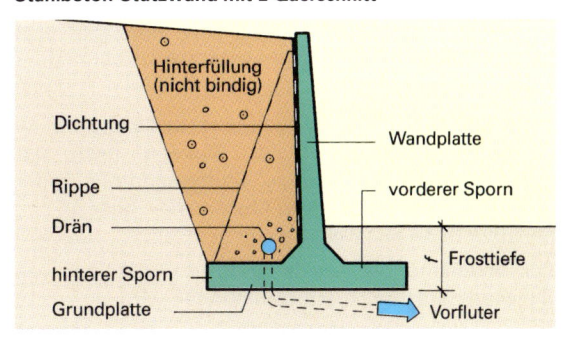

Stahlbeton-Stützwand mit ⊥-Querschnitt

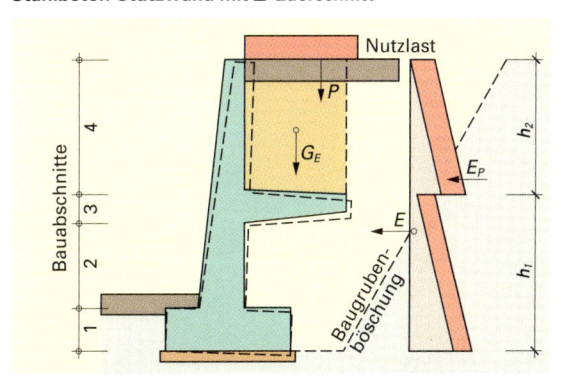

Stützmauer mit Entlastungsplatte (Rucksackmauer)

Aufgaben:

1. Welche Aufgaben erfüllen Stützwände?
2. Welche Anforderungen werden an Stützwände gestellt?
3. Welche Lage muss die Resultierende haben, damit ein Kippen von Stützwänden vermieden wird?
4. In welchem Verhältnis müssen die Schubkraft und die Reibungskraft des Bodens stehen, damit Gleitsicherheit gewährleistet ist?
4. Begründen Sie, warum hinter einer Stützwand Filterschichten und eine Dränung eingebaut werden.
5. Skizzieren Sie den Schnitt durch eine Schwerlaststützwand aus Ortbeton
6. Worauf beruht die Tragfähigkeit einer Stahlbeton-Winkelstützwand?
7. Skizzieren Sie den Schnitt durch eine L-förmige Winkelstützwand aus Stahlbeton. Warum sind sie wirtschaftlicher als Schwerlaststützwände?

15.3 Bewehren einer Winkelstützwand

Winkelstützwände werden einseitig durch Erdruck belastet und sind hauptsächlich auf Biegung beansprucht.

Sie müssen im Gegensatz zu tragenden Wänden eine Bewehrung wie biegebeanspruchte Teile (z. B. Platte und Balken) erhalten.

Zug entsteht bei der Stützwand für die Wand- und Grundplatte auf der Erdseite. Dort ist die tragende Bewehrung, die **Hauptbewehrung**, angeordnet. Hierfür werden Betonstabstähle B500B bzw. Betonstähle in Ringen B500A und B500B oder Betonstahlmatten B500A und B500B verwendet.

Besteht die Hauptbewehrung aus Einzelstäben, so richtet sich ihr maximaler Abstand nach der Stützwanddicke. Bei einer Stützwanddicke unter 25 cm beträgt der maximale Abstand der Stäbe 15 cm, bei einer Dicke ab 25 cm beträgt er 25 cm.

Zur Verteilung der Lasten und zur Aufnahme von Schwind- und Temperaturspannungen wird senkrecht zur Hauptbewehrung, also waagerecht, eine **Querbewehrung** eingebaut.

Die Querbewehrung besteht aus mindestens drei Stäben je Meter. Bei einer Stützwanddicke unter 30 cm beträgt der Mindestdurchmesser 4,5 mm, bei einer Stützwanddicke ab 30 cm misst der Mindestdurchmesser 6,0 mm.

Auf der Luftseite erhält die Wandplatte eine **konstruktive Bewehrung** durch Betonstahlmatten. Diese werden eingebaut, um die Rissbildung durch Schwind- und Temperaturspannungen klein zu halten.

Stützwände sind großen Temperaturunterschieden und dem Schwinden ausgesetzt. Diese verursachen Zugspannungen, die zum Reißen einer Wand führen können. Aus diesem Grund müssen Fugen angeordnet werden (siehe Abschnitt 15.5).

Im oberen Rand ist eine **Zusatzbewehrung** erforderlich. Sie besteht aus einer **Randbewehrung** (mind. 2 Ø 14 mm) und aus **Steckbügeln** (mind. Ø 8 mm).

Um eine biegesteife Verbindung zwischen Wand- und Grundplatte zu erreichen ist eine **Anschlussbewehrung** notwendig (mind. Ø 8 mm).

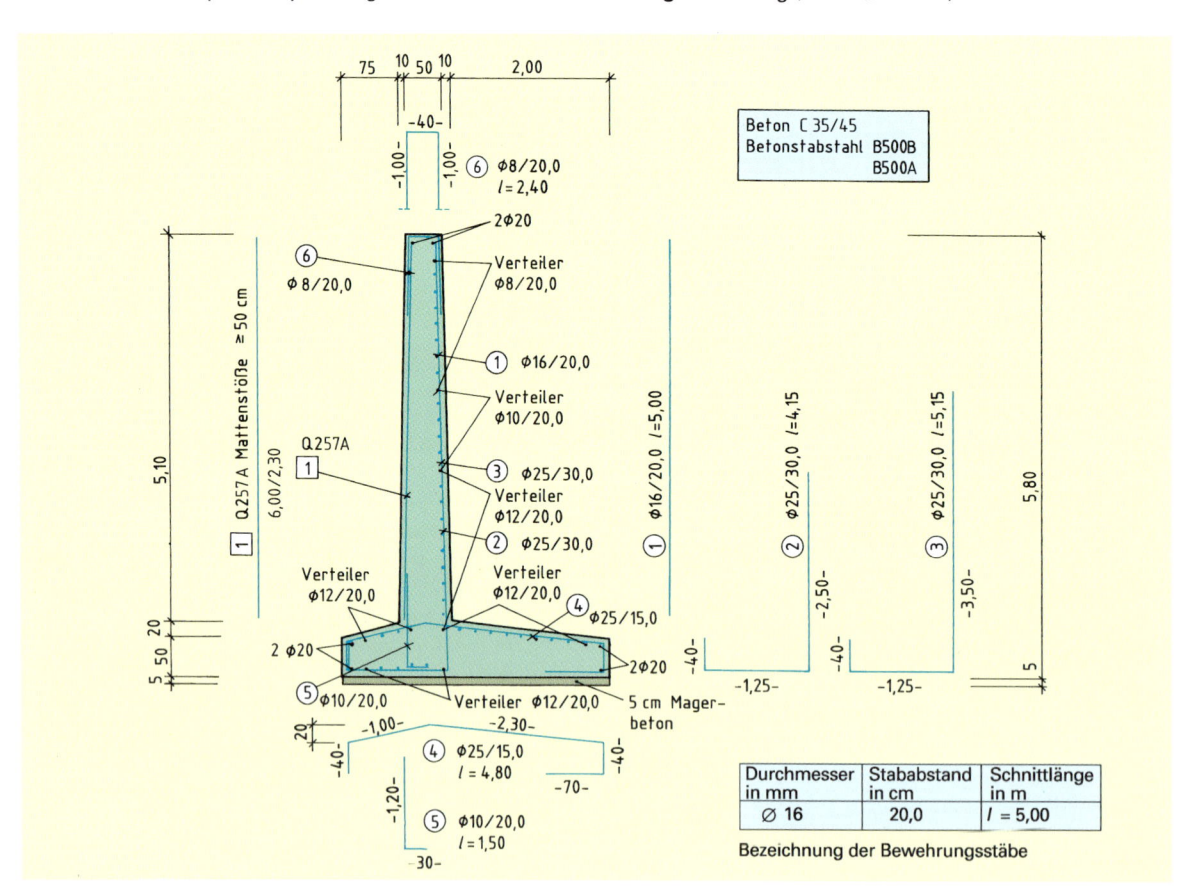

Bewehren einer Winkelstützwand

Auf der „Erdseite" liegt die Biegezugbewehrung, bestehend aus Haupt- und Querbewehrung.

Auf der „Luftseite" liegt eine konstruktive Bewehrung; sie soll die Gefahr der Rissbildung durch Temperatur- und Schwindspannungen verringern. Am oberen Rand der Stützwand ist eine Zusatzbewehrung erforderlich.

15 Herstellen einer Stützwand — Aufgaben

Aufgaben:

1. Erstellen Sie für die dargestellte Stützwand mit 5 m Länge die Stahl- und Mattenliste. Verwendet werden Betonstabstähle B500B und Lagermatten (B500A) Q188A.
   Betondeckung 3 cm
   Beton C 40/50
   Verbundbereich I

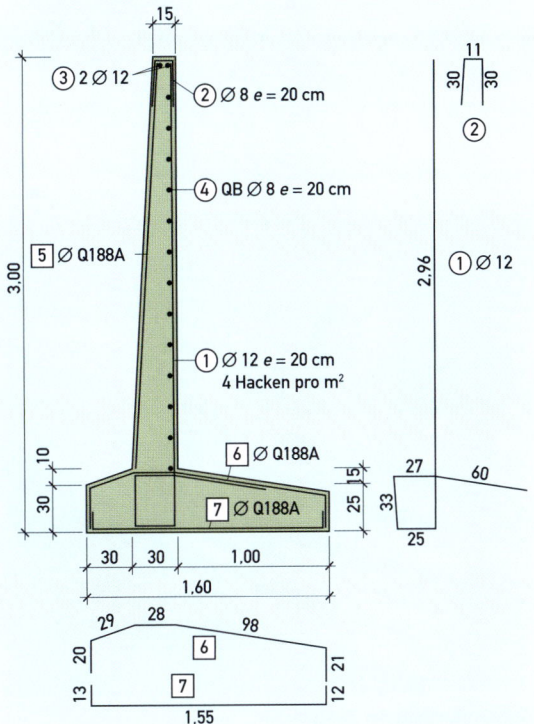

2. a) Benennen Sie die Bewehrungsteile 1…6 für den dargestellten oberen Rand einer Stützwand und geben Sie für die Bewehrungen den jeweiligen Mindestdurchmesser an.

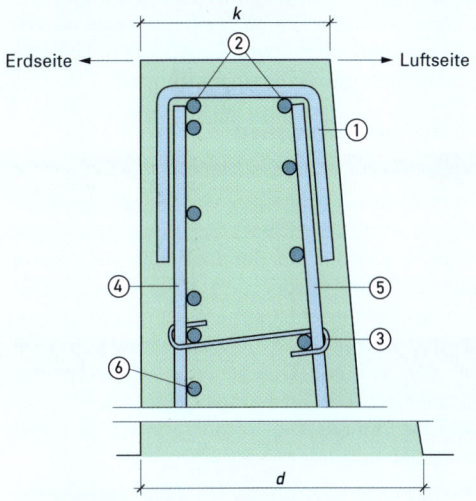

   b) Auf welcher Seite liegt die Biegezugbewehrung?
   c) Welche Aufgaben hat die Querbewehrung zu übernehmen?
   d) Wie können Rissbildungen durch Schwind- und Temperaturspannungen möglichst klein gehalten werden?

3. Die im Querschnitt skizzierte Winkelstützwand wird aus Beton (C 25/30) mit hohem Wassereindringwiderstand hergestellt. Für die Bewehrung sind Stähle B500B und B500A (Q188A) mit den in der Skizze angegebenen Durchmessern und Abständen vorgesehen. Die Betondeckung c_{nom} misst 3,5 cm.
   Darzustellen ist auf einem A3-Zeichenblatt im Maßstab 1:25
   a) die Bewehrungszeichnung,
   b) der Stahlauszug,
   c) die Stahlliste für 1 lfd. m Stützwand.

Betonstahl	B500B B500A – Q188A
Betonfestigkeitsklasse	C 25/30
Expositionsklasse	XC 2
Gesteinskörnung	0/32
Zementfestigkeitsklasse	CEM II 42,5 N
Zementgehalt	340 kg/m³

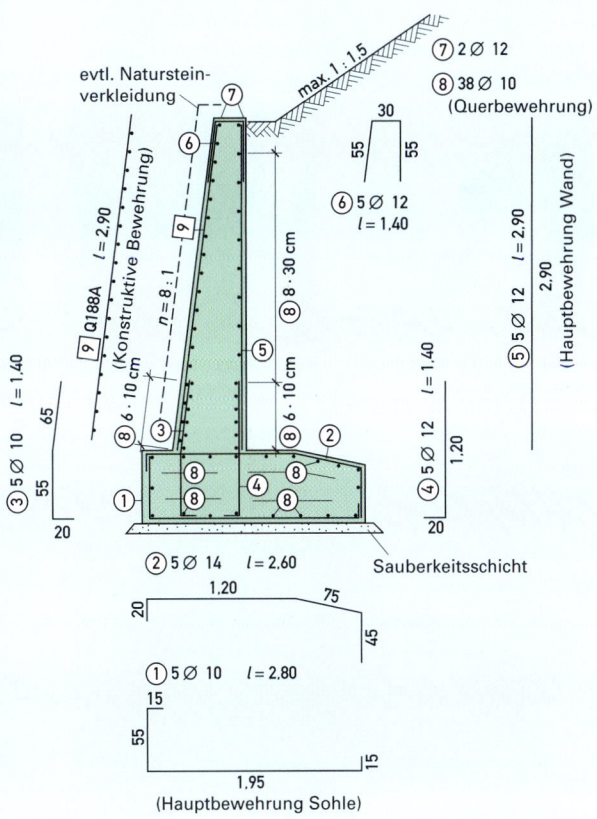

15 Herstellen einer Stützwand — Trägerschalung

15.4 Schalen einer Stützwand

Zum Einschalen einer Stützenwand kommen systemlose Schalungen und Systemschalungen zum Einsatz. Beide Schalungsarten werden in Abschnitt 4.2.1 dargestellt. Aus Gründen der Wirtschaftlichkeit werden Systemschalungen bevorzugt. Zum Einsatz kommen Trägerschalungen und Rahmenschalungen.

K 4.2.1

15.4.1 Trägerschalung

Zwei Systeme werden unterschieden:

1. Die einzelnen Systemteile, wie Schalungsträger (Vollwand- und Gitterträger), Schalungsplatten und Stahlriegel, werden **auf der Baustelle zusammengebaut**. Schalungsträger und Stahlriegel werden mit einfachen **Flanschklammern** schnell zu fertigen Elementen montiert. Stahlriegel werden in Standardlängen und mit Querschnittsprofilen U 100 … U 140 geliefert. Die Schalungsträger haben unterschiedliche Höhen. Die Träger können mit **Aufstocklaschen** verbunden werden.

2. Die Schalelemente werden im Werk **fertig montiert**. Mit wenigen Elementgrößen (Standardgrößen) kann jede Höhe und Länge geschalt werden. Mit einfachen Verbindungslaschen und Verbindungsbolzen lassen sich die Elemente zugfest zusammenbauen. Durch eingebaute Schienen lassen sich die Elemente schnell und sicher aufstocken.

Bei beiden Systemen ist die Schalhaut frei wählbar. Ankerbild und Elementraster passen sich gestalterischen Vorgaben an. Richtstützen und Ausleger können über besondere Trägerkopfstücke an die Elemente angeschlossen werden. Stirnabschalungen erfolgen über Stirnlaschen.

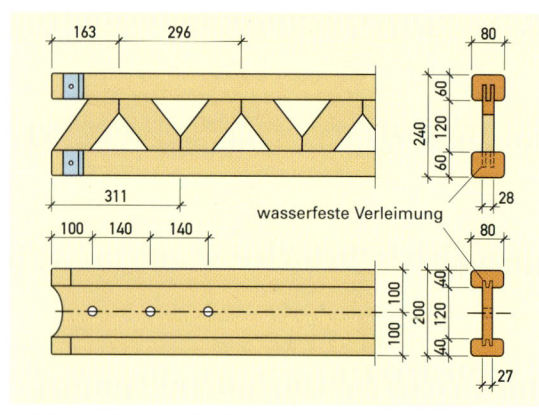

Schalungsgitter- und Vollwandträger aus Holz

Zusammenbau der Systemteile

Verbindung in der Breite mit Laschen und Bolzen

Verbindung in der Höhe mit Aufstockschienen

Befestigung der Stahlriegel am Träger

Verbindung der Träger mit Aufstocklaschen

Fertig montierte Trägerschalung für eine Stützwand

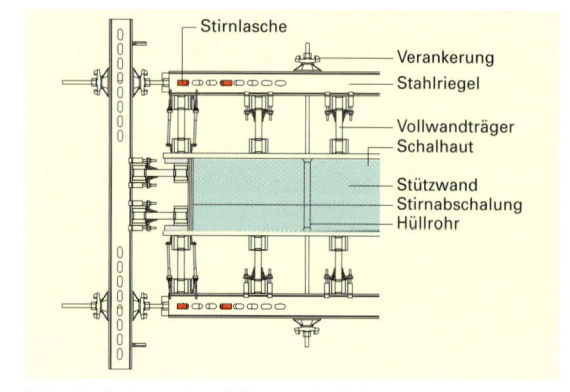

Stirnabschalung einer Stützwand mit Stirnlaschen

15 Herstellen einer Stützwand — Rahmenschalung

Aufgabe:

In einem Schalungsprogramm für Trägerschalungen werden folgende Elemente angeboten:

Höhe in m	Breite in m, Schalhautdicke 21 mm			
	2,00	1,00	0,75	0,5
	Masse in kg			
3,75	440,0	224,0	172,0	120,0
2,75	335,0	166,0	131,0	92,0
1,00	190,0	95,0	79,5	58,0
0,50	90,5	45,4	30,4	27,5

Mit geeigneten Standardelementen soll eine Stützwand mit den Abmessungen 9,50 m × 5,25 m × 0,40 m eingeschalt werden.

a) Erstellen Sie eine Stückliste mit sämtlichen Standardelementen einschließlich der Größe der Elementflächen und der Gesamtmasse.

b) Zeichnen Sie im Maßstab 1:50 auf ein A4-Zeichenblatt (Querformat) die Vorderansicht der Schalung. Es sind nur die Umrisse der Elemente zu zeichnen.

Standardelemente für eine Trägerschalung

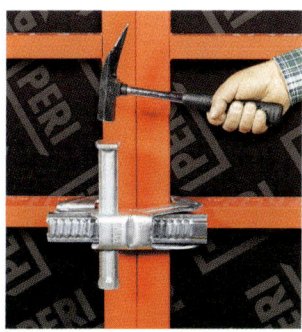

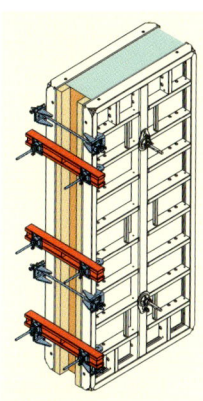

15.4.2 Rahmenschalung

Wenige Elementbreiten und Elementhöhen reichen aus, um jeden Grundriss zu schalen. Durch besondere Profilierung der Außenrahmen können die Elemente an jeder beliebigen Stelle durch besondere **Richtschlösser** miteinander sowohl in der Breite als auch in der Höhe verbunden werden. Die Stirnabschalungen erfolgen konventionell mit Kanthölzern und Schalungsplatten.

Aufgrund ihrer hohen Biegefestigkeit und Formstabilität sind beide Systemschalungen hohen Schalungsdrücken von 50...60 kN/m² gewachsen. Entsprechend niedrig ist auch der Anteil an Spannstellen; pro Tafelstoß werden auf einer Höhe von 2,65 m zwei Spannstellen benötigt. Für die Verspannung werden in der Regel Schalungsanker mit Schraubverschluss eingesetzt (siehe Abschnitt 4.5.1).

Mit dreiecksförmigen **Abstellstützen (Richtstützen)** können die Systemschalungen schnell und sicher abgestützt und exakt ausgerichtet werden.

Verbindung mit Richtschlössern, Stirnabschalung mit Kanthölzern und Schalungsplatten

Zusammengebaute Rahmenschalungen

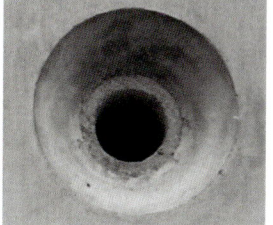

Fertig montierte Rahmenschalung für eine Stützwand

Der Einsatz von Systemschalungen verringert den Arbeitsaufwand; sie sind vor allem bei größeren Bauvorgaben wirtschaftlich.

Ankerstelle bei einer Rahmenschalung

15 Herstellen einer Stützwand — Verankerung

Aufgabe:

In einem Schalungsprogramm für Rahmenschalungen werden folgende Elemente angeboten:

Höhe in m	Breite in m					
	2,40	1,20	0,90	0,60	0,45	0,30
	Masse in kg					
3,30	408,0	226,0	172,0	118,0	99,8	79,6
2,70	336,0	186,0	135,0	104,0	77,6	62,8
1,20			67,7	51,2	37,1	27,4
0,90	121,0		48,9	36,6	31,2	22,0
0,60	88,1			28,4	21,9	16,2

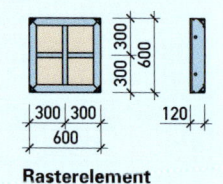

Tabelle: Abmessungen und Masse

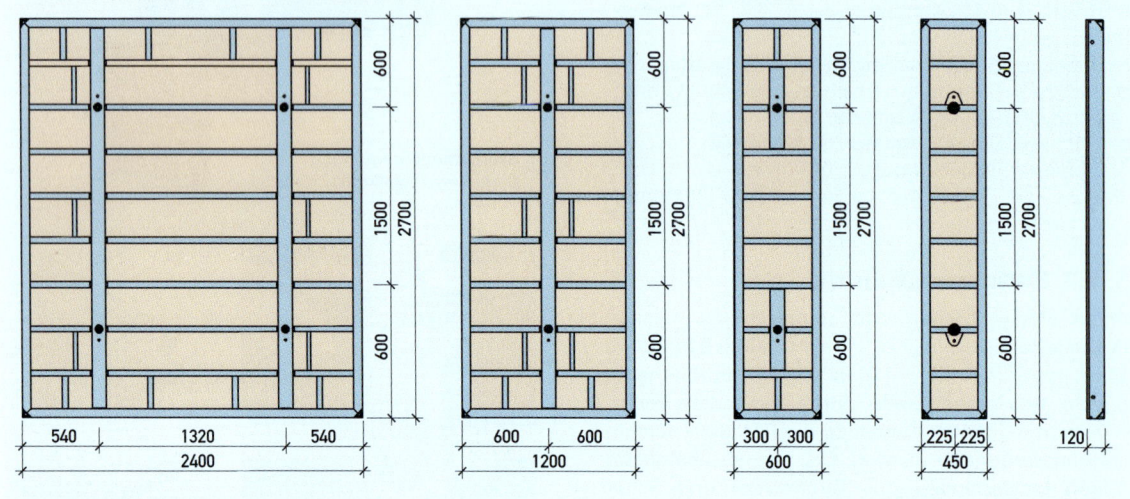

Rasterelement

Verschiedene Rasterelemente

Mit geeigneten Rasterelementen soll eine Stützwand mit den Abmessungen 8,25 m × 5,10 m × 0,30 m eingeschalt werden. Die Stirnabschalungen erfolgen konventionell mit Kanthölzern und Schalungsplatten.

a) Erstellen Sie eine Stückliste mit sämtlichen Schalungsteilen einschließlich der Verankerung, der Größe der Elementflächen und der Gesamtmasse.
b) Zeichnen Sie im Maßstab 1:50 auf ein A4-Zeichenblatt (Hochformat) die Vorderansicht der Schalung. Es sind nur die Umrisse der Rasterelemente mit den Ankerstellen zu zeichnen.

Stückliste; Position Schalungsteile					Position Verspannung	
Teile Nr.	Maße in mm	Stück	Masse in kg pro Tafel	Masse in kg	Bezeichnung	Stück
Gesamtmasse in kg						

Vorderansicht

15.4.3 Verankerung der Schalung

Verspannungen nehmen den auf die Schalungswände ausgeübten Frischbetondruck auf, leiten ihn an die Unterstützung weiter und sorgen dafür, dass die Schalung in ihrer vorgesehenen Lage bleibt.

Sowohl bei systemlosen Schalungen als auch bei Systemschalungen müssen die Schalungswände miteinander **verspannt** werden. Verwendet werden so genannte **Schalungsanker**.

Zur Herstellung von Stützwänden aus Beton mit hohem Wassereindringwiderstand wird ein Spannkonen-System eingesetzt. Es wird in Abschnitt 4.5.1 dargestellt.

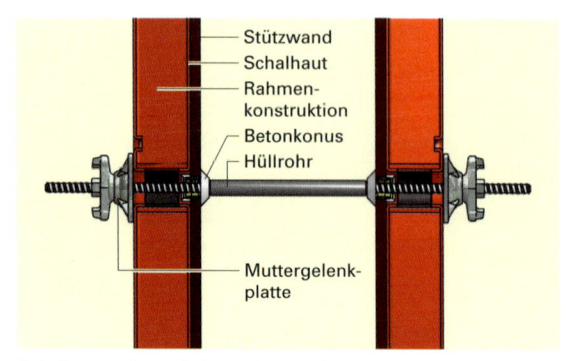

K 4.5.1

Schalungsanker mit Spannkonen-System

15 Herstellen einer Stützwand — Einhäuptige Schalung

15.4.4 Einhäuptige Schalung

Bei Stützwandschalungen, die als einhäuptige Schalungen ausgebildet werden, sind horizontale Verankerungen nicht möglich. Der Frischbetondruck muss deshalb über äußere Abstrebungen (Abstützböcke) aufgenommen und in den tragfähigen Untergrund abgeleitet werden. Dies erfolgt über Verankerungs- bzw. Stützschuhe, die in die Bewehrung der darunter liegenden Fundamentplatte einbinden.

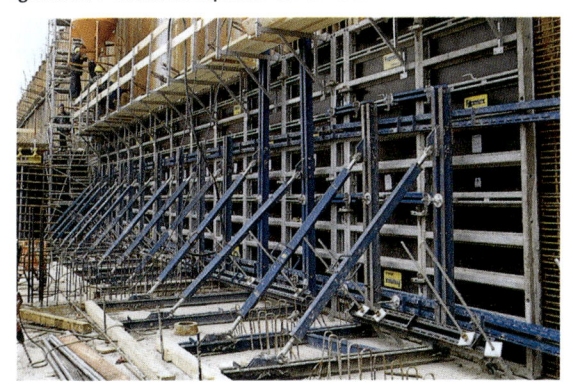

Abstützbock

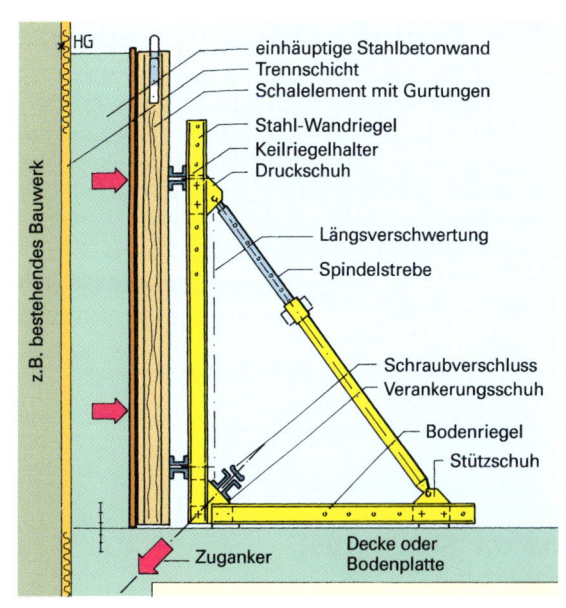

Schalungsabstützbock für einhäuptige Schalung

Zusammenfassung

Aus wirtschaftlichen Gründen werden heute für die Schalung von Stützwänden nur noch Systemschalungen eingesetzt.

Zu den Systemschalungen gehören Träger- und Rahmenschalungen.

Trägerschalungen bestehen aus Gitter- oder Vollwandträgern aus Holz, Stahlriegeln und Schalungsplatten.

Trägerschalungen können entweder auf der Baustelle zusammengebaut oder im Werk zu verschieden großen Standardelementen vormontiert werden.

Mit wenigen fertig montierten Elementen können alle Längen und Höhen von Stützwänden eingeschalt werden.

Mit integrierten Aufstockschienen werden die Elemente in der Höhe, mit Laschen und Bolzen in der Breite miteinander verbunden.

Rahmenschalungen bestehen aus verschweißten Stahl- oder Aluminiumrahmen, in denen die Schalhaut eingelassen ist.

Rahmenschalungen werden in der Breite und Höhe mit Richtschlössern verbunden.

Verspannungen müssen den Schalungsdruck aufnehmen und die Schalung in ihrer vorgesehenen Lage halten.

Aufgrund der hohen Biegefestigkeit und Formstabilität einer Systemschalung ist der Anteil an Spannstellen sehr niedrig.

Zum Fixieren und lotrechten Ausrichten der Schalungskonstruktion eignen sich zweiarmige Richtstützen.

Aufgaben:

1. Wodurch zeichnen sich Systemschalungen gegenüber systemlosen Schalungen aus?
2. Aus welchen Elementen besteht eine Trägerschalung für eine Stützwand und welche Aufgaben übernimmt jedes Element?
3. Wie werden vorgefertigte Schalungsträgerelemente in der Höhe und in der Breite miteinander verbunden?
4. Welche Vorteile bietet die Oberflächenbeschichtung bei Großflächen-Schalungsplatten?
5. Beschreiben Sie den Aufbau einer Rahmenschalung.
6. Wie werden Elemente einer Rahmenschalung in der Breite und in der Höhe miteinander verbunden?
7. Erklären Sie das dargestellte Spannkonen-System einer Rahmenschalung. 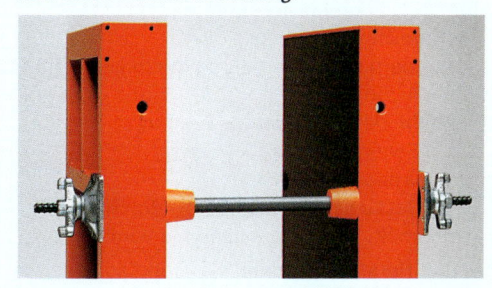
8. Begründen Sie, warum bei Systemschalungen mit etwa 2,70 m Höhe zwei Ankerstellen ausreichen.
9. Welche Aufgaben übernehmen Richtstützen bei Systemschalungen?
10. a) Beschreiben Sie den Aufbau einer einhäuptigen Schalung.
    b) Wie erfolgt die Verankerung der Abstützböcke auf der Fundamentplatte?

15 Herstellen einer Stützwand — Sichtbeton

15.5 Betonieren einer Stützwand

Informationen über die Betonverarbeitung, über die Einteilung des Betons in Expositionsklassen, über die Anforderungen an den Beton, über die Festlegung des Betons, über die Überwachung des Betons durch das Bauunternehmen, über Betonzusatzmittel und Betonzusatzstoffe können dem Kapitel 9 entnommen werden.

> K 9

Je nach Bausituation müssen Stützwände aus Betonen mit besonderen Eigenschaften hergestellt werden. Dazu zählen:

- Sichtbeton,
- Beton mit hohem Wassereindringwiderstand,
- Selbstverdichtender Beton (SVB),
- Leichtverarbeitbarer Beton (LVB),
- Stahlfaserbeton,
- Spritzbeton.

15.5.1 Sichtbeton

Als Sichtbeton werden Betonflächen bezeichnet, deren Oberflächen sichtbar bleiben und an die hinsichtlich des Aussehens Anforderungen gestellt werden.

Zur Erzielung guter Sichtbetonoberflächen bei Stützwänden haben sich **folgende Regeln** bewährt (siehe Abschnitt 9.4.4):

> K 9.4.4

- ausreichend hoher Mehlkorn- und Mörtelgehalt,
- Zementgehalt ≥ 300 kg/m^3,

> K 9.4.10

- w/z-Wert $\leq 0{,}55$, ggf. Verwendung eines verflüssigenden Zusatzmittels (siehe Abschnitt 9.4.10) oder Verarbeitung eines selbstverdichtenden Betons (siehe Abschnitt 15.5.3),
- möglichst niedrige Schwankungen für alle Ausgangsstoffe einhalten; bereits geringe Schwankungen des w/z-Wertes, können zu erkennbaren Helligkeitsunterschieden führen,
- kein Restwasser oder Restbeton verwenden, um Farbveränderungen zu vermeiden,
- Herstellerwerk und Ausgangsstoffe während der Bauausführung nicht wechseln,
- gleichmäßiger Auftrag eines auf Schalung und Beton abgestimmten Trennmittels,
- mörteldichte Schalungsstöße,
- Verhindern der Entmischung durch kurze Transportwege,
- Fallhöhe des Frischbetons $< 1{,}0$ m,
- kurze Schüttabstände,
- Betonierlagen < 50 cm,
- Betondeckung $\geq 1{,}5 \cdot$ Größtkorndurchmesser,
- gleichmäßige und ausreichende Verdichtung.

Bei der **Herstellung** kann die Oberfläche durch verschiedene Möglichkeiten gestaltet werden. Die über die Schalhaut gestalteten Sichtbetonflächen werden in Abschnitt 4.5.1 dargestellt.

> K 4.5.1

Bei allen Schalungen entstehen an den Stößen **Fugen**. Sie sind in die Planung mit einzubeziehen.

Sowohl Arbeits- als auch Scheinfugen (siehe Abschnitte 15.6.2 und 15.6.3) können als Gestaltungsmerkmal besonders hervorgehoben werden, beispielsweise, wenn Trapez- oder Dreiecksleisten eingelegt werden.

Stützwand in Sichtbeton mit Strukturmatrize hergestellt

Stützwand in Sichtbeton mit Rahmenschalung hergestellt

Sichtbeton mit glatter, nicht saugender Schalhaut, übliche Farbtonunterschiede

Sichtbeton mit rauer, saugender Brettschalung

15 Herstellen einer Stützwand — Sichtbeton

Schalungsanker (siehe Abschnitt 15.4.3) sollten als Abspannungen der Schalung immer mit Hüllrohren oder Schalungsspreizen und Konen ausgebildet werden. Beim Einsatz einer Systemschalung (siehe Abschnitte 15.4.2 und 15.4.3) sind die Ankerstellen nach gestalterischen Gesichtspunkten planbar.

Nachträglich bearbeitete Betonflächen

Die Bearbeitung erfolgt **nach dem Erhärten** des Betons durch
- Sandstrahlen zum Entfernen des Feinmörtels,
- Stocken, Spitzen, Scharrieren oder Bossieren von Hand oder maschinell,
- Flammstrahlen.

Nachträglich behandelte Betonoberflächen

Um das Eindringen von Feuchtigkeit, Schmutz und sonstigen Schadstoffen zu verhindern können Imprägnierungen, Lasuren und Beschichtungen durchgeführt werden.

Mit **Imprägniermitteln** wird einer frühen Verschmutzung der Betonoberfläche vorgebeugt.

Lasuren können farblos oder farbig in mehreren Schichten aufgebracht werden. Sie ergeben matte oder glänzende Oberflächen.

Beschichtungen können starr oder elastisch aufgebracht werden. Sie behindern das Eindringen von Schadstoffen in den Beton. Bei starren Beschichtungen auf Acrylatbasis bleiben die Poren offen. Bei elastischen Beschichtungen werden die Poren geschlossen und Risse im Beton < 2 mm werden dauerhaft überbrückt.

Verwendung farbiger Betonmischungen

Sowohl für unbearbeitete als auch für bearbeitete Betonflächen bietet sich das Einfärben des Frischbetons an. Hierzu können verwendet werden
- **bestimmte Zemente** für besondere Farbwirkungen (Portlandzement für dunkleres Grau und Weiß, Portlandhütten- und Hochofenzement für helleres Grau, Portlandschieferzement für rötliches Braun),
- **verschiedene Farbpigmente**, z. B. Eisenoxid ergibt eine braungelbe Färbung, Kobalt-Aluminium-Chromoxid eine blaue Färbung.

Für die Beurteilung von Sichtbetonoberflächen werden folgende Sichtbetonklassen und die mit diesen Klassen verknüpften Anforderungen unterschieden:

Sichtbetonklasse SB 1: Sichtbetonflächen mit geringen gestalterischen Anforderungen,

Sichtbetonklasse SB 2: Sichtbetonflächen mit normalen gestalterischen Anforderungen,

Sichtbetonklasse SB 3: Sichtbetonflächen mit hohen gestalterischen Anforderungen,

Sichtbetonklasse SB 4: Sichtbetonflächen mit besonders hoher gestalterischer Bedeutung.

Ankerstelle

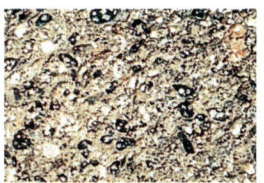

Sichtbeton mit gespitzter und gestockter Oberfläche

Sichtbeton mit bossierter und scharrierter Oberfläche

Sichtbeton mit Farbbeschichtung

Stützwand in Sichtbetonklasse SB 4

Qualitativ hochwertige Sichtbetonflächen entstehen, wenn fachgerechte Gestaltung, Planung, Betonzusammensetzung und Ausführung erfolgreich zusammenwirken.

Die Sichtbetonflächen können durch die Schalhaut, durch nachträgliche Bearbeitung und durch farbige Betonmischungen gestaltet werden.

15 Herstellen einer Stützwand — Sichtbetonklassen

Für die Einteilung in die Sichtbetonklassen sind folgende **Kriterien** maßgebend.
- Texturklassen T 1 … T 3,
- Porigkeitsklassen P 1 … P 4,
- Farbtongleichmäßigkeitsklassen FT 1 … FT 3,
- Ebenheitsklassen E 1 … E 3,
- Arbeits- und Schalhautfugenklassen AF 1 … AF 4,
- Schalhautklassen SHK 1 … SHK 3.

> Betonflächen mit Anforderungen an das Aussehen werden allgemein als „Sichtbeton" bezeichnet.
>
> Für die Beurteilung von Sichtbetonflächen werden entsprechend der gestalterischen Anforderungen vier Sichtbetonklassen unterschieden.
>
> Für die Einteilung in Sichtbetonklassen sind bestimmte Kriterien maßgebend.

Sichtbetonklasse SB 3

Sichtbetonklassen		Anforderungen an die Sichtbetonflächen					
		Textur	Porigkeit	Farbton-gleich-mäßigkeit	Ebenheit	Arbeits- und Schalhautfugen-klasse	Schalhaut-klasse
Sichtbeton mit geringen Anforderungen	SB 1	T 1	P 1	FT 1	E 1	AF 1	SHK 1
Sichtbeton mit normalen Anforderungen	SB 2	T 2	P 2[1]/P 1[2]	FT 2	E 1	AF 2	SHK 2
Sichtbeton mit besonderen Anforderungen	SB 3	T 2	P 3[1]/P 2[2]	FT 2	E 2	AF 3	SHK 2
Sichtbeton mit besonders hohen Anforderungen	SB 4	T 3	P 4[1]/P 3[2]	FT 3[1]/FT 2[2]	E 3	AF 4	SHK 3

[1] saugende Schalhaut   [2] nichtsaugende Schalhaut

Sichtbetonklassen nach DBV-Merkblatt „Sichtbeton" (Deutscher Beton- und Bautechnik-Verein e. V.)

15.5.2 Beton mit hohem Wassereindringwiderstand

Werden Stützwände teilweise oder vollständig ins Erdreich eingebettet, so kann die Wasserundurchlässigkeit auch ohne zusätzliche Abdichtungsmaßnahmen erreicht werden. Hierfür muss die Stützwand aus Beton als so genannte „Weiße Wanne" hergestellt werden (siehe Abschnitt 16.5.2). Die Wasserundurchlässigkeit, d. h. die Begrenzung des Wasserdurchtritts, wird nicht nur vom Beton, sondern auch von Fugen und Einbauteilen (Durchdringungen) gefordert. Die Herstellung von Beton mit hohem Wassereindringwiderstand regelt DIN EN 206-1/DIN 1045-2.

Zusätzlich wird die DAfStb-Richtlinie **„Wasserundurchlässige Bauwerke aus Beton"** (WU-Richtlinie) angewendet. Sie schreibt folgende minimale Bauteildicken vor: Wände 20 cm, Bodenplatte 15 cm.

Darüber hinaus stellt sie Anforderungen an die Druckfestigkeit des Betons, an den Wasserzementwert, an das Größtkorn und an die Konsistenz.

Staumauer aus Beton mit hohem Wassereindringwiderstand

> Bei Ausnutzung der Mindestbreite gelten folgende Anforderungen:
> - w/z-Wert ≤ 0,55
> - Druckfestigkeit ≥ C 30/37
> - Größtkorn max. 16 mm

15 Herstellen einer Stützwand — Beanspruchungsklassen

Beton ist wasserundurchlässig im Sinne von DIN 1045, wenn Wasser nach der Normprüfung nicht tiefer als 50 mm in den Probekörper eindringt.

Je nach Einwirkung auf wasserundurchlässige Bauteile werden zwei **Beanspruchungsklassen** unterschieden:

- **Beanspruchungsklasse 1**: drückendes und nichtdrückendes Wasser sowie zeitweise aufstauendes Sickerwasser
- **Beanspruchungsklasse 2**: Bodenfeuchte und nichtstauendes Sickerwasser

In Abhängigkeit von der Funktion des Bauwerks und den Nutzungsanforderungen werden zwei **Nutzungsklassen** festgelegt:

- **Nutzungsklasse A**: keine Feuchtstellen auf der Bauteiloberfläche infolge von Wasserdurchlässigkeit zulässig
- **Nutzungsklasse B**: Feuchtstellen auf der Bauteiloberfläche im Bereich von Trennrissen, Sollrissquerschnitten, Fugen und Arbeitsfugen zulässig

Nach DIN 1045-2/DIN EN 206-1 gelten folgende **Grenzwerte für die Betonzusammensetzung**:

Für eine Bauteildicke $d \leq 40$ cm gilt:

- w/z bzw. $(w/z)_{eq} \leq 0{,}60$,
- Mindestdruckfestigkeitsklasse C 25/30,
- Mindestzementgehalt 280 kg/m^3,
- Mindestzementgehalt bei Anrechnung von Zusatzstoffen 270 kg/m^3.

Für eine Bauteildicke $d > 40$ cm gilt:

- w/z bzw. $(w/z)_{eq} \leq 0{,}70$.

Bei Ausführung nach WU-Richtlinie müssen noch weitere Anforderungen berücksichtigt werden. So darf beispielsweise bei Beanspruchung des Bauteils durch drückendes Wasser der äquivalente Wasserzementwert $(w/z)_{eq}$ 0,55 nicht übersteigen.

> Nur richtig zusammengesetzter und gut verdichteter Beton ist wasserundurchlässig. Selbst unter Druck stehendes Wasser darf nur bis zu einer bestimmten Tiefe in das Betongefüge eindringen.

15.5.3 Selbstverdichtender Beton (SVB)

Selbstverdichtender Beton ist Beton, der ohne Verdichtung allein unter dem Einfluss der Schwerkraft fließt, entlüftet sowie die Bewehrungszwischenräume und die Schalung vollständig ausfüllt. Es handelt sich somit um Beton mit besonderen Frischbetoneigenschaften. Beim SVB liegt der Zementgehalt um rund 80 … 100 Liter über der Menge, die zum Ausfüllen der Hohlräume zwischen der Gesteinskörnung notwendig ist. Dieser Überschuss ermöglicht das Fließverhalten des Betons.

Bezüglich der Festbetoneigenschaften unterscheidet sich selbstverdichtender Beton nicht von Normalbeton.

Selbstverdichtender Beton ist nach DIN EN 206-9 zu bemessen, herzustellen und auszuführen.

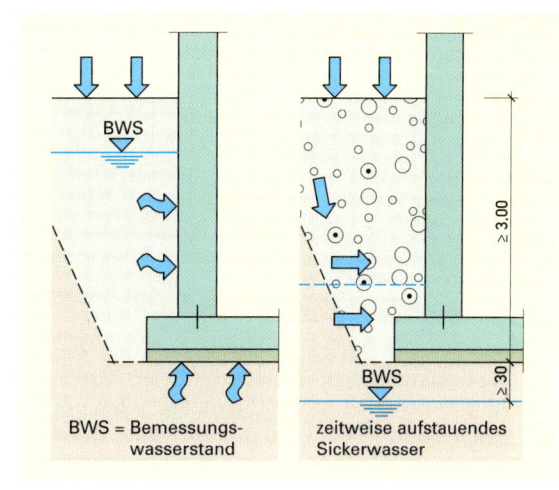

BWS = Bemessungswasserstand

Beanspruchungsklasse 1 (Druckwasserbeanspruchung)

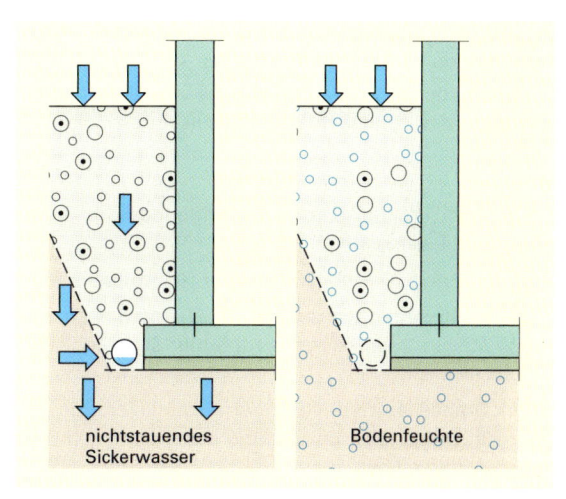

nichtstauendes Sickerwasser — Bodenfeuchte

Beanspruchungsklasse 2 (Feuchtebeanspruchung)

Rüttelbeton
Zementleim: 280 l/m^3
Gesteinskörnung: 720 l/m^3
Größtkorn 32 mm

Selbstverdichtender Beton (SVB)
Zementleim: 365 l/m^3
Gesteinskörnung: 635 l/m^3
Größtkorn 16 mm

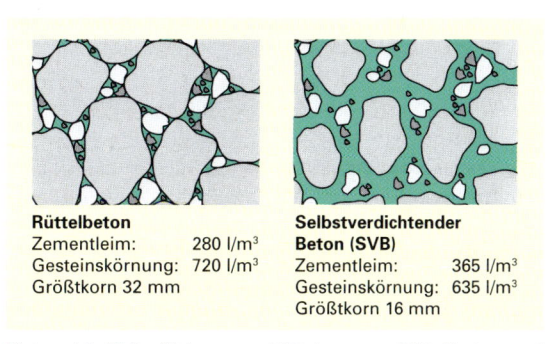

Unterschiedliche Volumenverhältnisse von Rüttelbeton und selbstverdichtendem Beton

> **Anforderungen an SVB:**
> - hohe Fließfähigkeit
> - Stabilität, kein Entmischen, kein Blockieren
> - porenarme Oberfläche mit geringen Farbunterschieden, ausreichende Verarbeitungszeit

15 Herstellen einer Stützwand — Selbstverdichtender Beton

Aufgrund der besonderen Frischbetoneigenschaften bietet selbstverdichtender Beton **Vorteile**:

- Der Wegfall des Arbeitsschrittes „Verdichten" und des „lagenweisen Einbaus" mit Schütthöhen von 50 cm bringen einen Zeitgewinn auf der Baustelle.
- Aufgrund des hohen Fließvermögens bewirkt SVB einen guten Verbund zur Bewehrung. Es wird eine nahezu porenfreie Betonoberfläche erzielt und die Gefahr von Fehlstellen (z. B. Kiesnester) verringert. Dies verbessert die Sichtbetoneigenschaften und erhöht die Dauerhaftigkeit des Betons.

In der Regel besitzt selbstverdichtender Beton gegenüber Rüttelbeton einen deutlich erhöhten Mehlkorngehalt. Mehlkorn, Anmachwasser und Fließmittel bilden einen Leim, in dem die grobe Gesteinskörnung „schwimmt". Verwendet werden hochwirksame Fließmittel, z. B. Polycarboxylaether (PCE).

Damit der Frischbeton ausreichend „fließt" und sich nicht entmischt, ist ein optimales Verhältnis von Mehlkornzusammensetzung und Mehlkornmenge zu Wasser- und Fließmittelmenge unabdingbar. Bereits eine Änderung der Zugabewassermenge von ± 3 l/m³ reicht aus, um das Absinken der großen Gesteinskörner, Lufteinschlüsse oder geringere Fließfähigkeit zu bewirken.

Selbstverdichtender Beton kann folgenden drei Typen zugeordnet werden:

- Mehlkorntyp • Stabilisierertyp • Kombinationstyp

Beim **Mehlkorntyp** werden das Fließ- und das Zusammenhaltevermögen durch Erhöhung des Mehlkornanteils erreicht.

Beim **Stabilisierertyp** verringern stabilisierende Betonzusatzmittel (ST) die Neigung des Betons zum Bluten und Entmischen.

Beim **Kombinationstyp** wird bei erhöhtem Mehlkornanteil zusätzlich Stabilisierer zugegeben.

Alle drei Typen benötigen jedoch Betonverflüssiger, um ihre Eigenschaften zu entwickeln.

Die **Fließfähigkeit** eines frischen selbstverdichtenden Betons wird durch das **Setzfließmaß SF** beurteilt (siehe Abschnitt 5.4.2).

Das **Fließvermögen** eines selbstverdichtenden Betons durch enge Öffnungen (z. B. zwischen Bewehrungsstäben) wird durch den **Blockierring-Versuch** bewertet. Es wird ermittelt, ob grobe Gesteinskörnung vom Zementleim auch zwischen den Bewehrungsstäben hindurch transportiert wird oder ob sich eine Trennung durch Blockieren der großen Gesteinskörnung einstellt. Anzahl und Stababstände des Blockierrings sind in Abhängigkeit vom Größtkorn zu wählen. Es werden zwei **Blockierneigungsklassen** (PJ1 und PJ2) unterschieden.

Durch seine leichte Verarbeitbarkeit werden beim Einbringen des SVB große Betoniergeschwindigkeiten erzielt. Dies führt zu einem höheren Schalungsdruck. Dementsprechend müssen die Abstände der Schalungsanker festgelegt und die Schalung verwindungssteif ausgeführt werden.

Anwendung von SVB:

- feingliedrige Bauteile
- Bauteile mit komplizierter Geometrie
- Sichtbeton
- Bauteile, die aufgrund von Zugänglichkeit, Lärmschutz oder anderen Bedingungen nicht mechanisch verdichtet werden können

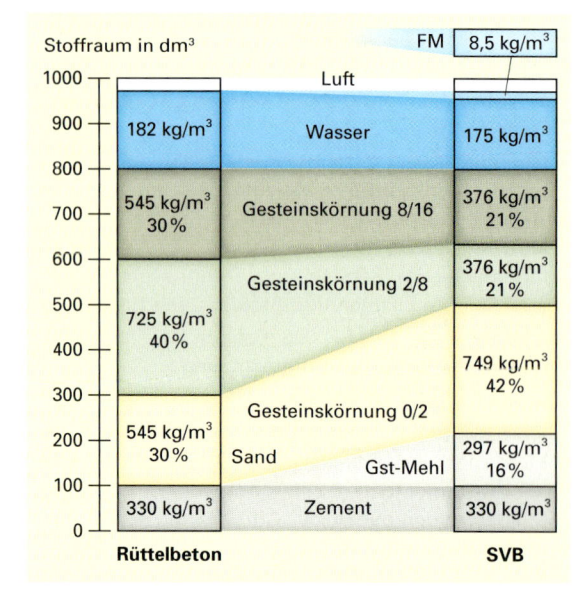

Stoffraumanteile bei Rüttelbeton und SVB

Klasse	Blockierringneigungsmaß in mm[1,2]
PJ1	≤ 10 mit 12 Bewehrungsstäben
PJ2	≤ 10 mit 16 Bewehrungsstäben

[1] Die Klasseneinteilung gilt nicht für Beton mit einem Größtkorn der Gesteinskörnung über 40 mm.
[2] Die Klasseneinteilung gilt nicht für Beton mit Fasern oder leichten Gesteinskörnungen.

Blockierneigungsklassen – Blockierring-Versuch

Selbstverdichtender Beton erhält durch einen erhöhten Mehlkorngehalt und Zugabe von Fließmitteln und Betonverflüssiger ein ausreichendes Fließ- und Zusammenhaltevermögen, so dass das herkömmliche Rütteln überflüssig wird.

15.5.4 Leichtverarbeitbarer Beton (LVB)

Leichtverarbeitbare Betone werden dann verwendet, wenn zu hohe Überwachungs- und Betreuungskosten den Einsatz eines selbstverdichtenden Betons verhindern.

Leichtverarbeitbare Betone weisen ähnliche Eigenschaften auf wie selbstverdichtende Betone, werden aber von der Betonnorm abgedeckt.

Leichtverarbeitbare Betone liegen in den **Konsistenzklassen F5** und **F6** (siehe Abschnitt 5.4.2). Die Konsistenz wird nicht mit Wasser, sondern mit hochwertigen Fließmitteln eingestellt. Dadurch lässt sich der Wasserzementwert sehr gering halten, der Beton wird dadurch dichter, fester und dauerhafter.

Durch die fließfähige Konsistenz lässt sich ein leichtverarbeitbarer Beton ohne großen Kraftaufwand in die Schalung einbringen und verteilen. Er ist besonders für das Pumpen geeignet, da er sich nicht entmischt und stabil bleibt.

> Leichtverarbeitbare Betone sind nach DIN EN 206-1/ DIN 1045 Betone der Konsistenzklassen F5 und F6 mit sehr gutem Fließverhalten und sehr geringem Verdichtungsaufwand.

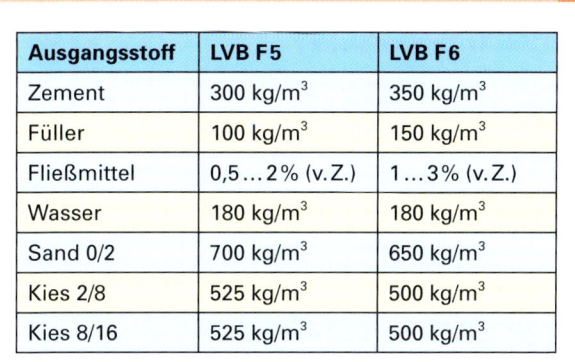

Ausgangsstoff	LVB F5	LVB F6
Zement	300 kg/m³	350 kg/m³
Füller	100 kg/m³	150 kg/m³
Fließmittel	0,5…2% (v.Z.)	1…3% (v.Z.)
Wasser	180 kg/m³	180 kg/m³
Sand 0/2	700 kg/m³	650 kg/m³
Kies 2/8	525 kg/m³	500 kg/m³
Kies 8/16	525 kg/m³	500 kg/m³

Beispiel für die Zusammensetzung eines Betons (LVB) der Konsistenzklassen F5 bzw. F6

Leichtverarbeitbare Betone erleichtern den Einbau

15.5.5 Stahlfaserbeton

Stahlfaserbeton ist nach DIN EN 206-1 und DIN 1045-1/2 ein Beton, dem zum Erreichen bestimmter Eigenschaften **Stahlfasern** zugegeben werden. Sie wirken wie eine Bewehrung, ersetzen jedoch nicht die Stähle. Die hohe Faseranzahl und Faserdichte erhöhen die Rissesicherheit, beeinflussen das Schwindverhalten positiv, verringern die Schwindrissneigung und verbessern die Biegezugfestigkeit.

Eingesetzt werden Stahlfasertypen mit unterschiedlichen Formen und unterschiedlichen Stahlsorten:

- Stahldrahtfasern mit glatter Oberfläche und Endhaken,
- Stahldrahtfasern mit profilierter Oberfläche und Endhaken,
- Stahlfasern mit gewellter Form,
- gefräste Stahlfasern,
- profilierte Blechfasern.

Die Einmischung der Fasern kann im Werk erfolgen. Es ist aber auch möglich, die Fasern direkt auf der Baustelle mit geeigneten Dosiereinrichtungen zuzugeben. Die Zugabe von Stahlfasern führt in der Regel zu einer steiferen Konsistenz gegenüber den Ausgangsstoffen. Dies wird durch Zugabe von verflüssigenden Zusatzmitteln ausgeglichen.

Einbau und Verdichtung des Stahlfaserbetons erfolgen im Wesentlichen wie beim Normalbeton. Stahlfaserbeton kann auch als Pumpbeton hergestellt werden. Das Größtkorn sollte dann auf 16 mm beschränkt werden und es ist für eine genügend große Förderleistung (Durchmesser 120 mm) zu sorgen.

Stahlfasern im Beton

> Für einen ausreichenden Zusammenhalt und eine gute Verarbeitbarkeit gelten folgende Richtlinien:
> - erhöhter Zementbedarf (etwa +10%)
> - ausreichend hoher Mehlkorn- und Feinstsandanteil
> - Sieblinie im Bereich A/B nach DIN 1045-2
> - in der Regel D_{max} 16 mm
> - Gehalt an Stahlfasern 20…40 kg/m³
>
> Einsatzgebiete für Stahlfaserbeton:
> - Industrieböden
> - Fundamente
> - Wände
> - Spritzbeton für Tunnelauskleidungen und Hangsicherungen

15 Herstellen einer Stützwand — Spritzbeton

15.5.6 Spritzbeton

Spritzbeton ist Beton, der in geschlossener Schlauch- oder Rohrleitung zur Einbaustelle gefördert und dort durch Anspritzen aufgetragen und dadurch gleichzeitig verdichtet wird. Auf eine besondere Schalung kann wegen der guten Haftfähigkeit des Betons verzichtet werden.

Typische Anwendungsbereiche sind die Sicherung von losem Gestein und Boden, z. B. an Böschungen oder bei Baugruben, die Wandsicherung in Tunnelbauwerken, die Instandsetzung von Betonbauteilen und allgemein die Herstellung dünner Betonschalen. Außerdem eignet sich Spritzbeton für Anwendungen, bei denen schnell eine Tragfähigkeit erreicht werden muss.

Es wird das Trockenspritz- und das Nassspritzverfahren unterschieden.

Beim **Trockenspritzverfahren** wird erdfeuchter Transportbeton (max. 4 % Feuchte) oder Trockenbeton gefördert und erst beim Austritt an der Düse das erforderliche Zugabewasser und, wenn erforderlich, Betonzusätze zugegeben.

Beim **Nassspritzverfahren** wird der verarbeitungsfähige Transportbeton entweder im Dünnstrom- oder im Dichtstromverfahren gefördert und gespritzt. Beim **Dünnstromverfahren** wird die Grundmischung durch eine Spritzmaschine der Förderleitung zugeführt und mit Druckluft zur Düse gefördert. Beim **Dichtstromverfahren** wird die Grundmischung mit einer Pumpe zur Düse befördert, wo die Treibluft zum Spritzen und gegebenenfalls Betonzusätze zugegeben werden.

Beim Auftragen des Betons entsteht ein Rückprall von Spritzgut, der durch geeignete Betonzusammensetzung, richtigen Düsenabstand von der Auftragsfläche und möglichst rechtwinkliges Auftreten des Betons gering gehalten werden muss. Erleichtert wird dies durch den Einsatz von Spritzbetonrobotern.

Sicherung einer Baugrube mit Spritzbeton

Aufbringen des Spritzbetons mit einem Roboter

Spritzbeton wird in einer geschlossenen Leitung zur Einbaustelle gefördert und dort durch Spritzen aufgetragen und dabei verdichtet. Es wird das Trocken- und das Nassspritzverfahren unterschieden.

Zusammenfassung

Beim Sichtbeton übernimmt die Oberfläche gestalterische Funktionen. Die Qualität der Sichtbetonfläche hängt von den Ausgangsstoffen, von der Betonzusammensetzung und von der verwendeten Schalung ab.

Beim Bauen mit wasserundurchlässigem Beton übernimmt der Beton neben der tragenden auch abdichtende Funktion. Die Wasserundurchlässigkeit des Betons hängt vor allem vom Wasserzementwert, vom Hydratationsgrad des Zements und der Bauteildicke ab.

Selbstverdichtender und leichtverarbeitbarer Beton müssen eine ausreichende Fließfähigkeit und ein gutes Zusammenhaltevermögen besitzen. Ein optimales Verhältnis von Mehlkornmenge zu Wasser und Fließmittelmenge ist unabdingbar.

Im Tunnelbau und zur Sicherung von Böschungswänden wird Beton häufig durch Spritzen aufgebracht und verdichtet.

Aufgaben:

1. Nennen Sie vier Regeln, die für die Erzielung guter Sichtbetonoberflächen anzuwenden sind.
2. Welche Möglichkeiten gibt es, um die Sichtbetonoberfläche zu gestalten?
3. Was bedeuten die Abkürzungen „AF3, SB2, FT 1, E 3"?
4. Welche Beanspruchungs- und Nutzungsklassen werden bei wasserundurchlässigen Betonbauteilen unterschieden?
5. Welche Grenzwerte müssen bei wasserundurchlässigem Beton eingehalten werden?
6. Warum wird beim SVB ein optimaler Verbund zwischen Stahl und Beton erreicht?
7. Begründen Sie, warum das herkömmliche Rütteln beim SVB wegfällt.
8. Warum ist beim Einbringen eines SVB oder LVB der Schalungsdruck höher als beim Normalbeton?
9. Erklären Sie den Unterschied zwischen Trockenspritz- und Nassspritzverfahren.

15 Herstellen einer Stützwand — Bewegungsfugen

15.6 Fugenausbildung

Die Ausbildung der Fugen gehört bei Stützwänden zu den wichtigen konstruktionstechnischen Details. Gerade die Fugen stellen häufig Schwachstellen dar. Deshalb spielt die sachgemäße Planung und Ausführung von Fugen eine entscheidende Rolle. Fugen sollten nur dort vorgesehen werden, wo sie aus Gründen des Bauablaufs oder zur Vermeidung von Zwangsbeanspruchungen erforderlich sind.

Es wird zwischen Bewegungs-, Arbeits- und Scheinfugen unterschieden.

15.6.1 Bewegungsfugen

Sie sollen Bewegungen zwischen den angrenzenden Bauteilen ermöglichen und Zwangsspannungen vermindern. So können eine unkontrollierte Rissbildung und zu große Rissbreiten vermieden werden. In der Regel besteht zwischen den beiden Bauteilen keine kraftschlüssige Verbindung. Das bedeutet, dass die Bewehrung durch eine Bewegungsfuge unterbrochen ist. Nach Art der zu erwartenden Bewegungen wird zwischen **Dehnungs-** und **Setzfugen** unterschieden.

Bewegungsfugen in wasserundurchlässigen Baukörpern dürfen nur mit **Dehnfugenbändern** abgedichtet werden. Sie bestehen aus einem Dehn- und einem Dichtteil.

- Der Dehnteil hat die Aufgabe, den Wasserdruck und die Bewegungsunterschiede der angrenzenden Bauteile aufzunehmen.
- Die Dichtteile haben die Aufgabe, den Durchgang des Wassers an den einbetonierten Fugenbandschenkeln zu verhindern.

Es werden außen- und innen liegende Bänder angeboten. Sie bestehen im Wesentlichen aus Gummi oder Kunststoffen.

Innen liegende Fugenbänder sind für dicke Bauteile, die drückendem Wasser ausgesetzt sind, besonders geeignet. Die Breite der innen liegenden Dehnfugenbänder beträgt bei wasserundurchlässigen Bauteilen in der Regel 32 cm.

Außen liegende Fugenbänder sind für Bauteile mit geringer Dicke geeignet. Sie können auf der Schalhaut befestigt werden.

Zur Abdichtung der Fuge können elastische **Fugendichtstoffe** (Ein- und Zwei-Komponenten-Systeme) eingesetzt werden. Da die Dauerhaftigkeit begrenzt ist, müssen sie regelmäßig gewartet werden.

Bei Wänden, die nicht durch drückendes Wasser beansprucht werden, können **Fugenabdeckungen** zur Abdichtung von Bewegungsfugen eingebaut werden. Sie werden an den Rändern mit den Bauteilen verklebt.

> Um Spannungsrissen vorzubeugen und um Bewegungen zwischen den Bauteilen zu ermöglichen, werden Dehnungsfugen angeordnet. In der Regel besteht keine kraftschlüssige Verbindung zwischen den Bauteilen.

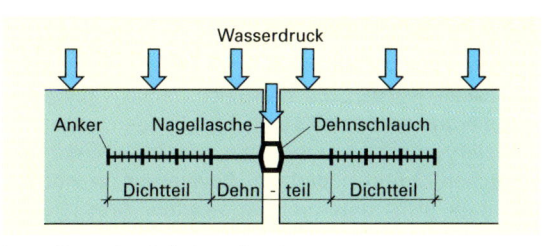

Innen liegendes Dehnfugenband

Bezeichnung	Fugenband	Form	Werkstoff
Typ D	Innen liegendes Dehnfugenband		Thermoplast nach DIN 18541 [R6]
Typ DA	Außen liegendes Dehnfugenband		
Typ FA	Fugenabschlussband		
Form FM	Innen liegendes Fugenband		Elastomer nach DIN 7865 [R2]
Form FMS	Innen liegendes Fugenband mit Stahllasche		
Form AM	Außen liegendes Fugenband		
Form FAE	Fugenabschlussband		

Fugenbandformen für Dehnfugen

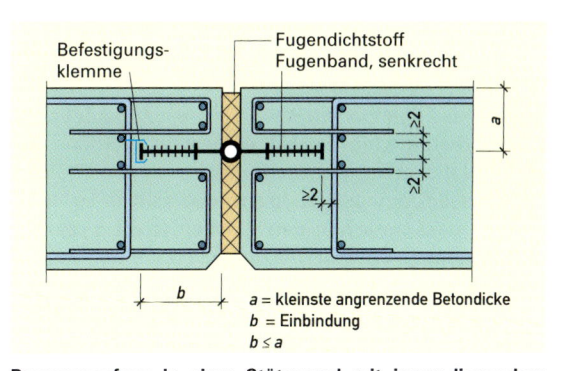

Bewegungsfuge in einer Stützwand mit innen liegendem Dehnfugenband (Horizontalschnitt)

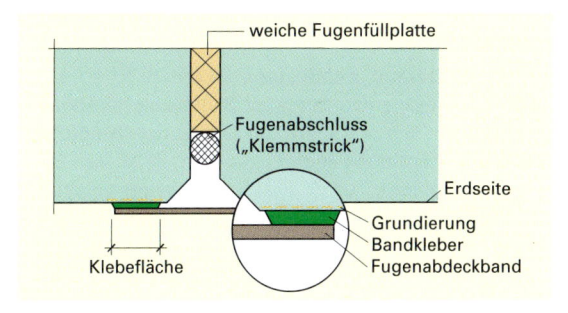

a = kleinste angrenzende Betondicke
b = Einbindung
$b \leq a$

Abdichten von Außenwandfugen mit aufgeklebten Fugenabdeckbändern

15 Herstellen einer Stützwand — Arbeitsfugen

15.6.2 Arbeitsfugen

Stützwände können oft nicht in einem Arbeitsgang hergestellt werden. Es entstehen zeitlich getrennte Betonierabschnitte und somit Arbeitsfugen, wenn der Betoniervorgang unterbrochen werden muss. Aus statischen Gründen darf die Bewehrung in der Arbeitsfuge nicht unterbrochen werden. Arbeitsfugen müssen vorher geplant werden und dürfen in ihrer Lage nicht dem Zufall überlassen bleiben. Arbeitsfugen sind in besonders beanspruchten Bereichen (enggliedrige Bewehrung, hohe mechanische Beanspruchung, starker chemischer Angriff) zu vermeiden.

Bei Arbeitsfugen kommen ebenfalls **außen und innen liegende Fugenbänder** zum Einsatz. Diese besitzen im Vergleich zu den Fugenbändern für Bewegungsfugen keinen Hohlkörper zur Aufnahme von Bewegungen.

Zum Einsatz kommen auch **Fugenbleche** in einer Breite von 250…400 mm und 0,8…2 mm Dicke aus Stahl oder **Injektionsschläuche** mit nachträglicher Verpressung durch Polyurethan (siehe Abschnitt 10.5.2).

K 10.5.2

Für die Art der Ausbildung von Arbeitsfugen ist entscheidend, ob es sich hierbei um Sichtbetonbauteile, um wasserundurchlässige Bauteile oder um andere besonders beanspruchte Bauteile handelt.

Arbeitsfuge zwischen Fundamentplatte und Stützwand

Die zwischen Fundamentplatte (Fundamentsohle) und Stützwand entstehende Arbeitsfuge ist gegen Wasserdurchtritt zu sichern.

Dies kann auf folgende Weise geschehen:

Ein **Fugenband** in Wandmitte wird dann eingebaut, wenn bei der Herstellung der Sohle ein etwa 15 cm hoher Sockel (Aufkantung) mitbetoniert wird. Das Band läuft über der oberen Bewehrung der Sohle durch. Stöße sind zu verschweißen.

Statt eines Fugenbandes kann auch ein **Fugenblech** in den mitbetonierten Sockel eingestellt werden. Die Stöße brauchen nicht verschweißt zu werden. Die Bleche müssen mindestens 30 cm lang seitlich so übergreifen, dass zwischen den Blechen (etwa 5 cm Abstand) Beton eingebaut und verdichtet werden kann.

Auch mit einem außen liegenden Fugenband kann die Arbeitsfuge gesichert werden. Das Fugenband wird an der Außenschalung angeheftet und mit einbetoniert. Die Fugenbandbreite beträgt 32 cm. In gleicher Weise können vertikale Fugenbänder angesetzt werden. Sie werden mit dem unten laufenden Fugenband verschweißt.

Ist die Stützwand mindestens 30 cm dick, so kann auch eine Betonaufkantung zur Sicherung herangezogen werden. Sie soll etwa ein Drittel der Wanddicke breit und 10 cm hoch sein.

> Arbeitsfugen entstehen dann, wenn der Betoniervorgang unterbrochen werden muss. Die Bewehrung ist in der Arbeitsfuge nicht unterbrochen.
>
> Die zwischen Sohlplatte und Stützwand entstehende Arbeitsfuge ist gegen Wasserdruck zu sichern.

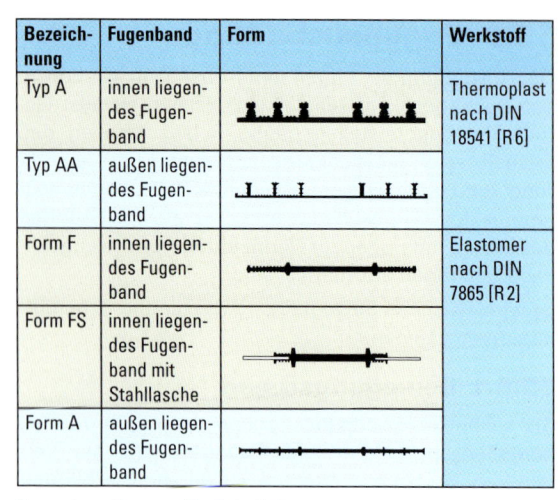

Bezeichnung	Fugenband	Form	Werkstoff
Typ A	innen liegendes Fugenband		Thermoplast nach DIN 18541 [R6]
Typ AA	außen liegendes Fugenband		
Form F	innen liegendes Fugenband		Elastomer nach DIN 7865 [R2]
Form FS	innen liegendes Fugenband mit Stahllasche		
Form A	außen liegendes Fugenband		

Fugenbandformen für Arbeitsfugen

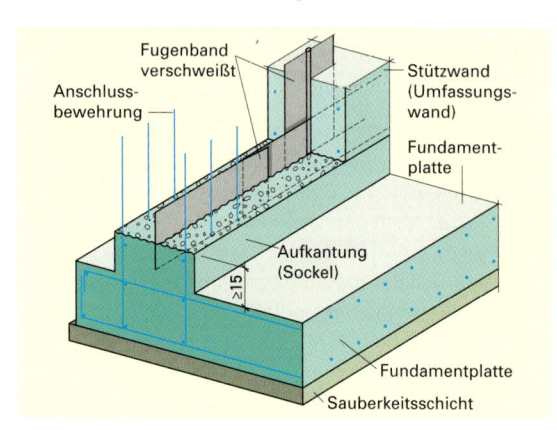

Arbeitsfuge mit Fugenband

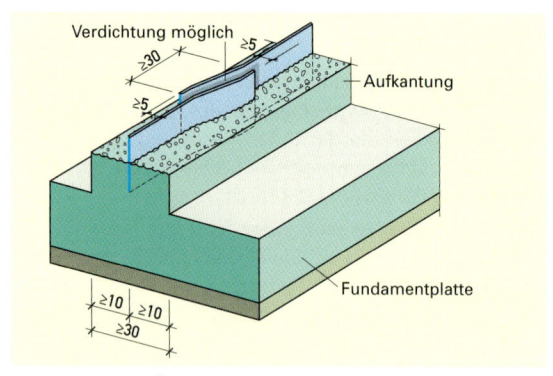

Fugenblech mit Überlappungsstoß

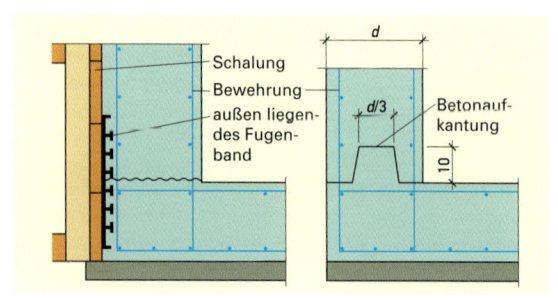

Außen liegendes Fugenband — Betonaufkantung

15 Herstellen einer Stützwand — Scheinfugen

Arbeitsfuge in den Stützwänden

Möglich ist ein Abschalen rechtwinklig zur Wandachse mit **Rippenstreckmetall**. Die Arbeitsfuge wird durch ein außen liegendes Fugenband gesichert.

Auch ein Abschalen mit Holz ist möglich, wenn auch verhältnismäßig aufwendig. Bei Wasserdruck sind mittig stehende Fugenbänder geeignet. Die Fugenbänder werden im Mittelbereich beidseitig von den Querschalungen eingeschlossen und dadurch in ihrer Stellung gehalten. Im Bereich der Fugenbandschenkel muss der Beton durch zusätzliche Bewehrung gesichert werden.

Arbeitsfuge in Sichtbetonwänden

Solche Fugen sind schwierig auszuführen. Sie sollten aus optischen Gründen grundsätzlich geradlinig und entweder waagerecht oder senkrecht verlaufen.

Die Arbeitsfuge wird durch Einlegen von Dreikant-Trapezleisten betont. Die Leisten müssen so breit sein, dass sich der Beton beim Nachverdichten innerhalb der Höhe der Leiste setzen kann. Schalung und Anschlussfuge müssen so ausgebildet sein, dass die Schalhaut dicht an dem erhärteten Beton anliegt und nicht weiter als 30 cm über die Arbeitsfuge hinausragt. So ist sicher gestellt, dass vor dem weiteren Schalen und Bewehren die Anschlussfuge leicht gereinigt werden kann. Die folgende Schalung ist dicht und unverrückbar anzuschließen.

> Senkrechte Arbeitsfugen in einer Stützwand können durch Rippenstreckmetall oder durch Holz abgeschalt werden. Bei wasserundurchlässigen Bauteilen werden im Mittelbereich der Wand Fugenbänder mit einbetoniert.

15.6.3 Scheinfugen

Sie werden an Stellen angeordnet, an denen beim Auftreten hoher Zugspannungen, verursacht durch Temperatur- und Schwindspannungen, der Beton reißen kann. Scheinfugen durchtrennen den Betonquerschnitt nur teilweise. Da die Bewehrung durchläuft, wird eine kraftschlüssige Verbindung der Betonierabschnitte erzielt. Scheinfugen werden auch **Sollbruchstellen** oder **Sollrissstellen** genannt.

Der Scheinfugenabstand liegt bei Wänden bei 6…8 m.

Zur Ausbildung der Fugen werden **Dichtungsrohre** aus PVC in die Wände eingestellt. Die PVC-Rohre besitzen mehrere Rippen und Laschen, die eine Abdichtung gegen Wasserdruck bewirken. Die horizontalen Wandbewehrungen laufen ungestoßen durch. Die schmalen Betonstege zwischen Dichtungsrohr und Wandschalung reißen später auf. Wenn der Riss an der Wandschalung klar geführt werden soll, kann eine Dreikantleiste an die Schalung geheftet werden. Nach etwa einer Woche, wenn der Temperaturausgleich die Spannungen abgebaut hat, wird das Dichtungsrohr zubetoniert.

Es entsteht eine kraftschlüssige Verbindung beider Wandbereiche.

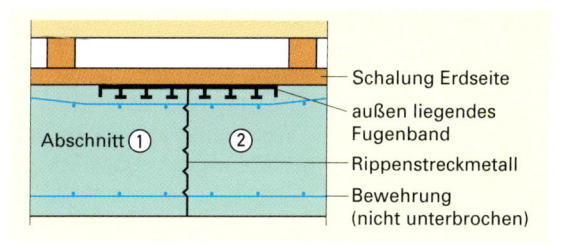

Lotrechte Arbeitsfuge in der Wand, abgeschalt durch Rippenstreckmetall

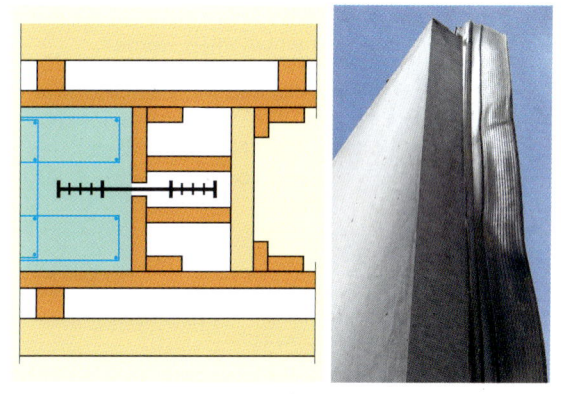

Lotrechtes Fugenband in der Stützwand, abgeschalt durch Holzschalung

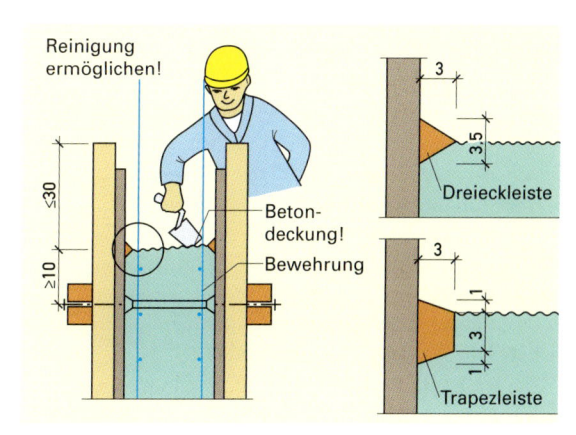

Arbeitsfugen in Sichtbetonwänden: Betonung durch Einlegen von Holzleisten

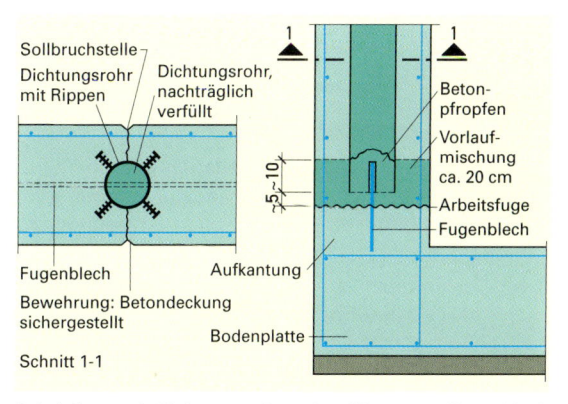

Scheinfuge mit Dichtungsrohr – Anschluss zum Fugenblech der Arbeitsfuge

15 Herstellen einer Stützwand — Scheinfugen

Beim Aufstellen des Dichtungsrohres soll zwischen unterem Rohrende und waagerechter Arbeitsfuge ein Zwischenraum von ungefähr 5 cm sein, damit das Rohrende von unten satt einbetoniert werden kann.

Eine Sollrissstelle kann auch durch einen Korb aus Rippenstreckmetall hergestellt werden. Über Eck gestellt führt er zu einer Querschnittsschwächung, so dass die schmalen Betonstege später aufreißen. Zum Ausspritzen des Streckmetallkorbes wird unten ein Entwässerungsrohr (Spülrohr) vorgesehen.

Bei wasserundurchlässigen Baukörpern kann auf der Seite des Wasserangriffs ein Fugenband auf die Schalung angeheftet und mit einbetoniert werden.

> Zur Vermeidung von unkontrollierten Rissen werden künstliche Fugen, so genannte Scheinfugen, angeordnet. Sie begrenzen die Spannungen und die Rissbildung wird somit kontrollierbar.

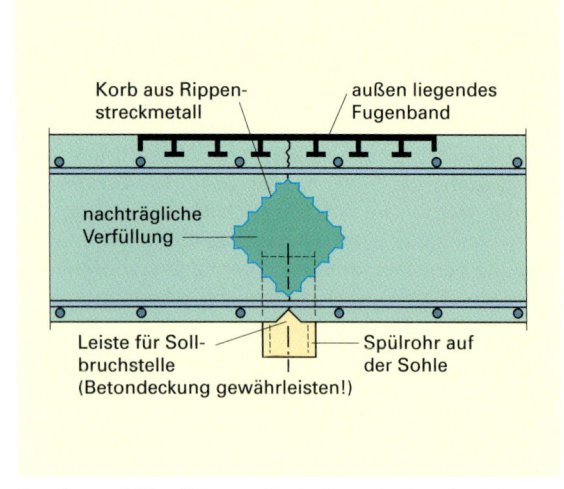

Streckmetall über Eck gestellt als Querschnittsschwächung

Zusammenfassung

Fugen werden nur dort vorgesehen, wo sie aus Gründen des Bauablaufs oder zur Vermeidung von Zwangsspannungen erforderlich sind.

Es werden Bewegungs-, Arbeits- und Scheinfugen unterschieden.

Bewegungsfugen sollen Bewegungen zwischen den angrenzenden Bauteilen ermöglichen. Es besteht in der Regel keine kraftschlüssige Verbindung zwischen den Bauteilen.

Bewegungsfugen in wasserundurchlässigen Bauteilen müssen mit Dehnfugenbändern abgedichtet werden.

Dehnfugenbänder bestehen aus einem Dehn- und einem Dichtteil.

Arbeitsfugen entstehen dann, wenn der Betoniervorgang unterbrochen wird. Zwischen beiden Betonierabschnitten besteht eine kraftschlüssige Verbindung.

Bei Arbeitsfugen kommen Fugenbänder aus Gummi und Kunststoffen, Fugenbleche aus Stahl und Injektionsschläuche zum Einsatz.

Die zwischen Sohlplatte und Stützwand entstehende Arbeitsfuge ist gegen Wasserdruck zu sichern.

Arbeitsfugen in Stützwänden können mit Rippenstreckmetall oder mit Holz abgeschalt werden.

Arbeitsfugen in Sichtbetonwänden werden durch Einlegen von Holzleisten betont.

Scheinfugen sind Sollbruchstellen in Betonbauteilen, die Temperatur- und Schwindspannungen abtragen und damit eine unkontrollierte Rissbildung vermeiden.

Bei Scheinfugen läuft die Bewehrung durch, so dass eine kraftschlüssige Verbindung der Betonierabschnitte erzielt wird.

Mit Dreikant- oder Trapezleisten kann der Riss gezielt geführt werden.

Aufgaben:

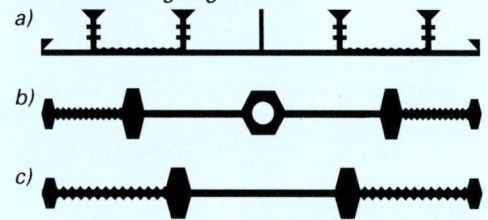

1. Aus welchen Gründen müssen Fugen in einer Stützwand vorgesehen werden?
2. Erklären Sie den Unterschied zwischen Dehnungs- und Arbeitsfugen.
3. Erklären Sie den Begriff „Scheinfuge".
4. In der Abbildung sind verschiedene Fugenbänder dargestellt. Geben Sie an, für welche Fugenart die Bänder geeignet sind.
   a)
   b)
   c)
5. Erklären Sie die in der Abbildung dargestellte Konstruktion. 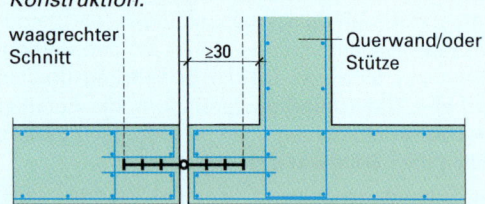
6. In den Abbildungen sind Arbeitsfugen zwischen Fundamentsohle und Stützwand dargestellt. Erklären Sie die Unterschiede.

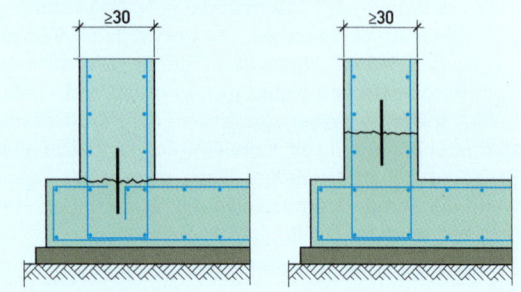

Kapitel 16:
Herstellen einer Natursteinmauer

Kapitel 16 vermittelt die Kenntnisse des Lernfeldes 15 für Maurer/-innen.

Natursteine wurden schon in frühester Zeit von den Menschen als Bausteine für besonders wichtige Bauwerke verwendet. Mauerwerk aus natürlichen Steinen ist bei richtiger Auswahl und werkgerechter Behandlung der Steine schön und beständig. Kenntnisse über die Eigenschaften der Natursteine und die Ausführungsregeln sind deshalb von großer Bedeutung. Heute wird Natursteinmauerwerk, wie zum Beispiel bei unserem Jugendtreff, nur punktuell aus gestalterischen Gründen eingesetzt, da die Herstellung aufwendig ist.

Die Art des Mauerwerks muss nach konstruktiven, arbeitstechnischen, gestalterischen und ökologischen Gesichtspunkten festgelegt werden.

Die Ausführung von Öffnungen, Fugen und Abdeckungen ist für Schönheit und Beständigkeit besonders wichtig.

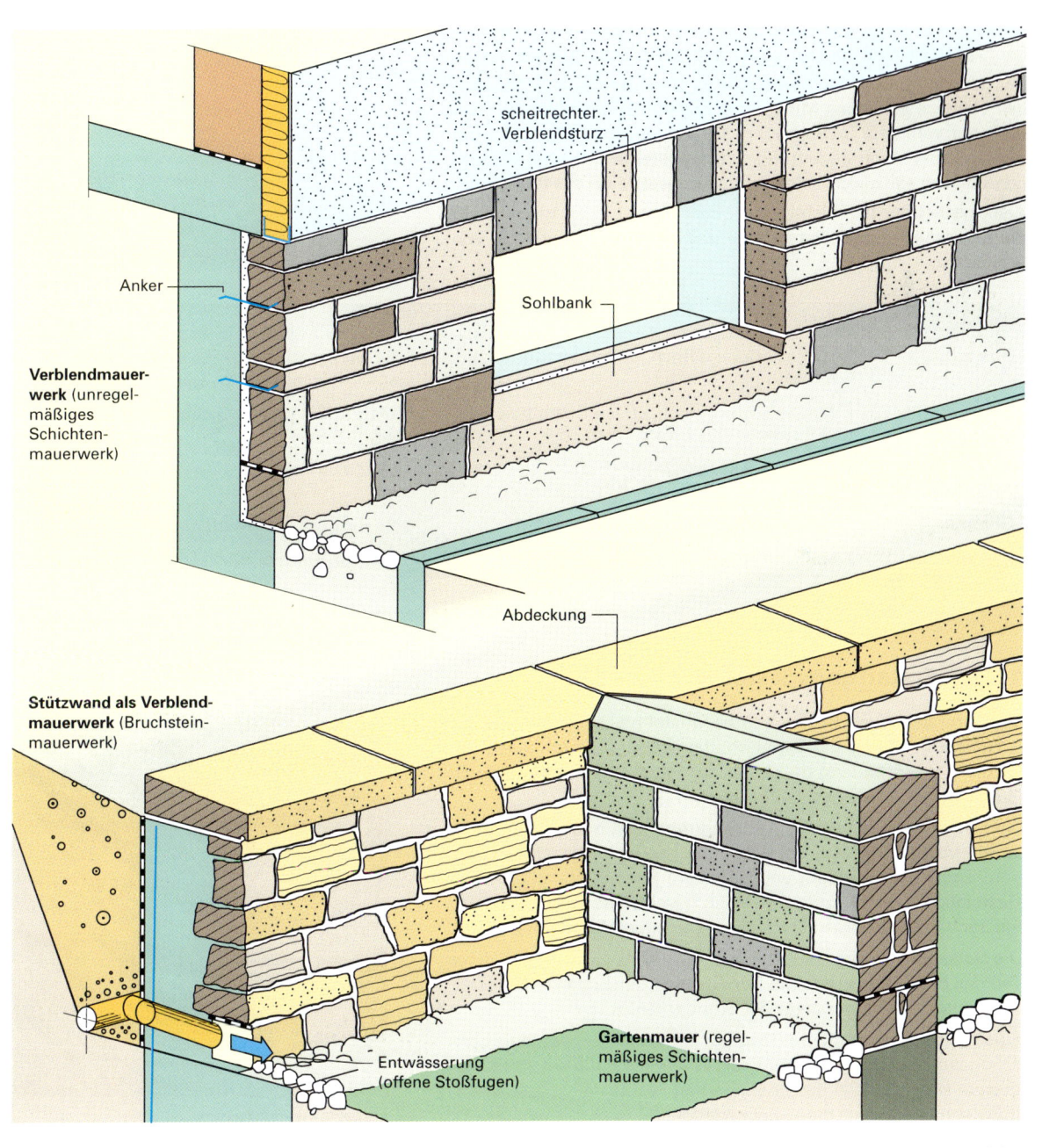

16 Herstellen einer Natursteinmauer

16.1 Natursteine

16.1.1 Mineralien – die Bausteine der Natursteine

Betrachten wir einen Naturstein, wie z.B. Granit, so sehen wir, dass dieser nicht aus einem einheitlichen Stoff, sondern aus einzelnen kristallisierten Verbindungen besteht. Diese natürlichen Verbindungen werden als **Mineralien** bezeichnet. Aus ihnen sind die Gesteine aufgebaut. So besteht z.B. das Gestein Granit im Wesentlichen aus den Mineralien Feldspat, Quarz und Glimmer; Kalkstein besteht aus dem Mineral Kalkspat, Sandstein besteht überwiegend aus Quarz.

Die Mineralien sind stets kristallin, nur sind die Kristalle oft so klein, dass sie mit dem bloßen Auge nicht erkennbar sind. So sind z.B. beim Granit die einzelnen Mineralien ohne weiteres als Kristalle zu erkennen, während uns ein Kalkstein einheitlich erscheint, obwohl er aus lauter kleinsten Kalkspatkristallen aufgebaut ist. Diese sind aber nur unter dem Mikroskop zu erkennen.

Bei der Vielzahl der Elemente gibt es naturgemäß außerordentlich viele verschiedene Mineralien. Für die Gesteinsbildung sind aber nur wenige – insbesondere Quarz, Feldspat, Glimmer, Ton und Kalkspat – von Bedeutung. Diese **gesteinsbildenden Mineralien** sind fast alle gleichzeitig wichtige **Rohstoffe für das Bauwesen**.

Kenntnisse über die wichtigsten Mineralien sind im Hinblick auf die Eigenschaften der Natursteine und auch vieler Baustoffe von Bedeutung.

Mineralien im Granit

> Die gesteinsbildenden Mineralien sind die häufigsten Bestandteile der Natursteine und gleichzeitig die wichtigsten Rohstoffe für das Bauwesen.

Mineral	Eigenschaften	Rohstoff für
Quarz (SiO_2)	Farblos oder weißlich, hart, verwitterungs- und säurebeständig	Als Quarzsand bzw. -kies: Beton, Mörtel, Ziegel, Kalksandsteine, Glas
Feldspat (Silicat)	Weißlich oder rötlich, ebene Kristallflächen, säurebeständig, verwittert zu Ton	Steingut, Steinzeug, Glasuren
Ton (Silicat)	Quillt bei Wasseraufnahme und wird dann plastisch	Ziegel, Zement
Glimmer (Silicat)	Blättrig, hell oder dunkel glänzend	Blähglimmer (Wärmedämmstoff)
Kalkspat ($CaCO_3$)	Ähnlich Feldspat, aber säurelöslich	Baukalke, Zement, Kalksandsteine

16.1.2 Erstarrungsgesteine

Die Natursteine werden nach ihrer Entstehung eingeteilt, da die Art der Entstehung die Eigenschaften wesentlich mitbestimmt. Da die Gesteinsbildung meist sehr langsam oder in der Tiefe abläuft, lässt sie sich selten beobachten.

Ein Fall, in dem sich die Gesteinsbildung direkt beobachten lässt, ist ein Vulkanausbruch, bei dem flüssige Gesteinsschmelze aus dem Erdinneren ausfließt und zu festem Gestein erstarrt. Solche Gesteine, die beim Erstarren einer flüssigen Gesteinsschmelze entstanden sind, heißen **Erstarrungsgesteine** (Magmatite).

Die vulkanischen Ergussgesteine sind allerdings nur ein kleiner Teil der Erstarrungsgesteine. Der Großteil der Erstarrungsgesteine entsteht unsichtbar unter der Erdoberfläche.

Flüssige Gesteinsschmelze (Magma) findet sich bei den dort herrschenden Temperaturen und Drücken ab etwa 100 km Tiefe. Auf diesem Magma lastet das überlagernde Festgestein. Diese Situation kann im Versuch dargestellt werden.

Erstarrte Gesteinsschmelze (Lava)

16 Herstellen einer Natursteinmauer — Natursteine

Versuch: In einem teilweise mit Flüssigkeit gefüllten Standzylinder werden nacheinander eine geschlossene Platte und eine Platte mit einer Öffnung eingedrückt, die beide mit der Zylinderwand dicht abschließen.

Beobachtung: Die geschlossene Platte lässt sich nicht weiter eindrücken. Bei der Lochplatte dringt durch die Öffnung Flüssigkeit nach oben.

Ergebnis: Die flüssige Gesteinsschmelze, die von Festgestein, das durch seine große Eigenlast nach unten drückt, überlagert wird, hat den Drang aufzusteigen.

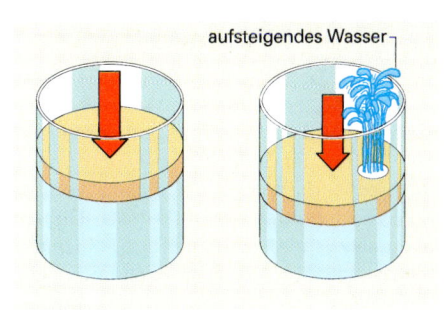

Verhalten einer Flüssigkeit unter Überlagerungsdruck

Wo immer das überlagernde Festgestein schwache Stellen zeigt, wird also Magma in oberflächennähere und damit kühlere Bereiche aufsteigen und dort durch Abkühlung erstarren. Je näher die aufdringende Schmelze dabei der Erdoberfläche kommt, desto rascher kühlt sie ab.

Gesteine, die in größerer Tiefe stecken bleiben, heißen **Tiefengesteine**. Sie kühlen nur langsam ab. Die aus der Schmelze auskristallisierenden Mineralien haben deshalb Zeit, deutlich erkennbare Kristalle zu bilden. Tiefengesteine sind deshalb allgemein grob- und gleichkörnig. Sie sind unabhängig von der Beanspruchungsrichtung sehr druckfest und zeigen weder Schichtung noch Schieferung.

Wichtigstes Tiefengestein ist der **Granit**.

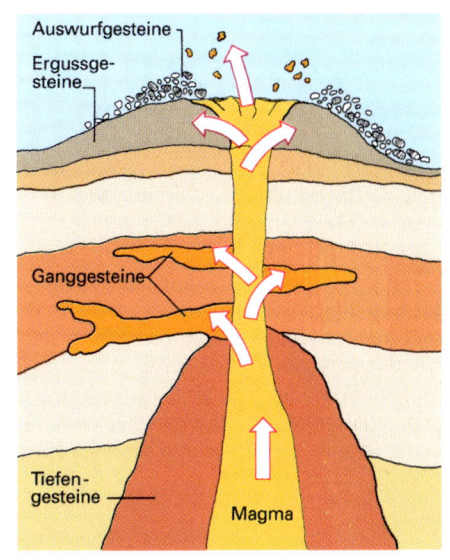

Ein Teil des Magmas wird auch in unterirdische Risse und Gänge gedrückt und kühlt dort rascher ab. Dadurch haben oft nur noch wenige Mineralien Zeit um auszukristallisieren; der Rest erstarrt als glasige Grundmasse. Die entstehenden **Ganggesteine** zeigen deshalb oft eingesprengte Kristalle in einer einheitlichen Grundmasse. Dies wird als „porphyrische Struktur" bezeichnet. Ganggesteine haben in der Regel nur örtliche Bedeutung.

Ein Ganggestein ist z. B. der **Granitporphyr**.

Gelangt Magma an die Oberfläche und fließt dort als Lava aus, so erstarrt es noch rascher. Die Grundmasse der entstehenden **Ergussgesteine** lässt deshalb keine Kristalle erkennen. Es kommen aber ebenfalls oft Kristalleinsprengsel vor, die bereits vor dem Austritt an die Erdoberfläche auskristallisiert waren.

Wichtigstes Ergussgestein ist der **Basalt**.

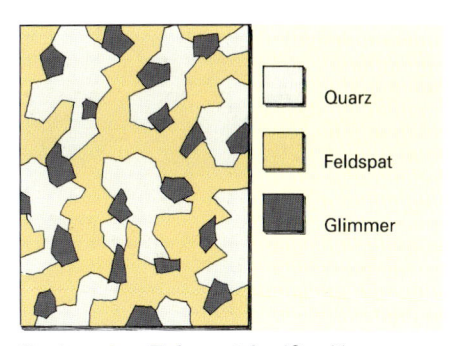

Nahe der Oberfläche können die in der Gesteinsschmelze enthaltenen Gase leicht entweichen. Da kein großer Druck mehr herrscht, bleiben Hohlräume zurück; es entsteht poröse **Lava**, z. B. Basaltlava.

Bei Vulkanausbrüchen wird oft ein Teil des Materials als vulkanische Aschen ausgeschleudert. Aus diesen Aschen entstehen dann die wenig verfestigten **Auswurfgesteine**, insbesondere Tuffe, wie z. B. **Trass**.

Ein Auswurfgestein besonderer Art ist **Bims**. Bims besteht aus bei Vulkanausbrüchen ausgeworfenen erbsen- bis kopfgroßen Brocken. Diese enthalten so viele gasgefüllte Poren, dass Bims eine Dichte von unter 1 kg/dm³ aufweist, also auf Wasser schwimmt.

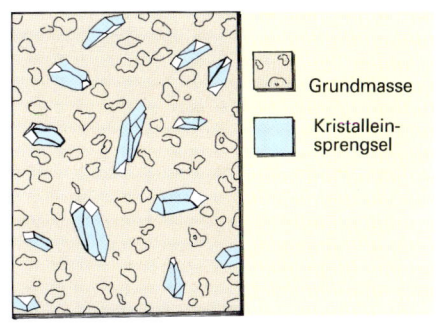

Entstehung der Erstarrungsgesteine

Struktur eines Tiefengesteins (Granit)

Porphyrische Struktur eines Ergussgesteins

> Aus einem Magma können durch verschieden rasche Abkühlung Tiefengesteine, Ganggesteine, Ergussgesteine und Auswurfgesteine entstehen.

16 Herstellen einer Natursteinmauer   Natursteine

16.1.3 Ablagerungsgesteine

An der Erdoberfläche anstehende Gesteine werden durch Sonneneinstrahlung, Frost, Regen, Wind und Pflanzenwurzeln allmählich zerstört. Bei diesem Vorgang, den man als **Verwitterung** bezeichnet, werden die Gesteine zerkleinert und die einzelnen Mineralien entsprechend ihrer Beständigkeit verändert. Die beständigsten Mineralien werden nur zerkleinert (Quarz), die weniger beständigen umgewandelt (Glimmer und Feldspat zu Ton) und die löslichen Mineralien (Gips, Kalkspat) nach und nach im Regenwasser gelöst und weggeführt. Bei der Verwitterung bleibt also neben nur zerkleinerten Gesteinsbrocken ein Gemenge von Ton und Quarzsand zurück. Dieses Gemenge von Ton und Sand wird als **Lehm** bezeichnet. Diese Verwitterungsrückstände werden meist vom Wasser, seltener von Wind und Gletschereis, abgetragen.

Wenn mit abnehmendem Gefälle die Transportkraft der Bäche und Flüsse nachlässt, wird der Gesteinsschutt nach der Größe sortiert abgesetzt. Am Oberlauf bleiben die Blöcke und Steine liegen, im Flachland werden Kies und Sand abgesetzt, und nur das feinste Material – meist Ton – gelangt in Seen und Meer und sinkt dort zu Boden. Die im Wasser gelösten Stoffe (Kalk, Gips usw.) werden ausgeschieden und ebenfalls abgelagert, wenn das Wasser an der Oberfläche von Seen und Meeren verdunstet.

Diese zunächst locker abgelagerten Verwitterungsreste werden als **Bodenarten** (Lockergesteine) bezeichnet. Werden sie von immer neuem Ablagerungsmaterial überdeckt, so tritt durch diesen Überlagerungsdruck und/oder durch Verkittung der Einzelkörner mit einem Bindemittel eine Verfestigung ein. Damit sind aus den abgelagerten Verwitterungsresten von Gesteinen neue Gesteine entstanden, die **Ablagerungsgesteine** (Sedimentite).

> Ablagerungsgesteine entstehen durch Ablagerung und Verfestigung von Verwitterungsresten. Sie sind deshalb meist geschichtet.

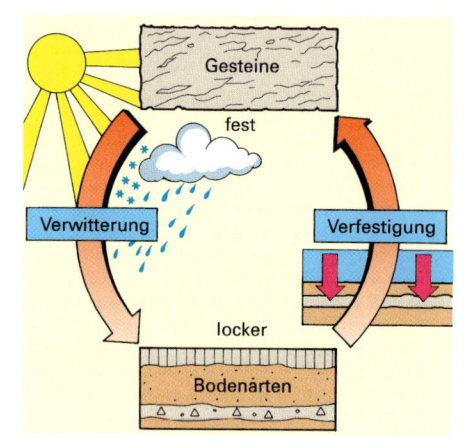

Verwitterungskreislauf

Ablagerung	Entstehendes Gestein
Kies	Konglomerat (Nagelfluh)
Sand	Sandstein
Ton	Tonstein
Kalk	Kalkstein
Ton + Kalk	Mergel
Gips	Gipsstein
Pflanzen	Kohle
Tierschalen	Kreide, Radiolarit

Herkunft der Ablagerungsgesteine

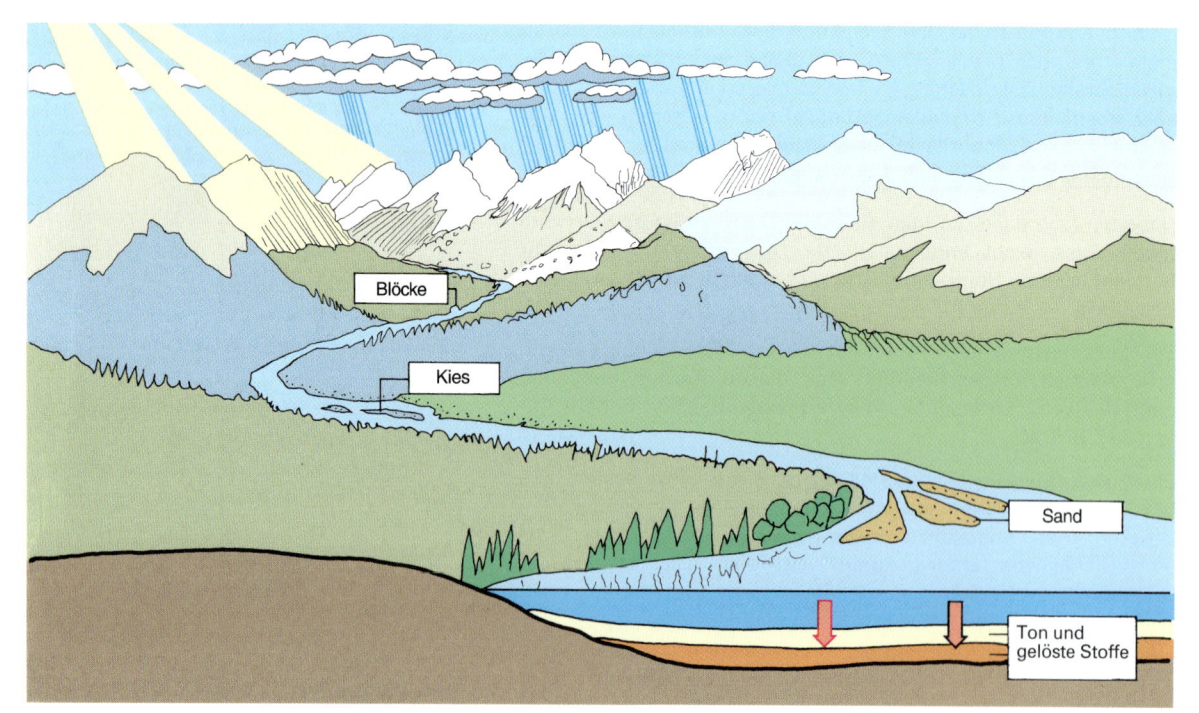

Verwitterung und Ablagerung der Verwitterungsreste

16 Herstellen einer Natursteinmauer — Natursteine

16.1.4 Umprägungsgesteine

Bei Gebirgsbildungen treten in der Natur sehr hohe Kräfte und Temperaturen auf. Diesen extremen Bedingungen können Gesteine nicht widerstehen, sie werden umgeprägt.

Die Umbildung der Gesteine kommt dadurch zustande, dass viele Mineralien unter den veränderten Bedingungen unbeständig werden. Ein Teil der Mineralien wird in andere umgewandelt.

Tonmineralien können entwässert und in plattigen Glimmer umgewandelt werden. Diese und andere neu gebildete Mineralien werden häufig senkrecht zur Richtung des größten Drucks eingeregelt. Die Gesteine erscheinen dadurch geschiefert. Auch durch Bewegungen bei Gebirgsbildungen können Schieferungen entstehen. Die **Umprägungsgesteine** (Metamorphite) werden deshalb auch als **„kristalline Schiefer"** bezeichnet.

Bei anderen Umprägungsgesteinen werden die Mineralien nur zu größeren Kristallen umkristallisiert (Marmor, Quarzit).

Je nach Ausgangsgestein entstehen verschiedene Umprägungsgesteine:

aus Granit → das Umprägungsgestein **Gneis**,
aus Tonstein → **Tonschiefer**,
aus Kalkstein → echter **Marmor**,
aus Sandstein → **Quarzit**.

Im Gesteinshandel werden oft auch andere polierfähige Kalksteine als Mamor und andere gut spaltbare Gesteine als Schiefer bezeichnet.

16.1.5 Eigenschaften und Verwendung

Entsprechend den unterschiedlichen Entstehungsbedingungen der Erstarrungs-, Ablagerungs- und Umprägungsgesteine und bedingt durch die unterschiedlichen Eigenschaften der Mineralien aus denen sie bestehen, haben die Natursteine sehr unterschiedliche Eigenschaften. Diese müssen bei der Verwendung im Bauwesen berücksichtigt werden.

Die meisten **Erstarrungsgesteine** sind unter Druck erstarrt. Sie haben direkte Kornbindung und dementsprechend hohe Dichten und Festigkeiten. Da die Gesteine unstrukturiert sind, ist die Festigkeit in allen Richtungen etwa gleich. Erstarrungsgesteine sind deshalb schwer zu bearbeiten, aber wegen ihrer Beständigkeit als Werksteine oft besonders geeignet.

Poröse Ergussgesteine (Laven) und Auswurfgesteine sind nicht druckfest. Sie werden deshalb kaum als Werksteine, sondern allenfalls als Gesteinskörnungen für Leichtbaustoffe (Bimsstein) und als Rohstoff für Bindemittel (Trass) genutzt.

Ihrem verbreiteten Vorkommen und der guten Verarbeitbarkeit entsprechend sind **Ablagerungsgesteine** die am häufigsten verwendeten Natursteine. Da diese Gesteine schichtig abgelagert und durch Überlagerungsdruck verfestigt wurden, sind sie bei senkrechter Belastung am beständigsten. Ablagerungsgesteine sind deshalb grundsätzlich **der natürlichen Lagerung entsprechend einzubauen**.

Die bautechnisch wichtigen Ablagerungsgesteine sind fast ausschließlich **Sandsteine** oder **Kalksteine**.

Bei **Umprägungsgesteinen** ist die Festigkeit durch die Schieferung stark richtungsabhängig, was die Verwendungsmöglichkeiten als Werkstein einschränkt, andererseits sind sie durch die Schieferung leicht aufzuspalten und werden deshalb oft für Platten genutzt.

Zur vollständigen **Bezeichnung** eines Natursteins sind der Handelsname, der wissenschaftliche Gesteinsname, die typische Farbe und der Herkunftsort anzugeben, z.B.: SAALBURGER MARMOR; Kalkstein; rot; Tegau und Pahren bei Schleiz, Thüringen, Deutschland.

Struktur eines Umprägungsgesteins

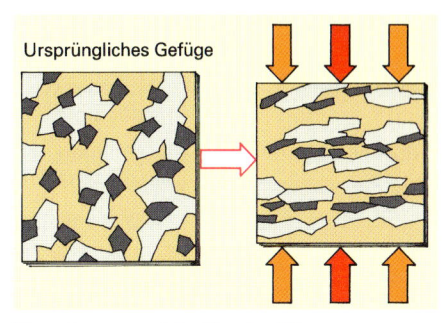

Umprägungsgestein: Druck + Hitze

Verarbeiteter Naturstein (Kalkstein)

> Umprägungsgesteine entstehen durch Umbildung von Gesteinen. Sie zeigen oft eine schiefrige Struktur.
>
> Viele Tiefen- und Ergussgesteine sind durch hohe Dichte und Festigkeit ausgezeichnete Werksteine. Bei der Verarbeitung von Ablagerungs- und Umprägungsgesteinen muss die Schichtung bzw. Schieferung berücksichtigt werden.

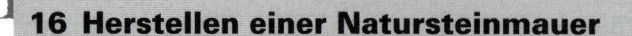

16 Herstellen einer Natursteinmauer — Natursteine

Gesteinsart/Gestein	Eigenschaften	Verwendung	Vorkommen
Erstarrungsgesteine			
Granit	Hart, witterungsbeständig, nicht feuerbeständig	Bordsteine, Treppenstufen	Schwarzwald, Bayerischer Wald, Fichtelgebirge
Basalt	Sehr druckfest, witterungsbeständig, beständig gegen aggressive Wässer	Wasserbau, Splitt, Schotter	Eifel, Rhön, Kaiserstuhl, Hegau, Erzgebirge
Trass	Locker, porös	Puzzolanzemente	Neuwieder Becken
Bims	Dichte unter 1 kg/dm^3, einzelne Steine mit Durchmessern bis etwa 300 mm	Gesteinskörnungen für Leichtbeton	Neuwieder Becken
Ablagerungsgesteine			
Bausandstein	Rot, hart, witterungsbeständig	Werksteine für alle Zwecke	Schwarzwald, Odenwald
Elbsandstein	Gelblich, Eigenschaften wechselnd	Werksteine, Bruchsteine	Elbsandsteingebirge
Devonkalkstein	Grau, hart, witterungsbeständig	Werksteine, Schotter	Rheinisches Schiefergebirge
Muschelkalkstein	Dunkelgrau, leicht bearbeitbar, nachhärtend	Werksteine, Platten, Schotter	Württemberg, Thüringen, Pfalz
Jurakalkstein	Weiß bis gelblich, hart	Werksteine, Schotter, Baukalke, Zement	Schwäbische und Fränkische Alb
Travertin	Bunt gebändert, dicht, polierfähig	Werksteine, Platten	Stuttgart, Göttingen
Umprägungsgesteine			
Gneis	Parallelstrukturiert, wechselnde Festigkeiten	Schotter, Platten, Bruchsteine	Schwarzwald, Fichtel- und Erzgebirge, Thüringer Wald
Tonschiefer	Dunkelgrau, oft plattig, gegen Dauerfeuchte empfindlich	Dachschiefer, Wandbeläge	Rheinisches Schiefergebirge, Harz

Zusammenfassung

Quarz, Kalkspat und Ton sind häufige gesteinsbildende Mineralien und gleichzeitig wichtige Rohstoffe für das Bauwesen.

Erstarrungsgesteine entstehen, wenn glutflüssige Gesteinsschmelze aus tieferen Erdschichten aufdringt, abkühlt und erstarrt.

Bei der Verwitterung werden die Gesteine zerkleinert; die einzelnen Mineralien werden umgewandelt und zum Teil gelöst. Werden diese Verwitterungsreste wieder abgelagert und verfestigt, so entstehen Ablagerungsgesteine.

Umprägungsgesteine entstehen durch Umbildung vorhandener Gesteine. Durch Einregelung der Mineralien sind sie meist geschiefert.

Viele Tiefen- und Ergussgesteine sind durch hohe Dichte und Festigkeit gute Werksteine. Bei Ablagerungs- und Umprägungsgesteinen muss die Struktur berücksichtigt werden.

Aufgaben:

1. Nennen Sie Beispiele für die Verwendung von
   a) Quarz,
   b) Kalkspat,
   c) Ton.
2. Weshalb steigt das Magma in höhere Gesteinsschichten auf?
3. Was entsteht bei der Verwitterung von
   a) Granit,
   b) Mergel?
4. Woran können Sie Granit und Gneis leicht unterscheiden?
5. Welche Natursteine kommen in Ihrer engeren Heimat vor?
6. Wofür könnten an unserem Jugendtreff Erstarrungsgesteine, Ablagerungsgesteine oder Umprägungsgesteine verwendet werden?
   Machen Sie Vorschläge und begründen Sie jeweils. Welche Gesteine aus der Tabelle kommen in Betracht?

16 Herstellen einer Natursteinmauer — Werksteine

16.2 Natursteinmauerwerk

16.2.1 Eigenschaften und Verwendung

Die **Schönheit** und **Beständigkeit** der Natursteine haben den Menschen seit Jahrtausenden veranlasst, Natursteine als Bausteine zu nutzen. Die Pyramiden Ägyptens, die Tempel der Griechen und Römer oder die Kirchen und Burgen in Europa künden noch heute davon. Auch heute wird Natursteinmauerwerk noch gerne zur **architektonischen Gestaltung** eingesetzt, wenn auch durch die Forderung nach wirtschaftlichem Bauen und durch die Entwicklung moderner Baustoffe die Bedeutung erheblich zurückgegangen ist. Oft wird aus diesen Gründen auch nicht mehr mit massivem Natursteinmauerwerk, sondern mit Natursteinverkleidungen gearbeitet.

Neben Schönheit, Vielfalt und Beständigkeit ist die Verwendung von Natursteinen auch **umweltfreundlich**. Beim Abbau und der Verarbeitung anfallende Reste können vielfältig genutzt werden. Beim Abriss von Gebäuden anfallende Natursteine werden häufig wieder verwendet oder aufgearbeitet. Sie können aber auch ohne Belastung der Umwelt deponiert werden. Eine gewisse Umweltbelastung entsteht jedoch am Ort der Gewinnung durch den Steinbruchbetrieb. Später müssen Steinbrüche außerdem rekultiviert oder einer anderen Nutzung, z. B. als Freizeitgelände oder Seen, zugeführt werden.

> Trotz des relativ hohen Aufwandes für Gewinnung und Verarbeitung wird Naturstein auch heute noch gerne zur architektonischen Gestaltung genutzt. Naturwerksteine sind vielfältig verwendbar und umweltfreundlich.

16.2.2 Aufbereitung der Werksteine

Bei der Aufbereitung der Natursteine überwiegen heute maschinelle Verfahren. Die im Steinbruch gewonnenen Rohblöcke werden mit Gesteinssägen zu Werksteinen geschnitten. Die Sichtflächen der Werksteine werden in der Regel weiter bearbeitet.

Dichte Gesteine können, z. B. für Wandplatten, oftmals **geschliffen** und auch **poliert** werden. Durch **Beflammen** kann, z. B. bei Bodenplatten, eine leicht aufgeraute Oberfläche erreicht werden.

Für Natursteinmauerwerk verwendete Werksteine erhalten durch entsprechende Bearbeitung mit Werkzeugen eine raue Oberfläche. Die Bearbeitung erfolgt meist maschinell, seltener von Hand.

Harte Steine werden **gebeilt** bzw. **bossiert** (Oberfläche nur wenig bearbeitet, rau und uneben) oder **gestockt** (Oberfläche grobkörnig). Weichere Gesteine werden oft **gerieft** bzw. **geriffelt** (parallele Riffelung der Oberfläche).

Mauersteine mit einer deklarierten Druckfestigkeit werden der **Kategorie I** zugeordnet, Mauersteine die dieses Vertrauensniveau nicht erreichen, der **Kategorie II**.

> Dem Maurer stehen entsprechend bearbeitete Naturwerksteine mit verschieden gestalteter Oberfläche zur Verfügung, die allenfalls noch in geringem Umfang nachgearbeitet werden müssen.

Natursteine an Einfamilienhaus

Abbau von Natursteinen

Jurakalk

Muschelkalk

Bossierte Naturwerksteine (Bossensteine)

16 Herstellen einer Natursteinmauer — Ausführungsregeln

16.2.3 Ausführungsregeln

Unabhängig von der Art des Natursteinmauerwerks gibt es einige Ausführungsregeln, die generell beachtet werden müssen.

Natursteine für Mauerwerk dürfen nur aus „gesundem" Gestein gewonnen werden, d.h., das Gestein darf keine Struktur- oder Verwitterungsschäden aufweisen. Wird Natursteinmauerwerk der Witterung ausgesetzt, müssen die Steine frostbeständig sein.

Für Natursteine werden **Normalmauermörtel** der Gruppen I, II, IIa, III und IIIa verwendet. Die Wahl des Mörtels richtet sich nach der Beanspruchung des Mauerwerks und nach der Gesteinsart. Um Schäden zu vermeiden, darf der Mörtel nicht fester sein als der Stein. Deswegen und wegen ihrer guten Verarbeitbarkeit und Elastizität sind Mörtel der Gruppen II und IIa besonders geeignet. Für Sichtmauerwerk im Freien ist Mörtel der Gruppe I nicht geeignet. Durch Verwendung von Portlandpuzzolanzement oder Puzzolanzement bei den Mörtelgruppen II, IIa, III und IIIa können Ausblühungen weitgehend vermieden werden.

Bei sofortigem Fugenverstrich ist Mörtelgruppe IIa zu verwenden.

Mörtel der Mörtelgruppen III und IIIa sollen nur bei besonderen Anforderungen verwendet werden.

Wegen der unterschiedlichen Formen und Abmessungen der Naturwerksteine gibt es keine bestimmten Verbände und keine festgelegten Verbandsregeln wie bei den künstlichen Mauersteinen. Reines Natursteinmauerwerk muss jedoch im ganzen Querschnitt handwerksgerecht hergestellt werden.

Dies bedeutet, dass:

- an der Vorder- und Rückseite nirgends mehr als drei Fugen zusammenstoßen,
- keine Stoßfuge durch mehr als zwei Schichten durchgeht,
- auf zwei Läufer mindestens ein Binder kommt oder Binder- und Läuferschichten miteinander abwechseln,
- die Tiefe der Binder etwa das Eineinhalbfache der Schichthöhe, mindestens aber 30 cm beträgt,
- die Tiefe der Läufer etwa gleich der Schichthöhe ist,
- die Überdeckung der Stoßfugen mindestens 10 cm (bei Quadermauerwerk mindestens 15 cm) beträgt,
- an den Ecken die größten Steine, gegebenenfalls in Höhe von zwei Schichten, eingebaut werden.

Lassen sich Zwischenräume im Inneren des Mauerwerks nicht vermeiden, so sind sie mit geeigneten, allseits von Mörtel umhüllten Steinstücken so auszuzwickeln, dass keine unvermörtelten Hohlräume entstehen. Dies gilt auch für weite Fugen bei Bruchsteinmauerwerk, Zyklopenmauerwerk und hammerrechtem Schichtenmauerwerk.

> Um bei Natursteinmauerwerk die erforderliche Dauerhaftigkeit und Tragfähigkeit zu erreichen, müssen geeignete Steine und geeigneter Mörtel verwendet werden. Natursteinmauerwerk muss im ganzen Querschnitt handwerksgerecht ausgeführt werden.

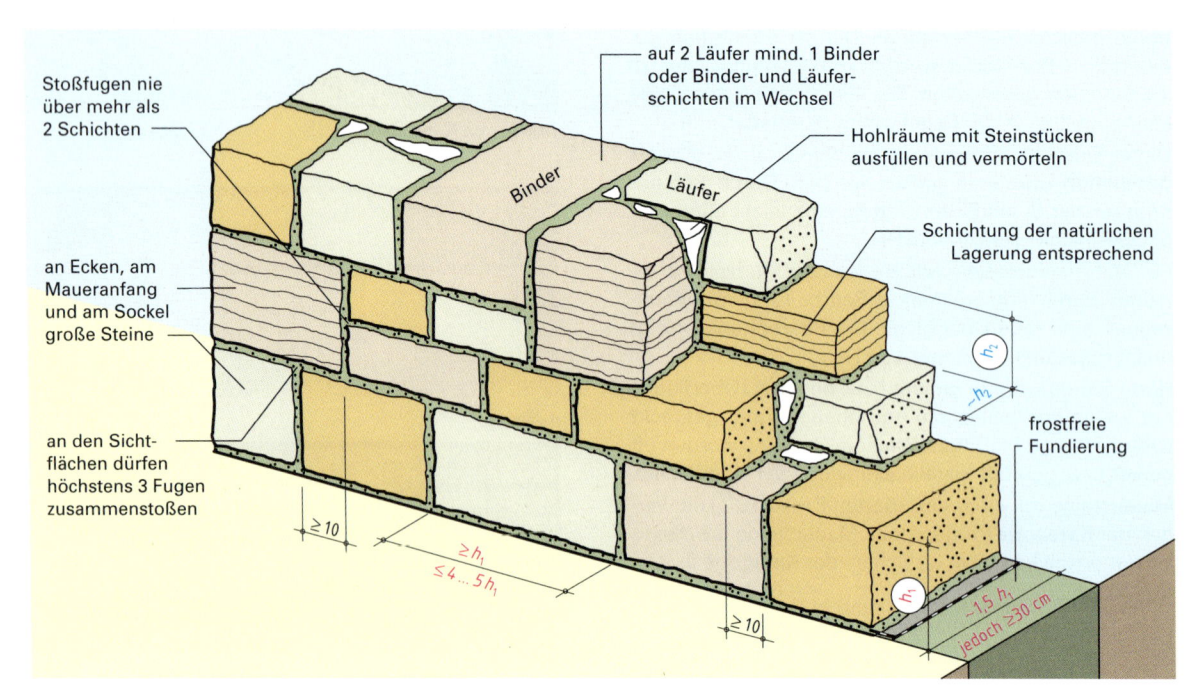

Handwerksgerechte Ausführung von Natursteinmauerwerk

16 Herstellen einer Natursteinmauer — Arten

16.2.4 Arten

Trockenmauerwerk

Trockenmauerwerk wird aus wenig bearbeiteten **Bruchsteinen ohne Mörtel** hergestellt. Die einzelnen Steine sollen so ineinander greifen, dass die Fugen möglichst eng werden und nur kleine Hohlräume verbleiben. Die unvermeidlichen Hohlräume zwischen den Steinen sind durch kleinere Steine so auszufüllen und zu verkeilen, dass Spannung zwischen den Mauersteinen entsteht. Trockenmauerwerk darf nur für Stützmauern verwendet werden.

Bei der Gestaltung von Garten- und Parkanlagen werden Trockenmauern gerne verwendet, da sie nicht nur gut aussehen, sondern auch ein **Biotop** für Pflanzen und Tiere darstellen.

Trockenmauerwerk

Bruchsteinmauerwerk

Beim Bruchsteinmauerwerk werden wenig bearbeitete **Bruchsteine in Mörtel verlegt** und ein unregelmäßiger Verband hergestellt. In verbleibende Lücken werden Steinstücke eingekeilt, die unregelmäßigen Fugen werden mit Mörtel verfüllt. An den Mauerecken sollten größere Steine verwendet werden, die wechselseitig überbinden. Da Bruchsteinmauerwerk vorher nicht zeichnerisch festgelegt werden kann, ist die Herstellung eines angenehmen Fugenbildes Sache des Maurers.

Um die erforderliche Tragfähigkeit zu erreichen, ist Bruchsteinmauerwerk in seiner gesamten Tiefe in Abständen von höchstens 1,50 m rechtwinklig zur Kraftrichtung auszugleichen. Auch Bruchsteinmauerwerk wird überwiegend bei Stützmauern angewendet.

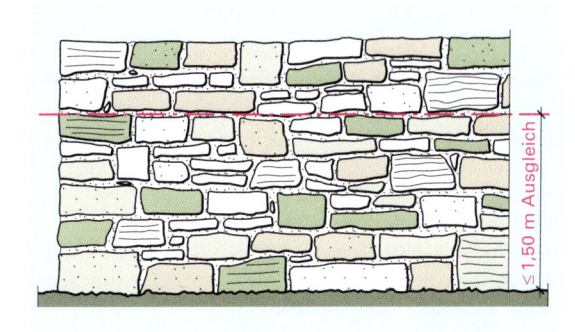

Bruchsteinmauerwerk (≤ 1,50 m Ausgleich)

Zyklopenmauerwerk

Mauerwerk, das aus nicht lagerhaften, sondern sehr **unregelmäßig geformten vieleckigen Steinen** wie z. B. säulig abgesondertem Basalt hergestellt ist, wird als Zyklopenmauerwerk bezeichnet. Die besondere Wirkung entsteht dadurch, dass die Fugen nicht mehr oder weniger parallel, sondern netzartig verlaufen. Auch hier sind Hohlräume zu verzwicken und mit Mörtel auszufüllen.

Zyklopenmauerwerk aus Basalt wird besonders für Uferbefestigungen und beim Bau von Hafenanlagen verwendet, da Basalt gegen aggressive Wässer besonders beständig ist. Aber auch Stützmauern können aus Zyklopenmauerwerk hergestellt werden.

Zyklopenmauerwerk

Hammerrechtes Schichtenmauerwerk

Hammerrechtes Schichtenmauerwerk wird nur noch selten verwendet, da die Steine **an Ort und Stelle zuzurichten** sind und die Gestaltung des Verbandes dem Maurer überlassen wird. Die Maße einer Mauer werden vorgegeben, die Schichthöhen können jedoch innerhalb einer Schicht und in den verschiedenen Schichten wechseln.

Die Steine der Sichtfläche sind in den Stoß- und Lagerfugen auf mindestens 12 cm Tiefe zu bearbeiten. Die Stoß- und Lagerfugen müssen ungefähr rechtwinklig zueinander stehen. Auch hammerrechtes Schichtenmauerwerk ist in Abständen von höchstens 1,50 m rechtwinklig zur Kraftrichtung auszugleichen.

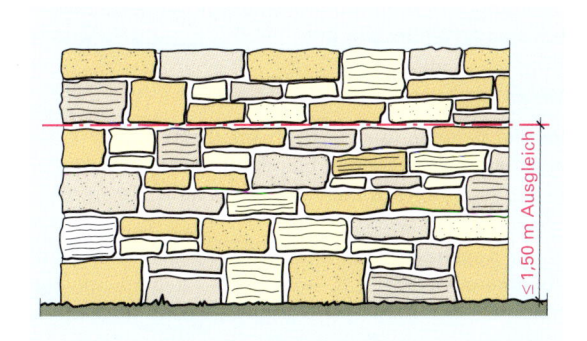

Hammerrechtes Schichtenmauerwerk (≤ 1,50 m Ausgleich)

16 Herstellen einer Natursteinmauer — Arten

Unregelmäßiges Schichtenmauerwerk

Beim unregelmäßigen Schichtenmauerwerk darf die Schichthöhe innerhalb einer Schicht und in den verschiedenen Schichten nur in geringen Grenzen wechseln. Die Fugen in der Sichtfläche dürfen nicht dicker als 3 cm sein. Beides wird unter anderem dadurch erreicht, dass die Steine der Sichtfläche auf mindestens 15 cm Tiefe bearbeitet sind und Lager- und Stoßfugen zueinander und zur Oberfläche rechtwinklig stehen. Auch unregelmäßiges Schichtenmauerwerk ist in seiner ganzen Dicke in Abständen von höchstens 1,50 m rechtwinklig zur Kraftrichtung auszugleichen.

Es ist das meistverwendete Natursteinmauerwerk, besonders für **Stütz- und Gartenmauern**.

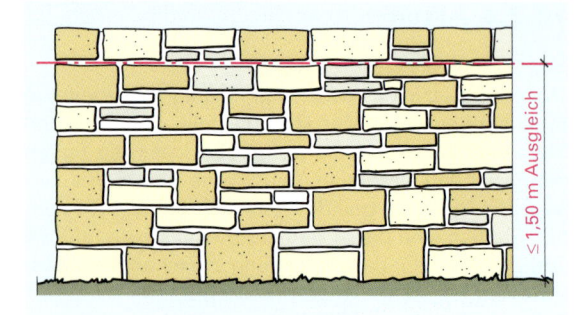

Regelmäßiges Schichtenmauerwerk

Beim regelmäßigen Schichtenmauerwerk **darf die Schichthöhe** innerhalb einer Schicht **nicht wechseln**, d.h., es müssen in jeder Schicht gleich hohe Steine verwendet werden. Jede Schicht wird rechtwinklig zur Kraftrichtung ausgeglichen. Bei Gewölben, Bögen, Kuppeln und dergleichen müssen die Lagerfugen über die ganze Gewölbedicke durchgehen. Die Schichtsteine müssen daher in den Lagerfugen in der ganzen Tiefe und bei den Stoßfugen auf mindestens 15 cm Tiefe bearbeitet sein.

Schichtenmauerwerk kann nicht vor Ort gestaltet werden, sondern wird nach einem genauen Versetzplan angefertigt. Die einzelnen Steine sind nach Schicht- und Reihenfolge nummeriert.

Anwendung findet Schichtenmauerwerk außer bei Stützmauern auch bei Hochbauten, Brückenpfeilern usw.

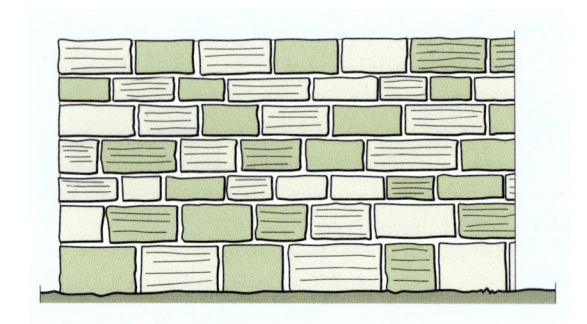

Quadermauerwerk

Quadermauerwerk ist für **höhere Beanspruchungen** gedacht. Die dafür verwendeten Steine werden nach vorgegebenen Maßen bearbeitet und nummeriert. Lager- und Stoßfugen müssen in ganzer Steintiefe eben bearbeitet sein. Auch die Sichtflächen sind durch besondere Bearbeitung gestaltet.

Die Stoßfugenüberdeckung soll mindestens 15 cm betragen.

Quadermauerwerk wirkt etwas regelmäßig, ist aber sehr stabil. Es kann für alle Arten von Natursteinmauerwerk verwendet werden.

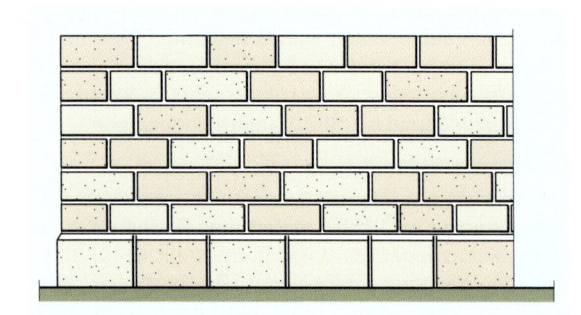

Verblendmauerwerk

Verblend- oder Mischmauerwerk besteht aus einer sichtbaren **Natursteinverblendung** und einer dahinter liegenden, mittragenden Wand aus künstlichen Mauersteinen oder Beton.

Diese Konstruktion verbindet die Vorteile des Natursteinmauerwerkes (z.B. schönes Aussehen) mit den Vorteilen der dahinter liegenden Wand (z.B. hohe Tragfähigkeit des Betons oder gute Wärmedämmfähigkeit des Mauerwerks aus künstlichen Steinen).

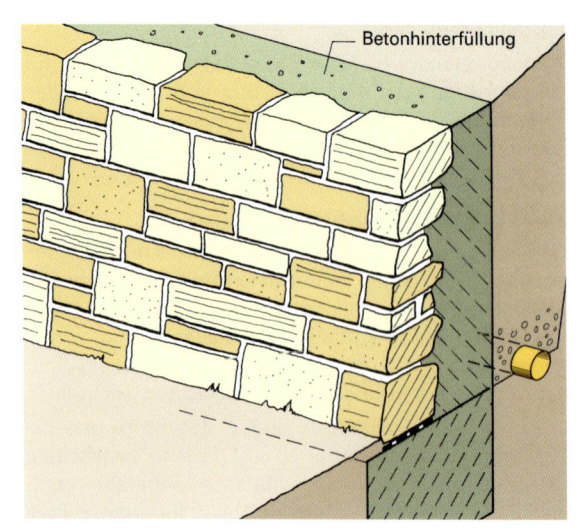

Unregelmäßiges Schichtenmauerwerk (≤ 1,50 m Ausgleich)

Regelmäßiges Schichtenmauerwerk

Quadermauerwerk

Stützwand als Verblendmauerwerk (unregelmäßiges Schichtenmauerwerk) — Betonhinterfüllung

16 Herstellen einer Natursteinmauer — Arten/Festigkeiten

Damit das Verblendmauerwerk zusammen mit der Hintermauerung eine tragfähige Einheit bildet, müssen folgende Regeln eingehalten werden:

- Das Verblendmauerwerk und die Hintermauerung müssen gleichzeitig im Verband gemauert werden.
- Das Verblendmauerwerk muss mit der Hintermauerung durch mindestens 30% Bindersteine verzahnt werden.
- Die Bindersteine müssen mindestens 24 cm dick (tief) sein, und sie müssen mindestens 10 cm in die Hintermauerung einbinden.
- Bei einer Verblendung mit Platten müssen diese in der Dicke mindestens $\frac{1}{3}$ ihrer Höhe entsprechen, jedoch mindestens 11,5 cm dick sein.
- Besteht die Hintermauerung aus künstlichen Mauersteinen, so darf nur jede dritte Schicht des Natursteinmauerwerkes aus Bindern bestehen.

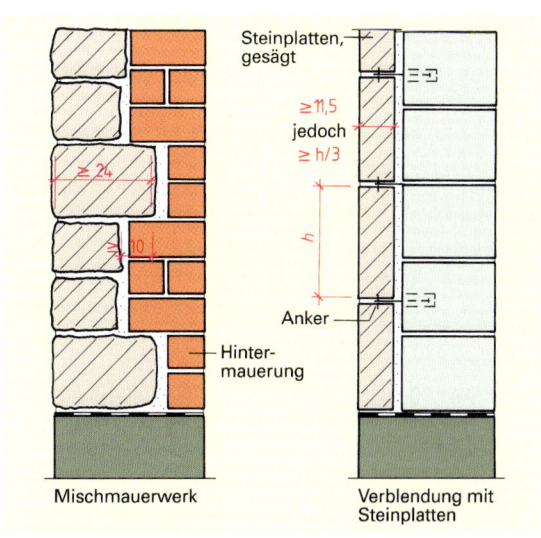

Misch- und Verblendmauerwerk

Durch die Vielfältigkeit der Natursteine, die unterschiedliche Oberflächenwirkung und die je nach Mauerwerksart und Verband unterschiedlichen Fugenbilder bietet Natursteinmauerwerk vielfältige Gestaltungsmöglichkeiten.
Bei Verblend- oder Mischmauerwerk bildet die Natursteinwand zusammen mit der dahinter liegenden Wand aus künstlichen Steinen bzw. aus Beton eine tragfähige Einheit.

16.2.5 Güteklassen und Festigkeiten

Die Festigkeit von Natursteinmauerwerk ist von vielen Einflussfaktoren abhängig. Natursteinmauerwerk wird deshalb zunächst nach der Art des Mauerwerks, dem höchstzulässigen Verhältnis von Fugenhöhe zu Steinlänge, nach der Neigung der Lagerfuge und dem Verhältnis der Überlappungsflächen der Steine zum Wandquerschnitt in die **Güteklassen N1…N4** eingeteilt. Durch die Einteilung in Güteklassen sind die Einflüsse des Mauerwerks wie Verband, Steinform und Fugenausbildung berücksichtigt.

Die Festigkeit des Mauerwerks ist aber natürlich auch von der Festigkeit der verwendeten Steine und vom verwendeten Mörtel abhängig.

Tragendes Natursteinmauerwerk muss mindestens 24 cm dick sein und einen Mindestquerschnitt von 0,1 m^2 aufweisen. Die Druckfestigkeit des Gesteins muss für tragende Bauteile in den Güteklassen N1 bis N3 mindestens 20 N/mm^2, in der Güteklasse N4 mindestens 5 N/mm^2 betragen.

In der nachstehenden Tabelle sind charakteristische Werte der Druckfestigkeit in N/mm^2 für Natursteinmauerwerk mit Normalmauermörtel angegeben.

Güteklasse	N1		N2		N3			N4			
Natursteinmauerwerk	Bruchsteinmauerwerk		Hammerrechtes Schichtenmauerwerk		Schichtenmauerwerk			Quadermauerwerk			
Gesteinsfestigkeit f_{bk} in N/mm^2	≥20	≥50	≥20	≥50	≥20	≥50	≥100	≥5	≥10	≥20	≥50	≥100
Werte f_k[1]) in N/mm^2 in Abhängigkeit von der Mörtelgruppe — I	0,6	0,9	1,2	1,8	1,5	2,1	3,0	1,2	1,8	3,6	6,0	9,0
II	1,5	1,8	2,7	3,3	4,5	6,0	7,5	2,0	3,0	6,0	10,5	13,5
IIa	2,4	2,7	4,2	4,8	6,0	7,5	9,0	2,5	3,6	7,5	12,0	16,5
III	3,6	4,2	5,4	6,0	7,5	10,5	12,0	3,0	4,5	9,0	15,0	21,0

[1]) Bei Fugendicken über 40 mm sind die Werte f_k um 20% zu vermindern.
Charakteristische Druckfestigkeitswerte f_k von Natursteinmauerwerk mit Normalmauermörtel

Diese Werte gelten für Natursteinwände, bei denen die Höhe das Zehnfache der Dicke nicht überschreitet. Mit zunehmender Schlankheit (= Verhältnis Wandhöhe : Wanddicke) gelten zusätzliche Einschränkungen.

Die Druckfestigkeit von Natursteinmauerwerk ist von der Art des Mauerwerks, der Steinfestigkeit und der Mörtelgruppe abhängig. Die Art des Mauerwerks wird durch die Einteilung in die Güteklassen N1…N4 erfasst.

16 Herstellen einer Natursteinmauer — Öffnungen/Fugen

16.2.6 Öffnungen

Da Natursteine nur eine sehr **geringe Biegezugfestigkeit** aufweisen, können Tür- und Fensteröffnungen in Natursteinmauerwerk in der Regel nicht einfach mit einem Natursteinsturz überdeckt werden. Deshalb und aus gestalterischen Gründen wurden Öffnungen im Natursteinmauerwerk früher meistens überwölbt.

Wurden doch Natursteinstürze verwendet, wurden diese durch **Entlastungsbögen** oder **Entlastungsfugen** entlastet. Entlastungsfugen werden erreicht, indem die über dem Sturz befindlichen Werksteine so gestaltet werden, dass über dem Sturz eine offene oder erst bei Belastung sich schließende Fuge entsteht. Die auftretenden Kräfte werden dann nicht auf den Sturz übertragen.

Bei modernem Natursteinmauerwerk werden zur Überdeckung von Öffnungen mit Naturstein verblendete Stahlbeton- oder Ziegelstürze verwendet.

Eventuelle Umrahmungen für Fenster und Türen werden vom Steinmetz nach Plan hergestellt und vor Ort versetzt.

> Da Natursteine nur geringe Biegezugspannungen aufnehmen können, müssen bei reinem Natursteinmauerwerk Öffnungen für Fenster und Türen überwölbt oder die Natursteinstürze durch besondere konstruktive Maßnahmen entlastet werden. Bei modernem Verblendmauerwerk werden meist Stahlbeton- oder Ziegelstürze verwendet.

selbst dicke Balken brechen | offene oder später geschloss. Fuge — Entlastungsbogen

Ausbildung als scheitrechter Sturz (Beispiel Projekt) — Anker

scheitrechter Sturz
offene Fuge
Gewändesturz
Quadermauerwerk
Binder

Öffnung mit Gewände und Entlastungssturz

Öffnungen bei Natursteinmauerwerk

16.2.7 Fugen

Die Ausbildung der Fugen ist nicht nur für die **Schönheit**, sondern vor allem im Freien auch für die **Beständigkeit** des Mauerwerks von großer Bedeutung. Die Verfugung muss bündig an den Steinkanten anschließen. Zurückspringende Fugen begünstigen die Verwitterung des Mauerwerks, vorspringende Fugenwülste werden durch Witterungseinflüsse rasch zerstört. Eine erwünschte leichte Wölbung nach innen kann durch Nacharbeitung mit einem Stück Gummischlauch erreicht werden. Dies verbessert gleichzeitig den Porenschluss an der Oberfläche.

Wird nicht, wie bei Neubauten üblich, ein sofortiger Fugenglattstrich ausgeführt, sind die Sichtflächen nachträglich zu verfugen. Hierzu sind die Fugen mindestens auf Fugenbreite, besser auf doppelte Fugenbreite auszuräumen und lose Gesteins- und Mörtelreste zu entfernen. Vor Einbringung des Fugenmörtels ist vorzufeuchten.

Als Fugenmörtel wird meist plastischer Mörtel der Mörtelgruppe IIa verwendet. Die Farbe des Fugenmörtels muss auf die Farbe der Natursteine abgestimmt werden.

Die Verfugung muss lückenlos und die Oberfläche der Fuge möglichst geschlossen sein.

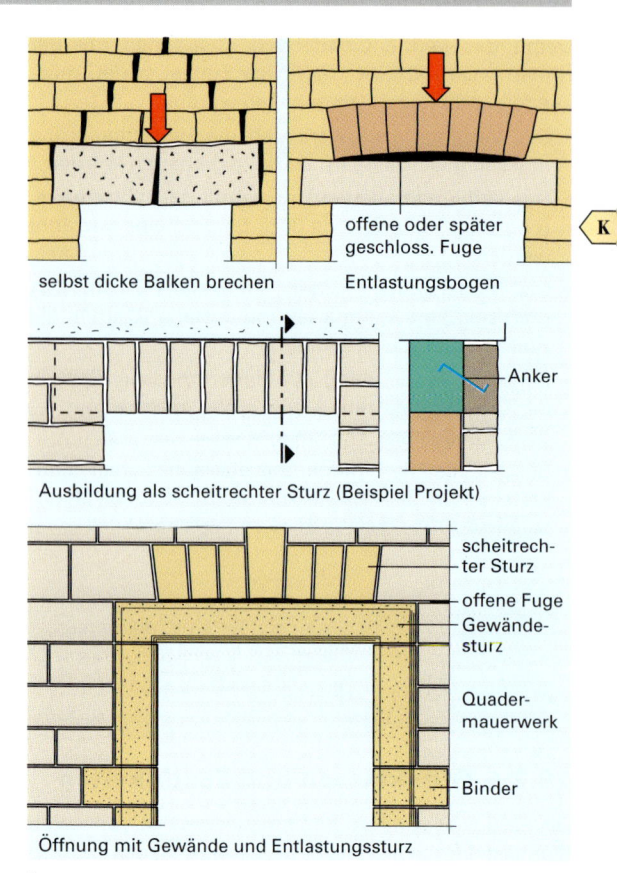

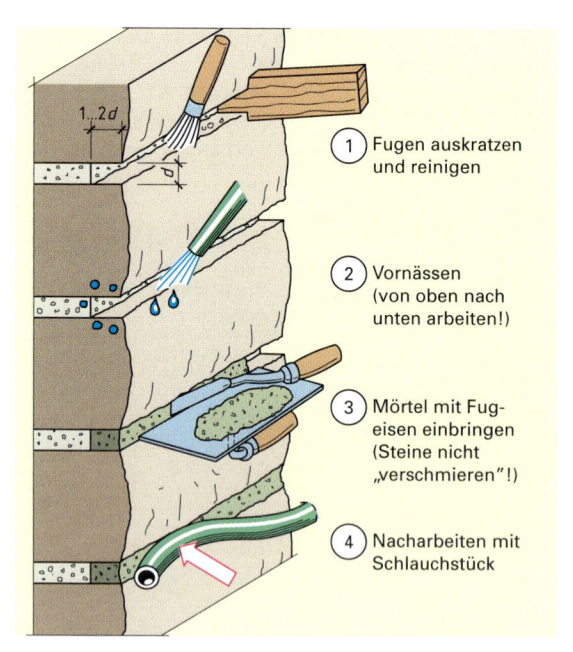

① Fugen auskratzen und reinigen
② Vornässen (von oben nach unten arbeiten!)
③ Mörtel mit Fugeisen einbringen (Steine nicht „verschmieren"!)
④ Nacharbeiten mit Schlauchstück

Nachträgliches Verfugen

> Die Ausbildung der Fugen ist für Schönheit und Beständigkeit des Natursteinmauerwerks von Bedeutung. Die Verfugung muss deshalb mit besonderer Sorgfalt erfolgen.

16 Herstellen einer Natursteinmauer — Abdeckungen

16.2.8 Abdeckungen

Natursteinmauern im Freien würden durch das an der Oberfläche eindringende Regenwasser rasch verwittern. Sie müssen deshalb durch Abdeckung geschützt werden.

Die Abdeckung soll das Wasser **rasch ableiten**, dies wird durch ein entsprechendes Gefälle erreicht. Sie soll aber auch verhindern, dass das Wasser am Mauerwerk herabläuft und dieses verschmutzt. Dies kann durch Überstand und Wassernasen erreicht werden.

Als Material kommen witterungsbeständige Natursteinplatten oder Werksteinplatten in Betracht. Die Stoßfugen sollten dann mit Elastomeren verfugt werden. Auch Metallabdeckungen sind möglich. Den oberen Abschluss durch eine Mörtelschicht herzustellen, genügt nicht, da diese zu rasch verwittert und kein genügender Überstand herzustellen ist.

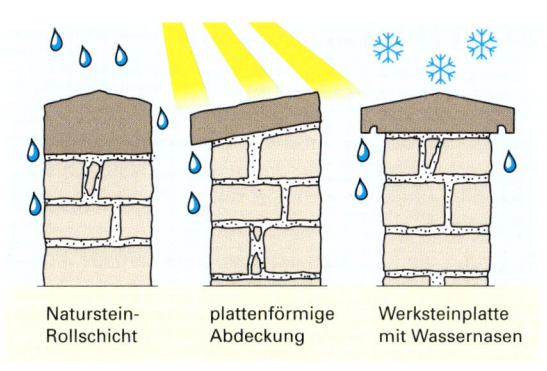

Naturstein-Rollschicht — plattenförmige Abdeckung — Werksteinplatte mit Wassernasen

Abdeckung von Natursteinmauern

Der Witterung ausgesetzte Natursteinmauern müssen als oberen Abschluss eine geeignete Abdeckung erhalten.

Zusammenfassung

Trotz des relativ hohen Aufwandes für Gewinnung und Verarbeitung wird Naturstein auch heute noch gerne zur architektonischen Gestaltung genutzt. Naturwerksteine sind vielfältig verwendbar und umweltfreundlich.

Dem Maurer stehen entsprechend bearbeitete Naturwerksteine mit verschieden gestalteter Oberfläche zur Verfügung, die allenfalls noch in geringem Umfang nachgearbeitet werden müssen.

Um bei Natursteinmauerwerk die erforderliche Dauerhaftigkeit und Tragfähigkeit zu erreichen, müssen geeignete Steine und geeigneter Mörtel verwendet werden. Natursteinmauerwerk muss im ganzen Querschnitt handwerksgerecht ausgeführt werden.

Durch die Vielfältigkeit der Natursteine, die unterschiedliche Oberflächenwirkung und die je nach Mauerwerksart und Verband unterschiedlichen Fugenbilder bietet Natursteinmauerwerk vielfältige Gestaltungsmöglichkeiten.

Bei Verblend- und Mischmauerwerk bildet die Natursteinwand zusammen mit der dahinter liegenden Wand aus künstlichen Steinen oder Beton eine tragfähige Einheit.

Die Druckfestigkeit von Natursteinmauerwerk ist von der Art des Mauerwerks, der Steinfestigkeit und der Mörtelgruppe abhängig. Die Art des Mauerwerks wird durch die Einteilung in Güteklassen erfasst.

Die Überdeckung von Öffnungen in Natursteinmauerwerk erfordert besondere konstruktive Maßnahmen. Die Ausbildung der Fugen ist für Schönheit und Beständigkeit des Natursteinmauerwerks von großer Bedeutung. Die Verfugung muss deshalb mit besonderer Sorgfalt erfolgen.

Der Witterung ausgesetzte Natursteinmauern müssen als oberen Abschluss eine geeignete Abdeckung erhalten.

Aufgaben:

1. Nennen Sie Beispiele, wo noch heute Natursteinmauerwerk verwendet wird.
2. Weshalb ist die Bedeutung des Natursteinmauerwerks zurückgegangen?
3. Wie beurteilen Sie die Verwendung von Natursteinmauerwerk im Hinblick auf den Umweltschutz?
4. Erklären Sie die Begriffe
   a) gebeilt, b) gestockt, c) gerieft.
5. Welche Anforderungen werden an Natursteine für Natursteinmauerwerk gestellt?
6. Welche Mörtelgruppen kommen für Natursteinmauerwerk bevorzugt in Betracht? Begründen Sie!
7. Nennen Sie 7 Regeln für die handwerksgerechte Ausführung von Natursteinmauerwerk.
8. Nennen Sie die Arten von Natursteinmauerwerk.
9. Weshalb wird bei der Gestaltung von Garten- und Parkanlagen gerne Trockenmauerwerk verwendet?
10. Worauf ist beim Vermauern von geschichteten (lagerhaften) Steinen zu achten?
11. Welche Vorteile besitzen Verblend- und Mischmauerwerk gegenüber reinem Natursteinmauerwerk?
12. Nennen Sie die Regeln für die Herstellung von Verblend- und Mischmauerwerk.
13. Wovon ist die Druckfestigkeit von Natursteinmauerwerk abhängig?
14. Weshalb müssen Natursteinstürze durch konstruktive Maßnahmen entlastet werden?
15. Nennen und beschreiben Sie die Arbeitsschritte bei der nachträglichen Verfugung von Natursteinmauerwerk.
16. Welche Anforderungen muss die Abdeckung einer Natursteinmauer im Freien erfüllen?
17. Welche Arten von Natursteinmauerwerk könnten an unserem Jugendtreff zum Einsatz kommen? Nennen Sie Beispiele.

16 Herstellen einer Natursteinmauer — Materialbedarf/Zeichnungen

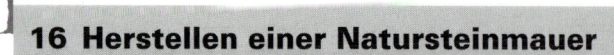

16.2.9 Materialbedarf und zeichnerische Darstellung

Wenn nicht, wie z. B. bei Schichten- oder Quadermauerwerk, die Steine nummeriert angeliefert und nach Plan versetzt werden, ist der Bedarf an Naturwerksteinen zu ermitteln. Generell ist der Mörtelbedarf zu veranschlagen.

Aufgrund des unterschiedlichen Fugenanteils je nach Mauerwerksart und wegen der unterschiedlichen Dichte der Gesteine können die Werte sehr stark schwanken. Die Tabellenwerte können deshalb nur Anhaltswerte sein.

Bedarf an Werksteinen in t/m³ bei			
Basalt	Granit	Kalkstein	Sandstein
2,2	2,1	2,0	1,9

Werksteinbedarf für Bruchstein- und Zyklopenmauerwerk

Bruchstein- und Zyklopenmauerwerk	Schichtenmauerwerk	Quadermauerwerk
350 l/m³	250 l/m³	150 l/m³

Für das Verfugen sind ~15 l/m² Ansichtsfläche zu veranschlagen
Mörtelbedarf für Natursteinmauerwerk

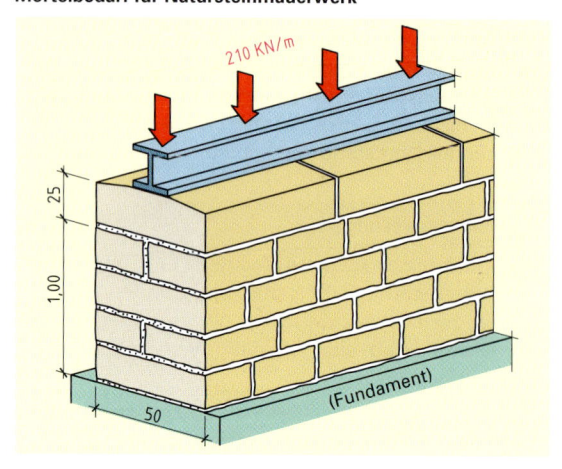

Aufgaben

1. Aufgabe: Die dargestellte Natursteinmauer wird pro m Länge mit 210 kN belastet. Die Eigenlasten der Mauer und des Stahlträgers sind dabei berücksichtigt.
a) Wählen Sie für diese Mauer eine Mauerwerksart (Güteklasse, Steinfestigkeit, Mörtelgruppe). Erbringen Sie den rechnerischen Nachweis, dass die vorhandene Druckspannung kleiner ist als der charakteristische Wert der Druckfestigkeit.
b) Ermitteln Sie für das gewählte Mauerwerk den ungefähren Bedarf an Kalksteinen in t (ohne Abdeckung) und den Mörtelbedarf in l, wenn die Mauer eine Länge von 5,30 m hat.

2. Aufgabe: Stützwand als Schwerlastwand an der Nordgrenze des Jugendtreffs.
Zeichnen Sie den Schnitt A-A und die Ansicht des Natursteinmauerwerks (Verblendmauerwerk) 1:10.

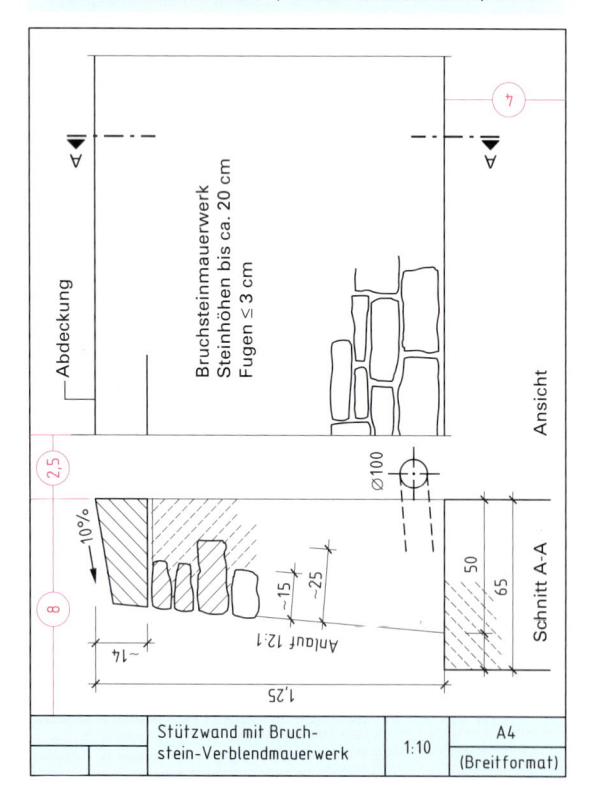

3. Aufgabe: Sockelmauerwerk mit Fenster an der Ostseite des Jugendtreffs (Ausschnitt).
Zeichnen Sie Grundriss, Schnitt A-A und Ansicht des verankerten Verblendmauerwerks im Maßstab 1:20.

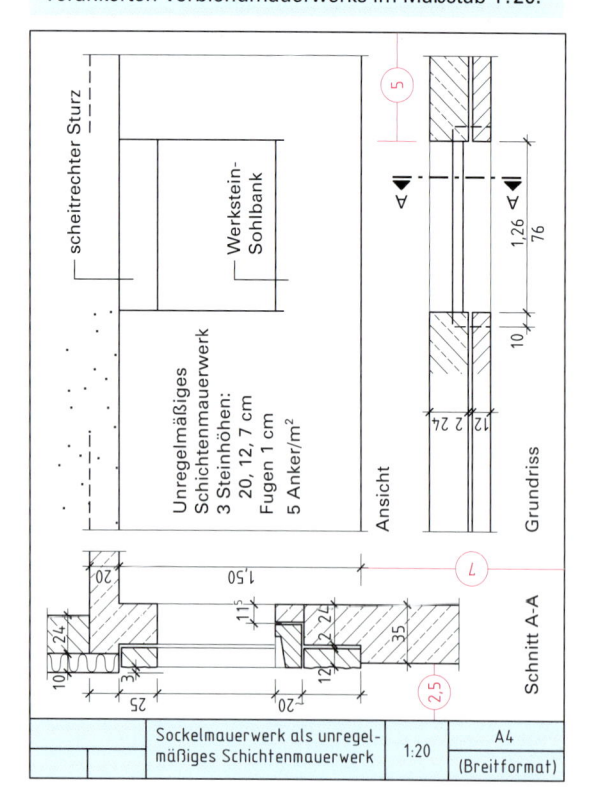

Kapitel 17:
Instandsetzen und Sanieren eines Bauteils

Kapitel 17 vermittelt die Kenntnisse des Lernfeldes 14 für Beton- und Stahlbetonbauer/-innen und des Lernfeldes 17 für Maurer/-innen.

Bewundernd stehen wir vor prächtigen Bauten, die Jahrhunderte und Jahrtausende überdauert haben. Sie berichten nicht nur von der Arbeitskraft, den Fertigkeiten und der schöpferischen Fantasie der Baumeister und Bauhandwerker, sondern lassen auch erkennen, unter welchen gesellschaftlichen Verhältnissen damals gebaut wurde. So sind Bauwerke Zeugnisse des technischen Wagemuts und der Tüchtigkeit ihrer Erbauer, und sie vermitteln uns einen Eindruck von der Lebensauffassung unserer Vorfahren.

Unzählige Schäden an diesen Bauwerken zeugen jedoch davon, dass die Dauerhaftigkeit der verwendeten Baustoffe begrenzt ist. Die Baustoffe stehen nun einmal mit der Umwelt in einer Wechselwirkung, die nicht folgenlos bleibt. Natürliche Verwitterung einerseits, aber auch schädliche Umwelteinflüsse andererseits führen an erhaltenswertem, baulichem Kulturgut zu Schädigungen von Baustoffen und Bauteilen. Der angehende Maurer muss deshalb in der Lage sein, Instandsetzungs- bzw. Sanierungsarbeiten an Bauteilen durchzuführen. Er muss mögliche Schadensursachen erkennen und Maßnahmen zur Schadensbegrenzung und Sicherung erarbeiten. Dazu sind Kenntnisse über bauphysikalische Zusammenhänge, insbesondere Kenntnisse des Wärmeschutzes, unerlässlich.

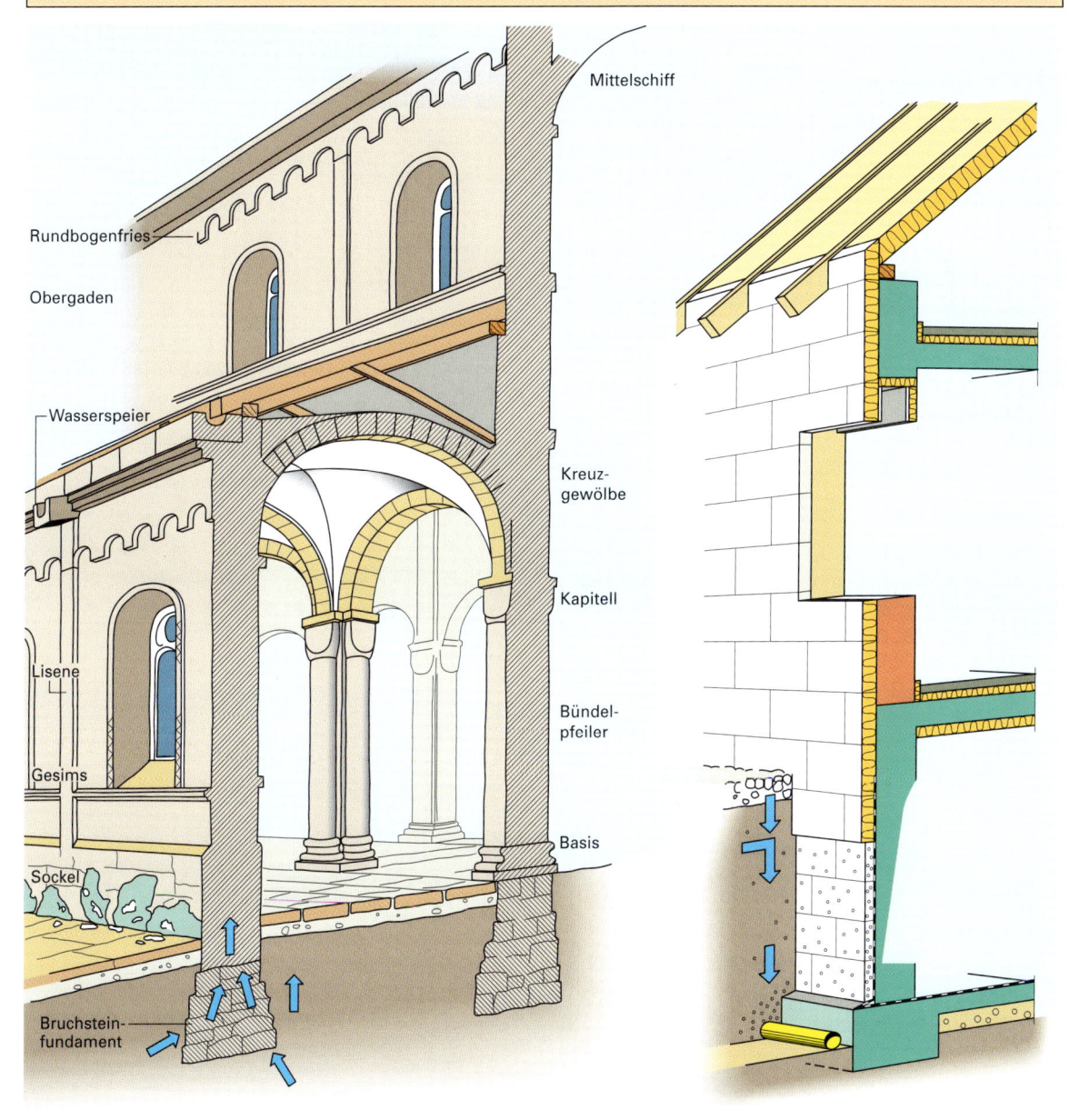

Seitenschiff einer romanischen Basilika

Wärmedämmsystem

17 Instandsetzen und Sanieren eines Bauteils — Altertum

17.1 Entwicklung des Bauwesens

Die Griechen bezeichneten den Baumeister als den „Ur-Schaffenden (archi-tekton)". Das Bauen erfüllte zuallererst das Elementarbedürfnis des Menschen nach Sicherheit. Behausungen bieten Schutz vor der Witterung und wilden Tieren. Die „eigenen vier Wände" und das „Dach über dem Kopf" trennen die Menschen von der sie umgebenden Umwelt und schaffen eigene, persönliche Bereiche, in denen sich die Menschen entfalten können. Aber auch seelische und geistige Bedürfnisse spielen beim Bauen eine Rolle. Deshalb ist die Geschichte der Architektur wesentlich von Sakralbauten (Kirchenbauten) geprägt worden. Jeder Bau spiegelt den Geist seiner Zeit wider und ist Ausdruck der gesellschaftlichen Verhältnisse.

17.1.1 Altertum

Schon in der Urzeit suchte der Mensch nach einer Behausung. Er fand in **Höhlen** Schutz vor den Unbilden der Witterung, vor wilden Tieren und vor Feinden. Wo kein natürlicher Unterschlupf vorhanden war, wurden einfachste **Zelte** errichtet. Das hierzu erforderliche Stangengerüst kann man als Anfang konstruktiven Bauens bezeichnen.

Als die Völker sesshaft wurden, errichteten sie feste, dauerhafte Behausungen. Sie bauten zunächst **Rundhütten** aus Schilf, Stroh und Holz. Die Aufteilung der Behausung in mehrere Räume führte schließlich zu **rechteckigen Grundrissen**. Da Deutschland in ältester Zeit dicht bewaldet war, wurden die Wohnhütten vorwiegend aus Holz gebaut.

Griechenland (750–350 v. Chr.)

Aus der einfachen Form des lang gestreckten Wohnhauses, dem **Megaron**, entwickelten sich die **Kultbauten** (Tempel). Sie wurden zunächst in Holz errichtet; später wurde das widerstandsfähigere Steinmaterial bevorzugt. Das Innere des Tempels (Cella) war ein einfacher Rechteckraum. Decke und Dachkonstruktionen waren stets aus Holz, die Dachdeckung bestand aus Tonziegeln.

Die griechische Baukunst durchlief drei Ordnungen, die **dorische**, **ionische** und **korinthische** Ordnung. Sie unterscheiden sich u.a. in der Gestaltung der Säulen, des Säulenkopfes und des darüber liegenden Gebälks.

Diese drei Ordnungen wiederholen sich in vielen darauf folgenden Bauepochen.

Erste Anfänge des Wohnens finden sich in Höhlen und Zelten

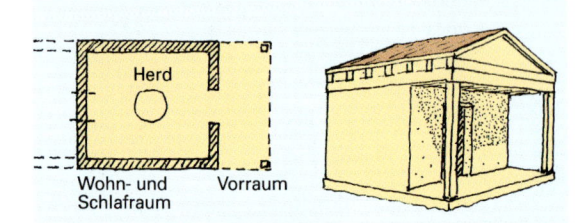

Rechteckiger Grundriss ermöglicht räumliche Differenzierung

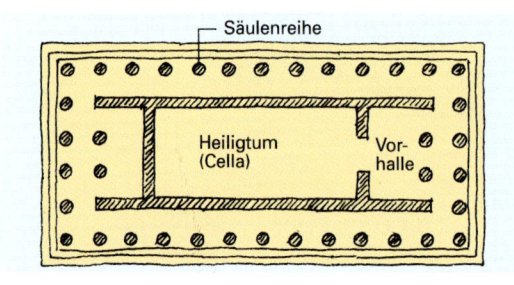

Tempelbau als Rechteckraum

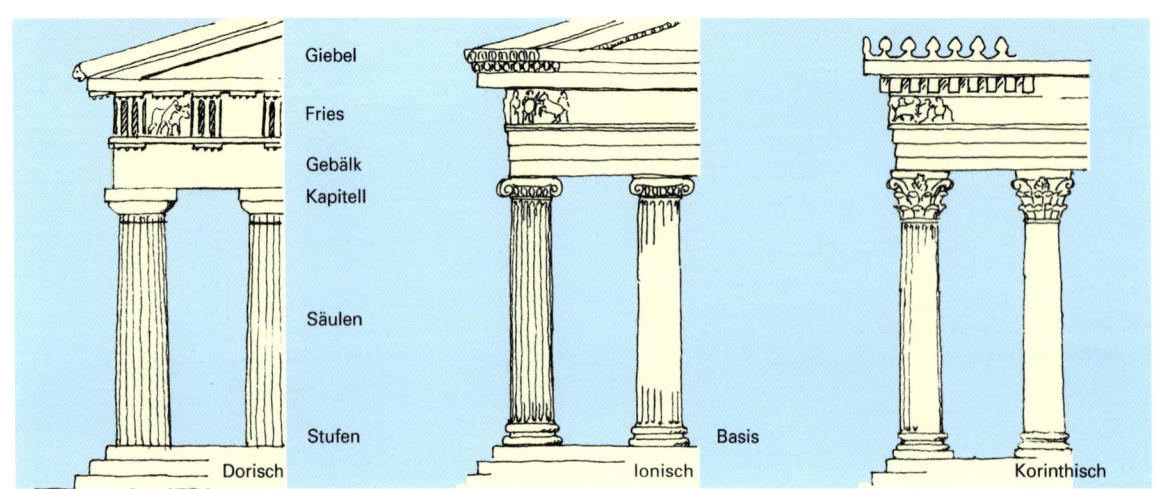

Die drei griechischen Säulenordnungen (Dorisch, Ionisch, Korinthisch)

17 Instandsetzen und Sanieren eines Bauteils — Römische Baukunst

Rom (500 v. Chr. – 450 n. Chr.)

Die griechischen Bauformen wurden von den Römern übernommen und weiterentwickelt. Grundlage für die Gestaltung ihrer Bauwerke ist die **Konstruktion**. Die Römer leisteten im **Ingenieurbau** (Straßen-, Brücken-, Tunnelbau) Hervorragendes. Der Rundbogen wurde zum Tonnen- und Kreuzgewölbe weiterentwickelt. Mauerwerk wurde aus Werksteinen und Ziegeln verbandgerecht hergestellt.

Auch als Entdecker des Baustoffes „Beton" sind die Baumeister des antiken Roms anzusehen. Sie entwickelten das so genannte „opus caementicium", einen betonartigen **Gussmörtel**. In eine innere und äußere verlorene Schalung aus Natursteinen oder Ziegeln brachte man lagenweise eine Mischung aus Zuschlägen und Bindemittel ein. Auch mithilfe von Holzschalungen wurde „betoniert". So entstand ein Baustoff, der in seinen Eigenschaften unserem heutigen Beton entspricht.

Bauwerke: Stadtanlagen, Tempel (z. B. Pantheon in Rom), Mausoleen, Paläste, Theater (z. B. Colosseum), Triumphbögen in Rom; Wohnhäuser in Pompeji; Wasserleitung (Aquädukt) bei Nimes in Südfrankreich.

Im 1. Jahrhundert n. Chr. drangen die Römer bis zum Rhein vor. Mit ihrem Erscheinen wurden auch die ersten Steinbauten in Deutschland errichtet. Überreste solcher Römerbauten finden sich in Trier (Porta Nigra), in Badenweiler (Thermen) und bei Schwäbisch Hall (Limes).

Römische Wasserleitung (Pont du Gard, Südfrankreich)

Porta Nigra in Trier

Römisches Mauerwerk mit Rundbogen aus Ziegeln

Das Bauwesen entwickelte sich aus dem Grundbedürfnis des Menschen nach Wohnung. Das ingenieur-technische Können der Römer zeigte sich im Straßen-, Brücken- und Tunnelbau. Der Steinbau wurde im stark bewaldeten Deutschland von den Römern eingeführt.

17 Instandsetzen und Sanieren eines Bauteils — Romanik und Gotik

17.1.2 Romanik (800–1250)

Nach der Völkerwanderung kam es im 8. Jahrhundert in Deutschland zur Ausbreitung der massiven Bauweise. Erstes Anwendungsgebiet war der **Burgenbau**, etwas später die **Pfalzbauten** in Aachen und Wimpfen. Aus Italien kommende Missionare brachten die technischen Errungenschaften der Römerzeit mit. Die italienischen Mönche waren als Baumeister bei Kloster- und Kirchenbauten tätig.

Bevorzugte Raumform war die **Basilika**, eine römische Markthalle mit überhöhtem **Mittelschiff**. Später wurde sie durch **Chor** und **Querschiff** ergänzt. Links und rechts des Mittelschiffes wurden schmale und niedrige **Seitenschiffe** angeordnet. Der Grundriss der Basilika gleicht einem Kreuz. Als Baustoffe dienten Werksteine und Ziegel. Das Mauerwerk muss die Druck- und Schubkräfte des Daches aufnehmen. Zur Aussteifung der Dachkonstruktion werden waagerechte Kehlbalken und schräge Streben eingebaut.

Gesamteindruck: Romanische Bauwerke wirken durch ihre Größe und Erdenschwere massig, wuchtig und dunkel. Das Äußere zeigt neben reichen Turmgruppierungen und einer plastischen Behandlung des Baukörpers auch einfache, schmucklose Fassaden. Im Innern herrscht eine strenge Gliederung vor.

Stilelemente: Kennzeichnend für romanische Bauwerke sind massive Mauern, kleine Öffnungen, mit **Rundbogen** überdeckte Fenster, gedrungene Säulen und Pfeiler. Neben flachen Abdeckungen aus Holzbalken wurden als geeignete Gewölbeformen das **Tonnen-** und **Kreuzgewölbe** gewählt.

Bauwerke: Münster in Mittelzell (Bodensee); Klosterkirche Alpirsbach (Schwarzwald); Abteikirche Maria Laach; Dome in Speyer, Worms, Mainz und Limburg an der Lahn, Nonnenstiftkirche Gernrode.

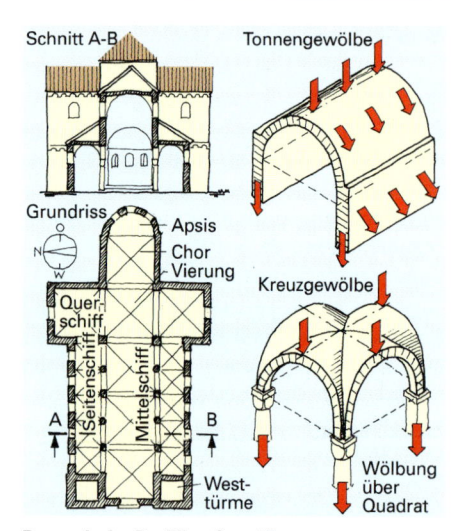

Romanische Basilika, Gewölbearten

> Im romanischen Baustil wurden vorwiegend Klöster und Kirchen errichtet. Die romanischen „Gottesburgen" wirken massig und wuchtig; dem Werkstein wird seine natürliche Wirkung belassen.
>
> Die zahlreicher und größer werdenden Bauvorhaben führten zur Entwicklung des Bauhandwerks.

Klosterkirche Alpirsbach (1095)

17.1.3 Gotik (1250–1530)

In Frankreich begann man schon früh die massigen Mauerflächen in **Pfeiler** und **Stützen** aufzulösen und durch hohe farbig leuchtende Glasfenster auszufüllen. Der neue Baustil, die **Gotik**, wandte sich von den romanischen Mauermassen ab und ging zu einem **Gerüst-** und **Skelettbau** mit tragenden Konstruktionsgliedern über. Zum bevorzugten Baustoff wurden Stein und Glas.

Gesamteindruck: Augenfällig ist die **aufwärts strebende** Linie des Ganzen. Gotische Kirchen wirken daher elegant und schwerelos. Ihr Innenraum ist im Gegensatz zu romanischen Kirchen durch die Vielzahl hoher Fenster **lichtdurchflutet**.

Stilelemente: Charakteristische Kennzeichen der Gotik sind **Spitzbogen**, **Kreuzrippengewölbe** und **Strebewerk**, bestehend aus Strebemauer, Strebepfeiler und Strebebogen. Das Strebewerk übernimmt statische Aufgaben; es leitet die Lasten der Gewölbebogen sicher in das Fundament. Die Westfassade wird durch farbige **Rundfenster** (Rosetten) zum Prunkstück. Die große Glasfläche der Spitzbogenfenster und Rosetten wird durch ein dünnes, steinernes Gitterwerk, das **Maßwerk**, gehalten.

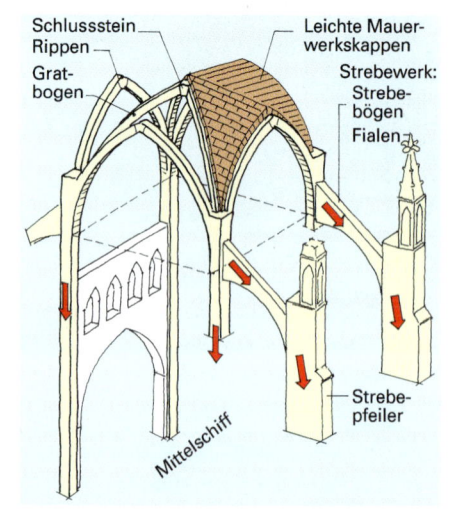

Gotisches Kreuzrippengewölbe mit Strebewerk

17 Instandsetzen und Sanieren eines Bauteils — Gotik

Backsteingotik: Im norddeutschen Küstengebiet, wo der Naturstein fehlte, entwickelte sich die Backsteingotik (Backstein ≙ Ziegel). Entsprechend der Eigenart des Materials ist die Wirkung der Bauten streng, wuchtig und von klarer Schlichtheit.

Fachwerkbau: In der Zeit der Gotik spielt der Fachwerkbau eine besondere Rolle. Die konstruktiv tragenden Elemente (Schwellen, Stiele, Streben, Riegel, Rähm) bestimmen die äußere Gestaltung.

Die bedeutsamsten Handwerker des gotischen Kirchenbaus waren die Steinmetzen, die sich in Verbänden, den **Bauhütten**, zusammenschlossen. Die Bauhütten bewahrten und lehrten die „Hüttengeheimnisse", das handwerkliche, technische und künstlerische Wissen.

Bauwerke: Münster in Straßburg, Ulm und Freiburg, Dome in Köln, Schleswig, Erfurt, Meißen und Freiberg (Sachsen), Stiftskirche in Stuttgart, Frauenkirche in Nürnberg, Annenkirche in Annaberg (Sachsen), Rathäuser in Lübeck, Münster, Frankfurt/Oder und Esslingen, Stadttore in Lübeck und Stendal.

Rathaus von Frankfurt/Oder (Backsteingotik)

Kölner Dom, Blick in das Mittelschiff

Ulmer Münster (1377–1529)

Gotische Bauwerke sind durch Betonung der senkrechten Linie und durch Auflösen der Wandflächen gekennzeichnet.
Gurtbogen und Kreuzrippen übertragen die Kräfte der Gewölbe auf Stützpfeiler, Strebebogen und Strebepfeiler.
Der Stein wird zu feinsten Gebilden behauen; Steinmetz- und Maurerhandwerk gelangen zu höchster Entfaltung.

17 Instandsetzen und Sanieren eines Bauteils — Renaissance

17.1.4 Renaissance (1530–1600)

Die Baukunst der Renaissance hat ihren Ursprung in Italien, wo die Gotik nie heimisch geworden war. Italienische Baumeister und Künstler wie Leonardo da Vinci, Michelangelo und Bramante suchten bei den Römern Anknüpfungspunkte. Es kam zu einer **Wiedergeburt** (ital.: rinascita) der **römischen Antike**.

Die neue Baukunst breitete sich rasch in allen Ländern Europas aus. Der **Profanbau** (Paläste, Schlösser, Stadtanlagen, Rat- und Bürgerhäuser) trat gleichbedeutend neben den Kirchenbau.

Gesamteindruck: Die Bauwerke haben eine klare Gliederung und zeigen in ihrer Gesamtheit wie auch in ihren Gestaltungselementen Ruhe, Harmonie und Gleichgewicht. Die **waagerechte Linie** wird betont.

Stilelemente: Die Fassaden erfahren eine starke plastische Durchbildung und werden mit Stilelementen antiker Art belebt. Die Geschossteilung erfolgt durch weit ausladende Gesimse.

Fenster und Türen sind rechteckig und werden mit profilierten dreieckigen oder halbrunden **Giebeln** geschmückt. Die Wände sind durch flache Wandpfeiler mit Kapitell und Basis, so genannte Pilaster, gegliedert.

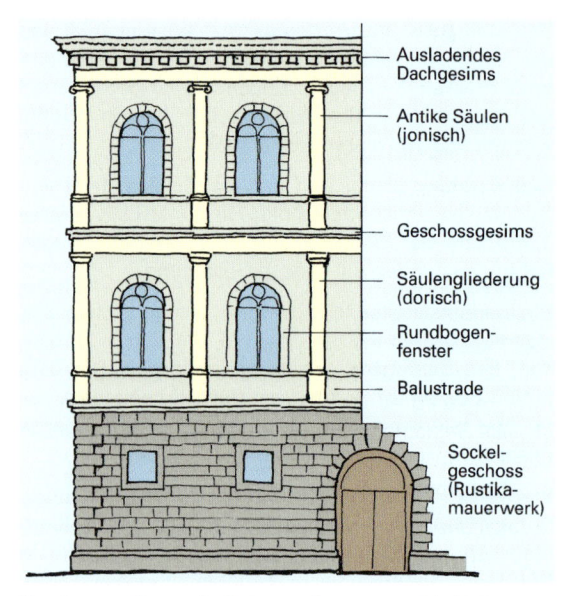

Renaissance-Bauwerke betonen die waagerechte Linie

Beschriftungen: Ausladendes Dachgesims; Antike Säulen (jonisch); Geschossgesims; Säulengliederung (dorisch); Rundbogenfenster; Balustrade; Sockelgeschoss (Rustikamauerwerk)

Bauwerke: Heidelberger Schloss; Altes Schloss in Stuttgart, Schloss in Dresden, Schlosskapelle in Torgau; Rathäuser in Augsburg, Bremen, Rothenburg; Stadtanlage in Freudenstadt, Zeughaus in Danzig.

Ottheinrichsbau des Heidelberger Schlosses

> Die Baukunst der Renaissance entfaltete sich in Italien aus der Ablehnung des gotischen Stils heraus. Sie bringt eine Erneuerung der Formen der römischen Antike.
> Besonders bei Profanbauten wird die waagerechte Linie durch hervorspringende Gesimse stark betont.

17 Instandsetzen und Sanieren eines Bauteils   Barock und Klassizismus

17.1.5 Barock (1600–1800)

Der Begriff „Barock" bedeutet „schiefe Perle", im übertragenen Sinne „sonderbar, lächerlich". Dies kennzeichnet die Vielseitigkeit und den Formenreichtum der neuen Baukunst, die zuerst in Italien aufgekommen ist und nach dem Dreißigjährigen Krieg rasch in Deutschland ihren Einzug hielt. Der letzte Abschnitt des Barocks wird als **Rokoko** bezeichnet.

Gesamteindruck: Die barocke Baukunst wandelt die strenge Gliederung der Renaissance zu **bewegten** und **geschwungenen** Formen ab. Die Fassade als prunkvolle Stirnseite wird stärker betont. Auf die Lichtführung im Innern wird größter Wert gelegt. Farbeffekte, oftmals Goldauftrag, Stuckverzierungen und Plastiken bereichern Wände und Decken und schaffen eine üppige Dekoration mit überquellender Pracht.

Stilelemente: Die Geschosse sind durch stark profilierte, oft verkröpfte Gesimse waagerecht gegliedert. Die Wand verlässt die ebene Fläche und erhält geschwungene Formen. Die Fenster sind stark abgesetzt und teilweise gewölbt. Als besonderes Zierstück werden Treppe und Treppenhaus gestaltet.

Bauwerke: Kloster Ottobeuren, Wallfahrtskirche in Steinhausen, Frauenkirche in Dresden, Garnisonskirche in Potsdam, Schloss in Würzburg und Ludwigsburg, Zwinger in Dresden.

Barockkirche mit bewegten und geschwungenen Formen (Theatinerkirche in München)

> In der barocken Baukunst werden die geraden Linien durch geschwungene und lebhafte Formen abgelöst. Der Innenraum wird durch Stuck und Farbe, Licht- und Schattenspiel belebt.
>
> Das Entstehen barocker Bauwerke erforderte das Zusammenwirken vieler verschiedener Berufe: Maurer, Stuckateur, Maler, Vergolder, Bildhauer, Glaser, Zimmerer.

Würzburger Residenz

17.1.6 Klassizismus (1800–1850)

Die barocken Übersteigerungen und Übertreibungen wurden gegen Ende des 18. Jahrhunderts durch eine Gegenbewegung abgelöst, die ihr Interesse auf die Antike richtete. Anknüpfungspunkte suchte man bei den Griechen. Beeinflusst wurde dieser Stilwandel durch die Ideen der Aufklärung.

Gesamteindruck: Das Bauwesen kehrt zu den ruhigen und strengen Formen der griechischen und römischen Baukunst zurück. Die Bauwerke wirken klassisch streng, klar und nüchtern. Das statisch ruhende Element gewinnt die Oberhand.

Stilelemente: Die Fassade bleibt schmucklos. Eingänge und Erker werden mit flachen, gleichschenkligen Giebeldreiecken gekrönt.

Bauwerke: Schloss Rosenstein und Wilhelmspalais in Stuttgart, Schloss Charlottenhof und Nikolaikirche in Potsdam, Neue Wache und Brandenburger Tor in Berlin.

Brandenburger Tor

> Der Klassizismus stellt den Versuch dar, in der Baukunst an die griechische Antike anzuknüpfen.
>
> Eine strenge und klare Gliederung bestimmt die Form der Bauwerke.

17 Instandsetzen und Sanieren eines Bauteils — Neuzeit

17.1.7 Baukunst im 20. Jahrhundert

Der Klassizismus wurde um 1850 durch eine Architektur abgelöst, die sich auf eine wahllose Nachahmung verschiedener Baustile (Romanik, Gotik, Renaissance, Barock) erstreckte.

Seit 1900 löste man sich mehr und mehr vom traditionsgebundenen Bauen und suchte nach neuen, eigenständigen Wegen in der Baukunst. Entscheidend war die **technische Revolution**, die eine völlige Umwälzung im Bauwesen mit sich brachte. Neue Baustoffe, wie Zement, Beton, Stahl- und Spannbeton, und die Einsicht für die Eigenart und die richtige Anwendung dieser Materialien führten zu **neuen Konstruktionen** und **Bauformen**.

Nüchternes und sachliches Denken beeinflussten die Stilwende und geben den Bauten der Neuzeit ihr Gepräge.

Gesamteindruck: Die Bauten der Gegenwart sind **Zweckbauten**, wie z.B. Brücken, Bahnhöfe, Fabriken, Ausstellungshallen. Die **Funktion**, der Zweck, bestimmt die **Form** des Bauwerks. Die Betonung des Materials, die Sichtbarmachung der Konstruktion sind Ergebnisse dieses neuen Denkens im Bauwesen. Im Äußeren überzeugen die neuen Bauten durch ihre Sachlichkeit und klare Gestaltung. An die Stelle stark gegliederter Formkörper treten schlichte Würfelformen; eine Hinkehr zur Massenwirkung ist festzustellen. Als Wegbereiter des neuen Baustils können Architekten wie Paul Bonatz, Walter Gropius, Ludwig Mies van der Rohe, Le Corbusier u. a. angesehen werden.

Kongresshalle in Berlin

Bauwerke: Hauptbahnhof und Fernsehturm in Stuttgart, Kongresshalle und Gedächtniskirche in Berlin, Severinsbrücke in Köln, Kirche in Ronchamps (Frankreich).

> Mit der aufkommenden Technisierung gewann die Funktion beherrschenden Einfluss auf die Form der Bauwerke.
>
> Neue Baustoffe eröffnen neue konstruktive Möglichkeiten.

Zusammenfassung

Art und Charakter der Bauwerke ändern sich mit der Entwicklung der Kultur und Technik.

Die prächtigen Bauten verschiedener Epochen geben Kunde von der Lebensauffassung unserer Vorfahren.

Ihr Entstehen und Bestehen verdanken die Bauwerke dem Fleiß und der Tüchtigkeit ihrer Erbauer.

Materialgefühl und werkgerechtes Ausführen sind Voraussetzungen bauhandwerklichen Schaffens.

Romanische Kirchen haben ein hohes Mittelschiff und zwei niedrige Seitenschiffe.

Bei gotischen Bauwerken wird die senkrechte Linie, in der Renaissance mehr die waagerechte Linie betont.

Barocke Bauwerke zeigen im Grundriss und in den Ansichten belebte, geschwungene Formen.

Der Klassizismus zeichnet sich durch klare, strenge geometrische Formen aus.

In der Neuzeit bestimmen neue Baustoffe, wie Stahl, Stahlbeton und Spannbeton, das Aussehen der Bauwerke.

Aufgaben:

1. Worin besteht der wesentliche Unterschied zwischen romanischer und gotischer Baukunst?
2. Welchem konstruktiven Zweck dient das Strebewerk an gotischen Bauwerken?
3. Skizzieren Sie den Grundriss einer Basilika.
4. Woher bezog die Renaissance ihre Vorbilder?
5. Stellen Sie die Unterschiede zwischen barocker und klassizistischer Baukunst heraus.
6. Welchen Einfluss hat die Technisierung auf die Baukunst der Neuzeit?
7. Ordnen Sie folgende Stilelemente den Bauepochen zu: Rundbogen, gleichschenklige Giebeldreiecke, Stuckverzierungen, Spitzbogen, profilierte Fensterleibungen, Rosette.
8. Geben Sie für folgende Bauepochen die ungefähren Zeiträume an:
   a) Romanik,
   b) Gotik,
   c) Renaissance,
   d) Klassizismus.
9. Welche Bedeutung hatten im Mittelalter die Bauhütten?
10. In welcher Epoche spielte der Fachwerkbau eine Rolle?

17 Instandsetzen und Sanieren eines Bauteils — Schadensbeurteilung

17.2 Mauerwerkssanierung

17.2.1 Ursachen der Mauerwerkszerstörung

Bei der Herstellung des Mauerwerks für den Jugendtreff müssen Normen eingehalten werden, die Mauerwerksschädigungen verhindern sollen. Die meisten Schäden am Mauerwerk werden durch die **kapillare Feuchtigkeitsbewegung** im Mauerwerk verursacht. Mit der aufsteigenden Feuchtigkeit in einer Wand werden vorwiegend schädigende Salze und Säuren transportiert, die bei Verdunstung des Wassers Ursache für Ausblühungen, Kalkablagerungen und Abplatzungen an Mauerwerk und Putzen sein können. Durchfeuchtetes Mauerwerk bedroht die Bausubstanz, vermindert die Wärmedämmung und schadet der Gesundheit der Gebäudebewohner.

17.2.2 Schadensbeurteilung

Zur Beurteilung von Mauerwerksschäden ist die Ermittlung der Mauerwerksfeuchte unerlässlich. Sie kann nach zerstörungsfreien und nach zerstörenden Methoden erfolgen.

Zu den **zerstörungsfreien Methoden** zählt die Widerstandsmessung.

Es gibt Geräte, die den elektrischen Widerstand zwischen zwei Elektroden, die in den Baustoff eingebracht werden, messen. Andere Geräte messen die elektrische Kapazität des Baustoffes. Beide Messverfahren sind zwar sehr einfach zu handhaben, doch sind infolge einer möglichen Versalzung des Mauerwerks erhebliche Messfehler zu erwarten. Denn hohe Salzkonzentrationen erhöhen die spezifische Leitfähigkeit um ein Vielfaches.

Zu den **zerstörenden Methoden** zählen die Calcium-Carbid-Methode (CM-Methode) und die Darrmethode.

Die **CM-Methode** nutzt die Reaktionsbereitschaft von Calciumcarbid mit Feuchtigkeit aus. Eine feuchte Baustoffprobe von 10...50 g wird mit Carbid in ein Druckgefäß eingebracht. Dabei entwickelt sich Acetylengas, der Druck im Gefäß steigt an. Über ein an der Druckflasche angebrachtes Manometer wird der Gasdruck abgelesen und über Tabellen in Werte der Baustoffeuchte umgerechnet. Die Methode lässt sich sehr rasch durchführen und ist bei Beachtung der Anwendungsvorschriften für Baustellenverhältnisse ausreichend genau.

Mit der **Darrmethode** können punktuell Feuchtegehalte im Labor exakt bestimmt werden. Dabei wird eine luft- und dampfdicht verpackte Baustoffprobe gewogen, anschließend bei 105 °C bis zur Massekonstanz getrocknet und erneut gewogen. Aus dem Masseverlust ergibt sich der Feuchtegehalt. Der Vorteil der Laboruntersuchung besteht darin, dass zusätzlich die maximale Wasseraufnahmefähigkeit ermittelt werden kann. Hierzu wird die getrocknete Baustoffprobe bis zur Sättigung getränkt und wieder gewogen. Aus dem Verhältnis von Baustoffeuchte zur maximalen Wasseraufnahmefähigkeit kann der Durchfeuchtungsgrad errechnet werden, der den direkten Vergleich unterschiedlicher Feuchtigkeitswerte von Baustoffen ermöglicht.

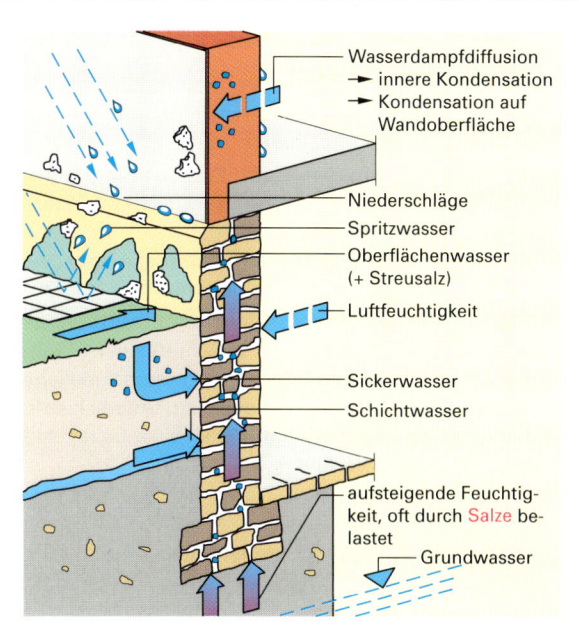

Feuchtigkeit und Salze können auf vielen Wegen in das Mauerwerk älterer Gebäude eindringen

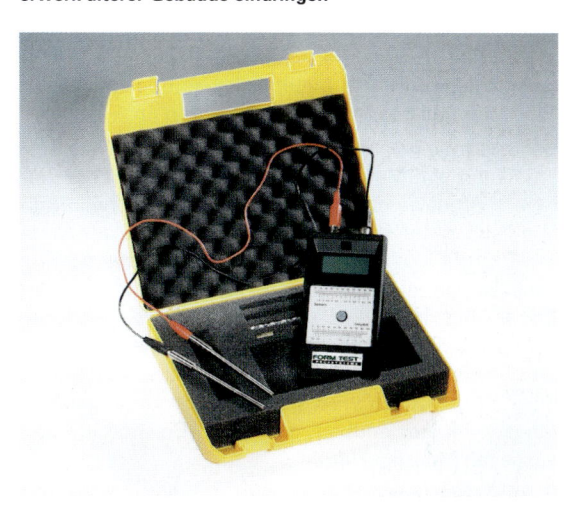

- Wasserdampfdiffusion
- innere Kondensation
- Kondensation auf Wandoberfläche
- Niederschläge
- Spritzwasser
- Oberflächenwasser (+ Streusalz)
- Luftfeuchtigkeit
- Sickerwasser
- Schichtwasser
- aufsteigende Feuchtigkeit, oft durch Salze belastet
- Grundwasser

Elektrisches Feuchtemessgerät

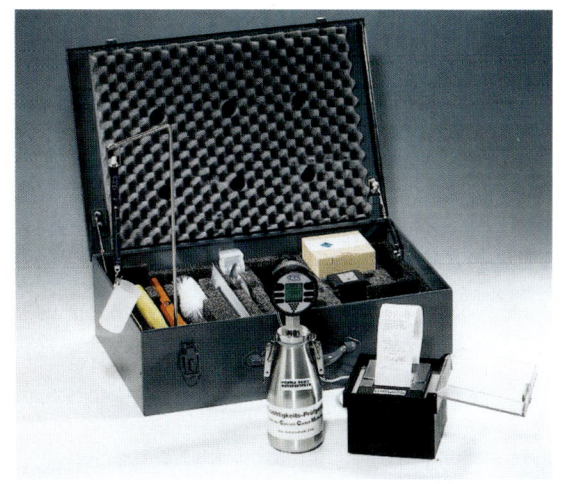

CM-Messgerät nach der Calcium-Carbid-Methode

17 Instandsetzen und Sanieren eines Bauteils — Horizontalabdichtung

17.2.3 Mauerwerkssanierung

Alle Sanierungsmethoden haben die Aufgabe, die kapillare Saugfähigkeit des Mauerwerks zu unterbrechen bzw. die Kapillaren zu schließen.

Entscheidende Maßnahme zur Entfeuchtung eines Mauerwerks ist deshalb die nachträgliche **Horizontalabdichtung**. Unumgänglich ist dabei zusätzlich die Durchführung einer **Vertikalabdichtung** und die Durchführung ergänzender Maßnahmen zur Trockenlegung von Mauerwerk.

Es gibt heute eine Vielzahl von Verfahren zur Trockenlegung von Mauerwerk. Sie zeigen unterschiedliche Wirkungsweisen und führen auch zu unterschiedlichen Erfolgen. Leider treten manche Anbieter mit recht zweifelhaften Verfahren auf.

Horizontalabdichtung

Zur Kapillarunterbrechung eignen sich mechanische Verfahren, zur Kapillarverfüllung bzw. -verengung werden vorwiegend chemische Verfahren eingesetzt.

Mechanische Verfahren

Ziel dieses Verfahrens ist es, durch eine nachträglich eingebaute **horizontale Abdichtung**, die Mauer trocken zu legen. Hierzu bietet sich das Edelstahlblechverfahren und das Mauersägeverfahren an.

Das **Edelstahlblechverfahren** eignet sich für das Trockenlegen von Mauerwerk mit durchgehender Lagerfuge. Hierbei werden geriffelte Edelstahlbleche mithilfe einer Luftdruckramme in eine Lagerfuge des Mauerwerks getrieben. Die Platten besitzen umgebogene Längskanten, die ein Ineinandergreifen der einzelnen Bleche und damit eine unterbrechungsfreie Horizontalabdichtung ermöglichen. Der Vorteil dieses Verfahrens besteht darin, dass der Kraftfluss in der Mauer nicht unterbrochen wird. Es ist bei gut zugänglichem Mauerwerk anwendbar, das auch Erschütterungen ausgesetzt werden kann.

Beim **Mauersägeverfahren** wird das Mauerwerk mit einer nassschneidenden Kreissäge mit diamantbesetztem Sägeblatt durchtrennt. Die Kreissäge wird an einer an der Wand befestigten Schiene fahrbar angeordnet. Wegen des Eingriffs in die Standsicherheit des Mauerwerks werden nur kurze Abschnitte aufgesägt. Die geschnittene Fuge wird mit Keilen gestützt. Als horizontale Trennschicht werden Abdichtungsfolien aus geeignetem Kunststoff, eine bitumenkaschierte Aluminium- oder Bleifolie oder korrosionsbeständiger Edelstahl eingeschoben. Die noch vorhandenen Hohlstellen werden mit schnellbindendem Mörtel oder mit Harzen verpresst. Anstelle von Kreissägen werden auch Seilzugsägen eingesetzt, sofern das Mauerwerk von beiden Seiten zugänglich ist.

> Um Mauerwerk trocken zu legen, werden nachträglich horizontale Abdichtungen eingebaut. Zur Herstellung der Fugen dienen das Edelstahlblech- und das Mauersägeverfahren.

„Wellblech"

Edelstahlbleche werden in die Fuge eingerammt

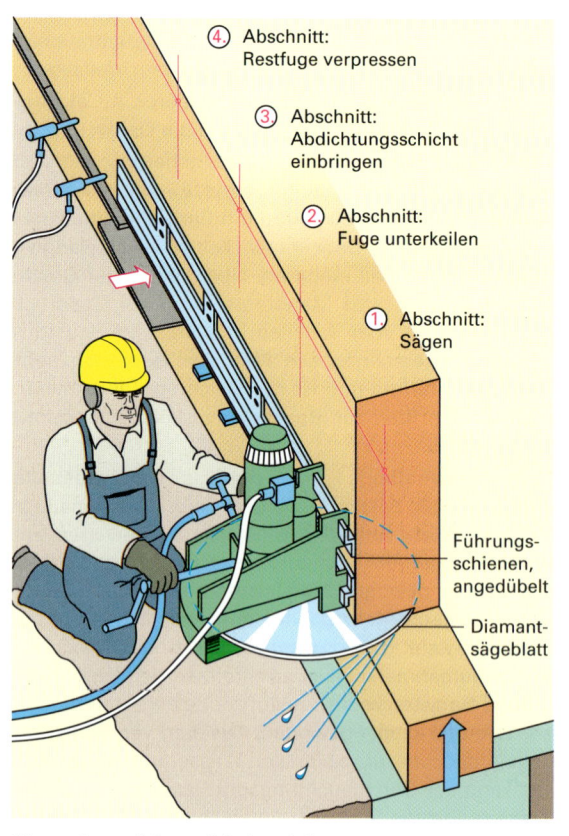

④ Abschnitt: Restfuge verpressen
③ Abschnitt: Abdichtungsschicht einbringen
② Abschnitt: Fuge unterkeilen
① Abschnitt: Sägen

Führungsschienen, angedübelt

Diamantsägeblatt

Mauersägeverfahren, Arbeitsschritte

17 Instandsetzen und Sanieren eines Bauteils — Chemische Verfahren

Chemische Verfahren

Diese Verfahren haben zum Ziel, entweder die Durchmesser der Kapillaren zu vermindern oder die Oberflächenspannung in den Kapillaren so zu erhöhen, dass ein wasserabweisender Effekt erzielt wird. Um die Kapillarität zu beeinflussen, müssen in das Mauerwerk flüssige Dichtungsmittel (Injektionsmittel) eingebracht werden. Sie bestehen meist aus organischen Harzlösungen auf der Basis von Spezialparaffinen, Epoxid-, Polyurethan- und Polyesterharzen. Zuerst muss das Mauerwerk ausgetrocknet werden, damit in die feinen Kapillaren das Injektionsmittel eindringen kann. In das Mauerwerk werden Löcher im Abstand von 10…20 cm schräg nach unten gebohrt. Eine zweite Bohrlochreihe wird etwa 20 cm darüber versetzt angeordnet. Das Injektionsmittel wird drucklos über Vorratsbehälter eingebracht oder mit Druck eingepresst. Das Injektionsmittel bildet eine bis zu 15 cm dicke, wasserdichte Sperrschicht.

Der Einsatz der Injektionsmittel setzt voraus, dass die Kapillaren im Mauerwerk wasserfrei bzw. wasserarm sind, da sonst die wasserabweisenden Substanzen nicht dorthin gelangen können. Die Bohrlöcher müssen deshalb vor der Verfüllung ausgetrocknet werden.

> Beim chemischen Verfahren werden in Bohrlöcher Harze oder flüssiges Spezialparaffin eingebracht, die die Kapillaren verschließen.

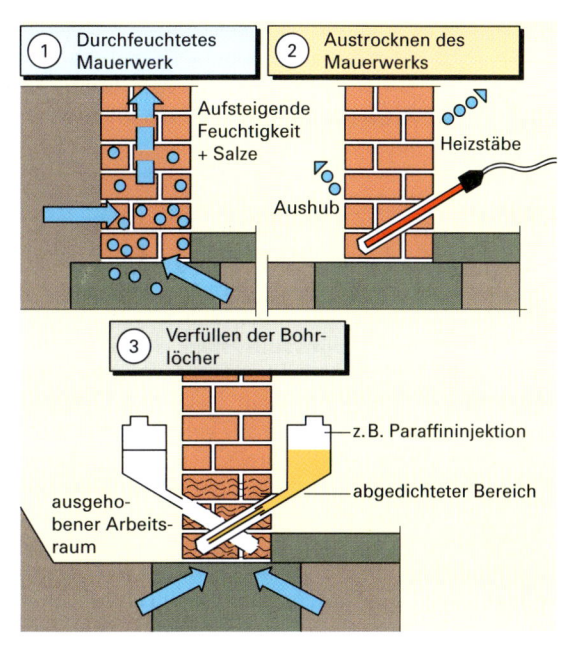

Injektionsverfahren

Vorratsbehälter für Injektionsmittel

Vertikalabdichtung

Gegen das Grund- und Sickerwasser sowie die Bodenfeuchte muss das in das Erdreich ragende Bauwerk abgedichtet werden. Die Vertikalabdichtung als Mauerwerksanierung ist für den dauerhaften Erfolg einer Mauerwerksentfeuchtung unverzichtbar. Für die Vertikalabdichtung stehen zwei Möglichkeiten zur Verfügung – die Außenabdichtung und die Innenabdichtung.

Um nachträglich eine **Außenabdichtung** anzubringen, muss der gesamte Kellerbereich freigelegt werden. Bei gemauerten Kellern müssen die Fugen ausgekratzt und neu verfugt werden, mürbe Steine sind zu ersetzen. Auf das Mauerwerk wird für die nachfolgende Abdichtung ein Ausgleichsputz aufgetragen.

Mehrere Abdichtungsmöglichkeiten stehen zur Verfügung (siehe Abschnitt 1.10):
- ein Außenputz der Mörtelgruppe P III (Zementputz),
- eine zementgebundene Dichtungsschlämme,
- das Vorsetzen einer wasserdichten Betonwand,
- das Aufbringen einer wasserdichten Schweißbahn auf Bitumenbasis,
- das Aufbringen einer bitumenhaltigen Beschichtung,
oder,
- das Aufbringen eines Dränvlieses, damit anfallende Feuchtigkeit abfließen kann.

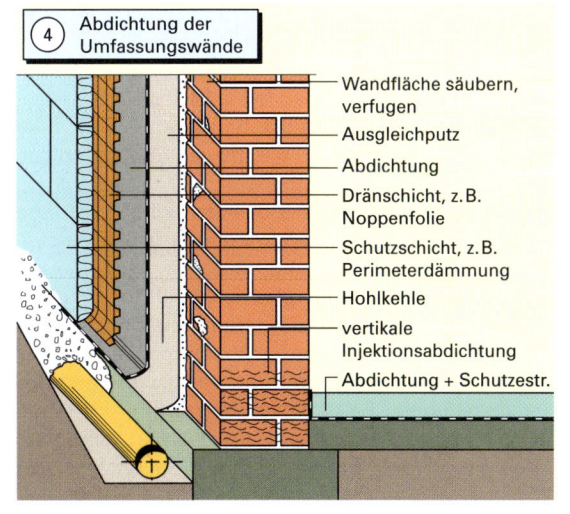

Nachträgliche Außenabdichtung und Dränung

17 Instandsetzen und Sanieren eines Bauteils — Salzbehandlung

Als weitere Maßnahme ist unbedingt eine Dränung einzubauen. Es ist darauf zu achten, dass diese mindestens auf Fundamenttiefe verlegt wird (siehe Abschnitt 7.10). Um das Sickerwasser in die Dränung abzuleiten und um die Abdichtungsschicht vor Beschädigungen zu schützen werden Filtervliese und Dränplatten (z. B. Perimeterdämmung) eingebaut.

Ist das Mauerwerk von außen nicht freizulegen, so kann eine **Innenabdichtung** durchgeführt werden. Wird sie sachgerecht ausgeführt, erreicht man das Trockenhalten der Kellerräume. Zum Einsatz kommt ein sogenanntes **Feuchtwandsystem**, das zur gebäudeschonenden Sanierung besonders feuchter und salzbelasteter Putzflächen dient. Das Feuchtwandsystem besteht im Wesentlichen aus einer diffusionsoffenen Matte und einem mineralischen Putzaufbau. Er sichert den natürlichen Feuchtigkeitsaustausch und verhindert bei Salzbelastung eine Durchfeuchtung und Zerstörung des Putzes. Zunächst ist das Mauerwerk von losen Bestandteilen, wie Putz und Fugenmörtel, zu befreien. Anschließend wird auf den Untergrund mit Spezialdübeln ein Feuchtigkeit aufnehmendes oder speicherndes Faservlies befestigt und mit einem Putzträger versehen und abschließend ein Puzzolanleichtbewehrungsmörtel aufgebracht. Zur Vermeidung von Putzrissen dient ein Putzbewehrungsgitter. Ein Ausgleichsputz bildet den Abschluss (siehe Abschnitt 12.10).

> Eine nachträgliche Vertikalabdichtung des Mauerwerks von außen ist die wirksamste, aber teuerste Maßnahme zur Mauerwerksentfeuchtung.

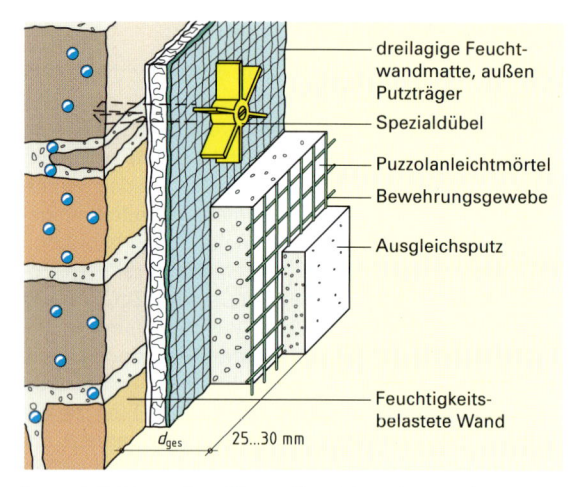

Innenabdichtung einer Mauer (Feuchtwandsystem)

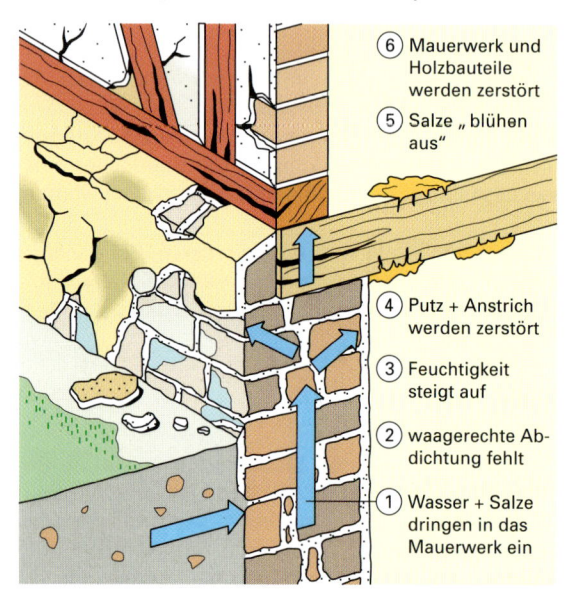

- dreilagige Feuchtwandmatte, außen Putzträger
- Spezialdübel
- Puzzolanleichtmörtel
- Bewehrungsgewebe
- Ausgleichsputz
- Feuchtigkeitsbelastete Wand
- d_{ges} 25...30 mm

Schäden an feuchtem, salzhaltigem Mauerwerk

- ⑥ Mauerwerk und Holzbauteile werden zerstört
- ⑤ Salze „blühen aus"
- ④ Putz + Anstrich werden zerstört
- ③ Feuchtigkeit steigt auf
- ② waagerechte Abdichtung fehlt
- ① Wasser + Salze dringen in das Mauerwerk ein

Salzbehandlung durch Sanierputz

Die im Mauerwerk vorhandenen Salze werden weder durch horizontal- noch durch vertiakalabdichtende Maßnahmen entfernt, sondern nur in ihrer Beweglichkeit eingeschränkt. Deshalb bedarf es hier ergänzender, zusätzlicher Maßnahmen. Die im Porenwasser gelösten Salze kristallisieren in Richtung Luftseite des Mauerwerks oder auch in porenreicheren Zonen eines Putzes aus. Dadurch kommt es zu einer Volumenvergrößerung der sich bildenden Salze, die den sogenannten **Kristallisationsdruck** hervorruft. Dieser Kristallisationsdruck zerstört die Baustoffe. Die Folgen sind Abplatzungen an Mauerwerk und Putz. Durch einen **Sanierputz** können die Schäden vermieden werden. Sanierputze sind Werktrockenmörtel zur Herstellung von Putzen mit hoher Porosität und Wasserdampfdurchlässigkeit bei gleichzeitig erheblicher Verminderung der kapillaren Leitfähigkeit. Durch diese Eigenschaften wird die Verdunstungszone in die Nähe der Grenzfläche Mauerwerk/Putz verlegt. Die im Wasser mitgeführten Salze haben Platz, in den mikrofeinen Luftporen des Sanierputzes auszukristallisieren, ohne Schaden anzurichten. Die wasserabweisende Wirkung des Sanierputzes verhindert die Feuchteaufnahme aus dem Mauerwerk und aus der Luft.

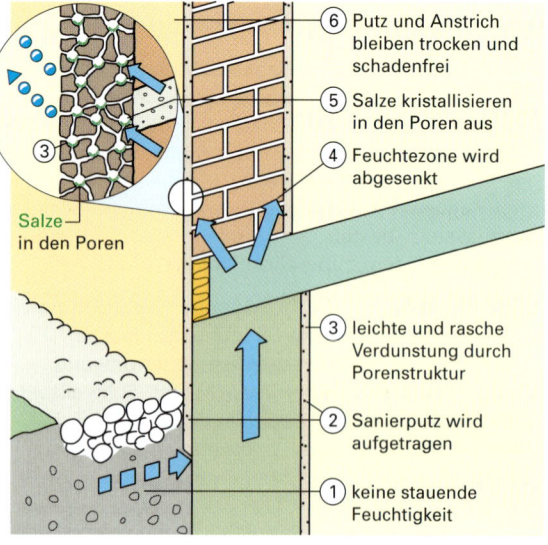

Mauerwerk mit Sanierputz

- ⑥ Putz und Anstrich bleiben trocken und schadenfrei
- ⑤ Salze kristallisieren in den Poren aus
- ④ Feuchtezone wird abgesenkt
- ③ leichte und rasche Verdunstung durch Porenstruktur
- ② Sanierputz wird aufgetragen
- ① keine stauende Feuchtigkeit
- Salze in den Poren

17 Instandsetzen und Sanieren eines Bauteils — Sanierputz

Vor dem Aufbringen des Sanierputzes ist der Untergrund vorzubehandeln. Durchfeuchteter Altputz ist bis zu 50 cm über der Durchfeuchtungszone abzuschlagen. Der Fugenmörtel sollte 2 cm tief ausgekratzt werden. Das Mauerwerk ist gründlich zu reinigen und muss trocken sein. Anschließend ist ein Spritzwurf aufzubringen. Die Mindestdicke des Sanierputzes sollte 20 mm betragen. Bei Löchern und Vertiefungen ist ein Ausgleichputz zu verwenden. Seine Eigenschaften müssen im Hinblick auf Dampfdurchlässigkeit, Saugfähigkeit und Festigkeit auf den dann folgenden Sanierputz abgestimmt sein.

Nach ausreichender Trocknung und Erhärtung des Sanierputzes kann dieser mit einem geeigneten mineralischen Oberputz oder mit einem geeigneten Anstrich versehen werden.

Zur Salzbehandlung im Mauerwerk werden Sanierputze eingesetzt. Sie müssen über eine hohe Porosität und Wasserdampfdurchlässigkeit bei gleichzeitig erheblich verminderter kapillarer Leitfähigkeit verfügen.

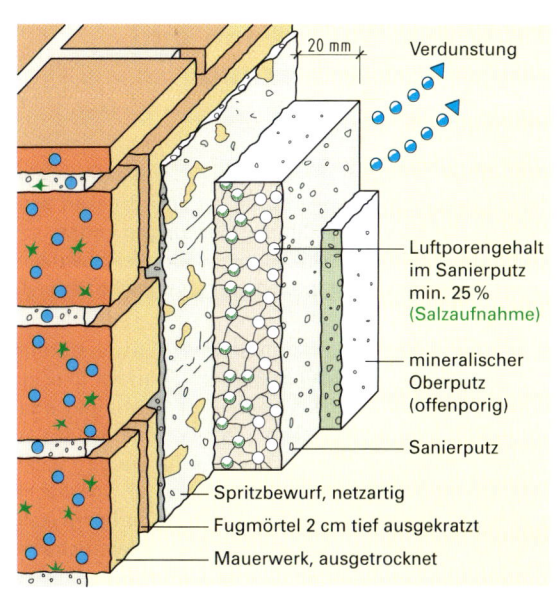

Aufbau eines Sanierputzes

Beschriftungen der Abbildung:
- Verdunstung
- Luftporengehalt im Sanierputz min. 25 % (Salzaufnahme)
- mineralischer Oberputz (offenporig)
- Sanierputz
- Spritzbewurf, netzartig
- Fugmörtel 2 cm tief ausgekratzt
- Mauerwerk, ausgetrocknet
- 20 mm

Zusammenfassung

Mit dem Eindringen von Feuchtigkeit ins Mauerwerk wird dieses geschädigt.

Die Schadenswirkung nimmt zu, wenn mit dem Wasser Säuren, Salze oder andere bauschädliche Stoffe ins Mauerwerk eindringen.

Zur Bestimmung der Mauerwerksfeuchte werden verschiedene Messverfahren eingesetzt.

Durch Horizontal- und Vertikalabdichtungen wird die kapillare Wasseraufnahme im Mauerwerk unterbrochen.

Beim Edelstahlblechverfahren werden in eine Lagerfuge Bleche eingetrieben, die ein Aufsteigen der Feuchtigkeit verhindern.

Beim Mauersägeverfahren wird das Mauerwerk abschnittsweise aufgeschnitten und Abdichtungsfolien eingeschoben.

Mit einer vertikalen Außenabdichtung kann eine dauerhafte Mauerwerksentfeuchtung erzielt werden.

Für die Innenabdichtung eines Mauerwerks kommen Feuchtwandsysteme zum Einsatz. Das Feuchtwandsystem besteht aus einer diffusionsoffenen Matte und einem mineralischen Putzaufbau.

Chemische Verfahren haben zum Ziel, die Kapillarporen zu verstopfen und einen wasserabweisenden Effekt zu erzielen.

Abplatzungen an Mauerwerk und Putz durch schädigende Wirkung der Salze lassen sich mit Sanierputzen vermeiden.

Sanierputze sind Werktrockenmörtel mit hoher Porosität und Wasserdampfdurchlässigkeit bei gleichzeitig verminderter kapillarer Leitfähigkeit.

Aufgaben:

1. Wie kommt es beim Mauerwerk zu Ausblühungen?
2. Erklären Sie den Vorgang der aufsteigenden Mauerfeuchte.
3. Was versteht man unter aggressiven Wässern?
4. Mit welchem Verfahren kann die Mauerwerksfeuchte ermittelt werden, ohne das Mauerwerk zu zerstören?
5. Erklären Sie die Darrmethode.
6. Beschreiben Sie das Calcium-Carbid-Verfahren.
7. Ein Mauerwerk erhält nachträglich eine Horizontalabdichtung. Beschreiben Sie hiefür
   a) das Edelstahlblechverfahren,
   b) das Mauersägeverfahren.
8. Welchen Vorteil hat das Edelstahlblechverfahren gegenüber dem Mauersägeverfahren?
9. Worauf beruht die Wirkungsweise chemischer Verfahren?
10. Begründen Sie, warum eine Vertikalabdichtung die wirksamste Mauerwerksanierungsmaßnahme darstellt?
11. Welche vertikalen Abdichtungsmöglichkeiten stehen zur Verfügung?
12. Warum ist eine Innenabdichtung nur in Ausnahmefällen durchzuführen?
13. Beschreiben Sie den Aufbau eines Feuchtwandsystems.
14. Erklären Sie die schädigende Wirkung von Salzen im Mauerwerk.
15. Worauf beruht die Wirkungsweise von Sanierputzen?
16. Welche Anforderungen sind an Sanierputze zu stellen?
17. Wie muss der Untergrund für einen Sanierputz vorbehandelt werden?

17.3 Betonkorrosion und Betonsanierung

17.3.1 Betonkorrosion

An Unterseiten und Brüstungen von Balkonen, an Treppen, Stützen, Gebäudesockeln und Brücken sind Verfärbungen, Risse, Betonabplatzungen oder gar freigelegte, stark rostende Stahleinlagen festzustellen. Diese Veränderungen bezeichnet der Fachmann als Betonkorrosion.

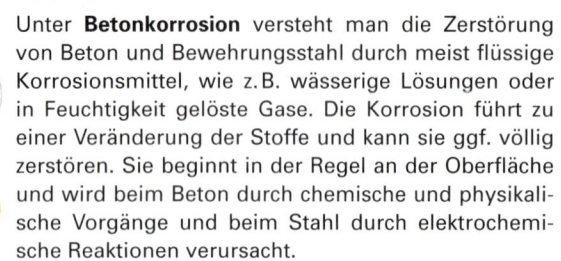

Unter **Betonkorrosion** versteht man die Zerstörung von Beton und Bewehrungsstahl durch meist flüssige Korrosionsmittel, wie z. B. wässerige Lösungen oder in Feuchtigkeit gelöste Gase. Die Korrosion führt zu einer Veränderung der Stoffe und kann sie ggf. völlig zerstören. Sie beginnt in der Regel an der Oberfläche und wird beim Beton durch chemische und physikalische Vorgänge und beim Stahl durch elektrochemische Reaktionen verursacht.

Der angreifbare Bestandteil des Festbetons sind nicht so sehr die Gesteinskörnungen, sondern vielmehr der **Zementstein**. Er ist die eigentliche Schwachstelle im Stoffsystem „Beton". Bei entsprechender Beachtung der derzeitigen Regeln und Richtlinien wären jedoch ca. 80 % aller Schadensfälle vermeidbar, weil sie nicht dem Baustoff „Beton" anzulasten, sondern auf Planungs- und Ausführungsfehler zurückzuführen sind.

17.3.2 Ursachen der Betonkorrosion

Die Ursachen für die Betonzerstörung können vielschichtig sein. Betonschäden, vor allem im Straßenbau, treten durch den **Angriff von Frost und Tausalzen** auf. **Chemische Angriffe**, z. B. durch Salzsäure, Schwefelsäure und Kohlensäure, lösen den Beton von der Oberfläche her auf. Ist Beton **sulfathaltigen Wässern**, wie sie z. B. in gipshaltigen Bodenarten vorkommen, ausgesetzt, so entsteht im Beton durch chemische Reaktion unter starker Volumenzunahme Gipsstein. Es kommt zum so genannten Sulfattreiben, das den Beton von innen heraus zerstört.

Schäden z. B. an Sichtbetonfassaden haben jedoch meist andere Ursachen. **Betonabplatzungen** und **korrodierter Bewehrungsstahl** sind die Folgen. Wo liegen die Ursachen hierfür?

Bei der Bildung des Zementsteins entsteht **Calciumhydroxid, $Ca(OH)_2$**. Dieses Calciumhydroxid liegt nach der Hydratation zum Teil gelöst im **Porenwasser** des Zementsteins vor. Wie bei der Erhärtung des Luftkalkmörtels nimmt es aus der Luft **Kohlenstoffdioxid** sehr langsam über Jahre hinweg von der Betonoberfläche her auf und wird in **Calciumcarbonat** umgewandelt. Diesen Vorgang bezeichnet man als **Carbonatisierung**. Sie findet also nur statt, wenn in den Beton Feuchtigkeit und Kohlenstoffdioxid eindringen können. Dies ist der Fall bei 50…70 % Luftfeuchte. Die Carbonatisierung ist unbedeutend bei einer Luftfeuchte unter 30 % und unter Wasser. Erhöhte CO_2-Konzentration und höhere Temperaturen beschleunigen den Vorgang.

Betonkorrosion

Tausalzschäden

Frostschäden

17 Instandsetzen und Sanieren eines Bauteils — Carbonatisierung

Welche Folgen hat nun diese Carbonatisierung? Der Vergleich mit einem Indikator, z. B. Phenolphthalein, zeigt, dass das im Porenwasser gelöste Calciumhydroxid sehr stark basisch ist (Rotfärbung), also einen hohen pH-Wert von 12…9,5 besitzt, während das Calciumcarbonat nur noch schwach basisch reagiert mit einem pH-Wert unter 9,5; Phenolphthalein zeigt dann keine Färbung mehr.

Wie verhält sich nun der Bewehrungsstahl in diesem sehr wechselhaft basischen Milieu? Im stark basischen Bereich, d. h., solange der Beton noch nicht bis zum Stahl durchcarbonatisiert ist, zeigt die Bewehrung keine Veränderung, keine Korrosion. So wie sich bestimmte NE-Metalle durch Bildung von Oxid- und Hydroxidschichten selbst schützen, so wird auch der Stahl im stark basischen Milieu durch eine **lückenlose Schicht** aus Eisenoxid und -hydroxid vor Korrosion geschützt. Der Stahl ist „unantastbar", er verhält sich „passiv" gegenüber aggressiven Einflüssen. Verändert sich aber dieses basische Milieu, d. h., sinkt der pH-Wert infolge Carbonatisierung unter 9,5 ab, dann geht die Schutzwirkung verloren, der Stahl korrodiert. Dies führt neben einem **Festigkeitsverlust** zu einer **Volumenzunahme** des korrodierenden Stahls. Diese Volumenzunahme kann ein Abplatzen des Betons von der Bewehrung verursachen. Die Standfestigkeit des Bauwerks ist gefährdet.

> Durch Einwirkung von Kohlenstoffdioxid und Luftfeuchtigkeit wird im Beton Calciumhydroxid in Calciumcarbonat umgewandelt. Das basische Milieu des Zementsteins wird abgebaut. Dadurch verliert der Beton seine korrosionsschützende Wirkung.

17.3.3 Vorbeugender Betonschutz

Alle notwendigen Maßnahmen hinsichtlich Betonzusammensetzung und -verarbeitung zielen darauf ab, die **Widerstandsfähigkeit des Zementsteins** zu erhöhen, um so die Carbonatisierung zu bremsen. Der Zementstein mit seinen Kapillarporen beeinflusst den Carbonatisierungsprozess. Bis zu einem Anteil von 20 Vol.-% sind die Poren nicht miteinander verbunden, der Zementstein ist wasserundurchlässig. Über 25 Vol.-% steigt die Durchlässigkeit für Feuchtigkeit und Kohlenstoffdioxid sehr stark an.

Herabsetzung des Wasserzementwertes, Erhöhung des Zementgehaltes und der -festigkeitsklasse bewirken eine **erhöhte Dichtigkeit des Zementsteins**. Untersuchungen haben ergeben, dass hohe Betonfestigkeitsklassen zu geringeren Carbonatisierungstiefen führen. Deshalb hat DIN 1045-2, um die Dauerhaftigkeit von Betonbauwerken und Betonbauteilen zu gewährleisten, die Anforderungen an den Beton in Abhängigkeit von Expositionsklassen (siehe Abschnitt 5.4.3) festgelegt. So werden z. B. Bauteile, zu denen die Außenluft ständigen Zugang hat, der Expositionsklasse XC 3 zugeordnet. Der Beton muss mindestens die Druckfestigkeitsklasse C 25/30 aufweisen, der Wasserzementwert darf nicht größer als 0,60 sein und der Mindestzementgehalt muss ohne Zusatzstoffe 280 kg/m³, mit Zusatzstoffen 270 kg/m³ betragen.

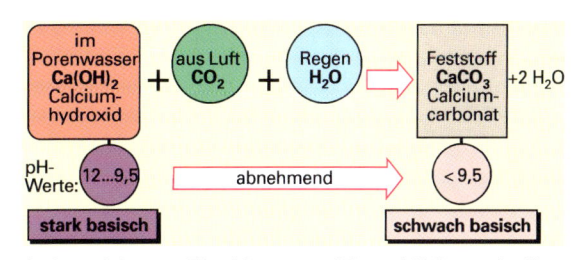

Carbonatisierung: Einwirkung von CO_2 und H_2O aus der Umwelt

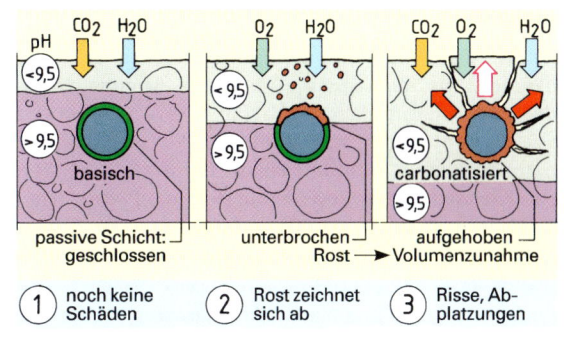

Fortschreitende Bewehrungskorrosion
1. noch keine Schäden
2. Rost zeichnet sich ab
3. Risse, Abplatzungen

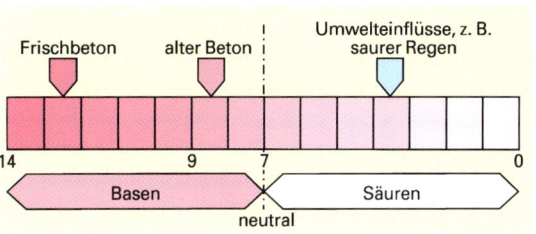

Bedeutung des pH-Wertes: Bei Einwirkung von Schadstoffen sinkt der pH-Wert

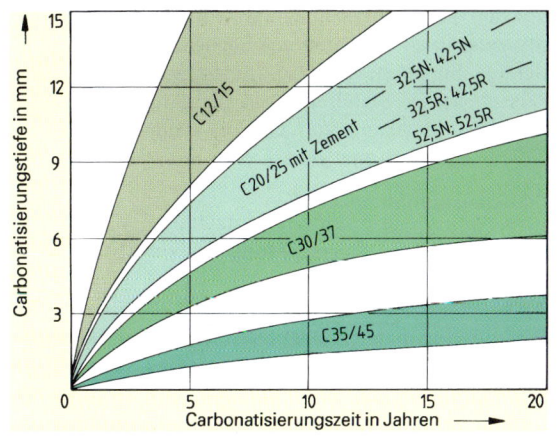

Zeitlicher Verlauf der Carbonatisierung

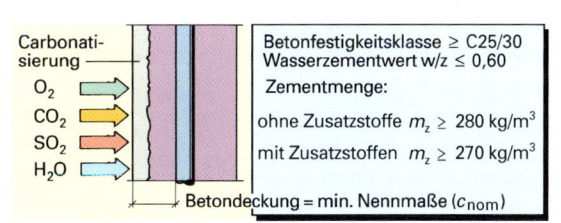

Vorschriften und Richtlinien für Außenbauteile

Betonfestigkeitsklasse ≥ C25/30
Wasserzementwert w/z ≤ 0,60
Zementmenge:
ohne Zusatzstoffe m_z ≥ 280 kg/m³
mit Zusatzstoffen m_z ≥ 270 kg/m³
Betondeckung = min. Nennmaße (c_{nom})

17 Instandsetzen und Sanieren eines Bauteils — Schadensaufnahme

Verzögernd auf die Carbonatisierung wirken sich entmischungsfreies Einbringen, vollständiges Verdichten und vor allem feuchte Nachbehandlung aus. Störstellen sind Risse, Lunker und Kiesnester; über sie dringt die Carbonatisierung sehr rasch bis zum Stahl vor.

Die Bewehrung ist im Beton ausreichend geschützt, wenn die **Betondeckung** nicht nur **dicht**, sondern auch genügend **dick** ist. Die Betondeckung jedes Bewehrungsstabes darf die nach DIN EN 1992-1-1 vorgeschriebenen **Mindestmaße** c_{min} nicht unterschreiten.

Bei der Ausführung müssen jedoch zur Sicherstellung der Mindestmaße die **Nennmaße** c_{nom} zugrunde gelegt werden. Das Nennmaß der Betondeckung c_{nom} ist definiert als die Summe aus der Mindestbetondeckung c_{min} und dem Vorhaltemaß Δc_{dev}. Es beträgt 5…15 mm (siehe Abschnitt 5.3.3). Die Mindestbetondeckung c_{min} ergibt sich aus den Anforderungen zur Sicherstellung des Verbundes $c_{min,b}$ bzw. den Anforderungen an die Dauerhaftigkeit des Betonstahls $c_{min,dur}$. Der Bemessung wird der größere Wert zugrunde gelegt.

Entsprechend dem Nationalen Anhang von DIN EN 1992-1-1 wird die Mindesbetondeckung $c_{min,dur}$ bei einem Beton der Anforderungsklasse S3 um das Sicherheitselement $\Delta c_{dur,\gamma}$ erhöht und zwar bei

- XD1, XS1 = 10 mm,
- XD2, XS2 = 5 mm,
- X0, XC1, XC2, XC3, XC4 XD3, XS3 = 0 mm.

> Sorgfältig hergestellter, verarbeiteter und nachbehandelter Beton schützt bei genügender Betondeckung die Bewehrung vor Korrosion.

17.3.4 Betoninstandsetzung

Vor der Wahl der optimalen Instandsetzungsmaßnahme müssen eine vollständige Schadensaufnahme und richtige Schadensbewertung erfolgen. Der Deutsche Ausschuss für Stahlbeton hat Richtlinien für Schutz und Instandsetzung von Betonbauteilen erstellt, die 1990 in Kraft getreten sind.

Schadensaufnahme

Hier geht es um die Feststellung des **Ist-Zustandes** des Bauwerks durch folgende Prüfmethode:

1. Feststellung der Carbonatisierungstiefe

Dies geschieht durch Phenolphthalein, das beispielsweise auf einen Bohrkern aufgesprüht wird. Durch Rotfärbung werden die noch nicht carbonatisierten Betonflächen sichtbar.

2. Ermittlung der Betonüberdeckung der Bewehrung

Die Lage der Bewehrung kann mit Magneten oder mit Bewehrungssuchgeräten ermittelt werden.

3. Rissuntersuchungen

Die Feststellung vorhandener Risse ist wichtig, weil im Rissbereich ein Stahl auch dann korrodiert, wenn seine Betondeckung größer ist als die Carbonatisierungstiefe. Bei Benetzung der Betonoberfläche zeichnen sich Risse dunkel ab.

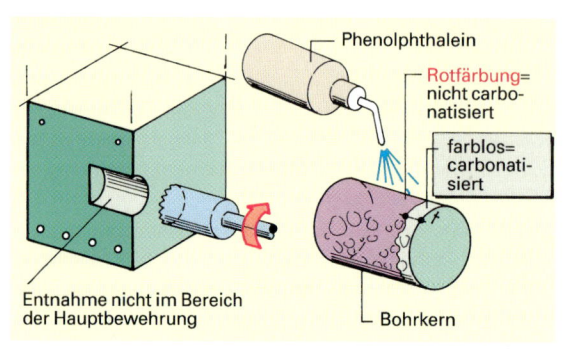

Carbonatisierungstiefe

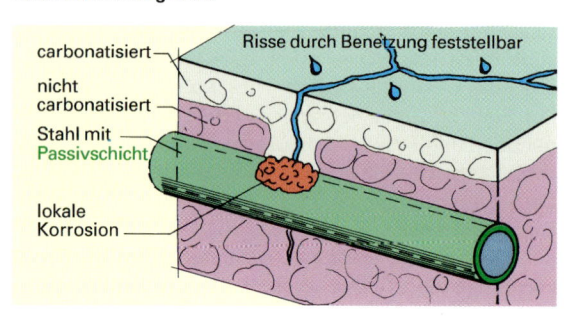

Bewehrungskorrosion im Rissbereich

Schadensbewertung

Nach dem Grade der Beschädigung werden Stahlbetonteile in **vier Schadensstufen** eingeteilt. Maßgebend hierfür ist die Carbonatisierungstiefe im Verhältnis zur Betondeckung. Die Schadensstufen sind für die richtige Wahl der Instandsetzungsmaßnahme ausschlaggebend.

Schadensstufe I: Die Bauteile zeigen keine Schäden, weil die Carbonatisierungstiefe immer kleiner als die Betondeckung sein wird.

Schadensstufe II: Hierher gehören Bauteile, die zwar zum Zeitpunkt der Überprüfung noch keine Schäden aufweisen, bei denen aber die Carbonatisierungstiefe die Betondeckung eindeutig während der Lebensdauer des Bauwerkes überschreiten wird. Eine vorbeugende Instandsetzung mit einem Anstrich aus Acryl- oder Epoxidharz ist erforderlich.

Schadensstufe III: Die Bauteile weisen korrosionsbedingte Betonabplatzungen auf. Es sind allerdings noch keine tief greifenden Schäden, sodass die Tragfähigkeit der Bauteile noch gewährleistet ist. Es wird kurzfristig saniert, meist mit Mörtelsystemen, die handwerklich ausgeführt werden (siehe Abschnitt „Instandsetzungsmaßnahme").

Schadensstufe IV: Bei den Bauteilen ist die carbonatisierungsbedingte Korrosion der Bewehrung so weit fortgeschritten, dass die Standsicherheit nicht mehr gewährleistet ist. Es muss sofort saniert werden. Ist die oberflächendeckende Ausbesserungsschicht dicker als 3 cm, so kann nur noch mit Spritzbeton saniert werden. Dies ist ein Beton, der in einer geschlossenen, überdruckfesten Schlauch- oder Rohrleitung zur Einbaustelle gefördert und durch Spritzen aufgetragen und dabei verdichtet wird.

17 Instandsetzen und Sanieren eines Bauteils — Betoninstandsetzung

Instandsetzungsmaßnahme

Da die häufigsten Schäden der Schadensstufe III zuzuordnen sind, wird hierfür das entsprechende Instandsetzungskonzept, nämlich das mehr handwerklich ausgeführte **Mörtelsystem**, dargestellt. Die einzelnen Werkstoffe sollten aus Gründen der Gewährleistung von einem Hersteller bezogen werden.

Die Instandsetzungsmaßnahme erfordert **6 Arbeitsschritte**.

1. Schritt: Der Untergrund wird vorbereitet. Lockere Betonteile werden mit Elektrohämmern entfernt, das Freilegen der Gesteinskörnungen und das Entrosten der Bewehrung erfolgen durch **Sandstrahlen**.

2. Schritt: Die Bewehrungsstähle werden zweilagig mit einer **Korrosionsschutzbeschichtung** versehen. Hierfür werden Epoxidharze oder kunststoffvergütete Zementschlämme verwendet.

3. Schritt: Auf den vorgenässten Altbeton wird eine **Haftbrücke** aufgebracht, die den Verbund zwischen Betonuntergrund und Reparaturmörtel verbessern soll. Verwendet werden zementgebundene Haftbrücken.

4. Schritt: Die Betonausbrüche werden mit **Reparaturmörtel** geschlossen bzw. aufgefüttert. Zum Einsatz kommen meist werkmäßig hergestellte kunststoffvergütete Zementmörtel, denen Kunststofffasern beigemischt sein können. Sie verbessern die Kohäsion und damit die Standfestigkeit des Frischmörtels in der Ausbruchstelle und verringern die Rissbildung.

5. Schritt: Mit einem **Dünnputz-Überzug** werden Strukturunterschiede ausgeglichen und optisch ein einheitliches Aussehen der gesamten instand gesetzten Betonoberfläche erzielt. Verwendet werden feinkörnige kunststoffvergütete Zement-Spachtelmassen.

6. Schritt: Ein **Deckanstrich** auf Siloxan-Acrylharzbasis wird aufgebracht. Er soll gegenüber Kohlenstoffdioxid undurchlässig und gegenüber Witterungseinflüssen beständig sein.

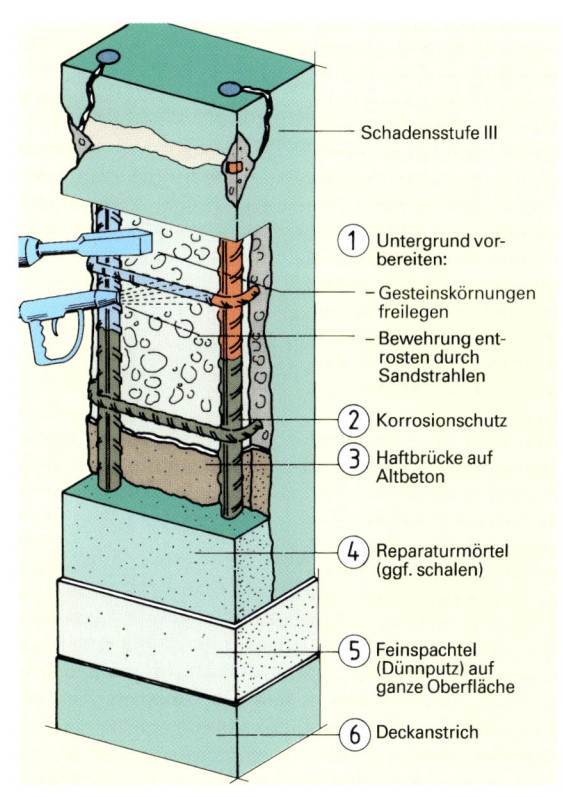

Instandsetzungsmaßnahme in 6 Arbeitsschritten am Beispiel einer Stahlbetonstütze

Zusammenfassung

Die Carbonatisierung ist ein natürlicher Prozess, der durch Feuchtigkeit und Kohlenstoffdioxid aus der Luft bewirkt wird.

Im basischen Milieu wird Stahl passiviert, d.h. durch eine lückenlose Schicht aus Eisenoxid und -hydroxid vor Korrosion geschützt.

Je kleiner der pH-Wert wird, desto stärker ist die korrodierende Wirkung der Porenlösung im Zementstein. Bewehrungskorrosion ist immer mit Volumenzunahme verbunden, die zu Betonabplatzungen führt.

Beton ist bei einem Porenanteil von unter 20 Vol.-%, bei einem w/z-Wert unter 0,6 und bei vollständiger Hydratation vor Korrosion geschützt.

Um eine geeignete Instandsetzungsmaßnahme einzuleiten, ist eine sorgfältige Schadensaufnahme erforderlich.

Betonschäden werden abhängig von der Carbonatisierungstiefe und der Dicke der Betondeckung in 4 Schadensstufen eingeteilt.

Aufgaben:

1. Erklären Sie den Begriff „Betonkorrosion".
2. Welcher Bestandteil des Betons ist durch aggressive Umwelteinflüsse leicht zerstörbar?
3. Unter welchen Voraussetzungen findet die Carbonatisierung im Beton statt? Welche Auswirkungen hat sie?
4. Begründen Sie, warum die Bewehrung in einem schwach basischen Milieu (pH-Wert unter 9,5) korrodiert.
5. Erklären Sie die korrosionsbedingten Betonabplatzungen.
6. Durch welche betontechnischen Maßnahmen kann die Carbonatisierung gebremst werden?
7. Wie kann die Carbonatisierungstiefe festgestellt werden?
8. Nennen Sie für die 6 Arbeitsschritte der Betoninstandsetzung den jeweiligen Zweck.
9. Warum müssen die Mindestmaße der Betondeckung nach DIN EN 1992-1-1 um 1 cm bzw. 0,5 cm erhöht werden?
10. Wie erfolgt vorbeugender Betonschutz bei Außenbauteilen?

17 Instandsetzen und Sanieren eines Bauteils — Unterfangungen

17.4 Unterfangungen

17.4.1 Allgemeines

Werden Bauwerke neben bestehenden Gebäuden erstellt und wird dabei die Fundamentsohle des bestehenden Gebäudes unterschritten, so besteht die Gefahr, dass sich die bestehenden Fundamente nachträglich setzen. Dadurch kann es zu Rissebildung oder gar zum Einsturz des bestehenden Gebäudes kommen. Um dies zu vermeiden, müssen die bestehenden Fundamente unterfangen werden.

Schon das Ausheben der Baugrube für das neue Bauwerk muss besonders vorsichtig erfolgen und darf nur bis 50 cm über Unterkante der bestehenden Fundamente geführt werden. Der erforderliche Aushub für die Unterfangung darf von dort aus nur abschnittsweise weitergeführt werden. Während der ganzen Bauzeit muss sichergestellt sein, dass der Grundwasserspiegel mindestens 50 cm unter der Sohle der neu zu erstellenden Fundamente liegt.

17.4.2 Ausführung

Die eigentliche Unterfangung erfolgt von der ausgehobenen Baugrube aus abschnittsweise. Der im Bereich der Fundamente stehen gelassene Boden wird in Abschnitten von höchstens 1,25 m Breite entfernt. Zwischen den Abschnitten, an denen jeweils gearbeitet wird, muss ein Zwischenraum der dreifachen Breite der jeweiligen Abschnitte noch nicht ausgehoben oder bereits unterfangen sein. Der Abstand von der Mitte eines Arbeitsabschnittes bis zum nächstgelegenen gleichzeitigen Arbeitsabschnitt muss also mindestens der vierfachen Abschnittsbreite ($4 \cdot b$) entsprechen.

Die Unterfangung des freigelegten Fundamentabschnittes erfolgt durch sorgfältig im Verband gemauertes Mauerwerk, Beton oder Stahlbeton. Eventuelle Hohlräume zwischen der Unterfangung und dem anstehenden Boden unter dem alten Bauteil sind mit Magerbeton oder Ähnlichem auszufüllen. Auch die Fuge zwischen Unterfangung und altem Fundament ist durch Ausmauerung oder Ausbetonierung besonders sorgfältig zu schließen.

Erst wenn die Unterfangung in einem Bereich tragfähig ist, darf in den Nachbarbereichen ausgehoben und mit der dortigen Unterfangung begonnen werden.

17.4.3 Vor-der-Wand-Pfähle

Da bei Unterfangungen die einzelnen Aushubabschnitte auch verbaut und die zu unterfangenden Wände abgesteift werden müssen, werden heute statt aufwendigen Unterfangungen häufig „Vor-der-Wand-Pfähle" versetzt (VdW-Verfahren).

> Unterfangungen müssen abschnittsweise und mit dichter Fuge gegen den anstehenden Boden und das alte Fundament ausgeführt werden! Vor der Wand versetzte Pfähle können eine kostengünstige Alternative sein.

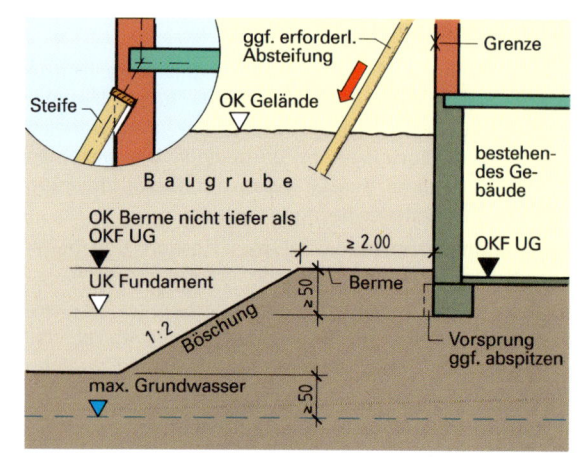

Aushub einer Baugrube neben bestehendem Gebäude

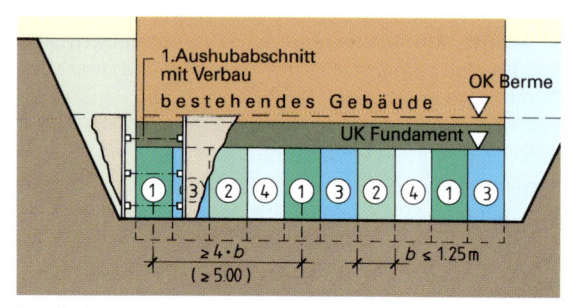

Abschnittsweises Vorgehen bei Fundamentunterfangungen

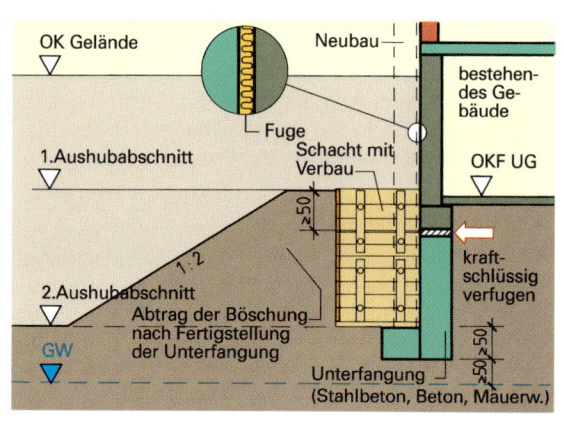

Ausgeführte Unterfangungen

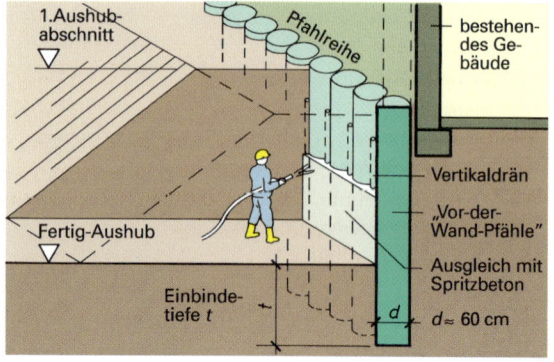

Vor-der-Wand-Pfähle

17 Instandsetzen und Sanieren eines Bauteils — Wärmedämmung

17.5 Wärmeschutz

17.5.1 Bedeutung des Wärmeschutzes

Der Wärmeschutz umfasst alle Maßnahmen zur Verringerung der Wärmeübertragung sowohl durch die Umfassungswände eines Gebäudes als auch durch die Trennflächen von Räumen mit unterschiedlichen Temperaturen. Der Wärmeschutz für unser Projekt „Jugendtreff" hat nicht nur für die Bewirtschaftungskosten durch geringen Energieverbrauch bei der Heizung Bedeutung, sondern auch für die Gesundheit und das Wohlbefinden der Bewohner.

Die Gebäudeform, die Anordnung der Räume untereinander sowie die Größe der Fensterflächen haben großen Einfluss auf den Wärmeverbrauch eines Gebäudes.

Fehlender baulicher Wärmeschutz ist die Ursache für vielfältige Bauschäden. Wasserdampf, der infolge unzureichender Wärmedämmung kondensiert, führt in den Bauteilen zu Feuchtigkeitsschäden.

Der bauliche Wärmeschutz leistet auch einen wesentlichen Beitrag zum **Umweltschutz**. Mit ausschlaggebend für Umweltverschmutzung, Treibhauseffekt, Waldsterben, Klimaveränderungen usw. ist die **CO_2-Emission**. Durch die Energieeinsparung beim Beheizen der Gebäude verringert sich die CO_2-Emission ganz erheblich.

Die jetzt gültige **Energieeinsparverordnung (EnEV)** will durch verschärfte Anforderungen an den baulichen Wärmeschutz den Energieverbrauch (und damit auch die CO_2-Emission) deutlich verringern. Diese Energieeinsparverordnung stellt nicht nur Forderungen an die Begrenzung der Wärmeverluste durch die Außenbauteile, sondern sie stellt Forderungen an den maximalen **Jahres-Heizwärmebedarf**.

17.5.2 Wärmedämmung

Wärmedämmung bedeutet, dass ein Bauteil die Wärme im Inneren des Gebäudes daran hindert, schnell zur kalten Außenluft abzufließen. Durch die Wärmedämmung soll im Winter möglichst wenig Wärme nach außen übertragen werden. Bei dieser **Wärmeübertragung** wird zwischen drei Phasen unterschieden.

1. **Wärmeübergang** von der Raumluft an das Außenbauteil,
2. **Wärmeleitung** (Energietransport) innerhalb des Außenbauteils,
3. **Wärmeübergang** von der Bauteiloberfläche an die Außenluft.

Das Maß für die Wärmedämmfähigkeit eines Bauteils ist der **Wärmedurchgangswiderstand** (R_T), der sich analog zur Wärmeübertragung aus drei Werten zusammensetzt, nämlich aus dem **Wärmeübergangswiderstand an der Innenseite** (R_{si}), dem **Wärmedurchlasswiderstand** des Bauteils (R) und dem **Wärmeübergangswiderstand an der Außenseite** (R_{se}).

$$R_T = R_{si} + R + R_{se}$$

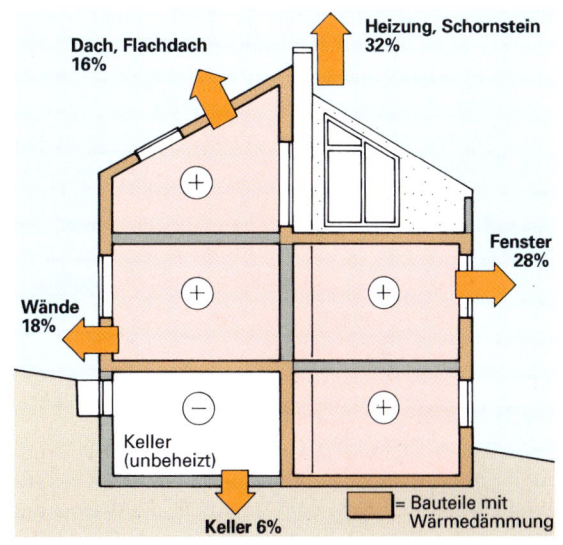

Wärmeverluste eines Einfamilienhauses

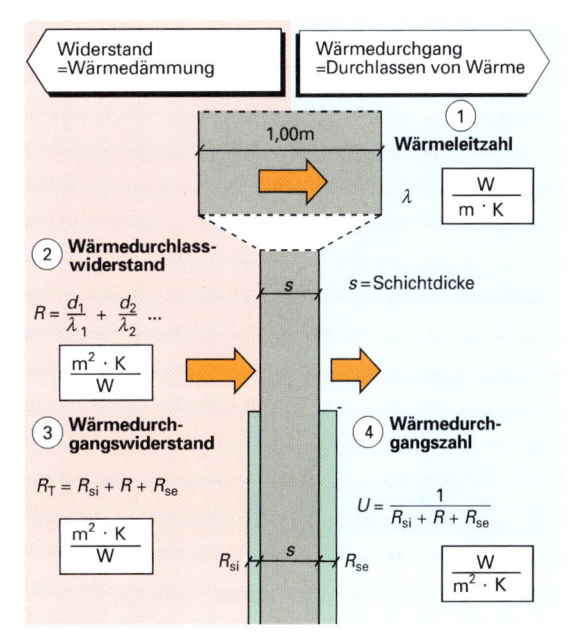

- Dach, Flachdach 16%
- Heizung, Schornstein 32%
- Fenster 28%
- Wände 18%
- Keller 6%

Begriffe, Grundlagen

① Wärmeleitzahl λ $\left[\dfrac{W}{m \cdot K}\right]$

② Wärmedurchlasswiderstand
$R = \dfrac{d_1}{\lambda_1} + \dfrac{d_2}{\lambda_2} \ldots$ $\left[\dfrac{m^2 \cdot K}{W}\right]$

③ Wärmedurchgangswiderstand
$R_T = R_{si} + R + R_{se}$ $\left[\dfrac{m^2 \cdot K}{W}\right]$

④ Wärmedurchgangszahl
$U = \dfrac{1}{R_{si} + R + R_{se}}$ $\left[\dfrac{W}{m^2 \cdot K}\right]$

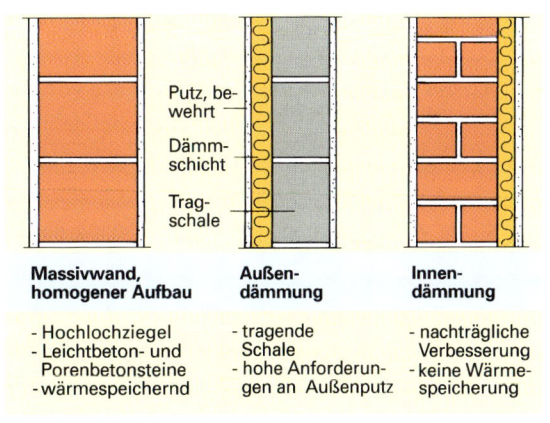

Wärmedämmung von Wänden

Massivwand, homogener Aufbau
- Hochlochziegel
- Leichtbeton- und Porenbetonsteine
- wärmespeichernd

Außendämmung
- tragende Schale
- hohe Anforderungen an Außenputz

Innendämmung
- nachträgliche Verbesserung
- keine Wärmespeicherung

17 Instandsetzen und Sanieren eines Bauteils — Wärmebrücken

Die **Wärmeübergangswiderstände** für Gebäude sind von der Lage der Bauteile abhängig. Ihre Werte sind in DIN 4108 „Wärmeschutz und Energieeinsparung in Gebäuden" angegeben (siehe Seite 367).

Der **Wärmedurchlasswiderstand** eines Bauteils ist von den **Wärmeleitfähigkeiten** (λ) der Baustoffe und von den Bauteildicken bzw. den Schichtdicken (d) abhängig. Je größer die Bauteildicken und je kleiner die Wärmeleitfähigkeiten der Baustoffe sind, umso größer ist der Wärmedurchlasswiderstand des Bauteils.

$$R = \frac{d_1}{\lambda_1} + \frac{d_2}{\lambda_2} + \frac{d_3}{\lambda_3} \ldots + \frac{d_n}{\lambda_n}$$

17.5.3 Wärmespeicherung

Dauerbeheizte Räume sollen bei verminderter Wärmezufuhr die vorhandene Wärme speichern. Bei Klassenzimmern z. B. soll nach dem Unterricht die Wärme bei gedrosselter Heizung gespeichert werden. Gute Wärmedämmung bedeutet noch keine Wärmespeicherung.

Der sommerliche Wärmeschutz hat die Aufgabe, die Räume gegen Wärme zu schützen. Sind die Baustoffe der Außenwände und Dachdecken gut wärmespeichernd, so wird die von der Sonne eingebrachte Wärmemenge vorerst gespeichert und erst dann wieder an die Raumluft abgegeben, wenn außen bereits kühlere Temperaturen herrschen.

Bauteile aus dichten Baustoffen (z. B. Beton, Vollziegel) besitzen gute wärmespeichernde Eigenschaften.

> Wärmespeicherung wird durch dichte Baustoffe besonders im Gebäudeinneren erreicht.

17.5.4 Wärmebrücken

Wärmebrücken sind örtlich begrenzte wärmetechnische Schwachstellen der wärmeübertragenden Hüllfläche. Sie bewirken einerseits zusätzliche Wärmeverluste und andererseits niedrigere Innenoberflächentemperaturen, verbunden mit dem Risiko der Tauwasserbildung auf diesen Flächen.

Wärmebrücken können unterschieden werden in
- materialbedingte Wärmebrücken und
- formbedingte Wärmebrücken.

Materialbedingte Wärmebrücken können bei unsrem Projekt „Jugendtreff" im Sockelbereich, im Bereich der Mauerwerksbögen, der Fensterleibungen, bei der Aufkantung des Flachdaches oder beim Übergang von der Balkon- in die Deckenplatte auftreten. Ihr Wärmedurchgangswiderstand ist geringer als in den angrenzenden Bereichen. Besonders groß ist der Wärmebrückeneffekt, wenn Bauteile aus Baustoffen mit hoher Wärmeleitfähigkeit die wärmeübertragende Gebäudehüllfläche direkt durchstoßen. Ein in der Baupraxis häufiges Beispiel dafür ist die auskragende Betonplatte aus Normalbeton.

Das typische Beispiel für die formbedingte Wärmebrücke ist die Gebäudeecke bei sonst homogenem Wandaufbau, weil – durch die Geometrie bedingt – die wärmeabgebende Außenoberfläche größer ist als die ihr entsprechende wärmeaufnehmende Innenoberfläche.

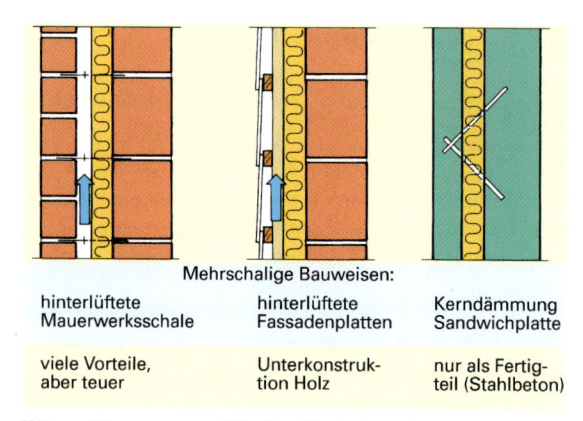

Wärmedämmung von Wänden (Fortsetzung)

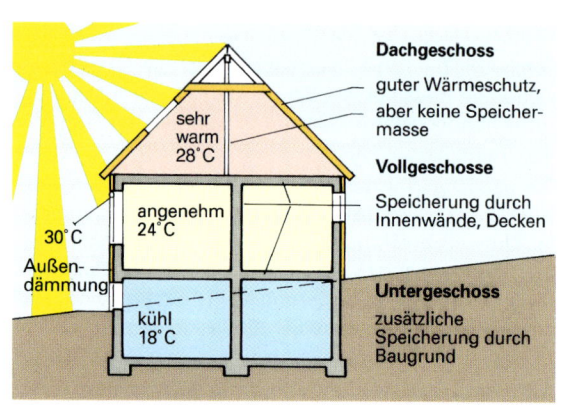

Mehrschalige Bauweisen:
- hinterlüftete Mauerwerksschale — viele Vorteile, aber teuer
- hinterlüftete Fassadenplatten — Unterkonstruktion Holz
- Kerndämmung Sandwichplatte — nur als Fertigteil (Stahlbeton)

Sommerlicher Wärmeschutz

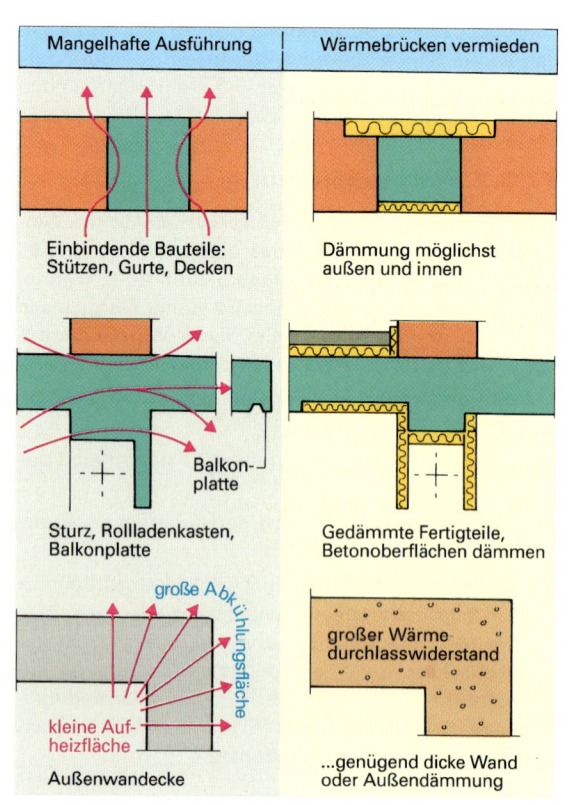

Dachgeschoss: guter Wärmeschutz, aber keine Speichermasse (sehr warm 28°C)
Vollgeschosse: Speicherung durch Innenwände, Decken (angenehm 24°C, außen 30°C, Außendämmung)
Untergeschoss: zusätzliche Speicherung durch Baugrund (kühl 18°C)

Wärmebrücken

Mangelhafte Ausführung | Wärmebrücken vermieden
- Einbindende Bauteile: Stützen, Gurte, Decken | Dämmung möglichst außen und innen
- Sturz, Rollladenkasten, Balkonplatte | Gedämmte Fertigteile, Betonoberflächen dämmen
- Außenwandecke: große Abkühlungsfläche, kleine Aufheizfläche | großer Wärmedurchlasswiderstand ...genügend dicke Wand oder Außendämmung

17 Instandsetzen und Sanieren eines Bauteils — Dämmstoffe

17.5.5 Dämmstoffe für den Wärmeschutz

An Wärmedämmstoffe werden keine Anforderungen wie Druckfestigkeit, Steifigkeit oder hohe Dichte gestellt, um die Standsicherheit eines Bauwerkes zu sichern. Vielmehr sollen sie durch ihre Eigenschaften die Wärmedämmfähigkeit einzelner Bauteile verbessern.

Es werden folgende Forderungen an die Wärmedämmstoffe gestellt:
- geringe Wärmeleitfähigkeit durch hohen Luftporenanteil, geringe Dichte und geringe Feuchte,
- Witterungs- und Fäulnisbeständigkeit,
- geringe Feuchtigkeitsaufnahme, nach Möglichkeit Wasser abweisend.

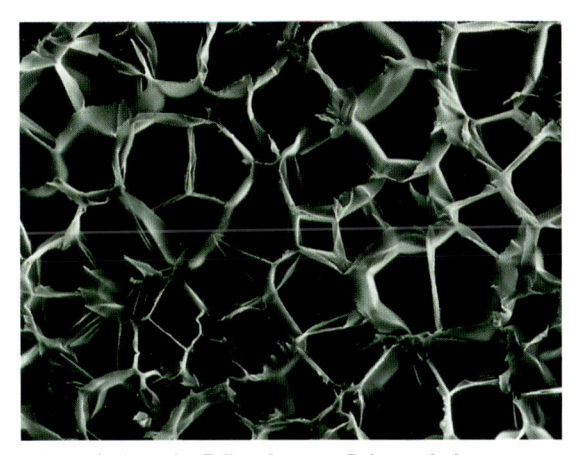

Mikroaufnahme der Zellstruktur von Polystyrolschaum

Form	Dämmstoff	Verwendungsbeispiele
Dämmplatten und Dämmmatten	**Holzwolle-Platten (WW):** Hergestellt aus Holzwolle, getränkt und überzogen mit Bindemitteln wie Zement, Magnesit oder Gips. 15…100 mm dick, 0,50 m breit und 2,00 m lang. **Holzwolle-Mehrschichtplatten (WW-C) mit Hartschaumschicht:** Sie bestehen aus Schaumkunststoffen (z. B. Polystyrolschaum) und einseitiger oder beidseitiger Beschichtung aus mineralisch gebundener Holzwolle, 15…75 mm dick, 0,50 m breit und 2,00 m lang.	Außen oder innen liegende Dämmschicht an Bauteilen aus Beton. Zwischenschicht für zweischaliges Mauerwerk. Als Putzträger bei leichten Trennwänden und Gebälk (Holzbalkendecken, Dächer). Als Dämmschicht bei schwimmenden Estrichen. Als Dämmschicht bei Kalt- und Warmdächern.
	Platten aus Schaumkunststoffen: Werkmäßig hergestellte Wärmedämmstoffe aus expandiertem Polystyrol (EPS), aus extrudiertem Polystyrolschaum (XPS), aus Phenolharzschaum (PF) und aus Polyurethan-Hartschaum (PUR). **Platten aus Schaumglas (CG):** Fester Dämmstoff aus geschäumtem Glas mit geschlossenzelliger Struktur.	Als Dämmschicht bei schwimmenden Estrichen. Zwischenschicht bei zweischaligem Mauerwerk. Zur Herstellung von Verbundplatten. Als Füllkörper für Stahlbetonrippendecken.
	Korkdämmplatten aus expandiertem Kork (ICB): Aus aufgeblähtem Korkschrot (Rinde der Korkeiche) und Bitumen als Bindemittel.	Als Dämmschicht bei schwimmenden Estrichen und bei Warmdächern.
	Faserdämmstoffe aus Mineralwolle (MW): Hergestellt aus Glasfasern, Hochofenschlackenfasern oder Steinfasern. Im Handel als Matten, Filze oder Platten in unterschiedlichen Dicken. Vorzugsmaße der Platten 0,50/1,00 m, Matten und Filze auf Rollen mit 1,00 m Breite. Dichte zwischen 20 und 30 kg/m^3. **Matten aus lockeren Faserdämmstoffen** sind in der Regel mit einer elastischen Schicht (z. B. Bitumenpapier) versteppt. **Pflanzliche Faserdämmstoffe** werden aus Kokosfasern oder chemisch und mechanisch aufbereiteten Holzfasern hergestellt.	Belastbare Faserdämmstoffe als Dämmschicht bei schwimmenden Estrichen. Nicht belastbare Dämmschicht bei Kalt- und Warmdächern. Als Zwischenbauteil in leichten Trennwänden. Dämmschicht in Holzbalkendecken und bei geneigten Dächern (zwischen den Sparren). Ummantelung von Rohrleitungen. Zwischenschicht bei zweischaligem Mauerwerk.
lose Dämmstoffe	Naturbims, Hüttenbims, Hüttenschlacke, Steinkohlenschlacke, Kieselgur, Blähperlit (EPB) Glas oder Steinwolle.	Zur Herstellung von Leichtbeton und Mauersteinen. Als Füllstoff für Holzbalkendecken.
	Schaumige Kunststoffe, wie z. B. Polystyrolschaum oder Polyurethanschaum.	Zur Herstellung von Styropor-Beton und Styropor-Mauerziegeln. Zum Ausschäumen von Fertigteilen (Wandelemente) und Flachdachkonstruktionen aus Holz oder Stahl.

Dämmstoffe für den Wärmeschutz

Die meisten Dämmstoffe können außer für den Wärmeschutz auch für den **Schallschutz** Verwendung finden.

> Wärmedämmstoffe haben eine geringe Wärmeleitfähigkeit. Sie müssen witterungs- und fäulnisbeständig sein und sollen nur wenig Feuchtigkeit aufnehmen.

17 Instandsetzen und Sanieren eines Bauteils   Wärmeschutzberechnung

Zusammenfassung

Je dichter ein Stoff und je größer seine Rohdichte, desto besser leitet er die Wärme.

Die Wärmedämmfähigkeit eines Bauteiles hängt von der Wärmeleitfähigkeit der Baustoffe und von den Dicken der Bauteilschichten ab.

Gute Wärmedämmung ist nicht gleichbedeutend mit guter Wärmespeicherung.

Dauerbeheizte Räume sollen bei gedrosselter Heizung die Wärme speichern.

Im Sommer soll die von der Sonne eingebrachte Wärmeenergie vorerst im Bauteil gespeichert werden und erst später, wenn außen bereits kühle Temperaturen herrschen, an die Raumluft abgegeben werden.

Dämmstoffe dienen zur Herstellung wärmedämmender Bauteile. Sie haben eine geringe Wärmeleitfähigkeit, müssen witterungs- und fäulnisbeständig sein und sollen nur wenig Feuchtigkeit aufnehmen.

Wärmebrücken treten beim Zusammentreffen unterschiedlicher Werkstoffe auf und führen zu Wärmeverlusten und Feuchtigkeitsschäden.

Aufgaben:

1. Welche Bedeutung hat der bauliche Wärmeschutz?
2. Wovon hängt der Wärmedurchgangswiderstand eines Bauteils ab?
3. Warum kann in einem ausreichend wärmegedämmten Gebäude im Sommer ein so genanntes „Barackenklima" entstehen?
4. Begründen Sie, warum ein durchfeuchtetes wärmegedämmtes Bauteil seine Wärmedämmfähigkeit verliert.
5. Ordnen Sie folgende Baustoffe nach ihrer Wärmedämmfähigkeit: Nadelholz, Normalbeton, Holzwolle-Platte, Bimsbeton, Polystyrolschaum („Styropor").
6. Welche Forderungen werden an Wärmedämmstoffe gestellt?
7. Welche Wärmedämmstoffe können für die Außenwände des Jugendtreffs eingesetzt werden? Begründen Sie Ihre Entscheidung.
8. Welche losen Dämmstoffe werden zur Herstellung von Leichtbeton und Mauersteinen verwendet?

17.5.6 Wärmeschutzberechnungen

Die Grundlagen für Wärmeschutzberechnungen sind die **DIN 4108 „Wärmeschutz und Energie-Einsparung in Gebäuden"**.

Die Energieeinsparverordnung (EnEV) und die DIN 4108 legen Werte fest, die für den baulichen Wärmeschutz einzuhalten sind.

Die Formelzeichen für die Wärmeschutzberechnungen sind in EN ISO 6946 festgelegt.

Grundgrößen für die Wärmeschutzberechnung sind die Wärmeleitfähigkeit λ, der Wärmedurchlasswiderstand R, der Wärmeübergangswiderstand $R_{si/se}$, der Wärmedurchgangskoeffizient U und der Wärmedurchgangswiderstand R_T.

Wärmeleitfähigkeit λ

Die Wärmeleitfähigkeit λ ist eine Baustoffkenngröße. Sie gibt an, welche Wärmemenge in 1 Sekunde durch 1 m² Fläche und 1 m Dicke eines bestimmten Baustoffes bei 1 K Temperaturunterschied fließt.

Die Wärmeleitfähigkeit hat die Einheit W/(m·K). Die Werte für Wärmeleitfähigkeiten können den Tabellen entnommen werden.

Wärmedurchlasswiderstand R

Der Wärmedurchlasswiderstand für einschichtige Bauteile wird als Quotient aus Bauteildicke d in m und der Wärmeleitfähigkeit berechnet.

$$R = \frac{d}{\lambda} \left(\frac{m^2 K}{W} \right)$$

Die meisten Bauteile bestehen aus mehreren Schichten. Für mehrschichtige Bauteile wird der Wärmedurchlasswiderstand als Summe der Wärmedurchlasswiderstände der einzelnen Bauteilschichten berechnet.

$$R = \frac{d_1}{\lambda_1} + \frac{d_2}{\lambda_2} + \cdots \frac{d_n}{\lambda_n} \left(\frac{m^2 K}{W} \right)$$

Beispiel 1:

Berechnen Sie den Wärmedurchlasswiderstand für die dargestellte Wand aus Leichtbeton, hergestellt aus Naturbims (ϱ = 800 kg/m³).

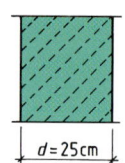

Lösung:

$d = 25$ cm

$$R = \frac{d}{\lambda}; \quad R = \frac{0{,}25 \text{ m}}{0{,}18 \frac{W}{m \cdot K}}$$

$$R = 1{,}39 \frac{m^2 K}{W}$$

Beispiel 2:

Ermitteln Sie den Wärmedurchlasswiderstand für die Außenwand.

d_1 = 2 cm Kalkzementputz
d_2 = 30 cm Porenbeton-Plansteine (ϱ = 600 kg/m³)
d_3 = 1,5 cm Gipsputz

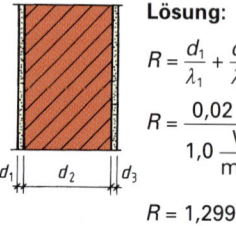

Lösung:

$$R = \frac{d_1}{\lambda_1} + \frac{d_2}{\lambda_2} + \frac{d_3}{\lambda_3}$$

$$R = \frac{0{,}02 \text{ m}}{1{,}0 \frac{W}{m \cdot K}} + \frac{0{,}30 \text{ m}}{0{,}24 \frac{W}{m \cdot K}} + \frac{0{,}015 \text{ m}}{0{,}51 \frac{W}{m \cdot K}}$$

$$R = 1{,}299 \frac{m^2 K}{W}$$

17 Instandsetzen und Sanieren eines Bauteils — Wärmeschutzberechnung

Wärmeübergangswiderstand $R_{si/se}$

Zwischen den Bauteiloberflächen und der Luft findet ein Wärmeübergang statt. Das Maß für den Wärmeübergang sind die Wärmeübergangskoeffizienten. Sie haben an der Innenseite und Außenseite unterschiedliche Werte. Ihre Kehrseite sind die **Wärmeübergangswiderstände** $R_{si/se}$.

$R_{si/se}$ = Wärmeübergangswiderstand W/m K

Auf der Wandinnenseite wird der Wärmeübergangswiderstand mit R_{si} (si: engl. = **s**urface **i**nterior = innere Oberfläche) und auf der Wandaußenseite mit R_{se} (se: engl. = **s**urface **e**xterior = äußere Oberfläche) bezeichnet. DIN EN ISO 6946 schreibt für ebene Oberflächen die Wärmeübergangswiderstände vor. Sie gelten, wenn keine besonderen Angaben über Randbedingungen vorliegen. Die Werte unter „horizontal" gelten für Richtungen des Wärmestroms von ± 30 °C zur horizontalen Ebene. Wenn die Richtung des Wärmestromes von den Angaben der Tabelle abweicht, wird empfohlen, die Werte für den horizontalen Wärmestrom zu verwenden.

Wärmeübergangswiderstand in m^2 K/W	Richtung des Wärmestroms		
	aufwärts	horizontal	abwärts
R_{si}	0,10	0,13	0,17
R_{se}	0,04	0,04	0,04

Wärmeübergangswiderstände nach DIN EN ISO 6946

Wärmedurchgangskoeffizient U und Wärmedurchgangswiderstand R_T

Besteht eine Temperaturdifferenz zwischen Außenluft und Raumluft, so fließt eine bestimmte Wärmemenge in Richtung des Temperaturgefälles durch das Bauteil.

Der gesamte Wärmestrom, der bei 1 K Temperaturunterschied zwischen Wandinnen- und Wandaußenseite durch 1 m^2 Wandfläche strömt, wird als **Wärmedurchgangskoeffizient U** bezeichnet.

U = Wärmedurchgangskoeffizient in W/m^2 K

Jedem Wärmedurchgang steht der **Wärmedurchgangswiderstand R_T** entgegen. Er ist abhängig vom inneren und äußeren Wärmeübergangswiderstand $R_{si/se}$ und den Wärmedurchlasswiderständen R der Bauteile. Somit ist der Wärmedurchgangswiderstand R_T die Summe aus innerem und äußerem Wärmeübergangswiderstand und dem Wärmedurchlasswiderstand des Bauteils. Der Wärmedurchgangswiderstand R_T ist der Kehrwert des Wärmedurchgangskoeffizienten U.

Da der Wärmedurchlasswiderstand R eines einschichtigen Bauteils als Quotient aus Bauteildicke und der dazugehörigen Wärmeleitfähigkeit des Baustoffes errechnet wird, ist der Wärmedurchlasswiderstand mehrschichtiger Bauteile R_{gesamt} die Summe der Quotienten aus den Schichtdicken und den dazugehörigen Wärmeleitfähigkeiten.

R_T = Wärmedurchgangswiderstand in m^2 K/W
R_{gesamt} = Wärmedurchlasswiderstände der Bauteilschichten in m^2 K/W

$$R_T = R_{si} + R + R_{se}$$

$$R_{gesamt} = \frac{d_1}{\lambda_1} + \frac{d_2}{\lambda_2} + \frac{d_3}{\lambda_3} + \ldots$$

$$R_T = \frac{1}{U}$$

$$U = \frac{1}{R_T}$$

Beispiel:
Berechnen Sie den Wärmedurchgangskoeffizienten für die Untergeschossdecke über dem Tennisraum des Projektes „Jugendtreff".

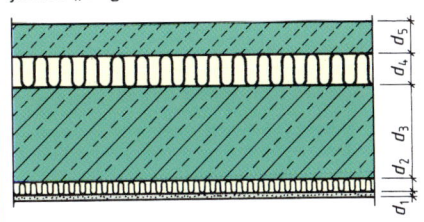

d_1 = Kalkzementputz 1,5 cm
d_2 = Holzwolle-Platte 2,5 cm (Nennwert λ_D = 0,09 W/(m K))
d_3 = Stahlbeton 18 cm
d_4 = Extrudierter Polystyrolschaum 6 cm (Nennwert λ_D = 0,03 W/(m K))
d_5 = Zementestrich 5 cm

Lösung:

$$R_T = R_{si} + \frac{d_1}{\lambda_1} + \frac{d_2}{\lambda_2} + \frac{d_3}{\lambda_3} + \frac{d_4}{\lambda_4} + \frac{d_5}{\lambda_5} + R_{se}$$

$$R_T = \left(0{,}17 + \frac{0{,}015}{1{,}0} + \frac{0{,}025}{0{,}09} + \frac{0{,}18}{2{,}3} + \frac{0{,}06}{0{,}030} + \frac{0{,}05}{1{,}4} + 0{,}04\right) \frac{m^2 K}{W}$$

$$R_T = 2{,}62 \frac{m^2 K}{W}; \quad U = \underline{0{,}38 \frac{W}{m^2 K}}$$

17 Instandsetzen und Sanieren eines Bauteils   Wärmeschutzberechnung

Mindestanforderungen an den Wärmeschutz wärmeübertragender Bauteile

Für Außenwände, Decken unter nicht ausgebauten Dachräumen und Dächern mit einer flächenbezogenen Gesamtmasse unter 100 kg/m² gelten erhöhte Anforderungen mit einem Mindestwert des Wärmedurchlasswiderstandes $R \geq 1{,}75 \; m^2 \cdot K/W$.

Bei Rahmen und Skelettbauarten gelten sie nur für den Gefachbereich. In diesen Fällen ist für das gesamte Bauteil zusätzlich im Mittel $R = 1{,}0 \; m^2 \cdot K/W$ einzuhalten.

Bei ein- und mehrschichtigen Massivbauteilen mit einer flächenbezogenen Gesamtmasse von mindestens 100 kg/m² gelten die in der Tabelle aufgeführten **Grenzwerte**.

Diese Grenzwerte werden auch bei Gebäuden mit niedrigen Innenraumtemperaturen (12 °C ... 19 °C) zugrunde gelegt. Ausgenommen hiervon sind Außenwände, Wände von Aufenthaltsräumen gegen Bodenräume, Durchfahrten, offene Hausflure, Garagen, Erdreich. Der Mindestwert beträgt $R \geq 0{,}55 \; m^2 \cdot K/W$.

Bauteile		Wärmedurchlasswiderstand R in $m^2 \cdot K/W$
Außenwände; Wände von Aufenthaltsräumen gegen Bodenräume, Durchfahrten, offene Hausflure, Garagen, Erdreich		1,20
Wände zwischen fremdgenutzten Räumen; Wohnungstrennwände		0,07
Treppenraumwände	zu Treppenräumen mit wesentlich niedrigeren Innentemperaturen (z. B. indirekt beheizte Treppenräume); Innentemperatur ≤ 10 °C, aber Treppenraum mindestens frostfrei	0,25
	zu Treppenräumen mit Innentemperaturen > 10 °C (z. B. Verwaltungsgebäude, Geschäftshäuser, Unterrichtsgebäude, Hotels, Gaststätten und Wohngebäude)	0,07
Wohnungstrenndecken, Decken zwischen fremden Arbeitsräumen; Decken unter Räumen zwischen gedämmten Dachschrägen und Abseitenwänden bei ausgebauten Dachräumen	allgemein	0,35
	in zentralbeheizten Bürogebäuden	0,17
Unter Abschluss nicht unterkellerter Aufenthaltsräume	unmittelbar an das Erdreich bis zu einer Raumtiefe von 5 m	0,90
	über einen nicht belüfteten Hohlraum an das Erdreich grenzend	
Decken unter nicht ausgebauten Dachräumen; Decken unter bekriechbaren oder noch niedrigeren Räumen; Decken unter belüfteten Räumen zwischen Dachschrägen und Abseitenwänden bei ausgebauten Dachräumen, wärmegedämmte Dachschrägen		
Kellerdecken; Decke gegen abgeschlossene, unbeheizte Hausflure u. Ä.		
Decken (auch Dächer), die Aufenthaltsräume gegen die Außenluft abgrenzen	nach unten, gegen Garagen (auch beheizte), Durchfahrten (auch verschließbare) und belüftete Kriechkeller	1,75
	nach oben, Dächer und Decken unter Terrassen	1,20

Mindestwerte für Wärmedurchlasswiderstände von Bauteilen

Beispiel:

Die dargestellte Außenwand ist für das Projekt „Jugendtreff" vorgesehen. Entsprechen der Wärmedurchlasswiderstand und der Wärmedurchlasskoeffizient den Anforderungen nach DIN 4108?

d_1 = 2 cm Kalkzementputz
d_2 = 36,5 cm Porenbeton-Plansteine ϱ = 600 kg/m³
d_3 = 1,5 cm Kalkputz

Lösung:

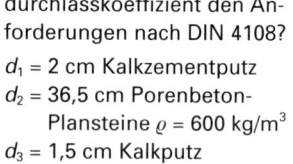

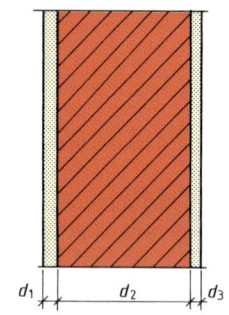

Aus Tabelle → $\lambda_1 = 1{,}0 \; \frac{W}{m\,K}$

$R_{si} = 0{,}13 \; \frac{m^2 K}{W}$; $\lambda_2 = 0{,}19 \; \frac{W}{m\,K}$

$\lambda_3 = 1{,}0 \; \frac{W}{m\,K}$

$R_{se} = 0{,}04 \; \frac{m^2 K}{W}$; $R_{erf} \geq 0{,}55 \; \frac{m^2 K}{W}$

$R_{min} = R_{si} + R_{erf} + R_{se}$

$= 0{,}13 \; \frac{m^2 K}{W} + 0{,}55 \; \frac{m^2 K}{W} + 0{,}04 \; \frac{m^2 K}{W} = 0{,}72 \; \frac{m^2 K}{W}$

$U_{max} = \frac{1}{R_{min}} = \frac{1 \cdot m^2 K}{0{,}72 \; W} = 1{,}39 \; \frac{m^2 K}{W}$

$R = \frac{d_1}{\lambda_1} + \frac{d_2}{\lambda_2} + \frac{d_3}{\lambda_3}$

$R = \left(\frac{0{,}02}{1{,}0} + \frac{0{,}365}{0{,}19} + \frac{0{,}015}{1{,}0} \right) \frac{m^2 K}{W}$

$\underline{R = 1{,}96 \; \frac{m^2 K}{W} > 0{,}55 \; \frac{m^2 K}{W}}$

$R_T = R_{si} + R + R_{se}$

$R_T = (0{,}13 + 1{,}96 + 0{,}04) \; \frac{m^2 K}{W} = 2{,}13 \; \frac{m^2 K}{W}$

$U_{vorh} = \frac{1}{R_T} = \frac{1}{2{,}13} = \underline{0{,}47 \; \frac{W}{m^2 K} < 1{,}39 \; \frac{W}{m^2 K}}$

Die Forderungen der DIN 4108 sind erfüllt.

17 Instandsetzen und Sanieren eines Bauteils — Wärmeschutzberechnung

Anforderungen des baulichen Wärmeschutzes nach der Energieeinsparverordnung („vereinfachtes Nachweisverfahren")

Auf den vorangegangenen Seiten wurde auf den Wärmeschutz nach DIN 4108 eingegangen. Diese Anforderungen müssen bei beheizten Wohngebäuden immer erfüllt werden. Die Energieeinsparverordnung stellt jedoch zum Teil noch höhere Anforderungen an den baulichen Wärmeschutz.

Ein Ziel der Energieeinsparverordnung ist es, Heizenergie zu sparen und somit die **CO_2-Emission** zu verringern. Deshalb müssen im Wärmeschutz-Nachweis neben den **Wärmeverlusten** durch die Außenbauteile auch die **Lüftungswärmeverluste** berücksichtigt werden. Gegen diese Wärmeverluste werden wiederum die **solaren Wärmegewinne** und **internen Wärmegewinne** aufgerechnet.

Wenn Bauteile in Wohngebäuden ersetzt oder erneuert werden – Sanierung von mehr als 10% der gesamten Bauteilfläche des Gebäudes – so gelten die in der Tabelle angegebenen Höchstwerte des Wärmedurchgangskoeffizienten U_{max}. Auch bei der Erweiterung und dem Ausbau eines Gebäudes mit zusammenhängend mindestens 15 m² und höchstens 50 m² Nutzfläche dürfen die Höchstwerte der Wärmedurchgangskoeffizienten nicht überschritten werden. Die Anforderungen der Energieeinsparverordnung (EnEv 2009) gelten als erfüllt, wenn der Jahres-Primärenergiebedarf des Referenzgebäudes und die Transmissionswärmeverluste um nicht mehr als 40% überschritten werden.

Bauteil	Maßnahmen	Maximaler Wärmedurchgangskoeffizient U_{max}[1]) in W/(m²·K)	
		Wohngebäude und Zonen von Nichtwohngebäuden mit Innentemperaturen	
		≥ 19 °C	12 … < 19 °C[2])
Außenwände	• Ersatz oder erstmaliger Einbau • Anbringen von Bekleidungen, Verschalungen, Mauerwerksvorsatzschalungen (Beispiele)	0,24	0,35
Decken, Dächer und Dachschrägen	• Ersatz oder erstmaliger Einbau • Erneuerung der Dachhaut und der außen- bzw. innenseitigen Bekleidungen oder Verschalungen (Beispiele)	0,24	0,35
Flachdächer	• Ersatz oder erstmaliger Einbau • Einbau von Dämmschichten (Beispiele)	0,20	0,35
Decken und Wände gegen unbeheizte Räume und Erdreich	• Ersatz oder erstmaliger Einbau • Anbringen bzw. Erneuern außenseitiger Bekleidungen oder Verschalungen, von Feuchtigkeitsabdichtungen oder Dränungen (Beispiele)	0,30	keine Anforderungen
Fußbodenaufbauten	Fußbodenaufbauten auf der beheizten Seite	0,50	keine Anforderungen
Decken nach unten an Außenluft	• wie Decken und Wände gegen unbeheizte Räume oder Erdreich • Fußbodenaufbauten auf der beheizten Seite	0,30	0,35

[1]) U des Bauteils unter Berücksichtigung der neuen und der vorhandenen Bauteilschichten; für die Berechnung lichtundurchlässiger Bauteile ist DIN EN ISO 6946 zu verwenden.
[2]) Nichtwohngebäude

Höchstwerte der Wärmedurchgangskoeffizienten bei erstmaligem Einbau, Ersatz und Erneuerung von Bauteilen

---

Beispiel:

Berechnen Sie den Wärmedurchgangskoeffizienten für die dargestellte Außenwand eines Gebäudes mit normalen Innentemperaturen. Entspricht dieser Wert den Anforderungen nach der Energieeinsparverordnung?

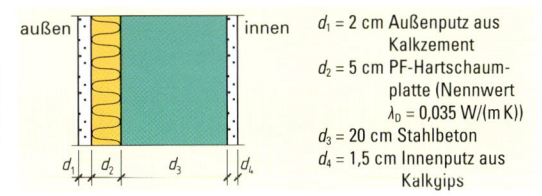

d_1 = 2 cm Außenputz aus Kalkzement
d_2 = 5 cm PF-Hartschaumplatte (Nennwert λ_D = 0,035 W/(m K))
d_3 = 20 cm Stahlbeton
d_4 = 1,5 cm Innenputz aus Kalkgips

Lösung:

1. Flächenbezogene Masse der Wand > 100 kg/m²

2. Tabellenwerte:

Wärmedurchlasswiderstand $R \geq 1{,}20 \dfrac{m^2 K}{W}$

Wärmedurchgangskoeffizient $U_{erf} < 0{,}45 \dfrac{W}{m^2 K}$

Wärmeübergangswiderstände

$R_{si} = 0{,}13 \dfrac{m^2 K}{W}$ $R_{se} = 0{,}04 \dfrac{m^2 K}{W}$

Wärmeleitfähigkeiten

$\lambda_1 = 1{,}0 \dfrac{W}{m K}$ $\lambda_2 = 0{,}035 \dfrac{W}{m K}$

$\lambda_3 = 2{,}30 \dfrac{W}{m K}$ $\lambda_4 = 0{,}70 \dfrac{W}{m K}$

3. Vorhandener Wärmedurchlasswiderstand:

$R = \dfrac{d_1}{\lambda_1} + \dfrac{d_2}{\lambda_2} + \dfrac{d_3}{\lambda_3} + \dfrac{d_4}{\lambda_4}$

$R = \dfrac{0{,}02\, m \cdot m \cdot K}{1{,}0\, W} + \dfrac{0{,}05\, m \cdot m \cdot K}{0{,}035\, W} + \dfrac{0{,}20\, m \cdot m \cdot K}{2{,}30\, W}$
$\quad + \dfrac{0{,}015\, m \cdot m \cdot K}{0{,}70\, W}$

$R = 0{,}02 \dfrac{m^2 K}{W} + 1{,}43 \dfrac{m^2 K}{W} + 0{,}087 \dfrac{m^2 K}{W} + 0{,}02 \dfrac{m^2 K}{W}$

$R = 1{,}56 \dfrac{m^2 K}{W} > 1{,}20 \dfrac{m^2 K}{W}$

4. Vorhandener Wärmedurchgangswiderstand:

$R_T = R_{si} + R + R_{se}$

$R_T = 0{,}13 \dfrac{m^2 K}{W} + 1{,}56 \dfrac{m^2 K}{W} + 0{,}04 \dfrac{m^2 K}{W}$

$R_T = 1{,}73 \dfrac{m^2 K}{W}$

5. Vorhandener Wärmedurchgangskoeffizient:

$U = \dfrac{1\, W}{1{,}73\, m^2 K} = 0{,}58 \dfrac{W}{m^2 K} = U_{erf} > 0{,}24 \dfrac{W}{m^2 K}$

Der Wert entspricht nicht den Anforderungen der Energieeinsparverordnung.

17 Instandsetzen und Sanieren eines Bauteils — Wärmeschutzberechnung

Berechnung von Wärmedämmschichten

Im Hochbau erfolgt die Berechnung von Wanddicken im Allgemeinen nach statischen Gesichtspunkten. Die Dicke von Dämmschichten wird dann in einem darauf folgenden Rechengang ermittelt.

Bei der Berechnung der Wärmedämmschichtdicken ist zu unterscheiden, ob die Anforderungen der DIN 4108 – Wärmeschutz und Energie-Einsparung in Gebäuden – oder die Anforderungen der Energieeinsparverordnung (EnEV) erfüllt sein sollen.

1. Berechnung nach der DIN 4108

Grundlage für die Berechnung sind die vorgeschriebenen Mindestwerte für die Wärmedurchlasswiderstände R_{erf} von Bauteilen und die Wärmeleitfähigkeiten λ der einzelnen Baustoffe.

Vorgehensweise:

1. Die Werte für die Wärmedurchlasswiderstände und die Wärmeleitfähigkeiten der einzelnen Baustoffe Tabellen entnehmen.
2. Bestimmung der flächenbezogenen Masse des Bauteils ohne Wärmedämmschicht, um festzustellen, ob die flächenbezogene Masse größer oder kleiner als 100 kg/m² ist.

$$\text{Masse} = \text{Volumen} \cdot \text{Dichte}$$
$$m = V \cdot \varrho$$

3. Berechnung des Wärmedurchlasswiderstand R_{vorh} des Bauteils ohne Wärmedämmschicht nach folgender Formel durchführen:

$$R_{vorh} = \frac{d_1}{\lambda_1} + \frac{d_2}{\lambda_2} + \frac{d_3}{\lambda_3} + \frac{d_4}{\lambda_4} + \ldots$$

4. Berechnung der Dicke der Dämmung (Herleitung der Formel):
   - Der erforderliche Wärmedurchlasswiderstand R_{erf} setzt sich aus dem vorhandenen (errechneten) Wärmedurchlasswiderstand R_{vorh}, dem fehlenden Wärmedurchlasswiderstand der Dämmung $R_{Dämmung}$ und den Wärmeübergangswiderständen R_{si} und R_{se} zusammen. Man erhält dann folgende Bestimmungsgleichung:

$$R_{erf} = R_{si} + R_{vorh} + R_{se} + R_{Dämmung}$$

   - Der Wärmedurchlasswiderstand der Wärmedämmung ergibt sich aus folgender Formel:

$$R_{Dämmung} = \frac{d_{Dämmung}}{\lambda_{Dämmung}}$$

   - Setzt man die Formel in die Bestimmungsgleichung ein, so erhält man:

$$R_{erf} = R_{si} + R_{vorh} + R_{se} + \frac{d_{Dämmung}}{\lambda_{Dämmung}}$$

   - Wird die Gleichung umgestellt, so kann die Dicke der Dämmung $d_{Dämmung}$ wie folgt berechnet werden:

$$d_{Dämmung} = (R_{erf} - R_{si} - R_{vorh} - R_{se}) \cdot \lambda_{Dämmung}$$

2. Berechnung nach der Energieeinsparverordnung

Bei Berechnungen nach der Energieeinsparverordnung spielt die flächenbezogene Masse der Bauteile keine Rolle.

Bei der Berechnung von Wärmedämmschichtdicken wird von den in der Tabelle auf Seite 369 vorgegebenen Höchstwerten der Wärmedurchgangskoeffizienten U ausgegangen. Da den erforderlichen Wärmedurchgangskoeffizienten in der Tabelle keine Wärmedurchlasswiderstände gegenüberstehen, muss zunächst aus dem erforderlichen Wärmedurchgangskoeffizienten U der Wärmedurchgangswiderstand R_T nach folgender Formel ermittelt werden:

$$R_{erf} = \frac{1}{U_{max}}$$

Anschließend werden die gleichen Rechenschritte 2…4 wie bei der Berechnung nach DIN 4108 durchgeführt.

Beispiel 1:

Für die dargestellte Außenwand ist die Dicke der Dämmschicht zu berechnen. Die Anforderungen der DIN 4108 sind zu erfüllen.

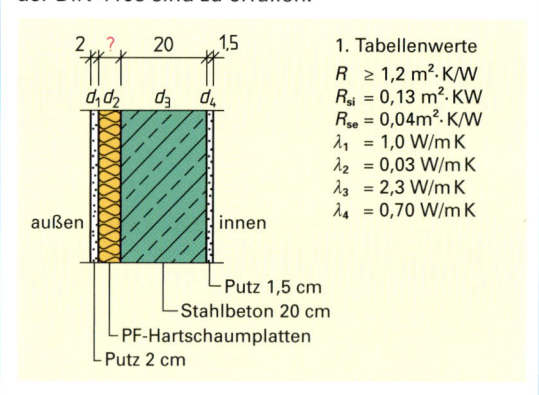

1. Tabellenwerte
$R \geq 1,2$ m²·K/W
$R_{si} = 0,13$ m²·K/W
$R_{se} = 0,04$ m²·K/W
$\lambda_1 = 1,0$ W/mK
$\lambda_2 = 0,03$ W/mK
$\lambda_3 = 2,3$ W/mK
$\lambda_4 = 0,70$ W/mK

- Putz 1,5 cm
- Stahlbeton 20 cm
- PF-Hartschaumplatten
- Putz 2 cm

2. Flächenbezogene Masse
$m = V \cdot \varrho = 1 \text{ m} \cdot 1 \text{ m} \cdot 0,20 \text{ m} \cdot 2400 \text{ kg/m}^3 = 480 \text{ kg/m}^2$
> 100 kg/m²

3. Vorhandener Wärmedurchlasswiderstand (ohne Dämmschicht)

$$R_{vorh} = \frac{d_1}{\lambda_1} + \frac{d_2}{\lambda_2} + \frac{d_3}{\lambda_3} + \frac{d_4}{\lambda_4}$$

$$R_{vorh} = \frac{0,02 \text{ m} \cdot \text{m} \cdot \text{K}}{1,00 \text{ W}} + \frac{0,20 \text{ m} \cdot \text{m} \cdot \text{K}}{2,3 \text{ W}} + \frac{0,015 \text{ m} \cdot \text{m} \cdot \text{K}}{0,70 \text{ W}}$$

$R_{vorh} = 0,20$ m²·K/W $+ 0,087$ m²·K/W $+ 0,021$ m²·K/W
$R_{vorh} = 0,128$ m²·K/W

4. Dicke der Dämmschicht
$d_{Dämmung} = (R_{erf} - R_{vorh} - R_{si} - R_{se}) \cdot \lambda_{Dämmung}$
$d_{Dämmung} = (1,2$ m²·K/W $- 0,128$ m²·K/W $- 0,13$ m²·K/W
$\quad - 0,04$ m²·K/W$) \cdot 0,030$ W/mK
$d_{Dämmung} = 0,902$ m²·K/W $\cdot 0,030$ W/mK
$d_{Dämmung} = 0,027$ m
Gewählte Dicke der Dämmschicht = __3 cm__

17 Instandsetzen und Sanieren eines Bauteils — Wärmeschutzberechnung

Beispiel 2:

Berechnen Sie die erforderliche Dicke der Wärmedämmschicht für eine Decke, die einen Aufenthaltsraum nach unten gegen einen unbeheizten Raum abgrenzt, nach DIN 4108 und nach der Energieeinsparverordnung.

Zementestrich d_1 = 3,5 cm
Trittschalldämmstoff d_2 = 1,5 cm
Stahlbetonplatte d_3 = 20,0 cm
Außenputz d_5 = 1,5 cm

Lösung nach der DIN 4108:

1. Tabellenwerte:

Wärmedurchlasswiderstand $R_{erforderlich}$ = 1,75 $\frac{m^2 K}{W}$

R_{si} = 0,17 $\frac{m^2 K}{W}$ R_{se} = 0,04 $\frac{m^2 K}{W}$

Wärmeleitfähigkeit der einzelnen Baustoffe

Zementestrich λ_1 = 1,40 $\frac{W}{mK}$

Trittschalldämmstoff λ_2 = 0,05 $\frac{W}{mK}$

Stahlbetonplatte λ_3 = 2,30 $\frac{W}{mK}$

Wärmedämmstoff λ_4 = 0,04 $\frac{W}{mK}$

Außenputz λ_5 = 1,0 $\frac{W}{mK}$

2. Flächenbezogene Masse der Decke

$m = V \cdot \varrho$ = 1,0 m · 1,0 m · 0,20 m · 2400 kg/m³
      = 480 kg/m² > 100 kg/m²

3. Vorhandener Wärmedurchlasswiderstand der Decke ohne Wärmedämmschicht:

$R_{vorh.} = \frac{d_1}{\lambda_1} + \frac{d_2}{\lambda_2} + \frac{d_3}{\lambda_3} + \frac{d_5}{\lambda_5}$

$R_{vorh.} = \frac{0,035 \text{ m} \cdot \text{m} \cdot \text{K}}{1,40 \text{ W}} + \frac{0,015 \text{ m} \cdot \text{m} \cdot \text{K}}{0,05 \text{ W}}$

$\qquad + \frac{0,20 \text{ m} \cdot \text{m} \cdot \text{K}}{2,30 \text{ W}} + \frac{0,015 \text{ m} \cdot \text{m} \cdot \text{K}}{1,0 \text{ W}}$

$R_{vorh.}$ = 0,03 $\frac{m^2 K}{W}$ + 0,30 $\frac{m^2 K}{W}$ + 0,087 $\frac{m^2 K}{W}$ + 0,015 $\frac{m^2 K}{W}$

$R_{vorh.}$ = 0,432 $\frac{m^2 K}{W}$

4. Dicke der Wärmedämmschicht

$d_4 = (R_{erf.} - R_{si} - R_{vorh.} - R_{se}) \cdot \lambda_4$

$d_4 = \left(1,75 \frac{m^2 K}{W} - 0,17 \frac{m^2 K}{W} - 0,432 \frac{m^2 K}{W} - 0,04 \frac{m^2 K}{W} \right)$

$\qquad \cdot 0,04 \frac{W}{mK}$

d_4 = 1,108 $\frac{m^2 K}{W}$ · 0,04 $\frac{W}{mK}$ = 0,044 m

Gewählte Dicke der Dämmschicht = __5,0 cm__

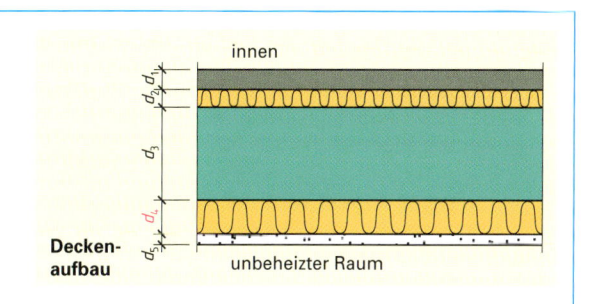

Lösung nach der Energieeinsparverordnung:

1. Tabellenwerte:

Wärmedurchgangskoeffizient U = 0,35 $\frac{W}{m^2 K}$

$\Rightarrow$ Wärmedurchlasswiderstand

$R_{erforderlich} = \frac{1}{U} = \frac{1 \cdot m^2 K}{0,35 \text{ W}} = 2,86 \frac{m^2 K}{W}$

R_{si} = 0,17 $\frac{m^2 K}{W}$ R_{se} = 0,04 $\frac{m^2 K}{W}$

Wärmeleitfähigkeit der einzelnen Baustoffe

Zementestrich λ_1 = 1,40 $\frac{W}{mK}$

Trittschalldämmstoff λ_2 = 0,05 $\frac{W}{mK}$

Stahlbetonplatte λ_3 = 2,30 $\frac{W}{mK}$

Wärmedämmstoff λ_4 = 0,04 $\frac{W}{mK}$

Außenputz λ_5 = 1,0 $\frac{W}{mK}$

2. Flächenbezogene Masse: nicht erforderlich

3. Vorhandener Wärmedurchlasswiderstand der Decke ohne Wärmedämmschicht:

$R_{vorh.} = \frac{d_1}{\lambda_1} + \frac{d_2}{\lambda_2} + \frac{d_3}{\lambda_3} + \frac{d_5}{\lambda_5}$

$R_{vorh.} = \frac{0,035 \text{ m} \cdot \text{m} \cdot \text{K}}{1,40 \text{ W}} + \frac{0,015 \text{ m} \cdot \text{m} \cdot \text{K}}{0,05 \text{ W}}$

$\qquad + \frac{0,20 \text{ m} \cdot \text{m} \cdot \text{K}}{2,30 \text{ W}} + \frac{0,015 \text{ m} \cdot \text{m} \cdot \text{K}}{1,0 \text{ W}}$

$R_{vorh.}$ = 0,03 $\frac{m^2 K}{W}$ + 0,30 $\frac{m^2 K}{W}$ + 0,087 $\frac{m^2 K}{W}$ + 0,015 $\frac{m^2 K}{W}$

$R_{vorh.}$ = 0,432 $\frac{m^2 K}{W}$

4. Dicke der Wärmedämmschicht:

$d_4 = (R_{erf.} - R_{si} - R_{vorh.} - R_{se}) \cdot \lambda_4$

$d_4 = \left(2,86 \frac{m^2 K}{W} - 0,17 \frac{m^2 K}{W} - 0,432 \frac{m^2 K}{W} - 0,04 \frac{m^2 K}{W} \right)$

$\qquad \cdot 0,04 \frac{W}{mK}$

d_4 = 2,218 $\frac{m^2 K}{W}$ · 0,04 $\frac{W}{mK}$ = 0,089 m

Gewählte Dicke der Dämmschicht ≥ __9 cm__

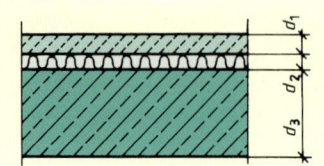

17 Instandsetzen und Sanieren eines Bauteils — Wärmeschutzberechnung

Aufgaben:

1. Welche Einheit hat
   a) die Wärmeleitfähigkeit,
   b) der Wärmedurchlasswiderstand,
   c) der Wärmedurchgangskoeffizient?

2. Mit welcher Formel wird der Wärmedurchlasswiderstand eines Bauteils ermittelt?

3. Berechnen Sie die Dicke einer Stahlbetonplatte, wenn ein Wärmedurchlasswiderstand von $0{,}95 \, \frac{m^2 K}{W}$ vorhanden ist.

4. Wie groß ist der Wärmedurchlasswiderstand einer 50 mm dicken Holzwolle-Platte (Nennwert $\lambda_D = 0{,}08 \, W/(m\,K)$)

5. Berechnen Sie die Wärmedurchlasswiderstände für Wände in Stahlbeton mit Dicken von
   a) 25 cm
   b) 30 cm,
   c) 37,5 cm.

6. Berechnen Sie die Wärmedurchlasswiderstände für Wände aus Vollziegelmauerwerk ($\varrho = 1400 \, kg/m^3$) mit Dicken von
   a) 24 cm
   b) 30 cm,
   c) 36,5 cm.

7. Berechnen Sie die Wärmedurchlasswiderstände für Wände aus Porenbeton-Plansteinen ($\varrho = 600 \, kg/m^3$) mit Dicken von
   a) 24 cm
   b) 30 cm,
   c) 36,5 cm.

8. Berechnen Sie den vorhandenen Wärmedurchgangswiderstand einer Außenwand.
   Wärmedurchlasswiderstand $R = 0{,}55 \, \frac{m^2 K}{W}$
   Wärmeübergangswiderstände $R_{si} = 0{,}13 \, \frac{m^2 K}{W}$
   $R_{se} = 0{,}04 \, \frac{m^2 K}{W}$

9. Berechnen Sie den Wärmedurchlasswiderstand einer Dachdecke, wenn der Wärmedurchgangswiderstand $R = 0{,}90 \, \frac{m^2 K}{W}$ und die Wärmeübergangswiderstände
   $R_{si} = 0{,}10 \, \frac{m^2 K}{W}$, $R_{se} = 0{,}04 \, \frac{m^2 K}{W}$
   betragen.

10. Ermitteln Sie die Mindestwerte der Wärmedurchlasswiderstände für folgende Bauteile:
    a) Außenwand, flächenbezogene Masse, $> 100 \, kg/m^2$;
    b) Decke unter einem nicht ausgebauten Dachgeschoss, flächenbezogene Masse $> 100 \, kg/m^2$;
    c) Wohnungstrennwand in zentralbeheiztem Gebäude, flächenbezogene Masse $> 100 \, kg/m^2$.

11. a) Berechnen Sie den Wärmedurchlasswiderstand einer 24 cm dicken unverputzten Außenwand aus Stahlleichtbeton ($\varrho = 1400 \, kg/m^3$).
    b) Ist der Wärmedurchlasswiderstand ausreichend?

12. Wie dick muss eine Außenwand aus Hochlochklinkern ($\varrho = 1800 \, kg/m^3$) mindestens sein?

13. Ist der Wärmedurchlasswiderstand einer 24 cm dicken Außenwand aus Leichtbeton-Hohlblöcken, hergestellt aus Naturbims (Zweikammersteine, $\varrho = 1200 \, kg/m^3$) ausreichend?

14. a) Berechnen Sie den Wärmedurchgangskoeffizienten für eine Außenwand mit dem Wärmedurchlasswiderstand $R = 0{,}50 \, \frac{m^2 K}{W}$.
    b) Entspricht die Außenwand den Anforderungen der EnEV, wenn es sich um ein erneuertes Gebäude mit normalen Innentemperaturen handelt?

15. Berechnen Sie die Wärmedurchgangskoeffizienten. Entsprechen die Bauteile den Anforderungen der EnEV, wenn es sich um ein Gebäude mit normalen Innentemperaturen handelt?
    a) Außenwand, 30 cm dick, aus Porenbeton-Plansteinen, $\varrho = 600 \, kg/m^3$,
    b) Außenwand, 37,5 cm dick, aus Stahlleichtbeton, $\varrho = 1600 \, kg/m^3$,
    c) Außenwand, 24 cm dick, aus Vollziegeln, $\varrho = 1400 \, kg/m^3$.

16. Eine Decke (flächenbezogene Masse $> 100 \, kg/m^2$) unter einem nicht ausgebauten Dachgeschoss hat im Mittel einen Wärmedurchlasswiderstand $R = 0{,}90 \, \frac{m^2 K}{W}$.
    a) Berechnen Sie den Wärmedurchgangskoeffizienten.
    b) Entspricht die Decke den Anforderungen des baulichen Wärmeschutzes nach DIN 4108?

17. Berechnen Sie den Wärmedurchlasswiderstand und den Wärmedurchgangswiderstand für die Kellerdecke eines Einfamilienhauses.
    Deckenaufbau:
    Zementestrich $d_1 = 5$ cm
    Trittschalldämmung
    (Nennwert $\lambda_D = 0{,}03 \, W/(m\,K)$) $d_2 = 3$ cm
    Stahlbetonplatte $d_3 = 18$ cm

17 Instandsetzen und Sanieren eines Bauteils — Wärmeschutzberechnung

18. Für das Projekt „Jugendtreff" ist die im Schnitt dargestellte Außenwand vorgesehen. Berechnen Sie den Wärmedurchgangskoeffizienten
    a) für die Außenwand über EG,
    b) für die UG-Wand.
    Anmerkung: Der Wärmedurchlasswiderstand der Luftschicht und aller anderen Schichten zwischen Luftschicht und Außenumgebung wird vernachlässigt.

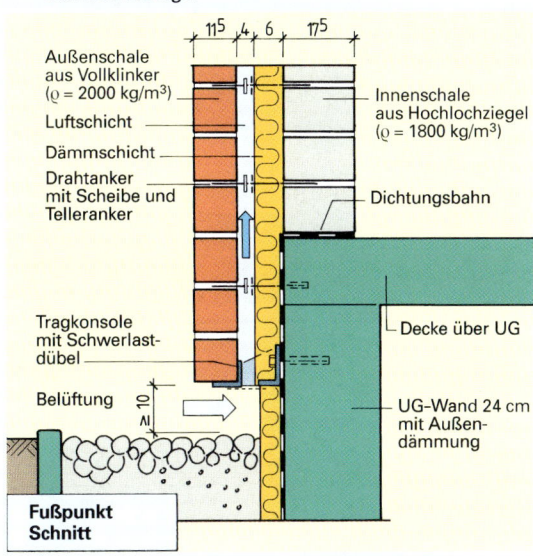

19. Für eine Sandwich-Außenwandtafel soll der Wärmedurchgangskoeffizient U berechnet werden. Entspricht die Tafel den Anforderungen des baulichen Wärmeschutzes nach der Energieeinsparverordnung, wenn es sich um ein erneuertes Gebäude mit niedrigen Innentemperaturen handelt?
    Wandaufbau: 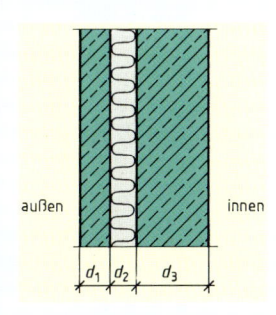
    Zementestrich $\quad d_1 = 6{,}0$ cm
    Wärmedämmung
    (Nennwert $\lambda_D = 0{,}05$) $\quad d_2 = 5{,}0$ cm
    Stahlbetonplatte $\quad d_3 = 14{,}0$ cm

20. Berechnen Sie den Wärmedurchgangskoeffizienten für eine Außenwand mit folgendem Aufbau: 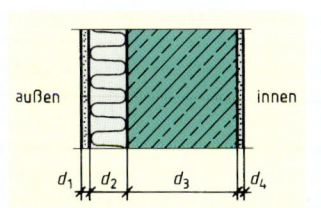
    Wandaufbau:
    Außenputz (Kalkzementputz) $\quad d_1 = 2{,}0$ cm
    Holzwolle-Platte
    (Nennwert $\lambda_D = 0{,}07$) $\quad d_2 = 6{,}0$ cm
    Beton (Normalbeton) $\quad d_3 = 18{,}0$ cm
    Innenputz (Kalkputz) $\quad d_4 = 1{,}5$ cm

21. Berechnen Sie den Wärmedurchgangskoeffizienten und vergleichen Sie ihn mit dem vorgeschriebenen Wert nach der EnEV bei normalen Innentemperaturen. Das Gebäude wird saniert.
    Wandaufbau:
    Hochlochklinker ($\varrho = 1800$ kg/m³) $\quad d_1 = 11{,}5$ cm
    Expandierter Polystyrolschaum,
    (Nennwert $\lambda_D = 0{,}03$) $\quad d_2 = 3{,}5$ cm
    Leichtbeton-Hohlblöcke mit Normalmauermörtel NM ($\varrho = 800$ kg/m³) $\quad d_3 = 24{,}0$ cm
    Kalkputz $\quad d_4 = 1{,}5$ cm

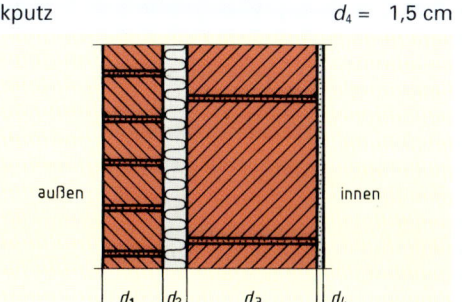

22. Für das Projekt „Jugendtreff" erhält die Außenwand eine Wärmedämmschicht. Wie dick muss die Wärmedämmschicht mindestens sein, um den Anforderungen des baulichen Wärmeschutzes nach der EnEV bei normalen Innentemperaturen zu entsprechen?
    Wandaufbau:
    Außenputz (Kalkzementputz) $\quad d_1 = 2{,}0$ cm
    Holzwolle-Platte
    (Nennwert $\lambda_D = 0{,}065$) $\quad d_2 = ?$
    Stahlbeton $\quad d_3 = 20{,}0$ cm
    Innenputz (Kalkputz) $\quad d_4 = 1{,}5$ cm

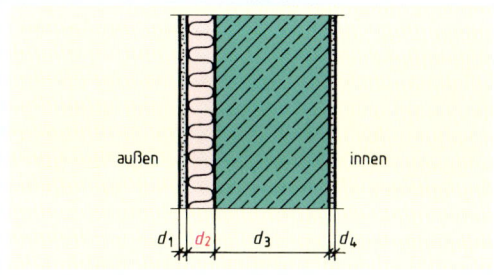

23. Im Untergeschoss des Projektes „Jugendtreff" erhält der Tischtennisraum den im Schnitt dargestellten Fußbodenaufbau. Berechnen Sie die Dicke der Dämmschicht, wenn ein Wärmedurchgangskoeffizient U von 0,50 W/(m²K) nicht überschritten werden soll.

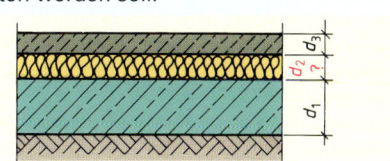

    d_1 = Stahlbeton 15 cm, $\lambda_1 = 2{,}3\ \dfrac{W}{m\,K}$
    d_2 = Dämmstoff, $\lambda_2 = 0{,}04\ \dfrac{W}{m\,K}$
    d_3 = Zementestrich 5 cm, $\lambda_3 = 1{,}4\ \dfrac{W}{m\,K}$

17 Instandsetzen und Sanieren eines Bauteils   Wärmeschutzberechnung

17.6 Baustoffrecycling

Bereits bei der Planung des Projektes „Jugendtreff" sollte an die Möglichkeit eines Abrisses gedacht werden. Das bedeutet, dass alle Baustoffe und Konstruktionen so ausgewählt werden müssen, dass bei einem möglichen Abriss eine vollständige Materialtrennung und anschließende Wiederverwertung (Recycling) möglich ist.

17.6.1 Abbrucharbeiten

Befinden sich auf dem Baugrundstück alte Bauwerke, so werden diese zuerst abgebrochen. Nicht nur für Neubauten, sondern auch für Umbauten und Abbruch muss eine behördliche Genehmigung vorliegen.

Mit den Abbrucharbeiten werden Spezialfirmen beauftragt.

Bei Abbrucharbeiten muss der Unfallschutz besonders beachtet werden. Die Umweltbelästigungen, wie Lärm bei Sprengungen oder zu starke Staubentwicklung, müssen in zumutbarem Rahmen bleiben.

Zur Baustellenvorbereitung gehört auch das Entfernen der Bäume und Sträucher von der zu überbauenden Fläche.

17.6.2 Bauschuttentsorgung

Der anfallende Bauschutt muss entsorgt werden. Bereits beim Abbrechen müssen die Baustoffe getrennt werden; so ist z. B. das Bauholz getrennt von den Mauerwerkresten zu verladen und abzutransportieren. Wieder verwertbare Baustoffe werden in Rückgewinnungsanlagen (Recyclinganlagen, Recycling = Wiederaufbereitung) zu neuen Baustoffen aufbereitet.

Bei Abbrucharbeiten kann auch **Sondermüll** anfallen. Dieser muss besonders sorgfältig vom übrigen Bauschutt getrennt werden. Sondermüll sind z. B. mit chemischen Schutzmitteln behandeltes Holz, asbesthaltige Baustoffe oder Mineralfaserdämmstoffe.

Beim Umgang mit Sondermüll muss **Schutzkleidung**, gegebenenfalls auch ein **Atemschutz** getragen werden.

> Anfallender Bauschutt muss getrennt nach wieder verwertbaren Stoffen, nicht wieder verwertbaren Stoffen und Sondermüll entsorgt werden.

Abbrucharbeiten

Abbruchprodukt	Recyclingprodukt
Ziegelmauerwerk	Ziegelsplitt als Leichtbetonzuschlag, Beläge für Tennisplätze
Beton	Splitt für den Straßenbau und als Betonzuschlag
Betonstahl und Profilstahl	Schrottzugabe bei der Herstellung neuen Beton- oder Profilstahls

Beispiele für Baustoffrecycling

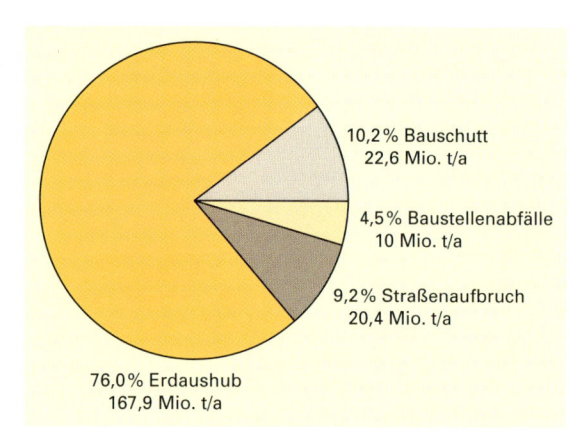

- 10,2 % Bauschutt 22,6 Mio. t/a
- 4,5 % Baustellenabfälle 10 Mio. t/a
- 9,2 % Straßenaufbruch 20,4 Mio. t/a
- 76,0 % Erdaushub 167,9 Mio. t/a

Abfall aus der Bauwirtschaft in den alten Bundesländern

Recyclinganlage

Tabellenanhang

Baustoffbedarf

Werkstoffbedarf für 1 m² Mauerwerk (Normalmauermörtel in l) *

Steinformat (Länge/Breite/Höhe) cm	Wanddicke									
	5,2 bzw. 7,1 cm		11,5 cm		17,5 cm		24 cm		30 cm	
	Steine	Normal-mauer-mörtel	Steine	Normal-mauer-mörtel	Steine	Normal-mauer-mörtel	Steine	Normal-mauer-mörtel	Steine	Normal-mauer-mörtel
NF; 24 × 11,5 × 7,1	33	13	50	27	–	–	100	65	–	–
DF; 24 × 11,5 × 5,2	33	11	66	29	–	–	132	70	–	–
2 DF; 24 × 11,5 × 11,3	–	–	33	20	–	–	66	50	33 + 33	58
3 DF; 24 × 17,5 × 11,3	–	–	–	–	33	29	–	–		
4 DF; 24 × 24 × 11,3	–	–	–	–	–	–	33	40	–	–

Werkstoffbedarf für Mauerwerk aus großformatigen Steinen (Normalmauermörtel in l) *

Steinart (Beispiele)	Steinformat (Breite/Länge/Höhe) cm	Wanddicke cm	je m²	
			Steine	Normalmauermörtel
Hochlochziegel	5 DF; 24 × 30 × 11,3	24	26	38
	6 DF; 24 × 36,5 × 11,3	24	22	26
	5 DF; 30 × 24 × 11,3	30	33	50
	6 DF; 36,5 × 24 × 11,3	36,5	33	61
Steine aus Porenbeton	11,5 × 61,5 × 24	11,5	6,4	8,3
	17,5 × 49 × 24	17,5	8	13,7
	24 × 49 × 24	24	8	17,7
	30 × 49 × 24	30	8	23,4
Hohlblöcke aus Leichtbeton	17,5 × 16,5 × 23,8	17,5	11	17
	17,5 × 49 × 23,8	17,5	8	15
	24 × 36,5 × 23,8	24	11	24
	24 × 49 × 23,8	24	8	21
	30 × 36,5 × 23,8	30	11	29
	30 × 49 × 23,8	30	8	26
	36,5 × 24 × 23,8	36,5	16	38

* Bei den Mauerziegeln bzw. Mauersteinen ist ein Zuschlag für Bruch und Verlust enthalten. Beim Mörtel ist ein Zuschlag für Verlust und Verdichtung enthalten.

Tabellenanhang — Baustoffbedarf/Putze

Werkstoffbedarf für Mauerwerk aus Wandbauplatten (versetzt im Dünnbettmörtel-Verfahren)

Format der Wandbauplatten Breite × Länge × Höhe in cm	Wanddicke in cm	je m² Wandbauplatten	je m² Dünnbettmörtel in l
11,5 × 99,8 × 49,8	11,5	2	0,9 (0,6)
11,5 × 99,8 × 62,3		1,6	0,8 (0,5)
15 × 99,8 × 49,8	15	2	1,2 (0,8)
15 × 99,8 × 62,3		1,6	1,1 (0,7)
17,5 × 99,8 × 49,8	17,5	2	1,4 (1,0)
17,5 × 99,8 × 62,3		1,6	1,2 (0,8)
20 × 99,8 × 49,8	20	2	1,6 (1,1)
20 × 99,8 × 62,3		1,6	1,4 (0,9)
24 × 99,8 × 49,8	24	2	1,9 (1,3)
24 × 99,8 × 62,3		1,6	1,7 (1,0)
30 × 99,8 × 49,8	30	2	2,4 (1,6)
30 × 99,8 × 62,3		1,6	2,1 (1,3)
36,5 × 99,8 × 49,8	36,5	2	2,9 (2,0)
36,5 × 99,8 × 62,3		1,6	2,5 (1,6)

Da Wandbauplatten zugeschnitten werden, ist der Verschnitt sehr klein und deshalb in der Tabelle nicht enthalten.
Die Werte in Klammern gelten für Mauerwerk ohne Stoßfugenvermörtelung.

Beispiel für CE-Kennzeichnung eines Putzmörtels

Mit dem CE-Zeichen (für **C**ommunauté **E**uropéenne = Europäische Gemeinschaft) drückt der Hersteller aus, dass sein Produkt den Anforderungen der EG-Richtlinien entspricht. Das Zeichen ist nur in Verbindung mit der Ausstellung und Aufbewahrung einer EG-Konformitätserklärung (Übereinstimmungserklärung) anzubringen.

CE	
Mörtel GmbH Musterstraße 1 D-12345 Musterstadt 06 (= Jahr der Kennzeichnung)	
EN 998-1 Einlagenputzmörtel CS II für außen	
Brandverhalten:	A1
Wasseraufnahme:	W2
Wasserdampfdurchlässigkeit μ:	≤ 20
Haftzugfestigkeit nach Bewitterung:	≥ 0,08 N/mm² (bei Bruchbild A, B oder C)
Wasserdurchlässigkeit nach der Bewitterung:	≤ 1 ml/cm² nach 48 h auf Ziegel
Wärmeleitfähigkeit $\lambda_{10, dry}$:	≤ 0,39 W/(m · K) für P = 50 % ≤ 0,44 W/(m · K) für P = 90 % (*Tabellenwerte nach EN 1745*)
Dauerhaftigkeit (Frostwiderstand):	Die Dauerhaftigkeit entspricht den Anforderungen der EN 998-1 für Einlagenputze.

Das CE-Zeichen ist auf dem Sack bzw. am Silo anzubringen.

Putzarten (DIN V 18550)

1. Putze, die allgemeinen Anforderungen genügen
2. Putze, die zusätzlichen Anforderungen genügen
wasserhemmender Putz
wasserabweisender Putz
Innenwandputz mit erhöhter Abriebfestigkeit
Innenwand- und Innendeckenputz für Feuchträume
Wärmedämmputz
3. Putze für Sonderzwecke
Sanierputz
Putz als Brandschutzbekleidung
Putz mit Strahlungsabsorption
schallabsorbierender Putz (Akustikputz)

Materialbedarf

Die erforderliche Mörtelmenge richtet sich nach der zu putzenden Fläche und der Dicke des Putzes.

Je m² Fläche und je mm Putzdicke wird 1 l Mörtel (feste Mörtelmenge) benötigt.

Beispiel: Bei 80 m² Putzfläche und einer Putzdicke von 1,5 cm (15 mm) werden
80 · 15 = 1200 l = 1,2 m³ Mörtel benötigt (feste Mörtelmenge).

Bei bekanntem Mischungsverhältnis können Sand- und Bindemittelbedarf berechnet werden.

Bei Werkputzmörtel sind die Herstellerangaben zu beachten.

Tabellenanhang — Wärmeleitfähigkeiten

Werte der Wärmeleitfähigkeit von Baustoffen (nach DIN V 4108-4)

Baustoff	Rohdichte in kg/m³	Wärmeleitfähigkeit in W/(m · K)
Putze, Estriche, Mörtel		
Kalkmörtel, Kalkzementmörtel	1800	1,0
Zementmörtel	2000	1,6
Gipsmörtel, Kalkgipsmörtel	1400	0,70
Gipsputz ohne Gesteinskörnung	1200	0,51
Zementestrich	2000	1,4
Calciumsulfatestrich	2100	1,2
Beton		
Beton hohe Rohdichte	2400	2,0
Leichtbeton und Stahlleichtbeton	800	0,39
unter Verwendung von Blähton, Blähschiefer	900	0,44
und Naturbims ohne Quarzsand	1100	0,55
	1400	0,79
	1500	0,89
Mauerwerk einschl. Mörtelfugen (Normalmauermörtel G, Dünnbettmörtel T)		
Vollklinker	2000	0,96
Hochlochklinker	1800	0,81
Vollziegel, Lochziegel	1200	0,50
	1600	0,68
Hochlochziegel mit Lochung A und B	800	0,39 (G u. T)
Hochlochziegel HLZW und Wärmedämmziegel WDZ	800	0,26 (G u. T)
Kalksandsteine	1200	0,56 (G u. T)
	1600	0,79 (G u. T)
	2000	1,1 (G u. T)
Porenbeton-Plansteine	600	0,19 (T)
	800	0,25 (T)
Hohlblöcke aus Leichtbeton	600	0,32
≥ 3 Kammerreihen, Breite ≤ 24 cm	800	0,35 (G)
≥ 4 Kammerreihen, Breite ≤ 30 cm	1000	0,45 (G)
≥ 5 Kammerreihen, Breite ≤ 36,5 cm	1200	0,53 (G)
	1400	0,65 (G)
Wärmedämmstoffe		
Holzwolle-Platten Plattendicke $d ≥ 15$ mm ≤ 25 mm		0,15
Plattendicke $d ≥ 25$ mm	360 … 460	0,065; 0,070; 0,075; 0,080; 0,085; 0,090
Wärmeleitfähigkeitsgruppe 065, 070, 075, 080, 085, 090		
Korkplatten		
Wärmeleitfähigkeitsgruppe 045	80 … 500	0,045
050		0,050
055		0,055
Schaumkunststoffe		
Polystyrol (PS)-Partikelschaum		
Wärmeleitfähigkeitsgruppe 035		0,035
040		0,040
Polyurethan (PUR)-Hartschaum		
Wärmeleitfähigkeitsgruppe 020		0,020
025		0,025
030	(≥ 30)	0,030
035		0,035
040		0,040
Mineral. u. pflanzl. Faserdämmstoffe		
Wärmeleitfähigkeitsgruppe 035	8 … 500	0,035
040		0,040
045		0,045
050		0,050
Holz und Holzwerkstoffe		
Konstruktionsholz	500	0,13
	700	0,18
	700	0,17
Sperrholz	500	0,13
Spanplatten	700	0,17
	1000	0,24

Tabellenanhang — Wärmeschutz

Mindestwerte für Wärmedurchlasswiderstände von Bauteilen mit einer flächenbezogenen Gesamtmasse von mindestens 100 kg/m²

Bauteile		Wärmedurchlasswiderstand R in m²·K/W
Außenwände; Wände von Aufenthaltsräumen gegen Bodenräume, Durchfahrten, offene Hausflure, Garagen, Erdreich		1,2
Wände zwischen fremdgenutzten Räumen; Wohnungstrennwände		0,07
Treppenraumwände	zu Treppenräumen mit wesentlich niedrigeren Innentemperaturen (z. B. indirekt beheizte Treppenräume); Innentemperatur $\theta_i \leq 10\,°C$, aber Treppenraum mindestens frostfrei	0,25
	zu Treppenräumen mit Innentemperaturen $\theta_i > 10\,°C$ (z. B. Verwaltungsgebäuden, Geschäftshäusern, Unterrichtsgebäuden, Hotels, Gaststätten und Wohngebäude)	0,07
Wohnungstrenndecken, Decken zwischen fremden Arbeitsräumen; Decken unter Räumen zwischen gedämmten Dachschrägen und Abseitenwänden bei ausgebauten Dachräumen	allgemein	0,35
	in zentralbeheizten Bürogebäuden	0,17
unterer Abschluss nicht unterkellerter Aufenthaltsräume	unmittelbar an das Erdreich bis zu einer Raumtiefe von 5 m	0,90
	über einen nicht belüfteten Hohlraum an das Erdreich grenzend	
Decken unter nicht ausgebauten Dachräumen; Decken unter bekriechbaren oder noch niedrigeren Räumen; Decken unter belüfteten Räumen zwischen Dachschrägen und Abseitenwänden bei ausgebauten Dachräumen, wärmegedämmte Dachschrägen		
Kellerdecken; Decken gegen abgeschlossene, unbeheizte Hausflure u. Ä.		
Decken (auch Dächer), die Aufenthaltsräume gegen die Außenluft abgrenzen	nach unten, gegen Garagen (auch beheizte), Durchfahrten (auch verschließbare) und belüftete Kriechkeller	1,75
	nach oben, z. B. Dächer nach DIN 18530, Dächer und Decken unter Terrassen, Umkehrdächer. Für Umkehrdächer ist der berechnete Wärmedurchgangskoeffizient U nach DIN EN ISO 6946 mit den Korrekturwerten ΔU zu berechnen	1,2

Mindestanforderungen an Wärmedurchlasswiderstände von Bauteilen mit einer flächenbezogenen Masse von unter 100 kg/m²

Für Außenwände, Decken unter nicht ausgebauten Dachräumen und Dächern gelten erhöhte Anforderungen mit einem Mindestwert des Wärmedurchlasswiderstandes $R \geq 1{,}75$ m²·K/W.

Bei Rahmen- und Skelettbauweise gilt diese Forderung lediglich für den Gefachbereich. Zusätzlich ist hier im Mittel ein Wärmedurchlasswiderstand $R \geq 1{,}0$ m²·K/W einzuhalten.

Für Gebäude mit niedrigeren Innenraumtemperaturen ($12\,°C \leq \theta_i < 19\,°C$) gelten ebenfalls die Werte der obigen Tabelle, jedoch mit der Ausnahme, dass bei Außenwänden ein Mindestwert für den Wärmedurchlasswiderstand von $R \geq 0{,}55$ m²·K/W einzuhalten ist.

Begrenzung des Wärmedurchgangs bei erstmaligem Einbau, Ersatz oder Erneuerung von Bauteilen

Bauteil	max. Wärmedurchgangskoeffizient U_{max} in W/(m²·K)[1]	
	Gebäude mit normalen Innentemperaturen	Gebäude mit niedrigen Innentemperaturen
Einschalige Außenwände	≤ 0,45	≤ 0,75
Außenwände mit Außendämmung	≤ 0,35	
Außen liegende Fenster und Fenstertüren sowie Dachfenster	≤ 1,70[2]	≥ 2,80[2]
Decken unter nicht ausgebauten Dachräumen und Decken (einschließlich Dachschrägen), die Räume nach oben und unten gegen die Außenluft abgrenzen	≤ 0,30	≤ 0,40
Kellerdecken, Wände und Decken gegen unbeheizte Räume sowie Decken und Wände, die an das Erdreich grenzen	≤ 0,50	–

[1] Der Wärmedurchgangskoeffizient kann unter Berücksichtigung vorhandener Bauteilschichten ermittelt werden.
[2] U des Fensters ist nach DIN EN ISO 10077-1 zu ermitteln oder technischen Produkt-Spezifikationen zu entnehmen.

Tabellenanhang — Tragfähigkeitsnachweis für Mauerwerk

Charakteristische Festigkeit von Mauerwerk (DIN EN 1996-3/Nationaler Anhang)

Die charakteristische Festigkeit von Mauerwerk darf als die mit einer vereinfachten Methode bestimmte **charakteristische Druckfestigkeit** f_k angenommen werden. Die Werte richten sich nach der Steindruckfestigkeitsklasse, der Art der Mauersteine, der Mörtelart und der Mörtelgruppe. Für **Einsteinmauerwerk** können die Werte für f_k den Tabellen entnommen werden.

Charakteristische Druckfestigkeit f_k von Einsteinmauerwerk

Steindruck-festigkeits-klasse	Charakteristische Druckfestigkeit f_k in N/mm²							
	Hochlochziegel, Kalksand-Loch-, Hohlblocksteine mit Normalmauermörtel				Mauerziegel, Kalksand-Vollsteine und -Blocksteine mit Normalmauermörtel			
	NM II	NM IIa	NM III	NM IIIa	NM II	NM IIa	NM III	NM IIIa
2	1,4	1,6	1,9	2,2	–	–	–	–
4	2,1	2,4	2,9	3,3	2,8	3,2	3,5	4,0
6	2,7	3,1	3,7	4,2	3,6	4,0	4,5	5,0
8	3,1	3,9	4,4	4,9	4,2	4,7	5,3	5,9
10	3,5	4,5	5,0	5,6	4,8	5,4	6,0	6,8
12	3,9	5,0	5,6	6,3	5,4	6,0	6,7	7,5
16	4,6	5,9	6,6	7,4	6,4	7,1	8,0	8,9
20	5,3	6,7	7,5	8,4	7,2	8,1	9,1	10,1
28	5,3	6,7	9,2	10,3	8,8	9,9	11,0	12,4
36	5,3	6,7	10,2	11,9	10,2	11,4	12,6	14,1
48	5,3	6,7	12,2	14,1	10,2	11,4	14,4	16,2
60	5,3	6,7	14,3	16,0	10,2	11,4	14,4	16,2

Steindruck-festigkeits-klasse	Kalksand-Planelemente mit Dünnbettmörtel			Kalksand-Plansteine mit Dünnbettmörtel	
	KS XL	KS XL-N	KS XL-E	KS P	KS L-P
2	–	–	–	–	–
4	4,7	2,9	2,9	2,9	2,9
6	6,0	4,0	4,0	4,0	3,7
8	7,3	5,0	5,0	5,0	4,4
10	8,3	6,0	6,0	6,0	5,0
12	9,4	7,0	7,0	7,0	5,6
16	11,2	8,8	8,8	8,8	6,6
20	12,9	10,5	10,5	10,5	7,6
28	16,0	13,8	13,8	13,8	7,6
36	16,0	13,8	13,8	16,8	7,6
48	16,0	13,8	13,8	16,8	7,6
60	16,0	13,8	13,8	16,8	7,6

Steindruck-festigkeits-klasse	Mauerziegel, Kalksandsteine mit Leichtmauermörtel		Porenbeton-Plansteine mit Dünnbettmörtel	Voll- und Lochsteine aus Leichtbeton mit Leichtmauermörtel	
	LM 21	LM 36		LM 21	LM 36
2	1,2	1,3	1,8	1,4	1,4
4	1,6	2,2	3,2	2,3	2,3
6	2,2	2,9	4,5	3,0	3,0
8	2,5	3,3	5,7	3,6	3,6
10	2,8	3,3			
12	2,8	3,3			
16	2,8	3,3			
20	2,8	3,3			
28	2,8	3,3			

DIN EN 998-2 gibt keine Begrenzung der Lagerfugendicke bei Verwendung von Dünnbettmörtel an. Die Werte für Dünnbettmörtel gelten für eine Dicke von 1…3 mm.

Sachwortverzeichnis

Abbrucharbeit 374
Abdichtung 51, 52
–, gegen nicht drückendes Wasser 52
Abgase 233
Abgasanlage 232
Abgasleitung 232
Abgasrohrinnenfläche 234
Abgasrohrquerschnitt 234
Abgasströmung 234
Abkürzung, zeichnerische Darstellung 35
Ablagerungsgestein 334, 336
Abminderungsbeiwert β 379
Abrechnung 75
Abstandhalter 98, 117, 134
Abstellstütze 90, 317
Absturzsicherung 159, 204
Abstützbock 319
Akustikputz 278
Altertum 346
Anforderungsklasse 216
Angriff, chemischer 358
Angriffsstufe 144
Anlegeleiter 45
Anschluss
–, gleitender 290
–, starrer 290
Anschlussbewehrung 84, 101, 107, 314
Anschlussmischung 112
Antike, römische 350
Antrittstufe 178
Arbeitsbühne 90
Arbeitsfuge 113, 328
Arbeitsgerüst 38
Arbeitszeitbedarf, Mauerwerk 49
Attika 1
Auflagerkraft 248, 255
Auflagerpodest 202
Auflagertiefe 120
Aufmaß 75
Aufmaßskizze 77, 78
Aufmaßzettel 75
Auftritt 178
Auftrittbreite 195
Ausbreitmaßverfahren 143
Ausfachung 230
–, von Holzfachwerken 230
–, von Stahlbetonskeletten 231
–, von Stahlskeletten 230
Ausfallkörnung 146
Auslegergerüst 43, 160
Ausrüsten 125
Ausrüstung 252
Ausschalen 94, 125
Außenabdichtung 355
Außenputz 267, 273
Außenputzarbeiten 283
Außensockelputz 278
Außenwände, Anforderungen 56
Außenwange 201
außermittige Belastung 81
Aussparung 29
aussteifende Wand 96
Aussteifung 41
Austrittstufe 178
Auswurfgestein 333

Backsteingotik 349
Balkendecke 161, 174
–, mit Zwischenbauteilen 174
Barock 351
Basalt 333, 336
Basilika 348
Bauelement, vorgefertigtes 53
Bauen, umweltfreundliches 307
Bauhütte 349
Baukunst im 20. Jahrhundert 352
Bausandstein 336
Bauschuttentsorgung 374
Baustoffbedarf 48, 69, 70, 375
–, Mauerwerk 47
Baustoffrecycling 374

Bauteil
–, einschaliges 303
–, flankierendes 303
–, Instandsetzen und Sanieren eines 345
–, zweischaliges 303
Bauwerksabdichtung 51, 111
Bauwesen, Entwicklung des 346
Beanspruchungsklasse 112, 323
Belastung
–, außermittige 81
–, mittige 81
Beplankung 292
Bequemlichkeitsregel 179
Berechnungsverfahren, vereinfachtes 220
Beschichtung 321
Beton
–, Festlegung 149
–, hochfester 143
–, leichtverarbeitbarer 325
–, mit hohem Wassereindringwiderstand 322
–, nach Eigenschaften 150
–, nach Zusammensetzung 150
–, selbstverdichtender 323
–, wasserundurchlässige Bauwerke aus 322
Betonabstandhalter 117
Betonarbeiten 103
Betondeckung 84, 104, 117, 134, 164, 360
–, Verlegemaß der 84, 134
Betondichtungsmittel 154
Betonfläche, nachträglich bearbeitete 321
Betongurt 204
Betonieren
–, bei besonderen Witterungsverhältnissen 153
–, einer Stütze 94
–, einer Stützwand 320
Betoninstandsetzung 360
Betonkorrosion, Ursachen der 358
Betonmischung 157
Betonoberfläche, nachträglich behandelte 321
Betonprüfstelle, ständige 156
Betonsanierung 358
Betonschutz, vorbeugender 359
Betonstabstahl 82, 128
Betonstahl
–, hochduktiler 82
–, in Ringen 82, 128
Betonstahlgüte 128
Betonstahlmatte 101, 128, 130
Betonsteine 19
Betonüberdeckung der Bewehrung 360
Beton und Stahl, Zusammenwirken von 81
Betonverarbeitung 143
Betonverflüssiger (BV) 154
Betonwerksteinstufe 182, 204
Betonzusatzmittel 116
Bewegungsfuge 65, 66, 114, 327
Bewehrung 202
–, Betonüberdeckung der 360
–, einer Stahlbetonstütze 81
–, einer zweiläufigen Treppe 188
–, konstruktive 101, 314
–, Lage der 131
–, schlaffe 208
Bewehrungsarbeit 84, 101, 128
Bewehrungsbeispiel 132
Bewehrungsdraht 128
Bewehrungsgrundsatz 134
Bewehrungskorb 84
Bewehrungsplan 85, 101, 102, 138
Bewehrungsstreifen, Gipsplatten mit 293
Bezeichnung, Treppenbau 178
Biegedruck 81
Biegeform 85
Biegeplan 85
Biegezug 81

Biegezugfestigkeit 298
Bims 336
Blockfundament 88
Blockstufe 182
Bodenart 334
Bodenfeuchtigkeit 51, 111
Bogen 247
–, Bezeichnungen am 248
–, Darstellung von 259
–, einhüftiger 262
–, elliptischer 262
–, scheitrechter 256, 261
–, Tragweise der 248
Bogenart 248
Bogenkonstruktion, Berechnung von 253
Bogenleibung 254
Bogenrücken 254
Bogenschub 248
Bogentreppe 196
Bogenverband 250
Brandschutzputz 278
Breite, mitwirkende 175
Brettkranz-Lehrbogen 249
Brettschalung 122
Brettstruktur, Sichtbeton 116
Bruchsteinmauerwerk 339
Bügel 82
–, geschlossene 83
Burgenbau 348

Calciumcarbonat 358
Calciumhydroxid 358
Calciumsulfatestrich 298
Calciumsulfatsystem 300
Carbonatisierung 358
Carbonatisierungstiefe 360
CE-Kennzeichnung 376
Chloridgehalt 147, 215
Chor 348
Chromatreduzierer (CR) 155
CM-Methode 353

Dachdurchführung 240
Dachfanggerüst 38
Dämmmatte 365
Dämmplatte 365
–, Beschichtungen auf 307
Dämmputzträger 282
Dämmstoff 305, 365
–, Bezeichnung 306
–, Lieferformen von 305
–, loser 365
–, Produkteigenschaften von 306
Darrmethode 353
Darstellung
–, achsbezogene 139
–, von Bögen 259
–, zusammengefasste 139
Decke
–, einachsig gespannte 120
–, zweiachsig gespannte 120
Deckendurchführung 240
Deckengleitlager, körperschallgedämmte 190
Deckenkonstruktion 120
Deckenplatte mit Ortbetonergänzung 164, 168, 169
Deckenschalung 122
Deckenschalungssystem 123
Deckenziegel 173
Dehnfugenband 114, 327
Dehnungsfuge 301
Dekompression 216
Devonkalkstein 336
Dezibel 302
Dichtstromverfahren 326
Dichtungsrohr 51
DIN 4108, Berechnung nach der 370
Dispersionsspachtel 291
Doppelstabmatte 130
Doppelständerwand 289

Sachwortverzeichnis

dorische Ordnung 346
Drahtanker 59
Drahtgittergewebe 274
Druck, hydrostatischer 101
drückendes Wasser 111
–, von außen 51
Druckfestigkeitsklassen 143
–, von Beton 103
Druckspannung 221
–, für Mauerwerk 379
Duktilität
–, hohe 128
–, normale 128
Duktilitätsklassen 128
Dünnbettmörtel 23
Dünnbettmörtel-Verfahren 25
Dünnputz-Überzug 361
Dünnstromverfahren 326
Durchlaufdecke 120
Durchlaufplatte 120
Durchstanzen 165

Ebenheitstoleranz 301
Eckbewehrung 136
Eckverbände 27, 28
Edelputz 276
Edelstahlblechverfahren 354
Eigenlast 80, 202
Einbringen 152
Ein-Ebenen-Stoß 135
Einfachständerwand 289, 295
–, mit Gipsplatten 292
Einfeldplatte 120
Einheitspreis 70
Einpressmörtel 217
einschaliges Bauteil 303
Einzelkosten 70
Einzelmattendarstellung 139
Einzelstabmatte 130
Einzelverlegung 24
Elbsandstein 336
Elementtreppe 203
Elementwand, Ausführungspläne für 109
Energieeinsparverordnung 118, 172, 363
–, Berechnung nach der 370
Erddruck 101, 107
Erdgeschoss 6
Erker 1
Ergussgestein 333
Erstarrungsbeschleuniger 155
Erstarrungsgestein 332, 336
Erstarrungsverzögerer 155
Erstprüfung 149
Estrich 297
–, Anforderungen an 298
–, auf Dämmschicht 298
–, auf Trennschicht 298
–, kellenverlegter 298
–, schwimmender 298, 299
Estrichart 298
Estrichdicke 299, 300, 301
Expositionsklassen 103, 134, 144

Fachwerkbau 349
Fallkopf 124
Fallrohr 104
Fanggerüst 38, 160
Farbpigment 155
faserverstärkte Gipsplatte 291, 293
Feldspat 332
Fertigplatte, mit Ortbetonergänzung 162, 163, 169
Fertigteil 53, 54
Fertigteilestrich 298
Fertigteilplatte
–, mit Gitterträgern 162, 163
–, vorgespannte 167
Fertigteilstufe 204
Fertigteilwand 106
Festanker 209
Feuchtigkeitsbewegung, kapillare 353
Feuchtigkeitsklassen 145
Feuchtwandsystem 356
Flachdecke 121
flächenbezogene Masse 303

flankierendes Bauteil 303
Fließestrich 298, 300
Fließmittel 154
Fluchtpunktmethode 199
Flugasche 148
Fördern 152
Formstück
–, aus Leichtbeton 236
–, aus Schamotte 236
Freitreppe 184
Freiwange 201
Frequenz 302
Frischbeton
–, Konsistenz von 103
–, Lieferung von 151
–, Verdichten von 104
Fuge 65, 342
–, Anordnung der 301
–, elastische 293
–, starre 293
Fugenabdeckung 327
Fugenabdichtung 113
Fugenausbildung 65, 327
Fugenband 67
–, außen liegendes 113, 327
–, innen liegendes 113, 327
Fugenbewehrungsstreifen 291
Fugenblech 113, 114, 328
Fugendichtstoff 327
Fugendichtungsmasse 67
Fugendicke 249
Fugenspachtel auf Gipsbasis 291
Fugenverschluss 31, 67
Fugenverspachtelung ohne Bewehrungsstreifen 291
Fundamentschalung 89
Fußkranz 90

Ganggestein 333
Gebäudetreppe, Hauptmaße 178
Gefälleestrich 298
Gehbereich 197
Gemeinkosten 70
Gemeinkostenzuschlag 71
genormter Mauerstein 18
Gerüst 38, 39, 40, 41
–, Regelausführungen für 42
Gerüstart 38
Gerüstaufstieg 45
Gerüstbauteil 39
–, aus Aluminium 40
–, aus Holz 40
–, aus Stahl 40
Gerüstbelag 40
Gerüstbühne 100
Gesamtwasserbedarf, Betonmischung 157
geschlossener Bügel 83
Geschosstreppe 6, 184
gesteinsbildendes Mineral 332
Gesteinskörnung 146
Gesteinsmehl 155
Gewinn 71
Gipsplatte 280, 290, 293
–, Einfachständerwand mit 292
–, faserverstärkte 291, 293
–, mit Vliesbewehrung 291
Gipsstein 334
Gitterträger 106, 107, 122, 163
Gipsplatte mit Bewehrungsstreifen 293
Glasfasergewebe 275
Glattformziegel 63
Gleitbruch 81
Glimmer 332
Gneis 335, 336
Gotik 348
gotischer Verband 67
grafisches Verziehen 199
Granit 333, 336
Granitporphyr 333
Greifzange 33
Grenzsieblinie 146
Griechenland 346
großformatiger Mauerstein 19
Gussasphaltestrich 298
Gussmörtel 347

Haftbrücke 361
Halbfertigteil 162
Haltekopf 123
Handformziegel 63
Hartstoffestrich 299
Hauptbewehrung 314
Hauseingangstreppe 184, 185
Hausschornstein, dreischaliger einzügiger 243
Heizestrich 300, 301
Hersteller 149
Herstellkosten 70
Hilfsstütze 125
hochduktiler Betonstahl 82
Höckerdecke 167
Hohlblock
–, aus Beton 19
–, aus Leichtbeton 19
–, Verarbeiten von 24
Hohlplatte 170
Hohlraumdämmung 292
Hohlwandelement 106, 112
Holzfachwerk 230
Holzständerwand 289
Horizontalabdichtung 354

Identitätsprüfung 149
Imprägniermittel 321
Ingenieurbau 347
Injektionsschlauch 328
Innenabdichtung 356
Innenputz 267, 273
Innenputzarbeit 283
Innenrüttler 104, 152
Innenwange 201
Installationsstein 21, 29
Instandsetzung 162
Instandsetzungsmaßnahme 361
interner Wärmegewinn 369
ionische Ordnung 346

Jochträger 123
Jurakalkstein 336

Kalkmörtel 22
Kalksandstein 18
–, für Verblendmauerwerk 64
Kalksandstein-Planelement 30
Kalkspat 332
Kalkstein 334
Kalkzementmörtel 22
Kämpferpunkt 250
Kapitel 13
Keilstufe 182
Kelleraußentreppe 186
Kelleraußenwand 95
Kellerinnentreppe 185
Kellerwandaußenputz 278
Klassizismus 351
Kleinkran 33
Knagge 201
Knicklänge 221
Knoten 80
Köcherfundament 88
Kohle 334
Kohlenstoffdioxid 358
Kombinationstyp 324
Konformitätskontrolle 149
Konglomerat 334
Konsistenzbeschreibung 143
Konsistenzklassen 103, 143
Konsolgerüst 44, 100, 160
Korbbogen 1, 261, 264
korinthische Ordnung 346
Korngruppe 146
Kornzusammensetzung 146
Körperschall 302, 304
Korrosionsart 144
Korrosionsschutzbeschichtung 361
Kostenermittlung 70
Kostenrechnen 70, 71
Krafteinleitung 80
Kragarm 120
Kreide 334
Kreisbogentreppe 196

381

Sachwortverzeichnis

Kreuzgewölbe 348
Kreuzrippengewölbe 348
Kreuzung, Verbände 27
Kristallisationsdruck 356
Kröpfmaß 84
Kultbau 346
Kunstharzestrich 298, 299
Kunstharzputz 271
Kunststoffdispersion 155

Lagermatte 130
Längsbewehrung 81
Längsstahl 82
Lastklasse 39
Lasur 321
Läuferverband 67
Lauflinie 178, 197
Laufplatte, quer gespannte 183
Laufplattentreppe 189
–, längs gespannte 187
Laufträgertreppe 189
Lautstärke 302
Leerrohr 110
Lehm 334
Lehrbogen 249, 250, 251
Lehre 201
Leichtbeton 110
–, Formstücke aus 236
leichte Trennwand 289
–, einschalige 289
Leichtmauermörtel 23
Leichtputz 279
Leistungsbeschreibung 70
Leiter 45
L-förmiger Querschnitt 313
Lichtschacht 118
Lieferscheinangabe für Standardbeton 151
Linienlast 170
Linkstreppe 179
Listenmatte 130
Lohnkosten 71
Lotriss 186
L-Schale 54
L-Stufe 182
Luft-Abgasschornstein 238
Luft-Abgas-System 232, 238
Luftporenbildner 154
Luftschall 302, 304
Luftschalldämmung 303
Lüftungsschacht 238

Magmatit 332
Magnesiaestrich 298
märkischer Verband 67, 68
Marmor 335
Masse, flächenbezogene 303
Massivdecke
–, Grundformen der 120
–, Herstellen einer 119
Massivplatte 164, 203
Maßwerk 348
Materialkosten 71
Materialliste 91, 126
Mattenliste 138
Mauerecke
–, schiefwinklige 227, 229
–, spitzwinklige 227
–, stumpfwinklige 228
Mauerkreuzung 27
Mauermörtel 22, 23
–, Zusatzmittel 23
Mauersägeverfahren 354
Mauerstein 21
–, aus Beton 18
–, genormter 18
–, großformatiger 19
–, nicht genormter 21
Mauerstoß 28
Mauervorlage 29
Mauerwerk
–, bogenförmiges 253
–, Druckspannung für 379
–, Schlankheit des 222
–, Spannungsnachweis für 379
–, Tragfähigkeit von 220

–, Werkstoffbedarf für 375
–, zeichnerische Darstellung von 34
–, zweischaliges 59
Mauerwerkssanierung 353, 354
Mauerwerkszerstörung, Ursachen der 353
Mauerziegel 18
Maurer-Elevator 33
Megaron 346
Mehlkorngehalt 147
Mehlkorntyp 324
Mergel 334
Metall-Doppelständerwand 289
Metall-Einfachständerwand 289
Metallprofil für Ständerwand 290
Metallständerwand 289
Metamorphit 335
Methode, zerstörungsfreie 353
Mindestanforderungsklasse 216
Mindestauftrittbreite 198
Mindestbetondeckung c_{min} 215
Mindestbewehrung 101
Mindestdruckfestigkeit
–, von Würfeln 143
–, von Zylindern 143
Mindestmaß 84, 134, 360
Mineral, gesteinsbildendes 332
Mischerfüllung 157
Mittelschiff 348
mittige Belastung 81
mittiger Verband 26
mitwirkende Breite 175
Modulschalung 123
Monolithe 213
Montagejoche 166
Montageschornstein, dreischaliger 239
Montageschritte, Herstellung einer Metall-Einfachständerwand 292
Montageteile 288, 289, 290
–, Trockenbauplatten für 290
Mörtelart 22
Mörtelgruppe 22
Mörtelkonsistenz 300
Mörtelschlitten 24
Mörtelsystem 361
Muschelkalkstein 336

Nachbehandlung
–, Beton 112, 116, 152
–, Betonieren einer Stütze 94
–, Betonieren einer Wand 105
Nachkalkulation 71
Nachweisverfahren, vereinfachtes 369
Nassspritzverfahren 326
Naturstein 332
Natursteinmauer, Abdeckung von 343
Natursteinmauerwerk 337
–, Ausführung von 338
–, charakteristische Druckfestigkeitswerte f_k von 341
–, Festigkeit von 341
–, Mörtelbedarf für 344
Naturwerksteinstufe 182
Nennmaß 84, 134, 360
nicht drückendes Wasser 51, 111
–, Abdichtungen gegen 52
nicht genormter Mauerstein 21
nichttragende Wand 96
Normalmauermörtel 22
Nutzlast 80, 202
Nutzungsklasse 323

Oberfläche, gefilzte 277
Oberflächenfeuchte 157
Oberflächengestaltung 115, 276, 277
Obergeschoss 8
Oberputz 276
Ordnung
–, dorische 346
–, ionische 346
–, korinthische 346
Ortbeton 106
Ortbetontreppe 189

Perimeterdämmung 1, 118
Pfalzbau 348

Pfeilerverband 225, 226
Platte
–, einachsig gespannte 164, 167
–, längs gespannte 183
–, punktförmig gestützte 121, 165
–, Tragrichtung von 138
–, zweiachsig gespannte 165
Plattenbalkendecke 161, 166, 175
Plattendecke 161, 163
Plattenstufe 182
Podest 178
Podestrand 187
Podesttreppe 179
Porenbeton 172
Porenbeton-Planstein und -Planelement, Verarbeiten von 24
Porenbetonstein 18
Porenwasser 358
Positionsplan 138
Produktionskontrolle 149
Profanbau 350
projektbezogene Aufgabe 2
–, Lösung 2
–, Partner- und Gruppenarbeit 2
Projekt, Jugendhaus 1, 2
–, Attika 1
–, Erdgeschoss 6
–, Erker 1
–, Jugendtreff 4
–, Korbbogen 1
–, Obergeschoss 8
–, Perimeterdämmung 1
–, Schnitt 10, 11
–, Untergeschoss-Grundriss 4
–, Wärmedämm-Verbundsystem 1
Prüfsieb 146
Punktlast 170
Putz 266
–, Anforderungen an 266
–, einlagiger 272
–, gekratzter 277
–, geriebener 276, 277
–, mit organischen Bindemitteln 271
Putzarbeit, Planung von 283
Putzart 376
Putzaufbau 272
Putzbewehrung 274, 275
Putzdicke 272
Putzgrund 268
–, Anforderungen an 268
–, Beurteilung des 269
–, Vorbereitung von 269
Putzlage 272
Putzmaschine 285
Putzmörtel 266
–, mineralische 270
Putzmörtelbedarf 284
Putzmörtelberechnung 284
Putzmörtelgruppe 270
Putzsystem 273
Putztechnik 285
Putzträger 274
Putzverfahren 283
Putzweise 276
Putzwerkzeug 277

Q-Matten 131
Quadermauerwerk 340
Qualitätskontrolle 164, 168
Qualitätssicherung 149
Quarz 332
Quarzit 335
Querbewehrung 81, 314
Querschiff 348
Querschnitt
–, L-förmiger 313
–, T-förmiger 313
Querschnittsform 81
Querträger 123

Radiolarit 334
Rahmengerüst 44, 160
Rahmenkonstruktion 81
Rahmenschalung 97, 98, 317
Randbewehrung 136, 314

Sachwortverzeichnis

Randschalungsstein 53, 54
Randstreifen 300
Rasterelement 89
Raumklima 118
rechnerisches Verziehen 200
Rechtstreppe 179
Recyclinghilfe 155
Regress 302
Reibungskraft 312
Reihenverlegung 24
Reinigungsöffnung 240
Renaissance 350
Reparaturmörtel 361
Restwasser 147
Resultierende 312
Revolution, technische 352
Richtstütze 98, 317
Ringanker 136, 170
Ringbalken 53, 137
Ringbewehrung
–, Stützenfundament 88
–, umschnürte Stütze 83
Rippendecke 176
Rippenstreckmetall 274, 329, 330
Rissuntersuchung 360
R-Matte 131
Rohdichte 303
Rokoko 351
Rollladenkästen 53
Rom 347
Romanik 348
römische Baukunst 347
Rosette 348
Rostschutz 105
Rundbogen 248, 253, 260, 348
Rundfenster 348
Rundsteintragwand 204

Salzbehandlung durch Sanierputz 356
Sandstein 334
Sandstrahlen 361
Sanierputz 279, 356
–, Aufbau von 357
–, Salzbehandlung durch 356
Schadensaufnahme 360
Schadensbeurteilung 353
Schadensstufe 360
Schalboden 201
Schalhaut 98, 115, 122, 201
Schallabsorption 303
Schallbrücke 304
Schalldruck 302
Schallpegel 302
Schallschluckung 303
Schallschutz 57, 302
Schalung
–, einer Stützwand 316
–, einhäuptige 319
–, Pflege der 124
–, systemlose 97, 122
–, Verankerung der 318
Schalungsanker 116, 318
Schalungshilfe 201
Schalungsmatrix 116
Schalungsplan 91, 126
Schalungsplatte 122
Schalungsstein 21, 110
Schalungstechnik 97
Scheinfuge 301, 329
Schichtenmauerwerk
–, hammerrechtes 339
–, regelmäßiges 340
–, unregelmäßiges 340
Schiefer, kristalliner 335
Schlagregenbeanspruchung 267
schleppender Verband 26
Schlitz 29
Schlitzstein 29
Schlussschicht 250
Schlussstein 248
Schneckenpumpe 285
Schneideskizze 138
Schornstein 232
–, Aufbau eines dreischaligen 239
–, Bezeichnungen am 232

–, dreischaliger 237
–, dreischaliger mit Fertigteil-Kopf 241
–, hinterlüfteter dreischaliger 237
–, mit Hinterlüftung 237
–, mit Lüftungsrohr 243
–, Versottung des 234
Schornsteinformstück 236
Schornsteinhöhe, wirksame 235
Schornsteininnenfläche 234
Schornsteinkonstruktion 237, 238
Schornsteinkopf 232, 241
–, als Fertigteilelement 241
–, Belastungen des 241
–, ummauerter dreischaliger 241
Schornsteinkopfummauerung 239, 241
Schornsteinkopfverkleidung mit
   Hinterlüftung 241
Schornsteinmündung 235
Schornsteinsockel 239
Schornsteinsockelbereich 240
Schornsteinsohle 240
–, mit Hinterlüftung 237
Schornsteinverband, Regelskizzen für 242
Schornsteinwandung 233
Schornsteinzug 233, 234, 235
Schrittmaßregel 179, 197
Schubkraft 312
Schutzdach 159
Schutzbewehrte 83
Schutzgerüst 159
schwarze Wanne 245
Schwerlaststützwand, Kräfte an einer 312
schwimmender Estrich 298, 299
Sedimentit 334
Segmentbogen 250, 254, 260
Seitenschiff 348
Seitenschutz 40, 160
Setzfließmaß
–, mit Blockierring 324
–, ohne Blockierring 324
Setzstufe 178, 198
Sicherheitsregel 179
Sichtbeton 320
Sichtbetonklasse 115, 321
Sickerwasser, zeitweise aufstauendes 111
Sieblindiagramm 146
Sieblinienprotokoll 146
Silikastaub 148, 155
Skelettbau 348
Sockel 232
Sockelstein aus Schamotte 239
solarer Wärmegewinn 369
Sollbruchstelle 329
Sollrissstelle 329
Sondermüll 374
Sorteneinteilung, Betonstahlgüte 128
Spannanker 209
Spannbeton, Träger aus 207
Spannbeton-Hohlplatte 171
Spannglied 208, 211
Spannlitze 212
Spannstahl 212
Spannverfahren 211
Spannweite 249, 250
Spickelstufe 198
Spindel 196
Spindeltreppe 196
Spiralbewehrung 83
Spitzbogen 261, 348
Spritzbeton 326
Spritzputz 276, 277
Stabilisierertyp 324
Stahlbeton, Treppe aus 187
Stahlbetonbalken 183
Stahlbetonfertigteil 203
Stahlbeton-Laufplatte 183
Stahlbetonstütze 79
–, Bewehrung einer 81
Stahlbetontreppe 198, 203
–, Trittschallschutz bei 190
Stahlbetonvollplatte 120
Stahlfaserbeton 325
Stahlliste 85
Stahlrohr-Kupplungsgerüst 42
Stahlrohrstütze 123
Stahlsteindecke 172

Standardbeton 150
–, Lieferscheinangaben für 151
Standardprofil für Wandkonstruktion 290
Ständerwand, Metallprofile für 290
Steckbügel 314
Steigung 178
Steigungsverhältnis 179
Steindruckfestigkeitsklasse 221
Steinkohleflugasche 155
Stichbogen 250
Stichhöhe 250, 254
Stirnbrett 201
Stockwerkshöhe 189
Stoßfugenausbildung 24
Stoß, Verbände 27
Strebenkreuz 41
Strebenzug 41
Strebewerk 348
Struktur, porphyrische 333
Stufe
–, freitragende 183
–, unterstützte 183
Stufenart 182
Sturz, scheitrechter 251
Stütze
–, Aufgaben einer 80
–, Betonieren einer 94
–, bügelbewehrte 83
–, Tragverhalten einer 81
–, umschnürte 83
Stützenfundament 88
Stützenkopfverstärkung 80
Stützenschalung, systemlose 89
Stützwand
–, Anforderungen an 312
–, Betonieren einer 320
–, Herstellen einer 311
–, mit Entlastungsplatte 313
–, Schalen einer 316
Stützwandart 312
Systemgerüst 44
Systemschalung 98, 123
–, für Stützen 89
–, Wirtschaftlichkeit von 99

Tangente 259
Teilleistung 70
Teilstein 26
T-förmiger Querschnitt 313
Tiefengestein 333
Ton 332
Tonhöhe 302
Tonnengewölbe 348
Tonschiefer 335, 336
Tonstein 334
Tragbewehrung 88
tragende Wand 96
Träger 80
Träger aus Spannbeton 207
Trägerschalung 90, 97, 98, 316
Tragfähigkeit 58
–, von Mauerwerk 220
Tragfähigkeitsnachweis (Mauerwerk)
   220, 221
Tragwand 204
Trass 155, 333, 336
Travertin
Trennfuge 114
Trennmittel 100
Trennmittelbehandlung 124
Treppe
–, aus Stahlbeton 187
–, aus Stahlbetonfertigteilen 189
–, Berechnungen an 180
–, Bewehrung einer zweiläufigen 188
–, einläufige gerade 179
–, Gehbereich 197
–, gemauerte 184
–, gerade 195
–, gewendelte 196
–, Herstellen einer geraden 177
–, nicht notwendige 178
–, notwendige 178
–, Verziehen 197
–, zweiläufige 179

Sachwortverzeichnis

Treppenart, nach der Form 179
Treppenauge 178, 196, 200
Treppenbau, Grundlagen 178
Treppenbewehrung 192
Treppendurchgangshöhe, lichte 178
Treppenform 196
Treppenkonstruktion 183, 191
Treppenlauf 178
Treppenlaufbreite 178, 197
Treppenlauflänge 178
Treppenlauflinie 197, 198
Treppenprofil 186
Treppenregel 179
Treppenschalung 189, 201
Treppenturm 45
Treppenuntersicht 203
Treppenwange 198
Trittschall 302
–, Messen des 304
Trittschalldämmung 304
–, von Treppen 305
Trittschallschutz bei Stahlbetontreppe 190
Trittstufe 178, 198
Trockenbau 288
Trockenbauarbeit, Werkzeuge für 294
Trockenbauplatte für Montagewand 290
Trockenmauerwerk 339
Trockenputz 280
Trockenspritzverfahren 326
Trogplatte 175
TT-Platte 175

Übereinstimmungszertifikat 149
Übergreifungsstoß 135
Überhöhung 251, 256
Überwachungsklasse 156, 217
Überwachungsstelle 217
–, anerkannte 156
Umgebungsbedingung 144
Umprägungsgestein 335, 336
umschnürte Stütze 83
Umweltschutz 363
Universalschornstein 238
Unterfangung 362
Untergeschoss-Außenwand 51
Untergeschoss-Grundriss 4
Untergeschoss-Mauerwerk 50
Untergeschosswand 50
Untergrund 299
Unterkonstruktion 122
Unterschneidung 178
Unterstützung 123
U-Schale 53, 54

Verankerung 41
–, der Schalung 318
Verankerungslänge 135
Verantwortungsträger 149
Verband 26, 27, 28, 37, 67, 68, 225
Verblendmauerwerk 63, 340
–, Kalksandsteine für 64
Verbundestrich 298
Verdichten 152
Verdichtungsmaßverfahren 143
Verfahren, chemisches 355
Verfasser 149
Verfugen
–, nachträgliches 64
–, von Gipsplatten 293
Verfugung 64
Verfugungsmaterialien 291
Vergatterung 199
Vergussmörtel 204
Verlegemaß der Betondeckung 84, 134
Verlegeplan 31, 108, 139
Verputzen mit der Hand 285
Verschiebeziegel 21
Versetzgerät 33
Versottung 234
Verstrebung 41

Vertikalabdichtung 354, 355
Verwender 149
Verwitterung 334
Verwitterungskreislauf 334
Verziehen
–, grafisches 199
–, mit Leisten 200
–, rechnerisches 200
VOB 75
Vollblock aus Leichtbeton 20
Vollwandträger 122
Vor-der-Wand-Pfähle 362
Vorhaltemaß 84, 134, 360
Vorlage 29
Vorratsmatte 130
Vorsatzschale 288
Vorschrift 178
Vorspannen
–, externes 210
–, internes 210
–, mit nachträglichem Verbund 208
–, mit sofortigem Verbund 208
–, ohne Verbund 208
Vorspannung
–, ausmittige 210
–, mittige 210
Vouten 80

Waageriss 186
Wagnis 71
Wand
–, aussteifende 96
–, in Ortbeton 96
–, nichttragende 96
–, tragende 96
Wandart 96
Wandbauplatte 30
–, aus Leichtbeton 20
–, Versetzen von 30
Wandbausatz 31
Wanddurchführung 114
Wandelement 31, 32
–, liegend angeordnetes 32
–, massives 110
–, stehend angeordnetes 31
Wandkonsole 202
Wandkonstruktion, Standardprofile für 290
Wandschalung 97
Wandschlitz, Überbrückung von 274
Wandtrockenputz 288
Wange 178, 183
Wanne, schwarze 245
Wanne, weiße 111, 245, 246
Wärmebrücke 364
Wärmedämmputz 282
Wärmedämmschicht, Berechnung von 370
Wärmedämmung 363
Wärmedämmverbundsystem 1, 275, 281
Wärmedurchgang, Begrenzung des 378
Wärmedurchgangskoeffizient 367
Wärmedurchgangswiderstand 363, 367
Wärmedurchlasswiderstand R 363, 366
–, Mindestanforderungen an 378
–, Mindestwerte für 378
Wärmegewinn
–, interner 369
–, solarer 369
Wärmeleitfähigkeit λ 364, 366
–, von Baustoffen 377
Wärmeleitung 363
Wärmeschutz 56, 363
–, Mindestanforderungen an den 368
Wärmeschutzberechnung 366
Wärmeschutz und Energie-Einsparung in Gebäuden 1
Wärmespeicherfähigkeit 118
Wärmespeicherung 364
Wärmeübergang 363

Wärmeübergangswiderstand 363, 367
Waschputz 277
Wasser
–, drückendes 111
–, nicht drückendes 51, 111
–, von außen drückendes 51
Wassereindringwiderstand, Beton mit hohem 322
Wasserstrichziegel 63
Wasser, sulfathaltiges 358
Wasserzementwert
–, äquivalenter 148
WDVS 281
weiße Wanne 111, 245, 246
Wendelstufe 197
Wendeltreppe 196
Werkstein 337
Werksteinstufe, freitragende 187
Werksteintreppe, unterstützte 184
Werkstoffbedarf für Mauerwerk 48, 375
Werktrockenmörtel 285
Werkzeug für Trockenbauarbeiten 294
Widerlager 248, 251
Wiedergeburt der römischen Antike 350
wilder Verband 68
Winkelstufe 182
Winkelstützwand 313
–, Bewehren einer 314
–, Kräfte an einer 312
Winkelziegel 21
WU-Richtlinie 111

Zeichnerische Darstellung, Bewehrungsführung 86
Zeitaufwand, Mauerwerk 47, 49
Zement 146
Zementestrich 298
Zementmörtel 22
Zementstein 105, 358
Zementsystem 300
Ziegeldrahtgewebe 274
Ziegel-Fertigteil 53
Zierverband 67, 68
Zugabewasser 147
–, Betonmischung 157
Zusatzbewehrung 135, 314
Zusatzmittel
–, Beton 153
–, Betondichtungsmittel 154
–, Betonverflüssiger 154
–, Chromatreduzierer 155
–, Erstarrungsbeschleuniger 155
–, Erstarrungsverzögerer 155
–, Fließmittel 154
–, Luftporenbildner 154
–, Mauermörtel 23
–, Putzmörtel 271
–, Recyclinghilfen 155
Zusatzstoff 148, 155
–, Farbpigmente 155
–, Gesteinsmehl 155
–, Kunststoffdispersion 155
–, Putzmörtel 271
–, Silikastaub 155
–, Steinkohleflugasche 155
–, Trass 155
Zweckbau 352
Zwei-Ebenen-Stoß 135
Zweihandstein 19
zweischaliges Bauteil 303
zweischaliges Mauerwerk 59
–, mit Kerndämmung 60, 61
–, mit Luftschicht 60
–, mit Luftschicht und Wärmedämmung 60, 61
–, mit Putzschicht 60, 62
Zwischenlage, trittschallunterbrechende 190
Zyklopenmauerwerk 339

Bildquellenverzeichnis

Verfasser und Verlag danken den genannten Firmen, Institutionen und Privatpersonen für die Überlassung von Vorlagen und Abdruckgenehmigungen zu folgenden Abbildungen:

AMMAN IMA GMBH, Alfeld, Seite 374 (4)
Atelier für Architektur und Design, Herrenberg, Seite 276 (1, 2, 3)
Bau-Berufsgenossenschaften, Frankfurt (Main), Seiten 33 (2, 3), 38 (1, 2), 159 (1, 2)
Baustahlgewebe GmbH, Eberbach, Seite 82
BAYOSAN Wachter GmbH & Co. KG, Hindelang, Seite 279 (3)
BBV Vorspanntechnik GmbH, Bobenheim-Roxheim, Seite 210 (3)
Befra Hausbau GbR, E.-Thälmann-Str. 25, Osterburg, Seite 230 (1)
BetonBauteile Bayern im Bayerischen Industrieverband e. V., München, Seiten 167 (7), 168 (2), 175 (1, 4)
Betonson Betonfertigteile GmbH, Moers, Seite 172 (2)
Bosold, Dr., Beton Marketing Süd GmbH, Ostfildern, Seiten 112 (4), 117 (3, 4)
Bresch, Carl-M., Burgbrohl, Seite 266 (1)
Bundesverband Betonbauteile Deutschland e. V., Berlin, Seite 112 (1)
Bundesverband Porenbetonindustrie e. V., Wiesbaden, Seite 32
Bundesverband Spannbeton – Fertigdecken e. V., Bonn, Seite 170 (4, 5, 6)
Bürkle Betonfertigteile GmbH & Co.KG, Fellbach, Seiten 15 (3), 107, 108 (4), 109, 163 (2), 164 (2, 3, 4), 168 (3), 203 (3), 204 (1, 2, 3, 4, 6)
contec Bauwerksabdichtungen GmbH, Porta Westfalica, Seite 246 (2, 3)
Conzett Bronzini Gartmann AG, Chur, Seite 115 (2)
Damm, Fridmar, Köln, Seite 349 (1)
Dennert Baustoffwelt GmbH & Co.KG, Schlüsselfeld, Seiten 110 (1, 2), 170 (1, 2, 3), 171, 172 (1)
Deutsche Doka Schalungstechnik GmbH, Maisach, Seiten 14 (4), 16 (4), 90 (1), 117 (1, 2), 124 (2), 316 (1, 2, 3, 5, 6, 7), 317 (2), 319 (1), 322 (1, 3)
DOW Deutschland GmbH & Co.OHG, Schwalbach/TS., Seite 118 (2, 3, 4)
Drossbach GmbH & Co.KG, Rain am Lech, Seite 213 (4)
DSI-DYWIDAG Systems International, Aschheim, Seiten 213 (1, 2),
DSI-DYWIDAG Systems International, Langenfeld, Seiten 213 (3), 214
Dyckerhoff AG, Wiesbaden, Seite 320 (1, 3, 4)
EBN Betonwerk Neumünster GmbH, Seite 110 (3)
Ed. Züblin AG, Stuttgart, Seite 175 (3)
Elementbau Osthessen GmbH & Co. ELO KG, Eichenzell, Seiten 15 (4), 217 (2)
Fachverband Beton- und Fertigteilwerke Baden-Württemberg e. V., Ostfildern, Seiten 162 (2), 165 (2, 3, 4)
Filigran Trägersysteme GmbH & Co., Leese, Seiten 165 (1), 166 (1), 167 (1, 3)
FORM + TEST Seidner + Co. GmbH, Riedlingen, Seite 353, (2, 3)
Freimann, Prof. Dr.-Ing. Thomas, Georg-Simon-Ohm-Hochschule Nürnberg, Seite 112 (2)
Friedrich Rau GmbH, Ebhausen, Seite 106
Fuchs TransConTec GmbH & Co. KG, Berching, Seite 203 (1)
Gebr. Knauf Westdeutsche Gipswerke, Iphofen, Seiten 16 (1, 2, 3), 268 (4), 269, 283 (2), 285, 286, 294, 300 (4)
Glatt Bauunternehmen GmbH, Pfaffenhofen, Seite 196 (6)
Glöckel Natursteinwerk GmbH, Langenaltheim, Seite 337 (1, 3, 4)
Happy Beton GmbH & Co. KG, Geestgottberg, Seite 110 (4, 5)
Hebel AG, Emmering, Seite 27 (4)
Hebel Wohnbau GmbH, Seiten 14 (1), 30 (2)
Heidelberger Bauchemie – Marke Addiment, Seiten 154 (3, 4), 155 (1)
Helber + Ruff, Ludwigsburg, Seite 113 (1)
Hermann Sindlinger, Seite 374 (1)
Hohmann, R., Haltern am See („Abdichtung bei wasserundurchlässigen Bauwerken aus Beton" 2., überarb. und erw. Aufl., Fraunhofer IRB Verlag, Stuttgart, März 2009, Seiten 113 (7), 114 (1, 2, 3, 4)
Holcim (Süddeutschland) GmbH, Dotternhausen, Seite 14 (3), 94 (2), 103 (1, 2), 104 (2), 105 (1, 3, 4), 321 (5), 323 (3), 324 (2), 325 (2, 3), 326, 329 (3)
Industrieverband Hartschaum e. V., Heidelberg, Seite 365

Industrieverband Werktrockenmörtel e. V., Köln, Seiten 268 (3), 279 (1)
Jürgens Ost- und Europa-Photo, Berlin, Seite 349 (2)
Kalksandstein Information GmbH + Co. KG, Hannover, Seiten 50 (3), 64 (2)
Koch Marmorit GmbH, Bollschweil, Seite 268 (1)
KÖGEL-Schornsteine, Winnenden, Seite 236 (3)
Kunstverlag Edm. v. König GmbH & Co. KG, Dielheim, Seiten 349 (3), 350 (2)
Landesberufsschule Wals, Wals-Siezenheim, Seite 198 (4)
Landesbildstelle Berlin, Seite 351 (3), 352 (1)
Lange Fertigteildecken GmbH, Langenhagen – Godshorn, Seite 108 (3)
Leier Baustoffe-Holding GmbH, Horitschon, Seite 108 (1, 2)
Liapor-Werk Pautzfeld, Hallerndorf, Seite 20 (2)
Loibl Treppentechnik, Vilsbiburg, Seite 201 (1, 2)
Lömpel Bautenschutz GmbH & Co. KG, Arnstein, Seite 355 (2)
Maddalena, Gudrun Theresia de, Tübingen, Seite 116 (1,2)
Max Frank trading & consulting GmbH, Leiblfing, Seiten 88 (2), 113 (2, 3), 114 (5, 6), 117 (5, 6)
maxit Baustoff- und Kalkwerk Mathis GmbH, Merdingen, Seite 281 (2)
MC-Bauchemie Müller GmbH & Co., Essen, Seite 153 (1)
MEVA Schalungs-Systeme GmbH, Haiterbach, Seite 124 (1, 3)
MM Service, Köln, Seiten 162 (1), 163 (3, 4), 164 (1), 166 (2, 3, 4), 167 (6), 168 (1)
Müller + Baum GmbH & Co. KG, Sundern-Hachen, Seite 201 (4)
NOENENALBUS Architektur, Tübingen, Seite 116 (1,2)
NOE-Schaltechnik, Süßen, Seiten 44 (2), 116 (3, 4, 5), 122 (2),
PASCHAL-Werk G.Maier GmbH, Steinach, Seite 99 (1, 2, 3)
PERI GmbH, Weissenhorn, Seiten 89 (3), 90 (3), 93 (1), 97, 98, 100 (1, 3), 125, 316 (8), 317 (1, 3, 4, 5, 6, 7), 318 (2, 3), 319 (3), 320 (2)
Pro Naturstein, Schweizerische Arbeitsgemeinschaft für den Naturstein, Bern, Seite 337 (2)
Putzmeister-Werk, Maschinenfabrik GmbH, Aichtal, Seiten 152 (1), 266 (2), 283 (1)
Readymix Baustoffgruppe, Seite 153 (2)
Reuss Seifert GmbH, Seite 321 (1)
Romey Baustoffwerke GmbH & Co.KG, Plaidt, Seite 15 (1)
Schirmer + Partner Architekten-Ingenieure, Ertingen, Seite 115 (3)
Schmidt, Eckhard, Kappeln, Seite 211
Schöck Bauteile GmbH, Baden-Baden, Seite 165 (5, 6, 7)
Schweibold, Joseph, Oberhaid – Unterhaid, Seite 196 (10)
Schwenk, E., Putztechnik GmbH & Co. KG, Ulm, Seiten 267 (3), 282 (1)
Sopro Bauchemie GmbH, Wiesbaden, Seite 16 (6)
Stetter GmbH, Memmingen, Seite 151 (1)
Sto AG, Stühlingen, Seite 271 (3)
STROBL Beschichtungstechnik GmbH, Biberach, Seite 278 (3)
SUNBEAM eco-consultants GmbH, Berlin, Seite 57 (3)
Syspro-Gruppe Betonbauteile e. V., Erlensee, Seiten 162 (1), 163 (3, 4), 164 (1), 166 (2, 3, 4), 167 (6), 168 (1)
Tourist-Information, Trier, Seite 347 (1)
Tricosal Bauabdichtungs-GmbH, Illertissen, Seiten 327(1, 2), 328 (1)
Verlag für Bauwesen, Berlin (Aus: „Schönburg, Gestalten mit Putzmörteln"), Seite 277 (2)
Verlag Schnell & Steiner, Regensburg/Kurt Gramer, Bietigheim-Bissingen, Seite 348 (1)
Wacker Neuson SE, München, Seite 14 (5), 105 (2), 152 (3)
Welbau AG, Luzern, Seite 172 (3)
Wienerberger Ziegelindustrie GmbH, Hannover, Seiten 63 (1, 2, 3, 4), 64 (3), 67 (2)
Wilhelm Layher GmbH & Co. KG, Güglingen, Seiten 41 (5), 44 (4), 45 (3), 159 (3)
Wochner, Seb. GmbH & Co. KG, Dormettingen, Seite 167 (4, 5)
XebastYan Photography/© Sebastian Methner, Freiburg, Seite 115 (4)
Ytong AG, München, Seiten 25 (5), 227 (1)
Ziegelwerk Gundelfingen GmbH, Gundelfingen, Seite 173 (2)
Ziegelwerk Klosterbeuren, Babenhausen, Seiten 53 (5), 54 (2, 3)